经典译丛·实用电子与电气基础

实用电子元器件与电路基础

（第4版）（修订版）

Practical Electronics for Inventors, Fourth Edition

［美］ Paul Scherz　Simon Monk　著

夏建生　王仲奕　刘晓晖　郭福田　等译

電子工業出版社
Publishing House of Electronics Industry
北京·BEIJING

内 容 简 介

本书是一本实用性非常强的关于电子元器件与电路基础的参考书,内容包括电子学简介、基本理论、基本电子电路元件、半导体、光电子技术、传感器、实用电子技术、运算放大器、滤波器、振荡器和定时器、稳压器和电源、数字电路、微控制器、可编程逻辑、电动机、音频电子技术、模块化电子设备等。全书紧跟电子技术知识的更新与发展,给出了各种元器件的型号、参数、接线引脚、外形、实物图片,结合图解法详细介绍了制作实用电子电路的过程、方法、步骤和注意事项,还给出了大量元器件的参数图表和特性曲线。

本书可作为电子工程技术人员、电子爱好者的参考工具书,也可作为大专院校的教学参考书。

Paul Scherz, Simon Monk: Practical Electronics for Inventors, Fourth Edition, 9781259587542. Copyright © 2016 by McGraw-Hill Education.

All rights reserved. No part of this publication may be reproduced or transmitted in any form or by any means, electronic or mechanical, including without limitation photocopying, recording, taping, or any database, information or retrieval system, without the prior written permission of the publisher.

This authorized Chinese translation edition is jointly published by McGraw-Hill Education and Publishing House of Electronics Industry. This edition is authorized for sale in the People's Republic of China only, excluding Hong Kong, Macao SAR and Taiwan. Copyright © 2025 by McGraw-Hill Education and Publishing House of Electronics Industry.

未经出版人事先书面许可,对本出版物的任何部分不得以任何方式或途径复制或传播,包括但不限于复印、录制、录音,或通过任何数据库、信息或可检索的系统。本授权中文简体字翻译版由麦格劳-希尔(亚洲)教育出版公司和电子工业出版社合作出版。此版本经授权仅限在中国大陆销售。版权©2025由麦格劳-希尔(亚洲)教育出版公司与电子工业出版社所有。

本书封面贴有McGraw-Hill Education公司防伪标签,无标签者不得销售。

版权贸易合同登记号　　图字:01-2016-7928

图书在版编目(CIP)数据

实用电子元器件与电路基础 : 第4版 : 修订版 / (美)保罗·舍茨(Paul Scherz),(美)西蒙·蒙克(Simon Monk)著;夏建生等译. -- 北京:电子工业出版社,2025. 5. -- ISBN 978-7-121-50226-2

Ⅰ. TN6;TN710

中国国家版本馆CIP数据核字第2025H0Z370号

责任编辑:谭海平
印　　刷:三河市良远印务有限公司
装　　订:三河市良远印务有限公司
出版发行:电子工业出版社
　　　　　北京市海淀区万寿路173信箱　　邮编:100036
开　　本:787×1092　1/16　印张:45　字数:1267.2千字
版　　次:2017年12月第1版(原著第4版)
　　　　　2025年5月第2版
印　　次:2025年5月第1次印刷
定　　价:149.00元

凡所购买电子工业出版社图书有缺损问题,请向购买书店调换。若书店售缺,请与本社发行部联系,联系及邮购电话:(010)88254888,88258888。
质量投诉请发邮件至zlts@phei.com.cn,盗版侵权举报请发邮件至dbqq@phei.com.cn。
本书咨询联系方式:(010)88254552,tan02@phei.com.cn。

译 者 序

本书是关于电子元器件和实用电子电路的参考书，实用性极强。相对于前几版，第4版中新增了关于传感器、微控制器和模块化电子设备的内容。

本书从电路的基本原理开始，介绍各类电子元器件。首先，重点介绍包括电阻、电感、电容、变压器等在内的基本电子元器件；接着，介绍各种半导体器件、光电器件、传感器、运算放大器、直流稳压和调压器件、电声器件等；然后，介绍各种滤波电路的设计及实用电路、各种振荡电路和555时基电路。在数字电路部分，从各种门电路、触发器开始，详细介绍各种中规模集成数字器件，如寄存器、计数器、编码器、译码器、数据选择器、数据分配器、数字显示器，以及大规模集成电路的存储器、可编程逻辑器件、微处理器和模块化电子设备等；在电动机及控制电路部分，介绍直流电动机、伺服电动机和步进电动机等。

书中还详细提供了各种元器件的型号、参数、接线引脚、外形、实物图片等，给出了典型的实用电路图，清晰的手绘电路图多达几百幅；要特别指出的是，本书结合图解方法详细介绍了制作实用电子电路的过程、方法、步骤和注意事项，以及常用仪器仪表的使用、元器件的选择、安全操作等。总之，本书内容丰富，图文并茂，资料翔实，涉及范围广，给出了大量元器件的参数图表和特性曲线。

本书第2章由王仲奕翻译；第3章的3.3～3.5节和第4章由刘晓晖翻译；第5章～第11章、第15章～第16章和第3章的3.1节、3.2节、3.7节由郭福田翻译；前言、第1章、第12章、第13章～第14章、第17章和第3章中的3.6节、3.8节、3.9节、附录由夏建生翻译。

由于译者水平有限，错误和疏漏在所难免，恳请读者批评指正。

前　　言

　　电子领域的设计人员不仅要具有理论知识、洞察力和创造力，而且要具有专业知识，要能将想法转变成实际生活中的应用电子产品。本书旨在从理论和实际两个方面帮助读者直观地理解电子学，激发读者的创造力。

　　编写本书的目的是指导读者进行发明设计，适合电子学基础知识薄弱的初学者。因此，本书是一本适合教师、学生和电子设计爱好者使用的入门教材，也是一本可供专业技术人员使用的参考书。

　　第4版中新增了关于可编程逻辑的内容，重点介绍了如何使用现场可编程门阵列，以及如何使用原理图编辑器和Verilog硬件描述语言对FPGA开发板进行编程。

　　在美国威斯康星大学获得物理学学士学位的Paul Scherz是一位系统运行管理者，也是一名发明家和业余电子爱好者。

　　Simon Monk拥有控制论和计算机科学学士学位和软件工程博士学位。作为大学教师几年后，他参与创办了移动软件公司Momot。从青少年时期开始，他就是一名活跃的电子爱好者，现在则是在电子技术和开源工具集方面的全职作家。Monk博士出版了很多电子技术方面的书籍。

　　衷心感谢撰写本书时给予我们帮助的朋友，尤其要感谢评阅本书的Michael Margolis、Chris Fitzer和David Buckly。

　　感谢巴克内尔大学Martin Ligare对本书所做的勘误，感谢Steve Baker、George Caplan、Robert Drehmel、Earl Morris、Robert Strzelczyk、Lloyd Lowe、John Kelty、Perry Spring、Michael B Allen、Jeffrey Audia、Ken Ballinger、Clement Jacob、Jamie Masters和Marco Ariano等对本书所做的校对。

　　还要感谢Michael McCabe、Apoorva Goel及McGraw-Hill教育出版公司的每位朋友。

Paul Scherz
Simon Monk

目 录

第1章	电子学简介	1
第2章	基本理论	3
2.1	电子学概论	3
2.2	电流	3
2.3	电压	6
2.4	导体的微观结构	12
2.5	电阻、电阻率和电导率	15
2.6	绝缘体、导体和半导体	19
2.7	热和功	21
2.8	热传导和热阻	23
2.9	导线规格	26
2.10	接地	27
2.11	电路	34
2.12	欧姆定律和电阻	35
2.13	电压源和电流源	45
2.14	电压、电流和电阻的测量	48
2.15	电池的串并联	49
2.16	开路和短路	49
2.17	基尔霍夫定律	51
2.18	叠加原理	55
2.19	戴维南定理和诺顿定理	56
2.20	交流电路	59
2.21	交流及电阻、电压和电流的有效值	65
2.22	电力网	68
2.23	电容	70
2.24	电感	84
2.25	复杂电路模型	116
2.26	复数	119
2.27	正弦电路	122
2.28	交流电路的功率	130
2.29	交流电路的戴维南定理	137
2.30	谐振电路	139
2.31	分贝	151
2.32	输入阻抗和输出阻抗	153
2.33	二端口网络与滤波器	155
2.34	瞬态电路	167
2.35	周期非正弦电源电路	176
2.36	非周期电源	180
2.37	SPICE	182
第3章	基本电子电路元件	187
3.1	导线、电缆和连接器	187
3.2	电池组	202
3.3	开关	214
3.4	继电器	217
3.5	电阻	221
3.6	电容	240
3.7	电感	265
3.8	变压器	279
3.9	熔断器和断路器	296
第4章	半导体	298
4.1	半导体技术	298
4.2	二极管	302
4.3	晶体管	323
4.4	半导体晶闸管	364
4.5	瞬态干扰抑制	371
4.6	集成电路	378
第5章	光电子技术	380
5.1	光子简介	380
5.2	灯泡	381
5.3	发光二极管	383
5.4	光敏电阻	393
5.5	光电二极管	395
5.6	太阳能电池	396
5.7	光电晶体管	397
5.8	光电晶闸管	400
5.9	光电耦合器	401
5.10	光纤	403
第6章	传感器	404
6.1	一般原则	405
6.2	温度传感器	406
6.3	接近和触摸传感器	411
6.4	运动、力和压力检测装置	414
6.5	化学物质传感器	417
6.6	光、辐射、磁性和声音传感器	418

6.7　GPS ·············· 420

第7章　实用电子技术 ·············· 421
7.1　安全性 ·············· 421
7.2　设计电路 ·············· 423
7.3　万用表 ·············· 434
7.4　示波器 ·············· 438
7.5　电子技术实验室 ·············· 452

第8章　运算放大器 ·············· 481
8.1　运算放大器的水模拟系统 ·············· 482
8.2　运算放大器的工作原理 ·············· 482
8.3　运算放大器的相关理论 ·············· 483
8.4　负反馈 ·············· 484
8.5　正反馈 ·············· 488
8.6　运算放大器的实际类型 ·············· 489
8.7　运算放大器的特性 ·············· 491
8.8　功率运算放大器 ·············· 492
8.9　实践中的注意事项 ·············· 493
8.10　电压和电流的偏移补偿 ·············· 494
8.11　频率补偿 ·············· 494
8.12　比较器 ·············· 495
8.13　迟滞比较器 ·············· 496
8.14　单电源比较器 ·············· 498
8.15　窗口比较器 ·············· 498
8.16　电平指示器 ·············· 499
8.17　测量放大器 ·············· 499
8.18　应用 ·············· 500

第9章　滤波器 ·············· 505
9.1　滤波器设计须知 ·············· 506
9.2　基本滤波器 ·············· 507
9.3　无源低通滤波器的设计 ·············· 507
9.4　滤波器的比较 ·············· 511
9.5　无源高通滤波器的设计 ·············· 511
9.6　无源带通滤波器的设计 ·············· 513
9.7　无源带阻滤波器的设计 ·············· 515
9.8　有源滤波器的设计 ·············· 517
9.9　集成滤波器电路 ·············· 522

第10章　振荡器和定时器 ·············· 524
10.1　RC间歇振荡器 ·············· 524
10.2　555定时器 ·············· 527
10.3　压控振荡器 ·············· 533
10.4　文氏电桥和双T形振荡器 ·············· 533
10.5　LC振荡器（正弦波振荡器） ·············· 534
10.6　晶体振荡器 ·············· 537

第11章　稳压器和电源 ·············· 539
11.1　稳压集成电路 ·············· 540
11.2　稳压器的应用 ·············· 542
11.3　变压器 ·············· 542
11.4　整流器的封装 ·············· 542
11.5　几种简单的电源 ·············· 543
11.6　关于波纹抑制的技术要点 ·············· 545
11.7　相关问题 ·············· 547
11.8　开关稳压器电源 ·············· 548
11.9　开关电源 ·············· 550
11.10　各种商用电源 ·············· 551
11.11　电源的制作 ·············· 552

第12章　数字电路 ·············· 553
12.1　数字电路基础 ·············· 553
12.2　数模和模数转换器 ·············· 569
12.3　逻辑门电路 ·············· 576
12.4　组合逻辑电路 ·············· 588
12.5　锁存器和触发器 ·············· 598
12.6　时序逻辑电路 ·············· 607
12.7　脉冲波形产生与整形电路 ·············· 614
12.8　半导体存储器 ·············· 622

第13章　微控制器 ·············· 628
13.1　微控制器的基本结构 ·············· 628
13.2　微控制器举例 ·············· 629
13.3　评测板/开发板 ·············· 639
13.4　Arduino ·············· 640
13.5　微控制器的接口 ·············· 643

第14章　可编程逻辑器件 ·············· 656
14.1　可编程逻辑器件概述 ·············· 656
14.2　低密度可编程逻辑器件 ·············· 657
14.3　复杂可编程逻辑器件 ·············· 660
14.4　现场可编程门阵列 ·············· 662
14.5　基于CPLD/FPGA的数字系统开发流程 ·············· 665
14.6　电路仿真软件Proteus ·············· 667

第15章　电动机 ·············· 674
15.1　直流电动机 ·············· 674
15.2　直流电动机的速度控制 ·············· 674
15.3　直流电动机的方向控制 ·············· 675
15.4　遥控伺服系统 ·············· 677
15.5　步进电动机 ·············· 678
15.6　步进电动机的类型 ·············· 678

15.7 步进电动机的驱动 ······ 680
15.8 带译码器的控制驱动器 ······ 681
15.9 步进电动机的识别 ······ 683

第 16 章 音频电子技术 ······ 685
16.1 声音概述 ······ 685
16.3 话筒的特性指标 ······ 687
16.4 音频放大器 ······ 687
16.5 前置放大器 ······ 689
16.6 混频电路 ······ 690
16.7 阻抗匹配 ······ 690
16.8 扬声器 ······ 691
16.9 分频网络 ······ 691
16.10 驱动扬声器的简单集成电路 ······ 692
16.11 声响器件 ······ 693
16.12 其他音频电路 ······ 694

第 17 章 模块化电子设备 ······ 696
17.1 集成电路产品 ······ 696
17.2 接口板和模块化产品 ······ 697
17.3 即插即用模块 ······ 699
17.4 开源硬件 ······ 700

附录 A 配电与家用配线 ······ 702
A.1 配电系统 ······ 702
A.2 三相电简介 ······ 703
A.3 家用配线 ······ 704
A.4 其他国家的电力系统 ······ 705

附录 B 误差分析 ······ 706
B.1 绝对误差、相对误差和百分比误差 ······ 707
B.2 不确定度估计 ······ 707

附录 C 常用资料和公式 ······ 708
C.1 线性函数 ······ 708
C.2 二次函数 ······ 709
C.3 指数函数和对数函数 ······ 709
C.4 三角函数 ······ 710
C.5 微分学 ······ 711
C.6 积分学 ······ 712

第 1 章 电子学简介

当初学者学习电子学时，往往不知道哪些内容是必须掌握的。那么究竟应该了解哪些知识，并按何种先后顺序去学习这些知识呢？图 1.1 所示的基本电子元器件可作为学习电子学的一个不错起点，其中展示了电子学的所有重点内容，以及这些内容的学习顺序。流程图中扼要地介绍了设计实用电子设备的基本要素，而这些要素正是本书所要阐述的内容。下面详细介绍这些要素。

首先是理论知识，包括电压、电流、电阻、电容和电感的知识，以及各种用来确定电路中电压、电流的大小和方向的定律与定理。掌握这些基础理论后，开始学习无源元件，如电阻、电容、电感和变压器等。

其次是分立无源电路，包括限流网络、分压器、滤波电路、衰减器等。这些简单的电路本身并没有什么价值，但是在较复杂的电路中，它们却是至关重要的组成部分。

学习无源元件和无源电路后，开始学习由半导体材料制成的分立有源器件。这些器件主要由二极管（单向导通门）、晶体管（电气控制开关/放大器）和晶闸管整流器（仅用作电气控制开关）组成。

阐述分立有源器件后，介绍分立有源/无源电路。在这些电路中，有些带有整流器（交-直流转换器）、放大器、振荡器、调制器、混合器和稳压器。从这里开始，所学内容不再枯燥无味。

在学习电子学的整个过程中，将接触多种输入/输出（I/O）设备（转换器）。输入设备包括麦克风、光电晶体管、开关、键盘、电热调节器、应变仪、发电机和天线，它们将物理信号（如声音、光照和压力）转换成电路可以使用的电信号。输出设备则将电信号转换成物理信号。输出设备包括灯、LED、LCD、扬声器、蜂鸣器、电动机（直流、伺服、步进）、螺线管和天线。这些 I/O 设备可使人与人之间、电路之间相互通信。

为了简化电路，设计者和生产商已制造出集成电路（IC）——在一小片半导体硅片上集成前述若干分立电路，硅片由塑料外壳封装，延伸出来的细小引线可连接到芯片外部的金属引脚。放大器、稳压器之类的集成电路属于模拟器件，它们可对连续变化的任意大小的电压信号做出反应，且可产生任意大小的电压信号（相反，数字电路只有两种工作电平）。实用电路设计者必须熟悉集成电路的内容。

然后进入数字电子技术的学习。数字电路只工作在高（如 5V）、低（如 0V）两种电压状态下。仅采用两种电压状态的目的是，方便数据（数字、符号、控制信息）的处理和存储，将各种信息编码成数字电路可以使用的信号，在这个过程中，需要将二进制的"位"与表示相反意义的词语对应起来（如 1 和 0 分别表示高电平、低电平）。对于某个具体的电路，则由设计者指定它们表示的实际意义。与模拟电路不同，数字电路使用的是一套全新的集成元件。

数字电路中使用了大量的专用集成电路，其中一部分用于信息输入时的逻辑操作，另一部分用于计数，还有一部分用于暂存需要恢复的数据。数字集成电路包括逻辑门、触发器、移位寄存器、计数器、存储器、处理器等，因此使电子器件有了"头脑"。为了使数字电路能与模拟电路相互作用，需要使用专门的模数转换电路，将模拟信号转换成一串由 0 和 1 组成的特殊字符串；同样，也需要数模转换电路将由 0 和 1 组成的字符串转换成模拟信号。

了解和掌握本书后面的数字电子技术知识后，就可深入了解微控制器的知识，微控制器是一类可编程的数字电子器件，只需对微控制器编写很小的程序，便可通过微控制器的输入/输出端口自动读取外部传感器的信息值，进而控制输出设备。

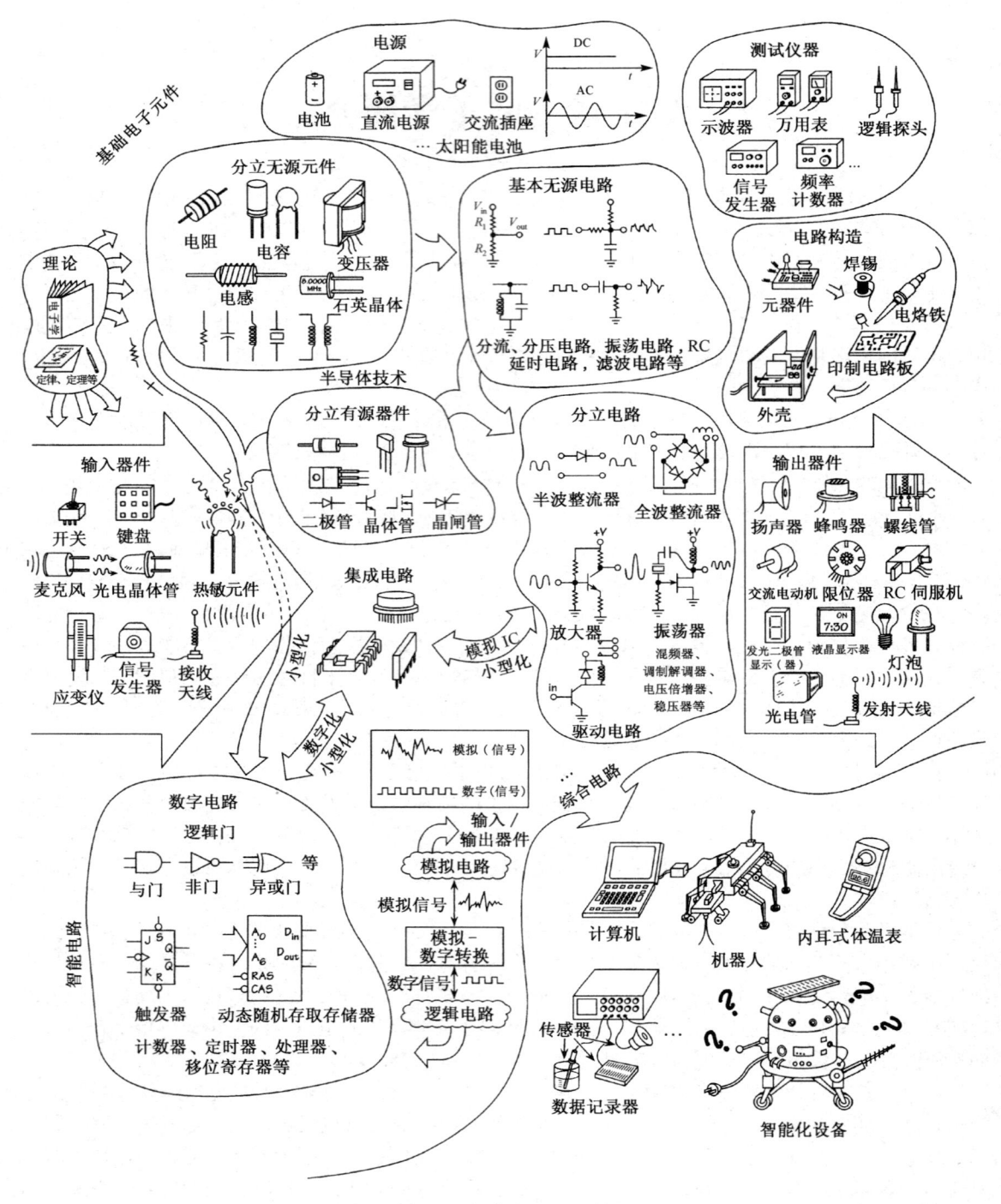

图 1.1 基本电子元器件

最后进入搭建/测试阶段,包括阅读原理图,使用实验板搭建电路原型、测试电路原型(使用万用表、示波器和逻辑探头)、校正电路(非必需)、使用各种工具和专用电路板搭建最终的电路。

下一章介绍电子学理论。

第2章 基本理论

2.1 电子学概论

本章首先介绍电子学中的一些基本概念，如电流、电压、电阻、电源、电容和电感；接着在这些基本概念的基础上，说明描述电阻、电容、电感等基本元件上的电流和电压特性的数学模型，并且通过应用基本定理和定律（如欧姆定律、基尔霍夫定律、戴维南定理），给出包含电阻、电容、电感和激励源的复杂电路网络的分析方法，同时介绍用于电路网络中的各种激励源，如直流电源（DC）、交流电源（AC）（包括正弦周期信号或非正弦周期信号），以及非正弦非周期信号源；然后讨论其状态发生突变的瞬态电路（如电路中开关的跳闸）；最后分析和讨论含有非线性元件（二极管、晶体管、积分电路等）的电路。

建议电子学的初学者使用电路仿真器。为便于使用，电路实验仿真网站为读者提供了很好的交互式界面和一些在线应用的计算程序，可帮助读者计算本章中的许多例子。当学习某一章的内容时，应用电路仿真器有助于理解该章的知识，并直观地认识电路的性质。但是，若不能充分理解电路仿真器模拟实际电路所需的参数，则电路仿真器将给出错误的结果。更重要的是，亲自动手做出面包板，用导线、电阻、电源等电路元件搭建电路，可掌握大量的实际知识，对开发者来说是非常必要的。

需要明确的是，本章仅从理论上解释涉及的所有电路元件。例如，对电容来说，需要了解电容的工作原理及在特定条件下描述电容的特征方程，以及预测一些基本现象的各种技巧。然而，更重要的是，需要掌握电容的实际知识，如电容的实际应用（滤波器、缓冲器、振荡器的设计等），实际电容的类型，实际电容的非理想特性，在不同的应用场合使用哪种电容最佳，以及如何识别电容上的标签。在本书的3.6节中，可以找到这方面的相关知识。上述内容同样适用于本书理论部分涉及的其他电路元件。

对于变压器和非线性电路元件，如二极管、晶体管、模拟和数字集成电路（IC），本章不讨论其理论和实际问题。关于变压器的内容将在本书的3.8节中讨论，其他非线性电路元件将在本书的其他章节中讨论。

注意，当本章的某节中出现看起来复杂的数学表达式时，不要担心，可以先跳过它，因为本章大部分复杂的数学表达式是用来证明一些电路理论和定理的，或者是用来说明如何理想化复杂事物以避免使用数学方法处理的。在大部分电路设计中，实际用到的数学知识非常少。事实上，知道基本的代数知识就已足够。因此，当本章的某些小节中出现感觉难以理解的数学公式时，可以抛开这部分内容，不必过于在意其中的数学表达式，掌握有用的、不难理解的公式、定理等即可。不使用这些数学表达式，也能设计出相当好的电路。

2.2 电流

电流是单位时间内通过横截面积A的总电荷，该横截面可以是空气、等离子体或液体的任意一个截面。但是，在电子学中，该横截面大多数情况下是固体（如导体）的一个截面（见图2.1）。

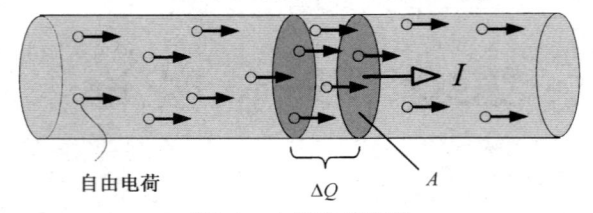

图2.1 电流定义模型

当Δt时间内通过某截面的电荷量为ΔQ时，平均电流I_{ave}定义为

$$I_{ave} = \frac{\Delta Q}{\Delta t}$$

电流随时间变化时，定义Δt→0时的电流值为瞬时电流，即电荷通过某截面时的变化率：

$$I = \lim_{\Delta t \to 0} \frac{\Delta Q}{\Delta t} = \frac{dQ}{dt} \tag{2.1}$$

电流的单位是库仑/秒（C/s），也称安培（A）：

$$1A = 1C/s$$

安培是一个较大的单位，因此电流常用毫安（$1mA = 10^{-3}A$）、微安（$1\mu A = 10^{-6}A$）和纳安（$1nA = 10^{-9}A$）来表示。

在导体（如铜）内，电流是自由电子定向移动形成的。每个铜原子都有一个自由电子，单个自由电子的电荷量为

$$Q_{电子} = -e = -1.602 \times 10^{-19} \, C \tag{2.2a}$$

这个电荷量与单个铜离子的电荷量相等，但是符号相反（原子失去一个电子形成正电荷，这些电子在导体内自由移动形成自由电子群。失去电子的原子，其质子数多于电子数）。单个质子的电荷量为

$$Q_{质子} = +e = 1.602 \times 10^{-19} \, C \tag{2.2b}$$

由于导体内的质子和电子数量相等，因此整个导体呈中性。由式（2.2）可以看出，流过铜导线的电流为1A时，在1s内穿过导线横截面的电子数量为

$$1A = \left(\frac{1C}{1s}\right)\left(\frac{电子数量}{-1.602 \times 10^{-19}C}\right) = -6.24 \times 10^{18} \, 个电子/s$$

上式提出了一个问题：为何每秒流过的电子量是负数？对于这个问题，只有两种可能的解释：要么将电子流动的反方向定义为电流方向，要么让正电荷取代电子在导线中运动。这两种解释都可解决符号问题，但是后一种解释不正确。实验证明，电子是自由运动的，而正电荷不能自由运动，它们被固定在导体的晶格中（注意，有些介质中的正电荷可能运动，如液体、气体和等离子体中的正电荷是运动的），因此前一种说法，即把电子流动的反方向规定为电流的方向是正确的。

很早以前，当本杰明·富兰克林（被称为电子学之父）开始早期的电子学研究时，就规定了正电荷的符号。那时，电荷的运动和做功还很神秘；后来，物理学家约瑟夫·汤姆逊通过实验获得了运动的电荷，为了测量和记录实验数据并做一些计算，汤姆逊必须遵守唯一的定律——富兰克林的正电流定律。但是，汤姆逊发现运动电荷（被他称为电子）的运动方向与公式中约定的电流I的方向相反，或者说电子逆着约定的方向运动（见图2.2）。

上述问题对那些对物理细节不感兴趣的人来说并不重要，因为可以假设在导线或电子设备中自由运动的是正电荷，将负电荷的运动方向等效为正电荷沿相反方向的运动对研究工作没有影响。事实上，电子学中所用的公式都基于这种假设，如欧姆定律（$V = IR$）中的电流I被认为是由正电荷形成的，后面我们将一直遵循这个概念，简单地说，就是想象正电荷在运动。当谈及电子的流

动时，要意识到定义的电流正沿着与其运动方向相反的方向流动。通过显微镜观察导体的内部，可以非常清楚地看到这一事实。

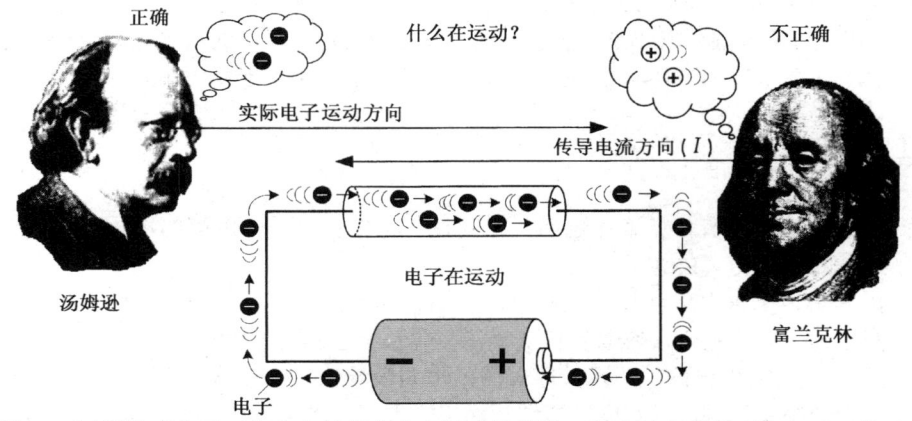

图2.2 汤姆逊改变了正电荷在导体中自由运动的说法，与富兰克林的观点相反。然而，由于电子的运动方向可等效为正电荷沿相反方向的运动，原公式仍适用，好在应用这些公式时，仍然采用富兰克林的电流理论，尽管已经意识到在导体内运动的实际上是自由电子

【例1】 在图2.3中，导体中的电流为2A，问3s内通过给定点的电子数量是多少？

解： 3s内通过给定点的电荷为

$$\Delta Q = I \Delta t = 2A \times 3s = 6C$$

一个电子的带电量为1.6×10^{-19}C，所以6C电荷的电子数量是

$$电子数量 = 6C/(1.602 \times 10^{-19}C) = 3.74 \times 10^{19} 个$$

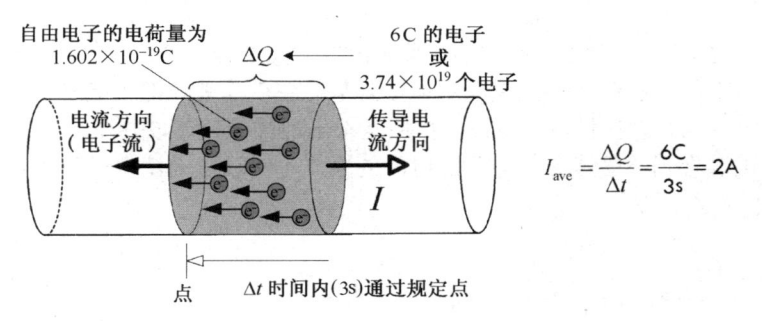

图2.3 例1所示电路

【例2】 电路中电荷随时间变化的函数关系式为$Q(t) = 0.001C\sin(1000/s \cdot t)$，求瞬时电流。

解： $I = \frac{dQ}{dt} = \frac{d}{dt}[0.001C \times \sin(1000/s \cdot t)] = 0.001C \times 100/s \times \cos(100/s \cdot t) = 1A \times \cos(1000/s \cdot t)$

在上式中给定具体的时刻，就可算出电流值。例如，$t = 1s$时的电流值为0.174A，$t = 3s$时的电流值为-0.5A。负号表示电流沿相反方向流动，这符合正弦函数的性质。

注意，例2中利用了微积分的知识。不熟悉微积分时，可在附录C中了解一些关于微积分的基础知识。所幸的是，在学习电子学的过程中，几乎不涉及电荷量，通常只考虑电流，而电流可用电流表直接测量得到，或者用不需要微积分的公式计算得到。

2.2.1 对电流的看法

使用电子设备时，需要考虑电流强度的大小。这时，最好的方法是给出额定值。例如，100W白

炽灯的工作电流约为1A；微波炉的工作电流为8～13A；笔记本电脑的工作电流为2～3A；电扇的工作电流为1A；电视机的工作电流为1～3A；烤面包机的工作电流为7～10A；荧光灯的工作电流为1～2A；收音机的工作电流为1～4A；发光二极管的工作电流为20mA；智能手机的工作电流约为200mA；低功率集成芯片的工作电流小于1μA，甚至只有几皮安（pA）；汽车的启动电动机的工作电流约为200A；避雷器的工作电流约为1000A；心脏起搏器或呼吸机的工作电流为100mA～1A。

2.3　电压

要在两点之间形成电流，就要在这两点之间加一个电压。导体两端的电压提供推动导体中所有自由电子运动的电动力（EMF）。

需要指出的是，电压也称电势差或电位，它们指的是同一个量。但是，应尽量避免使用电势差和电位这两个词，因为它们很容易和位能混淆，电压和位能是不同的物理量。

图2.4是一个简单的手电筒电路及其原理图，由两段导线、一个开关将一节电池和一个灯泡连接起来构成。当开关断开时，没有电流流通，而当开关闭合的瞬间，开关之间的电阻几乎降为零，电路中有电流流过。电压驱动电路中所有的自由电子从电源的负极向正极移动，如前所述，这时电路中产生一个与自由电子运动方向相反的电流。

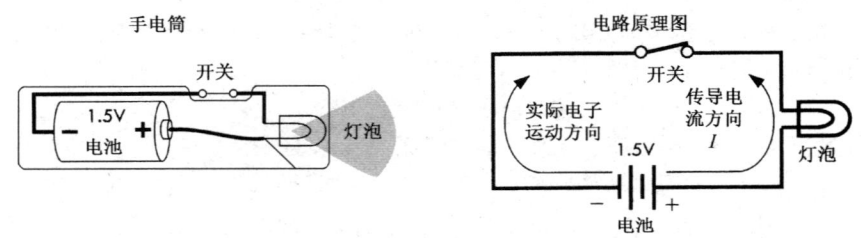

图2.4　一个简单的手电筒电路及其原理图

注意，如电路中需要电池一样，电池要连接到电路中后，其内部才能发生化学反应，使自由电子移动，进而实现电源设计目标。电路的作用是将电池的两端连成回路。图2.5显示了碱性干电池的工作原理，可以看到，虽然通过电路的电流的性质不同，如电池内是离子流，导线中是电子流，但是流过电路的电流是恒定的。

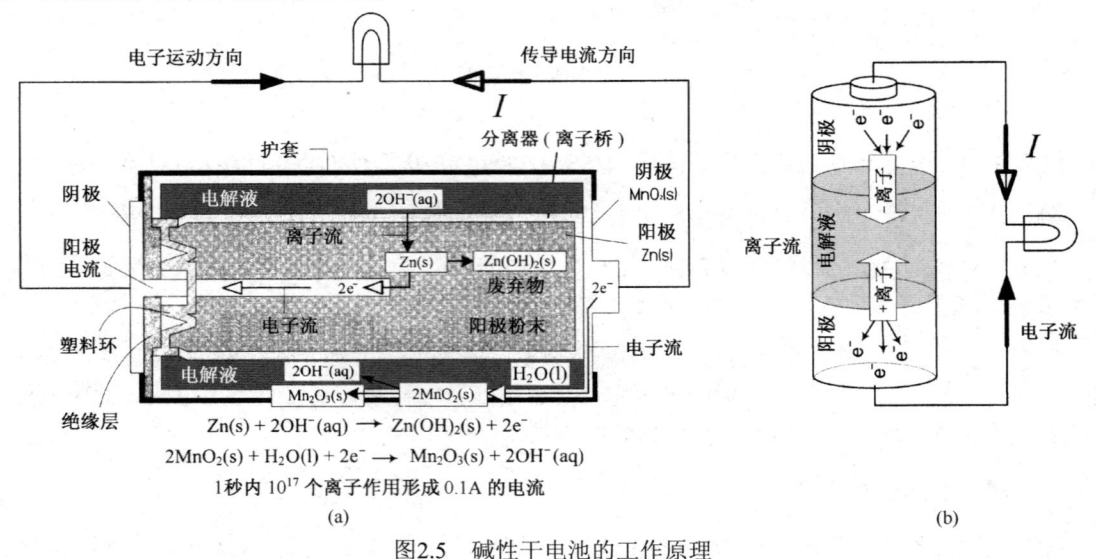

$Zn(s) + 2OH^-(aq) \rightarrow Zn(OH)_2(s) + 2e^-$
$2MnO_2(s) + H_2O(l) + 2e^- \rightarrow Mn_2O_3(s) + 2OH^-(aq)$
1秒内10^{17}个离子作用形成0.1A的电流

(a)　　　(b)

图2.5　碱性干电池的工作原理

灯丝中的自由电子因为受到外加电压的电动力作用而得到能量，并将能量转移给灯丝中的原子，原子在晶格内振动，产生热并发出光（当晶格中原子的价电子受到其他自由电子的激发而回到较低的能量状态时，也释放光子）。

设备的两端保持恒定的电压值时，称其为直流电压源（或DC）。电池是直流电压源的实例，其电路符号为⊣⊦。

2.3.1 电压的产生过程

要了解电池是如何产生一个遍布整个电路的电动力的，可以设想电池内发生的化学反应产生了自由电子，这些自由电子迅速在电池的负极（阳极材料）累积，形成一个电子集中区，在该区域中，存在电子之间的相互排斥力，称为电压。当电池的两端接上负载（手电筒的灯泡、导体、开关）时，电子就从电池的负极扩散到电路中，使连接电池负极的导体端的电子数量增多，进而使导体内部的电压增大。在一个区域中，只要自由电子的数量存在差异，就会在自由电子之间产生一个很大的斥力，靠近那些注入电子的自由电子受到斥力的作用，迅速向相反的方向移动，挤压相邻的电子，进而产生连锁反应（或称瞬态脉冲），并以接近光的速度在电路中传播。电压的产生过程如图2.6所示。

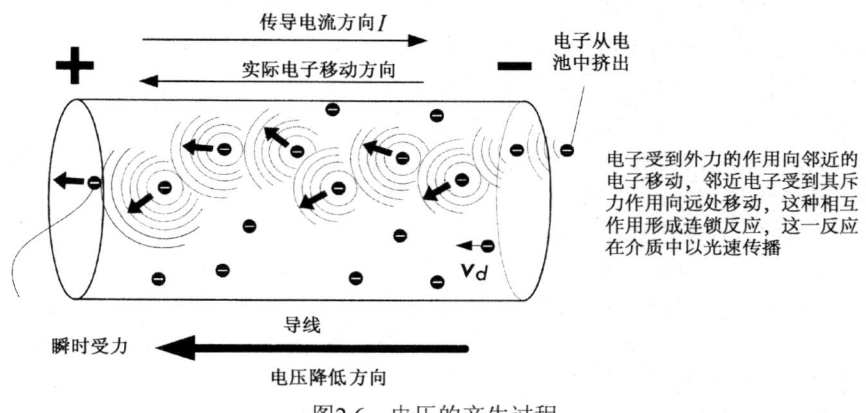

图2.6 电压的产生过程

事实上，电子实际物理运动的平均速度很慢，电子的漂移速度（一群电子向正极移动的平均速度）通常不到1mm/s，如在12号导线中通0.1A的电流时，电子的漂移速度为0.002mm/s。电子的漂移可与电流的流动关联起来，更确切地说，电流I沿着电子运动的反方向运动（如前所述，实际的电子运动非常复杂，而且涉及热效应）。

进入电路的电子所受到的斥力是不相等的，因为物质可以按某种方式吸收一些来自负极的斥力能流（通过电子之间的碰撞及自由电子间的结合等来吸收能量）。如我们知道的那样，电路中包含大量部件，其中一些部件处于网络路径的末端。可以想象斥力能量流经过这些网络路径后变弱，于是弱斥力区就和低电压关联起来，即在这些区域中电子的位能很低，几乎不做功。

新自由电子注入系统后产生电压，因此电压是电压力区中单位电荷在两点之间的位能差（见图2.7）。电压和位能差的关系为

图 2.7 电压的定义

$$V_{AB} = \frac{U_{AB}}{q} \quad \text{或} \quad V_B - V_A = \frac{U_B - U_A}{q} \quad \text{或} \quad \Delta V = \frac{\Delta U}{q}$$

电压的定义表明电压是两点（如点A和点B）之间的测量值，这就是V_{AB}中下标AB的含义，

也可用 ΔV 表示。为了测量和给出每点的确切电压值,需要有一个参考值。在电子学中,通常取电压最低的点为参考点,并且定义参考点上的电位为零。在直流电路中,人们选择电池的负极为电位参考点,并在电路中插入接地符号⏚以标明参考点的位置。

实际上很少用 V_{AB} 和 ΔV 表示电压,而将电压简写为 V 或 V_R。V 表示任意两点之间的电压,V_R 表示电阻 R 两端的电压。于是,电压和位能的关系就可更清晰地表示为

$$V = U/q$$

注意,电压和位能这两个量代表的是两点间的差值,后面所有重要的电子学定律通常都采用这种清晰的表达形式。

在手电筒例子中,可以算出将一个电子从 1.5V 电池的负极转移到正极的位能差为

$$\Delta U = \Delta V q = 1.5\text{V} \times (1.602 \times 10^{-19}\text{C}) = 2.4 \times 10^{-19}\text{J}$$

注意,上式给出的是两个电子之间的位能差,而不是从电池负极(电压为 U_1)发射的电子的实际位能,也不是进入电源正极(电压为 U_0)的电子的实际位能。但是,若假定进入电源正极的电子的位能为零,则可认为来自负极的电子的相对位能为

$$U_1 = \Delta U + U_0 = \Delta U + 0 = 2.4 \times 10^{-19}\text{J}$$

注意,位能增加意味着同性电荷之间的距离变小,位能减小意味着同性电荷之间的距离变大。这里避免使用负电荷,因为电压是根据正电荷定义的。长期以来,采用富兰克林正电荷的观点来处理因注入电子集中产生的电位,问题就能得到解决。

在实际电路中,从电池负极发出的电子数量很多,达到 10^{13} 量级。电子数量与电子流动时所受到的阻力有关,即前面的计算结果应乘以电子的总数量。例如,当手电筒的电流为 0.1A 时,每秒有 6.24×10^{17} 个电子从电池的负极流出,计算得到所有电子的位能约为 0.15J。

电路中各处(如灯丝中自由电子的位能、导线正极和负极的自由电子的位能)的自由电子的位能是多少?我们可以认为灯丝中电子的位能是进入导线负极的电子的位能的一半,能量减少是由于电子受到沿导线其他自由电子的机械碰撞而失去能量,导致电斥力逐渐减弱,事实上,在手电筒电路中,电压减小应归因于自由电子通过灯丝时将能量转换成了热和光。

导体内自由电子的位能来自电池。假设在同一导体中所有的自由电子具有相同的位能,即假设在同一导体上任意两点之间都没有电位差。例如,将一个电压表接在导体的两点之间,测得的电压为 0V(见图 2.8),这是事实。然而,实际并非如此,而是在导体上有一个很小的电压降,使用精度较高的电压表可以测得这个电压降约为 0.00001V 或更小,且其值的大小取决于导体的长度、电流以及导体材料的类型,因为导体本身有内阻。

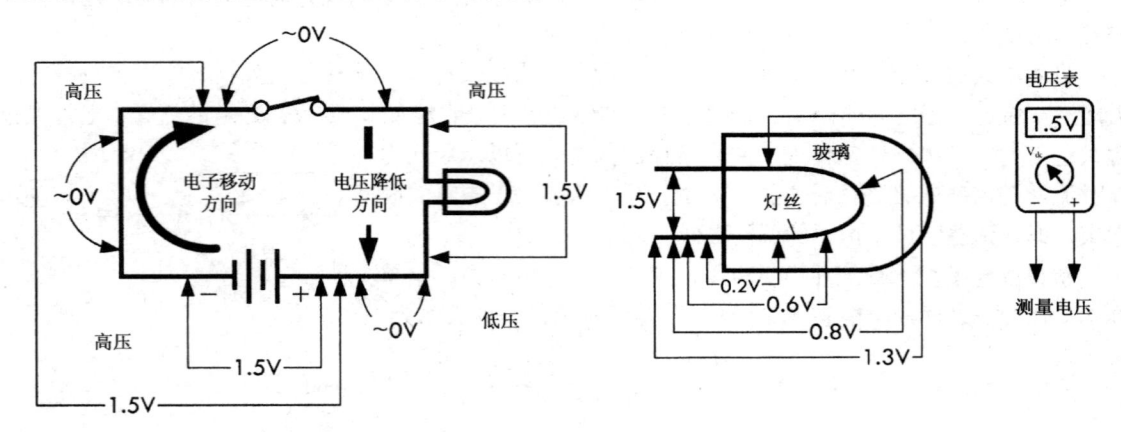

图 2.8 实际电路及测量

2.3.2 伏特和功率的定义

下面利用电压和势能差的关系 $V = U/q$ 来定义电压的单位——伏特。我们定义1伏特为

$$1伏特 = 1焦耳/1库仑, \quad 1V = 1J/1C = J/C（能差）$$

字符V既表示代数量，又表示电源电压的单位。为避免混淆，当表示 $V = 1.5V$ 时，代数量用斜体表示。

两点之间的电压为1V相当于将1C电荷从一点移动到另一点所需做的功是1J。例如，一节1.5V的理想电池在电路中移动1C电荷，相当于做了1.5J的功。

在电子学中，更常用功率来定义伏特，功率是每秒提供给电路的能量，根据能量守恒定律，提供给电路的功率一定等于电路所做的有用功和损耗的功率（如热损耗）之和。一个电子从电源的负极移动到正极时损失了所有位能时，认为这些能量全部转换成了有用功和热损耗。根据定义，功率的数学表达式为 dW/dt。用位能的表达式 $U = Vq$ 代替 W 时，认为电压是常数，于是得出以下公式：

$$P = \frac{dW}{dt} = \frac{dU}{dt} = V\frac{dq}{dt}$$

将电流 $I = dq/dt$ 代入上式得

$$P = VI \tag{2.3}$$

上式用于表示发出的功率，它非常有用，并且给出了一个一般的结论：功率与材料的类型及电荷运动的方式无关。电功率的单位是瓦特（W），1W = 1J/s，用伏特和安培表示为1W = 1VA。

根据功率，伏特定义为

$$1伏特 = 1瓦特/1安培, \quad 1V = 1W/1A = W/A$$

根据功率的公式，可以判定任意电路在给定电压和电流下的功率损耗（见图2.9）。电压和电流可以方便地用电压表和电流表测量得到，但功率的公式未具体说明功率是怎样消耗的。

【例1】灯丝的电压为1.5V，流过它的电流为0.1A，电路消耗的功率为多少？

解：$P = VI = 1.5V \times 0.1A = 0.15W$。

【例2】一个额定电压为12V的电气设备工作时消耗的功率为100W，流过它的电流为多大？

解：$I = P/V = 100W/12V = 8.3A$。

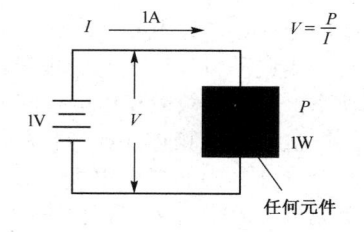

图2.9 电压、电流及功率的实际定义

2.3.3 电池的串联

要提供大功率，就要有高电压。为此，可以串联两节电池（见图2.10）。于是，串联电池的总电压就是各节电池的电压之和。实际上，电池串联是指将两个电压源串联起来，以增大有效电压。从化学角度看，当两节串联的电池具有相同的电压时，其内部的化学反应加倍，进入电路中的电子数量也加倍。

图2.10中应用了接地的概念或0V参考点的概念，接地符号为⏚。这个符号既用于表示大地，又用于指出电路中所有被测电压的参考点。逻辑上，无论何时，只要在测量范围内，都将电位最低的点定义为0V点；对大多数直流电路来说，常将电压源的负极选为零电位参考点。给定了零电位参考点，就可得出一个点的电位，即电路中一点的电压是指该点与参考点之间的电压。例如，图2.10(a)中单节电池的电压为1.5V，将电池的负极选为零电位参考点时，电池正极的电压为1.5V。

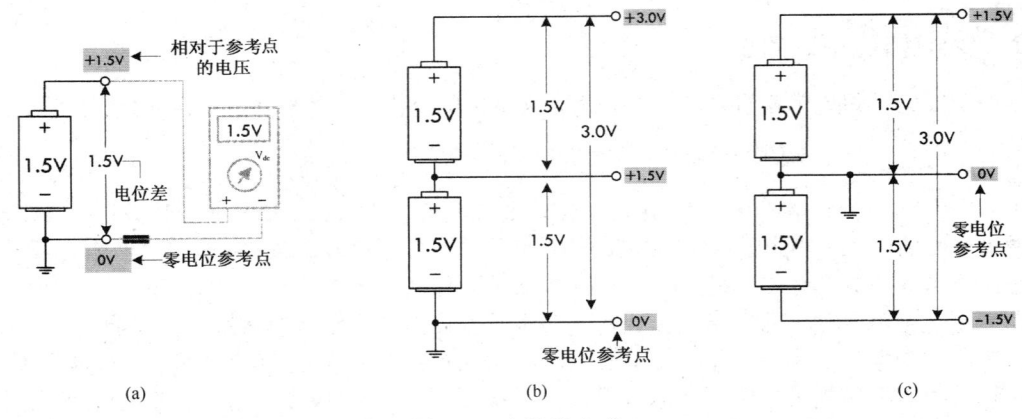

图2.10 电池的串联

图2.10(b)是两节串联的1.5V电池，总电压为3V。将接地点设在下方电池的负极时，两节电池中间的电位为1.5V，上方电池正极的电位为3V。在3V电位点和接地点之间接一个负载时，会产生一个从正极流出，经过负载流回负极的电流。

图2.10(c)表明，我们可将不同的位置设为0V电位参考点，以分割总电位值。如图所示，将0V电位参考点设在两节电池的中间时，相对于参考点来说，将产生+1.5V和-1.5V电位点。许多电路要求有相对于0V电位参考点的正、负电压，此时0V电位参考点起公共端的作用。例如，在正弦信号的音频电路中，相对于0V电位参考点，正、负电压总是交替出现的。

2.3.4 其他电压源

在电池内部，除了存在化学反应，还存在其他效应，这些效应也可以产生推动电子在电路中运动的电动势，如电磁感应、光电效应、热电效应、压电效应和静电感应。但是，在这些效应中，只有用于电动机的电磁感应现象和用于光电池的光电效应、化学反应能够为大部分电路提供充足的功率，而热电效应和压电效应一般非常微弱（通常为毫伏数量级），仅在传感器中使用。静电效应则取决于给定物体（如导体和绝缘体）的剩余电荷。当将电路接在两个带电物体之间时，尽管这两个物体之间的电压很大，会产生危险的放电电流，敏感的电路甚至可能被损坏，但是，一旦放电完成，就没有为电路提供能量的电流。从电的角度说，静电是有害的，不是有用的能量源。本书中将详细讨论所有这些不同反应的机理。

2.3.5 水类比

将水系统和电系统加以类比，可以形象地解释电压的作用。如图2.11所示，将直流电压源视为水泵，将导线视为水管，将正电荷视为水，将电流视为水流，将负载（电阻）视为管道中固定的阻力，该阻力阻碍水流的流动，可比较两者的异同。

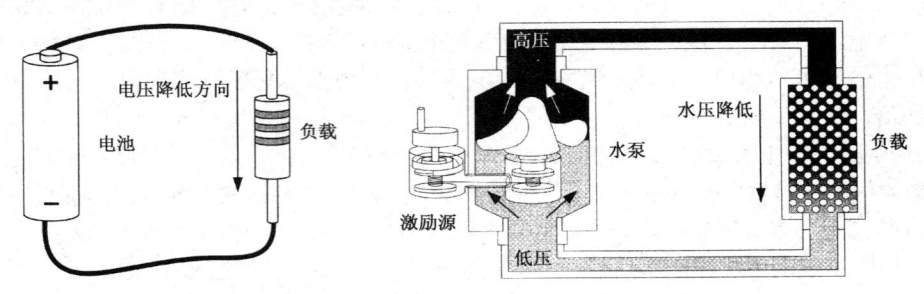

图2.11 电系统与水系统的类比（一）

用水来类比的另一个例子是地球引力产生的压差。虽然这个类比不是很准确，但是至少可以说明电压越大（相当于大的水压），产生的电流就越大的原因（见图2.12）。

不必过分关注这些用水来进行类比的例子，它们与电路不完全相似，仅用来增添一些趣味性，后面将给出严格的证明。

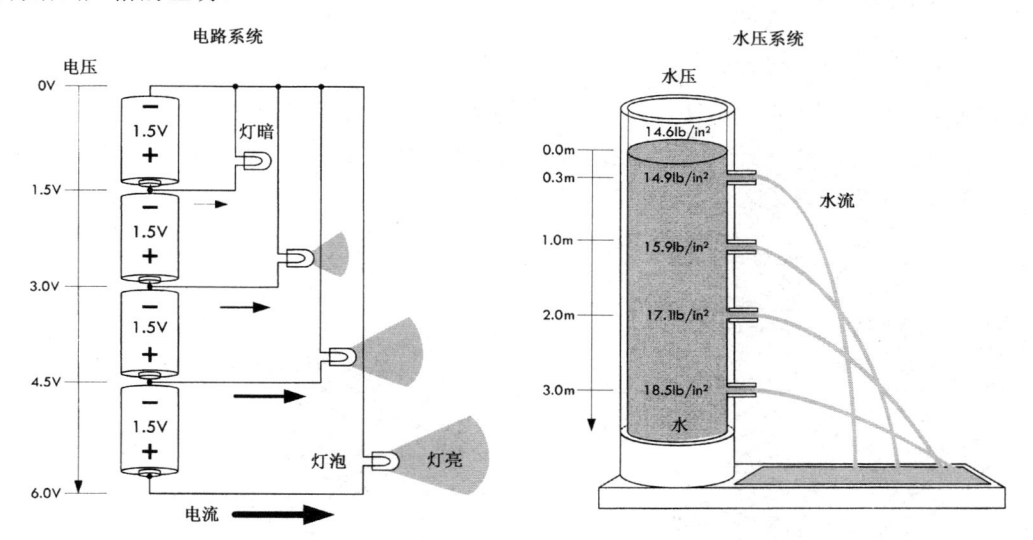

图2.12 电系统与水系统的类比（二）

【例1】给出图2.13中各点之间的电压，如图2.13(a)中A、B两点之间的电压为12V。

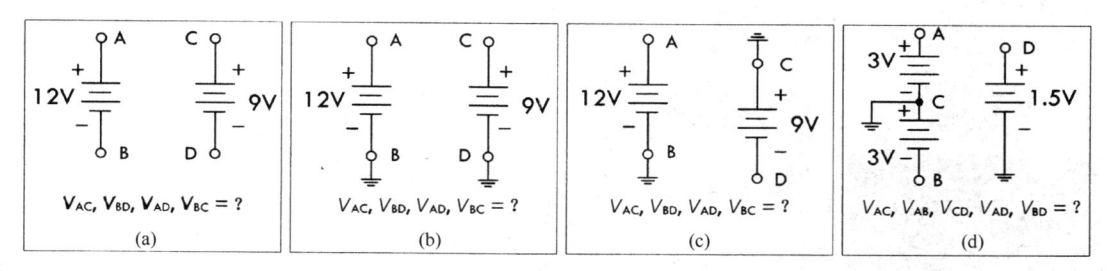

图2.13 例1所示电路

解：(a) $V_{AC}=0V$, $V_{BD}=0V$, $V_{AD}=0V$, $V_{BC}=0V$；(b) $V_{AC}=3V$, $V_{BD}=0V$, $V_{AD}=12V$, $V_{BC}=9V$；(c) $V_{AC}=12V$, $V_{BD}=-9V$, $V_{AD}=-21V$, $V_{BC}=0V$；(d) $V_{AC}=3V$, $V_{AB}=6V$, $V_{CD}=1.5V$, $V_{AD}=1.5V$, $V_{BD}=4.5V$。

【例2】给出图2.14中各点与接地点之间的电压。

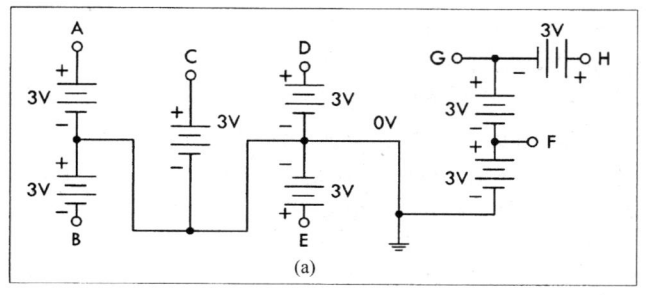

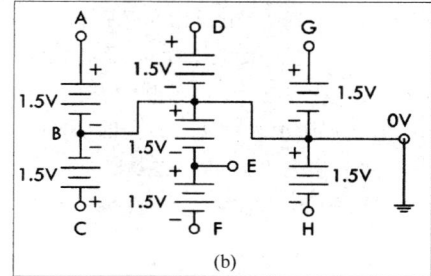

图2.14 例2所示电路

解：(a)A = 3V，B = −3V，C = 3V，D = 3V，E = 3V，F = 3V，G = 6V，H = 9V；(b)A = 1.5V，B = 0V，C = 1.5V，D = 1.5V，E = −1.5V，F = −3.0V，G = 1.5V，H = −1.5V。

2.4 导体的微观结构

从微观上看，铜导体就像装满铜球的格子，这种结构称为面心立方体结构（见图2.15）。对铜和其他金属来说，其内部所有微粒的结合机制称为金属键，金属原子最外层的价电子在两个粒子之间形成电子云［正电荷是原子失去自由电子的结果，见图2.15(b)中的行星原子模型］。自由电子云就像胶水那样把金属离子吸合在一起。

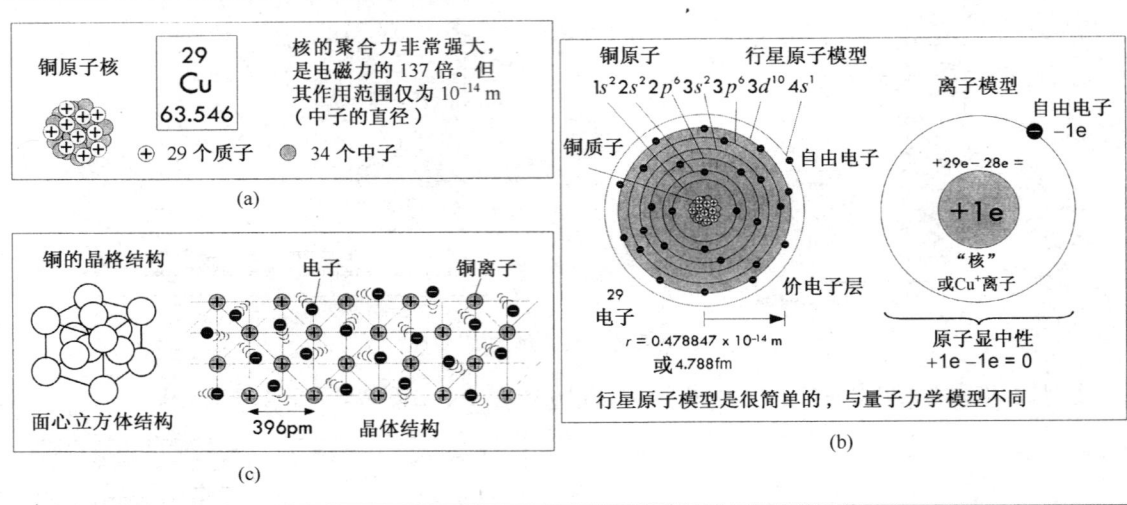

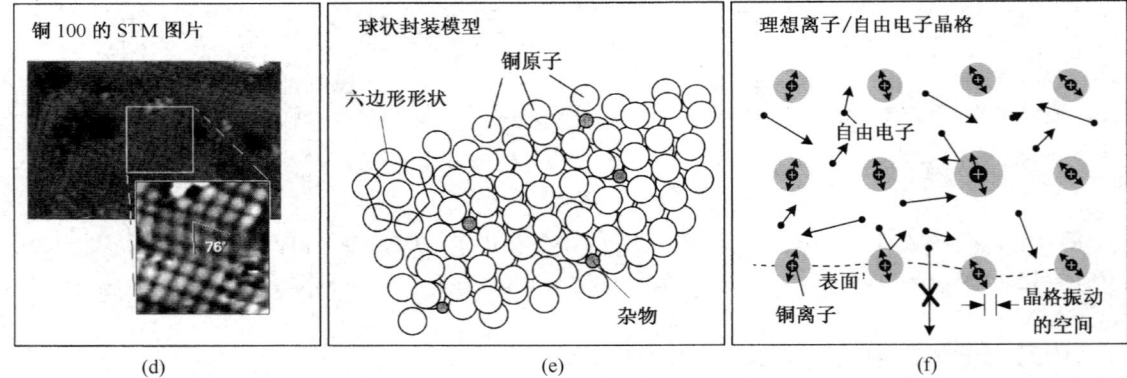

图2.15 (a)铜原子核由质子和中子组成，质子和中子间的核力是电磁力的137倍；(b)铜原子被视为经典的行星原子模型，由一些受电场力作用而在轨道上运动的价电子组成。量子力学解释了为何电子处在不同的离散能级上，以及为何电子不落入原子核内，或者从它们所在的轨道处释放电磁能量；(c)铜晶格呈面心立方体结构；(d)扫描隧道显微镜观察到的铜100的电子轨道；(e)晶格的球状模型显示晶格呈不规则几何形状，原因之一是晶格中夹杂有杂质；(f)晶格中的原子因外部的热交换及和自由电子的相互作用而发生振动，自由电子的运动是无规则的，速度和方向时刻都在变化，并与其他电子和晶格离子发生碰撞，但它们一般不会离开金属表面

自由电子云中的每个电子的运动速度和方向都是无规则的，因此会与金属离子、晶格中的杂质及不均匀边界发生碰撞。在室温和不施加任何电压的情况下，上述现象在铜块中始终存在。

在室温条件下，自由电子不会离开金属表面。自由电子不能脱离晶格中正电荷对它施加的库仑引力（后面将看到，在特殊条件下，使用独特的方法，自由电子可以脱离正电荷的束缚）。

根据自由电子模型（一个经典的模型），将自由电子视为一些不互相作用的电荷气体（认为一个铜原子近似有一个自由电子）时，铜导体的自由电子浓度为$\rho_n = 8.5×10^{28}$个电子/立方米。这个模型表明，在正常情况下（将铜块放在室温下），电子在铜内的热运动速度（或均方根速度）约为120km/s，但是，这个速度与温度有关。在碰撞其他物体之前，电子所运动的平均距离称为平均自由行程λ，λ约为0.000003mm，两次碰撞之间的平均时间τ约为0.000000000000024s。在许多场合，自由电子模型在量值上被认为是正确的，但根据量子模型，自由电子模型是不准确的（用$v = \lambda/\tau$表示速度、路径和时间的关系）。

在量子力学中，电子遵循基于量子物理学的速度分布定律，电子的运动依赖于量子观点，这个观点要求将电子视为从铜晶格结构中散射的波，量子观点给出的一个自由电子的热运动速度（称为费米速度v_F）比自由电子模型的电子热运动速度要快，约为$1.57×10^6$m/s，且与温度基本无关。另外，量子模型给出了较大的平均自由行程，约为$3.9×10^{-8}$m，该自由行程与温度有关。量子理论观点已被人们接受，因为它给出的答案和实验数据更接近。表2.1给出了各种浓缩金属的特性。

表2.1 各种浓缩金属的特性

材　料	费米能量E_F(eV)	费米温度 ($×10^4$K)	费米速度 (m/s) $v_F = c\sqrt{2E_F/m_{ec}^2}$	自由电子密度ρ_e 电子/立方米	功函W (eV)
铜（Cu）	7.00	8.16	$1.57×10^6$	$8.47×10^{28}$	4.7
银（Ag）	5.49	6.38	$1.39×10^6$	$5.86×10^{28}$	4.73
金（Au）	5.53	6.42	$1.40×10^6$	$5.90×10^{28}$	5.1
铁（Fe）	11.1	13.0	$1.98×10^6$	$17.0×10^{28}$	4.5
锡（Sn）	8.15	9.46	$1.69×10^6$	$14.8×10^{28}$	4.42
铅（Pb）	9.47	11.0	$1.83×10^6$	$13.2×10^{28}$	4.14
铝（Al）	11.7	13.6	$2.03×10^6$	$18.1×10^{28}$	4.08

注：1eV = $1.6022×10^{-19}$J，$m_e = 9.11×10^{-31}$kg，$c = 3.0×10^8$m/s。

由静电引力导致的表面约束能阻止电子扩散到金属表面之外，该约束能称为功函。铜的功函约为4.7eV（1eV = $1.6022×10^{-19}$J）。只有使用特殊的处理方法，才能让电子逸出金属表面，如热电子发射、场致发射、二次发射和光电发射。

热电子发射　通过升高温度给自由电子提供足够的能量来克服物质的功函，发射的电子称为热电子。

场致发射　给导体施加高电压，由电场产生的额外能量为电子提供足够大的正极引力，使电子逸出表面。这需要一个特别大的电压。

二次发射　高速电子或其他粒子轰击金属表面而发射电子。

光电发射　物质中的自由电子吸收一定频率的光子的能量，克服功函，光子要有合适的频率才能发射电子，因为能量与频率的关系为$W = hf_0$（普朗克常数$h = 6.63×10^{-34}$J或$4.14×10^{-14}$eV，f_0的单位为赫兹）。

2.4.1　施加电压

当为导体两端施加电压，即将粗铜导线连接到电池的两极时，会发生什么？这时，导线内部会形成电场（电场是由电池的一端聚集负电荷而另一端聚集正电荷形成的），所有做无规则运动的电子都受一个指向导线正极的力。实际上，这个作用在无规则运动电子上的力很小，而电子的热运动速度很大，以至于很难改变电子的运动，仅使运动路径出现很小的偏离（见图2.16）。

在导线中，电场沿力的方向通常导致一个加速度分量，但是电子之间的持续碰撞将产生拉力，就像降落伞受到的拉力那样，合力可视为平均群速度，称为漂移速度v_d。显然，该速度非常小。例如，在12号铜导线上施加电压将产生0.1A的电流，其漂移速度约为0.002mm/s，且由下式定义：

$$v_d = J/(\rho_e e)$$

式中，J是电流密度，即单位面积通过的电流（$J = I/A$），ρ_e是材料中的自由电子密度，e是一个电子的电荷量。表2.1给出了各种材料的自由电子密度。可以看出，漂移速度随电流和导体直径的变化而变化。

电子漂移速度很慢，仅为百万分之一米每秒，因此有必要考虑电流是如何流动的。例如，当闭合手电筒的开关时，会发生什么现象？当然，电子从电池移动到导体内部不会花很长时间，当开关闭合时，进入导线的电子的电场对相邻的电子产生斥力，使相邻的电子向下一个相邻的电子移动，以此类推，形成一个相互作用的链条，且这个相互作用以光速在物体中传播（见图2.17）。然而，实际上，这种相互作用的速度远小于光速，且与介质的性质有关。最靠近开关的那些电子和遍布导体内的所有电子，以及靠近灯丝或发光二极管的电子几乎是同时运动的。类似于流体的流动，由于水管中已充满水，水龙头处的水压迅速传递到整个水管，水龙头打开时，水管端部的水就会立即流出。

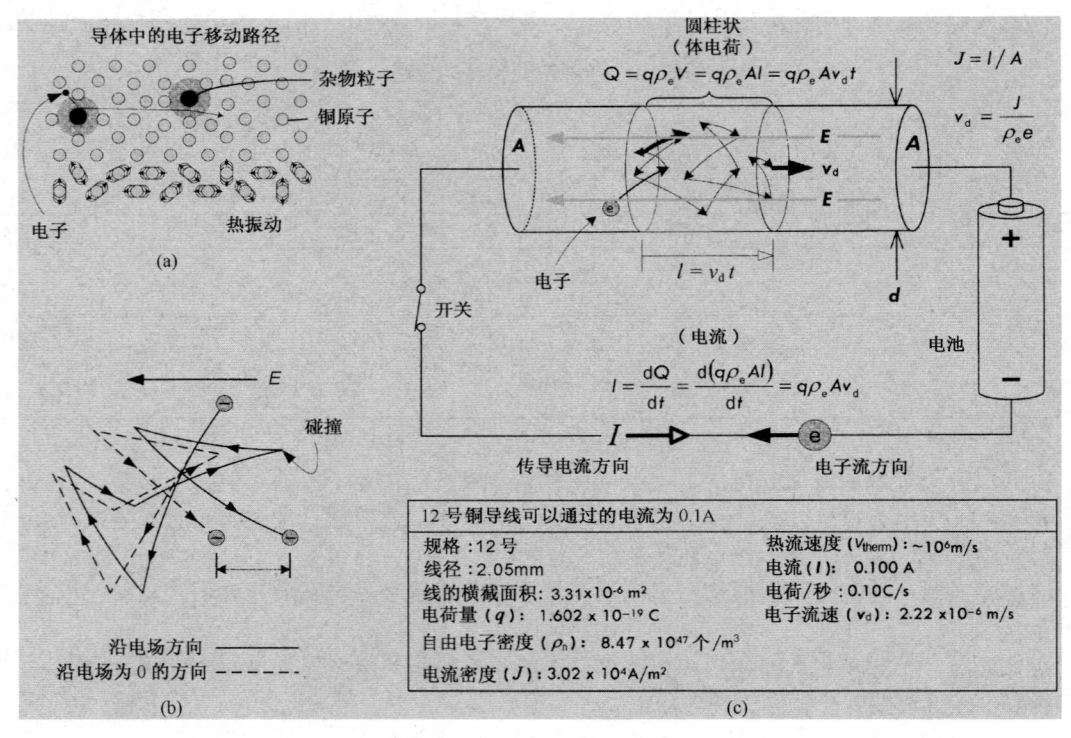

图2.16 (a)电子做无规则运动经过铜晶格时，碰撞晶格内的原子和杂质并被弹回；(b)金属中的电子与离子和杂质发生碰撞的概率是随机的。在电场中，电子获得一个很小的与电场方向相反的速度。电子运动路径上的偏差被放大，在运动路径上实际上只有微小的偏离；(c)说明电流密度、漂移速度、电荷密度、电子的热运动速度和电流的模型

在交流情况下，场以正弦方式变化，电子的漂移是往返运动。当交流电流的频率为60Hz时，电子来回摆动的次数为60次/秒。当在某个周期中的最大漂移速度是0.002mm/s时，最大的摆动距离约为0.00045mm。当然，这并不意味着电子就被固定在某个摆动的位置，这里仅给出电子漂移距离的概念。事实上，由于热效应，电子的所有运动都是无规则的，实际位移也非常大。

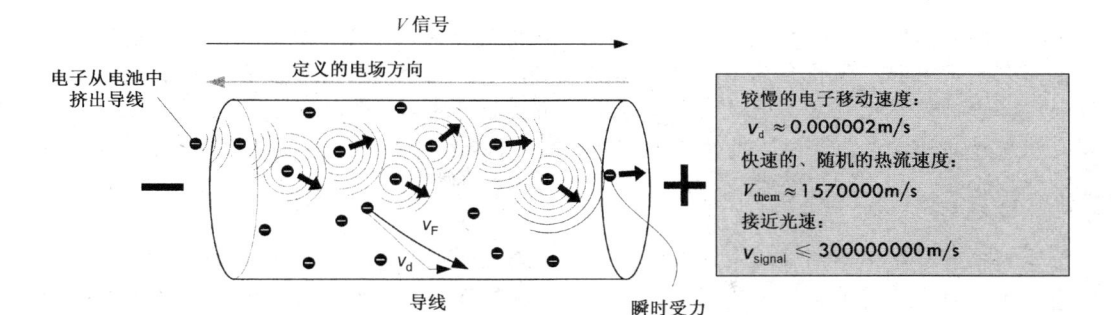

图2.17 电子注入导线的一端时,电场在导线中的形成过程

2.5 电阻、电阻率和电导率

根据上述内容,我们知道在室温条件下,铜导线内的自由电子频繁地和其他电子、晶格离子及杂质碰撞,而这将限制电子的定向运动,于是我们可以设想将阻止电子流动的微观机理和电阻关联起来。1826年,乔治·西蒙·欧姆公布了关于不同材料电阻的实验结果,实验结果是定性的近似,不涉及微观机理,而只考虑宏观效应。欧姆发现,流过物体的电流和加在其上的电压呈线性关系。欧姆定义电阻为施加的电压与引起的电流之比,即

$$R = V/I \tag{2.4}$$

上式称为欧姆定律。式中,R为电阻,其单位为伏特/安培,或欧姆(Ω)。1Ω是指施加1V电压、流过1A电流时的电阻,即

$$1\Omega = 1V/1A$$

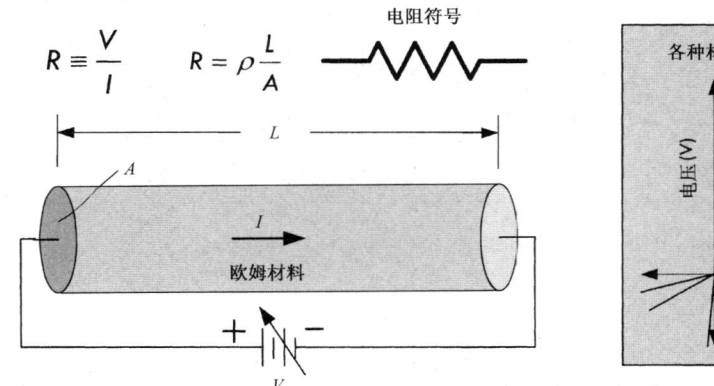

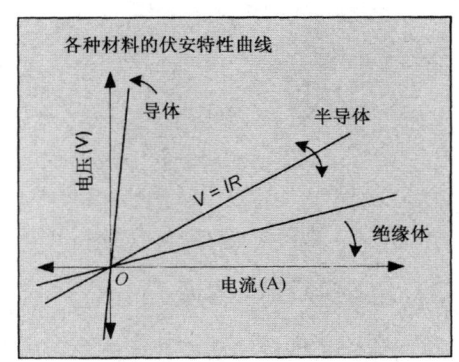

符号—⋀⋀⋀—表示电阻(见图2.18)。

图2.18 欧姆定律的定义

显然,欧姆定律不是一个真正的定律,确切地说,它是关于物质的性质的实验表述。事实上,有些物质不符合欧姆定律。

欧姆定律只适用于欧姆材料——在所能承受的电压范围内电阻为常数的材料。而非欧姆材料的电阻不是常数,且非欧姆材料不遵循欧姆定律。例如,当施加到二极管上电压为正时,电流很容易流过二极管,但当施加到二极管上的电压为负时,二极管呈高电阻,阻止电流流过。

关于欧姆定律的特别说明

欧姆定律常被写为$V = IR$,其中用电阻和电流来定义电压。要明确的是,欧姆材料的电阻R与

欧姆定律中的电压V是无关的。事实上，欧姆定律没有说任何关于电压的事情。确切地说，欧姆定律用电压来定义电阻，但该定义不适用于其他物理领域，如静电学，因为静电问题中没有电流流动。换句话说，不能用电阻和电流来定义电压，而只能用电压和电流来定义电阻。但是，可以用欧姆定律来计算给定电阻和电流时的电压，事实上，在电路分析中一直是这样做的。

2.5.1 导线形状与导线电阻

给定材料的导线电阻与导线形状有关。导线长度加倍时，导线电阻也相应地加倍；加在电阻上的电压不变时，流过电阻的电流减半。反之，导线的横截面积加倍时，导线的电阻减半；加在电阻上的电压不变时，流过电阻的电流加倍。

电阻随导线长度增加而增加的原因可以解释如下：由于导线长度增加，导线中存在更多的晶格离子和杂质，对电源注入电子产生的电场施加反向推挤力，削弱电场推动电子运动的作用，使导线中电子的碰撞加剧，于是更多的电子被弹回。

电阻随导线横截面积增大而减小的原因可以解释如下：具有较大体积和较大截面积的导体可以通过较大的电流。当一根细导线和一根粗导线中流过的电流都是0.1A时，细导线将0.1A电流集中在较小的体积内，而粗导线将0.1A电流分配到较大的体积内，电子在较小的体积内将和其他电子、晶格离子与杂质发生更多的碰撞。根据本杰明·富兰克林的理论，集中的自由电子的流动反映了向相反方向流动的电流的集中程度，这个电流的集中程度称为电流密度，即单位面积流过的电流。对导线来说，有$J = I/A$。图2.19说明了在12号导线中的电流密度比4号导线中的电流密度大，同时说明了粗导线中的电子漂移速度小于细导线中的电子漂移速度，原因是电场压力减小，且低于沿电流方向的平均推力。

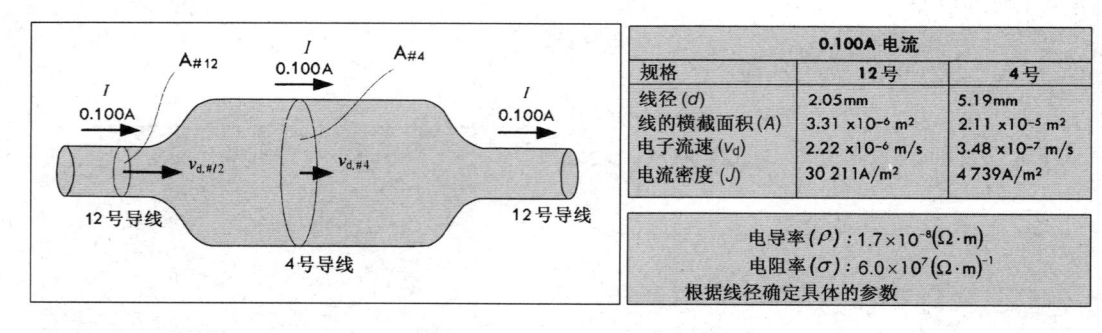

0.100A 电流		
规格	12号	4号
线径(d)	2.05mm	5.19mm
线的横截面积(A)	3.31×10⁻⁶ m²	2.11×10⁻⁵ m²
电子流速(V_d)	2.22×10⁻⁶ m/s	3.48×10⁻⁷ m/s
电流密度(J)	30 211A/m²	4 739A/m²

电导率(ρ)：1.7×10⁻⁸ ($\Omega \cdot m$)
电阻率(σ)：6.0×10⁷ ($\Omega \cdot m$)⁻¹
根据线径确定具体的参数

图2.19 导线直径对电阻的影响。单位长度细导线的电阻比粗导线的电阻大

2.5.2 电阻率和电导率

除物体的长度和横截面积影响电阻的阻值外，物体的化学特性也影响电阻的阻值。例如，具有相同尺寸的铜导线和黄铜导线，哪种的总电阻大？为了回答这个问题，同时也为了给出材料分类的方法，人们提出了电阻率的概念。电阻率与材料的几何尺寸完全无关，这一点与电阻不同。电阻率是材料的固有特性。我们用ρ表示电阻率，其数学定义式为

$$\rho = A/L \tag{2.5}$$

式中，A为横截面积，L为长度，A和L可以通过测量得出；R为物体的总电阻。电阻率的单位为欧姆·米（$\Omega \cdot m$）。

一些人认为电阻率是一个非常负面的概念，因为它反映的是物体阻碍电流的负面效应。因此，从积极的一面出发，他们更愿意接受电导率的概念，因为电导率反映的是物体导通电流的能力。我们用σ表示电导率，它是电阻率的倒数，即

$$\sigma = 1/\rho \tag{2.6}$$

电导率的单位是西门子，S = (Ω·m)$^{-1}$［注意，(Ω·m)$^{-1}$ = 1/(Ω·m)］。电导率和电阻率的概念同样重要。有人喜欢在公式中用电导率，而有人则喜欢用电阻率。

利用电阻率和电导率，可将欧姆定律改写为

$$V = IR = \rho \frac{L}{A} I = \frac{IL}{\sigma A} \tag{2.7}$$

表2.2给出了一些材料的电导率和电阻率（表中的数据参考了一些化学和物理手册）。像铜和银这样的金属的电导率要比良绝缘体（如聚四氟乙烯）的电导率高10^{21}倍。虽然铜和银的电导率都很大，但是在实际应用中银的成本太高。铝也是良导体，曾被用于家用电路中，但由于铝被氧化后导电性能变得很差，接触电阻增大，允许流过的极限电流减小，因此容易引发火灾。

表2.2 一些材料的电导率和电阻率

材 料	电阻率ρ Ω·m	电导率σ (Ω·m)$^{-1}$	温度系数α ℃$^{-1}$	热阻率 (W/cm·℃)$^{-1}$	导热系数k W/cm·℃
导 体					
铝	2.82×10^{-8}	3.55×10^7	0.0039	0.462	2.165
金	2.44×10^{-8}	4.10×10^7	0.343	2.913	
银	1.59×10^{-8}	6.29×10^7	0.0038	0.240	4.173
铜	1.72×10^{-8}	5.81×10^7	0.0039	0.254	3.937
铁	10.0×10^{-8}	1.0×10^7	0.0050	1.495	0.669
钨	5.6×10^{-8}	1.8×10^7	0.0045	0.508	1.969
铂	10.6×10^{-8}	1.0×10^7	0.003927		
铅	0.22×10^{-6}	4.54×10^6		2.915	0.343
钢（不锈钢）	0.72×10^{-6}	1.39×10^6		6.757	0.148（312）
镍铬铁合金	100×10^{-8}	0.1×10^7	0.0004		
锰镍铜合金	44×10^{-8}	0.23×10^7	0.00001		
黄铜	7×10^{-8}	1.4×10^7	0.002	0.820	1.22
半导体					
碳（石墨）	3.5×10^{-5}	2.9×10^4	−0.0005		
锗	0.46	2.2	−0.048		
硅	640	3.5×10^{-3}	−0.075	0.686	1.457（纯）
砷化镓				1.692	0.591
绝缘体					
玻璃	10^{10}～10^{14}	10^{-14}～10^{-10}			
氯丁（二烯）橡胶	10^9	10^{-9}			
石英	75×10^{16}	10^{-16}			
硫黄	10^{15}	10^{-15}			
聚四氟乙烯 （塑料，绝缘材料）	10^{14}	10^{-14}			

电阻率或电导率的值与温度有关。在一定的温度范围内，大多数金属的电阻率与温度的关系为

$$\rho = \rho_0 [1 + \alpha(T - T_0)] \tag{2.8}$$

式中，ρ是要计算的电阻率，它取决于参考电阻率ρ$_0$和温度T$_0$。α是电阻率的温度系数，单位为1/℃或℃$^{-1}$。大部分金属的电阻率随温度的升高而增大，因为温度升高时，由热能导致的晶格中原子的振动会阻碍导体中电子的漂移。

水、空气、真空的绝缘性和导电性问题需要专门讨论，表2.3给出了特殊物质的电阻率。

表2.3　特殊物质的电阻率

材　料	电阻率ρ $\Omega\cdot m$	说　明
纯水	2.5×10^5	蒸馏水是良绝缘体，它具有很大的电阻率。蒸馏水具有弱导电性能的原因是，依靠离子的流动进行导电，而不像金属那样依靠电子的流动导电。在室温下，水通常发生自电离，水中H_3O^+和OH^-离子的数量增加，但相对于大量水分子来说，它的数量很少，后者与前者的比例约为1:10^{-7}。将连接电池的两个铜电极放入装有蒸馏水的桶中时，在电路的固定导线上可以测得电流，且根据欧姆定律可以算出水的电阻约为$20\times10^6\Omega/cm$。在两个电极之间，H_3O^+流向负极，而OH^-流向正极。当离子和电极接触时，就会堆积电子，或者离子和电子重新结合
盐水	~0.2	将离子化合物NaCl（食盐）溶于水中，将增加溶液中的离子浓度。NaCl电离成Na^+和Cl^-。质量为1克的盐可以产生约2×10^{22}个离子。这些离子起电荷载体的作用，大大降低了溶液的电阻（使溶液的电阻降至$1\Omega/m$以下）。将溶液视为导体时，接上电池和灯泡后，流过灯泡的电流将点亮灯泡
人体皮肤	~5.0×10^5	电阻和皮肤的湿润程度及皮肤含盐量的多少有关
空气		认为绝缘体内几乎没有自由电子。但是，和液体一样，空气中经常含有正、负空气离子。空气中的中性分子失去电子就形成空气离子，如氧分子（O_2）或氮分子（N_2），被大气中的X射线、伽马射线轰击，或者衰变氡原子辐射α粒子（例如，在海平面上，每秒每立方厘米产生5~10对离子）。氧和氮的正极分子迅速吸引水中的极性分子（10~15个），生成空气正离子群。另一方面，释放的电子大部分被吸附到氧分子上（氮对电子无吸引力）。注意，空气是中性的，因为正、负离子总是成对出现的，正、负电荷的数量相同
		空气中要形成电流，就要在空气中施加电场。给两块平行放置的金属板施加不同的电压时，它们之间就会形成一定的电势差。当电压较低时，电场强度较小，板间有空气离子的运动，但自由流动的离子数量非常少，因此认为无电流产生。但是，增大电场强度，空气中原有的自由电子的运动被加速，以很高的速度向正极板运动，这些具有足够能量的电子与空气分子碰撞，产生更多的正、负
		离子对。当两极板间空气中的电场强度达到约3MV/m时，即间距为1cm的极板施加30000V电压时，电场就达到引起电离的击穿场强，这时板间空气发生电离。在板和针状导体或板和细导线之间施加电场时，只需几千伏电压就会发生电离。空气电离现象分为以下几种情况： 电晕放电：在电极周围小范围内的电离。当电极表面的电场达到击穿强度时，场中出现缓慢移动的离子和带电粒子形成的电流，这个电流流向相反极性的电极，可以是相反极性的带电平板，或者是室内的墙或地面。这种放电可以持续到电场强度高于击穿场强
		火花放电：发生在两个圆形导体之间的放电。当对两导体施加不同的电压时，通常一个导体接地，与电晕放电一样，在电场强度超过击穿场强的点发生放电。但是，与电晕放电不同的是，火花放电时，在两电极间的所有地方都产生电离，放电速度非常快，放电能量局限在一个较小的空间范围内。引起电场击穿的电压称为击穿电压。例如，当人穿绝缘鞋走在绝缘地板上时，由于和地面的接触与摩擦，身体将带电荷，因此当人触摸接地的物体时，就在身体和物体之间产生电荷的流动，有时甚至还未接触到物体就产生了电火花。很少人在意1000V以下电压的放电现象，但是当电压达到约2000V时，大多数人开始有不舒服的感觉，而当电压达到约3000V时，几乎所有人都会抱怨放电引起的痛楚
		刷形放电：一种介于电晕放电和火花放电之间的放电形式。刷形放电发生在带电物体和曲率半径为毫米级的接地电极之间。刷形放电持续较长的时间时，会形成一些不规则的发光路径。几乎所有绝缘放电都是刷形放电，如拿起带电荷的复印件或脱毛线衬衫时听到的噼啪声就是刷形放电
真空		真空是理想的绝缘体。根据定义，真空中没有任何自由电荷。但是，这并不意味着电荷不能通过真空。各种机理表明电子可以从物体表面逸出而进入真空，这种机理也可应用于空气中。这些机理包括：热电子发射，指温度升高，自由电子获得足够的能量，克服物体表面的势垒（功函）而脱离物体表面；场致发射，指导体上的高电压产生的正电场吸引自由电子，使其脱离物体表面；发射表面和正极导体之间的这个高电压要求达到兆伏/厘米；二次发射，指高速电子和带电粒子碰撞与轰击金属的表面，使金属表面发射电子；光电发射，指一定频率的光子穿透金属表面，被自由电子吸收，使电子逸出金属表面。上述机理被用于真空管中。不利用上述机理产生电子时，真空中没有维持电流的电荷源

2.6 绝缘体、导体和半导体

我们已知物质的电导率在导体和绝缘体之间相差很大。良导体的电导率约为 $10^8 \Omega \cdot m$；良绝缘体的电导率约为 $10^{-14} \Omega \cdot m$；典型半导体的电导率为 $10^{-5} \sim 10^3 \Omega \cdot m$，具体取决于温度的高低。从微观的角度如何解释电导率的不同呢？

回答这个问题要借助电子的量子理论。古典物理学认为金属电子的能量可以是任意值，也就是说，能量值是连续变化的（这里认为在离原子核的无限远处，电子的能量是零。相对于零参考点来说，越靠近原子核，电子的能量就越负，负能量表示正原子核与电子之间有吸引力，这就是电势能）。但是，量子理论对金属电子的描述表明电子的能量是一些离散值，这是由于电子的波动性，就像细绳上的驻波仅在离散频率处存在。图2.20所示的能级表给出了一个电子可能的能级（忽略晶格的影响），但每个能级上不是必有电子的。

当一组原子形成一个规则的晶格时，电子的能量值就已确定，即一些离散的能量区域，称为允带。能带以外的区域称为能隙，能隙是没有电子的区域，即使放入一个电势周期变化的金属正晶格离子，能隙中也没有波的传播。以原子物理的电子伏特范围来衡量时，这些能隙是非常大的。另外，能带表中表示的能级只列出了电子能级的可能值，在这些能级上可能有电子，也可能没有电子。

量子物理有一个有趣的特性，称为泡利排斥原理或泡利不相容原理，该原理在定义物质属性时起关键作用。泡利排斥原理说的是，在一个原子中没有两个电子处于同一量子态。量子态的最小公约数是旋转量子数 m，它表明反向旋转的两个以上的电子是不可能在同一个能级上的。考虑一个处于平衡状态的含有许多自由电子的固体，电子充满最低的允带。每次上升两个能级，这些能量降低的电子被更紧地束缚，称为芯电子。当所有电子都处于最低的能量态时，只剩下两种可能的结果：第一种是，被充满的最高能级位于能带中间的某个位置；第二种是，电子完全填满一个或更多的能带，假设在足够低的温度下，物质中的电子不会因热效应而跃迁到较高的能级。

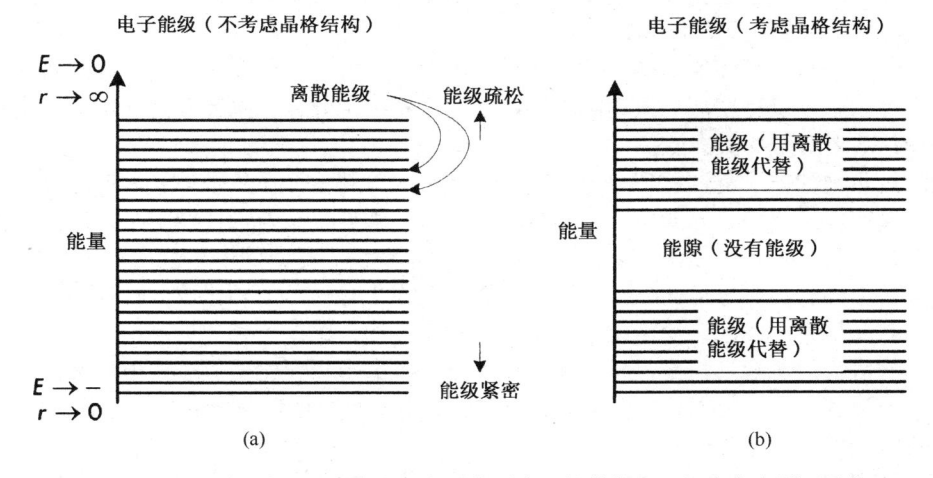

图2.20 (a)能级表给出了固体内部电子的所有可能的能级，但未考虑原子晶格结构的影响；(b)能级表列出了具有规则原子晶格结构的一种物质的电子的所有可能的能级。电子的能量被严格地限制在允带中，在一个大能隙中是没有任何电子的，即使是在允带中，所有可能的电子能量也紧密地分布在离散的能级上

接入电压源后，通过施加电场为自由电子增加能量，处于较低能级的电子无法获得能量，因为它不能跃迁到已被充满的较高能级。仅有那些处于最高能级的电子才能获得能量，然后跃

迁到靠近的空能级。电子仅充满部分能带的物质是导体，当处于较高能级的电子自由移动到空能级的瞬间，就形成了电流。电子从低能级跃迁到高能级称为激发。允许电子占据的能带称为价（电子）带，允许电子跃入的空能带称为导带。导体的能带结构如图2.21(a)和(c)所示。

物质的最高能级电子完全填满一个能带时，较小的电场将不能给电子提供足够的能量使其越过较大的能隙到达下一个空能带的底部，这种物质就是绝缘体。图2.21(b)给出了绝缘体的能带结构。钻石是一种良绝缘体，其能隙是6eV。

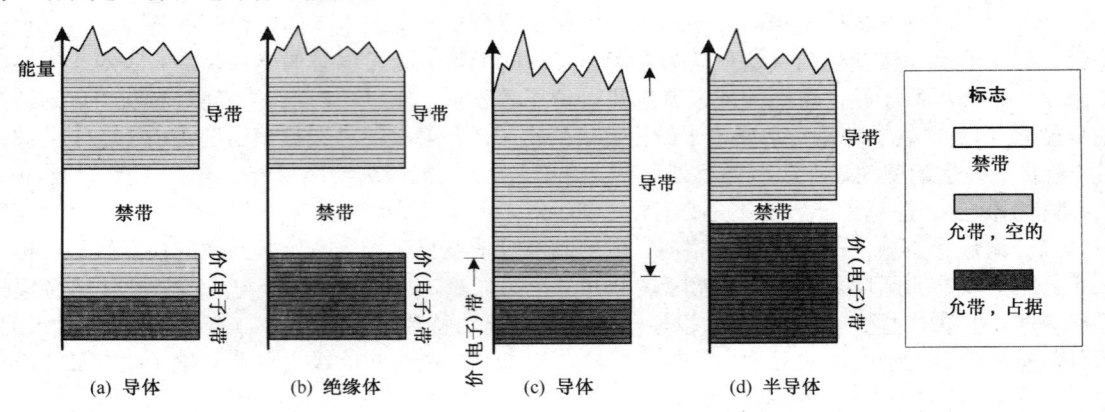

图2.21 固体的4种可能的能带结构。(a)导体：允带只有部分被充满，电子可被激发而跃迁到邻近的能级；(b)绝缘体：在禁带中，即在一个充满的允带和下一个允带之间，存在一个大的能隙；(c)导体：允带出现重叠；(d)半导体：在一个充满的允带和下一个允带之间存在一个非常小的能隙，因此，在常温下，一些电子可被激发到导带，在价带中留下空穴

在半导体中，高能量电子在热力学零度时充满一个价（电子）带，这一点和绝缘体一样。但和绝缘体不同的是，半导体在价（电子）带和下一个允带（导带）之间存在一个小的能隙。由于能隙较小，适当的电场（或有限的温度）将使得电子越过能隙而导电。因此，存在一个使物质由绝缘体变成导体的最小电场。硅和锗是半导体，它们的能隙分别是1.1eV和0.7eV。对半导体来说，温度升高将给部分电子足够的热能，使其越过能隙。对一般的导体来说，温度升高将增大导体的电阻率，这是由于原子更剧烈的振动阻碍了电子的流动。半导体的温度升高使更多的电子进入允许的空能带，其电阻率反而降低。

当处在价带中的电子越过能隙而导电时，留下空穴。其他处在价带中且靠近能级上部的电子进入空穴，又留下了它们自己的空穴，其他电子接着移入这些空穴，如此下去，空穴就像是导电的正电荷，充当正电荷的携带者。在半导体中，从价带激发到导带的电子就这样起双重导电作用。

除了自然界固有的半导体，如硅和锗，还有化合物半导体，如砷化镓。其他半导体则是通过将杂质掺入硅晶格而制成的，如用磷、镓和锑元素组中的一个原子替代硅晶格中的原子，硅晶格本身不会受到太大的影响。但是，每种杂质在其价带中的电子要比硅原子的电子多，这些额外的电子在价带中没有位置，因此会占据导带的位置而导电。含有这种杂质的半导体称为N型半导体，其中额外的电子称为施主电子。

在硼、铝和镓元素组中，原子中的价电子少于硅原子的价电子，将它们的一个原子作为杂质加入硅晶格后，结合晶格所需的电子数就不够，所缺电子必须由物质晶格中的价带电子来提供，这样，在这个价带中就会形成空穴。这些空穴的作用是携带正电荷。杂质原子称为受主原子，内部含有这种杂质的半导体称为P型半导体。

后面将看到N型和P型半导体是如何用在二极管中起单向导通作用的，以及是如何用在晶体管中起电压控制电流的开关作用的。

2.7 热和功

2.3节给出了功率定理，该定理表明测得设备中的电流及加在该设备上的电压后，该设备消耗的功率为

$$P = VI \tag{2.9}$$

功率定理表示一个电路消耗了多少功率，而没有说功率是怎么消耗的。下面考虑一个有两个引出端的黑盒子，盒子中的未知电路可以包含各种电气设备，如电阻、电灯、电动机或晶体管。用电流表和电压表或功率表测得流入黑盒子的电流及其两端的电压后，应用功率定理，将测得的电流和电压相乘，就可得到黑盒子消耗的功率。以图2.22为例，当施加10V电压时，测得电流为0.1A，则黑盒子消耗的总功率为1W。

知道黑盒子消耗了多少功率是非常有用的：我们不仅可以快速测量功率消耗，还可以简化电路分析。计算消耗的功率有多少转换为热的问题也是有意义的（进入晶格中的能量，通过其振动发射热量等），但若无法看到黑盒子的内部，则这个热量实际是无法计算的，因为盒子内的电气设备开始阶段吸收的能量用来做了有用功，如在电动机的转子和定子电枢中产生磁场使转子旋转，或在纸盒喇叭的发音线圈中产生磁场来压缩空气，或产生光能、无线电波等。这些都是功转换为其他形式的能量。而加剧化学反应、产生磁滞效应或产生变压器涡流则是功转换为热能的例子。

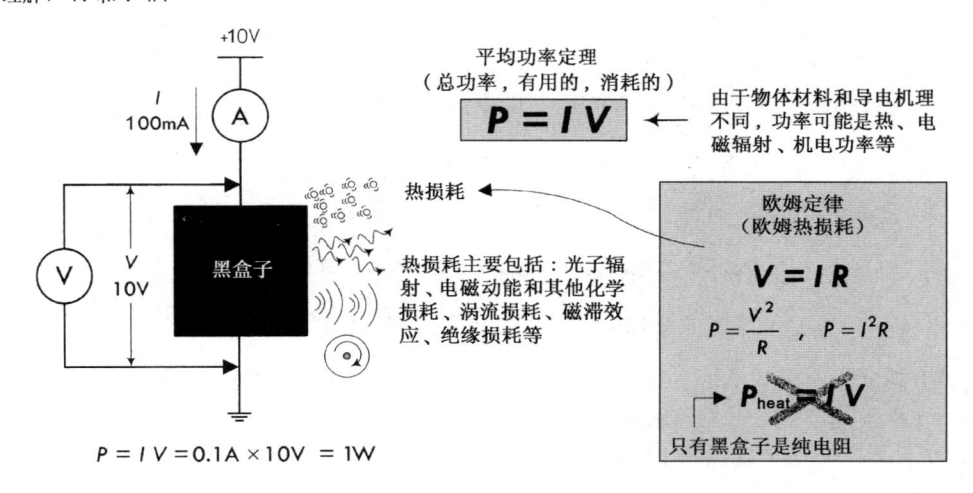

图2.22　求解黑盒子消耗的功率

当黑盒子内只有理想电阻时，可以说全部功率转换为热能。将欧姆定律代入功率定理可得

$$P = VI = V(V/R) = V^2/R \tag{2.10}$$

或

$$P = VI = (IR)I = I^2 R$$

在上述方程中，功率消耗产生热，这种热称为欧姆热、焦耳热或 I^2R 损耗。上述定律的含义是，假设黑盒子吸收1W的功率，则由给定的功率和电流可以很容易地计算出黑盒子的电阻为

$$R = \frac{P}{I^2} = \frac{1W}{0.01A^2} = 100\Omega$$

也可以说电阻为100Ω的黑盒子产生1W的热量。可以看出，这个假设是有误差的，因为不能确定黑

盒子内部的工作机制时，就不能确定设备所做的有用功。当人们分析电路时，常将电路的负载（黑盒子）视为一个电阻，作为求解某个特定变量时的结果，但这只是分析的技巧，不能用来确定到底产生了多少热量，除非黑盒子内只有电阻。

下例子说明了功率是如何被利用的及有多少功率转换为热能的。

图2.23所示电路吸收的全部电功率被转换成有用的功和热。电路吸收的总功率为

$$P_{tot} = IV = 0.757A \times 12V = 9.08W$$

12V是电池端子开路（电池未和其他电路连接）时的测量值。注意，这里输入功率的一部分被电池的内阻、导线的内阻以及发光二极管的限流电阻所消耗。使灯泡和发光二极管发光的功率是有用功。但是，由于不能将设备的热损耗从产生光的功率中分离出来，因此必须对设备应用功率定理，并使其满足功率定理。根据能量守恒定律（或功率守恒定律），电路中的各项功率之和应该等于总功率。

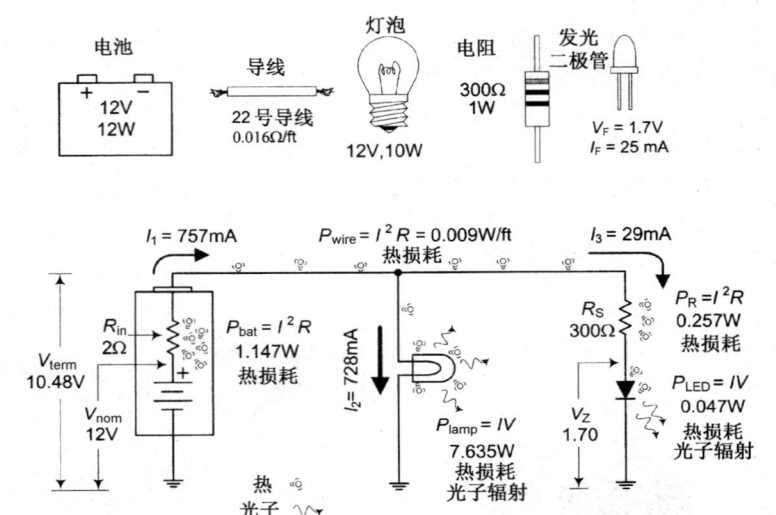

图2.23 将电功率转换成有用的功和热

【例1】 现有一个电流表和一个电压表，测得某计算机的电流为1.5A，电压为117V。计算机消耗了多少功率？能否说这些功率就是热损耗？

解：$P = VI = 1.5A \times 117V = 176W$

计算机的热损耗实际是无法测量的，除非把计算机拆卸开来。

【例2】 求长为1m、直径为2mm的圆柱体的电阻，设圆柱体的材料分别为铜、黄铜、不锈钢和石墨。流过圆柱体的电流为0.2A时，分别计算它们的热损耗。

解：利用式（2.5）有

$$R = \rho\frac{L}{A} = \rho\frac{L}{\pi r^2} = \rho\frac{1m}{\pi \times (0.001m)^2} = \rho\frac{1m}{3.14 \times 10^{-6} m^2} = \rho \times 3.18 \times 10^5 m^{-1}$$

根据表2.2有

$\rho_{铜} = 1.72 \times 10^{-8} \Omega \cdot m, \rho_{黄铜} = 7.0 \times 10^{-8} \Omega \cdot m, \rho_{不锈钢} = 7.2 \times 10^{-8} \Omega \cdot m, \rho_{石墨} = 1.72 \times 10^{-8} \Omega \cdot m$

将上式代入电阻的表达式得

$R_{铜} = 5.48 \times 10^{-3} \Omega, R_{黄铜} = 2.23 \times 10^{-2} \Omega, R_{不锈钢} = 2.31 \times 10^{-1} \Omega, R_{石墨} = 11.1 \Omega$

由式（2.10）得热损耗为

$$P_{铜} = 2.2 \times 10^{-4} \text{W}, P_{黄铜} = 8.9 \times 10^{-4} \text{W}, P_{不锈钢} = 9.2 \times 10^{-3} \text{W}, P_{石墨} = 0.44 \text{W}$$

2.8 热传导和热阻

能量是如何转变成热的？在气体内部，热传递就是气体分子之间碰撞时的能量传递。处在高温下的气体分子有较大的动能，它们快速地向周围运动，当进入温度较低的区域时，快速运动的热气体分子将能量传递给运动较慢的分子。由于气体的分子密度较小，因此认为气体几乎是不导热的。

在非金属中，热传递是晶格振动引起能量传递的结果。在固体靠近火焰的部位，原子振动剧烈，将能量传递到原子振动较小的区域，晶格的相互运动以波传播的形式使热传递增强，这一现象在量子力学中被量化为声子。非金属的导热系数主要取决于晶格结构。

对金属来说，热传递是晶格振动效应（如非金属一样）以及运动的自由电子的动能传递的结果。在室温下，大多数金属内部的自由电子的运动速度是非常快的，约为10^6m/s。即使是从量子力学的角度，也可将这些电子视为浓密的气体，当加热时，它的全部能量增加，同样能将这一能量传递到金属温度较低的部位。注意，当金属的温度升高时，晶格振动加剧以及分子热运动速度加快会使自由电子的漂移速度降低，整个金属的电阻也增大，外部施加的电场几乎不影响电子。由于金属中有自由电子，因此其是最好的导热体。

当温度为T时，物体的能量和其内能有关，内能是其内部原子、分子、电子运动的结果。然而，用热表示内能，如"物体具有热"是不正确的。热是用来描述能量从高温物体传递到低温物体的过程。根据描述能量守恒的热力学第一定律，系统的内能变化量ΔU等于系统吸收的热Q_H和系统所做的功W之差，即$\Delta U = Q_H - W$。认为系统不做功时，$\Delta U = Q_H$。这一假设说明不能用热来衡量系统的内能，但可用热来衡量内能的变化。上述概念形成的主要原因是系统的实际内能很难确定，而系统内能的变化却是更有意义的和可测量的。

在实际应用中，人们更关注的是热传递的比例，即因加热而导致的功率损耗。借助实验数据，我们可用以下公式来确定一些材料的导热性能：

$$P_{\text{hot}} = \frac{dQ_H}{dt} = -k\nabla T \tag{2.11}$$

式中，k为材料的导热系数，其单位是W/m·℃。∇T是温度梯度，

$$\nabla T = \left(i\frac{\partial}{\partial t} + j\frac{\partial}{\partial t} + k\frac{\partial}{\partial t}\right)T$$

对大多数人来说，梯度的概念可能有些难懂，但它是用时间t来描述三维温度分布的简便方法。为方便起见，我们可用二维情形近似三维情形。在静态条件下，二维梯度可用面积A和厚度L表示为

$$P_{\text{hot}} = -k\frac{A\Delta T}{L} \tag{2.12}$$

式中，$\Delta T = T_{\text{hot}} - T_{\text{cold}}$。$T_{\text{hot}}$和$T_{\text{cold}}$是长度为$L$的材料的两端的温度测量值（见图2.24），材料可以是钢、硅、铜、PCB等。

当材料的一端处于高温下时，热通过材料从高温端传递到低温端。热传递比例，或因加热消耗的功，取决于材料的热阻。而热阻又与材料的几何尺寸及材料的热阻系数有关。这里用一个类似于电阻的符号$\Re$来表示热阻。表2.4给出了各

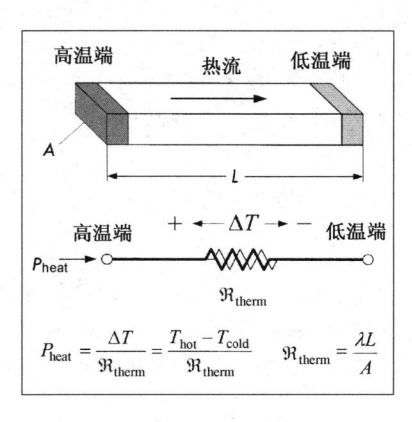

图2.24 热阻的定义

种材料的热阻系数。

导热系数k类似于电导率，导热系数的倒数称为热阻系数λ。这两个参数，一个表示材料具有良导热性能，而另一个则表示材料的导热性较差，两者的关系是$k=1/\lambda$。

考虑材料的几何尺寸时，可建立类似于电阻的热阻$\mathfrak{R}_{therm}$概念。$\mathfrak{R}_{therm}$与材料的横截面积A、长度L、导热系数k或热阻系数λ的关系为

$$\mathfrak{R}_{therm} = \frac{L}{kA} \quad \text{或} \quad \mathfrak{R}_{therm} = \frac{\lambda L}{A} \tag{2.13}$$

热阻的单位是℃/W。

表2.4　各种材料的热阻系数(λ)，单位为m·℃/W

材料	λ	材料	λ	材料	λ
钻石	0.06	铅	1.14	石英	27.6
银	0.10	铟	2.1	玻璃（774）	34.8
铜	0.11	氮化硼	1.24	硅油	46
金	0.13	氧化铝瓷	2.13	水	63
铝	0.23	科瓦铁镍钴合金	2.34	云母	80
氧化铍瓷	0.24	金刚砂	2.3	聚乙烯	120
[化]钼酸盐	0.27	钢（300）	2.4	尼龙	190
黄铜	0.34	镍铬铁合金	3.00	硅橡胶	190
硅	0.47	碳	5.7	聚四氟乙烯（塑料、绝缘材料）	190
铂	0.54	铁酸盐	6.3	聚苯醚	205
锡	0.60	耐高温陶瓷	11.7	聚苯乙烯	380
镍	0.61	环氧（高电导率）	24	聚酯薄膜	1040
焊锡	0.78	空气	2280		

结合以上各式，通过材料从一个温度点传递到另一温度点的传热功率就可表示为

$$P_{hot} = \frac{dQ_{hot}}{dt} = k\left(\frac{A}{L}\right)\Delta T = \frac{1}{\lambda}\left(\frac{A}{L}\right)\Delta T = \frac{\Delta T}{\mathfrak{R}_{therm}} \tag{2.14}$$

（k为导热系数）　（λ为热阻系数）　（$\mathfrak{R}_{therm}$为热阻）

式（2.14）的特性类似于欧姆定律，因此我们可用与电路问题相同的原理和方法来求解热流问题。以下就是两者的物理量的对应关系：

导热系数k　[W/m·℃]　　　　　　电导率σ　[S/m或(Ω·m)$^{-1}$]
热阻系数λ　[m·℃/W]　　　　　电阻率ρ　[Ω·m]
热阻$\mathfrak{R}_{therm}$　[℃/W]　　　　　　电阻R　[Ω]
热流P_{hot}　[W]　　　　　　　　电流I　[A]
温度差ΔT　[℃]　　　　　　　电势差或电压V　[V]
热源　　　　　　　　　　　　　电流源

【例1】已知0.1m长的12号铜导线的一端被功率为25W的电烙铁加热，另一端固定在一个无限大的金属散热片上，设环境温度为25℃，计算导线的温度。

解：首先，计算铜导线的热阻（12号导线的直径为2.053mm，横截面积为$3.31\times10^{-6}\,\text{m}^2$）：

$$\mathfrak{R}_{therm} = \frac{L}{kA} = \frac{0.1\,\text{m}}{(390\,\text{W/m}\cdot\text{°C})\times(3.31\times10^{-6}\,\text{m}^2)} = 77.4\,\text{°C/W}$$

然后，根据实际情况，假设25W的电烙铁传递给导线的热量仅为10W，求解热流方程得
$$\Delta T = P_{hot} \mathfrak{R}_{therm} = 10\text{W} \times 77.4°\text{C/W} = 774°\text{C}$$
于是，导线加热端的温度估算值为
$$25°\text{C} + \Delta T = 799°\text{C}$$

在上例中，假设静态条件是很重要的，即认为电烙铁放在加热部位已有很长的时间。另一个要点是假设只传递10W的热量，其余热量则辐射到空气中及传递到电烙铁的手柄上。不管怎样，在一定的功率下，上例中的物体会变得非常热。

2.8.1 热产生的重要性

在电子学中，热的产生问题（烤箱、吹风机、热水器等）是被关注的问题。然而，在大多数情况下，热代表的是功率损耗，因此应该尽可能地使功率损耗最小，或者说在选择设备时，至少应该考虑热的产生问题。所有的实际电路元件（电阻、电容、变压器、晶体管和电动机等）都具有内阻，尽管这些内阻常被我们忽略，但在有些情况下，元件的内阻是不能被忽略的。

当无意识产生的热使得电路元件的温度升高到临界温度时，出现的重要问题是引起爆炸、熔化使设备烧毁，或引起其他一些灾难性事件。对电路元件来说，至少要面对热损坏导致的元件特性变化，如造成电阻值的变化，进而导致电路行为的不良效应。

为避免因热的产生而引起的问题，应该选择元件的额定功率是其实际消耗的最大功率的2～3倍或更多。有时，热的产生会使元件的参数发生变化，因此，最好选择温度系数较低的元件。

散热（更确切地说，有效地将产生的热量清除）在中高功率电路中非常重要，如电源、放大器、发射电路和含有功率晶体管的虚功电路。要将元件的工作温度降至临界温度以下，可以使用各种技术来使电路散热。间接方法包括使用散热片、细致地规划电路元件的布局以及通风。散热片是一种特殊的设备，其作用就像导体冷却液，通过增大温度敏感设备在空气中的辐射面而散热。直接方法包括使用风扇强迫通风，或者使用某种冷却液。本书中将讨论这些方法。

【例1】图2.25显示了一个集成电路的薄膜电阻。设接地板的温度为80°C，假设有2W的功率通过0.1in×0.2in（100W/in²）的表面散发，求电阻的温度。

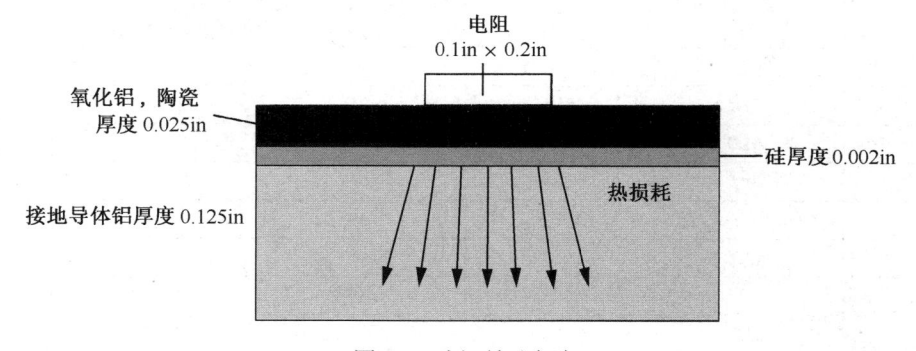

图2.25 例1所示电路

解：在热传递过程中有三种不同的介质，因此必须考虑每种介质的热传导。借助式（2.14）和表2.4，可得通过每个区域传递的热量为

$$\Delta T_{1-2(陶瓷)} = \lambda_{陶瓷}\left(\frac{L}{A}\right)P_{dis} = \frac{2.13 \times 0.025 \times 2}{0.1 \times 0.2} = 5.3°\text{C}$$

$$\Delta T_{2-3(\text{油脂})} = \lambda_{\text{油脂}}\left(\frac{L}{A}\right)P_{\text{dis}} = \frac{46 \times 0.002 \times 2}{0.1 \times 0.2} = 9.2°C$$

$$\Delta T_{3-4(\text{铝})} = \lambda_{\text{铝}}\left(\frac{L}{A}\right)P_{\text{dis}} = \frac{0.23 \times 0.125 \times 2}{0.1 \times 0.2} = 2.9°C$$

上述结果相加得

$$\Delta T_{1-4} = 5.3°C + 9.2°C + 2.9°C = 17.4°C$$

上述结果加上接地板的温度80℃，得到电阻温度的最大估算值约为100℃。这只是保守估计，因为忽略了横向的热传播。

2.9 导线规格

2.5节中说过，铜导线中的电流密度随着导线直径的增大而减小。如指出的那样，较大的电流密度意味着电子和铜晶格离子的碰撞更多，因此导线的温度升高。当电流密度大到振动效应可以克服铜晶格的结合能时，导线将熔化。使导线熔化的温度称为导线的熔点。为了防止发生熔化，相对于预期的电流，应该选择合适的导线尺寸。导线尺寸用导线规格数来表示（见图2.26），一般采用美国的导线规格（AWG）作为共同标准——较小的规格数对应于较大直径的导线（大电流容量）。表2.5中列出了铜导线的规格。3.1节中将提供关于导线和电缆的详细标准。

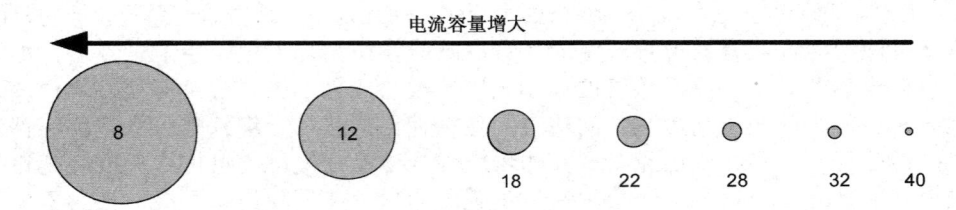

图2.26 导线规格

表2.5 铜导线的规格（裸线和漆包线）

线规（大小）(AWG)	直径 (mil)*	截面积 (CM)+	质量为1磅的裸线长度	1000英尺长导线的电阻(25℃)	最大电流 (AMPS)
4	204.3	41 738.49	7.918	0.2485	59.626
8	128.5	16 512.25	25.24	0.7925	18.696
10	101.9	10 383.61	31.82	0.9987	14.834
12	80.8	6528.64	50.61	1.5880	9.327
14	64.1	4108.81	80.39	2.5240	5.870
18	40.3	1624.09	203.5	6.3860	2.320
20	32	1024.00	222.7	10.1280	1.463
22	25.3	640.09	516.3	16.2000	0.914
24	20.1	404.01	817.7	25.6700	0.577
28	12.6	158.76	2081	65.3100	0.227
32	8.0	64.00	5163	162.0000	0.091
40	3.1	9.61	34 364	1079.0000	0.014

*1mil = 0.001in或0.0254mm；+1圆密耳（CM）是面积单位，表示直径为1mil的圆面积。导线的CM面积就是1mil的平方。图2.26中导线的直径是相对的，与规格不成比例关系。1磅（lb）≈ 0.454kg，1英尺 = 0.3048m。

【例1】 某负载设备连接到距离10英尺的12V电压源上,已知其输出功率为0.1mW~5W。根据表2.5提供的数据,确定可以安全承载任意流经负载电流的最小导线规格。

解: 由于需要关注的是最大功率,因此应用功率定理可得

$$I = \frac{P}{V} = \frac{5\text{W}}{12\text{V}} = 0.42\text{A}$$

根据表2.5提供的数据,可供选择的只有22号导线,其额定工作电流为0.914A。也可保守一些,选择18号导线,其额定工作电流为2.32A,这是因为导线的长度较短,认为导线上的电压降很小,可以忽略其长度。

【例2】 一个10Ω的加热器由120V的交流电源提供功率,计算流过加热器的电流,并确定用于连接加热器的导线规格。

解: 120V交流电源是家用电压,120V为正弦电压的有效值,这些概念将在交流电路中讨论。可用直流功率的计算方法来计算电阻上的功率损耗,即

$$P = \frac{V^2}{R} = \frac{(120\text{V})^2}{10\Omega} = 1440\text{W}, \quad I = \frac{P}{V} = \frac{1440\text{W}}{120\text{V}} = 12\text{A}$$

显然,10号导线可以承载以上电流,但8号导线更安全一些。

【例3】 为何不能将导线直接连接到电压源的两端?将12号导线直接连接到输出电压为120V的交流电源的两端时,会发生什么问题?换成12V的直流电源或1.5V的电池,又会怎样?

解: 连接120V交流电源时,将引起一个巨大的电火花,很可能使导线熔化,导线不绝缘时,可能有触电的危险。但是,更可能发生的是,由于导线电阻很小,其中的电流很大,当流过开关的电流很大时,家用电路的开关会跳闸。有些开关的额定电流为10A,有些开关的额定电流为15A,具体取决于用电设备。使用一个理想的直流电源供电时,可能使其内部的开关跳闸或者熔断保险丝。使用不好的直流源会破坏内部电路。使用电池时,因为电池有内阻,所以将导致电池发热。电池内阻的损耗使电流减小,电池很快就被耗尽,甚至可能损坏电池,更严重的情况是电池爆裂。

2.10 接地

2.3节说过,电压是一个相对的量。例如,说电路中某点的电压为10V是没有意义的,除非与电路中另一点的电压值进行比较。通常定义电路中的一点为0V参考点,将这一点作为测量电路中其他各点电压的基准。这一点通常称为接地,常用图2.27所示的接地符号表示。

图2.28给出了几种通过选择接地点来定义电压的几种方法,并且简单地将接地点标记为0V。单个电池两端间的电压为1.5V,简便的方式是将电池的负极端视为0V参考点,于是,相对于0V点来说,电池的正极端电位就为1.5V。0V参考点即电压的负极端称为返回端。在电池的两端接一个灯泡或电阻负载时,负载电流将流回电源的负极端。

图2.28中间的电路是两个电压为1.5V电池的串联,这种连接方式得到的总电压是两个电池电压之和,即总电压为3.0V。将0V参考点放在最下端时,1.5V点和3.0V点的位置如图中所示。在串联电池的两端接一个负载时,负载电流将流回位于下面电源的负极端,这个负极端既是电流的返回端,又是0V参考点。

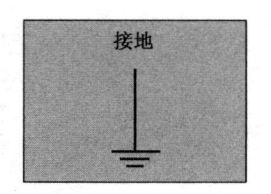

图 2.27 接地符号

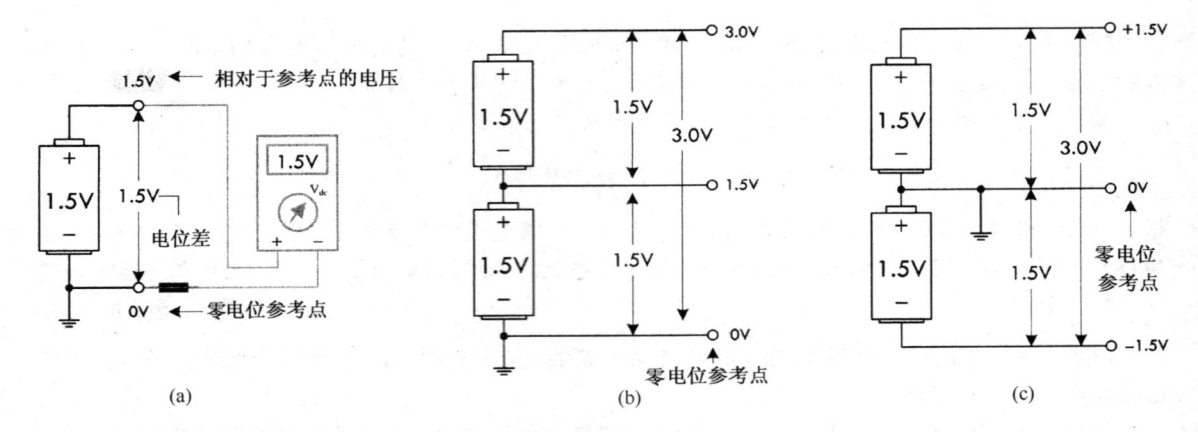

图2.28 通过选择接地点来定义电压的几种方法

将0V参考点设在两个电源的连接处时，如图2.28(c)所示，可形成分压，即相对于0V参考点来说，得到+1.5V和-1.5V电位点。许多电路要求有相对于0V参考点的正、负电压，此时，0V参考点成为公共的电流返回端。例如，收音机电路中的信号为正弦信号，相对于0V参考点来说，正、负电压点是交替变化的。

目前，大家都采用图2.27所示的接地符号来表示0V参考点或电流返回端。但是，需要指出的是，这里的0V参考点实际上是假设与大地的连接，物理上与大地的连接是通过将导体埋入大地来实现的。无论如何，接地符号都具有双重含义，对初学者来说这是容易混淆的地方。

2.10.1 大地

与大地连接的正确定义是指将一端连接的导体棒埋入大地至少8英尺。接地棒通过导线直接与开关盒中的接地棒以及室内的各种交流输出端相连，连接导线为火线和中性线，由绝缘导线或裸铜导线放在同一电缆中制成。插座输出端的地端应该接地，埋入大地的金属管道通常被视为大地（见图2.29）。

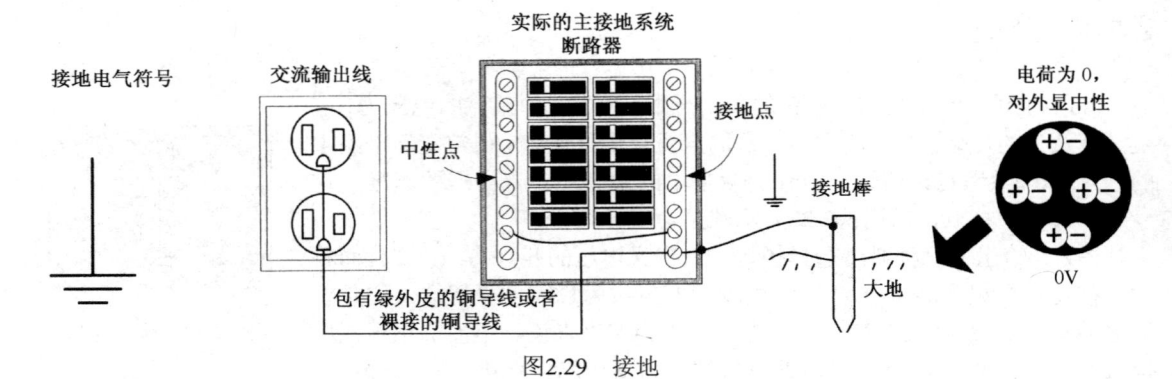

图2.29 接地

和大地的一个物理连接是很重要的，因为大地是中性物体，其上分布着等量的正电荷和负电荷。由于大地永远呈电中性，因此试图通过发电机、电池、静电发生器等方式改变大地的电势都是无效的。任何引入大地的电荷都会被大地迅速地吸收（通常认为大地湿润的泥土具有良好的导电性），像这样的电荷交互作用发生在整个地球上，交互作用最终达到平衡，使净电荷量为零。

大地的实际功能是作为零电位参考（相对于其他物体来说），由于其电位不出现波动，因此就可方便和有效地将大地作为其他信号的参考。通过将各种电气设备和大地连接，使大地成为公共的参考电位，所有的电气设备就共享同一个参考点。

电气设备的某处与大地和物理连接，通常是安装设备时通过电源线的接地线与接地网连接。典型的连接方法是将从电源出来的地线接到设备内部，更重要的是要将设备的内部与电流的返回端连接，该返回端位于电路内部伸出支路的汇集部位，然后留出接地引线端。图2.30是各种电气设备和视听设备通过接地线共地连接的说明图，图中设备为用BNC和UHF连接器作为输入和输出的示波器、函数发生器和普通视听设备。BNC和UHF插座的输出部分连接到支路汇集部位的电流返回端（或电源），同时，将与插座输出部分绝缘的中性导线连接到电源（或电流返回端）。现在，重要的是，将电流的返回端或输出端通过电源电缆与主接地线连接在一起。这里设电流返回端为大地，将大地作为电位参考点。在直流电源供电的情况下，每个接地端与插座引线端的连接就像一串香蕉。为了使直流电源接地，必须使用跨接线将电源的负极和接地端连接在一起，没有跨接线时，电源就处于悬浮状态。

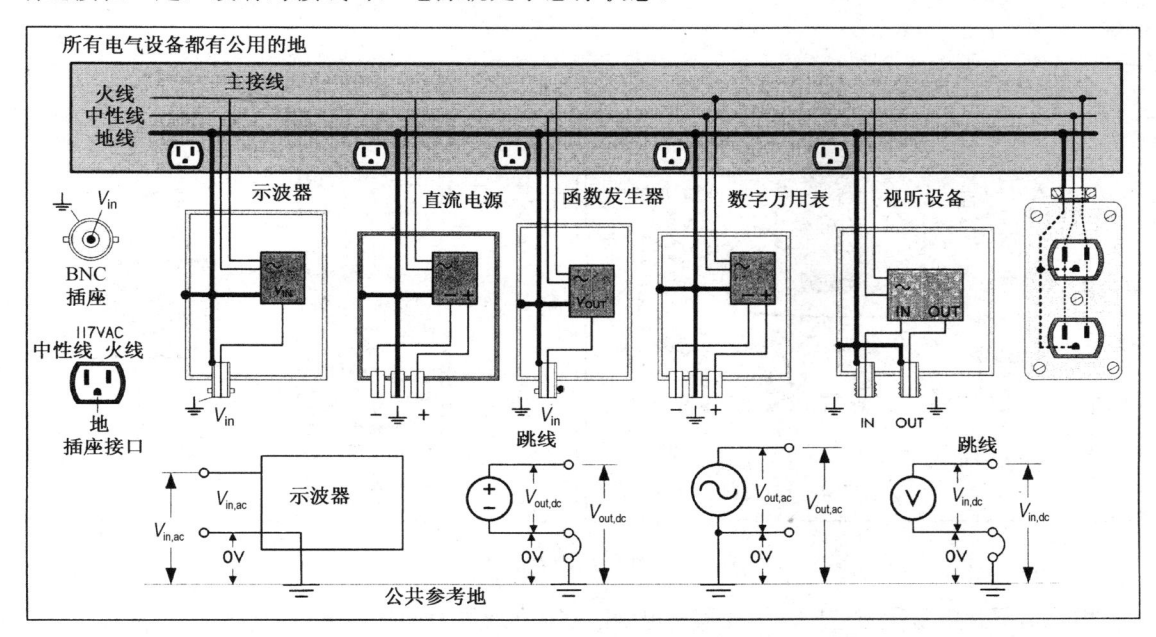

图2.30　各种电气设备和视听设备通过接地线共地连接的说明图

所有电气设备的接地部位都是共地的，可通过测量实验室中任意两个分立的实验设备接地端之间的电阻来证明这一点。每个设备都正确接地后，测得的电阻为0Ω（导线有很小的内阻）。

接地除了起参考点的作用，若设备内部的某部分被损坏或出现局部发热，则接地处会发生电击穿。发热部位通过接地的三线电系统与接地输出端连接时，从发热部位流出的电流将流入大地，而不流过人体（因为人体的电阻较大）。防止触电事故的接地系统通常可视为直流接地。关于触电的危害和接地保护问题，将在后面的交流电路中进一步讨论。

当带静电的物体与敏感设备接触时，接地还可消除静电放电（ESD）。例如，当人在地毯上来回走动时，人就可能成为带电体。一些集成电路易受到静电放电的攻击而损坏。通过设置接地垫或将接地线和正在工作的集成电路的敏感部分连接在一起，就可确保人体所带的静电荷在触摸物体前就已导入大地，从而避免损坏芯片。

接地系统的另一个重要作用是，为各种频段的无线电设备产生的杂散射频（RF）电流提供流入大地的低电阻路径，这些设备包括电气设备、射频设备等。杂散射频会引发设备故障和射频干扰（RFI）问题。这个低电阻路径通常称为射频接地。在大多数情况下，直流接地和射频接地由同一个接地系统提供。

2.10.2 一般接地错误

在大多数情况下，前面提到的接地符号用于表示电路图中电流的返回端，而不表示物理意义上的接地，这一点对初学者来说容易混淆，尤其是当遇到有正极端、负极端和接地端的三端直流电源时。如前所述，电源的接地端和设备的接地端是连接在一起的，并且依次用导线连接到主接地系统上。初学者常犯的错误是试图利用电源的正极端和接地端给负载（如灯泡）提供功率，如图2.31(a)所示。但是，这样的连接对电源来说并未构成完整的电流回路，所以电流不能从电源流出，负载电流为0。正确的做法是：要么将负载直接接到电源的正极和负极之间，构成一个悬浮负载，如图2.31(b)所示；要么在地和电源负极端之间使用跨接线，构成一个接地负载，如图2.31(c)所示。许多直流电路不需要接地，因为不接地对直流电路的性能没有影响，如电池设备就不需要接地。

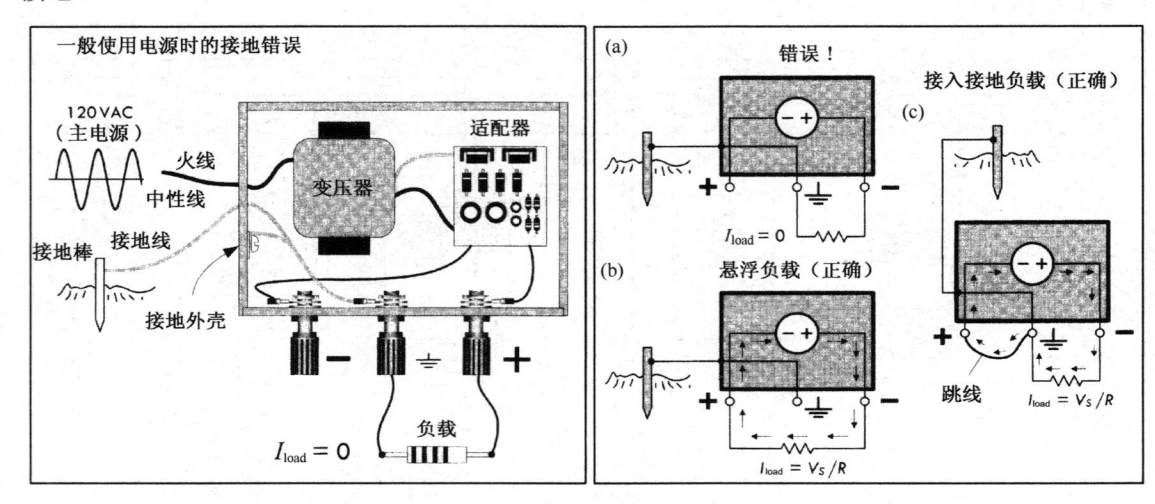

图2.31　几种接地方法（一）

电路需要正电压和负电压，因此需要电源能够提供这两种电压。当电源提供正电压时，负极端是电流的返回端；当电源提供负电压时，正极端是电流的返回端。将这两个端子连在一起时，对负载电流就形成一个共同的返回端。图2.32表示在电源的正、负极连接点形成一个共同的或悬浮的电流返回端。电路需要时，悬浮的公共返回端可以和电源的接地端连接。一般来说，公共返回端不接地对电路性能无影响。

遗憾的是，在电子学中，接地符号被滥用，对不同的人经常意味着不同的事物。例如，接地符号有时被用作0V参考点，即使未和地连接；有时，这意味着电路中的一点和大地的实际连接；有时，则被用于表示一般的电流返回端，目的是省去画电路图中的电流返回导线。将接地符号用作实际的接地返回端是不明智的（见图2.33）。为了避免问题复杂化，后面将讨论另一些可供选择的符号。

2.10.3 不同类型的接地符号

为了避免误解有关接地、电压参考点和电流返回端的含义，人们采用了一些含义较明确的符号。图2.34给出了大地符号（表示大地或电压参考点）、框架或底座接地符号以及数字和模拟参考接地符号。不利的是，对数字和模拟接地来说，它们的共同电流返回端也有一点不明确。但是，通常在电路图中具体说明使用的符号。接地符号的物理意义如表2.6所示。

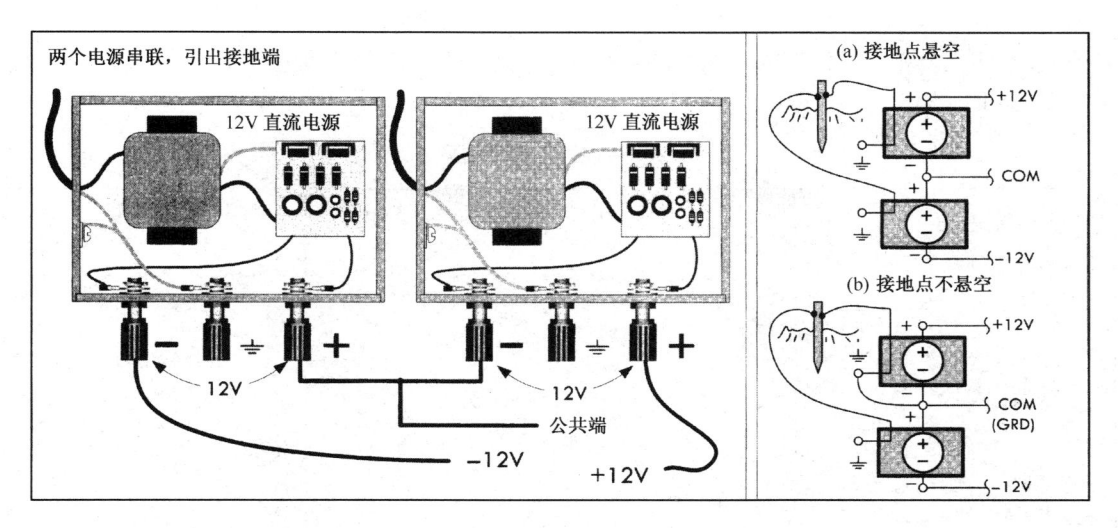

图2.32　几种接地方法（二）

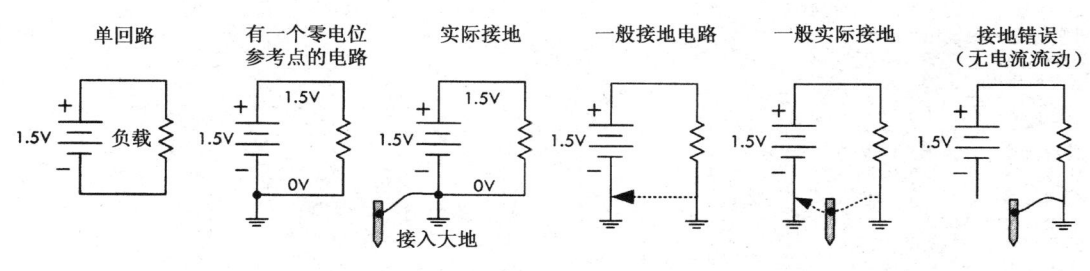

图2.33　几种接地方法（三）

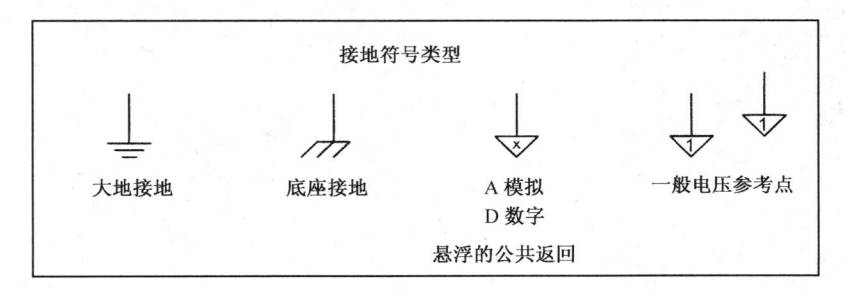

图2.34　几种不同的接地符号

2.10.4　接地故障

了解和讨论接地时出现的一些故障是有必要的，参见图2.35。

1．触电的危险

在要求高电压的场合，以及将金属框架或底座作为电流的返回端时，忽略接地时，存在触电的危险。如图2.35(a)所示，当一个负载电路利用金属外壳作为底座接地时，存在电阻泄漏通道，这个电阻泄漏通道在金属外壳和大地之间产生一个高电压。不小心同时触摸到接地物体时，如接地金属管和电路底座，会导致严重的触电事故。为了避免这种情况的发生，底座要直接和大地连接，如图2.35(b)所示。此时，金属接地管和金属外壳或底座具有相同的电位，因此可避免触电的危险。在家用电器中，类似的危险情况也会发生，因此用电规范要求将电器（如洗衣机和吹风机）的外壳连接到大地。

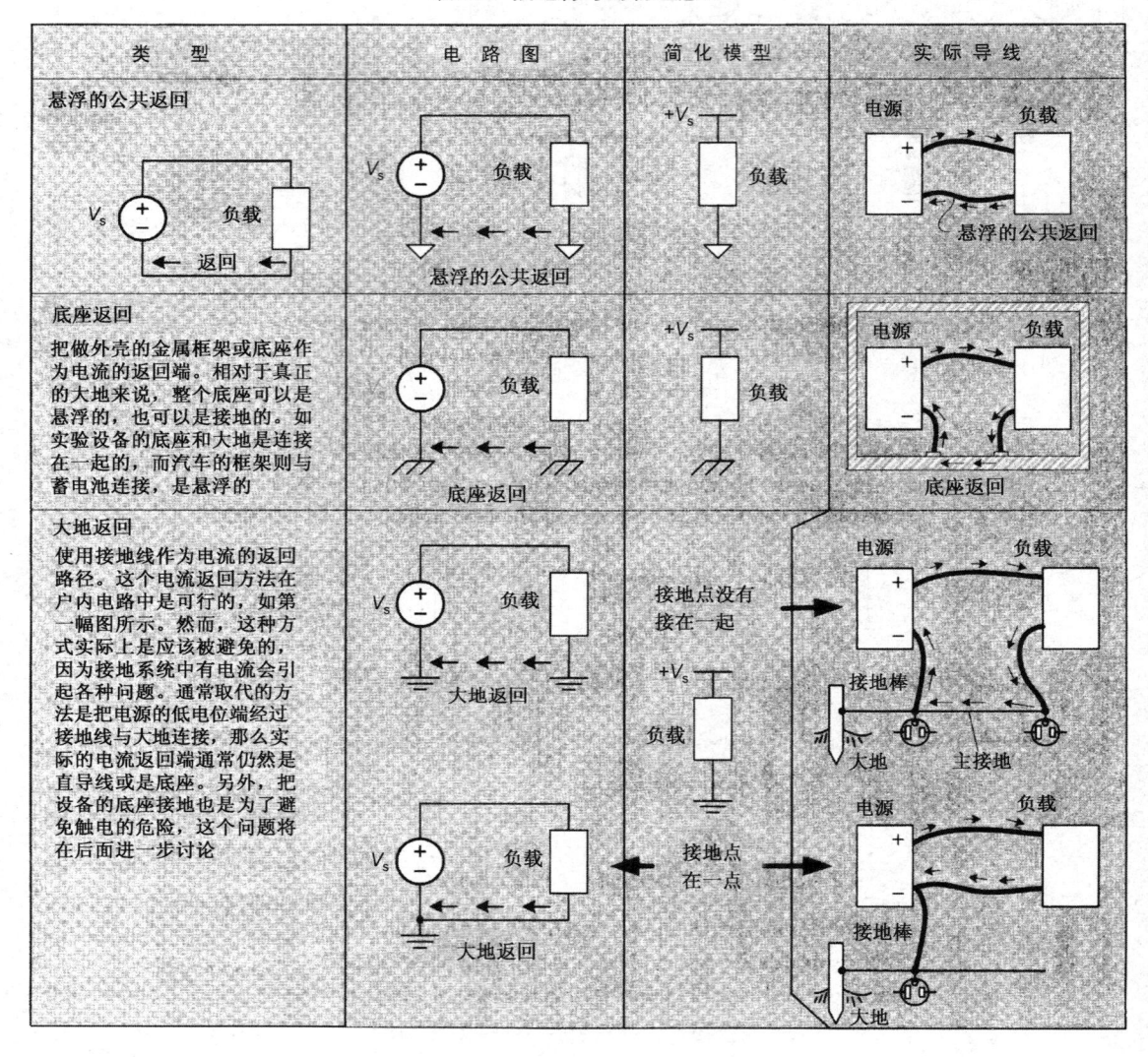

表2.6 接地符号的物理意义

类 型	电 路 图	简化模型	实际导线
悬浮的公共返回			
底座返回：把做外壳的金属框架或底座作为电流的返回端。相对于真正的大地来说，整个底座可以是悬浮的，也可以是接地的。如实验设备的底座和大地是连接在一起的，而汽车的框架则与蓄电池连接，是悬浮的			
大地返回：使用接地线作为电流的返回路径。这个电流返回方法在户内电路中是可行的，如第一幅图所示。然而，这种方式实际上是应该被避免的，因为接地系统中有电流会引起各种问题。通常取代的方法是把电源的低电位端经过接地线与大地连接，那么实际的电流返回端通常仍然是直导线或是底座。另外，把设备的底座接地也是为了避免触电的危险，这个问题将在后面进一步讨论			

2. 接地和噪声

在大规模电子系统中，产生噪声的普遍原因是未很好地接地。对实际的设计和系统工程来说，接地是一个重要的项目。虽然接地问题不属于本书的讨论范围，但是为了避免电路中出现的接地问题，下面将介绍一些基本的例子。

将电路中的某些点作为接地点时，接地线的内阻在接地点之间将引起电位差，并形成令人讨厌的接地回路，接地回路会引起电压读数的误差。图2.35(c)给出了对该问题的说明，图中为两个分离的底座接地。V_G表示信号接地端和负载接地端之间的电压。测量负载接地端和信号输出端之间的电压为V_S时，会得到一个错误的电压（$V_S + V_G$）。解决该问题的一种方法是采取如图2.35(d)所示的单点接地。

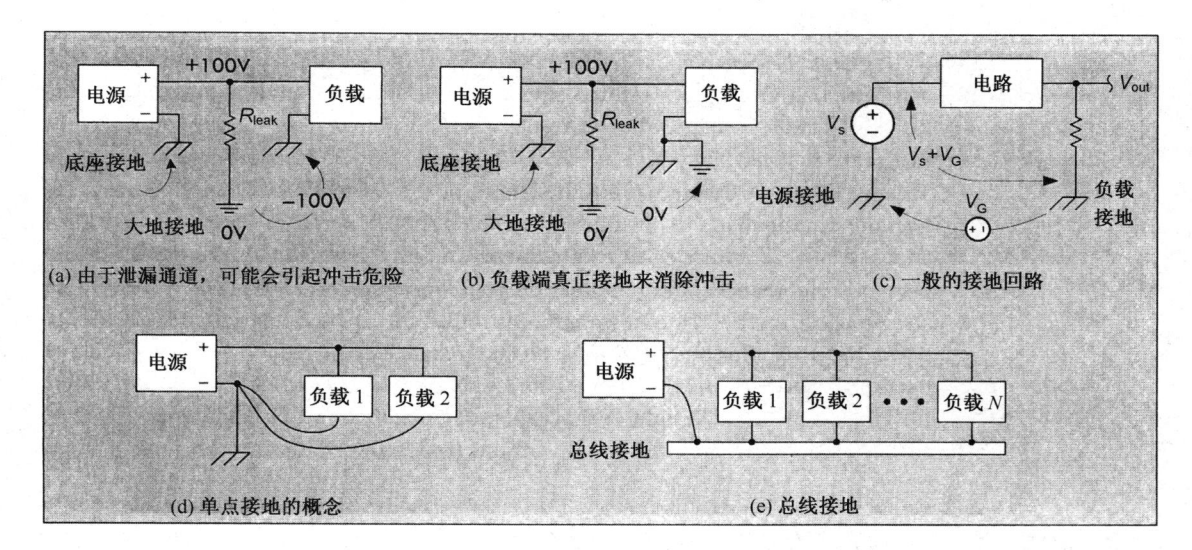

图2.35 常见的接地故障

提出单点接地的概念是为了确保不在电路中产生接地回路。顾名思义，单点接地就是将所有电路的接地端都连接到一个点上，理论上看，这是一种很好的方法，但是在实际操作中很难实现，因为即使是最简单的电路，至少也有10个以上的接地端，将它们都连接在一个点上几乎不可能，一种替代方法是采用接地母线。

在面包板和原型板上可以看到接地母线，在制作的印制电路板（PCB）上也蚀刻有接地母线，接地母线可以很好地替代单点接地。接地母线常用较粗的铜导线或者低电阻的条棒，以便承受流回电源的所有负载电流。由于接地母线可根据电路的尺寸延长，因此在电路板上连接分布在空间中的各种部件是很方便的，图2.35(e)所示为用一根接地母线形成电流回路的示意图。大多数原型板上有两到三条连接端子的线，以便适应电路板的尺寸，其中一条线被固定为电路的接地母线，电路中所有的接地端直接和这条母线连接，必须仔细确认接地端与母线的连接是否可靠。对原型板来说，这意味着接地端和母线要焊接牢固；对绞线板来说，这意味着要绞紧线；而对面包板来说，确保安全的方法是给插座选择合适规格的导线。接地连接不好时，会出现时断时续的现象，进而产生噪声。

3．模拟接地和数字接地

电路设备是由模拟电路和数字电路组成的，一般先将模拟电路和数字电路分别接地，然后将接地点连接起来接到单接地点。接地的作用是防止电路中接地回路电流产生的噪声。数字电路的最大缺点是当信号改变时，会在电路中产生冲击电流；而在模拟电路中，当负载电流发生变化或电流改变方向时，电路中也会产生冲击电流。在以上两种情况下，当施加的电流改变时，根据欧姆定律，接地回路上的阻抗电压将随之而变，从而使系统参考点（通常选在电源的引出端）相对于接地面的电压发生变化。接地回路上的阻抗由电阻、电容和电感组成，但电阻和电感起主要作用。接地回路中的电流恒定时，电阻起主要作用，产生一个直流偏移电压。若是交流电流，则电阻、电感和电容都起作用，产生一个高频交流电压。两种情况下局部电路的电压变化就是噪声，该噪声可能以螺旋上升的方式达到输入局部电路的敏感信号的水平，降低噪声的方法有很多，如加入电容来补偿电感，但最好的方法是首先将模拟接地和数字接地分开，然后连接到一个单接地点。

【例1】图2.36中的几种符号的含义是什么？

(a)　　　　　(b)　　　　　(c)　　　　　(d)　　　　　(e)

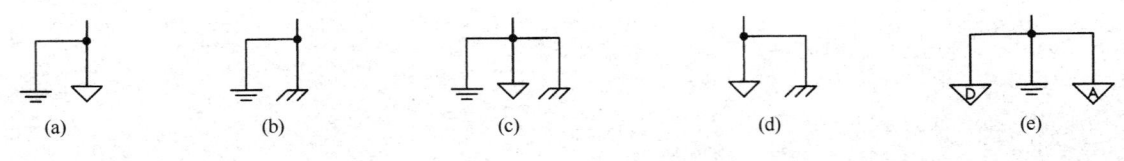

图2.36　例1所示电路

解：图2.36(a)表示模拟接地，即电源端和实际大地的连接。图2.36(b)表示底座接地，即底座和大地连接以防止触电危险。图2.36(c)表示一个模拟接地返回端与底座和大地的连接。图2.36(d)表示一个悬浮底座与接地返回端的连接，这种连接存在潜在的触电危险。图2.36(e)表示将模拟接地和数字接地分开，然后将其连接到电源端的公共接地点，最后依次接到大地上。

2.11　电路

前面说明了电路，下面用一些基本术语来定义电路，即电路是由电阻、导线或其他电气元件（电容、电感、晶体管、灯泡、电动机等）按照安排连接在一起构成的，可让一定量的电流流过。用导线或其他导体将电压源和许多元件连接在一起，就构成一个典型的电路。电路可分为串联电路、并联电路或串并联电路（见图2.37）。

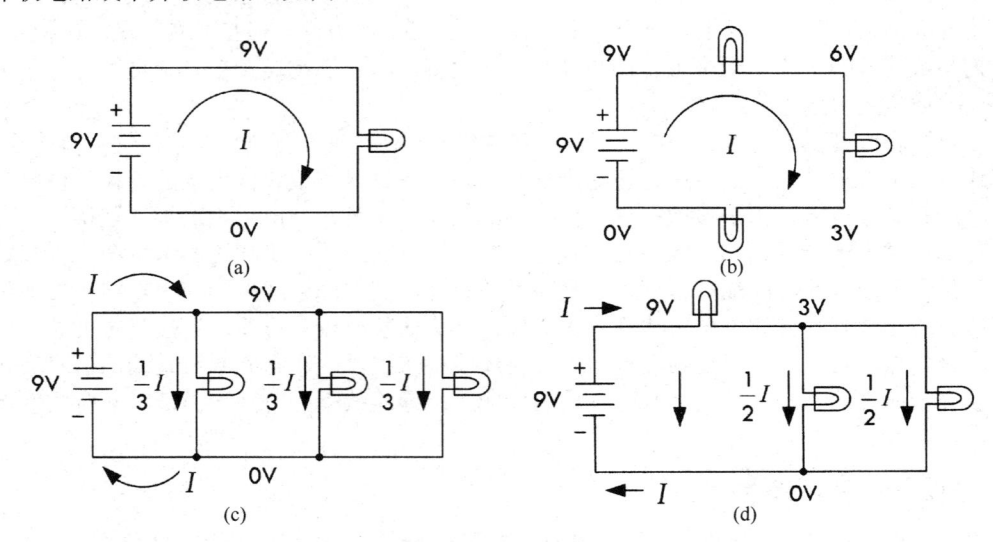

图2.37　电路的连接

1. 基本电路

基本电路用一个灯泡作为电路的负载（负载是电路的组成部分，负载要做功，就必须有电流流过）。将灯泡和电源的端子连接在一起，如图2.37(a)所示，将引发一个从电源正极端流向电源负极端的电流，电流给灯泡的灯丝提供能量，使其发光（这里说的电流是常规意义上的电流，即电子沿相反的方向流动）。

2. 串联电路

将负载元件（如灯泡）一个接一个地连接就形成串联电路，如图2.37(b)所示。在串联电路中，流经每个负载元件的电流都相同，若所有灯泡都相同，则当电流流经其中一个灯泡时，电压要降低三分之一，若用与基本电路相同的电池，则串联电路中每个灯泡的亮度是基本电路中灯泡亮度的三分之一。电路的串联等效电阻是单个灯泡电阻的3倍。

3. 并联电路

在并联电路中，负载元件的连接方式是使每个元件两端的电压相同，如图2.37(c)所示。电路中的三个灯泡的电阻值相同时，从电池流出的电流分成相等的三份流过三条支路，且每个灯泡的亮度和基本电路中灯泡的亮度一样，但是流出电池的电流是串联电路中的电流的3倍，因此电池的耗电速度也快3倍。并联电路的等效电阻为单个灯泡电阻的三分之一。

4. 串并联电路

串并联电路中的负载元件有的是串联连接，有的则是并联连接，因此既有分压的作用，又有分流的作用，如图2.37(d)所示。串并联电路的等效电阻为单个灯泡电阻的1.5倍。

5. 电路分析

下面给出一些重要的定律、理论和计算分析方法。应用这些定律和方法可以计算由直流电源供电的纯电阻电路中的电流和电压。

2.12 欧姆定律和电阻

电路中的电阻是用来限制电路中的电流流动或形成电压的设备，图2.38给出了电阻符号及电阻模型，它们在电路图中被普遍使用。图中同时给出了可调电阻（电阻阻值可以改变的电阻符号）以及实际电阻模型的示意图。后面将看到在涉及高频交流应用问题时，实际电阻模型是很重要的。现在可以忽略实际电阻模型。

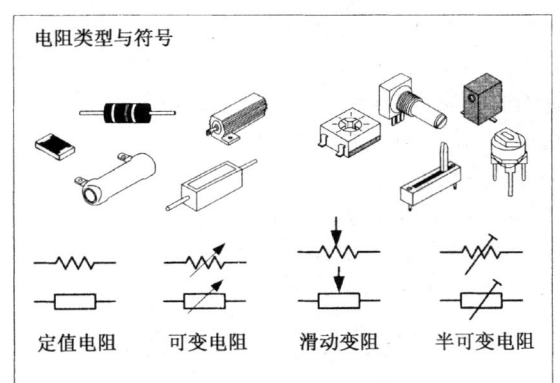

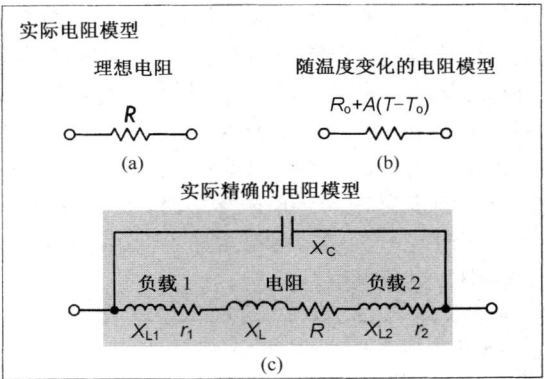

图2.38 电阻符号及电阻模型

在一个电阻两端施加直流电压时，应用欧姆定律可以计算出流过电阻的电流。要计算电阻上因热损耗消耗的功率，可将欧姆定律代入功率计算式，即

$$V = IR \quad \text{欧姆定律} \tag{2.15}$$

$$P = IV = V^2/R = I^2R \quad \text{欧姆功率定理} \tag{2.16}$$

式中，R表示电阻或电阻，其单位为欧姆（Ω）；P是功率损耗，其单位为瓦特（W）；V是电压，其单位为伏特（V）；I是电流，其单位为安培（A）。

单位的名称

一般电阻的阻值为$1 \sim 10^7 \Omega$。在大多数情况下，电阻值很大时，为方便和简化书面表达，往往采用单位的名称，如100000Ω的电阻可简写为$100k\Omega$，2000000Ω的电阻可简写为$2M\Omega$。而电压、电流和功率通常有较小的分数单位，此时的常用单位名称有m（毫或×10^{-3}）、μ（微或×10^{-6}）、n（纳或×10^{-9}）和p（皮或×10^{-12}）。例如，电流0.000059A（$5.94×10^{-5}$）可以写成59.4μA，电压0.0035V（$3.5×10^{-3}$V）可以写成3.5mV，功率0.166W可以写成166mW。

【例1】 电路如图2.39所示，给一个100Ω的电阻施加12V的电压，流过电阻的电流和电阻损耗的功率为多少？

解：计算数据如图2.39所示。

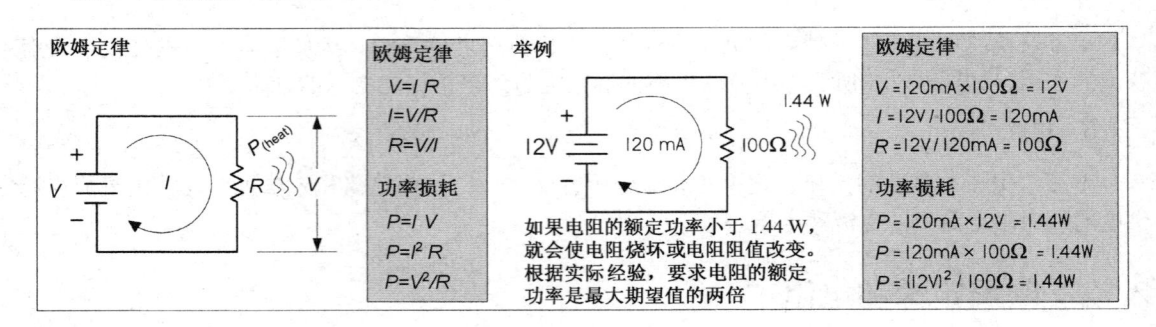

图2.39 例1所示电路

2.12.1 电阻的额定功率

在设计电路时，确定电阻上的功率消耗是非常重要的。所有的实际电阻都有允许的最大额定功率，电阻的功率不能超过其额定值，超过额定功率值时，会烧坏电阻，损坏其内部结构，使电阻阻值改变。一般电阻的典型额定功率为1/8W、1/4W、1/2W和1W，大功率电阻的额定功率在2W到几百瓦范围内。在前面的例题中，电阻损耗的功率是1.44W，因此可以确定电阻的额定功率应该超过1.44W，否则会烧坏电阻。根据实际经验，总是选择额定功率至少是最大期望值2倍的电阻。在例题中使用了额定功率为2W的电阻，但是使用额定功率为3W的电阻更安全。

为了阐明额定功率的重要性，下面以图2.40所示的电路为例来加以说明。图中的电阻是可变的，电源电压固定为5V。当电阻增加时，电流减小，根据功率定理，功率也减小，如曲线图所示。当电阻减小时，电流和功率都增加。精确的曲线关系表明，当电阻减小时，电阻的额定功率必定增加，否则会烧坏电阻。

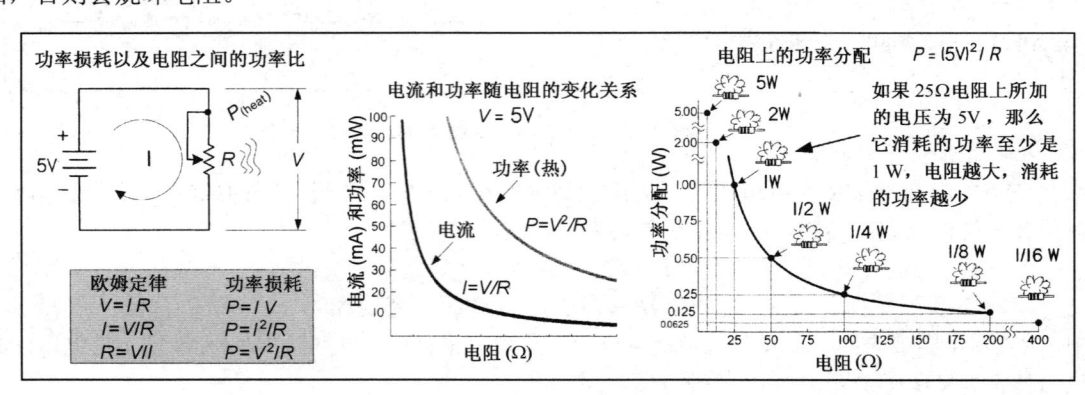

图2.40 电阻的额定功率

【例1】 测得流过4.7kΩ电阻的电流是1.0mA，求电阻两端的电压和电阻消耗的功率。

解：$V = IR = 0.001A × 4700Ω = 4.7V$；$P = I^2R = (0.001A)^2 × 4700Ω = 0.0047W = 4.7mW$。

【例2】 用电压表测得一个未知电阻两端的电压是24V，用电流表测得流过电阻的电流是50mA，确定电阻的阻值及电阻消耗的功率。

解：$R = V/I = 24V/0.05A = 480\Omega$；$P = IV = 0.05A \times 24V = 1.2W$。

【例3】给1MΩ的电阻施加3V电压，求流过电阻的电流和电阻消耗的功率。

解：$I = V/R = 3V/1000000\Omega = 0.000003A = 3\mu A$；

$P = V^2/R = (3V)^2/1000000\Omega = 0.000009W = 9\mu W$。

【例4】给定电阻为2Ω、100Ω、3kΩ、68kΩ和1MΩ的电阻，它们的额定功率都为1W，求在不超过额定功率的情况下，每个电阻所能承受的最大电压。

解：根据$P = V^2/R$有$V = \sqrt{PR}$；电压不能超过1.4V（2Ω）、10.0V（100Ω）、54.7V（3kΩ）、260.7V（68kΩ）、1000V（1MΩ）。

2.12.2 电阻的并联

电路中很少只接入一个电阻。通常电阻以各种方式连接到电路中，其中最基本的两种连接电阻的方式是串联和并联。

当将两个或更多的电阻并联时，每个电阻上的电压相同，但是通过每个电阻的电流随电阻值变化，并联电路的总电阻小于并联的最小电阻。并联电阻的总电阻计算公式是

$$R_{\text{total}} = \frac{1}{1/R_1 + 1/R_2 + 1/R_3 + 1/R_4 + \cdots} \tag{2.17}$$

$$R_{\text{total}} = \frac{R_1 R_2}{R_1 + R_2} \quad \text{（两个电阻并联）} \tag{2.18}$$

公式中的省略号表明可以将任意多个电阻并联在一起。对于只有两个电阻的并联（非常普遍的情况），计算公式可简化为式（2.18）。

并联电路总电阻的计算公式也可通过计算电路中每条支路的电流，然后求和得出总电流来得到，即首先根据基尔霍夫电流定律得到总电流$I_{\text{total}} = I_1 + I_2 + I_3 + \cdots + I_N$，然后应用欧姆定律得到$I_{\text{total}} = V_1/R_1 + V_2/R_2 + V_3/R_3 + \cdots + V_N/R_N$，因为所有电阻上的电压都为总电压$V_{\text{total}}$，所以有$I_{\text{total}} = V_{\text{total}}/R_1 + V_{\text{total}}/R_2 + V_{\text{total}}/R_3 + \cdots + V_{\text{total}}/R_N$，提取公因子$V_{\text{total}}$得$I_{\text{total}} = V_{\text{total}}(1/R_1 + 1/R_2 + 1/R_3 + \cdots + 1/R_N)$，括号内的部分就是并联电路的总电阻$R_{\text{total}}$。

需要说明的是，两个电阻的并联有一个简化的表示，即使用双竖线||来表示电阻的并联。也就是说，R_1并联R_2可写成$R_1 || R_2$。因此，可以用下式表示两个电阻的并联：

$$R_1 || R_2 = \frac{1}{1/R_1 + 1/R_2} = \frac{R_1 R_2}{R_1 + R_2}$$

就运算顺序而言，符号||类似于乘法或除法。例如，对于$Z_{\text{in}} = R_1 + R_2 || R_{\text{load}}$，应该首先计算$R_2$和$R_{\text{load}}$的并联，然后加上$R_1$。

【例1】将一个1000Ω的电阻和一个3000Ω的电阻并联，求总电阻或等效电阻，并计算电路的总电流和每条支路的电流，以及电路消耗的总功率和各个支路上消耗的功率。

解：

$$R_{\text{total}} = \frac{R_1 R_2}{R_1 + R_2} = \frac{1000\Omega \times 3000\Omega}{1000\Omega + 3000\Omega} = \frac{3000000\Omega^2}{4000\Omega} = 750\Omega$$

根据欧姆定律，流过每个电阻的电流为

$$I_1 = \frac{V_1}{R_1} = \frac{12V}{1000\Omega} = 0.012A = 12mA, \quad I_2 = \frac{V_2}{R_2} = \frac{12V}{3000\Omega} = 0.004A = 4mA$$

将以上支路的电流相加得电路的总电流为

$$I_{in} = I_1 + I_2 = 12\text{mA} + 4\text{mA} = 16\text{mA}$$

上述表达式是根据基尔霍夫电流定律（KCL）得到的。应用KCL和欧姆定律可得分流公式，如图2.41(b)所示。当已知输入电流而不知输入电压时，利用分流公式可方便地求解电路。

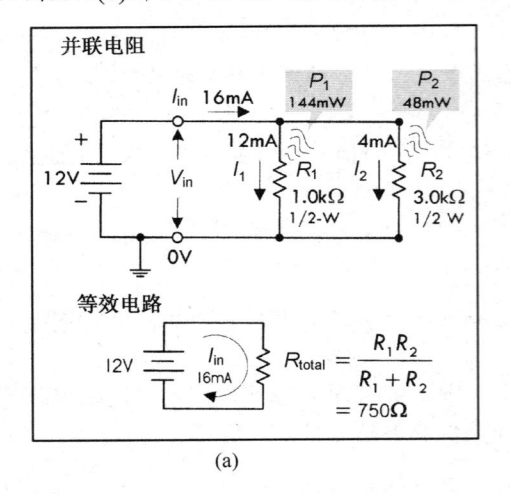

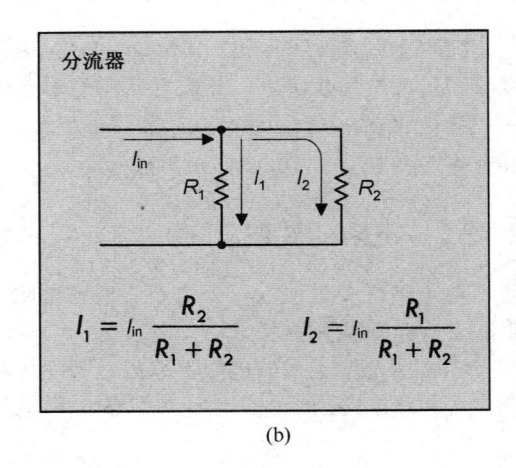

图2.41 例1所示电路

用总电压除以电路的总电阻很容易得到电路的总电流为

$$I_{in} = V_{in}/R_{total} = 12\text{V}/750\Omega = 0.016\text{A} = 16\text{mA}$$

根据功率定理得并联电阻消耗的功率为

$$P_{tot} = I_{in}V_{in} = 0.0016\text{A} \times 12\text{V} = 0.192\text{W} = 192\text{mW}$$
$$P_1 = I_1 V_{in} = 0.012\text{A} \times 12\text{V} = 0.144\text{W} = 144\text{mW}$$
$$P_2 = I_2 V_{in} = 0.004\text{A} \times 12\text{V} = 0.048\text{W} = 48\text{mW}$$

【例2】图2.42所示为三个电阻的并联，R_1、R_2、R_3的值分别为1kΩ、2kΩ、4kΩ，求等效电阻。如果将24V的电池与并联电阻连接成一个完整的电路，求电路的总电流和通过每个电阻的电流，以及电路消耗的总功率和每个电阻消耗的功率。

解：并联电阻的总电阻为

$$\frac{1}{R_{total}} = \frac{1}{R_1} + \frac{1}{R_2} + \frac{1}{R_3} = \frac{1}{1000\Omega} + \frac{1}{2000\Omega} + \frac{1}{4000\Omega} = 0.00175\Omega^{-1}, \quad R_{total} = \frac{1}{0.00175\Omega^{-1}} = 572\Omega$$

通过每个电阻的电流为

$$I_1 = V_1/R_1 = 24\text{V}/1000\Omega = 0.024\text{A} = 24\text{mA}$$
$$I_2 = V_2/R_2 = 24\text{V}/2000\Omega = 0.012\text{A} = 12\text{mA}$$
$$I_3 = V_3/R_3 = 24\text{V}/4000\Omega = 0.006\text{A} = 6\text{mA}$$

根据KCL得到总电流为

$$I_{total} = I_1 + I_2 + I_3 = 24\text{mA} + 12\text{mA} + 6\text{mA} = 42\text{mA}$$

并联电阻消耗的总功率为

$$P_{total} = I_{total}V_{total} = 0.042\text{A} \times 24\text{V} = 1.0\text{W}$$

每个电阻消耗的功率如图2.42所示。

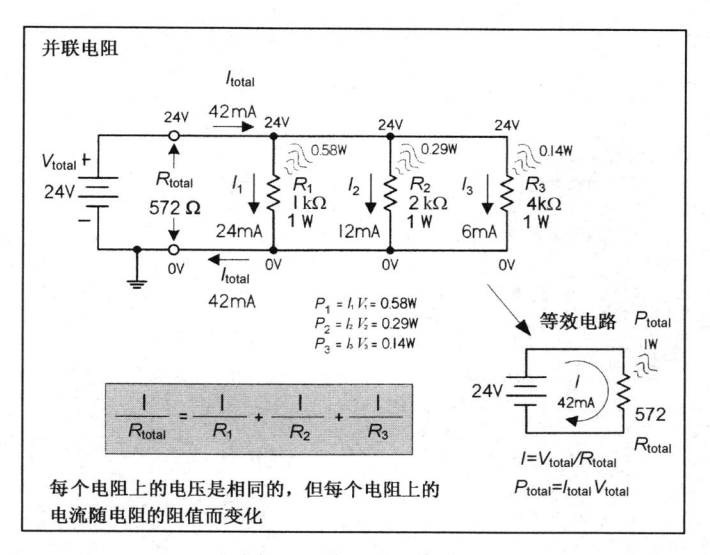

图2.42 例2所示电路

2.12.3 电阻的串联

当电路中的电阻串联时,电路的总电阻等于各个电阻之和。流过每个串联电阻的电流是相同的,而每个电阻上的电压则随其阻值而变化。计算串联电阻总电阻的公式为

$$R_{total} = R_1 + R_2 + R_3 + R_4 + \cdots \quad (2.19)$$

式中的省略号表明可以把许多个电阻相加。

串联电路总电阻的计算公式也可通过如下方式得到:首先计算电路中每个电阻的电压,然后求和得出总电压。也就是说,首先根据基尔霍夫电压定律得到总电压 $V_{total} = V_1 + V_2 + V_3 + \cdots + V_N$,然后应用欧姆定律且考虑到电阻的电流相同,得到 $IR_{total} = IR_1 + IR_2 + IR_3 + \cdots + IR_N$,消去电流$I$得到$R_{total} = R_1 + R_2 + R_3 + R_4 + \cdots$。

【例1】 将1.0kΩ的电阻和2.0kΩ的电阻串联时,总电阻为

$$R_{total} = R_1 + R_2 = 1000\Omega + 2000\Omega = 3000\Omega = 3k\Omega$$

当把串联电阻与电池串接时,如图2.43所示,则电路的总电流I等于总电压V_{in}除以总电阻R_{total}:

$$I = V_{in}/R_{total} = 9V/3000\Omega = 0.003A = 3mA$$

由于流过串联电路的电流等于总电流I,因此流过每个电阻的电流为

$$I_1 = 3mA, \quad I_2 = 3mA$$

应用欧姆定律得每个电阻上的电压为

$$V_1 = I_1 R_1 = 0.003A \times 1000\Omega = 3V, \quad V_2 = I_2 R_2 = 0.003A \times 2000\Omega = 6V$$

实际上不需要计算出电路的总电流,可将总电流的表达式$I = V_{in}/R_{total}$代入I_1和I_2的计算式得

$$V_1 = IR_1 = \frac{V_{in}}{R_1 + R_2} \cdot R_1, \quad V_2 = IR_2 = \frac{V_{in}}{R_1 + R_2} \cdot R_2 \quad (分压公式)$$

上式称为分压公式。在电子学中,分压公式很有用,应该牢记这个公式。图2.43中的电压V_2通常带输出电压V_{out}。

每个电阻上的电压与其电阻的大小成正比,如2000Ω电阻上的电压是1000Ω电阻上的电压的2倍,将两个电阻上的电压相加得总电压为9V,即

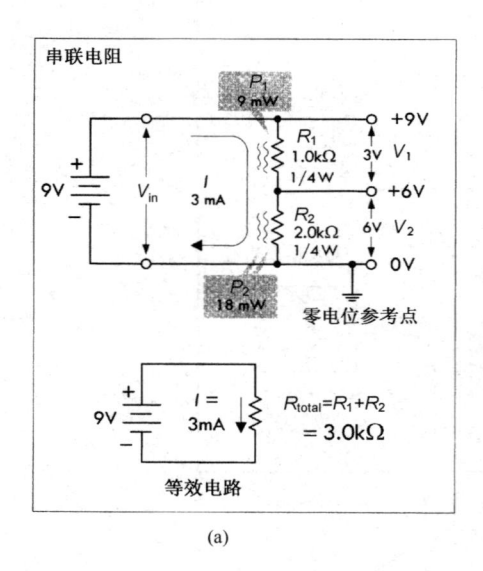

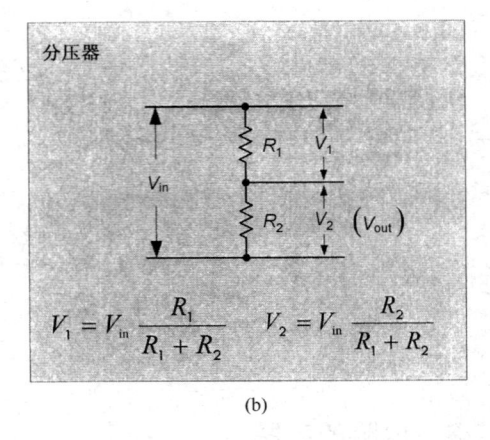

$$V_{\text{in}} = V_1 + V_2, \qquad 9\text{V} = 3\text{V} + 6\text{V}$$

图2.43 例1所示电路

电路消耗的总功率和每个电阻上消耗的功率分别为

$$P_{\text{total}} = IV_{\text{in}} = 0.003\text{A} \times 9\text{V} = 0.027\text{W} = 27\text{mA}$$

$$\left[P_{\text{total}} = I^2 R_{\text{total}} = (0.003\text{A})^2 \times 3000\Omega = 0.027\text{W} = 27\text{mA} \right]$$

$$P_1 = I^2 R_1 = (0.003\text{A})^2 \times 1000\Omega = 0.009\text{W} = 9\text{mA}$$

$$P_2 = I^2 R_2 = (0.003\text{A})^2 \times 2000\Omega = 0.018\text{W} = 18\text{mA}$$

以上结果表明,较大的电阻消耗的功率是较小电阻消耗功率的2倍。

【例2】某集成电路需要输入5V电压,但电源电压是9V,用分压公式设计一个输出电压为5V的分压器,假设集成电路的输入电阻很大(10MΩ),分压器的电流实际上不能流入集成电路,如图2.44所示。

解: 因为假设没有电流流入集成电路,因此可以直接应用分压公式:

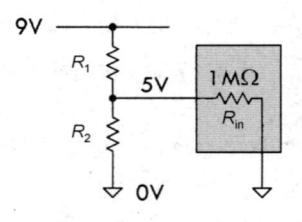

图2.44 例2所示电路

$$V_{\text{out}} = V_{\text{in}} \cdot \frac{R_2}{R_1 + R_2}$$

必须选择分压器的电阻以确保不产生太大的电流,造成不必要的功率损耗。为了使计算简便,令R_2为10kΩ,从分压公式中解出R_1为

$$R_1 = R_2 \cdot \frac{V_{\text{in}} - V_{\text{out}}}{V_{\text{out}}} = 10000\Omega \times \frac{9\text{V} - 5\text{V}}{5\text{V}} = 8000\Omega = 8\text{k}\Omega$$

【例3】现有一个10V的电压源,需将一个额定电压为3V、额定电流为9.1mA的设备接到电源上,给负载设备设计一个分压器。

解: 设计的电路如图2.45所示,将负载视为与R_2并联的电阻,因此负载中有电流流过,应用分压公式时,必须考虑负载的影响,即必须应用所谓的10%规则。

· 40 ·

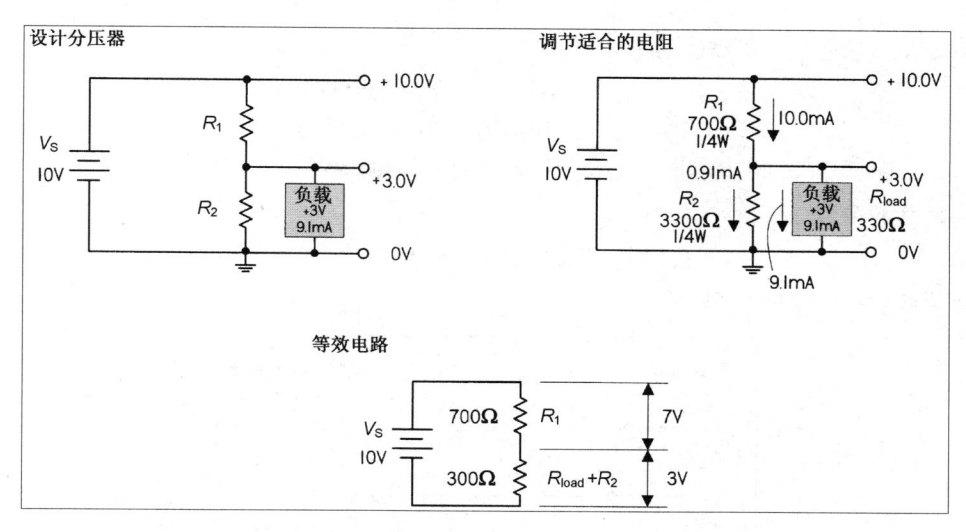

图2.45 例3所示电路

10%规则 这个规则是设计分压电路时选择电阻R_1和R_2的一种标准方法,该方法考虑了负载影响和负载损耗功率最小的问题。

首先选择R_2,让R_2上的电流I_2是预期负载电流的10%。称电阻R_2为泄漏电阻,R_2上的电流为泄漏电流。本题中的泄漏电流为

$$I_{泄漏} = I_2 = 0.10 \times 9.1\text{mA} = 0.91\text{mA}$$

接下来应用欧姆定律,计算泄漏电阻

$$R_{泄漏} = R_2 = 3\text{V}/0.00091\text{A} = 3297\Omega$$

考虑到电阻的公差和标准电阻值,选择一个阻值接近计算值3300Ω的电阻。

然后确定电阻R_1,使输出电压维持在3V。

为了确定R_1,首先计算通过电阻的总电流,然后应用欧姆定律计算出R_1,即

$$I_1 = I_2 + I_{load} = 0.91\text{mA} + 9.1\text{mA} = 10\text{mA} = 0.01\text{A}, \quad R_1 = \frac{10\text{V} - 3\text{V}}{0.01\text{A}} = 700\Omega$$

额定功率为

$$P_{R_1} = V_1^2/R_1 = (7\text{V})^2/700\Omega = 0.07\text{W} = 70\text{mW}, \quad P_{R_2} = V_2^2/R_2 = (3\text{V})^2/3300\Omega = 0.003\text{W} = 3\text{mW}$$

因此,选择功率小于1/4W的电阻可以满足要求。

实际上,泄漏电阻的计算值并不总是一个恰好的数值。根据实际经验得出的泄漏电流只是一个估算值,因此,泄漏电阻值可以选择得接近计算值,电阻的计算值是510Ω时,可选择500Ω的电阻。泄漏电阻的实际阻值一旦选定,泄漏电流就可算出,泄漏电阻的电压必须和与之并联的负载上的电压相等。在第3章关于电阻的小节中,将进一步讨论分压器及更复杂的分压方法。

【例4】 电路如图2.46所示,已知串联电阻$R_1 = 3.3\text{k}\Omega$、$R_2 = 4.7\text{k}\Omega$、$R_3 = 10\text{k}\Omega$,求串联等效电阻。将24V的电池与串联电阻连接成完整的电路,求电路中的总电流、每个电阻上的电压、电路消耗的总功率及每个电阻消耗的功率。

解: 三个串联电阻的等效电阻为

$$R_{total} = R_1 + R_2 + R_3 = 3.3\text{k}\Omega + 24.7\text{k}\Omega + 10\text{k}\Omega = 18\text{k}\Omega$$

流过电阻的总电流为

$$I_{total} = \frac{V_{total}}{R_{total}} = \frac{24\text{V}}{18000\Omega} = 0.00133\text{A} = 1.33\text{mA}$$

应用欧姆定律,求得每个电阻的电压分别为

$$V_1 = I_{\text{total}}R_1 = 1.33\text{mA} \times 3.3\text{k}\Omega = 4.39\text{V}$$
$$V_2 = I_{\text{total}}R_2 = 1.33\text{mA} \times 4.7\text{k}\Omega = 6.25\text{V}$$
$$V_3 = I_{\text{total}}R_3 = 1.33\text{mA} \times 10\text{k}\Omega = 13.30\text{V}$$

电路消耗的总功率为

$$P_{\text{total}} = I_{\text{total}}V_{\text{total}} = 1.33\text{mA} \times 24\text{V} = 32\text{mW}$$

每个电阻消耗的功率如图2.46所示。

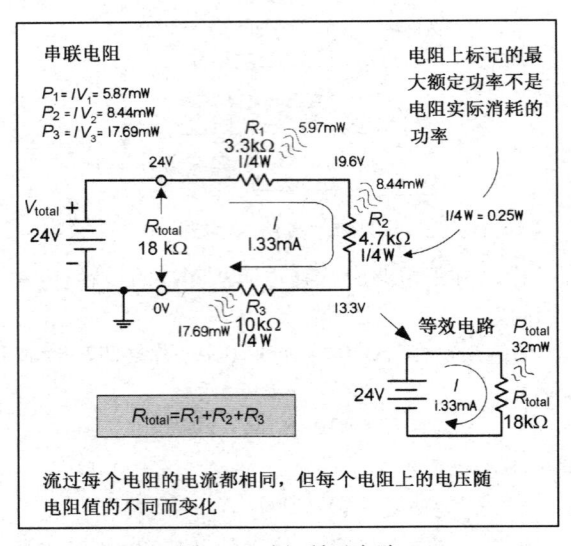

图2.46　例4所示电路

2.12.4　复杂电阻网络的化简

要求解复杂电阻网络的等效电阻,可将电阻网络分解成串联部分和并联部分,然后求出各部分的等效电阻,得到一个较为简单的新电阻网络。再对新电阻网络进行分解和化简,重复这一过程,直到得出单个等效电阻,参见下面化简复杂网络的例题。

【例1】电路如图2.47所示,用简化电路的方法求与电源连接的电阻网络的等效电阻,并计算流入电阻网络的总电流、各个电阻上的电压及流过每个电阻的电流。

解: 由图可知电阻R_2和R_3是并联的,其等效电阻为

$$R_{\text{eq}}^{(1)} = \frac{R_2 R_3}{R_2 + R_3} = \frac{10.0\text{k}\Omega \times 8.0\text{k}\Omega}{10.0\text{k}\Omega + 8.0\text{k}\Omega} = 4.4\text{k}\Omega$$

等效电阻$R_{\text{eq}}^{(1)}$和电阻R_1串联,串联组合的电阻为

$$R_{\text{eq}}^{(2)} = R_1 + R_{\text{eq}}^{(1)} = 5.4\text{k}\Omega + 4.4\text{k}\Omega = 9.4\text{k}\Omega$$

流过电路和电阻R_1的总电流为

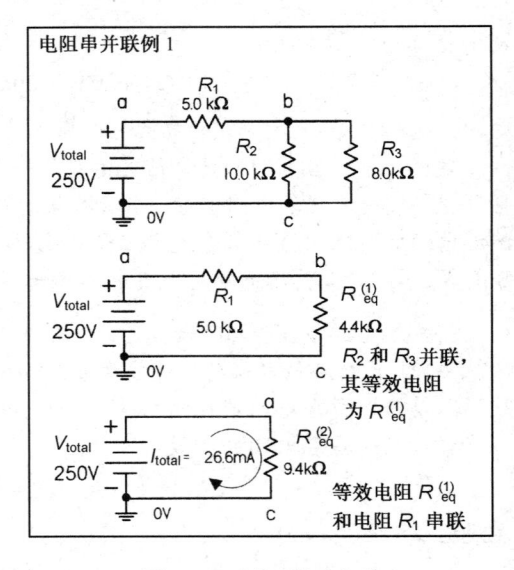

图2.47　例1所示电路

$$I_{\text{total}} = \frac{V_{\text{total}}}{R_{\text{eq}}^{(2)}} = \frac{250\text{V}}{9.4\text{k}\Omega} = 26.6\text{mA} = I_1$$

电阻R_2和R_3上的电压等于等效电阻$R_{\text{eq}}^{(1)}$上的电压：

$$V_{R_{\text{eq}}^{(1)}} = I_{\text{total}} R_{\text{eq}}^{(1)} = 26.6\text{mA} \times 4.4\text{k}\Omega = 117\text{V}, \quad V_2 = V_3 = 117\text{V}$$

根据欧姆定律，可以求出流过R_2和R_3的电流为

$$I_2 = \frac{V_2}{R_2} = \frac{117\text{V}}{10\text{k}\Omega} = 11.7\text{mA}, \quad I_3 = \frac{V_3}{R_3} = \frac{117\text{V}}{8.0\text{k}\Omega} = 14.6\text{mA}$$

根据基尔霍夫电压定律，电阻R_1上的电压为

$$V_1 = 250\text{V} - 117\text{V} = 133\text{V}$$

也可用欧姆定律得到电阻R_1上的电压为

$$V_1 = I_1 R_1 = 26.6\text{mA} \times 5.0\text{k}\Omega = 133\text{V}$$

【例2】 电路如图2.48所示，求电阻网络的等效电阻、电路的总电流、各个电阻上的电压及流过每个电阻的电流。

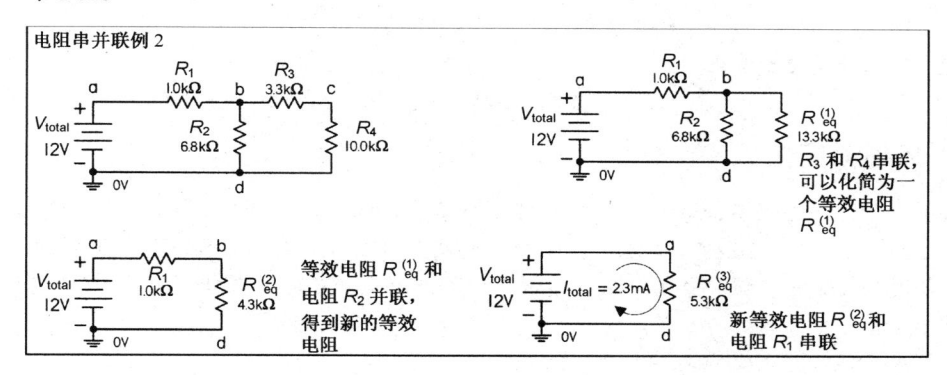

图2.48 例2所示电路

解： 电阻R_3和R_4是串联的，可化简为一个等效电阻$R_{\text{eq}}^{(1)}$：

$$R_{\text{eq}}^{(1)} = R_3 + R_4 = 3.3\text{k}\Omega + 10.0\text{k}\Omega = 13.3\text{k}\Omega$$

等效电阻$R_{\text{eq}}^{(1)}$和电阻R_2并联，并联后的新等效电阻为

$$R_{\text{eq}}^{(2)} = \frac{R_2 R_{\text{eq}}^{(1)}}{R_2 + R_{\text{eq}}^{(1)}} = \frac{6.8\text{k}\Omega \times 13.3\text{k}\Omega}{6.8\text{k}\Omega + 13.3\text{k}\Omega} = 4.3\text{k}\Omega$$

新等效电阻和电阻R_1串联，得到总等效电阻为

$$R_{\text{eq}}^{(3)} = R_1 + R_{\text{eq}}^{(2)} = 1.0\text{k}\Omega + 4.3\text{k}\Omega = 5.3\text{k}\Omega$$

电路的总电流为

$$I_{\text{total}} = \frac{V_{\text{total}}}{R_{\text{eq}}^{(3)}} = \frac{12\text{V}}{5.3\text{k}\Omega} = 2.26\text{mA}$$

等效电阻$R_{\text{eq}}^{(2)}$的电压或b点的电压为

$$V_{R_{\text{eq}}^{(2)}} = I_{\text{total}} R_{\text{eq}}^{(2)} = 2.26\text{mA} \times 4.3\text{k}\Omega = 9.7\text{V}$$

电阻R_1上的电压为

$$V_{R_1} = I_{\text{total}} R_1 = 2.26\text{mA} \times 1.0\text{k}\Omega = 2.3\text{V}$$

应用KVL也可求得R_1上的电压为

$$12\text{V} - 9.7\text{V} = 2.3\text{V}$$

流过电阻R_2的电流为

$$I_2 = \frac{V_{R_{\text{eq}}^{(2)}}}{R_2} = \frac{9.7\text{V}}{6.8\text{k}\Omega} = 1.43\text{mA}$$

流过等效电阻$R_{\text{eq}}^{(1)}$的电流也是流过电阻R_3和电阻R_4的电流:

$$I_{R_{\text{eq}}^{(2)}} = I_3 = I_4 = \frac{V_{R_{\text{eq}}^{(1)}}}{R_{\text{eq}}^{(1)}} = \frac{9.7\text{V}}{13.3\text{k}\Omega} = 0.73\text{mA}$$

应用KCL也可求得流过等效电阻$R_{\text{eq}}^{(1)}$的电流为

$$2.26\text{mA} - 1.43\text{mA} = 0.73\text{mA}$$

电阻R_3上的电压为

$$V_{R_3} = I_3 R_3 = 0.73\text{mA} \times 3.3\text{k}\Omega = 2.4\text{V}$$

电阻R_4上的电压为

$$V_{R_4} = I_4 R_4 = 0.73\text{mA} \times 10.0\text{k}\Omega = 7.3\text{V}$$

应用KVL也可求出R_4上的电压为

$$9.7\text{V} - 2.4\text{V} = 7.3\text{V}$$

2.12.5 多项分压器

【例1】 设计一个多项分压器给三个负载提供功率。已知负载1（75V，30mA）、负载2（50V，10mA）、负载3（25V，10mA），使用10%规则和图2.49所示的电路构造一个分压器。

解： 应用10%规则来确定分压电阻的关键是计算泄漏电流，即泄漏电流是总电流的10%，具体计算步骤如下。

求出泄漏电流，使其为总电流的0.1倍：

$$I_{R_4} = 0.1 \times (10\text{mA} + 10\text{mA} + 30\text{mA}) = 5\text{mA}$$

应用欧姆定律确定泄漏电阻R_4：

$$R_4 = (25\text{V} - 0\text{V})/0.005\text{A} = 5000\Omega$$

流过电阻R_3的电流等于流过电阻R_4的电流和流过负载3的电流之和：

$$I_{R_3} = I_{R_4} + I_{\text{load3}} = 5\text{mA} + 10\text{mA} = 15\text{mA}$$

应用欧姆定律和负载2与负载3之间的电位差来求电阻R_3，即$R_3 = (50\text{V} - 25\text{V})/0.015\text{A} = 1667\Omega$，考虑电阻的公差和标准电阻值。

流过电阻R_2的电流为

$$I_{R_2} = I_{R_3} + I_{\text{load2}} = 15\text{mA} + 10\text{mA} = 25\text{mA}$$

应用欧姆定律，电阻$R_2 = (75\text{V} - 50\text{V})/0.025\text{A} = 1000\Omega$。

流过电阻R_1的电流为

$$I_{R_1} = I_{R_2} + I_{\text{load1}} = 25\text{mA} + 30\text{mA} = 55\text{mA}$$

应用欧姆定律，电阻$R_1 = (100\text{V} - 75\text{V})/0.055\text{A} = 455\Omega$。

用公式$P = IV$来确定电阻的额定功率和负载的总功率损耗，计算结果如图2.49所示。

【例2】 在多数情况下，一个分压器的负载同时需要正电压和负电压，通过在分压器的两个电阻之间设置接地返回端可以实现用一个电源提供正电压和负电压的要求。在电路中选择合适的接地点可以满足负载对电压的要求。

例如，要求设计图2.50所示的分压器，实现电源给3个负载提供电压和电流。

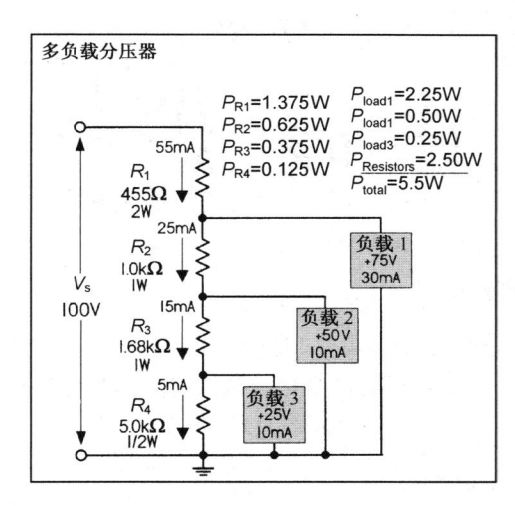

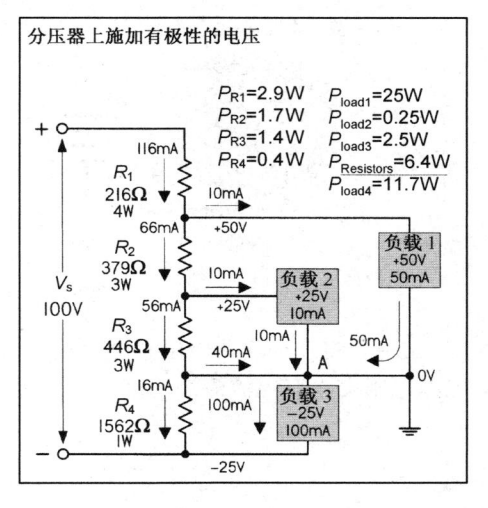

图2.49 例1所示电路　　　　图2.50 例2所示电路

已知：负载1：+50V，50mA；负载2：+25V，10mA；负载3：-25V，100mA。
电阻R_4、R_2和R_1的阻值由前一例题可得。I_{R4}是泄漏电流，其计算值为

$$I_{R_4} = 10\% \times (I_{load1} + I_{load2} + I_{load3}) = 16\text{mA}$$

电阻R_4为 $R_4 = 25\text{V}/0.016\text{A} = 1562\Omega$；在A点应用KCL计算流过电阻$R_3$的电流：

$$I_{R_3} + I_{load2} + I_{load1} + I_{R_4} + I_{load3} = 0$$

$$I_{R_3} + 10\text{mA} + 50\text{mA} - 16\text{mA} - 100\text{mA} = 0, \quad I_{R_3} = 56\text{mA}$$

计算电阻R_3的值：$R_3 = 25\text{V}/(0.056\text{A}) = 446\Omega$。

计算电流I_{R_2}的值：$I_{R_2} = I_{R_3} + I_{load2} = 56\text{mA} + 10\text{mA} = 66\text{mA}$，则电阻$R_2 = 25\text{V}/0.066\text{A} = 379\Omega$。

计算 $I_{R_1} = I_{R_2} + I_{load1} = 66\text{mA} + 50\text{mA} = 116\text{mA}$，则电阻$R_1 = 25\text{V}/0.116\text{A} = 216\Omega$。

虽然分压器用起来很方便，但不能随意调节。一个负载的电阻发生变化，或者电源电压发生变化，所有负载的电压都发生变化。因此，分压器不能用在要求负载电压过度变化的电路中。但是，对于要求恒定电压和固定电流的负载，使用有源器件（如含运算放大器的电压调整器）是最好的方法，有关运算放大器的内容将在后面介绍。

2.13　电压源和电流源

理想电压源是一个两端器件，它的两个端子间的电压保持为固定值（见图2.51）。若将一个可变负载连接到一个理想电压源上，则不管负载电阻的阻值如何变化，理想电压源的端电压始终保持不变，这意味着为了保持端电压固定，理想电压源可为负载提供所需要的任意电流（根据$I = V/R$，当电压固定时，电流随着电阻的变化而变化）。注意，当电阻的阻值变为零时，理想电压源的电流变为无限大。在现实世界中，没有电路器件能够提供无限大的电流，若用一段实际导线将理想电压源的两端连接起来，则电路中产生的电流将大到足以使导线熔化。为了避免这种理论上出现的问题，必须定义一个实际的电压源（电池、直流电压源等），实际电压源提供的最大电流只能是有限值。实际电压源由理想电压源串接一个很小的内阻或称电源内阻r_s构成，电源内阻反映了电压源

不是理想导电体的性质（如电池中存在电解液和芯棒的电阻等），它会使电压源的端电压降低，电压降低的量值取决于电压源的电压和流过电压源的电流值（或负载电阻的大小）。

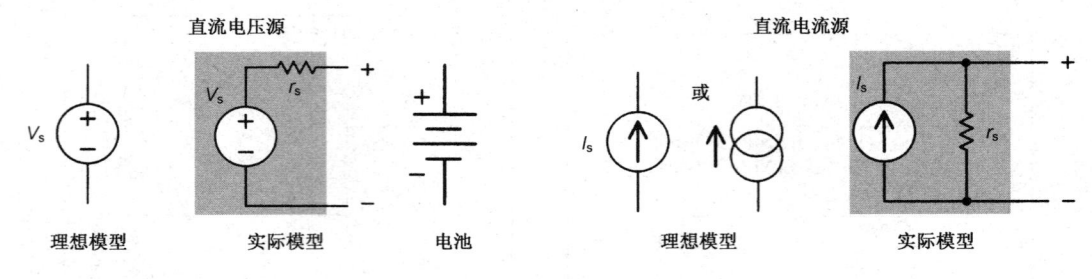

图2.51　电压源和电流源

在图2.52中，将一个实际电压源的两端开路，即电压源的端子不接负载时，由于电路没有形成回路，电源电阻上没有电流流过，因此没有电压，于是电压源的端电压V_T就等于理想电压源的电压（V_S）。

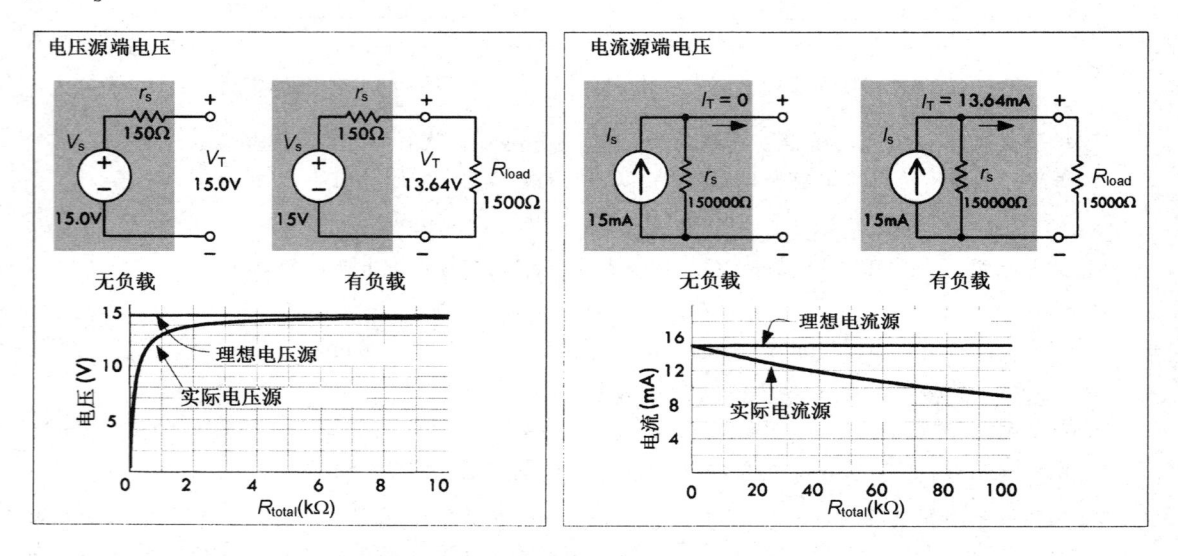

图2.52　电压源和电流源的工作特性

将负载电阻R_{load}与电压源端子相连后，电阻R_{load}和电源内阻r_s是串联的，根据分压公式，电压源的端电压为

$$V_T = V_S \cdot \frac{R_{load}}{R_{load} + r_s}$$

上式表明，当负载电阻R_{load}远大于电源内阻r_s时（约1000倍以上），r_s的影响小到可以忽略。但是，当负载电阻R_{load}小于或接近电源内阻r_s的值时，在计算和设计电路时就要考虑电源内阻r_s的影响，参见图2.52。

一般来说，直流电源的内阻较小，但有时也会高达600Ω，因此需要调整与负载连接的电源电压。另外，当将元件接入电路或从电路断开时，最好检查一下电源的电压。

图2.52中还给出了电子学中表示直流电流源的电路符号。理想电流源能够在任何时刻为负载提供不变的电流I_s，而不论负载电阻如何变化。这意味着为了保持电源的电流恒定，理想电流源的端电压将随着负载电阻的变化而变化。

实际的电流源具有一个很大的并联内阻r_s，如图2.52所示，这个内阻会使电流源的端电流I_T减小，减小量值取决于电流源的电流值和电流源的端电压（或负载电阻的大小）。

当电流源的两端开路时，电流源的端电流I_T显然应为零，但是，若在电流源两端接上负载电阻R_{load}，则负载电阻R_{load}和电流源的内阻r_s组成并联电阻电路，应用分流公式得端电流为

$$I_T = I_S \cdot \frac{r_s}{R_{load} + r_s}$$

上式表明，当负载电阻R_{load}小于电流源内阻r_s时，流过内阻的电流非常小，通常可以忽略不计。但是，当负载电阻R_{load}大于或接近电流源内阻r_s的值时，计算时就要考虑内阻r_s。

电源可用电流源表示，也可用电压源表示，它们本质上是等价的。要进行电压源和电流源模型之间的转换，电源的内阻首先要保持不变，然后应用欧姆定律将电压源的电压转换成电流源的电流，图2.53给出了电压源与电流源的转换过程。

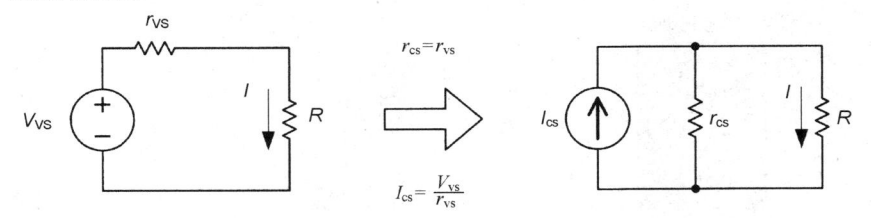

图2.53　电压源与电流源的转换过程

理想电流源的内阻是无穷大的，因此理想电流源的两端可以承受所施加的任意电压（如负载电阻变化）。理想电流源可用一个具有很高电压V的电压源和一个大电阻R的串联来近似表示，若负载电阻远小于电阻R，则这个近似模型为任意负载提供的电流为V/R。例如，图2.54中的电路由一个1kV的电压源和一个1MΩ的内阻串联而成，当负载电压保持为0～10V（$0 < R_{load} < 10kΩ$）时，电路中的电流将维持在1mA，其精度在1%以内。实际上，即使负载电阻发生变化，由于电压源的内阻远大于负载电阻，电流也保持不变［$I = 1000V/(1000000Ω + 100000Ω)$，由于1000000Ω非常大，因此可以忽略负载电阻R_{load}］。

实际电流源通常是用晶体管这样的有源电路制成的，如图2.54(c)所示。由电压V_{in}激励的电流通过电阻R_1流入第二级晶体管的基极，流入晶体管集电极的电流通过晶体管从发射极流出，又经过电阻R_2。电流变得很大时，第一级晶体管导通，占用第二级晶体管的基极电流，因此，其集电极的电流值不超过给定的值。这是一种既可以形成电流源又可以限制电流振幅的极好方法。

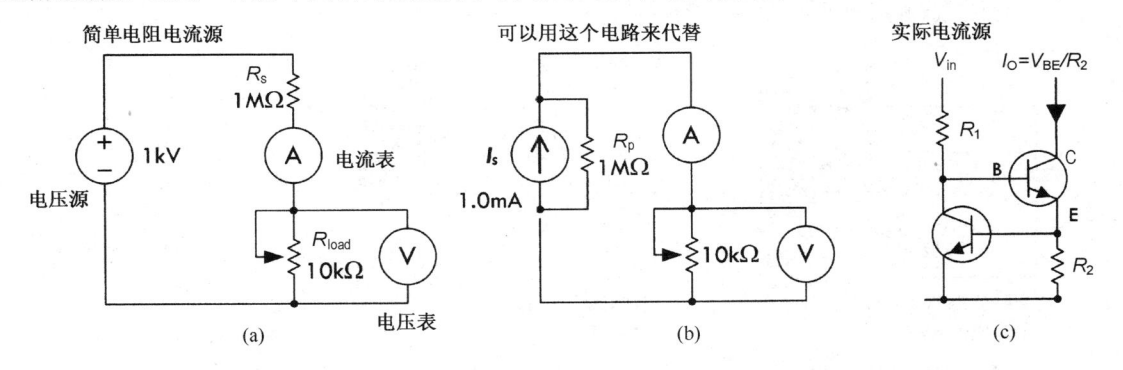

图2.54　电压源转换为电流源的实例及实际的电流源

2.14 电压、电流和电阻的测量

电压表、电流表和欧姆表是分别用来测量电压、电流和电阻的仪表。理想的仪表在测量时对电路不产生任何影响。理论上说，理想电压表的输入电阻R_{in}为无限大，因此，在测量电路中任意两点之间的电压时，理想电压表中没有电流流过。同理，由于理想电流表的输入电阻R_{in}为零，因此串联在电路中的理想电流表是没有电压的。理想欧姆表在测量电阻时不产生额外的电阻。

另一方面，实际仪表都有局限性，都会产生测量误差。事实上，为了在测量时显示测量数据，仪表的电路必须从被测电路中获取采样电流，这也是产生误差的原因。图2.55给出了理想电压表、理想电流表和欧姆表的电路符号，还给出了对应的实际仪表的等效电路模型。

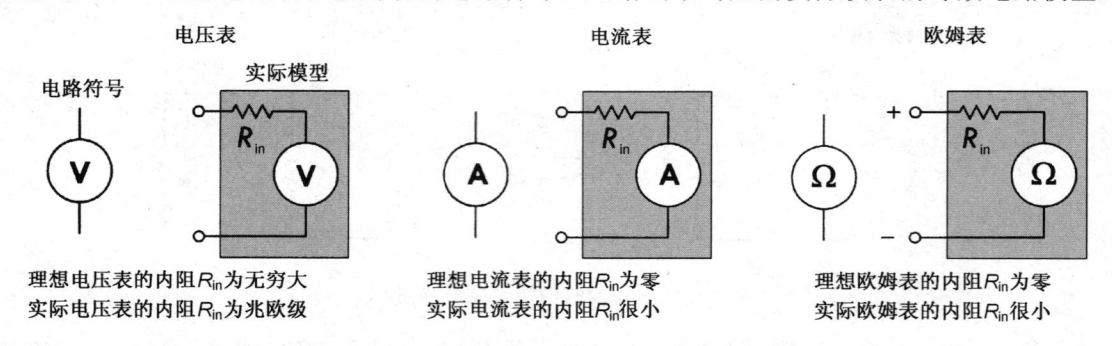

电压表
电路符号　　实际模型
理想电压表的内阻R_{in}为无穷大
实际电压表的内阻R_{in}为兆欧级

电流表
理想电流表的内阻R_{in}为零
实际电流表的内阻R_{in}很小

欧姆表
理想欧姆表的内阻R_{in}为零
实际欧姆表的内阻R_{in}很小

图2.55　理想电压表、理想电流表和欧姆表的电路符号

理想电压表有无限大的输入电阻，无电流流过；但是，实际电压表的输入电阻为几百兆欧姆。理想电流表的输入电阻为零，不产生电压降；但是，实际电流表有不到1Ω的输入电阻。理想欧姆表的内阻为零，但是，实际欧姆表的内阻是零点几欧姆。因此，在使用仪表时，从说明书中了解测量仪表的内阻值是非常重要的。

图2.56说明了仪表内阻对测量结果的影响。图示表明，在实际测量中，仪表的内阻成为电路的一部分，测量中误差百分比的大小取决于被测电路电阻和仪表内阻连接后仪表内阻的影响程度。

图2.57所示为一个模拟万用表内部的基本结构。注意该仪表已被大大简化，实际仪表是非常复杂的，具有可选择的量程范围、交流测量功能等。但是，图2.57至少表明了实际仪表都是非理想的，仪表需要获取采样电流来驱动检流计的指针。

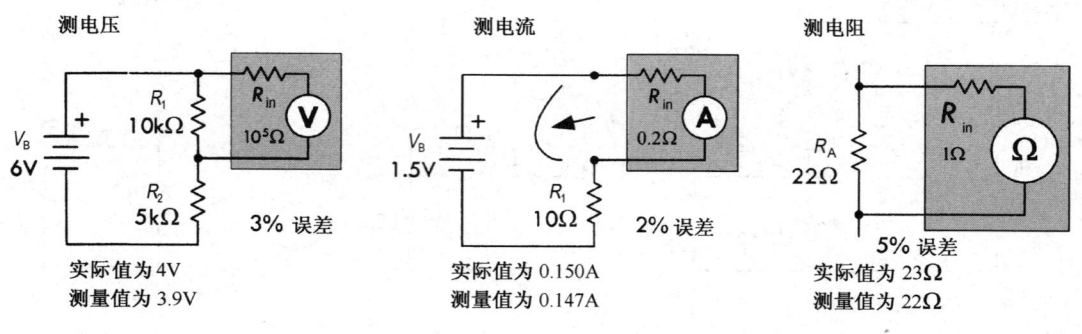

测电压
V_B 6V, R_1 10kΩ, R_2 5kΩ, R_{in} 10^5Ω
3% 误差
实际值为 4V
测量值为 3.9V

测电流
V_B 1.5V, R_1 10Ω, R_{in} 0.2Ω
2% 误差
实际值为 0.150A
测量值为 0.147A

测电阻
R_A 22Ω, R_{in} 1Ω
5% 误差
实际值为 23Ω
测量值为 22Ω

图2.56　仪表内阻对测量结果的影响

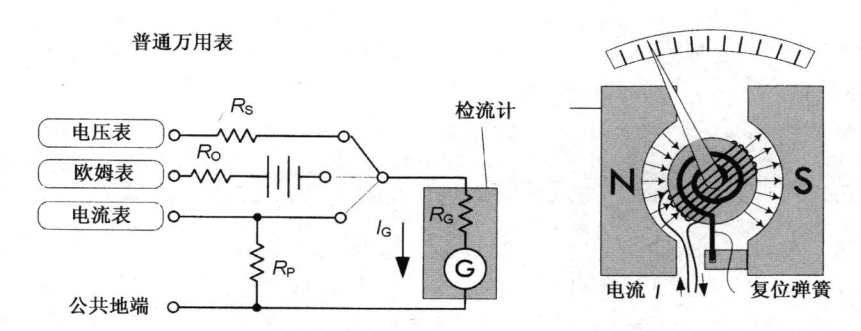

图2.57 这个简化的模拟万用表的核心是一个用来测量电流I_G的检流计。当电流流过检流计的引线时，在中心转子线圈上产生一个磁场。由于线圈相对于定子永磁体的N-S极是倾斜的，转子将依据电流的大小而旋转。在电流很小的情况下，指针通常是满偏的。加入并联电阻可以分流检流计中的电流。检流计也可充当电压表，将检流计的引线接到电路中待测的电压点上，引线两端有电压差时，电流将流入检流计，检流计的指针按正比于电压值的比例进行偏转，利用一个串联电阻可以限制其中的电流和指针的偏转。检流计也可用作欧姆表，其中设置了安放电池的位置，电池和检流计是串联的，为了校准指针的偏转，还要给检流计串接一个电阻R_O

2.15 电池的串并联

图2.58是两个电池网络，通过这两个网络可以说明提高电源电压或电源电流容量的方法。为了提高电源电压，需要将电池串联起来，串联后的总电池电压是各个电池电压之和。为了增大电流容量（增加运行时间），可以将电池并联起来，即将所有电池的正极连在一起，将负极连在一起，如图2.58所示。应用欧姆功率定理可以求出电源输送给负载的功率为$P = V^2/R$，其中V是电池网络中所有连接电池的等效电压。注意，图中的接地符号表示零电位参考点，而不代表和大地的真正连接。在用电池供电的设备中，电池不需要和大地相连。

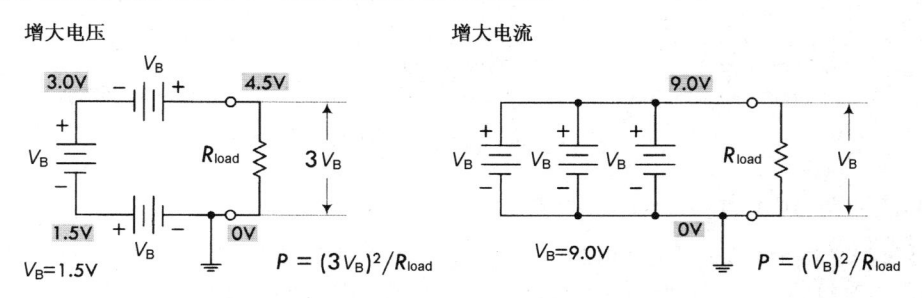

图2.58 电池的串联和并联

注意，当将电池并联时，必须选择全新的相同电池，即并联电池的电压和化学特性要相同，这一点非常重要，因为电池电压不同时就会产生问题。

2.16 开路和短路

电路中常见的故障就是电路的开路和短路。当全部或部分电路发生短路时，电路中会出现过大的电流，大电流将熔断电路中的保险丝或烧毁电路元件，导致电路断开。开路表示电路断开，电流无法流过。引起电路短路的原因有：导线发生交叉，或者绝缘层被损坏，或者焊料泼溅误连了电路板上两个分离的导体。导致电路开路的原因有：电路中的导线断开，或者元件的引线从电路中脱开，或者元件被烧坏。电路开路会产生很大的电阻。图2.59显示了电路开路和短路的情况。保险丝的电路符号为～，当流过保险丝的电流超过其额定电流和额定功率时，保险丝就被熔断。

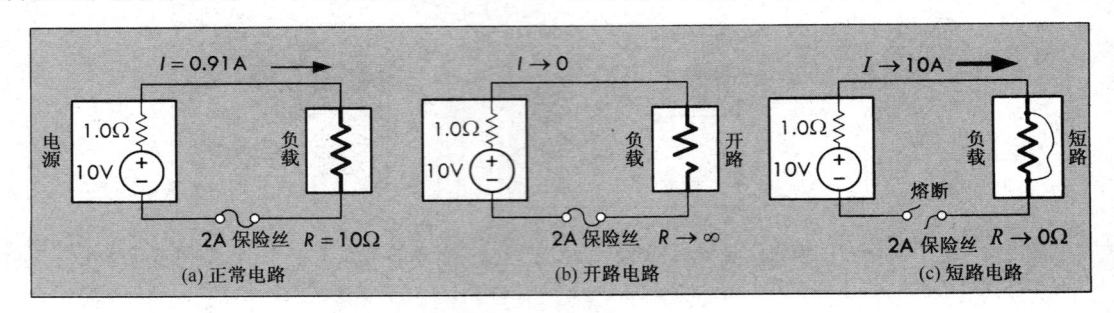

图2.59 电路开路和短路的情况

若认为所有电路元件都是理想的，则当理想电压源被短路时，电路中就会产生无限大的电流，而短路处的电压为零。实际电压源有一定的内阻，可视为导体，所以电路中的最大电流有所降低，但电流仍然很大，仍然会损坏电路。

判断电路是否发生短路，可闻是否有烧焦的气味，或者用手靠近元件感觉是否过热。为了防止短路造成的电路损坏，可以利用各种保护设备，如保险丝、稳压器和电路断路器，当这些设备感觉流过它们的电流过大时，就会熔断或断开，使电路开路，限制电流过大而损坏电路。

【例1】串联电路如图2.60所示，求图2.60(a)所示电路中的电流；当电路中出现如图2.60(b)所示的局部短路时，求电路中的电流；当电路如图2.60(c)所示完全被短路时，设保险丝的额定电流为1A，短路瞬间电源的内阻为3Ω，求电路中的电流。

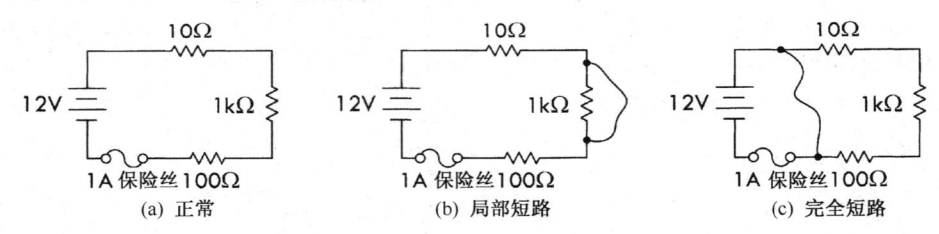

图2.60 例1所示电路

解：(a)11mA；(b)109mA；(c)4A，保险丝熔断。

【例2】并联电路如图2.61所示，图2.61(a)所示为正常工作电路，图2.61(b)所示为局部开路电路，图2.61(c)所示为短路电路，分别求三个电路中的总电流；设电池的额定电流小于3A，电池的内阻为0.2Ω，短路时的内阻为2Ω。

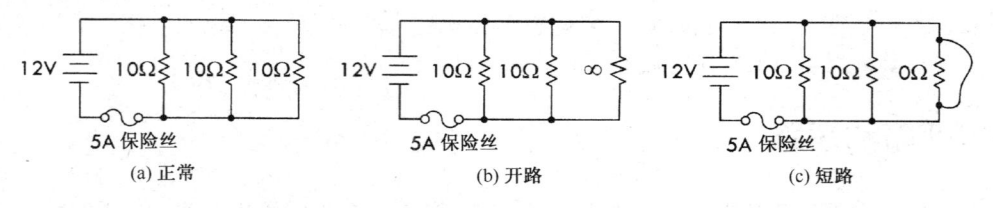

图2.61 例2所示电路

解：(a)3.4A；(b)2.3A；(c)6A，保险丝熔断。

【例3】并联电路如图2.62所示，当所有开关闭合时，负载B、C、D上无电流，只有负载A上有电流，说明保险丝已熔断。换保险丝后，闭合开关S₂，使开关S₃和S₄断开，保险丝就不会熔断。闭合开关S₃，负载B、C上有电流，若再闭合开关S₄，则负载B、C上的电流为零，负载D上也没有电流，保险丝再次熔断。根据以上现象说明电路存在什么问题？

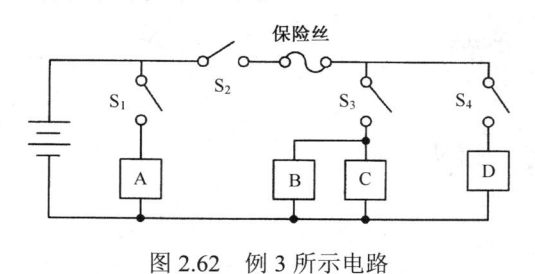

图 2.62　例 3 所示电路

解：负载D的内部发生了短路。

2.17　基尔霍夫定律

在分析电路问题时，经常碰到仅用化简电阻电路的方法无法求解的电路。对于这样的电路，即使利用化简电路的方法求出了电路的等效电阻，也无法计算出网络中所有元件上的电流和电压。同样，电路中含有多个电源或复杂的电阻网络时，应用欧姆定律及分压和分流公式可能无法解决问题，但借助基尔霍夫定律可以解决上述电路分析问题。

基尔霍夫定律给出了分析电路的最普遍方法。这个定律不仅适用于线性电路（含有电阻、电感、电容元件），还适用于非线性电路（含有二极管、三极管等元件），不管这些电路有多么复杂，基尔霍夫定律都适用。基尔霍夫定律包括两个定律。

基尔霍夫电压定律（回路定律）　电路中沿着任何一个回路的所有电压的代数和为零，即

$$\sum_{\text{回路}} \Delta V = V_1 + V_2 + \cdots + V_N \tag{2.20}$$

基尔霍夫电压定律的本质是能量守恒，即若一个电荷从电路中的任意一点出发，沿任意一个回路绕行一周回到其出发点，电荷电势的变化量为0。

现以图2.63所示的电路为例来说明如何应用基尔霍夫电压定律。首先，在回路上任意选择一个起始点，假设选择5V电池的负极端为起始点；然后，设定回路方向，图中选择顺时针方向为回路方向，但不管选择什么方向，都不影响分析结果。最后顺着回路方向，每经过一个电路元件，就将其上的电压加入正在建立的回路方程，根据图中虚线所示的回路方向来确定电压的正负号，将回路中所有元件的电压全部相加后，令建立的回路方程等于0。

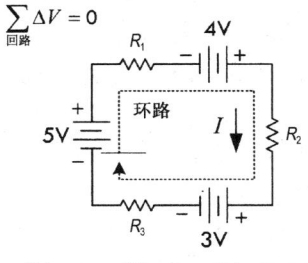

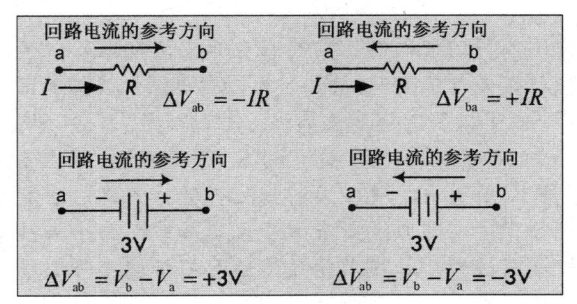

图 2.63　基尔霍夫电压定律

基尔霍夫电压定律适用于任何含有线性或非线性元件的电路。现以图2.64所示的电路为例,说明基尔霍夫电压定律不仅适用于直流电阻电路,还适用于含电容、电感、非线性二极管和正弦电压源的电路。采用和前面例子中相同的步骤,首先设定一个回路方向,建立回路电压方程。可以看出,由于描述电容、电感和二极管上电压变化的方程很复杂,得到的电压方程是微积分方程,直接求解这个方程很困难。在电子学中,我们不用这种方法来求解题,但是这能证明基尔霍夫电压定律的普遍性。

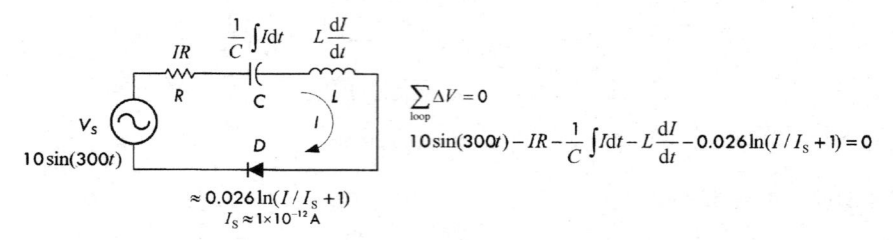

$$\sum_{\text{loop}} \Delta V = 0$$

$$10\sin(300t) - IR - \frac{1}{C}\int I dt - L\frac{dI}{dt} - 0.026\ln(I/I_S + 1) = 0$$

图2.64 用基尔霍夫电压定律求解一般电路

基尔霍夫电流定律(节点定律) 流入一个节点的所有电流之和等于流出该节点的所有电流之和,即

$$\sum I_{\text{in}} = \sum I_{\text{out}} \tag{2.21}$$

基尔霍夫电流定律的本质是电荷守恒定律,即流过电路的电荷绝不会产生和消失。

下面举例说明基尔霍夫电压定律和电流定律的应用。

【例1】 电路如图2.65所示,设电阻R_1、R_2、R_3、R_4、R_5、R_6和电压源的电压V_0都是已知量。应用基尔霍夫定律求流过各电阻的电流I_1、I_2、I_3、I_4、I_5、I_6,并应用欧姆定律$V_n = I_n R_n$求各电阻上的电压V_1、V_2、V_3、V_4、V_5和V_6。

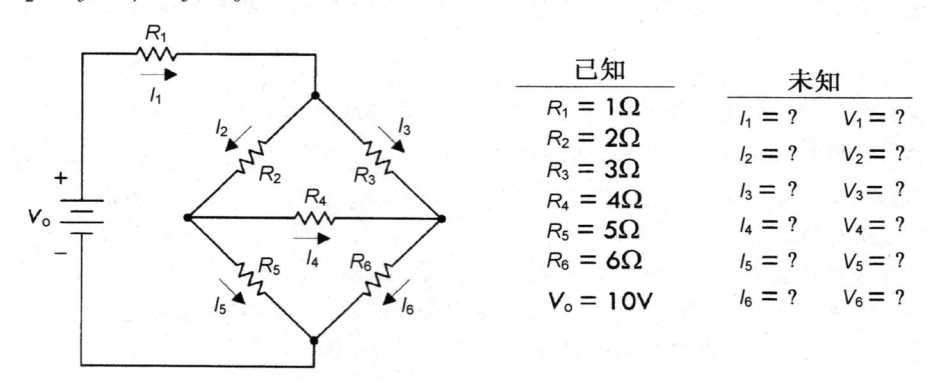

已知	未知	
$R_1 = 1\Omega$	$I_1 = ?$	$V_1 = ?$
$R_2 = 2\Omega$	$I_2 = ?$	$V_2 = ?$
$R_3 = 3\Omega$	$I_3 = ?$	$V_3 = ?$
$R_4 = 4\Omega$	$I_4 = ?$	$V_4 = ?$
$R_5 = 5\Omega$	$I_5 = ?$	$V_5 = ?$
$R_6 = 6\Omega$	$I_6 = ?$	$V_6 = ?$
$V_0 = 10V$		

图2.65 例1所示电路

解: 为了求解这个问题,需要在电路中选择回路和节点,对回路应用基尔霍夫电压定律,对节点应用基尔霍夫电流定律,最终建立的方程个数要和未知量的个数相同,然后求解这些代数方程。图2.66给出了应用定律建立最终方程的过程。

图2.66的电路有6个方程,它们对应6个未知量。根据线性代数规则,当方程的个数等于未知量的个数时,可以求出未知量。求解线性代数方程的方法有三种。第一种方法是采用老式的代入消元法,也称替代法,即联立所有方程求出其中的一个未知量,再将这个量代入其他方程进一步求解其他量。第二种方法是应用比较清楚和简单的矩阵来计算,在线性代数教材中可以了解有关矩阵方程的求解方法。

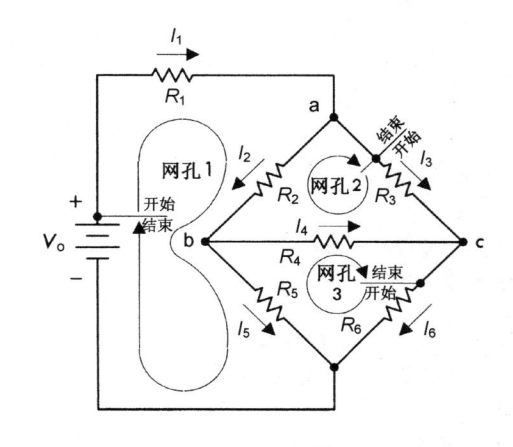

应用基尔霍夫电流定律有

$I_1 = I_2 + I_3$ （节点 a）
$I_2 = I_5 + I_4$ （节点 b）
$I_6 = I_3 + I_4$ （节点 c）

应用基尔霍夫电压定律有

$V_0 - I_1 R_1 - I_2 R_2 - I_5 R_5 = 0$ （网孔 1）
$-I_3 R_3 + I_4 R_4 + I_2 R_2 = 0$ （网孔 2）
$-I_6 R_6 + I_5 R_5 - I_4 R_4 = 0$ （网孔 3）

图 2.66　例 1 所示电路的求解方法（一）

第三种方法是最实用的方法，即应用行列式和克拉默法则来求解。应用这种方法时，不需要知道关于行列式算法的数学知识；也就是说，有计算程序和计算器时，只需将数据代入行列式，按"="键就可计算行列式。因为不希望在计算方法上花太多的时间，所以下面将对图 2.67(a) 所示的电阻电路直接给出方程和求解过程。

首先找出电阻电路问题的方程组的行列式，然后将所有系数代入行列式，再按计算器或计算机上的"求解"按钮，如图 2.67(b) 所示。

系统的方程如下：

$$a_{11}x_1 + a_{12}x_2 + \cdots + a_{1n}x_n = b_1$$
$$a_{12}x_1 + a_{22}x_2 + \cdots + a_{2n}x_n = b_2$$
$$\vdots$$
$$a_{1n}x_1 + a_{n2}x_2 + \cdots + a_{nn}x_n = b_n$$

a_{11} 是方程 1 中变量 x_1 的系数，a_{2n} 是方程 2 中变量 x_n 的系数，b_2 是方程 2 等号右端的常数项

求解系统中的变量，其表达式如下：

$$x_1 = \frac{\Delta x_1}{\Delta}, x_2 = \frac{\Delta x_2}{\Delta}, \cdots, x_n = \frac{\Delta x_n}{\Delta}$$

其中

直线括号表示行列式

$$\Delta = \begin{vmatrix} a_{11} & a_{12} & \cdots & a_{1n} \\ a_{21} & a_{22} & \cdots & a_{2n} \\ \vdots & \vdots & \ddots & \vdots \\ a_{n1} & a_{n2} & \cdots & a_{nn} \end{vmatrix}, \Delta x_1 = \begin{vmatrix} b_1 & a_{12} & \cdots & a_{1n} \\ b_2 & a_{22} & \cdots & a_{2n} \\ \vdots & \vdots & \ddots & \vdots \\ b_n & a_{n2} & \cdots & a_{nn} \end{vmatrix}, \Delta x_2 = \begin{vmatrix} a_{11} & b_1 & \cdots & a_{1n} \\ a_{21} & b_2 & \cdots & a_{2n} \\ \vdots & \vdots & \ddots & \vdots \\ a_{n1} & b_n & \cdots & a_{nn} \end{vmatrix}, \cdots, \Delta x_n = \begin{vmatrix} a_{11} & a_{12} & \cdots & b_1 \\ a_{21} & a_{22} & \cdots & b_2 \\ \vdots & \vdots & \ddots & \vdots \\ a_{n1} & a_{n2} & \cdots & b_n \end{vmatrix}$$

(a)

$I_1 - I_2 - I_3 = 0$
$I_2 - I_5 - I_4 = 0$
$I_6 - I_4 - I_5 = 0$
$I_1 + 2I_2 + 5I_5 = 10$
$-3I_3 + 4I_4 + 2I_2 = 0$
$-6I_6 + 5I_5 - 4I_4 = 0$

$$\Delta = \begin{vmatrix} 1 & -1 & -1 & 0 & 0 & 0 \\ 0 & 1 & 0 & -1 & -1 & 0 \\ 0 & 0 & -1 & -1 & 0 & 1 \\ 1 & 2 & 0 & 0 & 5 & 0 \\ 0 & 2 & -3 & 4 & 0 & 0 \\ 0 & 0 & 0 & -4 & 5 & -6 \end{vmatrix} = -587$$

(b)

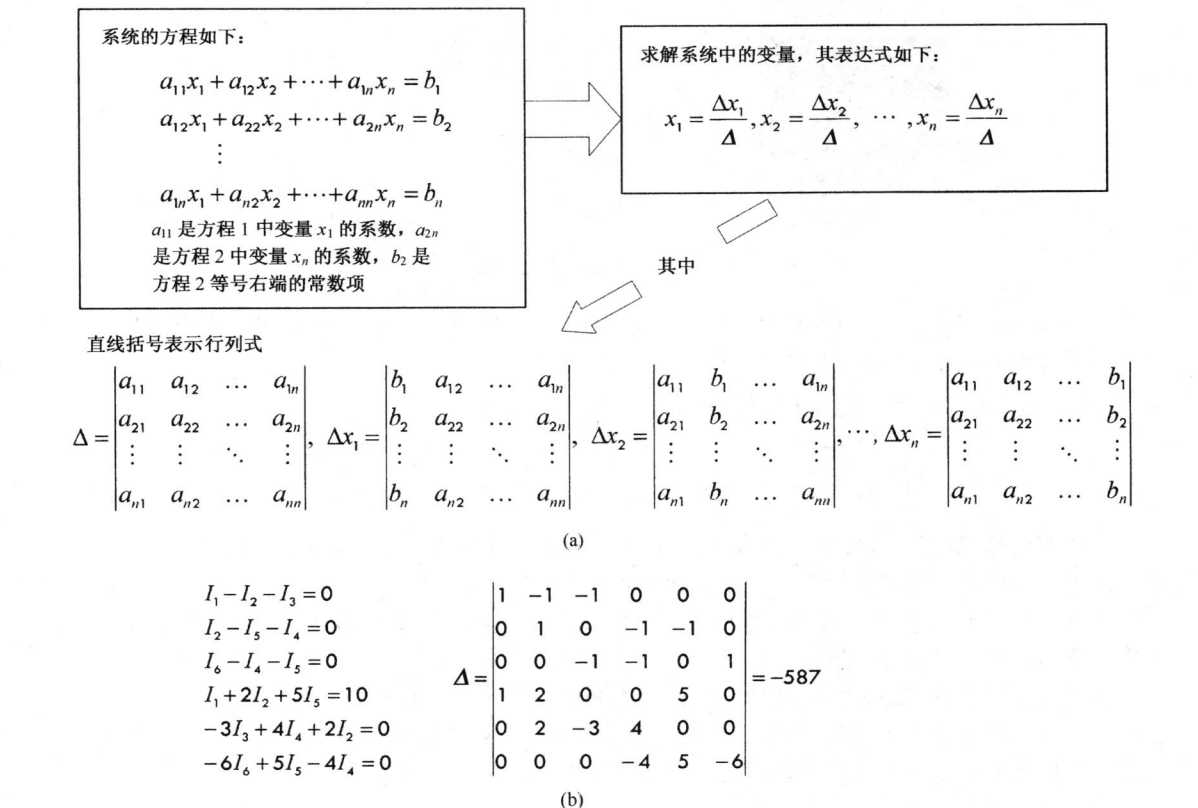

图 2.67　例 1 所示电路的求解方法（二）

$$\Delta I_5 = \begin{vmatrix} 1 & -1 & -1 & 0 & 0 & 0 \\ 0 & 1 & 0 & -1 & 0 & 0 \\ 0 & 0 & -1 & -1 & 0 & 1 \\ 1 & 2 & 0 & 0 & 10 & 0 \\ 0 & 2 & -3 & 4 & 0 & 0 \\ 0 & 0 & 0 & -4 & 0 & -6 \end{vmatrix} = -660$$

$$I_5 = \frac{\Delta I_5}{\Delta} = \frac{-660}{-587} = 1.124\text{A}$$

$$V_5 = I_5 R_5 = 1.124\text{A} \times 5\Omega = 5.62\text{V}$$

(c)

图2.67 例1所示电路的求解方法（二）（续）

要求出流过电阻R_5上的电流和加在其两端的电压，就要首先求出ΔI_5，然后利用式$I_5 = \Delta I_5/\Delta$来求电流，最后应用欧姆定律来计算电压。图2.67(c)中给出了具体的求解步骤。

其他电流（和电压）通过直接计算$\Delta I'_i/\Delta$就可得出。

可以看出，最后在求解每个电流值时，需要进行大量的数学运算，为简便起见，可以用电路仿真软件Multisim来计算电路中的所有量，如图2.68所示。

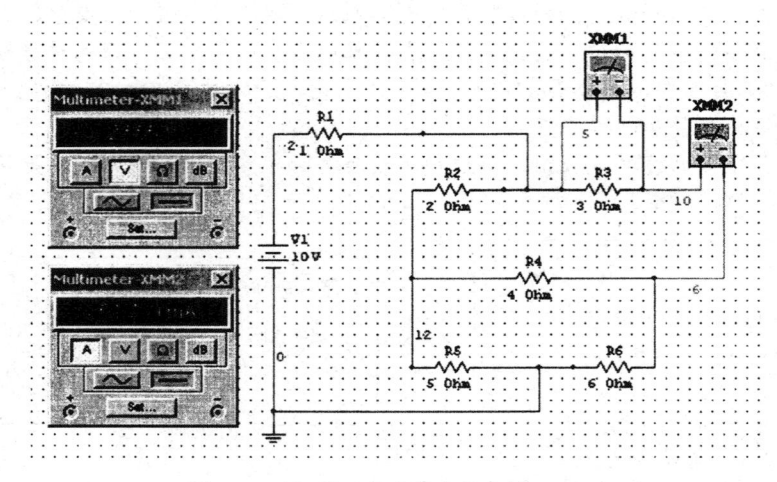

图2.68 例1所示电路的求解方法（三）

花大量的时间来计算是一种好的理论训练，但是在实际中，这很浪费时间。类似这样的电路问题，使用仿真软件只需数分钟就可计算出来，仿真结果为

$V_1 = 2.027\text{V},\quad I_1 = 2.027\text{A}\quad V_2 = 2.351\text{V},\quad I_2 = 1.175\text{A}$

$V_3 = 2.555\text{V},\quad I_3 = 0.852\text{A}\quad V_4 = 0.204\text{V},\quad I_4 = 0.051\text{A}$

$V_5 = 5.622\text{V},\quad I_5 = 1.124\text{A}\quad V_6 = 5.417\text{V},\quad I_6 = 0.903\text{A}$

将计算结果代回到电路图中，如图2.69所示，应用基尔霍夫电压和电流定律可以验证计算结果。选取任意一个回路，回路中各元件的电压相加后应该为0（注意图中黑色标记的电压值是该点相对于零电位参考点的电压）。流入任意节点的电流之和等于流出该节点的电流之和，即电流在节点上遵循基尔霍夫电流定律。

显然，直接求解电路方程会耗费人们很多的精力，而使用仿真软件来求解又会使人滋生懒惰，因此，解决上述问题的方法是应用称为戴维南定理的一个特殊定理，戴维南定理使用一些巧妙的方法来分析电路，避免了求解方程组或求助仿真软件。戴维南定理应用了叠加原理的概念，因此，下面首先讨论叠加原理。

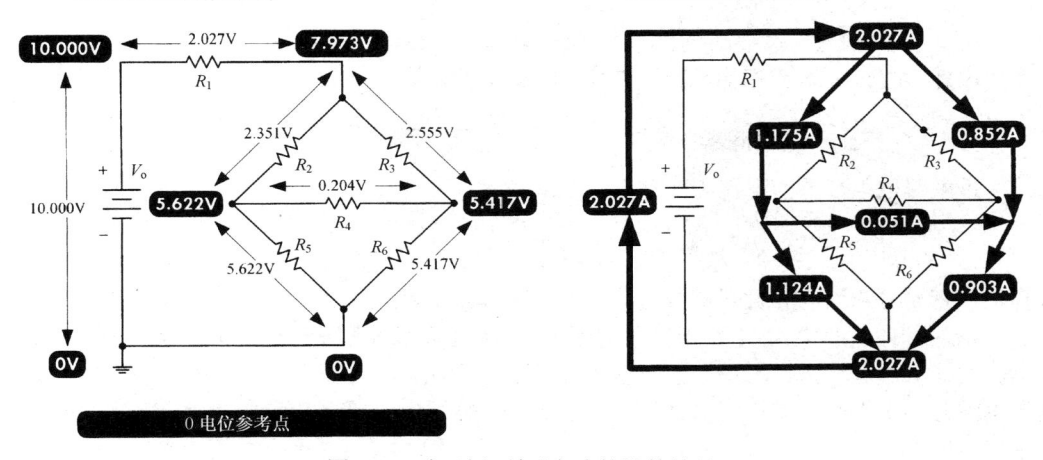

图2.69 验证例1所示电路的计算结果

2.18 叠加原理

在电子学中,叠加原理是一个很重要的定理,它适用于分析含有多个电源的线性电路。原理的内容表述如下所示。

叠加原理 线性电路中任意一个支路的电流等于电路中每个电源单独作用时(其余电源置零)在该支路上产生的电流之和。

应用基尔霍夫定律可以证明叠加原理。事实上,直接对线性电路应用基尔霍夫定律将得出一组线性方程,化简这组线性方程可以得到只有单个未知量的线性方程,即一个未知的支路电流可视为每个带有适当系数的电源的线性叠加。需要明确的是,叠加原理不适于用非线性电路。

了解叠加原理中将电源置零的含义非常重要。电路中的电源有电压源或电流源,将电压源置零就是将电压源的两个端子相连,使两个端子的电位相同,即用一段导体来代替电压源,形成一个短路电路。将电流源置零就是从电路中去掉电流源,使其两个端子之间断开,形成开路电路。因此,电压源为零就是将电压源短路,而电流源为零就是将电流源开路。

下面用叠加原理分析图2.70所示的电路,电路中包含两个电阻、一个电压源和一个电流源。

首先从电路中去掉电流源(将电流源的两个端子断开),如图2.70(b)所示。图2.70(b)中流过电阻R_2的电流仅由电压源V_A产生,它等于电压V_A除以等效电阻:

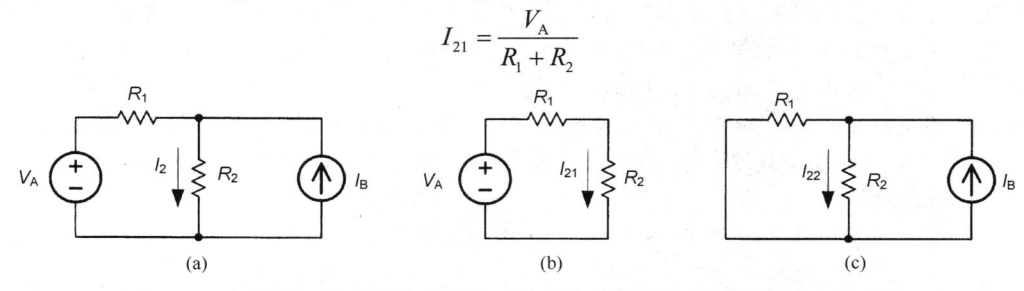

$$I_{21} = \frac{V_A}{R_1 + R_2}$$

图 2.70 应用叠加原理可将分析图(a)的电路转换为分析图(b)和图(c)的电路

式中的电流称为由电源 1 在支路 2 上产生的部分电流。然后,将电压源置零,即将电压源用一段导体替代,使电压源短路,如图 2.70(c)所示,图 2.70(c)中的电路是一个分流器,因此电流源在电阻R_2上产生的部分电流为

$$I_{22} = \frac{I_B R_1}{R_1 + R_2}$$

应用叠加原理，将部分电流相加，得到支路2上的总电流为

$$I_2 = I_{21} + I_{22} = \frac{V_A + I_B R_1}{R_1 + R_2}$$

同理，可以求得电阻R_1上的电流为

$$I_1 = \frac{V_A + I_B R_2}{R_1 + R_2}$$

叠加原理是分析线性电路的重要方法。应用叠加原理既可分析复杂的线性电阻网络，也可分析后面介绍的线性正弦电路。叠加原理是电路中的两个重要定理——戴维南定理和诺顿定理成立的基础，戴维南定理和诺顿定理采用一些相当灵活的方法，因此在电路分析中比叠加原理更实用。虽然在电路分析中很少直接应用叠加原理，但叠加原理是其他许多电路分析方法的基础。

2.19 戴维南定理和诺顿定理

2.19.1 戴维南定理

一个复杂的电路如图2.71所示，若关注的仅是电路中节点A和节点F之间的电压（或其他任意两个节点之间的电压），以及连接在这两个节点之间的负载电阻的电流，则应用基尔霍夫定律来求解这个问题会很麻烦，因此需要费力地列出大量的方程，然后艰难地求解复杂的方程组。

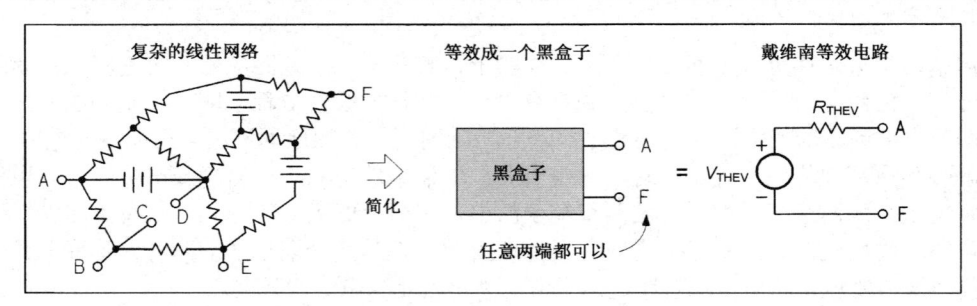

图2.71 戴维南定理的本质

所幸的是，名叫戴维南的人提出了一个不需要运用太多数学计算的定理，该定理可使分析的问题简化，得出问题的答案。戴维南发现，若仅仅关注电路中两个端子之间连接的一条支路的量值，则可将端子间的这条支路从复杂电路中断开，将电路剩余部分视为一个伸出两个端子的黑盒子，这个黑盒子或者说线性两端直流网络，可用一个电压源和一个电阻的串联支路替代。以上方法称为戴维南定理。串联支路中的电压源称为戴维南等效电压V_{THEV}，电阻称为戴维南等效电阻R_{THEV}，整个串联支路称为戴维南等效电路。应用这个简单的等效电路，结合欧姆定律，就很容易计算出与等效电路相连的负载上的电流$I = V_{THEV}/(R_{THEV} + R_{load})$。

注意，线性两端网络（黑盒子）的两个端子在电路中实际上不存在。换句话说，要计算一个复杂电路负载上的电流和电压，首先要将负载电阻从电路中去掉以形成一个两端电路，然后求出戴维南等效电路，再将负载电阻与戴维南等效电路连接起来，应用欧姆定律计算负载上的电压和电流$I = V_{THEV}/(R_{THEV} + R_{load})$。这里有两个重要的问题：一是戴维南等效方法的本质是什么？二是戴维南等效电压V_{THEV}和等效电阻R_{THEV}的物理含义是什么？

首先，V_{THEV}只是黑盒子两端的电压，可用测量或计算的方法得到。R_{THEV}是将黑盒子中所有直

流电源置零后端子间的等效电阻，也可用测量或计算的方法得到。

戴维南等效方法的本质其实是叠加原理。图2.72所示的例子给出了应用戴维南定理的方法，图示表明通过应用叠加原理将所有的电源置零（叠加原理每次将一个电源置零，计算部分电流，然后叠加在一起），可以求出戴维南电阻。图2.72给出了应用戴维南定理来求解分压电路的例子，说明通过应用戴维南定理可以很方便地求出负载的电流和电压。计算步骤如下。

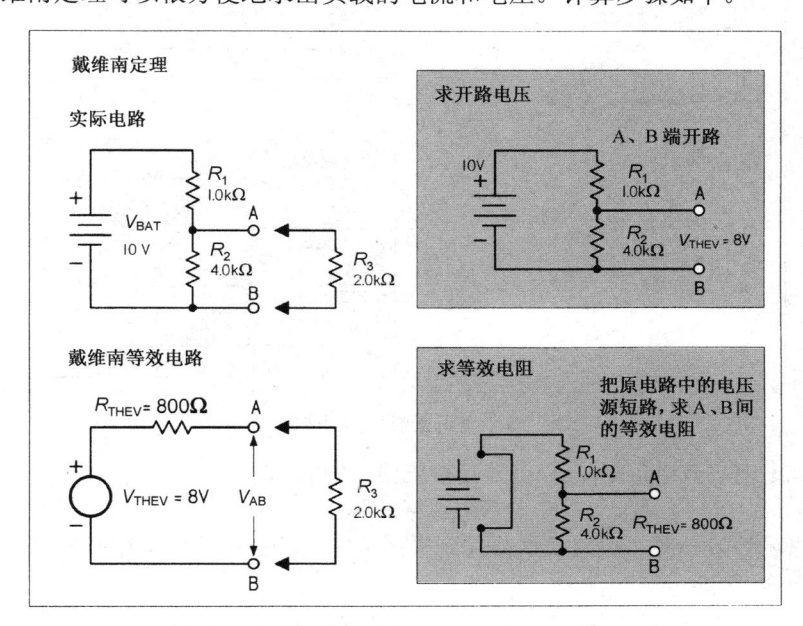

图2.72　应用戴维南定理求解分压电路的例子

首先，去掉负载R_3，使A、B端断开，然后应用欧姆定律或分压公式求出戴维南等效电压V_{THEV}，即A、B两端的开路电压。

然后，计算A、B两端的戴维南等效电阻R_{THEV}。将直流电源（V_{BAT}）短路，计算或测量A、B两端的等效电阻R_{THEV}，R_{THEV}为电阻R_1和电阻R_2的并联等效电阻。

最后，得到用V_{THEV}和R_{THEV}串联表示的戴维南等效电路。于是，负载上的电压和电流为

$$V_3 = \frac{R_3}{R_3 + R_{THEV}} \cdot V_{THEV} = \frac{2000\Omega}{2800\Omega} \times 8V = 5.7V, \quad I_3 = \frac{V_{THEV}}{R_{THEV} + R_3} = \frac{8V}{2800\Omega} = 0.003A$$

2.19.2　诺顿定理

诺顿定理是分析复杂电路的另一种方法。和戴维南定理一样，诺顿定理也将一个复杂的二端口网络用一个简单的等效电路替代。与戴维南等效电路不同的是，诺顿等效电路是由一个电流源和一个电阻并联而成的，这个电阻与戴维南等效电阻恰好相同，仅需计算出电流源的电流值，这个电流称为诺顿等效电流I_{NORTON}。显然，诺顿定理对应的是电流源，而戴维南定理对应的是电压源。但是，诺顿定理和戴维南定理一样，本质上还是叠加原理。

图2.73说明用戴维南定理分析的电路也可用诺顿定理来分析。诺顿电流I_{NORTON}为节点A、B之间的短路电流。

为了计算诺顿等效电流I_{NORTON}，首先去掉负载R_3，将A、B两端短路，注意此时电阻R_2被短路，R_2上没有电流流过。应用欧姆定律得到短路电流或诺顿等效电流为

$$I_{NORTON} = \frac{V_{BAT}}{R_1} = \frac{10V}{1000\Omega} = 0.01A$$

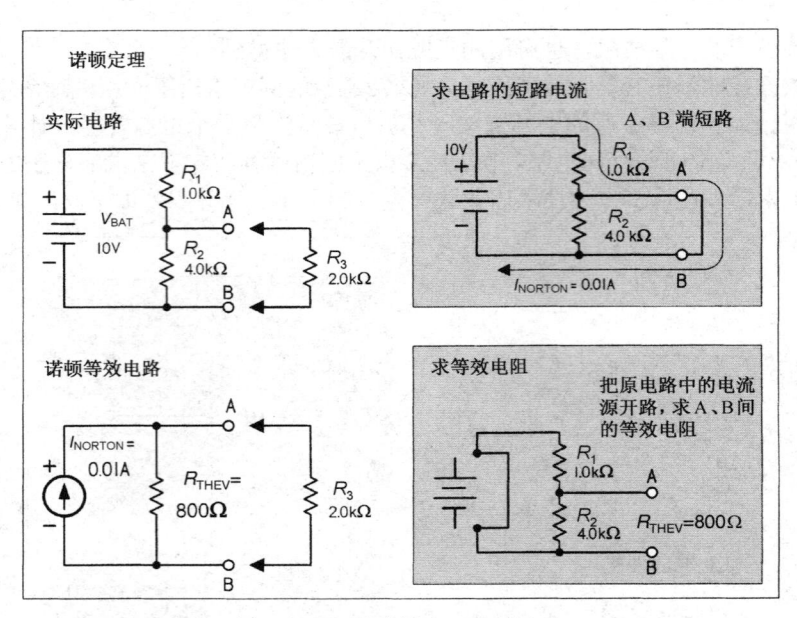

图2.73 应用诺顿定理求解电路

然后计算戴维南等效电阻R_{THEV}，可以直接应用上例的结果：
$$R_{THEV} = 800\Omega$$

最后构成诺顿等效电路。再将负载R_3接到等效电路上，应用欧姆定律或分流公式求出流过电阻R_3的电流：
$$I_3 = \frac{R_{THEV}}{R_{THEV} + R_3} \cdot I_{NORTON} = \frac{800\Omega}{2800\Omega} \times 0.01A = 0.003A$$

诺顿等效电路可以转换为戴维南等效电路，反之亦然。两种情况下的等效电阻相同；在戴维南等效电路中，等效电阻和等效电压源串联；而在诺顿等效电路中，等效电阻和等效电流源并联。戴维南等效电源的电压等于诺顿等效电路空载时等效电阻上的电压，而诺顿等效电源的电流等于戴维南等效电源的短路电流。

【例1】电路如图2.74所示，求4个电路中A、B点之间的戴维南等效电路和诺顿等效电路。

解：(a)$V_{THEV} = 2V$，$R_{THEV} = 100\Omega$，$I_{NORT} = 0.02A$；(b)$V_{THEV} = 6V$，$R_{THEV} = 300\Omega$，$I_{NORT} = 0.02A$；(c)$V_{THEV} = 3V$，$R_{THEV} = 60\Omega$，$I_{NORT} = 0.05A$；(d)$V_{THEV} = 0.5V$，$R_{THEV} = 67\Omega$，$I_{NORT} = 0.007A$。

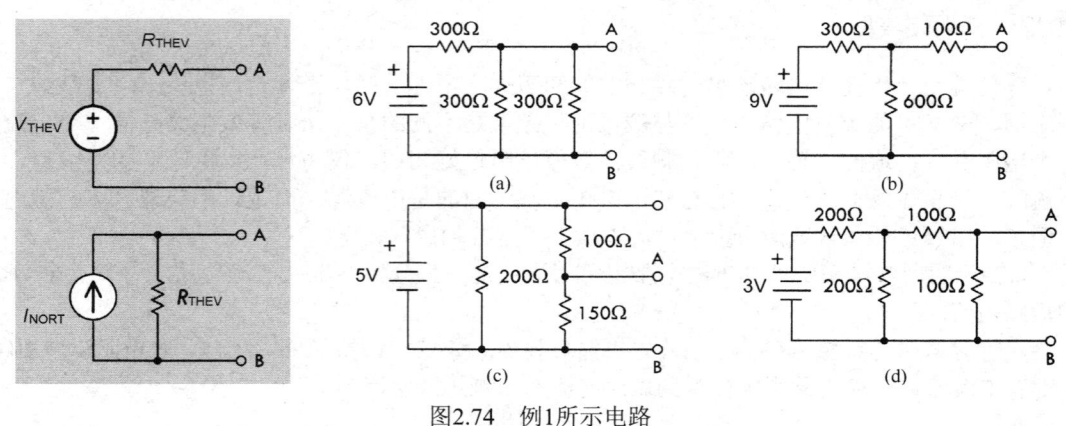

图2.74 例1所示电路

【例2】电路如图2.75所示。本例给出了多次使用戴维南定理简化含有多个电源的复杂电路的方法，即将得到的多个戴维南等效电路连接起来，这样做通常比用一步等效的方法更易求出最终的等效电路。

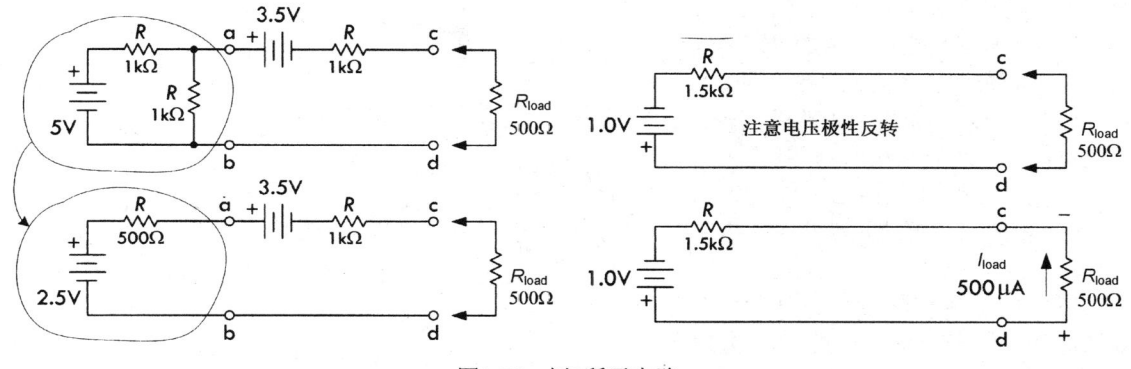

图2.75 例2所示电路

本例的目标是计算接在c、d两端负载电阻R_{load}上的电流。为了简化计算，首先求出a、b左端电路的戴维南等效电路。利用分压和电阻并联等效的公式有

$$V_{THEV(a,b)} = \frac{1000\Omega}{1000\Omega+1000\Omega} \times 5V = 2.5V, \quad R_{THEV(a,b)} = \frac{1000\Omega \times 1000\Omega}{1000\Omega+1000\Omega} = 500\Omega$$

当求戴维南等效电阻R_{THEV}时，将5V电压源短路。然后，将这个等效电路接入原电路，如图2.75的第二幅图所示，再求c、d左端电路的戴维南等效电路。应用基尔霍夫定律和电阻串联等效的公式有

$$V_{THEV(c,d)} = 2.5V - 3.5V = -1.0V$$

求出的结果是负值，这是因为图中电池的极性与所设戴维南等效电压的方向相反：

$$R_{THEV(c,d)} = 500\Omega + 1000\Omega = 1500\Omega$$

求戴维南等效电阻R_{THEV}时，将电路中的两个电压源都短路。最后，将500Ω的负载电阻接入最终的戴维南等效电路，得到负载电流为

$$I_{load} = \frac{1.0V}{1000\Omega + 500\Omega} = 5 \times 10^{-4} A = 0.5mA$$

【例3】电路如图2.76所示，为了增加电流容量，将1.5V的多个电池并联，已知所有电池的内阻都为0.2Ω，求电路的戴维南电路等效电路。

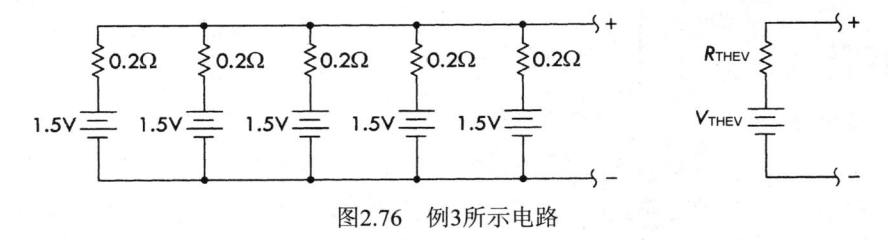

图2.76 例3所示电路

解：应用戴维南定理得到$R_{THEV} = 0.04\Omega$，$V_{THEV} = 1.5V$，可见戴维南等效电阻很小，这是电池并联的结果。

2.20 交流电路

电路是一条闭合的导电路径，通过这条路径，电子从电源流到负载，又流回电源。电源是直

流电源时，电路中的电子只朝一个方向流动，产生直流电流（dc）。在电子学中，常用的另一种电源是交变电源，它产生的电流是周期性改变方向的交变电流（ac）。在交变电路中，电流的方向是周期性变化的，电压的极性也是周期性变化的。

图2.77显示了交直流电路的比较。交流电路由一个正弦电源激励，产生一个周期性变化的正弦波。根据不同的应用场合，正弦波的频率可从几赫兹到几吉赫兹变化。

图中的电压和电流相对于0V/0A坐标轴正负变化，表明电源的电动力方向在变化，导致电压源极性和电流方向变化。某时刻电源两端的实际电压值是正弦波曲线上对应时间轴上该时刻的值。

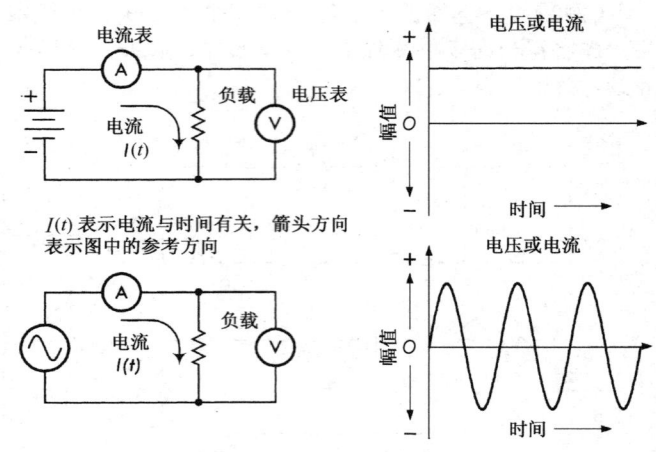

图2.77 交直流电路的比较

2.20.1 交变电流的产生

产生正弦波信号最普遍的方式是应用电磁感应原理，即利用交流发电机（或转换器）。图2.78所示为一个由磁体和线圈构成的简单交流发电机示意图。线圈放在磁体的N、S极之间，可以绕轴旋转。随着线圈在磁场中的旋转，通过线圈的磁通不断变化，线圈中的电荷受到磁场力的作用而运动，进而在线圈的两端形成感应电压。根据图2.78，通过线圈的磁通量是线圈与磁场方向夹角的函数，而感应电压是以ω（rad/s）为角频率的正弦量。

实际交流发电机的结构要复杂得多，但依据的都是电磁感应原理。产生交变电流的其他方法还有：使用变频器（如扩音器），或者使用由电感、电容组成的直流激励的振荡电路。

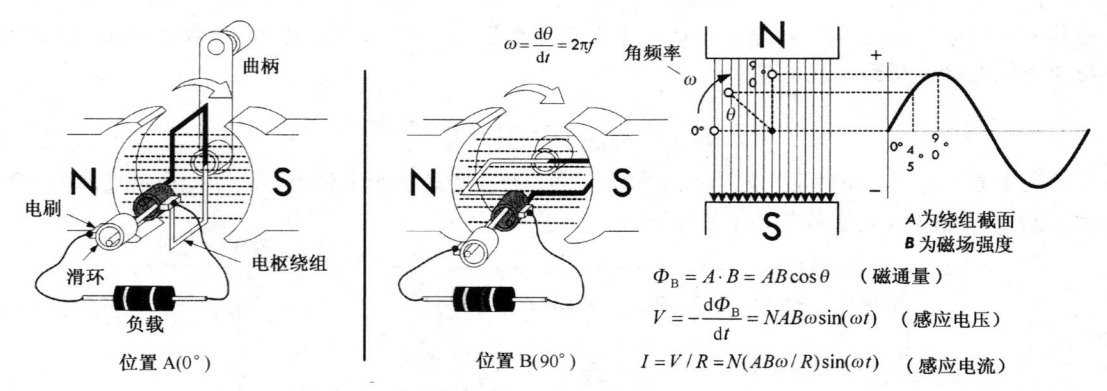

$$\Phi_B = A \cdot B = AB\cos\theta \quad (磁通量)$$

$$V = -\frac{d\Phi_B}{dt} = NAB\omega\sin(\omega t) \quad (感应电压)$$

$$I = V/R = N(AB\omega/R)\sin(\omega t) \quad (感应电流)$$

图2.78 一个由磁体和线圈构成的简单交流发电机示意图

在电子学中，正弦波信号得到广泛应用的主要原因是，利用交流发电机可很容易地将周期的机械运动转换为感应电流；另一个重要原因是，正弦量的积分或微分得出的还是正弦量，如在电感和电容两端施加正弦电压将产生正弦电流，由此出现的系统问题和处理措施将在后续章节中介绍。使用交流电的重要优点之一是，可以利用变压器使电压增大或减小，进而减小传输中的电流损耗。因为变压器不能用在直流电路中，所以改变直流电路中的电压是相当困难的，并且往往存在电阻损耗，但变压器在交流电压转换过程中的电阻损耗很小。

2.20.2 交流电路的水类比系统

图2.79所示为交流电路的水类比系统示意图,该模拟系统通过手动曲柄驱动凸轮机构使振荡活塞泵上下运动。

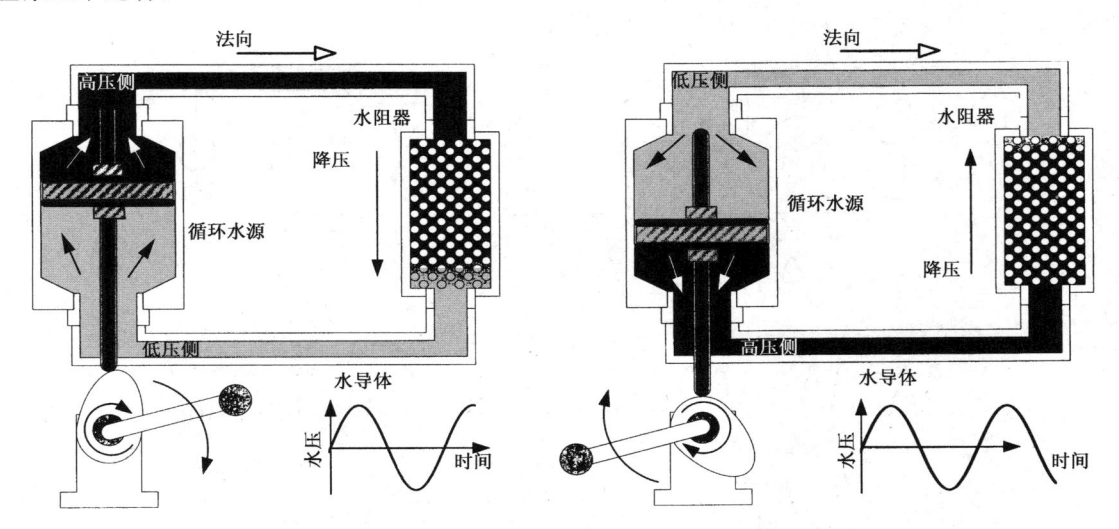

图2.79 交流电路的水类比系统示意图

在水类比系统中,水微粒随着曲柄的转动而来回晃动。交流电路中存在与水类比系统相似的效应,但要复杂一些。可以设想在导体内部,自由电子的漂移速度以正弦方式来回振动,实际漂移速度和漂移距离是很小的,一般在微米范围内,且与导体性质和电源电压的大小有关。理论上认为,在一个周期内,电子的平均位移为零,但这与单个电子的随机热运动速度并不矛盾。施加高频信号时,情况更复杂,因为此时将出现趋肤效应。

2.20.3 脉动直流

在一个电路中,电流和电压的方向始终不变时,即使它们的值变化,仍然认为该电路是直流电流。在如图2.80所示的脉动电路中,电流始终大于零,但电流振幅周期变化,不论变化的波形如何,此时的电流都称为脉动直流。电流变化的周期为零时,称此时的电流为断续直流。

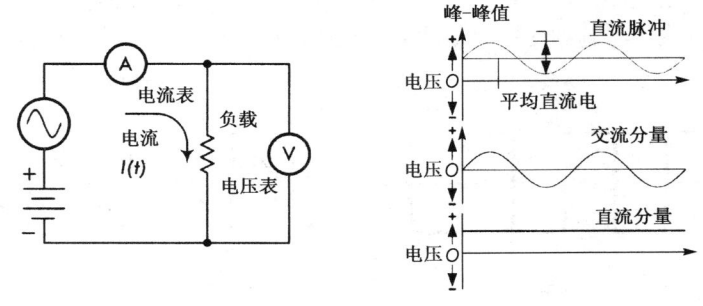

图2.80 脉动电路

从另一角度说,我们可将断续直流和脉动直流视为交流和直流的组合,因此可将一些特殊的电路分解成交流和直流两部分,以分别进行分析或利用。反之,也可构成交直流并存的电路。

2.20.4 正弦电源的连接

交流电源和直流电源可以相连，交流电压源和电流源之间同样也可以相连，以产生复杂的波形。图2.81(a)所示为两个频率接近的交流信号及将它们串联后产生的波形。图2.81(b)所示是两个不同频率和波长的交流信号及将它们串联后产生的波形。

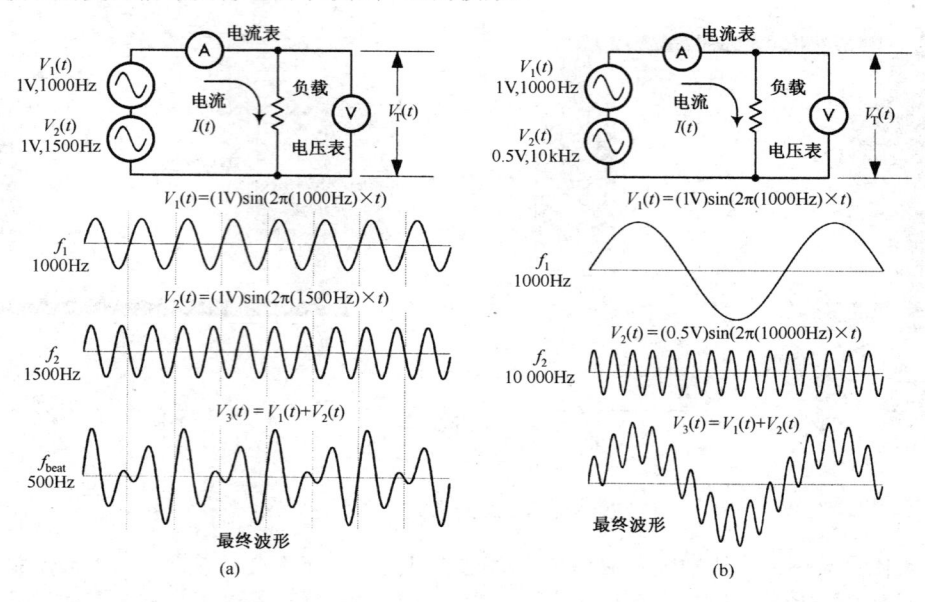

图2.81 (a)两个振幅相同、频率相近的交流信号的合成波。注意两个交流波的正向峰值点合成后得到更高的峰值点，即所谓的拍。拍频率为$f_2 - f_1 = 500Hz$；(b)两个频率和振幅相差较大的交流信号形成一个合成波，合成波中的一个波在另一个载波上

在后面我们将发现通过合成两个振幅和相位不同但频率相同的正弦波，得到的仍是正弦波，这在交流电路的分析中非常重要。

2.20.5 交流波形

交变电流除了正弦波形，还有许多其他有用的波形。图2.82给出了电子学中一些常用的波形。方波在数字电子学中很重要，表示真（通）或假（断）。三角波和锯齿波主要用在计时电路中。在本书的后续章节中，我们将看到应用傅里叶分析法可以叠加一组正弦波来获得任一周期的波形。

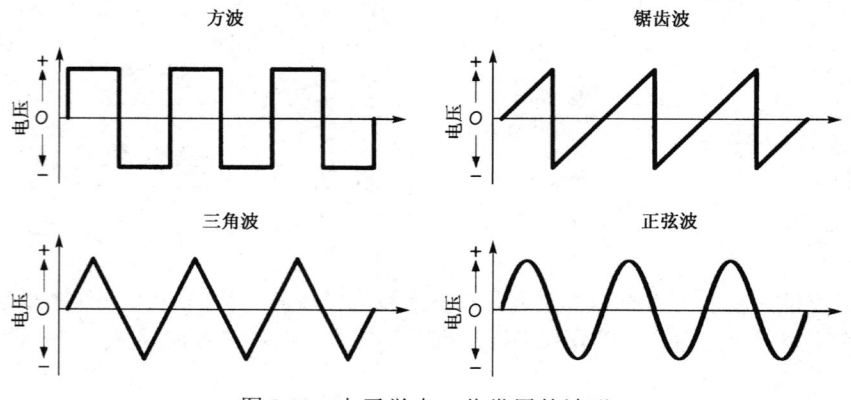

图2.82 电子学中一些常用的波形

理想的正弦电压源，不论负载如何，总可提供所需的电流并维持其两端的电压值。而理想正弦电流源，不论负载如何，都能提供所需的电压并维持其输出电流。也可建立其他波形的理想电源。图2.83给出了交流电压源、交流电流源及产生方波的时钟源符号。

图 2.83 交流电压源、交流电流源及产生方波的时钟源符号

实验室中的函数信号发生器就是一种可方便地产生各种振幅和频率波形的设备。

2.20.6 交流波形的描述

对交流电压或电流的完整描述包括三个方面：振幅、频率和相位。

图2.84所示为正弦波的振幅与相位，显示了正弦电压（或电流）与一个逆时针方向旋转360°的圆周上相应位置之间的关系。电压（或电流）的振幅随圆周上与0°线之间的夹角正弦变化，如sin90°为1，对应电流（或电压）正半波的最大值，sin270°为−1，对应电流（或电压）负半波的最大值，sin45°为0.707，对应电流（或电压）最大值的0.707倍。

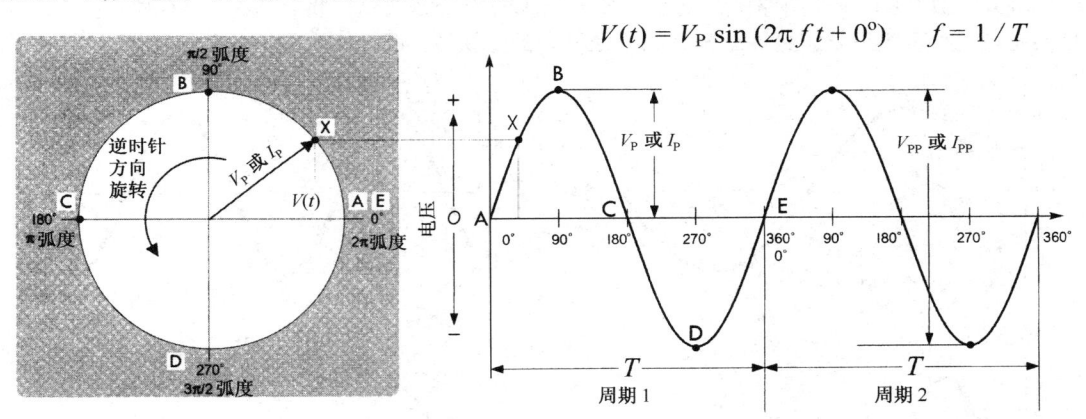

$$V(t) = V_P \sin(2\pi f t + 0°) \qquad f = 1/T$$

图2.84 正弦波的振幅与相位

2.20.7 频率和周期

持续转动的发电机产生正弦变化的电压（或电流），随着时间的推移，正弦波不断循环。在一个循环内任意选取一点（如峰值点）作为标记点时，每秒内电流（或电压）到达该标记点的次数称为交流电的频率。也就是说，频率表示的是电流（或电压）循环的速率，其单位为转/秒或赫兹（Hz）。

每次循环持续的时间称为周期，可用两个连续周期的相同点之间间隔的时间来测量。数值上，周期等于频率的倒数，即

$$频率(Hz) = \frac{1}{周期(s)} \quad 或 \quad f = \frac{1}{T} \tag{2.22}$$

$$周期(s) = \frac{1}{频率(Hz)} \quad 或 \quad T = \frac{1}{f} \tag{2.23}$$

【例1】 求60Hz交变电流的周期。

解： $T = 1/60\text{Hz} = 0.0167\text{s}$。

【例2】 求周期为2ns的交变电压的频率。

解： $f = \dfrac{1}{2 \times 10^{-9}\text{s}} = 5.0 \times 10^8 \text{Hz} = 500\text{MHz}$。

在电子学中，交变电流（或电压）的频率范围很广，从几赫兹到几十亿赫兹。为简单表达某些高频和短周期信号，可在Hz前面加适当的前缀，如10^3Hz = 1kHz（千赫兹）、10^6Hz = 1MHz（兆赫兹）、10^9Hz = 1GHz（吉赫兹）、10^{12}Hz = 1THz（太赫兹）。在测量小于1s的周期时，时间的基本单位可由秒改为毫秒（10^{-3}s或ms）、微秒（10^{-6}s或μs）、纳秒（10^{-9}s或ns）和皮秒（10^{-12}s或ps）。

2.20.8 相位

绘制电压或电流的正弦波曲线时，令水平轴为时间轴，时间轴的右侧表示事件发生得较晚，而左侧表示事件发生得则较早。虽然时间的单位是秒，但是将波的一个循环周期分为360°作为计量单位更简便。习惯上以0°作为计时起始点，即作为电压或电流正半周的起始点，如图2.85(a)所示。

用这种方式表示交流电的周期，可使计算和测量值的记录与频率无关。在一个周期内，电压或电流的正向峰值出现在90°处。也就是说，相对于0°起始点，交流峰值所在位置的相位为90°。

相位关系可用于比较频率相同的两个交流电压波或电流波。如图2.85(b)所示，A波正向先过0°点，B波后过0°点，于是这两列波之间存在相位差。图中B波比A波滞后45°，或者说A比B超前45°。若A波和B波出现在同一个电路中，则二者叠加形成的合成波的相位将介于A波和B波的相位之间。有趣的是，同频率的正弦波叠加总是产生相同频率的正弦波，但合成波的振幅和相位可能发生改变。

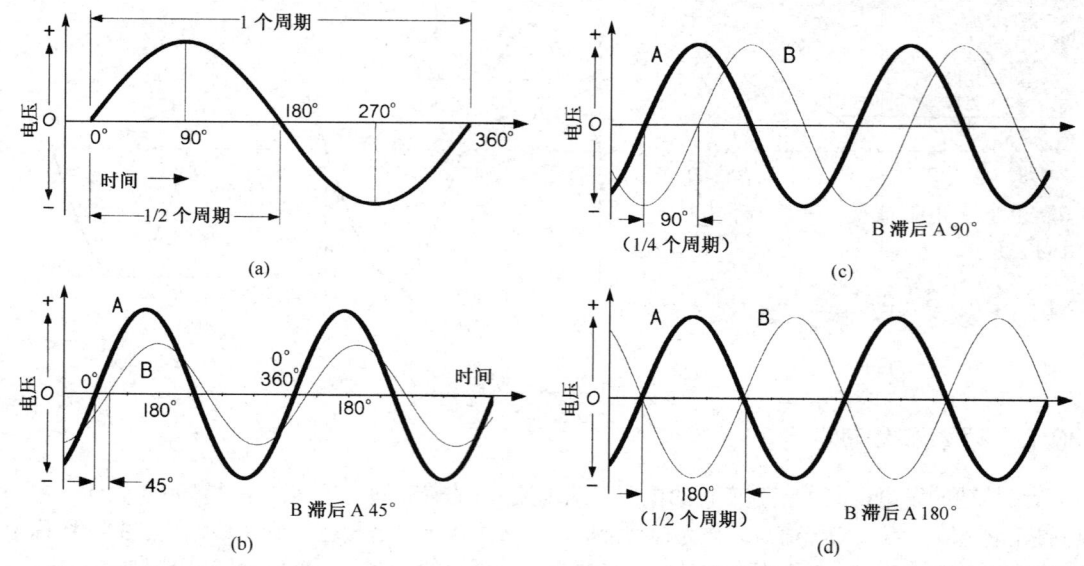

图2.85　(a)交流电的周期被分为360°，作为时间或相位的计量单位；(b)当两个同频率正弦波周期的起始点不同时，它们间的时差或相位差可用角度来衡量，图中B波的起始点比A波的落后1/8周期，即B波比A波滞后45°。(c)和(d)是相位差的两种特殊情况：(c)A波和B波的相位差为90°；(d)A波和B波的相位差为180°

图2.85(c)所示为一种特殊情况，图中B波比A波滞后90°。也就是说，B波恰好落后于A波1/4周期，即一列波经过0°点时，另一列波恰好到达峰值处。

图2.85(d)所示为另一种特殊情况，图中A波和B波的相位相差180°，因此无所谓何者超前、何者滞后。由于A波为负时B波为正，反之亦然，因此在同一个电路中施加这样两列振幅相同的电压或电

流波时，它们将相互抵消。

2.21 交流及电阻、电压和电流的有效值

如图2.86所示，在电阻两端施加交变电压后，通过电阻的电流与交变电压同相位。给定交变电压值和电阻值，根据欧姆定律可以求出交变电流。例如，由函数信号发生器生成的正弦波的表达式为

$$V(t) = V_P \sin(2\pi f t) \tag{2.24}$$

式中，V_P是正弦电压的峰值，f为频率，t为时间。利用欧姆定律和功率定理可得：

$$I(t) = \frac{V(t)}{R} = \frac{V_P}{R} \sin(2\pi f t) \tag{2.25}$$

将$V(t)$及$I(t)$的波形画在同一个坐标系中（见图2.86）时，电流和电压显然同相位，即电流随着电压的增大而增大。因此，当交流电源两端接入纯电阻负载时，电压和电流同相位。但是，当负载不是纯电阻负载（如接入电容和电感）时，情况完全不同。

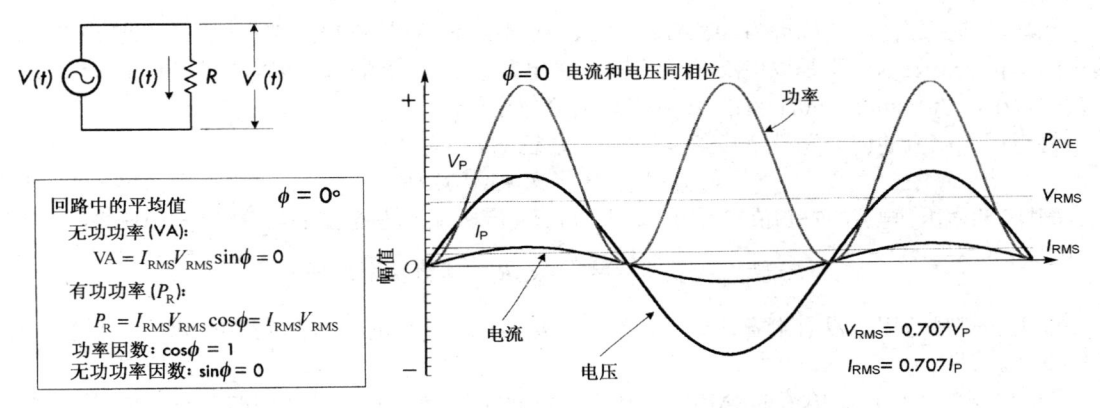

图2.86 （理想）电阻电路的交流电流、电压和功率特性

为了求出正弦情况下电阻消耗的功率，可以将正弦电压的表达式直接代入欧姆定律，得到瞬时功率表达式

$$P(t) = \frac{V(t)^2}{R} = \frac{V_P^2}{R} \sin^2(2\pi f t) \tag{2.26}$$

从数学的角度看，电压、电流和功率的瞬时表达式并不复杂，只要将具体的时间t（如$t=1.3$s）代入式中就可求出实际值。但是，知道$t=1.3$s时的电流、电压和功率并无意义，况且还要知道计时的起始点，而在实际应用中，这些瞬时值是很难获取的。最有效的方法是用平均值取代瞬时值，因为用平均值计算有功功率损耗时不涉及正弦函数。

是否可以认为求出一个周期内的电压或电流的平均值，就能得出某些有用的数据？答案是否定的，因为正弦波在一个周期内的正、负波形相互抵消，平均值为0。但要明确的是，对功率来说，正半波和负半波都传递能量，被120V电压电击过的那些人可证实这一点。

测量中用来代替平均值的参数是RMS（均方根）值。RMS值是通过对交变电压或电流的瞬时值取平方，然后取其在一个周期内的平均值，再对其开平方求得的。RMS值是一个不等于零的值，称为有效值。RMS的实质是交流与直流电压或电流的等效，即交流电的RMS值等于同一个电阻元件消耗交流、直流功率产生相等热量时的直流量。根据上述原理，电阻在交流峰值时消耗的功率是直流时消耗的功率的2倍，即平均交流功率是交流峰值功率的1/2：

$$P_{ave} = \frac{P_{peak}}{2} \quad \text{（与交流等效的平均直流功率）} \tag{2.27}$$

设正弦电压、电流为 $V(t) = V_P\sin(2\pi ft)$ 和 $I(t) = I_P\sin(2\pi ft)$，则正弦电压和电流的RMS值的数学表达式为

$$V_{RMS} = \sqrt{\frac{1}{T}\int_0^T V(t)^2 dt} = \frac{1}{\sqrt{2}}V_P = 0.707V_P \quad \text{RMS电压} \tag{2.28}$$

$$I_{RMS} = \sqrt{\frac{1}{T}\int_0^T I(t)^2 dt} = \frac{1}{\sqrt{2}}I_P = 0.707I_P \quad \text{RMS电流} \tag{2.29}$$

上式表明，电压和电流的RMS值只与电压或电流的峰值有关，而与时间和频率无关。经简单计算后，可得以下关系式：

$$V_{RMS} = \frac{V_P}{\sqrt{2}} = \frac{V_P}{1.414} = 0.707V_P, \quad V_P = V_{RMS} \times 1.414$$

$$I_{RMS} = \frac{I_P}{\sqrt{2}} = \frac{I_P}{1.414} = 0.707I_P, \quad I_P = I_{RMS} \times 1.414$$

例如，美国的民用电标准为60Hz/120VAC，欧洲或许多国家的民用电标准则为50Hz/240VAC，其中的单位VAC表示电压是以RMS值给出的。将电源输出端接到示波器后，显示的波形满足正弦函数式 $V(t) = 170V\sin(2\pi \times 60Hz \times t)$，其中170V为峰值电压。

将电压、电流的RMS值代入欧姆定律，可得交流欧姆定律：

$$V_{RMS} = I_{RMS}R \quad \text{交流欧姆定律} \tag{2.30}$$

同样，将电压、电流的RMS值代入功率定律，可得交流功率定理，给出的功率是每秒消耗的有功功率：

$$P = I_{RMS}V_{RMS} = \frac{V_{RMS}^2}{R} = I_{RMS}^2 R \quad \text{交流功率定理} \tag{2.31}$$

以上公式只适用于没有电容或电感的纯电阻电路。对于含有电容和电感的电路，其功率计算比较复杂。

图2.87给出了电压、电流的RMS值、峰值，峰-峰值和半波平均值之间的关系，掌握这些数值之间的换算非常重要，尤其是当涉及元件电压和电流的最大值时，有时需要给出峰值，有时则需要给出RMS值。在实验测量中，正确区分这些数值之间的不同至关重要。除非特别说明，后面涉及的交流电压均设为RMS值。

交流电压和电流的换算因子

源	目的	乘数
峰值	峰-峰值	2
峰-峰值	峰值	0.5
峰值	有效值	$1/\sqrt{2}$ 或 0.7071
有效值	峰值	$\sqrt{2}$ 或 1.4142
峰-峰值	有效值	$1/(2\sqrt{2})$ 或 0.35355
有效值	峰-峰值	$2\sqrt{2}$ 或 2.828
峰值	平均值*	$2/2\pi$ 或 0.6366
平均值*	峰值	$\pi/2$ 或 1.5708
有效值	平均值*	$(2\sqrt{2})/\pi$ 或 0.9003
平均值*	有效值	$\pi/(2\sqrt{2})$ 或 1.1107

* 表示在半个周期内的平均值。

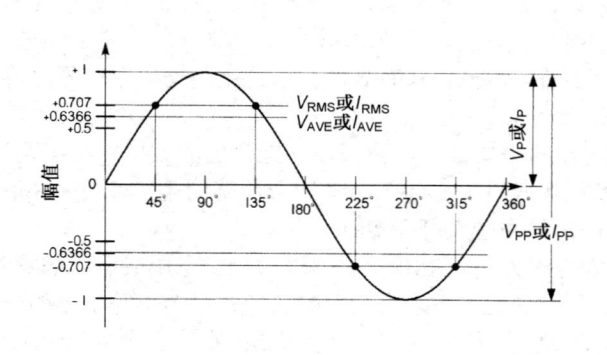

图2.87 电压、电流的RMS值、峰值，峰-峰值和半波平均值之间的关系

【例1】 火线与中性线间的电压为120VAC，接入100Ω电阻后，求流过电阻的电流和电阻消耗的功率。当电阻为10³Ω、10⁴Ω及10⁵Ω时，重新计算电流和功率。

解： 根据交流欧姆定律有

$$V_{RMS} = I_{RMS}R = 1.2\text{A} \times 100\Omega = 120\text{VAC}$$
$$I_{RMS} = V_{RMS}/R = 120\text{V}/100\Omega = 1.2\text{A}$$
$$R = V_{RMS}/I_{RMS} = 120\text{V}/1.2\text{A} = 100\Omega$$

根据交流功率定理有

$$P_{AVE} = I_{RMS}V_{RMS} = 120\text{V} \times 1.2\text{A} = 144\text{W}$$
$$P_{AVE} = V_{RMS}^2/R = (120\text{V})^2/100\Omega = 144\text{W}$$
$$P_{AVE} = I_{RMS}^2 R = (1.2\text{A})^2 \times 100\Omega = 144\text{W}$$

* VAC 表示电压有效值

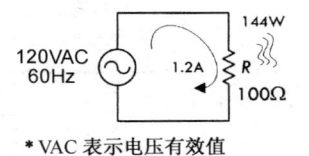

图 2.88　例 1 所示电路

不要将一个普通电阻直接接到电源输出端，最好接入功率大于144W的电阻或特殊的热电元件。同一输出电压，接入10³Ω电阻时，消耗的功率为14.4W，接入10⁴Ω电阻时，消耗的功率为1.44W，而接入10⁵Ω电阻时，消耗的功率为0.14W。

【例2】 施加到电容上的正弦波电压源的RMS值为10VAC，求其峰值电压。

解： VAC表示RMS值，因此有 $V_P = \sqrt{2}V_{RMS} = 1.414 \times 10\text{V} = 14.14\text{V}$。

【例3】 示波器中显示一个正弦电压的最大振幅为3.15V，求该电压的RMS值。

解：
$$V_{RMS} = \frac{V_P}{\sqrt{2}} = \frac{3.15\text{V}}{1.414} = 2.23\text{VAC}$$

【例4】 加热器内阻的功率为200W，将电阻连接到120VAC电源，设电阻为理想电阻。求流过电阻的电流和电阻的阻值。

解： $I_{RMS} = P_{AVE}/V_{RMS} = 200\text{W}/120\text{VAC} = 1.7\text{A}$，$R = V_{RMS}/I_{RMS} = 120\text{V}/1.7\text{A} = 72\Omega$。

【例5】 一个函数信号发生器提供峰-峰值为20V、频率为1000Hz的正弦电压，若在发生器输出端接入额定功率为1/8W的电阻，求电阻的最小阻值。

解： $V_P = 1/2 V_{PP} = 10\text{V}$；$V_{RMS} = 0.707 V_P = 7.1\text{VAC}$；$R = V_{RMS}^2/P_{AVE} = 7.12/(1/8\text{W}) = 400\Omega$。

【例6】 一个振荡电路的输出电压为680mVAC，若将该电压输入电阻为10MΩ的电吉他，求流入电吉他集成电路的电流值。

解： $I_{RMS} = V_{RMS}/R = 0.68\text{V}/10000000\Omega = 0.000000068 = 68\text{nA}$。

电压、电流有效值的测量

大多数数字万用表都不能直接测量交变电压的RMS值，通常测得的是正弦信号的峰值，显示的数据是换算后的等效RMS值。模拟万用表一般测的是正弦信号的半波平均值，但指示的是等效RMS值。

真正的RMS万用表可以直接测量电压或电流的RMS值，也可方便地测量非正弦电压、电流的RMS值，具有测量包含直流成分的交流电压和电流的功能。RMS万用表虽然价格昂贵，但物超所值。

不过，根据正弦波RMS值的概念，一旦测得半波平均值、峰值、峰-峰值，就可准确地计算或利用图2.89中的表得出正弦波的RMS值。表中还给出了其他周期性波形（如方波、三角波）的RMS值。

波形	半波平均值	有效值	峰值	峰-峰值
正弦	1.00	1.11	1.567	3.14
	0.90	1.00	1.414	2.828
	0.637	0.707	1.00	2.00
	0.318	0.354	0.50	1.00
方波	1.00	1.00	1.00	2.00
三角波或	1.00	1.15	2.00	4.00
锯齿波	0.87	1.00	1.73	3.46
	0.50	0.578	1.00	2.00
	0.25	0.289	0.50	1.00

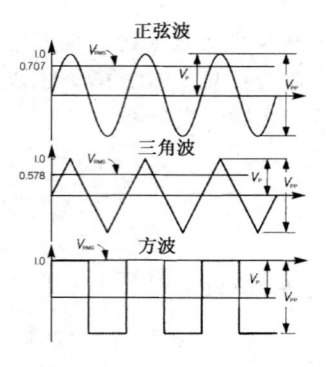

图2.89 半波平均值、峰值、峰-峰值及有效值转换关系

注意，查表前必须明确电表测的是何值。例如，若电表测的是峰值，则换算和指示的是正弦波的等效RMS值，若电表测的是半波平均值，则换算和指示的是正弦波的RMS值，两种情况下电表的数据是不同的。因此，若对测量电表的工作原理不甚明了，则使用电表时就要特别小心。

2.22 电力网

在美国，接入用户配电板的是从变压器引出端或接地端或封闭式变压器外壳引出的三根导线，其中的两根导线分别称为A相导线和B相导线，常用黑色表示，第三根导线称为中性线，常用白色表示。图2.90给出了这三根导线从变压器引出的方式，其中A相与B相导线之间或者说火线与火线之间的电压为240V，中性线与A相和B相导线之间或者说中性线与火线之间的电压为120V。在不同的地区，这些电压值的规定可能是不同的，例如用117V取代120V。

在用户端，从变压器引出的三根导线接入功率表，然后接入主配电板，主配电板与接地铜棒或房屋地基上的钢管相连。接入主配电板的A、B两相导线与主断路器相连，中性线则连至中性母线的端子。接地线也可设置在主配电板上，然后与接地棒或地基钢管相连。

主配电板上的中性线和接地母线相连（它们的作用相同），但是在与主配电板有一定距离的子配电板内，中性线和接地母线是不相连的，而将主配电板的接地线引入子配电板，通常也将装载主配电板到子配电板导线的金属导管作为地线。但是，在一些特殊的应用场合，如计算机系统和生命维持系统中，接地线可能安放在金属导管内部。若子配电板与主电路板处于不同的建筑物内，则子配电板需要另接一个新的接地棒。注意，美国各地的接线规则是不尽相同的，不要将前述内容当作实际接线的标准，最好与当地电力部门相关人员联系。

主配电板上的两条母线接入断路器，其中一条母线与A相导线连接，另一条母线与B相导线连接。要给一组120V的负载供电（如输入电压为120V的顶灯），首先必须切断主断路器，然后将一个单极断路器接入一条母线（可以选择A相，也可以选择B相，仅在超负载的时刻，母线起平衡总负载的作用时，母线的选择才重要），再将120V三相电缆的黑线（火线）接至断路器，白线（中性线）接至中性母线，电缆地线（绿线或裸线）接至接地棒；最后将电缆另一端的火线和中性线接至120V负载，并将接地线固定在负载上（为了固定接地线，负载上的接地螺母通常都设置在端口或较为明显的位置）。要给其他自带断路器的120V负载供电，用户只需完成上述最后一个操作步骤。但是，在运行过程中，要不使主断路器超负荷而使主配电板（或子配电板）达到最大容量以提供充足的电流，最好是使连至A、B两相断路器上的负载平衡，这个步骤称为平衡负载。

要给240V用电设备（烤炉、洗衣机等）供电，可以首先在主配电板（或子配电板）的A、B两相母线间接入一双极断路器。然后，将240V三相电缆中的一根火线接至断路器的A相端子，另一根火线接至断路器的B相端子，地线（绿线或裸线）接至接地棒；最后将该电缆另一端的导线接至负载端（也为240V输入）的相应位置。除了四相电缆，通常120/240V用电设备的接线相似。四相电缆增加了一条中性线（白线），该线连至主配电板（或子配电板）的中性母线上。

注意，在大多数情况下，改动或检修主线路应由专业电工完成，除非确信自己有能力接线，否则不要试图在户内接线，即使感觉有接线能力，也要在进行主配电板接线前将主断路器切断。要在单个断路器上增加照明设备、开关或电源插座，最好先在该断路器上贴上标签，以免在检查接线时错误地切断路器。

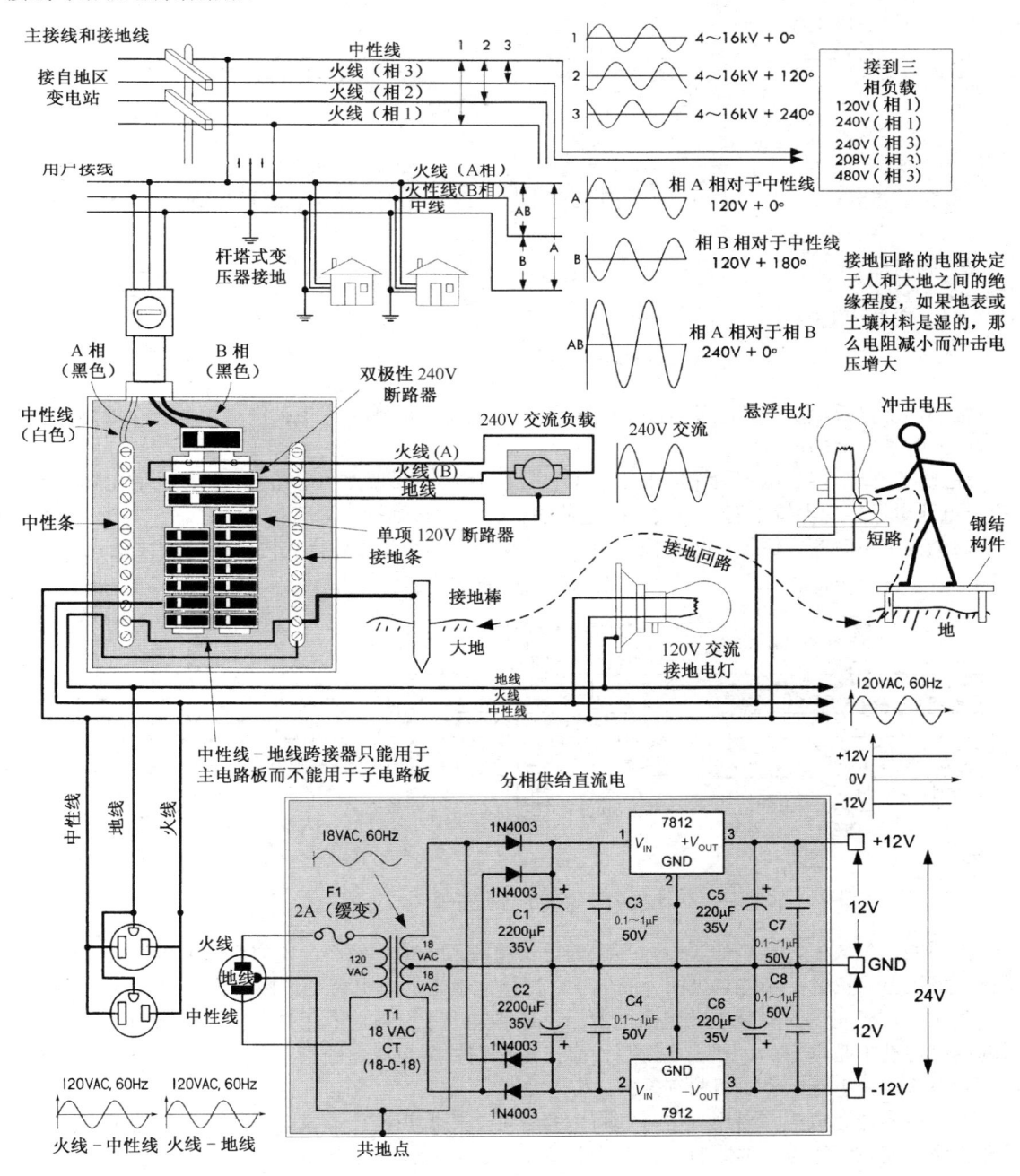

图2.90 电力网配置

2.23 电容

在两块带有相反极性电荷的平行导板间置入绝缘介质，如空气或电介质（如陶瓷），即可制成电容。若用电池给电容两端施加电压（见图2.91），则会产生一种有趣的现象，即电子从电池负极端流出积聚到下极板上，同时又有电子从上极板上溢出进入电池正极。这样，上极板上将缺乏电子，而下极板上则汇聚电子。

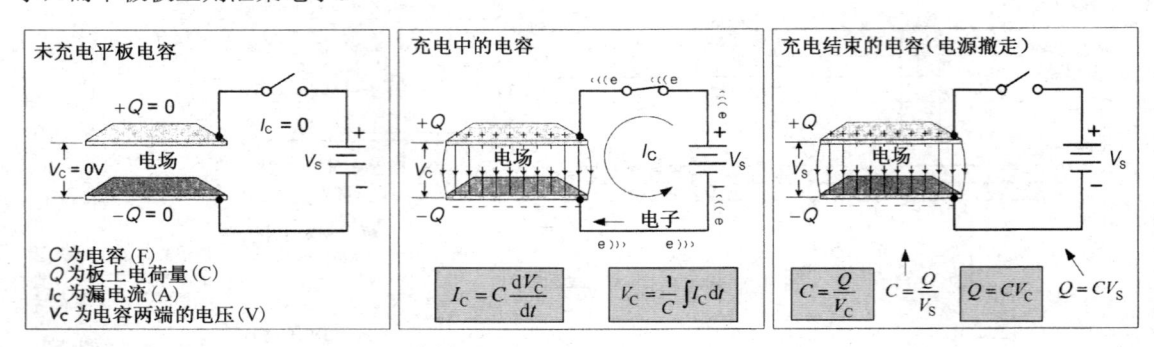

图2.91 电容的工作原理（一）

很快，上极板上出现正电荷+Q，而下极板上的电荷量达到-Q，电荷在极板间产生电场，极板间的电压等于电池的电压。

注意，若此时移去电容两端的电压源（电池），则电容极板上的电荷量、极板间的电场及电压（等于电池电压）均保持不变。事实上，电荷的状态会一直维持，即使将其中任意一块极板接地，系统的电荷仍不改变。例如，将负极板接地时，该板上的电子不流入电中性的大地（见图2.92）。

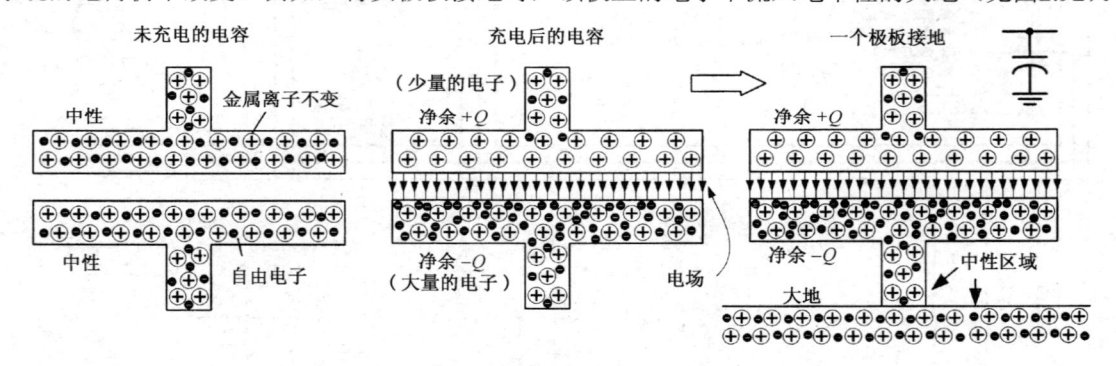

图2.92 电容的工作原理（二）

大地的电位较低，从表面上看，多余的电子将流入大地。然而，电容内部的电场会像胶水那样让上极板上的正电荷吸住负极板上的电子，即接地板上的负电荷是正极板感应的结果。

事实上，已充电的实际电容脱离电源后，最终将失去电荷，原因是极板间充入的气体或电介质的绝缘特性不是理想的，移去电源后，会出现所谓的漏电流，使电容在几秒至几小时内完全放电。漏电流的大小与电容的结构有关。

要使电容快速放电，可用一根导线将电容的两个极板相连，形成电子从负极板流至正极板的导电通路，使系统变为电中性的。以上放电过程几乎可在瞬间完成。

电容极板上的电荷量与板间电压的比值称为电容，用符号C表示，即

$$C = Q/V \quad \text{电容与电荷及电压的关系} \tag{2.32}$$

式中，C总取正值，单位为法拉（F），1法拉等于1库仑/伏，即
$$1F = 1C/1V$$

电容是专门用来保存电荷或以电场形式存储电能的器件。图2.93给出了电容的电路符号和实际模型，稍后将介绍这些电容。

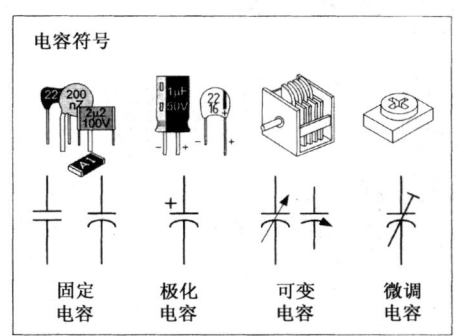

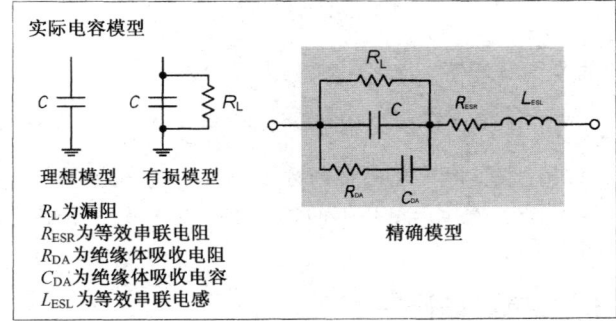

图2.93 电容的电路符号和实际模型

式$C = Q/V$只是计算电容量的一般公式，它不能说明为何一个电容的电容量比另一个电容的电容量大或小。在实际生活中，当购买电容时，人们关心的通常是标在器件上的电容值，尽管额定电压和其他一些参数也很重要，但往往考虑在后。常见的商用电容的电容为1pF～4700μF，电容的前两位数字的典型值为10、12、15、18、22、27、33、39、47、56、68、82、100，如27pF、100pF、0.01μF、4.7μF、680μF。

电容量的取值范围较宽，说明在给定电压下电容可以存储不同量的电荷，或者在给定电荷量下电容可以维持不同的电压。因此，选取合适的电容可以控制电荷量的存储与释放，或者控制电压。

【例1】用5V电源给1000μF的电容充电，求充电完成时电容正、负极板上的电荷量。

解：正极板上的电荷量$Q = CV = 1000×10^{-6}F×5V = 5×10^{-3}C$；负极板上的电荷量与正极板上的相同，但为负电荷。

【例2】1000μF和470μF的两个电容分别并联在10V直流电源的两端，如图2.94所示。开关最先在B端，接着掷向A端，然后掷向B端，再掷向A端，最后掷向B端，假设在开关切换过程中，电容有足够的时间完成充电或放电，求开关最后在B端时两个电容上的电压值。

解：当开关首次从B端掷向A端时，$C1$上的电荷量为
$$Q_1 = C_1V = 1000×10^{-6}F×10V = 0.01C$$

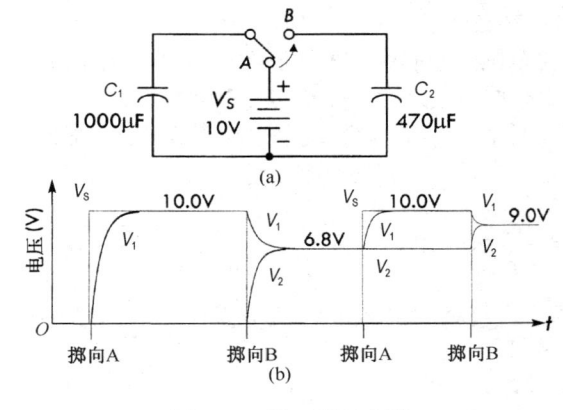

图2.94 例2所示电路

当开关再次掷向B端时，电路的实际电容为$C_1 + C_2 = 1470\mu F$。因为系统要达到最低的能量状态，所以电荷将由C_1流向C_2，最后每个电容上的电荷量等于其电容与总电容的比值乘以开关掷向B端前C_1上的电荷量：

$$Q_1 = \frac{1000\mu F}{1470\mu F} \times 0.01C = 0.0068C, \quad Q_2 = \frac{470\mu F}{1470\mu F} \times 0.01C = 0.0032C$$

在新的平衡状态下，电容两端的电压分别为

$$V_1 = Q_1/C_1 = 0.0068/1000\mu F = 6.8V, \quad V_2 = Q_2/C_2 = 0.0032/470\mu F = 6.8V$$

接下来的过程可以采用同样的方法计算，结果为9.0V，参见图2.94(b)。

仅有以上的知识是不够的，要自制电容或者了解其时域特性（如位移电流、容抗），就要深入学习电容。

2.23.1 电容的确定

电容的电容与极板面积A、极板间距离d及绝缘材料或电介质有关。若在两个平行极板上施加电压V，则极板间的电场强度为$E = V/d$。根据高斯定理，两个极板上必定带有等量的异号电荷，其值为

$$Q = \varepsilon AE = \frac{\varepsilon AV}{d} \tag{2.33}$$

式中，ε为电介质的介电常数，自由空间或真空的介电常数为

$$\varepsilon_0 = 8.85 \times 10^{-12} C^2/N \cdot m^2 \tag{2.34}$$

常量$\varepsilon A/d$为电容，即

$$C = \frac{\varepsilon A}{d} \tag{2.35}$$

介质的介电常数与真空中的介电常数的比值，称为相对电介质常数，表示为

$$k = \frac{\varepsilon}{\varepsilon_0}$$

将上式代入式（2.35），可得用相对电介质常数表示电容的表达式：

$$C = \frac{k\varepsilon_0 A}{d} = \frac{(8.85 \times 10^{-12} C^2/N \cdot m) \times k \times A}{d} \tag{2.36}$$

式中，C的单位为法拉，A的单位为平方米，d的单位为米。

相对电介质常数的变化范围是1.00059（1个标准大气压[①]下的空气）～105（某些陶瓷材料），图2.95下方的附表为电容中一些常用电介质的相对介电常数。

电容的极板数通常不止两个，将这些极板交替连接形成两组，如图2.95中的右图所示，可在很小的空间内获得较大的电容。多极板电容的电容表达式为

$$C = \frac{k\varepsilon_0 A}{d}(n-1) = \frac{(8.85 \times 10^{-12} C^2/N \cdot m) \times k \times A}{d}(n-1) \tag{2.37}$$

式中，面积A的单位为平方米，极板间距离d的单位为米，极板数n为整数。

[①] 1个标准大气压（atm）= 101.325kPa。——编者注

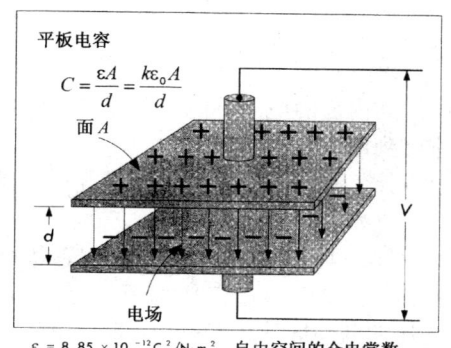

$\varepsilon_0 = 8.85 \times 10^{-12} C^2/N \cdot m^2$ 自由空间的介电常数

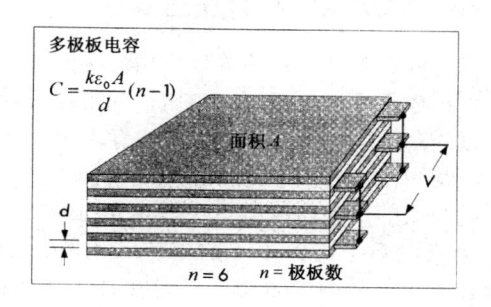

常用电介质的相对介电常数

材　料	介电常数（k）	绝缘强度（V/mil）	材　料	介电常数（k）	绝缘强度（V/mil）
真空	1	—	高硅玻璃	5.1	335
空气（1atm）	1.00059	30～70	聚丙烯	2.2	500
ABS（塑料）	2.4～3.8	410	钛酸钡（第一类）	5～450	—
玻璃	5～10	—	钛酸钡（第二类）	200～12000	—
云母	4.5～8.0	3800～5600	二氧化钛	80	—
聚酯薄膜	3.1	7000	氧化铝	8.4	—
氯丁橡胶	6.70	600	五氧化二钽	28	—
胶质玻璃	3.40	450～990	氧化铌	40	—
聚氯乙烯	2.25	450～1200	纸（黏合）	3.0	600
二氧化钛（PVC）	3.18	725	矿物油	2.3	200
聚苯乙烯	3～6	—	水（68°F）	80.4	80
聚丙烯	2.6	500	橡胶	3.0～4.0	150～500

图2.95　平板电容与多极板电容及常用电介质的相对介电常数

【例1】一个多极板电容的极板数为2，极板面积为4cm², 极板间距离为0.15mm，填充纸介质，求该电容的电容。

解：

$$C = \frac{k\varepsilon_0 A}{d}(n-1) = \frac{(8.85 \times 10^{-12} C^2/N \cdot m) \times 3.0 \times (4 \times 10^{-4} m^2)}{1.5 \times 10^{-4} m} \times (2-1) = 7.08 \times 10^{-11} F = 70.8 pF$$

2.23.2　商用电容

图2.95给出了一些商用电容，这些电容的极板由金属薄片制成，板间填充薄层固态或液态电介质，因此商用电容的体积很小，电容量较大。常用的固态电介质有云母、纸、聚丙烯、特殊陶瓷等。

电解电容的极板用铝箔制成，板间填充的电介质为半液体状导电化合物。给电容两端施加直流电压，产生电化学反应，可使电介质在其中的一组极板上形成非常薄的绝缘薄膜。一定面积的电解电容的电容要比其他电介质电容的电容大，这是因为电解电容中的电介质薄膜比任何固态电介质的厚度要薄许多。由于电化学反应，要求电解电容的一个极板的电位要比另一个极板的低。电容的外壳上会标出负极（−），电解质面上会标出正极（+）。与特殊的非极性电解质相比，极板极性的限制意味着电解电容不适用于交流电路。但是，电解电容可用于交流信号叠加直流电压的电路，只要交流峰值电压不超过电解电容的最大额定直流电压。

2.23.3 额定电压和介质击穿

电容内的电介质起绝缘体作用。绝缘体与导体不同，其内部的电子不能脱离原子。但是，若在电容极板上施加足够高的电压，使电介质内的电场作用到电子与原子核上的力足够大，就可使它们分离，进而击穿电介质。被击穿的电介质上常出现小孔，且在两个极板之间形成一个低电阻的电流路径。

电介质的击穿电压与其化学成分和厚度有关。内部为气体电介质的电容被击穿时，极板间伴有火花或电弧。击穿电压的单位常用kV/cm表示。空气的击穿电压在气体间隙为0.005cm时是100kV/cm，气体间隙为10cm时是30kV/mm。影响击穿电压的其他因数还有电极形状、间隙长度、气压或气体密度、电压、电解质的纯度，以及电路的外部环境（如空气湿度、温度等）。

因为电场在形状较尖锐的区域比较集中，所以在尖形表面的介质击穿电压比圆形或光滑表面的要小，这表明只要将尖锐点抛光，去除较尖锐的点，就可提高金属板间的击穿电压。气体介质（如空气）的电容被击穿后，一旦电弧熄灭，电容就可再次使用，但若极板因电火花而被烧坏，则需要重新抛光极板或者更换电容。固体电介质的电容一旦发生电介质击穿，就会彻底损坏，这时常会引起短路或发生爆炸。

制造商通常会给出介质强度（dwv）。在一定的温度下，介质强度用V/mil（0.001in）表示。同时，制造商还会给出考虑温度、安全裕度等其他因数后的直流工作电压（dcwv）。这些参数给出了介质被击穿前直流电压的最大安全极限参考值。额定dcwv是实际操作时最有用的数值。

经验表明，除了专为交流电路设计的电容，将其他电容连接到交流线路上是很危险的，大部分直流电容可以短接交流线路，专用交流电容也可起这个作用。要在电容上加交流信号，交流电压的峰值不能超过直流工作电压。

2.23.4 麦克斯韦位移电流

平行板电容有一种有趣的现象：在充放电的过程中，电容中有电流流过，但当处于直流稳态时没有电流流过。问题是电容的极板之间存在间隙，为什么有电流流过电容呢？电子是如何越过这一间隙的？事实上，没有电流或电子过这一间隙，至少在理想电容中是这样的。

之前应用高斯定理计算了空气电介质电容的极板电荷量，电荷量可用电场、极板面积和介电常数表示为

$$Q = \varepsilon_0 AE = \frac{\varepsilon_0 AV}{d} \tag{2.38}$$

苏格兰物理学家詹姆斯·克拉克·麦克斯韦注意到，虽然在电容的极板间没有电流流过，但是在电容极板间隙中存在一个数量增大或减小且方向变化的电通量（平行板电容内的电通量近似为$\Phi_E = EA$，其变化率为$d\Phi_E/dt$）麦克斯韦认为电通量充满了电容极板间的整个空间，并且在另一个极板上引起电流。受当时电动力学知识的限制，他假想有一个位移电流流过间隙，并将位移电流与当时认为的以太中的一种压力相联系，该压力实质上是电场和磁场。位移电流的提出完善了电磁场方程（也称麦克斯韦方程）。麦克斯韦将位移电流与以太的位移相联系，并且依据理论推断和一些实验数据建立了以下位移电流方程，解释了电流是如何从电容的一个极板流入并从另一个极板流出的问题：

$$I_d = \frac{dQ}{dt} = \frac{d}{dt}(\varepsilon_0 AE) = \varepsilon_0 \frac{d\Phi_E}{dt} \tag{2.39}$$

麦克斯韦的以太论在当时的物理界未得到认可，但其位移电流公式给出了正确答案，现代物理学提出的位移电流模型与麦克斯韦以太论的假设是不同的，但实验证明二者的结果非常相近。

另外，要注意的是，位移电流在空间中激发了磁场，如图2.96(b)所示，利用麦克斯韦的安培

定律可以求出这个磁场。然而，由于这个磁场相比电场来说太小，它实际产生的影响可以忽略。

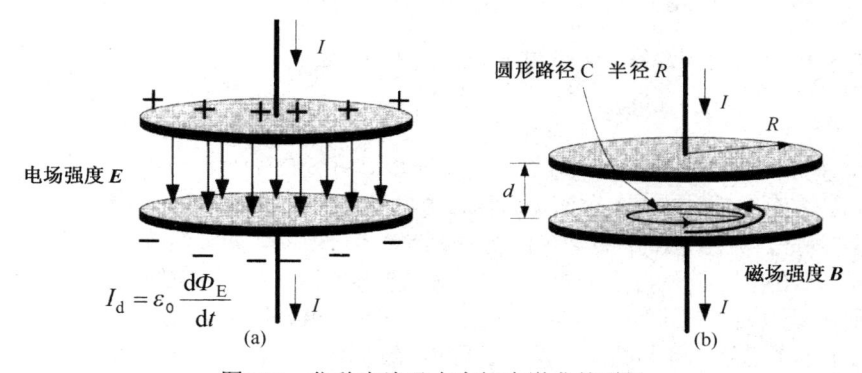

图2.96 位移电流及在空间中激发的磁场

虽然利用麦克斯韦方程或现代物理学模型可以解释电容内部发生的物理现象，但在电子学中实际应用的一些公式并不需要涉及这些问题，只需直接应用以下基于电荷的模型。

2.23.5 电容电流的电荷模型

应用麦克斯韦提出的变化电场产生位移电流的模型，可以解释流过电容的电流问题，但实际并不用该模型来定义电容的特性，而将电容视为有两个引出端的黑盒子，用电容上电压的变化来定义流入和流出电容的电流，而不考虑其内部复杂的物理现象。

现在的问题是如何在不知道电容内部复杂物理特性的条件下，得出电压和电流的关系。答案很简单，联立电容和电流的定义式即可。上述过程的数学运算很简单，但逻辑上的关系不容易理解。下面以图2.97所示的平行板电容为例对此加以解释。

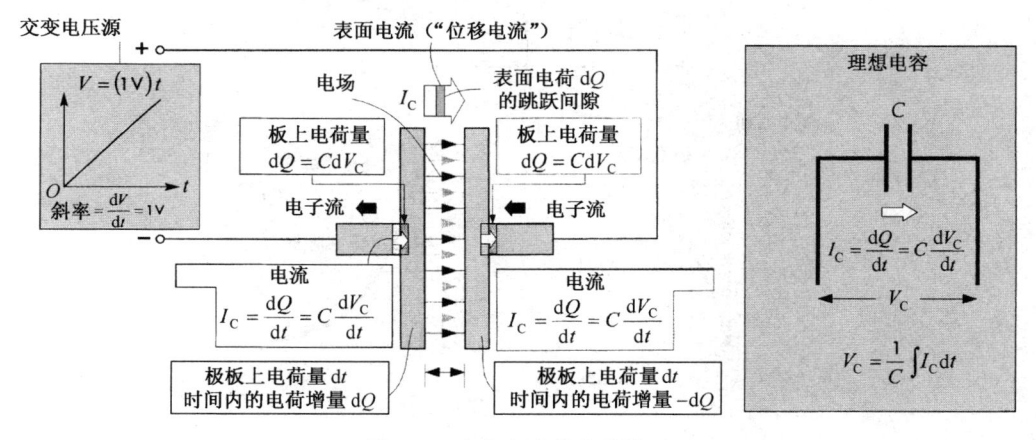

图2.97 电容电流的电荷模型

采用微分形式时，电容的表达式可写为$dQ = CdV$，其中C为不随电荷、电压或时间变化的常量，电流的表达式变为$I = dQ/dt$，与电容的微分表达式联立得

$$I_C = \frac{dQ}{dt} = \frac{d(CV_C)}{dt} = C\frac{dV_C}{dt} \quad \text{流过电容的电流} \tag{2.40}$$

参见图2.97，在dt时间内，等于CdV_C的微量电荷dQ流入右极板，同时在左极板上出现相同的电荷dQ。于是，量值为$dQ/dt = CdV_C/dt$的电流就流入左极板，同时右极板上出现相同的电流（负电子的运动方向与电流方向相反）。尽管实际中并无电流（电子）流过极板间隙，但式（2.40）表明有电

· 75 ·

流在间隙间流动。后面几乎不使用微分式，即实际上不需要通过假设流过间隙的电流来得到流过电容的电流。

从上述电容电流的微分方程中，解出电容的电压有

$$V_C = \frac{1}{C}\int I_C dt \quad \text{电容上的电压} \tag{2.41}$$

注意，上述方程针对的是理想电容。若将理想电容方程反映的各种特性用于实际电容上，则会产生误导。一方面，若在理想电容两端施加直流电压，由于电压的变化率为0（$dV/dt=0$），则电容的电流为0。因此，直流电路中的电容相当于开路。另一方面，若突然改变电压值，如从0V变为9V，则$dV/dt=9V/0V=\infty$，电容上的电流为∞，如图2.98所示。但是，实际上，电路中的电流不可能无穷大，原因是电路中的电阻、有效自由电子、电感、电容等不可能使电容两端的电压发生突变。图2.93给出了考虑结构和材料后更接近实际电容的模型。

在图2.98的直流状态下，电容上无电流流过。只有当两端的电压发生变化时，电容才能存储或释放来自电流的电荷。图中，当充电开关闭合，9V电源接至电容的两端时，电容的电荷量即刻上升到最大值，但对实际电容来说，实验表明由于其存在内阻，电荷的积累需要花一定的时间，使位移电流不会达到无穷大。而在电容的充电过程中，电流首先突变为$V_{battery}/R_{internal}$，然后迅速按指数规律下降，同时电压按指数规律上升，直至与电源电压相等。图2.98所示为电容充电过程中电压和电流变化的曲线。注意理想电容不可能有上述特性。

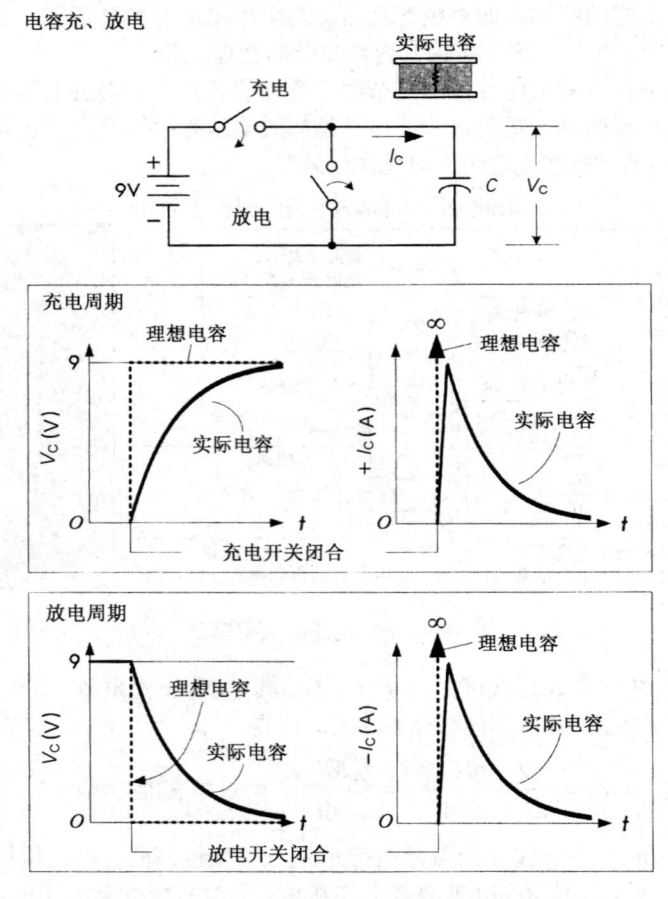

图2.98 电容充电过程中电压和电流变化的曲线

闭合放电开关后，电容正、负极板间形成一条导电路径，电子流向缺乏电子的极板，形成相反方向的电流。随着电荷的中和，电流由初始峰值$V_{battery}/R_{internal}$衰减，电压按指数规律下降。

若关于理想电容的公式成立，则如何求解实际电容的问题呢？无须担心，在大部分情况下，电路中是含有电阻的，这样就排除了出现无穷大电流的可能性。电路中的电阻往往比电容的内阻大得多，因此可以忽略电容的内阻。后面的阻容电路将证明上述观点。

2.23.6 电容的水类比

若对前面关于宏观电流或位移电流的解释存疑，则可参考图2.99所示的水类比系统。然而，对此要持保留态度，因为真实电容器中的情况并非在所有方面都是相似的。

图2.99中的水电容类似于一个中间带有橡胶隔膜的管子，橡胶隔膜相当于电容内部的绝缘体或电介质，分开的两部分相当于电容的两个极板。当水电容的两端不受压力（相当于不加电压）作用时，被分开的两部分含有相同的水量（相当于自由电子数）。水电容一旦突然受压，上面腔体中的压力就增大，橡胶隔膜将向下膨胀，使水从下面的腔体流出。尽管上方没有水流过橡胶隔膜，但由于橡胶隔膜迫使水从下面的腔体流出，就像有电流从水电容中流出，这就是对位移电流的模拟。增大腔体尺寸和改变橡胶隔膜的韧度还可模拟电容和电介质强度的变化。

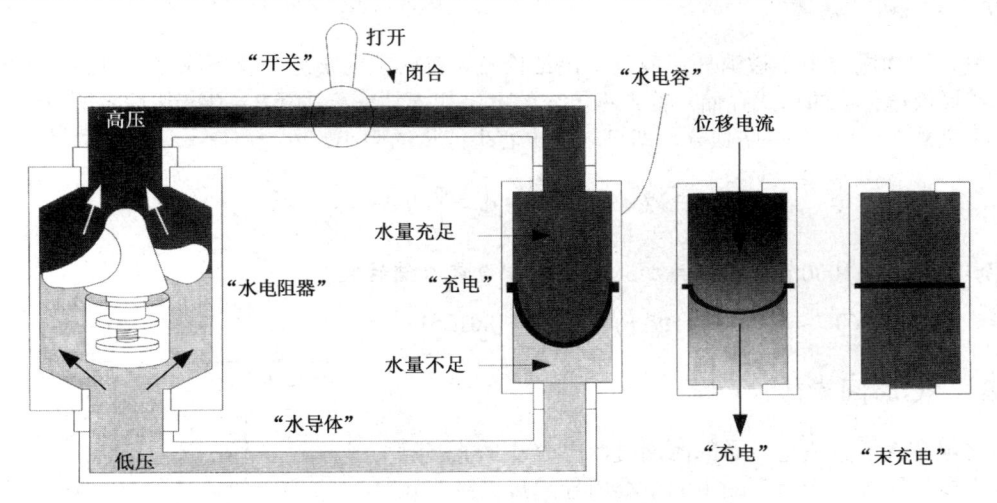

图2.99 电容的水类比

【例1】 将10μF电容连接到50mA的直流电流源上，求10μs、10ms和1s后电容上的电压。

解：I_C为常量，因此可移到积分号外：

$$10\mu s: V_C = \frac{1}{C}\int I_C dt = \frac{I_C}{C}t = \frac{50\times 10^{-3}\text{A}}{10\times 10^{-6}\text{F}}\times (10\times 10^{-6}\text{s})$$

$$10\text{ms}: V_C = \frac{1}{C}\int I_C dt = \frac{I_C}{C}t = \frac{50\times 10^{-3}\text{A}}{10\times 10^{-6}\text{F}}\times (10\times 10^{-3}\text{s})$$

$$1\text{s}: V_C = \frac{1}{C}\int I_C dt = \frac{I_C}{C}t = \frac{50\times 10^{-3}\text{A}}{10\times 10^{-6}\text{F}}\times 1\text{s} = 5000$$

显然，一般的电容不可能承受该电压。

【例2】 给一个47μF电容充电，充电电压的波形如图2.100所示，假设电压源是理想电压源且无内阻，求充电电流。

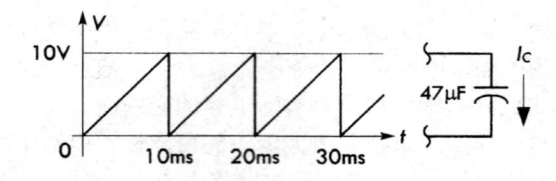

图 2.100 例 2 所示电路

解: dV/dt 为波形的斜率,它等于 10V/10ms,则电流为

$$I_C = C\frac{dV_C}{dt} = (47\times10^{-6}\,\text{F})\times\frac{10\text{V}}{10\times10^{-3}\text{s}} = 0.047\text{A} = 47\text{mA}$$

【例3】 一个 100μF 电容两端的电压为 $5Ve^{-t}$,求电容的电流。

解: $I_C = C\dfrac{dV_C}{dt} = 100\mu\text{F}\dfrac{d(5Ve^{-t})}{dt} = -(100\mu\text{F})\times 5Ve^{-t} = -(0.0005\text{A})e^{-t}$。

注意,上面各例中的电容均假设为理想电容,在求解实际电容问题时,得到的结果大致相近,但是需要对电流加以限制。

2.23.7 电容的能量

能量在理想电容中不被消耗。但是,该结论对含有内阻的实际电容不成立。电容中的能量以电场(或极板电位)的形式存储。首先将电容的电流代入功率表达式 $P = IV$,然后将所得结果代入功率的定义式 $P = dE/dt$,对 E 积分,即可求得电容上能量的大小:

$$E_{cap} = \int VIdt = \int VC\frac{dV}{dt}dt = \int CVdV = \frac{1}{2}CV^2 \tag{2.42}$$

【例1】 给一个 1000μF 的电容施加 5V 电压,求电容存储的能量。

解: $E_{cap} = \dfrac{1}{2}CV^2 = \dfrac{1}{2}(1000\times10^{-6}\,\text{F})\times(5\text{V})^2 = 0.0125\text{J}$。

2.23.8 RC时间常数

当将电容接至直流电压源的两端时,电容几乎能够瞬间完成充电;同样,当将充满电的电容用导线短接时,几乎能够在瞬间完成放电。但是,当在电路中接入电阻时,充电或放电的速率将遵循指数规律(见图2.101)。控制充电速率或放电速率的应用有很多,如定时集成电路、振荡电路、波形发生电路和低放电功率存储电路。

对于充电电容,可用下列公式求得各个量。
RC 充电电路的电流及电压表达式为

$$\begin{aligned}I &= \frac{V_S}{R}e^{-t/RC}, & \frac{t}{RC} &= -\ln\left(\frac{IR}{V_S}\right)\\ V_R &= IR = V_Se^{-t/RC}, & \frac{t}{RC} &= -\ln\left(\frac{V_R}{V_S}\right)\\ V_C &= \frac{1}{C}\int Idt = V_S(1-e^{-t/RC}), & \frac{t}{RC} &= -\ln\left(\frac{V_S-V_C}{V_S}\right)\end{aligned} \tag{2.43}$$

τ 为 RC 时间常数。

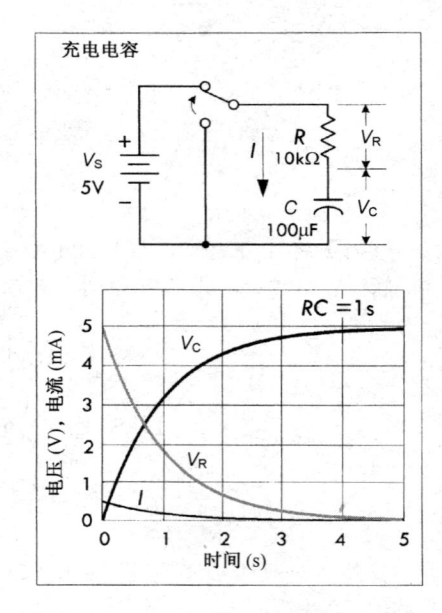

图 2.101 电容电压随时间的变化曲线

式中，I的单位为安培，V_S的单位为伏特，R的单位为欧姆，C的单位为法拉，t为接入电压源后的时间，单位为秒，e = 2.718，V_R和V_C分别为电阻和电容电压，单位为伏特。图2.101为$R = 10\text{k}\Omega$、$C = 100\mu\text{F}$时的波形图。若减小电阻值，则电容充电速度和两端电压的上升速度都变快。

应用基尔霍夫定律，对闭合回路中的电压求和，也可得到表达式$V_S = RI + (1/C)\int I dt$，对该式求导得到以$I$为变量的微分方程。给定电流初值$V/R$、电阻电压初值$V_S$、电容电压初值$V_C = 0$时，求解微分方程得$I = (V/R)e^{-t/RC}$，将$I$代入$V_R = IR$、$V_C = (1/C)\int I dt$，可分别求出电阻和电容的端电压。这类电路的求解问题将在直流瞬态电路一节中详细介绍。

理论上，充电时间趋于无穷，但充电电流最终将减小至不可测量的数值。通常设$t = RC$为电路的时间常数，用小写字母τ表示RC，即$\tau = RC$，τ的单位为秒。经过1个时间常数（$t = RC = \tau$）后，电容的充电电压达到电源电压的63.2%，经过2个时间常数（$t = 2RC = 2\tau$）后，电容上的电压为电源电压的63.2%×63.2%，即电容电压为电源电压的86.5%。经过3个时间常数后，电容电压为电源电压的95%，以此类推。电容电压随时间的变化曲线如图2.101所示，经过5个时间常数后，电容电压为电源电压的99.24%，此时即认为充电完成。

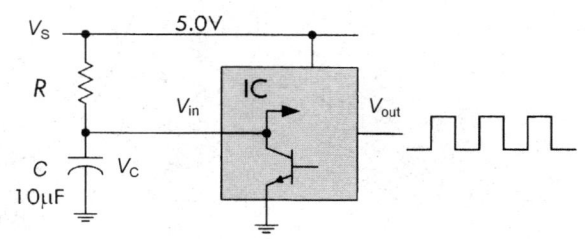

图2.102 例1所示电路

【例1】 某集成电路（IC）通过外接RC充电网络来控制定时，如图2.102所示。该IC需要3.4V的输入电压V_{in}来触发输出开关，实现从高电位到低电位的转换。当内部晶体管（开关）导通时，电容对地放电。设$C = 10\mu\text{F}$，IC触发周期为5s，电路中的电阻R应为多大？

解：由 $\dfrac{t}{RC} = -\ln\left(\dfrac{V_S - V_C}{V_S}\right)$ 求得

$$R = \frac{t}{-\ln\left(\frac{V_S - V_C}{V_S}\right)C} = \frac{5.0\text{s}}{-\ln\left(\frac{5V - 3.4V}{5V}\right) \times (10 \times 10^{-6}\text{C})} = 4.38 \times 10^5 \Omega$$

对于放电电容，可利用下面的公式求得各个量。

RC放电电路中的电流及电压为

$$I = \frac{V_S}{R}e^{-t/RC}, \quad \frac{t}{RC} = -\ln\left(\frac{IR}{V_S}\right)$$

$$V_R = IR = V_S e^{-t/RC}, \quad \frac{t}{RC} = -\ln\left(\frac{V_R}{V_S}\right) \quad (2.44)$$

$$V_C = \frac{1}{C}\int I dt = V_S e^{-t/RC}, \quad \frac{t}{RC} = -\ln\left(\frac{V_C}{V_S}\right)$$

τ为RC时间常数

式中，I的单位为安培，电源电压V_S的单位为伏特，电阻R的单位为欧姆，电容C的单位为法拉，t为撤去电压源后的时间，单位为秒。e = 2.718，V_R和V_C分别为电阻和电容电压，单位为伏特；图2.103所示为$R = 3\text{k}\Omega$、$C = 0.1\mu\text{F}$时的电流和电压波形。

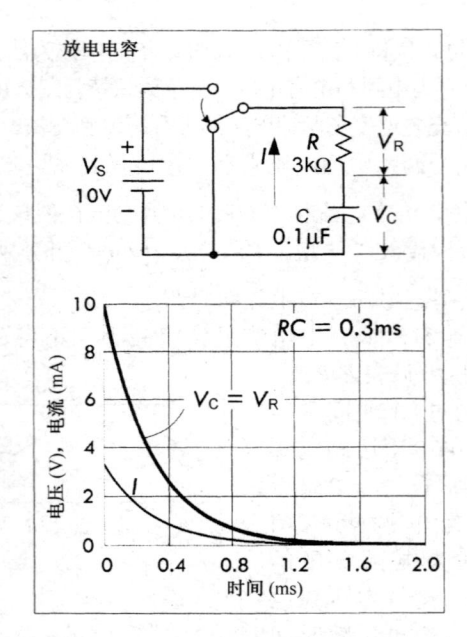

图 2.103　例 1 所示电路的波形图

应用基尔霍夫定律对闭合回路中的电压求和，得到方程 $0 = RI + (1/C)\int Idt$，对方程求导得到以 I 为变量的微分方程，给定初始条件为：电流为 0，电阻电压为 0，电容两端的电压为 $V_C = V_s$。求解微分方程得 $I = (V/R)e^{-t/RC}$。将 I 代入 $V_R = I_R$、$V_C = (1/C)\int Idt$，可分别求出电阻和电容的端电压。关于这类电路的求解问题，将在直流瞬态电路一节中详细介绍。

电容放电是其充电的反过程，因此经过 1 个时间常数后，电容电压将下降 63.2%，为电源电压的 37.8%；经过 5 个时间常数后，电容电压将下降 99.24%，为电源电压的 0.76%，此时即认为电容放电结束。

【例2】 一个充有高电压的 100μF 电容通过 100kΩ 电阻放电，求撤去电源后的最短放电时间。

解： 经过 5 个时间常数后，可认为电容放电结束：

$$t = 5\tau = 5RC = 5 \times (100 \times 10^3 \Omega) \times (100 \times 10^{-6} F) = 50s$$

2.23.9　寄生电容

电容不仅仅存在于电容内部，实际上，两个不同电位的表面相互靠近时也会产生电场，存在电容效应，其作用就如同一个电容。这种效应在电路中不是人为的，但却经常出现，例如出现在电线之间或者元件端子之间。

这种无意间形成的电容称为**寄生电容**，它会使电路中的电流中断。电路设计者必须找出使寄生电容最小的方法，如让电容的引线尽可能短，以及将元件分组以避免形成电容耦合。在高阻抗电路中，由于容性电抗占电路阻抗的比例较大，因此寄生电容的影响更大。另外，由于寄生电容往往与电路并联，当频率较高时，它将起旁路信号的作用。敏感电路中的寄生电容影响很大。

2.23.10　电容的并联

当电容并联时，总电容为各电容之和，这与串联电阻的情形相同，即

$$C_{total} = C_1 + C_2 + \cdots + C_n \tag{2.45}$$

对图2.104(a)所示电路的上部节点应用基尔霍夫电流定律，得到$I_{total} = I_1 + I_2 + I_3 + \cdots + I_n$，就可以求得上述公式。因为$C_1$、$C_2$两端的电压均为$V$，所以代入基尔霍夫电流方程得

$$I = C_1 \frac{dV}{dt} + C_2 \frac{dV}{dt} + C_3 \frac{dV}{dt} = (C_1 + C_2 + C_3)\frac{dV}{dt}$$

括号内的部分为等效电容。

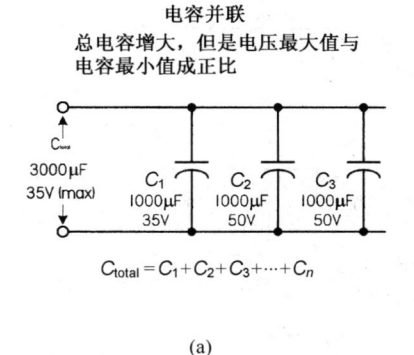

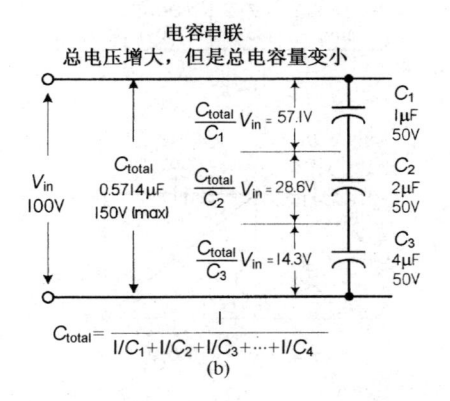

图2.104 电容的串、并联

直观地说，一组并联电容相当于一个增大了极板面积的电容。但是，要注意的是，加到并联电容组两端的最大安全电压受限于电容组中额定电压最低的电容电压。电容上的图表中一般会标出电容及额定电压值，但通常缺少额定电压，此时要根据电路中电容所在位置的期望电压值计算出额定值。

2.23.11 电容的串联

当两个以上的电容串联时，总电容小于串联电容组中最小电容的电容值，其等效电容计算式类似于并联电阻情形下的计算式：

$$\frac{1}{C_{total}} = \frac{1}{C_1} + \frac{1}{C_2} + \cdots + \frac{1}{C_n} \tag{2.46}$$

应用基尔霍夫电压定律可以得出上述结论。如图2.104(b)所示，因为每个电容上的电流I都相等，所以基尔霍夫电压定律为

$$V = \frac{1}{C_1}\int I dt + \frac{1}{C_2}\int I dt + \frac{1}{C_3}\int I dt + \cdots + \frac{1}{C_n}\int I dt = \left(\frac{1}{C_1} + \frac{1}{C_2} + \cdots + \frac{1}{C_n}\right)\int I dt$$

括号内的部分称为串联电容的等效电容。

串联电容组承受的电压要比单个电容的额定电压大得多，它为各个电容的额定电压之和，但总电容减小。当找不到合适的电容或通过并联电容无法获取希望的电容值时，可以采用串联接法。注意，图2.104中各个电容上的电压是不相等的，单个电容（如C_2）两端的电压是总电压的分数，可以表示为$(C_{total}/C_2)V_{in}$。许多电路中应用了串联电容的分压关系。

当电容串联时，要注意确保每个电容的电压不超过其额定电压，为了承受最大的电压，最好在每个电容的两端都并联一个均压电阻，均压电阻值约为$100\Omega/V$，并且保证其有足够的功率容量。对于实际电容，漏电阻的分压作用可能要比电容的分压作用大。电容两端并联的电阻越大，其两端承受的电压就越高，而通过添加等值电阻可削弱这一效应。

【例1】电路如图2.105所示。①求图2.105(a)中并联电容网络的总电容和最大工作电压（WV）；

②求图2.105(b)中的总电容、WV、V_1和V_2；③求图2.105(c)中电容网络的总电容和WV；④若图2.105(d)中的电容网络的总电容为592pF，总WV为200V，每个电容的WV如图中的括号所标，求电容C。

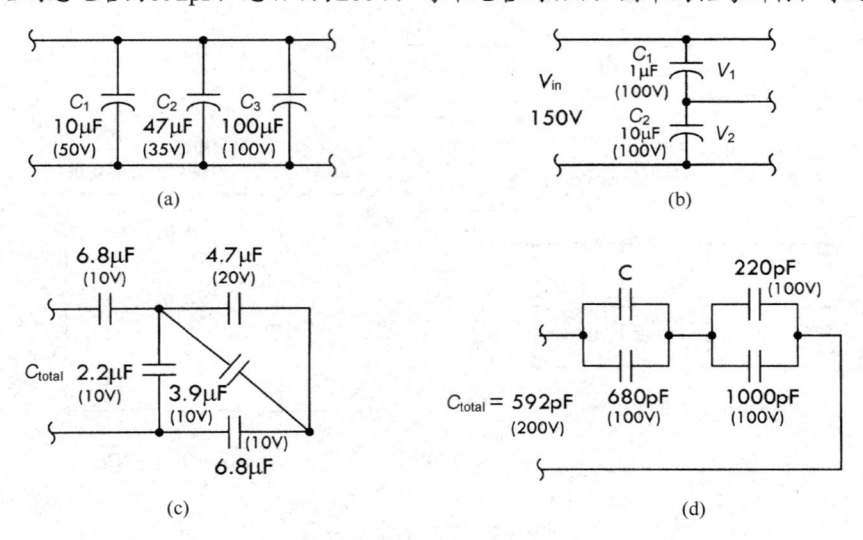

图2.105 例1所示电路

解：(a)157μF(35V)；(b)0.9μF(200V)，$V_1 = 136$V，$V_2 = 14$V；(c)$C_{total} = 3.2$μF(20V)；(d)$C = 470$pF(WV > 100V)。

2.23.12 电容内的交变电流

除了电容隔断直流的作用（不考虑充放电瞬间），直流电路中讨论的电容特性几乎都适用于交流电路。交流电路中的电容既会让电流流过，又会限制电流，其作用与频率有关。这一点类似于电阻将电能转换为热，从而使电流减小。电容可以存储电能，并且能够将存储的能量释放到电路中。

对于施加了交流信号的电容，其电压、电流的关系曲线如图2.106所示，图中正弦电压的最大值为100V。图示表明，从坐标起始点0到A这段时间，外施电压从0V上升至38V，说明电容也充电至38V。在A～B阶段，外施电压升到71V，电容电压随之增加33V，由于A～B阶段电容电压的增量比0～A阶段的要小，因此电容的电荷增量也比0～A阶段的小；在B～C阶段，外施电压从71V升至92V，增加21V，电压增量再次减小；而在C～D阶段，外施电压只增加8V，增量进一步减小。

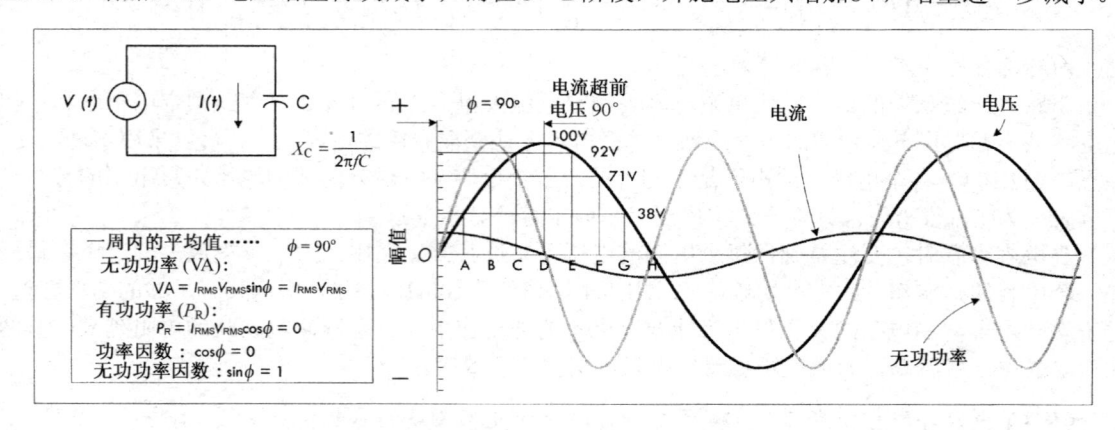

图2.106 理想电容电路中的电流、电压及功率曲线

若将第一个1/4周期分割成多个时间段，则会发现电容的充电电流波形与外施电压一样为正弦波。周期起始点的电流值最大，当电压达到最大值时，电流变为0，表明在电压与电流间有90°的相位差。

在第二个1/4周期，即在D~H这段时间内，外施电压降低，电容释放电荷，应用与前述类似的分析方法可知，D~E阶段的电流值显然很小，然后在剩余时间段内持续增大。因为在这个1/4周期内，电容将电荷释放到电路中，所以电流流动的方向与电压方向相反。

在第三个和第四个1/4周期里，分别重复第一个和第二个1/4周期的过程，唯一不同的是，外施电压的极性反向，电流也相应地改变，换句话说，电容的充放电引起电路中的交变电流。如图2.106所示，电流周期比电压周期超前90°，表明电容的电流超前电容电压90°。

2.23.13 容抗

电容上的电荷等于电容的电压和电容的乘积，即$Q = CV$。在交流电路中，电荷在电路中周期性地往返运动，电荷（或电流）的运动速度与电压、电容和频率成正比。将电容和频率相乘，得到一个类似于电阻的量，由于没有热产生，因此称这个量为容抗，容抗的单位与电阻的单位同样为欧姆。在某个频率下，容抗的计算式为

$$X_C = \frac{1}{2\pi f C} = \frac{1}{\omega C} \qquad 容抗 \qquad (2.47)$$

式中，X_C表示容抗，其单位为欧姆，频率f的单位为赫兹，电容C的单位为法拉，$\pi = 3.1416$。常用ω代替$2\pi f$，称ω为角频率。

应用位移电流$I = C dV/dt$也可得出上式，因为将一个正弦电压接至电容的两端时，电压的改变会使得电容中出现位移电流。假设电压源电压的表达式为$V = V_0 \cos\omega t$，将V代入电容的位移电流表达式得

$$I = C\frac{dV}{dt} = -\omega C V_0 \sin\omega t$$

当$\sin\omega t = -1$时，电流达最大值或峰值$I_0 = \omega C V_0$。峰值电压和峰值电流的比值V_0/I_0类似于欧姆定律中的电阻，其单位为欧姆，但该阻抗的物理现象与传统意义上的电阻（发热元件）完全不同，因此将该阻抗称为容抗。

当频率为无穷大时，$X_C = 0$，即高频时电容相当于短路线，因此认为电容具有高通特性。当频率为0时，X_C趋于无穷大，电容相当于开路，因此认为电容具有阻止低频信号的作用。

注意，尽管容抗的单位为欧姆，但容抗并不消耗电能，在1/4周期内存储于电容的能量在下一个1/4周期内又直接释放到电路中，如图2.106所示，即一个周期内的平均功率为0。

【例1】给200pF的电容施加频率为10MHz的电压源，求电容的容抗。

解：$$X_C = \frac{1}{2\pi \times (10 \times 10^6 \text{Hz}) \times (220 \times 10^{-12} \text{F})} = 72.3\Omega$$

注意，$1\text{MHz} = 1 \times 10^6 \text{Hz}$，$1\mu\text{F} = 1 \times 10^{-6}\text{F}$，$1\text{nF} = 1 \times 10^{-9}\text{F}$，$1\text{pF} = 1 \times 10^{-12}\text{F}$。

【例2】当电源频率分别为7.5MHz和15.0MHz时，求470pF电容的容抗。

解：$X_C(7.5\text{MHz}) = 45.2\Omega$，$X_C(15\text{MHz}) = 22.5\Omega$。

图2.107(a)显示了理想电容的阻抗与频率的反比关系。图2.107(b)表明，实际电容的阻抗随频率的增大而减小，然后随频率的增大而增大。由于寄生效应，实际电容的曲线与图示曲线不完全相同（见图2.93）。

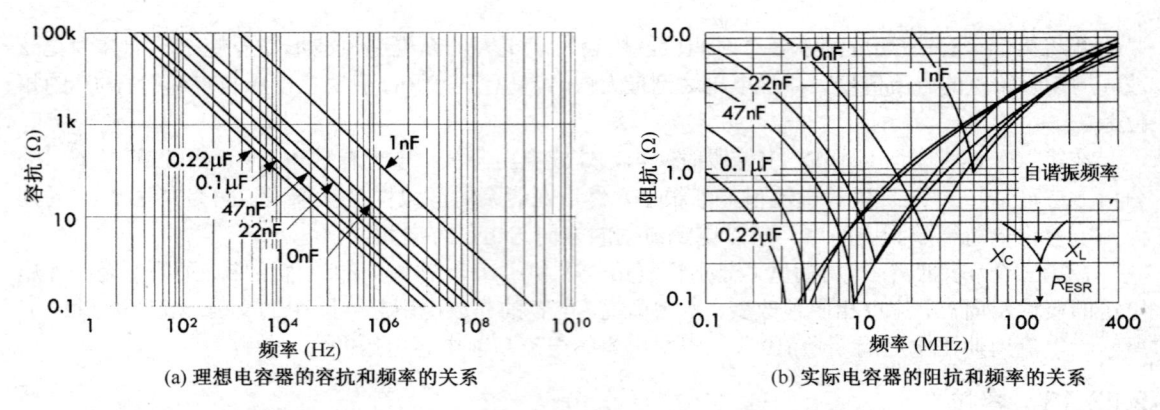

(a) 理想电容器的容抗和频率的关系

(b) 实际电容器的阻抗和频率的关系

图2.107 (a)各种理想电容的容抗随频率变化的半对数坐标图；(b)考虑实际电容内阻及电感效应后的频率响应曲线。图中曲线的最低点表示电容的谐振点，在这个频率点上，电容的电容和电感效应相互抵消，只剩内阻，该点的频率称为谐振频率

2.23.14 电容分压器

电容分压器可用在输入交流信号的电路中，甚至可用在直流电路中，因为电容能够很快地达到稳定状态。电容分压器的交流输出电压计算公式与电阻分压器的计算公式不同（见图2.108），分压公式的分子上是串联元件C_1而不是C_2。

$$V_{out} = \frac{C_1}{C_1 + C_2} V_{in}$$

$$V_{out} = \frac{0.022\mu F}{0.032\mu F} \times 10VAC = 6.875VAC$$

图2.108 电容分压器

注意，输出电压与输入频率无关。若在某个频率下电容的阻抗很小，则输出的容性电流很小。

2.23.15 品质因数

对于电容和电感这类储能元件，我们可用品质因数Q来区分其性能的优劣。这类元件的Q值等于元件存储的能量与其内部消耗的总能量之比。因为电抗与储能有关，电阻与能量损耗有关，所以品质因数可以表示为

$$Q = \frac{电抗}{电阻} = \frac{X}{R} \tag{2.48}$$

式中，Q没有单位。电容的电抗（单位为欧姆）等于容抗$X = X_C$（电感的电抗$X = X_L$，X_L为感抗），R为元件中与消耗能量有关的所有电阻之和（单位为欧姆）。电容的Q值通常很高。高质量的陶瓷电容和云母电容的Q值可达1200以上，而微型可调陶瓷电容的Q值非常小，在一些应用场合往往被忽略。微波电容的Q值在10GHz或更高频率下不超过10。

2.24 电感

前一节说过，电容以电场的形式存储电能。存储电能的另一种方式是磁场。当导线中有电流流过时，导线周围会产生磁场。增大或减小导线中的电流值时，磁场强度随之增大或减小。在磁

场强度的变化过程中，会出现称为感应的现象，电感性是电路的一种性质，它类似于电阻性和电容性，但它既不生成热，又不存储电荷，而只与磁场相关。注意，变化的磁场会影响电路中的自由电子或电流的运动。理论上讲，任何产生磁场的装置都具有电感性，而任何具有电感性的装置都可称为电感。要理解电感性，就需要了解基本的电磁特性。

电子学中的三个基本元件是电阻、电容和电感（见图2.109）。电感与电阻和电容不同，它反映的是电路中电流和电压的变化，而电流和电压的变化是自由电子受力后导致磁场变化的结果，变化的磁场通常集中在各个电感中。和电容一样，电感效应只在外施电压或电流随时间增大或减小的变化过程中才会产生。电阻则与时间无关。设想当合上图示的每个电路的开关后，电路中的灯会亮吗？若再断开开关，则又会出现什么现象？后面将讨论这个问题。

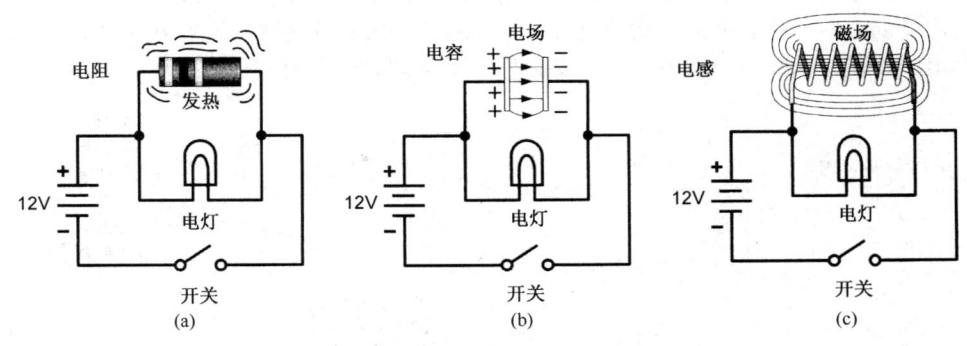

图2.109　电阻、电容和电感电路

2.24.1　电磁学

根据电磁学定律，一个静止的电荷可用一条射线状分布的均匀电场线或电力线来描绘，如图2.110(a)所示。对于一个匀速运动的电荷，电场线仍为射线状，但其分布不均匀，如图2.110(b)所示，同时运动电子产生一个如图2.110(c)所示的环形磁场。若电荷加速运动，则情况会变得更复杂，其磁场将扭结在一起，并向周围的空间辐射电磁波，如图2.110(d)和(e)所示。

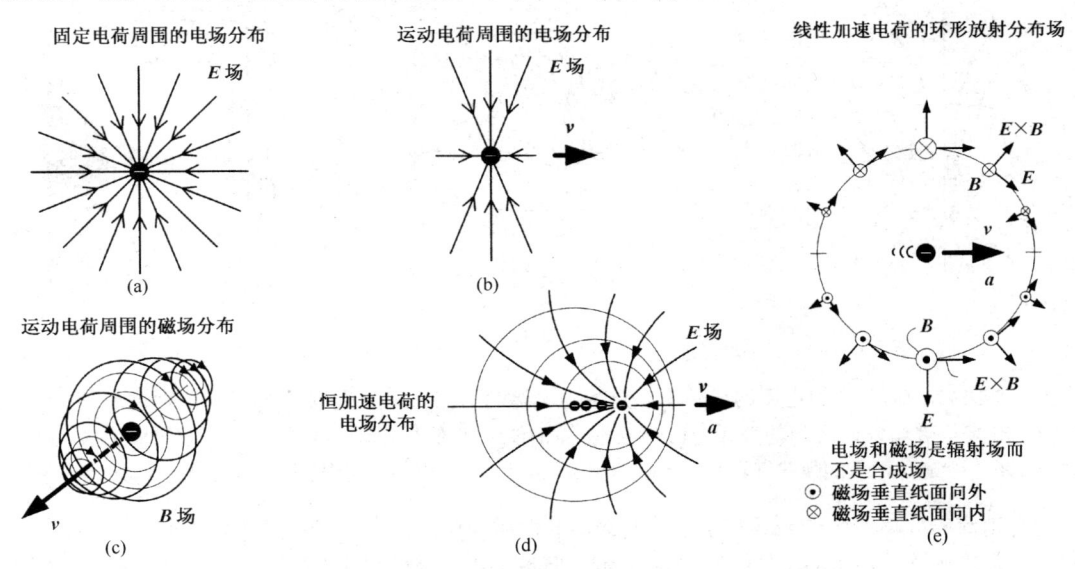

图2.110　电场和磁场的一些相似现象统称电磁学。只要有电荷运动，就会产生磁场。有趣的是，若你与运动电荷一起运动，则根据爱因斯坦的相对论，你将看到磁场消失

图2.110(c)描绘的一个运动电子（或任何运动电荷）产生的电场E将导致磁场B，因此，电场和磁场的一些现象具有相似性是显然的。事实上，现代物理学已将电场和磁场结合形成了场论，称为**电磁学**。麦克斯韦和爱因斯坦的论著已经证明电场和磁场这两种现象是相互联系的。现代物理学的一些领域应用虚光子的发射和被电荷吸收，描绘了电磁相互作用的独特景象，解释了电磁力的存在。但是在电子学中，并不需要了解很多的电磁理论。

产生磁场最简单的方法是给导体通上电流。从微观的角度看，导线中的每个电子都产生一个与其运动方向垂直的磁场。但是，若导线上没有电压，则纯粹由热效应产生的电子的无规则运动和碰撞等引发的单个磁场的方向是杂乱的，因此导体周围磁场的平均效应为零，如图2.111(a)所示。当给导体两端施加电压时，自由电子将从负极到正极做漂移运动，产生反向的电流。尽管电子运动的速度影响很小，但足以建立如图2.111(a)所示的磁场，磁场方向与电流方向垂直。用右手定则可以确定磁场的方向：让右手拇指指向电流方向，四指弯曲的方向就是磁场方向，如图2.111(b)所示（若用电子运动方向代替电流方向，则要应用左手定则进行判断）。

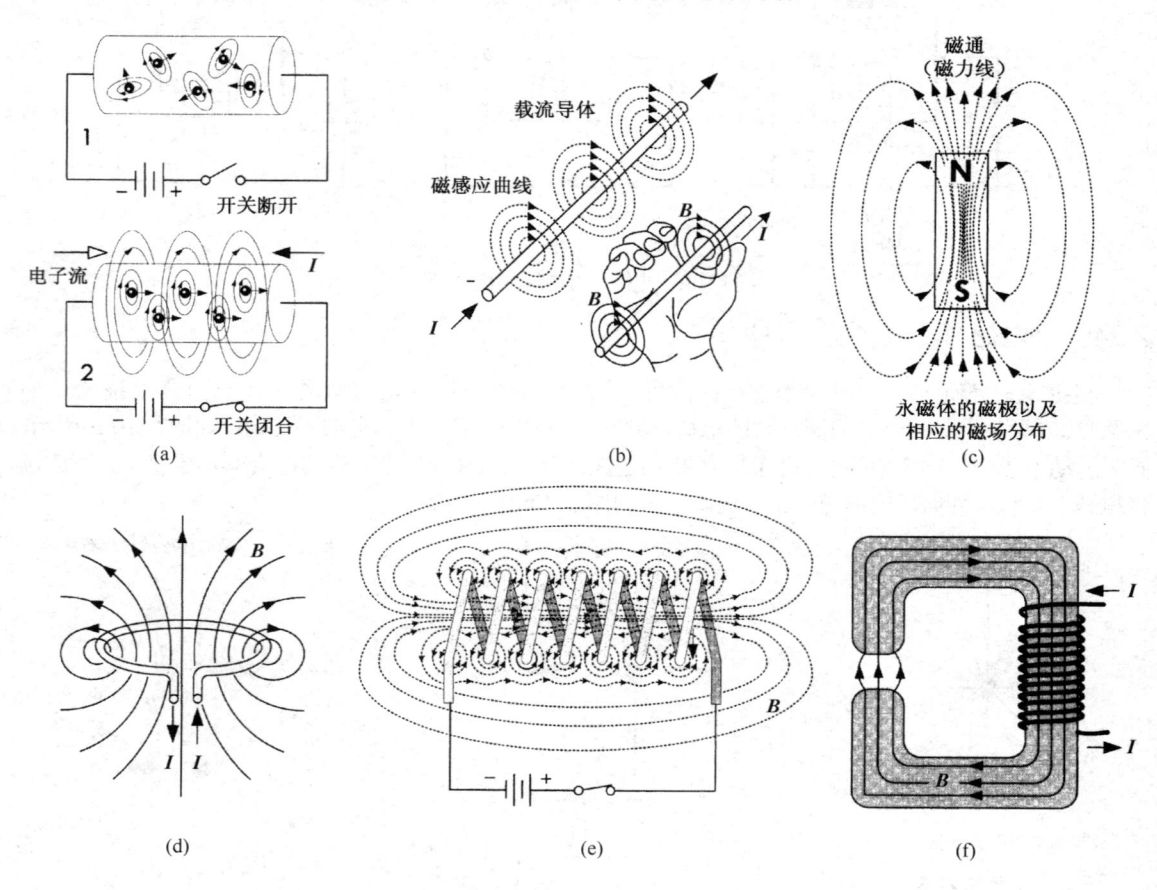

图2.111　(a)在施加电压的导体中，自由电子运动，同时产生磁场；(b)右手定则表示了电流与磁场方向之间的关系；(c)永磁体；(d)单匝线圈中电流产生的放射状磁偶极子磁场；(e)施加电压的螺线管具有和永磁体相似的磁场；(f)电磁体利用铁芯来增大磁场强度

通有电流的导体产生的磁场与永磁体的磁场的性质相似，例如一个永磁体棒的磁场与一个密绕导线的螺线管的磁场是相仿的，如图2.111(c)所示。但是，两个磁场实际上是不同的，由铁磁材料制成的永磁体的磁场是电子围绕原子核做轨道运动形成的偶极子磁场，磁场线在永磁体内形成闭合曲线（见

图2.112）。磁性材料的晶格结构很大程度上决定了原子磁偶极子的方向，也决定了磁场方向是从N极指向S极。电子围绕原子核所做的微观运动就像电流在一个线圈中流动，如图2.111(d)所示。电子的自旋运动是产生磁场的另一个因素，但产生的磁场远小于电子做轨道运动时产生的磁场。

将导线绕成多匝线圈可以形成如图2.111(e)所示的螺线管。每匝线圈都在螺线管内部产生磁场，将螺线管内部磁场叠加后，将形成一个方向向右的轴向强磁场。若在螺线管中插入一个未被磁化的铁芯，如图2.111(f)所示，则产生的磁场要比没有铁芯的螺线管的磁场大得多，磁场增强的原因是螺线管的磁场方向与铁芯材料的原子磁偶极子产生的磁场方向基本一致，因此，合成磁场为螺线管磁场和铁芯磁场之和。根据不同的材料和形状，铁芯可使总磁场强度增强1000倍。

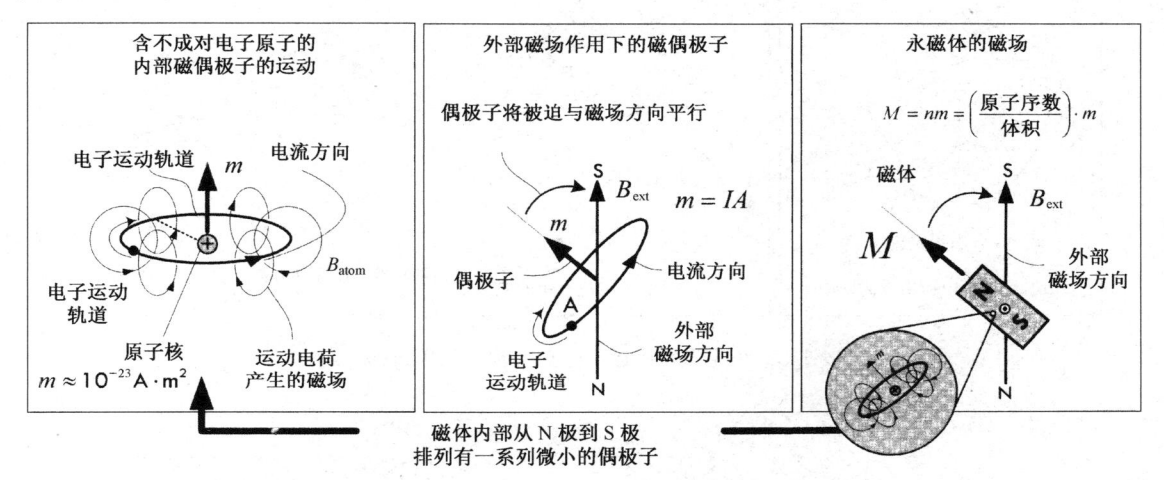

图2.112 从微观角度看，永磁体的磁场与单个价电子的方向一致，形成了磁偶极子。而电子的定向则是因为原子被束缚在磁体晶格结构内

2.24.2 磁场和磁感应

磁场与电场不同，磁场只作用于那些运动方向垂直于磁场方向（或具有垂直磁场的运动分量）的电荷。除非磁场自身是运动的，否则磁场对静止电荷没有影响，图2.113(a)显示了在磁场中运动的电荷所受的力。假设电荷为正电荷，采用右手定则可以判断运动电荷受到的磁场力的方向，方法是：手背对着电荷的初始速度方向，手指弯曲方向指向磁场方向，则大拇指指向运动电荷所受磁场力的方向。对于负电荷（如电子）的受力方向，可以采用图2.113(b)所示的左手定则来判断。当电荷运动方向与磁场方向平行时，电荷不受磁场力的作用，如图2.113(c)所示。

对于大量的运动电荷，如导线中的电流，一根导线产生的磁场将对另一根导线产生力的作用，反之亦然，如图2.114所示。当电流较大时，可以看到导线间的受力情况（存在这种作用力的原因是导线晶格结构的表面静电力会阻止电子从表面溢出）。

同样，恒定磁场对通有电流的导线也有作用力，如图2.115所示。

从外部看，磁体同时有南极（S）和北极（N），如图2.115(b)所示。磁体的N极吸引另一个磁体的S极，两个磁体的同极端相互排斥。那么两个静止磁体之间为什么有相互作用力呢？不是必须要有电荷或场的移动才有力产生吗？我们可将宏观作用力与电子绕原子核运动形成的内部磁偶极子的运动相联系来解释这个问题。电子的轨道运动使得磁偶极子的方向趋于一致，导致了晶格间的结合力。

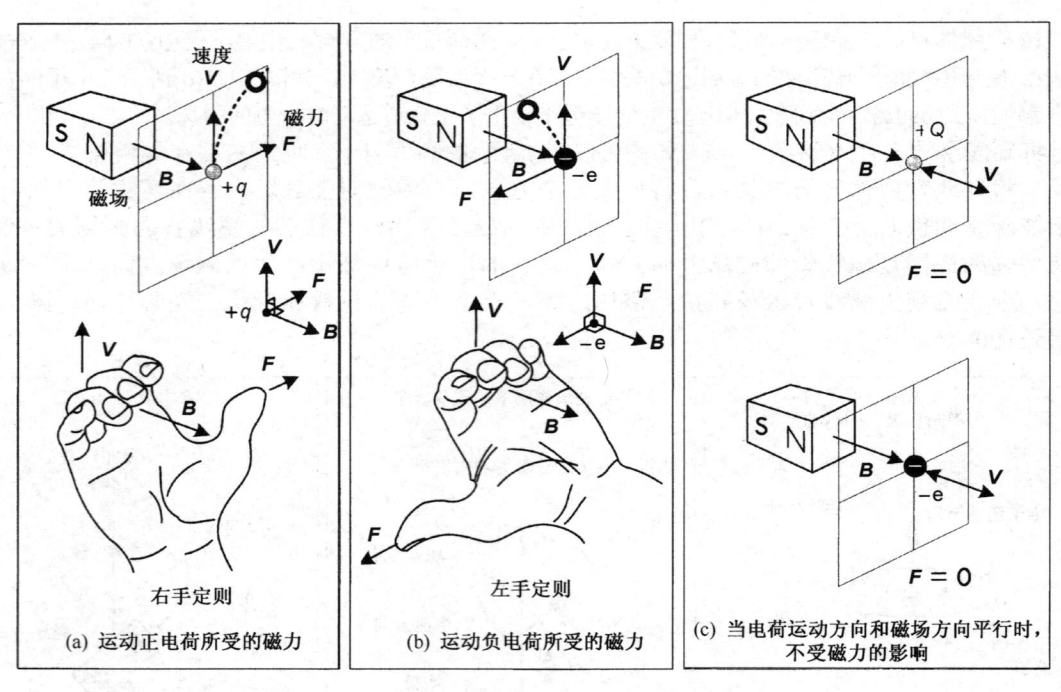

图2.113　恒定磁场中运动电荷受到的磁场力的方向

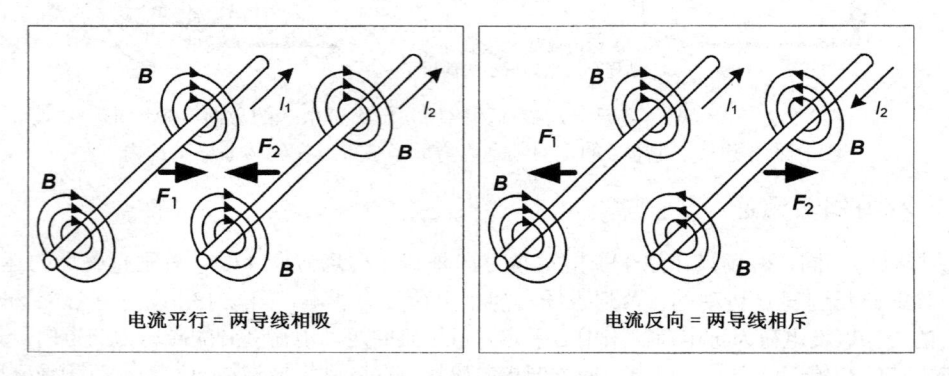

(a) 运动正电荷所受的磁力　右手定则
(b) 运动负电荷所受的磁力　左手定则
(c) 当电荷运动方向和磁场方向平行时，不受磁力的影响

图2.114　两根输电线间的作用力

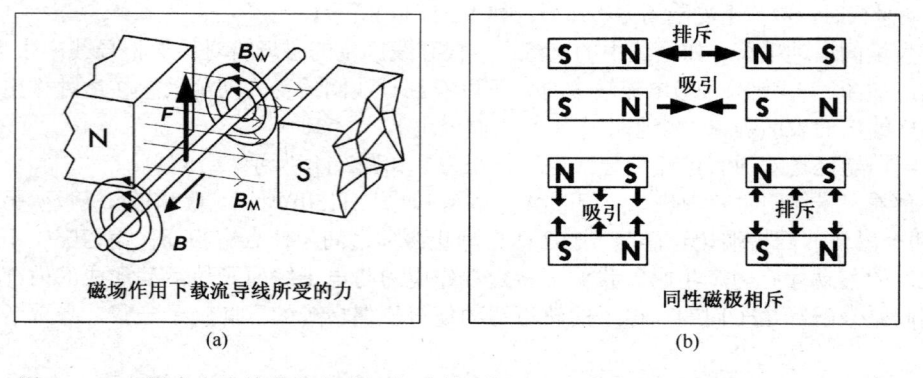

电流平行 = 两导线相吸
电流反向 = 两导线相斥

图2.115　(a)通有电流的导线在磁场中受力的作用；(b)条形磁体相互吸引和相互排斥

磁场作用下载流导线所受的力
同性磁极相斥

磁场的另一个作用是使导体内部电子受力并沿某个方向移动形成电流。该作用力相当于电路中的电动势（EMF），称为感应EMF。感应EMF与电池的EMF不同，它与时间和电路的几何形状有关。根据法拉第电磁感应定律，电路中的感应EMF与电路中磁通的变化率成正比：

$$\text{EMF} = -\frac{d\Phi_M}{dt}, \quad \Phi_M = \int \boldsymbol{B} \cdot d\boldsymbol{A}, \quad \text{EMF} = -N\frac{d\Phi_M}{dt} \tag{2.49}$$

式中，Φ_M是穿过电路闭合回路的磁通量，它等于磁场强度$\boldsymbol{B}$和面积$\boldsymbol{A}$的点积的积分。电磁感应定律表明，电路中产生感应EMF的途径有：①磁场强度$\boldsymbol{B}$随时间变化；②电路的回路面积随时间变化；③磁场强度$\boldsymbol{B}$和面积$\boldsymbol{A}$的法向方向之间的角度随时间变化；④前三种情况的任意组合。图2.116图示说明了法拉第电磁感应。

图2.117中的简易交流发电机显示了法拉第电磁感应定律的作用。图示为一个在恒定磁场中旋转的线圈，随着线圈的转动，通过线圈的磁通量随时间变化，产生感应EMF。与线圈末端相连的滑环随着线圈一起转动，外部电路通过与滑环相连的固定电刷连至发电机，产生的感应EMF在外部电路中引起电流为电路供电。

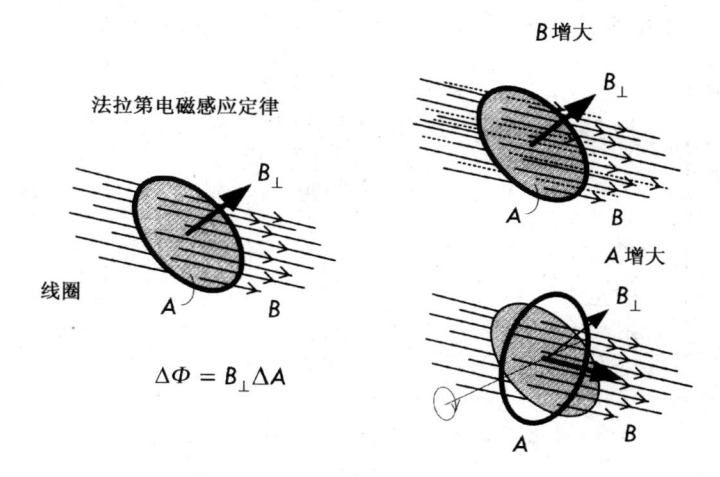

图2.116　法拉第电磁感应的说明

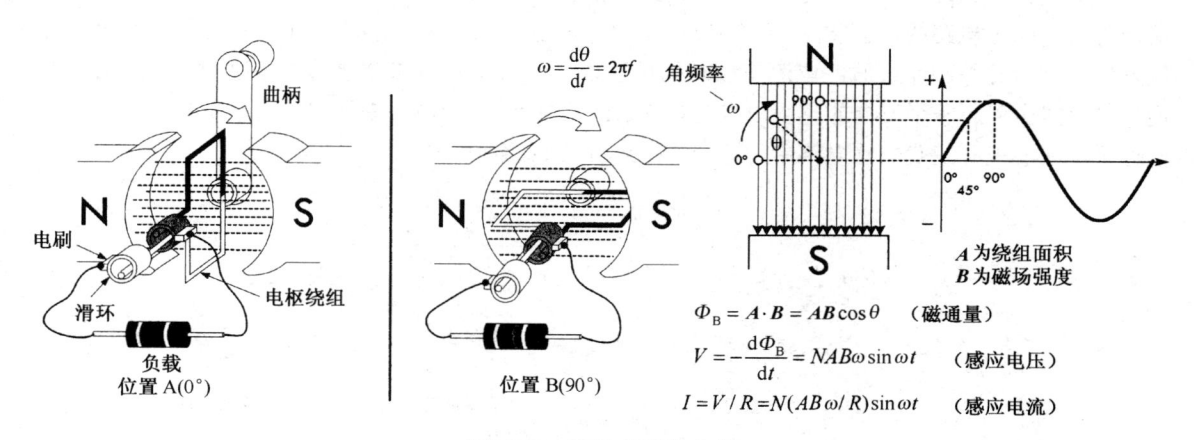

图2.117　简易交流发电机

直流发电机的原理与交流发电机的基本相同，只是与旋转线圈末端相连的是一个有裂口的圆环或换向器，因此没有极性的反转，形成的是脉动直流，电流值近似为正弦波的绝对值。

电动机的工作原理与发电机的恰好相反。电动机旋转线圈中的电流是由外部电源提供的，磁场作用在线圈电流上的力产生转矩，使线圈转动。实际的交流发电机和电动机要比现在描述的复杂得多，但其工作原理都是电磁感应原理。

图2.118所示电路给出了一个线圈中的电流变化在另一个线圈中感应出电流的方式。图中左线圈连接电源，称为一次线圈，右线圈连接负载电阻，称为二次线圈。当一次线圈的磁场增大时，通过二次线圈的磁通量相应增大，在二次线圈中产生感应EMF和感应电流，这就是后面要介绍的变压器的工作原理。实际变压器的一次线圈和二次线圈内部都含有铁芯，其目的是增强线圈之间的磁耦合。

2.24.3 自感

前一节中说过，当通过电路的磁通量随时间变化时，在电路的回路中将产生感应EMF。电磁感应现象已被应用于电动机、发电机和变压器等大量设备中，但是在这些应用实例中，感应EMF都是由外部磁场引发的，如一次线圈的磁场在二次线圈中引发感应EMF。下面讨论自感现象。自感是指通过闭合线圈的电流发生变化时，在线圈本身中产生感应EMF的现象。根据法拉第电磁感应定律，仅当线圈的电流增大或减小引起磁场强度的增大或减小时，线圈中才会出现自感现象。自感是电感的基本特征。电感是一种重要的设备，在时变电路中，随着电流值的变动，电感存储或释放能量。

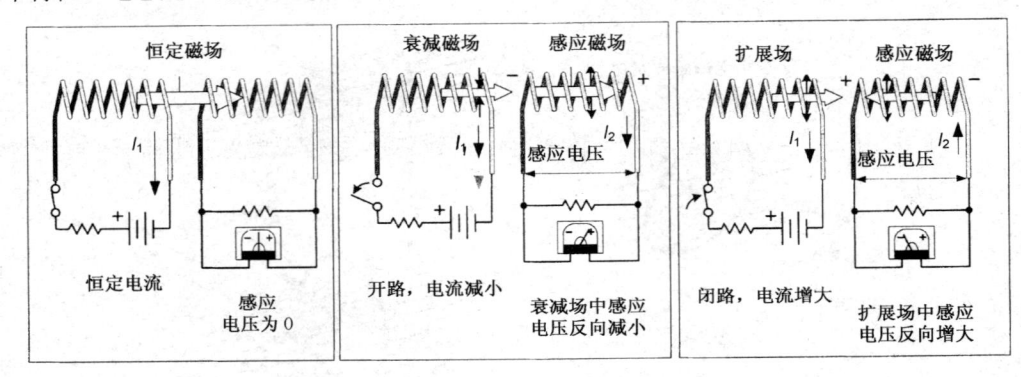

图2.118 当一次线圈中的电流变化时，二次线圈电路中就产生感应EMF

考虑图2.119(a)所示的一个由开关、电阻和电压源组成的电路，根据欧姆定律，当电路中的开关闭合时，流过电路的电流将从0跃至V/R。但是，根据法拉第电磁感应定律，上述现象完全不可能发生，因为开关刚闭合时，电流将随时间迅速增大，通过回路的磁通量也迅速增大，磁通量的增大在电路中引起一个反向的感应EMF，如图2.119(b)所示，使电路中的电流呈指数规律上升，即延迟了电流的上升。我们称电路中的这个感应EMF为自感应EMF。

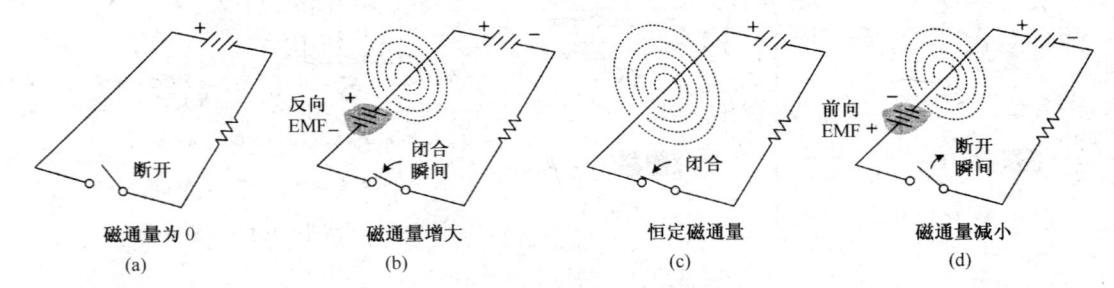

图2.119 (a)电路开路，电流和磁场为零；(b)电路闭合的瞬间，电流开始流动，同时通过电路回路的磁通量增大。增大的磁通量在电路中感应出与电源反向的EMF；(c)一段时间后，电流停止增大，磁通量为一个恒定值，感应EMF消失；(d)若突然断开开关，电流将趋于零，但是在这个过程中，随着电流趋于零，回路中的磁通量减小，在电路中产生与电源极性一致的感应EMF

在以后的学习中，我们将看到，当电路中有一个大螺线管线圈或螺旋形电感时，断开开关将产生电火花，这是由于产生了很大的感应EMF，使电流继续流动。

自感现象在如图2.119所示的简单电路中很微弱，产生的自感电压几乎测量不到。但是，若在电路中接入能集中磁场的特殊装置——电感，则时变信号产生的感应EMF值很大。除非特别说明，一般情况下认为电路的自感相比电感的自感可以忽略。

2.24.4 电感

电感是一种有效利用电磁感应现象的专用设备。这类设备内部可以产生很大且集中的磁通，当电流变化较大时，能够承受较大的自感电压（注意，直导线中也存在自感，只不过较小而常被忽略。但是，在一些特殊情况下，如频率达到VHF时，感应作用将很大）。

电感的一般特征是具有环状结构，如图2.120所示的螺线管、环形螺线管和螺旋形导线。在中空的塑胶体上紧密缠绕多匝导线，就可制成一个简单的螺线管。

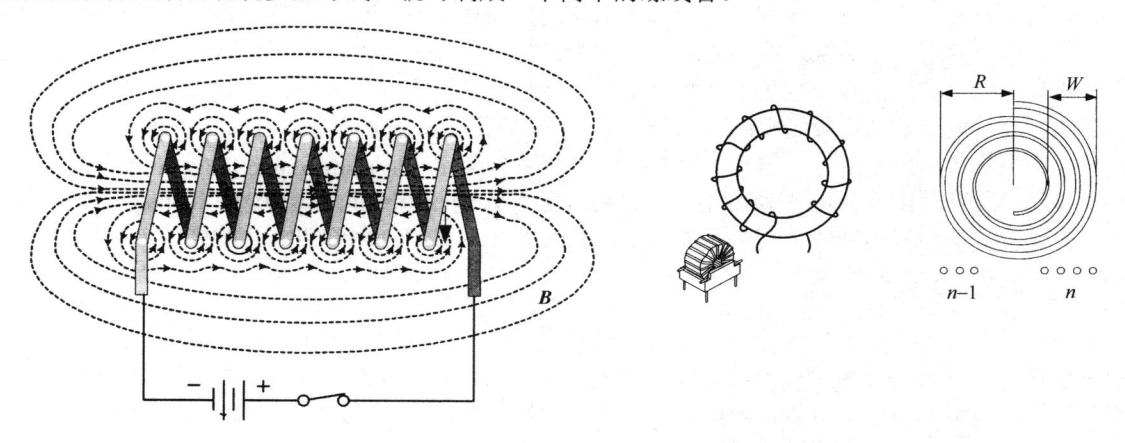

图2.120 各种线圈结构的电感——螺线管、环形螺线管和螺旋形导线

空芯电感的基本图形符号为———。磁芯式电感（内芯为铁、铁粉或铁氧体陶瓷）、可调芯式电感和铁氧体磁环的结构及相应的图形符号如图2.121所示。

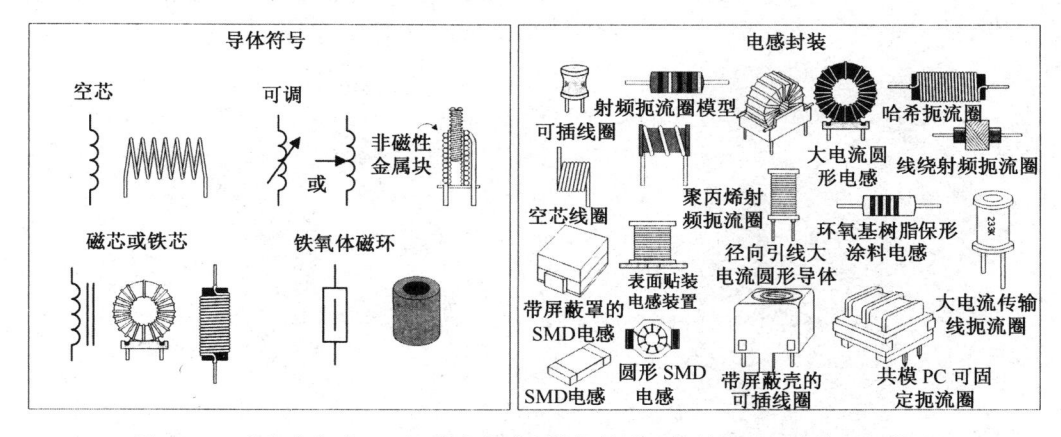

图2.121 磁芯式电感、可调芯式电感和铁氧体磁环的结构及相应的图形符号

磁芯式电感产生的磁场强度要比空芯电感产生的磁场强度大得多，原因是绕在磁芯上的线圈产生的磁场作用于磁芯材料内部的原子，使其磁化，因此磁芯式电感的自感比空芯电感的自感大。

同样，在电感内放置磁芯，只需很少的线圈匝数就可得到所需的电感值。电感的磁芯材料通常是铁、铁粉或金属氧化物（也称铁氧体，实质上是一种陶瓷材料）。磁芯材料的选择是一个非常复杂的过程。

空芯电感的类型有：单匝的一段导线（用于超高频）；蚀刻在铜质涂层电路板上的螺旋线（用于特高频），在非磁性物体上绕绝缘导线制成的大型线圈。在无线电应用中，通常采用空芯式电感，以避免磁芯式电感内部的磁滞损耗和涡电流引起的损耗。

实现可调式电感的方法有：改变磁芯式电感的磁芯长度，或者沿着电感的裸导线圈安置滑块。更常用的方法是用铁氧体、铁粉，或者在磁芯的中心旋入黄铜金属小块，这种方法依据的原理是电感值与磁芯材料的磁导率有关。大部分材料的相对磁导率约等于1，近似于真空磁导率，而铁氧体的相对磁导率很大，电感值与线圈内磁芯体积的平均磁导率有关，因此将由相对磁导率约为1的黄铜导电材料制成的金属小块旋入磁芯后，电感值将随之变化。另外，当金属小块表面有涡电流流动时，将会削弱磁芯中心部分的磁通量，这相当于减小了磁芯的有效面积。

铁氧体磁环（也称铁氧体线圈）类似于倒置的铁氧体电感。与一般磁芯式电感不同的是，标准的铁氧体磁环不需要缠绕线圈（但缠绕线圈可使电感的电感值增大），而将一根导线或一组导线穿过磁环孔，使导线的电感值增大。标准电感可通过调整线圈匝数来获得任意值的电感，但铁氧体磁环的电感取值范围被限制在RF（射频）范围内。铁氧体磁环常套在RF电器（如电脑、调光器、荧光灯和电动机）的电缆上，这些电缆产生RF辐射，而RF辐射会干扰电视、无线电和音频设备。在电缆装了磁环的地方，RF无法辐射，而被磁环吸收并转换为磁环内部的热。同样，铁氧体磁环也可安装在接收装置的进线电缆上，以防止外部RF的侵入和干扰电缆传输的信号。

1. 电感的基本性质

电感的作用类似于时变电流敏感电阻，仅当电流发生变化时，电感才起阻碍作用，而在直流稳态条件下，它相当于传输电流的导线。当外施电压增大时，电感的作用相当于时变电阻，在电流随时间快速增大时，其阻值达到最大值。当外施电压减小时，电感像时变电压源（或负电阻），它维持电流的流动，当电流随时间快速减小时，其电压值达到最大值。

在图2.122(a)中，当电感两端所加的电压值增大时，电路中的电流随之增大，通过螺线管线圈（或线圈回路）的磁通量也增大，增大的磁通量产生作用在自由电子上的反向作用力，这个反向力就是与电源电压方向相反的感应EMF，称为反向感应EMF。反向感应EMF作用的结果是使电感的阻碍力随电流的突然增大而增强。一旦电流值不变，电感就迅速失去其阻力。

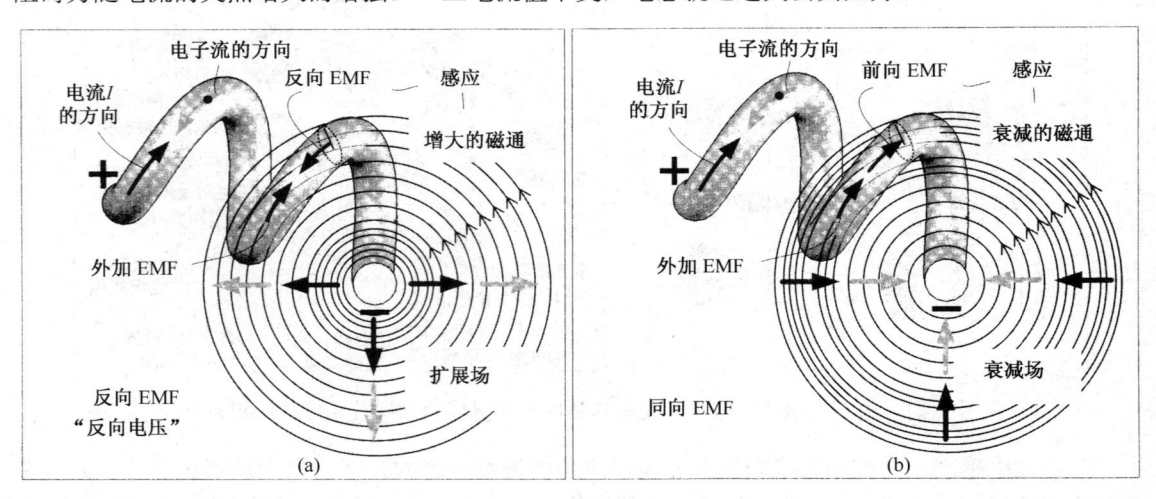

图2.122 电感的基本性质

在图2.122(b)中，当施加在电感上的电压降低时，电路中的电流减小，通过螺线管线圈（或线圈回路）的磁通量也减小，减小的磁通量产生作用在自由电子上的前向作用力，这个前向作用力是与突变前的外施电压同向的感应EMF，称为前向感应EMF。前向感应EMF在电流突然减小时，使电感的作用相当于电压源。一旦电流值不变，电感的电压源作用就迅速消失。

电感如何工作的另一个观点是，从能量传递的角度考虑，认为电感磁场能量的增加是与其连接的电压源做功的结果。若设理想电感没有电阻，则电压源所做的功将全部转换为磁场能量或功率，功率是存储能量的变化率（$P = dW/dt$）。根据功率定律$P = IV$可以看出，当磁能量增加时，电感的两端一定有一个电压降，这个电压降不是由电路中的电阻引起的，而是在磁场建立过程中产生反向感应电压的结果。当磁场达到恒定状态时，磁场中存储的能量等于电源电压所做的功。

图2.123说明了当开关突然闭合、电感被激磁时电路中出现的现象。

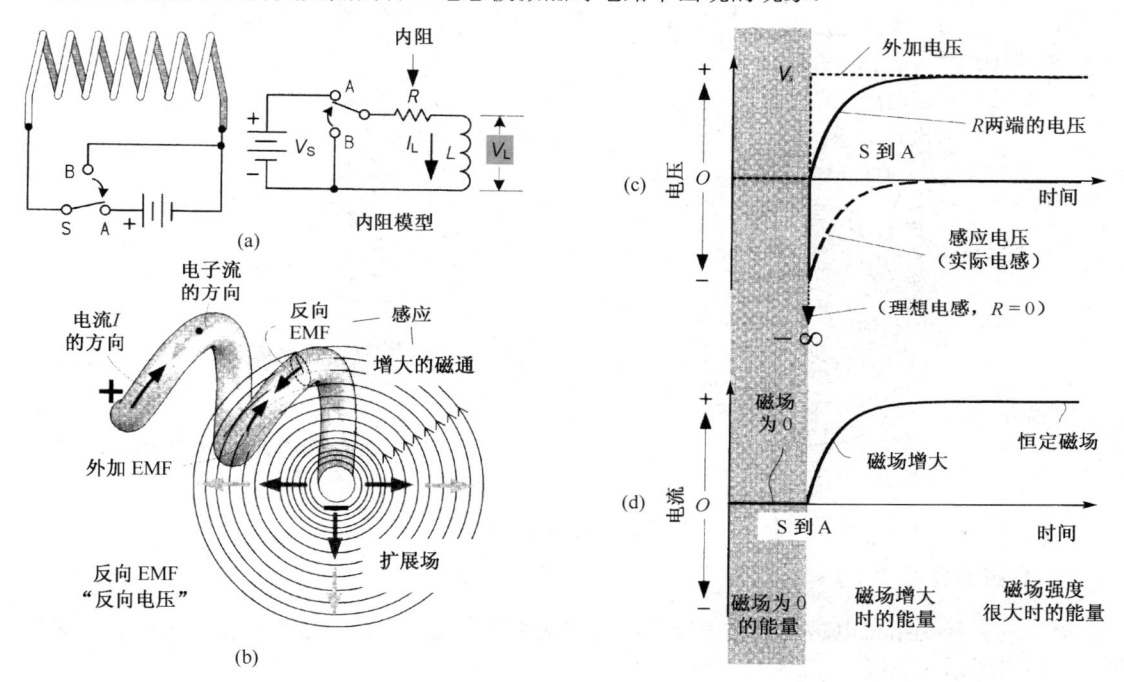

图2.123 电感的充磁过程

2. 电感的充磁

当电感被充磁时，可认为外施电源提供的电能传递到了电感的磁场中。当合上开关时，磁场突然出现，可以看到电感特性对电路动态特性的影响。

在图2.123(a)所示的电路中，当开关由B掷向A时，电感上的电压突然改变，产生一个突然增大的电流，此时电感的磁场从零开始快速增大，电感被充磁。根据法拉第电磁感应定律，随着通过电感线圈的磁通量的增大，线圈内的自由电子受到一个与电源电压方向相反的作用力，这种反向作用力称为反向感应EMF，反向感应EMF类似于在电源电压上串联一节反向的假想小电池，如图2.123(b)所示，其结果是，当电流增大时，电感的阻力增大。一段时间后，电路中的电流不再上升，磁场强度也停止增大，达到一个稳定值。当磁场强度停止变化时，通过线圈的磁通量也不再变化，反向感应EMF消失，此时电感的作用相当于一段导体。图2.123(c)所示为电感上的外加电源电压和感应电压随时间的变化。

图2.123(d)所示为电压引起的流过电感的电流曲线。电流的数学表达式为

$$I = \frac{V_S}{R}(1 - e^{-t/(L/R)})$$

若是内阻为零的理想电感，会出现什么现象？该问题将在给出电感的数学定义式后讨论。

从能量的观点看，以上过程可视为电能向磁场能的转换；从功率的角度看，电压降是能量注入磁场的结果（将电压降与反向感应EMF相联系）。一旦电流稳定，就不再有能量注入磁场，因此也不存在反向电压（或电压降）。

图2.124说明了当开关突然断开时，电感中出现的现象。

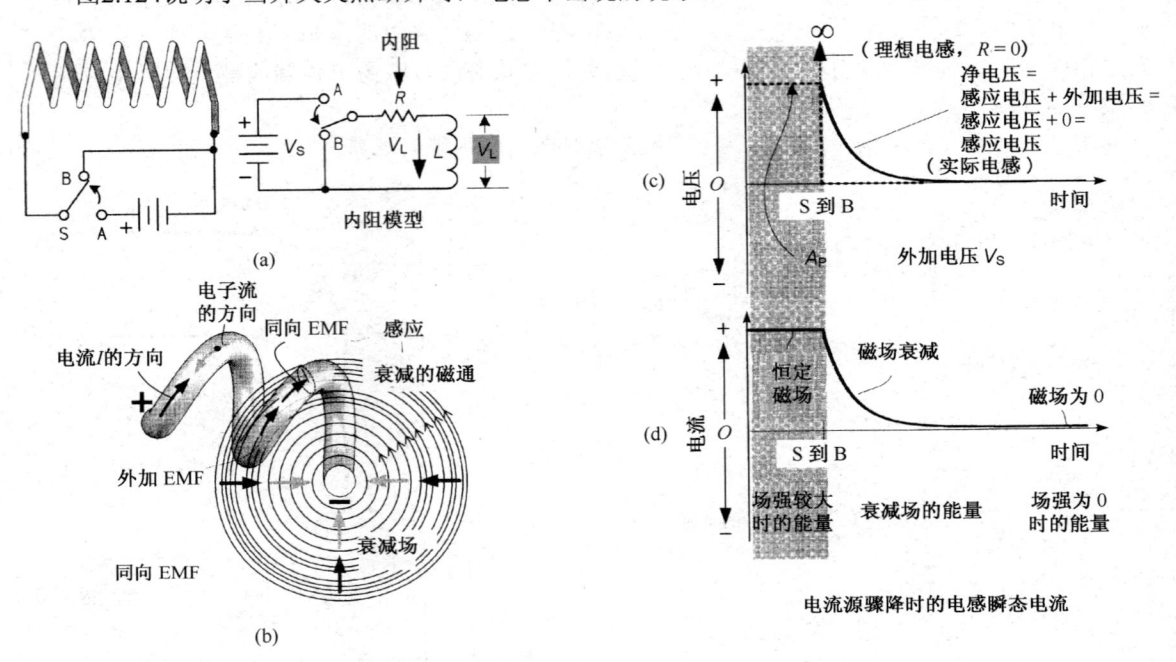

图2.124　电感的去磁过程

3．电感的去磁

电感的去磁是指将电感中的磁场能量释放回电路以转换成电能的过程。仅当电流随时间降低时，才会出现感应效应。

在图2.124(a)所示的电路中，当开关由A掷向B时，电感两端的电压突然改变，电感线圈的磁场强度骤然减小，但电感力图阻止磁场的减小，根据法拉第电磁感应定律，通过线圈的磁通量减小，线圈内的自由电子受到一个与开关动作前的电源电压同向的作用力，称为前向感应EMF。因此，电感在电流降低的过程中充当电源，为电路提供电流，所提供的能量来自磁场，如图2.124(b)所示，电感失去的磁场能量释放到电路中，转换为电场能量。

图2.124(c)所示为电感上外施电源电压和感应电压的合成曲线；图2.124(d)所示为电感上的合成电压引起的流过电感的电流曲线。

电流的数学表达式为

$$I = \frac{V_S}{R} e^{-t/(L/R)}$$

若是内阻为零的理想电路，会出现什么现象？该问题将在给出电感的数学定义式后讨论。

注意，必须假设当开关由A掷向B时，能量的转换在瞬间发生。我们将看到，在电路发生断路的瞬间，感性电路中的电流趋于零，它导致磁场骤减，产生足够大的感应EMF，在电路的断开位置引发电火花，使电路导通。

2.24.5 电感的水类比系统

电路中的电感特性与机械系统中质量的惯性十分相似。例如，当电流增大或减小时，电感表现出的阻力特性类似于转轮旋转速度增大或减小时其质点的惯性作用。在下面的水类比系统中，我们将以上述质点的惯性运动为核心，应用由涡轮和调速轮组成的装置来描绘水电感。

首先考虑图2.125(a)所示的电感电路。当突然施加电压时，形成的磁场将产生一个反向感应电压，进而产生对电流的阻力。随着磁场趋于稳定，磁场强度和磁场能量达到最大值，反向感应电压很快消失，消失的速度与电感值的大小有关。移去电源电压后，电感上的磁场骤降，同时产生前向感应电压，力图维持电流的流动。随着磁场变为零，前向感应电压很快消失，消失的速度同样与电感值的大小有关。

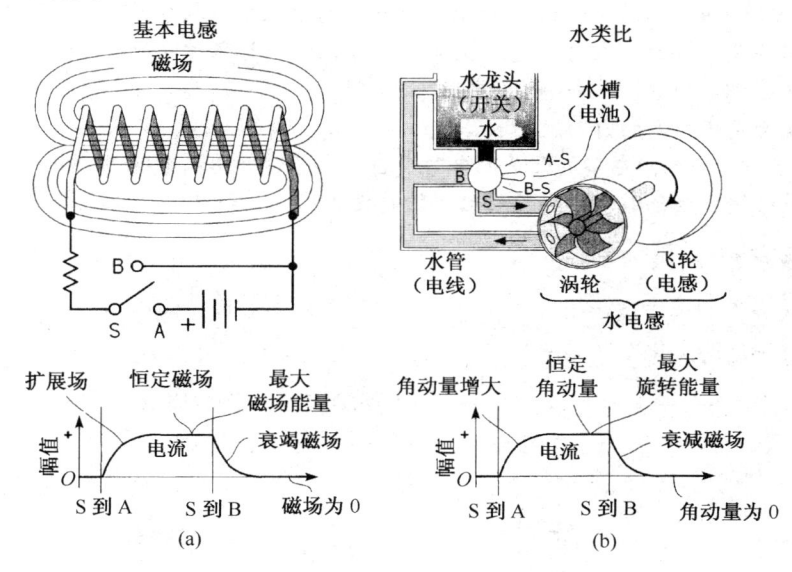

图2.125 电感的水类比系统

在水类比系统中，与涡轮相连的调速轮阻止任何水流的突变。假如突然施加水压，由于涡轮和调速轮质量的关系，最初会阻碍水流动。但是，外部的水压力很快使涡轮叶片的机械运动加速。调速轮达到某个稳定角速度所需的时间，取决于调速轮的质量，质量越大，所需的时间就越长（类似于电源电压突然增大时，电路的电感值越大，电流达到稳定值所需时间就越长），当调速轮的角速度恒定后，水电感的旋转动量和能量达到最大值。这类似于反向感应电压消失后，磁场强度和磁场能量达到最大值。若突然撤去外加压力，如图2.125所示，将涡轮的阀门置于B-S位置，则调速轮的角动量将维持水流流动，这类似于电感中的磁场骤降，产生前向感应电压，维持电流流动。

【例1】电路如图2.126所示，试说明：①开关闭合后电路中发生的现象，②开关又断开后电路中发生的现象，③电容及电感值的大小对电路的影响。

解：在图2.126(a)中，当电感电路的开关闭合后，灯泡立即被点亮，但很快又熄灭。这是因为在开关闭合的瞬间，电感对电流的阻抗很大，电流全部流经灯泡，当电流趋于稳定（磁场不再增强）时，电感的阻抗很快消失，电感相当于短路，电流全部流过电感，所以灯泡熄灭（这里假设电感的直流内阻足以防止电流过大，并且假设该电阻比灯泡的内阻小得多）。电感值越大，灯泡完全熄灭所需的时间就越长。

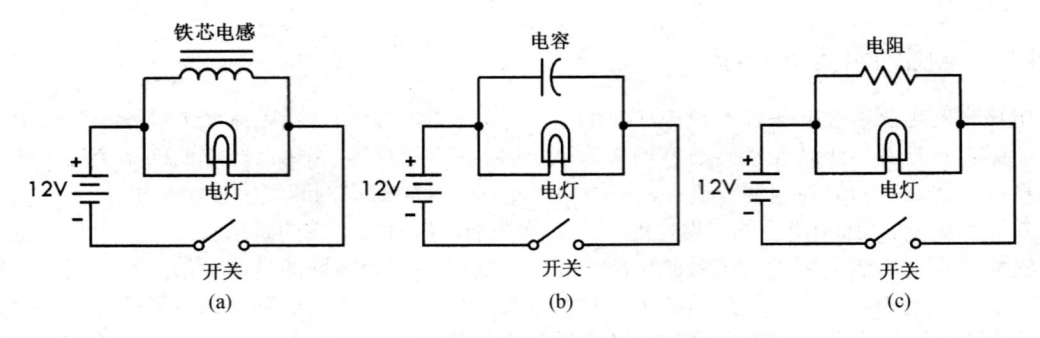

图2.126 例1所示电路

在图2.126(b)中，电容电路的开关闭合后，将产生与电感电路相反的效应，即灯泡由暗变至最亮。这是由于当开关闭合时，在电源电压快速变化过程中，电容对电流的阻抗很小，但是，随着电容上电荷量的累积，电容的阻抗将趋于无穷大，相当于开路，因此全部电流都流经灯泡。电容值越大，灯泡完全点亮所需的时间就越长。

在图2.126(c)中，当电阻电路的开关闭合时，自由电子瞬间流过系统，除电路中存在的寄生电感和电容外，没有分立电感或电容引起的电流的时变效应。并联电阻越大，灯泡就越亮。

2.24.6 电感方程

我们已从概念上明确了感应电压（包括反向感应电压和同向感应电压）的振幅正比于电感电流的变化率或磁通量的变化率（见图2.127）。在数值上，感应电压和电流的关系为

$$V_L = L \frac{dI_L}{dt} \quad \text{电感的电压 = 感应EMF} \tag{2.50}$$

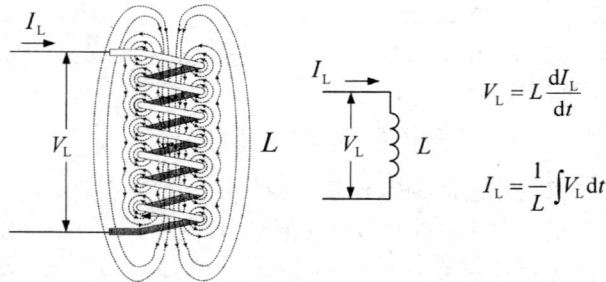

图2.127 理想电感两端测得的电压为感应电压或EMF，用 V_L 表示。当稳态直流电流流过电感时，电感上无感应电压（$V_L = 0$），电感近似于短路。从电感的电压、电流关系式可以看出，若不考虑实际电感的内阻和寄生电容，则有时会得出不切实际的结果

对上式两边积分，解出电流 I_L，有

$$I_L = \frac{1}{L} \int V_L dt \quad \text{通过电感的电流} \tag{2.51}$$

式中，比例系数 L 称为电感系数。电感系数的大小与电感的一些物理参数有关，如线圈的形状和匝数，以及磁芯材料和结构。对于结构和材料都相同的两个线圈，匝数多的线圈的 L 值要比匝数少的线圈的 L 值大。另外，若电感芯是铁或铁氧体，则其 L 值将随铁芯磁导率的增大而增大（设电流低于磁芯的磁饱和电流）。

电感系数 L 的单位为亨利（H），1H等于电流变化率为1A/s时的1V感应电压，即

$$1\text{H} = \frac{1\text{V}}{1\text{A/s}} \quad \text{亨利的定义式}$$

电路中的电容基本由制造商制作，但自制电感也很常见。在介绍如何制作电感之前，有必要了解一些商用电感。表2.7中列出了电感系数的范围、磁芯类型、电流及和频率范围。

表2.7　商用电感的典型特性

磁芯类型	最小H	最大H	可调否	是否大电流	限定频率
空芯，自激	20nH	1mH	是	是	1GHz
空芯，一般	20nH	100mH	否	否	500MHz
密绕线圈	100nH	1mH	是	否	500MHz
铁氧环形磁头	10mH	20mH	否	否	500MHz
RM铁氧体磁芯	20mH	0.3H	是	否	1MHz
EC或ETD铁氧体磁芯	50mH	1H	否	否	1MHz
铁	1H	50H	否	是	10kHz

商用电感典型的电感系数范围为0.1nH～50H，电感系数的常用单位如下：

纳亨（nH）：$1\text{nH} = 1\times 10^{-9}\text{H} = 0.000000001\text{H}$。

微亨（μH）：$1\mu\text{H} = 1\times 10^{-6}\text{H} = 0.000001\text{H}$。

毫亨（mH）：$1\text{mH} = 1\times 10^{-3}\text{H} = 0.001\text{H}$。

【例1】 用更合适的单位重新表示0.000034H、1800mH、0.003mH、2000μH、0.09μH。

解： 34μH、1.8H、3μH、2mH、90nH。

电感也可根据基本的物理原理定义。理论上，任意时刻的电感系数等于磁通链（$N\Phi_\text{M}$）与电流的比值，即

$$L = \frac{N\Phi_\text{M}}{I} \tag{2.52}$$

对于图2.128所示的空芯螺线管，当流过线圈的电流为I时，应用安培定律可以算出磁通量为

$$\Phi_\text{M} = BA = \left(\frac{\mu_0 NI}{\ell}\right)A = \mu_0 A n_\text{unit} I$$

式中，n_unit为线圈单位长度的匝数，

$$n_\text{unit} = N/\ell \tag{2.53}$$

N为总匝数，l为线圈长度，A为线圈的横截面积，μ为线圈芯子的磁导率。除铁和铁氧体外的大多数材料的磁导率近似为空气的磁导率：

$$\mu_0 = 4\pi\times 10^{-7}\ \text{T·m/A}$$

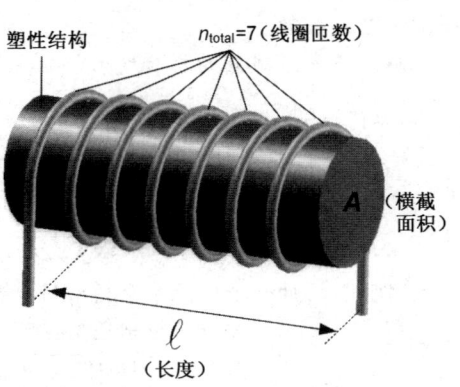

图 2.128　空芯螺线管

根据法拉第电磁感应定律，螺线管每匝线圈上都有感应电压，因此螺线管的总感应电压为磁通量变化率的n倍，即

$$V_\text{L} = N\frac{\text{d}\Phi_\text{M}}{\text{d}t} = \frac{\mu N^2 A}{\ell}\frac{\text{d}I}{\text{d}t}$$

式中，dI/dt前面的系数称为螺线管的电感系数，即

$$L_{sol} = \frac{\mu N^2 A}{\ell} \tag{2.54}$$

电感系数随线圈匝数的平方变化，若匝数增加1倍，则电感系数为原来的4倍。这一关系可由等式直接得出，但常被人们忽视。例如，要使线圈电感系数增加1倍，匝数不能增加1倍，而要增加线圈原匝数的$\sqrt{2}$（或1.41）倍或40%。

【例2】在一个空芯塑料筒上缠绕1000匝导线制成一个圆柱线圈，其长度为10cm，半径为0.5cm，求线圈的电感系数。

解：$L = \mu N^2 A / \ell = (4\pi \times 10^{-7}) \times 10^6 \times (\pi \times 0.005^2)/0.1 = 1 \times 10^{-3}\text{H} = 1\text{mH}$。

图2.129给出了空芯电感、多层和螺旋式电感的电感系数计算公式，注意公式的解不是以标准单位形式给出的，而是以微亨为单位的。

空芯电感

$$L(\mu H) = \frac{d^2 N^2}{18d + 40\ell}$$

L为电感，单位为μH
d为线圈直径，单位为英寸（导线中心间距离）
ℓ为线圈长度，单位为英寸
N为线圈总匝数

多层空芯电感

$$L(\mu H) = \frac{0.8(Nr)^2}{6r + 9\ell + 10b}$$

L为电感，单位为μH
r为线圈半径，从中心到中部绕组层中心的距离
b为绕组层厚度，单位为英寸
ℓ为线圈长度，单位为英寸
N为线圈总匝数

螺旋形电感

$$L(\mu H) = \frac{(NR)^2}{8R + 11W}$$

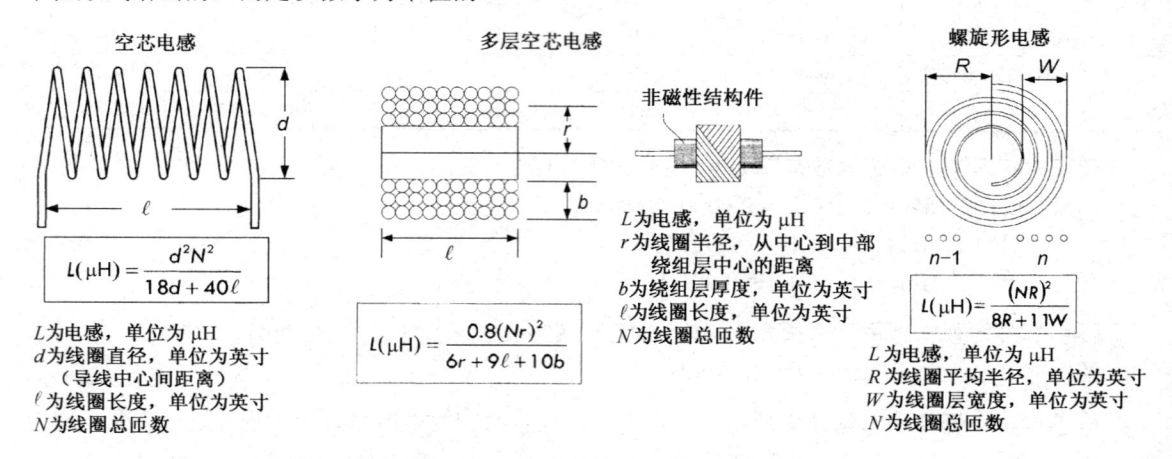

L为电感，单位为μH
R为线圈平均半径，单位为英寸
W为线圈层宽度，单位为英寸
N为线圈总匝数

图2.129 空芯电感、多层和螺旋式电感的电感系数计算公式

【例3】将导线绕在直径为0.5in的塑料筒上制成电感，设线圈匝数为38，每英尺22匝线圈，求线圈的电感系数。

解：首先，线圈的总长度为

$$\ell = \frac{N}{n_{unit}} = \frac{38 \text{匝}}{22 \text{匝/in}} = 1.73 \text{in}$$

然后利用图2.129给出的空芯电感的计算公式（注意计算结果的单位为μH）得

$$L(\mu H) = \frac{d^2 N^2}{18d + 40\ell} = \frac{0.50^2 \times 38^2}{18 \times 0.50 + 40 \times 1.73} = \frac{361}{78} = 4.62 \mu H$$

【例4】设计一个电感系数为8μH的螺线管电器，要求线圈直径为1in，长度为0.75in。

解：从上例的方程中解出匝数N有

$$N = \sqrt{\frac{L(18d + 40\ell)}{d^2}} = \sqrt{\frac{8 \times (18 \times 1 + 40 \times 0.75)}{1^2}} = 19.6 \text{匝}$$

当实际使用时，选取线圈匝数为20即可满足要求。线圈的总长度为0.75in，因此每英尺的线圈匝数为19.6/0.75 = 26.1。可以选用A17号漆包线或更小号的导线。当实际制作时，先按要求的匝数绕成线圈，再调整线匝间的间隙，使匝在0.75in长的线圈上均匀分布。

因特网上有许多免费的基于网络的电感计算软件，其中有些软件非常好用，只要输入电感系数、线圈直径和长度值，便会给出所需的匝数值、线圈层数、导线的直流电阻值和所用导线的规格等。若能搜索到这类计算软件，则可免去计算和选择导线直径等参数的烦琐工作。

2.24.7 电感的能量

理想电感与理想电容一样不消耗能量,而将能量存储在磁场中,过后当磁场减小时又将能量释放到电路中。利用功率定律 $P = IV$,结合功率的定义式 $P = \mathrm{d}W/\mathrm{d}t$ 和电感方程 $V = L\mathrm{d}I/\mathrm{d}t$,并且用电感的储能 E_L 替代 W,可得

$$E_L = \int_{I=0}^{I=I_{\text{final}}} P\mathrm{d}t = \int_{I=0}^{I=I_{\text{final}}} IV\mathrm{d}t = \int_{I=0}^{I=I_{\text{final}}} IL\frac{\mathrm{d}I}{\mathrm{d}t}\mathrm{d}t = \int_{I=0}^{I=I_{\text{final}}} LI\mathrm{d}I = \frac{1}{2}LI^2 \quad (2.55)$$

式中,E_L 为能量,其单位为焦耳(J);I 为电流,其单位为安培(A);L 为电感,其单位为亨利(H)。注意,在实际电感中,有一小部分能量被电感的内阻热损耗。

2.24.8 电感的磁芯

为了节省空间和材料,电感线圈常绕在磁性材料上,如叠片式铁芯或专门浇铸的铁粉或铁氧体的混合材料(铁的氧化物和镁、锌、镍及其他材料的混合物)。磁芯可使线圈磁通密度增大,即电感系数增大。若将磁芯做成如图2.130所示的饼状,则磁通和电感系数将进一步增大。

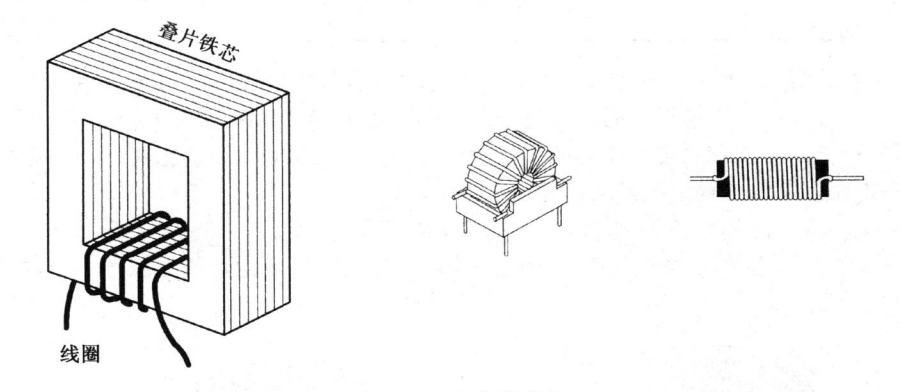

图2.130 电感的磁芯

磁芯有这样大的影响是因为当电流流过外部线圈时,磁芯内部发生磁化。当电流流入线圈时,线圈中心将建立一个相对较弱的磁场,这个外部磁场将重新排列磁芯内部的磁偶极子(见图2.112),使磁偶极子瞬间朝同一方向旋转。随着通过线圈的电流增大,沿同一方向排列的偶极子数增多,使得磁芯本身产生一个磁场。这时的总磁场为线圈的外部磁场和磁芯磁场之和。由于磁芯磁场正比于磁芯的磁化强度 M,因此通过电感磁芯的磁场为

$$B_{\text{total}} = B_{\text{ext}} + \mu_0 M \quad (1)$$

式中,μ_0 为自由空间的磁导率。由于线圈电流产生的磁场强度 H 与磁芯磁化产生的磁场强度反向,因此 H 的表达式为

$$H = \frac{B_{\text{ext}}}{\mu_0} = \frac{B_{\text{total}}}{\mu_0} - M \quad (2)$$

利用磁化系数和磁导率的关系,上式可进一步简化为

$$B_{\text{total}} = \mu H \quad (3)$$

式中,μ 为磁芯材料的磁导率。

磁芯线圈产生的磁通密度与空芯线圈产生的磁通密度的比值,称为磁芯材料的相对磁导率,即 $\mu_R = \mu/\mu_0$。例如,一个空芯线圈产生的磁通密度为50/平方英尺,插入铁芯后产生的磁通密度为

40000/平方英尺。于是，磁通密度的比值或相对磁导率就为40000/50＝800。表2.8列出了一些常用高磁导率材料的磁导率。

表2.8　一些常用高磁导率材料的磁导率

材　料	最大磁导率的近似值（H/m）	相对磁导率的近似值	应用场合
空气	1.257×10^{-6}	1	RF
铁酸盐U60	1.00×10^{-5}	8	UHF扼流圈
铁酸盐M33	9.42×10^{-4}	750	谐振电路
铁酸盐N41	3.77×10^{-3}	3000	供电电路
铁（纯度99.8%）	6.28×10^{-3}	5000	
铁酸盐T38	1.26×10^{-2}	10000	多频变压器
45坡莫合金	3.14×10^{-2}	25000	
硅60钢	5.03×10^{-2}	40000	动态，变压器
78坡莫合金	0.126	100000	
超透磁合金	1.26	1000000	录音磁头

若磁芯材料是导体（如钢），则当施加的磁场变化时，磁芯材料中就会产生涡流现象。如图2.131(a)所示，当流过外部线圈的电流增大时，通过磁芯的磁通发生变化，在磁芯材料中感应出一个环路电流。磁芯材料中感应的涡流表现为电阻的热损耗，在某些应用场合，涡流损耗是很不利的（如电力变压器）。在低阻抗率的材料中，涡流损耗往往较大。

为了避免涡流，可将涂有绝缘清漆或虫胶漆的薄导体片叠在一起构成导体芯（如钢），如图2.131(b)所示，钢质磁芯中虽然仍有感应的涡流，但是由于绝缘钢片的面积较小，磁通变化引起的涡流会受到限制。

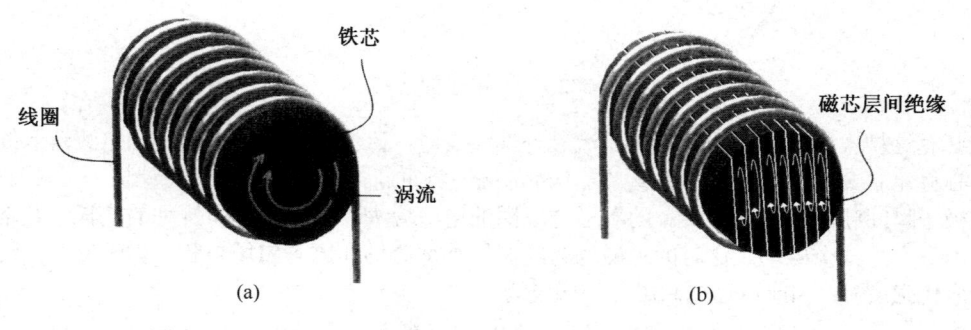

图2.131　(a)磁芯中形成较大的涡流；(b)在叠片磁芯内涡流减弱

与钢相比，铁氧体材料的电阻率很大（锰-锌铁氧体的电阻率为10～1000Ω·cm，镍-锌铁氧体的电阻率为105～107Ω·cm），因此其内的涡流损耗相对较小，这也是它们被用于高频场合的主要原因。铁粉及其绝缘混合物构成的磁芯也可减小涡流，这是因为涡流路径受到微粒大小的限制。

使用铁质材料的另一个难点是，其磁导率随着磁场强度的变化而变化，即随着线圈中电流的变化而变化，还随着温度的变化而变化。事实上，当磁场强度足够大时，铁芯将饱和，其相对磁导率将降低到约为1。此外，铁芯中的磁场与线圈电流变化的整个过程都相关，这个剩磁特性是永磁体的基本特性，但在电感中，剩磁会造成额外的损耗，称为磁滞损耗（见图2.132）。

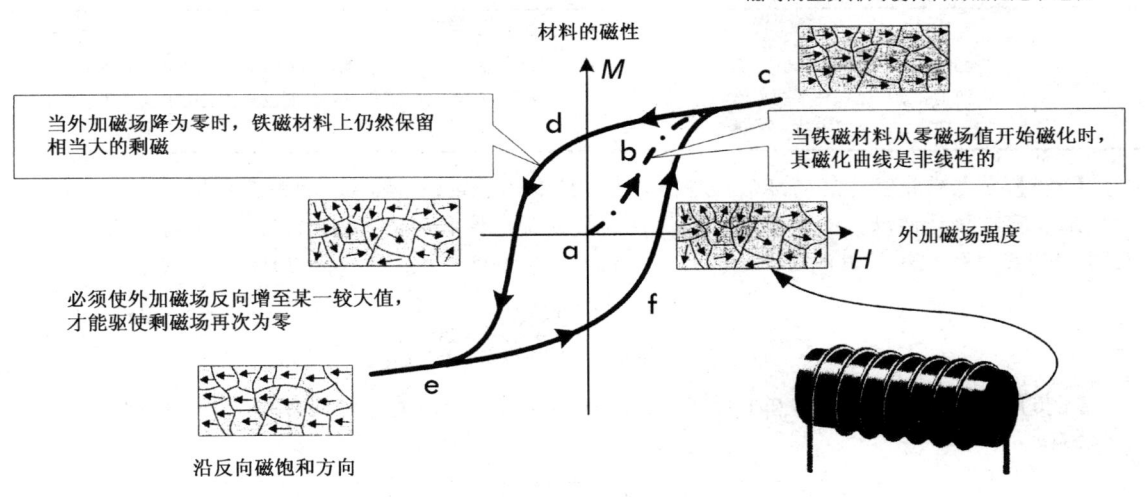

图2.132 磁滞回线表明磁芯材料的磁化是不可逆的。在a点，线圈中无电流流过。当线圈电流及电流产生的外磁场或磁场H沿a-b-c路径增大时，将导致磁芯内的磁偶极子（位于磁畴内）按正比旋转。当H值接近c点时，磁芯达到饱和，即H的增大并不使磁化强度或磁偶极子密度M相应增大，这是因为磁畴内的磁偶极子排列几乎都平行于磁场H。磁芯饱和使得磁导率迅速减小。不同的磁芯材料其饱和点是不同的。随着H的减小，磁化强度M不沿原路径返回，而沿路径c-d-e变化。注意，当H=0时，磁芯材料保留有剩磁，实质上，此时的磁芯已成为永磁体。术语记忆被用来描绘这种效应，同时它揭示了因磁滞造成的另一部分损耗。为了使磁芯去磁，必须施加一个反向作用力来克服磁芯保留的剩磁。也就是说，H必须是反向的负值才能使磁畴方向返回到无序状态。在e点，磁芯再次达到饱和，但此时磁畴内的磁偶极子指向相反的方向，为了再次达到反向饱和点，必须沿路径e-f-c施加H。空气及其他非磁性材料不存在磁饱和点，它们的磁导率始终为1，如黄铜和铝就不具有磁滞效应和磁滞损耗

为避免因磁滞效应引起的损耗，必须使磁芯式电感工作在非饱和状态。降低电感的工作电流、使用较大的磁芯、改变线圈匝数、使用低磁导率的磁芯或者使用具有空气隙的磁芯，都可使电感工作在非饱和状态。

当涡流和磁滞损耗较大时，电感的特性更像电阻。另外，由于电感线圈存在匝间导体电容，在有些情况下，电感的作用又相当于电容（这一点将在后面讨论）。

表2.9比较了各种内芯式电感。

表2.9 各种内芯式电感的比较

空芯	相对磁导率为1。空气不会饱和，因此电感系数与电流无关，其值很小。可工作在高频（RF～1GHz）电路中
铁芯	磁导率比空芯的大1000倍以上。但是，由于铁芯的饱和作用，其电感值与电流密切相关，因此主要用于电力设备中。由于铁芯的高电导率，其涡流和涡流损耗很大。将涂有清漆或虫胶漆的相互绝缘的薄片叠制成铁芯，可以减小涡流损耗。另外，铁芯还有磁滞导致的损耗。当交流电的频率升高时，铁芯的涡流损耗和磁滞损耗快速增大，使得铁芯只能用于工频至15000Hz的射频。叠片式铁芯不能用于射频
铁粉磁芯	由混有黏合剂或绝缘材料的铁粉制成。铁粉之间相互绝缘，因此可以大大减小涡流。由于含有绝缘材料，其磁导率比铁芯的要小。铁粉中放入金属小块可制成可调式电感，用于射频至VHF范围。生产厂家提供多种可替换的铁芯材料或混合物，使其达到合适的磁导率，在期望的频率范围内工作。环形磁芯被认为具有自屏蔽功能。制造商会给出环形磁芯的电感指数A_L。对于铁粉环形磁芯，A_L是磁芯上单层线圈每100匝的微亨值，其计算公式见图2.133，例5和例6说明了铁粉环形磁芯式电感的电感系数的计算方法

铁氧体	由镍-锌合成的铁氧体具有较低的磁导率，由锰-锌合成的铁氧体的磁导率较大，这类磁芯的磁导率范围为20～10000，常用于RF扼流圈及宽带变压器。铁氧体不导电，没有涡流，因此常被人们使用。与铁粉环形磁芯一样，厂商也会给出铁氧体环的A_L值，它是每1000匝的毫亨值，计算公式见图2.133。例7和例8说明了铁氧体环形电感的电感系数的计算方法

【例5】在电感指数为20的环形铁粉磁芯上绕有100匝线圈的电感，求电感系数。

解：要求解该问题，必须参阅厂家提供的数据表，但本例使用图2.133附表中的T-12-2型材料及图2.133提供的铁粉环形磁芯的计算公式。代入$N=100$和T-12-2的$A_L=20$得

$$L(\mu H) = \frac{A_L N^2}{10000} = \frac{20 \times 100^2}{10000} = 200 \mu H$$

【例6】一个电感系数为19.0μH的线圈，其环形铁粉磁芯的电感指数为36，求其线圈匝数。

解：

$$N = 100 \sqrt{\frac{期望的电感 L(\mu H)}{每100匝的电感指数 A_L(\mu H)}} = 100 \sqrt{\frac{19.0}{36}} = 72.6 \text{ 匝}$$

【例7】一个铁氧体环形磁芯的线圈匝数为50，电感指数为68，求线圈的电感系数。

解：要求解该问题，必须参阅厂家提供的数据表，但本例使用图2.133附表中FT-50的61-Mix，并根据图2.133所列铁氧体环形磁芯的计算公式。将FT-50-61的$A_L=68$和$N=50$代入得

$$N = 100 \sqrt{\frac{期望的电感 L(\mu H)}{每1000匝的电感指数 A_L(\mu H)}} = 1000 \sqrt{\frac{2.2}{188}} = 108 \text{ 匝}$$

【例8】一个铁氧体环形磁芯线圈的电感指数为2.2mH，电感系数为188，求线圈的匝数。

解：

$$N = 1000 \sqrt{\frac{期望的电感 L(\mu H)}{每1000匝的电感指数 A_L(\mu H)}} = 1000 \sqrt{\frac{2.2}{188}} = 108 \text{ 匝}$$

2.24.9　对电感公式的理解

前面求出的电感公式为

$$V_L = L \frac{dI_L}{dt}$$

它反映了电感的一些特殊性质。首先考虑dI_L/dt，它表示通过电感的电流对时间的变化率。若电感的电流不变，则电感两端就没有电压。例如，假设在一段时间内，流过电感的电流是直流，则$dI_L/dt=0$，V_L也为0。因此，在直流条件下，电感相当于短路，可视为一段导线。

但是，若电流I_L随时间变化（增大或减小），dI_L/dt不为0，则电感两端会出现感应电压。例如，假设电流波形如图2.134所示。在0～1s时段内，电流的变化率为$dI_L/dt=1A/s$，它是曲线的斜率。若电感系数$L=0.1H$，则这个时段的感应电压为1A/s×0.1H = 0.1V；在1～2s这个时段内，电流恒定，$dI_L/dt=0$，因此感应电压为0。在2～3s这个时段内，$dI_L/dt=-1A/s$，感应电压为-1A/s×0.1H = -0.1V。感应电压波形如图2.134(b)所示。

环形电感	铁芯
线圈横截面积 $\frac{OD-ID}{2}$ 外直径(OD) 内直径(ID) 线圈厚度	$L(\mu H) = \frac{A_L n^2}{10\,000}$ $\qquad N = 100\sqrt{\dfrac{\text{期望的电感}L(\mu H)}{\text{每100匝的电感指数}A_L(\mu H)}}$

铁芯螺线管的电感指数 (A_L)

型号	26	3	15	1	2	7	6	10	12	17	0
T-12	na	60	50	48	20	18	17	12	7.5	7.5	3.0
T-16	145	61	55	44	22	na	19	13	8.0	8.0	3.0
T-20	180	76	65	52	27	24	22	16	10	10	3.5
T-25	235	100	85	70	34	29	27	19	12	12	4.5
T-30	325	140	93	85	43	37	36	25	16	16	6
T-50	320	175	135	100	49	43	40	31	18	18	6.4
T-80	450	180	170	115	55	50	45	32	22	22	8.5
T-106	900	450	345	325	135	133	116	na	na	na	15
T-130	785	350	250	200	110	103	96	na	na	na	15
T-184	1640	720	na	500	240	na	195	na	na	na	na
T-200	895	425	na	250	120	105	100	na	na	na	na

*A_L 的单位为 μH/100 匝

铁氧体磁芯

$L(\mu H) = \dfrac{A_L n^2}{1\,000\,000}$

$N = 1000\sqrt{\dfrac{\text{期望的电感}L(mH)}{\text{每1000匝的电感指数}A_L(mH)}}$

铁氧体磁芯的电感指数 (A_L)

型号	63/67-Mix	61-Mix	43-Mix	77(72) Mix	J(75) Mix
FT-23	7.9	24.8	188.0	396	980
FT-37	19.7	55.3	420.0	884	2196
FT-50	22.0	68.0	523.0	1100	2715
FT-82	22.4	73.3	557.0	1170	NA
FT-114	25.4	79.3	603.0	1270	3179

*A_L 的单位为 mH/1000 匝

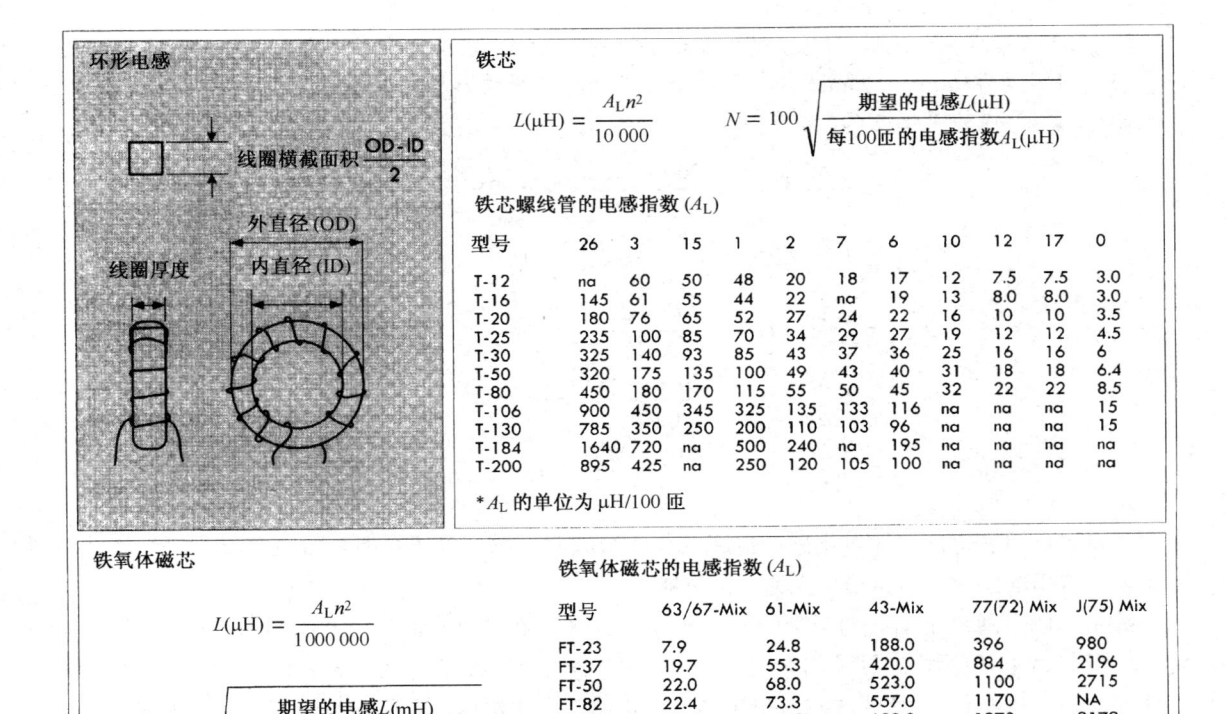

图2.133 例7所示电路

【例9】 若流过1mH电感的电流为$2t$A，求电感两端的感应电压。

解：

$$V_L = L\frac{dI_L}{dt} = (1\times 10^{-3}\text{H})\frac{d}{dt}2t\text{A}$$

$$= (1\times 10^{-3}\text{H})\left(2\frac{A}{s}\right) = 2\times 10^{-3}\text{A} = 2\text{mA}$$

0~1s 和 4~5s:

$$V_L = L\frac{dI}{dt} = 0.1\text{H}\left(\frac{1A}{1s}\right) = 0.1\text{V}$$

2~3s:

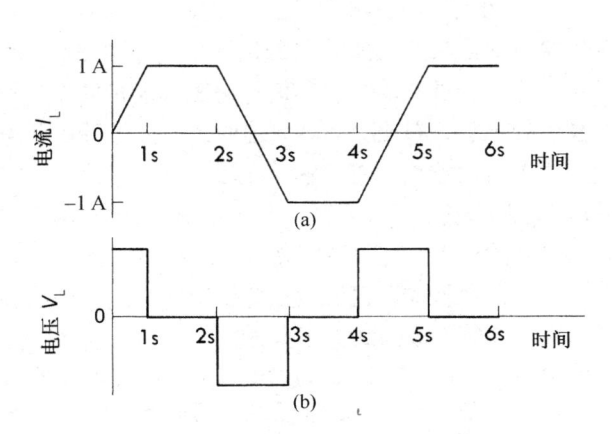

$$V_L = L\frac{dI}{dt} = 0.1\text{H}\left(-\frac{1A}{1s}\right) = -0.1\text{V}$$

1~2s, 3~4s, 5~6s:

$$V_L = L\frac{dI}{dt} = 0.1\text{H}\left(\frac{1A}{1s}\right) = 0.1\text{V}$$

图 2.134 电流波形与感应电压波形

【例10】 流过4mH电感的电流为 $I_L = 3 - 2e^{-10t}$A，求电感两端的感应电压。

解：

$$V_L = L\frac{dI_L}{dt} = L\frac{d}{dt}(3-2e^{-10t}) = L\times[(-2)\times(-10)]e^{-10t} = (4\times 10^{-3})\times 20\times e^{-10t} = 0.08e^{-10t}\text{V}$$

【例11】 假设在1s内流过1H电感的电流由0.6A降至0.2A，求这个时段内电感两端的平均感应电压。若时间间隔为100ms、10ms、1ms，比较电感两端的平均感应电压值。

解： 忽略1s内的变化过程，取平均值为

$$V_{AVE} = L\frac{\Delta I}{\Delta t} = 1H \times \frac{0.20A - 0.6A}{1s} = -0.40V \quad (1s)$$

$$V_{AVE} = L\frac{\Delta I}{\Delta t} = 1H \times \frac{0.20A - 0.6A}{0.1s} = -4V \quad (100ms)$$

$$V_{AVE} = L\frac{\Delta I}{\Delta t} = 1H \times \frac{0.20A - 0.6A}{0.01s} = -40V \quad (10ms)$$

$$V_{AVE} = L\frac{\Delta I}{\Delta t} = 1H \times \frac{0.20A - 0.6A}{0.01s} = -400V \quad (1ms)$$

$$V_{AVE} = L\frac{\Delta I}{\Delta t} = 1H \times \frac{0.20A - 0.6A}{0s} = -\infty \quad (瞬态)$$

由例11可以看出，当流过电感的电流变化率很大时，感应电压很高，而当电流瞬间变化时，电感方程得出的感应电压将趋于无穷，这可能吗？

这个难题可通过下面的例子来回答和解释。假设一个理想电感与一个10V电源和一个开关相连，如图2.135(a)所示。在开关闭合的瞬间，根据电感方程，dI/dt将趋于无穷大（假设电源、导线和线圈都是理想的），这意味着感应电压的上升正比于电源电压，电路中将没有电流。也就是说，反向电压应为无穷大，如图2.135(b)所示。同样，若开关断开，如图2.135(c)所示，将产生一个无穷大的前向电压。这个问题的答案很微妙，但却很重要。事实上，在现实世界中是不可能出现无穷大值的，因为一个实际电感总是存在内阻及内部电容；同样，一个实际电路中也有内阻和内部电容。图2.135(d)所示为一个实际电感的模型，它含有内阻和电容。这些不完美的存在解释了为何不可能观察到电感方程预示的无穷大值。

由上例可见，忽略内阻会造成概念上的麻烦，那么为什么在电感方程中不直接包含一个内阻项？事实上，当考虑如图2.135所示的简单电路时，应该考虑内阻部分。但是，重要的是，定义电感系数为一个独立的量，其值只与磁场能量的变化相关，而不与线圈电阻的热损耗或磁芯损耗或线圈中的电容分布相关。结果证明，当分析更复杂的电路时，如RL和RLC电路，电路中分散的电阻防止了电感方程的奇异解。在较精确的电路中，必须知道电感的内阻。可用一个理想电感和电阻R_{DC}的串联表示实际电感，其中R_{DC}称为电感的直流电阻。更精确的模型并联内回路电容和表示磁芯损耗的电阻，该模型在高频电路中很重要。

注意，尽管前面已假设电感中存在内阻，但瞬态的感应电压仍可能达很高的数值。例如，切断感性电路时形成的高电压会导致电弧和其他需要特殊处理的问题。

【例12】 假设在10ms时间内，电感系数为1H的理想电感上所接的电压由5V线性变化到10V，流过电感的初始电流为0.5A，求电感电流随时间变化的函数。

解： 由基尔霍夫电压定理可得

$$V_{applied} - L\frac{dI}{dt} = 0$$

对上式积分得

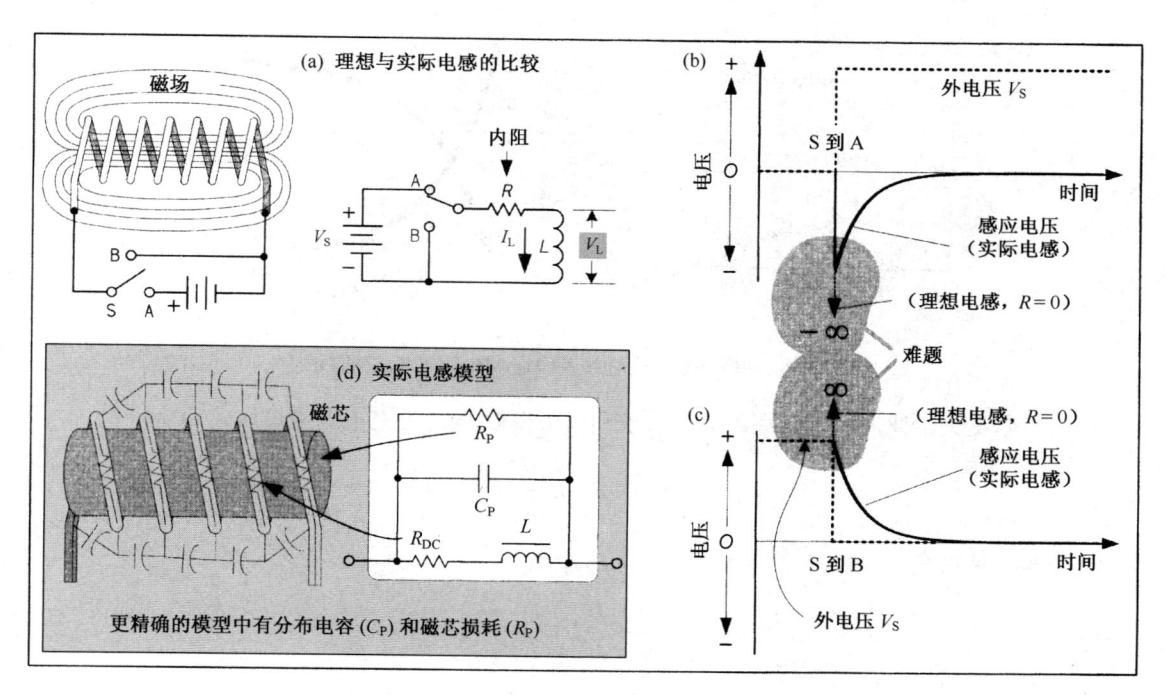

图2.135 实际电感模型

$$\int_{t'=0}^{t}\frac{\mathrm{d}I}{\mathrm{d}t'}\,\mathrm{d}t' = \int_{t'=0}^{t}V_{\mathrm{applied}}\mathrm{d}t', \quad I(t)-I(0)=\int_{t'=0}^{t}(mt'+b)\,\mathrm{d}t'$$

求解积分得

$$I(t) = I(0) + \tfrac{1}{2}mt^2 + bt$$

当 $t = 0.01\mathrm{s}$ 时，电流为

$$I(0.01) = 0.5 + \tfrac{1}{2} \times 500 \times 0.01^2 + 5 \times 0.01 = 0.575\mathrm{A}$$

2.24.10 RL充电电路

当电阻与电感串联时，电阻控制输入电感磁场中的能量的变化速率；当磁场减小时，电阻控制能量释放回电路的速率。分析图2.136所示的由直流电源、开关组成的RL电路，设开关闭合瞬间 $t = 0$，充电响应为图2.136所示的电压和电流响应曲线，相应的表达方式如下所述。

RL充电电路的电流及电压公式为

$$I = \frac{V_{\mathrm{S}}}{R}(1-\mathrm{e}^{-t/(L/R)}), \quad \frac{t}{L/R} = -\ln\left(\frac{I-V_{\mathrm{S}}/R}{V_{\mathrm{S}}}\right)$$

$$V_{\mathrm{R}} = IR = V_{\mathrm{S}}(1-\mathrm{e}^{-t/(L/R)}), \quad \frac{t}{L/R} = -\ln\left(\frac{V_{\mathrm{R}}-V_{\mathrm{S}}}{V_{\mathrm{S}}}\right)$$

$$V_{\mathrm{L}} = L\frac{\mathrm{d}I}{\mathrm{d}t} = V_{\mathrm{S}}\mathrm{e}^{-t/(L/R)}, \quad \frac{t}{L/R} = -\ln\left(\frac{V_{\mathrm{L}}}{V_{\mathrm{S}}}\right)$$

τ 为RC时间常数

式中，电流 I 的单位为安培，电源电压 V_{S} 的单位为伏特，电阻 R 的单位为欧姆，电感系数 L 的单位为亨利，t 为接入电源后的时间，单位为秒，$\mathrm{e} = 2.718$，电阻电压 V_{R}、电感电压 V_{L} 的单位为伏特，在图2.136(a)所示电路中，$R = 100\Omega$，$L = 20\mathrm{mH}$。

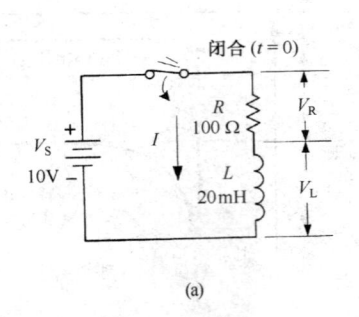

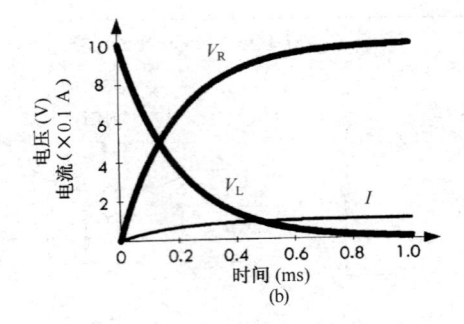

图2.136 串联RL充电电路及电压和电流的响应曲线

应用基尔霍夫定律，对闭合回路的电压求和，可得RL电路的充电响应表达式为

$$V_S = IR + L\frac{dI}{dt}$$

将上式化为标准形式：

$$\frac{dI}{dt} + \frac{R}{L}I = \frac{V}{L}$$

求解这个线性一阶非齐次微分方程，初始条件为开关闭合前的电流$I(0) = 0$，解得电流

$$I = \frac{V_S}{R}(1 - e^{-t/(L/R)})$$

将I代入欧姆定律，得电阻电压为

$$V_R = IR = V_S(1 - e^{-t/(L/R)})$$

将I代入电感电压表达式得

$$V_L = L\frac{dI}{dt} = V_S e^{-t/(L/R)}$$

为了解RL充电电路中的现象，先设电阻值为零，电压源为理想电源，在没有电阻的情况下闭合开关，根据欧姆定律，电流将持续增大，电流快速增大的速度使得自感电压与电源电压值相等。

但是，当电路中有电阻时，欧姆定律就限制了电流最终达到的值。电感L上产生的反向感应电压必须等于电源电压和电阻R两端的电压之差。当电流达到欧姆定律限制的终值时，感应电压很小。理论上，感应电压不会完全消失，电流也不会完全达到欧姆定律限制的终值。在实际过程中，在很短的时间里，以上差值会小到可以忽略。

当电流达最大值的63.2%时，所花的时间称为时间常数，它等于L/R，单位为秒。每经过一个时间常数，电流都增加与最大值的差值的63.2%，如图2.137所示。与电容的情况相同，大约经过5个时间常数后，就认为电流已达到最大值。

【例13】一个RL电路的电感为10mH，串联电阻值为10Ω，求通电后电流达最大值所需的时间。

解：电流达最大值约需经过5个时间常数，故$t = 5\tau = 5(L/R) = 5(10 \times 10^{-3} H)/10\Omega = 5.0 \times 10^{-3}$s或50ms。

注意，当电感系数增至1.0H时，所需时间增至0.5s，因为电路中的电阻值不变，所以两种情况下电流的最大值相同。但是，增大电感系数，电流达到最大值所需的时间也增大。图2.137给出了电路具有相同电阻和不同电感时电流的响应曲线。

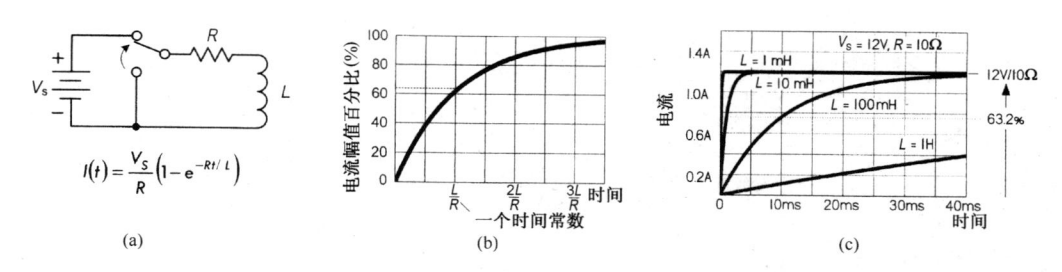

图 2.137　电路具有相同电阻和不同电感时电流的响应曲线

2.24.11　RL放电电路

断开开关、断开电源后，电容可以电场的形式存储能量。但是，电感不能保存电荷或电压，因为电感的磁场将随着电流的消失而消失，存储在磁场中的能量将释放回电路。前面已经指出，断开开关、切断电流后，RL电路中的电流及电压的变化是复杂的。在开关断开的瞬间，由于感应电压与磁场的变化率成正比，因此磁场的骤降引起的感应电压常比电源电压大许多倍，导致在开关断开的瞬间，开关触点处通常产生火花或电弧，如图2.138(a)所示。当电路中的电感系数及电流很大时，短时间内释放的能量很大，在这种情况下，开关的触头会被烧蚀或熔化。若在开关触头的两端串接电容和电阻，则可减小或抑制火花或电弧。这样的RC组合称为缓冲网络。大电感负载连接晶体管开关（如继电器和螺线管）时，就需要进行保护。在多数情况下，在继电器线圈上反接一个小功率二极管可以防止磁场和电流消失时对晶体管造成的损坏。

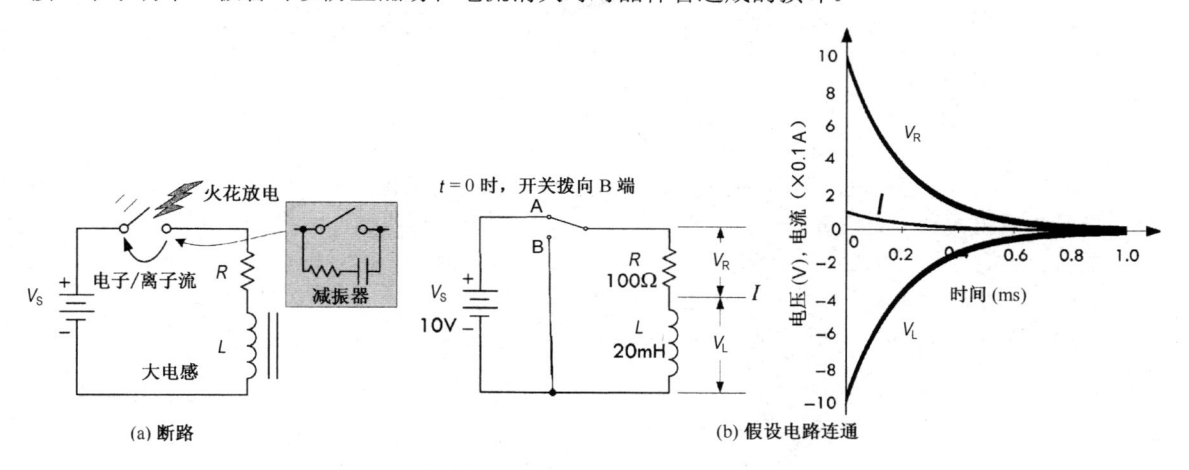

图 2.138　LR放电电路

若移去激励源时不需要断开电路，则根据如图2.138(b)所示的理论求解曲线，电路电流的衰减将遵循如下波形及等式。

对RL放电电路，应用基尔霍夫定律，对闭合回路的电压求和得

$$V_S = IR + L\frac{dI}{dt} = 0$$

将上式改写为标准形式：

$$\frac{dI}{dt} + \frac{R}{L}I = \frac{V}{L} = 0$$

求解这个线性一阶非齐次微分方程，并设初始条件为开关闭合前的电流，

$$I(0) = \frac{V_R}{R}$$

可求得电流为

$$I = \frac{V_S}{R} e^{-t/(L/R)}$$

将I代入欧姆定律，得电阻电压为

$$V_R = IR = V_S e^{-t/(L/R)}$$

将I代入电感电压表达式得

$$V_L = L\frac{dI}{dt} = -V_S e^{-t/(L/R)}$$

与RL充电电路一样，RL放电电路的电流响应也可由时间常数表示。经过5个时间常数后，认为电感放电结束。如图2.139所示，电感系数增大，放电时间也增大。

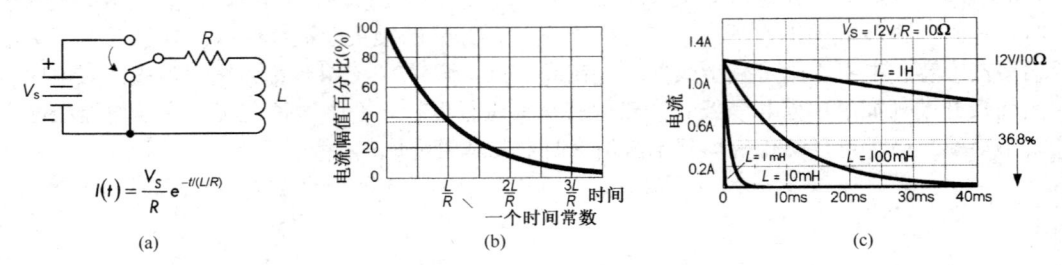

图2.139 电感系数值对放电电流的影响

在图2.138(a)中，开关断开，电流被切断，大感性负载的磁场骤降，产生一个大的前向感应电压。当前向电压大到一定程度时，开关触头间的电子压力将变得很大，使电子从开关一端触头的金属表面逸出到另一端的触头。逸出的自由电子与空气分子碰撞，产生电离，导致开关触头之间产生电火花。在这种情况下，电流及电压响应曲线相当复杂。

在图2.138(b)中，移去电源，开关从A点掷到B点接地，电路未断开，则电流及电压表达式为

$$I = \frac{V_S}{R} e^{-t/(L/R)}, \quad \frac{t}{L/R} = -\ln\left(\frac{IR}{V_S}\right)$$

$$V_R = IR = V_S e^{-t/(L/R)}, \quad \frac{t}{L/R} = -\ln\left(\frac{V_R}{V_S}\right)$$

$$V_L = L\frac{dI}{dt} = -V_S e^{-t/(L/R)}, \quad \frac{t}{L/R} = -\ln\left(-\frac{V_L}{V_S}\right)$$

τ为L/R时间常数

式中，电流I的单位为安培，电源电压V_S的单位为伏特，电阻R的单位为欧姆，电感L的单位为亨特，t为接入电压源后的时间，单位为秒，$e = 2.718$，电阻电压V_R和电感电压V_L的单位为伏特，图中电路的电阻$R = 100\Omega$，电感$L = 20\text{mH}$。

无论电感系数是何值，都会对信号产生影响。例如，在图2.139(a)所示的RL电路中，电感和电阻两端的输出信号随着电感系数的增大，波形的失真加剧。将频率为1.0kHz、电压为0～5V的方波电压源接到固定电阻为10Ω的RL电路上，增大电感系数，注意波形的变化。首先，方波的周期为

$$T = \frac{1}{1000\text{Hz}} = 1\text{ms}$$

下面观察波形是如何随电感系数的增大而变化的。

在图2.140(a)中,电感系数$L = 0.1\text{mH}$,时间常数$\tau = 0.0001\text{H}/10\Omega = 0.01\text{ms}$。此时,RL电路的时间常数为周期的1%,因此在方波从高到低和从低到高的变化过程中,感应电压波形呈窄尖峰状。假设电感充放电在5个时间常数后完成,本例中为0.05ms,则在0.5ms的半周期内,电感就能完成充电、放电过程,电阻电压波形的边缘处略带弧度。

在图2.140(b)中,电感系数$L = 1\text{mH}$,时间常数$\tau = 0.001\text{H}/10\Omega = 0.1\text{ms}$。此时,RL电路的时间常数为周期的10%,因此在电源电压变化过程中,感应电压呈指数规律上升和下降的效果很明显,其完全充电、放电所需的5个时间常数为0.5ms,恰好是周期的一半。因此,在每半个周期内,电感的磁场可以完全吸收或释放其磁场能量。

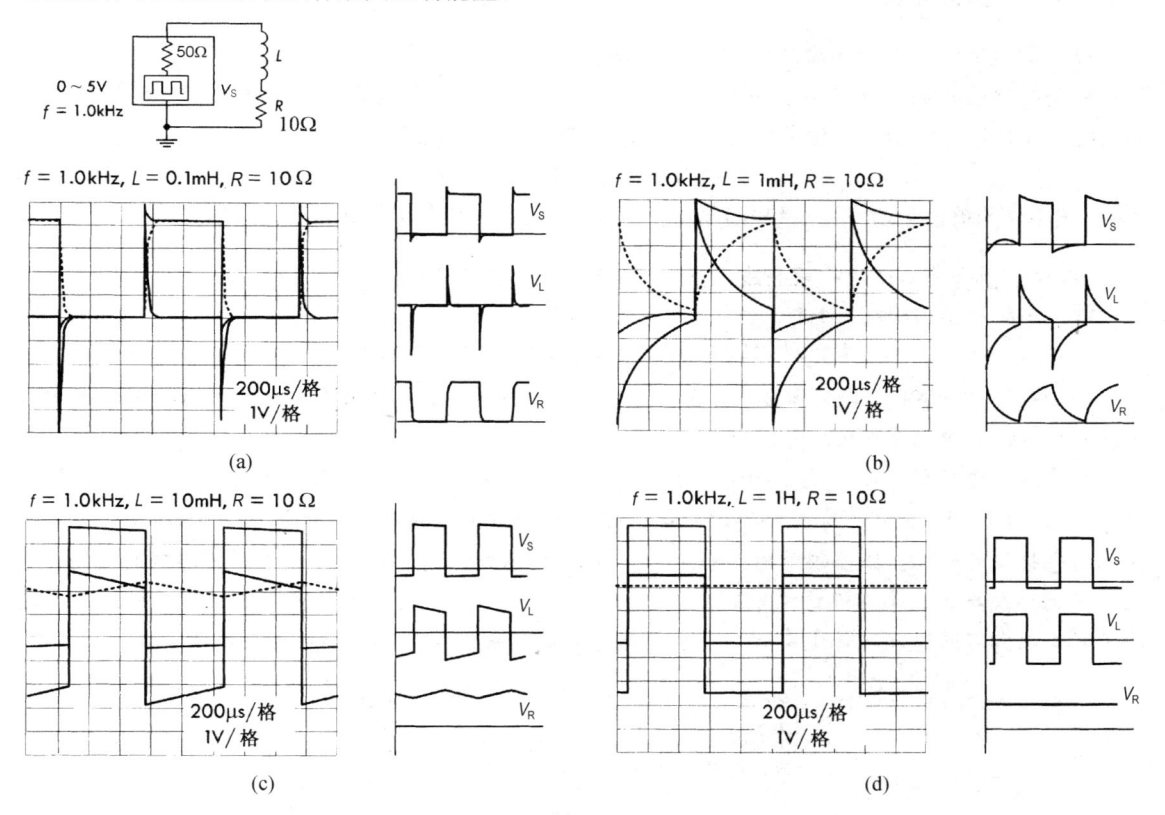

图2.140 感应系数对信号的影响

2.24.12 开关转换引起的尖峰电压

对于有大感性负载(如继电器、螺线管和电动机)的电路,由于要经由机械开关或晶体管开关导通或断开,因此常出现尖峰状感应电压。甚至当电源电压很小时,形成的尖峰电压也可达几百伏特。当电路设计不同时,尖峰电压可引发电弧,导致开关触头性能降低,或者损坏晶体管或其他集成开关设备。图2.141所示电路将一个二极管(电流单向流动装置)并联至一个继电器线圈的两端,使得需要切断电路时,为感应的尖峰电压提供电压缓冲路径。

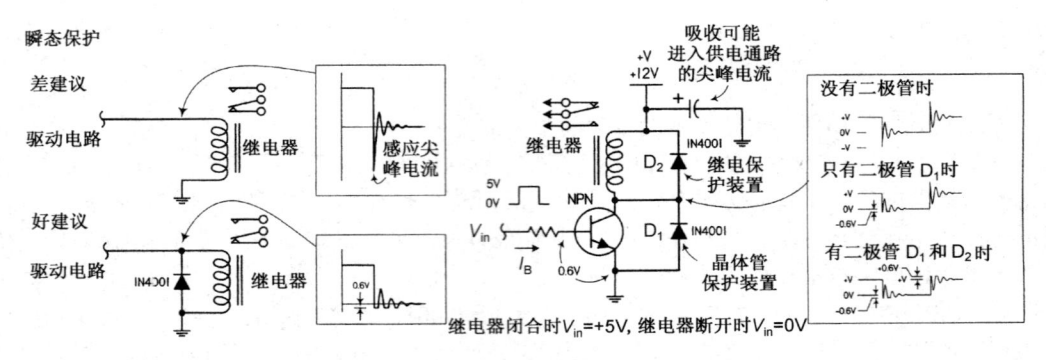

图2.141 对尖峰电压提供电压缓冲路径

2.24.13 直导线电感

每个通电导体（不一定绕成线圈）的周围都有磁场，因此有自感系数。例如，一段直导线有与之相关的电感系数，这是由于在给定的EMF作用下，每个定向移动的自由电子产生的磁场的平均效应。在自由空间中，一段非磁性材料直导线或导体棒的电感为

$$L = 0.00508b\left[\ln(2b/a) - 0.75\right] \tag{2.56}$$

式中，电感L的单位为微亨；a是导线半径，b是导线长度，单位为英尺，ln为自然对数符号。

【例14】 型号为a#18的一段导线的直径为0.0403in，长度为4in，求电感系数。

解： 由$a = 0.0201$和$b = 4$得

$$L = 0.00508 \times 4 \times \left[\ln(8/0.0201) - 0.75\right] = 0.106 \mu H$$

在VHF（30~300MHz）及更高频率下，由于趋肤效应，式（2.56）有一些细微变化，当频率接近无穷时，式中的常数0.75近似为1。

直导线的电感值很小，通常称为寄生电感。与之前引入的容抗类似，我们可以引入感抗的概念。低频（AF~LF）时，寄生电感的感抗实际上为零。在本例中，当频率为10MHz时，$0.106\mu H$电感的感抗仅为6.6Ω。但当频率为300MHz时，电感的感抗上升为200Ω，成为不可忽视的问题。因此，在VHF或更高频率下设计电路时，应尽可能缩短元件引线端，如电容、电阻等的引线端。元件的寄生电感可通过在元件上串联一个数值相近的电感来模拟，因为导线总与元件串联。

和地面平行的导线（一端接地）上的电感
L为电感，单位为μH
a为导线半径，单位为英寸
b为平行于地的导线长度，单位为英寸
h为导线离地高度，单位为英寸
若单位为毫米，则第一步中电感系数为0.0004605，第二步中电感系数为0.0002

$$L = 0.0117b\left[\lg\left(\frac{2h}{a}\cdot\frac{b+\sqrt{b^2+a^2}}{b+\sqrt{b^2+4h^2}}\right)\right] + 0.00508\left(\sqrt{b^2+4h^2} - \sqrt{b^2+a^2} + \frac{b}{4} - 2h + a\right)$$

平板电感
L为电感，单位为μH
b为长度，单位为英寸
W为宽度，单位为英寸
h为厚度，单位为英寸
ln为自然对数

$$L(\mu H) = 0.00508 b\left(\ln\frac{2b}{w+h} + 0.5 + 0.2235\frac{w+h}{b}\right)$$

直导线电感
自由空间中圆形非磁性导线
L为电感，单位为μH
a为导线半径，单位为英寸
b为导线长度，单位为英寸
ln为自然对数

频率低于VHF（30MHz）时
$$L(\mu H) = 0.00508\, b\left(\ln\frac{2b}{a} - 0.75\right)$$

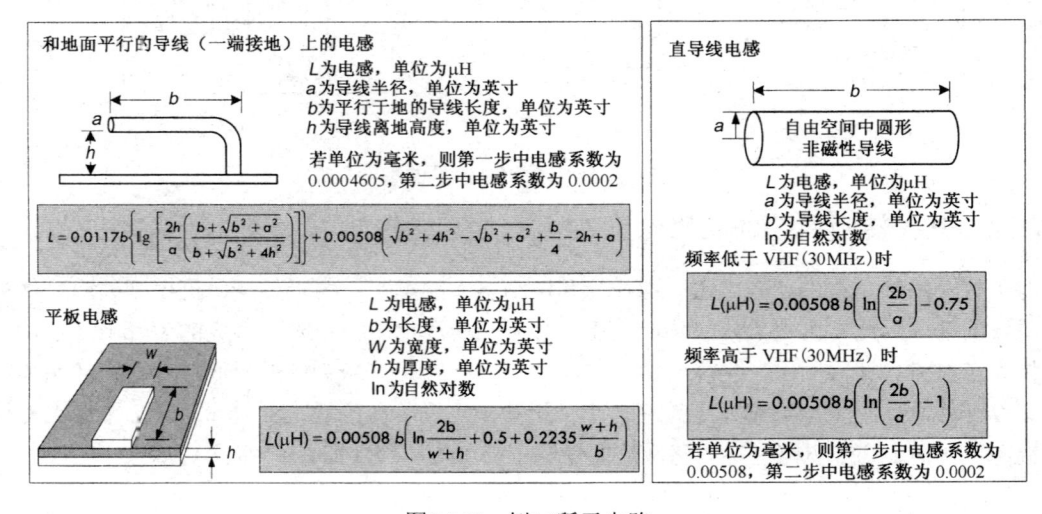

频率高于VHF（30MHz）时
$$L(\mu H) = 0.00508\, b\left(\ln\frac{2b}{a} - 1\right)$$

若单位为毫米，则第一步中电感系数为0.00508，第二步中电感系数为0.0002

图2.142 例14所示电路

2.24.14 互感系数和磁耦合

当两个电感线圈沿同一轴线相邻放置时,如图2.143所示,流过线圈1的电流形成的磁通将通过线圈2。

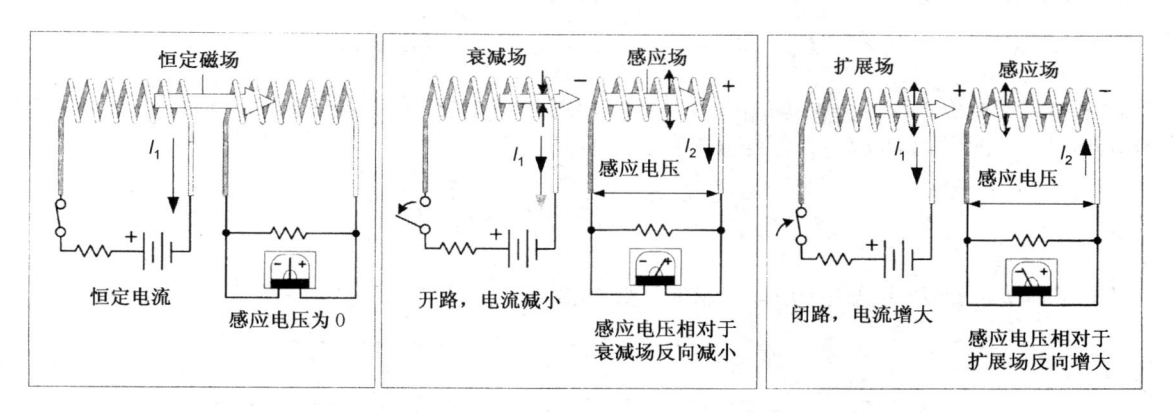

图2.143 电流的互感

因此,当线圈1中的磁场强度改变时,线圈2上将产生感应电压,线圈2上的感应电压与自感电压相似,但由于它是外部线圈1作用的结果,因此称为互感,称这两个线圈为感应耦合。线圈越靠近,互感就越强。若两个线圈相对较远或在不同的轴线上,则互感系数相对较小,此时两个线圈称为松耦合。互感系数的实际值与其可能的最大值的比值,称为耦合系数,常以分数形式表示。当将一个空芯线圈绕在另一个空芯线圈上时,两个线圈的耦合系数可达0.6~0.7。但是,若将两个线圈分开放置,则耦合系数很小。当线圈绕在闭合的磁芯上时,其耦合系数可达100%。这一特性被用于设计变压器中。在电路设计中,互感现象也会产生一些不良的后果。例如,当将元件的相互位置放得较接近时,或者感性负载或交变大电流电缆产生的外部磁场波动时,电路中会加入不期望的感应电压。

2.24.15 尖峰电压、闪电及其他脉冲信号产生的干扰耦合

许多人为因素或自然现象都可产生很大的磁场,并在电子设备的输入端和输出端引起感应电压。在这些问题中,外源与被影响的电路之间存在互感。例如,当连接电子设备的平行电缆较长且彼此靠得很近时,脉冲信号就可通过两条电缆之间的磁耦合和电容耦合从一根电缆进入另一根电缆。由于电流产生的磁场强度随距离的平方衰减,因此将携带信号的电缆分开一定的距离就可削弱耦合现象。除了很好地屏蔽电缆或者采用滤波设施,否则电缆仍很容易被其他外源的脉冲信号感应耦合,这种现象常发生在探测器的长接地线上,此时外部的磁干扰耦合到探测器的接地引线上,混入被显示的信号,使得输出信号中出现不期望的噪声。这种外源与电子设备之间的耦合现象很普遍,尤其是当外源产生脉冲式磁场时,突然出现的脉冲磁场使交流和直流电力线中产生很高的尖峰状感应电压,并进入内部电路的敏感元件,导致其损坏。例如,发生在设备附近的闪电可在电力线、其他导电路径甚至接地导体上产生感应电压并进入设备内部。相隔一定距离的闪电也能在电力线上感应很大的尖峰状电压,并且最终进入设备内部。带有电动机的重型设备也可感应很强的尖峰状电压并经过电力线进入设备内部。尽管电力线是直线,但在电子风暴期间,或者在运行没有充分滤去尖峰信号的重型设备时,尖峰信号源产生的强大磁场仍可在其他设备上感应出破坏性电压。

2.24.16 电感的串联和并联

当两个或两个以上的电感串联时［见图2.144(a)］，只要线圈相互分开一定的距离，使得彼此不在其他线圈的磁场中，总电感系数就为各个电感系数之和，即

$$L_{\text{total}} = L_1 + L_2 + L_3 + \cdots + L_n \quad \text{串联电感} \tag{2.57}$$

串联电感的计算公式也可应用基尔霍夫电压定律得出。将电感L_1的电压写为$L_1 dI/dt$，L_2的电压写为$L_2 dI/dt$，L_3的电压写为$L_3 dI/dt$，可得以下表达式：

$$V = L_1 \frac{dI}{dt} + L_2 \frac{dI}{dt} + L_3 \frac{dI}{dt} = (L_1 + L_2 + L_3)\frac{dI}{dt}$$

式中，$(L_1 + L_2 + L_3)$称为这三个串联电感的等效电感。

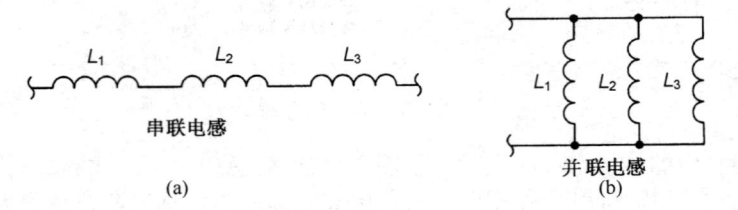

图2.144 电感的串联与并联

当电感并联时，设并联电感线圈已分开足够的距离，则总电感系数为

$$\frac{1}{L_{\text{total}}} = \frac{1}{L_1} + \frac{1}{L_2} + \frac{1}{L_3} + \cdots + \frac{1}{L_n} \quad \text{并联电感} \tag{2.58}$$

当只有两个电感并联时，上式可简化为$L_{\text{total}} = L_1 L_2/(L_1 + L_2)$。

上式也可对节点应用基尔霍夫电流定律得出，因为$I = I_1 + I_2 + I_3$，且电感L_1、L_2、L_3的端电压相等，所以$I_1 = 1/L_1 \int V dt$，$I_2 = 1/L_2 \int V dt$，$I_3 = 1/L_3 \int V dt$，于是电流I可表示为

$$I = \frac{1}{L_1}\int V dt + \frac{1}{L_2}\int V dt + \frac{1}{L_3}\int V dt = \left(\frac{1}{L_1} + \frac{1}{L_2} + \frac{1}{L_3}\right)\int V dt$$

式中，$1/L_1 + 1/L_2 + 1/L_3$称为三个并联电感的等效电感。

【例15】图2.145所示电路的总等效电感系数为70mH，求电感L_2的值。

解：$L_2 = 30\text{mH}$，$L_{\text{total}} = L_1 + \dfrac{L_1 L_2}{L_1 + L_2}$。

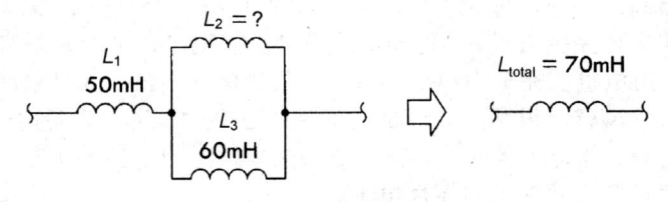

图2.145 例15所示电路

2.24.17 交流电流和电感

当一个理想电感的两端接一个交流电压时，流过电感的电流将滞后电压90°，或者说电压超前电流90°，这与交流电路中电容的情况恰好相反。电感电流滞后的根本原因是电感产生反向电压，根据反向电压的大小与电流变化率成正比可以证明这一点，如图2.146所示，在起始时刻0至A的时段，电源电压为正向最大值，反向或感应电压也为最大值，流过的电流最小，但电流的变化率最大，为38%。在A～B时段，电流改变33%，感应电压与电源电压同步减小，这一过程在B～C、C～D时段持续进行，随着电源电压及感应电压趋于零，电流仅增加8%。

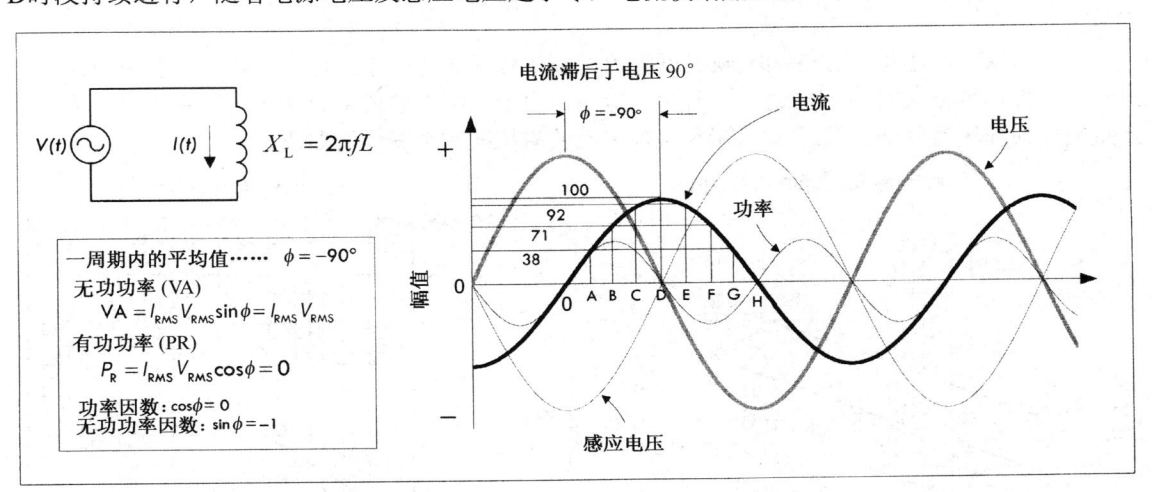

图2.146 电感的交流电流、电压和功率特性

在D～E时段，电源电压改变方向，感应电压也改变方向，随着磁场的减小，电流返回电路，此时电流的方向与电源电压方向相反，仍保持正向。随着电源电压在反方向继续增大，正向电流值开始减小，当电源电压为反向最大时，电流为0。负半周的变化过程与正半周期的情况相同。因此，我们说在纯电感的交流电路中，电流滞后于电压90°。

2.24.18 感抗

电感的交变电流振幅与电源频率成反比。在给定的电流变化率下，反向电压与电感成正比，因此，在给定的电源电压和频率下，电流与电感成反比。电感与频率的合成效应称为感抗。与容抗一样，感抗的单位为欧姆。下式为感抗的计算式：

$$X_L = 2\pi f L \quad 感抗 \tag{2.59}$$

式中，X_L 为感抗，$\pi = 3.1416$，f 为频率（单位为赫兹），L 为电感系数（单位为亨利），感抗的角频率表达式为

$$X_L = \omega L$$

以上感抗表达式可通过将电感连至正弦电压源上得出。为了使计算简便，下面用余弦函数代替正弦函数（实际上没有区别）。例如，若电源电压表达式为 $V_0\cos\omega t$，则电感元件上流过的电流为

$$I = \frac{1}{L}\int V dt = \frac{1}{L}\int V_0 \cos\omega t dt = \frac{V_0}{\omega L}\sin\omega t$$

当 $\sin\omega t = 1$ 时，电感电流达最大值或峰值，最大值电流为

$$I_0 = \frac{V_0}{\omega L}$$

峰值电压与峰值电流之比类似电阻,其量纲为欧姆,但这个阻力的物理现象(反向感应电压抵抗正向电压)与一般电阻(发热)是不同的,因此给这种效应一个新名称——感抗:

$$X_L = \frac{V_0}{I_0} = \frac{V_0}{V_0/\omega L} = \omega L$$

当 ω 趋于无穷大时,X_L 也趋于无穷大,此时电感相当于开路,说明电感阻碍高频信号通过。但是,当 ω 趋于零时,X_L 趋于零,说明低频信号可以很容易地通过电感,对于直流信号,理想电感是没有阻抗的。

图2.147所示为1μH、10μH和100μH电感的感抗随频率变化的半对数坐标图。注意响应曲线是线性的,即频率增大时,感抗比例地增大。但是,由于实际电感内部有寄生电阻和电容,因此其感抗响应曲线较为复杂。图2.147所示为实际电感的阻抗随频率变化的曲线。

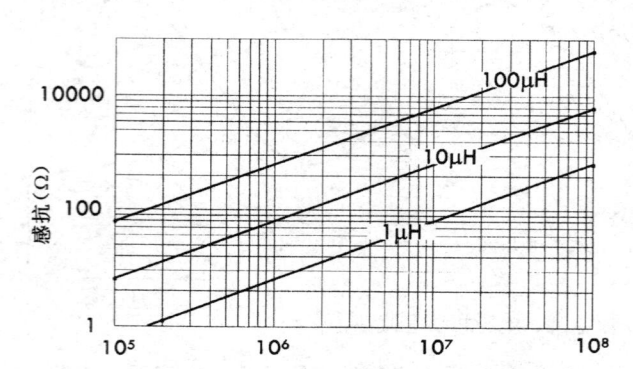

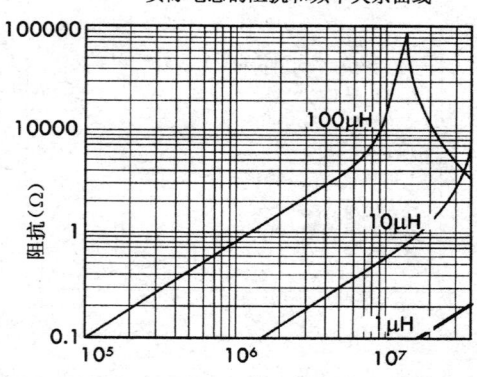

图2.147 1μH、10μH和100μH电感的感抗随频率变化的半对数坐标图

注意,当频率接近振荡频率时,阻抗曲线不再是线性的,而是达到峰值后开始下降(讨论振荡电路后,对这个现象会有所认识)。

【例16】一个100μH的理想线圈与频率为120Hz和15MHz的电源相连,求线圈的感抗。
解:
$$120\text{Hz}: X_L = 2\pi fL = 2\pi \times 120\text{Hz} \times (100 \times 10^{-6}\text{H}) = 0.075\Omega$$
$$15\text{MHz}: X_L = 2\pi fL = 2\pi \times (15 \times 10^6 \text{Hz}) \times (100 \times 10^{-6}\text{H}) = 9425\Omega$$

【例17】求感抗为100Ω、与频率100MHz电源相连的线圈的电感。
解:
$$L = \frac{X_L}{2\pi f} = \frac{100\Omega}{2\pi \times (100 \times 10^6 \text{Hz})} = 0.16\mu\text{H}$$

【例18】在多大频率时,1μH电感的感抗可达2000Ω?
解:
$$f = \frac{X_L}{2\pi L} = \frac{2000\Omega}{2\pi \times (1 \times 10^{-6}\text{H})} = 318.3\text{MHz}$$

感抗的倒数为感纳,表示为

$$B = \frac{1}{X_L} \tag{2.60}$$

感纳的单位为西门子S(S=1/Ω),它表示电感的导电能力,而感抗则表示阻碍电流的能力。

2.24.19 实际电感模型

尽管理想电感的模型及其电压电流方程在电路分析中很重要,但在使用时由于未考虑实际电感的内阻和电容,得出的结果是不准确的。因此,当设计一些技术要求较高的设备时,如应用在无线电接收器中的高频滤波器,就要采用实际电感的模型。

实际电感可用4个无源理想元件来模拟:串联电感(L)、串联电阻(R_{DC})、并联电容(C_P)和并联电阻(R_P)。R_{DC}为直流电阻,即为电感通入直流电流时测得的阻值。制造商会在说明书上提供电感的直流电阻值(如1900系列的100μH电感的R_{DC}为0.0065Ω)。R_P为磁芯的损耗,可根据自振频率f_0点电感的感抗为0求得(在f_0点阻抗为纯电阻),下一节将说明R_P也可由品质因数求得。并联电阻的存在,会使得自振模拟值不会升至无穷大。C_P为电感内线圈和引线端之间的分布电容,如图2.148所示。当电感通交变电流时,电感的电压将变化,产生的效应为许多小电容与线圈电感并联的作用。图2.148给出了分布电容与电感发生谐振时的曲线。当低于谐振频率时,阻抗呈感性,且随频率的增大而增大;当高于谐振频率时,阻抗呈容性,且随频率的增大而减小。

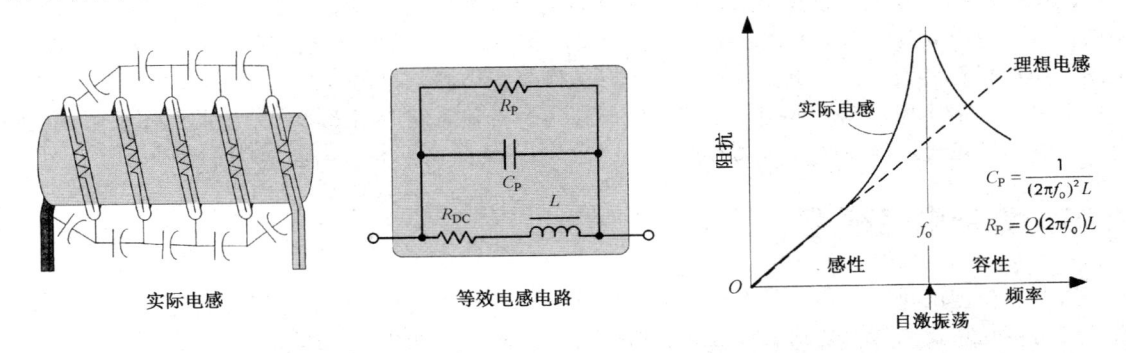

$$C_P = \frac{1}{(2\pi f_0)^2 L}$$

$$R_P = Q(2\pi f_0)L$$

图2.148 电感内存在分布电容。曲线显示了分布电容与电感发生谐振的现象。低于谐振频率时,阻抗呈感性且随频率的增大而减小;高于谐振频率时,阻抗为容性且随频率的增大而增大

电感存在多种形式的电能损耗,如导线电阻损耗、磁芯损耗和趋肤效应损耗。因为所有导电体的电阻都会损耗电能而发热,所以电感线圈的导线尺寸必须能够承载预期的电流。当交变电流的频率增大时,电流将集中在导体表面的薄层中,这种特性称为趋肤效应,因此线绕电感还存在趋肤效应引起的损耗。若电感芯子为导电材料(如铁、铁氧体或黄铜),则芯子上有额外的能量损耗。

2.24.20 品质因数

电容和电感这样的储能元件可用品质因数Q值来描述其特性。Q值为储能元件存储的能量与消耗的所有能量之比。事实上,该值可简写为$Q = X/R$,其中Q值为品质因数(无量纲),X为电抗(感抗或容抗),R为元件上所有实际损耗能量的电阻之和。

电容通常具有很高的Q值,如陶瓷电容的Q值可达1200以上。小型陶瓷微调电容的Q值很小,在一些应用中常被忽略。

电感的品质因数为$Q = 2\pi f_L/R_{DC}$。当电路中同时有电感和电容时,电感的Q值不等于电容的Q值。大多数电路都要求高品质因数的电感,但有些电路中要求特殊的Q值,如要求低Q值。

感性分压器

感性分压器用在交流输入信号电路中。根据电阻分压原理,直流输入电压按两个电感的电阻

关系分配。感性分压器（假设电感相互分离，即不缠绕在同一个芯子上，无互感作用）的交流输出电压的分配计算公式如图2.149所示。

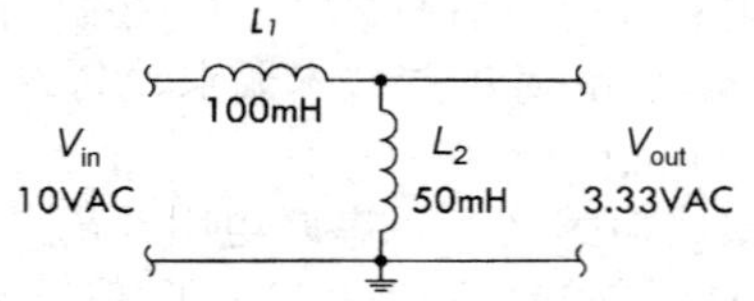

$$V_{out} = \frac{L_2}{L_1 + L_2} V_{in}$$

$$V_{out} = \frac{50mH}{150mH} \times 10 \text{ VAC} = 3.33 \text{VAC}$$

图2.149 感性分压器

注意，输出电压与电源频率无关。然而，若在工作频率点电感的电抗不是很大（电感系数不够大），则L_2短路将产生很大的电流。

2.24.21 电感的应用

在电子学中，电感的基本功能是以磁场的形式存储电量。电感被大量用于模拟电路和信号处理电路中，包括无线电接收和播放电路。电感与电容或其他元件可组合成滤波器，以滤除特殊频率的信号。两个或两个以上的耦合电感可构成变压器，以对交流电压升压和降压。在开关电源中，电感用作能量存储设备，电感充电可以控制开关频率，电感放电可以控制周期时间，充电和放电的比值决定了输出电压与输入电压之比。电感在电力传输系统中用来降低系统的电压或限制故障电流，在这种场合，电感常称电抗器。

2.25 复杂电路模型

本节有一定的难度，需要具有一定的数学知识，否则阅读某些内容时可能有些困难。但是，本节的内容是重要的理论基础，它强调了利用变换来避免复杂的数学运算。

理论上说，只要提供足够的参数，就可建立任何复杂电路的数学方程。换句话说，不论电路所含元件是线性的还是非线性的，基尔霍夫定律总是适用的。线性元件的响应与电源信号成正比，例如，若电阻两端的电压加倍，则流过电阻的电流也加倍；若电容两端电压的频率加倍，则流过电容的电流也加倍；若电感两端电压的频率加倍，则流过电感的电流减半。使用如下方程可以模拟电阻、电容和电感的特性：

$$V_R = IR, \quad I_R = \frac{V_R}{R}, \quad V_C = \frac{1}{C} \int I dt, \quad I_C = C \frac{dV_C}{dt}, \quad V_L = L \frac{dI}{dt}, \quad I_L = \frac{1}{L} \int V_L dt$$

到目前为止，我们主要讨论了直流及正弦信号形式的电压及电流源，它们的数学表达式分别为

$$V_S = \text{常量}, \quad I_S = \text{常量}, \quad V_S = V_0 \sin \omega t, \quad I_S = I_0 \sin \omega t$$

若电路中仅含电阻、电容、电感和一种以上形式的电源，则可直接使用基尔霍夫定律列出一个或一组精确描述电路中电压及电流值随时间变化的方程。描述线性直流电路的方程为线性代数方程，描述线性时变电路的方程为线性微分方程。时变的原因是正弦电源，也可是直流电源的突然通断，这种情况称为瞬态。

电路如图2.150所示，RLC串联电路的电源为直流电压源V_S，回路上基尔霍夫电压方程为

$$V_S - L \frac{dI}{dt} - RI - \frac{1}{C} \int I dt = 0$$

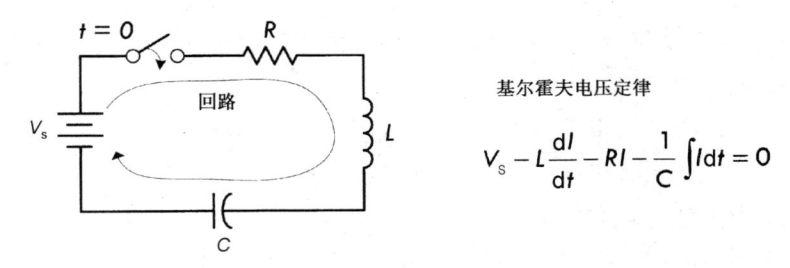

图2.150 RLC直流串联电路的基尔霍夫电压定律

必须对以上方程进行数学上的简化，去除其中的积分项，否则在这里没有任何实际用处。首先方程各项对时间求导得

$$L\frac{d^2I}{dt^2} + R\frac{dI}{dt} + \frac{1}{C}I = 0$$

这是一个二阶线性齐次常微分方程。求解该方程需要一些数学技巧及定义开关断通时的电路初始条件。将上述RLC电路的开关及直流电源换成正弦电源，如图2.151所示，并设电压源的数学表达式为$V_0\cos\omega t$，则应用基尔霍夫电压方程得

$$V_0\cos\omega t - L\frac{dI}{dt} - RI - \frac{1}{C}\int I dt = 0$$

或

$$L\frac{dI}{dt} + RI + \frac{1}{C}\int I dt = V_0\sin\omega t$$

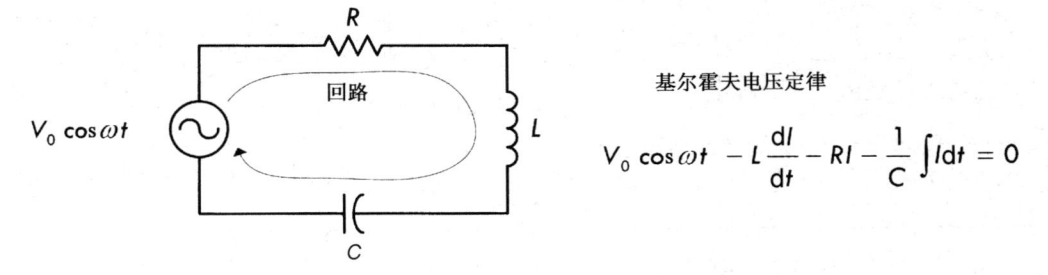

图2.151 RLC交流串联电路的基尔霍夫电压定律

对上式简化，消去积分项得

$$L\frac{d^2I}{dt^2} + R\frac{dI}{dt} + \frac{1}{C}I = \omega V_0\sin\omega t$$

上式为线性二阶非齐次常微分方程，求解该方程需使用变参数技巧或待定系数法。求出电流后，将电流代入电阻、电容和电感的电压、电流特性方程中，便可求得各元件上的电压。但是，因为求解电流需要用到进一步的数学知识，所以对该问题的求解并不容易。

当电源是非正弦信号（如方波电源或三角波电源）时，问题会变得更复杂。数学上如何表示方波电源？结果表明，最简单的方法是利用下面的傅里叶级数：

$$V(t) = \frac{4V_0}{\pi}\sum_{n=-\infty, n=\text{odd}}^{\infty}\frac{\sin n\omega_0 t}{n}$$

式中，V_0 为方波信号的峰值电压。若 RLC 电路中接入方波电压源，则回路的基尔霍夫电压定律为

$$V\frac{\mathrm{d}I}{\mathrm{d}t} + RI + \frac{1}{C}\int I\mathrm{d}t = \frac{4V_0}{\pi}\sum_{n=-\infty, n=\mathrm{odd}}^{\infty}\frac{\sin n\omega_0 t}{n}$$

显然，求解以上方程不是简单的事情。

还有其他一些未考虑的电源形式，如非正弦非周期电源——脉冲信号、阶跃函数信号等。当然，若考虑电路中含三个以上的线性元件，以及二极管和晶体管这样的非线性元件，则问题会变得更复杂。

当电路很复杂且电压源和电流源又很怪异时，建立基尔霍夫方程和求解方程都需要有相当深厚的数学知识。用在电路分析中的许多技巧可以解决一些看似束手无策的数学问题。但是，在有些情况下，复杂的数学问题是不可避免的，图2.152中列出了电路分析中的一些难点。

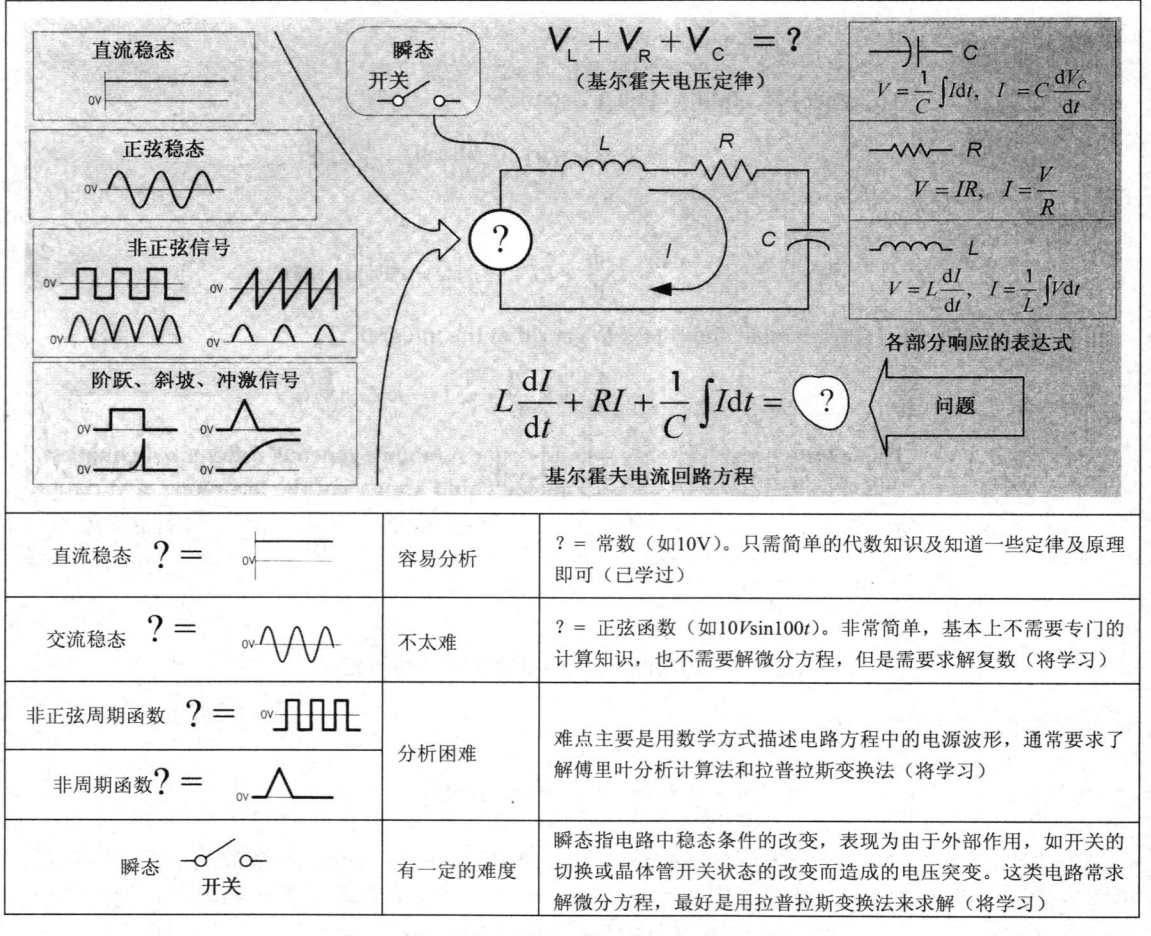

直流稳态	? = ⎯⎯⎯	容易分析	? = 常数（如10V）。只需简单的代数知识及知道一些定律及原理即可（已学过）
交流稳态	? = ∿	不太难	? = 正弦函数（如$10V\sin 100t$）。非常简单，基本上不需要专门的计算知识，也不需要解微分方程，但是需要求解复数（将学习）
非正弦周期函数	? = ⊓⊔⊓⊔	分析困难	难点主要是用数学方式描述电路方程中的电源波形，通常要求了解傅里叶分析计算法和拉普拉斯变换法（将学习）
非周期函数	? = ⋀		
瞬态	开关	有一定的难度	瞬态指电路中稳态条件的改变，表现为由于外部作用，如开关的切换或晶体管开关状态的改变而造成的电压突变。这类电路常求解微分方程，最好是用拉普拉斯变换法来求解（将学习）

图2.152 电路分析中的一些难点

下一节将讨论复数。在特定情况下，应用复数和复阻抗的概念可以避免建立复杂的微分方程。

2.26 复数

在学习分析由正弦信号激励的电路之前,需要回顾复数的概念。后面我们将看到,正弦电路具有与复数类似的特性。通过一些技巧,我们可以利用复数及其算术运算法则来模拟和求解正弦电路问题。这种方法的优点是避免了求解微分方程。

复数由两部分组成:实部和虚部,如图2.153所示。a和b都为实数,$i=\sqrt{-1}$为虚单位,因此ib为虚数或复数的虚部,在实际应用中,为避免将虚单位i和电流符号i相混淆,将虚数单位i用j替代。

复数可在复平面上用图形表示,横轴表示实数轴,纵轴表示虚数轴,如图2.154所示。

图2.153 复数的表示

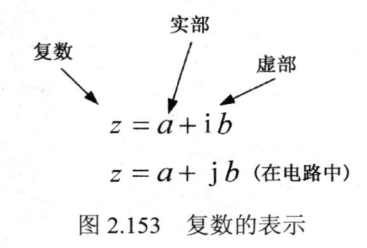

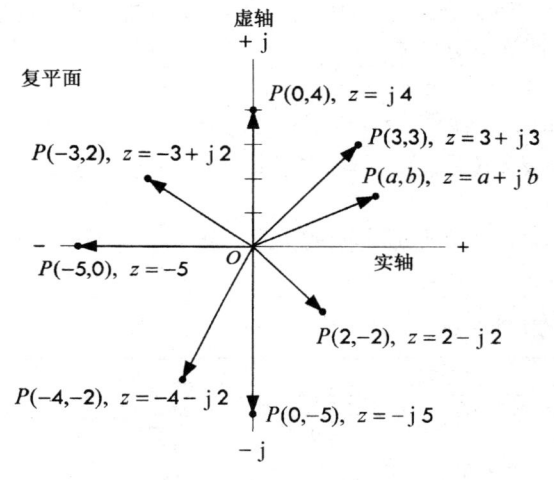

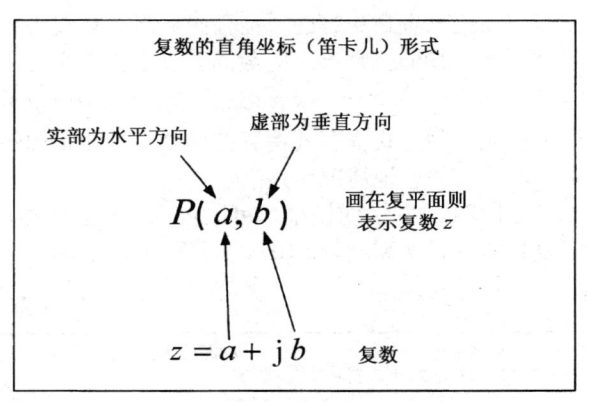

图2.154 复数的图形表示

在坐标平面上,可将一个复数视为从0指向P点的矢量,其模值为

$$r = \sqrt{a^2 + b^2} \tag{2.61}$$

其与正实轴之间的夹角为

$$\theta = \arctan(b/a) \tag{2.62}$$

要将复数用于电路分析,就要对复数形式做一些改变:将a换成$r\cos\theta$,将b换成$r\sin\theta$。改写后的复数称为复数的三角形式,如图2.155所示。

很早以前,欧拉就发现复数的三角形式中$\cos\theta + j\sin\theta$与$e^{j\theta}$的关系为

$$e^{j\theta} = \cos\theta + j\sin\theta \tag{2.63}$$

首先分别对$e^{j\theta}$、$\cos\theta$、$j\sin\theta$取幂级数,然后将$\cos\theta$和$j\sin\theta$的幂级数相加,可以证明结果与$e^{j\theta}$的幂级数相等。这表明复数可用下式表示:

$$z = re^{j\theta} \tag{2.64}$$

上式为复数的指数形式,它可简写为

$$z = r\angle\theta \tag{2.65}$$

· 119 ·

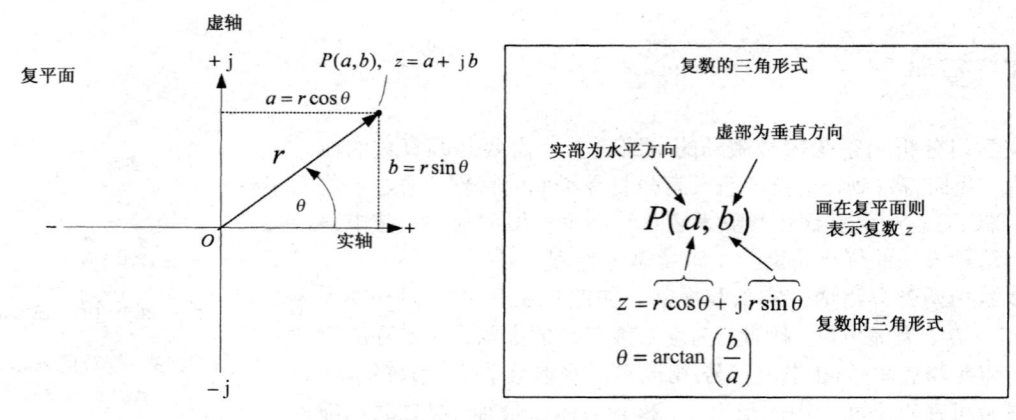

图2.155 复数的三角形式

我们称以上表达形式为极坐标形式,它由矢量及角度两部分组成。由于极坐标形式是指数形式的简写,因此二者是相等的,但极坐标形式更直观,计算也更简便。

至此,我们就掌握了复数的四种基本表示法:

$$z = a + jb, \quad z = r\cos\theta + jr\sin\theta, \quad z = re^{j\theta}, \quad z = r\angle\theta$$

以上任何一种形式都有其特有的用处。有时使用$z = a + jb$更简便,有时使用$z = re^{j\theta}$(或$z = r\angle\theta$)更方便,具体要视情况而定。

借助图2.156中的模型,可以直观地理解复数的各种表示形式之间的关系。接下来,还需要了解复数的运算法则,表2.10总结了复数的运算法则。

表2.10 复数的运算法则

复数形式	加减运算	乘法运算	除法运算
直角坐标形式 $z_1 = a + jb$ $z_2 = c + jd$	$z_1 \pm z_2 = (a \pm c) + j(b \pm d)$* 示例: $z_1 = 3 + j4, z_2 = 5 - j7$ $z_1 + z_2 = (3-5) + j(4-7)$ $= -8 - j3$	$z_1 z_2 = (ac - bd) + j(ad - bc)$ 示例: $z_1 = 5 + j2, z_2 = -4 + j3$ $z_1 z_2 = [5\times(-4) - 2\times3] +$ $j[5\times3 - 2\times(-4)]$ $= -26 + j23$	$\dfrac{z_1}{z_2} = \dfrac{ac+bd}{c^2+d^2} + j\left(\dfrac{bc-ad}{c^2+d^2}\right)$ 示例: $z_1 = 1 + j, z_2 = 3 + j2;$ $\dfrac{z_1}{z_2} = \dfrac{1\times3 + 1\times2}{3^2 + 2^2}$ $+ j\left(\dfrac{1\times3 - 1\times2}{3^2 + 2^2}\right) = \dfrac{5}{13} + j\dfrac{1}{13}$
三角形式 $z_1 = r_1\cos\theta_1 + jr_1\sin\theta_1$ $z_2 = r_2\cos\theta_2 + jr_2\sin\theta_2$	可做加减运算,但是利用三角函数关系将这种形式转换成直角坐标形式后,再进行加、减运算更简便	$z_1 z_2 = r_1 r_2 [\cos(\theta_1 + \theta_2) +$ $j\sin(\theta_1 + \theta_2)]$	$z_1 z_2 = r_1 r_2 [\cos(\theta_1 - \theta_2) +$ $j\sin(\theta_1 - \theta_2)]$
指数形式 $z_1 = r_1 e^{j\theta_1}$ $z_2 = r_2 e^{j\theta_2}$	这种形式下的加减不直观,除非$r_1 = r_2$,否则结果不是最简形式,最好先将其转换成直角坐标形式后再做加、减运算	$z_1 z_2 = r_1 r_2 e^{j(\theta_1 + \theta_2)}$ 示例: $z_1 = 5e^{j180°}, z_2 = 2e^{j90°},$ $z_1 z_2 = 5\times2\times e^{j(180°+90°)} = 10e^{j270°}$	$\dfrac{z_1}{z_2} = \dfrac{r_1}{r_2} e^{j(\theta_1 - \theta_2)}$ 示例: $z_1 = 8e^{j180°}, \quad z_2 = 2e^{j60°}$ $\dfrac{z_1}{z_2} = \dfrac{8}{2} e^{j(180°-60°)} = 4e^{j120°}$
极坐标形式 $z_1 = r_1 \angle \theta_1$ $z_2 = r_2 \angle \theta_2$	这种形式下的加减不直观,除非$r_1 = r_2$,否则结果不是最简形式,最好先将其转换成直角坐标形式后再做加、减运算	$z_1 z_2 = r_1 r_2 \angle(\theta_1 + \theta_2)$* 示例: $z_1 = 5\angle180°, z_2 = 2\angle90°$ $z_1 z_2 = 5\times2\angle(180°+90°)$ $= 10\angle270°$	$z_1 z_2 = r_1 r_2 \angle(\theta_1 - \theta_2)$* 示例: $z_1 = 8\angle180°, z_2 = 2\angle60°$ $z_1 z_2 = 82\angle(180°-60°)$ $= 4\angle120°$

*计算时应用这种形式是最有效的,其他形式计算较为复杂,或者计算结果不是最直观的。

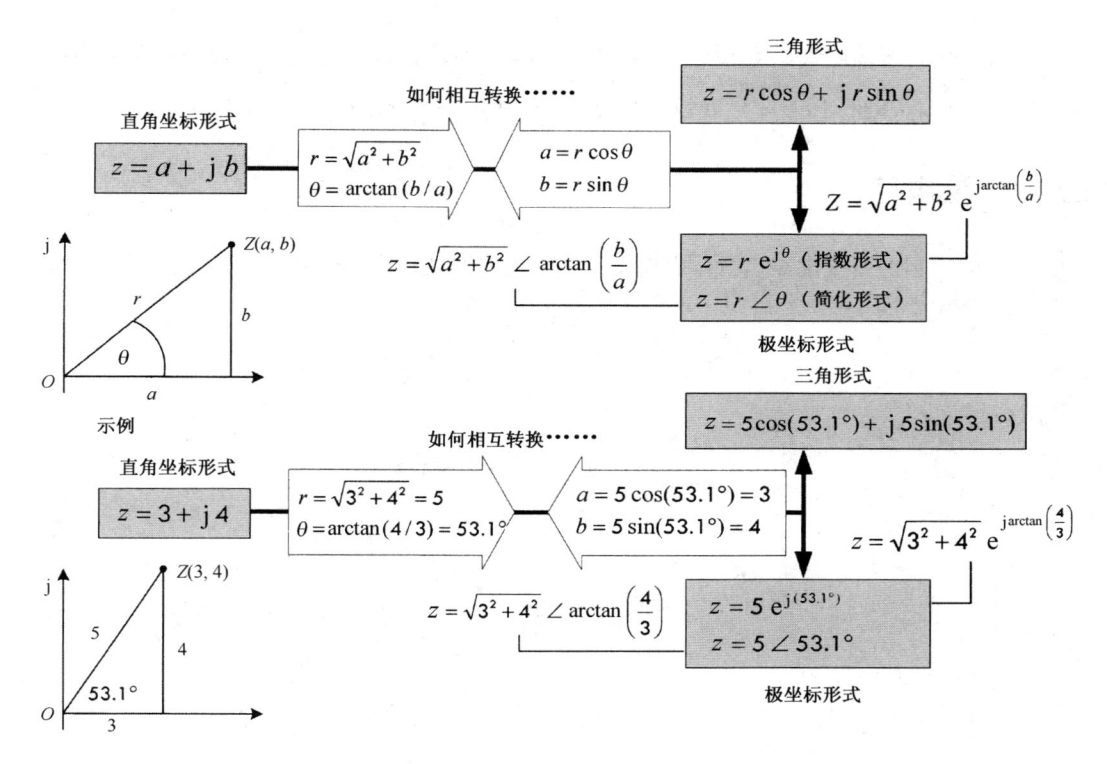

图2.156 复数的各种表示形式

以下是复数运算中的一些常用关系式：

$$X（度）=\frac{180°}{\pi}\times（弧度）$$

$$X（弧度）=\frac{180°}{\pi}\times（度）$$

$$j=\sqrt{-1},\quad j^2=1,\quad \frac{1}{j}=-j,\quad \frac{1}{A+jB}=\frac{A-jB}{A^2+B^2}$$

$$e^{j0°}=1,\ e^{j90°}=j,\ e^{j180°}=-1,\ e^{j270°}=-j,\ e^{j360°}=1$$

$$1\angle 0°=1,\ 1\angle 90°=j,\ 1\angle 180°=-1,\ 1\angle 270°=-j,\ 1\angle 360°=1$$

$$z^2=(re^{j\theta})^2=r^2e^{j2\theta},\quad z^2=(r\angle\theta)^2=r^2\angle 2\theta$$

下例同时使用了复数的直角坐标形式和极坐标形式来简化复数的加、乘、除混合运算：

$$\frac{(2+j5)(3-j10)}{(3+j4)(2+j8)}=\frac{5-j5}{(3+j4)(2+j8)}=\frac{7.07\angle 45.0°}{(5\angle 53.1°)(8.25\angle 76.0°)}=\frac{7.07\angle 45.0°}{41.25\angle 129.1°}=0.17\angle -84.1°$$

以上计算结果可以根据需要转换为三角形式或直角坐标形式：

$$0.17\angle -84.1°=0.17\cos(-84.1°)+j0.17\sin(-84.1°)=0.017-j0.17$$

注意，当进行复数的除法或乘法运算时，最好先将复数转换为指数形式。实际上，复数的加、减运算选用代数形式，而乘、除运算则选用指数形式。理解复数计算后，交流电路的理论就会变得简单。

注意，有时也用下列符号表示复数：

$$|z|=\sqrt{(\text{Re}\,z)^2+(\text{Im}\,z)^2},\quad \arg z=\arctan\left(\frac{\text{Im}\,z}{\text{Re}\,z}\right) \tag{2.66}$$

式中，$|z|$为复数的振幅或模，$\mathrm{Re}\,z$为复数的实部，$\mathrm{Im}\,z$为复数的虚部，$\arg z$则为z的辐角或相位角。

例如，若$z=3+\mathrm{j}4$，则有$\mathrm{Re}\,z=3$，$\mathrm{Im}\,z=4$，$|z|=\sqrt{3^2+4^2}=5$，$\arg z=\arctan(4/3)=53.1°$。

2.27 正弦电路

设图2.157所示的两个电路包含线性电阻、线性电容和线性电感，且都由正弦电压源激励。应用基尔霍夫电压定律分析两个电路中较简单的一个电路，电路方程为

$$V_0\cos\omega t = IR + L\frac{\mathrm{d}I}{\mathrm{d}t} + \frac{1}{C}\int I\mathrm{d}t$$

对上式求导得

$$L\frac{\mathrm{d}^2I}{\mathrm{d}^2t} + R\frac{\mathrm{d}I}{\mathrm{d}t} + \frac{1}{C}I = -\omega V_0\sin\omega t$$

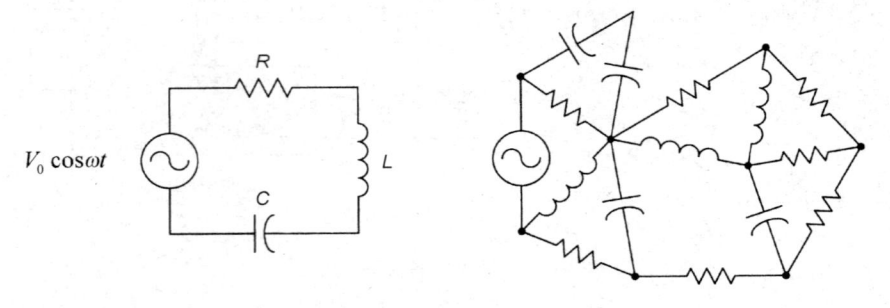

图2.157　正弦激励的线性电路

上式为二阶线性非齐次常微分方程，如前所述，可用参数变换法或待定系数法来求得方程的解，将求得的电流代入电阻、电容、电感的电压、电流关系方程，即可求出各元件上的电压。但是，本例中电流的求解并不容易，需要做复杂的数学运算。

至此，似乎问题还不算太复杂。但是，若考虑图2.157中较复杂的电路，应用基尔霍夫电压和电流定律，对电路中的回路和节点建立系统的微分方程，则涉及的数学问题更复杂，求解过程也更困难。

在被这些微分方程难倒之前，下面介绍一种变换法，这种方法应用了复阻抗的概念和复数运算，完全免去了微分方程的求解。

2.27.1 用复阻抗分析正弦电路

为了方便地求解正弦电路问题，可以采一种方法将电容和电感视为特殊类型的电阻，使任何含有电阻、电容和电感的电路的分析方法都与电阻电路的分析方法相同，而且可以直接应用前面提到的直流电路的定律和理论。虽然这种方法应用起来很简单，但是隐含在方法中的理论还是有一定难度的。若无时间来学习该理论，建议跳过本节的内容，记住重要的结论即可。下面介绍复阻抗的概念。

在复杂的、线性的、正弦电源激励的电路中，瞬态过程结束后，所有的电压和电流都是正弦量，且与正弦电压源同频率变化，这是由物理性质决定的。在任何时刻，电压和电流的振幅都与电压源的振幅成正比，而电压和电流波形相对于电压源波形产生了相位差。这种现象是由电容和电感的电容效应及电感效应造成的。

利用正弦电路的电压和电流都是同频率的正弦量这一特点，可以得出避免求解微分方程的数

学方法来分析电路。该方法用到了叠加原理，叠加原理指出：在有多个正弦电源的线性电路中，任何一条支路上的电流都等于各电源单独作用时产生的电流之和。利用基尔霍夫定律可以证明叠加原理，将基尔霍夫定律应用于线性电路将得到一组线性方程，将线性方程组简化为仅含一个未知量的单个方程，若未知量是支路电流，则支路电流可写成具有适当系数的各电源项的叠加。例如，图2.158所示为正弦波的叠加。

也就是说，不必计算电路中与时间有关的未知电流或电压，因为它们的形式始终是$\cos(\omega t + \phi)$，而只需计算峰值（或RMS值）和相位角，再应用叠加原理即可。为了描述电流、电压和应用叠加原理，显然要用正弦或余弦函数，要涉及振幅、相位角和频率，但是在加、减、乘、除的混合运算过程中，对遇到的含有正弦项和余弦项的复杂表达式，需要用三角函数法则和恒等式将解答转换为容易理解的函数形式，这些描述电路中电压、电流的振幅和相位角的计算过程现在可用复数取代。

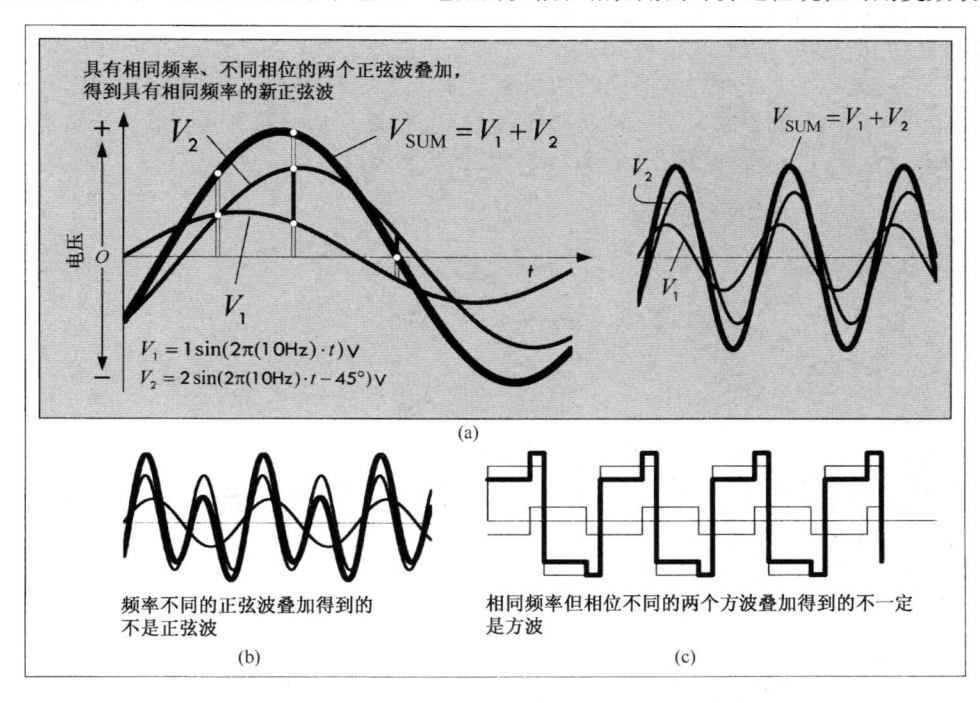

图2.158 正弦波的叠加

图2.158(a)显示了两个正弦波及其叠加形成的同频率正弦波，叠加后的正弦波的相位角和振幅发生了偏差。利用这个重要特性，简化了含电阻、电容和电感的正弦信号激励的线性电路的分析。注意，若不同频率的波形叠加，则形成的波形不是正弦波，如图2.158(b)所示。同频率的非正弦波（如方波）叠加，如图2.158(c)所示，不一定得到相似的波形。

回顾本节介绍的复数及在复平面上用复数表示正弦量的概念可知，当θ在0°～360°（或2π弧度）范围变化时，复数的三角形式$z_1 = r_1\cos\theta_1 + jr_1\sin\theta_1$在复平面上的轨迹为一个圆。将$z$随$\theta$变化的实部画成曲线，将得到正弦波。改变$r$值，便可改变正弦波的振幅。将$\theta$乘以一个系数，即可改变正弦波的频率。将$\theta$加上一个数值（数值单位可以是度或弧度），就可与另一个同频率的正弦波产生相位差。将ωt（$\omega = 2\pi f$）换成θ，将V_0换成r，并将ωt加上相位差，就得到复数表示的电压源。采用相同的方法也可表示电流。

与正弦函数相比，复数的优点是可以用多种形式来表达，通过选择其直角坐标形式、三角形式、指数形式（极坐标形式），使叠加过程中的数学计算变得简单。例如，将复数转换成直角坐标形式后，可以很容易地进行加、减运算，将复数转换成指数形式（或极坐标形式）后，可以很容易地进行乘、除运算（指数部分可以直接进行加或减）。

注意，电流和电压实际上都是实数，不存在虚数形式的电压和电流。那么为什么存在虚部？这是因为当用实部和虚部表示电流和电压时，可以直接引入相位的概念（实部和虚部就像是隐藏在机器内部的复杂零件，从外部看不出它的作用，但它确实影响着外部的输出）。也就是说，叠加后的最终结果必须转换为实数量，即计算结束后必须将复数结果转换为三角形式或指数形式（极坐标形式）并消除虚部。例如，计算出的电压表达式为

$$V(t) = 5V + j10V$$

式中，电压为RMS值。要得到实际解答，可将以上的复数转换为指数形式或极坐标形式：

$$\sqrt{(5.0V)^2 + (10.0V)^2}\,e^{j63.4°} = 11.2V e^{j64.5°} = 11.2V \angle 63.5°$$

无论它代表的是电抗还是电阻效应，实际电压值都是11.2V RMS。若这个结果是最终的计算结果，则相位实际上并不重要，因此往往将其忽略。

这一切看上去似乎太抽象，没有明确的原则，那么到底该如何解决这类叠加问题？该如何计算电阻、电容和电感电路？最好的办法是首先将正弦电压转换为复数形式，然后分别将其加到电阻、电容和电感上，进而得到重要的新概念和具体的分析方法。

2.27.2 正弦电压源的复数表示

首先设正弦电压为

$$V_0 \cos \omega t, \quad \omega = 2\pi f$$

将其转换为三角形式：

$$V_0 \cos \omega t + jV_0 \sin \omega t$$

式中，$jV_0\sin\omega t$是虚数，没有任何物理意义，因此不影响实际的电压表达式，但是在叠加过程中需要它。为了使下面的计算方便，用欧拉公式$e^{j\theta} = r\cos\theta + jr\sin\theta$将三角形式转换为指数形式：

$$V_0 e^{j\omega t} \tag{2.67}$$

也可写成极坐标形式：

$$V_0 \angle \omega t \tag{2.68}$$

上述电压可在复平面上用一个以角频率ω逆时针方向旋转的矢量表示（$\omega = d\theta/dt$，$\omega = 2\pi f$），如图2.159所示。矢量长度表示电压的最大值V_0，矢量在实轴上的投影表示V的实部或瞬时值，矢量在虚轴上的投影则为V的虚部。

有了电压的复数表达式后，将其加到电阻、电容和电感上，就可得到流过每个元件的电流的复数表达式。将$V_0 e^{j\omega t}$代入$I = V/R$得到电阻电流的复数形式，将$V_0 e^{j\omega t}$代入$I = CdV/dt$得到电容电流的复数形式，将$V_0 e^{j\omega t}$代入$I = 1/L\int V dt$得到电感电流的复数形式。图2.160中给出了电阻、电容和电感中电压与电流的相位关系。

比较各元件的电流及电压的相位差，可得出如下结果。

电阻： 如图2.160所示，电压与电流同相，相位差$\phi = 0°$。这一特性也可在复平面上用图形表示，即电阻的电压与电流矢量具有相同的幅角，两者都以角频率$\omega = 2\pi f$逆时针方向旋转。

电容： 电流的相位比电压大$+90°$，即电流超前电压$90°$。除非特别说明，一般规定相位差ϕ为从电流矢量指向电压矢量时的角度，当ϕ为正时，电流超前，当ϕ为负时，电流滞后。

电感： 电流的相位比电压大$-90°$，即电流滞后电压$90°$。

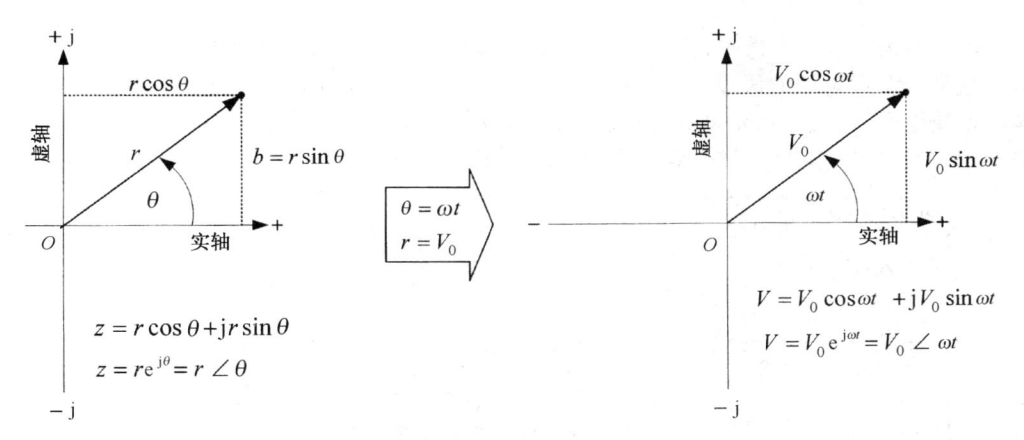

图2.159 在复平面上表示的电压

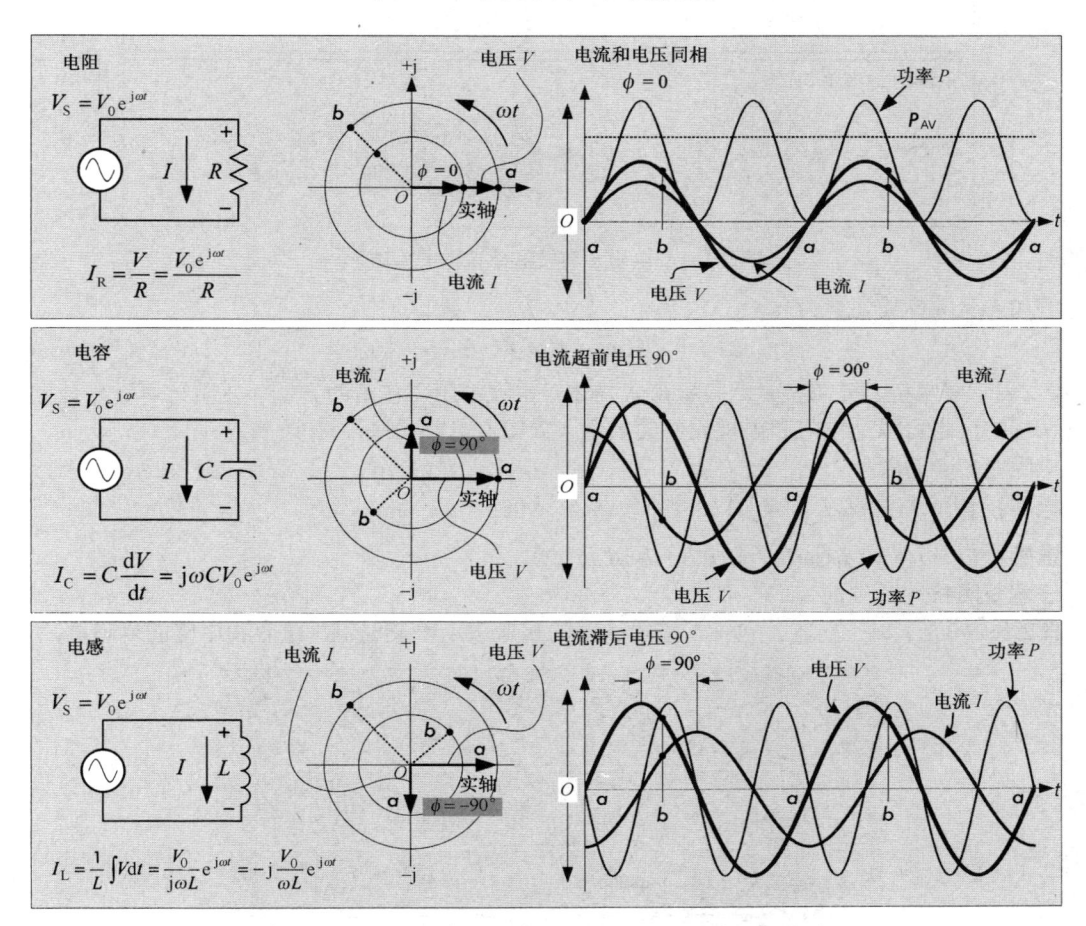

图2.160 电阻、电容和电感中电压与电流的相位关系

我们称这种在复平面上用电压和电流的振幅与相位角表示的图形为相量图，其中的相量意味着相位的比较。相量与数学的时间函数不同，相量只给出某个瞬间的相位和振幅。

下面介绍分析交流电路的一种重要方法。若将每个元件上的电压除以其电流，则可得到如图 2.161 所示的结果。图示表明，$V_0 e^{j\omega t}$ 项被消去，得到复数形式的电阻、容抗和感抗。注意，表达式仅是频率函数，与时间无关。这种方法的优点是避免了求解微分方程。

有了用复数表示容抗和感抗的方法后，在正弦激励的电路中，就可将电容和电感视为频率敏感电阻，这是一个很重要的假设。用这些频率敏感电阻替代直流电路分析中的标准电阻，将直流电源换成正弦电源，分析电路时均以复数形式给出电压、电流、电阻和阻抗，然后将这些公式代入欧姆定律、基尔霍夫定律、戴维南定理等电路定理建立方程，通过复数运算就可得到方程的解。

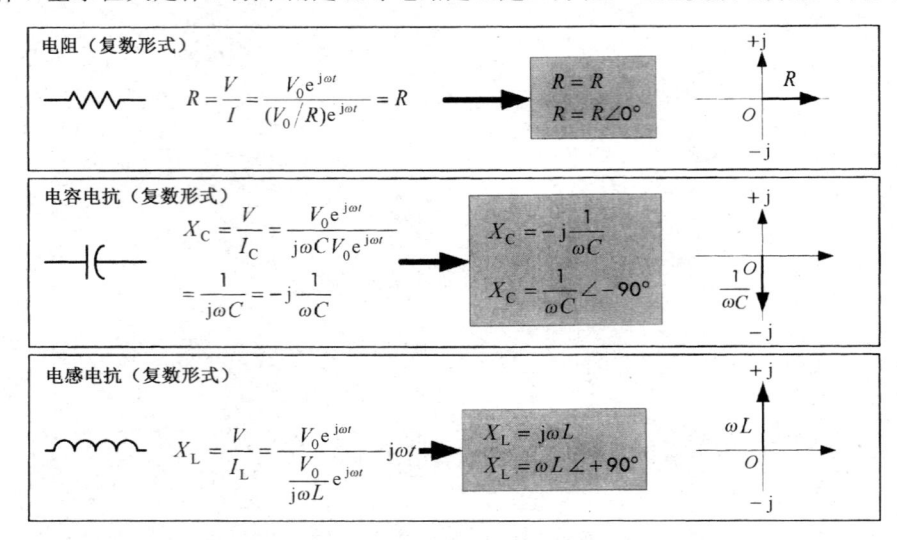

图2.161 电阻、容抗和感抗的复数表示

例如，交流欧姆定律为

$$V(\omega) = I(\omega)Z(\omega) \tag{2.69}$$

式中，Z表示复阻抗，复阻抗是用复数形式描述对电流的阻碍作用的方法。复阻抗可以只是电阻、容抗、感抗，也可以是电阻和电抗元件的组合（如RLC电路元件），如下所示：

电阻：$V_R = I_R R$。

电容：$V_C = I_C X_C = I_C \left(-j\frac{1}{\omega C}\right) = -j\frac{I_C}{\omega C} = \frac{I_C}{\omega C}\angle -90°$。

电感：$V_L = I_L X_L = I_L(j\omega L) = jI_L\omega L = I_L\omega L\angle +90°$。

任意复阻抗：$V_Z = I_Z Z$。

图2.162列出了以上内容，包括正弦电压源的相量表示以及电阻、电容和电感的复阻抗。

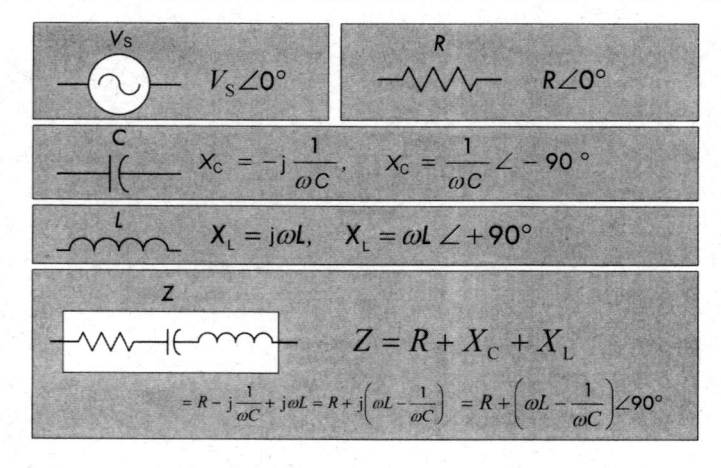

图2.162 正弦电压的相量表示及电阻、电容和电感的复阻抗

若将复阻抗视为频率敏感电阻,则由串联电阻公式可以求得串联复阻抗的等效复阻抗为

$$Z_{\text{total}} = Z_1 + Z_2 + Z_3 + \cdots + Z_N,\quad N\text{个复阻抗串联} \tag{2.70}$$

同样,直流分压电路现在变为交流分压电路。图2.163可以表示电阻、电容、电感或其他组合阻抗。

当多个复阻抗并联时,其等效阻抗的表达式为

$$Z_{\text{total}} = \frac{1}{1/Z_1 + 1/Z_2 + 1/Z_3 + \cdots + 1/Z_N},\quad N\text{个复阻抗并联} \tag{2.71}$$

$$Z_{\text{total}} = \frac{Z_1 Z_2}{Z_1 + Z_2},\quad \text{两个复阻抗并联} \tag{2.72}$$

对应的交流分流电路为(见图2.164)

$$I(t) = \frac{V_{\text{in}}(t)}{Z_{\text{total}}},\quad V_1(t) = \frac{Z_1}{Z_1 + Z_2} V_{\text{in}}(t),\quad V_2(t) = \frac{Z_2}{Z_1 + Z_2} V_{\text{in}}(t) \tag{2.73}$$

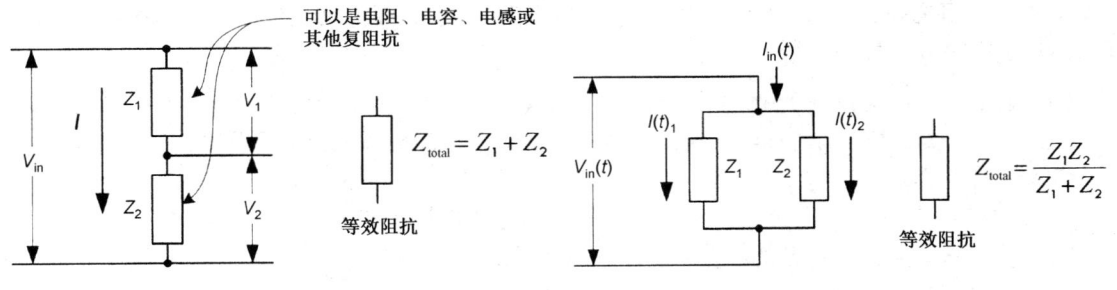

图2.163 交流分压电路

图2.164 交流分流电路

重要的是,可将复阻抗代入基尔霍夫电压定律建立回路方程来求解多节点的复杂电路问题(见图2.165)。

由基尔霍夫电流定律,可得如下方程组:

$$I_1(t) = I_2(t) + I_3(t)$$
$$I_2(t) = I_5(t) + I_4(t)$$
$$I_6(t) = I_4(t) + I_3(t)$$

由基尔霍夫电压定律,可得如下方程组:

$$V_{\text{in}}(t) - I_1(t)Z_6 - I_2(t)Z_2 - I_5(t)Z_5 = 0$$
$$-I_3(t)Z_3 + I_4(t)Z_4 + I_2(t)Z_2 = 0$$
$$-I_6(t)Z_6 + I_5(t)Z_5 - I_4(t)Z_4 = 0$$

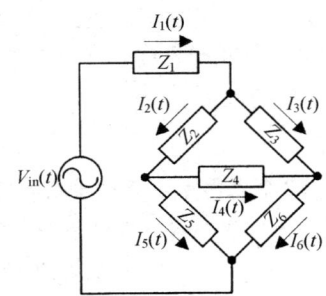

图2.165 应用基尔霍夫定律求解复杂电路

【例1】求图2.166所示各网络的复阻抗。

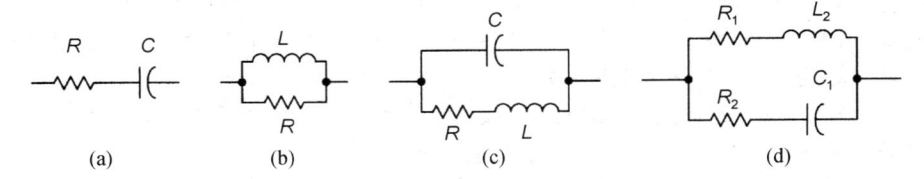

图2.166 例1所示电路

解: (a) $R - j\dfrac{1}{\omega C}$ (b) $\dfrac{jR\omega L}{R + j\omega L}$ (c) $\dfrac{\frac{L}{C} - j\left(\frac{R}{\omega C}\right)}{R + j\left(\omega L - \frac{1}{\omega C}\right)}$ (d) $\dfrac{\left(R_1 R_2 + \frac{L_2}{C_1}\right) + j\left(R_2 \omega L_2 - \frac{R_1}{\omega C_1}\right)}{R_1 + R_2 + j\left(\omega L_2 - \frac{1}{\omega C_1}\right)}$

以上结果的分母为复数，应用下式可以简化表达式：
$$\frac{1}{A+\mathrm{j}B} = \frac{A-\mathrm{j}B}{A^2+B^2}$$

【例2】用极坐标形式表示例1中网络(a)和(c)的结果。

解：

(a) $\sqrt{R^2 + \left(\frac{1}{\omega C}\right)^2} \angle \arctan\left(-\frac{1}{R\omega C}\right)$。

(c) $Z_{\text{total}} = \dfrac{\sqrt{(L/C)^2 + \left(\frac{R}{\omega C}\right)^2}}{\sqrt{R^2 + \left(\omega L - \frac{1}{\omega C}\right)^2}} \angle \left\{\arctan\left(\frac{R}{\omega C}\right) - \arctan\left[\frac{\omega L - 1/(\omega C)}{R}\right]\right\}$。

以上例子表明，如果最初不将具体的数据代入变量，那么得到的结果将是非常复杂的数学表达式。求出复阻抗并用它来分析交流电路，要比将电阻、电容和电感的特性方程代入基尔霍夫定律，然后求解微分方程简单得多。

【实例1】图2.167为RL串联电路，它由一个12VAC（RMC）/60Hz的电源激励，已知$L = 265\text{mH}$，$R = 50\Omega$，求I_S、I_R、I_L、V_R、V_L以及视在功率、有功功率、无功功率和功率因数。

首先，计算感抗：
$$X_L = \mathrm{j}\omega L = \mathrm{j}(2\pi \times 60\text{Hz} \times 265 \times 10^{-3}\text{H}) = \mathrm{j}100\Omega$$

由于电阻与电感串联，因此直接用直角坐标形式进行复数相加：
$$Z = R + X_L = 50\Omega + \mathrm{j}100\Omega$$

其极坐标形式为
$$Z = \sqrt{50^2 + 100^2} \angle \arctan(100/50) = 112\Omega \angle 63.4°$$

即阻抗为实数，其值为112Ω，复阻抗的实部为电阻值，虚部为感抗值。

利用交流欧姆定律，求得电流为
$$I_S = \frac{V_S}{Z_{\text{total}}} = \frac{12\text{VAC}\angle 0°}{112\Omega\angle 63.4°} = 0.107\text{A}\angle -63.4°$$

式中，$-63.4°$表示电流滞后于电源电压或网络总电压63.4°。由于串联电路中$I = I_R = I_L$，利用交流欧姆定律或交流分压公式可以求出电阻和电感两端的电压：
$$V_R = IR = (0.107\text{A}\angle -63.4°)(50\Omega\angle 0°) = 5.35\text{VAC}\angle -63.4°$$
$$V_L = IX_L = (0.107\text{A}\angle -63.4°)(100\Omega\angle 0°) = 10.7\text{VAC}\angle 26.6°$$

注意，以上计算的是$t = 0$时的值，初始条件为$V_S = 12\text{VAC}\angle 0°$。这两个条件是计算的必要条件，因为电压值与相位角和振幅是相互联系的，要画出整个系统随时间变化的精确波形，需要将ωt代入电源电压表达式，并将有效值乘以1.414得$V_S = 17.0\text{V}\angle \omega t$，该表达式代表的不是特殊时刻的电源电压，而是电压随时间的连续变化。将该表达式转换为三角形式，并去掉虚部得$V_S = 17.0\text{V}\cos\omega t$，即可画出电压的波形。若只关心相位，则可参照$VS$的表达式将所有其他电压和电流波形都写成三角形式，再加入各自的峰值和相位角，如图2.167下方的等式所示。

$$V_S(t) = 17.0\text{V}\sin\omega t, \qquad V_R(t) = 7.6\text{V}\sin(\omega t - 63.4°)$$
$$V_L(t) = 15.1\text{V}\sin(\omega t + 26.6°), \qquad I_S(t) = 0151\text{A}\sin(\omega t - 63.4°)$$

函数式中的峰值电压和峰值电流等于有效值乘以1.414。

电阻和感抗　　　　　　　　　　等效阻抗和电流

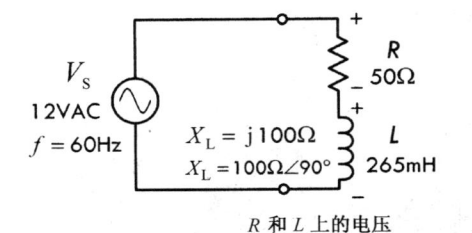

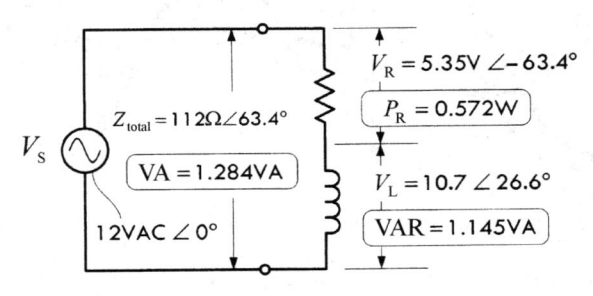

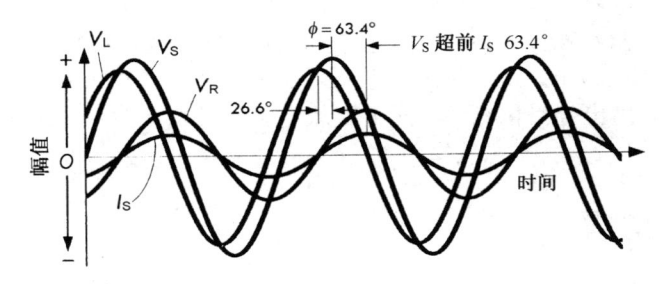

图2.167　RL电路的串联阻抗

总复阻抗的视在功率为

$$VA = I_{RMS}V_{RMS} = 0.107A \times 12VAC = 1.284VA$$

电阻上消耗的有功功率为

$$P_R = I_{RMS}^2 R = (0.107A)^2 \times 50\Omega = 0.572W$$

电感的无功功率为

$$VAR = I_{RMS}^2 X_L = (0.107A)^2 \times 150\Omega = 1.145\,var$$

功率因数（有功功率/视在功率）为

$$PF = \frac{P_R}{VA} = \cos\phi = \cos(-63.4°) = 0.45\ 滞后$$

式中，ϕ为V_S和I_S之间的相位差。后面将讨论视在功率和无功功率。

2.27.3　电抗电路中的特殊现象

在电抗电路中，能量的循环会表现出一种特殊现象。在图2.167所示的例子中，基尔霍夫定律似乎不成立，因为电阻和电感电压的代数和为

$$5.35VAC + 10.70VAC = 16.05VAC$$

这个结果要大于电源电压的12VAC。问题出在未考虑相位角。考虑相位角后，正确的计算结果为

$$V_{total} = V_R + V_L = 5.35\text{VAC}\angle-63.4° + 10.70\text{VAC}\angle 26.6°$$
$$= 2.4\text{VAC} - j4.8\text{VAC} + 9.6\text{VAC} + j4.8\text{VAC} = 12\text{VAC}$$

图2.168的波形对这一点做了说明。

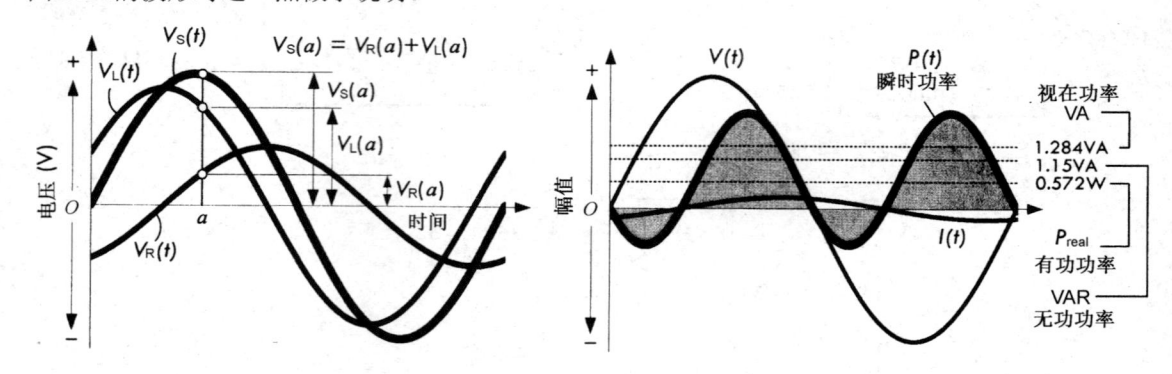

图2.168 考虑相位角的电压计算

注意，VAC有时不写在电压值后面来表示其值为RMS值，有些人喜欢写成V，并且假设所有正弦电压都是以RMS形式给出的。峰值电压用RMS电压表示为$V_P = 1.414 \times V_{RMS}$。

在其他情况下，如在电容和电感的串联电路中，元件上的电压值可能超过电源电压值。这种情况的出现是因为当电感存储能量时，电容将前一时刻存储的能量释放回电路中，反之亦然。在电容和电感支路的并联电路中，元件内部的电流可能超过从电源流出的电流，出现这种现象的原因是电感磁场减小，为电容提供电流，而电容放电时反过来又给电感提供电流。下面介绍这些情况。

2.28 交流电路的功率

在含有电阻、电感和电容的复杂电路中，使用前面介绍的功率定理$P = I_{RMS}V_{RMS}$可以确定电路所消耗功率的类型，但必须将P换成VA，称VA为视在功率：

$$VA = I_{RMS}V_{RMS}，\text{视在功率} \tag{2.74}$$

图2.167中RL串联电路的视在功率为

$$VA = I_{RMS}V_{RMS} = 0.107\text{A} \times 12\text{V} = 1.284\text{VA}$$

视在功率VA的计算式与一般交流功率的计算式是相同的，之所以用VA而不用P，是因为计算出的功率值并不纯粹只消耗有功功率，因此不能用有功功率的单位瓦特表示。为便于区分各种功率，设视在功率的单位为伏-安或VA，VA也恰好是计算视在功率的变量单位（类似于电压变量的单位是V）。实际上，视在功率中同时包含电阻消耗的功率和无功功率。无功功率不表示功率的消耗，它与电感中存储的磁场能量及电容中存储的电场能量是相联系的。在交流周期中，当电感的磁场减小或电容放电时，电感或电容存储的能量会释放回电路。只有当电路为纯电阻电路时，视在功率的单位才是瓦特。

区分视在功率中的有功功率和无功功率的方法是，有功功率是电流流过电阻材料的热损耗，因此将交流欧姆定律代入一般功率定律来定义有功功率：

$$P_R = I_{RMS}^2 R，\text{有功功率} \tag{2.75}$$

图2.167所示RL串联电路的有功功率为

$$P_R = I_{RMS}^2 R = (0.107\text{A})^2 \times 50\Omega = 0.572\text{W}$$

注意，有功功率的单位是瓦特。

为了确定电路中电容及电感的无功功率，先给出无功功率的概念。设无功功率为伏-安电抗或VAR。将欧姆功率定律中的电阻（或阻抗）部分换成电抗X，可得无功功率的定义式为

$$\mathrm{VAR} = I_{\mathrm{RMS}} X，无功功率 \tag{2.76}$$

无功功率与瓦特之间没有任何联系，因此令其单位为var。

图2.167所示RL串联电路的无功功率为

$$\mathrm{VAR} = I_{\mathrm{RMS}}^2 X_L = (0.107\mathrm{A})^2 \times 100\Omega = 1.145\,\mathrm{var}$$

现在，若认为将无功功率和有功功率相加就是视在功率，则对图2.167所示RL串联电路有

$$0.572 + 1.145 = 1.717$$

但是，计算得到的视在功率是1.284VA而不是1.717VA。出现错误的原因是未考虑相位角就直接进行了阻抗变量的代数运算，这是不正确的（就如不能将电压值代数相加一样）。考虑相位角后，对RL串联电路计算得

$$\mathrm{VAR} = I_{\mathrm{RMS}}^2 X_L = (0.107\mathrm{A}\angle -63.4°)^2 \times (100\Omega\angle 90°) = 1.145\,\mathrm{var}\angle -36.8°$$
$$\mathrm{VAR} = 0.917\mathrm{VA} - j0.686\,\mathrm{var}$$
$$P_R = I_{\mathrm{RMS}}^2 R = (0.107\mathrm{A}\angle -63.4°)^2 \times (50\Omega\angle 0°) = 0.573\angle -126.8°$$
$$P_R = -0.343 - j0.459\,\mathrm{W}$$

现在将无功功率和有功功率相加，得到正确的视在功率值：

$$\mathrm{VA} = \mathrm{VAR} + P_R = 0.574\mathrm{VA} - j1.145\mathrm{VA} = 1.281\mathrm{VA}\angle -63.4°$$

为了简化上述计算过程，给出以下无功功率、有功功率和视在功率满足的关系式：

$$\mathrm{VA} = \sqrt{P_R^2 + \mathrm{VAR}^2} \tag{2.77}$$

上式可用图2.169所示的复平面表示，应用该式可不必考虑相位角问题。将上述RL串联电路的计算值代入式（2.77），得到有功功率、视在功率和无功功率的关系式为 $1.284 = \sqrt{0.572^2 + 1.145^2}$ 。

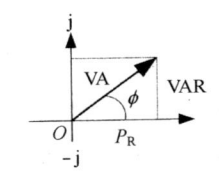

2.28.1 功率因数

另一种表示电路中视在功率和无功功率量值的方法是使用功率因数。电路的功率因数等于电路消耗的功率与视在功率之比，即

图2.169 复平面表示

$$\mathrm{PF} = \frac{P_{\mathrm{consumed}}}{P_{\mathrm{apparent}}} = \frac{P_R}{\mathrm{VA}} \tag{2.78}$$

在图2.167所示的例子中，

$$\mathrm{PF} = \frac{0.572\mathrm{W}}{1.284\mathrm{VA}} = 0.45$$

功率因数常用百分数表示，在本例中表示45%。

功率因数还可表示为

$$\mathrm{PF} = \cos\phi \tag{2.79}$$

式中，ϕ为电压与电流之间的相位差。图2.167所示例子中的相位差为-63.4°，因此有

$$\mathrm{PF} = \cos(-63.4°) = 0.45$$

该结果与前面计算的结果相同。

纯电阻电路的功率因数为100%或1，而纯电抗电路的功率因数为0。

因为功率因数总为正数，所以必须在其后面标上"超前"或"滞后"，以表明电压和电流之间

的相位关系。图2.167所示例子中的功率因数表示有0.45的滞后。但是，功率因数并不能充分反映所有电路问题，例如许多交直流功率转换电路不能带动某种性质的大电抗负载，而只能带动相反性质的小电抗负载。

在交流设备中，交流元件一定同时有无功功率和有功功率。例如，与纯电抗负载连接的变压器能够为负载提供电压和电流，流过变压器线圈的电流则会引起线圈电阻的热损耗I^2R。

最后要注意的是，还有一个描述无功功率百分比的量，称为无功因数。无功因数的定义式为

$$RF = \frac{P_{reactive}}{P_{apparent}} = \frac{VAR}{VA} = \sin\phi \tag{2.80}$$

在图2.167所示的例子中，$RF = 1.145VA/1.284VA = \sin(-63.4°) = -0.89$。

【实例2】LC串联电路如图2.170所示，已知电压源为10VAC（RMS），频率为127323Hz，$L = 100\mu H$，$C = 62.5nF$，求I_S、I_R、I_L、V_L、V_C、无功功率、有功功率、视在功率和功率因数。

$$V_S(t) = 14.1V\sin\omega t, \quad V_L(t) = 18.90V\sin\omega t$$
$$V_C(t) = 4.72V\sin(\omega t - 180°), \quad I_S(t) = 0.236A\sin(\omega t - 90°)$$

其中的峰值电压和峰值电流为RMS乘以1.414。首先计算感抗和容抗：

$$X_L = j\omega L = j(2\pi \times 127323Hz \times 100 \times 10^{-6}) = j80\Omega$$

$$X_C = -j\frac{1}{\omega C} = -j\frac{1}{2\pi \times 127323Hz \times 62.5 \times 10^{-9}} = -j20\Omega$$

由于电感和电容相串联，因此直接在直角坐标系下进行复数的加、减运算：

$$Z = X_L + X_C = j80\Omega + (-j20\Omega) = j60\Omega$$

其极坐标形式为$60\Omega\angle 90°$。相位角为90°表示计算结果是正虚数，表示阻抗为60Ω的纯电感。

应用交流欧姆定律求得电流值为

$$I_S = \frac{V_S}{Z} = \frac{10VAC\angle 0°}{60\Omega\angle 90°} = 0.167A\angle -90°$$

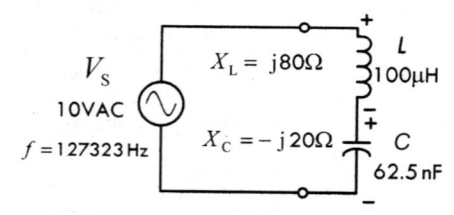

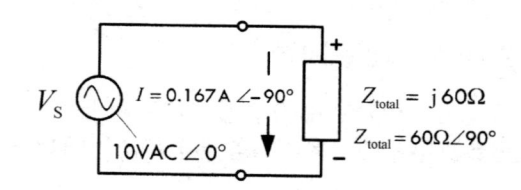

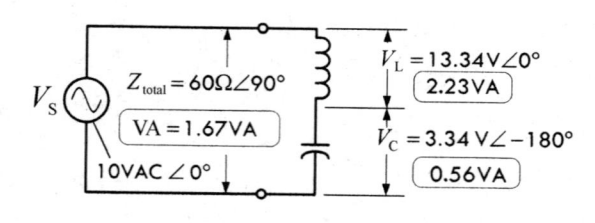

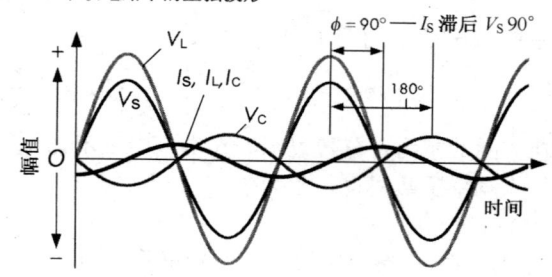

图2.170 LC串联电路

注意，为便于进行除法运算，复阻抗采用极坐标形式$60\Omega\angle 90°$。电流的相位角为–90°表示电源电流滞后于电源电压90°。在串联电路中，$I_S = I_L = I_C$。

应用交流欧姆定律（或交流电压分压公式）可求得电感和电容上的电压：
$$V_L = I_S X_L = (0.167\text{A}\angle-90°) \times (80\Omega\angle 90°) = 13.36\text{VAC}\angle 0°$$
$$V_C = I_S X_C = (0.167\text{A}\angle-90°) \times (20\Omega\angle-90°) = 3.34\text{VAC}\angle-180°$$

注意，电感上的电压值比电源电压大；电容在放电时给电感提供电流。

要将上述公式转换为连续函数，可将所有RMS值（×1.414）转换为峰值，将相位角加上ωt，然后转换成三角形式，并删去虚部。所得结果是用余弦函数表示的，也可用正弦函数表示，两者没有实质的不同。方程和波形图参见图2.170。

总阻抗的视在功率为
$$\text{VA} = I_{\text{RMS}}V_{\text{RMS}} = 0.167\text{A} \times 10\text{VAC} = 1.67\text{VA}$$

电路消耗的有功功率为
$$P_R = I_{\text{RMS}}^2 R = (0.167\text{A})^2 \times 0\Omega = 0\text{W}$$

电感和电容的无功功率为
$$\text{VAR}_L = I_{\text{RMS}}^2 X_L = (0.167\text{A})^2 \times 80\Omega = 2.23\text{ var}$$
$$\text{VAR}_C = I_{\text{RMS}}^2 X_C = (0.167\text{A})^2 \times 20\Omega = 0.56\text{ var}$$

功率因数为
$$\text{PF} = \frac{P_R}{\text{VA}} = \cos\phi = \cos(-90°) = 0 \text{（滞后）}$$

功率因数为0，表示该电路为纯电抗电路。

【实例3】 LC并联电路如图2.171所示，已知电源电压为10VAC（RMS），频率为2893.7Hz，$L=2.2$mH，$C=5.5\mu$F，求I_S、I_L、I_C、V_L、V_C、视在功率、有功功率、无功功率和功率因数。

$$V_S(t) = V_L(t) = V_C(t) = 14.1\text{V}\sin\omega t, \quad I_S(t) = 1.061\text{A}\sin(\omega t + 90°)$$
$$I_L(t) = 0.354\text{A}\sin(\omega t - 90°), \quad I_C(t) = 1.414\text{A}\sin(\omega t + 90°)$$

其中的峰值电压和峰值电流为RMS乘以1.414。

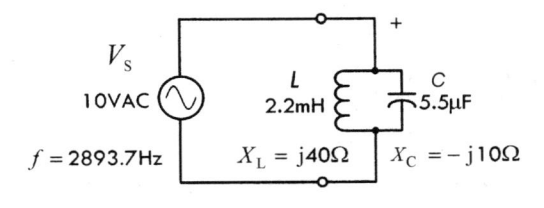

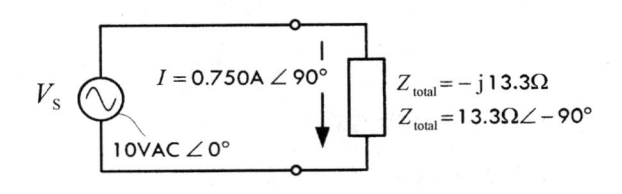

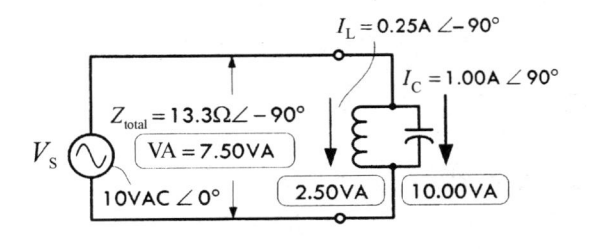

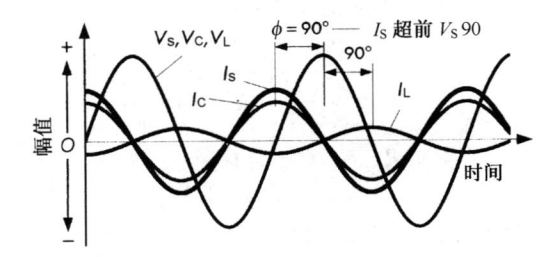

图2.171 LC并联电路

首先求出电感和电容的电抗：

$$X_L = j\omega L = j(2\pi \times 2893.7\text{Hz} \times 2.2 \times 10^{-3}) = j40\Omega$$

$$X_C = -j\frac{1}{\omega C} = -j\frac{1}{2\pi \times 2893.7\text{Hz} \times 5.5 \times 10^{-6}} = -j10\Omega$$

由于电感和电容是并联的，因此利用两个元件的并联公式进行复数的乘、加运算：

$$Z = \frac{X_L X_C}{X_L + X_C} = \frac{(j40) \times (-j10)}{(j40) + (-j10)} = \frac{400}{j30} = -j13.33\Omega$$

注意，j×j = −1，1/j = −j。其极坐标形式为13.33Ω∠−90°，相位角为−90°表示计算结果为负虚数，表示阻抗为13.33Ω的纯电容。

由交流欧姆定律求得电流为

$$I_S = \frac{V_S}{Z} = \frac{10\text{VAC}\angle 0°}{13.33\Omega\angle -90°} = 0.750\text{A}\angle 90°$$

注意，为便于进行除法运算，复阻抗采用极坐标形式13.33Ω∠−90°。电流的相位角为90°表示电流超前于电源电压90°，而在并联电路中有$V_S = V_L = V_C$。

利用交流欧姆定律或分流公式，求得每个元件上的电流为

$$I_L = \frac{V_L}{X_L} = \frac{10\text{VAC}\angle 0°}{40\Omega\angle 90°} = 0.25\text{A}\angle -90°, \quad I_C = \frac{V_C}{X_C} = \frac{10\text{VAC}\angle 0°}{10\Omega\angle -90°} = 1.0\text{A}\angle 90°$$

注意，电容电流要比电源电流大；随着电感的磁场减小，电感为电容提供电流。

要将上述表达式转换为连续函数，可将所有RMS值（×1.414）转换为峰值，将相位角加上ωt，然后转换成三角形式，并删去虚部。所得结果是用余弦函数表示的，也可用正弦函数表示，两者没有实质的不同。方程和波形图参见图2.171。

视在功率为

$$\text{VA} = I_{\text{RMS}} V_{\text{RMS}} = 0.750\text{A} \times 10\text{VAC} = 7.50\text{VA}$$

电感和电容的无功功率为

$$\text{VAR}_L = I_L^2 X_L = (0.25\text{A})^2 \times 40\Omega = 2.50\text{ var}$$

$$\text{VAR}_C = I_C^2 X_C = (1.00\text{A})^2 \times 10\Omega = 10.00\text{ var}$$

功率因数为

$$\text{PF} = \frac{P_R}{\text{VA}} = \cos\phi = \cos(+90°) = 0 \quad （滞后）$$

功率因数为0，表示电路为纯电抗电路。

【实例4】 LCR串联电路如图2.172所示，已知电源电压为1.00VAC（RMS），频率为1000Hz，$L = 25\text{mH}$，$C = 1\mu\text{F}$，$R = 1.0\Omega$，求总阻抗Z、V_L、V_C、V_R、I_S、视在功率、有功功率、无功功率和功率因数。

首先，求感抗和容抗：

$$X_L = j\omega L = j(2\pi \times 1000\text{Hz} \times 25 \times 10^{-3}) = j157.1\Omega$$

$$X_C = -j\frac{1}{\omega C} = -j\frac{1}{2\pi \times 1000\text{Hz} \times 1 \times 10^{-6}} = -j159.2\Omega$$

串联的R、L、C总阻抗为

$$Z = R + X_L + X_C = 1\Omega + j157.1\Omega - j159.2\Omega = 1\Omega - j(2.1\Omega)$$

其极坐标形式为2.33Ω∠−64.5°，相位角为−64.5°，说明虚部为负值，阻抗是容性的，阻抗值为2.33Ω。

由交流欧姆定律，求得总电流为

$$I_S = \frac{V_S}{Z} = \frac{1.00\text{VAC}\angle 0°}{2.33\Omega\angle -64.5°} = 0.429\text{A}\angle 64.5°$$

注意，为便于进行除法运算，复阻抗采用极坐标形式2.33Ω∠−64.5°。电流的相位角为64.5°，表示电流超前于电源电压90°，而在串联电路中$I_S = I_L = I_C = I_R$。

利用交流欧姆定律可求得每个元件上的电压为

$$V_L = I_S X_L = (0.429A\angle 64.5°) \times (157.1\Omega\angle 90°) = 67.40\text{VAC}\angle 154.5°$$
$$V_C = I_S X_C = (0.429A\angle 64.5°) \times (159.2\Omega\angle -90°) = 68.3\text{VAC}\angle -25.5°$$
$$V_R = I_S R = (0.429A\angle 64.5°) \times (1\Omega\angle 0°) = 0.429\text{VAC}\angle 64.5°$$

注意，在这个特定的相位点，电感和电容上的电压比电源电压大，当电容放电时，它为电感提供电流，而当电感的磁场减小时，电感又为电容提供电流。要将上述表达式转换为连续函数，可将所有RMS值（×1.414）变为峰值，将相位角加上ωt，然后转换成三角形式，并删去虚部。所得结果是用余弦函数表示的，也可用正弦函数表示，两者没有实质的不同。方程和波形图参见图2.172。

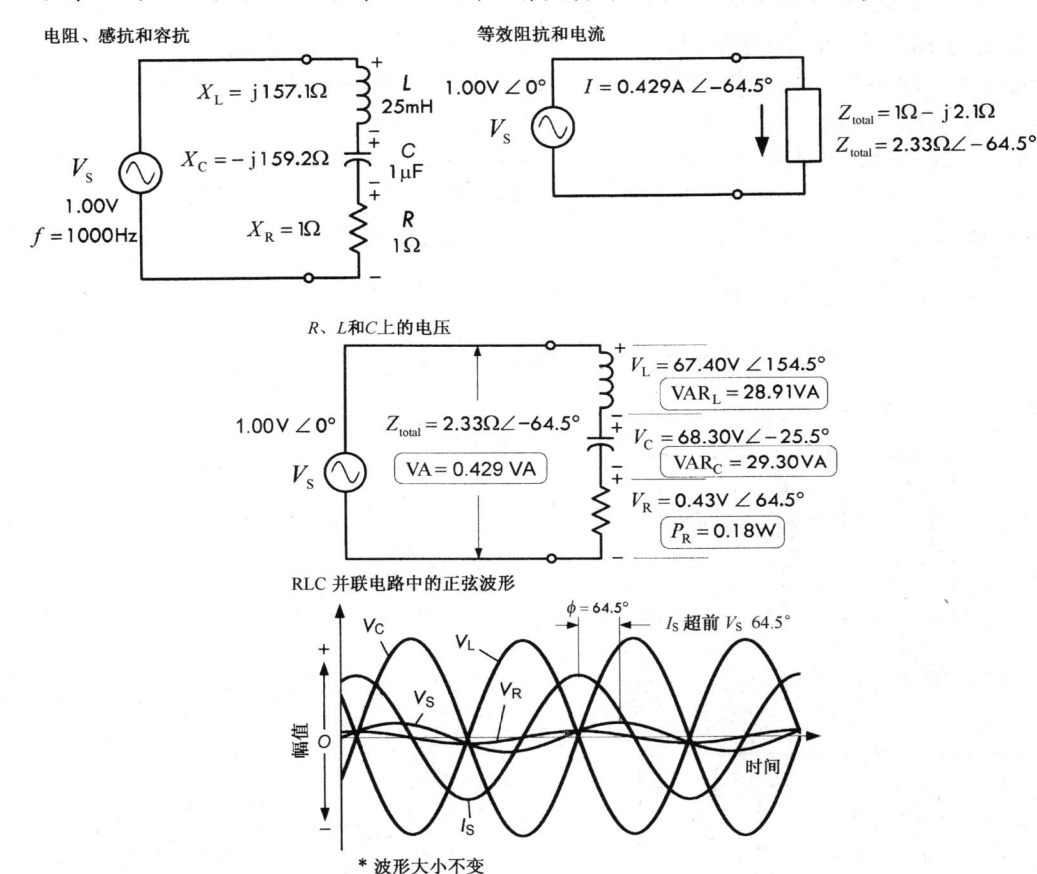

图2.172 RLC串联电路

$$V_S(t) = 14.1\text{V}\sin\omega t, \quad V_L(t) = 95.32\text{V}\sin(\omega t + 154.5°)$$
$$V_C(t) = 96.60\text{V}\sin(\omega t - 25.5°), \quad V_R(t) = 0.61\text{V}\sin(\omega t + 64.5°)$$
$$I_S(t) = 0.607\text{A}\sin(\omega t + 64.5°)$$

其中的峰值电压和峰值电流为RMS乘以1.414。视在功率为

$$\text{VA} = I_{\text{RMS}} V_{\text{RMS}} = 0.429\text{A} \times 1.00\text{VAC} = 4.29\text{VA}$$

有功功率或电阻消耗的功率为

$$P_R = I_S^2 R = (0.429\text{A})^2 \times 1\Omega = 0.18\text{W}$$

电感和电容的无功功率为

$$\text{VAR}_L = I_L^2 X_L = (0.429\text{A})^2 \times 157.1\Omega = 28.91 \text{ var}$$
$$\text{VAR}_C = I_C^2 X_C = (0.429\text{A})^2 \times 159.2\Omega = 29.30 \text{ var}$$

功率因数为

$$\text{PF} = \frac{P_R}{\text{VA}} = \cos\phi = \cos(64.5°) = 0.43 \text{（超前）}$$

由本例可见，电感和电容的VAR值非常大。对于实际电路元件，VAR值是很重要的，尽管无功功率对能量损耗没有贡献，但无功元件的VAR对电路是有影响的，如电感和变压器这样的理想无功元件，需要给出它们的额定伏安值，以便提供防止元件过热的安全工作极限。其实，电感或变压器的内阻是必须要考虑的。

【实例5】RLC并联电路如图2.173所示，已知电源电压为12.0VAC（RMS），频率为600Hz，$L = 1.061$mH，$C = 66.3\mu\text{F}$，$R = 10\Omega$，求Z_{total}、V_L、V_C、V_R、I_S、视在功率、有功功率、无功功率和功率因数。

$$V_S(t) = V_L(t) = V_C(t) = V_R(t) = 16.9\text{V}\sin\omega t, \quad I_S(t) = 1.70\text{A}\sin\omega t$$
$$I_L(t) = 4.24\text{A}\sin(\omega t - 90°), \quad I_C(t) = 4.24\text{A}\sin(\omega t + 90°), \quad I_R(t) = 1.70\text{A}\sin\omega t$$

其中的峰值电压和峰值电流为RMS乘以1.414。首先，求感抗和容抗：

$$X_L = j\omega L = j(2\pi \times 600\text{Hz} \times 1.061 \times 10^{-3}) = j4.0\Omega$$
$$X_C = -j\frac{1}{\omega C} = -j\frac{1}{2\pi \times 600\text{Hz} \times 66.3 \times 10^{-6}} = -j4.0\Omega$$

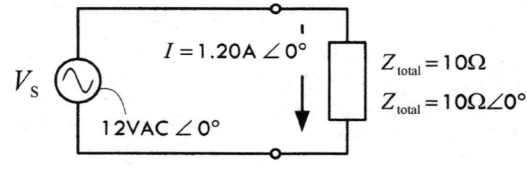

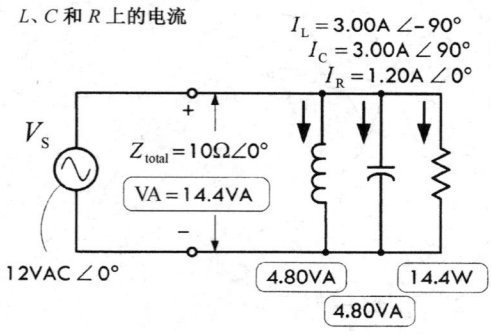

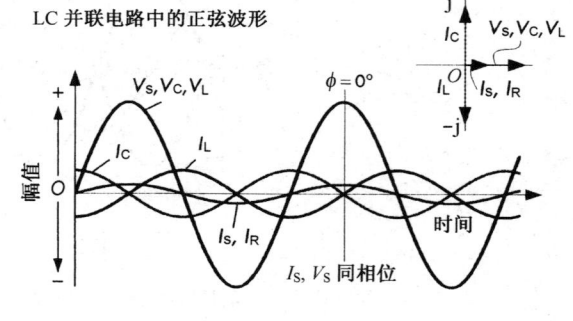

图2.173 RLC并联电路

由于电阻、电感和电容相并联，因此直接应用元件的并联公式很容易求出总阻抗：

$$Z_{\text{total}} = \frac{1}{\frac{1}{j4\Omega} + \frac{1}{-j4\Omega} + \frac{1}{10\Omega}} = 10\Omega$$

总阻抗是一个实数，这使得后面的计算变得相当简单。在讨论这类有趣的现象前，先完成解答。

由交流欧姆定律得到总电流为

$$I_\mathrm{S} = \frac{V_\mathrm{S}}{Z} = \frac{12.0\mathrm{VAC}\angle 0°}{10\Omega\angle 0°} = 1.20\mathrm{A}\angle 0°$$

上式的相位角为0，即电源电流与电压同相位。在并联电路中，$V_\mathrm{S} = V_\mathrm{L} = V_\mathrm{C} = V_\mathrm{R}$。

由交流欧姆定律求得流过各元件的电流为

$$I_\mathrm{L} = \frac{V_\mathrm{S}}{X_\mathrm{L}} = \frac{12.0\mathrm{VAC}\angle 0°}{4\Omega\angle 0°} = 3.00\mathrm{A}\angle -90°$$

$$I_\mathrm{C} = \frac{V_\mathrm{S}}{X_\mathrm{C}} = \frac{12.0\mathrm{VAC}\angle 0°}{4\Omega\angle -90°} = 3.00\mathrm{A}\angle 90°$$

$$I_\mathrm{R} = \frac{V_\mathrm{S}}{R} = \frac{12.0\mathrm{VAC}\angle 0°}{10\Omega\angle 0°} = 1.20\mathrm{A}\angle 0°$$

将电压和电流的表达式转换为正弦函数形式，如图2.173所示。视在功率为

$$\mathrm{VA} = I_\mathrm{RMS}V_\mathrm{RMS} = 1.20\mathrm{A}\times 12\mathrm{VAC} = 14.4\mathrm{VA}$$

有功功率或电阻所消耗的功率为

$$P_\mathrm{R} = I_\mathrm{S}^2 R = (1.20\mathrm{A})^2 \times 10\Omega = 14.4\mathrm{W}$$

电感和电容的无功功率为

$$\mathrm{VAR}_\mathrm{L} = I_\mathrm{L}^2 X_\mathrm{L} = (3.00\mathrm{A})^2 \times 4\Omega = 36\,\mathrm{var}$$

$$\mathrm{VAR}_\mathrm{C} = I_\mathrm{C}^2 X_\mathrm{C} = (3.00\mathrm{A})^2 \times 4\Omega = 36\,\mathrm{var}$$

功率因数为

$$\mathrm{PF} = \frac{P_\mathrm{R}}{\mathrm{VA}} = \cos\phi = \cos(0) = 1$$

功率因数为1，表示电路为纯电阻电路。本例中出现了一种特殊的现象，即在LC电路中形成了一个环流，这种现象仅有频率为振荡频率时才发生。振荡电路将在后面介绍。

2.29 交流电路的戴维南定理

与直流电路的其他定理一样，修改后的戴维南定理也可用于分析交流线性电路。交流戴维南定理的内容为：任何包含电阻、电容和电感的复杂网络都可等效为一个正弦电压源和一个等效复阻抗的串联。例如，要求出线性复杂正弦电路中某两点间的电压，或者电路中某元件上的电流和电压，只需移去该元件，求出戴维南等效电压$V_\mathrm{THEV}(t)$，用短路线替代原正弦电源，求出戴维南等效复阻抗$Z_\mathrm{THEV}(t)$，得出戴维南等效电路。图2.174给出了一个含有电阻、电容和电感的复杂电路的戴维南等效电路。下面的例题详细说明了戴维南定理的应用。

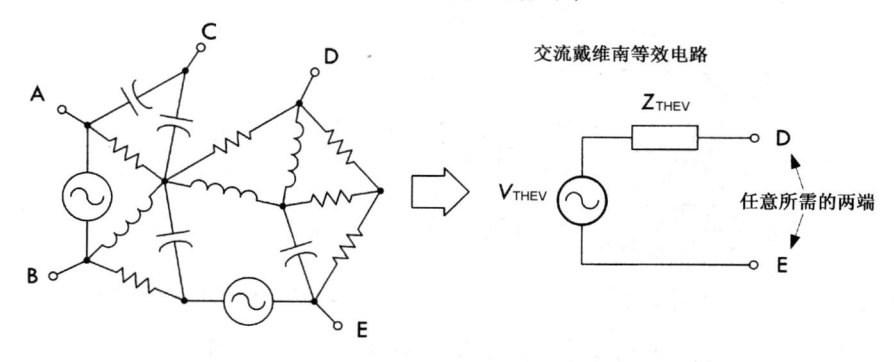

图2.174 含有电阻、电容和电感的复杂电路的戴维南等效电路

【例1】 求图2.175所示电路中流过电阻的电流。

$$V_S(t) = V_C(t) = 14.1\text{V}\sin\omega t, \quad I_R(t) = I_S(t) = 4.64\text{mA}\sin(\omega t - 24.3°)$$

其中的峰值电压和峰值电流为RMS乘以1.414。

解： 首先移去电阻，使电路成为伸出两个端子的黑盒子，接着计算容抗和感抗：

$$X_L = j\omega L = j(2\pi \times 1000\text{Hz} \times 200 \times 10^{-3}) = j1257\Omega$$

$$X_C = -j\frac{1}{\omega C} = -j\frac{1}{2\pi \times 1000\text{Hz} \times 20 \times 10^{-9}\text{F}} = -j7958\Omega$$

然后，应用交流电压分压公式，计算开路电压或戴维南等效电压：

$$V_{\text{THEV}} = V_C = \left(\frac{X_C}{X_C + X_L}\right)V_S = \left(\frac{-j7958\Omega}{-j7958\Omega + j1257\Omega}\right) \times 10\text{VAC}$$

$$= \left(\frac{7958\angle -90°}{6701\angle -90°}\right) \times 10\text{VAC} = 11.88\text{VAC}\angle 0°$$

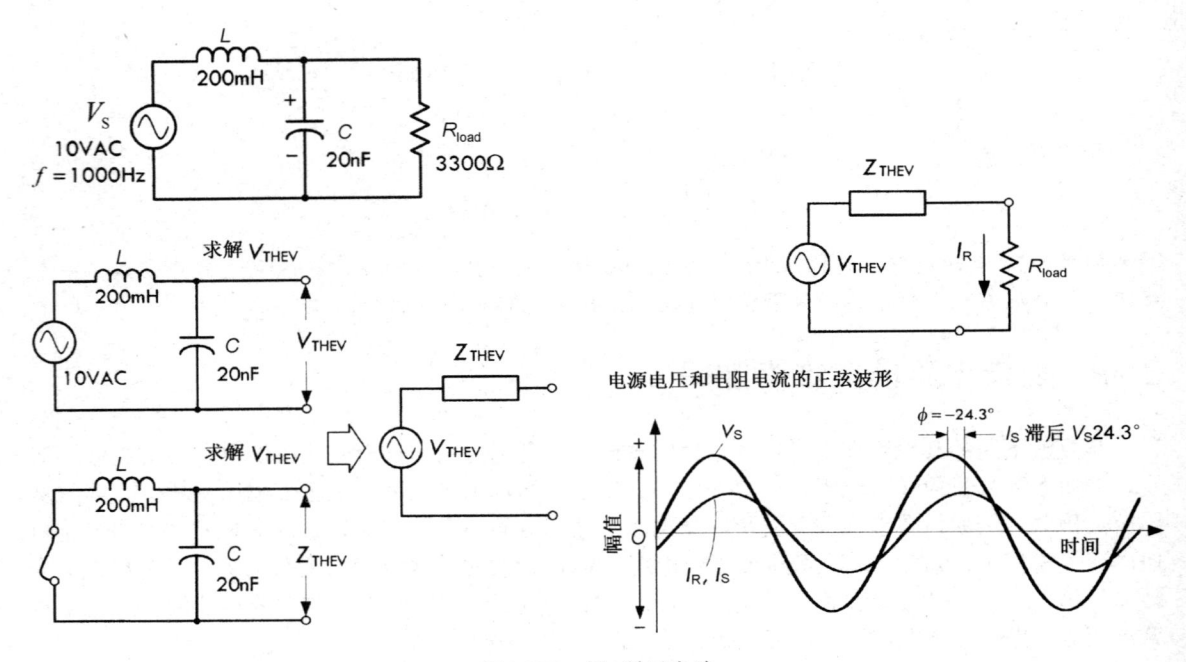

图2.175 例1所示电路

将正弦电源短路，等效阻抗Z_{THEV}为电容和电感的并联：

$$Z_{\text{THEV}} = \frac{X_C X_L}{X_C + X_L} = \frac{-j7958\Omega \times j1257\Omega}{-j7958\Omega + j1257\Omega} = \frac{(7958\Omega\angle -90°)(1257\Omega\angle 90°)}{6701\Omega\angle -90°}$$

$$= \frac{10003206\Omega^2\angle 0°}{6702\Omega\angle -90°} = 1493\Omega\angle 90° = j(1493\Omega)$$

最后，连接负载电阻与戴维南等效电路，根据Z_{THEV}和R的串联关系，求出总阻抗：

$$Z_{\text{total}} = R + Z_{\text{THEV}} = 3300\Omega + j1493\Omega = 3622\Omega\angle 24.3°$$

由交流欧姆定律,求得电流为

$$I_R = \frac{V_{THEV}}{Z_{total}} = \frac{11.88\text{VAC}\angle 0°}{3622\Omega\angle 24.3°} = 3.28\text{mA}\angle -24.3°$$

复数式说明电阻电流为3.28mA,且滞后于电源电压24.3°。要将上式转换为时间函数,可先将相位角加上ωt,然后将RMS值改为峰值,如图2.175所示。

视在功率、有功功率、无功功率及功率因数为

$$\text{VA} = I_S^2 Z_{total} = (0.00328\text{A})^2 \times 3622\Omega = 0.039\text{ var}$$

$$P_R = I_R^2 R = (0.00328\text{A})^2 \times 3300\Omega = 0.035\text{W}$$

$$\text{VAR} = I_R^2 Z_{THEV} = (0.00328\text{A})^2 \times 1493\Omega = 0.016\text{ var}$$

$$\text{PF} = \frac{P_R}{\text{VA}} = \cos\phi = \cos(-24.3°) = 0.91 \quad (\text{滞后})$$

2.30 谐振电路

对LC电路施加正弦电压源后,当电源频率是一个特殊频率(称为谐振频率)时,将发生一种有趣的现象。例如,图2.176所示的LC串联电路处于谐振角频率$\omega_0 = 1/\sqrt{LC}$或等效谐振频率$f_0 = 1/(2\pi\sqrt{LC})$处,LC网络的等效阻抗趋于零,即LC网络相当于短路,也就是说,流过电源的电流达到最大值,在理想情况下,该电流将趋于无穷大。但是,实际上,电路中所有元件的内阻会将电流限制在有限的范围内。通过下面的例子,可以了解LC串联谐振电路的工作原理。

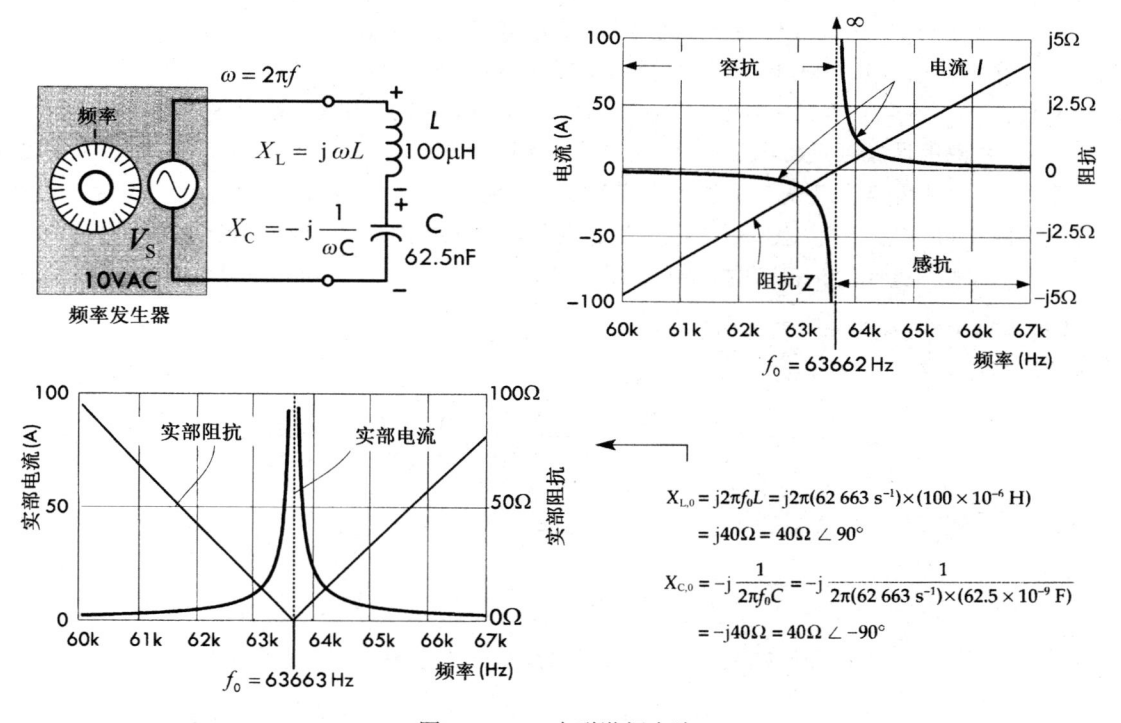

$$X_{L,0} = j2\pi f_0 L = j2\pi(62\,663\text{ s}^{-1})\times(100\times 10^{-6}\text{ H})$$
$$= j40\Omega = 40\Omega\angle 90°$$

$$X_{C,0} = -j\frac{1}{2\pi f_0 C} = -j\frac{1}{2\pi(62\,663\text{ s}^{-1})\times(62.5\times 10^{-9}\text{ F})}$$
$$= -j40\Omega = 40\Omega\angle -90°$$

图2.176 LC串联谐振电路

【实例1】 要了解LC串联电路是如何工作的,可先求出电路的等效阻抗。与先前的例子不同,此时频率未知,因此等效阻抗是一个变量:

$$Z_{\text{total}} = X_L + X_C = j\omega L - j\frac{1}{\omega C} = j\left(\omega L - \frac{1}{\omega C}\right)$$

其极坐标形式为

$$Z_{\text{total}} = \left(\omega L - \frac{1}{\omega C}\right) \angle 90°$$

注意,任何数除以0的反正切是90°,所以阻抗相位角为90°。流过并联阻抗的电流为

$$I = \frac{V_S}{Z_{\text{total}}} = 10\text{VAC} \angle 0° / \left(\omega L - \frac{1}{\omega C}\right) \angle 90° = \left[10\text{VAC}/\left(\omega L - \frac{1}{\omega C}\right)\right] \angle 90°$$

代入 $L = 100\mu\text{H}$,$C = 62.5\text{nF}$ 和 $\omega = 2\pi f$,不考虑相位角,总阻抗和电流为

$$|Z_{\text{total}}| = 6.28 \times 10^{-4} f - \frac{2546479}{f} \Omega, \quad |I| = 10\text{VAC}/\left[6.28 \times 10^{-4} f - \frac{2546479}{f}\right]$$

阻抗和电流都是频率的函数,其波形如图2.176所示。注意,当频率为谐振频率时,

$$f_0 = \frac{1}{2\pi}\sqrt{LC} = \frac{1}{2\pi\sqrt{LC}} = 65663\text{Hz}$$

阻抗为零,同时电流趋于无穷大。也就是说,若将谐振频率代入阻抗和电流方程,则结果分别为零和无穷大。实际上,电路的内阻将限制电流的增大。

谐振时,感抗和容抗是相等的,但相位相反,参见图2.176中的方程。

直观上,可以想象,当LC串联电路谐振时,电容两端的电压和电感两端的电压相等,但相位相反。这意味着LC串联部分的有效电压降为零。因此,LC电路的阻抗一定也为零。

并联LC电路中同样会发生谐振,其谐振角频率为 $\omega_0 = 1/\sqrt{LC}$,等效谐振频率为 $f_0 = 1/(2\pi\sqrt{LC})$,与LC串联电路的谐振频率表达式相同,但电路的表现却完全相反,谐振时不是阻抗趋于零和电流趋于无穷大,而是电阻趋于无穷大和电流趋于零。从性质上看,并联LC网络相当于开路。当然,事实上电路中总存在一些内阻、寄生电容和寄生电感,使得这种开路现象不会发生。通过下面的实例,可以了解理想LC并联谐振电路的工作原理。

【实例2】 LC并联谐振电路如图2.177所示,应用式(2.72)求得总阻抗(谐振时感抗和容抗相等但相位相反)为

$$X_{\text{total}} = \frac{X_L X_C}{X_L + X_C} = \frac{(j\omega L)(-j\frac{1}{\omega C})}{j\omega L - j\frac{1}{\omega C}} = \frac{L/C}{j(\omega L - \frac{1}{\omega C})} = -j\frac{L/C}{\omega L - \frac{1}{\omega C}}$$

其极坐标形式为

$$Z_{\text{total}} = \frac{L/C}{\omega L - \frac{1}{\omega C}} \angle -90°$$

注意,设任何负数除以0的反正切为-90°,求得阻抗相位角为-90°。流过并联阻抗的电流为

$$I = \frac{V_S}{Z_{\text{total}}} = 10\text{VAC} \angle 0° / \frac{L/C}{\omega L - \frac{1}{\omega C}} \angle -90° = \left[10\text{VAC}/\frac{L/C}{\omega L - \frac{1}{\omega C}}\right] \angle -90°$$

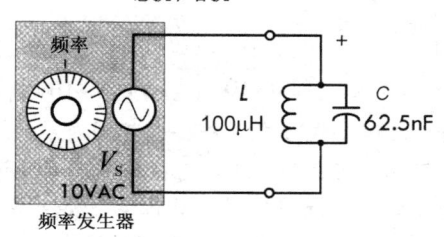

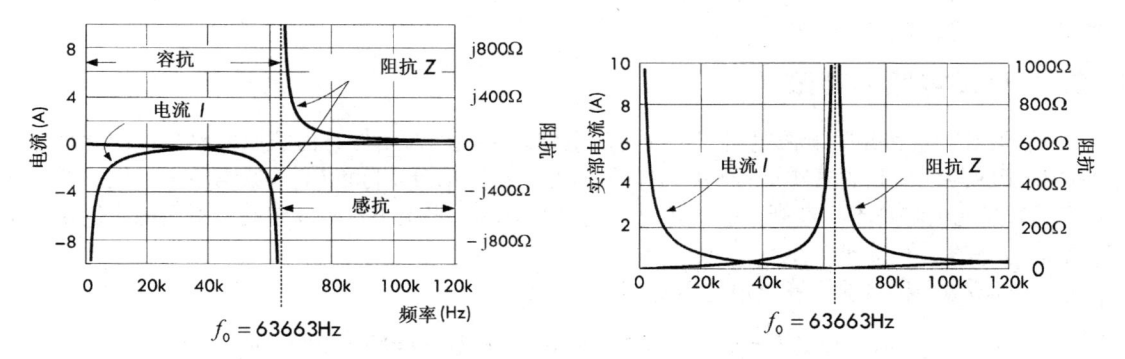

图2.177 LC并联谐振电路

代入 $L = 100\mu H$、$C = 62.5nF$ 和 $\omega = 2\pi f$,不考虑相位角,总阻抗和电流为

$$|Z_{\text{total}}| = 1600/\left(6.28\times 10^{-4} f - \frac{1}{3.92\times 10^{-7} f}\right)\Omega, \quad |I| = 0.00625\left(6.28\times 10^{-4} f - \frac{1}{3.92\times 10^{-7} f}\right)A$$

阻抗和电流都是频率的函数,其波形如图2.177所示。注意,当频率为谐振频率时,

$$f_0 = \frac{1}{2\pi}\sqrt{LC} = \frac{1}{2\pi\sqrt{LC}} = 63663Hz$$

阻抗趋于无穷大,同时电流趋于零。也就是说,将谐振频率代入阻抗和电流方程后,将分别得到无穷大和零的结果。注意,当频率趋于零时,电感为直流短路,电流将趋于无穷大。另一方面,当频率趋于无穷大时,电容相当于短路,电流又将趋于无穷大。事实上,电路的内阻、寄生电感和寄生电容使得电流不会无穷大。

直观上,可以想象,谐振时,由于C和L的阻抗和电压相等但相位相反,因此可以推断流过L与C的电流相等但方向相反。也就是说,流过L的电流从电容的上端流入C,流过C后又从电感的下端流入L。在下一个时刻,电流反向,能量反方向释放。L和C的作用类似振荡器,使同等数量的能量往返振荡。振荡能量的大小取决于L和C的大小。在LC回路中,流动的电流称为环流,进一步说,流过电源的电流此时很小,原因是电源未感觉到两端的电位差。换句话说,若给LC网络施加一个外部电流,则意味着其中一个元件(L或C)中的电流大于另一个元件中的电流,但当谐振发生时,因为流过L和C的电流相等但流向相反,所以外施电流的情况不可能实现。

【例1】一个谐振电路的电感为5.0μH,电容为35pF,求电路的谐振频率。
解:

$$f_0 = 1/(2\pi\sqrt{LC}) = 1/\left[2\pi\sqrt{(5.0\times 10^{-6})\times(35\times 10^{-12})}\right] = 12\times 10^{-6}Hz = 12MHz$$

【例2】一个谐振电路的电感为2.00μH,谐振频率为21.1MHz,求电路的电容值。

解：
$$f_0 = 1/(2\pi\sqrt{LC}) \Rightarrow C = \frac{1}{L}\left(\frac{1}{2\pi f_0}\right)^2 = \frac{1}{2.0\times10^{-6}}\left[\frac{1}{2\pi\sqrt{21.1\times10^6}}\right]^2 = 2.85\times10^{-11}\text{F} = 28.5\text{pF}$$

对于大多数电子设计工作，上述公式可在元件公差范围内准确地计算出频率和元件值。但是，谐振电路除谐振频率外，还有其他一些重要性质，包括阻抗、串联谐振电路中元件两端的电压降、并联谐振电路的电流以及带宽。这些性质决定了一些因素，如可调电路的选择、满足功率要求的电路元件的额定值等。虽然可调电路谐振频率的确定可以忽略电路中的任何电阻，但在电路的其他特性中，电阻会起重要作用。

2.30.1 RLC电路的谐振

之前的LC串联和并联谐振电路都是理想的电路。实际上，元件有内阻或内阻抗，因此理想电路的谐振响应与观察到的真实谐振响应是有偏差的。在大部分实际的LC谐振电路中，电感的高频（HF范围）损耗电阻是不可忽视的。高频时，电容的损耗电阻很小，可以忽略。下面的实例说明了RLC串联电路的工作原理。

谐振时，感抗和容抗相等但相位相反：

$$X_{L,0} = j2\pi f_0 L = j2\pi \times 62663\text{s}^{-1} \times 100\times10^{-6}\text{H} = j40\Omega = 40\Omega\angle 90°$$

$$X_{C,0} = -j\frac{1}{2\pi f_0 C} = -j\frac{1}{2\pi \times 62663\text{s}^{-1} \times 62.5\times10^{-9}\text{F}} = -j40\Omega = 40\Omega\angle -90°$$

【实例3】 首先求出RLC串联电路的总阻抗：

$$Z_{\text{total}} = R + X_L + X_C = R + j\omega L - j\frac{1}{\omega C} = R + j\left(\omega L - \frac{1}{\omega C}\right)$$

其极坐标形式为

$$Z_{\text{total}} = \sqrt{R^2 + \left(\omega L - \frac{1}{\omega C}\right)^2} \angle \arctan\left(\frac{\omega L - \frac{1}{\omega C}}{R}\right)$$

不考虑相位，流过总阻抗的电流为

$$I = \frac{V_S}{Z_{\text{total}}} = 10\text{VAC}/\sqrt{R^2 + \left(\omega L - \frac{1}{\omega C}\right)^2}$$

代入 $L = 100\mu\text{H}$、$C = 62.5\text{nF}$ 和 $\omega = 2\pi f$，电流的频率函数为

$$I = \frac{10\text{VAC}}{\sqrt{25 + \left(6.28\times10^{-4}f - 2546479/f\right)^2}\Omega}$$

代入谐振频率得

$$f_0 = \frac{1}{2\pi\sqrt{LC}} = \frac{1}{2\pi\sqrt{(100\times10^{-6}\text{H})\times(62.5\times10^{-9}\text{F})}} = 63663\text{Hz}$$

与理想LC串联谐振电路不同，总电流并不趋于无穷大，而是 $V_S/R = 10\text{VAC}/5\Omega = 2\text{A}$。因此，谐振时，感抗与容抗相互抵消，电阻使得阻抗不为零。

空载品质因数Q是谐振时的电抗除以电阻，即

$$Q_U = \frac{1}{R}\sqrt{\frac{L}{C}} \quad \frac{X_{L,0}}{R} = \frac{\omega_0 L}{R} = \frac{2\pi f_0 L}{R} = \frac{40\Omega}{5\Omega} = 8$$

如图2.178所示，谐振时，感抗与容抗相互抵消，阻抗仅由电阻决定。推断可知，谐振时，电流和电压肯定同相，这与只有一个电阻的正弦电路相同。但是，当偏离谐振频率（保持元件值不变）时，由于感抗或容抗增加，总阻抗变大。当频率低于谐振频率时，容抗占优。低频时，电容对电流的阻碍作用增强。当频率高于谐振频率时，感抗占优。高频时，电感对电流的阻碍作用增强。当频率远离谐振频率时，可以看到电阻对电流振幅没有什么影响。

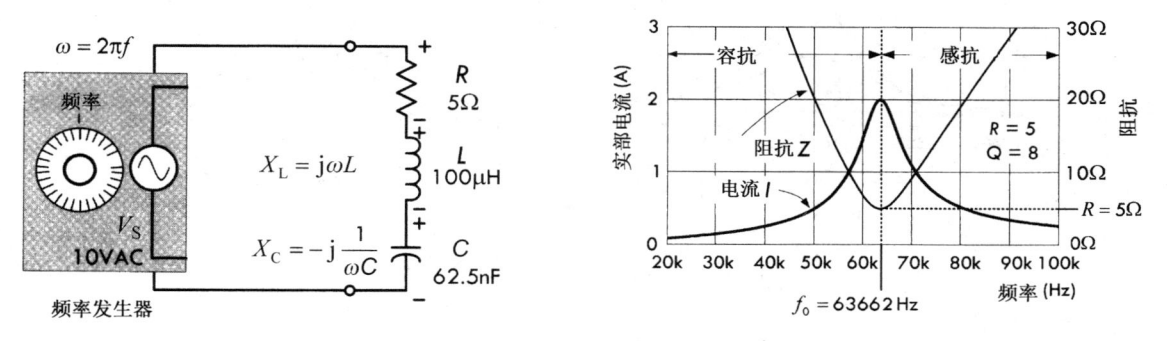

图2.178　RLC串联谐振电路

现在观察图2.178中的曲线，注意电流曲线有一个尖峰。在电子学中，电流曲线的尖峰是受关注的重要特性。当感抗或容抗的值与电阻值相当时，远离谐振频率处，电流缓慢下降，称这样的曲线或尖峰为宽带。相反，当感抗或容抗比电阻大很多时，远离谐振频率处，电流迅速下降，称这样的曲线或尖峰为窄带。窄带的谐振电路对谐振频率的响应比接近谐振频率处的响应要大得多。宽带的谐振电路对谐振频率附近的一组频率或一个频带的响应几乎都相等。

因此，窄带的电路是有用的，它有着较好的选择性，即窄带的电路对设计频率的信号具有很强的响应能力（指的是电流振幅），而抑制其他频率的信号。另一方面，宽带电路应用于要求对频带内所有信号具有相同响应的场合，而对单一频率不具有强响应。

下面讨论品质因数和带宽，这是检测RLC谐振电路选择性的两个量。

2.30.2　Q值（品质因数）与带宽

前面说过，电抗与电阻之比，或者存储的能量与消耗的能量之比，定义为品质因数（Q值，也称增益或放大因子）。因此，高频时，RLC串联电路（R是元件的内阻）中电感内阻消耗的能量小于存储的能量，电感的Q值代表谐振电路的Q值，于是Q值与依赖电路输送功率的外部负载无关，可以改称谐振电路的Q值为空载Q值或电路的Q_U值，参见图2.179。

在图2.178所示的RLC串联谐振电路例子中，可用电阻去除感抗或容抗（谐振时感抗和容抗相等）来确定电路的空载Q值：

$$Q_U = \frac{X_{L,0}}{R} = \frac{40\Omega}{5\Omega} = 8, \quad Q_U = \frac{X_{C,0}}{R} = \frac{40\Omega}{5\Omega} = 8$$

上式表明，若增加电阻，则空载Q值降低，谐振电路的电流谐振响应曲线变宽（见图2.179）。当电阻为10Ω、20Ω和50Ω时，空载Q值分别降为4、2和0.8。相反，若使电阻变小，则空载Q值将增大，谐振电路的电流谐振响应曲线变窄。例如，当电阻减小到2Ω时，空载Q值变为20。图中给出了各种情况下的电流曲线。

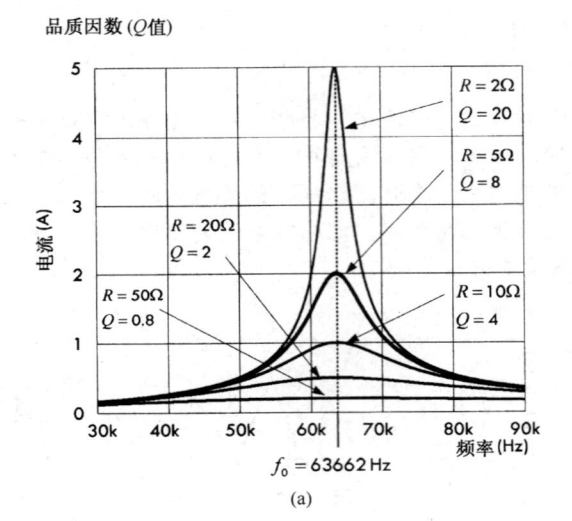

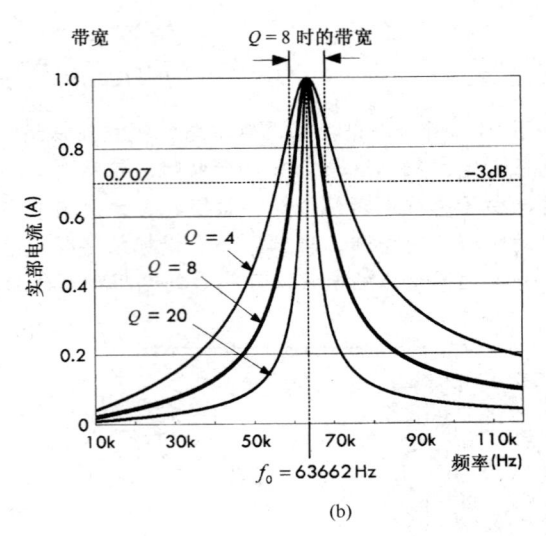

图2.179　品质因数（Q值）的带宽曲线

2.30.3 带宽

另一种表示串联谐振电路选择性的方法是使用称为带宽的量。将图2.179(a)中的品质因数图转换为图2.179(b)中的带宽图，即将图中的电流轴线改为相对电流轴线，将对应不同Q值的曲线族上移，使所有曲线都具有相同的峰值电流。由于每条曲线的峰值电流相等，因此很容易比较不同Q值时电流的变化率，以及电抗与电阻的比率。由曲线图可以看出，低Q值的电路通过信号的频带宽度要比高Q值电路的宽。为了比较调谐电路，定义带宽为两个频率点之间的频率展开，这两个频率点的电流振幅为最大值的0.707倍或$1/\sqrt{2}$倍。电阻R消耗的功率与电流的平方成正比，设R为常数，则电路在这两个频率点处的功率是谐振时最大功率的一半。图中标示了半功率点或-3dB点。

对于Q值大于10的电路，图2.179所示的曲线几乎是对称的，此时很容易得到带宽（BW）的计算公式：

$$\text{BW} = f_0/Q_U \tag{2.81}$$

式中，BW和f的单位为赫兹。

【例1】 计算图2.178所示串联谐振电路在频率100kHz和1MHz处的带宽。
解： $\text{BW}_1 = f_0/Q_U = 100000\text{Hz}/8 = 12500\text{Hz}$，$\text{BW}_2 = f_0/Q_U = 1\text{MHz}/8 = 12500\text{Hz}$。

2.30.4 RLC谐振电路中元件两端的电压

在RLC谐振电路中，电感或电容两端的电压可根据交流欧姆定律求得：

$$V_C = X_C I = \frac{1}{2\pi f_0 C} I \quad \text{和} \quad V_L = X_L I = 2\pi f_0 L I$$

如已知的那样，由于电感与电容存储的电磁能量相互交换，因此电感与电容的电压可能要比电源电压大很多倍。对于高Q值的电路，这一点尤其明显。例如，当图2.178所示的RLC电路谐振时，电容和电感的电压为

$$V_C = X_C I = 40\Omega \angle -90° \times 2A \angle 0° = 80 VAC \angle -90°$$
$$V_L = X_L I = 40\Omega \angle +90° \times 2A \angle 0° = 80 VAC \angle +90°$$

将RMS值（×1.414）转换为峰值，电压振幅达113V。在天线耦合器中可以看到这样的高Q值电路，它们的功率很大，可以承受高抗电压产生的放电。尽管电源电压值在元件的额定电压范围内，但当考虑Q值大于10的情况时，RLC串联谐振电路谐振时的电抗电压的近似计算公式为

$$V_X = Q_U V_S \qquad (2.82)$$

2.30.5 电容损耗

在频率为30MHz以内的串联谐振电路中，电容的能量损耗要比电感的损耗小得多，但在VHF（30～300MHz）范围内，电容的损耗可能影响电路的Q值。电容损耗主要来自电容金属板之间固体电介质的泄漏电阻，电感线圈的导线损耗电阻与感抗是串联的，而电容的泄漏电阻通常与容抗是并联的。若电容的泄漏电阻大到能够影响串联谐振电路的Q值，则必须将并联泄漏电阻转换成等效串联电阻，然后与电感电阻相加。这个等效串联电阻为

$$R_S = \frac{X_C^2}{R_P} = \frac{1}{R_P \times (2\pi fC)^2} \qquad (2.83)$$

式中，R_P为泄漏电阻，X_C为容抗。R_P与电感内阻之和构成RLC谐振电路的电阻R。

【实例4】频率率为40.0MHz时，一个10.0pF电容的泄漏电阻为9000Ω，求等效串联电阻。

$$R_S = \frac{1}{R_P \times (2\pi fC)^2} = \frac{1}{9000\Omega \times (6.283 \times 40.0 \times 10^6 \times 10.0 \times 10^{-12})^2} = 17.6\Omega$$

当计算串联谐振电路的阻抗、电流和带宽时，将串联泄漏电阻与电感线圈的电阻相加，由于趋肤效应（电子聚集在电线的表面），电感、电阻随着频率的增大而增大，电容和电感的全部损耗可以极大地减小电路的Q值。

【例1】一个串联谐振电路的损耗电阻为4Ω，感抗与容抗都为200Ω，求电路的空载Q值；感抗与容抗都为20Ω，再求电路的空载Q值。

解：

$$Q_{U1} = \frac{X_1}{R} = \frac{200\Omega}{4\Omega} = 50, \quad Q_{U2} = \frac{X_2}{R} = \frac{20\Omega}{4\Omega} = 5$$

【例2】一个串联谐振电路的工作频率为7.75MHz，带宽为775kHz，求电路的空载Q值。

解：

$$Q_U = \frac{f}{BW} = \frac{7.75MHz}{0.775MHz} = 10.0$$

2.30.6 并联谐振电路

虽然串联谐振电路被普遍应用，但仍有相当数量的谐振电路是并联谐振电路。例如，图2.180所示的电路是典型的并联谐振电路。与串联谐振电路一样，电感线圈的电阻是主要的功率损耗源，因此在电感支路上加一个串联电阻。串联谐振电路的阻抗谐振时趋于最小值，而并联谐振电路的阻抗谐振时则趋于最大值，因此，常称RLC并联谐振电路为反谐振电路或带阻电路，常称RLC串联谐振电路为带通电路。下面的实例描绘了RLC并联谐振电路的特性曲线。

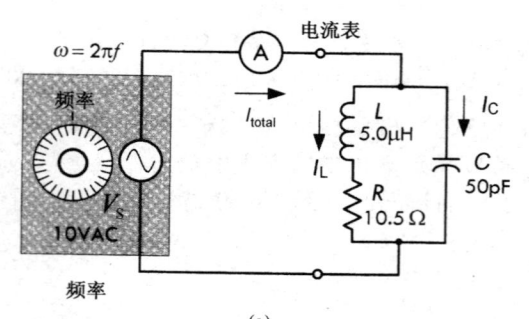

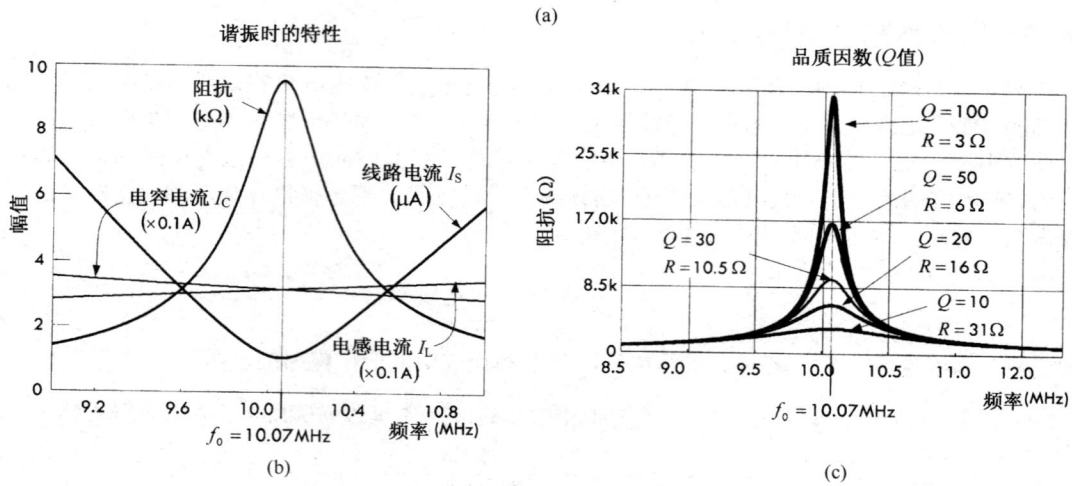

图2.180 RLC并联谐振电路

【实例5】RLC并联电路的总阻抗为感抗和电阻的串联再与容抗并联：

$$Z_{total} = \frac{(R+X_L)X_C}{(R+X_L)+X_C} = \frac{(R+j\omega L)(-j\frac{1}{\omega C})}{(R+j\omega L)+(-j\frac{1}{\omega C})} = \frac{L/C + j\frac{R}{\omega C}}{R + j(\omega L - \frac{1}{\omega C})}$$

总阻抗的极坐标形式为

$$Z_{total} = \frac{\sqrt{(L/C)^2 + (\frac{R}{\omega C})^2} \angle \arctan\left(\frac{\frac{R}{\omega C}}{L/C}\right)}{\sqrt{R^2 + (\omega L - \frac{1}{\omega C})^2} \arctan\left(\frac{\omega L - \frac{1}{\omega C}}{R}\right)}$$

代入 $L = 5.0\mu H$、$C = 50pF$、$R = 10.5\Omega$ 和 $\omega = 2\pi f$，忽略相位角，得总阻抗为

$$Z_{total} = \frac{\sqrt{1.0 \times 10^{10} + (\frac{3.34 \times 10^{10}}{f})^2}}{\sqrt{110.3 + (3.14 \times 10^{-5} f - \frac{3.18 \times 10^9}{f})^2}} \Omega$$

不计相位角，总电流为

$$I_{total} = \frac{V_S}{Z_{total}} = 10V \bigg/ \frac{\sqrt{1.0 \times 10^{10} + (\frac{3.34 \times 10^{10}}{f})^2}}{\sqrt{110.3 + (3.14 \times 10^{-5} f - \frac{3.18 \times 10^9}{f})^2}} \Omega$$

将以上等式代入绘图程序，得到的曲线如图2.180所示。注意，在特定的频率点，阻抗趋于最大值，同时总电流趋于最小值。但是，这个特定的频率点不是 $X_L = X_C$ 的点，即不是简单LC并联电

路或RLC串联电路谐振时的频率点。因此，RLC并联电路的谐振频率有些复杂，可有三种表达方式，其近似表达式与LC并联电路的相同：

$$f_0 = \frac{1}{2\pi\sqrt{LC}} = 10070000 \text{Hz} = 10.07 \text{MHz}$$

利用L的感抗求得电路的空载Q值为

$$Q_U = \frac{X_{L,0}}{R} = \frac{\omega_0 L}{R} = \frac{2\pi f_0 L}{R} = \frac{316.4\Omega}{10.5\Omega} = 30$$

图2.180(c)中的曲线显示了品质因数Q值及电感支路中串联电阻的大小对品质因数的影响。

RLC并联谐振电路的电阻R改变电路的谐振条件。例如，当感抗和容抗相等即$X_L = X_C$时，电感和电容支路的阻抗却不为零，因为电阻会使电感支路的阻抗比X_C大，且与X_C的相位角不是180°，因此，电路的总电流也不是真正的最小值，电流与电压的相位也不相同，如图2.181中的直线（A）所示。上述现象与图2.177中的理想LC并联谐振电路是不同的。

若稍微改变电感值（保持Q值为常数），将得到一个新频率，使电流达到真正的最小值，借助电流表可以找到这个新频率。电流达到真正的最小值是RLC并联电路谐振的标志，电流最小值点（或最大阻抗点）称为反谐振点。注意，不要混淆反谐振点与条件$X_L = X_C$。改变电感获得最小电流是有一定价值的；但是，此时电流与电压的相位稍有不同，参见图2.181中的直线（B）。

改变RLC并联谐振电路的电路设计，绘制一些可能的谐振点，如图2.181所示。例如，通过改变电容量（重新调节电容）来补偿电感电阻。当电路的Q值达到10以上时，谐振点之间的差异很小，几乎集中在同一个频率处，在这种情况下，可以采取近似计算，认为最小电流与电压之间的相位几乎相同，从而避免电路分析困难。

若设Q值大于10，则可用一个公式来表示电路的性能。结果表明，最终可以去掉电感支路上的串联电阻，用一个并联等效电阻替代电感损耗电阻（见图2.182）。

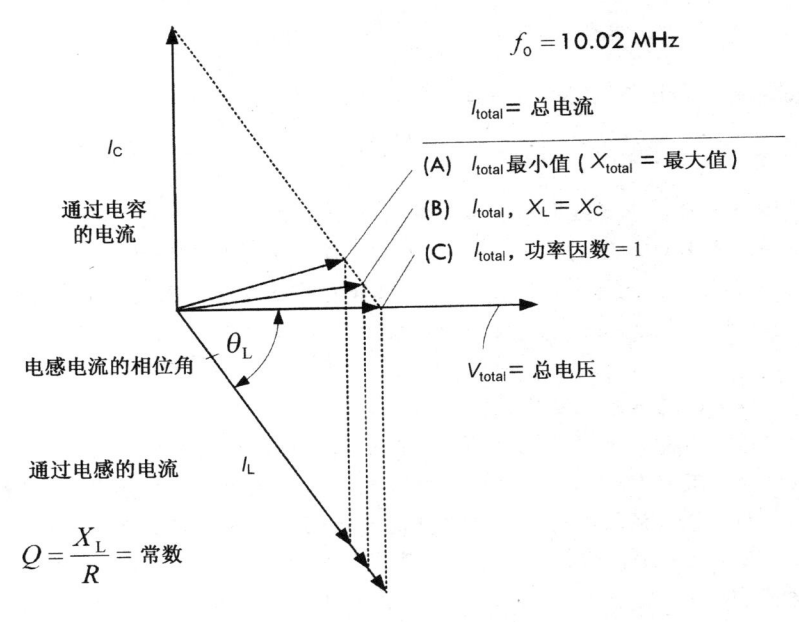

图2.181 RLC并联谐振电路几种可能的谐振点

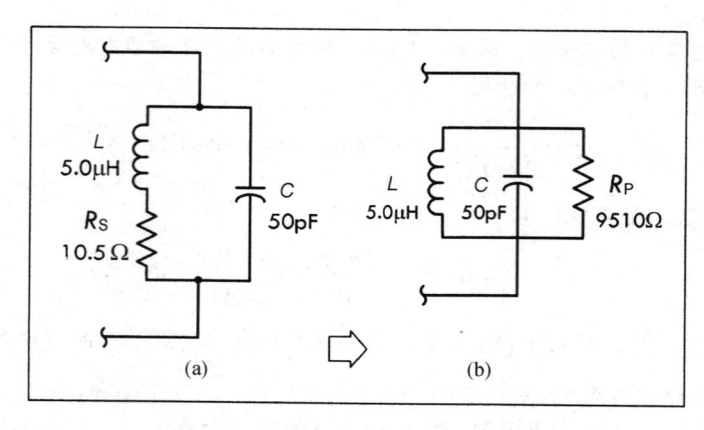

图2.182 谐振时的串并联等效电路

图2.182(a)中的串联电阻R_S被图2.182(b)中的并联电阻R_P替代，反之亦然：

$$R_P = \frac{X_L^2}{R_S} = \frac{(2\pi f L)^2}{R_S} = Q_U X_L$$

通常称这个并联等效电阻为并联谐振电路的动态电阻，它与串联电阻成反比，即串联电阻值降低，并联等效电阻增大。换句话说，这意味着并联等效电阻随着电路Q值的增大而增大。并联等效电阻的近似计算公式为

$$R_P = \frac{X_L^2}{R_S} = \frac{(2\pi f L)^2}{R_S} = Q_U X_L \tag{2.84}$$

【例1】计算图2.182(b)中电感的并联等效电阻，设谐振时感抗为316Ω，串联电阻为10.5Ω，并求电路的空载Q值。

解：

$$R_P = \frac{X_L^2}{R_S} = \frac{(316\Omega)^2}{10.5\Omega} = 9510\Omega$$

因为线圈的Q_U值等于电感的感抗除以其串联电阻，所以有

$$Q_U = \frac{X_L}{R_S} = \frac{316\Omega}{10.5\Omega} = 30\Omega$$

用感抗乘以Q_U值同样可得电感串联电阻的并联等效电阻的近似值。

谐振时，设并联等效电路满足$X_L = X_C$，则R_P为并联谐振电路的等效阻抗。感抗与容抗相等，于是电压与电流同相位。也就是说，谐振时，电路仅有并联电阻。因此，式（2.84）可重写为

$$Z = \frac{X_L^2}{R_S} = \frac{(2\pi f L)^2}{R_S} = Q_U X_L \tag{2.85}$$

应用上式计算前例谐振时的电路阻抗为9510Ω。

当频率低于谐振频率时，感抗比容抗小，因此流过电感的电流要比流过电容的电流大，也就是说，两个电抗电流只有部分相抵消，因此总电流比电阻的电流大。当频率大于谐振频率时，情况相反，流过电容的电流比流过电感的电流大，总电流仍比电阻的电流大。谐振时，电流完全由R_P决定：R_P变大，电流就变小；R_P变小，电流就变大。

当远离谐振点时，总电流增大，并联谐振电路阻抗下降，电压和电流之间的相位差增大。阻抗下降率是Q_U值的函数。图2.180中的曲线族显示了电路Q值为10~100、阻抗从谐振时的值下降的情况。并联电路阻抗的曲线族与串联电路电流的曲线族基本相同。并联可调电路的

Q值越大，响应尖峰就越陡峭；反之，Q值越小，电路响应的频带就越宽，这与串联可调电路类似。若应用半功率（-3dB）点来比较和测试电路的性能，则可将串联谐振电路的带宽公式用于并联谐振电路，即$\text{BW} = f/Q_U$。表2.11总结了并联谐振电路的性能。

表2.11 并联谐振电路的性能

(a)高Q值和低Q值的并联谐振电路			(b)当L、C为常数时，远离谐振点的特性		
	高Q值电路	低Q值电路		高于谐振频率	低于谐振频率
选择性	高	低	感抗	增大	减小
带宽	窄	宽	容抗	减小	增大
阻抗	高	低	电路电阻	不变*	不变*
线路电流	小	大	电路阻抗	减小	减小
环流	大	小	线路电流	增大	增大
			环流	减小	减小
			电路特性	容性	感性

* 谐振时的电阻。然而，当频率远大于谐振频率时，趋肤效应将改变电感的电阻损耗。

我们知道，当理想LC并联谐振电路谐振时，在电容和电感之间存在很大的环流，而电源送出的电流为零。实际的RLC并联谐振电路谐振时同样存在环流，同样要比电源电流大得多，但由于存在负载，此时电源电流很小但不为零，这是因为尽管谐振网络的阻抗很大，但却不是无穷大，环流通过电感和电容后有电阻损耗，大部分损耗是由电感的内阻造成的。

实际的RLC并联谐振电路及其并联等效电路如图2.183所示。对于并联等效电路，电感、电容和电阻是并联的，总电流流过并联电阻R_P。求得电感与电容之间流动的环流和流过并联电阻的总线电流为

$$I_R = \frac{V_S}{R_P} = \frac{10\text{VAC}}{9510\Omega} = 1\text{mA}$$

$$I_L = \frac{V_S}{X_L} = \frac{V_S}{2\pi f L} = \frac{10\text{VAC}}{2\pi \times (10.07 \times 10^6 \text{s}^{-1}) \times (5.0 \times 10^{-6}\text{H})} = \frac{10\text{VAC}}{316\Omega} = 32\text{mA}$$

$$I_C = \frac{V_S}{X_C} = \frac{V_S}{1/(2\pi f C)} = \frac{10\text{VAC}}{1/\left[2\pi \times (10.07 \times 10^6 \text{s}^{-1}) \times (50.0 \times 10^{-12}\text{H})\right]} = \frac{10\text{VAC}}{316\Omega} = 32\text{mA}$$

当电路工作于谐振频率时，环流为$I_{CIR} = I_C = I_L$。当并联谐振电路的空载Q值大于10时，环流近似为

$$I_{CIR} = Q_U I_{\text{total}} \qquad (2.86)$$

在本例中，若测得总电流为1mA，电路的Q值等于30，则环流近似为$30 \times 1\text{mA} = 30\text{mA}$。

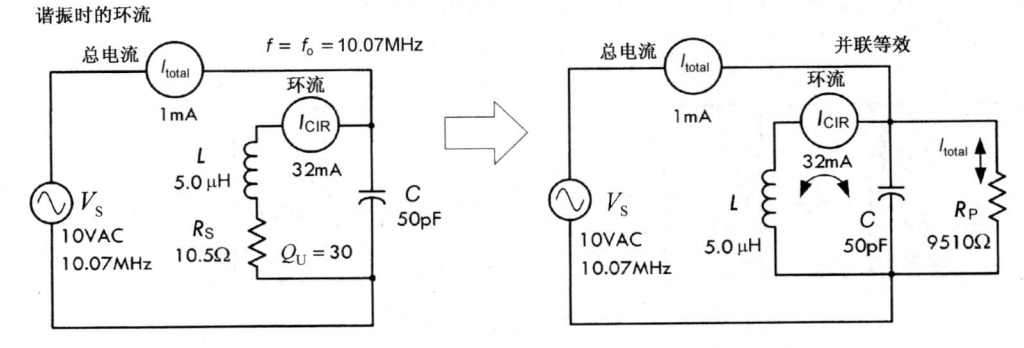

图2.183 实际的RLC并联谐振电路及其并联等效电路

【例2】 并联谐振电路的总电流为50mA，Q值为100，求流过元件的环流。

解： $I_C = Q_U I_T = 100 \times 0.05\text{A} = 5\text{A}$。

在高Q值的并联可调电路中，环流可使元件发热，导致功率损耗。因此，元件的额定电流值应是预期的环流值，而不是总电流值。

在很多电路中，同样的功能可用串联谐振电路实现，也可用并联谐振电路实现，这就提供了灵活性。图2.184通过一个信道上的串联谐振电路和一个将信号接地分流的并联谐振电路，说明了这一点。假设图中的这两种电路在同一个频率f和同一个Q值下发生谐振。一方面，串联可调电路在谐振频率处阻抗最小，最大电流流过信道。在所有其他频率处，阻抗增大使得电流减小，因此，电路让设计信号通过而阻止其他信号通过。另一方面，并联电路谐振时阻抗最大，信道上的阻抗最小，对所有非谐振频率，并联电路呈低阻抗，信号从信道中沿接地路径流出。理论上，两个电路呈现的效果是相同的。然而，在实际电路设计中，需要考虑许多其他因素。后面介绍滤波电路时，将讨论这类电路。

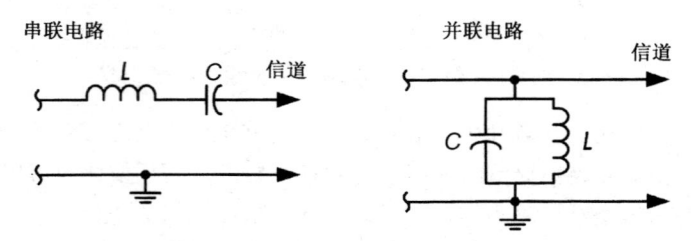

图2.184 串联谐振电路与并联谐振电路

2.30.7 空载电路的Q值

在许多谐振电路的应用中，实际功率损耗仅耗散于谐振电路的内阻上。当频率低于30MHz时，内阻主要是电感线圈的电阻。增加电感线圈的匝数，其感抗比线圈内阻增大的速度快。应用于高Q值电路中的电感一定有很大的电感系数。

当谐振电路用于将能量传递到负载时，耗散于谐振电路中的能量通常要比耗散于负载中的能量小得多。例如，在图2.185所示的电路中，并联负载电阻R_{load}与谐振电路相连，从中获取功率。

若负载消耗的能量至少是电感和电容消耗的能量的10倍，则相比负载电阻，谐振电路的并联阻抗很大，因此，整个电路的实际阻抗等于负载阻抗。在这种情况下，当计算Q值时，用负载电阻代替电路阻抗，于是并联谐振电路的Q值为

$$Q_{load} = R_{load}/X \tag{2.87}$$

式中，Q_{load}是有载电路的Q值，R_{load}是并联负载电阻（单位为欧姆）。X是感抗或容抗（单位为欧姆）。

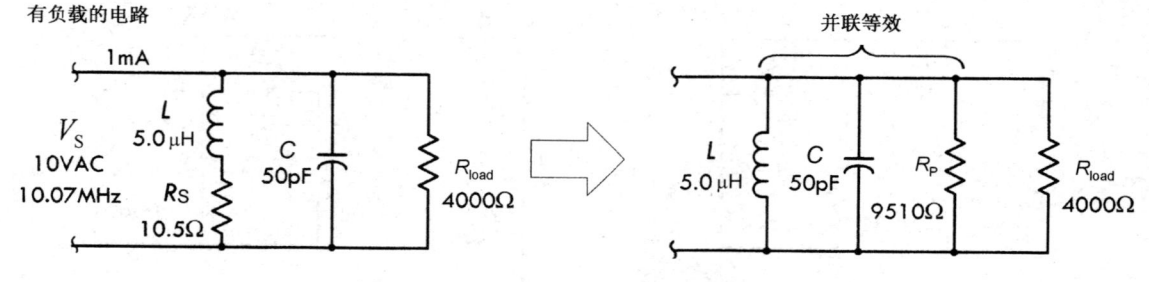

图2.185 负载连接到谐振电路的等效表示

【例1】 一个4000Ω的电阻负载连接到谐振电路中，如图2.185所示，谐振时感抗和容抗都为316Ω，

计算电路的有载Q值。

解：
$$Q_{\text{load}} = \frac{R_{\text{load}}}{X} = \frac{4000\Omega}{316\Omega} = 13$$

当电抗下降时，电路的有载Q值增加。因此，当一个有载电路的电阻较小（几千欧姆）时，必须有低电抗值的元件（大电容和小电感）使得谐振时的Q值较大。

有时，并联负载电阻接入并联谐振电路会降低Q值，但会增加电路的带宽，详见下例。

【例2】 设计一个并联谐振电路，其在频率14.0MHz处的带宽为400.0kHz。电流电路的Q_U值为70.0，每个元件的电抗值为350Ω。要使带宽增至某个特定值，需要并联多大的负载电阻？

解：首先，求解已知电路的带宽：
$$\text{BW} = \frac{f}{Q_U} = \frac{14.0\text{MHz}}{70.0} = 0.200\text{MHz} = 200\text{kHz}$$

400kHz的带宽要求有载电路的Q值为
$$Q_{\text{load}} = \frac{f}{\text{BW}} = \frac{14.0\text{MHz}}{0.400\text{MHz}} = 35.0$$

因为期望的Q值是原值的一半，所以将谐振阻抗或电路的并联电阻值减半就可达到目的。电路现在的阻抗为
$$Z = Q_U X_L = 70 \times 350\Omega = 24500\Omega$$

期望的阻抗为
$$Z = Q_U X_L = 35.0 \times 350\Omega = 12250\Omega$$

它为现在的阻抗的一半。

一个24500Ω的并联电阻使Q值按要求减小，同时增大带宽。在实际设计过程中，情况要复杂得多，如还要考虑诸如通频带曲线的形状等因素。

2.31 分贝

在电子学中，人们经常碰到需要比较两个信号的振幅或功率的情况。例如，若一个放大器的输出电压是其输入电压的10倍，则可求得比值
$$V_{\text{out}}/V_{\text{in}} = 10\text{VAC}/1\text{VAC} = 10$$

这个比值称为增益。若一个设备的输出电压比输入电压小10倍，则其增益小于1：
$$V_{\text{out}}/V_{\text{in}} = 1\text{VAC}/10\text{VAC} = 0.10$$

在这种情况下，称这个比值为衰减。

在所有时间内，人们都用上述比值来比较两个信号或功率之间的关系。然而，当两个信号的振幅之比或功率之比很大时，应用这个比值很不方便。例如，当考虑人类听力感知不同的声音强度时，将发现这个范围非常大：从10^{-12}W/m^2到1W/m^2，因此绘制声音强度相对于听说两人之间距离的曲线将是一件很困难的事，更不用说标出很多不同刻度的点。使用特殊的对数坐标纸能够自动纠正这个问题，或者先取对数来缩小数值，再使用一般的线性图纸，这就是分贝的概念。

最初，人们用贝尔定义功率比的对数值，因为贝尔给出了一种在功率和参考功率之间进行比较的方法。贝尔的定义式为

$$\text{bel} = \lg(P_1/P_0) \tag{2.88}$$

式中，P_0 为参考功率，P_1 是与参考功率比较的功率。

在电子学中，贝尔常用于比较电功率的大小，但在电子学和其他领域中，更普遍应用的是分贝，它简写为dB。1分贝是1/10贝尔，10分贝是1贝尔。因此，用分贝比较功率大小的公式为

$$\text{dB} = 10\lg(P_1/P_0) \quad \text{用分贝比较功率} \tag{2.89}$$

【例1】 放大器的输入信号功率为1W，输出上升到50W，用分贝表示放大器的增益（输出功率除以输入功率）。

解： 用 P_0 表示1W参考功率，用 P_1 表示比较功率，有

$$\text{dB} = 10\lg(50\text{W}/1\text{W}) = 10\lg 50 = 17.00\text{dB}$$

在本例中，放大器的增益接近17.00dB（17分贝）。

在电子电路中比较信号大小时，已知的往往是信号的电压或电流，而不是功率。虽然给出电路阻抗可以计算出功率，但简便的方法是将交流欧姆定律直接代入功率分贝表达式。因为 $P = V^2/Z = I^2Z$，所以当电压或电流发生变化时，只要电路的阻抗不变，该方法的计算结果就是正确的。当阻抗保持不变时，用分贝比较电压信号与电流信号的表达式为

$$\text{dB} = 10\lg\left(\frac{V_1^2}{V_0^2}\right) = 20\lg\left(\frac{V_1}{V_0}\right) \text{和} \text{dB} = 10\lg\left(\frac{I_1^2}{I_0^2}\right) = 20\lg\left(\frac{I_1}{I_0}\right) \quad \begin{array}{l}\text{用分贝比较电}\\\text{压与电流大小}\end{array} \tag{2.90}$$

> 对上面的表达式运用对数计算法则去掉平方项，有
> $$\text{dB} = 10\lg(V_1^2/V_0^2) = 10(\lg V_1^2 - \lg V_0^2) = 10(2\lg V_1 - 2\lg V_0) = 20(\lg V_1 - \lg V_2) = 20\lg(V_1/V_0)$$

注意，阻抗项已被消去，将lg中的平方项外移（见运算法则），使系数扩大两倍。显然，功率、电压和电流的表达式基本上是相同的，因为它们依据的都是功率比。

为了认识和联系相关的分贝表达式，应该了解几个功率比值。

例如，当功率加倍时，最终功率总是初始功率或参考功率的2倍：若功率从1W变为2W，或者从40W变为80W，或者从500W变为1000W，则比值总为2。功率比为2的分贝表达式为

$$\text{dB} = 10\lg 2 = 3.01\text{dB}$$

上式表明，若输出功率是输入功率的2倍，则增益是3.01dB。人们通常忽略增益的小数部分，直接认为功率加倍就是功率增益为3dB。

当功率减半时，比值为0.5或1/2。不论功率是从1000W减到500W，是从80W减到40W，还是从2W减到1W，比值总为0.5。功率比为0.5的分贝表达式为

$$\text{dB} = 10\lg 0.5 = -3.01\text{dB}$$

负号表明功率减小。同样，人们通常忽略增益的小数部分，直接认为功率减半就是功率增益为–3dB，或者更明确表示为功率下降了3dB。

当功率增大4倍时，可以不用分贝公式而直接将2倍增益相加：3.01dB + 3.01dB = 6.02dB或6dB。同理，若功率增大8倍，则直接将2倍增益扩大4倍，即用分贝表示的功率比为3.01×4 = 12.04dB或12dB。

对于功率下降，可以采用同样的处理方式。功率每减一半，就有3.01dB或约3dB的下降。功率减小4倍等效于减半两次，此时有3.01dB + 3.01dB = 6.02dB或者下降约6dB。也可以不说下降，而直接说有–6dB的变化。

表2.12给出了一些常用的分贝值及与这些值相关的功率变化量，以及电流和电压的变化量；但是，只有当两者的阻抗不变时，这些值才是正确的。

表2.12 一些常用的分贝值及与这些值相关的功率变化量*

dB	P_2/P_1	V_2/V_1或I_2/I_1	dB	P_2/P_1	V_2/V_1或I_2/I_1
120	10^{12}	10^6	−120	10^{-12}	10^{-6}
60	10^6	10^3	−60	10^{-6}	10^{-3}
20	10^2	10.0	−20	10^{-2}	0.1000
10	10.00	3.162	−10	0.1000	0.3162
6.0206	4.0000	2.0000	−6.0206	0.2500	0.5000
3.0103	2.0000	1.4142	−3.0103	0.5000	0.7071
1	1.259	1.122	−1	0.7943	0.8913
0	1.000	1.000	0	1.000	1.000

*电流和电压比建立在阻抗不变的前提下。

2.31.1 改变的分贝表达式

将一定大小的功率与一些标准参考值相比较通常是很容易的。例如，假设测量从天线传递到接收器的信号，测得功率为2×10^{-13}mW。当这个信号通过接收器最终到达扬声器或耳机并产生声音时，其强度会增大或减小，用分贝很容易描述这些信号的大小。常用的参考功率是1mW。信号与1mW之比的分贝值定义为dBm，意思是分贝与1mW之比。在本例中，接收器输入信号的强度为

$$\text{dBm} = 10\lg\left(\frac{2\times10^{-13}\text{mW}}{1\text{mW}}\right) = -127\text{dBm}$$

根据电路和功率的大小，还有很多其他可用的参考功率。若用1W作为参考功率，则定义dBW。天线功率增益常用相关的偶极子（dBd）或各向同性辐射器（dBi）定义。无论何时看到在dB之后有另一个字母，就知道定义了一些参考功率。例如，描述相对于1V参考量的电压振幅时，在dB之后加V就可指明用分贝表示的数量级的单位是dBV（阻抗必须相等）。在声学中，也用分贝描述，dB、SPL用于描述信号的压强与20μPa参考压强的关系（见15.1节）。

2.32 输入阻抗和输出阻抗

2.32.1 输入阻抗

输入阻抗Z_{in}是从电路或设备的输入端看过去的阻抗，如图2.186所示。通过输入阻抗可以知道有多大电流流入设备的输入端。因为复杂电路中通常包含电感和电容这样的电抗元件，所以输入阻抗是频率的函数。因此，在某个频率处，输入阻抗可能允许小电流流入，而在其他频率处，对电流呈高阻抗。在小于1kHz的低频范围内，电抗元件的影响很小，电阻起主要作用，常用输入电阻的概念。高频时，电容和电感的作用通常很大。

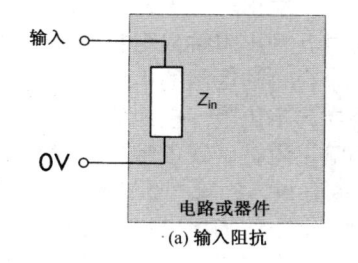

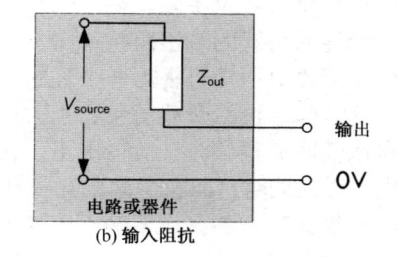

图2.186 输入阻抗与输出阻抗

当输入阻抗很小时，输入端加一个特定频率的电压，可以激发一个相对较大的电流流入设备

的输入端。其典型影响是降低设备输入端的驱动电路的输出电压，若驱动电路的输出阻抗很大，则这一影响特别明显。音频扬声器是低输入阻抗器件，其典型的输入阻抗值为4Ω或8Ω，可产生大电流来驱动音频线圈。

当输入阻抗很大时，输入端加一个特定频率的电压，可以激发一个相对较小的电流流入设备的输入端，因此，不会使输入端驱动电路的输出电压降低。运算放大器（简称运放）是有很大输入阻抗的器件（1～10MΩ），它的一个输入端（共有两个）实际上没有电流。对于音频，一个前置放大器有1MΩ的音频输入阻抗、500kΩ的CD输入阻抗和100kΩ的磁带输入阻抗，它们都是很大的输入阻抗，这是因为前置放大器是电压放大器而不是电流放大器。

根据一般经验，设备的输入阻抗应比在输入端提供信号的电路的输出阻抗大。一般而言，为了确保信号源输入不过载和不降低强度，该值应大10倍。这样，在计算中，输入阻抗就被定义为

$$Z_{in} = V_{in}/I_{in}$$

例如，图2.187给出了含有两个电阻的电路输入阻抗的求解方法。注意，在例2中，当输出端带有负载时，输入阻抗必须重新计算，但先要将R_2和R_{load}并联。

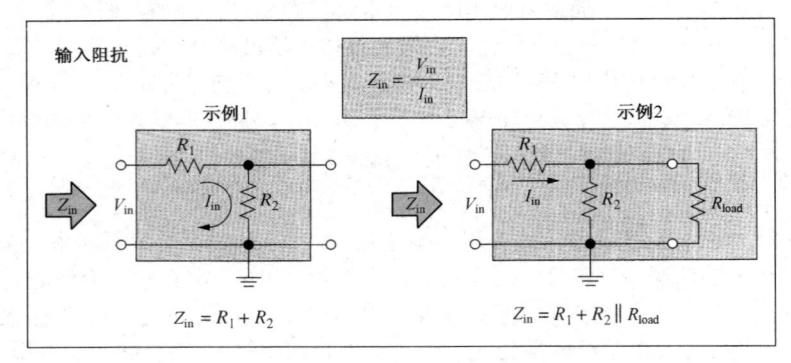

图2.187 输入阻抗的求解方法

在关于滤波电路的2.33.1节中，我们将看到输入阻抗还与频率有关。

2.32.2 输出阻抗

输出阻抗Z_{out}是从设备输出端看过去的阻抗。任意电路或设备的输出可等效为一个输出阻抗Z_{out}与一个理想电压源V_{source}的串联。图2.186给出了等效电路。等效电路代表了所有电压源及与电路输出端相关联的总等效阻抗（电阻、电容和电感）的综合影响。

我们可将这个等效电路视为戴维南等效电路。要明确的是，图2.186中的V_{source}不是电路的实际电源电压，而是戴维南等效电压。与输入阻抗一样，输出阻抗也是频率的函数。当电路的工作频率低于1kHz时，电路的电抗很小，电抗的影响相对很小，在这种情况下应用输出电阻的概念。当工作频率为高频时，电容和电感的作用通常很大。

当输入阻抗很小时，设备输出端的输出电流相对较大，输出电压无明显的降低。当电源的输出阻抗比与其相连的负载的输出阻抗小得多时，电流流过其输出阻抗只引起很小的电压损失。例如，实验室中的直流电压源可视为一个理想电压源与一个很小的内阻的串联。好电源的输出阻抗为毫欧量级，这意味着可给负载提供相当大的电流而不损失电压降。电池的内阻很大，当电流升高时，输出电压会降低很多。一般情况下，认为具有小输出阻抗（或电阻）是好现象，因为这意味着在提供大电流的同时，阻抗电阻的热损耗很小。运放有很大的输入阻抗和很小的输出阻抗。

当输出阻抗很大时，加在设备输出端的电压只能引起很小的输出电流。若具有很大输出阻抗的电源试图驱动具有很小输入阻抗的负载，则只有很小的电压加在负载上，驱动输出电流的电压大部分损失在输出阻抗上。

根据经验,为了有效进行信号传输,电源输出阻抗最多是与其相连的负载输入阻抗的1/10。

在计算中,电路的输出阻抗等于戴维南等效阻抗R_{THEV}。有时也称输出阻抗为源阻抗。在电路分析中,当计算输出阻抗时,要先将电源置零,再计算输出端之间的等效阻抗——戴维南等效阻抗。

例如,在图2.188中,为了计算电路的输出阻抗,可以首先将电压源短路,断开负载,然后计算输出端之间的阻抗。显然,输出阻抗为R_1和R_2的并联。

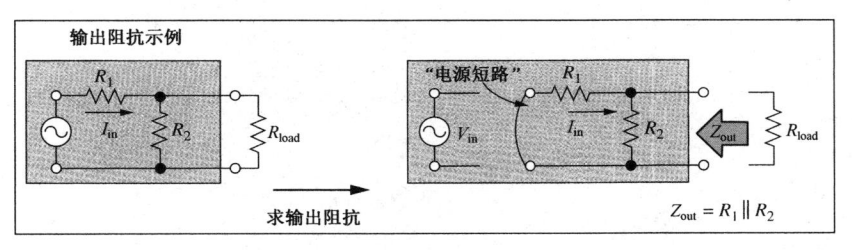

图2.188 输出阻抗的求解方法

在关于滤波电路的2.3.1节中,我们将看到输出阻抗也与频率有关。

2.33 二端口网络与滤波器

2.33.1 滤波器

用特定的方法将电阻、电容和电感连接起来,可以设计成一个网络,使之能让一定频率的信号通过而阻止其他频率的信号。本节讲解4种基本的滤波器:低通、高通、带通和带阻滤波器。

1. 低通滤波器

图2.189所示为RC低通滤波器随频率衰减的波形图,该滤波器是低通的,即允许低频信号通过而阻止高频信号。

$$V_{out} = \frac{1/(j\omega C)}{R + 1/(j\omega C)} V_{in}$$

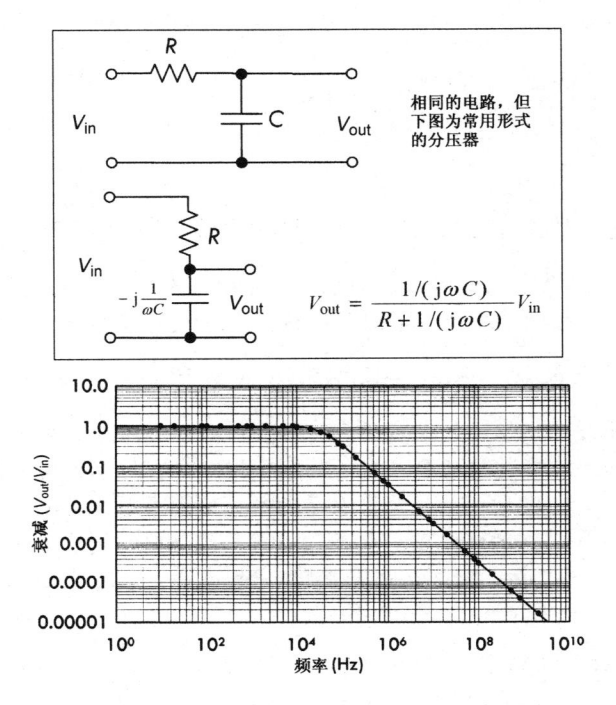

图2.189 RC低通滤波器随频率衰减的波形图

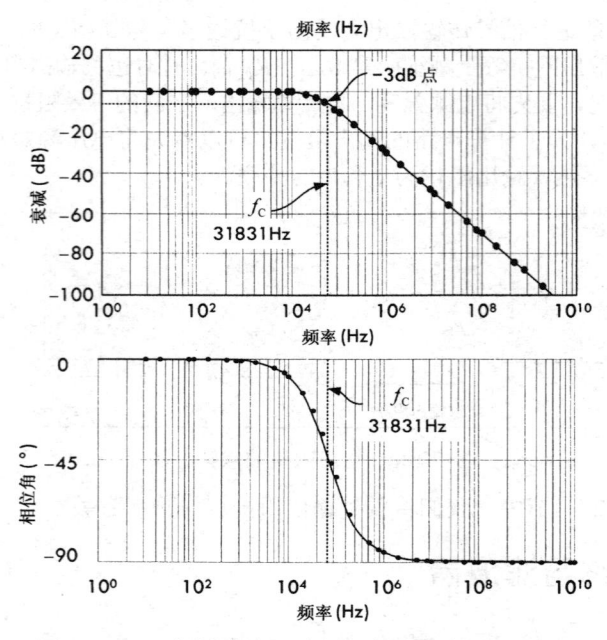

图2.189　RC低通滤波器随频率衰减的波形图（续）

【实例1】 为了说明RC网络是如何工作的，首先计算传递函数。在不考虑负载的情况下（输出端开路，$R_L = \infty$），将电路视为交流分压器，求得输出电压V_{out}与输入电压V_{in}的关系为

$$V_{out} = \frac{\frac{1}{j\omega C}}{R + \frac{1}{j\omega C}} V_{in} = \frac{1}{1 + j\omega RC} V_{in}$$

整理以上方程，得传递函数为

$$H = \frac{V_{out}}{V_{in}} = \frac{1}{1 + j\omega RC} \Rightarrow H = \frac{V_{out}}{V_{in}} = \frac{1}{1 + j\tau\omega}, \quad \tau = RC \Rightarrow$$

$$H = \frac{V_{out}}{V_{in}} = \frac{1}{1 + j\omega/\omega_C}, \quad \omega_C = \frac{1}{RC}$$

H的模值和相位为

$$|H| = \left|\frac{V_{out}}{V_{in}}\right| = \frac{1}{\sqrt{1 + \tau^2\omega^2}}, \quad \arg H = \varphi = \arctan\left(\frac{\omega}{\omega_C}\right)$$

式中，τ称为时间常数，ω_C为电路的截止角频率，它与相应的截止频率的关系为$\omega_C = 2\pi f_C$。截止频率表示频率为此值时，输出的电压值衰减到原值的1/2，相当于半功率。本例中的衰减频率为

$$f_C = \omega_C 2\pi = \frac{1}{2\pi RC} = 12\pi \times 50\Omega \times (0.1 \times 10^{-6} F) = 31831 Hz$$

可以想象，当输入电压频率很低时，电容的容抗很大，所以电路中的电流很小，使输出的电压振幅近似于输入电压的振幅。但是，当输入信号的频率增加时，电容的容抗降低，电路中的电流增大，使输出电压降低。图2.189所示为用分贝表示的输出随频率衰减的波形。

电容的延迟作用如图2.189的相位波形所示。当频率很低时，输出电压跟随输入电压，二者的相位角几乎相等。当频率升高时，输出电压开始滞后于输入电压。在截止频率处，输出电压滞后45°。当频率趋于无穷大时，输出电压相位滞后几乎90°。

图2.190所示为RL低通滤波器随频率衰减的波形图，它用电感代替RC滤波器中的电容作为频率敏感元件。

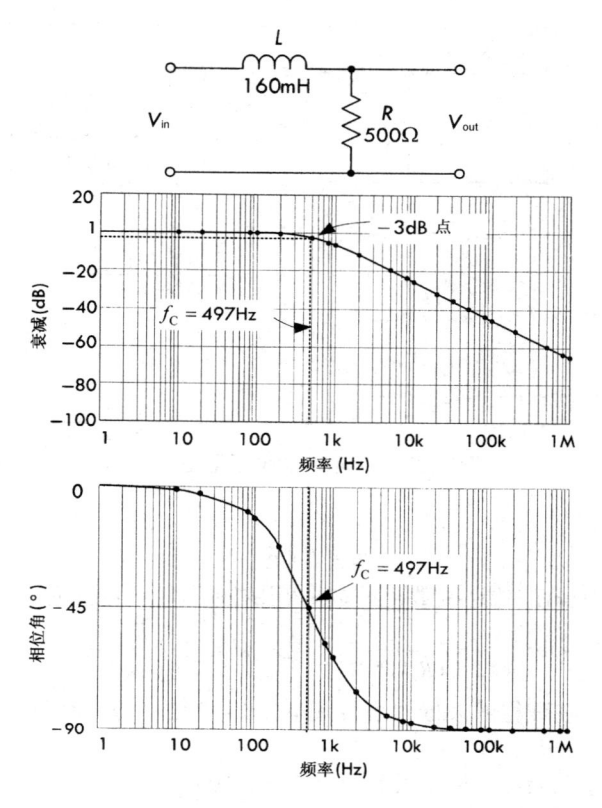

图2.190　RL低通滤波器随频率衰减的波形图

定义 $Z_{in} = V_{in}/I_{in}$ 求得输入阻抗后，在计算中可消去电源（见图2.191），输入阻抗和输出阻抗为

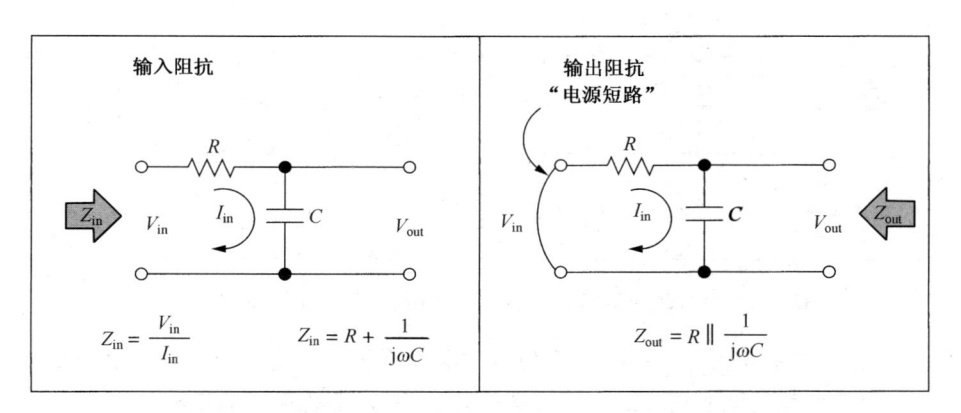

$$Z_{in} = R + \frac{1}{j\omega C} \quad 和 \quad Z_{in}|_{min} = R, \quad Z_{out} = R \parallel \frac{1}{j\omega C} \quad 和 \quad Z_{out}|_{max} = R$$

图2.191　RC低通滤波器输入阻抗和输出阻抗的求解方法

若在输出端接一个有限的负载电阻 R_L（见图2.192），则会出现什么样的结果呢？将电路视为分压器，得到电压传递函数为

$$H = \frac{V_{out}}{V_{in}} = \frac{\frac{1}{j\omega C} \parallel R_L}{R + \left(\frac{1}{j\omega C} \parallel R_L\right)} = \frac{R'}{1 + j(\omega R'C)}$$

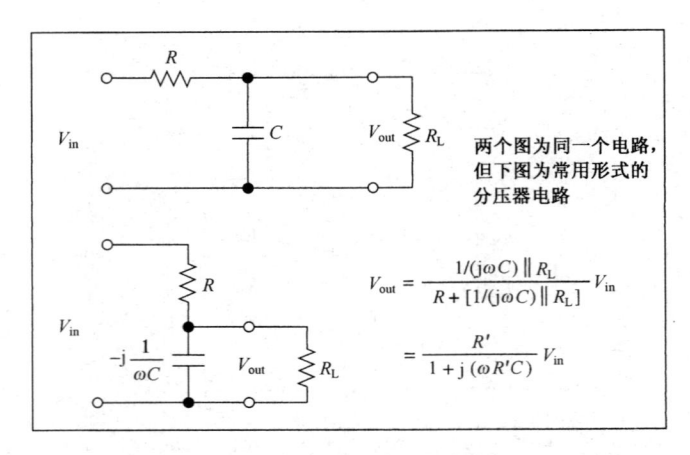

图2.192 有负载的RC低通滤波器

式中，
$$R' = R \| R_L$$
这类似于无负载的RC滤波器的传递函数，只是将R用R'代替了，因此有
$$\omega = \frac{1}{R'C} = \frac{1}{(R\|R_L)C} \quad 和 \quad H = \frac{R'}{1+j(\omega/\omega_C)}$$

可以看出，负载的存在使得滤波器的增益减小（$K = R'/R < 1$），使得截止频率增加到一个更高的频率值（由于$R' = R\|R_L < R$）。

输入阻抗、输出阻抗与负载电阻的关系为（见图2.193）
$$Z_{in} = R + \frac{1}{j\omega C} \| R_L \quad 和 \quad Z_{in}|_{min} = R, \quad Z_{out} = R \| \frac{1}{j\omega C} \quad 和 \quad Z_{out}|_{max} = R$$

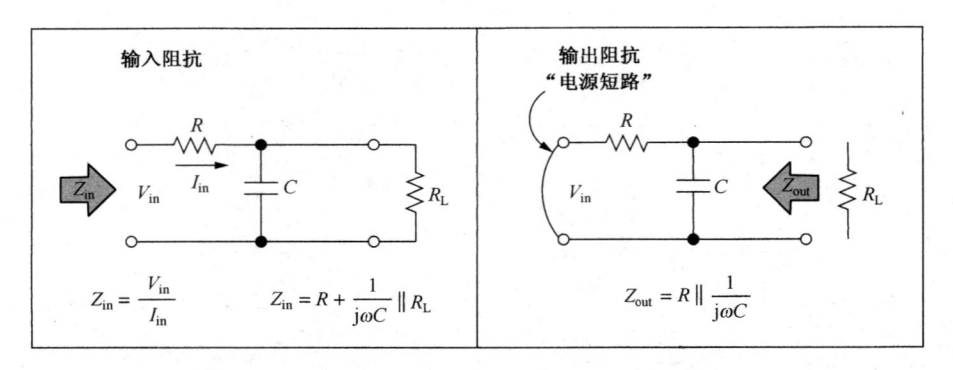

图2.193 有负载的RC低通滤波器输入阻抗和输出阻抗的求解方法

只要$R_L \gg Z_{out}$或者$R \gg Z_{out}|_{max} = R$（理想电压耦合的条件），就有$R' \approx R$，有负载的RC滤波器看起来就像一个无负载的滤波器。这个滤波器的增益为1，截止频率的偏移消失，输入阻抗和输出阻抗不变。

【实例2】为计算RL电路无负载时的传递函数或衰减系数，用分压器建立V_{in}与V_{out}的关系式：
$$V_{out} = \frac{R}{R+j\omega L}V_{in} = \frac{1}{1+j(\omega L/R)}V_{in}, \quad H = \frac{V_{out}}{V_{in}} = \frac{1}{1+j(\omega L/R)}, \quad H = \frac{V_{out}}{V_{in}} = \frac{1}{1+j(\omega/\omega_C)}, \quad \omega_C = R/L$$

H的振幅和相位为

$$|H|=\left|\frac{V_{\text{out}}}{V_{\text{in}}}\right|=\frac{1}{\sqrt{1+(\omega L/R)^2}}, \quad \arg H=\varphi=\arctan(\omega L/R)=\arctan(\omega/\omega_C)$$

式中，ω_C 称为电路的截止角频率，它与相应的衰减频率的关系为 $\omega_C=2\pi f_C$。截止频率表示频率为此值时，输出电压的衰减系数为 1/2，相当于半功率。本例中的截止频率为

$$f_C=\frac{\omega_C}{2\pi}=\frac{R}{2\pi L}=\frac{500\Omega}{2\pi\times(160\times 10^{-3}\text{H})}497\text{Hz}$$

可以想象，当输入电压的频率很低时，电感不能阻止电流流向输出端。但是，随着频率的增大，电感的感抗值增大，输出的信号衰减。图 2.190 是用分贝表示的输出电压随频率衰减的波形图。

电感的延迟作用如图 2.190 所示的相位波形所示。当频率很低时，输出电压跟随输入电压，二者的相位几乎相同。随着频率的上升，输出电压逐渐滞后于输入电压。在截止频率处，输出电压滞后 45°。当频率趋于无穷大时，输出电压的相位滞后约 90°。

根据输入阻抗的定义，可求得输入阻抗为

$$Z_{\text{in}}=V_{\text{in}}/I_{\text{in}}=\text{j}\omega L+R$$

输入阻抗的值取决于频率 ω。对于理想电压耦合，滤波器的输入阻抗应该远大于前一级的输出阻抗。输入阻抗 Z_{in} 的最小值是一个重要的参数，当电感的感抗为零（$\omega\to 0$）时，输入阻抗的值达到最小：

$$Z_{\text{in}}|_{\min}=R$$

将电源置零，计算输出端口的等效阻抗就可以得到输出阻抗：

$$Z_{\text{out}}=\text{j}\omega L\parallel R$$

式中忽略了电源的内阻。输出阻抗也取决于频率 ω。对于理想的电压耦合，滤波器的输出阻抗应该远大于后一级的输入阻抗。输出阻抗 Z_{out} 的最大值也是一个重要的参数。当电感的感抗为无穷大（$\omega\to\infty$）时，输出阻抗的值达到最大：

$$Z_{\text{out}}|_{\max}=R$$

当 RL 低通滤波器接有负载阻抗 R_L 时，电压传递函数变为

$$H=\frac{V_{\text{out}}}{V_{\text{in}}}=\frac{1}{1+\text{j}\omega/\omega_C}, \quad \omega_C=(R\parallel R_L)/L$$

输入阻抗变为

$$Z_{\text{in}}=\text{j}\omega L=R\parallel R_L, \quad Z_{\text{in}}|_{\min}=R\parallel R_L$$

输出阻抗变为

$$Z_{\text{out}}=(\text{j}\omega L)\parallel R, \quad Z_{\text{out}}|_{\max}=R$$

负载的影响使得截止频率偏移到一个较低的值。滤波器的增益不受影响。此外，当 $R_L\gg Z_{\text{out}}$ 或者 $R_L\gg Z_{\text{out}|\max}=R$（理想电压耦合条件）时，截止频率不变，滤波器与无负载时的滤波器类似。

2．高通滤波器

【实例3】 为了描述网络是如何工作的，用分压公式求解输入/输出电压的关系，得传递函数为

$$H=\frac{V_{\text{out}}}{V_{\text{in}}}=\frac{R}{R+1/(\text{j}\omega C)}=\frac{1}{1-\text{j}(1/\omega RC)}=\frac{\text{j}\omega\tau}{1+\text{j}\omega\tau}, \quad \tau=RC$$

或

$$H=\frac{V_{\text{out}}}{V_{\text{in}}}=\frac{\text{j}(\omega/\omega_C)}{1+\text{j}(\omega/\omega_C)}=\frac{1}{1-\text{j}\omega_C/\omega}, \quad \omega_C=\frac{1}{RC}$$

H 的振幅和相位为

$$|H|=\left|\frac{V_{\text{out}}}{V_{\text{in}}}\right|=\frac{\tau\omega}{\sqrt{1+\tau^2\omega^2}}, \quad \arg H=\varphi=\arctan(\omega_C/\omega)$$

式中，τ为时间常数，ω_C为电路的截止角频率，它与相应的衰减频率的关系为$\omega_C = 2\pi f_C$。截止频率表示频率为此值时，输出电压值的衰减系数为$1/2$，相当于半功率。本例中的截止频率为

$$f_0 = \frac{\omega_0}{2\pi} = \frac{1}{2\pi RC} = \frac{1}{2\pi \times 10000\Omega \times (0.1 \times 10^{-6}\text{F})} = 159\text{Hz}$$

可以想象，当输入电压的频率很低时，电容的容抗很大，任何信号几乎都不能传递到输出端。但是，随着频率的上升，电容的容抗降低，信号传递到输出端的衰减很小。图2.194是用分贝表示的输出电压随频率衰减的波形图。

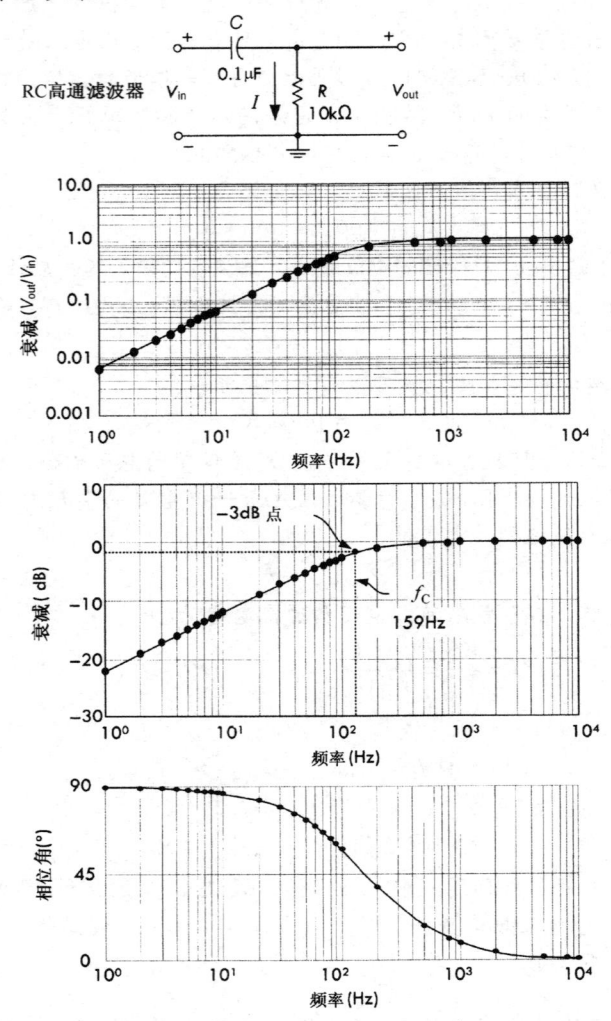

图2.194 用分贝表示的输出电压随频率衰减的波形图

在很低的频率下，输出电压的相位比输入电压的相位超前$90°$。当频率上升到截止频率时，输出电压的相位超前输入电压的相位$45°$。当频率趋于无穷大时，二者的相位差接近$0°$，此时电容相当于短路。

该滤波器的输入阻抗、输出阻抗的求解方法与求解低通滤波器的类似：

$$Z_{in} = R + \frac{1}{j\omega C} \quad \text{和} \quad Z_{in}|_{min} = R, \quad Z_{out} = R \parallel \frac{1}{j\omega C} \quad \text{和} \quad Z_{out}|_{max} = R$$

当接有终端阻抗时，电压传递函数变为

$$H = \frac{V_{out}}{V_{in}} = \frac{R \parallel R_L}{R \parallel R_L + 1/(j\omega C)} = \frac{1}{1 - j(1/\omega R'C)}, \quad R' = R \parallel R'$$

这类似于无终端负载的RC滤波器的传递函数，只不过用R'代替了R：

$$\omega_C = \frac{1}{R'C} = \frac{1}{(R\|R_L)C} \quad \text{和} \quad H = \frac{1}{1-\mathrm{j}\omega_C/\omega}$$

负载的影响使得截止频率偏移到一个更高的值（$R' = R\|R_L < R$）。输入阻抗、输出阻抗为

$$Z_{in} = \frac{1}{\mathrm{j}\omega C} + R\|R_L, \quad Z_{in}|_{min} = R\|R_L$$

$$Z_{out} = R\|\frac{1}{\mathrm{j}\omega C}, \quad Z_{out}|_{max} = R$$

当$R_L \gg Z_{out}$或$R_L \gg Z_{out}|_{max} = R$（理想电压耦合条件）时，有$R' = R$，接负载的RC滤波器与无负载的滤波器类似，对截止频率的影响消失，输入阻抗、输出阻抗不变。

3．RL高通滤波器

图2.195所示电路为RL高通滤波器，它用电感代替RC滤波器中的电容作为频率敏感单元。

【**实例4**】为了计算RL电路的传递函数或衰减系数，再次用分压公式求解传递函数，或者用V_{in}和V_{out}表示RL电路的衰减：

$$H = \frac{V_{out}}{V_{in}} = \frac{\mathrm{j}\omega L}{R+\mathrm{j}\omega L} = \frac{\omega L \angle 90°}{\sqrt{R^2+(\omega L)^2}\angle \arctan(\omega L/R)}, \quad H = \frac{1}{1-\mathrm{j}\omega_C/\omega}, \quad \omega_C = R/L$$

H的振幅和相位为

$$|H| = \left|\frac{V_{out}}{V_{in}}\right| = \frac{\omega L}{\sqrt{R^2+(\omega L)^2}} = \frac{\omega/\omega_C}{\sqrt{1+(\omega/\omega_C)^2}}, \quad \arg H = \varphi = 90° - \arctan(\omega L/R)$$

式中，ω_C称为电路的截止角频率，它与截止频率的关系为$\omega_C = 2\pi f_C$。截止频率表示频率为此值时，输出的电压值的衰减系数为1/2，相当于半功率。本例中的截止频率为

$$f_C = \frac{\omega_C}{2\pi} = \frac{R}{2\pi L} = \frac{1600\Omega}{2\pi \times (25\times 10^{-3}\mathrm{H})} = 10186\mathrm{Hz}$$

可以想象，当输入电压的频率很低时，电感的感抗很小，所以大部分电流被分流至大地，传递到输出端的信号被极大地衰减。但是，随着频率的上升，电感的感抗增加，只有很少的电流流入大地，衰减降低。图2.195是用分贝描述的输出随频率衰减的波形图。

当频率很低时，输出电压相位超前输入电压相位90°。随着频率上升到截止频率，输出电压超前输入电压45°。当频率趋于无穷大时，二者的相位差近似为0°，此时电感相当于开路。

输入阻抗、输出阻抗为

$$Z_{in} = R + \mathrm{j}\omega L, \quad Z_{in}|_{min} = R$$

$$Z_{out} = R\|\mathrm{j}\omega L, \quad Z_{out}|_{max} = R$$

当RL高通滤波器带有负载电阻时，可以类似于RC高通滤波器的求解，用R'代替电阻R：

$$H = \frac{V_{out}}{V_{in}} = \frac{R'/R}{1-\mathrm{j}\omega_C/\omega'}, \quad \omega_C = \frac{R'}{L}, \quad R' = R\|R_L$$

此时的输入阻抗、输出阻抗变为

$$Z_{in} = R + \mathrm{j}\omega L\|R_L, \quad Z_{in}|_{min} = R$$

$$Z_{out} = R\|\mathrm{j}\omega L, \quad Z_{out}|_{max} = R$$

负载使增益值变小，$K = R'/R < 1$，同时截止频率偏移到一个较低的值。当$R_L \gg Z_{out}$或$R_L \gg Z_{out}|_{max} = R$（理想电压耦合条件）时，$R'$约等于$R$，带负载的RC滤波器与无负载的滤波器类似。

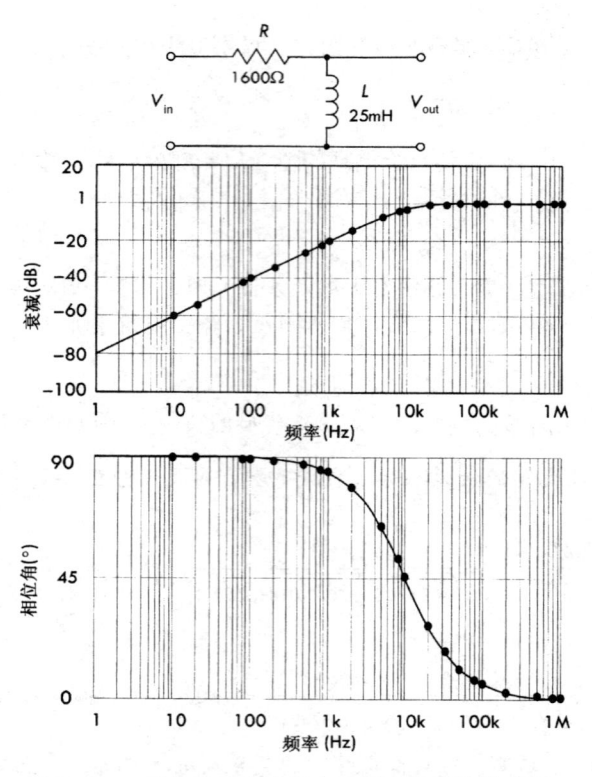

图2.195　用分贝描述的输出随频率衰减的波形图

4．带通滤波器

图2.196所示的电路为RLC带通滤波器,它可使一个窄频率范围(频带)的信号通过而阻止频带外的所有频率。

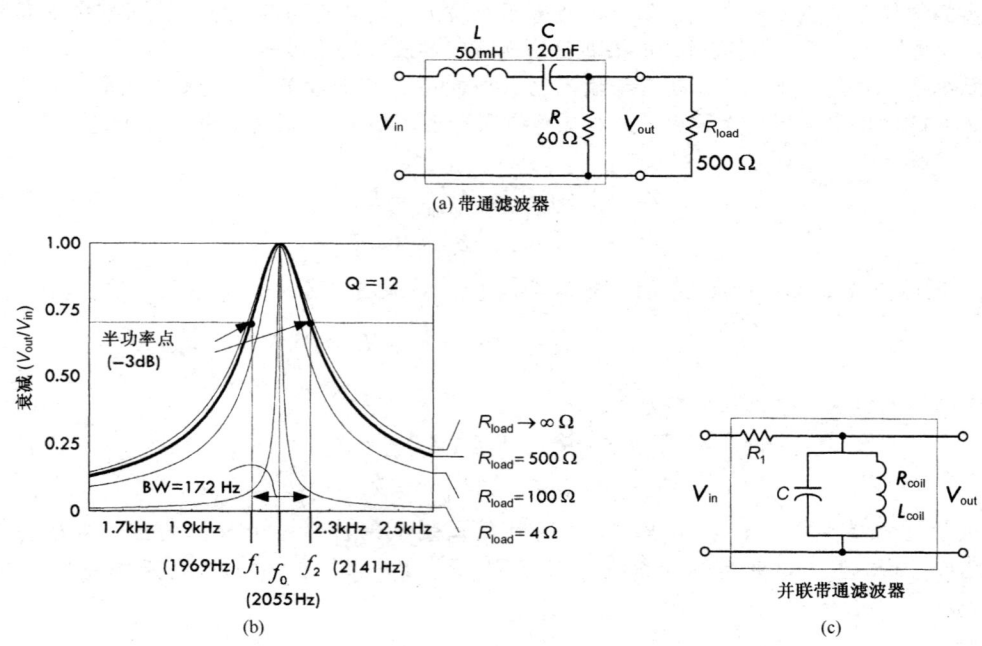

图2.196　RLC带通滤波器

图2.196(c)中的并联带通滤波器的特性与图2.196(a)中的带通滤波器的类似，不同的是，当调谐电路接近谐振频率时，RL线圈部分的阻抗变大，电流几乎都流过负载，偏离谐振点时，并联部分的阻抗降低，电流几乎不流过负载。

【实例5】 为了计算RLC电路的传递函数或衰减系数，首先建立输入电压V_{in}与输出电压V_{out}的关系式：

$$V_{in} = \left(j\omega L - j\frac{1}{\omega C} + R\right)I, \quad V_{out} = RI$$

传递函数为

$$H = \frac{V_{out}}{V_{in}} = \frac{R}{R + j(\omega L - \frac{1}{\omega C})}$$

以上传递函数对应空载输出的情况。若按实际情况将负载电阻接到输出端，就要用R_T替换R，R_T是R和R_{load}的并联等效电阻：

$$R_T = \frac{RR_{load}}{R + R_{load}} = \frac{500 \times 60}{500 + 60} = 54\Omega$$

将R_T代入空载传递函数得到模值为

$$|H| = \left|\frac{V_{out}}{V_{in}}\right| = \frac{R_T}{\sqrt{R_T^2 + (\omega L - \frac{1}{\omega C})^2}}$$

代入所有元件的值并令$\omega = 2\pi f$得

$$|H| = \left|\frac{V_{out}}{V_{in}}\right| = \frac{54}{\sqrt{54^2 + (0.314f - \frac{1}{7.54\times 10^{-7}f})^2}}$$

图2.196是根据上式绘出的输出随频率衰减的波形（图中另外三条曲线分别对应于负载为4Ω、100Ω和无穷大）。谐振频率、Q值、带宽和上下截止频率分别为

$$f_0 = \frac{1}{2\pi\sqrt{LC}} = \frac{1}{2\pi\sqrt{(50\times 10^{-3})\times(120\times 10^{-9})}} = 2055\text{Hz}$$

$$Q = \frac{X_{L,0}}{R_T} = \frac{2\pi f_0 L}{R_T} = \frac{2\pi \times 2055 \times (50\times 10^{-3})}{54} = 12$$

$$\text{BW} = f_0/Q = 2055/12 = 172\text{Hz}$$

$$f_1 = f_0 - \text{BW}/2 = 2055 - 172/2 = 1969\text{Hz}$$

$$f_2 = f_0 + \text{BW}/2 = 2055 + 172/2 = 2141\text{Hz}$$

5. 带阻滤波器

图2.197所示的电路为带阻滤波器，它可让较大范围频率的信号通过，而阻止一个小频带范围内的信号。

图2.197(c)中并联带阻滤波器的特性与图2.197(a)中带阻滤波器的类似，不同的是，当调谐电路接近谐振频率时，RL线圈部分的阻抗变大，电流几乎不流过负载，偏离谐振点时，并联部分的阻抗降低，电流几乎都流过负载。

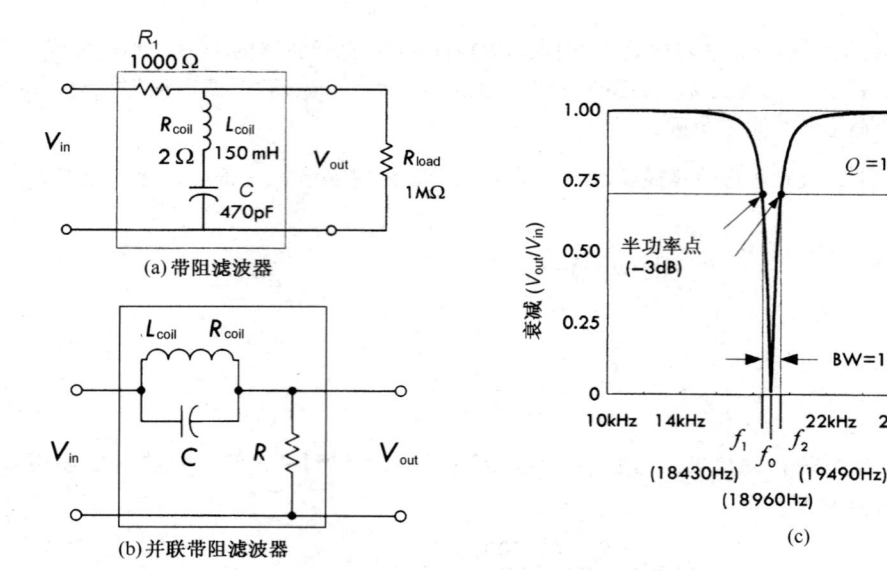

图2.197　带阻滤波器

【实例6】为了计算RLC电路的传递函数或衰减系数，首先建立输入电压V_{in}与输出电压V_{out}的关系式：

$$V_{in} = \left(R_1 + R_{coil} + j\omega L - j\frac{1}{\omega C}\right)I, \quad V_{out} = \left(R_{coil} + j\omega L - j\frac{1}{\omega C}\right)I$$

传递函数为

$$H = \frac{V_{out}}{V_{in}} = \frac{R_{coil} + j\left(\omega L - \frac{1}{\omega C}\right)}{(R_1 + R_{coil}) + j\left(\omega L - \frac{1}{\omega C}\right)}$$

以上传递函数对应空载输出的情况。按实际情况将负载电阻接到输出端时，由于负载电阻很大，可以假设没有电流流过负载，即可以不考虑负载电阻。传递函数的模值为

$$|H| = \left|\frac{V_{out}}{V_{in}}\right| = \frac{\sqrt{R_{coil}^2 + \left(\omega L - \frac{1}{\omega C}\right)^2}}{\sqrt{(R_1 + R_{coil})^2 + j\left(\omega L - \frac{1}{\omega C}\right)^2}}$$

代入所有元件的值并令$\omega = 2\pi f$得

$$|H| = \left|\frac{V_{out}}{V_{in}}\right| = \frac{\sqrt{4 + \left(0.94f - 3.38\times 10^8/f\right)^2}}{\sqrt{1.00\times 10^6 + \left(0.94f - 3.38\times 10^8/f\right)^2}}$$

图2.197是根据上式绘出的输出随频率衰减的波形。谐振频率、Q值、带宽和上下截止频率分别为

$$f_0 = \frac{1}{2\pi\sqrt{LC}} = \frac{1}{2\pi\sqrt{(150\times 10^{-3})\times(470\times 10^{-12})}} = 18960\text{Hz}$$

$$Q = \frac{X_{L,0}}{R_T} = \frac{2\pi f_0 L}{R_T} = \frac{2\pi\times 18960\times(150\times 10^{-3})}{1000} = 18$$

$$\text{BW} = f_0/Q = 18960/18 = 1053\text{Hz}$$

$$f_1 = f_0 - \text{BW}/2 = 18960 - 1053/2 = 18430\text{Hz}$$

$$f_2 = f_0 + \text{BW}/2 = 18960 + 1053/2 = 19490\text{Hz}$$

2.33.2 衰减网络

我们经常需要将一个正弦电压衰减一定的量，衰减量与频率无关，应用一个分压器就可实现。图2.198给出了一个简单的分压衰减网络。在电源与负载之间接入衰减网络，可在信号到达负载之前降低信号的振幅。在下面的例子中，要特别注意输入阻抗与输出阻抗。

【实例7】 在图2.198(a)中，电源的输出阻抗等于电源的内阻，即

$$Z_{out} = R_S$$

在图2.198(b)中，衰减网络的输入阻抗与输出阻抗为

$$Z_{in} = R_1 + R_2, \quad Z_{out} = R_2$$

设电阻R_2上流过的电流相同，求得传递函数为

$$H = \frac{V_{out}}{V_{in}} = \frac{IZ_{out}}{IZ_{in}} = \frac{Z_{out}}{Z_{in}} = \frac{R_2}{R_1 + R_2}$$

可以看出这是一个简单的分压器。在图2.198(c)中，负载的输入阻抗为

$$Z_{in} = R_L$$

显然，连接以上电路后，输入阻抗与输出阻抗发生了变化。从电源侧看去，如图2.198(d)所示，衰减网络与负载连接部分的输入阻抗是R_2与R_L的并联再与R_1的串联：

$$Z_{in} = R_1 + \frac{R_2 R_L}{R_2 + R_L} = 400\Omega$$

从负载侧看去，如图2.198(e)所示，衰减网络与电源连接部分的输出阻抗是R_1与R_S的串联再与R_2的并联：

$$Z_{out} = Z_{THEV} = \frac{R_2(R_1 + R_S)}{R_2 + (R_1 + R_S)} = \frac{3300\Omega \times (100\Omega + 1\Omega)}{3300\Omega + (100\Omega + 1\Omega)} = 98\Omega$$

负载输入阻抗依然是R_L。

这个输出阻抗为戴维南等效阻抗Z_{THEV}，如图2.198(f)所示。若令$R_1 = 100\Omega$、$R_2 = 3300\Omega$、$R_S = 1\Omega$ 和$V_S = 10VAC$，就得到图2.18(f)。若令负载$R_L = 330\Omega$，则根据戴维南等效电路可得

$$V_L = \frac{R_L}{Z_{THEV} + R_L} = \frac{330\Omega}{98\Omega + 330\Omega} = 7.48VAC$$

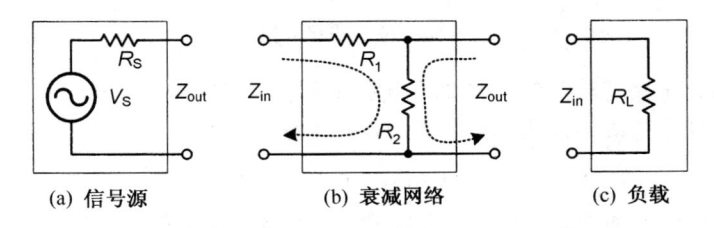

(a) 信号源　　(b) 衰减网络　　(c) 负载

图2.198　分压衰减网络

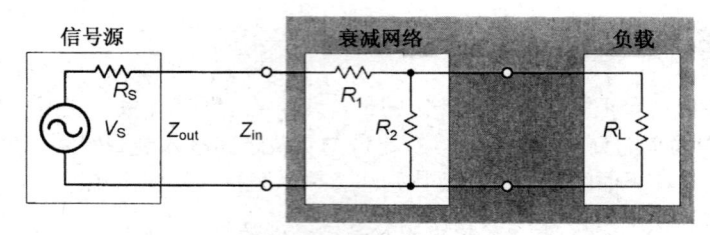

(d) 衰减网络和负载的输入阻抗

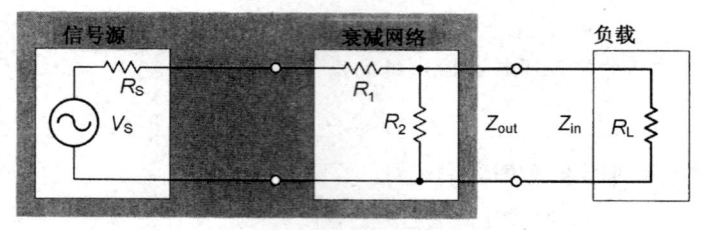

(e) 衰减网络和负载的输出阻抗

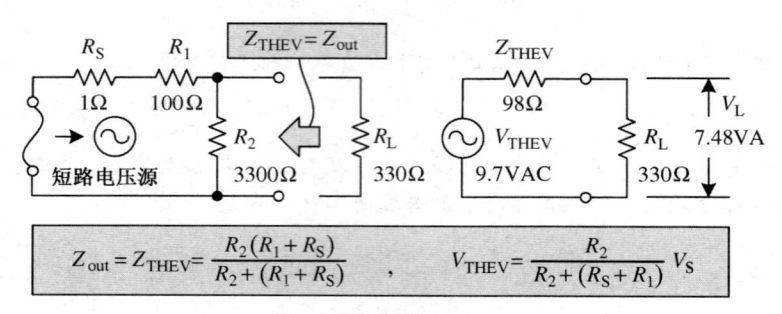

$$Z_{out} = Z_{THEV} = \frac{R_2(R_1 + R_S)}{R_2 + (R_1 + R_S)}, \quad V_{THEV} = \frac{R_2}{R_2 + (R_S + R_1)} V_S$$

(f) 戴维南等效电路

图2.198 分压衰减网络（续）

前面说过，分压电路可用来衰减信号，且衰减方式与频率无关。但是，实际电路中都存在杂散电容，当电路的频率达到某个值时，分压电路就相当于低通或高通滤波器。应用如图2.199所示的补偿式衰减电路可以克服这个问题。

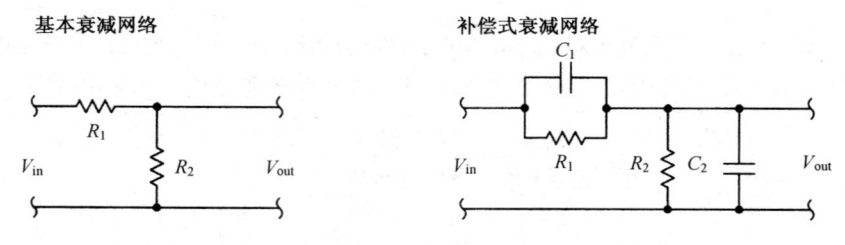

图2.199 衰减网络

当频率很低时，电路特性类似于普通的电阻分压器，但当频率很高频时，容抗占主导地位，电路特性类似于容性分压器。若衰减和频率无关，则满足关系式

$$R_1 C_1 = R_2 C_2 \tag{2.91}$$

事实上，其中的一个电容通常是变化的，所以通过调节衰减网络可以补偿任意杂散电容。

这样的补偿衰减网络常用于示波器的输入端，以提高输入阻抗和降低输入容抗，使示波器类似于理想电压表，但会降低输入电压范围的敏感性。

2.34 瞬态电路

电路的瞬态现象不同于任何稳态情况。瞬态现象反映了因外部电路的接入而引起的电压突变，如开关的分合或晶体管开关的状态变化。在瞬态期间，整个电路的电压和电流瞬时调整到一个新的直流值，但在短暂的时间内，即刻会出现不容忽略的瞬态问题。若初始时刻电路处于直流状态，最终时刻电路处于另一个直流状态，但是在两个状态之间，电路为进入新的状态需要进行调整，因此可能出现复杂的现象。当我们介绍包含电抗元件的电路的瞬态问题时，通常需要求解微分方程，因为响应是时间的函数。下面通过图2.200所示的一个简单的瞬态电路来说明不涉及电抗和微分方程的方法，这种方法同样能很好地说明瞬态问题。

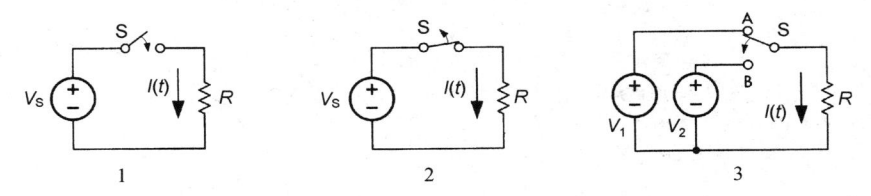

图2.200 一个简单的瞬态电路

【实例1】

1. 起初开关S断开。$t=0$时将其闭合，V_S与R相连，根据欧姆定律，即刻产生电流。若$t>0$后开关保持闭合，则电流保持S闭合瞬间的电流值：

$$I(t)=\begin{cases}0, & t<0（S闭合前）\\ V_S/R, & t=0（S闭合瞬间）\\ V_S/R, & t>0（S闭合后的时间）\end{cases}$$

2. 起初开关S闭合。$t=0$时将其断开，电阻两端的电压和流过它的电流为0。若$t>0$后开关一直断开，则电压和电流保持为0：

$$I(t)=\begin{cases}V_S/R, & t<0（S断开前）\\ 0, & t=0（S断开瞬间）\\ 0, & t>0（S断开后的时间）\end{cases}$$

3. 起初开关位于A处（$t<0$），R两端的电压为V_1，电流$I=V_1/R$。忽略开关元件切换到B处的时间延迟，设$t=0$时S打向B处，电压立刻改变，R两端的电压为V_2，电流为$I=V_2/R$：

$$I(t)=\begin{cases}V_1/R, & t<0（S在A处）\\ V_2/R, & t=0（S瞬间打向B处）\\ V_2/R, & t>0（S在B处后的时间）\end{cases}$$

上述例子好像很简单，但说明了一个重要的问题：在开关动作之前，电阻两端的电压和流过电阻的电流同为零或常数，在开关动作之后，电压和电流即刻变为新值，说明电阻的固有响应与时间无关，只遵循欧姆定律$V=IR$。也就是说，在强制响应下，电阻的电压立即变为一个新的稳态值，电阻的电流也立即变为一个新的稳态值。

对于电容和电感电路，强制响应（施加电源或移去电源）不能使电压或电流立即达到一个新的稳定状态。事实上，在强制响应后有一个固有响应，其电压和电流随时间变化。由基尔霍夫定律得到的瞬态电路模型是微分方程，根据初始条件可求解瞬态过程。下面的两个例子在前面的电容和电感小节中分析过，说明了当电压突然施加到RL和RC电路时发生的现象。

【实例2】 应用基尔霍夫电压方程可得图2.201所示电路的方程：

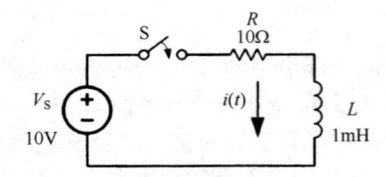

$$V_S - L\frac{dI}{dt} - RI = 0 \quad 或 \quad L\frac{dI}{dt} + RI = V_S$$

$$I(t) = \begin{cases} 0 & t < 0 \text{ (S 闭合前)} \\ 0 & t = 0 \text{ (S 闭合瞬间)} \\ (V_S/R)(1-e^{-(R/L)t}) & t > 0 \text{ (S 闭合后)} \\ V_S/R & t \to \infty \text{ (稳态时)} \end{cases}$$

$$V_R(t) = \begin{cases} 0 & t < 0 \text{ (S 闭合前)} \\ 0 & t = 0 \text{ (S 闭合瞬间)} \\ V_S(1-e^{-(R/L)t}) & t > 0 \text{ (S 闭合后)} \\ V_S & t \to \infty \text{ (稳态时)} \end{cases}$$

$$V_L(t) = \begin{cases} 0 & t < 0 \text{ (S 闭合前)} \\ V_S & t = 0 \text{ (S 闭合瞬间)} \\ V_S e^{-(R/L)t} & t > 0 \text{ (S 闭合后)} \\ 0 & t \to \infty \text{ (稳态时)} \end{cases}$$

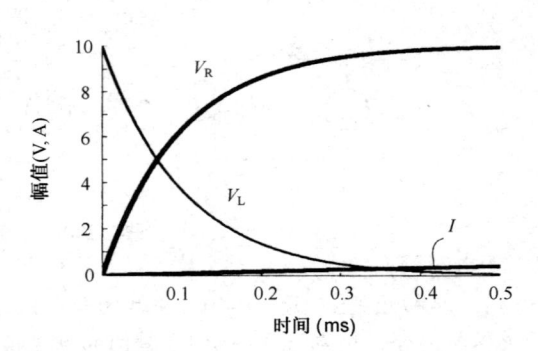

图2.201 含有电感的瞬态电路

上式是一阶非齐次微分方程。为了求解这个方程，需要首先分离变量，然后积分：

$$\int \frac{L}{V_S - RI} dI = \int dt$$

积分得通解为

$$-\frac{L}{R}\ln(V_S - RI) = t + C$$

由初始条件$t(0) = 0$，$I(0) = 0$可以确定积分式中的常数：

$$C = -\frac{L}{R}\ln V_S$$

将其代入通解式得

$$I = -\frac{V_S}{R}(1-e^{-Rt/L})$$

将图2.201所示电路中元件的值代入方程得

$$I = -\frac{10V}{10\Omega}(1-e^{-10t/0.001}) = 1.0A(1-e^{-10000t})$$

一旦求得电流，就可求出电阻与电感两端的电压：

$$V_R = IR = V_S(1-e^{-Rt/L}) = 10V(1-e^{-10000t}), \quad V_L = L\frac{dI_L}{dt} = V_S e^{-Rt/L} = 10Ve^{-10000t}$$

图2.201中的曲线显示了电压是如何随时间变化的。电感部分解释了RL电路中以前未提及的一些重要细节，也说明了未激磁的RL电路是如何工作的。

【实例3】应用基尔霍夫电压方程可得图2.202所示电路的方程：

$$V_S = RI + \frac{1}{C}\int_0^t I(t')dt'$$

对上式两边同时微分得

$$0 = R\frac{dI}{dt} + \frac{1}{C}I$$

上式是一个一阶线性齐次微分方程。线性是指每项中的未知量是一次幂的，一阶是指最高阶导数是一阶的，齐次是指等式的右端项等于零。所有线性一阶齐次微分方程的解都有如下形式：

$$I = I_0 e^{\alpha t}$$

将上式代入微分方程式，求得代数方程为

$$\alpha + \frac{1}{RC} = 0$$

从中解得常数 α 为

$$\alpha = -\frac{1}{RC}$$

常数 I_0 由 $t=0$ 时的初始条件确定。初始时刻电容两端的电压不变，因此若在开关闭合前电容两端的电压为0，则在开关闭合后的瞬间其两端的电压仍为0，电容可视为短路，则初始电流为

$$I(0) = I_0 = \frac{V_S}{R}$$

因此，对于电容没有初始能量的RC串联电路，其瞬态解为

$$I = \frac{V_S}{R}e^{-t/RC}$$

将图2.202所示电路中元件的值代入方程得

$$I = 0.001 A e^{-0.1t}$$

一旦求得电流，就可求得电阻与电容两端的电压：

$$V_R = IR = V_S e^{-t/RC} = 10V e^{-0.1t}, \quad V_C = \frac{1}{C}\int_0^t I(t)dt = V_S(1-e^{-t/RC}) = 10V(1-e^{-0.1t})$$

图2.202中的曲线显示了电压是如何随时间变化的。电容部分解释了RC电路中以前未提及的一些重要细节，并且说明了未充电的RC电路是如何工作的。

$$I(t) = \begin{cases} 0 & t < 0 \text{（S 闭合前）} \\ V_S/R & t = 0 \text{（S 闭合瞬间）} \\ (V_S/R)e^{-t/RC} & t > 0 \text{（S 闭合后）} \\ 0 & t \to \infty \text{（稳态时）} \end{cases}$$

$$V_R(t) = \begin{cases} 0 & t < 0 \text{（S 闭合前）} \\ V_S & t = 0 \text{（S 闭合瞬间）} \\ V_S e^{-t/RC} & t > 0 \text{（S 闭合后）} \\ 0 & t \to \infty \text{（稳态时）} \end{cases}$$

$$V_C(t) = \begin{cases} 0 & t < 0 \text{（S 闭合前）} \\ 0 & t = 0 \text{（S 闭合瞬间）} \\ V_S(1-e^{-t/RC}) & t > 0 \text{（S 闭合后）} \\ V_S & t \to \infty \text{（稳态时）} \end{cases}$$

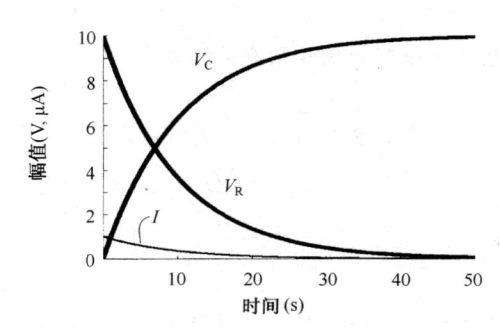

图2.202　含有电容的瞬态电路

下面的方程是前面提到的充电和未充电RC电路的响应方程,以及激磁和未激磁RL电路的响应方程,通常可将这些方程与瞬态电路结合起来,而无须建立和求解微分方程:

RC充电	RC未充电	RL激磁	RL未激磁
$I = \dfrac{V_S}{R} e^{-t/RC}$	$I = \dfrac{V_S}{R} e^{-t/RC}$	$I = \dfrac{V_S}{R}(1 - e^{-Rt/L})$	$I = \dfrac{V_S}{R} e^{-Rt/L}$
$V_R = V_S e^{-t/RC}$	$V_R = V_S e^{-t/RC}$	$V_R = V_S(1 - e^{-Rt/L})$	$V_R = V_S e^{-Rt/L}$
$V_C = V_S(1 - e^{-t/RC})$	$V_C = V_S e^{-t/RC}$	$V_L = V_S e^{-Rt/L}$	$V_L = -V_S e^{-Rt/L}$

下面的例题将说明如何运用以上方程求解瞬态问题。

【例1】 图2.203所示的电路在开关断开之前处于稳定状态。求开关断开瞬间电流I_2的值,并求1ms后电阻R_2上的电流I_2及其两端的电压。

解:与电阻电压不同,电容电压不能立即变化。因此,开关断开瞬间,电容电压仍然保持之前的值:

$$V_C(0^+) = V_C(0^-) = 24\text{V}$$

式中,0^+表示开关断开后的瞬间,0^-表示开关断开前的瞬间。

在开关断开后的瞬间($t = 0^+$),电源已与电路分离,剩下的是电容与两个电阻的串联电路。对新电路应用基尔霍夫定律:

$$V_C + V_{R1} + V_{R2} = 0, \quad 24\text{V} + I(10\Omega + 20\Omega) = 0, \quad I = -24\text{V}/30\Omega = 0.800\text{A}$$

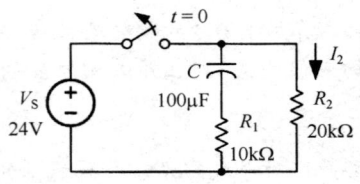

图 2.203 例1所示电路

式中,I就是开关断开瞬间的电流I_2。为了求解开关断开1ms($t = 0.001\text{s}$)后的电流,将电路视为RC放电电路,应用式(2.44)并令$R = R_1 + R_2$得

$$I = \dfrac{V_C}{R} e^{-t/RC} = \dfrac{24\text{V}}{30\Omega} e^{-0.001/0.003} = 0.573\text{A}$$

此时,R_2两端的电压为

$$V_{R2} = IR_2 = 0.573\text{A} \times 20\Omega = 11.46\text{V}$$

【例2】 电路如图2.204所示,求开关断开瞬间($t = 0$)的电流I,同时求$t = 0.1\text{s}$时电阻和电容两端的电压。

解:当开关断开时,电感电流不能立刻改变,电感相当于短路,电感的电阻和R串联,其强制响应为

$$I_f = \dfrac{24\text{V}}{10\Omega + 20\Omega} = 0.80\text{A}$$

图 2.204 例2所示电路

在$t = 0$后的任意时刻,电路的固有响应或没有电压源时的响应,可直接视为RL放电电路的响应,其中R是电阻和电感阻抗的串联组合:

$$I_n = C e^{-Rt/L} = C e^{-30t/5} = C e^{-6t}$$

总电流是强制响应和固有响应之和:

$$I = I_f + I_n = 0.80\text{A} + C e^{-6t}$$

然后通过求解电流$I(0^+)$来确定常数C:

$$I(0^+) = V_S/R_L = 24\text{V}/10\Omega = 2.4\text{A}, \quad C = \dfrac{2.4\text{A} - 0.80\text{A}}{e^{-6 \times 0}} = 1.60\text{A}$$

所以

$$I(t) = 0.80\text{A} + 1.60\text{A} \times e^{-6t}$$

由上式计算出$t = 0.1\text{s}$时的电流为

$$I(0.1) = (0.80 + 1.60e^{-6 \times 0.1})A = 1.68A$$

进而求得该时刻电阻与电感两端的电压：
$$V_R = IR = 1.68A \times 20\Omega = 33.6V, \quad V_L = 24V - V_R = 24V - 33.6V = -9.6V$$

【例3】电路如图2.205所示，求$t = 0.3$s时的电流I_L。

解： 因为12Ω电阻对I_L没有影响，所以电路为电阻R_L与电感L串联的简单RL充电电路：

$$I_L = \frac{V_S}{R_L}(1 - e^{-(R_L/L)t}) = \frac{24V}{8\Omega}(1 - e^{-1.3t}) = 3A \times (1 - e^{-1.3t})$$

当$t = 0.3$s时，$I_L = 3A \times (1 - e^{-1.3 \times 0.3}) = 0.99A$。

对于电阻、电容和电感的强制响应项，要特别注意如下事项。

电阻： 在强制响应下，电阻两端的电压瞬间变化，电流即刻产生。电压或电流的响应没有延迟（理想状态）。

电容： 在强制响应下，电容两端的电压不能即刻变化，所以产生瞬态过渡过程，在过渡过程的初始时刻，电容可视为开路或恒定电压源，即在$t = 0^-$或$t = 0^+$的瞬间电压是常数，且电压值不变。同样，在$t = 0^-$或$t = 0^+$的瞬间，因为积累电荷的时间为零，所以电流为0。但是在$t = 0^+$之后，电容电压与电流出现随时间变化的固有响应。

电感： 在强制响应下，电感电流不能即刻变化，这意味着在$t = 0^-$或$t = 0^+$的瞬间，电感两端没有电压，所以电感可视为短路，即在$t = 0^-$或$t = 0^+$的瞬间电流为常数，且电流值不变。但是在$t = 0^+$之后，电感电压与电流出现随时间变化的固有响应。

如前所述，$t = 0^-$指瞬态发生前的瞬间，$t = 0^+$指瞬态发生后的瞬间。

有时，可用一些特别的方法来求解瞬态电路的电压和电流，这些方法不同于以上三个例子中介绍的方法。接下来的一些例子将对此加以说明。

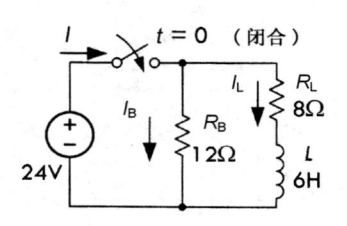

图2.205 例3所示电路

【例4】电路如图2.206所示，求开关闭合前的瞬间（$t = 0^-$）和开关闭合后的瞬间（$t = 0^+$）流经电感的电流与电容两端的电压，并计算开关闭合后$t = 0.5$s时的I_C和I_L。

解： 在开关闭合前，将电容视为开路，电容电流为0。在开关闭合的瞬间，电容电压不能即刻变化，所以电容电流依旧为0。在开关闭合前和闭合后的瞬间，电容两端的电压不变，等于电源电压。以上可用数学公式表示为

$$I_L(0^-) = I_L(0^+) = 0, \quad V_C(0^-) = V_C(0^+) = 18V$$

当开关闭合后，电路为无源的RC电路，因此有通解

$$I_C = Be^{-t/RC} = Be^{-t/1.5}$$

当$t = 0^+$时，$I_C(0^+)R + V_C(0^+) = 18V$，所以

$$I_C(0^+) = -\frac{V_C(0^+)}{R} = -\frac{18V}{3\Omega} = -6A$$

将以上公式代入通解，求得常数B为

$$B = \frac{I_C(0^+)}{e^{-0/1.5}} = \frac{06A}{1} = -6A$$

图2.206 例4所示电路

所以I_C的完整表达式为$I_C = -6Ae^{-t/1.5}$；当$t = 0.5$s时，$I_C = -6Ae^{-0.5/1.5} = 4.3A$。为计算$t = 0.5$s时的$I_L$，将电路响应视为由18V电源激励的RL电路的强制响应和RL电路的固有响应之和：

• 171 •

$$I_L = I_f + I_n = \frac{V_S}{R_L} + Ae^{-6t/5}$$

【例5】 电路如图2.207所示，$t<0$时处于稳定状态，$t=0$时开关断开，试述电路的所有初始条件，并求开关断开0.6s后电路中的电流及$t=0.4$s时的电感电压。

解： 因为开关起初是闭合的，电容被短路，其两端没有电压，电流就等于电源电压除以电感的电阻：

$$I_L(0^-) = I_L(0^+) = \frac{120\text{V}}{30\Omega} = 4\text{A}, \quad V_C(0^-) = V_C(0^+) = 0\text{V}$$

图2.207 例5所示电路

由基尔霍夫电压定律可得电路的方程为

$$L\frac{dI}{dt} + R_L I + \frac{1}{C}\int I dt = 120\text{V}$$

$$60\text{H} \times \frac{dI}{dt} + 30\Omega \times I + \frac{1}{1\text{F}}\int I dt = 120\text{V}$$

特征方程为

$$60p^2 + 20p + 1 = 0$$

特征根为

$$p = -0.46, -0.04$$

电流的全响应是强制分量和固有分量之和：

$$I_L = I_f + I_n = 0 + A_1 e^{-0.46t} + A_2 e^{-0.04t}$$

根据$I(0^+) = 4$，得$A_1 + A_2 = 4$。当$t=0$时，

$$60\text{H} \times \frac{dI}{dt}(0^+) + 30\Omega/(0^+) + V_C(0^+) = 120\text{V}, \quad \frac{dI}{dt}(0^+) = 0 = 0.46A_1 + 0.04A_2$$

由以上公式解得$A_1 = -0.38$，$A_2 = 4.38$，于是有

$$I = -0.38e^{-0.46t} + 4.38e^{-0.04t}$$

将I代入电感电压定义式得

$$V_L = L\frac{dI}{dt} = 60 \times \left[(-0.38) \times (-0.46)e^{-0.46t} + 4.38 \times (-0.04)e^{-0.04t}\right]$$

当$t=0.4$s时，$V_L = 60 \times (0.145 - 0.172) = -1.62\text{V}$。

【例6】 电路如图2.208所示，当$t=0$时开关由1打向2，求$t>0$时的$I(t)$。

解： 开关切换后，断流的全响应是强迫分量与固有分量之和：

$$I = I_f + I_n = \frac{24\text{V}}{R_2} + I_L e^{-Rt/L} = \frac{24\text{V}}{2\Omega} + \left(\frac{12\text{V}}{5\Omega} - \frac{24\text{V}}{2\Omega}\right)e^{-2t/0.5}$$

$$= 12\text{A} - 9.6\text{A} \times e^{-4t}$$

图2.208 例6所示电路

2.34.1 RLC串联电路

图2.209所示的RLC串联电路是另一个瞬态的例子，它的计算比较复杂，但却是科学与工程领域出现的许多典型现象的代表。

假设电路中的电容已充电，电容电压为V_0。当$t=0$时，开关闭合。对于$t \geq 0$时的电路应用基尔霍夫电压定律得

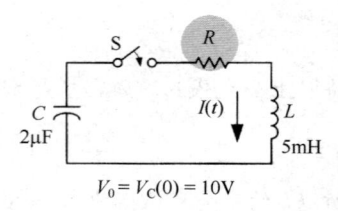

图2.209 RLC串联电路

$$\frac{1}{C}\int I\,\mathrm{d}t + IR + L\frac{\mathrm{d}I}{\mathrm{d}t} = 0$$

重新写成标准形式为

$$\frac{\mathrm{d}^2 I}{\mathrm{d}t^2} + \frac{R}{L}\frac{\mathrm{d}I}{\mathrm{d}t} + \frac{1}{LC}I = 0$$

这是一个线性二阶齐次微分方程。可以设想方程的解的形式与之前分析的一阶线性齐次微分方程的解的形式相同：

$$I = I_0 \mathrm{e}^{\alpha t}$$

将以上解代入微分方程得

$$\alpha^2 + \frac{R}{L}\alpha + \frac{1}{LC} = 0$$

注意，$\mathrm{e}^{\alpha t}$总能使线性齐次微分方程变为代数方程，其中一阶导数项被α代替，二阶导数项被α^2代替，以此类推。这样一个线性二阶齐次微分方程就变成了二次代数方程。二次代数方程的解为

$$\alpha_1 = -\frac{R}{2L} + \sqrt{\frac{R^2}{4L^2} - \frac{1}{LC}}, \quad \alpha_2 = -\frac{R}{2L} - \sqrt{\frac{R^2}{4L^2} - \frac{1}{LC}} \tag{2.92}$$

因为α的任意值代表了原微分方程的一个解，所以将这两个可能的解乘以任意常数，然后相加就构成了微分方程的一般通解：

$$I = I_1 \mathrm{e}^{\alpha_1 t} + I_2 \mathrm{e}^{\alpha_2 t}$$

式中，常数I_1和I_2必须根据初始条件来确定。N阶微分方程一般要根据初始条件确定n个常数。本例中的常数可由已知的$I(0)$和$\mathrm{d}I/\mathrm{d}t(0)$得出。因为当$t<0$时电感电流为0且不能即刻变化，即

$$I(0) = 0$$

电感两端的初始电压等于电容两端的初始电压，所以

$$I_1 = -I_2 = \frac{V_0}{(\alpha_1 - \alpha_2)L}$$

因此RLC串联电路电流的解为

$$I = \frac{V_0}{(\alpha_1 - \alpha_2)L}(\mathrm{e}^{\alpha_1 t} - \mathrm{e}^{\alpha_2 t}) \tag{2.93}$$

式中，α_1和α_2可由式（2.92）求得。上述微分方程的解的性质取决于式（2.92）中平方根的值是正数、是零还是负数。下面讨论这三种情况。

1. 情况1：过阻尼

当$R^2 > 4L/C$时，平方根的值是正数，α为两个负值，且$|\alpha_2| > |\alpha_1|$，因此方程的解是具有相同初始值的两项之和，一项是缓慢衰减的正值，另一项是快速衰减的负值。图2.210给出了电流随时间变化的曲线。考虑$R^2 \gg 4L/C$这个重要的约束条件，平方根可近似为

$$\sqrt{\frac{R^2}{4L^2} - \frac{1}{LC}} = \frac{R}{2L}\sqrt{1 - \frac{4L}{R^2 C}} \approx \frac{R}{2L} - \frac{1}{RC}$$

相应的α值为

$$\alpha_1 = -\frac{1}{RC} \quad \text{和} \quad \alpha_2 = -\frac{R}{L}$$

式（2.93）中的电流为

$$I \approx \frac{V_0}{R}(\mathrm{e}^{-t/RC} - \mathrm{e}^{-Rt/L}) \tag{2.94}$$

在这个约束条件下,电流快速上升到接近V_0/R,然后缓慢地衰减到零。过阻尼响应曲线和RLC电路如图2.210所示。

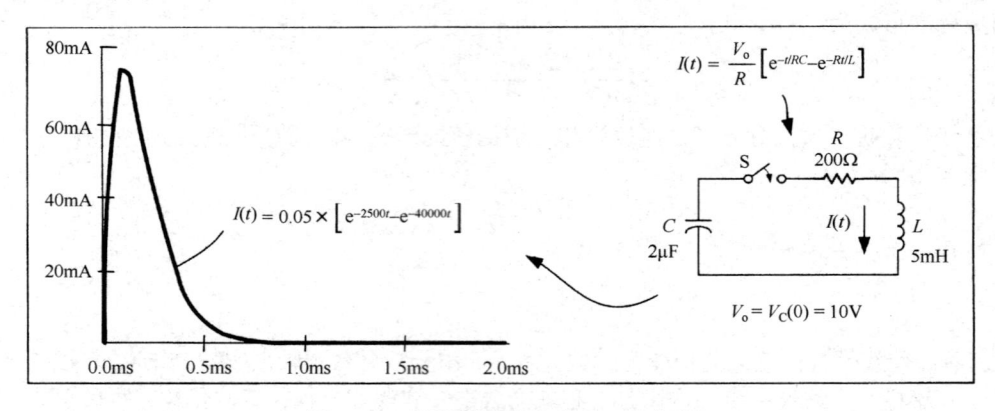

图2.210 过阻尼响应曲线和RLC电路

2. 情况2:临界阻尼

当$R^2 = 4L/C$时,平方根的值为0,且$\alpha_1 = \alpha_2$。式(2.93)变为0除以0,没有意义。因此,上述的求解方法失效。一种更有效的方法是,令

$$\varepsilon = \sqrt{\frac{R^2}{4L^2} - \frac{1}{LC}}$$

当$\varepsilon \to 0$时求得式(2.93)的极限,有

$$\alpha_1 = -\frac{R}{2L} + \varepsilon \quad 和 \quad \alpha_2 = -\frac{R}{2L} - \varepsilon$$

式(2.93)变为

$$I = \frac{V_0}{2\pi L} e^{-Rt/2L} (e^{\varepsilon t} - e^{-\varepsilon t})$$

运用展开式$e^x \approx 1 + x$,当$|x| \ll 1$时,上述等式变为

$$I = \frac{V_0}{L} e^{-Rt/2L} \tag{2.95}$$

临界阻尼响应曲线如图2.211所示,曲线形状与过阻尼情况下的相似,表现为快速衰减到零,但未越过t轴变为负值。

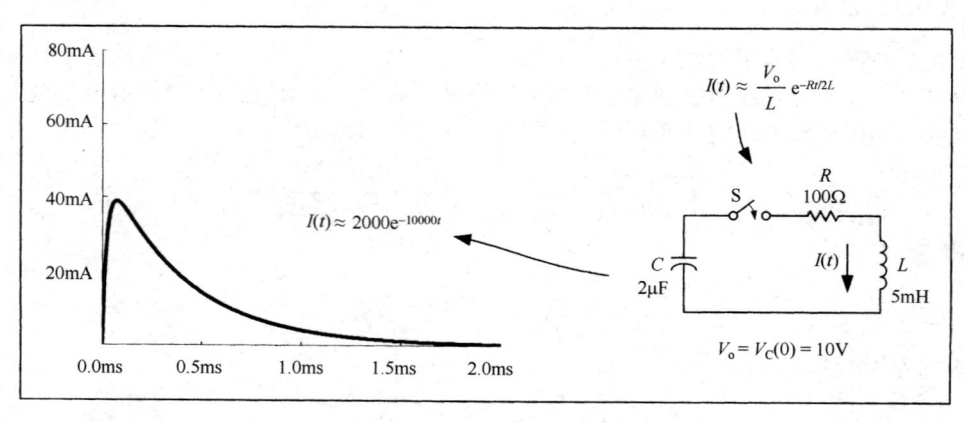

图2.211 临界阻尼响应曲线和RLC电路

达到临界阻尼很困难，因为只要R发生很小的变化，临界阻尼条件就会改变，温度的微小变化就可能使R变化。当电路处理临界阻尼状态时，从C传递到L的能量比损耗在R上的能量少。

3. 情况3：欠阻尼

当$R^2 < 4L/C$时，平方根的值为负，α可以写为

$$\alpha = -\frac{R}{2L} \pm \frac{j}{\sqrt{LC}}\sqrt{1 - \frac{R^2C}{4L}}$$

式中$j = \sqrt{-1}$。定义角频率ω为

$$\omega = \frac{1}{\sqrt{LC}}\sqrt{1 - \frac{R^2C}{4L}} \tag{2.96}$$

当$R^2 \ll 4L/C$时，角频率近似为

$$\omega \approx \frac{1}{\sqrt{LC}}$$

在大部分情况下，这个近似值都满足要求，将其代入式（2.93）得

$$I = \frac{V_0}{2j\omega L}e^{-Rt/2L}(e^{j\omega t} - e^{-j\omega t})$$

应用欧拉公式$e^{j\theta} = \cos\theta + j\sin\theta$可将电流表示如下：

$$I = \frac{V_0}{\omega L}e^{-Rt/2L}\sin\omega t \tag{2.97}$$

注意，该结果与以上两种情况不同，因为它是振荡的，同时随着时间振荡的振幅呈指数衰减，如图2.212所示。ω为角频率，其单位为弧度/秒，它与频率f的关系为$\omega = 2\pi f$，振荡周期为$T = 1/f = 2\pi/\omega$。

欠阻尼情况非常有趣，当$t = 0$时，所有的能量都存储在电容中，随着电流的增大，能量消耗于电阻并存储在电感中。经过1/4周期后，电容的能量释放完毕，但是随着时间的推移，电感中的能量减少，电容中的能量增加，直到半个周期后，所有的能量除了电阻消耗，其余部分又返回到电容中存储起来。其后，能量持续来回充电放电，直到最终被电阻全部消耗。没有电阻的LC串联电路将无阻尼地持续振荡。

RLC串联电路这类微分方程在科学与工程的许多领域中都存在，称为阻尼简谐振荡器。例如，汽车上的减振器是机械谐振部分，它被设计成接近临界阻尼状态。

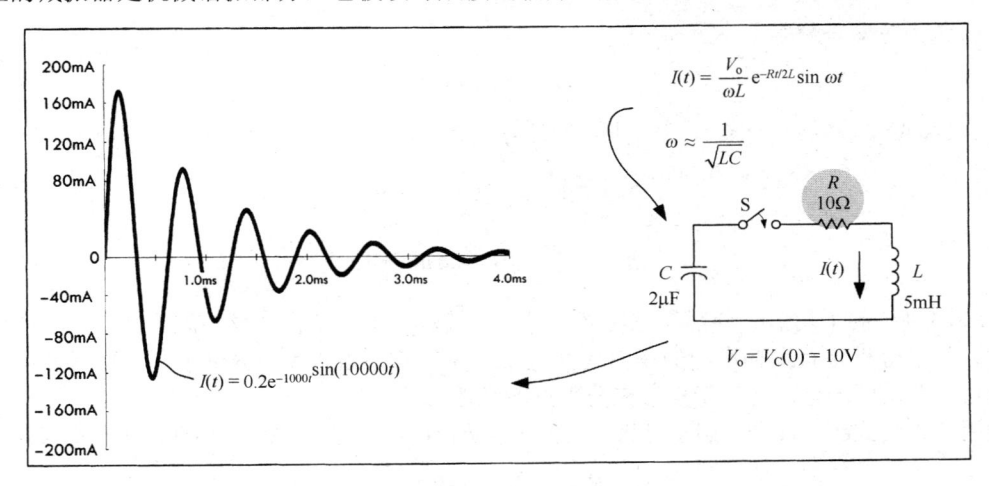

图2.212 欠阻尼响应曲线和RLC电路

2.35 周期非正弦电源电路

假设将一个周期非正弦电压（如方波、三角波或锯齿波）加到含有电阻、电容和电感的电路上，因为这不是直流电路，所以不能应用直流理论进行分析。因为这也不是正弦电路，所以也不能运用复数阻抗理论进行分析。那么该怎样分析这个电路呢？

若所有的方法都不能用，则只能用基尔霍夫定律。分析时首先遇到的问题是如何用数学公式表示电源电压，也就是说，即使建立了基尔霍夫方程，仍然必须代入电源项，例如，如何代入方波电源的数学表达式？事实上，要得出周期非正弦电源的数学表达式并不容易。为便于讨论，假设可以建立周期非正弦波形的数学公式，将其代入基尔霍夫方程，得到的将是微分方程，因为是非正弦问题，所以不能用复数阻抗方法进行分析。

为了有效地解决这个难题，最好完全避免求解微分方程，而直接应用复数阻抗的方法。满足以上两个要求的唯一方法是将非正弦波表示成正弦波的叠加。这一方法的提出者是傅里叶，他指出，一系列不同频率和振幅的正弦波相加可构成任意非正弦周期波形。理论上说，周期非正弦波可以表示为由正弦项和余弦项组成的傅里叶级数，是一系列离散频率的谐波叠加。

2.35.1 傅里叶级数

随时间变化的电压或电流或许是周期变化的，或许是非周期变化的，图2.213是一个周期为 T 的周期波形。

假设波在 $+t$ 和 $-t$ 之间为连续函数。周期函数可用一个周期表示，其函数形式与原始函数的相同：

$$V(t \pm T) = V(t)$$

周期变化的波形可用由正弦项与余弦项组成的傅里叶级数表示：

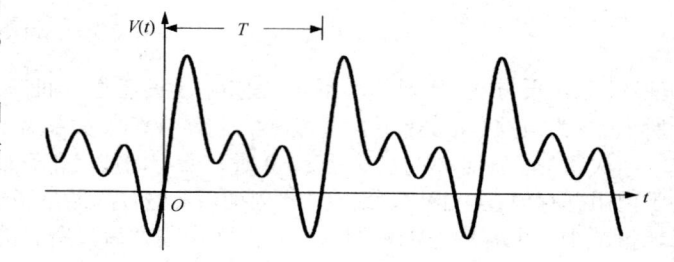

图2.213 一个周期为 T 的周期波形

$$V(t) = \frac{a_0}{2} + \sum_{n=1}^{\infty}\left(a_n \cos n\omega_0 t + b_n n\omega_0 t\right) \quad (2.98)$$

式中，ω_0 称为基本角频率，

$$\omega_0 = 2\pi/T \quad (2.99)$$

$2\omega_0$ 称为二次谐波，以此类推。常数 a_n 与 b_n 的计算式为

$$a_n = \frac{2}{T}\int_{-T/2}^{T/2} V(t)\cos n\omega_0 t \, dt \quad (2.100)$$

$$b_n = \frac{2}{T}\int_{-T/2}^{T/2} V(t)\sin n\omega_0 t \, dt \quad (2.101)$$

常数项 $a_0/2$ 是 $V(t)$ 的平均值。分别考虑电路在傅里叶级数的每项正弦分量下的特性，然后应用叠加原理，就可以分析含有周期电源的任何线性电路。在将要介绍的大部分例子中，电压和电流为时间的函数，傅里叶理论广泛用于任意充分平滑的函数 $f(t)$。

运用欧拉公式 $e^{j\theta} = \cos\theta + j\sin\theta$ 可将式（2.98）转换成用复数之和表示周期波形的普遍表达式：

$$V(t) = \sum_{n=-\infty}^{\infty} C_n e^{jn\omega_0 t} \quad (2.102)$$

式中允许用正频率和负频率（$n>0$和$n<0$），在这种方法下选择C_n，其和往往是实数。C_n的值可通过将式（2.102）的两端同时乘以$e^{-jm\omega_0 t}$求得，式中的m是整数。对一个周期求积分，仅当$m=n$时积分不为零，结果为

$$C_n = \frac{1}{T}\int_{-T/2}^{T/2} V(t)e^{jn\omega_0 t}dt \tag{2.103}$$

注意C_{-n}是C_n的共轭复数，所以式（2.102）的虚部往往被删去，结果是$V(t)$为实数。$n=0$的项是$V(t)$的平均值，直接表示为

$$C_n = \frac{1}{T}\int_{-T/2}^{T/2} V(t)dt \tag{2.104}$$

C_0对应电压的直流分量。不论上述表达式的积分区间是从$-T/2$到$T/2$还是从0到T，只要区间是连续的并且等于T即可。

下面的例子给出了如图2.214所示方波的傅里叶级数。

为了建立一个由复数项构成的数学表达式，如式（2.102）所示，首先根据式（2.103）计算常数，将对$V(t)$的积分分为两部分，其中V_0为常数：

$$C_n = \frac{1}{T}\int_{-T/2}^{0}(-V_0)e^{-jn\omega_0 t}dt + \frac{1}{T}\int_{0}^{T/2} V_0 e^{-jn\omega_0 t}dt = \frac{V_0}{jn\omega_0 t}(2 - e^{jn\omega_0 t/2} - e^{-jn\omega_0 t/2})$$

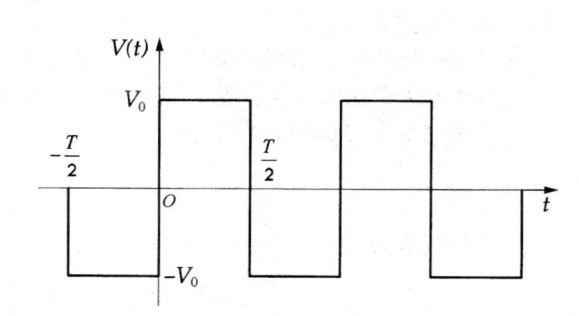

图 2.214 方波

因为$\omega_0 t = 2\pi$，所以上式可以写成

$$C_n = \frac{V_0}{j2\pi n}(2 - e^{jn\pi} - e^{-jn\pi})$$

应用式$e^{j\theta} = \cos\theta + j\sin\theta$，上式变为

$$C_n = \frac{V_0}{j\pi n}(1 - \cos n\pi)$$

注意，当n为偶数（0, 2, 4, …）时$\cos n\pi$等于$+1$，而当n为奇数（1, 3, 5, …）时等于-1，所以n为偶数时的C_n等于零。任意周期函数，当时间偏移半个周期时，其值都等于原函数的负值：

$$V\left(t \pm \frac{T}{2}\right) = -V(t)$$

满足上式的$V(t)$称为是半波对称的，其傅里叶级数只包含奇次谐波。图2.215所示的方波就是这样的函数。若波在不同的时间有$+V_0$与$-V_0$，就不是半波对称的，其傅里叶级数将包含偶次谐波和奇次谐波。

$$V(t) = \frac{4V_0}{\pi}\sum_{\substack{n=1 \\ n\text{为奇数}}}^{\infty}\frac{1}{n}\sin(n\omega_0 t)$$

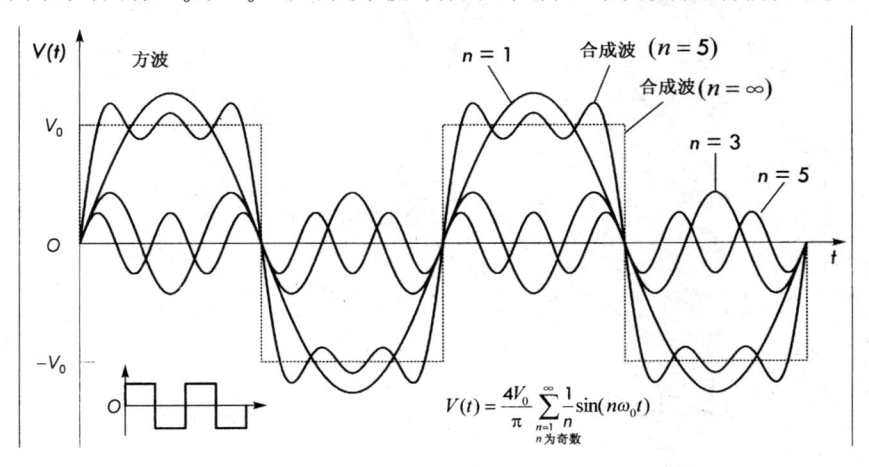

图2.215 级数的前三项之和可以近似为方波

由于半波对称，图2.214所示的方波是一个奇函数，满足关系
$$V(t) = -V(-t)$$
这种性质并不是波的基本性质，通过假定时间（$t=0$）的起始点，完全可以选择希望的波形。例如，将图2.214中的方波偏移$T/4$，所得的方波是一个偶函数，满足关系
$$V(t) = V(-t)$$
注意，奇函数不包含直流分量，因为在时间轴上正负半波完全抵消。余弦函数是偶函数，正弦函数是奇函数。任意偶函数都可写成一系列余弦函数之和［式（2.98）中$b_n = 0$］，而任意奇函数都可写成一系列正弦函数之和［式（2.98）中$a_n = 0$］。大多数周期函数（见图2.213）是非奇非偶函数。

为了简化傅里叶级数的计算，通常可以给函数值加上或减去一个常数，或者将起始时间点偏移，使函数变为偶函数或奇函数，或半波对称函数。

方波的傅里叶级数的奇数系数为
$$C_n = \frac{2V_0}{n\pi \mathrm{j}}$$

傅里叶级数为
$$V(t) = \frac{2V_0}{\pi \mathrm{j}} \sum_{n=-\infty,\,\mathrm{odd}}^{\infty} \frac{1}{n} \mathrm{e}^{jn\omega_0 t}$$

应用欧拉公式、$\sin\theta = -\sin(-\theta)$和$\cos\theta = \cos(-\theta)$，上式变为
$$V(t) = \frac{4V_0}{\pi} \sum_{n=-\infty,\,\mathrm{odd}}^{\infty} \frac{\sin n\omega_0 t}{n}$$

级数的前三项（$n=1, 3, 5$）及它们的和如图2.215所示。注意级数的前三项就可近似为方波。

对于比方波更加复杂的波形，积分运算变得非常困难，但是计算周期电压的傅里叶级数仍然比求解含有周期电压的微分方程容易。另外，傅里叶级数表给出了大多数常用波形的级数展开式，为很多电路的分析提供了便利。图2.216列出了一些常用波形及其傅里叶级数。

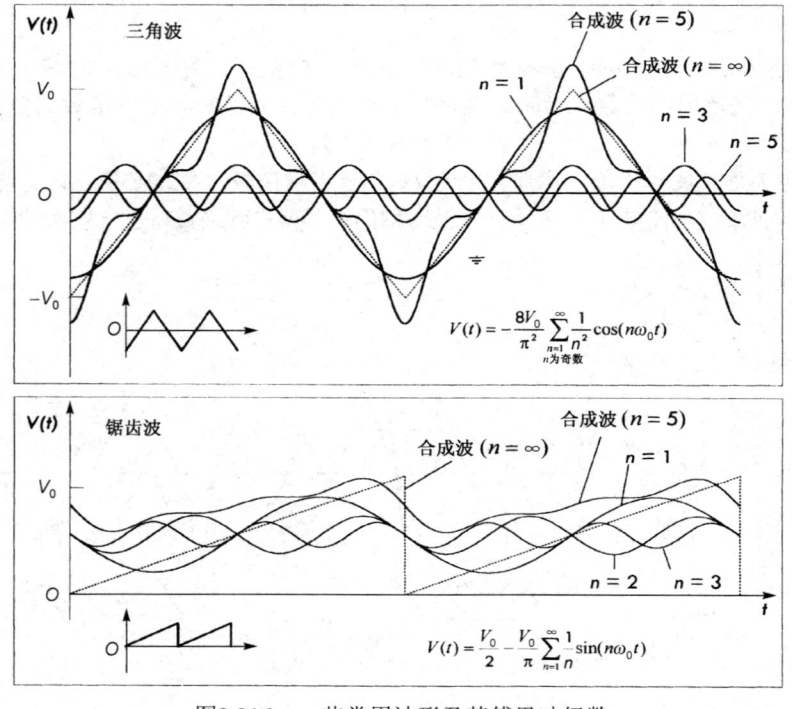

图2.216　一些常用波形及其傅里叶级数

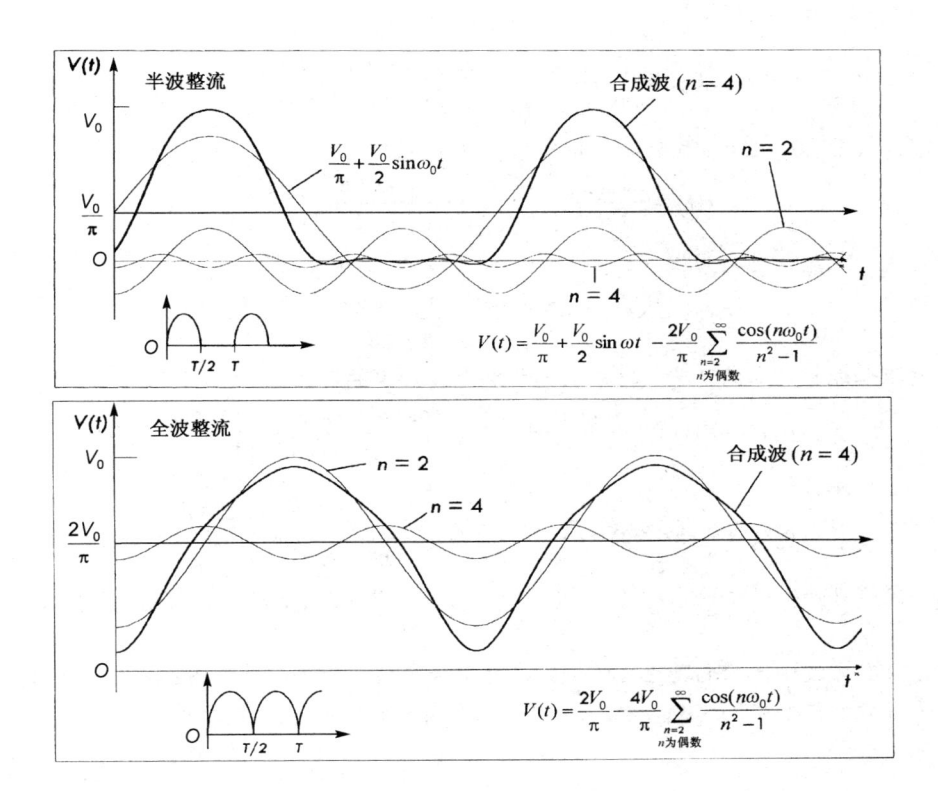

图2.216　一些常用波形及其傅里叶级数（续）

【例1】 RC方波电路。本例说明利用傅里叶级数分析包含周期电源电路的方法。电路如图 2.217 所示，一个方波电源与一个简单的RC电路相连。

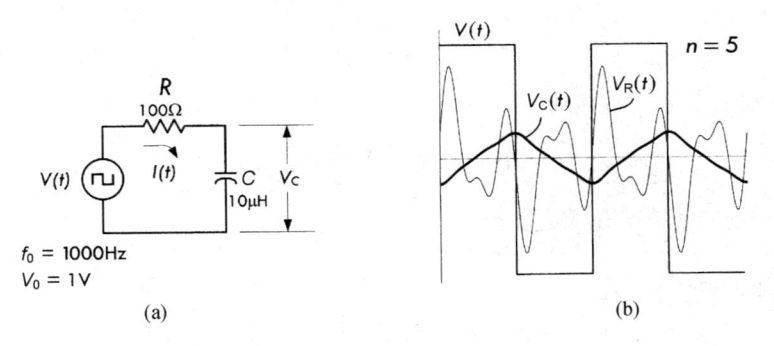

图2.217　例1所示电路

因为方波电源是周期电源，所以电流$I(t)$是与电源同周期的量，可用傅里叶级数表示为

$$I(t) = \sum_{n=-\infty}^{\infty} C'_n e^{jn\omega_0 t}$$

式中，C'_n是用相量电流表示的总电流中的频率分量，同样，上节中的C_n表示相量电压的分量。电压相量与电流相量的比值等于阻抗，即

$$C'_n = \frac{C_n}{R + \frac{1}{j\omega C}} = \frac{C_n}{R + \frac{1}{jn\omega C}}$$

将前面得到的方波级数的C_n值代入上式，得

· 179 ·

$$C'_n = \frac{2V_0}{n\pi(jR+\frac{1}{n\omega_0 C})} = \frac{2\omega_0 C(1-jn\omega_0 RC)V_0}{\pi(n^2\omega_0^2 R^2 C^2+1)}$$

当n为偶数时，$C'_n=0$，当n为奇数时，相应的电流为

$$I(t) = \frac{2\omega_0 CV_0}{\pi}\sum_{n=-\infty,\,\text{odd}}^{\infty}\frac{1-jn\omega_0 RC}{\pi(n^2\omega_0^2 R^2 C^2+1)}e^{jn\omega_0 t}$$

应用欧拉公式，电流也可写为

$$I(t) = \frac{4\omega_0 CV_0}{\pi}\sum_{n=-\infty,\,\text{odd}}^{\infty}\frac{\cos n\omega_0 t + n\omega_0 RC\sin n\omega_0 t}{n^2\omega_0^2 R^2 C^2+1}$$

根据理想电阻和理想电容的定义，可求得电阻和电容两端的电压为

$$V_R(t) = I(t)R = \frac{4\omega_0 CRV_0}{\pi}\sum_{n=-\infty,\,\text{odd}}^{\infty}\frac{\cos n\omega_0 t + n\omega_0 RC\sin n\omega_0 t}{n^2\omega_0^2 R^2 C^2+1}$$

$$V_C(t) = \frac{1}{C}\int I(t)\mathrm{d}t = \frac{4V_0}{\pi}\sum_{n=-\infty,\,\text{odd}}^{\infty}\frac{\frac{1}{n}\sin n\omega_0 t + \omega_0 RC\cos n\omega_0 t}{n^2\omega_0^2 R^2 C^2+1}$$

$V_C(t)$与$V_R(t)$的傅里叶级数的前三项（$n=1,3,5$）之和如图2.217(b)所示。随着n趋于无穷大，波形接近精确值。

注意，含有方波电源的电路也可作为瞬态电路来分析。例如，对于图2.217(a)所示的电路，在电源电压为常数的半个周期（$0<t<T/2$）内，电容两端的电压可以表示为

$$V_C(t) = A + Be^{-t/RC}$$

常数A和B根据下式确定：

$$V_C(\infty) = A = V_0, \qquad V_C(T/2) = A + Be^{-T/2RC} = -V_C(0) = -A - B$$

第一个公式表示若电源值维持在$+V_0$，则电容将充电到电压V_0。第二个公式表示函数具有半波对称性。因此，

$$A = V_0, \qquad B = -\frac{2V_0}{1+e^{-T/2RC}}$$

于是，当$0<t<T/2$时，电容电压为

$$V_C(t) = V_0 - \frac{2V_0 e^{-t/RC}}{1+e^{-T/2RC}}$$

当$t>T/2$时，波形将正负交替地重复出现。

2.36 非周期电源

非周期电压和电流也可用傅里叶级数表示为正弦波的叠加。但是，叠加后的和式要用与谐波频率有关的一组离散数据取代，波形为连续的频谱。可以认为非周期函数是一个具有无限大周期的周期函数。当周期趋于无穷大时，傅里叶级数的基波角频率$\omega_0=2\pi/T$趋于零。在这种情况下，主要问题是处理一个无穷小量。设角频率为$\Delta\omega$，波的各次谐波用无限小量$\Delta\omega$分解，可得所有频率的表达式。用傅里叶级数表示的波形是一个和式：

$$V(t) = \sum_{n=-\infty}^{\infty}C_n e^{jn\omega_0 t} = \sum_{n=-\infty}^{\infty}C_n e^{j\omega t}\frac{T\Delta\omega}{2\pi} = \frac{1}{2\pi}\sum_{n=-\infty}^{\infty}C_n T e^{j\omega t}\Delta\omega$$

式中应用了$\omega=n\omega_0$和$T\Delta\omega=2\pi$。因为$\Delta\omega$是无限小量，上式可由一个积分式代替（$\mathrm{d}\omega=\Delta\omega$）：

$$V(t) = \frac{1}{2\pi}\int_{-\infty}^{\infty}C_n T e^{j\omega t}\mathrm{d}\omega$$

之前已求得C_n为

$$C_n = \frac{1}{T}\int_{-T/2}^{T/2} V(t)e^{-j\omega t}dt$$

因为T是无限大的，所以有

$$C_n T = \int_{-\infty}^{\infty} V(t)e^{-j\omega t}dt$$

这样，尽管T无限大，但$C_n T$一般为有限值。称$C_n T$为$V(t)$的傅里叶变换式，用$\bar{V}(\omega)$表示。积分后，$\bar{V}(\omega)$仅是角频率ω的函数。下面的两个等式称为傅里叶变换对：

$$V(t) = \frac{1}{2\pi}\int_{-\infty}^{\infty} \bar{V}(\omega)e^{j\omega t}d\omega \tag{2.105}$$

$$\bar{V}(\omega) = \int_{-\infty}^{\infty} V(t)e^{-j\omega t}dt \tag{2.106}$$

这两个等式是对称的。有时定义$\bar{V}(\omega)$为$C_n T/2\pi$，使其完全对称。

类似于傅里叶级数的系数，傅里叶变换$\bar{V}(\omega)$一般是复数，除非$V(t)$是时间的偶函数。当$V(t)$是时间的奇函数时，傅里叶变换$\bar{V}(\omega)$是纯虚数，因此，当绘制傅里叶变换图时，一般绘制其模值$|\bar{V}(\omega)|$或模值的平方值$|\bar{V}(\omega)|^2$，它为ω的函数，称为功率频谱。

作为例子，下面计算图2.218(a)中的方波脉冲的傅里叶变换，方波脉冲的表达式为

$$V(t) = \begin{cases} 0, & t < -\tau/2, t > \tau/2 \\ V_0, & -\tau/2 \leqslant t \leqslant \tau/2 \end{cases}$$

由式（2.106）得傅里叶变换为

$$\bar{V}(\omega) = V_0 \int_{-\tau/2}^{\tau/2} e^{-j\omega t}dt = \frac{2V_0}{\omega}\sin\frac{\omega\tau}{2}$$

模值$|\bar{V}(\omega)|$为ω的函数，如图2.218(b)所示。如前所述，大部分傅里叶频谱都是一个$1/\tau$宽的频带。

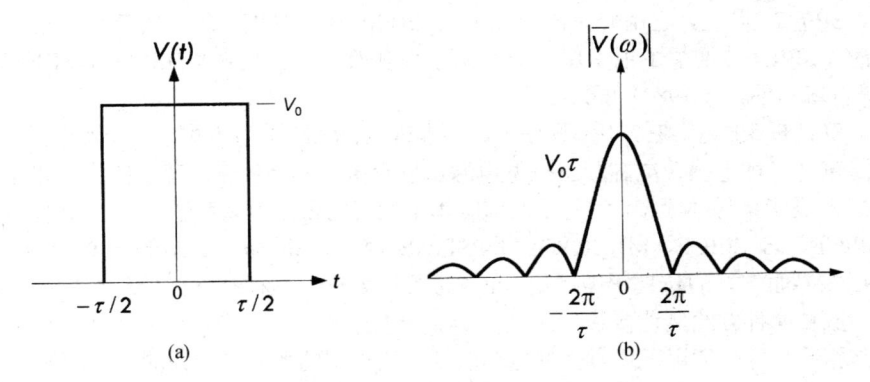

图2.218 方波脉冲及其模值

事实上，若将一个非周期脉冲（如方波脉冲）加到一个总阻抗为$Z(\omega)$的复杂电路上，电路中所有的电压和电流都将是时间的函数。可以首先对方波脉冲电压进行傅里叶变换：

$$\bar{V}(\omega) = V_0 \int_{-\tau/2}^{\tau/2} e^{-j\omega t}dt = \frac{2V_0}{\omega}\sin\frac{\omega\tau}{2}$$

将上式除以阻抗可得电流的傅里叶变换式：

$$\bar{I}(\omega) = \frac{\bar{V}(\omega)}{Z(\omega)}$$

对上式进行傅里叶反变换，可求得随时间变化的电流：

$$I(t) = \frac{1}{2\pi}\int_{-\infty}^{\infty}\bar{I}(\omega)\mathrm{e}^{j\omega t}\mathrm{d}\omega$$

用傅里叶变换求解类似的问题有时似乎很困难，如将一个简单的RLC网络等效为阻抗，然后求傅里叶积分，傅里叶变换很难求解。但傅里叶变换仍然是求解非周期问题的简便方法。

总之，使用傅里叶变换方法分析电路的步骤如下：首先，由式（2.106）计算电源的傅里叶变换式，将时域问题转换为频域问题；然后根据式（2.107），通过阻抗求未知电流的傅里叶变换式；最后根据式（2.105），计算未知量的傅里叶式反变换，再将频域问题转换为时域问题。按这种方法求解问题时，需计算复杂的积分，但通常要比求解相应的含有时域电源的微分方程容易得多。

注意，频谱分析仪可显示电压的频率函数$|\bar{V}(\omega)|$，$|\bar{V}(\omega)|$是电压的傅里叶变换式。

因为上述计算很烦杂，所以可以借助仿真器来进行分析。

2.37 SPICE

SPICE是一个用于仿真模拟电路的计算机程序。最初，它是为开发集成电路而设计的，为此得名Simulation Program with Integrated Circuit Emphasis，简称SPICE。

SPICE的起源可追溯到另一个称为CANCER（Computer Analysis of Non-Linear Circuits Excluding Radiation）的电路仿真程序，它由加州大学伯克利分校的Ronald Rohrer及其学生研发。CANCER可以进行直流、交流和瞬态分析，包括分析基本有源器件的特殊线性化模型，如二极管（满足肖克利方程）和双极型晶体管（满足Ebers-Moll方程）。

Rohrer离开伯克利后，CANCER被重写且重命名为SPICE，并在1972年将第一个版本推向公众。SPICE 1是基于节点分析法和双极型晶体管的改进模型（运用Gummel-Poon方程），以及基于JFET和MOSFET器件的改进模型。

1975年，SPICE 2诞生，它用修正的节点分析法（MNA）取代了过去的节点分析法，并且支持电压源和电感。SPICE 2增加了很多新功能并做了很多改动。SPICE 2的最终版本SPICE 2G.6是用FORTRAN语言编写的，于1983年推出。

1985年，SPICE 3面世，它是用C程序语言而非FORTRAN语言编写的。它包含一个查看结果的图形界面，还包含多种电感、电容和压控型电源，以及多种MESFET、有损传输线和非理想开关的模型。SPICE 3改进了半导体模型，消除了此前版本中发现的很多收敛问题。与此同时，出现了SPICE的商业版HSPICE、IS_SPICE、MICROCAP和PSPICE（MicroSim微机版本的SPICE）。

如今，很多界面友好的仿真程序都用SPICE进行后处理。这种高性能的仿真程序允许在页面上点击、拖曳、放置元件并绘制连接线。测试仪器（如电压表、功率表、示波器和频谱分析仪）可以移入并与电路相连，几乎适用于任意类型电源以及任意类型的器件（受控的、有源的、数字的等），出自电子工作台的MultiSim包含了13000多个模型的元件库。图2.219是一个例子的界面，主要描述了仿真器中的各种元件。三种流行的商用仿真器是MicroSim、TINAPro和CircuitMaker。在线仿真程序有CircuitLab，它使用起来更快捷、更方便。

基本器件 受控器件、二极管、LED、半导体闸流管、晶体管、模拟放大器、比较器、TTL逻辑器件、CMOS逻辑器件、各种数字（如TIL、VHDL、VERILOGHDL）混合信号设备、指示器、RF器件、电磁器件等。

电源 直流电源、交流电源、时钟电源、调幅电源、调频电压源和调频电流源、FSK电源、电压控制信号，如方波和三角波电源，以及电流控制电源、脉冲电压源、脉冲电流源、指数电压源、指数电流源、分段线性电压源、电流源、受控源、多项式和非线性受控源。

分析方法 直流、交流和瞬态分析、傅里叶分析、噪声分析、失真分析、直流扫描、灵敏度、参数扫描、温度扫描、零极点、传递函数、最差情况、蒙特卡罗法、轨迹宽度分析、用户定义分析、噪声指数分析等。

测试设备 万用表、函数发生器、功率表、示波器、预警器、命令发生器、逻辑分析仪、逻辑转换器、失真分析器、网络分析仪等。

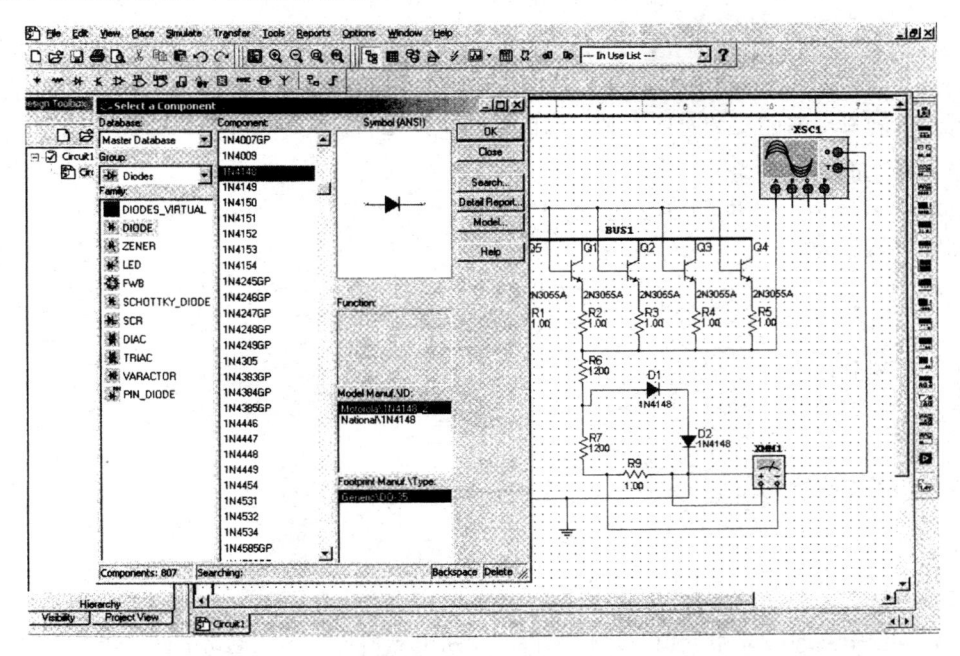

图2.219 一个仿真器的用户界面，显示了各种器件、电源、测试设备和分析方法，仿真器出自电子工作台的MultiSim

2.37.1 SPICE工作原理

SPICE是仿真器的核心，SPICE中的代码可用来仿真非线性微分方程描述的电子电路。SPICE的核心代码基于节点分析法，计算的是任意节点的电压。只要给出电路的所有电阻或电导，以及电流源，不论程序进行的是直流分析、交流分析还是瞬态分析，SPICE最终都会将元件（线性元件、非线性元件和储能元件）变为节点分析的形式。

基尔霍夫发现流入节点的总电流等于流出节点的总电流。也就是说，流入或流出一个节点的电流之和为零。这些电流可用电压和电导构成的方程来描述。若节点不止一个，则对同一个电路得到的是一组联立方程。最后解得满足所有方程的每个节点的电压。

例如，考虑一个如图2.220所示的简单电路。在这个电路中有3个节点：节点0（一般为接地点）、节点1和节点2。

设节点0接地，对节点1和节点2应用基尔霍夫电流定律，根据"流入或流出一个节点的电流之和为零"建立两个节点方程：

$$\begin{cases} -I_S + \dfrac{V_1}{R_1} + \dfrac{V_1 - V_2}{R_2} = 0 \\ \dfrac{V_2 - V_1}{R_2} + \dfrac{V_2}{R_3} = 0 \end{cases}$$

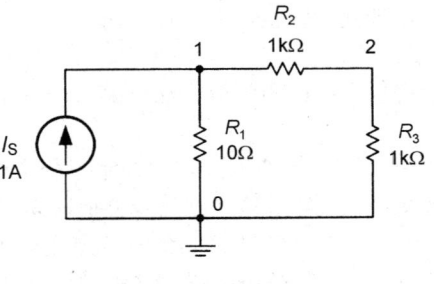

图 2.220 简单电路

整理得

$$\begin{cases}(1/R_1+1/R_2)V_1+(-1/R_2)V_2=I_S\\(-1/R_2)V_1+(1/R_2+1/R_3)V_2=0\end{cases}$$

从中解出满足两个方程的V_1和V_2值。虽然可从一个方程中解出一个变量，再代入第二个方程求出另一个变量，但很麻烦，因为涉及许多R值。更可取的方法是采用电导G，$G=1/R$。这会使书写简便，当节点数随着电路的复杂而增多时，这样做就显得尤其重要。

与节点相关的总电导为

$$G_{11}=1/R_1+1/R_2,\quad G_{21}=-1/R_2,\quad G_{12}=-1/R_2,\quad G_{22}=1/R_2+1/R_3$$

电路的方程变为

$$\begin{cases}G_{11}V_1+G_{12}V_2=I_S\\G_{21}V_1+G_{22}V_2=0\end{cases}$$

由第二个方程得到V_1，

$$V_1=\frac{-G_{22}V_2}{G_{21}}$$

将其代入第一个方程求出V_2，

$$V_2=\frac{I_S}{G_{12}-\frac{G_{11}G_{22}}{G_{21}}}$$

可见用电导表示的方程非常清晰，V_2仅由电路的电导和I_S表示。求得V_2的数值后，将它代入V_1的等式，在计算过程中同时计算电导值，这样求得的电路电压V_1与V_2满足电路的两个方程。

尽管最后的求解并不复杂，但当电路变得庞大且节点和元件数量变得很多时，书写方程要花很多时间。因此，有必要进一步提出一种更有效且简洁的方法，这就是矩阵法。

节点方程的矩阵形式为

$$\begin{bmatrix}1/R_1+1/R_2 & -1/R_2\\-1/R_2 & 1/R_2+1/R_3\end{bmatrix}\begin{bmatrix}V_1\\V_2\end{bmatrix}=\begin{bmatrix}I_S\\0\end{bmatrix}$$

或者用总电导和电流源表示为

$$\begin{bmatrix}G_{11} & G_{12}\\G_{21} & G_{22}\end{bmatrix}\begin{bmatrix}V_1\\V_2\end{bmatrix}=\begin{bmatrix}I_1\\I_2\end{bmatrix} \tag{2.108}$$

将矩阵视为变量，上式可写为

$$\boldsymbol{GV}=\boldsymbol{I} \tag{2.109}$$

应用数学中的矩阵分析法求解一个变量与求解任意其他代数方程是类似的，即

$$\boldsymbol{V}=\boldsymbol{G}^{-1}\boldsymbol{I} \tag{2.110}$$

式中，$\boldsymbol{G}^{-1}$是$\boldsymbol{G}$的逆矩阵（在矩阵分析中不存在$1/\boldsymbol{G}$）。式（2.110）是SPICE算法的核心。无论是分析交流问题、直流问题还是分析瞬态问题，将所有元件或元件的效应归到电导矩阵$\boldsymbol{G}$中后，节点电压就可由$\boldsymbol{V}=\boldsymbol{G}^{-1}\boldsymbol{I}$或其他等效方法求得。

将图2.218所示电路上标注的元件值代入电导矩阵和电流矩阵（可借助Excel表格并运用公式排列数据），得

$$\boldsymbol{G}=\begin{bmatrix}G_{11} & G_{12}\\G_{21} & G_{22}\end{bmatrix}=\begin{bmatrix}1/R_1+1/R_2 & -1/R_2\\-1/R_2 & 1/R_2+1/R_3\end{bmatrix}=\begin{bmatrix}0.101 & -0.001\\-0.001 & 0.002\end{bmatrix},\quad \boldsymbol{I}=\begin{bmatrix}1\\0\end{bmatrix}$$

因此，电压为

$$G^{-1} \quad I = V$$
$$\begin{bmatrix} 4.95 & 4.98 \\ 4.98 & 502.49 \end{bmatrix} \begin{bmatrix} 1 \\ 0 \end{bmatrix} = \begin{bmatrix} 9.9502 \\ 4.9751 \end{bmatrix}$$

即$V_1 = 9.9502\text{V}$和$V_2 = 4.9751\text{V}$。

2.37.2 SPICE的局限性及其他模拟器

在SPICE中创建的电路模型只模拟电路的行为。许多仿真都基于简化的模型。对大多数复杂的电路或电路中的微妙行为，仿真可能存在误差甚至错误。当设计电路时，若完全依赖于SPICE仿真（或基于SPICE的模拟器），则可能意味着失败。因为仿真不考虑噪声、串扰、干扰等因素，所以SPICE的结果可能是不可信的，除非将上述因素加入电路。此外，SPICE不是最好的元件故障预测器，因此必须了解在SPICE电路中存在哪些威胁及不能模拟哪些影响因素。总之，SPICE不能替代实际电路，不能提供实际电路板性能的最终解答。

2.37.3 一个简单的仿真例子

作为一个例子，下面应用免费且便捷的在线模拟器CircuitLab仿真一个简单的RLC分频网络。

第一步，用编辑工具画出原理图（见图2.221）。RLC网络具有将音频信号分离为两部分的功能：一是通过一个低通滤波器驱动低频扬声器，二是通过一个高通滤波器驱动高频扬声器。

除了设计和连接适当的元件，还要施加一个交流电压源作为输入信号，并标注低频扬声器和高频扬声器的位置，以便可以看到仿真的结果（图块旁边有标注）。

准备工作就绪后，就可以运行仿真软件。在这个例子中，进行的是频域仿真，目的是确定网络的交叉频率。要做到这一点，就需要指定输入V_1、开始频率和最终频率，同时指定希望描绘的输出信号（见图2.222）。

点击仿真按钮后，CircuitLab将运行仿真程序，给出输出波形，如图2.223所示。

由图2.223可以看出交叉频率约为1.6kHz，在该频率处，两个扬声器接收到同样大小的信号。

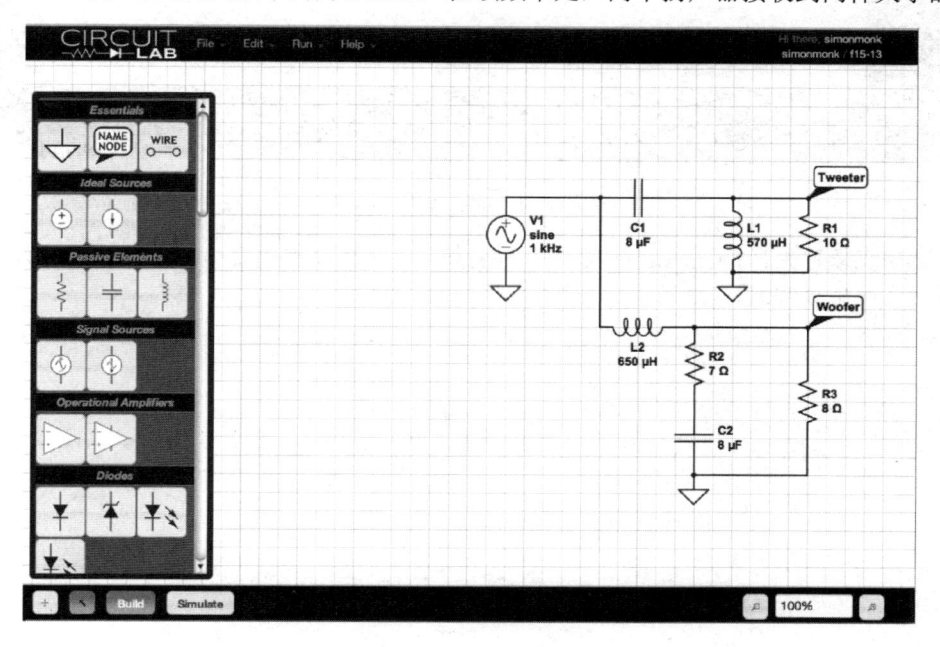

图2.221　CircuitLab原理图

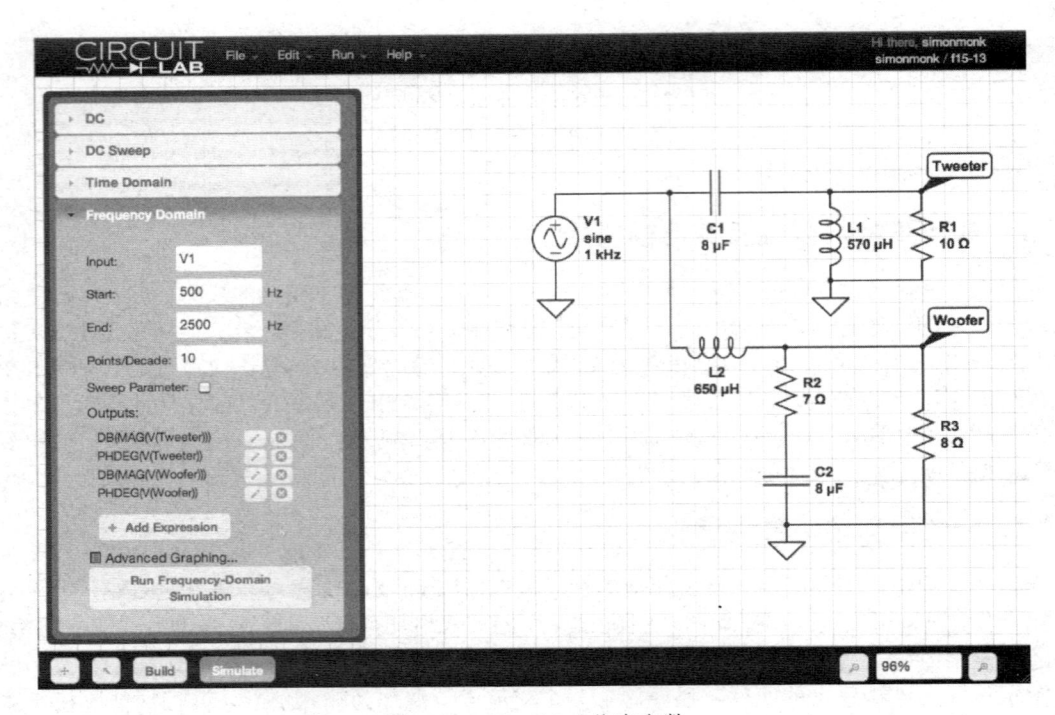

图2.222　CircuitLab仿真参数

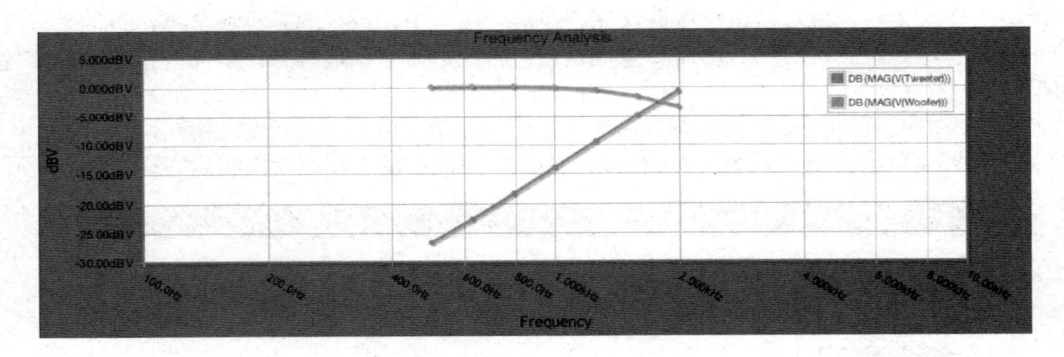

图2.223　CircuitLab仿真结果

对了解仿真软件来说，CircuitLab 是一个好的起点，这里强烈建议读者尝试网站上的一些简单原理图并做一些仿真练习。

第3章　基本电子电路元件

3.1　导线、电缆和连接器

导线和电缆为电流提供低阻抗通路。大多数导线由铜或银制成，并用塑料、橡胶或绝缘漆等绝缘材料包裹。电缆由许多相互独立绝缘的导线绑在一起，形成多芯传输线。插销、插座和适配器等连接器的作用是将导线、电缆和其他电气设备连接起来。

3.1.1　导线

导线直径使用一系列线号表示。和常规标号不同，当导线直径增加时，线号减小，导线阻抗也减小。在大电流场合，应该使用小线号（大直径）导线。当在大线号（小直径）导线上通过的电流太大时，导线有可能过热而熔化。表3.1列出了B&S规格铜导线在温度为20℃时的各种参数。对橡胶绝缘电线来说，其中允许流过的电流需在表中数据的基础上减小30%。

表3.1　铜导线在温度为20℃时的各种参数（裸线和镀层线）

线　号（美国线规）	直径（mil）[①]	直径（mm）	欧姆/1000英尺[②]	欧姆/km	通流能力/A	相近的英国线号
1	289.3	7.35	0.1239	0.41	119.564	1
2	257.6	6.54	0.1563	0.51	94.797	2
3	229.4	5.83	0.1971	0.65	75.178	4
4	204.3	5.19	0.2485	0.82	59.626	5
5	181.9	4.62	0.3134	1.03	47.268	6
6	162.0	4.12	0.3952	1.30	37.491	7
7	144.3	3.67	0.4981	1.63	29.746	8
8	128.5	3.26	0.6281	2.06	23.589	9
9	114.4	2.91	0.7925	2.60	18.696	11
10	101.9	2.59	0.9987	3.28	14.834	12
11	90.7	2.31	1.2610	4.13	11.752	13
12	80.8	2.05	1.5880	5.21	9.327	13
13	72.0	1.83	2.0010	6.57	7.406	15
14	64.1	1.63	2.5240	8.29	5.870	15
15	57.1	1.45	3.1810	10.45	4.658	16
16	50.8	1.29	4.0180	13.17	3.687	17
17	45.3	1.15	5.0540	16.61	2.932	18
18	40.3	1.02	6.3860	20.95	2.320	19
19	35.9	0.91	8.0460	26.42	1.841	20
20	32.0	0.81	10.1280	33.31	1.463	21

---

① 1密耳（mil）= 2.54×10^{-5}m。——编者注
② 1英尺（ft）= 0.3048m。——编者注

续表

线 号 （美国线规）	直 径 （mil）[①]	直 径 （mm）	欧姆/1000英尺[②]	欧姆/km	通流能力（A）	相近的 英国线号
21	28.5	0.72	12.7700	42.00	1.160	22
22	25.3	0.64	16.2000	52.96	0.914	22
23	22.6	0.57	20.3000	66.79	0.730	24
24	20.1	0.51	25.6700	84.22	0.577	24
25	17.9	0.46	32.3700	106.20	0.458	26
26	15.9	0.41	41.0200	133.90	0.361	27
27	14.2	0.36	51.4400	168.90	0.288	28
28	12.6	0.32	65.3100	212.90	0.227	29
29	11.3	0.29	81.2100	268.50	0.182	31
30	10.0	0.26	103.7100	338.60	0.143	33
31	8.9	0.23	130.9000	426.90	0.113	34
32	8.0	0.20	162.0000	538.30	0.091	35
33	7.1	0.18	205.7000	678.80	0.072	36
34	6.3	0.16	261.3000	856.00	0.057	37
35	5.6	0.14	330.7000	1079.00	0.045	38
36	5.0	0.13	414.8000	1361.00	0.036	39
37	4.5	0.11	512.1000	1716.00	0.029	40

导线通常分为单股实芯导线、绞合线和屏蔽线（见图3.1）。

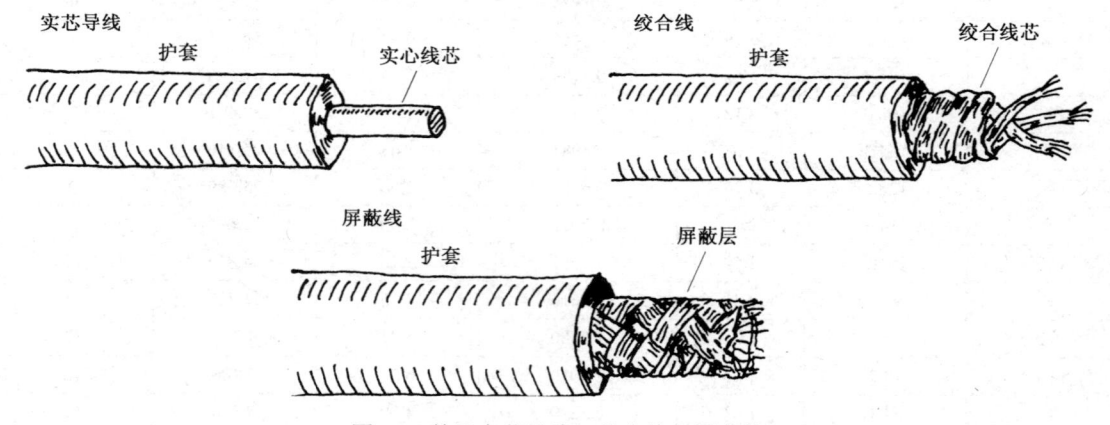

图3.1 单股实芯导线、绞合线和屏蔽线

1．单股实芯导线

单股实芯导线通常是电路实验板的连接线。实芯导线很容易插入实验板的接线孔或接线端子，且不易磨损。这种导线在多次折弯后容易断裂。

2．绞合线

绞合线是由一定数量的多股导线绞合而成的，性能要比单根实芯导线的好，因为它可形成较大的表面积，且弯曲时不易损坏。

3．屏蔽线

屏蔽线是由多股绞合线编织而成的。与绞合线一样，屏蔽线要比实芯导线好，弯曲时不易损坏。屏蔽线常用于电磁干扰防护，也可作为电缆内部的导体（如同轴电缆）。

4．导线类型

单股实芯导线常用作连接线，它含有锡合金，可增强导线的焊接能力。导线的绝缘层通常是聚乙烯基、氯化物（PVC）、聚乙烯、聚四氧乙烯等，主要用于普通工程和实验电路板，也可用于需要使用短裸线的地方（见图3.2）。

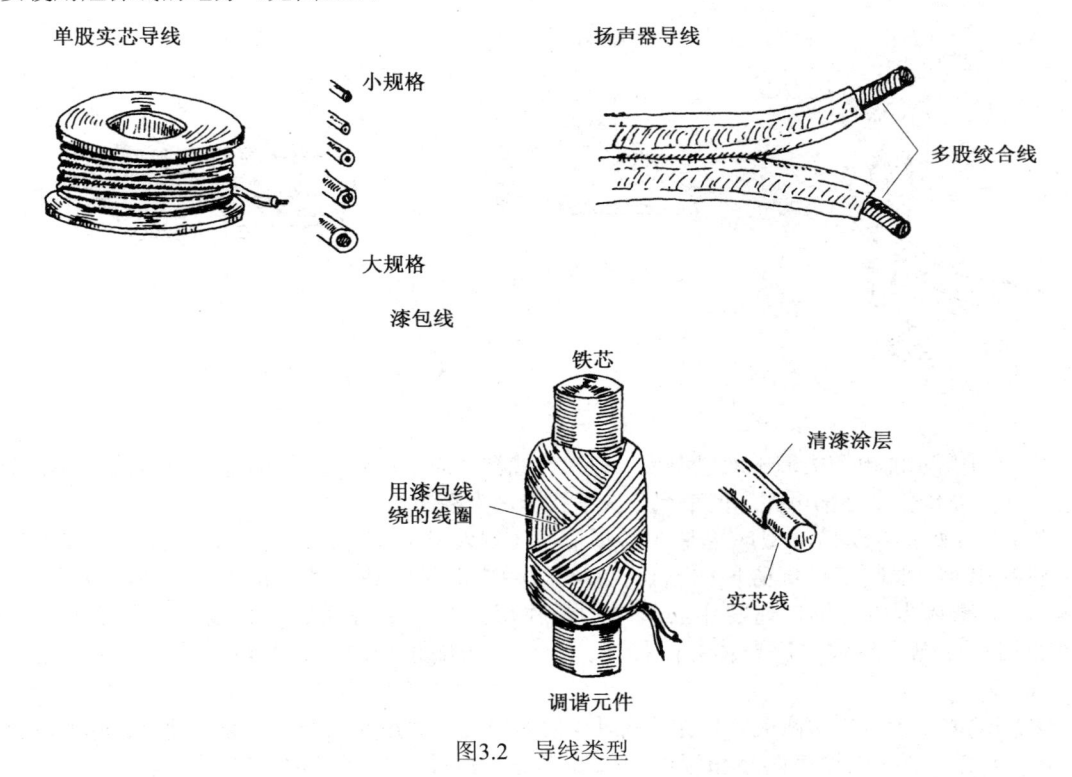

图3.2　导线类型

多股绞合线具有较大的表面积，可以通过较大的电流强度，铜含量较高，是较好的导线。

漆包线常用于制作线圈和电磁体，也用于需要大电感的场合，如收音机的调谐元件。漆包线由实芯导线和漆涂层组成，典型规格为22～30。

3.1.2　电缆

电缆由多根独立的导线组成，这些导线可以是实芯导线、绞合线、屏蔽线及其组合。典型电缆的结构如图3.3所示。

图3.4(a)所示的双股电缆由两根独立的绝缘导线组成，常用于直流和低频交流。

图3.4(b)所示的电缆由两根绝缘导线互相缠绕而成，与双股电缆类似。

图3.4(c)所示的电缆是一种扁平的两芯导线，常称300Ω导线，其特征阻抗为300Ω，常用作天线和接收机（如电视机、收音机）之间的传输线。电缆中的每根导线都使用绞合线，以降低趋肤效应。

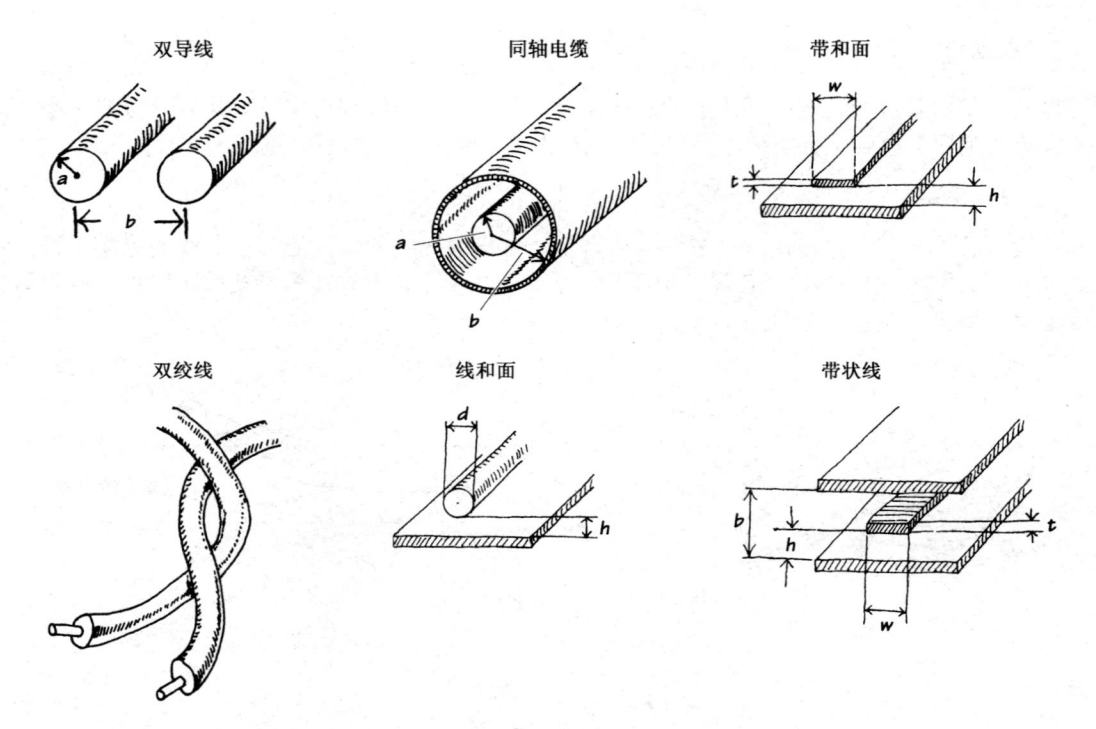

图3.3 典型的电缆结构

图3.4(d)所示的电缆类似于双股电缆，但内导线被金属箔层包裹。金属箔层与地线连接。金属箔层可使内导体免受外部电磁场的干扰，该干扰会产生噪声信号。

图3.4(e)所示电缆的典型应用是在高频信号（如射频）场合。该电缆的结构具有较小的分布电感和电容，限制了外部磁场的干扰。中心线由实芯铜线或铝线组成，用作高电位导体（热导体）。绝缘体为聚丙烯，它将中心线包围，作用是隔离中心线和屏蔽线。屏蔽线或铜屏蔽层一般用作低电位导体（冷导体）或接地。在信号传输过程中，这种电缆的特征阻抗范围是 $50\sim100\Omega$。

图3.4(f)所示的电缆由两根非对称的同轴电缆组成，主要用在两个信号必须独立传输的场合。

图3.4(g)所示的电缆由两根相互绝缘的实芯导线组成，与非对称同轴电缆类似，也有一个铜屏蔽层，用于防止干扰。与非对称同轴电缆不同，铜屏蔽层不作为信号的传输路径，仅起屏蔽作用。

图3.4(h)所示的电缆常用于需要多根电线连接的场合，容易弯曲，常用来处理低电压信号或数字信号，作用是将信息从一个设备并行传输到另一个设备。

图3.4(i)所示的电缆由多根具有不同颜色包套的导线组成，用于多信号传输的场合。

图3.4(j)所示的光缆被用作传输电磁信号（如光）。这种电缆的导电媒介由光学纤维包裹的玻璃材料（具有比线芯更高折射率的玻璃材料）组成。电磁信号的传输是通过内部的多次全反射完成的。它可直接传输图像信号和光信号，也可传输电磁通信中的调制波形。这种电缆的典型结构由若干独立的光纤组成。

3.1.3 连接器

下面介绍使用电线和电缆连接电子设备的一组常用插头与插座。连接器由插头（针状端部）和插座（孔状端部）组成。为了使不同的连接器连在一起，需要使用适配器。

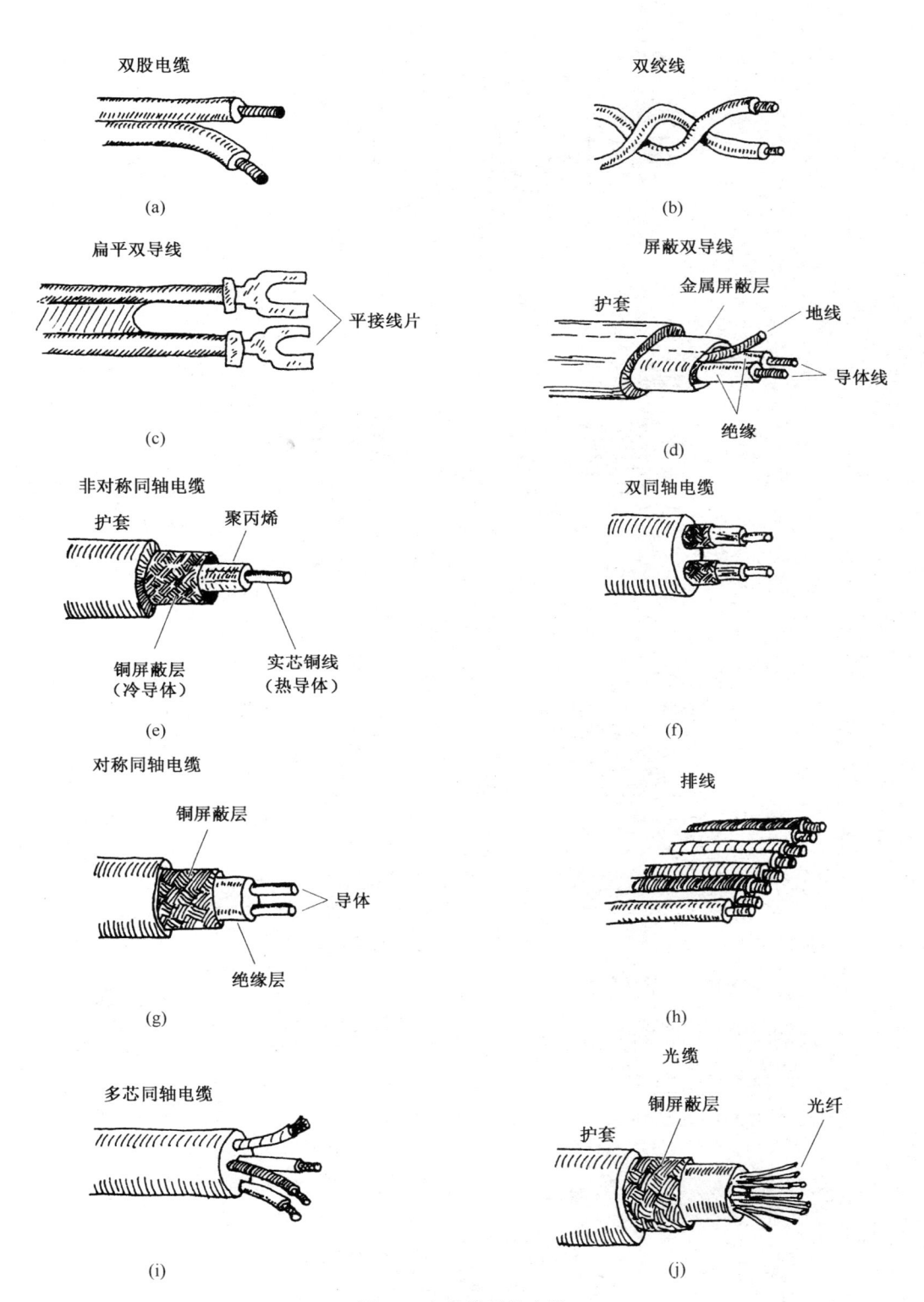

图3.4　各种类型的电缆

图3.5(a)所示为一种通用的家用连接器,它分为有极性和无极性两种类型,每种类型又分为有地线和无地线两种。

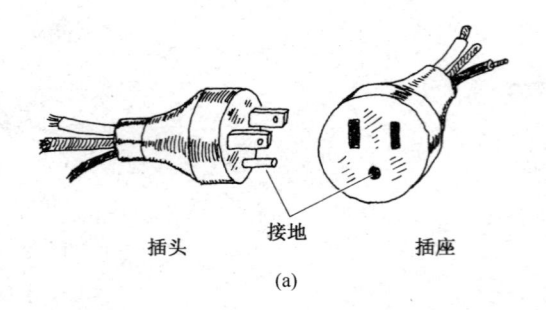

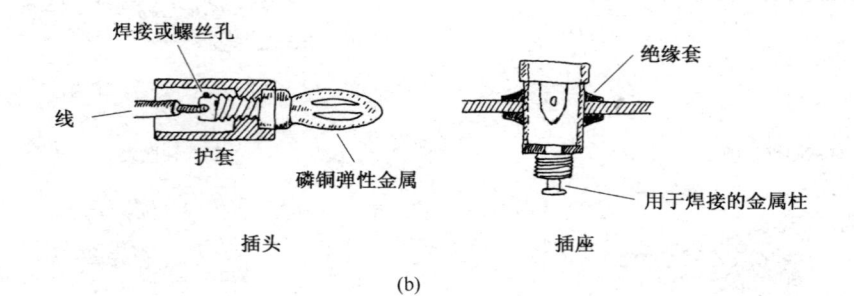

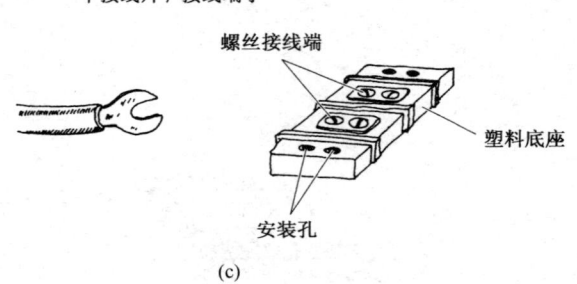

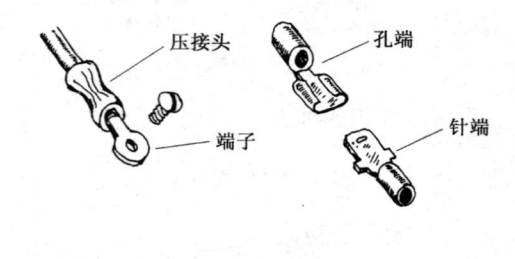

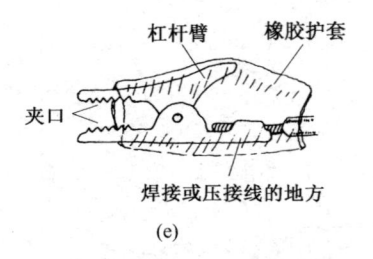

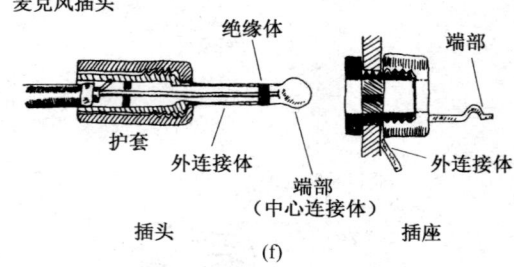

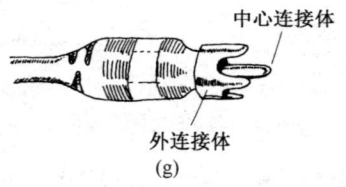

图3.5 各种类型的连接器

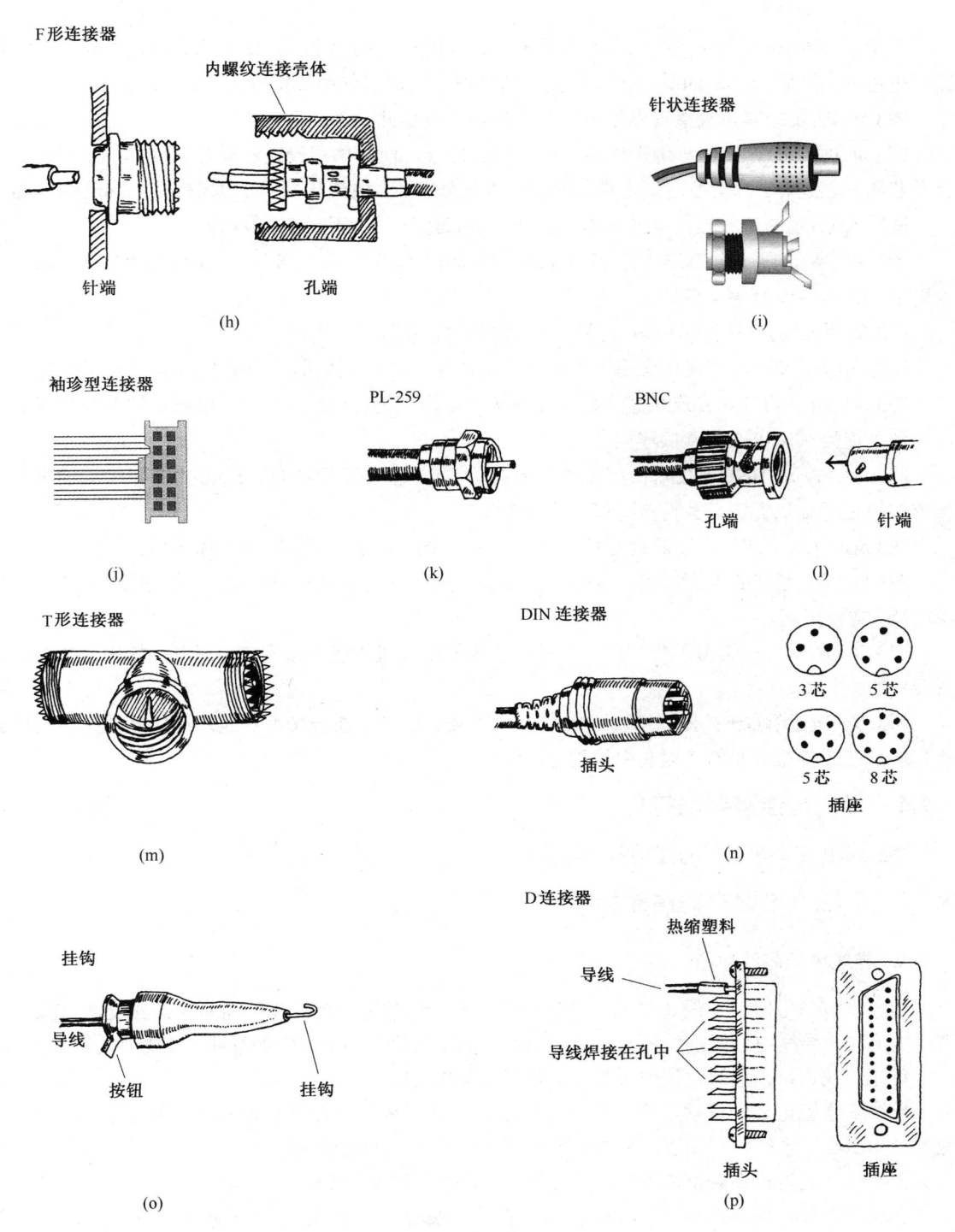

图3.5 各种类型的连接器（续）

图3.5(b)所示的香蕉连接器用于连接电气设备中的信号线，常用于设备测试。香蕉插头由4个金属弹性叶片组成。

图3.5(c)所示的简单连接器使用螺丝连接金属接线片与端子，端子的作用是连接金属接线片。

· 193 ·

对于图3.5(d)所示的压连接头，线号不同时，其颜色代码也不同，是有用且快速的摩擦型连接器，用在接头频繁通、断的场合。线与接头的快速连接可以使用压接专用工具。

图3.5(e)所示的鳄鱼夹接连器用于临时连接，主要做测试用。

图3.5(f)所示的连接器可用于连接带屏蔽层的导线，但其体积较大。插孔长约1in（31.8mm），有两芯和三芯之分。常用在连接麦克风电缆和其他低压、小电流场合。常用规格是3.5mm和2.5mm。

图3.5(g)所示的音频连接器分为RCA插头和pin插头，主要用在音频场合。

图3.5(h)所示的F形连接器用于各种非对称同轴电缆，常连接视频设备。F形连接器既可通过螺纹连接，又可通过摩擦连接。

图3.5(i)所示的连接器常用来提供3~15V的低直流电压。

图3.5(j)所示的IDC连接器常用于电脑，其插头通过V形压线钳连至扁平电缆，不需要焊接。

图3.5(k)所示的PL-259连接器常称UHF插头，常用于连接RG-59/U同轴电缆。插头与插座既可通过螺纹连接，又可通过摩擦连接。

图3.5(l)所示的BNC连接器常用于同轴电缆。与F形插头不同的是，BNC插头和BNC插座的连接依靠的是螺旋状卡钩，其特点是可以快速连接。

图3.5(m)所示的T形连接器具有两个插头端和一个插座端，用在同轴电缆需要分叉的地方。

图3.5(n)所示的DIN连接器用在连接多芯线的场合，常用于连接音频和电脑设备。小型DIN（袖珍DIN）常被用到。

图3.5(o)所示的挂钩用于测试探头。弹性挂钩使用按钮实现开与合。使用时，挂钩可挂在导线或器件的引脚上。

图3.5(p)所示的D连接器用于扁平电缆。该连接器最多可连接50根导线。连接器的每芯（针或孔）都是在连接器背面的金属孔中焊接导线完成的。

3.1.4 导线与连接器的符号

图3.6示出了各种导线与连接器的符号。

3.1.5 电线、电缆中的高频影响

1. 导线中的趋肤效应

加入直流信号时，电线、电缆都是直通的，即导体的阻抗值为零。而当用高频交流电流代替直流电流时，导线内部便发生怪异现象，导致人们不再将高频电路中的导线、电缆视为理想导体。

首先，我们讨论直流电流通过导体的情况（见图3.7）。

导线与直流电源连通后，会产生电子的流动，就像水在水管内流动一样，表明导体内的任何地方（如中心、半径中点和表面）都可能是任何一个电子的流通路径。

接着，我们讨论高频交流电流信号通过导体的情况（见图3.8）。

交流电压加在导线两端后，会引起电子的前后振动。在振动过程中，电子产生磁场。根据电磁原理（每个电子所受的力都是单个电子所产生的磁场力的叠加），电子因受到磁场力的作用而趋近导体表面。随着电流频率的提高，电子将离中心越来越远，进而越来越靠近表面。这个过程将使得导线的中心区域缺失导电电子。

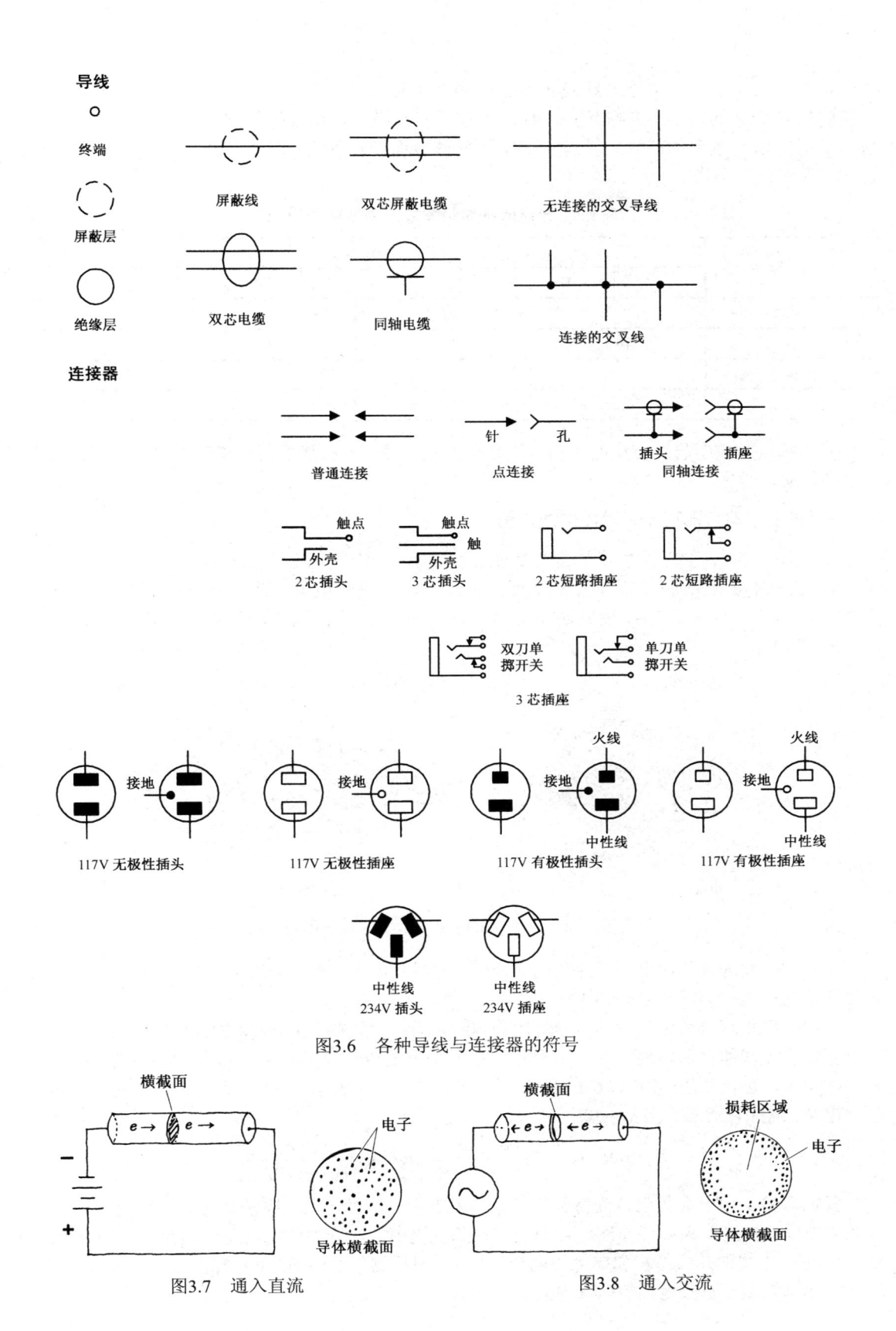

图3.6　各种导线与连接器的符号

图3.7　通入直流

图3.8　通入交流

在高频条件下，电子趋近导线表面运动的现象称为趋肤效应。在低频条件下，趋肤效应对导线的导电（阻抗）特性影响不大，但是随着频率的增加，导线的阻抗会呈现电感效应。表3.2给出了随着信号频率的增加，导线阻抗因趋肤效应而变化的情况（表中用直流电阻与交流电阻之比表示）。

表3.2 导线阻抗因趋肤效应而变化的情况

线 号	R_{AC}/R_{DC}			
	10^6Hz	10^7Hz	10^8Hz	10^9Hz
22	6.9	21.7	68.6	217
18	10.9	34.5	109	345
14	17.6	55.7	176	557
10	27.6	87.3	276	873

减小趋肤效应引起的阻抗变化的方法是使用绞合线——导线中所有单股导线的面积之和比相同直径的实芯导线大得多。

2．电缆中的特殊现象（以传输线为例）

和导线一样，电缆中也存在趋肤效应。另外，电缆中同时存在磁场和电场，导致电缆的阻抗特性既有电感效应，又有电容效应。通过一根导线的电流产生的磁场，将使另一根导线中的电流减小。同样，当电缆的两根导线之间存在电位差时，会产生电场，进而引起电容效应（见图3.9）。

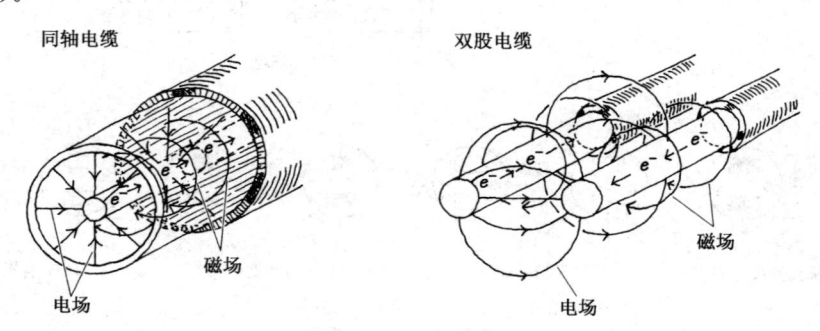

图3.9 同轴电缆和双股电缆中磁场与电场的分布

注意，需要同时关注电感效应和电容效应。此时，电缆可等效为许多小电感和小电容的级联。电缆的等效电感-电容网络如图3.10所示。

电缆的阻抗可等效为电感与电容的组合网络。为简化电路，不妨将传输线视为一个梯形网络，并且假定在无限的梯形网络上加一节梯形网络（一个电感-电容单元）后，电缆的总阻抗Z保持不变。数学上，可得"$Z = Z +（LC部分）$"。当Δx趋于0时，可解出Z的简化表达式。数学推导如下，简化电路如图3.11所示。当$\Delta x \to 0$时，

$$Z = j\omega L'\Delta x + \frac{z/j\omega C'\Delta x}{z + 1/j\omega C'\Delta x} = j\omega L'\Delta x + \frac{Z}{1 + j\omega C'Z\Delta x}$$

我们习惯上称电缆的阻抗为特征阻抗，用Z_0表示。注意，特征阻抗是实数。尽管假设电缆可等效为电感和电容的无限梯形网络，但其特性却像电阻。尽管如此，问题依然存在：L和C如何确定？L和C由电缆的几何结构和电缆的电介质决定。根据物理学原理，不难算出电缆的L和C。图3.12给出了同轴电缆、双股电缆的L、C和Z_0的表达式。

图3.10 电缆的等效电感-电容网络

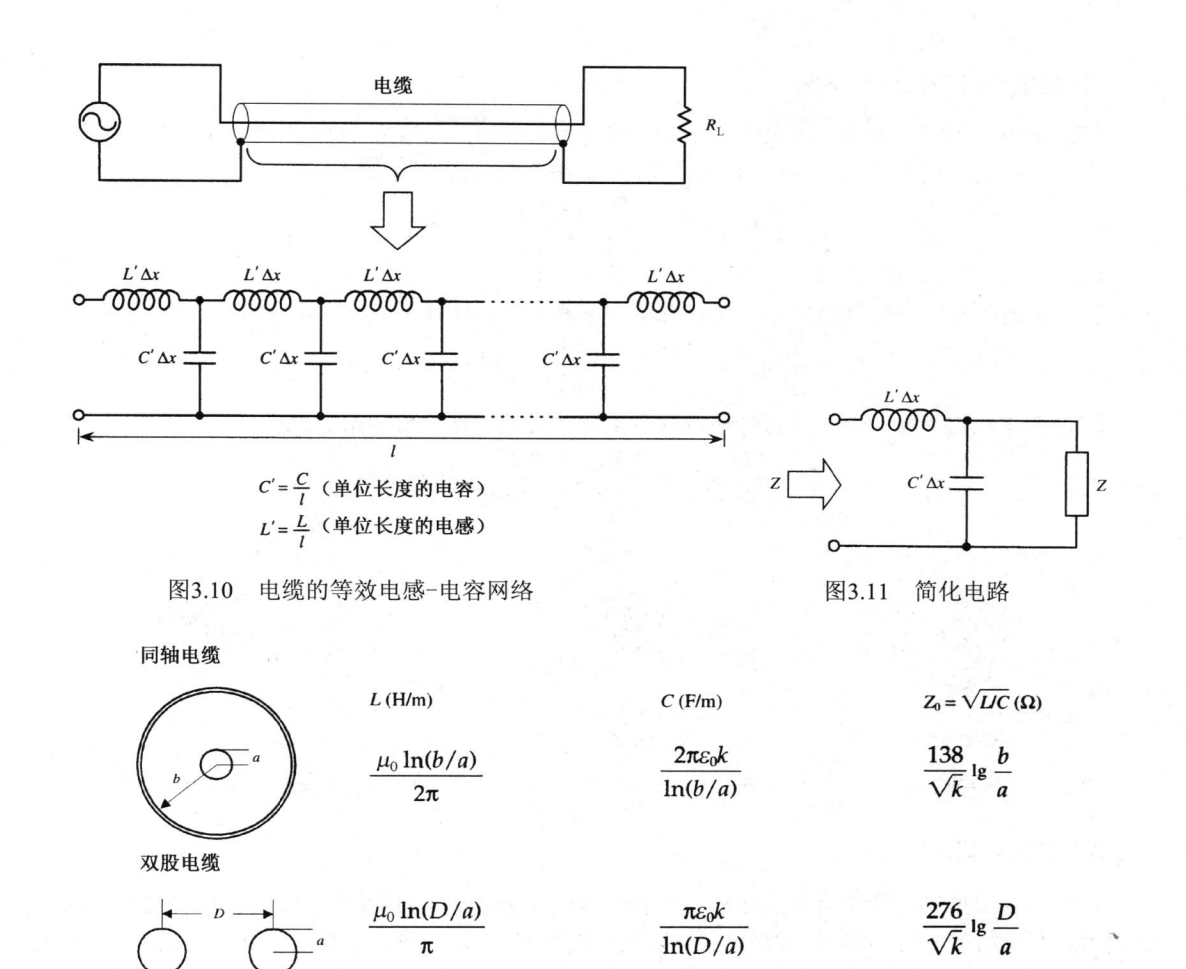

图3.11 简化电路

$$C' = \frac{C}{l} \text{（单位长度的电容）}$$

$$L' = \frac{L}{l} \text{（单位长度的电感）}$$

同轴电缆

	L (H/m)	C (F/m)	$Z_0 = \sqrt{L/C}$ (Ω)
同轴电缆	$\dfrac{\mu_0 \ln(b/a)}{2\pi}$	$\dfrac{2\pi\varepsilon_0 k}{\ln(b/a)}$	$\dfrac{138}{\sqrt{k}} \lg \dfrac{b}{a}$
双股电缆	$\dfrac{\mu_0 \ln(D/a)}{\pi}$	$\dfrac{\pi\varepsilon_0 k}{\ln(D/a)}$	$\dfrac{276}{\sqrt{k}} \lg \dfrac{D}{a}$

图3.12 同轴电缆、双股电缆的 L、C 和 Z_0 的表达式

注意，这里的 k 是绝缘体的介电常数，$\mu_0 = 1.256 \times 10^{-6}$ H/m 是真空磁导率，$\varepsilon_0 = 8.85 \times 10^{-12}$ F/m 是真空介电常数。表3.3给出了一些常用电介质材料及其特性常数。

电缆制造商一般会给出电缆的每英尺电感值和电容值。这时，我们可以简单地将这些值代入 $z_0 = L/C$，得到电缆的特征阻抗。表3.4给出了一些通用电缆的每英尺电容值和电感值。

表3.3 常用电介质材料及其特性常数

材 料	介电常数 k
空气	1.0
耐热玻璃	4.8
云母	5.4
纸	3.0
聚乙烯	2.3
聚苯乙烯	5.1～5.9
石英	3.8
聚四氟乙烯	2.1

表3.4 通用电缆的每英尺电容值和电感值

电缆型号	电容/英尺（pF）	电感/英尺（μH）
RG-8A/U	29.5	0.083
RG-11A/U	20.5	0.115
RG-59A/U	21.0	0.112
214-023	20.0	0.107
214-076	3.9	0.351

3. 电缆特征阻抗计算举例

【例1】 RG-11AU型电缆（见图3.13）的电容为21.0pF/ft，电感为0.112μH/ft，计算其特征阻抗。已知单位长度的电感值$L' = L$/ft和电容值$C' = C$/ft，代入$Z_0 = \sqrt{L/C}$ 得

$$Z_0 = \sqrt{L/C} = \sqrt{\frac{0.112 \times 10^{-6}}{21.0 \times 10^{-12}}} = 73\Omega$$

【例2】 计算RG-58/U聚乙烯介质同轴电缆（见图3.14）的特征阻抗，$k = 2.3$。

$$Z_0 = \frac{138}{\sqrt{k}} \lg \frac{b}{a} = \frac{138}{\sqrt{2.3}} \lg \left(\frac{0.116}{0.032}\right) = 91 \times 0.056 = 51\Omega$$

【例3】 当$k = 2.3$时，计算聚乙烯介质双股电缆（见图3.15）的特征阻抗。

$$Z_0 = \frac{276}{\sqrt{k}} \lg \frac{D}{a} = \frac{276}{\sqrt{2.3}} \lg \left(\frac{0.270}{0.0127}\right) = 242\Omega$$

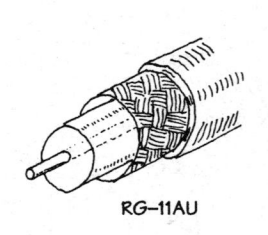

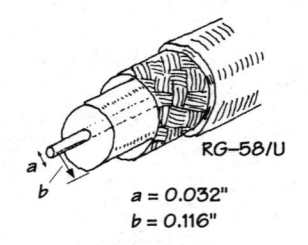

图3.13　例1的图示　　　　图3.14　例2的图示　　　　图3.15　例3的图示

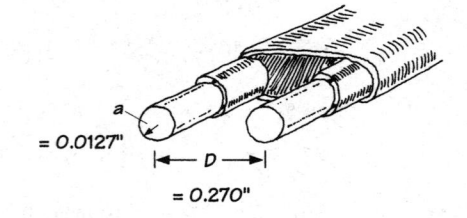

4. 阻抗匹配

传输线的阻抗势必影响信号的传输，其影响程度完全取决于负载阻抗及连接线的阻抗。当传输线的阻抗和负载的阻抗不等时，部分信号能量将被负载吸收，而剩余的信号能量则被反射回去。被反射的信号能量对信号传输十分不利，因为该能量会直接影响设备之间的传输效率。所幸的是，我们可以使用阻抗匹配技术来减小反射，提高传输效率。阻抗匹配的目标是使负载的阻抗与其连接线的阻抗相等，或使两个设备的阻抗相等。阻抗匹配可通过插在两个设备之间的特殊匹配网络来实现。

在讨论特殊的匹配网络之前，不妨先模拟分析阻抗不匹配导致信号反射和传输效率降低的情形。模拟时，使用橡皮管模拟传输线和负载，使用橡皮管的密度模拟特征阻抗。传输线、负载的特征阻抗分别为Z_0和Z_L，分析如下所述。

1）阻抗不匹配（$Z_0 < Z_L$）

低阻抗传输线与高阻抗负载的连接，相当于低密度橡皮管与高密度橡皮管的连接[见图3.16(a)]。在低密度橡皮管的左端输入一个脉冲（相当于从连接线加一个电信号到负载上），这个脉冲将沿着橡皮管传输到达高密度橡皮管（负载）。根据物理学原理，当该脉冲到达高密度橡皮管时，将发生两种情况：首先，它将在高密度橡皮管中产生比原脉冲窄的脉冲；其次，它将在低密度橡皮管中产生一个类似但向右反射回去的脉冲。由模拟可以看出，只有部分信号的能量从低密度橡皮管传输到了高密度橡皮管。因此，我们可以推断电压电流在传输过程中也会出现类似的情况。

2）阻抗不匹配（$Z_0 > Z_L$）

高阻抗传输线与低阻抗负载线的连接，相当于高密度橡皮管连接与低密度橡皮管的连接[见图3.16(b)]。在高密度橡皮管的左端输入一个脉冲后，这个脉冲将沿着橡皮管传输到达低密度橡皮管（负载）。根据物理学原理，当该脉冲到达低密度橡皮管时，将在低密度橡皮管中产生比原波长长的脉冲，在高密度橡皮管中产生一个类似但向右反射回去的脉冲。由模拟可以看出，只有部分

信号的能量从高密度橡皮管传输到了低密度橡皮管。

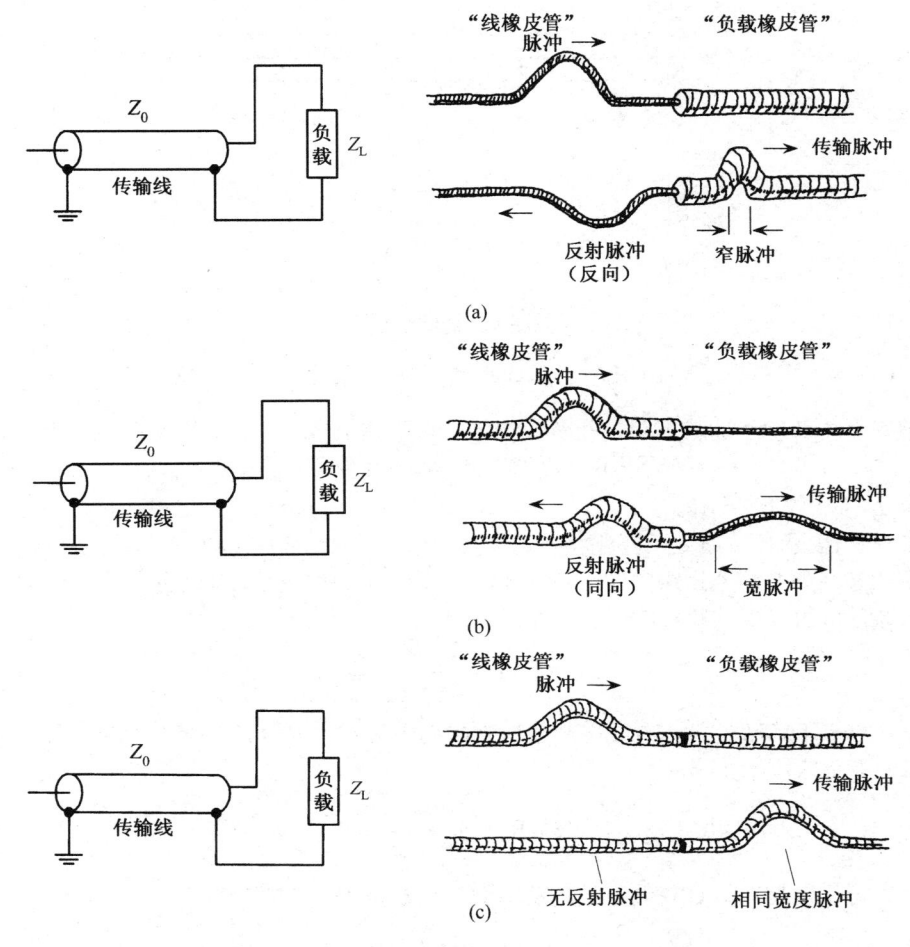

图3.16 阻抗匹配的模拟分析

3）阻抗匹配（$Z_0 = Z_L$）

阻抗相等的负载与连接线的连接，相当于密度相等的橡皮管的连接［见图3.16(c)］。当在左边的橡皮管输入一个脉冲时，这个脉冲可被很好地传输。与前两种情况不同的是，当脉冲传输到负载时，它将直接通过负载而不被反射，脉宽不改变，幅值也不改变。因此，当阻抗匹配时，信号传输将是最平稳的和有效的。

5．驻波

当传输线和负载匹配不当时，传输连续的正弦波会发生什么呢？毫无疑问，会产生反射信号，同时还会在传输线上产生驻波。驻波是由输入信号和反射信号相互叠加而成的。图3.17给出了信号源和负载之间的传输线匹配不当时产生的驻波图。驻波图的纵轴表示波形的幅值（用有效值表示），横轴表示传输线沿线的位置。

驻波的特性可用电压驻波比（VSWR）表示。电压驻波比定义为传输线上的电压最大值与最小值之比，即

$$\text{VSWR} = V_{\text{rms, max}} / V_{\text{rms, min}}$$

图3.17中的VSWR为4/1或4。

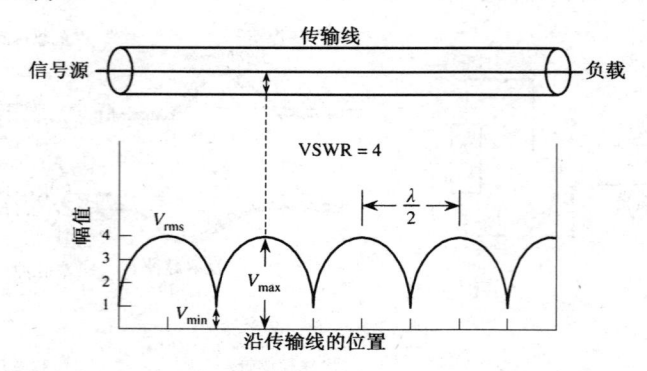

图3.17 传输线匹配不当时产生的驻波

当驻波完全由传输线的特征阻抗和负载特征阻抗不匹配造成时，VSWR可简写为
$$\text{VSWR} = Z_0/R_L \quad \text{或} \quad \text{VSWR} = R_L/Z_0$$

这样的结果是，VSWR大于1。

VSWR等于1表示传输线处于匹配状态，无反射波。然而，当VSWR很大时，表示传输线处于极端不匹配状态（如开路或短路的低阻抗/无阻抗传输线），属于全反射状态。

VSWR通常可用入射波和反射波形来表示，即
$$\text{VSWR} = \frac{V_F + V_R}{V_F - V_R}$$

为便于理解，可将上式转换为入射功率和反射功率的表达式。因为 $P = IV = V^2/R$，即P正比于V^2，所以VSWR的表达式可表示为
$$\text{VSWR} = \frac{\sqrt{P_F} + \sqrt{P_R}}{\sqrt{P_F} - \sqrt{P_R}}$$

整理方程，可得反射功率的百分数、吸收功率的百分数与VSWR的关系式，即
$$\text{反射功率（\%）} = \left[\frac{\text{VSWR} - 1}{\text{VSWR} + 1}\right]^2 \times 100\%, \quad \text{吸收功率（\%）} = 100\% - \text{反射功率（\%）}$$

6．实例（VSWR）

求50Ω传输线和200Ω负载的VSWR，并求负载的反射功率百分数和吸收功率百分数（见图3.18）。
$$\text{VSWR} = Z_0/R_L = 200/50 = 4$$

VSWR是4∶1，于是有
$$\text{反射功率（\%）} = \frac{\text{VSWR} - 1^2}{\text{VSWR} + 1} \times 100\% = \frac{4 - 1^2}{4 + 1} \times 100\% = 36\%$$
$$\text{吸收功率（\%）} = 100\% - \text{反射功率（\%）} = 64\%$$

7．阻抗匹配技术

本节介绍几种阻抗匹配技术。根据经验，在大多数低频设备应用中，信号波长远大于电缆长度，因此无须考虑阻抗匹配。而在高频设备应用中，则需要考阻抗匹配问题。大多数电子设备（如示波器、视频设备等）的输入/输出阻抗应该与同轴电缆的特征阻抗匹配（典型值为50Ω）。其他设备（如电视机天线输入设备）应有与扁平电缆匹配的输入阻抗（300Ω）。下面考虑阻抗匹配问题。

8. 阻抗匹配网络

常用的阻抗匹配方法是使用如图3.19所示的阻抗匹配网络。为了实现阻抗匹配，选择
$$R_1 = \sqrt{Z_2(Z_2 - Z_1)}, \quad R_2 = Z_1\sqrt{Z_2/(Z_2 - Z_1)}$$
从Z_1端看，信号衰减（信号衰减A_1为Z_1两端的电压与Z_2端的电压之比，A_2为Z_2两端的电压与Z_1端的电压之比）是$A_1 = R_1/Z_2 + 1$；从Z_2端看，信号衰减是$A_2 = R_1/R_2 + R_1/Z_1 + 1$。

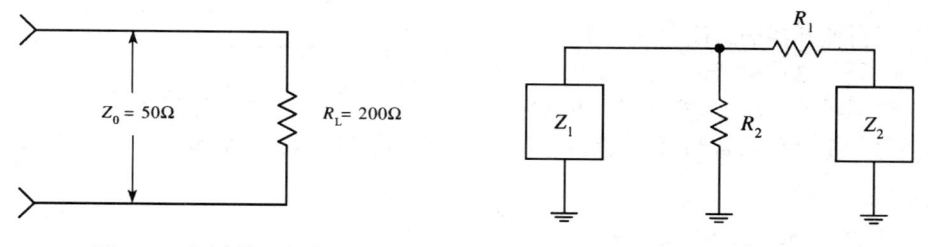

图3.18 实例所示电路

图3.19 阻抗匹配网络

例如，若$Z_1 = 50\text{W}$、$Z_2 = 125\text{W}$，则R_1、R_2、A_1、A_2如下所示：
$$R_1 = \sqrt{Z_2(Z_2 - Z_1)} = \sqrt{125 \times (125 - 50)} = 97\Omega$$
$$R_2 = Z_1\sqrt{Z_2/(Z_2 - Z_1)} = 50\sqrt{125/(125 - 50)} = 65\Omega$$
$$A_1 = R_1/Z_2 + 1 = 96.8/125 + 1 = 1.77$$
$$A_2 = R_1/R_2 + R_1/Z_1 + 1 = 96.8/64.6 + 96.8/50 + 1 = 4.43$$

9. 阻抗变换器

图3.20所示阻抗变压器用于匹配电缆的特征阻抗和负载的阻抗。根据
$$N_P/N_S = \sqrt{Z_0/Z_L}$$
可以选择N_P和N_S，使阻抗匹配。例如，要使800Ω传输线和8Ω负载的阻抗匹配，首先计算
$$\sqrt{Z_0/Z_L} = \sqrt{800/8} = 10$$
要达到阻抗匹配的目的，必须选择满足$N_P/N_S = 10$的N_P（原边匝数）和N_S（副边匝数）。可以选择$N_P = 10$、$N_S = 1$，也可以选择$N_P = 20$、$N_S = 2$，这两种选择的结果相同。

10. 宽带传输线变换器

图3.21所示的宽带传输线变换器是用同轴电缆或双绞电缆在铁芯上绕几匝形成的简单器件。与传统变换器不同的是，该器件可更好地进行高频匹配（其几何特性可消除导线电感效应和电容效应）。这种器件可以处理各种不同的阻抗变换，同时能够得到良好的宽带特性（在0.1～500MHz范围内仅衰减1dB）。

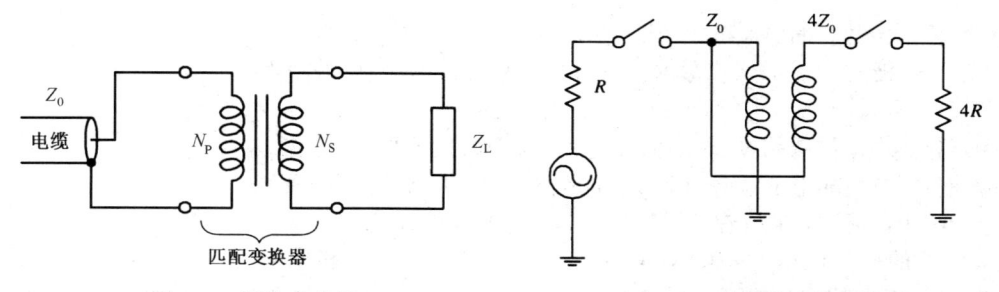

图3.20 阻抗变换器

图3.21 宽带传输线变换器

11. 1/4波长传输线

特征阻抗为Z_0的传输线和阻抗为Z_L的负载的匹配，可通过串联在传输线和阻抗之间的1/4波长传输线实现（见图3.22），因此称这种1/4波长传输线为阻抗变换器。阻抗变换器的特征阻抗为

$$Z_{sec} = \sqrt{Z_0 Z_L}$$

要计算阻抗变换器的长度，可以使用公式$\lambda = v/f$和$v = c/k$，其中$c = 3.0 \times 10^8$m/s，v是信号在电缆中的传输速度；f是信号频率；k是电缆的介电常数。

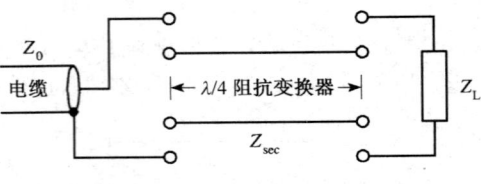

图3.22 1/4波长传输线

例如，将一个介电常数为1的50Ω电缆和一个200Ω的负载匹配。假设信号频率为100MHz，那么波长为

$$\lambda = \frac{v}{f} = \frac{c/\sqrt{k}}{f} = \frac{3 \times 10^8 / 1}{100 \times 10^6} = 3\text{m}$$

所以$\lambda/4$为0.75m，即阻抗变换器的长度为0.75m。该段传输线的特征阻抗为

$$Z_{sec} = \sqrt{50 \times 200} = 100\Omega$$

12. 短截线阻抗变换器

末端开路或短路的短截线具有相反的阻抗特性。合适地选择短截线开路或短路，以及在原传输线上连接的位置，可以避免驻波的产生。短截线称为短截线阻抗变换器（见图3.23）。短截线阻抗变换器由与传输线同型号的电缆制成。确定短截线阻抗变换器的长度及其连接位置需要一定的技巧。在实际应用中，可通过作图和公式推导确定，要详细了解这些内容，可查阅电工电子应用指南。

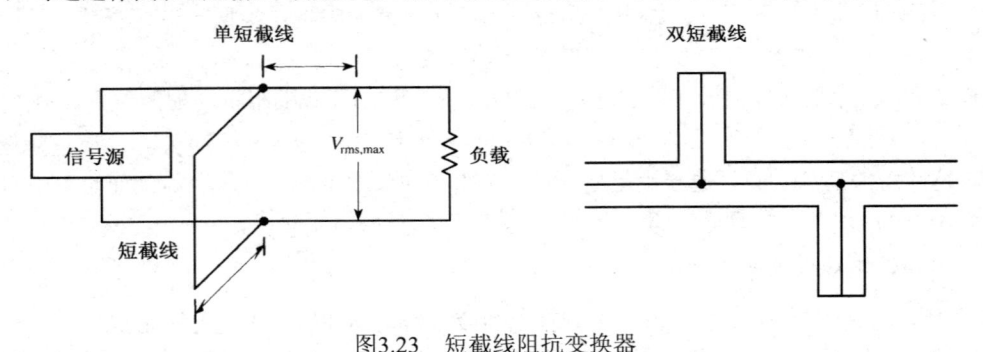

图3.23 短截线阻抗变换器

3.2 电池组

电池组由一定数量的电池组成（见图3.24）。每节电池都有正端（阴极）和负端（阳极）。注意，大多数器件将阳极视为正端，而将阴极视为负端。

当负载接到电池的两端时，电池内部便发生化学反应而形成导电桥。化学反应使负极产生的电子移动到正极，于是在电池的两端产生电势能。电子从负极流出，通过负载（在此过程中做功），然后流入正极。

单节电池的典型电压值是1.5V，容量取决于它的几何尺寸和化学成分。当需要更大的电压或电功率时，可将一定数量的电池并联或串联。串联电池可以获得较大的电压，而并联电流可以获得较大的

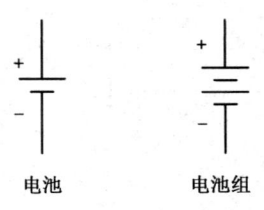

图3.24 电池和电池组的电路符号

电流输出。图3.25给出了几个电池组的结构及等效电路。

  电池是由多种不同的化学成分制成的,而不同的化学成分具有不同的蓄电池特性。例如,有些电池可以产生较高的电压,而另一些电池可以产生较大的电流;有些电池可用于小电流、间断使用,而另一些电池可用于大电流、连续使用;有些电池可以产生脉冲电流,即在短时间内产生较大的电流;有些电池的使用寿命长,而另一些电池的使用寿命很短;有些电池是一次性的,如碳-锌碱性蓄电池,这种电池称为一次电池或原电池;有些电池可以反复充电,这种电池称为二次电池或可充电电池,如镍金属氢化物电池和铅酸电池。

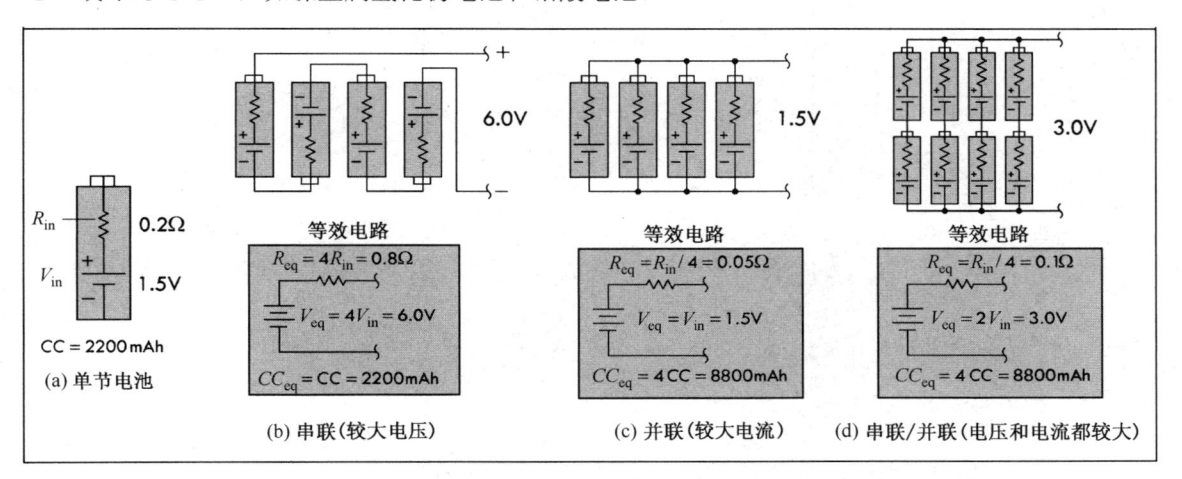

图3.25 几个电池组的结构及等效电路

3.2.1 电池的工作原理

  电池是通过包含电解过程的氧化还原反应(进行电子交换的化学反应)将化学能转换成电能的。参与电池化学反应的三种基本成分是两种不同性质的化学材料(正极和负极)和一种电解液(通常是含有自由漂浮离子的液体或糊状材料)。下面介绍铅酸电池的工作原理。

  铅酸电池(见图3.26)的一个电极由纯铅(Pb)制成,另一个电极由铅氧化物(PbO_2)制成。电解液是硫酸溶液($H_2O + H_2SO_4 \rightarrow 3H^+ + SO_4^{2-} + OH^-$)。

  将两个不同的化学电极放到酸性溶液中后,纯铅电极与酸(SO_4^{2-}、H^+)反应,缓慢置换生成$PbSO_4$晶体。在该置换反应中,铅电极释放两个电子。这时,若检测碳棒(铅氧化物)极,则会发现大部分碳也被转换为$PbSO_4$晶体。然而,在该反应中,释放的是O_2^{2-}离子而不是电子。这些离子渗漏到电解液中与H^+结合生成H_2O(水)。在两个电极间接入一个负载,如一个灯泡,电子将从充满电子的铅极经过灯丝流到电子匮乏的铅氧化物极。

  随着时间的推移,化学反应的成分将被耗尽(电池没电)。为了使电池重新获得能量,可在电池的两极之间重新施加电压,使其发生相反的化学反应。理论上讲,酸性电池可以无限次充电,反复使用。然而,充电超过一定的次数后,电极将产生晶体脱落,脱落的晶体沉淀到容器底部而不再参与化学反应。另外,由于电解过程中的汽化(过度充电引起)和蒸发,电解液逐渐减少。

3.2.2 原电池

  原电池是一次性使用的电池,即一旦用完,就不能再用。普通原电池包括碳锌电池、碱性电池、汞电池、氧化银电池、锌空气电池、银锌电池。图3.27是几种普通原电池的封装。

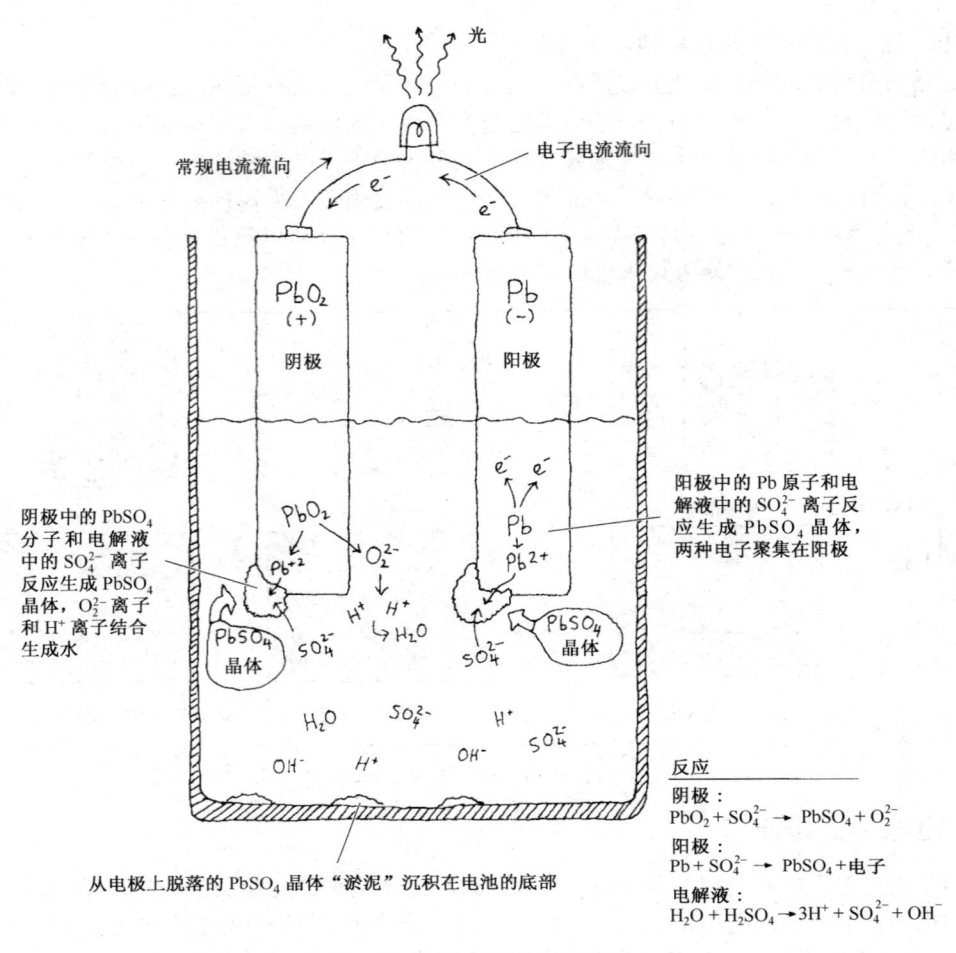

图3.26 铅酸电池的工作原理

3.2.3 原电池的比较

1. 碳锌电池

碳锌电池（标准型）是20世纪70年代比较流行的一种电池，随着碱性电池的发展，这种电池越来越少。这种电池不适合连续使用，且电解液易泄漏。碳锌电池的电压通常约为1.5V。但是，在使用过程中，电压值将下降。碳锌电池唯一的优点是价格低且规格范围宽，最适合间断使用的低电压场合，如收音机、玩具和一般的廉价设备。这种电池不适用昂贵的设备或长时间使用的设备，因为易泄漏。同时，要尽可能避免在环境温度变化过大的场合使用碳锌电池。总之，这种电池即使有，也应避免使用。

2. 氯化锌电池

氯化锌电池（耐用型）是一种改进的碳锌电池，可提供较大的电流和较大的容量。和碳锌电池一样，氯化锌电池也被碱性电池取代。新的氯化锌电池两端的电压为1.5V，随着化学成分的消耗，电压将下降。和碳锌电池不同的是，氯化锌电池的温度特性好，使用寿命长，内阻小，容量大，且允许在大电流情况下长时间工作。这种电池适合间断使用。但是，在相似的情况下，碱性电池会表现出更好的性能。

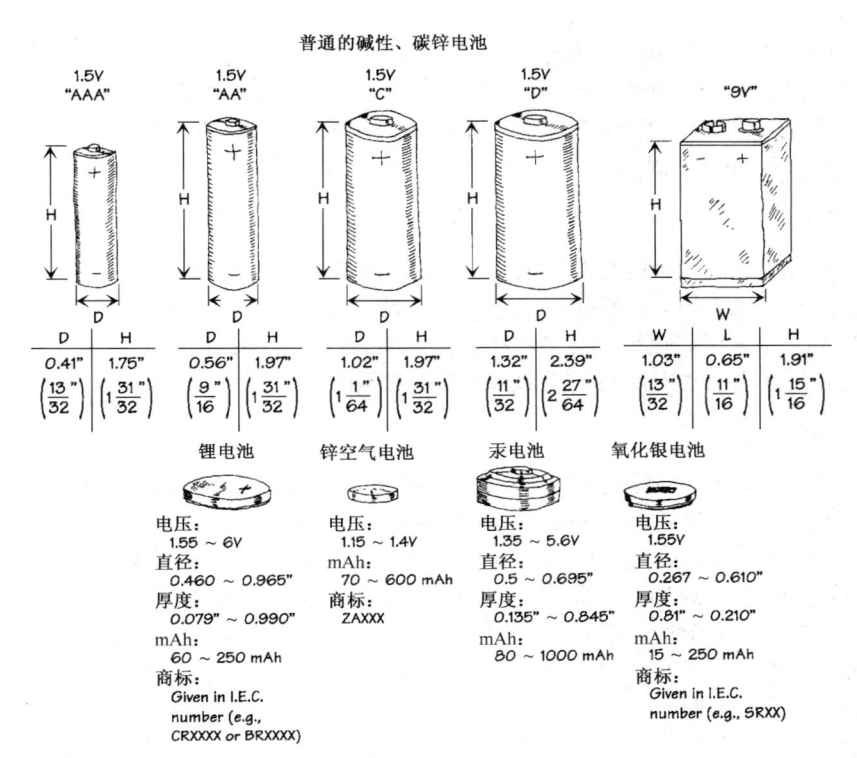

图3.27　几种普通原电池的封装

3. 碱性电池

碱性电池是常用的家用电池，可替代碳锌电池和氯化锌电池。它们的共同特点是，实用且价格低廉。碱性电池的电压通常为1.5V，它不像前两种电池那样在使用过程中电压下降。碱性电池的内阻较低，且在整个使用过程中都保持较低的内阻。碱性电池有很长的使用寿命和很好的温度特性。普通碱性电池在高驱动设备（如数码照相机）中不能很好地工作，这是因为其内阻限制了输出电流。碱性电池虽然也可在这些设备中使用，但使用寿命会大大减短。碱性电池非常适合用在普通玩具、便携式随身听、闪光灯等中。注意，现在也有可充电的碱性电池。

4. 锂电池

锂电池由锂阳极、不同材料的阴极和有机电解液组成。锂电池的常用电压为3V（是其他原电池电压的2倍），在使用期间几乎不变。锂电池的自放电速率很低，因此使用寿命很长（10年左右）。锂电池的内阻也很低，且在放电过程中变化很小。无论是在高温下还是在低温下，锂电池都可保持良好的性能。锂电池可用在人造卫星、宇宙飞船和军用设备中，也可用在低电流设备（如打火机、电子通信设备、电子表和计算器等）中。

5. 锂硫化铁电池

锂硫化铁电池在获得大容量的条件下，技术上有些折中。为了与现有的设备、电路匹配，锂硫化铁电池的输出是1.5V（其他锂电池的输出是3V）。因此，锂硫化铁电池有时也称电压兼容型锂电池。和其他锂电池不同的是，锂硫化铁电池不可充电。锂硫化铁电池内部有铝阴极收集器、锂阳极层、隔离层和硫化铁阴极层。电池虽然密封，但是留有通风口。与碱性电池相比，锂硫化铁电池要轻得多（是相同尺寸碱性电池的66%）且容量大，同时保存帮助较长——即使放上10年，容量也不变。锂硫化铁电池适合工作在重负载的场合。在大电流应用中，锂硫化铁电池提供的能量是相同尺寸碱电池的260%。在轻负载情况下,这些优点不是很明显,而在负载非常轻的情况下,这些优点将消失甚至相反。例如,在20mA负载下,AA尺寸的锂硫化铁电池可以工作122小时,相同尺寸的碱性电池可以工作135小时;而在1A负载下,锂硫化铁电池可以工作2.1小时,相同尺寸的碱性电池仅可以工作0.8小时。

6. 汞电池

锌氧化汞或汞电池利用汞的高电极电位来提供较大的能量密度。锌氧化汞电池使用氧化汞(有时掺有二氧化锰)作为正极。锌氧化汞电池的输出通常是1.35V,且在整个使用周期内几乎不变,内阻也相当稳定。尽管锌氧化汞电池像纽扣一样大小,但是能够提供较大的脉冲电流。锌氧化汞电池不仅可为指针式电子手表的石英晶体和助听器提供能量,还可作为仪器仪表的基准电压源。

7. 氧化银电池

氧化银电池是在市场上能够找到的体积最小的电池。氧化银电池可做得像纽扣一样大小,但却具有大的脉冲放电能力。氧化银电池可用在电子手表、计算器、助听器和电子设备中。氧化银电池具有电压高(和锌氧化汞电池相比)、放电曲线平稳(和碱性电池相比)、低温特性好、抗震性好、内阻恒定、可维护性卓越等优点,同时保存寿命很长,90%以上的电池可以保存5年。氧化银电池的端电压通常是1.5V,且在整个使用过程中电压保持不变。氧化银电池可以提供1.5~6V的电压。氧化银助听器电池在高放电速率下可提供的能量密度要电子手表电池、照相机电池的高。氧化银相机电池用于产生恒定电压和周期性高放电脉冲,而无论是否有背景小电流。使用氢氧化钠作为电解液的氧化银电子手表电池可在低负载下连续使用,使用时长通常为5年。使用氢氧化钾作为电解液的氧化银电子手表电池可在周期性脉冲损耗条件下连续使用,使用时长一般约为2年。

8. 锌空气电池

锌空气电池具有很高的能量密度和平坦的放电曲线,但其工作寿命相对来说较短。锌空气电池使用锌粉末作为负极,使用氢氧化钾作为电解液。电池内装有一个金属电极隔膜(隔膜是多孔的,可让离子穿过),隔膜的一边是空气,可提供氧气,其作用相当于电池的正极。空气(氧气)位于一个被镍围成的容器内,该容器与电池的正极连接。事实上,在制造锌空气电池时,并无氧气或空气,只是在外表面上有一个密封的小孔。一旦去掉密封,电池就被激活。电池的能量由锌提供,通常可以使用60天。锌空气电池的端电压一般为1.45V,放电曲线相对比较平坦,且内阻较低。锌空气电池不适用于重负载或脉冲供电。锌空气电池的典型封装是纽扣式封装和丸状封装,常用在助听器、寻呼机等设备中。最初设计的小锌空气电池是为助听器提供能量的。在大多数助听器中,锌空气电池可用锌氧化汞电池和氧化银电池直接替代。在助听器应用中,锌空气电池比任何普通电池的使用寿命都长。锌空气电池的特点是容量/体积比大、大电流下电压稳定(与氧化银电池或氧化汞电池相比)、内阻恒定。原电池的性能比较如表3.5所示。

表3.5 原电池性能的比较

类型(化学)	通用名称	端电压(V)	内阻	放电速率	成本	主要特性	典型应用
碳锌	标准型	1.5	中	中	低	低成本,各种规格,在使用过程中端电压有规律地下降	收音机、玩具和普通的电子设备
氯锌	耐用型	1.5	低	中/高	低/中	低成本,高放电速率,低温特性好,端电压下降	电动机驱动的便携式设备、钟表和遥控设备
碱锌	碱性电池	1.5	极低	高	中/高	适合低温下的重负载和脉冲负载,端电压下降	相机闪光灯、剃须刀、数码相机、手持式收发器和CD播放器等

续表

类型 (化学)	通用 名称	端电压 (V)	内阻	放电 速率	成本	主要特性	典型应用
锂镁	锂电池	1.5	低	中/高	高	高能量密度，极低的自放电速率（寿命长），温度特性较好	钟表、计算器、数码相机或胶片相机、数字万用表和其他测试设备
锌汞	氧化汞电池	1.35	低	低	高	高能量密度（小型），放电曲线平坦，高温特性好	计算器、寻呼机、助听器、手表和测试设备
锌银	氧化银电池	1.5	低	低	高	极高能量密度（极小型），放电曲线平坦，低温特性好	计算器、寻呼机、助听器、手表和测试设备
锌氧	锌空气电池	1.45	中	低	中	高能量密度，质量小，放电曲线平坦，使用环境必须空气流通	助听器和寻呼机

3.2.4 二次电池

与原电池不同，二次电池具有可充电特性。二次电池的放电特性和原电池的相似（见图3.28）。从设计角度考虑，二次电池主要用在高电压（功率）、长时间场合，而原电池则用在小功率、短时间场合。除铅酸电池和专用电池外，二次电池的封装和原电池的类似。二次电池主要用在笔记本电脑、便携式电动工具、电动汽车、应急灯和发动机启动系统等设备中。部分二次电池的通用封装如图3.29所示。

1．二次（可充电）电池的比较

1）铅酸电池

铅酸电池的典型应用领域是汽车启动、后备电池等大功率场合。铅酸电池有三种基本类型，即富液式铅酸电池、阀控铅酸电池（VRLA）和密封铅酸电池（SLA）。富液式铅酸电池是直立式的，随着时间的流逝，因为产生气体而使电解液减少。SLA和VRLA的设计应用领域是低电压场合，目的是在使用过程中防止因电位过高而产生气体。然而，SLA和VRLA不能充电到满电位。VRLA通常用于恒压设备，而SLA则用于电压变化的设备。铅酸电池的典型端电压为2V、4V、6V、8V和12V，容量从1安时到数千安时。富液式铅酸电池主要用在电动汽车、铲车、轮椅和UPS电源设备中。

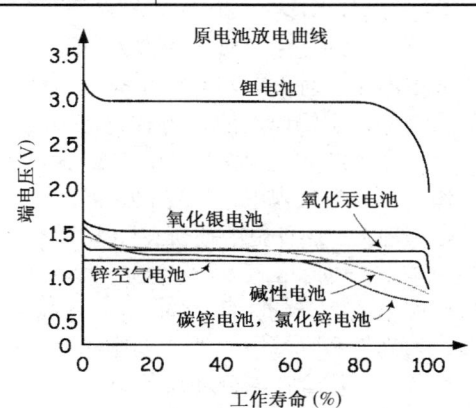

图3.28 原电池的放电曲线

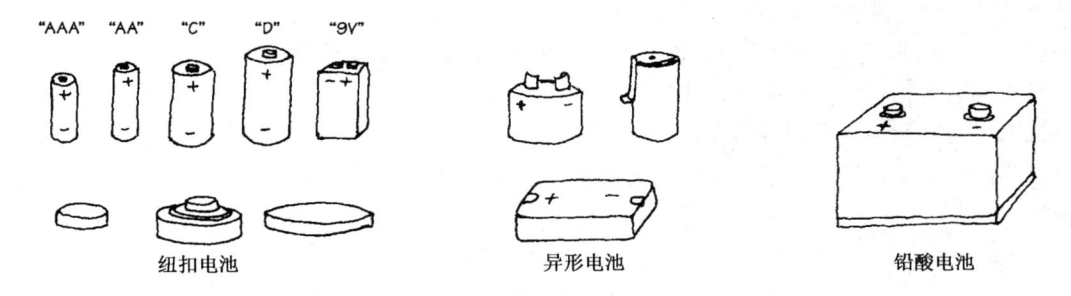

图3.29 部分二次电池的通用封装

SLA电池使用胶质电解液，而不使用液体电解液，因此电解液可安放在任何位置。为了防止气体的产生，它必须工作在较低的电势条件下，即不能被充满电荷。因此，SLA电池的能量密度较低——在所有可充电池中是最低的。然而，它们是廉价的，适用于低成本、恒压设备。在可充电电池中，SLA电池的自放电速率最低（5%/月）。铅酸电池无记忆效应（和镍镉电池性能不同），在浅循环工作中性能较好。事实上，铅酸电池也适合深循环工作，在间断大电流负载下仍然具有较好的特性。SLA电池不能快速充电——一般需要8～16小时，而且应在充电后存储，若在未充电状态下存储，则电池可能因酸化而损坏，进而导致电池无法再充电。另外，铅酸电池的电解液对环境是有害的。

铅酸电池（包括富液式铅酸电池、密封铅酸电池和阀控铅酸电池）的充电知识可查阅相关的技术手册。当在什么都不知道的情况下试图自制充电器时，会遇到一系列问题，如电池过压爆炸、烧熔或化学结构破坏（铅酸电池的充电过程和镍镉电池、镍氢电池的不同，因为铅酸电池充电时要限压而不需要限流）。

2）镍镉电池

镍镉电池使用氢氧化镍作为正极，使用氢氧化镉作为负极，使用氢氧化钾作为电解液。过去，镍镉电池是一种非常流行的可充电电池。随着镍氢电池的发展，镍镉电池的市场份额逐渐下降。客观地讲，镍镉电池的使用时间不是最长的，其电压比标准碱性电池的电压低，碱性电池电压一般为1.2～1.5V。这就意味着，在需要4节或更多碱性电池的应用中，同样多的镍镉电池将不能正常工作。在放电过程中，密封式镍镉电池的平均电压为1.2V/节。在电池使用过程中，其放电特性几乎是平坦的。这种电池通常在端电压为1.0V/节时可最大限度提供能量，其自放电速率较短，为2～3个月。尽管如此，和铅酸电池一样，密封式镍镉电池可用在任何场合。镍镉电池的能量密度比密封铅酸电池大（约为后者的2倍）且成本低，常用于紧凑型便携式设备：无绳电动工具、游乐船/车、闪光灯和真空吸尘器。镍镉电池有记忆效应，因此不适用于浅循环设备或在工作过程中充电的设备，而适合在深循环设备中使用，具有较大的充放电周期（约为1000小时）。

推荐使用恒流型充电器，该充电器具有一定的额定功率和散热能力。不合适的充电器可能导致电池热损坏，甚至会因压力过高而破裂。充电时应注意充电极性。密封式镍镉电池的安全充电周期是10小时。

3）镍氢电池

镍氢电池是一种非常流行的可充电电池，在许多设备中可替代镍镉电池。镍氢电池使用镍或氢氧化镍作为正极，合适储氢合金（镍化镧或镍化锆）作为负极，使用氢氧化钾作为电解液。镍氢电池不仅能量密度比镍镉电池的能量密度高30%～40%，废旧电池也不需要做特殊处理。镍氢电池的端电压为1.2V/节，在替代使用1.5V的碱性电池时需要注意。镍氢电池的自放电周期一般为2～3个月，且具有微弱的记忆效应，但是比镍镉电池要好得多。镍氢电池不像镍镉电池那样，只能工作在深循环模式。镍氢电池的工作寿命比较短，最佳工作状态下的负载电流是0.2C到0.5C（额定容量的1/5到1/2）。典型应用包括远程控制设备，也可用在大多数通用功率设备中（但镍氢电池正迅速被锂离子电池和锂聚合物电池替代）。

镍氢电池的充电过程比较复杂，原因是充电过程会产生大量的热。因此，充电应按特殊程序进行，即涓流充电，同时需要对温度进行监测。镍氢电池应定期进行完全放电，以消除记忆效应的影响。

4）锂离子电池

锂是所有金属中最轻的金属，且有很高的电化学能，可制造出更高能量密度的电池。然而，锂本身有较高的活性，虽然对一次性电池来说不是问题，但是对可充电电池来说，可能产生爆炸。出于安全考虑，锂离子技术已取得较大的进展。技术的关键是从锂化合物（如钴化锂）中提取锂离子，而不是从锂金属本身获取。典型的锂离子电池使用表面涂有锂化合物（如钴锂氧化物、镍锂氧化物和镁锂氧化物等）的铝作为负极，使用表面涂碳（一般是石墨或焦炭）的铜作为正极，使用锂盐（如锂磷氟化物）的有机溶液作为电解液。锂离子电池的能量密度约为镍镉电池的2倍。就能量存储来看，锂离子电池是目前最紧凑的可充电电池。与镍镉电池、镍氢电池不同的是，锂离子电池没有记忆效应，且自放电速率较低，约6%/月，仅为镍镉电池的一半。锂离子电池还具有一定的深放电能力，但不像镍镉电池那样深，这是因为它的内阻较高。另外，锂离子电池不能像镍镉电池那样快速充电，且不需要涓充和浮充。锂离子电池的成本比镍镉电池、镍氢电池的要高，是所有可充电电池中最贵的，原因是其内部必须有防护过放电和过充电的电路，而过放电、过充电都会导致安全隐患。因此，大多数锂离子电池都以自备电池的封装供应，均附带有完备的保护电路。锂离子电池即使不使用，也会老化，因为有一定的自放电。锂离子电池主要用在要求存储能量尽可能多、占用空间尽可能小、质量尽可能轻的设备中，如笔记本电脑、掌上电脑、摄像机和手机等。

锂离子电池使用特殊的限压型充电器。商用锂离子电池的标准配置应带有保护电路，以保护充电过程中的过电压。典型的安全电压是4.3V/节。另外，当电池内部的温度接近90℃时，温度敏感电路就会断开充电连接。大多数锂离子电池都有压力开关，当压力超过设定值时，会自动断开电流回路。所有锂电池被充电到1C即满容量时，充电时间约为3小时。在充电过程中，电池保持常温，即不发热。充满后，电压超过额定值，电流下降，仅为正常充电电流的3%。增大充电电流并不能缩短其充电时间。利用大电流快速达到电压峰值时，完备的充电时间会更长。

5）锂聚合物电池

锂聚合物电池也称高分子锂电池，是一种比锂离子电池成本低的锂电池。它的能量密度和锂离子电池的相似，但使用的是固态聚合物电解质。这种电解质看起来像塑料薄膜，是不导电的，但可进行锂离子交换（带电原子或原子团）。这种干燥的聚合物生产成本低、整体设计简单、安全且体积小。因为该电池的厚度约为1mm，所以适用于安装空间紧张的设备，这样就会使得设计智能防护罩甚至嵌入便携式仪器箱或可穿戴设备成为可能。锂聚合物电池将带来电池变革，特别是商业应用。

遗憾的是，这种锂聚合物产生锂离子的能力很低，因为其内阻较高，不能为现代通信设备提供脉冲电流。但是，随着温度的升高，它的导电能力增强，因此该电池比较适合工作在温度较高的场合。为了增强锂聚合电池的导电性，可以加一些胶质电解质。目前，移动电话使用的多数锂聚合电池都使用含有胶质的电解质。

锂聚合电池的充电过程和锂离子电池的相似，典型的充电时间为1～3小时。另外，加入胶质的锂聚合电池的使用和锂离子电池差不多，可使用同样的充电器。

6）镍锌电池

镍锌电池通常用在轻型电动车中，被认为是将来用于大电流设备的电池，且有望代替酸性电池，这是因为它具有较高的能量密度，且相同容量条件下质量可降低70%。相对于镍镉电池，它比较便宜。

镍锌电池的化学原理和镍镉电池的相似，都使用碱性电解质和镍电极。但是，它们的端电压不同。镍锌电池的电压无论是在开路状态还是在有负载状态都为0.4V/节。因为每节只有0.4V，所以可将多节电池封装在一起。例如，19.2V的封装可以代替14.4V的镍镉电池，减少25%的空间，提供更大的功率，同时阻抗降低45%。镍锌电池比大多数充电电池便宜，且安全耐用。镍锌电池的使用寿命比镍镉电池的长，存储时间比酸性电池的长。因为锌和镍都无毒，且极易回收，所以镍锌电池被视为绿色环保电池。

镍锌电池充电不到2小时就可充满，1小时后可充到80%。镍锌电池的这个特性使得它在无绳设备中用途广泛。镍锌电池的高能量密度和高放电速率，使得它非常适用于需要高能量的小型设备，通常可在无绳设备、UPS电源、电动滑板、高能量DC灯等设备中可找到它。

7) 铁镍电池

铁镍电池也称镍碱电池或镍铁电池，是爱迪生于1900年发明的。铁镍电池的使用寿命很长（30年或更长），开路电压为1.4V，放电电压为1.2V。铁镍电池可承受过充电和过放电，可在深循环条件下长期工作而不损坏。与铅酸电池不同的是，铁镍电池无须在充电状态下保存。但是铁镍电池的体积大，质量也大，并且低活性限制了它的高放电性能。铁镍电池充放电都较慢，随着充电状态的变化，电压会突然下降。此外，铁镍电池的能量密度比其他充电电池的低，自放电速率高。铁镍电池的应用和铅酸电池的相似，但寿命长达30～80年（酸性电池的寿命一般为5年）。

8) 可充电碱锰电池

可充电碱锰（RAM）电池是碱性原电池的可充电形式。与原电池技术相似，RAM电池使用氧化锰作为正极，使用氧化钾作为电解液，但负极使用特殊的多孔凝胶锌膜，在充电过程中可吸收氢离子。RAM电池的分离器被压制成薄片状，以防止锌结晶体破裂。与镍镉电池、镍氢电池相比，RAM电池是一种性能较差的可充电电池，随着充电次数的增加，容量会急剧下降。仅充电8次，RAM电池容量就会下降50%。RAM电池的优点是价格低、易获取。RAM电池常用于直接替代非充电电池，用在数码相机等设备中，但额定电压较低，不适用于某些设备。RAM电池有较低的自放电速率，一般可存放10年以上。RAM电池对环境无污染（未使用有毒金属）且不用维护，使用时无须顾及循环周期和记忆效应问题，但缺点是具有有限的电流输出能力，因此只限用在某些轻负载的设备中，如手电筒和其他低成本的便携式浅循环电气设备。RAM电池的充电需要使用特殊的充电器，使用普通充电器时可能引发电池爆炸。

表3.6给出了常用二次电池的一些性能比较，图3.30显示了几种典型二次电池的放电曲线。

表3.6 常用二次电池的一些性能比较

类型（化学）	端电压（V）	能量密度	寿命	充电时间	最大放电速率	成本	主要特性	典型应用
密封铅酸电池	2.0	低（30）	长（浅循环）	8～16h	中（0.2C）	低	低成本，自放电速率低，可浮充，仅适合浅循环	应急灯、报警系统、太阳能装置和电动轮椅等
可充电碱锰电池	1.5	高（75）	短-中	2～6h（脉冲）	中（0.3C）	低	低成本，自放电速率低，适合浅循环，无记忆效应，工作寿命短	便携式应急灯、玩具、收音机、CD播放器、测试设备等
镍镉电池	1.2	中（40～60）	长（深循环）	14～16h（0.1C）或<2h（1C）	高（>2C）	中	深循环工作，脉冲特性良好，有记忆效应，自放电速率极高，对环境有污染	便携式工具、模型车/船、数据记录仪、便携式摄像机、便携式无线电收发机和测试设备等
镍氢电池	1.2	高（60～80）	中	2～4h	中（0.2～0.5C）	高	能量密度高，记忆效应微弱，自放电速率高	远程控制通信设备、无绳电话、小型便携摄像机、笔记本电脑、PDA、个人DVD和CD播放器、动力装置等
镍锌电池	1.65	高（>170）	中-长	1～2h	—	中	低成本，绿色环保，容量密度高，是NiCad的2倍	特殊性能，无记忆效应，保存期长
铁镍电池	1.4	高（>200）	很长	长	低	低	长寿命，可达80年，对环境无污染	电瓶铲车，与密封铅酸电池的应用相似，但工作寿命很长
锂离子/锂聚合物电池	3.6	很高（>100）	中	3～4h（1～0.03C）	中/高（<1C）	很高	很紧凑，少维护，自放电速率低，但充电需特别小心	小型蜂窝式便携无线电话、笔记本电脑、数码相机和小型便携设备

9）超级电容

超级电容并不是真正的电池，而是电池和电容的混合物。它看起来像普通电容，但使用的是特殊电极和某些电解质。超级电容中有三种电极：高比表面积活性炭、金属氧化物和导电聚合物。使用高比表面积活性炭非常经济。超级电容也称双层电容（DLC），因为它的能量存储在由碳电极形成的双层之间。电解质可以是水或有机物。水电解质可以提供低内阻，但输出电压限制为1V；有机电解质可以使电压升高至2～3V，但内阻较大。

为了获得用于电子电路、高电压场合的超级电容，可串联使用超级电容。当串联的电容超过三四个时，要考虑电压平衡，以防止过电压。

超级电容的值从0.22F到数法拉。它存储的能量比电解电容的多，但容量比电池的小，约为镍氢电池的1/10。与普通电池不同的是，超级电容的电压从额定电压逐渐下降到0V，其特性曲线是不平坦的。因此，超级电容不可能释放全部电荷，可用电荷的百分比由设备所需的电压决定。例如，一个6V的电池在设备不能工作前可放电到4.5V，而超级电容在放电的前四分之一就可达到这种程度。剩余能量降到不常用的电压范围。

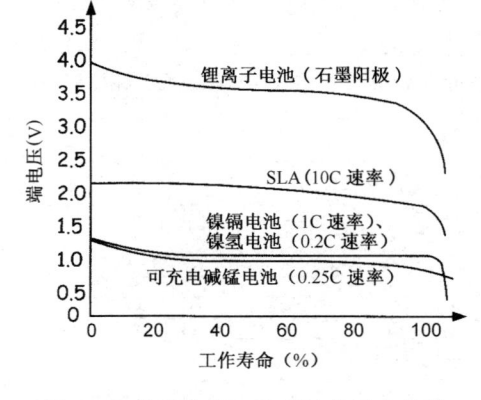

图3.30 几种典型二次电池的放电曲线

超级电容的自放电速率要比普通电池的快。典型有机电解质超级电容从充满电荷下降到30%只需10小时。其他超级电容保持电荷能量的时间要长一些，其容量10天内可从满容量下降到85%，30天下降到65%，60天后则只有40%。

超级电容常用作存储备份和实时时钟集成电路的备用电源，仅在某些特殊应用中可直接代替普通电池。超级电容通常和电池并联使用（接到电池的两端，限制设备开通时的大电流），以改善电池的负载特性：在负责需要小电流的情形下，电池为超级电容充电；在负载需要大电流的情形时，超级电容通过负载放电。这里，超级电容的作用类似于使脉冲负载电流平滑的滤波器，目的是改善电池特性，延长电池的使用时间。

图3.31给出了一些电池的选择要素。

超级电容的局限性：不可能利用全部能量（取决于应用条件），即并非所有能量都是可用的；超级电容的能量密度较低，常是普通电池的1/5～1/10；超级电容的电压也低，一般需要串联多个电容来获得更高的电压。串联三个以上的电容时，必须考虑电压平衡；另外，超级电容的自放电速率比一般电池高得多。

超级电容的优点：使用寿命长，因为超级电容不存在磨损和老化；内阻低，与电池并联使用时可提供脉冲电流；充电极快，几秒内就可充满；充电方法简单，限压电路补偿自身放电。

3.2.5 电池容量

电池的额定容量表示电池在一个时间周期内释放电能的能力。额定容量用Ah和mAh表示。了解电池额定容量后，就可判断电池的大致使用寿命。下面举例说明。

【例1】容量为1800mAh的电池被用在一台120mA连续使用的设备中，忽略负载电流变化产生的能量损失，估计电池可以使用多长时间。

解：理论上，有

$$t = \frac{1800\text{mAh}}{120\text{mA}} = 15\text{h}$$

但在实际中，我们必须查阅电池生产商的数据手册，分析放电曲线，了解准确的实际放电时间。随着负载电流的增加，电池容量将因内阻而有明显的损失。

电池的标称容量：AAA、AA、C、D和9V镍氢电池分别是1000mAh（AAA）、2300mAh（AA）、5000mAh（C）、8500mAh（D）和250mAh（9）。

● 是 ○ 介于两者之间 非	碳锌电池	氯化锌电池	碱性电池	锂电池	锌空气电池	氧化银电池	汞电池	可充电碱锰电池	密封铅酸电池	镍镉电池	镍氢电池	锂离子电池	锂聚合物电池	镍锌电池	超级电容
电池特性															
淘汰（不推荐）	●	●					●								
可充电								●	●	●	●	●	●	●	●
电压稳定				●	●	●						●			
高能量密度(Wh/kg)		○	●	●	●	●					○	●	●		
大容量(mAh)													●		
大峰值电流能力	○		●		●	●			●	●	●	○	○	●	
大脉冲放电能力			●	●		●	●				●				
低的自放电能力				●											
高温特性好		○	●	●		●									
低温特性好			●	●		●									
长寿命												●	●		
小型化												●			
记忆效应										●	○				
价格高				●	●							●	●	○	
不环保产品							●		●						
应用															
很小的便携装置				●	●	●									
寻呼机、助听器、手表					h	w									
收音机、玩具、普通应用	●	●	●					●							
小型电动机								○							
便携式摄像机、数码相机、测试设备				●							●	●			
遥控器、钟表、计算器				●											
蜂窝电话、移动电话、膝上型电脑				○								●	●		
低的自放电（烟雾检测、数据记录装置）				●											
电动工具、模型汽车和电动牙刷等										●	●				
电动汽车（电动自行车、电动滑板、电动割草机）											●				
大功率备用蓄电池（应急灯、太阳能装置、UPS电源）									●						
备用电源，用于短时间停电（如CMOS RAM、电动机启动）															●
标准规格和电池的封装															
AAA	●	●	●					●		●	●				
AA	●	●	●					●		●	●				
C	●	●	●					●		●	●				
D	●	●	●					●		●	●				
9V	●	●	●							●	●	●			
6V															
纽扣（硬币）封装				●		●									
专用封装				●					●	●		●			
塑料盒装									●			●	●		
PCB安装									●						●

图3.31 一些电池的选择要素（比较图）

电池的充放电电流用额定容量或C率来度量。额定容量表示电池存储能量的效率及为负载传输能量的能力。大多数便携电池（除铅酸电池外）的额定容量是1C。放电速率为1C时，电池可用1小时。例如，对于1000mAh的电池，当放电速率为1C时，可在1000mA负载电流下使用1小时；当放电速率为0.5C时，可在500mA负载电流下使用2小时；放电速率为2C时，可在2000mA负载电流下使用30分钟。1C通常被视为1小时放电，0.5C被视为2个小时放电，0.1C被视为10个小时放电。不同电池的1C差异很大，具体取决于电池的内阻。

【例2】某电池的额定容量是1000mAh，计算C率为1C时的放电时间及电池输出的平均电流，并求C率分别为5C、2C、0.5C、0.2C和0.05C时的放电时间。

解：当C率为1C时，电池输出1000mA（额定容量/时），放电时间为

$$t = 1\text{hC}/C_{\text{rating}} = 1\text{hC}/1\text{C} = 1\text{h}$$

当C率为5C时，电池输出5000mA（5倍额定容量/时），放电时间为
$$t = 1\text{hC}/C_{\text{rating}} = 1\text{hC}/5\text{C} = 0.2\text{h}$$

当C率为2C时，电池输出2000mA（2倍额定容量/时），放电时间为
$$t = 1\text{hC}/C_{\text{rating}} = 1\text{hC}/2\text{C} = 0.5\text{h}$$

当C率为0.5C时，电池输出500mA（1/2额定容量/时），放电时间为
$$t = 1\text{hC}/C_{\text{rating}} = 1\text{hC}/0.5\text{C} = 2\text{h}$$

当C率为0.2C时，电池输出200mA（20%额定容量/时），放电时间为
$$t = 1\text{hC}/C_{\text{rating}} = 1\text{hC}/0.1\text{C} = 5\text{h}$$

当C率为0.05C时，电池输出50mA（5%额定容量/时），放电时间为
$$t = 1\text{hC}/C_{\text{rating}} = 1\text{hC}/0.05\text{C} = 20\text{h}$$

注意，这些值都是估计值。当负载电流增加时（尤其是当C率较大时），实际容量明显降低，原因是存在非理想的固有特性（与内阻有关）。实际容量的确定必须查阅生产商提供的放电曲线和Peurkert方程，读者可通过互联网了解Peurkert方程的详细内容。

3.2.6 电池内部电压损耗

电池都有内阻，因为制作电池的材料是非理想导体（电极和电解液电阻）。尽管内阻都很小（AA型碱性电池的内阻约为0.1Ω，9V碱性电池的内阻为1～2Ω），当电阻负载较低（大电流）时，这会使得输出端电压较低。无负载时，可以测量电池的开路电压，如图 3.32(a)所示。这里测得的电压与额定电压基本一致，因为电压表的高阻抗使得电流几乎为零，电池内阻的两端无压降。但是，当电池和负载连接时，如图3.32(b)所示，输出端的电压将下降。当内阻为R_{in}、负载为R_{load}时，可将它们视为分压器，于是可以计算负载两端的实际输出电压，参见图3.32(b)中的方程。

内阻较大的电池提供脉冲大电流的能力较差，因此需要参考电池特性比较的章节和表格，以便选择最适合脉冲大电流应用的电池。电池内阻通常还会随着放电而增加。例如，典型AA碱性电池最初的内阻为0.15Ω，但当放电到90%时，内阻增加到0.75Ω。下面是部分电池内阻的典型值，但是这个阻值表并不通用，因此需要查所用电池的用户手册。

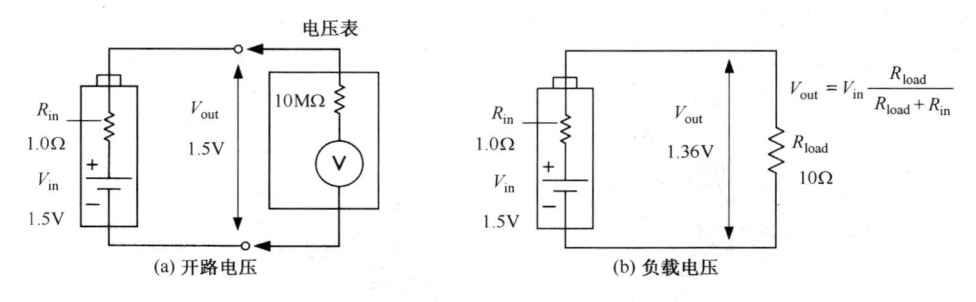

图3.32 测量电池内部的电压损耗

9V碳锌电池	35Ω	D镍铬碱性电池	0.009Ω
9V锂电池	16～18Ω	D SLA电池	0.006Ω
9V碱性电池	1～2Ω	AC13锌空气电池	5Ω
AA碱性电池	0.15Ω（0.3Ω，放电到50%）	76氧化银电池	10Ω
AA镍氢电池	0.02Ω（0.04Ω，放电到50%）	675锰电池	10Ω
D碱性电池	0.1Ω		

在图3.33中，绿色LED用来指示电池电压正常。电池在整个工作期间，绿色LED一直亮；当电池电压下降到设定值以下时，红色LED亮。绿色LED亮的阈值电压约为2V，该值会因供应商的不同而不同，但对同一批次的产品，它基本相同。在图3.33所示晶体管的基极（3.3kΩ电阻两端）施加2.6V的电压，晶体管便可导通。要在3.3kΩ电阻两端获得2.6V电压，电源电压至少要为9.1V。低于该阈值电压时，晶体管截止，红色LED亮；高于该阈值电压时，红色LED不亮。通过调节三个电阻的大小，可以改变阈值电压。本书后面将介绍晶体管和LED的有关知识。

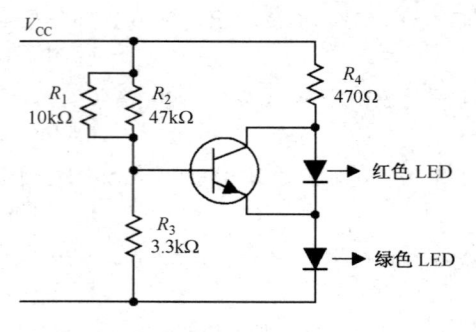

图3.33 电池欠压指示电路

3.3 开关

开关是一种在电路中切断或切换电流的机械设备（见图3.34）。

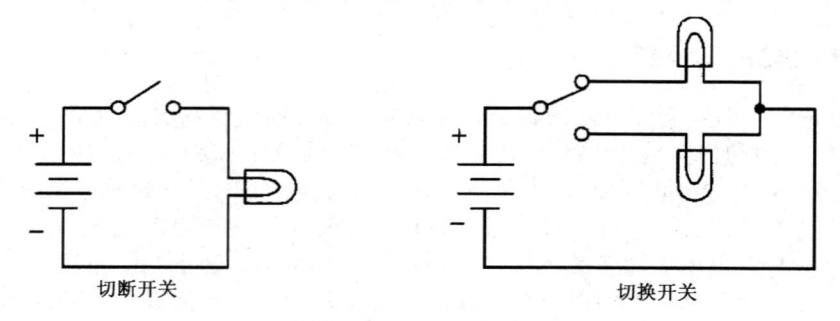

图3.34 开关的基本应用

3.3.1 开关的工作原理

两种滑动型开关如图3.35所示。图3.35(a)中的开关承担断路器的功能，而图3.35(b)中的开关则承担换路器的功能。

另几种开关，如按键开关、摇臂开关、磁力簧片开关等，与滑动开关的工作原理稍有不同。例如，磁力簧片开关是靠两片可被磁场力吸合到一起的金属薄片接触构成的，这种开关与其他比较特殊的开关一样，将在本节的后面讨论。

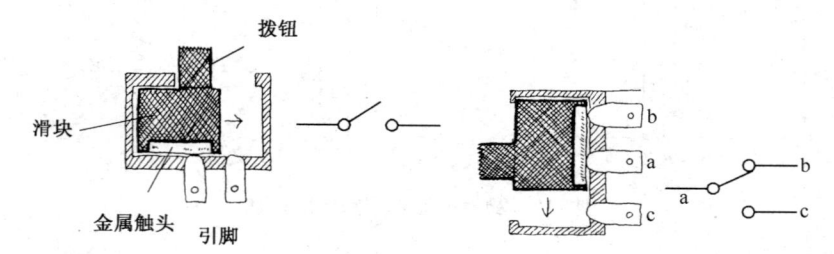

图3.35 (a)当拨钮推向右侧时，金属条接通开关的两个触点，允许电流通过。当拨钮推向左侧时，连接断开，电流无法流通；(b)当拨钮推向上方时，触头a和触点b接通。当拨钮推向下方时，连接改变，电流在触头a和c之间流通

3.3.2 开关的描述

开关的特征可以用其刀数和掷数描述。刀如同图3.35(b)中的触点a。掷表示触点和触点的特殊连接，如图3.35(b)中触头a和触点b的连接，或者触头a和触点c的连接。描述开关的常用术语如下："刀"和"掷"。字母P表示刀，字母T表示掷。说明刀数和掷数时，应遵循如下原则：当刀数或掷数为1时，采用字母S，S代表单（single）；当刀数或掷数为2时，采用字母D，D代表双（double）；当刀数或掷数超过2时，采用整数如3、4或5，如SPST、SPDT、DPST、DPDT、DP3T和3P6T。图3.35(a)中的开关表示的是一个单刀单掷开关（SPST），而图3.35(b)中的开关表示一个单刀双掷开关（SPDT）。

开关的两个比较重要的特性是开关是否瞬间接触及开关是否有中间断开位置。瞬间接触开关，包含主要的按键开关，用于只需短暂接通或断开的情况。瞬间接触开关有常闭（NC）和常开（NO）两种。常闭按键开关在按键未按下时相当于闭路（通电流），常开按键开关在按键未按下时相当于开路（断路）。中心断位开关（常见于换向开关）在两个接通位置之间附加一个断开位置。要注意的是，并非所有开关都有中心断位或瞬时接触特性，因此必须说明这些特性。

开关符号（见图3.36）

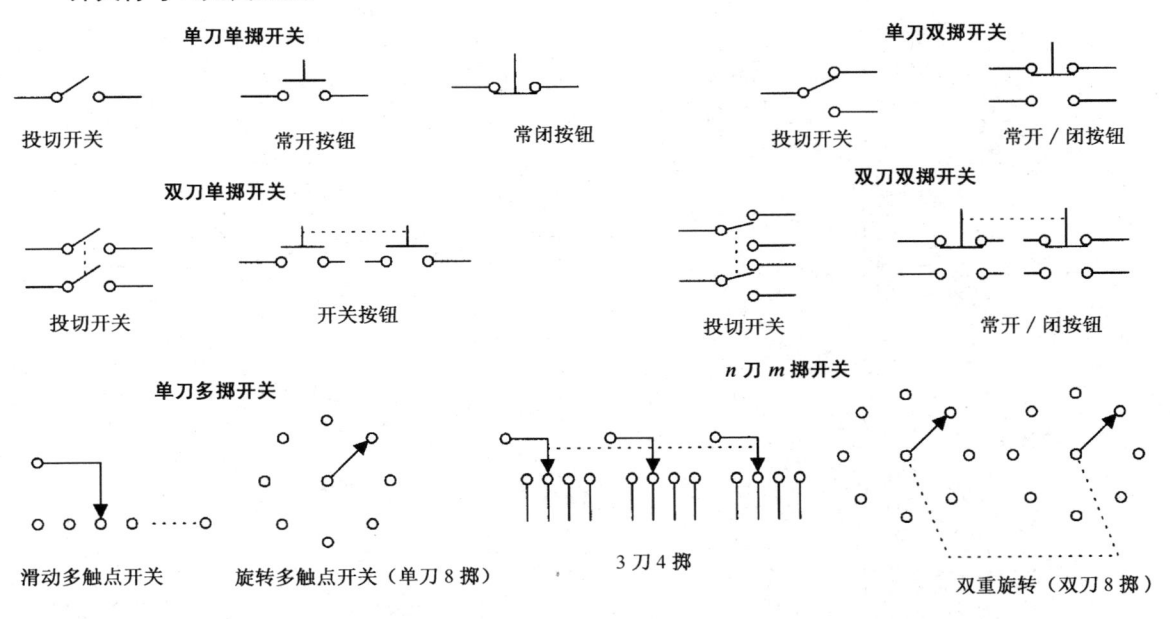

图3.36 常用的开关符号

3.3.3 开关的种类

舌簧开关［见图3.37(e)］由两个距离接近的叶片状触点组成，这两个触点封装在一个密封的空间中。在附近引入一个磁场时，两个触点将闭合（常开舌簧开关）或断开（常闭舌簧开关）。图3.37(f)所示的二进制编码开关常用于数字信息编码。开关内部的机械结构将按照开关刻度盘的显示连接或断开相应的线路。这些开关使用二进制/十六进制真码或二进制/十六进制补码形式。

图3.37(g)所示的DIP开关是双列直插式组件。这种开关引脚的几何形状使得它能够插入集成电路的插槽，进而能够直接被接入电路板。

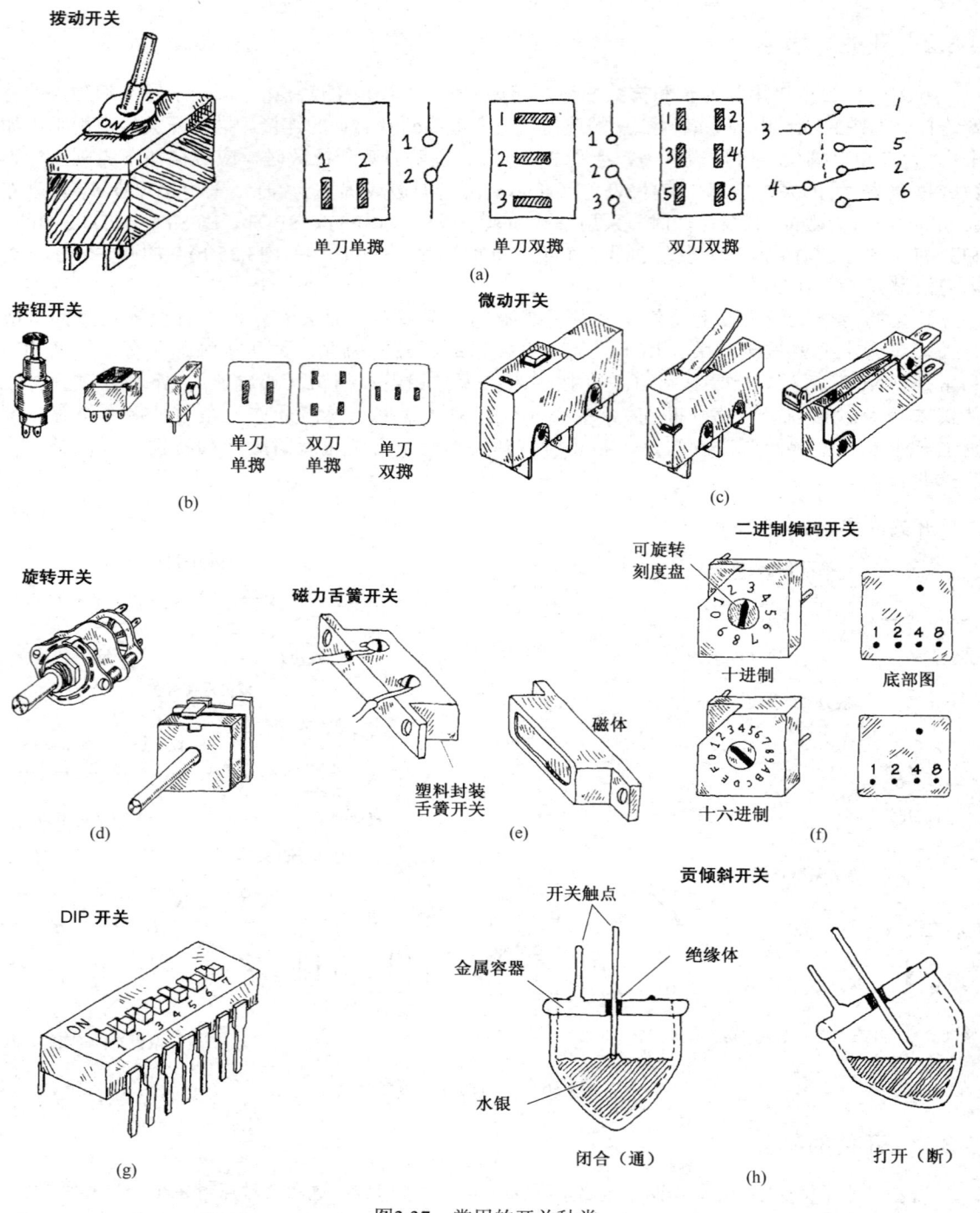

图3.37 常用的开关种类

图3.37(h)所示的汞倾斜开关常用于水平检测开关。当常闭汞倾斜开关垂直放置时,开关处于闭合状态(液态汞与两个触点接触)。但当开关倾斜后,汞移动,因此开关断开。

目前,金属球和一对触点的开关比有毒且昂贵的汞开关更常见。

3.3.4 开关的简单应用

1. 简单的安全警报器

图3.38所示是一个简单的家用安全报警器，当任何一个常开开关闭合时，报警器就被触发（蜂鸣器和灯光）。磁力簧片开关用在这里的效果很好。

2. 双重位置关/断开关网络

图3.39所示的开关网络可在两个地方分别开启或关断同一盏灯，这种结构常用在家庭布线中。

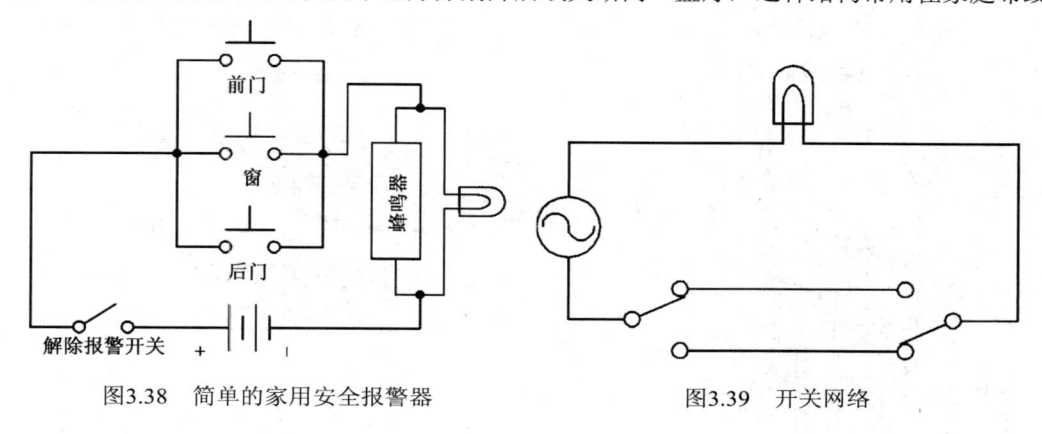

图3.38 简单的家用安全报警器　　　　图3.39 开关网络

3. 电流换向

在图3.40中，用一个双刀双掷开关来反转电流的方向。当开关掷向上方时，电流将流过左边的发光二极管，而当开关掷到下方时，电流将流过右边的发光二极管（发光二极管只能单向导通）。

4. 双线连接的压敏设备多路选择控制

假设要依靠双线线路控制一个远程设备，且这个设备有7个不同的工作状态。控制这个设备的一种方法是按下述方式设计的（见图3.41）：如果设备的电路中有一个独立的电阻发生变化，那么设备的功能将随之改变。这个电阻可能是分压器的一部分，也可能是一个系列窗口比较器的一部分，还可能有一个模数转换接口。计算出电阻在不同功能下的阻值后，选择适当的阻值并将它们和一个旋转开关连接，远程控制设备就变成了这样的一个简单问题：只需旋转开关选择适当的阻值即可。

3.4 继电器

继电器是电力驱动的开关。继电器分为三类：机械继电器、舌簧继电器和固态继电器（见图3.42）。对于典型的机械继电器，电流流过电磁线圈产生的电磁力将受弹簧力作用的柔性导电片从一个开关触点拉到另一个开关触点。舌簧继电器由一对簧片（薄而柔韧的金属条）组成，只要电流流过线圈，簧片就会弯曲。固态继电器是这样一种装置：只要在其半导体的PN结上外加电压，就可使其呈开关状态。一般而言，机械继电器用在大电流（典型值为2～15A）及相对开关速度较慢（典型值为10～100ms）的场合，舌簧继电器用在中等电流（典型值为500mA～1A）及中等开关速度（0.2～2ms）的场合，而固态继电器则用在很宽的电流范围（从几微安的低功率器件到100A的大功耗器件）及拥有极高开关速度（典型值为1～100ns）的场合，舌簧继电器和固态继电器都存在一定的局限性，如开关装置（开关部件的种类）的限制及存在功率波动时被损坏的倾向。

图3.40 电流换向开关

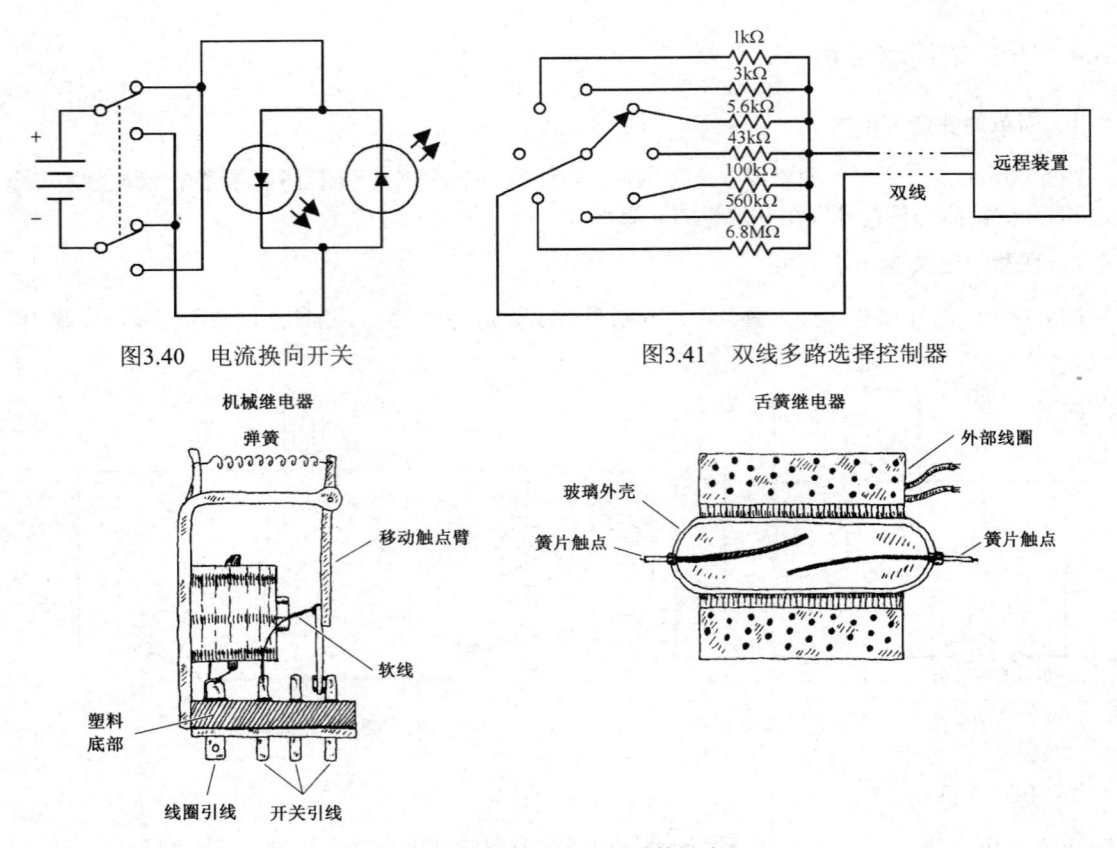

图3.41 双线多路选择控制器

图3.42 机械继电器与舌簧继电器

机械继电器的开关部件可以是多种标准手控开关装置中的任意一种（如SPST、SPDT、DPDT等）。舌簧继电器、固态继电器和机械继电器不同，只能是SPST开关。一些用来表示继电器的通用符号如图3.43所示。

继电器使用的驱动电压可以是直流的，也可以是交流的。例如，当交流电流通过机械继电器的交流线圈时，活动导电片就被吸向一个开关触点，并且只要电流不断，它就保持在这个位置不动（不管电流是否改变方向）。直流线圈通交流电时，在电流的极性发生变化时，金属导电片会来回抖动。机械继电器的闭锁功能使得继电器具有某种记忆功能。当控制脉冲通过自锁继电器时，开关会关闭。即使控制脉冲撤销，开关仍然处于关闭状态。要打开开关，就要再施加一个单独的控制脉冲。

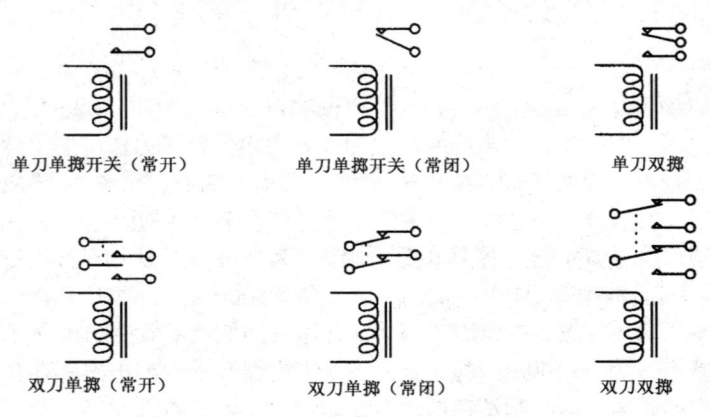

图3.43 继电器的通用符号

· 218 ·

3.4.1 特殊种类的继电器

1．小型继电器［见图3.44(a)］

典型的机械继电器是设计用来开关较大电流的。机械继电器一般拥有直流或交流线圈。直流驱动的继电器额定驱动电压分别为6V、12V和24V，相应的线圈电阻为40Ω、160Ω和650Ω。交流驱动的继电器额定驱动电压分别为110V和240V，相应的线圈电阻为3400Ω和13600Ω。开关速度为10～100ms，额定电流为2～15A。

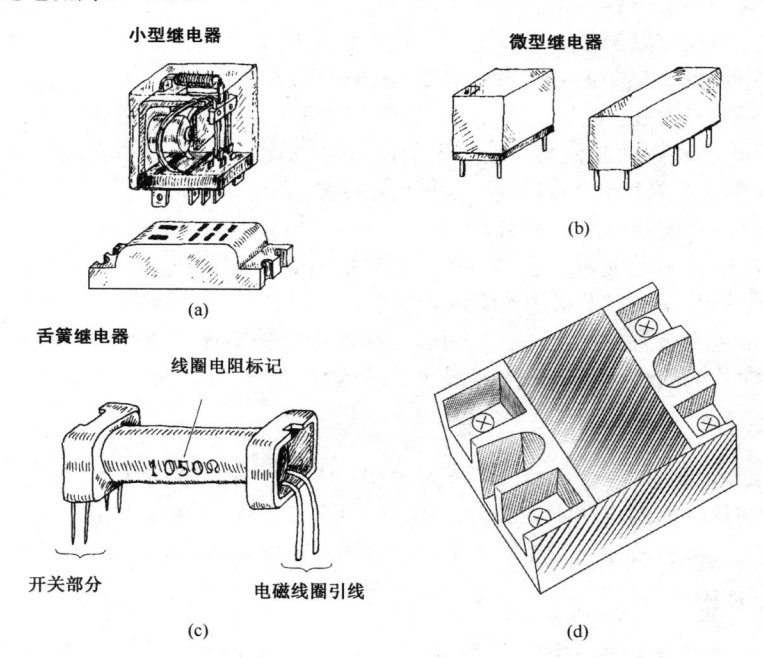

图3.44　几种特殊种类的继电器

2．微型继电器［见图3.44(b)］

微型继电器类似于小型继电器，但微型继电器用于更灵敏、更小的电流开关。它们的驱动几乎都采用直流电压，但可设计用于开关交流电流。它们的驱动电压为5V、6V、9V、12V和24V，相应的线圈电阻为50～3000Ω。

3．舌簧继电器［见图3.44(c)］

两个薄金属条或两个簧片充当可移动触头。簧片放在周围有电磁线圈的玻璃封闭容器中。当电流流过外部线圈时，两个簧片就被吸合在一起，从而关闭开关。轻质簧片可以迅速开关，典型速度为0.2～2ms。这些继电器具有干触点或汞湿触点。它们采用直流驱动，设计用来开关小电流，驱动电压为直流5V、6V、12V和24V，线圈电阻为250～2000Ω。引脚用于PCB电路。

4．固态继电器［见图3.44(d)］

固态继电器（SSR）是专门设计的封装模块，它与电磁机械继电器的使用方法相同，但开关功能由光电隔离的大功率晶体管或晶闸管实现，因此不是一个基本的器件，而是一个模块。

固态继电器通常分为两类：交流的和直流的。交流固态继电器通常采用具有零检测的光电耦合器和一个双向晶闸管，在一个周期中电压接近0V时切换负载。而直流固态继电器使用MOSFET

或IGBT器件来开关负载。采用光电隔离比仅用耦合电流控制开关的继电器具有双重优势，它还可隔离开关侧对控制侧的影响。

3.4.2 关于继电器的几点注意事项

要改变继电器的状态，继电器电磁线圈的电压与其额定电压值的偏差至少要在±25%以内。电压太大，会危害或损坏电磁线圈；电压太小，则不足以启动继电器，或者使继电器无规律地动作（来回抖动）。

继电器的线圈相当于电感。电感中的电流不能突变。当线圈中的电流突然中断时，譬如开关打开，线圈就在其两端突然产生一个很大的电压，相应地就有较大的脉冲电流流过。物理学的解释是，该现象因电流的突然中断使线圈中的磁场消失而产生［数学表示为线圈两端的电压（$V = LdI/dt$）受电流变化率（dI/dt）的影响］。感应现象产生的冲击电流会引起具有威胁的电压尖峰脉冲（高达1000V），且对电路中的其他装置也产生不良影响（损坏开关、晶体管和与开关相连的个别装置等）。这些脉冲不仅会损坏邻近的装置，还会破坏继电器开关触点（当线圈中产生尖峰脉冲时，触点就会遭到可移动金属导电片的重击）。

克服尖峰脉冲的技巧是使用瞬态抑制器。这些装置既可购买成品，又可自己制作。下面是几种简单的自制瞬态抑制器，它们可用于继电器线圈，也可用于其他线圈（如变压器线圈）。显然，开关是网络电路中无数装置中的一种，它可以中断线圈中的电流。事实上，有些电路中可能没有开关，但可能包含其他能够中断电流的装置（如晶体管、半导体晶闸管等）。

1. 直流驱动线圈

在继电器线圈两端接入一个反偏二极管［见图3.45(a)］，就可在线圈两端形成高电压之前，因二极管的导通而消除感应的电压尖峰脉冲。这个二极管必须具有承受冲击电流的能力，该电流为线圈电流被切断之前可能通过线圈的最大电流。好的通用型二极管1N4004用于此处效果良好。

2. 交流驱动线圈

当涉及交流激励继电器时，用二极管消除电压尖峰是不行的——二极管会在交流的半个周期导通。使用两个二极管反向并联也不行，因为电流不通过线圈。作为替代，可将一个电阻电容串联网络接到线圈的两端［见图3.45(b)］。电容吸收额外的电荷，电阻帮助控制放电。对于电力线驱动的小负载，可以取$R = 100\Omega$和$C = 0.05\mu F$，多数情况下都可取得较好的效果（注意，有些特殊器件如TV、MOV和MTLV都可设计成直流瞬态抑制器）。

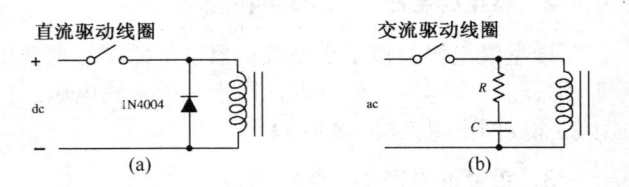

图 3.45　直流和交流驱动线圈

3.4.3 一些简单的继电器电路

1. 直流控制开关

图3.46(a)所示为一个直流控制的单刀双掷继电器，用来将电流切换到两个灯泡之一。当控制电路中的开关处于打开状态时，继电器线圈不通电流；因此，继电器处于释放状态，电流流入上面的灯泡。当控制电路中的开关处于关闭状态时，继电器线圈通电，吸引可移动金属导电片下移，因此电流流入下面的灯泡。二极管作用为瞬态抑制器。注意，所有元件都要根据电流和电压的额定值进行选择。

2. 交流控制开关

图3.46(b)所示为一个交流控制继电器，用来将交流电转换到两个灯泡之一。这个电路的功能基本上和上面的电路相同。然而，电路中的电流和电压都是交流的，并且采用电阻电容网络抑制电路中的瞬态电压。要确保电阻、电容的额定值能满足与线圈电流相同的瞬态电流。电容必须能够承受线路的交流电压。不连续的瞬态电压抑制器（如双向瞬态抑制二极管和金属氧化物压敏电阻）可用来替代电阻电容网络。

3. 继电器的驱动

如果继电器可用任意控制电压驱动，那么就可使用图3.46(c)所示的电路。NPN型双极型晶体管可以用作电流控制阀。当晶体管的基极没有电压或输入电流时，晶体管集电极和发射极之间的通道是关闭的，因此电流不流过继电器线圈。但是，当晶体管的基极有相当大的电压或输入电流时，晶体管集电极和发射极之间的通道是打开的，允许电流通过继电器的线圈。

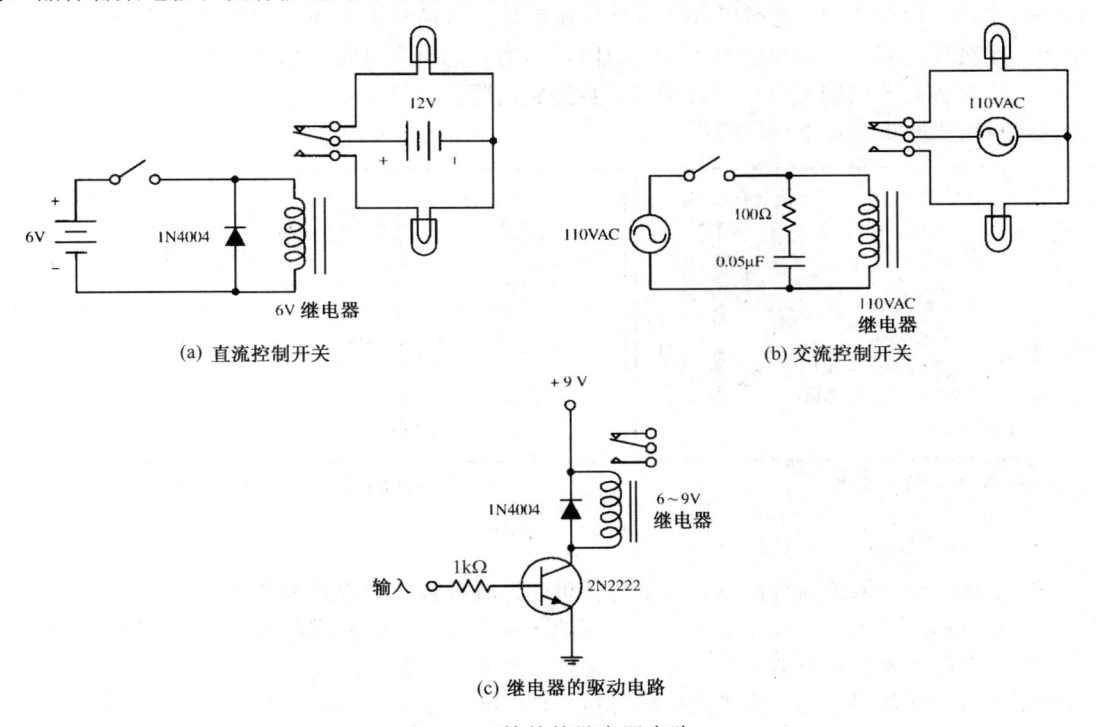

(a) 直流控制开关　　(b) 交流控制开关

(c) 继电器的驱动电路

图3.46　简单的继电器电路

3.5　电阻

今天，我们可使用的电阻种类很多，有固定电阻、可变电阻、数字可调电阻、可熔电阻、光敏电阻和各种各样的电阻排（网络）。图3.47给出了几种最普通电阻的图形和符号。

在电子电路中，电阻有两个基本作用：限制电路中的电流和调节电路中的电压。图3.48是用电阻减小流过发光二极管的电流的示意图。电路中没有电阻时，流过发光二极管的电流就会过大，将其脆弱的PN结烧毁。发光二极管电路的一个变体是给电路的限流电阻串联一个可变电阻。可变电阻（电位器）提供的附加电流可使发光二极管的亮度可控。

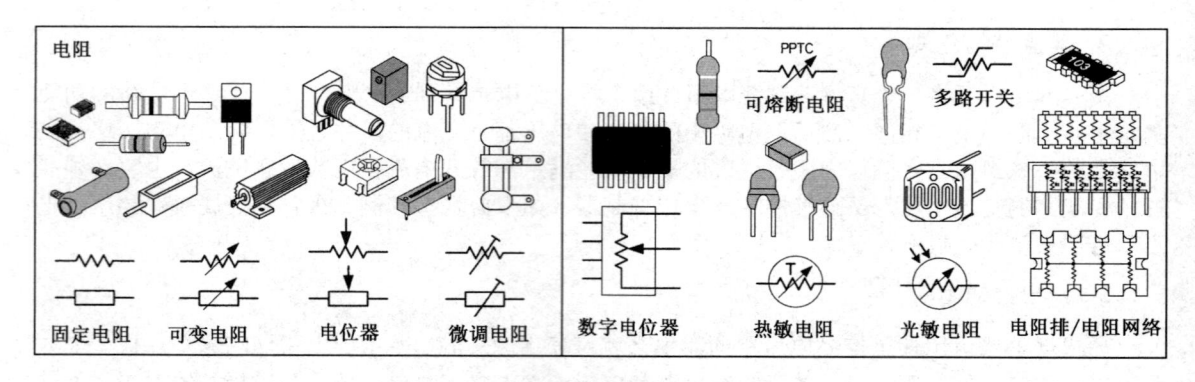

图3.47 几种最普通电阻的图形和符号

图3.48说明了两个电阻是如何起分压作用的,它们为电路提供输入电压中的一部分直流电压。在这个例子中,电压从12V减小到5V,可作为微型控制器的高电平输入。我们可用光敏电阻代替其中的一个分压电阻,在电路中充当可变电阻,因为它的电阻可随着光强的增大而减小。当电阻减小时,微型控制器的输入电压随之增大,直到到达逻辑高位为止。一旦达到逻辑高位,微型控制器就可根据程序来决定下一步的行为。

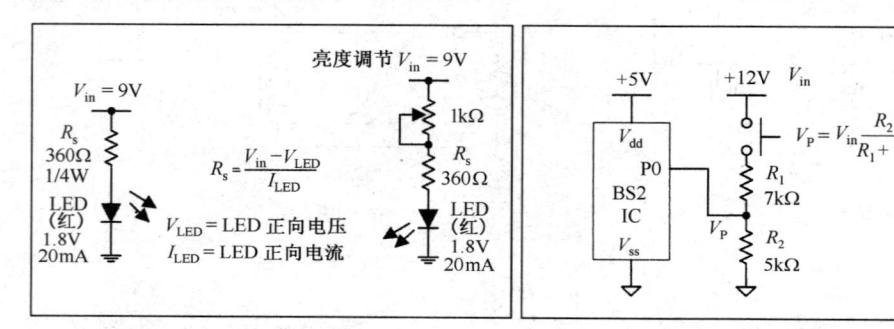

(a) 发光二极管的限流

(b) 设置微型控制器的输入电平

图3.48 电阻的应用

在电子电路中,限流和分压这种重要特性可通过各种各样的方式来实现。电阻可以调整电路中的工作电流和信号电平,提供压降,在精密的电路中设置精确的增益值,在电流表和电压表中充当旁路,在振荡器和定时器电路中作为阻尼,充当数字电路中总线和连接线的终端,为放大器提供反馈网络,在数字电路中充当上拉和下拉元件。它们还可用在衰减器和桥式电路中。特殊种类的电阻还可用作保险丝。

3.5.1 电阻和欧姆定律

第2章中说过,当在电阻两端加直流电压时,可通过欧姆定律计算出流过电阻的电流(简单地改写方程$I = V/R$)。为了计算出电阻发热消耗的功率,可以运用下面的第二个方程。将欧姆定律代入功率表达式,就可简单地得到$P = I^2R$和$P = V^2/R$:

$$V = IR \text{(欧姆定律)}, \quad P = IV \text{(功率公式)}$$

式中,R是电阻或阻值,其单位是欧姆(Ω);P是功率损耗,其单位是瓦特(W);V是电压,其单位是伏特(V);I是电流,其单位是安培(A)。

电阻的大小也可用千欧($k\Omega$)和兆欧($M\Omega$)表示,其中k表示1000,M表示1000000。因此,3.3$k\Omega$电阻就等于3300Ω,2$M\Omega$电阻就等于2000000Ω。电压、电流和功率也常用毫伏(mV)、毫安

（mA）、毫瓦（mW）表示，其中m等于0.001，即1mV = 0.001V，200mA = 0.2A，33mW = 0.033W。

例如，在图3.49中，100Ω的电阻接在12V的电池组上，流经它的电流为I = 12V/100Ω = 0.120A或120mA。发热消耗的功率为P = 0.120A×12V = 1.44W。

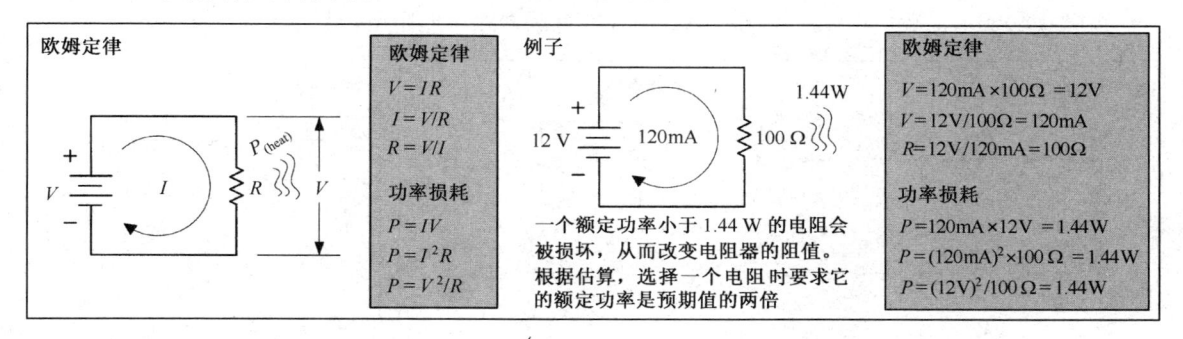

欧姆定律	欧姆定律	例子	欧姆定律
	$V = IR$		V = 120mA×100Ω = 12V
	$I = V/R$	12 V, 120mA, 100Ω, 1.44W	V = 12V/100Ω = 120mA
	$R = V/I$		R = 12V/120mA = 100Ω
	功率损耗	一个额定功率小于1.44 W 的电阻会被损坏，从而改变电阻器的阻值。根据估算，选择一个电阻时要求它的额定功率是预期值的两倍	功率损耗
	$P = IV$		P = 120mA×12V = 1.44W
	$P = I^2R$		P = (120mA)²×100Ω = 1.44W
	$P = V^2/R$		P = (12V)²/100Ω = 1.44W

图3.49　欧姆定律

设计电路时，确定功耗是非常重要的。所有的实际电阻都有允许的最大功率，是不能超过这个功率的。超过这个电阻的额定功率时，就会烧坏电阻，破坏其内部结构，改变电阻的阻值。通用电阻的典型额定功率为1/8W、1/4W、1/2W和1W，大功率电阻的额定功率为2W到数百瓦。

下面回头看图3.49中的例子，电阻的额定功率必须大于计算出来的耗散功率1.44W。事实上，为安全起见，电阻的额定功率必须大于此值。根据估算，一般选择电阻的额定功率至少是预期最大值的两倍。在我们所举的例子中，虽然2W的电阻就能正常工作，但选择3W的电阻更安全。其他因素，如周围环境的温度、封装情况、电阻组、脉冲的作用、附加的空气冷却等，都会增大减小电阻所需的额定功率。

3.5.2　电阻的串联和并联

电路中只有一个电阻的情况很少见。通常情况下，电阻都是以各种方式连接到电路中的。电阻的基本连接方式有两种：串联和并联。

1．电阻的并联

当两个或两个以上的电阻并联时，每个电阻两端的电压都是相等的，但流过每个电阻的电流是随着阻值的变化而变化的。同样，电阻组合的等效电阻小于阻值最小的电阻阻值。并联电阻的计算公式为

$$R_{\text{total}} = \frac{1}{1/R_1 + 1/R_2 + 1/R_3 + 1/R_4 + \cdots} \quad \text{（多个电阻并联）}$$

$$R_{\text{total}} = \frac{R_1 R_2}{R_1 + R_2} \quad \text{（两个电阻并联）}$$

公式中的省略号表示可以是任意多个电阻的并联。并联电路中只有两个电阻（一种非常普通的情况）时，公式就会简化为上述的第二个公式。

【实例1】两个阻值分别为1000Ω和3000Ω的电阻并联，等效电阻是多大？

$$R_{\text{total}} = \frac{R_1 R_2}{R_1 + R_2} = \frac{1000Ω \times 3000Ω}{1000Ω + 3000Ω} = 750Ω$$

在应用这些方程式时，应注意流入并联电阻节点的电流是流入各电阻的电流之和（$I_{in} = I_1 + I_2$）。这段陈述涉及基尔霍夫电流定律。运用基尔霍夫电流定律、欧姆定律可以得到分流公式，如图3.50所示。当知道输入电流而不知道输入电压时，分流公式用起来很方便。

如图3.49所示，我们可以应用功率公式来计算并联电路中电阻所消耗的功率。

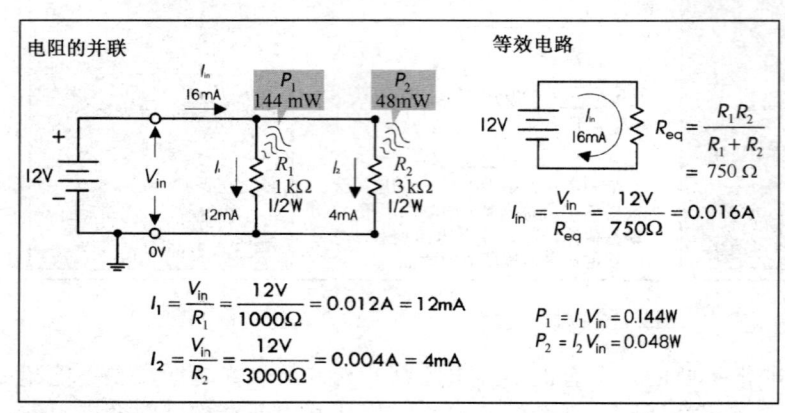

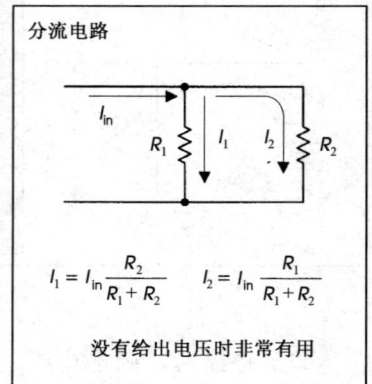

图3.50　并联电阻及分流公式

2. 电阻的串联

当电路中有多个电阻串联时，电路的总电阻就是各个电阻的阻值之和。同样，流入电路的总电流和流入各个分电阻的电流相等，但各个分电阻两端的电压是随着电阻的变化而变化的。串联电阻的计算公式为

$$R_{total} = R_1 + R_2 + R_3 + R_4 + \cdots \quad （电阻串联）$$

省略号表示可以根据需要将多个电阻相加。

【实例2】阻值为1.0kΩ的电阻和阻值为2.0kΩ的电阻串联（见图3.51），总电阻为多少？

$$R_{total} = R_1 + R_2 = 1000\Omega + 2000\Omega = 3000\Omega = 3k\Omega$$

当两个电阻的输入电压为$V_{in} = 9V$时，电路中的总电流与流入各电阻的电流相等，为

$$I = \frac{V_{in}}{R_{total}} = \frac{9V}{3000\Omega} = 0.003A = 3mA, \quad I_1 = 3mA, \quad I_2 = 3mA$$

应用欧姆定律计算出各电阻两端的电压为

$$V_1 = I_1 R_1 = 0.003A \times 1000\Omega = 3V, \quad V_2 = I_2 R_2 = 0.003A \times 2000\Omega = 6V$$

采用这种方法，我们可以计算出由多个电阻组成的串联电路中各电阻两端的电压。同样，必须注意的是，各电阻两端的电压和电阻的阻值成比例。2000Ω电阻的阻值为1000Ω电阻的两倍，其两端的电压也是1000Ω电阻的两倍。

需要注意的是，这里的电压降加起来等于电源电压V_{in}。从电池组的正极性端电压（+9V）开始，减去电阻R_1的电压降3V，再减去电阻R_2的电压降6V，最后电压就是零，即+9V–3V–6V = 0V。另外一种说法是，围绕闭合路径一圈的电压变化为零。电阻是吸收能量的，而电池是发出能量的。一般情况下发出能量者被赋予"+"号，吸收能量者被赋予"–"号。这意味着电阻两端的电压符号与电池两端的电压符号是相反的。电路中所有的电压之和为零。这就是基尔霍夫电压定律。

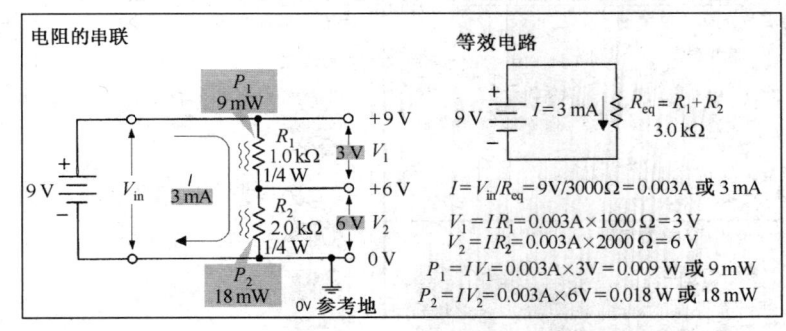

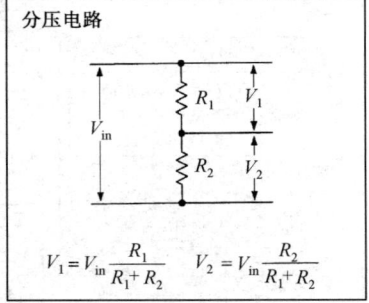

图3.51 串联电阻及分压公式

现在,若只有两个电阻串联,则可以不计算电流,应用下面的分压公式即可方便地进行计算:

$$V_1 = \frac{R_1}{R_1+R_2}V_{in} = \frac{1000\Omega}{1000\Omega+2000\Omega}\times 9V = 3V, \quad V_1 = \frac{R_2}{R_1+R_2}V_{in} = \frac{2000\Omega}{1000\Omega+2000\Omega}\times 9V = 6V$$

因为只测量电阻R_2的压降,两个电阻连接点与地之间的电压(常称输出电压V_{out})可测得为6V。

3.5.3 电阻标签的识别

轴心引线电阻,如碳化合物、碳膜、金属膜,用色环来标记电阻的阻值。最常用的是四条色环标记:第一条表示第一个数字,第二条表示第二个数字,第三条表示乘数因子(10的指数),第四条表示公差(无第四条色环时,公差是20%)。图3.52中的表格显示了每种颜色所代表的数值、乘数因子和公差。

精密电阻有五条色环:前三条色环表示有效数字,第四条色环是乘数因子,且第四条和第五条色环之间的间隙带比其他的间隙宽,用以指示第五条色环是公差色环。

另一种五色环标记方案是军用规格电阻的特殊表示方式,它的第五条色环表示可靠性级别。可靠性色环告诉我们经过一定的时间间隔后,电阻阻值变化的百分数(如经过1000小时后,褐色表示1%,红色表示0.1%,橙色表示0.01%,黄色表示0.001%)。

表面安装的电阻采用三个数字或四个数字进行标记。在三个数字的方案中,前两个数字表示有效数字,最后一个数字是乘数因子。阻值小于100Ω时,字母R将取代其中的一个有效数字并且表示一个小数点(如1R0 = 1.0Ω)。

当公差值很重要时(小于±2%),将一个额外的字母放在三个数字代码之后表示公差(如F = ±1)。

精密的表面安装电阻采用四个数字进行标记,前三个数字表示有效数字,第四个数字表示乘数因子。同样,字母R表示小数点。

电阻的基色

电阻的体表颜色通常并无特殊的含义。有时,它们表示电阻的温度系数,但这对非专业人员来说是非常次要的。但是,必须注意,如果要去掉电子消费品设备中的电阻,那么就要知道两种电阻的体表颜色所表示的含义。电阻的体表颜色为白色和蓝色表示不易燃烧电阻和可熔电阻。在电路中遇到这种类型的电阻时,不要用一般的电阻替换它们。电路中出现错误时,可能引发火灾。在设计中使用不易燃烧电阻和可熔电阻的原因是,当它们变得过热时,也不会引发火灾。当可熔电阻过热时,就会像保险丝一样切断电流。本章后面将详细论述这些电阻。

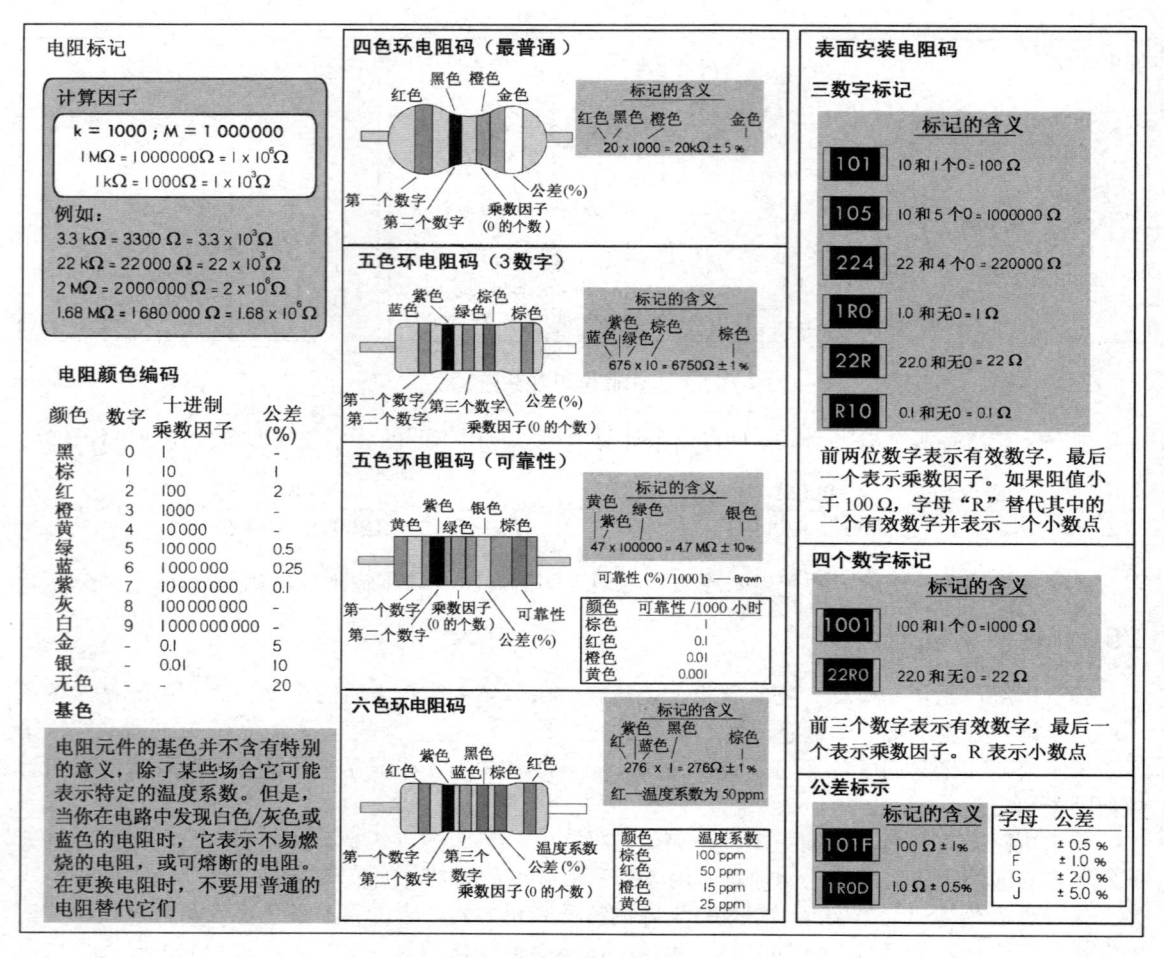

图3.52 电阻标签的识别

3.5.4 实际电阻的特性

在实际应用中，选择电阻时需要考虑的因素很多。首先要考虑的两点是，选择适当的电阻标称值和功率额定值。接下来是选择合适的电阻公差，以保证设备在所有极端条件下能正常运行。做到这些有些困难，因为这需要理解不同种类电阻（甚至同类电阻）的非理想特性之间的区别。

电阻的种类很多，它们都有特定的限制和应用条件（见图3.53）。在某个应用中效果良好的一个电阻在另一个应用中可能产生危害。精密电阻（如精密合金薄膜电阻）的设计首先考虑的是精确的电阻公差和稳定性，它们通常有严格的工作温度限制及额定功耗。功率电阻（如线绕功率电阻）的设计在精确的开销计算下，力求优化功率消耗，并且有广泛的温度适用范围。多用途电阻（如碳膜电阻）介于前两者之间，且对大多数普通应用都适用。

电阻的重要参数如下所述。通过厂商的参数表可获得实际电阻的详细说明。

1. 额定电压

额定电压在指定的环境温度下，可加在电阻两端的最大直流电压或有效值电压。额定电压和额定功率之间的关系为 $V=\sqrt{PR}$，其中 V 是额定电压（单位为伏特），P 是额定功率（单位为瓦特），R 是电阻（单位为欧姆）。在电压和额定功率已知的情况下，可以计算出电阻的临界值。电阻的阻值小于这个临界值时，最大电压就不能达到；电阻的阻值大于这个临界值时，功率消耗就低于额定功率。1/2W和一些1W电阻的额定电压一般只有250～350V。对于高压应用（如高压放大器），也可使用1W（连续的1000V脉冲波）或2W、额定电压为750V的电阻。

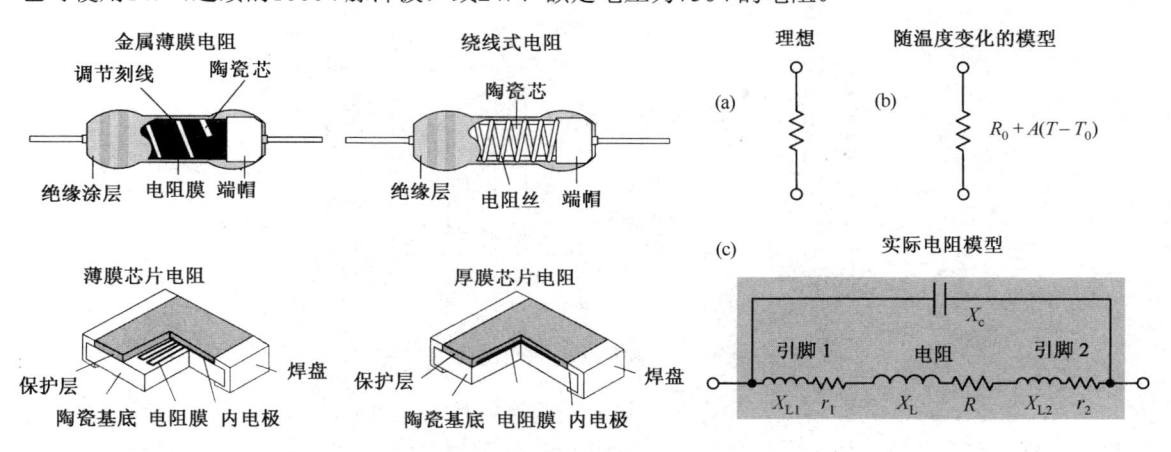

图3.53 一些真实电阻结构和各种电阻模型的例子，这些模型有助于预测实际电阻的性能。(a)一个理想的电阻；(b)无电感电阻随温度变化的模型；(c)考虑电阻结构内在的电感和电容因素的模型。对于超高频和微波电路的设计，模型(c)可用L表示引线的电感

2．公差

公差是在无负载且温度为25℃，电阻偏离标称值的量（用百分数表示）。典型的电阻公差为1%、2%、5%、10%和20%。精密电阻，如精密线绕电阻，公差可精确到±0.005%。为了理解公差的意义，假定一个100Ω电阻的公差为10%。指定的公差含义是，该电阻的阻值实际上在90Ω和110Ω之间。另一方面，当一个电阻的公差为1%、阻值为100Ω时，阻值的可能范围为99～101Ω。

总体上说，碳化合物电阻的公差较大，为5%～20%。碳膜电阻的公差为1%～5%，金属膜电阻的公差约为1%，精密金属膜电阻的公差可低至0.1%。大多数绕线电阻的公差为1%～5%，但精密线绕电阻的公差可达0.0005%。对大多数普通应用，电阻的公差为5%就已足够。

3．额定功率下降曲线的例子

为了避免材料的永久性损坏，电阻必须在指定的温度范围内使用。温度的限制是用最大功率即额定功率以及由电阻的制造商提供的额定功率变化曲线（见图3.54）来表示的。电阻的额定功率是电阻可以安全地以热量形式散发掉的最大功率，一般指定温度是+25℃。超过+25℃时，环境温度和最大允许功率的关系可用额定功率变化曲线表示。额定功率变化曲线一般从满负载时温度线性地下降到无负载时的最高允许温度。一个电阻的工作功率小于满额额定功率时，电阻工作时的环境温度就可大于满额额定功率允许的环境温度。无负载时的最高允许温度就是电阻的最高存储温度。

关于电阻的寿命，当温度变化在30℃和40℃之间时，电阻的变化会在温度回到正常值时恢复正常。然而，当电阻的温度高到不能触摸时，电阻就可能永久地损坏。因此，在选定电阻的额定功率时，保守一些非常重要。

电阻的标准额定功率有1/16W、1/10W、1/8W、1/4W、1/2W、1W、2W、5W、10W、15W、25W、50W、100W、200W、250W和300W。在特殊应用中，为了确定额定功率，可用公式$P=IV$（$P=I^2R$或$P=V^2/R$），然后据经验选择电阻的额定功率为计算值的2～4倍。但是，要注意的是，在选择电阻的额定功率时，要考虑的因素很多。在更精确的应用设计中，我们可能不得不考虑其他因素，如电阻是否成组放置，是否被封装在盒子中，有没有风扇冷却，是否承受脉冲。这时，可以参考图3.55中的图表计算额定功率的近似值。

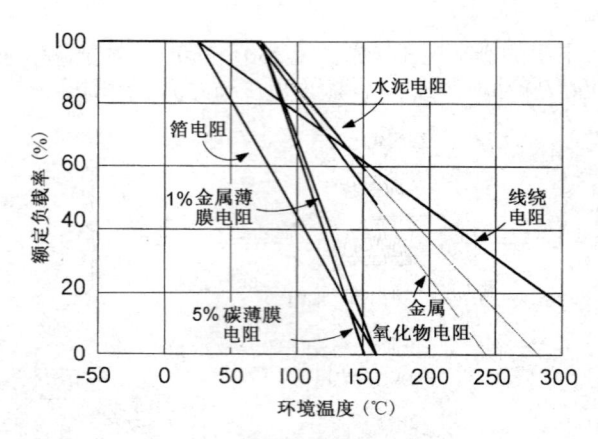

图3.54 额定功率的变化曲线

1/4W、1/2W和1W的碳膜电阻和金属薄膜电阻通常满足大多数应用的需求。1～5W的线绕电阻也常用到，在一些特殊情况下，可能要采用10～600W的铝壳线绕电阻或厚膜大功率电阻。

在一些应用中（如放大器的输入级），可通过增加电阻的额定功率（尺寸）来减小接触噪声。

4．电阻温度系数（TCR或TC）

电阻温度系数表示电阻的温度变化时，阻值的改变量。电阻温度系数（TC）的典型表示为：温度在标准温度［一般为室温（25℃）］下，每变化1℃时电阻变化百万分之几。

因此，一个电阻温度系数值为100ppm的电阻，当温度变化10℃时，对应的阻值变化为0.1%。当温度变化为100℃时，对应的阻值变化为1%（温度的变化要在电阻的额定温度范围内，如−55℃～+145℃，在室温25℃的条件下测量）。正电阻温度系数表示电阻阻值随着温度的升高而增大，而负温度系数表示阻值随着温度的升高而减小。

又如，一个1000Ω电阻的温度系数为+200ppm/℃，当电阻温度从27℃升高到50℃时，阻值的改变量为

$$(200\text{ppm}/\text{°C}) \times (50\text{°C} - 27\text{°C}) = 4600\text{ppm}$$

新的阻值为

$$1000\Omega \times (1 + 4600\text{ppm}/1000000\text{ppm}) = 1004.6\Omega$$

电阻温度系数的范围非常广，从±1 ppm/℃到±6700ppm/℃。

在一些要求电阻随温度变化非常小的应用中，指定电阻的温度系数非常重要。需要指定电阻温度系数的应用也许同样重要（如电路中的温度补偿）。引起电阻阻值改变的典型因素有两个：耗散功率引起的温度升高和环境温度的变化。耗散功率、环境温度和电阻温度系数之间的准确关系并不是一个线性函数，而是一个钟形或S形的曲线函数。因此，在非常精密的应用中，必须查看生产厂商的电阻参数表。

设计电路时，要要问自己哪种情况下需要高稳定性和低温度系数的电阻。例如，在稳定性和精度要求很高的电路中，使用碳化合物电阻就是自找麻烦，因为它的电阻温度系数和公差较大。使用一个电阻温度系数为50～100ppm/℃的稳定金属薄膜电阻会在相当程度上改进稳定性和精度。精密薄膜电阻可大幅提高精度和减小温度系数（TC可达20ppm/℃、10ppm/℃、5 ppm/℃或2 ppm/℃，精度可以达到0.01%）。碳膜电阻相对于金属膜电阻有较高的电阻温度系数，为500～800ppm/℃。碳膜电阻比较容易混合在金属膜电阻中。碳膜电阻在各种主要电阻系列中是比较独特的，因为只有它们的电阻温度系数是负值。它们常被用来抵消其他电路部分的热效应。

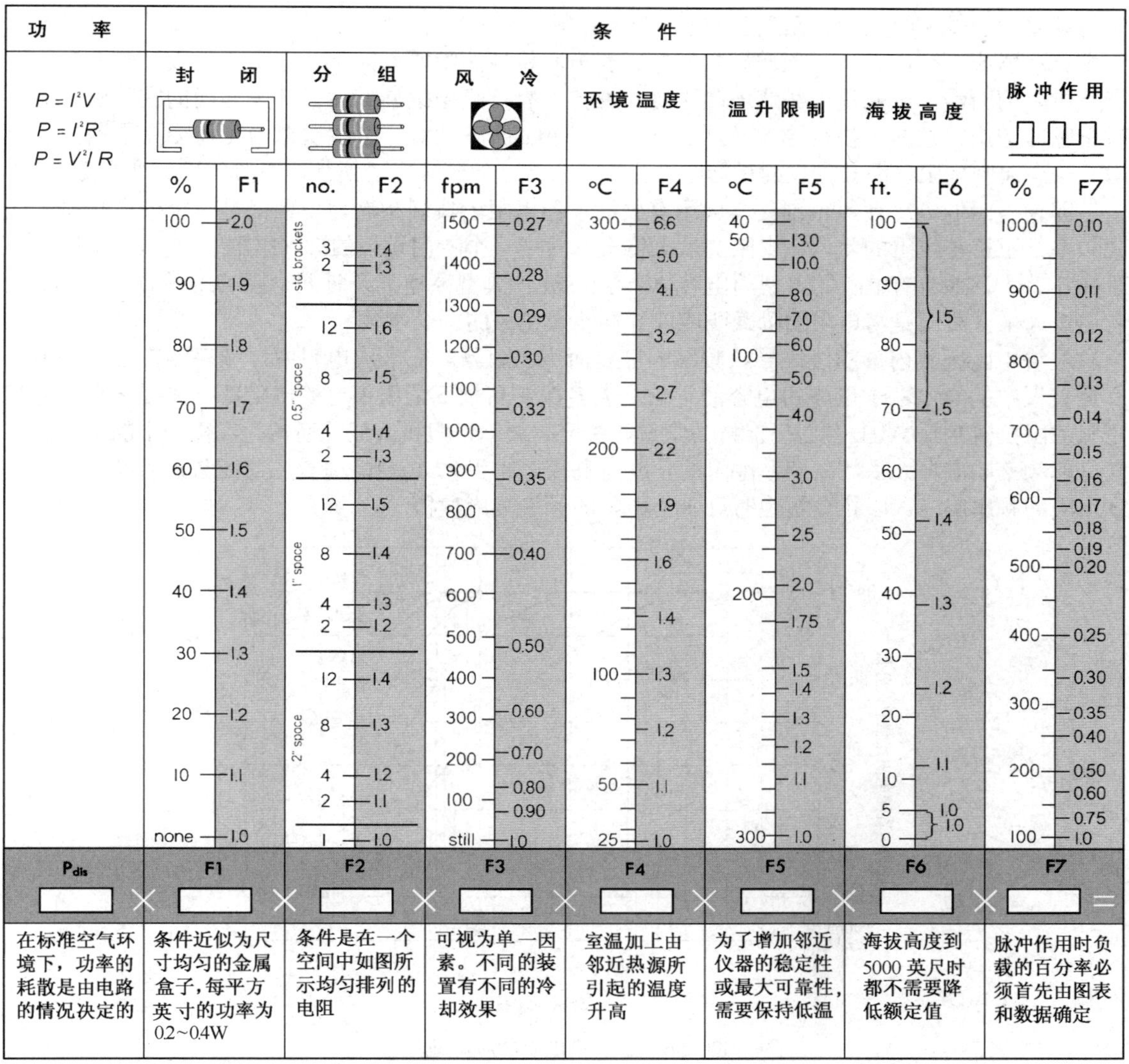

功率	条件						
$P = I^2V$ $P = I^2R$ $P = V^2/R$	封闭	分组	风冷	环境温度	温升限制	海拔高度	脉冲作用
	% F1	no. F2	fpm F3	°C F4	°C F5	ft. F6	% F7

(详见图中刻度数值)

	F1	F2	F3	F4	F5	F6	F7
	100%	4@2	标准条件	50°C		标准条件	
	2.0 ×	1.2 ×	1 ×	1.1 ×	1 ×	1 ×	1

所有因数的乘积等于 2.64，2.64 再乘以 115 W 就得出在空气环境下要求每个电阻的额定功率为 304 W

图3.55 电阻额定功率近似值的计算基于外壳、分组、冷却、环境温度、温升限制、高度、脉冲作用等因素。例如，4个电阻，每个消耗的功率为115W，安装的间距为2英寸，环境温度为50℃。电阻是完全封闭的，其他因素都是标准的

注意，一般来说，使一对电阻的电阻温度系数匹配要比它们自身的实际电阻温度系数重要。在这种情况下，匹配的电阻可用来确保工作温度改变时电阻的变化轨迹具有相同的大小和方向。

5. 频率响应

电阻并不是理想的，它们固有的电感和电容特性可以改变器件的阻抗，特别是当所加交流电

压的频率增加时（图3.56所示的是金属膜电阻的频率响应）。因此，电阻就有可能像一个RC电路、一个滤波器或一个电感那样工作。具有电感和电容特性的主要原因是，电阻元件设计时内在的缺陷及电阻的引线。对螺旋或线绕电阻来讲，感抗和容抗是由螺旋或线圈环及环间的空间引起的。对于脉冲应用，这些电抗会导致脉冲失真。一个20ns的脉冲对一个线绕电阻可能会完全消失，但对一个金属膜电阻，因其优越的设计脉冲几乎不失真。随着频率的增加，电抗问题会变得更普遍。

即使电阻的频率使用范围是与应用有关的，但电阻的典型频率使用范围是一个最高频率，在此频率下阻抗与电阻的差值比电阻公差大得多。对于一个专门设计的500Ω电阻，典型的电感值小于1μH，对于1MΩ的电阻，典型的电容值小于0.8pF。典型高速上升时间电阻的上升时间为20ns或者更短（上升时间是与电阻的阶跃响应或脉冲响应相关的一个参数）。

线绕电阻因其内部的绕线导致频率响应差而声名狼藉。在合成电阻中，频率响应也受许多电介质夹板中的导电粒子形成的电容的影响。大多数在高频下工作稳定的电阻都是薄膜电阻。薄膜电阻的阻抗直到100MHz左右仍保持为常量，在更高频率下阻抗降低。通常，直径较小的电阻具有较好的频率响应。大多数高频率电阻的长度与直径之比为4∶1到10∶1。厂商经常提供参数表来显示电阻的频率响应。阻抗分析也有助于为电阻的频率响应建模。

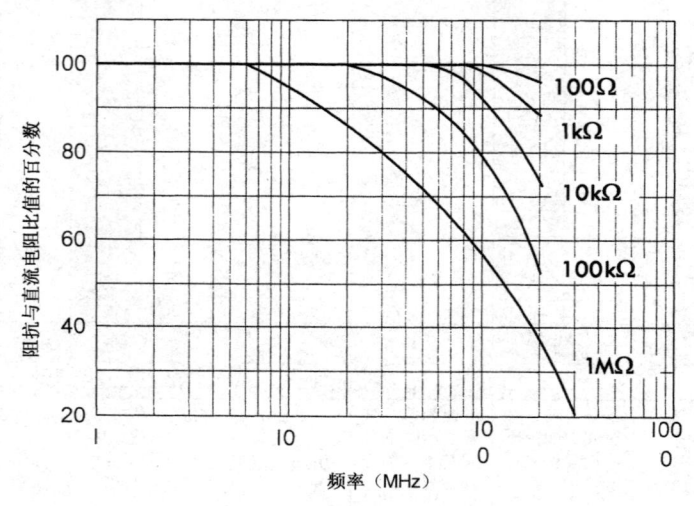

图3.56　金属膜电阻的频率响应

6. 噪声

当为电阻加直流电压时，电阻会以非常小的起伏交流电压形式表现出电噪声。准确地测量噪声非常困难，且噪声对电阻的阻值无影响，但对微弱信号、数据放大器、高增益放大器和其他应用有不良的影响。电阻的噪声是所加电压、物理尺寸和材料的函数。总噪声是约翰逊噪声、电流噪声、断裂噪声、接头接触噪声与导线噪声之和。对于可变电阻，噪声也可能是由滑片沿电阻元件向前简短地跳跃引起的。

电阻的噪声有三种主要类型：热噪声、接触噪声和散粒噪声。热噪声主要取决于温度、带宽和阻值，而散粒噪声取决于带宽和直流电流的平均值，接触噪声取决于直流电流的平均值、带宽、材料几何尺寸与类型。下面简述多种电阻噪声。

约翰逊噪声是与温度有关的热噪声，热噪声也称白噪声，因为在所有频率处噪声电平是相同的。热噪声的大小V_{RMS}与阻值及热振荡决定的电阻温度有关：

$$V_{RMS} = \sqrt{4kRT\Delta f}$$

式中，V_{RMS}是噪声电压的均方根值（单位为伏特），R是阻值（单位为欧姆），K是玻尔兹曼常数

（1.38×10⁻²³J/K），T是温度（单位为开尔文），Δf是所测得噪声能量的带宽（单位为赫兹）。对于电阻，不管其材料是什么（碳膜、金属膜等），阻值相等时，热噪声也相等。降低热噪声的唯一办法是减小阻值。这就是在放大器的输入级尽量避免使用10MΩ电阻的原因。

电流噪声与频率成反比，是流过电阻的电流和电阻阻值的函数，如图3.56所示。电流噪声的大小和电流的平方根成正比。电流噪声的大小常用噪声指数来表示，即电流噪声电压的均方根值（V_{RMS}）与指定热点温度时流过电阻的特定恒稳电流引起的电压平均值的比值：

$$NI = 20\lg\left(\frac{噪声电压}{直流电压}\right), \quad V_{RMS} = V_{dc} \times 10^{NI/20}\sqrt{\lg(f_2/f_1)}$$

式中，NI是噪声指数，V_{dc}是电阻两端的直流压降，f_1和f_2表示噪声计算的频率范围。噪声的单位是μV/V。高频时，电流噪声相对于约翰逊噪声所占的比例很小。

接触噪声与电阻材料和尺寸有关的常数成正比，且正比于电流的直流平均值。例如，在相同的条件下，在放大器中用一个2W碳化合物电阻要比用一个1/2W电阻的性能好。在碳化合物、碳膜、金属氧化物和金属薄膜电阻中占主要地位的噪声是接触噪声。因为与频率成反比，低频时接触噪声可能相当大。只用碳粒子材料制作的线绕电阻没有这种噪声。没有电流（直流或交流）流过电阻时，噪声就等于热噪声。接触噪声随着电流的增加而增加。这意味着为了低噪声运行，直流或交流电流必须保持为较低的电平。电阻的材料和几何尺寸对接触噪声影响很大，因此电阻额定功率的影响加倍，增加电阻的大小和面积将降低电阻的接触噪声。

散粒噪声由电流决定，流过电阻电流的直流平均值越大，噪声就越大。为了降低这类噪声，直流电流要很小，常见于放大器的第一级或其他弱信号级，如音频电路中的混响补偿放大器。在这些应用中，最好采用线绕电阻或金属膜电阻，制作高频放大器时，要考虑线绕电阻的电感作用。

为了降低噪声，最好使用精密电阻。精密绕线电阻只有热噪声（除非引线端有缺陷），但不容易满足大的电阻阻值，而且通常情况下有电感。精密薄膜电阻的噪声也很小（可通过制造商的网站了解有什么型号的无噪声薄膜）。接下来是金属氧化物电阻，再下来是碳膜电阻，最后是碳化合物电阻。化合物电阻的一些噪声来源于封装和内部导电粒子之间的电接触。记住，设计关键电路时，要使用大功率的电阻（不适用于线绕电阻）来减小接触噪声。

不要忘记电位器，它们普遍是碳化合物电阻。一般情况下，碳化合物电阻有较大的阻值（如用于音量控制的1MΩ电阻），是放大器中主要的噪声来源。为了降低噪声，考虑到成本最低、额定功率最大，可采用导电塑料电位器。

7．电阻的电压系数

阻值并不总与所加的电压无关。电阻的电压系数是，当电压为额定电压的10%时，单位电压改变量对应的阻值改变量的百分数表示。电阻的电压系数由下式给出：

$$电阻的电压系数 = \frac{100(R_1 - R_2)}{R_2(V_1 - V_2)}$$

式中，R_1是电压为额定电压V_1时的阻值，R_2是电压为额定电压10%V_2时的阻值。电压系数和碳化合物电阻及碳膜电阻的种类有关，是阻值和电阻材料成分的函数。

8．稳定性

稳定性定义为，在参考温度下随时间变化的电阻处于不同工作状态和工作环境时，电阻测量值的重复性。稳定性是很难说明和测量的，因为它与应用有关。通常情况下，用线绕电阻和金属膜电阻设计的电路稳定性最好，而用化合物电阻设计的电路稳定性最差。要得到最高的电阻稳定性，最好是在限制温度升高和限制负载的情况下让电阻工作在临界状态下。温度的交替变化会引起阻抗的变化。温度变化范围越大，变化越快，阻抗的变化就越大。如果温度变化太大，就会损坏电阻。湿度会使电阻的绝缘膨胀，给电阻施加一个压力，进而改变阻值。

9. 可靠性

可靠性是一个电阻完成人们所期望的功能的可能性的量度。典型的评价是两次故障出现的平均时间或者1000小时运行时间内的故障率。对大多数普通用途来说，可靠性通常情况下不是一个重要的指标。它通常出现在一些重要应用中，如军事应用中。

10. 额定温度

额定温度是电阻可被使用的最高温度。一般情况下，使用两个温度：一个是满负载时的温度，如+85℃；另一个是从有负载降到无负载时的温度，如+145℃。温度范围可能会给出，如-55℃～+275℃。

3.5.5 电阻的种类

随着新技术的不断发展，目前电阻的工艺有多种。主要的工艺包括碳膜、金属膜、厚膜、薄膜、碳化合物、线绕式和金属氧化物等。在实际应用中选择电阻时，通常要明确需要的是精密电阻还是半精密电阻，是通用电阻还是大功率电阻。

精密电阻具有较低的电压和功率系数、很好的温度和时间稳定性，以及低噪声和很小的电抗。这些电阻通常采用金属薄膜或线绕结构，且具有相当严格的电阻公差。

半精密电阻比精确电阻小，主要用于限流和分压，具有长期的温度稳定性。

通用电阻用在不需要严格电阻公差或长时间稳定性的电路中。对于通用电阻，最初的阻值变化可能约为5%，满功率时阻值的变化可能接近20%。一般来说，通用电阻具有较高的电阻系数和较高的噪声。但是，高质量金属膜电阻价格低廉，也常用作通用电阻。

大功率电阻可用在电源、控制电路，以及能接受5%的运行稳定性的分压器中。大功率电阻也可采用线绕和薄膜结构。薄膜类型大功率电阻的高频稳定性好，且在相同尺寸下比线绕电阻的阻值大。

以下给出各种常用电阻的不同细节。

1. 精密线绕电阻

精密线绕电阻是人工制造的稳定高精度电阻，是将镍铬合金线绕在具有玻璃质涂层的陶瓷管上制成的。它们具有非常低的温度系数（低到3ppm/℃），精度可达0.005%。通常期望它们工作在-55℃～200℃的温度范围内，最高工作温度为145℃。在额定温度和负载下，精密线绕电阻的使用寿命通常为10000小时，但若工作温度低于额定温度，则使用寿命会增加。在这种条件下，阻值的允许变化量为0.10%。精密线绕电阻的噪声非常小，几乎只有接触噪声。功率容量通常较小，但也有带散热器的大功率精确线绕电阻。

因为绕线的特性，这些电阻具有电感和电容的结构。不管其阻值是多大，它们在低频时都具有电感性，而在高频时具有电容性。它们同样具有共振频率（Q值很低）。因此，它们不适合在高于50kHz的频率下使用，更不用考虑RF应用。精密线绕电阻不用于普通用途，而专门用于高精度直流应用，如用于高精度的直流测量设备以及稳压器和译码网络中的参考电阻（注意，某些特定的精密线绕电阻被制造商列为HS类型的线绕电阻。这些电阻采用特定的绕线方式，可以减小线圈的电感。有两种不同类型的HS绕线电阻：一种几乎是零电感，但增大了线间电容；另一种电感和电容都很小，非常适合用在高速放大器中。

精密线绕电阻现在有了一个竞争对手——精密薄膜电阻，它们在所有方面几乎都可以和精密线绕电阻匹敌。

2. 大功率线绕电阻

大功率线绕电阻与精密线绕电阻相似，只不过被设计为能承受大得多的功率。它们的单位体积所能承受的功率比任何其他种类的电阻都大得多。一些功率特别大的电阻就像是加热元件，需要以某种方式冷却（如风扇冷却或浸泡在矿物油或高密度的硅油中）。这些电阻是以线圈的形式缠绕在某些物体上的，如陶瓷管、陶瓷棒、阳极化铝或玻璃纤维轴等。线绕的轴心是由高导热材料制成的（滑石、铝、氧化铍等）。它们被制作成各种形状（椭圆形、平板形、圆柱形），绝大部分形状设计都是为了散热。有底盘的线绕电阻一般是缠绕在陶瓷轴心上的圆柱形大功率线绕电阻，压在有热辐射翅片的铝制散热器内。为了更好地导热，它们被设计成安装在金属板或底座上，以使额定功率是普通情况下的5倍。大功率线绕电阻有各种不同的精度和电阻温度系数。

3. 金属薄膜电阻

在包含快速上升时间（微秒）和高频（兆赫兹）的应用中，金属薄膜电阻通常是最佳选择，而且它们非常便宜、尺寸较小（如表面安装型）。金属薄膜电阻被认为是所有电阻中综合性能最好的电阻。这类电阻曾被认为在精度和稳定性方面都比线绕电阻差，经过技术改进，精度特别高的金属薄膜电阻的温度系数可低至20ppm/℃、10ppm/℃、5 ppm/℃，甚至2 ppm/℃，精度可达0.01%。与线绕电阻相比，它们的电感小得多，尺寸更小，价格更低。与碳膜电阻相比，具有更低的电阻温度系数、更低的噪声、更好的线性、更好的频率特性和精度。在高频率特性方面，金属膜电阻也优于碳膜电阻。然而，碳膜电阻具有更高的最大阻值。

金属薄膜电阻是用碱金属制成的，将金属在真空中蒸发后沉积在陶瓷棒或陶瓷片上。通过仔细调整金属薄膜的宽度、长度和厚度，可控制阻值。制作过程非常严格，制造的电阻具有非常精密的公差。金属薄膜电阻广泛用在表面安装技术方面。

4. 碳膜电阻

碳膜电阻是最普通的电阻，是在陶瓷衬底上涂有特殊碳混合物薄膜制成的。碳膜厚度和碳混合物的比例粗略地控制着阻值。为了使阻值精确，可将陶瓷片裁切成规定的长度。为了更精确，会在涂层上刻出螺旋槽，如图3.53所示。制作碳膜的另一种方法是，采用机械方法将碳粉撒在聚合体上。原材料涂在刻有螺旋槽的衬底上后，就可在适当的温度下进行处理。

具有1%公差的碳膜电阻带有人工螺旋刻槽，且有与金属薄膜电阻一样的电压负载限制。尽管这些电阻使用得非常普遍，但是它们有漂移（电阻温度系数为500～800ppm/℃），且若电路中已使用金属膜电阻，就不应再使用碳膜电阻。换句话说，在制作电路和更换元件时，不要将这两种电阻混淆。碳膜电阻和碳化合物电阻在很多方面具有相同的特性，如有噪声和电压系数；碳膜电阻有较低的电阻温度系数和较小的公差，比碳化合物电阻优越。电阻的类型包括通用型、过孔型和表面安装型。也有一些专用的类型，如大功率、高电压和可熔电阻。公差可以达到1%甚至更高，但在对这类电阻的公差要求高时，必须谨慎，由于电阻温度系数、电压系数和稳定性，这个公差只是意味着安装时的公差较好。碳膜电阻的温度系数为100～200ppm，一般情况下是负值；频率响应属于最好的几种电阻之一，远好于线绕电阻，也好于碳化合物电阻。

5. 碳化合物电阻

尽管碳化合物电阻用得不如以往那样普遍，但仍然在一些不太重要的应用中使用。它是由碳粒子和黏合剂混合构成的。阻值由碳成分的浓度控制。将混合物的制作成圆柱形，再经过烘焙硬化。引脚安装在圆柱体两端的轴线上,最后整体装入保护壳。碳化合物电阻是廉价的,且在阻值为1MΩ时噪声较小。通常情况下,这类电阻的额定温度为70℃左右,额定功率为1/8~2W。它们有端到端的旁路电容,在100kHz频率附近时,特别是阻值大于0.3MΩ时,应该注意这个问题。

然而,由于碳化合物电阻的公差较大(5%~20%),碳化合物电阻不能用在关键场合。由于它们自身的结构,碳化合物电阻会产生相当大的噪声,噪声由阻值和它们的物理尺寸决定(虽然当电阻大于1MΩ时噪声很低)。

尽管碳化合物电阻有许多特性不太好,但是在过电压的条件下却表现良好。在严重的过电压条件下,金属膜电阻的螺旋槽会被击穿(击穿会使得电阻短路并烧坏),但碳化合物电阻不会如此脆弱。碳化合物电阻使用了大块的电阻材料,因此能在短时间内承受大的过载而无火花(短路)出现。因此,计划将一个高压电容与电阻串联来放电,而公差等参数不重要时,碳化合物电阻就是不错的选择。碳化合物电阻单位尺寸的功率承受能力比精密线绕电阻大,但比大功率线绕电阻小。

6．块状金属箔电阻

箔电阻和金属薄膜电阻的特性相似,但具有更好的稳定性和更低的电阻温度系数(接近精密线绕电阻),精度与金属膜电阻差不多。高精度电阻的公差可达0.005%,电阻温度系数可达0.2 ppm/℃。它们最主要的优点是极好的频率响应。制造金属箔电阻时,会将与精密线绕电阻的电阻丝相同的金属材料碾压成薄带状金属箔。将这种金属箔黏在陶瓷衬底上,就可蚀刻成所需的大小。它们的主要缺点是对高阻值的限制,最大阻值小于金属膜电阻。

7．丝状电阻

丝状电阻除了没有陶瓷外壳包裹,和船形电阻相似。个别电阻的元件涂有绝缘材料,一般情况是高温漆。它们被用在公差、电阻温度系数、稳定性不是很重要但成本很重要的场合。这类电阻的造价稍高于碳化合物电阻,但有关的电特性比碳化合物电阻的好。

8．薄膜和厚膜电阻

薄膜电阻在氧化铝衬底上沉积了一层极薄的镍化镉薄膜(厚度小于1μm),用镍化铜材料作为导电电极。薄膜技术提供了极高的精度和稳定性(精密的公差和较低的电阻温度系数)。但是,由于电阻材料的质量很小,其抗冲击的能力有限。薄膜电阻被设计成很小的表面安装器件,用于印制电路板设计,同时常用在微波功率端子、微波电阻功率分配器和微波衰减器中。

与薄膜电阻相比,厚膜电阻采用二氧化钌作为厚膜材料,采用钯化银作为电极材料。这些材料和玻璃材料混合制成糊状涂在衬底上。涂层材料的厚度一般为12μm。厚膜电阻也有相当好的精度和稳定性,可能接近薄膜电阻,但其抗冲击能力优于薄膜电阻一到两个数量级。厚膜电阻有两引脚封装和表面安装形式。一些厚膜电阻被设计为大功率电阻。

薄膜和厚膜技术都在不断改进,因此说明它们的所有特性很困难,最好的办法是参考厂商提供的参数表以获得详细的数据。

9．大功率薄膜电阻

大功率薄膜电阻与相应的金属薄膜电阻和碳膜电阻的制造类似。它们都被制成大功率电阻,额定功率是其重要的特性。大功率薄膜电阻比大功率线绕电阻的最大功率值高,且具有很好的频率响应。它们常被用在要求频率响应好及阻值较大的应用中,也被用在大功率应用中,这些应用的公差大,额定温度是变化的,所以在满负载的条件下不会超过最大设计温度。

此外，这种电阻的物理尺寸较大，在一些情况下采用导热材料制成轴心安装在散热片上，以提高散热效果。

10．金属氧化物电阻（大功率金属氧化物薄膜电阻、阻燃电阻）

金属氧化物电阻是蒸发或喷射氯化锡溶液到加热的玻璃或陶瓷棒表面，使之氧化而制成的。通过在所产生的氧化锡薄膜上刻蚀螺旋线来调整其阻值。这些电阻能在高温和超载时维持，且具有中等精度。这类电阻包括大功率型、轴向通孔防火型和表面安装型。轴式电阻为蓝色或白色，这类电阻的外壳与其内部一样是防火的，可以抵御外部的热量和潮湿。在一些应用中，金属氧化物电阻可替代碳化合物电阻。它们在脉冲功率的应用中是理想的。小型金属氧化物功率电阻的功率范围为0.5～5W，标准公差为±1%～±5%，电阻温度系数约为±300ppm/℃。金属氧化物电阻可用在通用分压器、RC计时电路、上拉和下拉电阻及脉冲电路（如RC缓冲电路、限制电流电路、过载地线等）中。它们的最大阻值也远大于线绕电阻。一般情况下，它们在电方面和机械方面有很好的稳定性及很高的可靠性。

11．可熔电阻（碳化合物电阻、大功率氧化物电阻、金属膜电阻）

可熔电阻充当电阻和熔断器的双重角色。可熔电阻被设计为当电路遇到大的冲击电流和故障时，可熔电阻开路（熔断）。它们被制成特殊的螺旋形，以提供具有阻燃涂层的可熔特性。熔断电流可通过计算熔化电阻材料所需的能量得出（熔化温度加上使电阻材料蒸发所需的能量）。这些电阻变热比一般的精密电阻或大功率电阻要快得多，所以瞬间的冲击会使电阻元件达到熔化温度。有些设计在电阻的内部创建一个热点以帮助其熔化。在使用可熔电阻时，主要的未知因素是材料的传热情况，这对脉冲持续时间长的情况非常重要，且非常难以计算。可熔电阻的安装是非常关键的，因为它会影响到熔断电流。为了得到更精确的熔断特性，很多可熔电阻设计为需要安装在保险丝的夹头中。可熔电阻有多种类型，包括碳膜、金属薄膜和线绕可熔电阻。可熔电阻广泛用在恒电压电路及电池充电器、电视机、无线电话和PC/CPU的冷却设备等电路中，起过载保护作用。与传统的保险丝一样，可溶电阻也分快速熔断和慢速熔断两种类型。

12．芯片电阻阵列

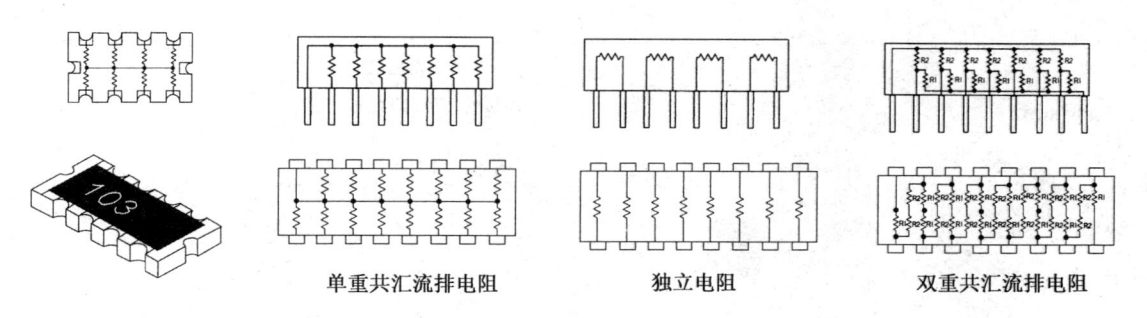

单重共汇流排电阻　　　　独立电阻　　　　双重共汇流排电阻

电阻阵列是在衬底上制作的两个或多个电阻元件的任意组合。电阻元件可以使用厚膜或薄膜技术制作。这些电阻元件排列在SIP和DIP封装中，也可封装在有软焊接端子的表面安装芯片中。有各种电路排列，包括独立电阻、单重共汇流排电阻、双重共汇流排电阻。当空间、质量和成本要求较高时，电阻阵列被广泛应用。电阻阵列的公差为1%～5%，温度系数为50～200ppm，功率与类似尺寸的单个电阻相同。

13. 水泥电阻

水泥电阻被设计为大功率电阻，具有一定的可加热性和耐火性。典型的额定功率范围为1～20W或者更大。公差约为5%，电阻的额定温度系数约为300ppm/℃。

14. 零欧姆电阻（零欧姆跳线）

零欧姆电阻不过是在印制电路设计中，用于永久跨接或计划跨接（手控开关）交叉电路的金属丝。它们看起来像一个在中央涂有黑道的二极管，但不要和二极管混淆，二极管的条纹靠近它的一个端头。一条黑道的含义是0Ω。使用零欧姆电阻相对于简单导线连接的优点包括电路的机械化安装操作方便、很低的跨接电容（适用于高速数据线）、小的覆盖区、全面改进的PCB特性。

3.5.6 可变电阻（电位器、微调电阻）

可变电阻常称电位器，因为它们的一个主要用途是作为可调分压器。多年来，它们也称音量控制器，因为它们的另一个主要用途是调节扩音器、收音机和电视机的音量。对于本质上相同的元件，早期还有一个名字，称为可变电阻（当它被简单地用作一个可变电阻时），意味着用于调整电流，如图3.57所示。

电位器可以采用不同的电阻元件，制成不同的物理形式。一些电位器被设计为通过控制旋钮手动调节，而另一些则被设计为偶尔用螺丝刀（或类似的工具）微调电路。后者常称预调整电位器，简称调整电位器。大部分旋转电位器被制成能旋转270°（3/4圈）。然而，这种有限的调整范围很难进行精确调整。因此，多圈电位器应运而生，这种电位器有一个螺旋状的电阻元件，触头可沿着控制轴旋转多圈（通常是10圈或20圈）。这种电位器可以调整到阻值范围内的任意值。多圈旋转电位器比单圈电位器昂贵得多。对于要求对数响应的应用（如音频应用），可以使用一个对数电阻分布特性的电位器，与之相对的有线性电阻分布特性的电位器（实际上大部分对数电位器不具有真正的对数响应，如图3.57所示，设计一个便宜的对数电位器很难，但制作一个近似具有对数响应的电位器没那么昂贵）。还有反对数曲线电位器，这将在下一节中介绍。

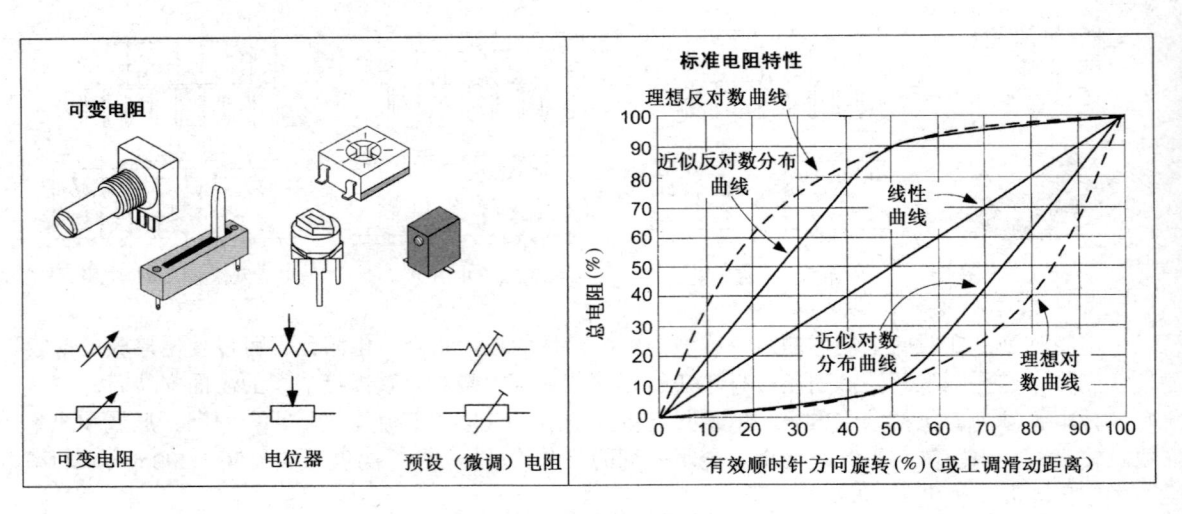

图3.57 可变电阻及其特性

调整电位器可以制成圆形、多圈圆形、直线滑动型和多直线滑动型。廉价的调整电位器通常采用开放式结构，电阻元件和滑动触头完全暴露在外，因此很容易被灰尘和湿气污染。高质量调整电位器常被密封在塑料壳中。一些多圈调整电位器使用一个蜗杆驱动圆形元件，而另一些则使用带有蜗杆驱动滑动触头的线性元件。这两种电位器都减小了驱动，间隙很小，能够提供平滑而精确的调整。

电位器可以组合起来，采用一根共同的主轴进行驱动。这样的电位器称为同轴电位器。通常，只有两个电位器这样组合使用，但也可组合多个这样的电位器。具有对数电阻分布特性的双联电位器常用在立体声系统的扩音器上，提供两个不同的信号。

制作电位器的材料种类很多，如碳、金属陶瓷、导电塑料和金属丝。许多适用于固定电阻的特性也适用于同样性质的可变电阻。电位器的独有特性（如分辨率、电阻分布特性、跳通/跳开电阻和接触电阻）依据制作材料的不同而有所区别，下面讨论这些特性。

电位器在电子技术中的应用主要有两种形式：一是调整电流，二是调整电压。图3.58展示了每种形式的基本电路结构。

调节负载电流 一个电位器的可变电阻元件（a到b）和一个负载串联。调节电位器的手动控制柄可以改变负载电流。电流与电位器电阻的关系为

$$I = \frac{V_{in}}{R_{pot} + R_{load}}$$

注意，图中的电流曲线与电压曲线的形状类似。图中的公式给出了负载两端的最大电压和最小电压，以及流过负载的最大电流和最小电流，其中R_{potmax}表示电位器的最大电阻，在这个例子中，其值为10kΩ。

调节负载电压 图3.58中的第二个电路图实质上是一个可变分压器，用于调节负载电压。注意，在该图中，负载电流的下降速度没有前一个结构中的快。事实上，当阻值从0变为5kΩ时，电流仅下降至最大值的1/10。然而，从5kΩ开始，电流的下降就变得显著。

3.5.7 电位器的特性

1. 电阻的分布特性

电位器的电阻分布特性有线性的和对数的。线性电位器的触头位置与阻值之间呈线性关系，例如触头的位置移动10%，阻值就相应地改变10%（见图3.57）。另一方面，当具有对数分布特性的电位器触头的位置改变时，其阻值按对数关系变化，如图3.57所示。

自然，普通对数特性电位器的主要作用是控制一个量，使其按照近似对数的方式变化（如音频处理）。线性电位器则用在大多数其他应用中。例如，如果将一个线性电位器用于音量控制，就会遇到一些问题，当电位器从零开始往大调时，被控音量会过快地增加，而电位器余下的旋转范围对被控制量的影响不大，也就是说，用作音量控制电位器的有效范围被压缩到前60°左右的旋转区域，这使它很难调出合适的音量。相反，对数特性电位器则是一个理想的音量控制器，它的对数特性正好与人耳对声音的对数响应相匹配。

实际上，现在大部分对数电阻分布特性电位器并不具有理想的对数特性，而是近似对数曲线，如图3.57所示。制造具有理想对数特性的电位器的价格太昂贵，将两种具有不同成分的电阻元件合成为新电阻材料则比较便宜。这种电位器满足了对音量控制的要求，是一种近似具有两个斜率的电阻元件，在调节到50%左右时发生过渡。也有理想的对数电位器，用线绕元件制成小巧的形式，或者通过精细的颗粒模型制成金属元件。

负载电流的调整

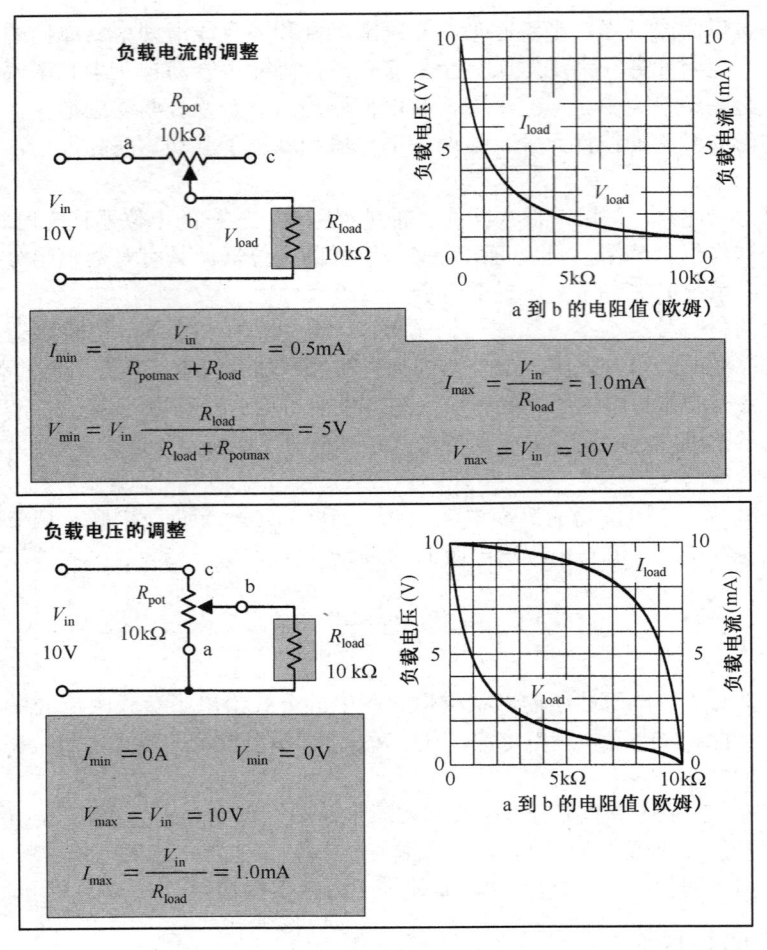

R_{pot} 10kΩ, V_{in} 10V, V_{load}, R_{load} 10kΩ

$$I_{min} = \frac{V_{in}}{R_{potmax} + R_{load}} = 0.5\text{mA}$$

$$V_{min} = V_{in}\frac{R_{load}}{R_{load} + R_{potmax}} = 5\text{V}$$

$$I_{max} = \frac{V_{in}}{R_{load}} = 1.0\text{mA}$$

$$V_{max} = V_{in} = 10\text{V}$$

负载电压的调整

R_{pot} 10kΩ, V_{in} 10V, R_{load} 10kΩ

$$I_{min} = 0\text{A} \qquad V_{min} = 0\text{V}$$

$$V_{max} = V_{in} = 10\text{V}$$

$$I_{max} = \frac{V_{in}}{R_{load}} = 1.0\text{mA}$$

图3.58 电位器的基本电路

近似反对数和理想反对数分布特性电位器的特性曲线如图3.57所示，本质上它与理想对数和近似对数电位器的特性相似，只是反转或逆时针方向旋转。目前，这些电位器并未被广泛应用，但仍在特殊场合中使用。

2．分辨率

分辨率表示移动电位器的滑动触头所能引起的最小数值变化。线绕电位器的分辨率非常差，因为这种电位器的电阻元件是由匝数不连续的电阻丝绕成的，滑动触头通常从其中一匝滑动到另一匝。因此，电位器的输出是规则的小跳跃，每个跳跃对应于一匝电阻元件的电压降。

采用刻蚀金属电阻元件的电位器也存在上述问题，而用碳化合物、热膜碳或金属陶瓷制成的电位器的分辨率要好些，因为这些元件的电阻连续性较好。在分辨率要求高的场合，多圈电位器的应用要比单圈电位器广泛得多。有人可能会说，多圈电位器的置位能力不够好，那么下次在需要一个较好置位能力的电位器时，可以对比多圈电位器和单圈电位器。将两个电位器都置为期望值，用铅笔轻轻敲打电位器，看看哪个保持原位不动。通常人们期望多匝电位器好一些，而不管它是线性的还是循环的，但事实是，这些想法错了——与单圈电位器相比，多圈电位器有2~4倍的误差，因为单圈的机械结构比较平稳。

3. 接触电阻

接触电阻是指在电位器滑动触头和电阻元件之间的电阻，它会对电位器的分辨率产生影响。接触电阻还会影响电位器的噪声，电位器在调节时和处于某个固定位置时都会产生噪声。接触方式和电位器所用材料都会影响接触电阻。例如，许多碳化合物电位器使用由镀镍弹簧钢片制成的简单滑动触头，并且采用多触点并行接触以减小接触电阻。大功率线绕电位器使用由单一碳块制成的碳刷滑动触头，但是碳块之中掺有铜粉，以保证接触电阻尽可能小。由金属陶瓷或贵金属制成的高档电位器通常使用由镀金青铜或钢制成的多触点弹性金属触头。很多由廉价材料制成的小电位计使用凹槽形状的弹性金属接触刷与电阻元件相接触。在不需要经常调节的场合，这种电位器的性能还不错，但是频繁调节会使得接触电阻逐渐增大。

4. 跳通和跳断电阻

大多数电位器，无论是旋转的还是直线滑动的，无论电阻元件是何种类型的，在电阻元件的末端都有金属接触片。滑动触头移动到任何一个端点时，都会接触和停留在这些金属片上。然而，当滑动触头离开这些端点后，电阻元件会马上跳通或跳断。理想状态下，在跳通和跳断时，电阻的变化值为零，所以在电位器用于音量控制时没有突变。然而，制造没有这种缺陷的电位器并非易事。通常让接通和断开电阻保持在总电阻的1%以下。这个值很小，在多数音频电路及类似的应用中都无法察觉。

5. 电位器的标签

与电阻元件用一个字符串来表示电阻元件的总阻值（如100kΩ、1MΩ）类似，电位器上通常印有代码字母来表征其电阻特性曲线。如今，大部分电位器都是按照被亚洲制造业组织采用的简化特性编码系统进行标记的：

- A为对数分布特性
- B为线性分布特性

然而，在某些老设备上，可能还可看到按照早期编码系统标记的电位器：

- A为线性分布特性
- C为对数或音频特性
- F为反对数分布特性

注意可能混淆的原因。

6. 电位器的注意事项

使用电位器时，不要超过电位器的额定电流和额定电压。在滑动触头和电阻的某个固定端施加一个恒定电压并减小阻值时，会使触头的电流超过其最大额定值，进而烧毁滑动触头。注意，大多数可变电阻的额定功率都基于如下假设：功率均匀地分布在整个元件上。只需要元件的一半来承受元件的额定功率时，电位器可能只能坚持很短的时间；只需要元件的1/4来承受相同的功率时，电位器很快就会烧毁。另外，一些微调电位器未设定为大直流电流通过触头。这个直流电流即使是1mA，也能引起电子迁移，导致断路或噪声等不可靠的触头动作。碳电位器没有这种缺陷。

7. 数字电位器

数字电位器和可变电阻基本相似，其阻值由数字输入端输入的一组数码设定。它的内部电路中有一组数控开关，用于增加或减少多晶电阻元件的数量。根据输入的数码，部分或全部电阻单元可加入串联电路，以达到期望的阻值。某些电位器非常先进，允许将滑动触头的位置记入存储器。另一些电位器可用控制信号来使电阻增加或减少给定的量。数字电位器可作为三端器件或双端器件。最普通的是三端器件，在这种情况下，它就像一个分压器。作为双端器件使用时，将电位器用作电流控制器，如控制流过二极管的电流。在许多与数字电路连接的模拟电路中，使用这些器件非常方便。例如，放大器的增益由反馈网络中数字电位器的阻值控制；又如，滤波器中使用数字电位器代替传统电阻，以设置截止频率。一旦涉及微控制器，购买这类器件就是值得的。

3.6 电容

在电子学领域中，电容（见图3.59）的功能很多，其中的一个主要功能是存储能量，外加电流中的电荷被存储在电容中，此后又以电流形式释放到电路中。充放电的速度可用与电容串联的电阻来控制。这种情况经常出现在大电流放电电路（照相机闪光灯、调速控制器等）中，还可作为小功率存储器集成电路的后备电源。

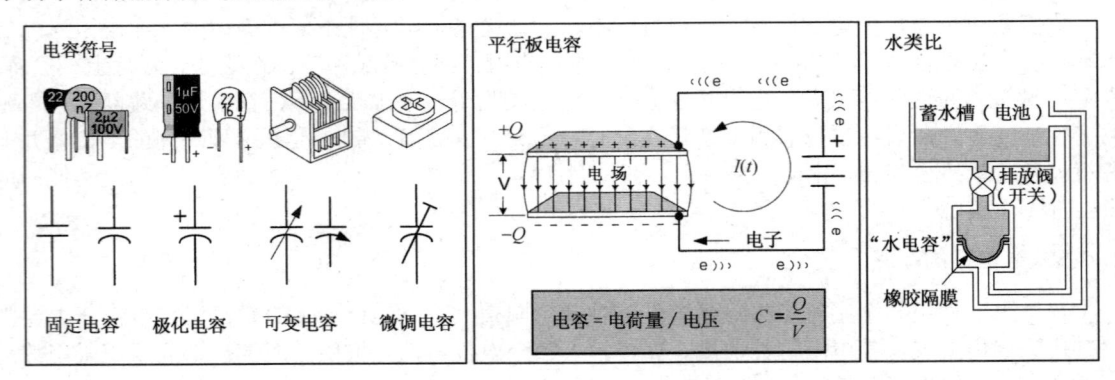

图3.59 电容形状、符号与结构

电容的第二个主要作用是，当将电容串联到信号通道时，它会屏蔽直流信号而只允许交流信号通过，这样使用的电容称为直流屏蔽电容或交流耦合电容（见图3.60）。对于直流，电容的阻抗相当于无穷大，不允许电流通过，即复合信号中的直流成分将不允许通过。然而，对于交流信号，电容的阻抗又变成有限值，值的大小要看信号的频率。理论上，频率越高，阻抗越小。因此，串联电容用于耦合两个电路，屏蔽不需要的直流成分，并控制不同频率的信号通过，即可以控制衰减对象。

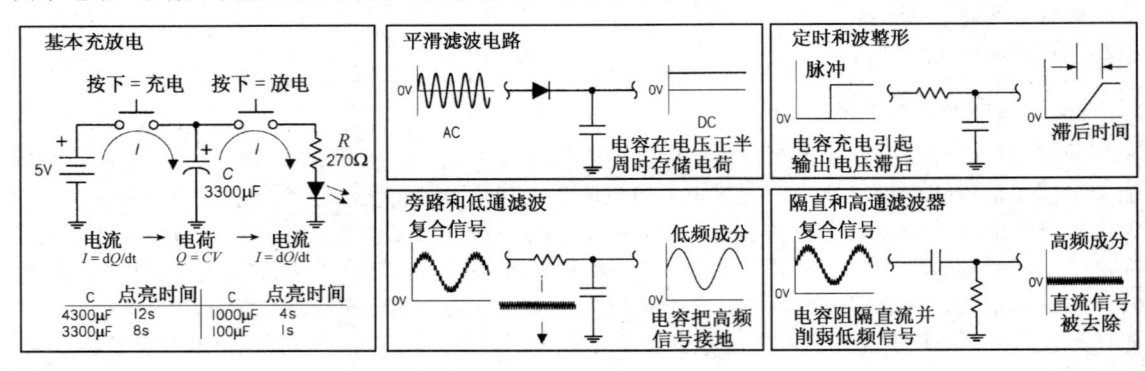

图3.60 电容的基本应用

将电容并联到信号通道（如一端接地）时，其作用与耦合电容的正好相反。这时，它相当于去耦电容，只允许直流成分通过，将高频信号成分屏蔽——对高频信号，电容就是一个低阻抗的接地通路。这种起分流作用的电容与特殊电路元件并联屏蔽无用的交流成分。去耦与分流装置的作用如下：消除随机高频杂波，消除由随机噪声引起的电源电压波动，消除电路中其他电路元件产生的冲击电流。无去耦与分流电路时，很多灵敏电路，尤其是那些高度集成的数字逻辑集成电路，工作将失常。

电容也可用在无源和有源滤波电路中，如LC谐振电路、RC谐振电路等。在这些应用中，外加频率改变其阻抗响应。本节的后面将仔细讨论电容的应用。

3.6.1 电容

当在电容两端外加一个直流电压V时，电容的一个金属板充电荷$Q = CV$，另一个金属板充电荷$-Q$，其中Q是电荷量，单位为库仑（C），C代表电容，数值上等于Q与V的比值。电容的单位是法拉F（1F = 1C/1V）。电容充完电后，其电压就与电源电压近似相等，这时不再有电流通过——极板的物理分离是引起这个效果的原因。

电容的容量各不相同，典型的容量范围是1pF（1×10^{-12}F）～68000μF（0.068F），它的最大额定电压也各不相同，从几伏到数千伏，具体取决于电容的类型。

实际上，电容仅仅告诉我们其能存储多少电荷。例如，在图3.60所示的电路中，4300μF的电容比100μF的电容能存储更多的电荷，因此将提供更多的能量使发光二极管亮得更久。

3.6.2 电容并联

当电容并联时，它们的容量增加，这与电阻的串联相类似：

$$C_{\text{total}} = C_1 + C_2 + \cdots + C_n \quad \text{（电容并联）}$$

可以直观地认为电容并联相当于单个电容的极板表面积增加。非常重要的一点是，电容并联后，允许外加的最大安全电压等于额定电压最小的那个电容的额定电压。电容值和额定电压通常标在电容符号的旁边，但是额定电压经常缺失，这时应根据电路的实际需要计算出这个额定值。

3.6.3 电容串联

当两个或多个电容串联时，总电容比其中任意的一个电容都小。等效电容的计算方法和并联电阻的计算方法一样：

$$\frac{1}{C_{\text{total}}} = \frac{1}{C_1} + \frac{1}{C_2} + \cdots + \frac{1}{C_n} \quad \text{（电容串联）}$$

电容串联后的耐压能力，比单个电容要大得多（总额定电压数值上等于各个额定电压之和），与之相对应的是总电容值下降——单个电容或电容的并联不能给出理想的电容值时，电容串联可能就是所要的结果。注意图3.61，电压不会平均地分配到每个电容上。每个电容（譬如C_2）上的电压是总电压的一部分，可以表示为$(C_{\text{total}}/C_2)V_{\text{in}}$。有些电路在串联电容之间分接电压。

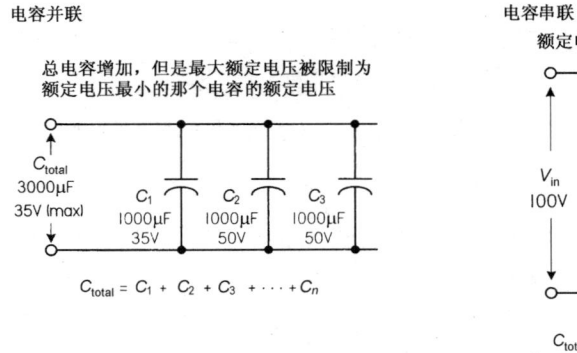

图3.61 电容的并联与串联

使用时要小心谨慎地确保串联组合中的任何一个器件都未超过额定电压。要让电容承受更大的电压值，可给每个电容并联一个补偿电阻。每伏电压使用100Ω的电阻，且要确保它们有足够的额定功率值。电容漏电阻对电压分配的影响比电容大。在串联组合中，哪个电容的漏电阻大，其所承受的电压就大。增加补偿电阻可改善这种情况。

3.6.4 RC时间常数

当一个电容连接到直流电压源上时，其瞬间即可充电完毕。同样，将已充电电容用导线短接，其也可瞬间放电完毕。然而，加上电阻后，充放电的速率呈指数分布，如图3.62所示。在很多应用中，充放电速率将受到限制，如定时集成电路、振荡器、整形电路、小功率放电后备电源电路等。

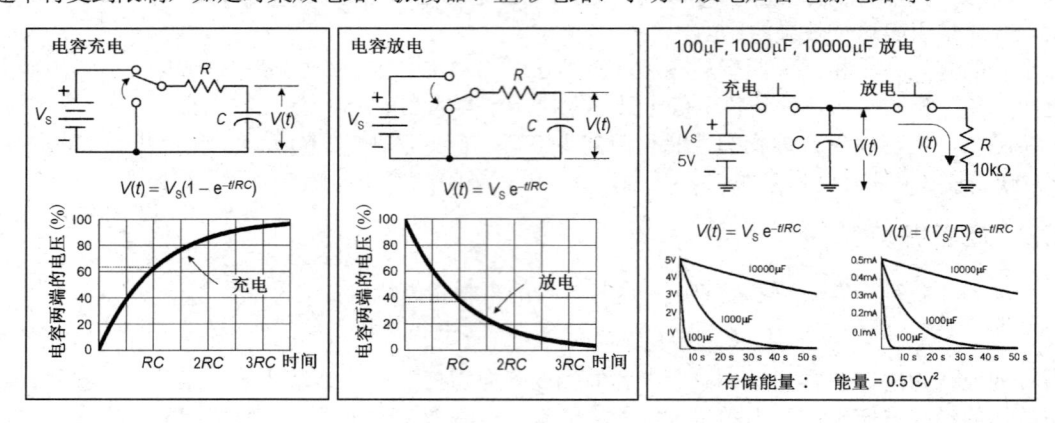

图3.62 RC时间常数

通过一个电阻给电容充电时，电容电压关于时间t的函数为

$$V(t) = V_S(1 - e^{-(t/RC)}) \quad \text{（充电过程）}$$

式中，$V(t)$是电容电压关于时间t的函数，V_S是电源电压，t是电容加上电源电压后的任意时刻，$e = 2.718$，R是电路电阻（单位为欧姆），C是电容（单位为法拉）。理论上，充电过程永远不会结束，但是最终充电电流下降到无法测量的数值。习惯上设$t = RC$，此时$V(t) = 0.632V$。RC称为电路的时间常数，且在时间常数后电容充电完成63.2%。习惯上用希腊字母τ来表示时间常数，即$\tau = RC$。经过2个时间常数后（$t = 2RC = 2\tau$），电容充电到86.5%。经过3个时间常数后，电容电压达到电源电压的95%，如图3.62中的曲线图所示。经过5个时间常数后，认为电容充电完毕，这时电容电压达到电源电压的99.24%。

当电容放电时，电压关于时间的函数是

$$V(t) = V_S e^{-(t/RC)} \quad \text{（放电过程）}$$

这个表达式和前面的充电表达式互逆，经过1个时间常数后，电容电压下降63.2%，即此时它的电压是电源电压的37.8%。经过5个时间常数后，认为电容完全放电，它的电压下降99.24%，换言之，它现在的电压是电源电压的0.76%。

3.6.5 电容性电抗

电容的充电量与电容和外加电压成正比（$Q = CV$）。在交流电路中，电容在电路中反复充电，充电速度与电压、电容和频率成正比。将电容放到交流电路中后，它就类似于电阻，但由于没有热量产生，它被定义为容抗。容抗的单位也是欧姆（和电阻一样），在特定频率下，计算电容容抗的公式为

$$X_C = \frac{1}{2\pi f C} \quad (容抗)$$

式中，X_C为容抗（单位为欧姆），f为频率（单位为赫兹），C为电容（单位为法拉），$\pi = 3.1416$。常用ω（角频率）代替$2\pi f$。

值得注意的是，虽然容抗的单位是欧姆，但在容抗上无能量消耗。电容在这半个电压周期存储能量，在下半个周期则将存储的能量全部返还给电路。换句话说，在一个电压周期内，电容消耗的能量为零，如图3.63中的特性曲线所示。

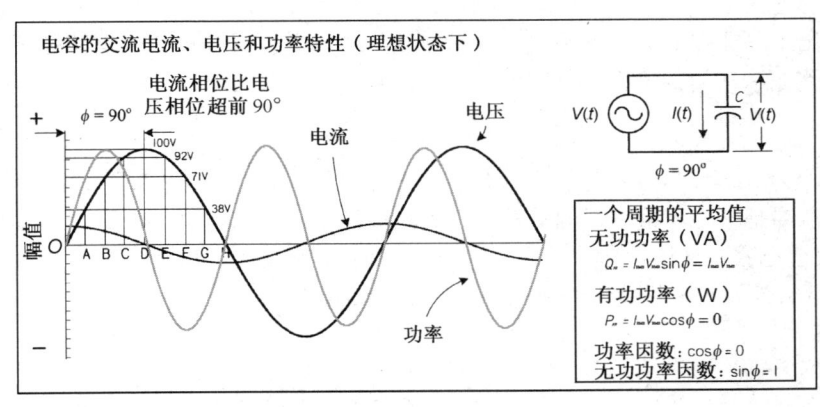

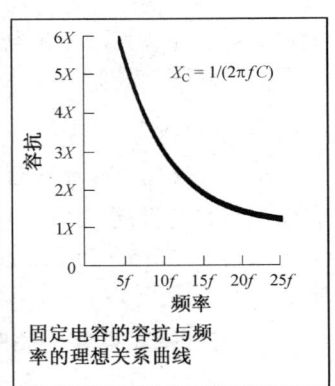

图3.63 电容伏-安与功率特性曲线

例如，当220pF电容的外加激励的频率为10MHz时，其容抗为

$$X_C = \frac{1}{2\pi \times (10 \times 10^6 \,\text{Hz}) \times (220 \times 10^{-12}\,\text{F})} = 72.3\,\Omega$$

显然，随着频率或电容的增加，电抗减小。图3.63中的特性曲线显示了容抗与电容的反比关系。实际电容不会恰好有这样的特性曲线和公式，而是存在寄生效应的结果。

3.6.6 实际电容

电容的类型很多，可用在不同的场合。选择正确的电容较为复杂，这主要与实际电容的非理想特性有关（见图3.64）。它们包含明显的不完善性或寄生效应，因此将影响特定电路的性能。有些电容的内部结构会使得其具有较大的电阻性或电感性成分。还有一些电容表现为非线性或包含介质吸收效应。当选择电容时，电容寄生效应很大程度上起决定性作用。

四个主要的非理想电容参数是漏阻抗（并联电抗）、等效串联电阻（ESR）、等效串联电感（ESL）和介质吸收。图3.64显示了实际电容的模型，其特性及其他参数将在以下各节中解释。

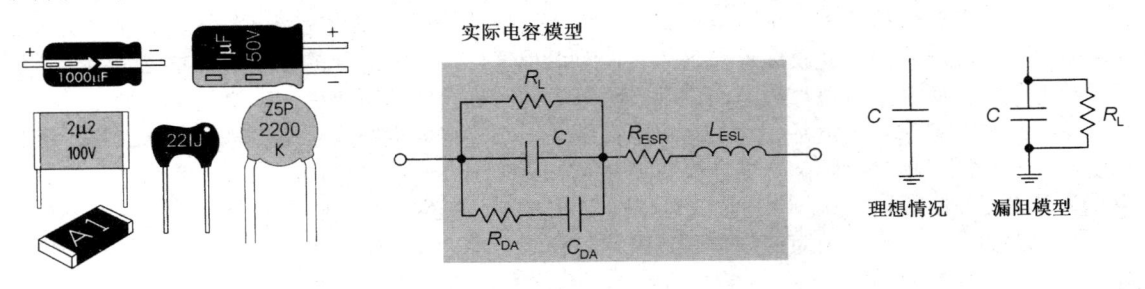

图3.64 实际电容的等效模型

3.6.7 电容详述

1. 直流工作电压（DCWV）

直流工作电压是指可以加到电容上的最大安全直流电压，以防止电介质被击穿——击穿状态是指电介质被击毁后，在两个极板之间形成的一个低阻抗的电流通路。除非在额定值范围之内，否则将电容直接连到交流输电线路中是危险的。带有直流额定值的电容可能使交流线路短路。因此，一些厂商生产特定额定值的电容，用于交流输电线路。在交流中使用时电容时，交流电压的峰值不能超过直流工作电压，除非额定值另有说明。换句话说，交流电压的有效值应是其峰值电压的0.707倍或更低。很多电容会进一步降低其额定值，以满足操作频率的增加。

2. 电容泄漏（RL）

电容泄漏是指内部泄漏，参见实际电容模型，泄漏速度由时间常数R_LC决定。在交流耦合应用、存储应用和高阻抗电路中，泄漏是一个非常重要的参数。以高泄漏闻名的电容是电解电容，每微法的泄漏电流为5~20nA。这些电容不适用在存储或高频耦合中。较好的选择是薄膜电容，如聚丙烯或聚苯乙烯电容，这种电容的泄漏电流极低——典型绝缘电阻超过$10^6 M\Omega$。

3. 等效串联电阻（ESR）

这是一个数学概念，单位为欧姆。在特定频率下，电容产生的所有允许损耗（电容导线、电极、介电损耗和泄漏的阻抗），可等效地表示为单个电阻与电容的串联。当流过交流大电流时，高等效电阻会使电容消耗更多的功率（损耗），这会降低电容的级别，还可能造成严重后果，在射频和电源解耦应用中表现为挟带高脉动电流。然而，在高阻抗、低层次的模拟电路中，它不太可能产生重大影响。等效串联电阻可用下式来计算：

$$ESR = X_C/Q = X_C DF$$

式中，X_C为容抗，Q为品质因数，DF为电容的耗散系数。知道ESR后，就可计算出电容内部发热所消耗的功率。假设已知正弦波的电流有效值（RMS），则$P = I_{RMS}^2 ESR$。因此，有损耗的电容呈现高容抗，且对信号功率有很大的干扰。在大电流、高性能的应用中，使用低等效串联电阻（ESR）的电容是必要的，如电源和大电流滤波电路。等效串联电阻（ESR）越低，载流能力就越强。只有云母和薄膜类等不多的电容类型具有低ESR。

4. 等效串联电感（ESL）

电容的等效串联电感（ESL），是指与电容极板的等效电容相串联的电容导线的自感应。与等效串联电阻一样，等效串联电感在高频电路中也可能成为严重的问题（如射频），即使是在使用直流电或低频的精确电路中。原因是类似电路中的晶体管可能获得几百兆赫兹（或几千兆赫兹）的频率，在感应系数较低的情况下，也能增强谐振。这就使得在高频情况下电路终端的功率供应减弱。电解的、纸的或塑胶薄膜电容在高频时，对退耦来说是无从选择的；它们基本上是由塑料薄膜或纸电介质将两张金属薄片隔开，再卷成轴组成的。这种结构对自感应来讲是可观的，且在频率为几兆赫兹时更像一个电感。对于高频退耦装置，单片集成电路陶瓷电容是合适的选择，因为它们具有非常低的串联电感。它由金属薄膜-陶瓷电介质-金属薄膜这样的多层三明治结构组成，薄膜和母线而非串联轴平行。单片集成电路陶瓷电容可能有颤噪声（如灵敏的颤动），有些有自共鸣，有较大的品质因数，因为低频串联电阻伴随着低自感。盘状陶瓷电容经常用到，尽管费用较低，但常处于相当的感应状态。电容中导线的长度及其结构决定了电容的自感应和谐振频率。

5. 耗散系数（DF）

耗散系数常用所有损失形式（电介质和阻抗）与容抗比值的百分数来表示，也可视为每个周期耗散的能量与同一个周期的能量存储的比值，还可表示为所用电压的同相电流成分与无功电流成分的比值。当然，耗散系数也等同于电容的品质因数Q的倒数，这也常被列入生产商的数据列表。仅在特定频率下给出的耗散因数才具有意义。较低的耗散系数表示在其他条件相同的情况下，功率耗散较小。

6. 介质吸收（DA）

单片陶瓷电容在高频退耦方面的性能是卓越的，但却有相当大的介质吸收，这一点使得它们不适合用在采样保持放大器的保持电容上。介质吸收是介质内部电荷分配的迟滞现象，它可使电容迅速放电，之后断开的电路出现部分电荷重新恢复的现象。因为恢复的电荷总量是以前电荷的函数，所以会影响电荷存储，造成使用保持电容的采样保持放大器出错。介质吸收可以假设是电容介质中存储电荷的百分比，且与金属薄片表面成反比；它近似等于自我充电电压的等效值与放电之前电压的比值。低介质吸收电容的介质吸收小于0.01%，适合采样保持放大器，包括聚酯、聚丙烯、聚四氟乙烯电容。

7. 温度系数（TC）

温度系数表示电容随温度变化的改变值，用每摄氏度百万个变化部分线性关系表示，或者表示成特定温度范围内所对应电容改变量的百分比。大多数薄膜电容是非线性的，因此它们的温度系数经常表示为一个百分比。温度系数是电容设计中当高于或低于25℃运行时的重要因素。

8. 绝缘电阻（IR）

绝缘电阻是在稳定条件下直流电流流入电容时所测得的电阻。对薄膜和陶瓷电容来讲，绝缘电阻常用给定的设计和电介质的兆欧-微法表示。电容实际电阻可通过电容除以兆欧-微法获得。

9. 品质因数（Q）

品质因数是每个周期内的存储能量和耗散能量之比，即$Q = X_C/R_{ESR}$。从某个方面说，Q值就是品质因数，指的是每个周期内电路元件存储能量的能力与它耗散能量的比值。热能转化的比例一般情况下和功率及所用能量的频率成正比。然而，输入介质的能量会削弱与电场频率和材料耗散因数成正比的比值。因此，如果一个电容在整个过程中存储了1000J的能量，消耗了2J的能量，那么其品质因数Q就是500。

10. 波纹电流有效值（I_{RMS}）

波纹电流有效值是给定频率下放大器中最大的波纹电流有效值。

11. 电流最大峰值（I_{PEAK}）

电流最大峰值是在25℃时放大器中输入非重复脉冲的电流的最高峰值，且无脉冲时有足够的冷却，不会造成过热现象。

12. 实际电容的特性曲线

图3.65(a)所示为容抗与频率的关系，实际电容并不能完全体现电容性。它们也有电感应和影响到其阻抗的阻抗元（ESR，ESL）。如图3.65(a)所示，随着频率的增加，电容的自谐振频率也增加，阻抗到达最小值，等于ESR。除去非理想感应电抗特性，超过该频率会导致阻抗增加。对许多

仪器来讲，串联电容的谐振频率设为频率的上限，尤其是当电容的电压和电流关系的相位角保持在90°附近时。电容构造的类型和导线长度影响自感应，因此可以改变谐振频率。挑选退耦电容时，生产商给出的这类图表是有用的。

图3.65(b)显示了不同电容的绝缘电阻随温度变化的曲线。

图3.65(c)显示了不同电容的温度特性。注意这种HiK陶瓷电容的特殊曲线，在温度灵敏的应用中，要特别注意这类电容。NPO陶瓷电容具有最好的温度特性，其次是薄膜电容、云母电容和钽电容。

图3.65(d)显示了各种电容的介质损耗因数与温度的关系。

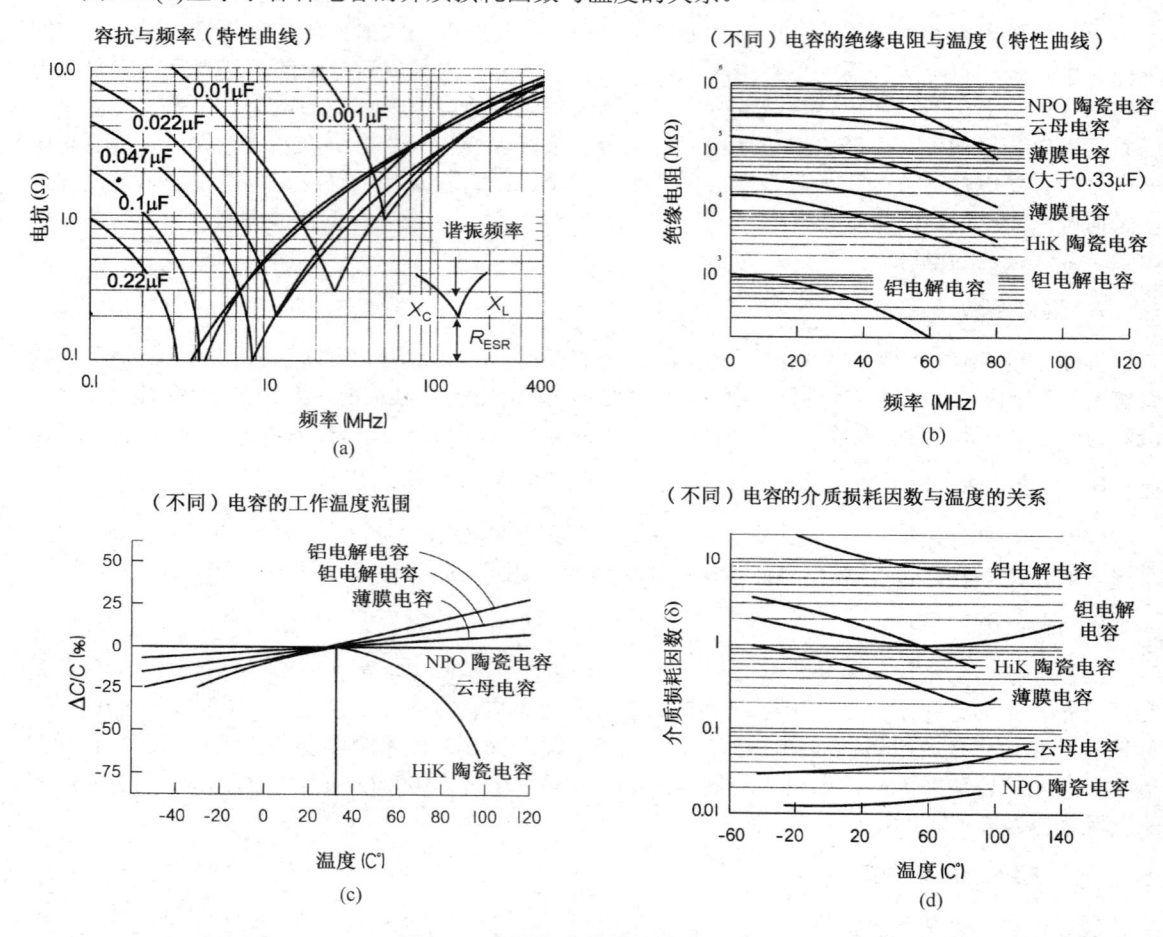

图3.65 实际电容的特性曲线（续）

3.6.8 电容的类型

下面仅简要介绍一些常用的电容，详细介绍见表3.7。

1. 补偿电容（可调）

补偿电容使用陶瓷或塑料电介质，典型容量在pF范围内。补偿电容上常印有电容范围，且用如下颜色标注：黄色（1～5pF）、米色（2～10pF）、棕色（6～20pF）、红色（10～40pF）、紫色（10～60pF）、黑色（12～100pF）等。它们常用在微调敏感电路或延时补偿电路中。

2. 空芯电容（可调）

空气是最接近理想曲线的电容电介质。与使用其他电介质的同价值电容相比，空芯电容的体积较大。在很宽的温度变化范围内，它们的容量非常稳定。漏电损失也很低。因此，它具有很高的质量。要改变电容容量，可通过机械调节旋钮改变平行极板的有效表面积。调节电容主要用在无线电调节应用中。

3. 真空电容

真空电容既有容量可变的，又有容量不可变的，主要根据最大工作电压（3～60kV）、容量（1～5000pF）和工作电流来分类。在大多数应用中，损失可以忽略。真空电容的漏电控制非常好，主要用在高电压设备中，如射频发射器。

4. 铝电解质电容

铝电解质电容的箔电极板间的空隙中填充有化合物。加电压后，箔板上的化学反应形成一层绝缘物质。电解电容的容量大，体积小，价格合适，因此应用广泛。铝电解质电容漏电严重，耐压性能差，温漂大，且有较高的自感，仅用在低频设备中。铝电解质电容的容量为0.1～500000μF。铝电解质电容非常普遍，几乎用在所有类型的电路中，原因是其价格便宜用易于采购，适用于滤波和大电量存储。然而，工作电压过大或电极颠倒时，电容会爆炸。换句话说，"–"极应接到低电压端。这也意味着电解质电容两端的电压必须是直流电压。将交流电压加到电解电容的两侧时，一定要确保交流峰值不能超过其直流电压的上限。铝电解质电容不适合高频耦合应用，因为它们的绝缘阻抗较差，且有自感应。实际应用中直流电势远低于电容的工作电压时，电解电容也不适用。这种电容的应用包括供电电源的滤波、音频耦合和旁路等。现在，也有无极性的电解电容，但与有极性的电解电容相比，这种电容的价格高且体积大。

5. 钽电解质电容

钽电解质电容是用钽五氧化物制成的。如电解电容那样，它们也被极化，因此要注意正负极。它们更小、更轻、更稳定。和铝电解电容相比，它们的漏电小，自感应低，但价格较高，最大工作电压和容量较低，且易受电流尖峰的损害。由于上述的最后一个原因，钽电解电容主要用在高尖峰电流干扰很少的模拟信号系统中。钽电容不适用于存储和高频耦合，因为它们的绝缘阻抗差和自感应低。和电解质电容一样，在实际应用中，当直流电势远低于电容的工作电压时，钽电解质电容也不适用。钽电解质电容的应用包括隔直、旁路、去耦与滤波等。

6. 聚酯薄膜电容

聚酯薄膜电容合适薄聚酯薄膜作为电介质。这种电容没有聚丙烯电容的耐压性能好，但具有很好的温度稳定性，使用普遍且价格便宜。容差度为5%～10%。因为具有高隔离阻抗性能，所以对耦合与储电应用是较好的选择。聚酯薄膜电容通常用在高频回路及音频和振荡回路中。

7. 聚丙烯薄膜电容

聚丙烯薄膜电容采用聚丙烯薄膜作为电介质，主要用在要求比聚酯薄膜电容所能提供的更高耐压性能的场合。容差度为1%。因为具有高隔离阻抗性能，所以对耦合和储电应用是很好的选择。这种电容对100kHz以下的频率有很好的容量稳定性。聚丙烯薄膜电容主要用于噪声抑制、隔直、旁路、去耦、滤波和定时等。

8. 镀银云母电容

镀银云母电容在云母电介质的表面上镀了一层薄银，具有非常稳定的时间响应性能（容差度为1%甚至更小），且温度系数好、寿命长。但是，这种电容的容量小且价格昂贵。由于其较好的温度稳定性，主要用在谐振回路和高频滤波器中。优良的绝缘性也使得其在高电压回路中得到了应用。对于振荡器，它们的温度系数不能像其他类型的电容那样低，且已知某些镀银云母电容的温度系数并不稳定。

9. 陶瓷电容（单层）

陶瓷电容采用钛酸钡作为电介质。这种电容的内部结构不是卷状的，所以自感应低，且非常适合高频应用。与电解电容一样，它们是应用最广泛的电容。陶瓷电容有三种基本类型。

超稳定电容或温度补偿电容是最稳定的电容之一，由钛酸盐的混合物制成，有着可预测的温度系数，且通常无老化特征。最流行的超稳定陶瓷电容是NPO（±0ppm/℃）或COG（EIA设计）；其他的包括N030（SIG）和N150。这些电容的温度系数定义为每度变化百万分之几。要计算电容随温度变化的最大值，可用下面的等式计算。下面用一个容量为1000pF、温度为35℃的电容（比标准参考温度25℃高出10℃）的变化加以说明：

$$电容变化（pF）= \frac{C \cdot TC \cdot \Delta T}{1000000} = \frac{1000pF \times \pm 30ppm \times 10}{1000000} \pm 0.3pF$$

因此，温度每变化10℃，1000pF电容的电容值就变为1000.3pF或999.7pF。超稳定电容适用于温度变化特别大而质量要求特别高的情形。滤波网络和大多数电路、调节和定时相关的电路，以及各种各样的谐振电路，一般也需要超稳定电容。在补偿随温度漂移而产生的频率漂移方面，它们特别适用于振荡器结构。表3.7中给出了电容的比较。

半稳定电容 它们并不像超稳定电容那样有稳定的温度，而有更高的静电电容。所有半稳定电容在温度、工作电压（交流和直流）和频率变化时，电容值都发生变化。这些电容特别适合要求高电容值而对随温度变化稳定性不是很关注的应用。半稳定电容的温度系数用百分比描述。因此，一个1000pF的X7R型号的电容，当其温度系数是±15%时，温度超过或低于25℃时的电容值将是1150pF或是850pF。（美国）电子工业联合会对温度系数的说明如下：第一个参数定义温度下限（$X = -55℃$，$Y = -30℃$，$Z = 10℃$）；第二个参数定义温度上限（$5 = +85℃$，$7 = +125℃$）；第三个参数定义最高电容变化率百分比（$V = 22, -82\%$，$U = 22, -56\%$，$T = 22, -33\%$，$S = \pm 22\%$，$R = \pm 15\%$，$P = \pm 10\%$，$F = \pm 7.5\%$，$E = \pm 4.7\%$）。详细信息和应用参见表3.7和图3.66。

HiK电容 这类电容有很高的介电常数或电解电容量，但稳定性差，且有很高的电压系数，同时对振动敏感——有些类型可能会谐振，同时有相对高的质量。温漂差，电容电压系数高，分散电容电压系数高，电容频率系数高，而且老化率很大。相对陶瓷电容而言，它的自感应低，容值范围大，体积小，密度大。它们特别适用于耦合（隔直）与电源供给旁路等。它们只能用在线性系统中，因为这些系统对性能和稳定性要求不是很高。

10. 多层陶瓷电容

这些电容是针对高密度电容的需求而发展起来的，包括多层印制电极板，这些电极板由薄陶瓷片制成。这些电容比单层陶瓷电容紧密，且在一般情况下有更好的温度特性。因此，它们的价格更高。像单层陶瓷电容那么，它们也分超稳定、稳定和HiK三类。详细信息和应用，参见表3.7。

11. 聚苯乙烯电容

聚苯乙烯电容使用聚苯乙烯作为电介质。它们内部构造是卷状的，所以不适合高频应用。它们被广泛应用在滤波电路和定时应用中，而且由于绝缘电阻高的原因，在耦合、储能中也有应用。注意，一旦它们被放在温度高于70℃的地方，即使冷却也不会返回到原来的电容值。

表 3.7 电容的比较

类型	1. 直流工作电压 2. 电容值 3. 介质吸收率 4. 标准公差	绝缘电阻 1. <1μF 2. >1μF (MΩ·μF)	频率响应 1.(1=最差 10=最好) 2. 最高频率	温度范围	耗散系数 @ 1kHz, %(MAX)	稳定性 1000小时 %ΔC	优点/缺点	应 用
多层陶瓷电容 NPO	25～200 V 1pF～0.01μF 0.6% [±1(F), ±2%(G), ±5%(J), ±10%(K)]	10⁵ NA	9 100MHz	-55℃ +125℃	0.1%	0.1%	稳定性好，电感小，介质吸收率低，频率响应好；温度漂移极低，时间漂移，电压系数，频率系数，泄漏和耗散系数均非常低；价格较其他类型电容器高	由于串联电感低，非常适用于射频去耦(可达GHz范围)，高频开关电源电路；可应用在很多模拟电路中，如射频开关电源，因为介质吸收的问题，所以要避免用于采样保持电路和积分电路
稳定	25～200 V 220pF～0.47μF 2.5% [±5%(J), ±10% (K), ±20%(M)]	10⁵ 2500	8 10MHz	-55℃ +125℃	2.5%	10%	电容值范围大，电容器密度高；比其他陶瓷电容稳定性差，介质吸收率高，时间漂移显著，对振动敏感，某些类型可能发生较高Q值的谐振	最适用于耦合/去耦和电源旁路应用中，适合于对工作性能和稳定性要求不高的线性电路应用中
HiK	25～100 V 0.25pF～22μF NA [±20%(M), ±80%～20%(Z)]	10⁴ 10³	8 10MHz	-10℃ +85℃ 和 -55℃ +85℃	4.0%	20%	稳定性很差，特别是对温度变化敏感，介质吸收率差，电压系数高，不适用于高温环境，寿命短	主要用于隔直和电源旁路应用中；由于考虑到老化，温漂和电压系数的问题，其电容值将不稳定
单片陶瓷电容	50～10000V 1pF～0.1μF (同上)	(同上)	8 (同上)	-55℃ +85℃	0.1%～ 4.0%	(同上)	价格低廉，电容值范围大，通用，具有同多层陶瓷电容器一样的特性	可使用在耦合和旁路电路中，但如果接线端较长，将有相当的电感存在；内部结构没有绕线状，可以用于高频电容器的应用，参阅多层陶瓷电容的应用

(续表)

类 型	1. 直流工作电压 2. 电容值 3. 介质吸收率 4. 标准公差	IR 1. <1μF 2. >1μF (MΩ·μF)	绝缘电阻 频率响应 1.(1=最差 10=最好) 2. 最高频率	温度范围	耗散系数 @ 1kHz, %(MAX)	稳定性 1000小时 %ΔC	优点/缺点	应 用
聚苯乙烯电容	30~600V 100pF~0.027μF 0.05% ±65%	10^6 NA	6 NA	-55℃, +70℃	0.1%	2%	价格低廉,容量范围大,介质吸收率低,稳定性好,绝缘电阻大,电感大,体积大,温度大于70℃时将损坏	由于内部电感大,所以不适应用于高频电路;而适用于工作频率低于几百kHz的滤波和定时电阻;由于具有高绝缘电阻,适用于耦合和储能应用中
聚丙烯薄膜电容	100~600V 0.001~0.47μF 0.05% ±5%	10^5 NA	6 NA	-55℃, +85℃	0.35%	3%	价格低廉,介质吸收率低,容量范围大,绝缘电阻高,体积大,温度大于105℃时将损坏	由于绝缘电阻高,最适合应用于储能电路中,在100kHz频率内有很稳定的电容值,但也经常用于高频应用中;还用于隔直,消振,定时等电路中,是一种很好的通用电容器
聚丙烯金属化薄膜电容	100~1250V 47pF~10μF 0.05% [±20%(M), ±10%(K),±5%(J)]	10^5 NA	6 NA	-55℃, +105℃	0.05%	2%	体积比薄膜/箔型的电容更紧凑小巧,但是有较高的耗散系数,绝缘电阻低,最大标称电流小,交流自我修复比薄膜/箔型电容差,频率复能力比薄膜/箔型电容差,具有防止介质击穿导致的永久损坏能力	使用在一般的高频率、高电压以及噪声抑制和定时电路中;也用于开关电源、音频设备(提供高保真效果),以及很多其他电路应用中
聚酯薄膜电容	50~600V 0.001~10μF 0.5% ±10	10^4 10^3	6 NA	-55℃, +125℃	2%	10%	稳定性较好,价格低廉,介质吸收率低,容量范围大,绝缘电阻高;体积大	由于绝缘电阻高,最适合应用于耦合与储能电路中;也用于一般的高频电路中,以及高保真音频和振荡电路中

· 250 ·

(续表)

类型	1. 直流工作电压 2. 电容值 3. 介质吸收率 4. 标准公差	IR 1. <1μF 2. >1μF (MΩ·μF)	绝缘电阻 频率响应 1.(1=最差 10=最好) 2. 最高频率	温度范围	耗散系数 @ 1kHz, %(MAX)	稳定性 1000小时 %ΔC	优点/缺点	应用
聚酯金属化薄膜	63~1250V 470pF~22μF 0.5% ±20%(M), ±10%(K), ±5%(J)	10^4 10^3	6 NA	−55℃, +125℃	0.8%	NA	体积比薄箔型的电容更紧凑小巧,但是有较高的耗散系数,绝缘电阻低,最大标称电流小;具有独立的交流自我修复特性,电压-频率能力较好;与薄膜-箔型的电容器不一样,它具有防止介质击穿导致的永久损坏能力	使用在一般用途的电路应用中。如音频设备,较高工作频率、高电压的电路中;以及开关电源,隔直、旁路、滤波、定时、耦合、去耦,抑制干扰等电路中
云母电容	50~500V 1pF~0.09μF 0.3%~0.7% ±1%, ±5%	10^2 NA	7 100	−55℃, +125℃	0.1%	0.1%	射频损耗低,等效电感低,很好的温度稳定性,容差度可达到1%;电容值较小,价格高	是一种很好的电容器,特别是在射频电路的应用中;由于有很好的稳定性,可用于谐振和高频滤波电路中;其高绝缘性可用于高压电路中
多层玻璃电容	50~2000V 0.5pF~0.01μF ±0.05% ±1%, ±5%	10^5 NA	9	−75℃, +200℃	0.2%	0.5%	介质吸收率低,工作温度范围大,射频电流能力强;稳定性非常好;但在高频下,Q值的稳定性极低	使用在军事应用和高端的商业领域,其应用很广泛:高温电路,调制解调器,射频放大器输出滤波电路,可变频率振荡器,放大器耦合,采样保持,晶体管偏置,线性积分,电压消振等电路

· 251 ·

(续表)

类型	1.直流工作电压 2.电容值 3.介质吸收率 4.标准公差	IR 1. <1μF 2. >1μF (MΩ·μF)	绝缘电阻频率响应 1.(1=最差 10=最好) 2.最高频率	温度范围	耗散系数 @ 1kHz, %(MAX)	稳定性 1000小时 %ΔC	优点·缺点	应用
铝电解质电容	4~450V 0.1μF~1F 高 ±100%,-10%	NA 100	2 NA	-40℃, +85℃	8% 120 Hz	10%	耐压高、电流大、体积小、稳定性很差、电感大。有极性,如果极性接反将是很危险的	由于绝缘电阻低和电感大,故不适用在储能和射频电路中,通常用于直流电源的旁路应用中,也可用于低频信号的旁路和电源滤波中,但在高音频旁路和电源滤波中将有很大的损失
钽电解质电容	6.3~50V 0.01~1000μF 高 ±20%	10² 10	5 0.002 MHz	-55℃, +125℃	8%~24%	10%	耐压高、体积小、电感中等,比铝电解的等效质量温度稳定性好,较高的电解电容泄漏,有极性,价格高,稳定性差、精度差	由于绝缘电阻低和电感大,故不适用在储能和射频电路中。在几MHz以上的频率时,它的性能更像一个电感而不是电容。可用于隔直、旁路、去耦,在定时电路中,通常使用在电源中作为波纹滤波器或作为旁路低频信号的滤波器
超级电容(双层或多层电容)	2.3V,5.5V,11V等 0.022~50F 高	NA	NA	-40℃, +70℃	NA	NA	电容值巨大,功率输出高。呈现出相对高的等效串联电阻,所以不建议使用在直流电源中作为波纹吸收电路;低泄漏,但温度稳定性差	启动电路的应用(继电器线圈启动),发光二极管和电子蜂鸣器等主电源,CMOS微计算机的后备电源。也可用于很多新兴趣的低功耗电路中,如大阴能机器人,进行能量储存并作为主电源。还有其他很多新的用途

· 252 ·

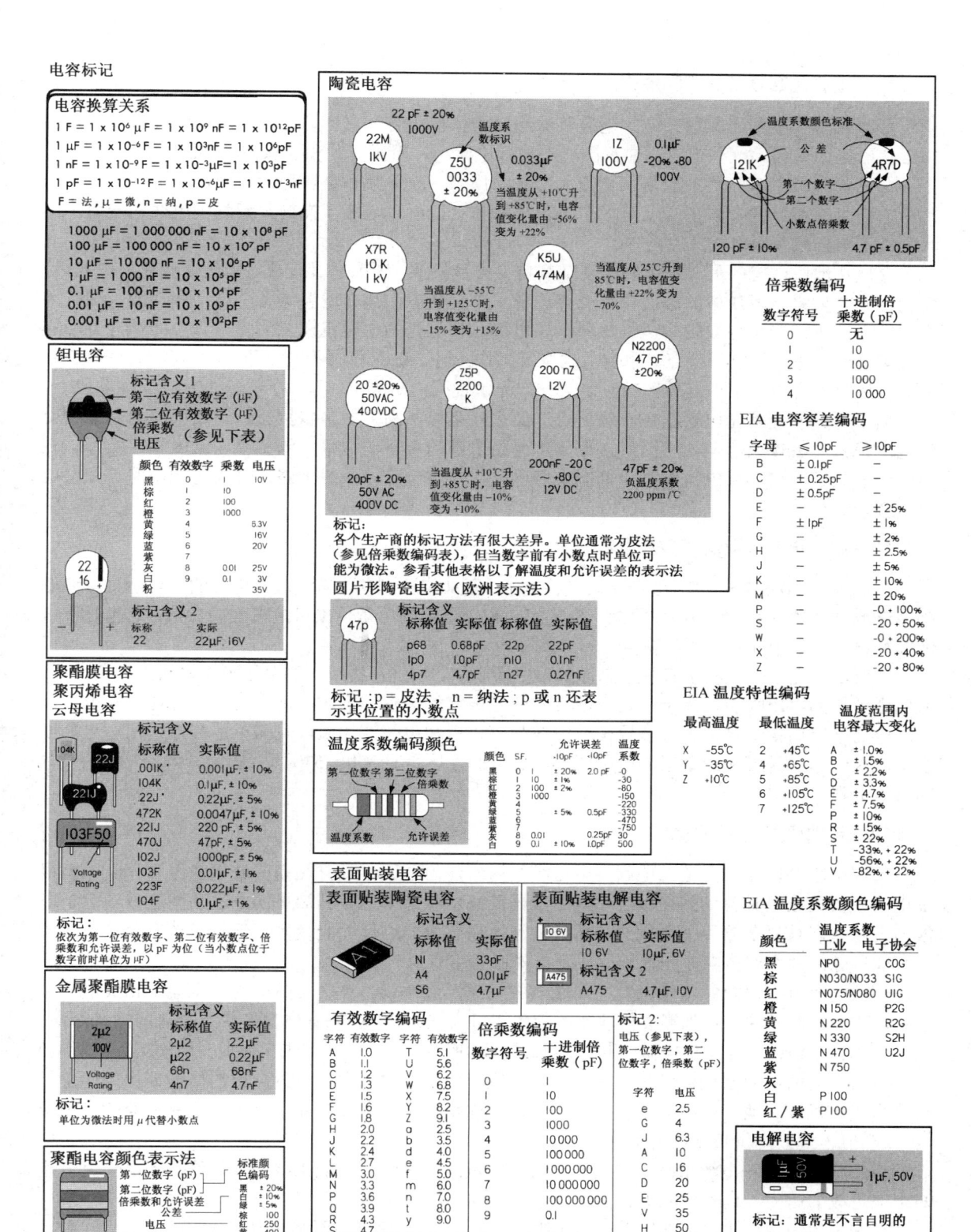

图3.66 电容标签的识别

12. 金属化薄膜（聚酯和聚丙烯）电容

金属化薄膜电容比其他类型的电容有着明显的体积优势。它们通过真空沉淀过程形成，即将薄铝片碾压成薄膜。这些电容用在那些弱信号（电流小、阻抗高）和要求体积小的场合。

金属化薄膜电容一般不适用于交流大信号的场合，而薄膜和金属薄片电容却适合这种应用，因为它们具有很厚的金属薄片，可以带走聚集的热量，所以降低了损耗，延长了电容的寿命，并且降低了对耗散系数（DF）的影响。

金属化薄膜电容的另一个主要优点是其自身修复特征，因为它具有非常薄的金属化材料电极，无论何时，如果电解质中的裂痕或暇疵点造成了不良状态，那么电容储备的电子和伴随的回路都会立即在瑕疵点产生雪崩效应，气化薄金属电极，被气化的电极将在以暇疵点为中心的地方形成气化集合面，进而修复暇疵点，电容再次恢复工作。这个效应称为清除，即一种自我修复的过程。在非金属化电容中，出现这种情况时，会导致无法挽回的后果。

由于部分非金属化电容存在一些缺点，如损耗系数不高、绝缘阻抗较低、最大电流和最大交流电压载频能力较低等，相对而言，金属化薄膜电容的质量非常好，漂移小，温度稳定性好，主要适用于高频电路、大电流电路、抑制噪声电路、定时电路、报警电路、开关电源电路、旁路电路、音频电路等。

13. 超级电容（双层或多层电容）

超级电容（0.022～50F）可存储大量的电子，是非常典型的电容。这种电容的储电量可接近低强度电池电量的1/10。然而，与电池不同的是，超级电容的电量输出可达电池的10倍，这也是大电流脉冲设备的一个非常有用的特点。

超级电容在一个电极上有两个悬浮的多空渗水板，加到正极板上的电压吸引极板上的负离子，而负极板上的电压吸引正离子，这样就有了两层电容性的存储层，一层电荷被隔离在正极板上，一层电荷被隔离在负极板上。传导橡胶电极含有极板和电解液物质，且与电池相连。几个电池堆叠串联在一起，就可达到期望的电压范围，典型的电压是3.5V和5.5V，可作为3.3V或5V电子设备的后备电容（电源）。

14. 电池/超级电容的比较

超级电容可以非常快地充电到其电压等级内的任何电压，且可在完全放电状态下存储，但很多电池在快速充电时会受到损害。超级充电器的充电状态不过是其简单的电压功能之一，但是电池的充电状态是复杂的和不可靠的。虽然电池比超级电容存储的能量多，但超级电容会频繁地发射高能量脉冲，而许多电池在这种情况下将降低使用寿命。

超级电容可在电池和常规电容之间充当中间电源或桥梁。许多实际应用都得益于超级电容，包括从需要短时脉冲能量到需要低功率的应用，可为低损耗CMOS存储器提供几个月的能量消耗。当它们单独应用或者与其他电源一起应用时，表现非常出色，譬如在快充应用（电动工具或玩具）中，可为不间断电源系统提供短期支持，在这些应用中，超级电容可为短期的停电期提供能量，也可为发电机或其他持续的后备电源提供接续的能量。它们还可为能量充裕但电能欠缺的能量源（如太阳能电池）提供负载级能量。

将超级电容放入电池系统后，它们可通过为电池提供峰值电能来缓冲和补偿因提供峰值电能对电池造成的压力，延长电池的整体寿命。

超级电容表现出了很高的等效串联电阻（ESR），因此建议不要用在直流电源的波纹吸收中。

15. 油浸电容

油浸电容用在高电压、大电流应用场合，这些应用会产生很多的热量，而油可以冷却电容。

具体应用包括感应加热、高能脉冲、整流、设备旁路、点火、频率变换、高电压滤波、限流、耦合、火花发生器等。电容的工作电压为1～300kV，电容量的范围是100pF～5000μF，特别之处是封装体积很大。

16．阅读电容标签

标注电容的方法很多。有些用彩色条，有些用数字和字母组合。电容上标注有电容值、公差、温度系数、电压等级等。图3.66给出了电容的通用标签。

3.6.9 电容的应用

1．耦合与隔直

耦合电容将交流信号从一个电路传送到另一个电路，同时阻止任何直流信号通过，这由电容的阻抗特性决定——电容对直流的阻抗理论上是无穷大的，但是对于交流信号来说，随着频率的增加，其阻抗减小。有效的耦合要求电容的阻抗在期望的频率范围内尽可能低。如果不是这样，那么某些频率的信号就比其他频率受到更大的削弱。在理想情况下，对于纯阻抗负载，图3.67所示的图形可用于寻找截止频率，即−3dB频率，以及衰减和相移。

注意，在许多场合下，电容耦合的负载对频率非常敏感——电感性和电容性元件的阻抗随频率的变化而变化。譬如，图3.70显示了晶体管放大电路的输入阻抗是如何随频率的变化而变化的。耦合电容的选择决定了哪个频率的信号会被衰减，因此了解耦合时的阻抗变化非常重要。

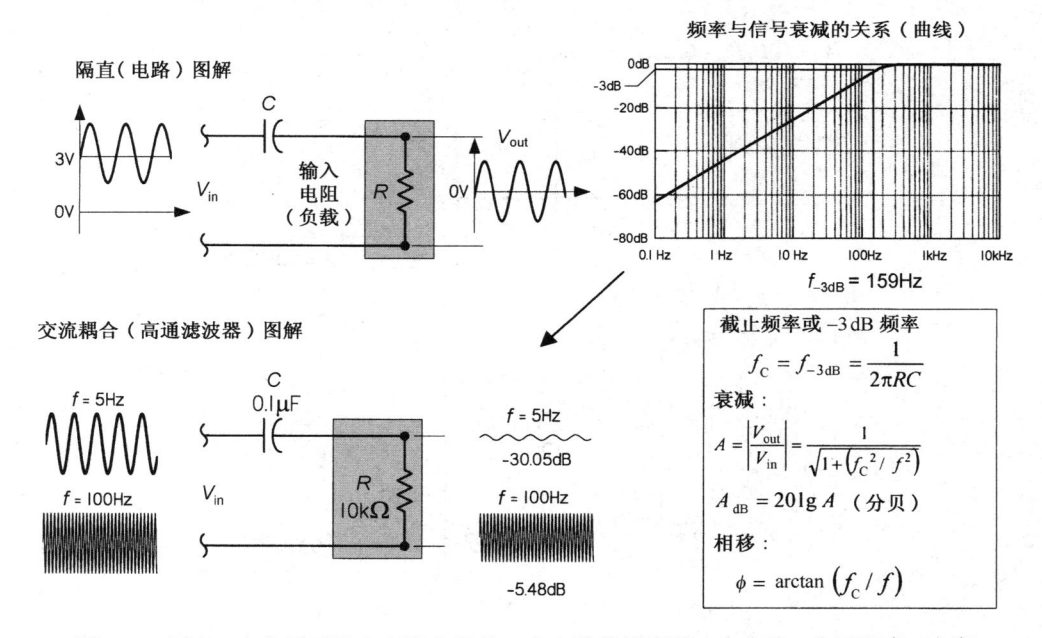

截止频率或 −3 dB 频率
$$f_C = f_{-3dB} = \frac{1}{2\pi RC}$$

衰减：
$$A = \left|\frac{V_{out}}{V_{in}}\right| = \frac{1}{\sqrt{1+(f_C^2/f^2)}}$$

$$A_{dB} = 20 \lg A \quad （分贝）$$

相移：
$$\phi = \arctan(f_C/f)$$

$f_{-3dB} = 159Hz$

图3.67　隔直：电容用于阻止直流电压从一个电路传输到另一个电路。为了隔直，电容要和电路元件串联。耦合：耦合电容用于将交流信号从一个电路元件耦合或连接到另一个电路元件，电容被串联在输入和耦合负载之间。如果负载是纯阻性的，那么衰减和截止频率（−3dB频率）可用图右侧的公式来计算，这些公式是根据理想电容建立的

选择耦合电容时，要注意电容的如下特性：绝缘电阻（IR）、等效串联电阻（ESR）、电压等级和频率响应。选择耦合电容时，可以参阅表3.7。例如，在许多音频电路应用中，聚丙烯、聚酯

薄膜电容及电解电容都是很好的选择，但是对高频高稳定性解耦电路应用而言，由于兆赫级的变化频率，它可能要求采用NPO多层陶瓷电容。

2. 旁路

旁路电容常用于将元件或元件组周围不需要的交变信号（如波纹、噪声等）转移到大地。交流信号常从交直流混合信号中移除（或大大减弱），在被旁路的元件中只留下直流信号。图3.68显示了旁路后的基本情况。

一般来说，旁路电容的阻抗应是电路元件输入阻抗的10%。

从电解电容到陶瓷NPO电容，很多类型的电容可用来旁路。所选电容取决于所需的频率响应和稳定性的类型。需要考虑的主要参数包括绝缘电阻、ESL和ESR。

在电路中，RC部分起低通滤波器的作用，它衰减到达负载或电路元件的信号中的高频成分。若$X_C < R_L$，则信号通过C而旁路R_L。若$X_C > R_L$，则信号通过R_L。换言之，电容的容抗$X_C = 1/(2\pi f C)$，所以高频时X_C很小，信号将绕过R_L而通过电容C。

图3.68中显示了基本旁路电路衰减与频率的响应关系，且通过公式可以计算出截止频率、衰减和相移。

注意，图示电路中的R不一定是物理意义上的分立元件，它可能代表的是电源线的导线电阻（通常比图中所标的阻值更小），而通过这个R可帮助构建并获得频率响应（电路）。

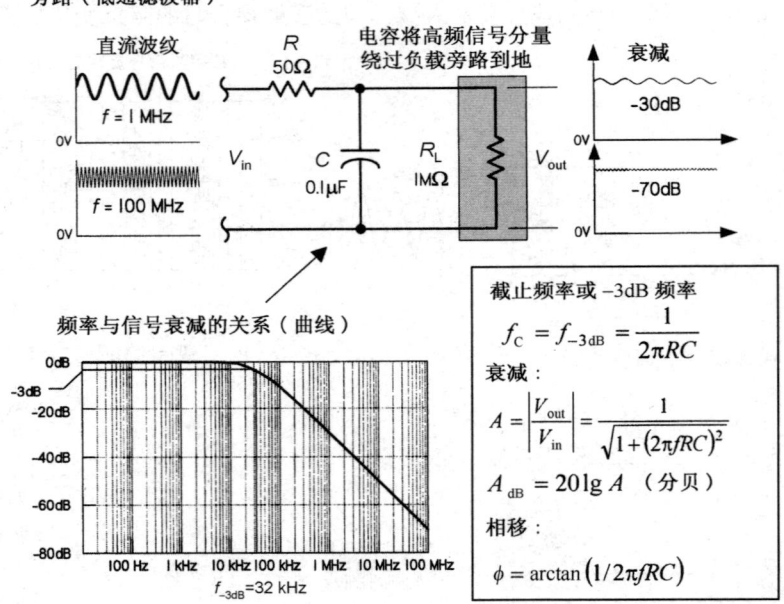

图3.68　基本旁路电路衰减与频率的响应关系

3. 电源供给解耦（旁路）

解耦在数字和模拟直流电路中已变得越来越重要。在数字电路中，任何轻微的电压变化都会导致不当的操作。例如，在图3.69中，加在V_{CC}上的噪声（供电电压的随机波动）将导致问题，即由不合适的电压加在IC的敏感电源供给端导致（有些IC在这种情况下会出错）。然而，在输入端放置一个与IC并联的旁路电容，就能将高频干扰旁路到电平地上，从而维持恒定的直流电压。旁路电容在电源供给上起解耦IC的作用。

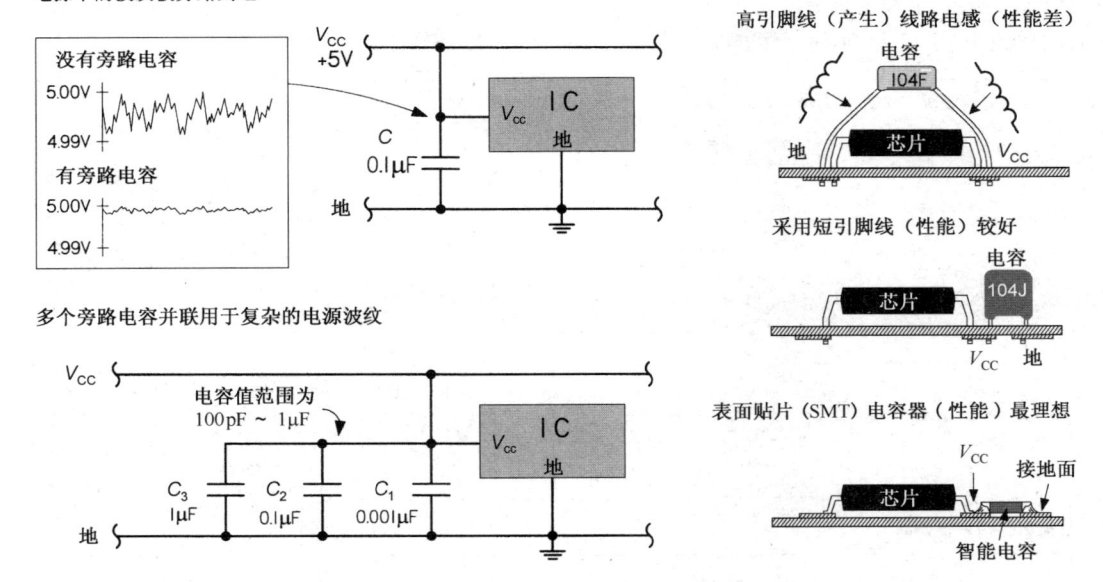

图3.69 上图所示电路使用一个0.1μF的去耦电容去除直流电源中的高频瞬态成分；下图所示电路使用多个不同电容值的电容处理宽范围的高频瞬态成分

注意，电源电压的波动并不是单纯由随机低压波动造成的，也可能是由大电流切换引起的电压波动造成的，且这种大电流切换还会引起电源线的电流突变。这些设备吸引的电流越多，电源线电流波纹就越大。因此，继电器和电动机开关动作后导致的结果并不好（这些设备与反馈二极管或某些瞬时抑制器通常相连，以限制瞬间响应的突变，但切换后的低压高频干扰仍会影响到电源线）。鉴于两个晶体管同时开启的暂态效应，甚至TTL和CMOS集成电路在电源线中都会产生尖峰电流。5V供电端子间的阻抗会限制供电电流，但很快这个阻抗就会变小，且瞬时电流会增加到100mA。由于设备开关的快速切换，这些瞬时电流通常含有高频成分。电流尖峰扩散到电源分布系统后，就会产生10～100mV的电压尖峰。更糟的是，当所有线路都改变状态时，这种效应会更加明显，产生高达500mV的尖峰电压并扩散到电源线中。这种瞬时响应将严重破坏逻辑电路的正常工作。

注意，供电电源和分布系统是非理想的（电线、PCB总线等）。供电电源有内阻，线路分布系统（电线、PCB线路等）也含有许多小阻抗、自感和电容。根据欧姆定律可知，分布式设备的任何电流突发响应都会导致供电系统的电压不稳定。

4．解耦电容的选择和设置

需要旁路的地方 高时钟频率逻辑电路和其他敏感模拟电路都需要为供电电源解耦。一般来说，每个数字芯片都可以使用一个0.1μF的陶瓷电容，每个模拟芯片都可以使用两个0.1μF的陶瓷电容，每8个IC或一排IC都可以使用一个1μF的钽电容，但电容也可配置得少一些。旁路电容最好放在和电源连接的位置上。当电源线连接到另一块板子上或者长导线上时，最好放置一个旁路电容，因为长导线的作用相当于感应天线，它可从任何磁场中接收电噪声。具体做法是在电线两端各接一个0.01μF或0.001μF的电容。

电容的放置 电容的放置对高频解耦而言至关重要，电容越靠近集成电路就越好，要接在电源端和地端之间，且要保证线路有较宽的尺寸（印制电路）。布线顺序是从设备到电容，再到电源端。电容的引线长度必须小于1.5mm；即使是少量的电线，也会有相当大的电感，它与电容之间会

· 257 ·

产生谐振。从这个角度考虑，表面衬垫的电容是最好的，因为甚至可将它们放在电源的上端，进而消除线路电感。图3.70显示了电容在放大电路中的作用。

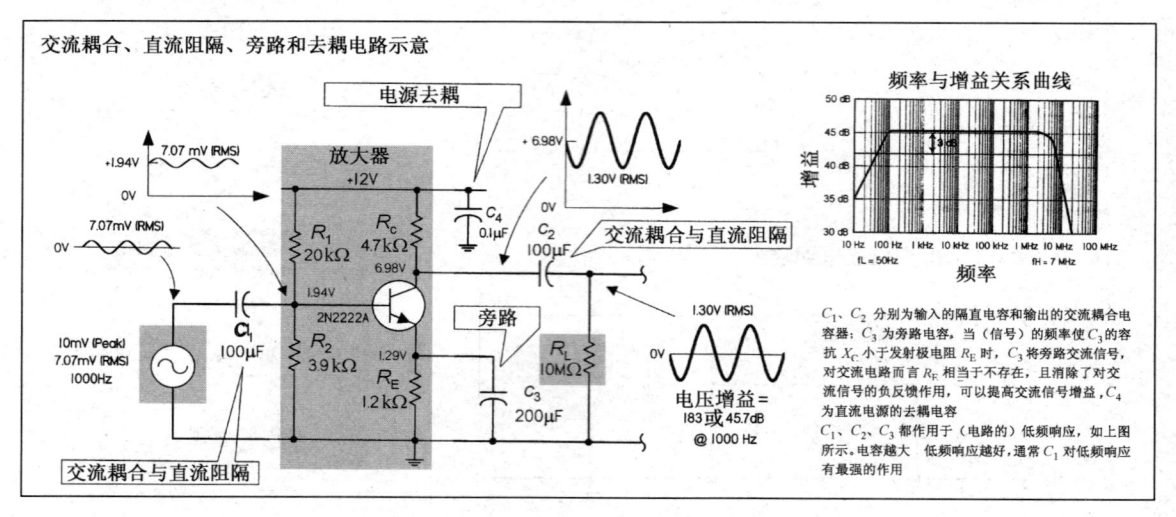

图3.70 电容在放大电路中的作用

电容的大小 波纹的频率在选择电容值的大小时起重要作用。波纹的频率越高，旁路电容就越小。在图3.69中，当谐振频率为10~100MHz时，0.01~0.1μF的电容就可用来处理高频暂态。当电路中有高频器件时，可考虑使用一对并联电容，其中一个电容大一些（譬如0.01μF），另一个电容小一些（譬如100pF）。当有比较复杂的波纹时，可用几个并联的旁路电容，每个电容对应不同的频率。例如，在图3.69所示的电路中，C_1（1μF）捕捉低电压端，其频率相对较低（与总线暂态有关），C_2（0.1μF）捕捉中频段，C_3（0.001μF）捕捉高频段。一般情况下，解耦值为100pF~1μF。除非特殊情况，否则单独的集成电路中不需要放置1μF电容；当在每个集成电路和电容之间都有一个宽度不足10cm的印制电路线条时，可让几个IC共用一个电容。

电容的种类 在解耦过程中，电容的种类选择非常重要，要避免电容有低等效串联电阻（ESR）、高自感应、高损耗系数等。例如，铝电解电容并不适合高频解耦。此外，前面提到的钽电解电容在解耦低频时十分有效。单片陶瓷电容，特别是敷在表面的电容，由于低ESL和高频率响应，特适合高频解耦。聚酯和聚丙烯电容也是不错的选择，只要将引线的长度缩短一些即可。最终选择的电容取决于要去除的频率段。一些参考的解耦电容请参阅表3.7。

3.6.10　定时和采样保持

改变电容的电压需要一定的时间，具体取决于电容值和串联的附加电阻。充电时间和得到的电压值都很容易测算，如可用RC时间常数进行测算。这种情况适用于定时电路，如振荡器、信号发生器和定时器。图3.71中说明了一个简单的弛张振荡器的工作原理。

在采样和保持电路中，电容可得到一个模拟电压，该电压和采样期间的电压相同（开关闭合时）。这个存储在电容中的电压可以保持到一个新采样出现。图3.72所示为采样和保持电路。

在定时和采样保持电路中，要注意的重要电容参数包括：高绝缘电阻，相对较低的等效串联电阻（ESR），低电介质吸收率和高电容稳定性。具有高绝缘电阻的聚苯乙烯电容在许多定时和存储应用中效果很好，但是在定时电路中，频率会超过几万赫兹，此时需要考虑等效串联电感（ESL）。

单片陶瓷电容虽然比较适合高频率应用，但具有相当大的高电介质吸收率，因此不适合用在采样和保持电路中。其他电容，包括聚丙烯和聚酯电容，常用在这两种电路中，它们都有着较好的绝缘电阻等级。在低频弛张振荡器和定时器中，常用电解电容，但电解电容并未用在采样和保持电路中，因此电量泄漏太快，无法保持恒定的采样电压。

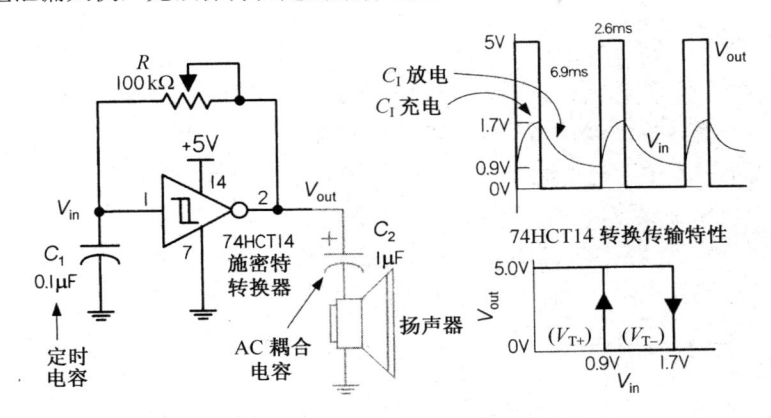

图3.71　一个简单的弛张振荡器的工作原理

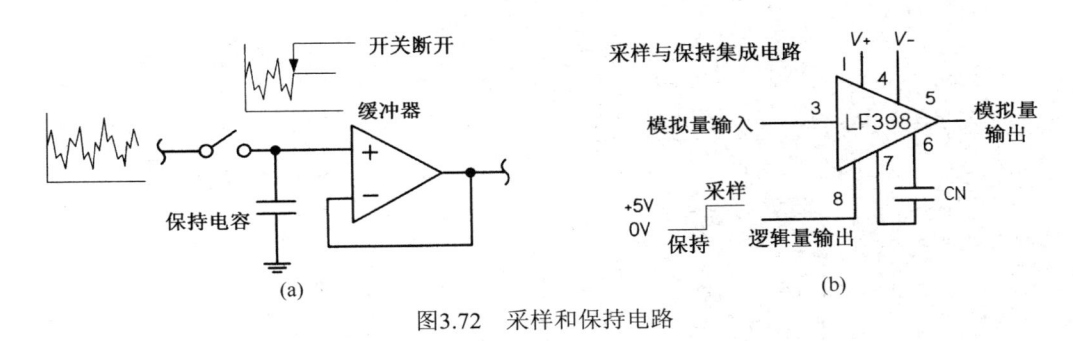

图3.72　采样和保持电路

1. 简单的弛张振荡器

当电容通过电阻充电时，其电压会随着可以测算的曲线变化。将电容电压加到集成电路的输入端后，电容电压一旦达到触发值，集成电路就触发一个输出响应。例如，在图3.71所示的电路中，74HCT14施密特反相器和RC网络组成了一个简单的方波振荡器。假设电容被放电，反相器的输出是高电压（+5V）。电流通过电阻并开始在电容中充电而聚积电压。一旦电容电压达到1.7V，反相器有高电压输入，输出就变低。此时，电容C_1开始放电，一旦电压低于0.9V，反相器就有低电压输入，进而使输出变高。这种充放电不断地持续，振荡器的频率由电路的RC时间常数决定。电容小，频率就高，因为它的充放电时间短。可以应用的电容种类很多，如聚丙烯电容、聚酯电容、聚苯乙烯电容（频率低于几百千赫兹）和电解电容（频率较低）。

2. 采样和保持电路

采样和保持电路用于采集模拟信号、保持信号，直到可被分析或转换，如转换为数字信号。如图3.72(a)所示，开关被当作采样/保持控制。开关闭合时采样开始，开关打开时采样结束。当开关打开时，当前的输入电压就被存储在C中。运算放大器作为缓冲器，将电容电压传递到输出端，同时防止电容放电（理想情况下，无电流进入运算放大器的输入端）。采样电压可被保持的时间长短取决于电容的漏电情况,要使用高等效串联电阻(ESR)、低电介质吸收率、低等效串联电感(ESL)和高稳定性电容。

LF398是一种特殊的采样保持集成电路,其采样保持控制功能是由数字输入信号来完成的。外接电容也要用来保持采样电压。

3.6.11 RC波纹滤波器

在图3.73所示的全波整流直流电源中,使用一个电容来平滑整流后的直流电压,进而输出一个恒定的直流电压。电容存储电能,当整流后的脉动直流电压低于电容电压的峰值时,将电能传给负载。当然,在这个过程中,电压根据RLC时间常数降低,直到电容在另一个正循环中重新充电,输出电压也因此呈现出小交流波纹。当波纹加在敏感电路上时,时常带来不好的结果,而用一个容值大的电容则可使波纹尽量减小。图3.74给出了已知输入频率、平均直流整流电压、电容和负载电阻的数值时,计算波纹电压、平均直流电压和波纹系数的方法。

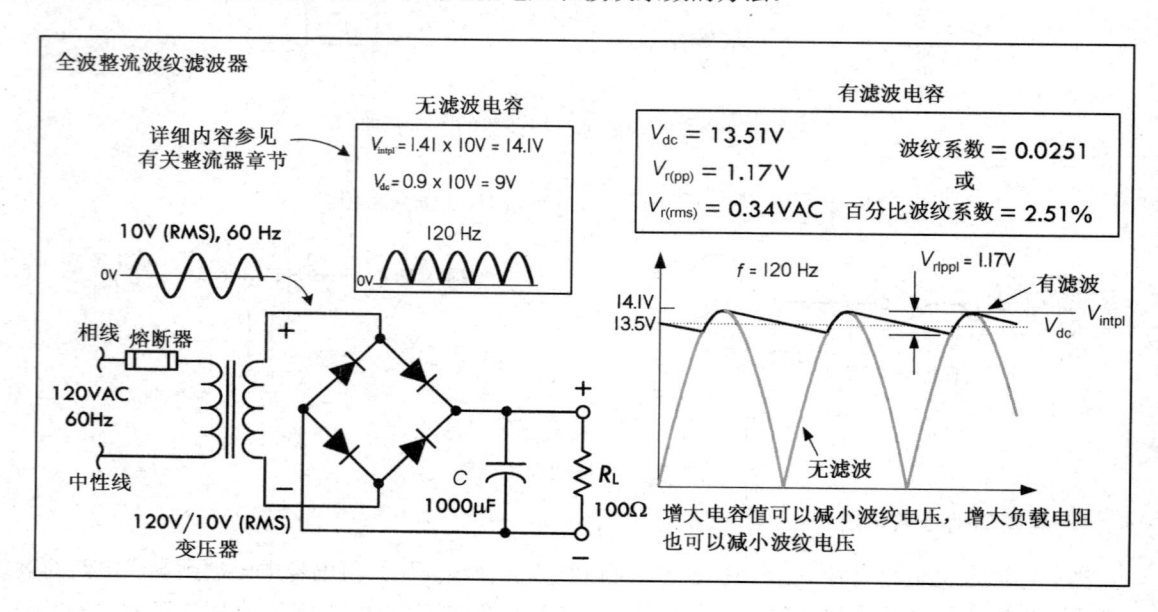

全波整流波纹滤波器

无滤波电容:
$V_{intpl} = 1.41 \times 10V = 14.1V$
$V_{dc} = 0.9 \times 10V = 9V$
120 Hz

有滤波电容:
$V_{dc} = 13.51V$
$V_{r(pp)} = 1.17V$
$V_{r(rms)} = 0.34VAC$
波纹系数 = 0.0251
或
百分比波纹系数 = 2.51%

10V (RMS), 60 Hz
相线 熔断器
120VAC 60Hz
中性线
120V/10V (RMS) 变压器
C 1000μF
R_L 100Ω

$f = 120\ Hz$
14.1V
13.5V
$V_{rlppl} = 1.17V$
有滤波
V_{intpl}
V_{dc}
无滤波

增大电容值可以减小波纹电压,增大负载电阻也可以减小波纹电压

图3.73 电路中1000μF电容的作用是减小输出波纹电压。负载为100Ω,电路的波纹电压是0.34VAC或1.17V峰值。波纹系数是0.00251。用半波整流器替代全波桥时,波纹电压最多变为原来的2倍

波纹系数代表的是每个直流平均输出电压中的最大变量。典型和期望的实用波纹系数通常是0.05。电容的典型值是1000μF或更大。增大负载电阻(减小负载电流)也可减小波纹系数。为了达到更大的电容值,也可采用并联滤波电容的方法。

在很多情况下,可在滤波电容和负载之间加一个稳压集成电路来确保当负载电流变化时,输出电压恒定。典型稳压电路添加了内置波纹滤波功能,具体请参阅关于稳压电路和电源供给的章节。

电压滤波中需要考虑的电容特征值有ESR、电压和波纹电流等级。在大多数电源供给中,滤波电容是电解电容,因为其他种类的电容无法提供需要的大电容值。在一些高电压、高电流供给场合,也会用到油浸电容。

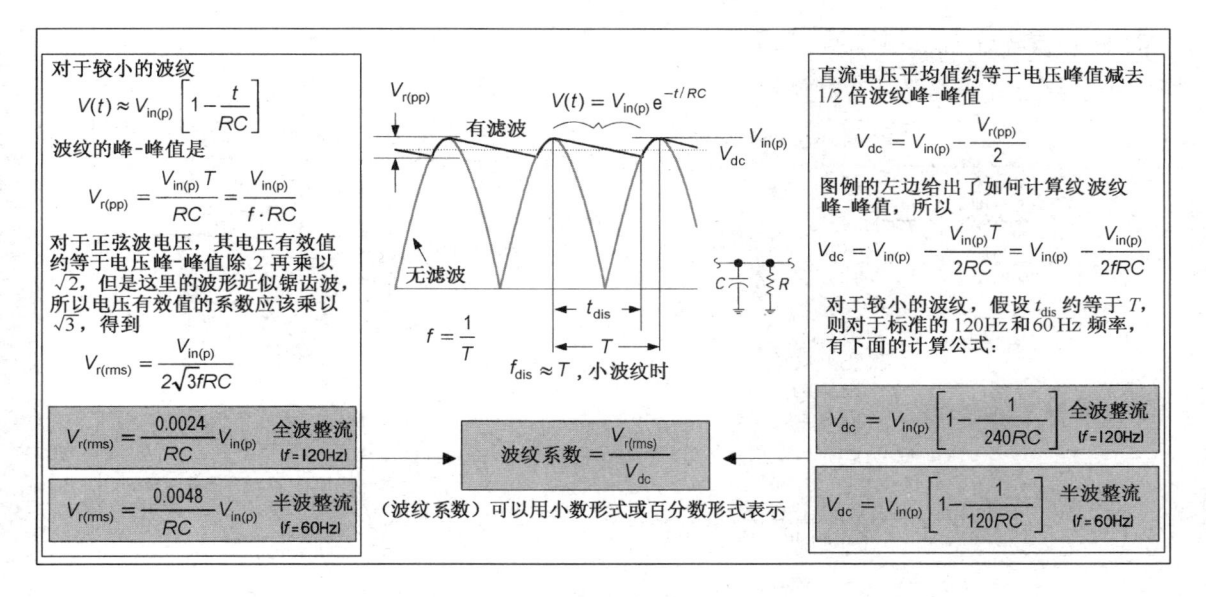

图3.74 计算波纹电压、平均直流电压和波纹系数的方法

3.6.12 电弧抑制

两种放电将危害开关触点并在开关过程中产生噪声。第一种是辉光放电，由触点间的气体点燃产生。当电压为320V时，它们之间有0.0003in的缝隙，且可在更宽的缝隙下维持。另一种是电弧放电，产生于更小的电压如0.5MV/cm。需要最小的电压和电流来维持电路的放电。触点材料在维持电弧放电的过程中也很重要。

1. 扬声器分频网络（见图3.75）

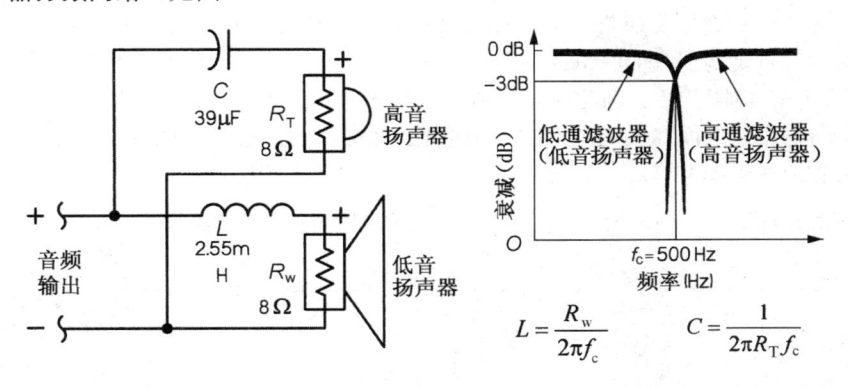

图3.75 交叉网络为系统中的每个扬声器提供一段频率范围，后者针对扬声器的动态范围做出响应。例如，图中的电路是针对系统的一阶交叠，包括高音扩音器（动态高频）和低音扩音器（动态低频）。要将高频传输到高音扩音器，电容就需要和高音扩音器连接到一起，高音扩音器的内电阻和电容在这里组成一个高通RC电路。低通滤波器用于将低频传输到低音扩音器。它将电感和低音扩音器的电阻连接到一起。图的右侧给出了响应曲线和用来计算每个滤波器的截止频率的公式。一些比较流行的交叠电容包括聚丙烯电容、聚酯电容和金属薄膜电容

2. 有源滤波器（见图3.76）

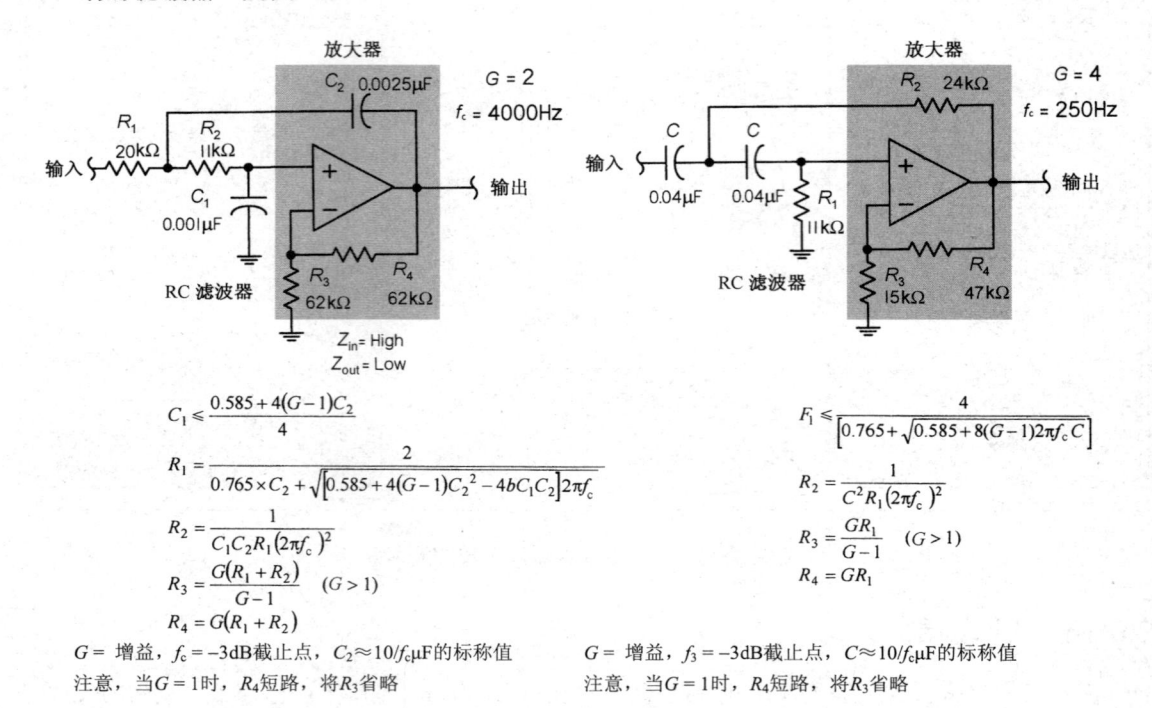

左电路（低通，G = 2, f_c = 4000Hz）：
- 放大器部分：C_2 0.0025μF
- R_1 20kΩ, R_2 11kΩ, C_1 0.001μF
- R_3 62kΩ, R_4 62kΩ
- Z_{in} = High, Z_{out} = Low

公式：
$$C_1 \leq \frac{0.585 + 4(G-1)C_2}{4}$$

$$R_1 = \frac{2}{0.765 \times C_2 + \sqrt{[0.585 + 4(G-1)C_2]^2 - 4bC_1C_2}\, 2\pi f_c}$$

$$R_2 = \frac{1}{C_1 C_2 R_1 (2\pi f_c)^2}$$

$$R_3 = \frac{G(R_1 + R_2)}{G-1} \quad (G > 1)$$

$$R_4 = G(R_1 + R_2)$$

G = 增益，f_c = −3dB截止点，$C_2 \approx 10/f_c$μF的标称值
注意：当$G = 1$时，R_4短路，将R_3省略

右电路（高通，G = 4, f_c = 250Hz）：
- 放大器部分：R_2 24kΩ
- C 0.04μF, C 0.04μF, R_1 11kΩ
- R_3 15kΩ, R_4 47kΩ

公式：
$$F_1 \leq \frac{4}{[0.765 + \sqrt{0.585 + 8(G-1)} 2\pi f_c C]}$$

$$R_2 = \frac{1}{C^2 R_1 (2\pi f_c)^2}$$

$$R_3 = \frac{GR_1}{G-1} \quad (G > 1)$$

$$R_4 = GR_1$$

G = 增益，f_3 = −3dB截止点，$C \approx 10/f_c$μF的标称值
注意：当$G = 1$时，R_4短路，将R_3省略

图3.76 在运算放大器的帮助下，构造出了增益、低通、高通、带通、带阻（陷波）等滤波器。这种滤波器称为有源滤波器，因为存在有源器件（运算放大器），与之相对的是无源滤波器（无有源器件的滤波器）。图中的低通滤波器和高通滤波器适合音频应用。增益和期望的截止频率（−3dB）可用公式计算。聚酯电容、聚丙烯薄膜电容和金属化电容非常适合音频范围内的滤波器

放电和火花产生的原因是感性负载电路突然被切断，如继电器、发电机、螺线管或变压器等。这些感性负载不允许通过其中的电流发生突变。在打开一个触点的瞬间，通过触点的电流不变。当开关闭合时，触点电阻为零，因此触点电压也为零。而当触点打开时，电阻增加（但电流不变），导致触点产生高电压，进而在触点间产生电弧或放电效应。这个过程对触点而言通常具有破坏性，如加速触点的烧蚀（见图3.77）。

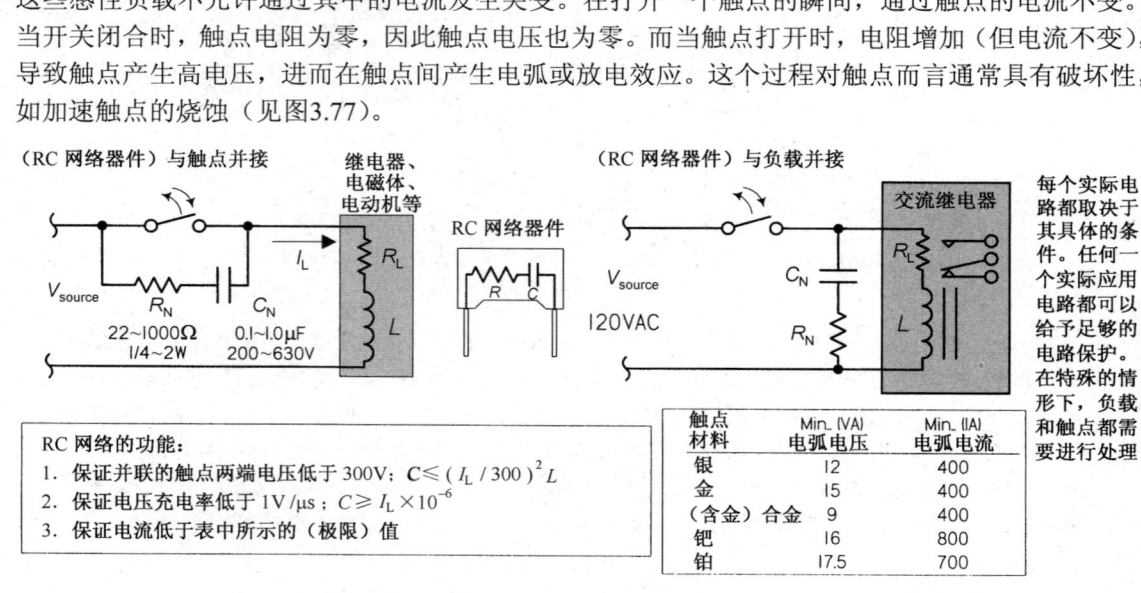

左电路：（RC 网络器件）与触点并接
- 负载：继电器、电磁体、电动机等
- V_{source}, R_N 22~1000Ω 1/4~2W, C_N 0.1~1.0μF 200~630V
- I_L, R_L, L

中： RC 网络器件（R, C）

右电路：（RC 网络器件）与负载并接
- V_{source} 120VAC
- C_N, R_N
- 交流继电器：R_L, L

每个实际电路都取决于其具体的条件。任何一个实际应用电路都可以给予足够的电路保护。在特殊的情形下，负载和触点都需要进行处理

RC 网络的功能：
1. 保证并联的触点两端电压低于 300V；$C \leq (I_L/300)^2 L$
2. 保证电压充电率低于 1V/μs；$C \geq I_L \times 10^{-6}$
3. 保证电流低于表中所示的（极限）值

触点材料	Min. (VA) 电弧电压	Min. (IA) 电弧电流
银	12	400
金	15	400
（含金）合金	9	400
钯	16	800
铂	17.5	700

图3.77 触点电弧保护和噪声抑制

RC网络或者缓冲器的作用是保持触点两端的电压低于300V，同时保持电压变化的幅度低于1V/μs，当然也使电流低于最小电流水平，这个电流水平是针对特定开关触点材料而定的，如图3.77所示。电容的作用是吸收瞬间的电压变化，当触点关闭时，电容不起作用，而当触点打开时，电压上的任何变化都会被电容限制，当然这是在电容值大到可使电压的变化小于1V/μs的情况下。然而，单独一个电容并不是好方法。当触点打开时，电容充电到供电电压。当触点关闭时，电流的涌入只能靠残余的电阻来限制，此时就有可能产生破坏。因此，可将一个电阻和电容连接在一起。当触点打开时，其上的电压等于负载电流与电阻的乘积。推荐的电压V小于或等于供电电压，在这种情况下，网络的最大电阻和负载电阻相等。

一般来说，当0.1~1μF聚丙烯薄膜电容或金属化电容的电压等级为200~630V时，适合大多数应用。碳电阻的阻值为22~1000Ω，功率为0.25~2W——电阻的大小和瓦数取决于负载的情况（在高电压应用中，常用电压等级为千伏的油浸电容）。读者可从生产商处购买RC网络成品，而不需要自己搭建。

注意，实际中常用并联电阻、二极管、气体排放阀和各种暂态干扰抑制设备来抑制电弧。然而，有些RC网络的优点更多，包括：适合交流应用的双极操作，延迟时间无太大影响，无电流损耗，可抑制电磁干扰（高频EMI出现在无规则的放电火花中，但在RC网络中则被衰减）。

在一些交流电路中，有必要在负载上构建RC网络。例如，使用交流继电器时，因开关突然切换导致的感应火花会产生电弧，继电器的触点同时会遭受机械和电侵蚀。虽然可用二极管抑制由直流继电器产生的暂态电流，它在交流继电器中无法使用它们，因为这时电源是双极性的。图3.77中左侧的电路表明，连接到交流继电器上的RC网络是用来减小火花效应的。

3.6.13 超级电容的应用

超级电容特别高的容量和低的泄漏率，使得它们非常适合需要短时间再充电的低能量供应。许多有趣的太阳能电路用到了超级电容，如趋光机器人使用存储在超级电容中的太阳能来驱动小电动机。一般来说，这些电路会使用特殊的节能调整电路来驱动电动机，进而节省能量。图3.78中显示了一些简单的超级电容实用电路。

图3.78(a)中的电路使用超级电容存储来自太阳能板的能量。电容值越大，存储的能量就越多，进而有越多的能量送往负载。这里的负载是一个简单的闪烁发光二极管（FLED），它用作夜晚指示灯，可得到来自超级电容白天充电的能量。假设太阳能面板已将电容值为0.047F的电容C充满电，则当开关打开时或者当灯移开时，闪光指示灯将闪动约10分钟。然而，当电容C等于1.5F时，发光二极管的闪动可达几小时。

图3.78(b)所示的电路与第一个电路是相似的。有光时，光电晶体管Q_1导通而Q_2截止，使得超级电容C_1不充电；无光时，Q_1截止而Q_2导通，对40mA/1.5V的灯提供约10s的照明，可作为短期夜灯，用在邮箱或家门口附近。当然，对避免因解决电池损坏而引起的麻烦来说，这也是一个非常好的电路。

图3.78(c)所示的电路使用一个超级电容作为电池的后备电源（或者作为具有电流限制保护作用的直流电源）。和前面的电路一样，能量存储在超级电容中；当电源用于电路时，电路增加了限流调控环节，以限制传给超级电容的电流。当电池两端未加大电流负载时，可为超级电容充电。场效应晶体管选取的额定参数必须能够承受充电期间所产生的热量。每当设备打开时，因为它是一个维持约几秒的一次性事件，所以场效应晶体管没有必要考虑能量持续耗散的问题。

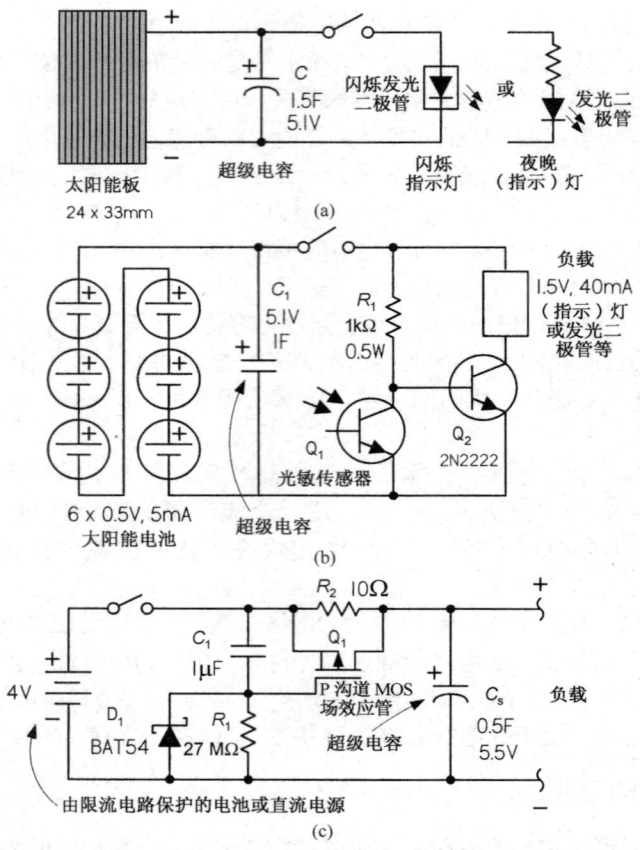

图3.78　(a)无电池太阳能存储；(b)具有光感应器的类似电路；(c)具有限流电路保护的后备电源

3.6.14　练习

练习1　下面各个电容的标签是什么意思（见图3.79）？

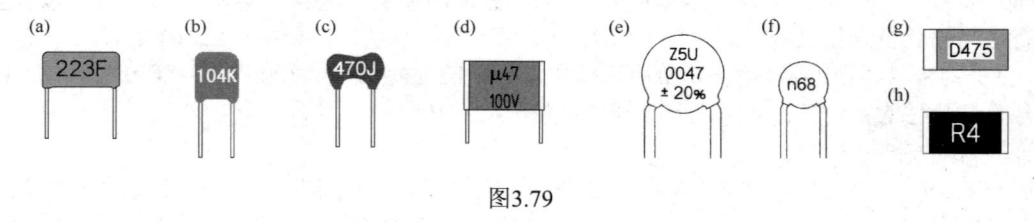

图3.79

答案：(a)0.022μF±1%；(b)0.1μF±10%；(c)47pF±5%；(d)0.47μF，100V；(e)0.047μF±20%，从+10℃到+85℃，变化从56%到22%；(f)0.68nF；(g)4.7μF，20V；(h)0.043μF。

练习2　求图3.80(a)中的等效电容值和最大耐压值，并求图3.80(b)中的等效电容值及V_1和V_2的值。
答案：(a)157μF，35V；(b)0.9μF，200V；$V_1 = 136V$，$V_2 = 14V$。

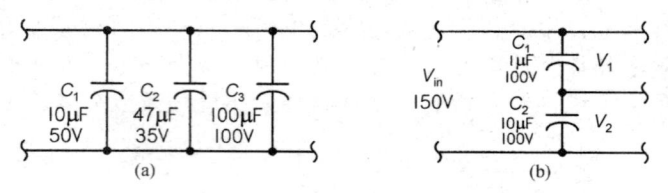

图3.80　练习2电路图

· 264 ·

练习3　高电压电源供电中的一个100μF电容被一个100kΩ的电阻短路，当电源关断时，电容完全放电的最短时间是多少？

答案：50s。提示：经过5个时间常数后，电容被视为完全放电。

练习4　一个IC用一个外部RC充电电路来控制定时。要触发IC的内部电路，IC电路需要0.667倍输入电压（5V）的电压（3.335V）。电容值是10μF，要得到5s的定时周期，电路中的阻值应是多少？

答案：500kΩ。提示：使用公式 $V(t) = V_S(1-e^{-(t/RC)}) = 0.667V$。

练习5　一个470pF的电容在频率为7.5MHz和15.0MHz时的电抗是多少？

答案：X_C（7.5MHz）= 45.2Ω，X_C（15MHz）= 22.5Ω。

练习6　在图3.81所示的电路中，给定频率f_1、f_2、f_3和f_4，分别求衰减的分贝值（A_{dB}）、相移量ϕ和f_{-3dB}。

答案：(a) f_{-3dB} = 100097Hz；f_1 = 1MHz，A_{dB} = −0.043dB，ϕ = 5.71°；f_2 = 33kHz，A_{dB} = −10.08dB，ϕ = 71.7°；f_3 = 5kHz，A_{dB} = −26.04dB，ϕ = 87.1°；f_4 = 100Hz，A_{dB} = −60.00dB，ϕ = 89.9°。

(b) f_{-3dB} = 318Hz；f_1 = 10kHz，A_{dB} = −29.95dB，ϕ = −88.2°；f_2 = 1kHz，A_{dB} = −10.36dB，ϕ = −72.3°；f_3 = 500Hz，A_{dB} = −5.40dB，ϕ = −57.5°；f_4 = 100Hz，A_{dB} = −0.41dB，ϕ = −17.4°。

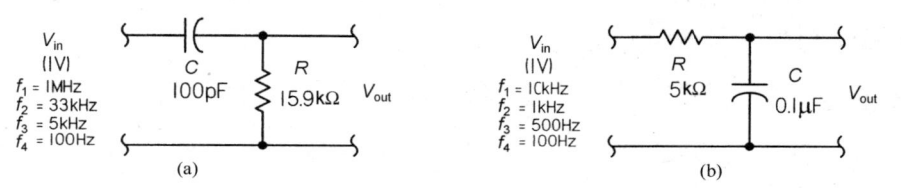

图3.81　练习6电路图

练习7　对于图3.82所示的半波整流电路，求平均直流输出电压、波纹峰值电压、波纹电压有效值、波纹系数和波纹百分比。

答案：V_{dc} = 12.92V，$V_{r(pp)}$ = 2.35V，$V_{r(rms)}$ = 0.68VAC，波纹系数 = 0.0526，波纹百分比 = 5.26%（见图3.74）。

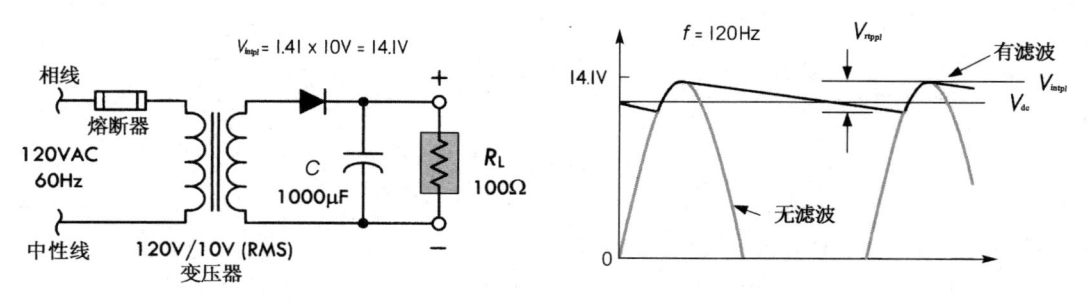

图3.82　练习7电路图

3.7　电感

电感（见图3.83）最基本的作用就是抑制流过其的电流突变。在交流情况下，电感的阻抗（感抗）随着频率的增加而增加。因此，电感的作用是阻止高频信号通过，而允许低频信号通过。选取合适的电感阻抗后，就有可能制作高频阻塞器（如RF/EMI阻塞器）。电感串联到电源或信号路径上后，可阻止RF（射频）或EMI（电磁干扰）进入主电路。射频和电磁干扰会产生噪声和误触发。

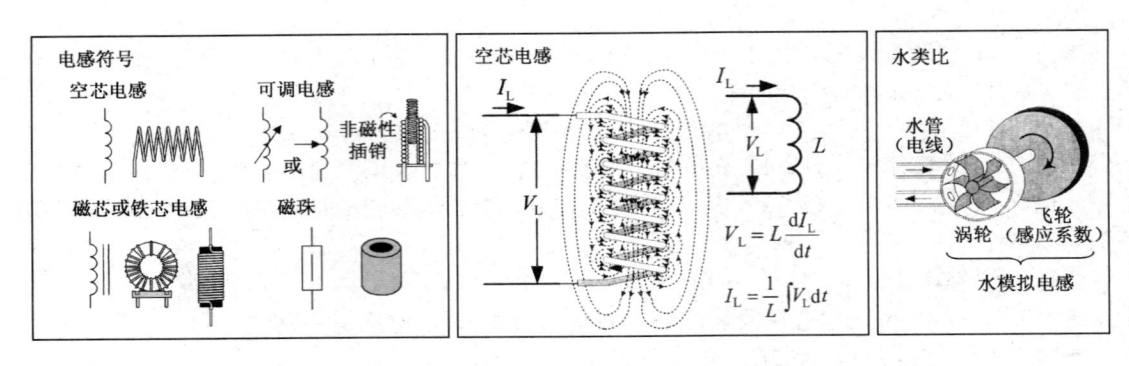

图3.83 电感形状、符号与结构

电感和电阻或电容可组合成滤波电路。例如，图3.84(a)和(b)中的低通和高通滤波器使用电感作为电抗元件。在低通滤波器中，电感会阻塞高频信号成分，而在高通滤波电路中，电感支路会旁路低频信号到地，阻止高频信号，进而使高频信号从输入流向输出。串联谐振（带通）和并联谐振（带阻）滤波器如图3.84(c)和(d)所示。并联谐振滤波器用在振荡器电路中，滤除放大器输入中LC滤波器谐振频率之外任何频率的信号。这种电路常用于解调无线发射器的载波信号。谐振滤波器接收射频信号时，同样可以充当解调电路。

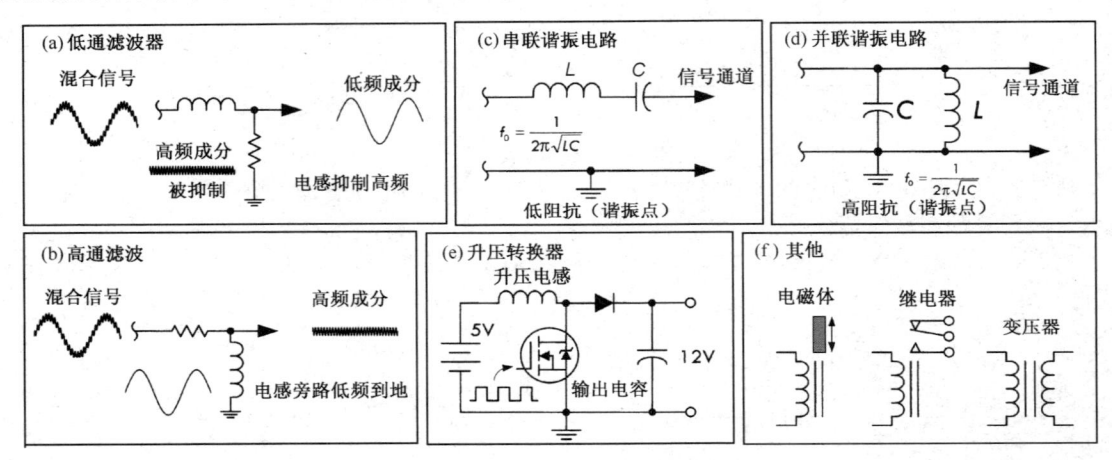

图3.84 电感的基本应用

电感的能量存储特性可用在开关电源电路中。例如，在图3.84(e)中，升压调整器或升压开关变换器可将5V的输入电压增大到12V的输出电压。当控制元件（晶体管）导通时，电感存储能量。由二极管隔离的负载能量由电容存储电荷供给。当控制元件关断时，存储在电感上的能量被叠加到输入电压上。此时，电感为负载供给电流，同时电容重新充电。类似的其他电压调整器有降压调整器和反向调整器。

深度饱和的铁芯电感可用来制作电磁体，具有吸引铁和其他铁磁物质的能力。螺线管就是电磁体，它有一个可移动的机械装置，可用来控制门的开或关、电磁阀的开或关，以及继电器触点的连接或断开。

共享磁通链的耦合电感可用来制造变压器，进而利用互感升、降交流电压或电流。

3.7.1 电感系数

电感电压与电流的变化率成正比。电压和电流的关系为

$$V_L = L \frac{dI_L}{dt} \quad （电感电压 = 感应电压），\quad I_L = \frac{1}{L}\int V_L dt \quad （通过电感的电流）$$

式中，比例常数L是电感系数，它与电感的物理参数有关，如线圈的形状、匝数和铁芯结构。电感系数的单位是亨利（H）。1H是电流以1A/s变化时感应电压1V对应的电感系数，即

$$1H = \frac{1V}{1A/s}$$

所购电感的电感系数的典型范围是从几纳亨（小空芯线圈）到50H（大铁芯线圈）。

3.7.2 制作电感

虽然制作电容很少见且没有必要，但简单地制作电感却很常见，且通常情况下也是必需的，因为特定的电感值很难找到，同时也比较昂贵。此外，估计的电感通常需要调整，以匹配精确的设计值。图3.85中列出了一些制作电感的常用公式。

空芯电感

$$L(\mu H) = \frac{d^2 N^2}{18d + 40\ell}$$

L — 电感系数(μH)
d — 线圈直径（英寸）
ℓ — 线圈长度（英寸）
N — 匝数

多层空芯电感

$$L(\mu H) = \frac{0.8(Nr)^2}{6r + 9\ell + 10b}$$

L — 电感系数(μH)
r — 半径（中心到中间层）（英寸）
b — 线圈厚度（英寸）
N — 匝数

螺旋线圈电感

$$L(\mu H) = \frac{(NR)^2}{8R + 11W}$$

L — 电感系数(μH)
R — 线圈平均半径（英寸）
W — 线圈宽（英寸）
N — 匝数

环形电感线圈

磁芯横截面积 (OD−ID)/2
外径（OD）
内径（ID）
磁芯厚度

动力铁芯线圈

$$L(\mu H) = \frac{A_L n^2}{10000} \quad N = 100\sqrt{\frac{L}{A_L}}$$

动力铁芯线圈电感系数列表

型号	26	3	15	1	2	7	6	10	12	17	0
T-12	na	60	50	48	20	18	17	12	7.5	7.5	3.0
T-16	145	61	55	44	22	na	19	13	8.0	8.0	3.0
T-20	180	76	65	52	27	24	22	16	10	10	3.5
T-25	235	100	85	70	34	29	27	19	12	12	4.5
T-30	325	140	93	85	43	37	36	25	16	16	6
T-50	320	175	135	100	49	43	40	31	18	18	6.4
T-80	450	180	170	115	55	50	45	32	22	22	8.5
T-106	900	450	345	325	135	133	116	na	na	na	15
T-130	785	350	250	200	110	103	96	na	na	na	15
T-184	1640	720	na	500	240	na	195	na	na	na	na
T-200	895	425	na	250	120	105	100	na	na	na	na

* A_L 是每100匝的电感值(μH)

铁芯线圈

$$L(\mu H) = \frac{A_L N^2}{1000000}$$

$$N = 1000\sqrt{\frac{L}{A_L}}$$

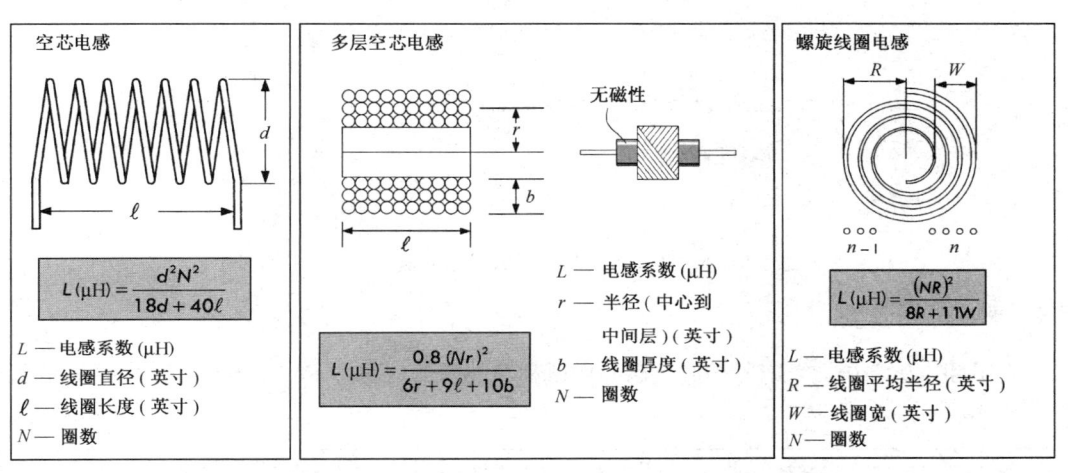

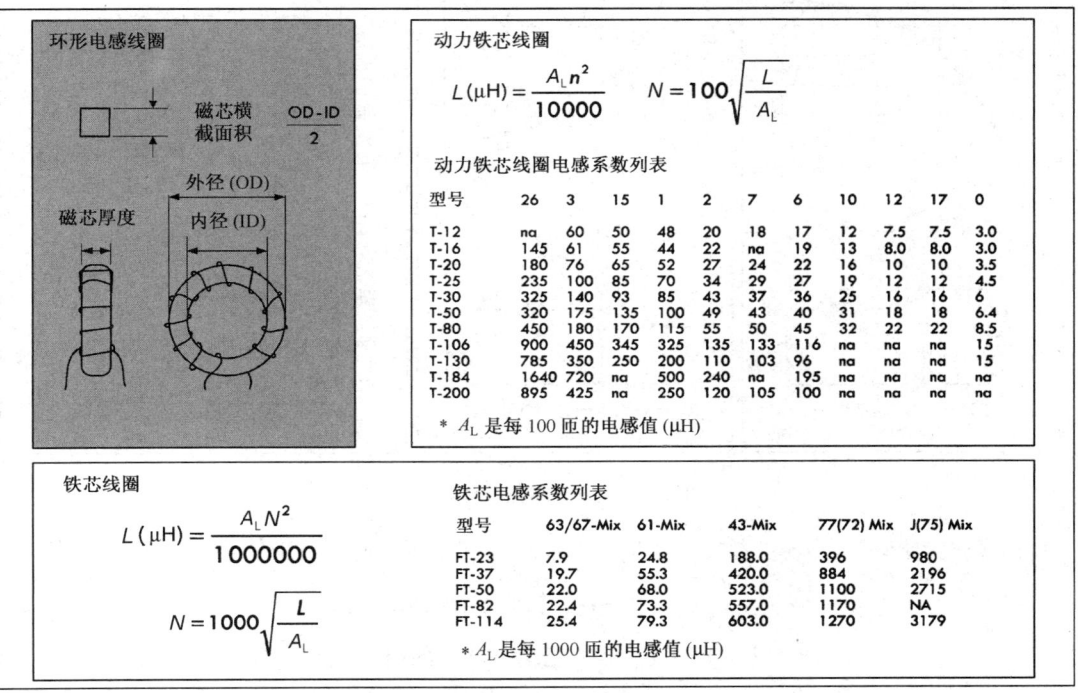

铁芯电感系数列表

型号	63/67-Mix	61-Mix	43-Mix	77(72) Mix	J(75) Mix
FT-23	7.9	24.8	188.0	396	980
FT-37	19.7	55.3	420.0	884	2196
FT-50	22.0	68.0	523.0	1100	2715
FT-82	22.4	73.3	557.0	1170	NA
FT-114	25.4	79.3	603.0	1270	3179

* A_L 是每1000匝的电感值(μH)

图3.85 一些制作电感的常用公式

3.7.3 电感的串联和并联

当两个或更多的电感串联时［见图3.86(a)］，总电感值等于各个电感值之和，前提是电感之间的距离较远，无互感产生：

$$L_{\text{total}} = L_1 + L_2 + L_3 + \cdots + L_N \quad \text{（电感串联）}$$

电感并联，不计互感的影响，总电感值为

$$\frac{1}{L_{\text{total}}} = \frac{1}{L_1} + \frac{1}{L_2} + \frac{1}{L_3} + \cdots + \frac{1}{L_N} \quad \text{（电感并联）}$$

仅有两个电感并联时，上式简化为 $L_{\text{total}} = \dfrac{L_1 L_2}{L_1 + L_2}$。

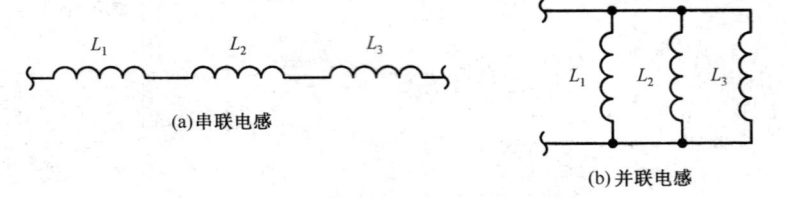

(a) 串联电感

(b) 并联电感

图3.86 电感的串联与并联

3.7.4 RL时间常数

当电阻和电感串联时，电阻控制电感存储或释放能量的速率。图3.87给出了RL电路的电流-时间特性曲线。

$$I(t) = \frac{V_S}{R}(1 - e^{-Rt/L})$$

RL电路充电的时间常数 (a)

$$I(t) = \frac{V_S}{R} e^{-Rt/L}$$

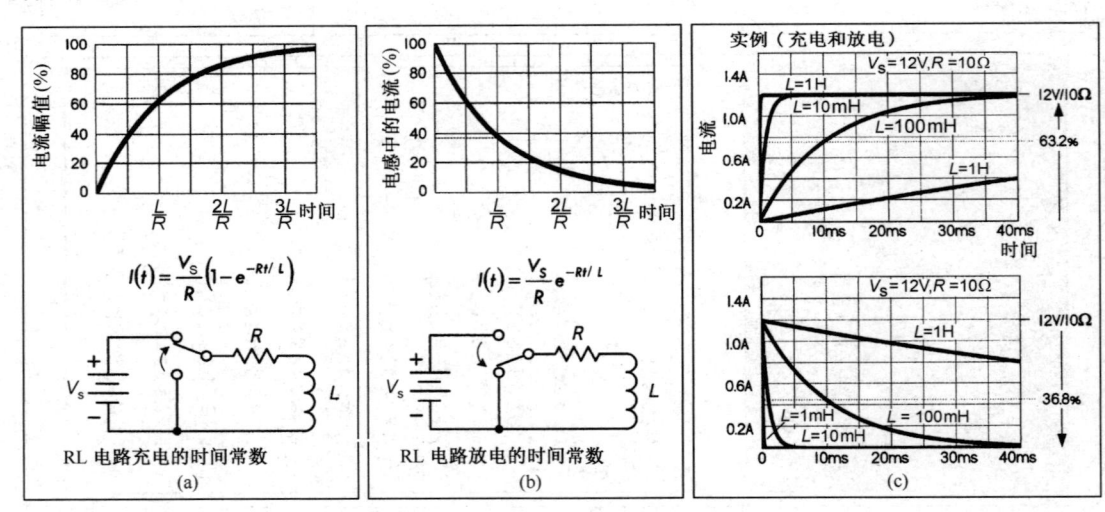

RL电路放电的时间常数 (b)

图3.87 RL电路的电流-时间特性曲线

在RL充电电路中，当开关接通上方时，电感电流和电压的时间响应特性用如下公式描述：

$$I(t) = \frac{V_S}{R}(1 - e^{-Rt/L}) \quad \text{（流过充电电感的电流）}$$

$$V_L(t) = V_S e^{-Rt/L} \quad \text{（充电电感上的电压）}$$

$$V_R(t) = V_S(1 - e^{-t/(L/R)}) \quad \text{（电阻上的电压）}$$

从开始到电流达到最大值的63.2%所需的时间，称为时间常数 τ，它等于 L/R。通常，经过5个时间常数后，电流被认为达到了最大值。

RL放电电路则有些复杂。然而，若假设移开电源，同时接通放电回路（接地），则可使用如下放电方程：

$$I(t) = \frac{V_S}{R}(1 - e^{-Rt/L}) \quad \text{（流过放电电感的电流）}$$

$$V_L(t) = -V_S e^{-Rt/L} \quad \text{（电感上的电压）}$$

$$V_R(t) = V_S e^{-Rt/L} \quad \text{（电阻上的电压）}$$

从开始到电流达到初始值的63.2%所需的时间，称为时间常数τ，它等于L/R。通常，经过5个时间常数后，电流被认为达到了最小值。

需要特别注意RL放电电路。在实际应用中，当流过电感的电流突然断开时（如通过开关控制），将产生较大的感应电压，这是因为电感的磁场突然为零。感应电压的幅值很高，以至于超过开关触点的耐压，导致触点间产生火花。

3.7.5 电抗

电感的电抗对频率敏感，且随所施加频率的增加而增加。与电阻不同的是，电抗不以热量的形式消耗能量，但可以暂时以磁场的形式存储能量，随后可将能量返回给电源。电抗的单位是欧姆，且随频率的增加而增加，即

$$X_L = 2\pi f L \quad \text{（感应电抗）}$$

例如，1H电感在60Hz的频率下提供377Ω的电抗，而10μH电感在20MHz的频率下提供1257Ω的电抗。注意，上面的等式是对理想电感而言的。实际的电感具有非理想特性，如内阻和电容将导致电抗与上式不符，尤其是在高频下。

3.7.6 实际电感

为了适应不同的应用，有多种不同形式的电感（见图3.88）。要选择合适的电感，就必须了解实际电感的非理想特性。实际电感是非理想的，如内阻和电容，这使得其工作特性完全不同于理想方程的预期。某些电感有着较大的电阻或电容特性，因此在特定频率下以非线性方式工作。电感的其他主要特性有电流通过能力、容差、最大电感和尺寸、品质因数（Q值）、饱和特性、可调性、电磁辐射（EMI）和环境污染等。

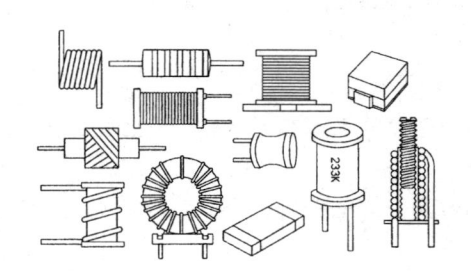

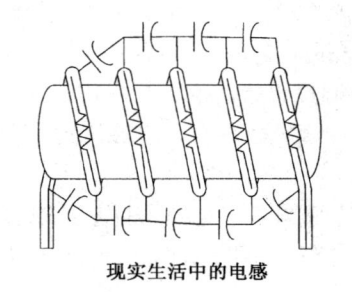

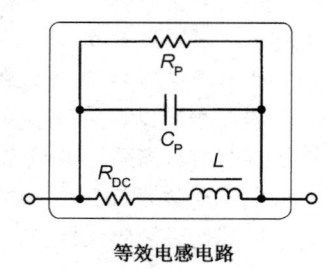

现实生活中的电感   等效电感电路

图3.88 实际电感及其等效模型

下面介绍电感的重要参数，这些参数可在生产商提供的数据中找到。

3.7.7 电感的重要参数

电感系数（L） 电感的特性是阻止所流过电流的任何变化。感应系数取决于其磁芯材料、形状、大小和匝数。感应系数的单位是亨利（H）。一般来说，感应系数的单位是微亨（μH）：

$$1H = 10^6 \mu H, \quad 1mH = 10^3 \mu H, \quad 1nH = 10^{-3} \mu H$$

电感的容差　电感的容差是由生产商给定的以标称值为基础的变化量。标准电感的容差以特定容差符号表示：$F = \pm 1\%$、$G = \pm 2\%$、$H = \pm 3\%$、$J = \pm 5\%$、$K = \pm 10\%$、$L = \pm 15\%$（对于某些军品，$L = \pm 20\%$）、$M = \pm 20\%$。

直流电阻（DCR）　电感线圈的电阻是在直流电流下测量的。设计电感中，DCR通常应尽可能减小，并且要标注出最大额定值。

增量电流　增量电流是指使得电感值下降5%（与零偏置相比）的直流偏置电流。超过该电流值时，会造成电感值的明显下降。主要用于铁芯，而功率（动力）铁芯主要利用适度的饱和特性，这意味着它的电感下降要比铁芯的多。电感下降的速率也与线圈形状有关。

最大电流（IDC）　最大电流是指在不损坏的条件下，线圈可以通过的最大直流电流。最大电流以线圈的最高温度为基础，而线圈温度以环境温度为前提。低频时，可用电流有效值代替直流电流值。

饱和电流　饱和电流是指使得电感值下降特定值（与零偏置相比）的直流偏置电流。这个特定值通常是10%和20%。在铁芯线圈应用中，这个特定值为10%，而在存储能量的功率（动力）线圈应用中，这个特定值为20%。电感下降的原因是直流偏置电流影响了铁芯的磁场特性。铁芯及其周围空间只能存储给定量的磁通密度；超过最大磁通密度时，铁芯的磁导率就减小，所以电感下降。铁芯饱和特性并不适合于空芯电感。

自谐振频率（SRF或f_0）　电感的分布电容和电感本身发生谐振的频率，称为自谐振频率。在该频率下，电抗和容抗相等，相互抵消。因此，在SRF处，电感的作用相当于纯电阻的高阻抗元件。同样，在该频率处，电感的品质因数（Q值）为零。分布电容是由依次缠绕在铁芯周围的导线产生的。电容和电感并联存在，对于SRF以上的频率，并联的容抗变成主要成分。

品质因数（Q值）　用于度量电感损耗。Q值定义为电抗和有效电阻之比，即X_L/R_E。X_L和R_E都是频率的函数，因此当确定Q值时，必须给定频率。在自谐振频率下，Q值为零，因为电抗为零。理想情况下，$Q = X_L/R_{DC} = 2\pi f L/R_{DC}$。

电感的温度系数　单位温度变化引起的电感变化量。电感的温度系数在零偏置下测量，且以百万分之一（ppm）表示。

电阻温度系数　单位温度变化引起的直流电阻变化量。电阻的温度系数在微偏置（$V_{DC} < 1V$）下测量，且以百万分之一（ppm）表示。

居里温度（TC）　在该温度以上，磁性材料的磁性消失。

磁饱和磁通密度（B_{SAT}）　表征磁性材料能够达到最大磁通密度的铁芯参数。在该磁通密度下，铁芯内的所有磁畴均被磁化，且方向一致。

电磁干扰（EMI）　对电感来说，电磁干扰是指电感辐射到空间的磁场大小。这些磁场可能会干扰其他磁敏感元件，在电路设计和元件布置时应予以考虑。

3.7.8　电感的类型

电感的种类很多（见图3.89），用途很广。有些电感用于常规滤波，有些电感则用于RF/EMI滤波；有些电感用于抑制大电流，有些电感则用于存储能量（在开关电源中）。生产商将电感分类如下：共模型、普通型、大电流型、高频型、功率型和RF扼流圈。选择电感的基本参数包括：电感值、直流额定电流、直流电阻、容差和品质因数（Q值）。表3.8中列出了典型应用中电感的特性。

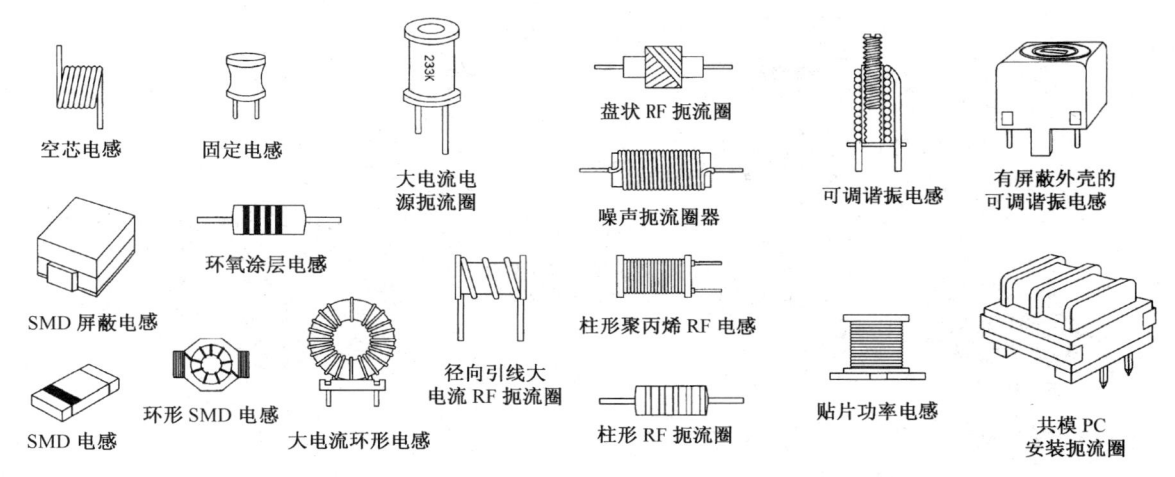

图3.89 电感的类型

表3.8 典型应用中电感的特性

应 用	电感（L）	最大DC电流（IDC）	自谐振频率（SRF）	品质因数（Q值）	DC电阻（RDC）
射频（RF）谐振电路	低	低	很高	很高	低
EM耦合	高	*	高	低	很低
滤波电路	高	高	高	低	很低
开关电源DC/DC转换	*	高	中	低	低

表3.9所示为在特殊应用中选择电感的指南。要详细了解专用电感，可以搜索生产厂商的网址，阅读相关资料。值得关注的生产厂商有API Delevan、Bourns、C&D Technologies、Fastron、KOA、JW Miller Magnetics、muRata、Pulse、TRIAD、TDK和 VISHAY。

表3.9 选择电感的指南

电感类型	描 述	应 用
多层贴片电感	用在高密度PCB贴片电路中，应关注几何尺寸、板内磁耦合和振动问题。和其他引线电感相比，贴片电感的特点是寄生参数小和电阻损耗小。可提供高Q值和较好的高频性能，且噪声很小。另外，较小的几何尺寸和较短的引线还可减少EMI辐射和信号的交叉耦合。有多种额定电流规格	用于EMI/RFI衰减和抑制，也用于LC谐振电路的有源元件、阻抗匹配网络和扼流线圈。在A/D转换器、带通滤波器、脉冲发生器、RF放大器、信号发生器、开关电源和电信设备中都可发现它
柱形电感	轴向引线短，用于PC安装。类似于屏蔽体的外涂层可以保护线圈不受外界电磁环境的干扰。典型的频率范围在50kHz以上	用于滤波器、A/D转换器、AM/FM广播、脉冲发生器、信号发生器、开关电源和电信设备
屏蔽电感	磁屏蔽是为了防止磁耦合及RF/EMI干扰，特别是在高密度PCB中，信号耦合是必须关注的问题。有贴片封装、轴向引线封装和其他封装，且有多种额定电流规格	用于高可靠性应用（无磁耦合），包括DC/DC转换器、计算机、电信设备、滤波器、LDC显示器等
柱形覆膜电感	一种廉价的电感，有轴向引线或径向引线，与柱形电感类似。外涂层可防止外界电磁干扰	应用的电磁环境要比柱形电感差。常用在射频干扰/电磁干扰较小的场合。高Q值的产品可用在许多与柱形电感相同的应用中

· 271 ·

续表

电感类型	描　　述	应　　用
大电流扼流圈 噪声扼流圈 RF扼流圈	利用铁氧体铁芯或粉末铁芯体,在匝数少、体积小的条件下可获得较大的电感值。匝数少使得直流电阻低,这是大电流应用中比较关键的特性之一	大电流噪声扼流圈用在家用电器、通信系统、计算机插件、DC-AC变换、开关电源、发射机和不间断电源中。电源扼流圈用在滤波器、电源、射频干扰抑制、功率放大器、开关电源、晶闸管和三端晶闸管、扬声器、交越网络中
宽带扼流圈	宽带扼流圈抑制电路中的无用信号,不增加低频率、直流的功率损耗。阻抗为20～500Ω,频率为1.0～400MHz。宽带扼流圈用22号或24号镀锡铜线绕制,因此电流不宜过大	主要用于PC,抑制EMI和RFI。也可用于射频电路,以消除甚高频、超高频的寄生振荡。通常还可于A/D转换器、通信系统、计算机插件、DC-AC变换、I/O板、RF功率放大器、信号发生器、开关电源、电信设备和不间断电源
环形线圈	因为铁氧体铁芯或粉末铁芯体,可以获得较大的电感量。环形铁芯提供良好的自屏蔽特性(很好的低电磁干扰电源)。较少的匝数使得它的直流电阻比其他密绕螺线管的电感值小。有多种类型：小型表贴器件、大型通用器件和大功率环形线圈,可以处理非常大的电流。环形线圈不易受其他组件的电磁干扰,原因是线圈的感应电流与外界干扰抵消(应用电磁感应定律)	环形线圈可用在多种不同的应用场合。在交流供电电路中,作为扼流圈以抑制EMI。也可用于家用电器、音频发生器、汽车电子、带通滤波器、视听设备、DC-AC变换、I/O板、阻抗匹配变压器、振荡器、脉冲发生器、不间断电源、甚高频/超高频中继器和波纹滤波器等
罐形磁芯	提供超大电感值和大直流额定电流,同时由于高饱和电流和自屏蔽而电感值稳定。几何尺寸小,但Q值很高	常用于电信、音频和汽车电子设备,作为直流扼流圈、差模扼流圈、滤波器,也可用在开关电路中
巴伦扼流圈	典型应用是阻抗匹配。"巴伦"意味着可提供平衡-不平衡变压器的阻抗特性	应用于AM/FM广播、电视、通信系统、I/O板、阻抗匹配、脉冲发生器、发射机和对讲机
空芯线圈	空芯线圈有最简单的单回路线圈(用于超高频),也有绕在非磁芯上的大线圈。空芯电感用在要求高品质因数的高频电路中,因为它不会产生损耗与失真,而磁性电感由于磁滞和涡流的存在,会产生较大的损耗与失真。由于无磁芯,电感值较小。主要应用于射频。还有表贴空芯电感可供选用	用于电视调谐的射频共振电路、调频立体声接收电路、车库门控电路、脉冲发生器、射频功率放大器、开关电源、遥控玩具、不间断电源和对讲机等

续表

电感类型	描　述	应　用
可调电感（变化或可调）	调节部件是沿线圈中心移动的铁氧体或粉末铁芯，也可以是黄铜芯。铁芯的运动可以改变电感的大小。磁性铁芯可增加磁导率或电感；黄铜芯减小电感的原因是涡流效应使内磁场降低。这些装置用于调节谐振电路、要求有较高的品质因数和频带较窄的电路	主要用于50kHz以上的电路。用于AM/FM广播、TV、其他通信设备的LC振荡电路，也可用于车库门控电路、I/O板、晶振、脉冲发生器、射频功率放大器、信号发生器、开关电源、玩具、发射器、不间断电源、VHF/UHF转发器和对讲机
共模扼流器	共模、差模扼流器用在一对导体上，以消除噪声。共模噪声是同时作用在一对导体上的噪声。基于导体和PC板的连接线的天线效应，共模噪声产生感应干扰，可用来抑制电源线的EMI和RF，预防电子设备出现故障。共模扼流器通常使用铁氧体磁芯，有较好的共模电流抑制作用	共模扼流圈是很有用的器件，在很多音频电路中都可找到它。它几乎能够解决由有线电视、电话、音频设备产生的所有RF干扰。特别适合用在开关电源供电系统的电源滤波器中。也可用于台式计算机、工业电子产品、办公设备电视机、收音机
磁珠（铁氧体扼流圈）	与典型的铁芯电感不同，磁珠没有线圈（使电路的导线或电缆穿过它而构成回路）。这可有效地增加导线的电感。该电感仅限于RF电路，用来消除存在于传输线结构（PCB连接线）中的RF能量。为了消除不需要的射频能量，用芯片磁珠作为高频电阻，允许DC通过，仅吸收RF能量并以热量形式散开。有空芯和铅芯的磁珠可供选择	磁珠常用于辐射RF（电脑、调光器、荧光灯和电动机等）电路，也可用于接收装置的输入电缆，以阻止外部射频干扰进入和污染电缆回路中的信号。计算机和设备连接线上的"肿块"（鼠标、键盘、显示器等）就是由塑料包皮电缆制作的磁珠
陶瓷电感	这种电感使用特殊的陶瓷铁芯，其特性比多数磁芯电感要好，如高频特性、低IDC高SRF、高品质因数、小容差等	用于LC谐振电路，如振荡器、信号发生器。也可用于阻抗匹配、电路隔离和RF滤波。在移动通信、蓝牙装置、无线装置和音频、电视、通信设备中使用
磁芯天线 酚醛树脂棒	常用作天线，要求窄带宽。绕线的磁芯材料或棒可以是铁氧体、粉末合金，也可以是酚醛树脂（实质上是空芯的）。磁芯更为普遍，但酚醛树脂芯可提供较高的工作频率	作为天线，磁导率约为800的磁芯，频带为100kHz～1MHz；磁导率约为125的磁芯，频带为550kHz～1.6MHz；磁导率约为40的磁芯，频带为30MHz；磁导率约为20的磁芯，频带为150MHz。随着磁导率的下降，工作频率上升
电流传感器电感	用于检测通过导体的电流，仅在特定频率范围内。通常有一个中心穿孔	用于电流变换。在分布式电源电路、现场可编程门阵列（FPGA）中作为DC-DC转换器。在掌上电脑、笔记本电脑、台式计算机、服务器和电池供电装置中都可找到它

3.7.9　电感标签识别

　　电感的值和容差通常标注在电感上，如82μH±10%，以方便人们识别。但是，许多模压和蚀刻电感则以不同的色环标识，而小表贴电感则用表面上印刷的代码来表示电感值和容差（见图3.90）。

五色环电感代码

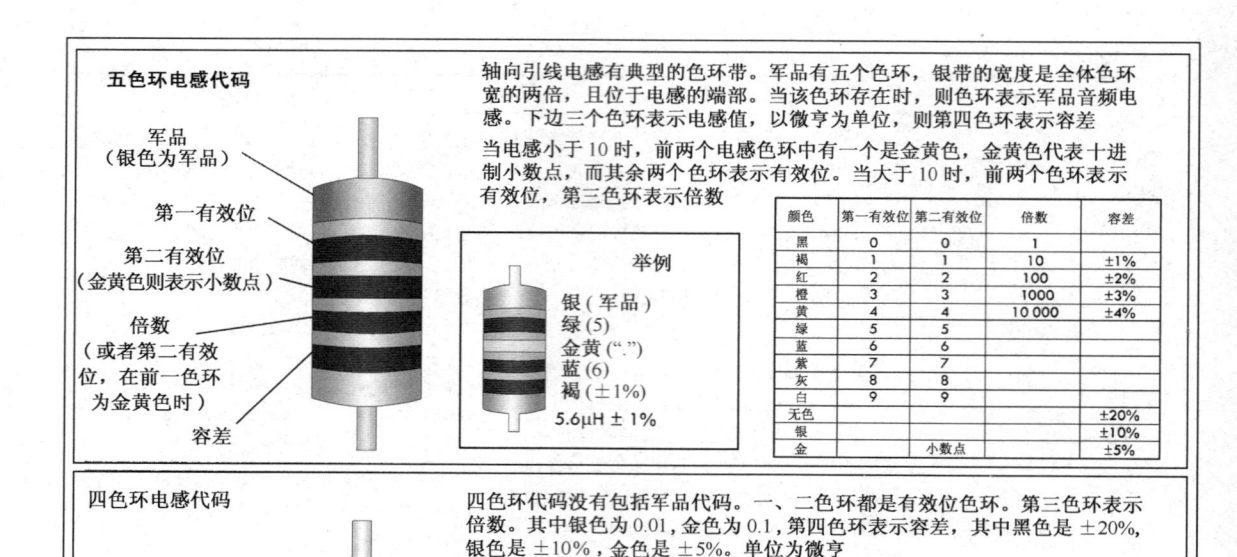

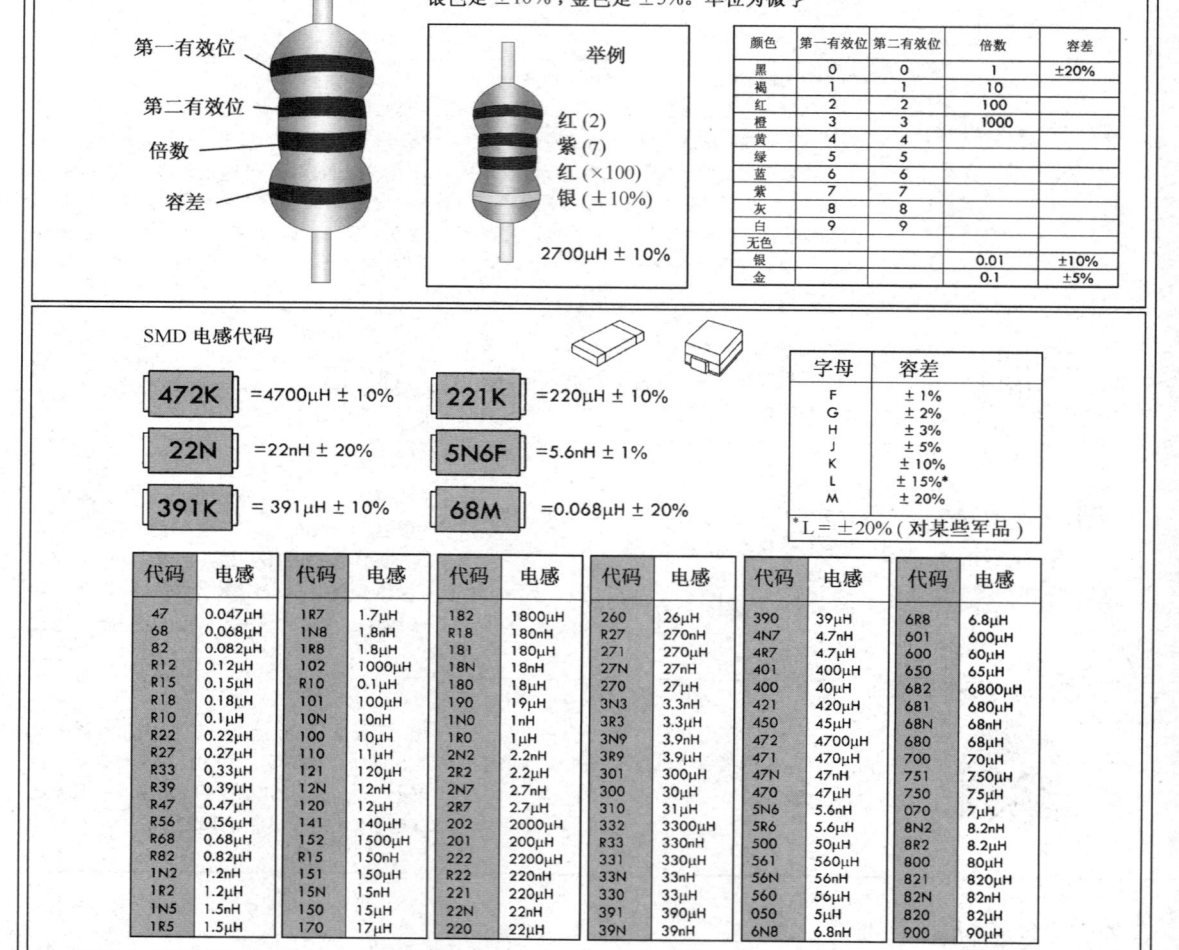

军品（银色为军品）
第一有效位
第二有效位（金黄色则表示小数点）
倍数（或者第二有效位，在前一色环为金黄色时）
容差

轴向引线电感有典型的色环带。军品有五个色环，银带的宽度是全体色环宽的两倍，且位于电感的端部。当该色环存在时，则色环表示军品音频电感。下边三个色环表示电感值，以微亨为单位，则第四色环表示容差

当电感小于10时，前两个电感色环中有一个是金黄色，金黄色代表十进制小数点，而其余两个色环表示有效位。当大于10时，前两个色环表示有效位，第三色环表示倍数

举例
银（军品）
绿（5）
金黄（"."）
蓝（6）
褐（±1%）
5.6μH ± 1%

颜色	第一有效位	第二有效位	倍数	容差
黑	0	0	1	
褐	1	1	10	±1%
红	2	2	100	±2%
橙	3	3	1000	±3%
黄	4	4	10 000	±4%
绿	5	5		
蓝	6	6		
紫	7	7		
灰	8	8		
白	9	9		
无色				±20%
银				±10%
金		小数点		±5%

四色环电感代码

第一有效位
第二有效位
倍数
容差

四色环代码没有包括军品代码。一、二色环都是有效位色环。第三色环表示倍数。其中银色为0.01，金色为0.1，第四色环表示容差，其中黑色是±20%，银色是±10%，金色是±5%。单位为微亨

举例
红（2）
紫（7）
红（×100）
银（±10%）
2700μH ± 10%

颜色	第一有效位	第二有效位	倍数	容差
黑	0	0	1	±20%
褐	1	1	10	
红	2	2	100	
橙	3	3	1000	
黄	4	4		
绿	5	5		
蓝	6	6		
紫	7	7		
灰	8	8		
白	9	9		
无色				
银			0.01	±10%
金			0.1	±5%

SMD 电感代码

472K = 4700μH ± 10%
221K = 220μH ± 10%
22N = 22nH ± 20%
5N6F = 5.6nH ± 1%
391K = 391μH ± 10%
68M = 0.068μH ± 20%

字母	容差
F	± 1%
G	± 2%
H	± 3%
J	± 5%
K	± 10%
L	± 15%*
M	± 20%

*L = ±20%（对某些军品）

代码	电感	代码	电感	代码	电感	代码	电感	代码	电感	代码	电感
47	0.047μH	1R7	1.7μH	182	1800μH	260	26μH	390	39μH	6R8	6.8μH
68	0.068μH	1N8	1.8nH	R18	180nH	R27	270nH	4N7	4.7nH	601	600μH
82	0.082μH	1R8	1.8μH	181	180μH	271	270μH	4R7	4.7μH	600	60μH
R12	0.12μH	102	1000μH	18N	18nH	27N	27nH	401	400μH	650	65μH
R15	0.15μH	R10	0.1μH	180	18μH	270	27μH	400	40μH	682	6800μH
R18	0.18μH	101	100μH	190	19μH	3N3	3.3nH	421	420μH	681	680μH
R10	0.1μH	10N	10nH	1N0	1nH	3R3	3.3μH	450	45μH	68N	68nH
R22	0.22μH	100	10μH	1R0	1μH	3N9	3.9nH	472	4700μH	680	68μH
R27	0.27μH	110	11μH	2N2	2.2nH	3R9	3.9μH	471	470μH	700	70μH
R33	0.33μH	121	120μH	2R2	2.2μH	301	300μH	47N	47nH	751	750μH
R39	0.39μH	12N	12nH	2N7	2.7nH	300	30μH	470	47μH	750	75μH
R47	0.47μH	120	12μH	2R7	2.7μH	310	31μH	5N6	5.6nH	070	7μH
R56	0.56μH	141	140μH	202	2000μH	332	3300μH	5R6	5.6μH	8N2	8.2nH
R68	0.68μH	152	1500μH	201	200μH	R33	330μH	500	50μH	8R2	8.2μH
R82	0.82μH	R15	150μH	222	2200μH	331	330μH	561	560μH	800	80μH
1N2	1.2nH	151	150μH	R22	220μH	33N	33nH	56N	56nH	821	820μH
1R2	1.2μH	15N	15nH	221	220μH	330	33μH	560	56μH	82N	82nH
1N5	1.5nH	150	15μH	22N	22nH	391	390μH	050	5μH	820	82μH
1R5	1.5μH	170	17μH	220	22μH	39N	39nH	6N8	6.8nH	900	90μH

图3.90　电感标签的识别

3.7.10 电感的应用

1. 滤波电路（见图3.91）

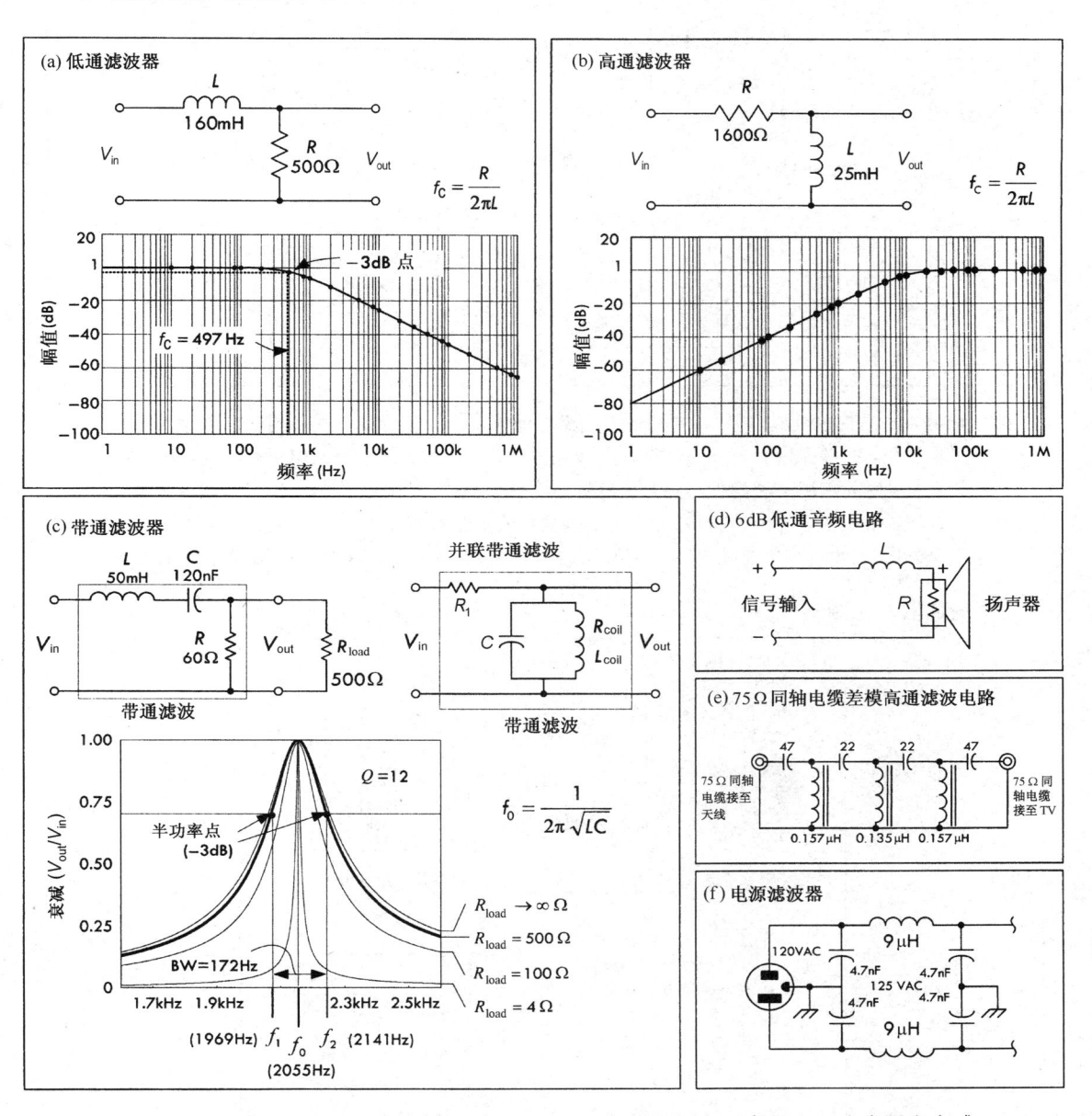

图3.91 滤波器在特定频率范围内呈低阻抗，在该频率范围之呈高阻。(a)由电阻和电感组成的低通滤波器。电感的阻抗随着频率的增加而增加，所以对高频信号有一定的阻碍作用；(b)高通滤波器阻碍低频率信号；电感为低频提供了一个到地的旁路；(c)带通滤波器，仅允许窄频带的信号通过；(d)供扬声器使用的低通滤波器；(e)75Ω同轴电缆差模高通滤波器。电感的作用是阻碍从TV天线接收的高频信号通过该支路，进而使其馈向TV系统。对于共模信号，它是无效的；(f)AC电源滤波器，用于吸收馈线上的RF能量

2. 开关电源（见图3.92）

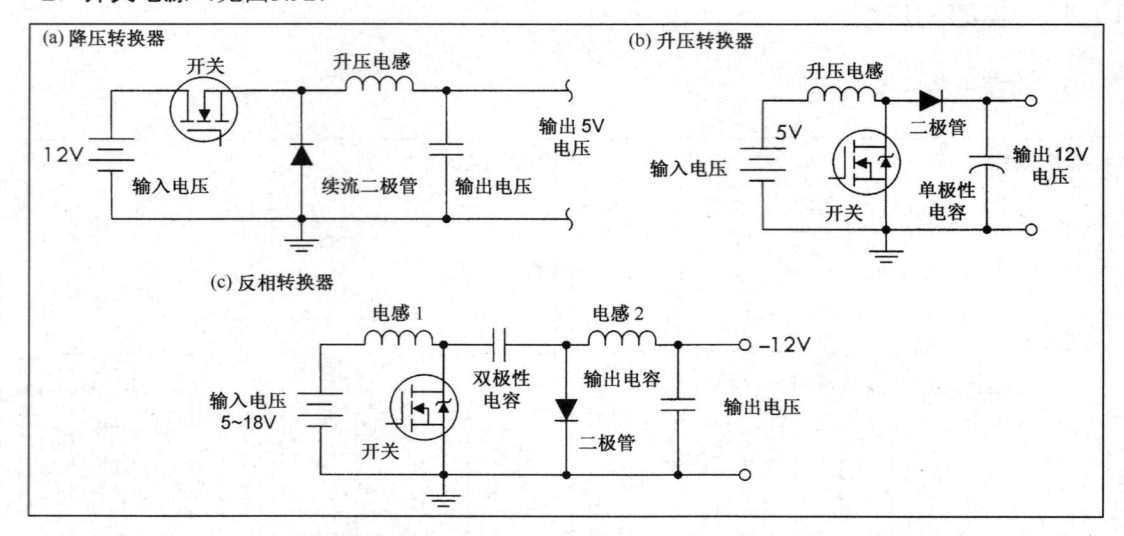

图3.92 在开关电源应用中，电感的作用是存储能量。当半导体开关导通时，电感的电流斜线上升，存储能量。当开关关断时，存储的能量释放给负载。输出电压有波纹，可选用合适的电感和输出电容滤除。图3.92(a)至(c)给出了各种开关电源结构：降（低压输出）、升（高压输出）、降-升（反相输出）。注意，在升压转换器中，升压电感的电流不能连续地流向负载。当开关导通时，电感电流流入大地，这时负载的电流由输出电容提供

3. 振荡器（见图3.93）

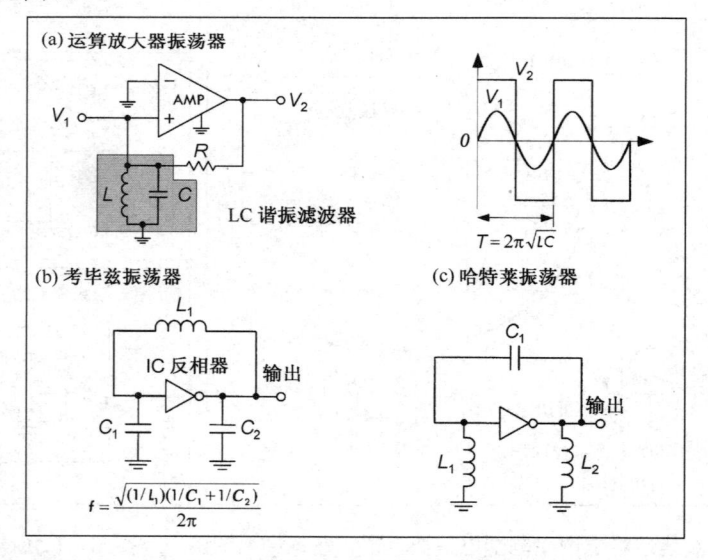

图3.93 (a)利用正反馈运放可制成不需要任何输入的输出电路，这种电路称为振荡器。在图(a)中，运算放大器利用LC选频网络滤除LC特征频率 $[f_0 = 1/(2\pi\sqrt{LC})]$ 外的输入信号。运放在正负方向交替饱和，V_2输出方波信号。该方波信号通过电阻R反馈给放大器，防止振荡器信号衰减。V_1输出正弦波信号；(b)电路中有两个基本LC振荡器：考毕兹振荡器和哈特莱振荡器。考毕兹振荡器使用两个电容，如图所示。它比图(c)中所示的哈特莱振荡器更受欢迎，因为它只需要一个电感，而电感比电容昂贵，且不易获得。考毕兹振荡器的频率如图(b)中的公式所示

· 276 ·

4．射频电路

图3.94给出了几种简单的射频电路，它们由LC谐振滤波器组成，用于调谐。

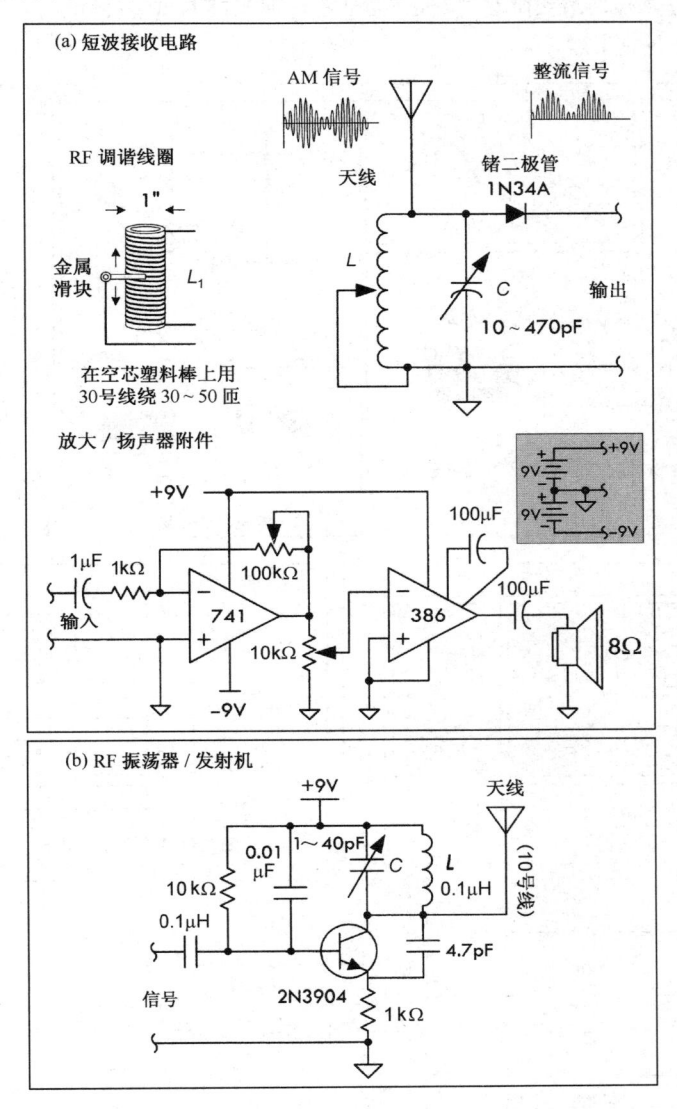

图3.94 (a)最简单的射频接收器由一根天线、一个二极管（锗）和一对扬声器组成。这样的接收器没有频率选择功能，但可同时接收多个AM电台的信号。增加一个可变电感和天线电容组成具有谐振特性的LC电路，这样构成的无线接收器具有频率选择特性，可接收不同电台的信号（可变电容提供额外的调谐性）。AM载波中的音频信号通过二极管检波。通过二极管后，只保留正周波。正周波中包含除载波频率外的低频成分。通过低通滤波器后，只保留低频成分。扬声器和人耳的频率响应有效地起低通滤波器的作用。已被解调的信号输入放大器，驱动扬声器。实际无线AM接收器利用超外差设计方案，比上述电路复杂得多；(b)无线电广播发射器由射频振荡器、一级或多级放大级以及调制器组成。这里所示的是简单的FM发射器。LC谐振滤波器设定了放大器的振荡频率——可变电容提供可调特性。输入的音频信号被调频成载波，并发射为无线电波。FM无线接收器应能接收这类音频信号。在1/4英尺铁芯上紧绕10匝22号线，就能自制一个电感

3.7.11 EMI/EMC设计提示

下面是一些可以避免EMI和EMC的提示，包括合理的PCB布线技术、适当的电源供给以及滤波器件的有效使用（见图3.95）。

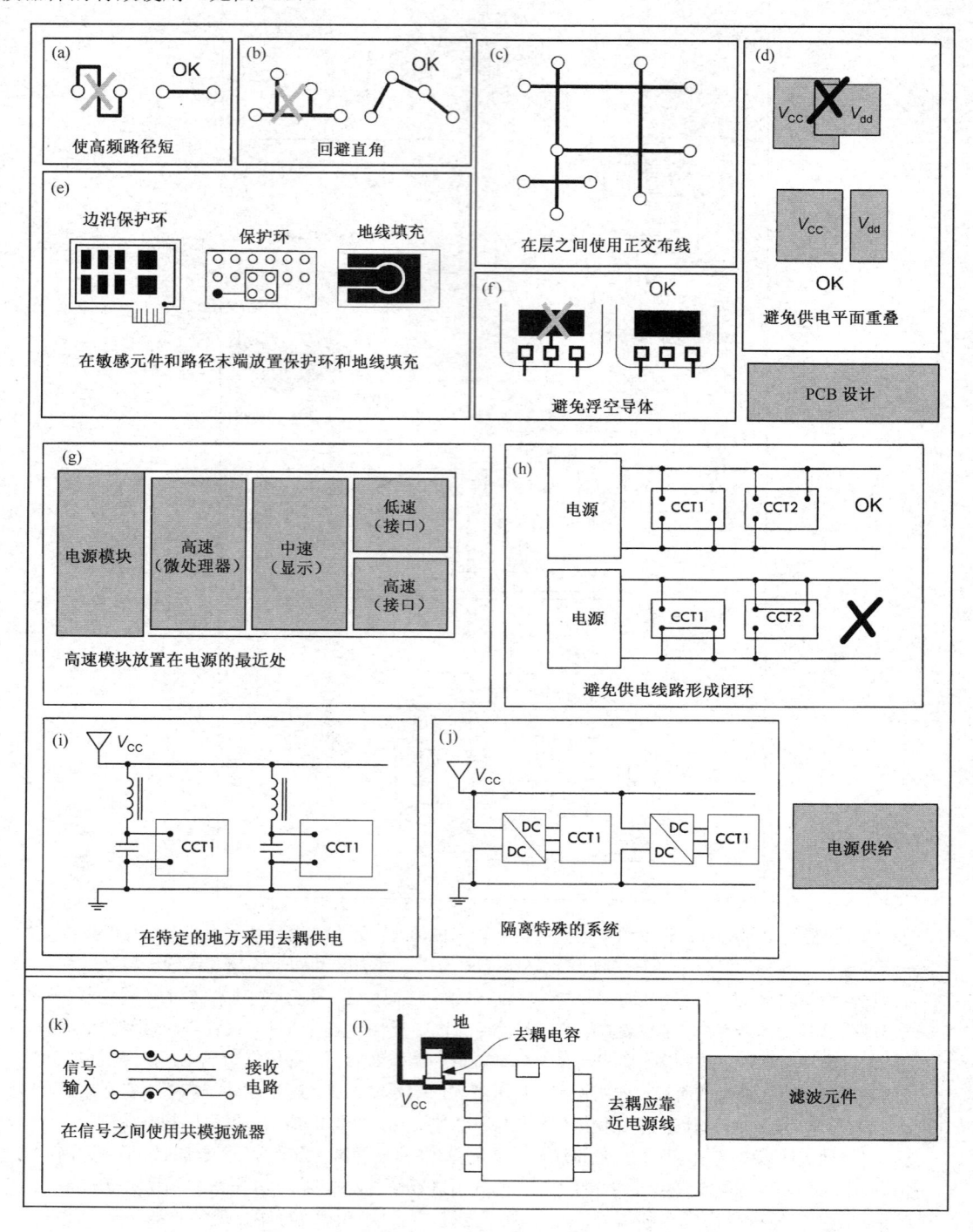

图3.95 EMI/EMC设计提示

1. PCB设计提示

在PCB布线过程中，应尽量避免打孔，特别是在地线和电源线附近。高阻抗将导致高电磁干扰（EMI），因此需要将电源线设计得尽可能粗而短。一般来说，这样做还可提高传导能力。在任何可能的地方，要将信号线（包括地线和电源线）布成带状，使高频、射频的信号线尽量短，且优先布高频信号线［见图3.95(a)］。连接线尽量避免走成直角，因为这样会导致反射和谐波［见图3.95(b)］。在敏感元件和路径末端等地，可放置保护环和地线填充，以减少电路板对外的辐射。另外，要采用单点接地［见图3.95(e)］。确保共地的供电平面不重叠，减小系统噪声和电源间的耦合［见图3.95(d)］。相邻两层之间的布线应尽量为直角［见图3.95(c)］。同时，要避免环线，因为环线相当于接收和发射天线；要避免浮空的导体，因为它可能成为电磁干扰源。最好的方法是将它接地。

2. 电源供给

避免供电线路形成闭环，如图3.95(h)所示。在特定的位置采用去耦供电，如图3.95(i)所示。将高速电路放在供电模块附近，将低速部分放在远离供电模块的位置，以减小电源线的瞬间干扰，如图3.95(g)所示。可能的话，应尽量隔离系统的供电模块和信号模块，如图3.95(j)所示。

3. 滤波元件

要尽量使偏置、上拉元件和下拉元件靠近驱动/偏置点。在电流传送和信号之间使用共模扼流器，可以增大耦合能力，抑制干扰，如图3.95(k)所示。在电源引脚附近放置去耦电容，可减小元件噪声和电源线的瞬时干扰，如图3.95(l)所示。

3.8 变压器

3.8.1 基本原理

基本的变压器是一个二端口（四端）设备，它将一个交流输入电压变换为一个升高的或降低的交流输出电压。基于变化电流产生变化磁场这个原理，变压器不能升高或者降低直流电压。典型变压器由铁芯叠片及铁芯上绕的两个或两个以上的绝缘线圈组成，其中一个线圈称为原边线圈（共N_P匝），另一个线圈称为副边线圈（共N_S匝）。简化的变压器及其图解符号如图3.96所示。

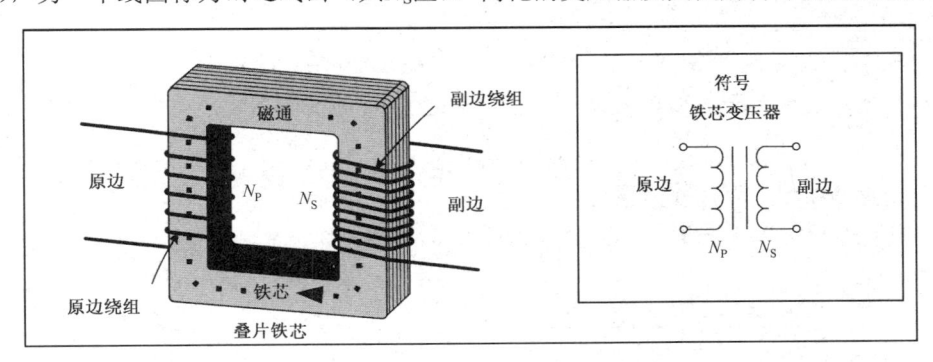

图3.96 简化的变压器及其图解符号

当交流电压通过变压器的原边线圈时，原边线圈中产生交变磁通$\Phi_M = \int (V_{in}/N_p)dt$，度且通过叠片铁芯传送到副边线圈（铁芯可增加电感，叠片可减少由涡流产生的能耗）。根据法拉第电磁感应定律，有一个理想磁通电偶（电偶系数为1）时，变化的磁通产生电压$V_S = N_S d\Phi_M/dt$。联立原边线圈产生的磁通公式和副边线圈产生的电压公式，得到下面的有用公式：

$$V_S = V_P \frac{N_S}{N_P} \quad （变压器电压变换） \tag{3.1}$$

上式表明，当原边线圈的匝数多于副边线圈时，副边线圈的电压将比原边线圈的电压低；反之，当原边线圈的匝数少于副边线圈时，副边线圈的电压将比原边线圈的电压高。

当将电压源接到变压器原边线圈的两端而副边线圈开路时（见图3.97），电压源将使变压器等效于一个简单的电感，阻抗值为 $Z_P = j\omega L_P = \omega L \angle 90°$，且根据欧姆定律，电流值将等于 V_P/Z_P，同时电压 $V_P(N_S/N_P)$ 对副边线圈起作用。

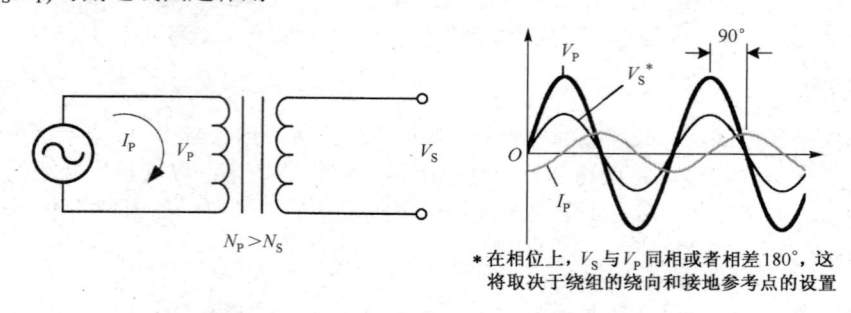

* 在相位上，V_S 与 V_P 同相或者相差180°，这将取决于绕组的绕向和接地参考点的设置

图3.97 副边开路时的变压器模型

当变压器的副边线圈无负载接入时，原边线圈中的电流称为变压器的励磁电流。理想变压器没有内部损耗时，不会消耗能量。当电流通过原边线圈时，与电压相差90°相位角（在 $P=IV$ 中，I 是假设的，能量也是假设的）。由于副边没有负载，变压器中仅有的损耗产生于铁芯或原边线圈中。

【例1】有一个变压器，其原边线圈为200匝，副边线圈为1200匝，在原边回路加120V的交流电压，副边回路两端的电压是多少？

解：参考式（3.1）有

$$V_S = V_P(N_S/N_P) = 120\text{VAC}(1200\text{匝}/200\text{匝}) = 720\text{VAC}$$

这是一个升压变压器的例子，因为副边电压高于原边电压。

【例2】使用与例1中相同的变压器，将原边线圈和副边线圈对调后，新变压器中的副边电压是多少？

解：

$$V_S = V_P(N_S/N_P) = 120\text{VAC}(200\text{匝}/1200\text{匝}) = 20\text{VAC}$$

这是一个降压变压器的例子，因为副边电压低于原边电压。

由上面的例子可以看出，当一个绕组有足够的匝数来产生平衡于外加电压源的电压，且不产生过电流时，这些绕组均可以作为原边绕组。

下面讨论副边接入负载后有什么变化（见图3.98）。

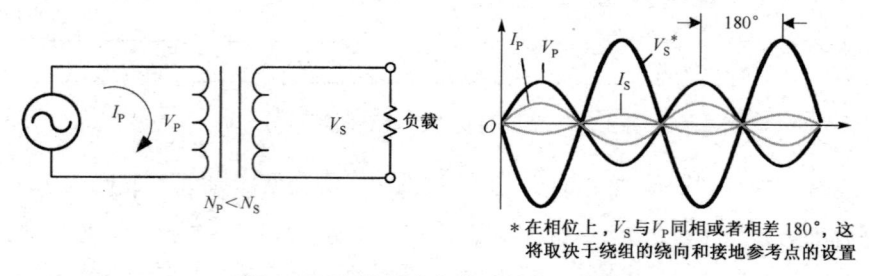

* 在相位上，V_S 与 V_P 同相或者相差180°，这将取决于绕组的绕向和接地参考点的设置

图3.98 副边接有负载时的变压器模型

负载接入副边后，副边电流将产生磁场来对抗原边电流产生的磁场。原边线圈产生的电压值等于外加电压，因此原有的磁场必须存在。原边线圈必须提供足够的附加电流来建立这样一个磁场：它与副边电流产生的磁场刚好大小相等、方向相反。在这一点上，假定原边电流由副边负载产生（这是接近实际情况的，因为在以额定功率输出时，励磁电流相对于原边负载电流非常小）。

1. 电流比

为了弄清楚原边电流和副边电流的关系，假设有一个效率为100%的理想变压器（实际的变压器效率为65%～99%），然后推断所有消耗在副边回路负载上的能量应等于原边回路电源提供的能量。根据能量定律，可得

$$P_P = P_S, \quad I_P V_P = I_S V_S$$

将变压器电压即式（3.1）代入上式得

$$I_P V_P = I_S \left(V_P \frac{N_S}{N_P} \right)$$

两边同时消去 V_P，得到下述电流关系式：

$$I_P = I_S (N_S/N_P) \quad \text{（理想变压器电流变换）} \tag{3.2}$$

【例3】一个变压器的原边线圈为180匝，副边线圈为1260匝，通过副边回路负载的电流为0.1A，求原边回路电流。

解：参考式（3.2）求原边电流得

$$I_P = I_S (N_S/N_P) = 0.10\text{A}(1260\text{匝}/180\text{匝}) = 0.7\text{A}$$

由上面的例子可以看出，尽管副边电压高于原边电压，副边回路电流却小于原边回路电流。在理想变压器中，副边回路电流与原边回路电流的相位相差180°，因为副边回路电流产生的磁场与原边回路电流产生的磁场方向相反。不管副边回路中电流和电压之间的相位差是多少，绕组中电流的这种相位关系始终存在。事实上，副边绕组的电压和电流之间的相位差将使原边绕组的电压和电流之间产生同样的相位差。然而，值得注意的是，（原边和副边之间的）相位可通过选择副边的输出端顺序确定，详见下面的注释。

关于相位的注释

也许读者理解相位时有些困惑。对此，下面举个例子解释一下。当原边绕组电压与副边绕组电压的相位差是180°时，能否简单地改变副边绕组的绕向，或用更容易的简单方法，即反接副边绕组的输出端来得到（相反的）相位呢？回答是肯定的。这是一种利用了变压器绕组相应端点的方法，图3.99中给出了两个除了副边绕组的绕向不同，其他都一样的变压器。在测试实验中设定公共地点后，使用示波器可以观测到绕组A中原边电压和副边电压是同相位的，而绕组B中原边和副边的电压与电流是反相的。为避免混淆，同名端用于告知绕组的相对方向。寻找（确定）同名端的方法是，电流在原边绕组的流入端和电流在副边绕组的流出端。下图可帮助我们通过电流流动的方向来寻找原边绕组和副边绕组的同名端。

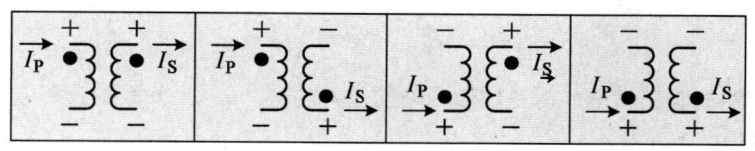

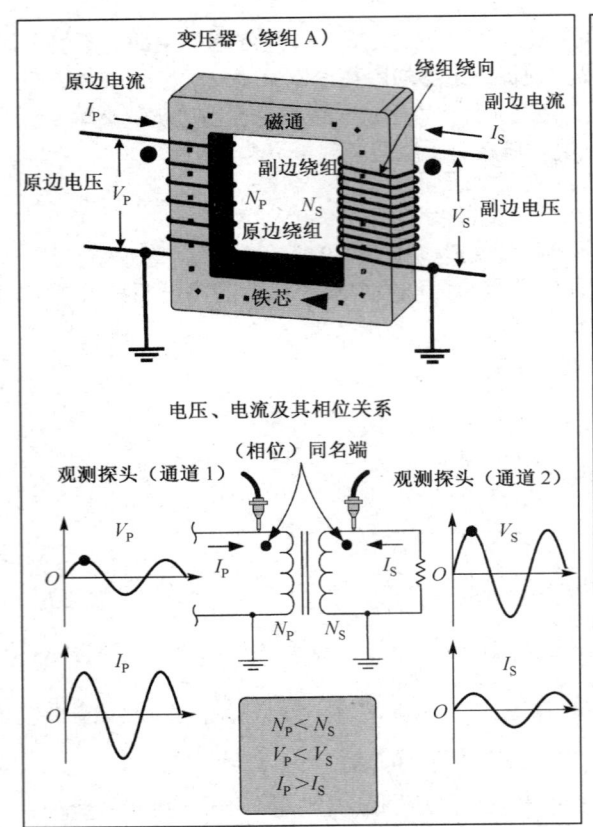

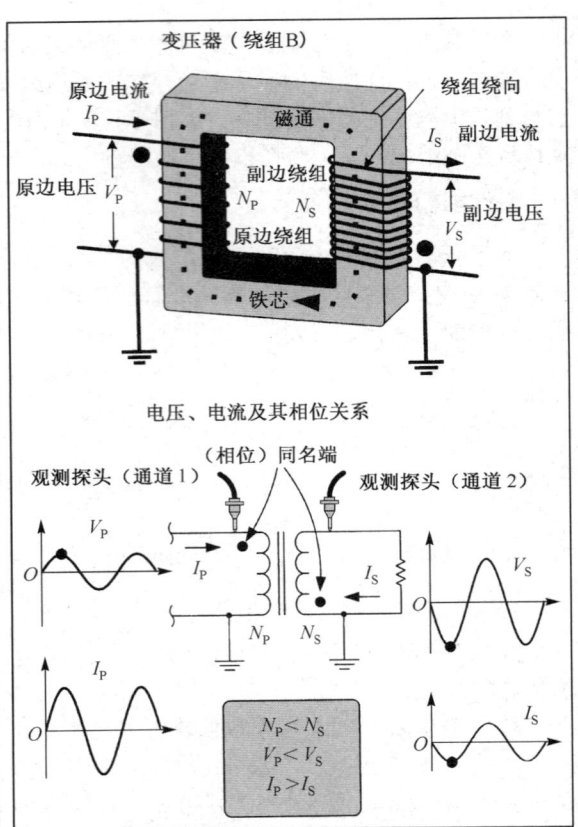

图3.99 同名端的定义

未给出同名端时，无法判断变压器的相位关系。在一个变压器中未看到同名端时，不是说它在电路中不重要，而是设计人员忘记标注了。一方面，在许多应用中，原边回路和副边回路的相位并不重要，因为副边回路不受原边回路的影响。另一方面，在有些电路中，当原边回路和副边回路的相位关系未严格遵守规定时，电路不能正常工作。一般来说，这些电路在原边回路和副边回路之间有额外的联系（如晶体管、电容、变压器等），基本电路受原边回路电压和副边回路电压之间相互作用的影响。不考虑副边相位的电路的例子是，使用降压变压器的次级来满足整流器的直流电源。整流器不考虑相位。考虑次级相位的电路的例子是"焦耳小偷"电路，即通过双极型晶体管级将副边回路连接到原边回路的电路。

2. 功率比

前面通过假设功率从原边回路百分之百转移到副边回路，导出了变压器的电流公式。然而，线圈的电阻和变压器的铁芯上总有一些功率损耗，这意味着原边线圈从电压源得到的功率要比副边回路中的功率大。这可用如下表达式来描述：

$$P_\text{S} = nP_\text{P} \quad （效率） \tag{3.3}$$

式中，P_S是副边回路的输出功率，P_P是原边回路的输入功率，n称为效率。效率n总小于1，通常用百分比表示，如0.75表示为75%。

【例4】 变压器的效率是75%，其副边回路的满载输出功率是100W，求原边回路的输入功率。

解： 参考式（3.3）有

$$P_P = P_S/n = 100\text{W}/0.75 = 133\text{W}$$

当厂商设计变压器时，达到额定输出功率的变压器具有最高的效率。高于或低于额定功率，变压器的效率都降低。变压器所能利用的功率还受其本身的损耗影响（导线和铁芯发热等）。超过变压器的额定功率时，将导致导线熔化或绝缘层被破坏，即使负载电阻是纯电抗性，由于内部线圈的电阻和铁芯，变压器仍会产生热损耗。因此，制造商常指定一个最大的伏-安比（VA比），使用时不应该超过这个比值。

3. 阻抗比

应用欧姆定律有 $I_P = V_P/Z_P$，设有一个理想变压器，其原边回路的功率全部转移到副边回路，因此得到一个包括原边线圈和副边线圈阻抗在内的公式：

$$P_P = P_S, \quad I_P V_P = I_S V_S$$

$$\frac{V_P^2}{Z_P} = \frac{V_S^2}{Z_S} \rightarrow V_S = V_P(N_S/N_P) \rightarrow \frac{V_P^2}{Z_P} = \frac{V_P^2(N_S/N_P)^2}{Z_S}$$

消去原边回路电压，可得阻抗变换表达式：

$$Z_P = Z_S(N_P/N_S)^2 \quad \text{（变压器阻抗变换）} \tag{3.4}$$

式中，Z_P是功率源的原边回路终端阻抗，Z_S是副边回路的负载阻抗。图3.100中显示了阻抗交换的等效电路。

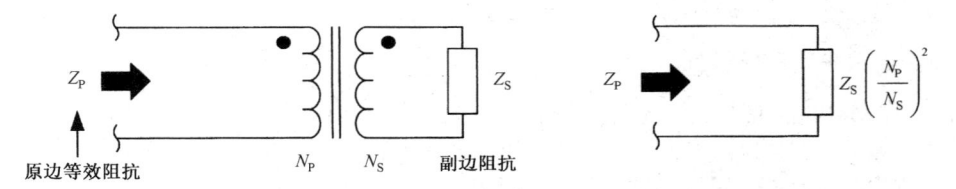

图3.100 阻抗交换的等效电路

副边回路负载阻抗增加时，从原边回路的电压源两端看，原边回路的阻抗将与线圈匝数的平方成正比。

【例5】变压器的原边回路线圈为500匝，副边回路线圈为1000匝，副边回路接入一个阻抗为2000Ω的负载时，原边回路的阻抗是多少？

解：应用式（3.4）有

$$Z_P = 2000\Omega \times (500\text{匝}/1000\text{匝})^2 = 2000\Omega \times 0.5^2 = 500\Omega$$

如上面的例题所示，通过选择合适的匝数比，固定的负载阻抗值可转换为期望的任何阻抗值。变压器损耗可以忽略时，转换后的阻抗和实际的负载阻抗具有相同的相位角。因此，当负载是纯阻性的时候，原边回路中功率源的负载也变成纯阻性的。当副边负载阻抗是复阻抗时，原边回路的电压和电流将具有与之相同的相位角。

在电子电路中，许多例子都要求使用特殊的负载阻抗值来获得最优的性能。实际电路中消耗功率的负载阻抗可能远远不同于电源的阻抗，于是可以使用变压器来将实际负载转换成期望的阻抗。这个过程称为阻抗匹配。由式（3.4）得

$$N_P/N_S = \sqrt{Z_P/Z_S} \tag{3.5}$$

式中，N_P/N_S是要求的原边回路线圈和副边回路线圈的匝数比，Z_P是原边回路阻抗，Z_S是副边回路负载阻抗。

【例6】放大器电路要求使用一个500Ω的负载来达到最优性能，并连接一个8.0Ω的扬声器。当原边回路线圈和副边回路线圈的匝数比为多少时，才能满足上述变压器的要求？

解：
$$N_P/N_S = \sqrt{Z_P/Z_S} = \sqrt{500\Omega/8\Omega} \approx 8$$

因此，原边回路线圈的匝数必须是副边回路线圈匝数的8倍。

知道内部损耗和漏电流情况下的原边匝数设定方法后，就可确保在电压加到原边回路后有足够的感抗来保证较低的励磁电流。

【例7】从图3.101所示电路的电压源看进去，负载阻抗是多少？

解：(a)30Ω，(b)120Ω，(c)8Ω。

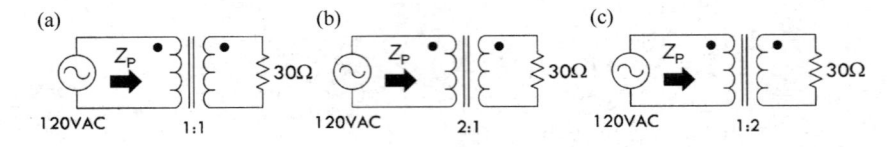

图3.101 例7所示电路

【例8】一个升压变压器的匝数比为1∶3，其电压比、电流比和阻抗比各是多少？假设所给的比值是原边回路线圈的匝数与副边回路线圈的匝数之比。

解：电压比是1∶3，电流比是3∶1，阻抗比是1∶9。

4．变压器齿轮传动模拟

将变压器视为齿轮箱有助于我们进行分析。例如，在图3.102中，原边绕组和输入轴（电动机所在的轴）是相似的，副边绕组与输出轴是相似的，电流等于轴的转速，电压等于动矩。在齿轮箱中，机械功率（速率乘以转矩）是不变的（忽略损耗），且等于电功率（电压乘以电流），电功率也是恒定的。齿数比等于变压器的升压比和降压比。升压变压器好比减速齿轮（其中，机械功率从一个快速旋转的小齿轮转移到一个慢速旋转的大齿轮上），它将电流变成电压，通过原边线圈的功率转换到拥有更多匝数的副边线圈上；降压变压器的作用和加速齿轮的相同（其中，机械功率从一个大齿轮转移到一个小齿轮），它将电压变成电流，原边线圈上的功率则转换到匝数较少的副边线圈上。

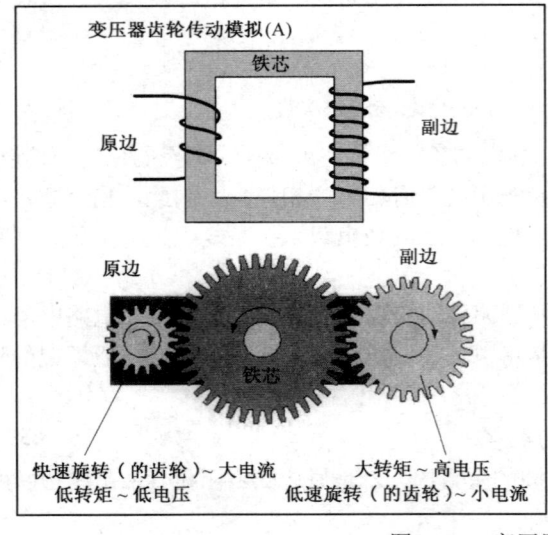

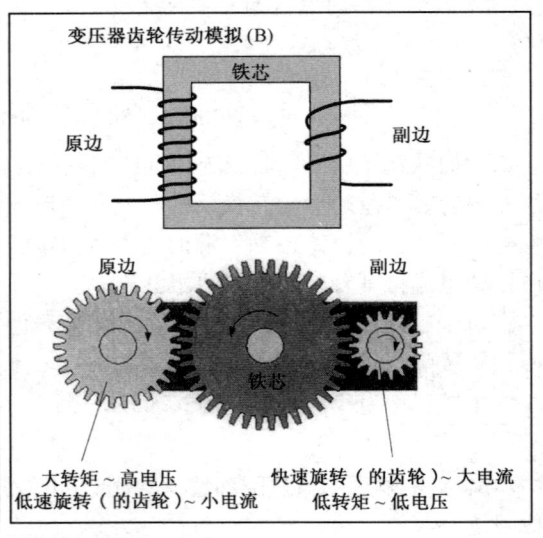

图3.102 变压器齿轮传动模拟

5. 带中心抽头的变压器

在现实生活中，我们很少见到只有四个端头的变压器：原边两个端头，副边两个端头。多数商用变压器的绕组都带有中心抽头，中心抽头通常位于变压器绕组的两个端子中间。使用中心抽头，可获得部分绕组电压。例如，在图3.103中，变压器的副边是带中心抽头的，中心抽头位于绕组中间，产生了两个输出电压V_{S1}和V_{S2}，中心抽头接地时，该电压包括相位，如图3.103所示。在这个例子中，因为假定中心抽头两头的匝数相同，所以两个副边电压相等，一般来说，副边电压由匝数比决定。

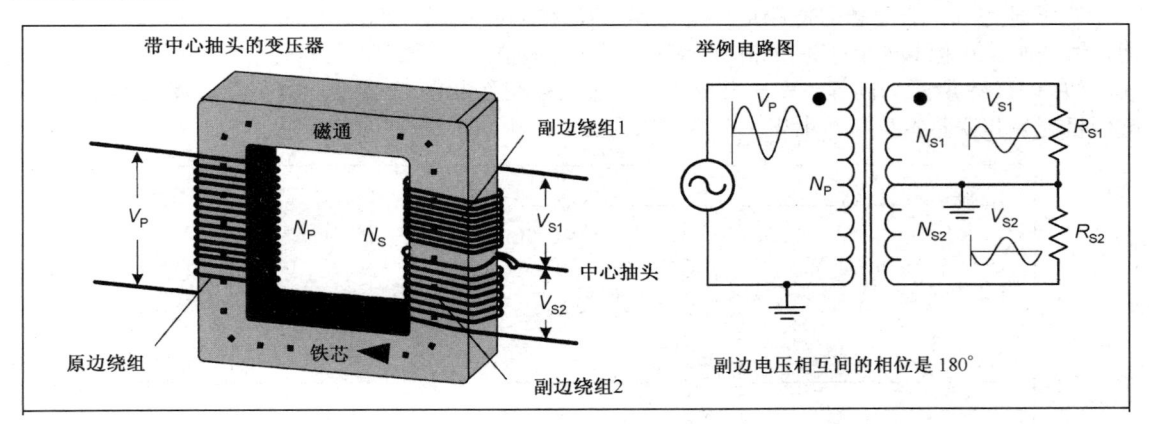

图3.103 带中心抽头的变压器模型

原边绕组和副边绕组均可以有中心抽头，也可以有多个抽头。例如，典型的电力变压器一般有几个副边绕组，每个绕组可提供不同的电压。图3.104显示了一个典型的开关电源变压器，它通过抽头可以获得所需的电压。制造商会提供不同的抽头，通常指定CT作为中心抽头电压。设计和允许改变输出量时，中心抽头非常灵活。我们可以看到中心抽头变压器用于将240VAC分为两个120VAC，还可以看到全波中心抽头整流器电路被用于组成直流功率电源。

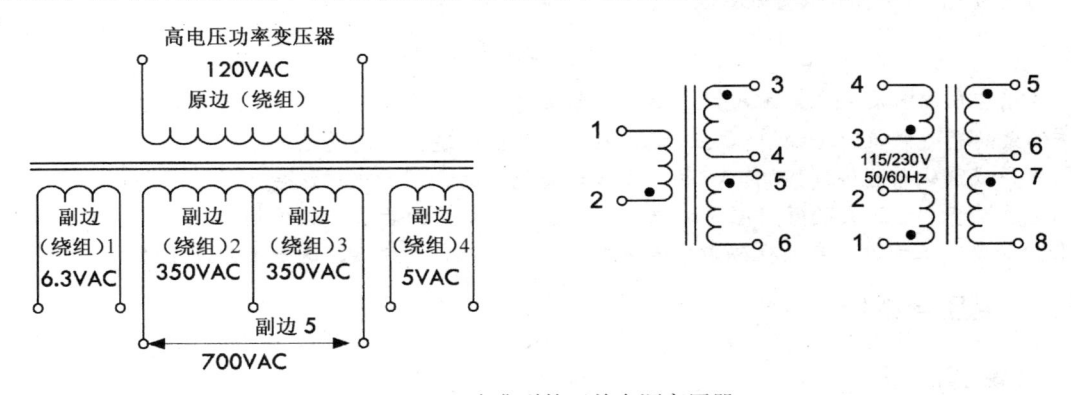

图3.104 一个典型的开关电源变压器

6. 实际变压器的特性

理想变压器原边-副边的耦合系数为1，这意味着所有的线圈链接所有的磁通线，因此，每匝线圈都产生相同的电压，且每匝原边线圈和副线圈产生的电压是相同的。在低频状态下，铁芯变压器近似为理想变压器，但因多种因素的存在，如涡流、磁滞损耗、内部线圈阻抗及高频趋肤效应等，会导致许多不确定性。

在实际变压器中,并非所有磁通为绕组共有,与绕组不链接的磁通称为漏磁通,它会产生相应的感应电压。漏磁电感较小,与变压器绕组相关,且与电路中一般电感的作用相同。漏磁电感产生的阻抗称为漏抗,它随变压器结构和频率的变化而变化。图 3.105 显示了一个实际的变压器,其原边和副边线圈都存在漏抗,记为 X_{L1} 和 X_{L2}。当电流通过漏抗时,产生一个电压降,电压降随着电流的增大而增大,因此副边可得到更多的能量。

当电流通过变压器绕组时,绕组电阻 R_1 和 R_2 也产生压降,虽然这些压降与漏抗产生的压降不同,但是它们共同产生了一个电压,因此实际电压值要比用变压器匝比公式计算得出的值低。

变压器另一个非理想的特性是寄生电容。具有不同电压的任意两点间存在一个电场,当电流通过线圈时,每匝线圈和与其相邻的线圈也有不同的电压,导致各匝之间的电容可用 C_1 和 C_2 来建模,如图 3.105 所示。同理,变压器原边和副边也存在互电容 C_M。变压器绕组、周围金属(如屏蔽、机壳)和铁芯本身是产生相关电容的原因。

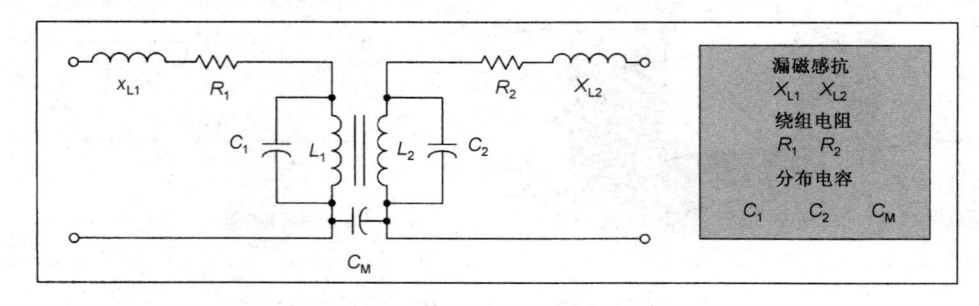

图3.105 非理想变压器的等效模型

寄生电容在电力变压器和音频变压器中几乎不起作用,但当频率增大时,影响就会变大。当变压器用在 RF 电路中时,寄生电容和漏抗在较低频率时产生谐振,在谐振频率范围内,变压器未表现出前述变压器公式提到的结论。

变压器因为铁芯的涡流效应和磁滞性,也会产生损耗,这些损耗会增加磁化电流,并且增加一个与 R_1 并联的等效电阻(见图 3.105)。

变压器使用事项

使用变压器时有三个基本规则:第一,所加电压不要高于变压器绕组的额定电压;第二,不允许较大的直流电流通过绕组;第三,变压器应工作在制造商规定的频率范围内。在副边加120VAC的电压并试图从原边得到1200VAC的电压,这是错误的,因为这样做会导致绝缘层被破坏,进而冒烟甚至燃烧。让过大的直流电通过原边时,也得到相同的后果。关于频率,当60Hz的变压器在20Hz的频率下工作时,会使得励磁电流增加很多,从而大量放热,这是十分危险的。

3.8.2 变压器结构

1. 铁芯

电力和音频变压器的铁芯由许多薄硅钢片组成,这些硅钢片可减小涡流。典型的硅钢片芯由E形和I形薄层组成,如图3.106所示,具有这些铁芯的变压器常称EI变压器。

图3.106所示为两种常见的铁芯形状——壳式和芯式。在壳式结构中,原边和副边绕组绕制在同一个支架上;而在芯式结构中,原边和副边绕组绕制在分开的两个支架上,采用这种铁芯结构的目的通常是减少原边和副边绕组中间的电容作用,或某边绕组工作于高频时的电容效应。铁芯的尺寸、形状、铁芯材料类型及频率都会影响每个绕组中的线圈匝数。在大多数变压器中,线圈是分层放置的,两

层之间有一片特殊的绝缘纸，较厚一些的绝缘纸放在相邻的线圈之间及铁芯与第一个线圈之间。

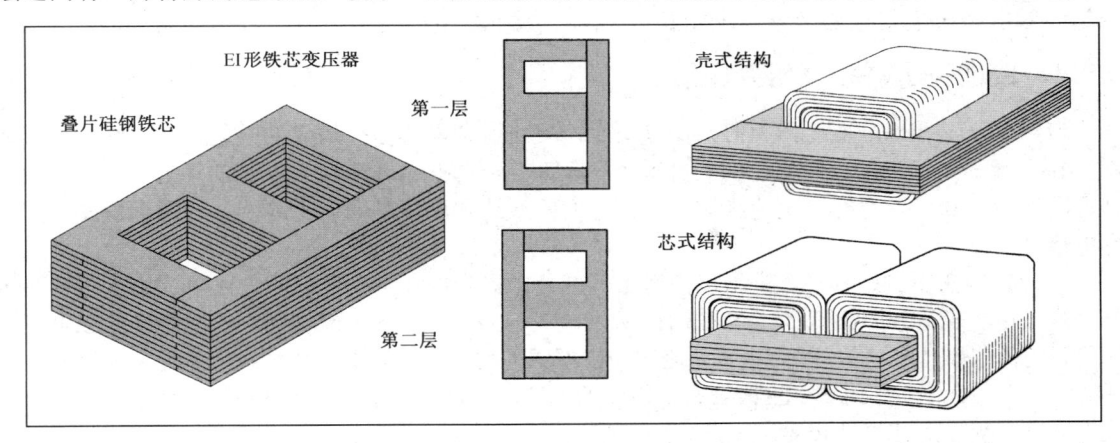

图3.106 典型的铁芯变压器结构

粉末合金铁芯由于涡流较低，通常用在高于60Hz直到几千赫兹的变压器中，这些铁芯有很高的磁导率，因此具有相当好的梯度能力，当变压器用于更高频率的场合（如RF电路）时，通常使用不导电的磁性陶瓷材料或铁氧体材料。

粉末合金铁芯或铁氧体变压器铁芯的形状一般是螺旋管状，如图3.107(a)所示，封闭的结构消除了EI结构中空气的影响。原边和副边线圈通常同芯绕制，便于遮住铁芯的整个表面，铁氧体通常用在更高的频率下，尤其是数十千赫兹到兆赫兹。总体而言，环状铁芯变压器比廉价的分层EI变压器的效率更高（约为95%），它们的结构更紧凑、质量更小、机械噪声更少（在音频应用中更有效）、负载损耗更低（在备用电路中更有效）。

2. 屏蔽

为了消除变压器绕组间的互电容，常在绕组间放置静电屏蔽，有些变压器可能还设置有磁屏蔽，如图3.107(b)所示。磁屏蔽可以阻止由内部绕组中的感应电流产生的外部磁场，还可以阻止变压器变成干扰辐射体。

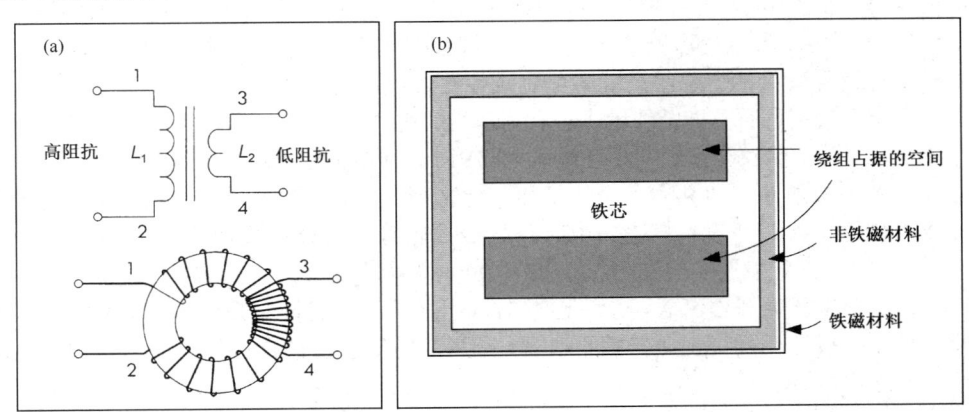

图3.107 (a)螺旋管状铁芯变压器；(b)屏蔽型变压器

3. 绕组

小功率信号变压器的绕组由坚固的铜线和漆包线组成。有时，为了安全地附加绝缘体，大功率变压器可能由铜线和铝线叠加而成，或者由大电流的扁导线组成。在某些场合，多股导线用于减小趋肤效应造成的损耗。工作于数千赫兹的高频变压器常用由绞合线组成的绕组，以减少趋肤效应。对于信号变换器，绕组构成是为了减小漏抗和寄生电容，以改善高频响应。

3.8.3 自耦变压器和调压变压器

自耦变压器和标准变压器相似，但只用在由单线圈和中心抽头构成的原边和副边结构中，如图3.108所示。与标准的变压器相同，自耦变压器可用于升压/降压和阻抗匹配的场合，但其原边和副边不像标准变压器那样是电绝缘的，因为它们的原边和副边是同一个线圈，这两个线圈之间没有电绝缘。

尽管自耦变压器只有一个绕组，但用于标准变压器升压和降压的感应定律也适用于自耦变压器，且适用于电流和阻抗变换。如图3.108所示，在公共绕组中的电流不同于线电流（原边电流）和负载电流（副边电流），因为这些电流的相位不同，因此，当线电流和负载电流近似相等时，公共绕组部分可用相对较细线绕制（公共绕组中的电流此时很小），仅当原边和副边电压大小相近时，线电流和负载电流才可能相等。

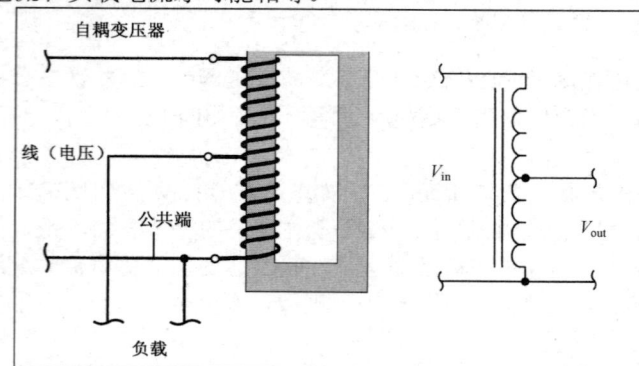

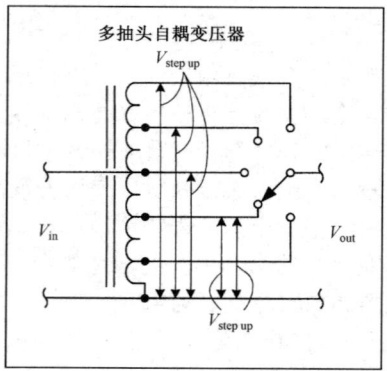

图3.108 自耦变压器模型

自耦变压器通常用在阻抗匹配中，也用在轻微升高或者降低电源电压的电路中。图3.108显示了一个开关分级自耦变压器，其输出电压可被开关触点随意设定为任意值。

调压变压器和图3.108所示的开关分级自耦变压器类似，但它有一个沿着圆形线圈连续滑动的电刷，如图3.109所示，调压变压器就像一个可以调节的交流电压源，其原边和120V线电压相连，而副边由一个可调且只沿单个绕组滑动的电刷及中性线组成。

当在线调试电气设备时，调节线电压很有用。当线电压正常时，若保险丝也被烧断，则可降低电压进行调试；即使保险丝未被烧断，在电压为85V时进行调试也可减少电流故障率。

调压变压器因原边和副边共用一个绕组而不像标准变压器那样提供隔离保护，了解这一点非常重要。要不接地工作，即设备机壳带电时，就要将隔离变压器放到调压变压器前面（注意不是后面）。不这样做，就可能发生电击事故。图3.109(c)图解了这样一个配置，它包含一个开关和一个熔断器，还包括电压表和电流表，所有这些共同组成了一个可调的完全绝缘的交流电压源。

为避免调压变压器和隔离变压器的不协调，这两个变压器被封装到了一起，如图3.109(d)所示，得到了一个交流电压源。

前面介绍了自耦变压器是如何用在使负载电压小幅度增加或减少的场合的。当然，使用一个正常（隔离）的变压器，并配以合适的原边、副边线圈匝数比，也可达到同样的目的。这里给出另一种方法：使用递降结构且副边绕组连接一个辅助串联负载（增压），或者使用反相的串联结构（减压），如图3.110所示。

· 288 ·

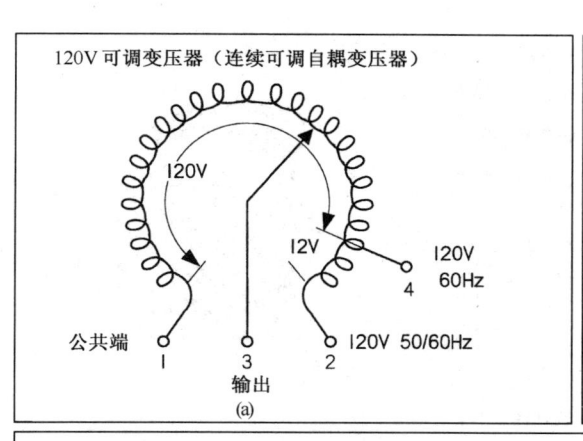

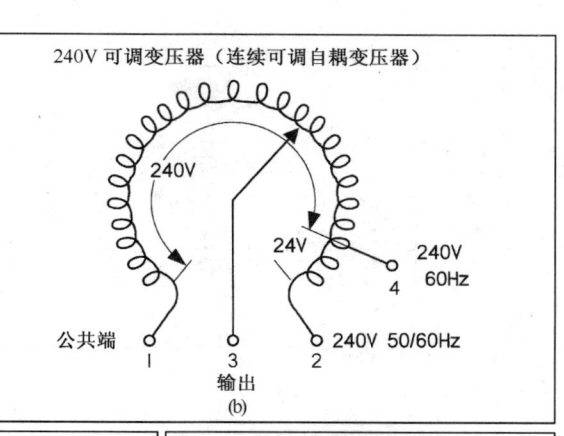

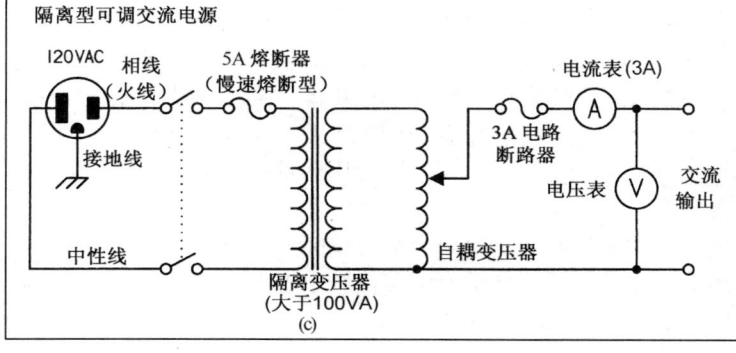

图3.109　(a)非隔离型120V自耦变压器通过旋转接触刷来调节输出电压；(b)非隔离型240V自耦变压器；(c)借助隔离变压器提供隔离保护的自制可调交流电源；(d)封装了隔离变压器、自耦变压器、开关、熔断器、交流插座和仪表的交流电源

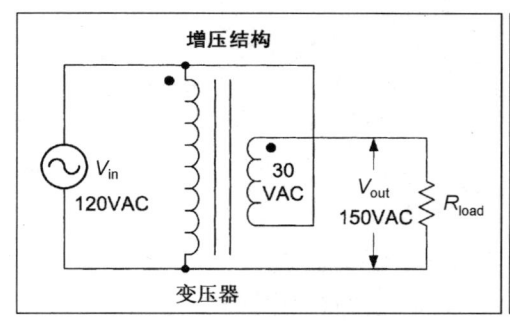

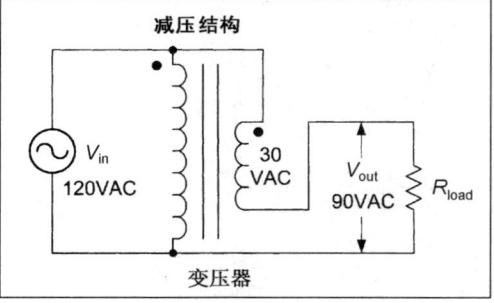

图3.110　自耦变压器的增压与减压结构

在增压配置中，副边线圈的极性被指定，因此其电压直接加到了原边线圈上。在减压配置中，副边线圈的极性也被指定，因此其电压是与原边线圈电压相减的。当有增压和减压配置时，自耦变压器也可达到同样的功能，且只有一个简单的绕组，既便宜，又轻巧。

3.8.4　电路隔离和隔离变压器

在电路的隔离应用中，变压器起着非常重要的作用。图3.111是用变压器隔离一个带输出负载的例子。在这个应用中，不需要升高或者降低电压，因此变压器的绕组比率为1∶1，这样的变压器称为隔离变压器。在图3.111中，干线隔离变压器用于隔离负载和电源，同时起接地故障保护作用。只要在没有接地的设备上工作，都可以使用隔离变压器。

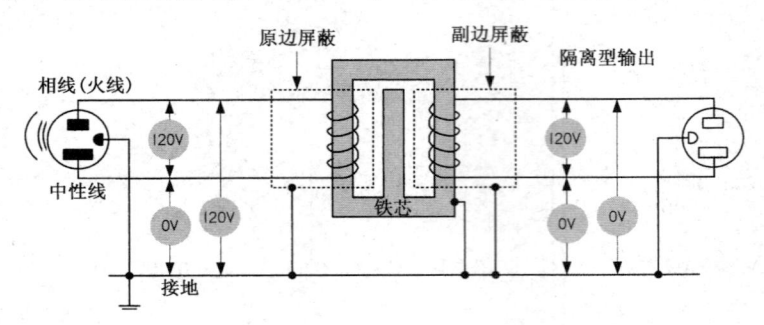

图3.111 隔离变压器的应用

在家用线路中，中性线（白色）和接地线（绿色）捆在一起后，装在分线箱中，因此基本上有着相同的电压——0V，若在接触接地的物体时意外碰到了相线（火线），则电流将通过人体，给人体潜在的一击。使用隔离变压器，将副边绕组作为一个120V的电压源，当于干线的相线和中性线，但也有重要的不同之处——副边电源不接地。这意味着当你接触某个接地物体时，触到了副边电源，无电流通过身体，电流仅通过副边电源（注意，所有的变压器都有隔离功能，因此带输入电力变压器的设备也有基本的隔离保护）。

隔离变压器的原边和副边也有两个法拉第屏蔽。这两个屏蔽可以隔离高频噪声，而正常情况下噪声是通过变压器传到大地的。增大两个法拉第屏蔽的间隔可以减小它们间的电容，进而减小二者间的噪声。所以，隔离变压器在线路功率噪声传到电路前，就可将它清除。

3.8.5 各种标准和特殊的变压器

1. 功率变压器

功率变压器（见图3.112）主要用于降低线电压，具有不同的形状、尺寸和原边副边绕组比。它们常有多个抽头或多个副边绕组。色标线通常用来标注原边和副边端子（如原边使用黑色线，副边使用绿色线，抽头使用黄色线）。其他变压器使用引脚表示原边、副边和抽头端子，允许它们装在PC板上。还有一些变压器封装得像墙体一样，可以直接插到交流输出口上。

2. 音频变压器

音频变压器（见图3.113）在音频设备中主要用于阻抗匹配（如在麦克风和放大器或者放大器和扬声器之间），但它们也可通过其他途径来实现。它们在音频范围20Hz～20kHz内能起最大作用，超出这个频率范围时，它们将减小或阻碍信号，具有不同形状和尺寸，且在原边和副边绕组中都有一个中心抽头，一些色标线用于指定端子，另一些音频变压器带有插头似的端子，能够插到PC板上。说明书提供原边和副边绕组的直流电阻，以帮助用户选择合适的变压器。除了简单的阻抗匹配，音频变压器还可提高或降低信号电压，将电路从不平衡状态变为平衡状态，反之亦然。另外，可以起隔断直流电通过而只允许交流电通过的作用，且可将隔离不同的设备。注意，音频变压器有一个最大的输入额定值，在不引起失真的情况下，不允许超过这个最大的输入值，所以在典型的音频电路中，音频变压器不能将信号增大25dB以上。因此，音频变压器不适合作为麦克风前置放大器，要使增益超过25dB，就要使用有源前置放大器替代变压器。

· 290 ·

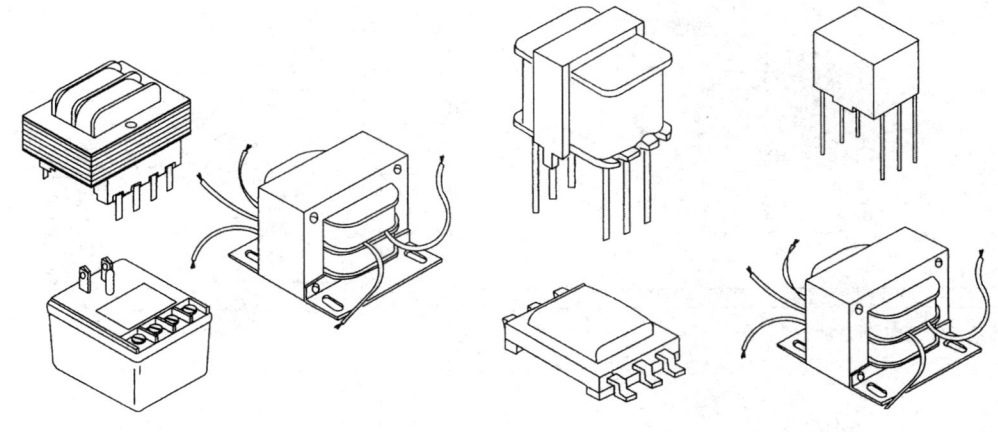

图3.112　功率变压器　　　　　　　　图3.113　音频变压器

3. 空芯射频变压器

空芯射频变压器（见图3.114）是用于射频电路的一种特殊装置（它可用于射频电偶，如天线调谐和阻抗匹配）。不像铁氧体铁芯变压器，射频变压器的中心不是铁磁物质的，而是一些空芯的塑料管。于是，空芯射频变压器的绕组耦合度通常就低于铁芯变压器，但它没有涡流损耗、磁滞损耗和饱和损耗等。这些性质和磁芯变压器的一样。在射频电路中，这些性质非常重要，因为在高频段，铁芯变压器的损耗非常大。除了用在非常高频的场合，环形空芯变压器今天已不常见。今天，特殊耦合物和射频粉末合金铁芯与铁氧体环状物已基本上取代空芯变压器，但在电路要求非常大的功率或者线圈必须保持温度恒定的场合除外。

4. 铁氧体和粉末合金铁芯环形变压器

环状铁氧体和粉末合金铁芯变压器（见图3.115）用于从几百赫兹到超高频的频率范围内，主要优点是自身屏蔽和低涡流损耗。磁导率/尺寸比很大，因此比传统变压器需要的线圈匝数少。最常见的铁氧体环形变压器是普通的宽带变压器，宽带变压器在原边和副边电路之间产生直流隔离。阻抗低的原边绕组占据整个铁芯，而副边绕组在原边绕组上绕制，如图3.115所示。这类变压器通常用在阻抗匹配中。在标准的宽带音频接收端，这些变压器的工作频带为530～1550kHz；在短波接收端，射频变压器的频率约为20MHz；在雷达上，其频率甚至达到200MHz。

5. 脉冲和小信号变压器

脉冲变压器是一种特殊的变压器（见图3.116），用于优化传输的方波电脉冲。这些脉冲快速上升和下降且具有恒定的振幅。小信号变压器是脉冲变压器的一种，用在数字逻辑和通信电路中，通常是传输线匹配逻辑驱动。中等尺寸的变压器通常用在功率控制电路中，如照相机闪光灯控制器，而大功率变压器经常用在电力分配中，分离低电压控制电路和带有高压的半导体通道，如三端双向晶闸管开关、绝缘栅双极型晶体管、晶闸管和MOS可控晶体管等。特殊的高压脉冲变压器用来产生用于雷达、离子加速器或其他脉冲功率应用的大功率脉冲。

为了减小脉冲波形失真，脉冲变压器需要非常低的漏电感和分布电容，以及一个较大的开路电感。另外，为了保护电路原边免受负载引起的较大瞬时功率，要求有较低的耦合电容。

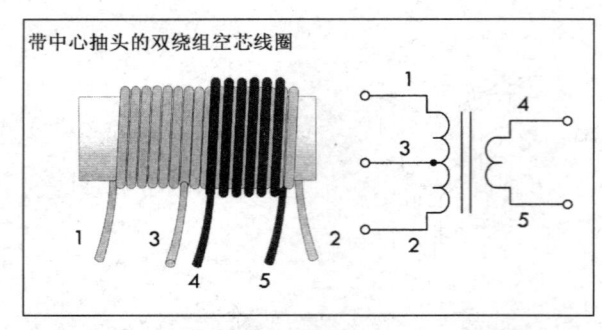

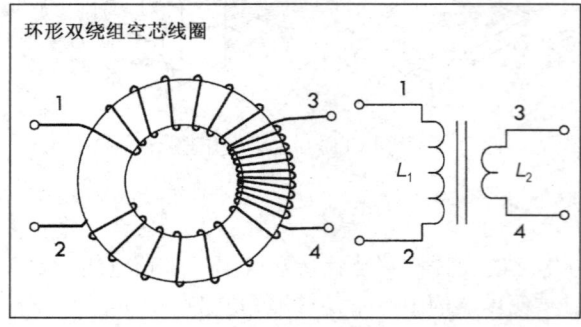

图3.114 空芯射频变压器

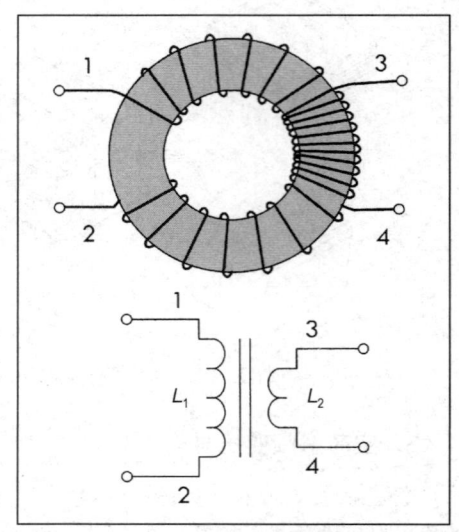

图3.115 铁氧体和粉末合金铁芯环形（铁芯）变压器

6. 电流互感器

电流互感器也是一种特殊的设备（见图3.117），主要用于测量电路中可能对安培表造成危害的大电流，它在副边产生一个与原边电流成比例的电流。典型的电流互感器看起来像带有许多副边绕组的环形磁芯感应器。原边线圈由穿过环形中心的可测电缆组成。通过副边的外部电流远小于实际流过电缆（原边）的电流。这些变压器的输入/输出电流比已被规定好（400S、2000S等）。电流互感器用于电源中驱动5A电流的安培表，还可用于测量高频波和脉冲电流。

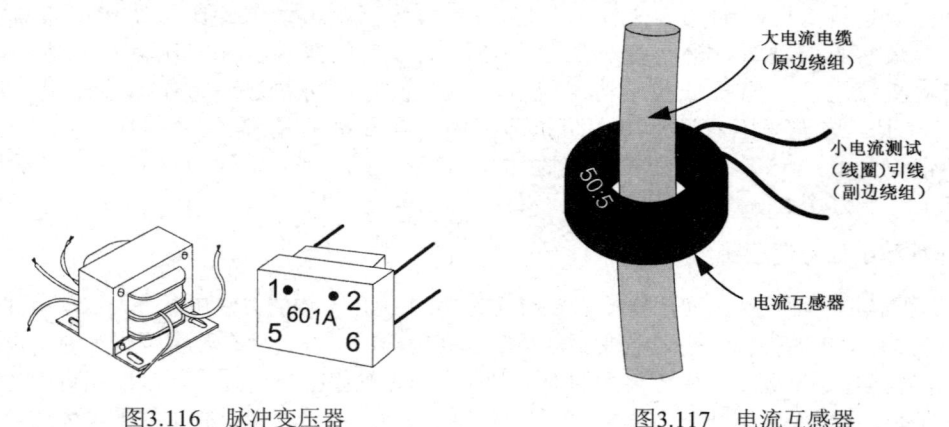

图3.116 脉冲变压器

图3.117 电流互感器

3.8.6 变压器的应用

变压器主要有三种用途：电流变换和电压变换，原边电路和副边电路隔离，改变电路阻抗。下面举一些具体的例子。

· 292 ·

1. 用于景观灯的变压器（见图3.118）

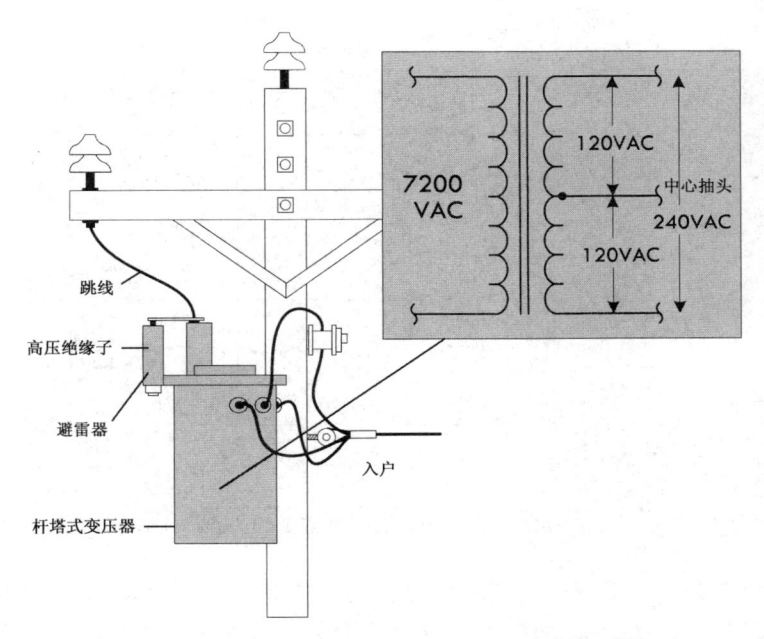

图3.118 使用一个降压的低压变压器驱动石英卤素景观灯。我们不关心景观灯的电压是否是交流电，因为频率（60Hz）太快，看不到输出的变化。大多数商用变压器用于景观（灯）布线，或者用于驱动自动洒水装置，产生多个输出。这种变压器提供12V、24V和14V的输出。若在电缆上有一个已知的电压降，就可使用14V的输出驱动12V的景观灯。24V的输出用于驱动24V的设备。注意，总负载消耗的功率不应超过变压器的额定输出功率。例如，100W的变压器不能用于驱动超过10个10W的景观灯或者5个20W的景观灯，否则景观点灯变暗

2. 带中心抽头的杆塔式变压器（见图3.119）

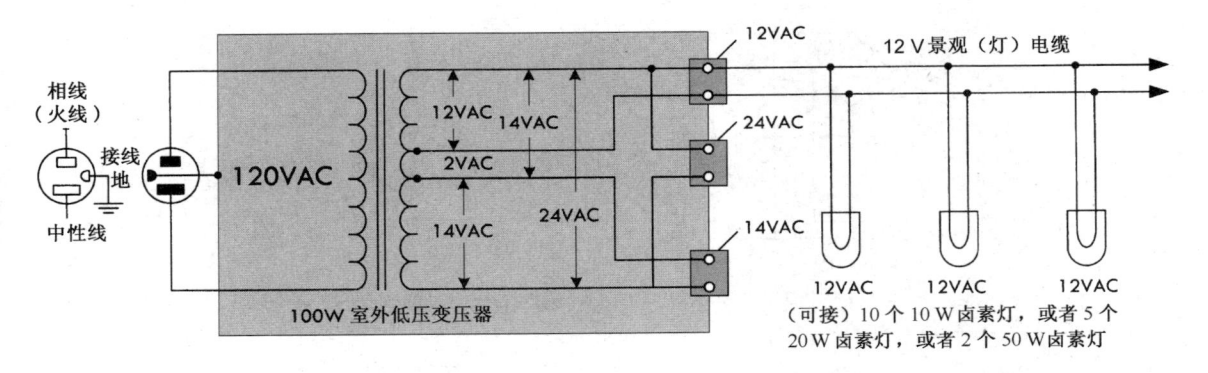

图3.119 在美国，传输交流电的电力线电压可达数千伏。带中心抽头的杆塔式变压器用于将线电压降至240V，且抽头可将它分成两个120V。小的家用电器如电视机、电灯、吹风机，都使用120V的电压，大家用电器如电炉、电冰箱、干衣机等通常使用240V的电压。要了解关于电力分配和家用电路的详细信息，请参阅附录A

3. 直流电源的降压变压器（见图3.120）

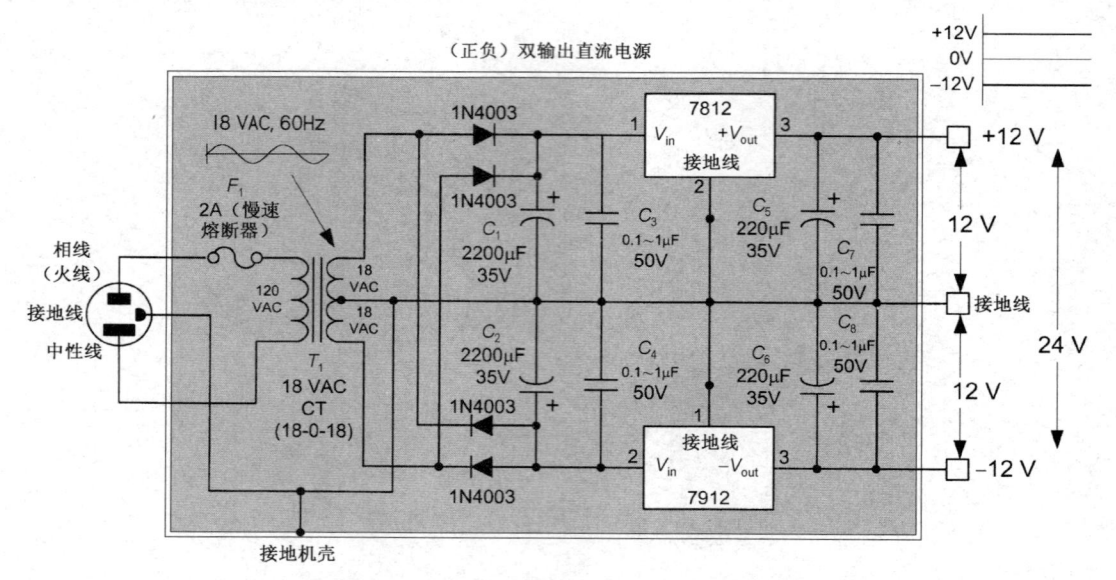

图3.120　设计电压源时，变压器是必需的。这是采用120V到18V-0-18V的中心抽头变压器构成一个±12V的直流电压源。变压器将通过每个线圈和中心抽头的电压降至18VAC。由二极管组成的整流电路用于消除上面绕组的负电压部分，同时消除下面绕组的正电压部分。电容用于消除直流脉动，以保证电压呈直流特性

4. 各种变压器整流电路

产生直流电压源的方法有多种。图3.121给出了4种可用的方法，每种方法都有其优缺点。下面首先进行简要介绍，详细介绍参见后面关于二极管和电压源的章节。

(a) **双重互补整流器**　对于带公共回路的两个对称的输出，这种整流器是最有效的和最好的选择。输出绕组是双绕组，并且精确地搭配了串联电阻和电容：

$$V_{AC} = 0.8(V_{DC} + 2), \quad I_{AC} = 1.8 I_{DC}$$

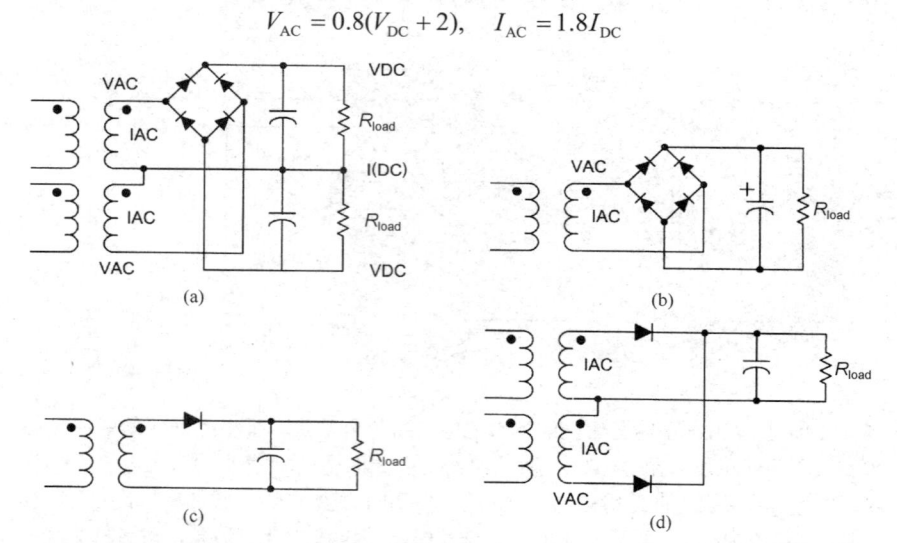

图3.121　(a)双重互补整流器；(b)全波电桥；(c)半波整流器；(d)中心抽头全波整流

(b)全波电桥　有效利用了变压器的副边绕组，是高压输出的最好选择：
$$V_{AC} = 0.8(V_{DC} + 2), \quad I_{AC} = 1.8 I_{DC}$$

(c)半波整流器　不适用于电压源设计，因为它未有效地利用变压器。这种设计会引起铁芯极化且在某个方向上饱和：
$$V_{AC} = 0.8(V_{DC} + 1), \quad I_{AC} = 1.2 I_{DC}$$

(d)中心抽头全波整流　虽然比半波整流电路的效率高，但是全波未完全利用副边绕组；对于大电流，低电压的应用非常有利，因为每半个电压周期只有一个二极管压降。

5. 音频阻抗匹配

如图3.122(a)所示，当负载阻抗等于网络电源的阻抗时，最大的功率被传输到负载。要从具有500Ω输出阻抗的音频放大器将最大功率传输给8Ω扬声器，必须合适地匹配负载阻抗和电压源的输出阻抗，当未匹配好阻抗且试图正确地驱动8Ω的扬声器时，将导致很差的输出性能（低峰值功率）；同时，当音频放大器尽力驱动低阻抗的扬声器时，放大器将释放大量的热量。

从高阻抗（高电压、小电流）电压源到低阻抗（低电压、大电流）负载，需要根据如下公式使用降压变压器：

$$N_P/N_S = \sqrt{Z_P/Z_S} = \sqrt{500\Omega/8\Omega} = 7.906$$

换句话说，绕组比应是7.9061。利用这样一个变压器，扬声器将驱动放大器调节到合适的位置，可以在最有效地将能量传到负载的电压和电流下吸收功率。

如图3.122(b)所示的大多数高保真放大器和扬声器系统，具有输出阻抗低于扬声器阻抗的放大器。典型扬声器的阻抗是8Ω，但大多数高保真放大器的输出阻抗为0.1Ω甚至更低，这不仅可以确保大多数音频能量传递给负载，还可以确保放大器的低输出阻抗为扬声器的动圈移动提供更好的电阻尼，以确保高保真度。

老式的电子管放大器需要一个不同形式的阻抗匹配，因为输出端的电子管一般有固定的相对较高的输出阻抗，所以不能有效地将音频能量传输到典型扬声器的低负载阻抗。因此，输出变压器可用于产生类似的阻抗匹配。变压器将增大扬声器的阻抗，给输出电子管提供几千欧的有效负载，与电子管本身的输出阻抗大小非常接近。因此，在电子管中，仅有少量能量以热的形式浪费。

对于如图3.122(c)所示的音频区，阻抗匹配是很重要的。但是音频区的一些传感器，如麦克风、唱机拾音头和磁带录音头，则需要特定的负载阻抗，目的不是能量传输最大化或信号传输。在图3.122(c)所示的匹配装置中，它将麦克风和音频放大器的输入电路通过匹配变压器连接起来。

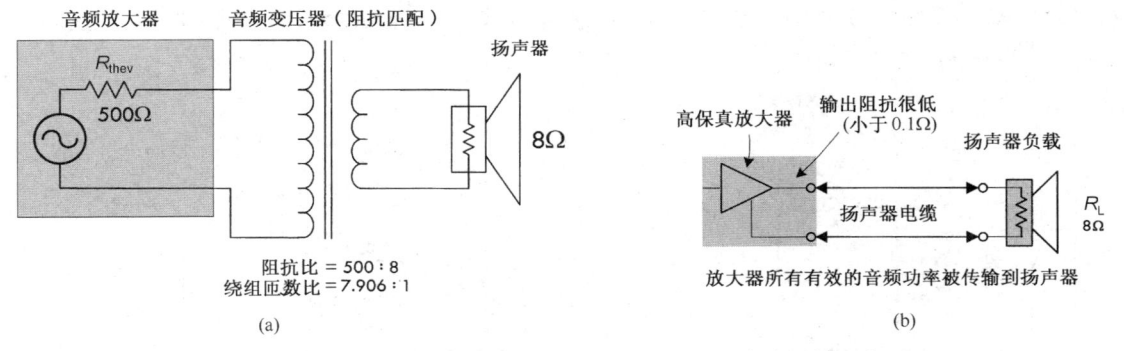

图3.122　(a)需要阻抗匹配；(b)不需要阻抗匹配；(c)麦克风输入变压器

(c)

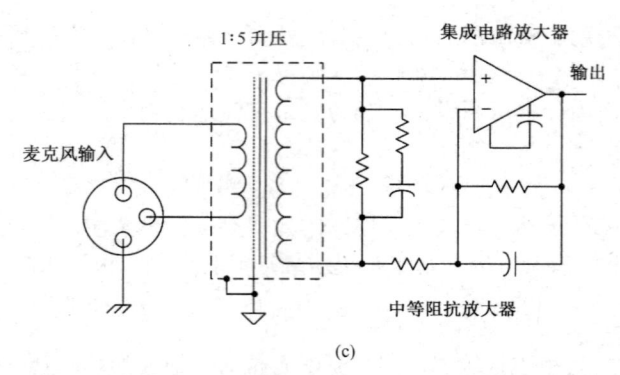

图3.122　(a)需要阻抗匹配；(b)不需要阻抗匹配；(c)麦克风输入变压器（续）

3.9　熔断器和断路器

熔断器和断路器（见图3.123）可以保护电路免受流过大电流造成的危害。熔断器中包含有一个窄金属条，当电路中的电流超过了其额定电流时，金属条就会熔断，以切断电能传输，熔断器一旦熔断，就要立即更换新熔断器。断路器是一个机械器件，当其熔断后，可以重置。断路器包括两个弹簧触点。当双金属条由大电流加热变弯时，触动弹簧，使触点分开。为了使断路器复位，可以使用一个按钮，按下该按钮便可使断路器复位。

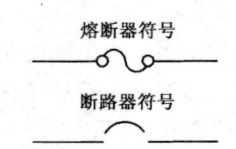

在家用电路中，熔断器和断路器用于防止墙壁中的电线因过电流而被烧断，但它们不能保护电子器件，如直流电压源、示波器和其他线性功率器件。例如，假设一台使用交流电的测试仪器发生短路，其电流可能从正常的0.1A上升到10A，则电流值受限的重要元件将通以过大的电流，根据$P = I^2R$，功率将增大10000倍，这样，电路中的元件会被烧掉。此时，额定电流为15A的断路器不起作用。通过器件的电流或许很大，但不足以烧断断路器。因此，每个电子设备都应有自身的熔断器。

图 3.123　熔断器和断路器的符号

熔断器分为快速熔断型和慢速熔断型两种。快速熔断型熔断器在电流中出现短暂的脉冲时，便会熔断，而慢速熔断型则会延时几秒。慢速熔断型熔断器主要用在具有较大开关电流的电路中，如电动机及其他感性负载电路。

实际上，熔断器的额定电流应比被保护电路的标称额定电流大50%，额外的裕量允许电流有较小的变化，同时在熔断器的额定电流下降时提供补偿。

工作于120V交流电压源的熔断器和断路器要放在相线（黑色线）上，且要放在所保护电子器件的前面。若熔断器或断路器放在中性线上，则当熔断器/断路器熔断时，整个线电压仍加在输入端。断路器用于保护240V的交流设备（火炉、熨衣机等），如图3.124所示。关于电力分配和家用电路的详细信息，请参阅附录A。

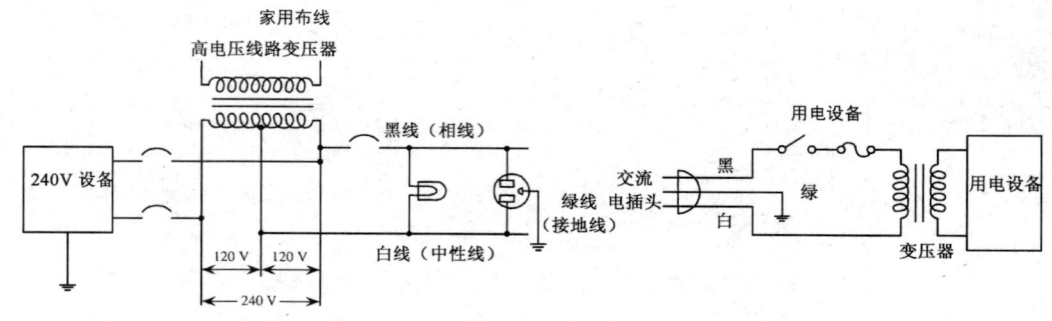

图3.124　接有熔断器和断路器的家用布线

3.9.1 几种熔断器和断路器

1. 玻璃陶瓷型

图3.125(a)所示为几种由密封在玻璃柱体中的低熔点金属丝或陶瓷元件构成的熔断器。每个柱体的两端都有一个金属帽接触端,并且分为快速熔断型和慢速熔断型。它们用在电子电路和小型器件中。典型柱体的大小为1/4 mm×1mm或5 mm×20mm。额定电流从1/4A到20A,额定电压从32V、125V到250V。

2. 片型

图3.125(b)所示是一种快速熔断型熔断器,触点呈刀片状,便于从插座上取下。额定电流为3~30A,电压为32~36V,根据电流的不同,熔断器的颜色也不同。

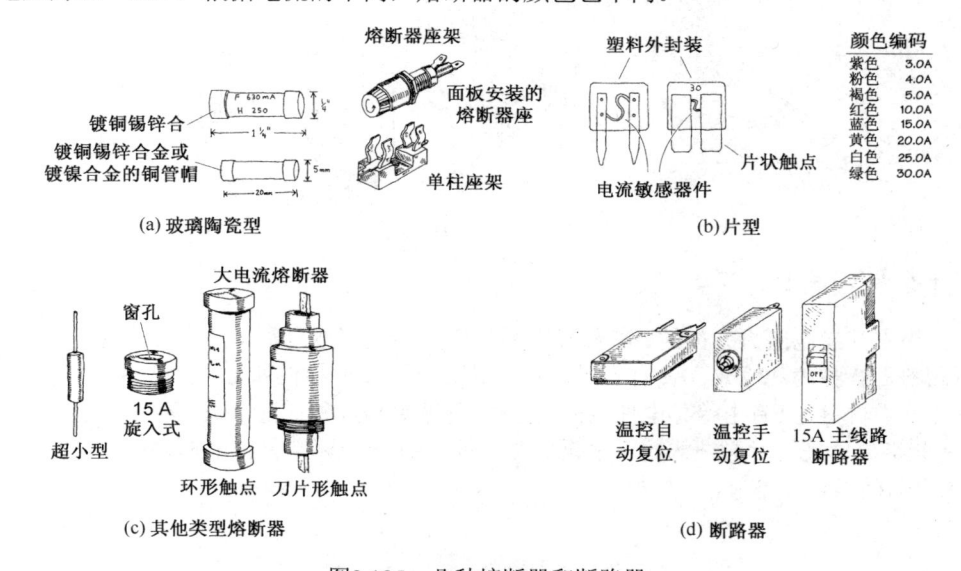

图3.125 几种熔断器和断路器

3. 其他类型

其他类型的熔断器包括超小型熔断器和大电流旋入式管状熔断器〔见图3.125(c)〕。超小型熔断器有两个端子,它们可固定在PC板上,额定电流为0.05~10A,主要用在小型电路中。管状熔断器主要用在大电流电路中,主要作为240V吹风机和空调中的电源短路保护器。管状熔断器用纸封装,两端各有一个环形或刀片形触头,其中环形触头熔断器的保护电流最高达60A,而刀片状触头熔断器的保护电流可达60A或者更高。

4. 断路器

断路器主要有摇杆型和按钮型两种〔见图 3.125(d)〕。有些具有手动复位功能,而另一些具有温控自动复位功能(温度下降后自动复位)。断路器的额定电流为15~20A,小一些的断路器的额定电流可能低于1A。

第4章 半 导 体

4.1 半导体技术

今天，最重要或最振奋人心的电子设备是由半导体材料制造的各种电子器件，如二极管、晶体管、半导体闸流管、热敏电阻、光电池、光电晶体管、光敏电阻、激光器和集成电路等，它们全部由半导体材料或半导体制造（见图4.1）。

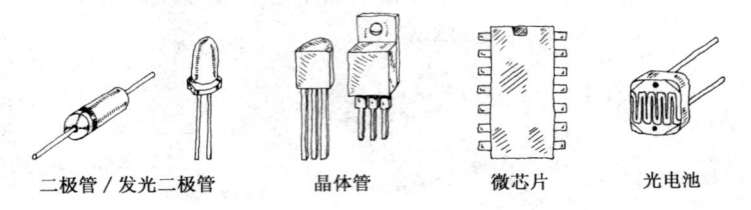

图4.1 各种半导体器件

4.1.1 什么是半导体

材料是根据其导电能力分类的。容易导电的物质如银和铜称为导体，难以导电的物质如橡胶、玻璃和聚四氟乙烯称为绝缘体。还有一类物质，其导电性介于导体和绝缘体之间，称为半导体。半导体作为一类材料，具有中等导电性。技术上讲，电导率σ为$10^{-7} \sim 10^3 \Omega/cm$的材料称为半导体（见图4.2）。有些半导体是纯元素结构的（如硅、锗），另一些半导体则以合金形式存在（如镍铬合金、黄铜），还有一些半导体是液体。

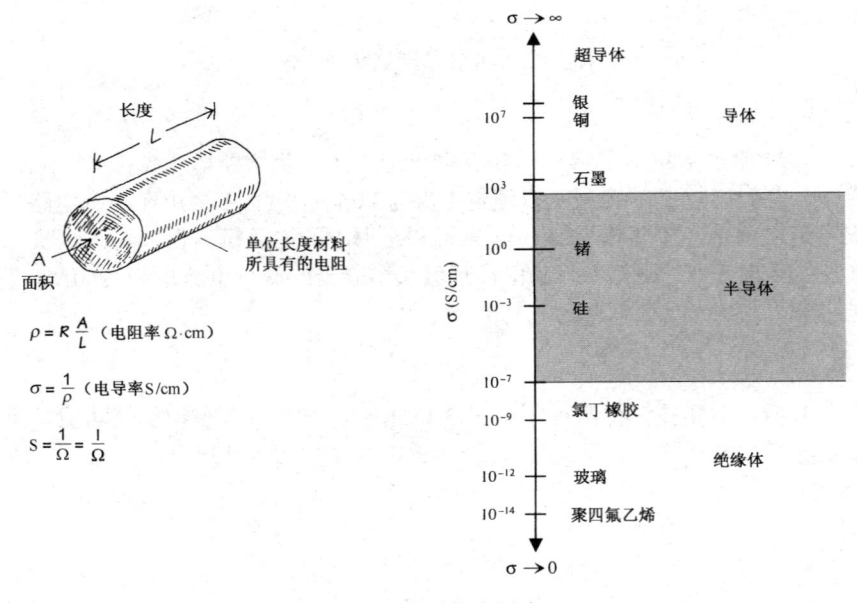

$$\rho = R\frac{A}{L} \text{（电阻率} \Omega \cdot cm\text{）}$$

$$\sigma = \frac{1}{\rho} \text{（电导率} S/cm\text{）}$$

$$S = \frac{1}{\Omega} = \frac{1}{\Omega}$$

图4.2 物质的电导率

1. 硅

在电子设备制造中，硅是最重要的半导体（硅的原子结构见图4.3），其他材料如锗和砷有时也被用到，但它们的应用没那么广泛。硅在纯净状态下的独特原子结构，在电子设备制造中非常有用。

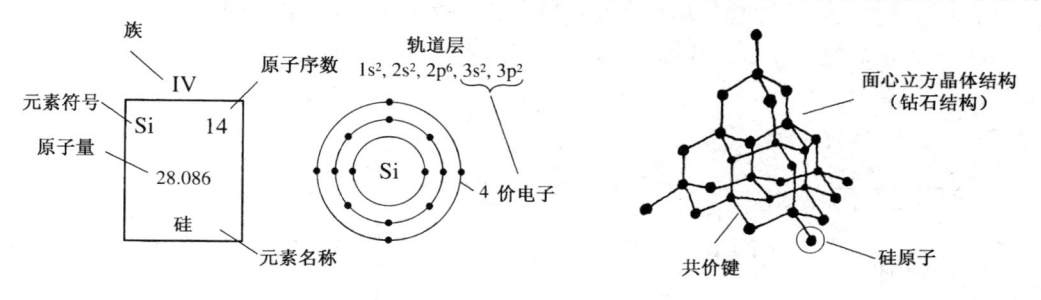

图4.3 硅的原子结构

硅的含量在地壳元素中排第二，在火山岩成分中平均占27%，据估计，1立方英里海水中含有15000吨硅。在自然环境中，很难找到纯硅晶体，在制造电子设备之前，需要分离硅及与其混合的其他元素。化学家和材料学家提纯硅后，会将其融化并生长成一个大晶体。然后，这种长条形的晶体被切成薄片，半导体器件的设计人员就是使用这些硅片来制造电子元件的（见图4.4）。

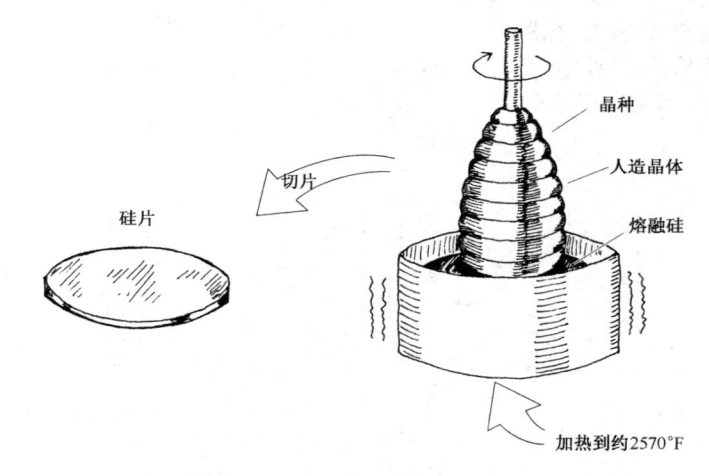

图4.4 硅片的加工

对半导体设备的设计人员来说，纯净硅片很难起作用，设计人员不可能用处于纯净状态的硅片去构建器件，因为它还不具备所需的特性。半导体器件设计人员正在寻找一种能够改变导电状态的材料，它有时像导体，有时又像绝缘体。这种能够改变导电状态的材料，必须能对某些任意施加的外部作用做出响应，如外加电压。单独的硅片不可能做到这些。事实上，纯硅片更像是绝缘体而非导体，且对它施加外部作用时，它无能力改变其导电状态。今天，设计人员都应知道的是，硅片能够转化，且能与其他被转化的硅片结合起来构建器件，当施加外部作用时，这些器件能够改变导电状态。这种转化过程称为掺杂。

2. 掺杂

掺杂类似于"调味"，即向硅片中加入一些元素，使硅片对半导体器件的设计人员来说变得有用。在掺杂过程中，可加入的元素有很多，如锑、砷、铝、镓等。这些元素提供了一些特殊的性质，如频率对外加电压的响应、强度和热性能等。然而，对半导体器件的设计人员来说，最基本的仍是两种最重要的元素：硼和磷。

在硅片中掺入硼或磷后，其导电性就被显著改变。通常情况下，纯硅片中没有自由电子，它的所有4个价电子都被锁定在其与相邻硅原子间的共价键中（见图4.5）。因为没有自由电子，所以外加电压几乎无法导致电流通过硅片。

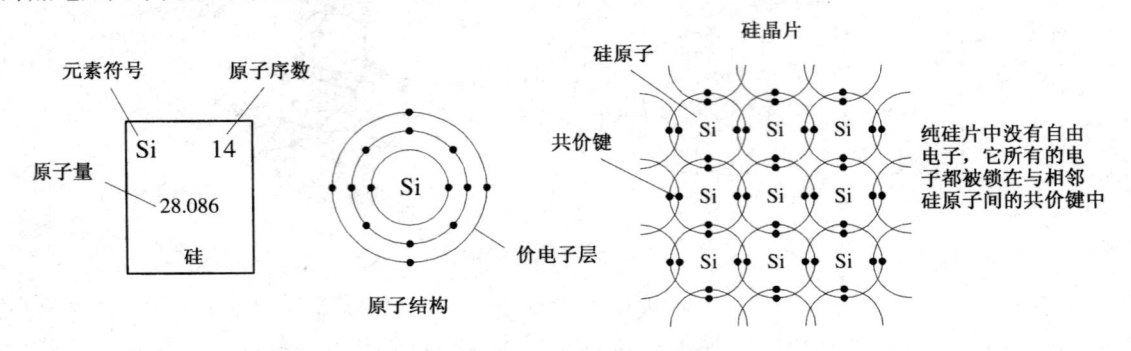

图4.5 硅原子的价电结构

然而，将磷加入硅晶片后，会发生非常有趣的现象。与硅不同，磷有5个价电子，而非4个价电子，其中的4个价电子和相邻硅原子的4个价电子形成共价键（见图4.6）。然而，第五个价电子没有"家"（结合的位置），而是宽松地飘浮在原子周围。对硅-磷混合物施加电压时，这个未被束缚的电子将穿过掺杂的硅片向电压的正极移动。向混合物中掺入的磷越多，产生的电流就越大。掺入磷杂质后的硅称为N型硅或负电荷载流子型硅。

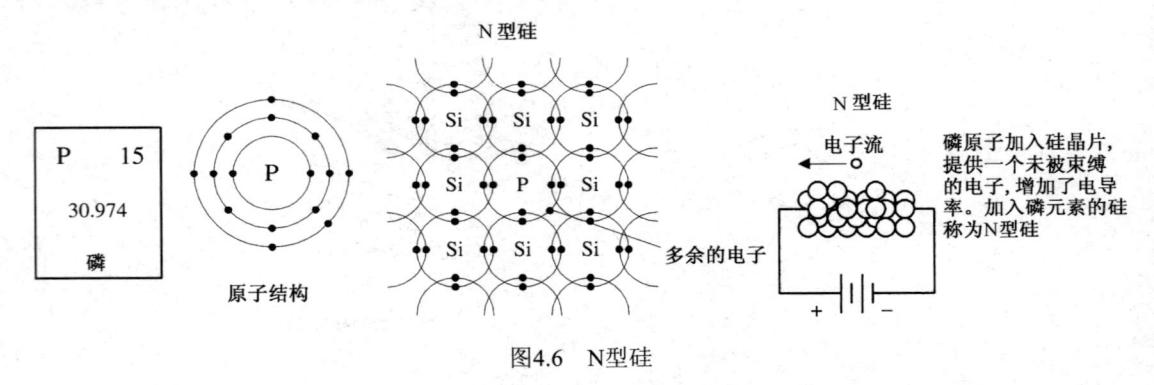

图4.6 N型硅

现在，取一片纯硅，向其中加入硼，就会看到另一种导电现象。硼与硅或磷不同，仅有3个价电子，当它与硅混合时，所有3个价电子将和相邻的硅原子结合（见图4.7）。然而，在由硼原子和硅原子形成的共价键中，将出现一个空位，称为空穴。在掺杂的晶片上施加电压时，相邻的一个电子将过来填充这个空位，空穴便会向电压负极移动。这些空穴称为正电荷载流子，尽管它们本质上不含实际的电荷。然而，由于硅原子接受空穴，原子核中的质子与外部轨道中的电子之间存在着电荷不平衡，因此看起来每个空穴都有一个正电荷。含有一个空穴的特殊硅原子的净电荷呈正极性，其电荷量等于一个质子的电荷量（或一个电子电荷量的负值）。被掺入硼的硅称为P型硅或正电荷载流子型硅。

如我们看到的那样，无论是N型硅还是P型硅，都有导电能力，N型硅通过多余的不受束缚的电子导电，而P型硅通过空穴导电。

图4.7 P型硅

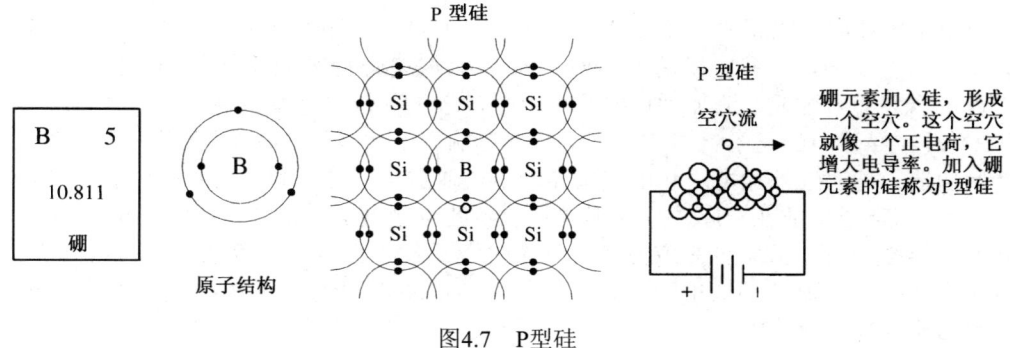

3. 避免混淆的注解

不同于硅原子有4个价电子，硼原子只有3个价电子。这意味着整个晶格结构中几乎没有自由电子，但不意味着P型硅半导体整体呈正极性。缺少的电子与在硼原子核中缺少的质子相平衡。同样的解释也适用于N型硅，不同的是，半导体中的多余电子和磷原子核中的多余质子相平衡。

4. 避免混淆的另一个注解（电荷载流子）

空穴流动意味着什么？空穴表示什么也没有，对吗？既然什么也没有，那么怎么流动呢？你可能被误导了，但当你听到空穴流或P型硅中的正电荷载流子流时，电子确实在流动。你也许会问，这与N型硅中的电子流不同吗？想象将密封的水瓶倾斜并颠倒，然后正过来（见图4.8）。瓶中的气泡朝水流的反方向移动。在气泡移动的过程中，水让开了位置。在这个类似中，水代表P型硅中的电子，而气泡则代表空穴。当电压加到P型硅半导体的两端时，硼原子周围的电子都受到力的作用而趋于正极性端子方向。这就是戏剧性的地方，硼原子周围的空穴趋于负极性端子方向，该空穴正等待相邻原子的一个电子去填充它，部分原因是那里的能量较低。一旦来自相邻硅原子的一个电子填充了硼原子价电子层的空穴，硅原子的价电子层就产生一个空穴。这个硅原子中的电子也趋于正极端子方向，新产生的空穴也趋于负极性端子方向。下一个硅原子将释放一个电子，电子填充到空穴中，空穴再次移动……以此类推，因此，空穴看上去在P型硅半导体中连续地流动。

5. 避免混淆的最后一个注解

为什么空穴称为正电荷载流子？什么都没有怎样运载正电荷？事实上，这里发生的是：一个空穴通过以硅为主体的晶体时，会显著改变在晶体中遇到的硅原子周围的电场强度。当电子脱离其轨道时，便形成一个新空穴，硅原子将失去一个电子，因此，硅原子核中的正电荷将显现（其中一个质子未被平衡）。空穴的正电荷载流子特征正是由原子核中质子的正电荷产生的等效正电荷形成的。

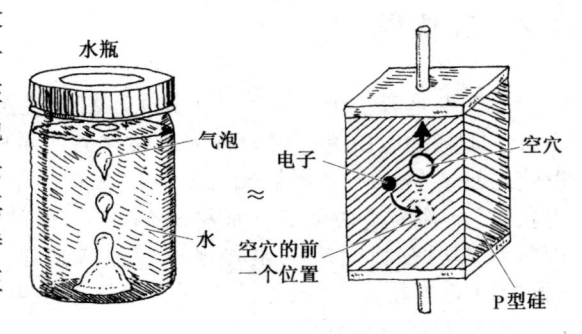

图 4.8 空穴与气泡的类比

4.1.2 硅的应用

为什么这两种新型的硅（N型硅和P型硅）如此有用且有趣呢？对半导体器件的设计人员来说，它们有什么好处？它们为什么让人们如此吃惊？这些掺杂的硅晶体现在是导体吗？答案是"是的"，我们现在有了两个新导体，但是这两个新导体合适两种独特的方式传导电流，一种通过空穴导电，另一种通过电子导电。这是非常重要的。

设计电子器件如二极管、三极管和太阳能电池时，N型硅和P型硅的导电方式（电子流和空穴流）是非常重要的。一些聪明的人会想出各种方法来排列N型硅和P型硅的层次、接头和引线等，使得当外部电压或电流加到这些结构上时，产生独特的有用特性。这些独特的特性由N型硅和P型硅半导体中的电子流与空穴流的相互影响产生。利用这些新的N型硅和P型硅，设计人员开始构造一种通过外加电压和电流来控制电流通道单方向开和关的"门"。当一片N型半导体和一片P型半导体放在一起，且在形成的板层的两侧施加特定的电压时，电子跳过两个板层内表面的连接面时，就产生光或光子。这个过程反过来也成立。也就是说，当光照射到PN结上时，会使得电子流动形成电流。许多器件就是由N型和P型半导体结合产生的。下面介绍一些主要的器件（见图4.9）。

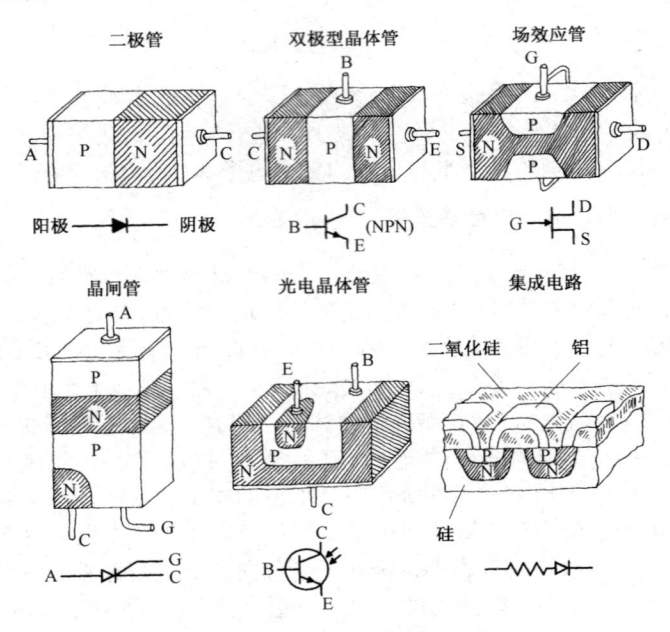

图4.9 常用的硅半导体器件

4.2 二极管

二极管是双端半导体器件（其表示符号见图4.10），作用是电流的单向门。当二极管的阳极相对于阴极的电压为正时，称为正向偏置（简称正偏），二极管允许电流通过。然而，当极性相反时（二极管的阳极相对于阴极的电压为负时），称为反向偏置（简称反偏），二极管不允许电流通过。二极管经常用在将交流电压和电流转换成直流电压和电流的电路中（如AC/DC电源）。二极管还常用在电压倍增电路、电压平移电路、限压电路和稳压电路中。

图4.10 二极管的表示符号

4.2.1 PN结二极管是如何工作的

PN结二极管（整流二极管）是将N型硅和P型硅夹在一块构成的。事实上，制造人员首先生成N型硅晶体，然后将它变成P型晶体，使用玻璃或塑料将晶体封装，N型一侧成为阴极，P型一侧成为阳极。

使用这些结合在一起的硅片制造单向门的原理是，当电压加到器件上时，N型硅和P型硅中的电荷载流子相互作用，电流只能单方向流动。N型硅和P型硅都导电，前者利用电子导电，后者利用空穴导电。注意，使二极管正常工作的重要特性（类似于单向门）是两类载流子相互作用的方式，以及它们在两端外加电压产生的电场下怎样相互作用。下面的介绍描述载流子如何相互作用，如何受电场作用进而形成电控的单向门。

当一个二极管如图4.11(a)所示连接到电池时，N型侧的电子和P型侧的空穴都被由电池提供的电场推向中间（PN结）。电子与空穴结合，电流通过二极管。当一个二极管这样连接时，我们说它被正向偏置。

当一个二极管如图4.11(b)所示连接到电池时，P型侧的空穴被向左推，N型侧的电子被向右推，在PN结附近出现一个没有载流子的空区域，称为耗尽区。耗尽区具有绝缘特性，阻碍电流通过二极管。当一个二极管这样连接时，我们说它被反向偏置。

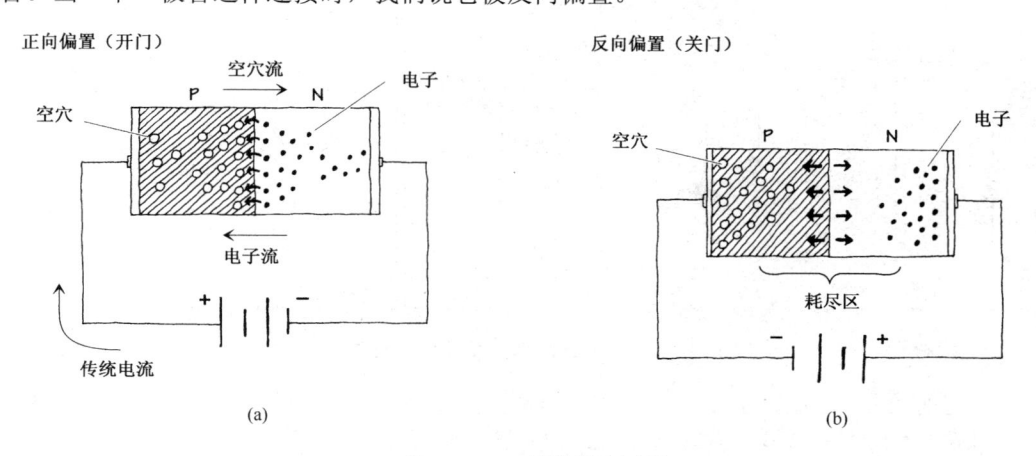

图4.11　PN结的导电过程

二极管的单向导电性并不总是满足的，也就是说，当它被加正向偏压时，需要一个最小的电压才能导通。对典型的硅二极管来说，至少需要0.6V的电压，否则二极管将不导通。需要一个特定电压才能导通的这个特性看起来像是缺点，但是，事实上这个特性在二极管作为电压敏感开关时是非常有用的。锗二极管与硅二极管不同，通常只要求一个至少为0.2V的正向偏压使其导通。图4.12描述了硅、锗二极管的伏安特性。

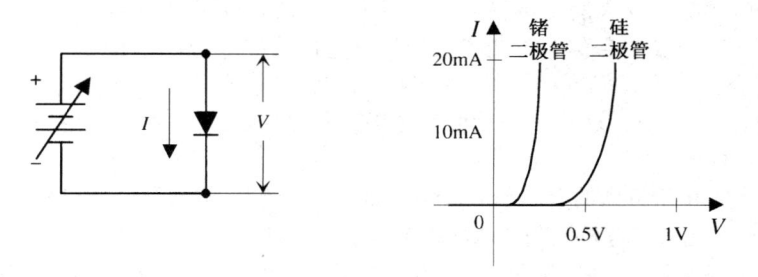

图4.12　硅、锗二极管的伏安特性

除了正向偏压不同，硅二极管和锗二极管的另一个基本不同是它们的散热能力。硅二极管的散热能力比锗二极管的强。当锗二极管的温度超过85℃时，热振动将影响晶体的物理结构，二极管变得不可靠。当温度高于85℃时，锗二极管将失效。

4.2.2 二极管的水类比

二极管（或整流器）对电流来说就像是一个单向阀门，它的水类比及伏安特性如图4.13所示。当二极管两端的正向电压V_F高于PN结的阈值电压时，电流沿箭头所指的方向从阳极（+）向阴极（-）流动。根据经验，硅PN结二极管的阈值电压约为0.6V，锗二极管的阈值电压约为0.2V，肖特基二极管的阈值电压约为0.4V。但不要以为这些规律很严格，实际二极管的阈值电压要高一些。例如，硅PN结二极管的阈值电压可能为0.6~1.7V，锗PN结二极管的阈值电压为0.2~0.4V，肖特基二极管的阈值电压为0.15~0.9V。

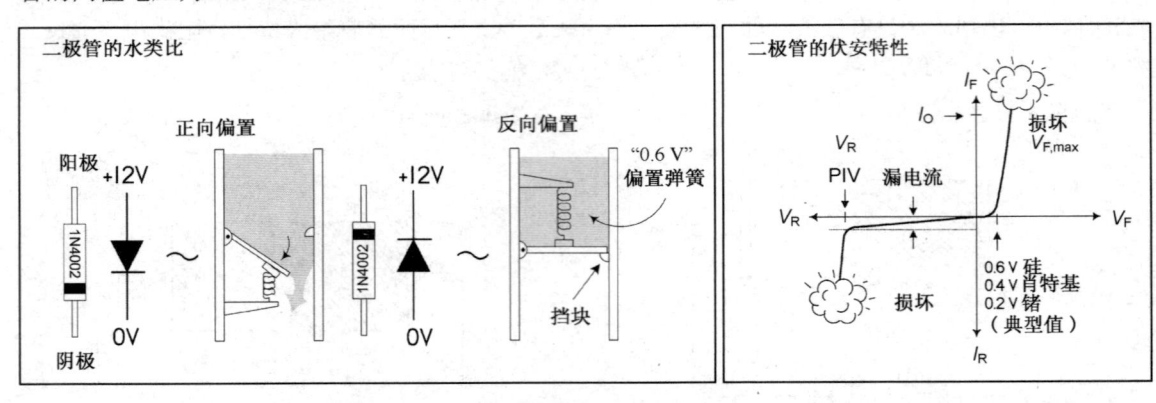

图4.13 二极管的水类比及伏安特性

注意，真的如图4.13那样为二极管加12V正向电压时，将产生一个非常大的电流，进而损坏二极管，而且在图4.13中也超出了横轴的范围。

提到极限值时，应避免加到二极管的正向电流I_F超出它的最大电流$I_{O(max)}$，否则会使内部的PN结烧坏。同样，应避免加到二极管的反向电压V_R超过它的反向击穿电压PIV，否则同样会使二极管损坏，如图4.13所示。

4.2.3 整流器/二极管的种类

二极管有多种类型。每种的设计目的都是使二极管在不同的应用中工作得更好。例如，用于大功率（开关、电源等）场合的二极管，可以通过大电流，或者对高电压进行整流，称为整流二极管。换句话说，二极管的名称即表明了其用途，如检波二极管、开关二极管、快速恢复二极管等高速二极管被设计成内部电容很低的二极管（它们存储的电荷量较小，但是在面对大电流时通常比较脆弱）。高速工作时，这些二极管会减小RC开关时间常数，而这意味着较小的时延和信号损失。

与硅PN结相比，由于特殊的金属半导体接触面PN结，肖特基二极管具有极低的结电容和更快的开关速度（约10ns），同时具有较低的结电压阈值（低至0.15V），但通常要稍大一些（平均约为0.4V）。这两种特性使得它可以检测普通的PN结，二极管则无法检测低电压高频率信号（阈值电压为0.3V的肖特基二极管可以通过高于0.3V的信号，但阈值电压为0.7V的普通PN结二极管只能通过大于0.7V的信号）。因此，肖特基二极管普遍应用在RF电路中的低压信号检波器、无线通信中的信号开关、小型直流/直流转换器、小型低压电源、保护电路和电压钳位装置中。由于肖特基二极管产生的热量较少，在设计时需要的散热器较小，其大电流密度和低压降使得它大量应用在电源装置中。因此，在产品目录中可找到肖特基整流管和肖特基高速开关管。

锗二极管，由于只有约0.2V的小电压阈值，通常用在RF信号检测和低电压电平的逻辑电路中。由于它们比较脆弱，且当温度增加时漏电流比硅二极管的大，在大电流的整流装置中是见不到它们的。在许多应用中，好的肖特基二极管可以代替锗二极管。

4.2.4 实际应用时应考虑的因素

选择二极管时，要考虑5个参数（见表4.1）：反向峰值电压PIV，最大整流电流$I_{O(max)}$，响应速度t_R（二极管导通和关断所用的时间），反向漏电流$I_{R(max)}$，最大正向电压降$V_{F(max)}$。在二极管的制造过程中，这些特性都应加以考虑，以便生产出各种特殊用途的二极管。在整流应用（如电源、瞬态保护）中，二极管最重要的参数是PIV和电流的额定值。被二极管阻断的最大反向电压应低于PIV，通过二极管的最大电流必须小于$I_{O(max)}$，在快速和低压应用中，t_R和V_F是要考虑的重要特性。以下的应用部分将介绍这些参数的具体含义。

表4.1 通用二极管的选择

器件	类型	反向峰值电压 PIV（V）	最大整流电流 $I_{O(MAX)}$	最大反向漏电流 $I_{R(MAX)}$	脉冲峰值电流 I_{FSM}	最大压降V_F（V）
1N34A	信号（检波）	60	8.5mA	15μA		1.0
1N67A	信号（检波）	100	4.0mA	5μA		1.0
1N191	信号（检波）	90	5.0mA			1.0
1N914	高速开关	90	75mA	25nA		0.8
1N4148	信号（检波）	75	10mA	25nA	450mA	1.0
1N4445	信号（检波）	100	100mA	50nA		1.0
1N4001	整流	50	1A	0.03mA	30A	1.1
1N4002	整流	100	1A	0.03mA	30A	1.1
1N4003	整流	200	1A	0.03mA	30A	1.1
1N4004	整流	400	1A	0.03mA	30A	1.1
1N4007	整流	1000	1A	0.03mA	30A	1.1
1N5002	整流	200	3A	500μA	200A	
1N5006	整流	600	3A	500μA	200A	
1N5008	整流	1000	3A	500μA	200A	
1N5817	肖特基	20	1A	1mA	25A	0.75
1N5818	肖特基	30	1A		25A	
1N5819	肖特基	40	1A		25A	0.90
1N5822	肖特基	40	3A			
1N6263	肖特基	70	15mA		50mA	0.41
5052～2823	肖特基	8	1mA	100nA	10mA	0.34

二极管有多种不同的封装（见图4.14），一些是标准的二引脚封装，另一些是带有散热器配件的大功率封装（如TO-220、DO-5）；一些是贴片封装，另一些是用在开关应用中的IC封装。双二极管和二极管桥式整流器因不同的功率水平而对应于不同的封装与尺寸。

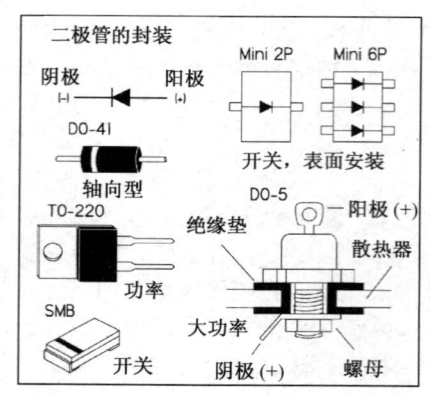

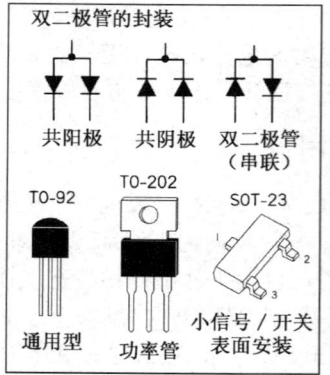

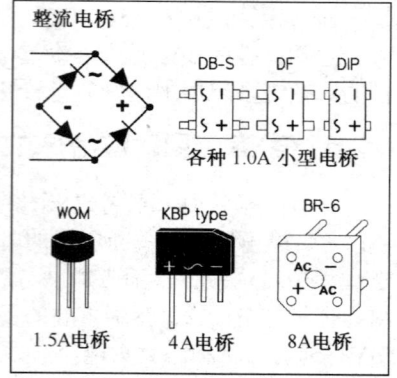

图4.14　普通二极管/整流器的封装

4.2.5　二极管/整流器的应用

当电流通过二极管时，硅PN结二极管的两端会产生有一个约为0.6V的电压降（锗二极管的电压降约为0.2V，肖特基二极管的电压降约为0.4V，这些值都很小，适合特殊的二极管应用）。当将多个二极管串联时，总电压降等于各个二极管上的电压降之和（见图4.15）。降压电路通常用在当一个电路的两部分需要一个固定的小电压差时。与采用电阻来降低电压不同，二极管发热消耗的能量没有电阻的大，而且能够提供几乎不随电流变化而变化的固定电压。在本章后面，我们将看到使用齐纳二极管可以代替多个二极管。

图4.16所示的电路是图4.15所示电路的变形，它用3个二极管组成一个简单的低电压稳压器，其输出电压等于二极管的电压值之和，即0.6V + 0.6V + 0.6V = 1.8V。串联电阻用于调节所需的输出电流（I），其值应比由下式算出的值小，但太小会使得电阻本身或者二极管的功率超出额定值：

$$R_S = (V_{in} - V_{out})/I$$

根据通过的电流值，二极管和串联电阻必须有合适的功率额定值$P = IV$。注意，对于大功率电压源，应采用一个稳压二极管稳压器，或者更一般地采用特定的集成稳压器。

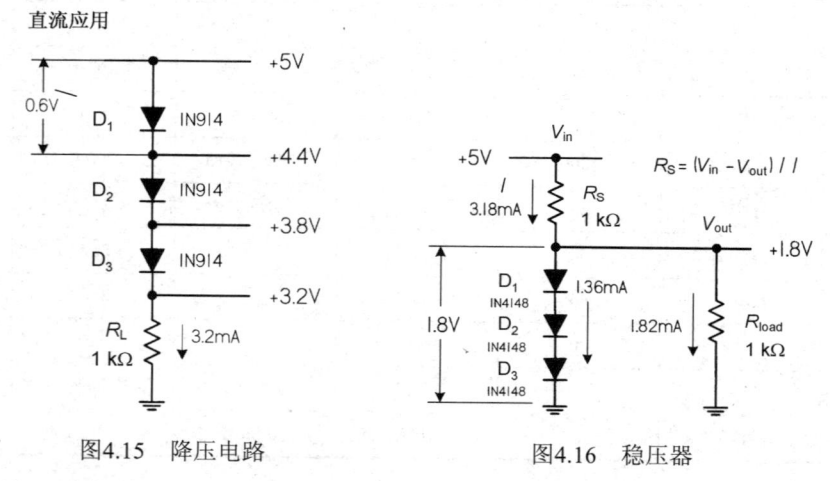

图4.15　降压电路　　　图4.16　稳压器

1. 反向极性保护

电池装反或者电源极性接反，对便携式设备来说是非常致命的，最好的方法是用一个机械模块来防止反向安装，但摸索时造成的瞬间接触也会导致问题。对使用单个或多个电池的应用（使用AA碱性电池、镍镉电池和镍氢电池）来说，尤其如此。对于这些系统，必须确保在任何情况下反向电流足够小，以避免破坏电路或电池组。

串联二极管［见图4.17(a)］　这是最简单的电池反接保护，也可用于外接电源的插头和插孔［见图4.17(b)］。这个二极管允许电流从正确安装的电池流向负载，但阻止电流从装反的电池流出。串联二极管的缺点是，二极管必须通过全部负载电流，而且二极管的正向压降切除了约0.6V的电压，减少了仪器的工作时间。具有低阈值的肖特基二极管要好一些。

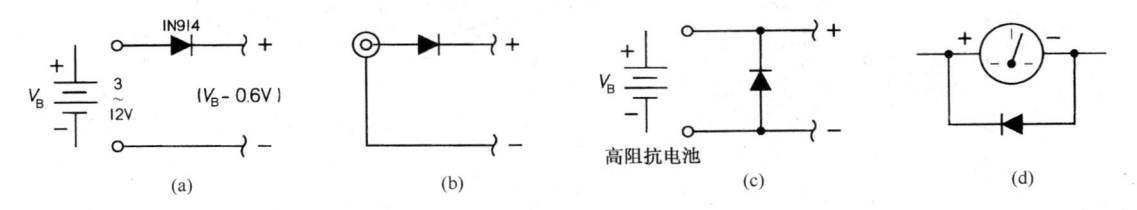

图4.17　(a)串联二极管；(b)外电源接头；(c)并联（旁路）二极管；(d)表头的保护

并联二极管［见图4.17(c)］　在这种应用中，要求的是碱性电池或其他具有高输出阻抗的电池组。可在消除二极管压降的情况下，采用一个并联（旁路）的二极管来防止电池反接。这种方法可以保护负载，但会从反向安装的电池组中获取很大的电流。二极管必须有合适的电流和功率容量。并联二极管的另一个应用是，当大电流从仪表的负端流入时对表头进行保护［见图4.17(d)］。

要说明的是，在更复杂的电池-电源设计中，特殊的集成电路或晶体管装置用于提供基本上为零电压降的保护，而且提供许多其他的性能，如反极性保护、热保护和电压检测等。

2. 用续流二极管抑制瞬态电压

当流经一个电感的电流被突然关断时，突然消失的磁场会在电感线圈上产生一个高电压的脉冲，这个电压脉冲或瞬态的幅值可能有几百伏甚至几千伏。这在继电器线圈中尤为常见。将一个二极管（用于这种目的的二极管称为续流二极管）并接在继电器的线圈两端，可为高压脉冲提供一个短路通道，以保护相邻的电路［见图4.18(a)］。因为在感应脉冲出现时，触头会快速闭合而受到强烈撞击，所以它也保护了继电器的机械触头。然而，在继电器通电期间，二极管是不起作用的。续流二极管可以选择一个具有足够功率容量的整流器二极管（1N4001、1N4002等），也可以选择一个肖特基二极管（如1N5818）。

图4.18(b)所示的电路是继电器驱动的一个更实用的例子，它在晶体管的两端额外增加一个二极管，以保护晶体管，避免晶体管关断时在继电器线圈上产生的感应脉冲的冲击下损坏晶体管。这个设计还消除了晶体管接通时产生的脉冲。这种双二极管的结构有时也用在稳压电路中，一个二极管接在输出和输入之间，而另一个二极管接在地和输出之间，防止任何负载向IC输出端回送破坏性脉冲。

图4.18(c)所示的电路是另一个关于电动机感应电压反冲的例子。当正在运行的电动机突然断电时，会产生一个瞬态电压，有可能损坏与其相连的电子设备（在该例中是一个2N2907晶体管）。该二极管将电动机端子上的感应电压短路。这里采用的是一个1N5818肖特基二极管，当然也可采用其他类型的PN结二极管。肖特基二极管的反应要快一些，而且可将瞬态电压钳位到更低一些的电压（约0.4V）上。

注意，一些器件如瞬态抑制二极管和压敏电阻是专门设计用于消除瞬态特性的，见本章后面的瞬态抑制部分。

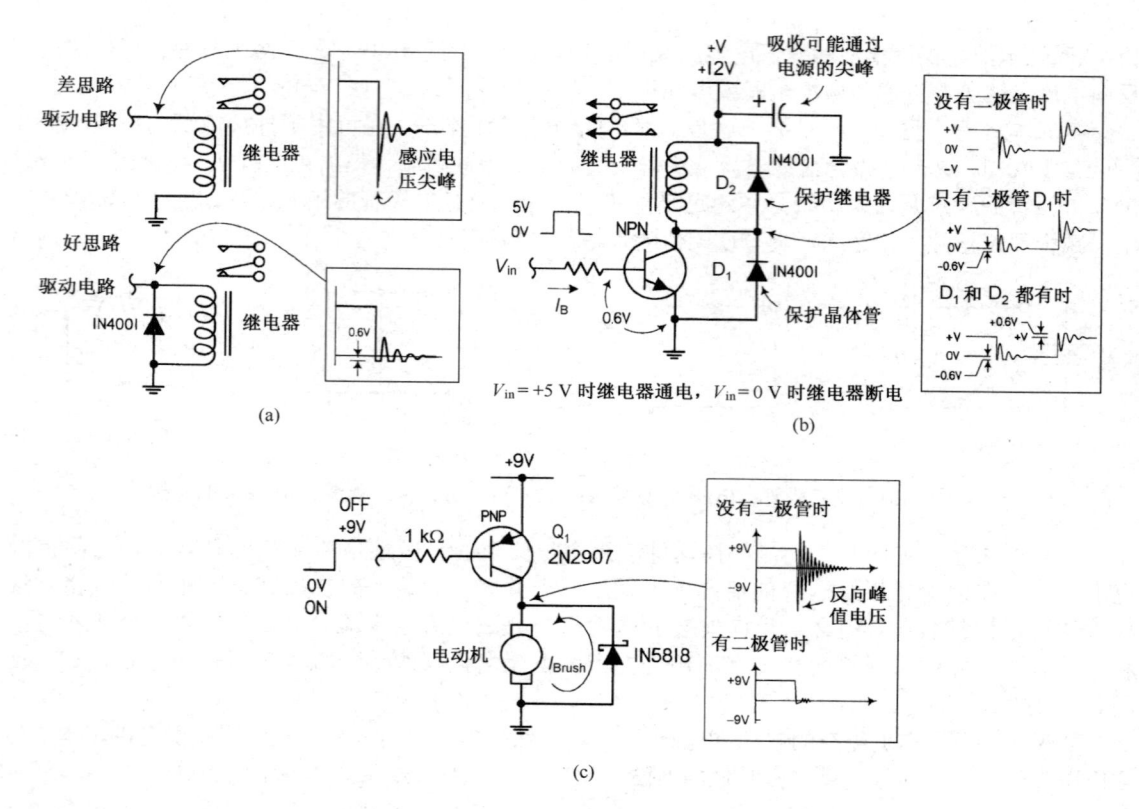

图4.18 (a)瞬态保护；(b)具有保护二极管的晶体管继电器驱动电路；(c)电动机感应电压反冲的保护

3．二极管钳位

二极管钳位用于钳制信号电平，或者上下移动交流电波形，形成所谓的脉动直流波形，而不再穿越0V参考电压。

在可调节波形的钳位电路中［见图4.19(a)］，最大输出量被钳位的程度取决于分压器的电阻。电路的设计思路是将二极管负端的电压设置为比要求的最大输出电压低约0.6V（考虑到二极管的正向压降），这是由分压器完成的。+V可以等于或者大于输入的峰值电压。

可调衰减器［见图4.19(b)］类似于上一个电路，但是增加了一个反向二极管，以使电路在信号波形的正向和负向都能钳位。要分别控制正向和负向的钳位电平，可分别使用分压器。+V可以等于或者大于输入的峰值电压。

二极管电压钳位［见图4.14(c)］为通过交流耦合（阻容耦合）的信号提供直流恢复。这对从电路的输入端看去为一个二极管的电路（如发射极接地的一个晶体管）非常重要，否则交流耦合信号将丢失。

在二极管开关电路中［见图4.19(d)］，一个输入波形在输入端通过C_1耦合到二极管，在输出端通过C_2耦合。R_2提供了一个电压参考基础。当开关拨向"通"时，正直流电压叠加到信号上，二极管正向偏置允许信号通过。当开关拨向"断"时，负直流电压叠加到信号上，二极管反向偏置且不允许信号通过。

4．整流电路

半波整流［见图4.20(a)］　通过阻塞波形的负半周，将交流信号转换为脉动直流信号。一个滤波器通常接在整流器的输出端（特别是在低频应用中），用于平滑输出脉冲，提供更高的直流平均电压。当二极管不导通时，其必须承受的最大反向电压（PIV）随着负载变化而变化，且必须大于交流电压的峰值（1.4V_{rms}）。当其带有滤波电容且负载电流很小或者没有电流时，最大反向电压可达2.8V_{rms}（电容电压减去负半周时变压器副边的电压峰值）。

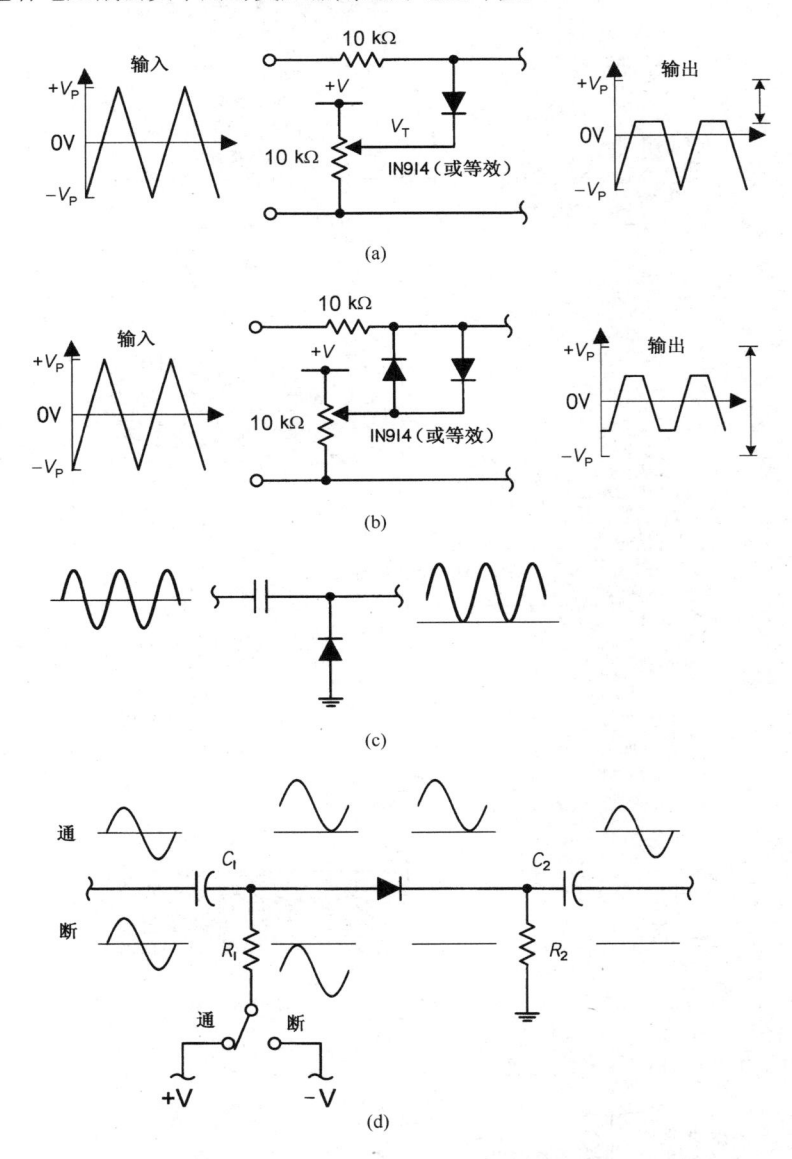

图4.19　(a)可调节波形的钳位器；(b)可调节的衰减器；(c)二极管电压钳位（直流恢复）；(d)二极管开关

中心抽头全波整流器［见图4.20(b)］　这种常用电路由两个半波整流器组成，它将一个交流波形的两个半周都转换为脉动直流信号。设计电源时，仅需要两个二极管，提供一个带中心抽头的变压器。输出电压的平均值为变压器副边一半电压有效值 V_{rms} 的 0.9 倍，这是利用一个合适的扼流圈输入滤波器获得的最大电压。利用电容输入滤波器获得的最大电压为变压器副边一半电压有效值 V_{rms} 的 1.4 倍。每个二极管上的最大反向电压和输出端负载的类型无关。这是因为当二极管 D_A 导电、二极管 D_B 不导电时出现的最大反向电压，当二极管 D_A 和二极管 D_B 的阴极电压达到正波峰（1.4V_{rms}）时，二极管 D_B 的阳极处于负波峰，同样也为 1.4V_{rms}，但极性相反。因此，总的最大反向电压为 2.8V_{rms}。

· 309 ·

输出脉冲的频率是半波整流器的2倍,因此需要滤除的相对较少。既然二极管轮流工作,那么每个二极管通过负载电流的一半。每个整流管的电流额定值只需为电源输出总电流的一半。

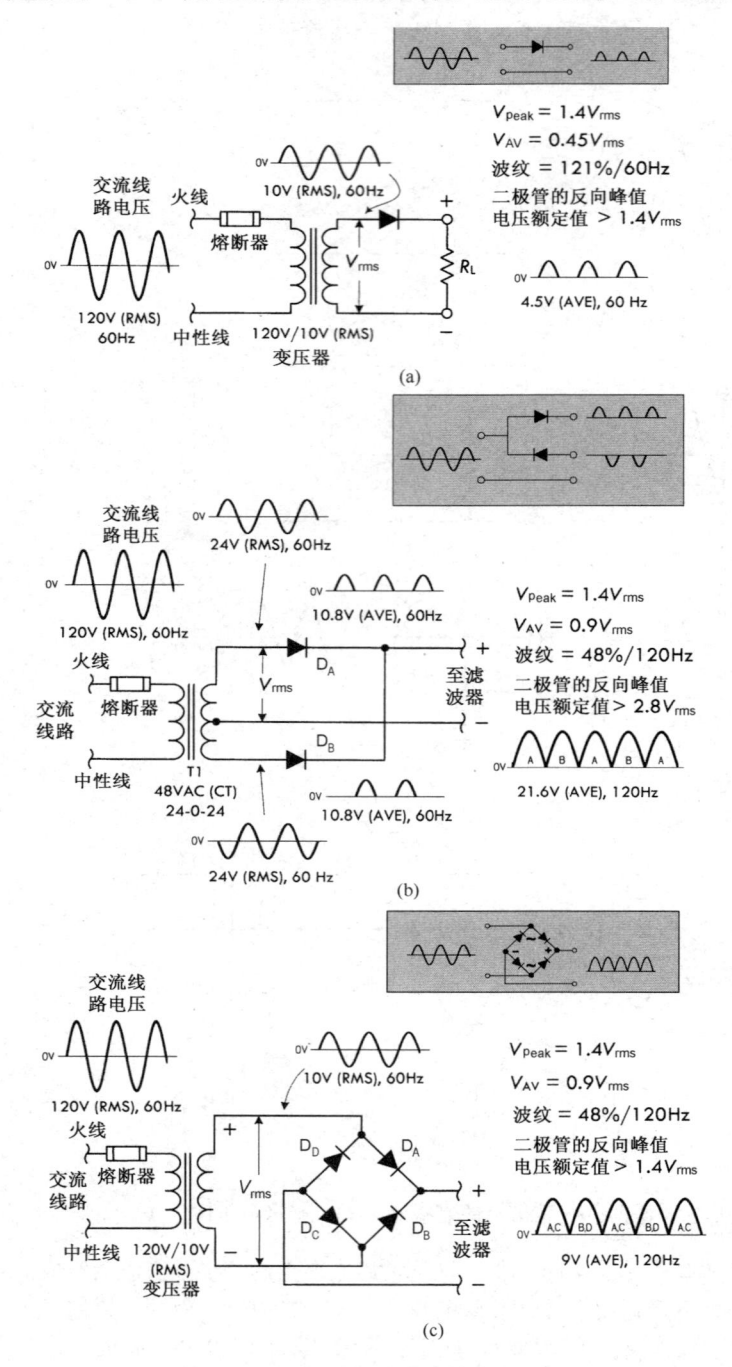

图4.20 (a)半波整流器;(b)带中心抽头的全波整流器;(c)全波桥式整流器

全波桥式整流器[见图4.20(c)] 这种整流器与前面的全波整流器的输出类似,但不需要中心抽头变压器。为了理解器件是如何工作的,下面考察流经二极管的单向电流。从零至最大输入电压与从零至最大输出电压之间,至少有1.2V的压降(每个半周中,在两个二极管上有两个0.6V

· 310 ·

的压降)。输出到电阻性负载或扼流圈输入滤波器的直流电压平均值为变压器副边电压有效值V_{rms}的0.9倍;而当输出到电容滤波器和一个照明负载时,最大输出电压为$1.4V_{rms}$。每个二极管两端的反向电压为$1.4V_{rms}$,每个二极管的反向峰值电压应大于$1.4V_{rms}$。

在后面的正文中,将看到各种正向和反向整流器结构。

5. 倍压电路

半波倍压器 [见图4.21(a)] 输入采用交流电压,而输出直流电压几乎等于输入电压峰值的2倍,或者2.8倍于输入信号的电压有效值(由于电容、电阻和负载的大小不同,实际的系数可能稍有不同)。在此电路中,变压器的次级电压为V_{in}。在第一个负半周期,D_A导通,将C_1充电到V_{in}的最大整流电压或$1.4V_{in}$(RMS)。在变压器次级电压的正半周,D_A关断,D_B导通,电容C_2充电。C_2上的电压为变压器副边的峰值电压V_{in}(峰值)加上C_1中存储的电压值,因为二者是相同的,所以总电压为$2V_{in}$(峰值),或者$2.8V_{in}$(RMS)。在下一个负半周,D_B不导电,C_2将对负载放电。电路没有负载时,电容将保持已充电的状态,C_1充电到$1.4V_{in}$(RMS),C_2充电到$2.8V_{in}$(RMS)。当有负载连接到输出端时,C_2上的电压在负半周下降,且在正半周重新充电至$2.8V_{in}$(RMS)。因此每个周期被充电一次,所以C_2两端的输出电压类似于半波整流电路的输出电压。图4.21显示了两个电容的充电电压,在实际情况下,电容不会像图中所示的那样全部放电至零。

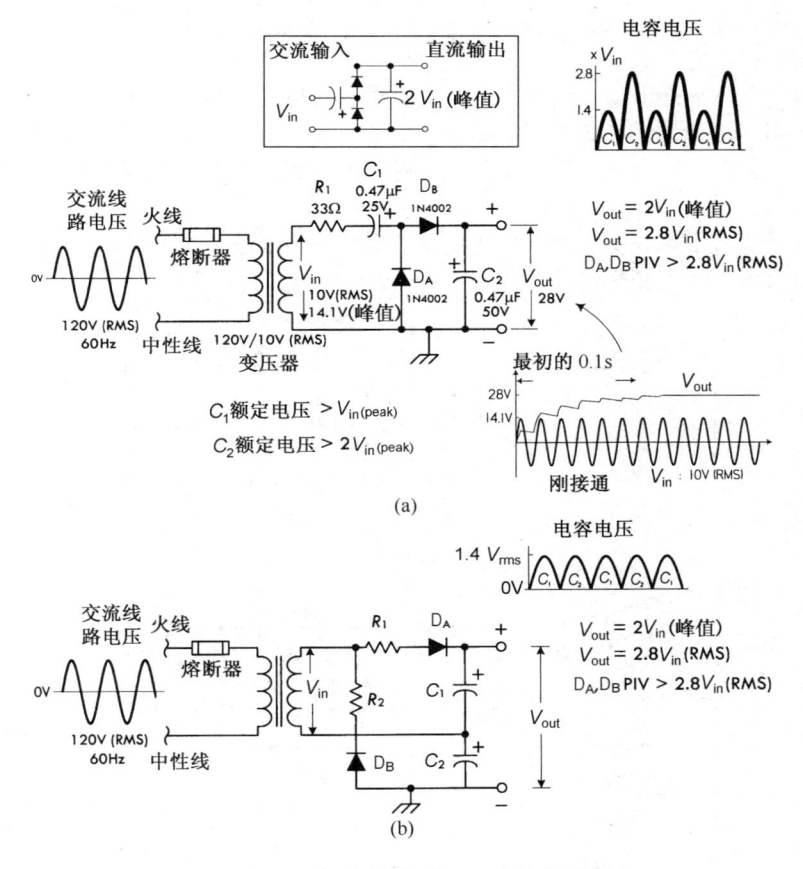

图4.21 (a)半波倍压;(b)全波倍压

全波倍压 [见图4.21(b)] 在变压器副边电压的正半周,D_A导通,C_1充电至V_{in}(峰值)或$1.4V_{in}$(RMS)。在负半周,D_B导电,C_2充电至相同的电压值。输出电压是两个电容上的电压之和,没有负载时其值为$2V_{in}$（峰值）或$2.8V_{in}$（RMS）。图中表明，在每个周期，两个电容轮流接受充电。等效滤波电容是C_1和C_2的串联等效电容，它比C_1和C_2都小。R_1和R_2用来限制通过整流管的冲击电流。它们的值由变压器输出电压和整流管所能承受的冲击电流决定，因为一旦电源突然接通，滤波电容看起来就像一个短路负载。提供的限流电阻可以承受冲击电流，它们的电流承受能力取决于最大负载电流。每个二极管的反向峰值电压都为$2.8V_{in}$（RMS）。

6. 各整流电路的利弊

对比中心抽头全波整流器和全波桥式整流器，发现这两个电路需要同样的整流管。然而，中心抽头全波整流器比桥式整流器的二极管数量少一半。这些二极管的最大反向电压额定值是桥式整流器二极管的2倍（PIV > $2.8V_{rms}$对PIV > $1.4V_{rms}$）。这两种电路二极管的电流额定值是相同的。桥式整流器相对中心抽头整流器对变压器副边的利用更充分，因为变压器的全部绕组在电压的两个半周都提供能量，而中心抽头全波整流电路的变压器的两部分副边仅在各自电压的正半周时提供能量。这常称变压器利用系数，桥式结构的系数为1，而中心抽头结构的系数为0.5。

在大电流、低电压电路的应用中，桥式整流器的应用不像中心抽头全波整流器那样普遍。因为在桥式结构中，两个正向导通的串联二极管的压降导致1V或更多的附加电压损失，所以与全波整流器中的单二极管相比，消耗了更多的能量（发热损耗）。

对于半波结构，除了提供偏置，很少用在60Hz的整流器中。然而，在高频开关电源的正激式和单端反激式结构中，它有着非常广泛的应用。

三倍倍压器 ［见图4.22(a)］ 在交流电的正半周，C_1和C_3通过D_1、D_2和D_3充电至V_{in}（峰值）。在接下来的负半周，D_2导通，C_2充电至2倍V_{in}（峰值），因为它将变压器和C_1的电压作为充电电源（D_1在此半周截止）。在下一个正半周，D_3导通，将变压器和C_2的电压作为充电电源，将C_3充电至3倍变压器电压。

四倍倍压器 ［见图4.22(b)］ 与前述电路的工作方式相同。在这两个电路中，输出电流小且电容值大时，输出电压将达到交流电压峰值的多倍。

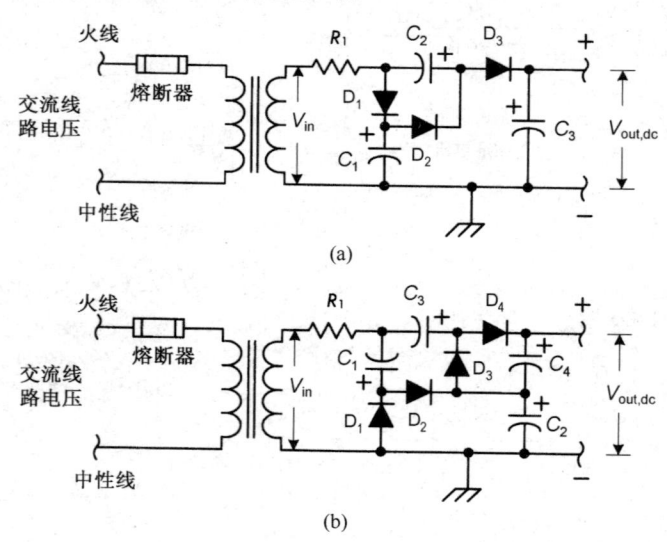

图4.22 (a)三倍倍压器；(b)四倍倍压器

电容值取决于输出电流的大小，常为20～50μF。电容的直流耐压值与V_{in}（峰值）有关，如

C_1——大于V_{in}（峰值）或$0.7V_{in}$（RMS） C_2——大于$2V_{in}$（峰值）或$1.4V_{in}$（RMS）
C_3——大于$3V_{in}$（峰值）或$2.1V_{in}$（RMS） C_4——大于$4V_{in}$（峰值）或$2.8V_{in}$（RMS）

简单的二极管逻辑门（见图 4.23）对学习基本的数字逻辑非常有用，且可用在非标准逻辑电平的电子电路（如高电压和大功率的类似模拟电路）中，参见下面关于备份电源的例子（见图4.24）。设计大功率电路时，要确保二极管对所需完成的工作有合适的反向峰值电压（PIV）和电流额定值。注意，功率二极管的恢复时间没有数字逻辑集成电路或快速开关二极管的快。

二极管逻辑门

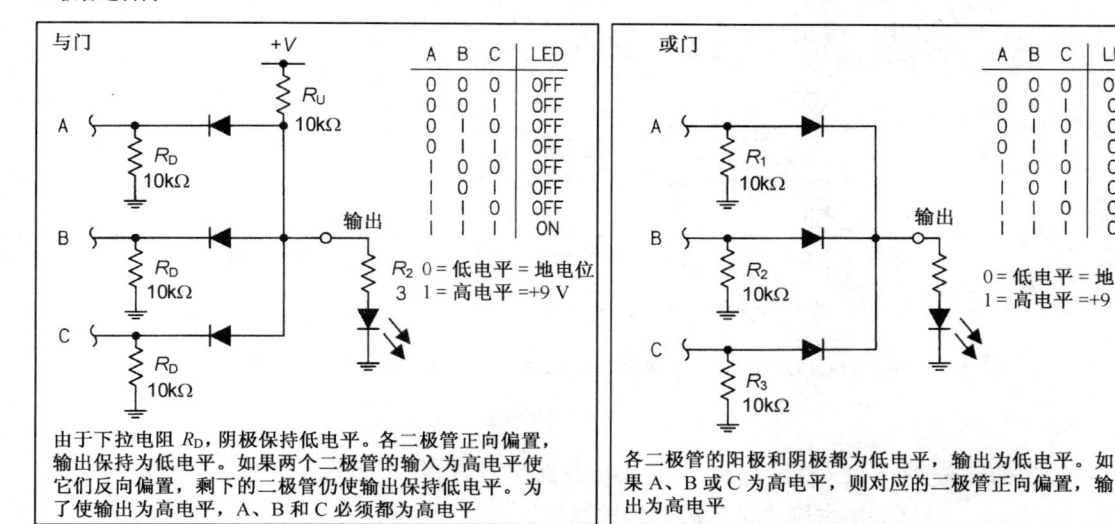

图4.23 二极管逻辑门

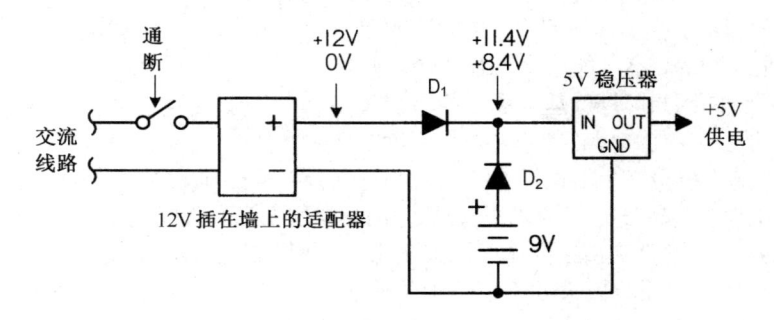

图4.24 备份电源

设备由带有备用电池组的墙上适配器供电，典型的二极管或门用于电池组和适配器的连接，如图 4.24 所示。通常情况下，当开关闭合时，电能从 12V 适配器通过 D_1 传给负载；D_2 反向偏置（不导通），因为其阴极电压比阳极电压高 2.4V。当开关断开时，D_1 停止导电，电池组接入，通过 D_2 向负载提供电流；D_1 阻止电流流回墙上适配器。这样，将二极管用于备用电池组就有一个弊端，即二极管和电池组串联会限制电池组提供电能的最小电压（对硅 PN 结二极管约为 0.6V，对肖特基二极管约为 0.4V）。更好一些的备份电源设计采用晶体管或者内部包含比较器的特殊集成电路，通过一个低阻抗的晶体管来切换电池组，消除了 0.6V 的损失。在 MAXIM 的网页上，可以查看集成电路的例子。

如图4.25中的简单调幅收音机所示，二极管常用在调幅信号的检波中。在调幅广播信号中，具有固定频率为550～1700kHz的RF载波信号被一个音频信号（10～20000Hz）调幅。这个音频信息锁定在信号的上下边频带，或者位于调幅信号的包络线上。这里的天线和LC调谐电路在感兴趣的特定载波频率下发生谐振（将广播信号变为相应的电信号），一个检波二极管（如1N34）被用于检波，除去输入信号的负半周，使其能够进行下一步的直流处理。检波后的信号通过一个低通滤波器，以剥离其高频载波。输出的信号便是音频信号。这个信号可用于驱动简单的晶体耳机或灵敏的头戴式耳机等（低阻抗的耳机或扬声器需要附加放大器，由1μF左右的电容耦合）。

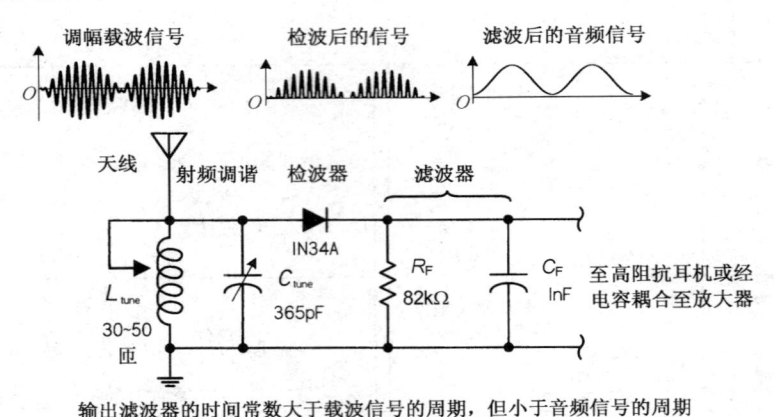

图4.25 调幅检波器图

肖特基二极管的终止端（见图4.26）可用来抵消高速传输线的影响，这些影响会因为信号反射而导致正/负脉冲、减小噪声阈值和破坏定时，进而引起时钟线上的错误触发，地址线、数据线和控制线上的数据出错，以及时钟和信号的抖动。在实际应用中，传输线的阻抗是变化的，或者是未知的，不可能求出具体的端子阻抗值，而需要一个可变的阻抗。肖特基二极管终止端具有保持信号完整性的能力，能够保存能量，并且支持柔性的系统设计。肖特基二极管终止端由两个二极管串联而成，其中的一个二极管钳位V_{CC}或电源电压，

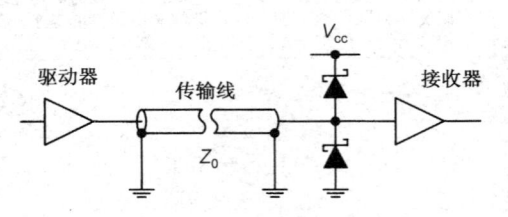

图4.26 肖特基二极管的终止端

另一个二极管钳位地。传输线末端的二极管通过钳位作用降低反射的影响。当电压超过V_{CC}某个正向偏压量时，上方的二极管就起钳位作用，限制由反射引起的正脉冲。对于负脉冲信号，接地二极管起同样的终止作用。钳位效果并不依赖于传输线的阻抗匹配，这就使其在线路阻抗未知时和线路阻抗值变化时特别有用。

图4.27所示电路是由二极管组成的简单只读存储器（ROM），这里ROM作为一个十进制到二进制编码器，开关未按下时，所有的LED亮。将"1"按下时，从电源流出的电流由2^3、2^2、2^1线转到二极管再到地，但仍允许电流通过2^0线，于是LED的读数是0001。实际中，用ROM作为编码器或其他电路是不现实的。一般来说，可以购买专用IC编码器，或者简单地使用一个与微处理器连接的通用键盘，实际的编码由编程来完成。无论如何，这都是一个有趣的电路，毕竟它可让我们了解ROM是如何工作的。

4.2.6 稳压二极管

稳压二极管的作用就像一个双向的电流闸门，其正向与标准的二极管一样，只需约0.6V就可导通（见图4.28）。反向时，比较难导通，而需要一个等于稳压二极管击穿电压V_Z的电压。根据不同的类型，该击穿电压的范围为1.8～200V（1N5225B = 3.0V、1N4733A = 5.1V、1N4739A = 9.1V等）。额定功率为0.25～50W。

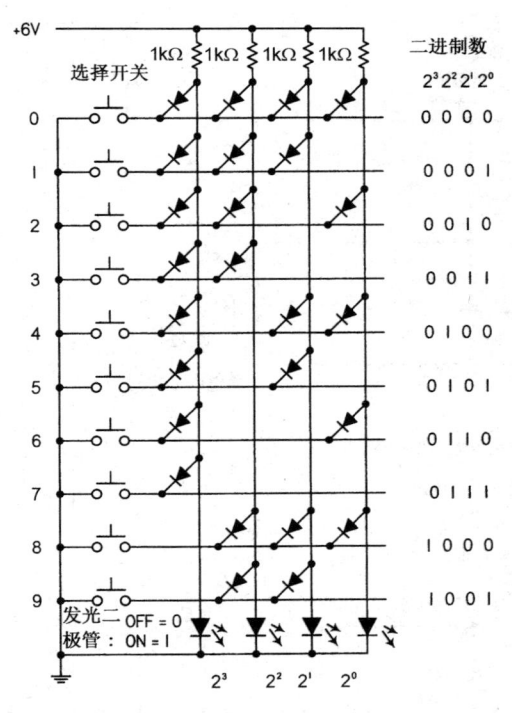

图4.27 只读存储器（ROM）

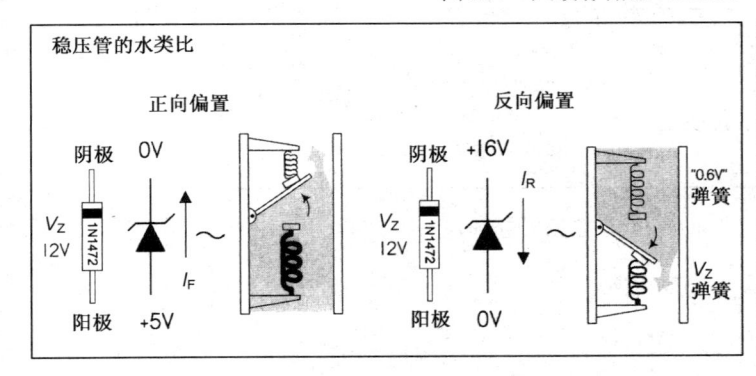

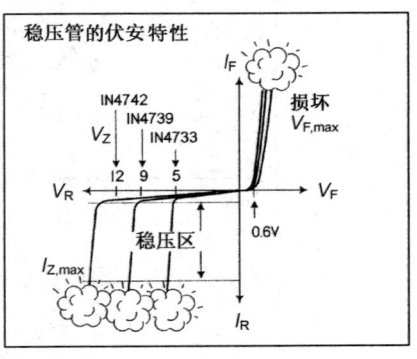

图4.28 稳压二极管的水类比及伏安特性

在大多数应用中，稳压管与一个电阻串联工作在反偏方向，这是标准的电路结构。在这种结构中，齐纳二极管就像一个减压阀，在保证其电压恒定（等于V_Z）的情况下，通过所需的电流。换句话说，它就是一个稳压器，参见图4.29中的应用。

图4.29所示电路的作用是稳定电压，防止电源电压或负载电流的改变使得供给负载的电压变化。下面的例子说明了稳压二极管是如何补偿线路和负载变化的。

线路电压调节的例子　线路电压增加时，将引起线路的电流增加。由于负载电压是常数（由稳压二极管保持），线路电流的增加将导致稳压管中的电流增加，这样便保持了负载电流的恒定。线路电压减小时，将导致线路电流减小，稳压管中的电流减小，见图4.29中的右上部分。

负载调节的例子　作为负载电阻减小（负载电流增加）的结果，负载电压试图减小时，负载中的电流增加将被稳压管中的电流减小抵消。负载的电压将保持不变。由于负载电阻增加（负载电流减小），负载的电压试图增加，负载电流的减小将被稳压管中的电流增加抵消，见图4.29中的右下图。

· 315 ·

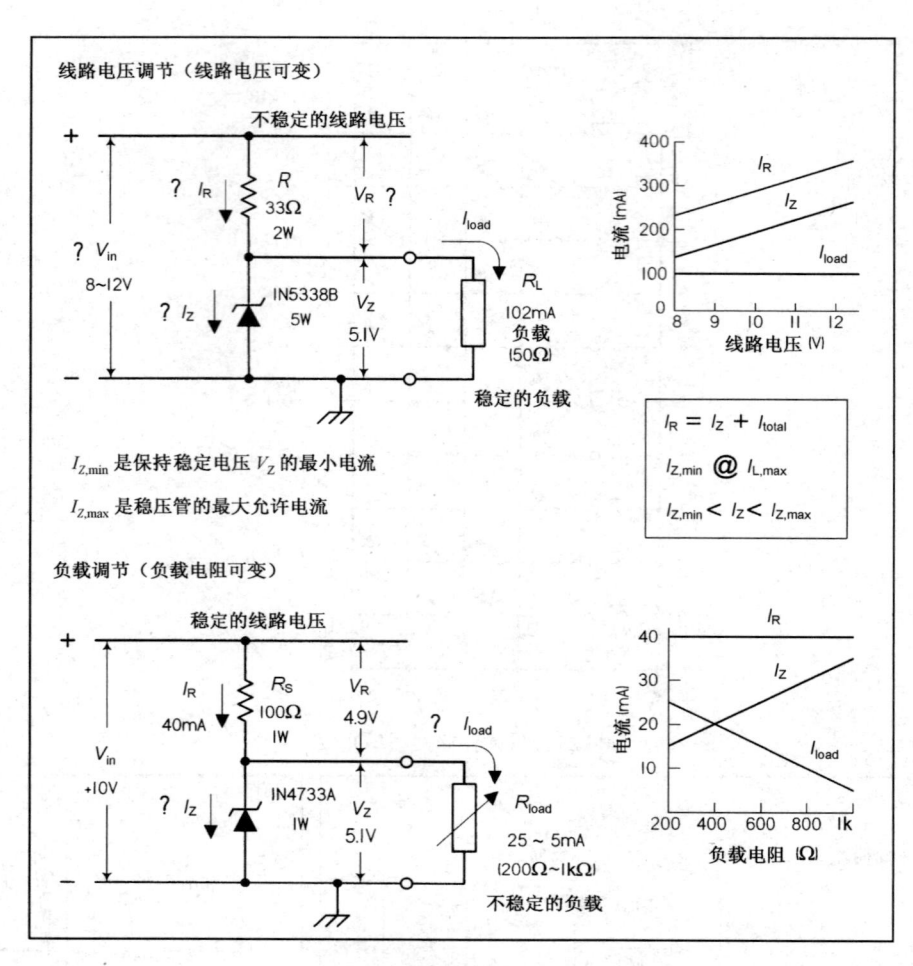

图4.29 稳压管稳压电路

下面的公式可以用来选择合适的元件参数值：

$$R_S = \frac{V_{in,min} - V_Z}{I_{Z,min} + I_{L,max}}, \quad R_R = \frac{(V_{in,min} - V_Z)^2}{R_S}, \quad P_{Z,max} = V_Z \cdot \frac{V_{in,min} - V_Z}{R_S}$$

温度对稳压管稳压电路有一定的影响，因此对于要求苛刻的应用，它不一定是最好的选择。尽管集成线性稳压器的价格稍贵，但由于内部的误差信号放大器，对温度的变化不太敏感。但是，它们的内部也用稳压管来提供参考电压。常用稳压管的封装形式如图4.30所示，其规格与额定功率如表4.2所示。

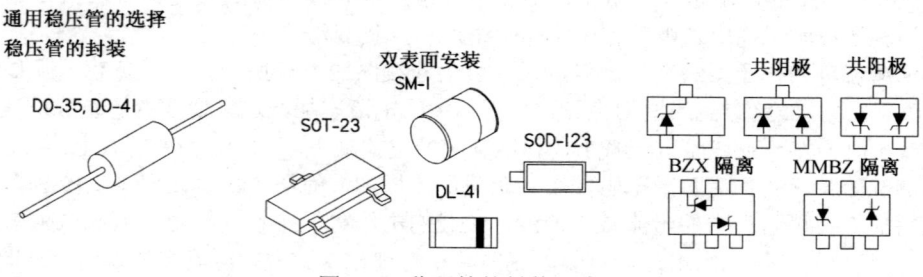

图4.30 稳压管的封装形式

表4.2 常用稳压管的规格与额定功率

稳压电压	规格与额定功率					
	轴向引线				表面安装	
	500mW	1W	5W	200mW	500mW	1W
2.4	1N5221B			BZX84C2V4, MMBZ5221B	BZT52C2V4	
2.7	1N5222B			BZX84C2V7	BZT52C2V7	
3.0	1N5225B			BZX84C3V0, MMBZ52251B	BZT52C3V0, ZMM5225B	
3.3	1N5226B	1N4728A	1N5333B	BZX84C3V3, MMBZ5226B	BZT52C3V3, ZMM5226B	ZM4728A
3.6	1N5227B	1N4729A	1N5334B	BZX84C3V6, MMBZ5227B	BZT52C3V6, ZMM5227B	
3.9	1N5228B	1N4730A	1N5335B	BZX84C3V9, MMBZ5228B	BZT52C3V9, ZMM5228B	ZM4730A
4.3	1N5229B	1N4731A	1N5336B		BZT52C4V3, ZMM5229B	ZM4731A
4.7	1N5230B	1N4732A	1N5337B	BZX84C4V7, MMBZ5230B	BZT52C4V7, ZMM5230B	ZM4732A
5.1	1N5231B		1N5338B	BZX84C5V1, MMBZ5231B	BZT52C5V1, ZMM5231B	SMAZ5V1, ZM4733A
5.6	1N5232B	1N4733A	1N5339B	BZX84C5V6, MMBZ5232B	BZT52C5V6, ZMM5232B	SMAZ5V6, ZM4734A
6.0	1N5233B	1N4734A	1N5340B		BZT52C6V0, ZMM52330B	
6.2	1N5234B		1N5341B	BZX84C6V2, MMBZ5234B	BZT52C6V2, ZMM5234B	SMAZ6V2, ZM4735A
6.8	1N5235B	1N4735A	1N5342B	BZX84C6V8, MMBZ5235B	BZT52C6V8, ZMM5235B	SMAZ6V8, ZM4736A
7.5	1N5236B	1N4736A	1N5343B	BZX84C7V5, MMBZ5236B	BZT52C7V5, ZMM5236B	SMAZ7V5, ZM4737A
8.2	1N5237B	1N4737A	1N5344B	BZX84C8V2, MMBZ5237B	BZT52C8V2, ZMM5237B	SMAZ8V2, ZM4738A
8.7	1N5238B	1N4738A	1N5345B		BZT52C8V7, ZMM5238B	
9.1 10.0	1N5239B	1N4739A	1N5346B	BZX84C9V1, MMBZ5239B	BZT52C9V1, ZMM5239B	SMAZ9V1, ZM4739A
11	1N5240B	1N4740A	1N5347B	BZX84C10	BZT52C10, ZMM5240B	SMAZ10, ZM4740A
12	1N5241B	1N4741A	1N5348B	BZX84C11, MMBZ5241B	BZT52C11, ZMM5241B	ZM4741A SMAZ12,
13	1N5242B	1N4742A	1N5349B	BZX84C12, MMBZ5242B	BZT52C12, ZMM5242B	ZM4742A ZM4743A
14	1N5243B	1N4743A	1N5350B	MMBZ5243B	BZT52C13, ZMM5243B	
15	1N5244B		1N5351B		BZT52C14, ZMM5244B	SMAZ15, ZM4744A
16	1N5245B	1N4744A	1N5352B	BZX84C15, MMBZ5245B	BZT52C15, ZMM5245B	SMAZ16, ZM4745A
17	1N5246B	1N4745A	1N5353B	BZX84C16, MMBZ5246B	BZT52C16, ZMM5246B	
	1N5247B		1N5354B		ZMM5247B	
18	1N5248B	1N4746A	1N5355B	BZX84C18, MMBZ5248B	BZT52C18, ZMM5248B	SMAZl8, ZM4746A
19	1N5249B		1N5356B		ZMM5249B	
20	1N5250B	1N4747A	1N5357B	BZX84C20, MMBZ5250B	BZT52C20, ZMM5250B	SMAZ20, ZM4747A
22	1N5251B	1N4748A	1N5358B	BZX84C22, MMBZ5251B	BZT52C22, ZMM5251B	SMAZ22, ZM4748A
24	1N5252B	1N4749A	1N5359B	BZX84C24, MMBZ5252B	BZT52C24, ZMM5252B	SMAZ24, ZM4749A
25	1N5253B		1N5360B		ZMM5253B	
27	1N5254B	1N4750A	1N5361B	8ZX84C27, MMBZ5254B	BZT52C27, ZMM5254B	SMAZ27, ZM4750A
28	1N5255B		1N5362B	MMBZ5255B	ZMM5255B	
30	1N5256B	1N4751A	1N5363B	BZX84C30	BZT52C30, ZMM5256B	SMAZ30, ZM4751A
33	1N5257B	1N4752A	1N5364B	BZX84C33	BZT52C33, ZMM5257B	SMAZ33, ZM4752A
36	1N5258B	1N4753A	1N5365B	BZX84C36, MMBZ5258B	BZT52C36, ZMM5258B	SMAZ36, ZM4753A
39	1N5259B	1N4754A	1N5366B	BZX84C39, MMBZ5259B	BZT52C39, ZMM5259B	SMAZ39, ZM4754A
43	1N5260B	1N4755A	1N5367B		BZT52C43, ZMM5260B	ZM4755A
47	1N5261B	1N4756A	1N5368B		BZT52C47, ZMM5261B	ZM4756A
51	1N5262B	1N4757A	1N5369B		BZT52C51, ZMM5262B	ZM4757A
56	1N5263B	1N4758A	1N5370B			ZM4758A
60	1N5264B		1N5371B			
62	1N5265B	1N4759A	1N5372B		ZMM5265B	ZM4759A
68	1N5266B	1N4760A	1N5373B		ZMM5266B	ZM4760A
75	1N5267B	1N4761A	1N5374B			ZM4761A
82	1N5268B	1N4762A	1N5375B			ZM4762A
87	1N5269B					
91	1N5270B	1N4763A	1N5377B			ZM4763A
100	1N5271B	1N4764A	1N5378B			ZM4764A

4.2.7 稳压管的应用

下面利用两个稳压管从无中心抽头变压器获得正负电源（见图4.31），对于所需的正负电源和负载，选择Z_1和Z_2具有相同的稳压值和额定功率。如前面的例子所述，稳压管的温度依赖性使得该结构没有合适两个单独的集成稳压器作为电源时的精确度高。然而，对要求并不特别苛刻的应用，可以使用这个结构作为替代。

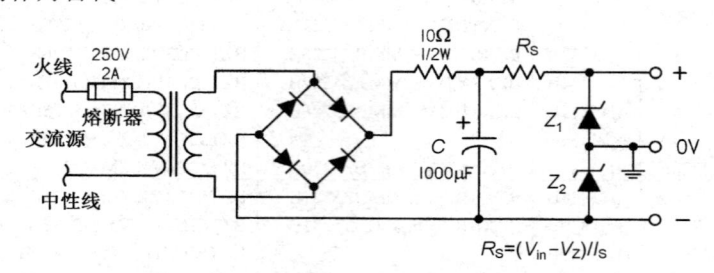

图4.31 单绕组变压器的直流正负电源

两个稳压管分别对输入信号的正负半周钳位（见图4.32）。正弦波被转换为近似于方波。除了可以改变波形，该结构还可并接在直流电源的输出端，以防止不需要的瞬变电压被送到负载。在这种情况下，击穿电压必须高于电源电压，但低于所允许的最高瞬变电压。简单的双向瞬态抑制二极管（TVS）可起到相同的作用，详见关于瞬变抑制器的章节。

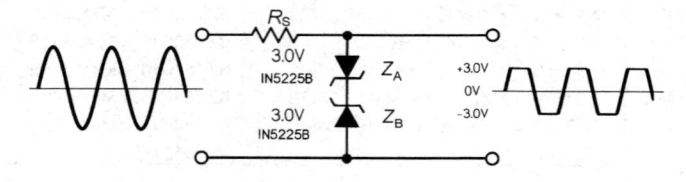

图4.32 波形的修正和限压

图4.33所示的电路将输入电压下移一个稳压管的击穿电压值。当输入电压变正时，稳压管直到电压达到5.1V时才处于击穿状态（对1N5281B）。之后，输出电压随着输入电压变化，但输出电压比输入电压降低5.1V。当输入电压变负时，输出电压随着输入电压变化，但平移0.6V——稳压管上的正向压降。

稳压管可用来提高稳压器的电压值（见图4.34），获得不同的稳压值输出。图中，3V和6V的稳压管串联将5V集成稳压器的参考地提高到9V，总电压提高到14V。注意，在实际的设计中，输入端和输出端都应接一个电容。

当加到插座上的电压过大（如插入了与额定值不匹配的电源）时，稳压二极管将持续导通，直到熔断器熔断为止。稳压二极管的击穿电压应略高于负载运行的最大电压。快速和慢速熔断的熔断器都可使用，具体取决于负载的灵敏度。熔断器的额定电压和额定电流必须根据设备期望的极限确定。注意，还有利用其他特殊器件的类似过载保护设计，如瞬态抑制二极管和压敏电阻。这些器件的价格便宜，在如今的设计中非常流行（见图4.35）。

图 4.33 电压平移

图4.36所示为一个简单的电路，它使用一个大功率晶体管来承担大部分电流调节，有效地提高了稳压二极管的额定功率（通过电流的能力）。通过稳压二极管

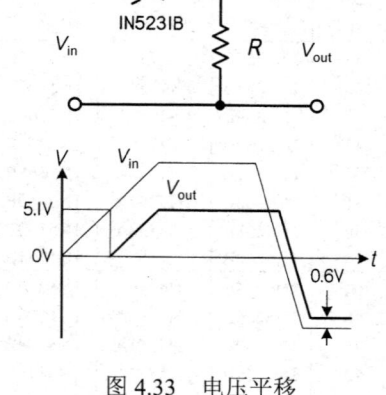

· 318 ·

的电流只占总电流的很小一部分，用来产生基极电压/电流（通过基极到地的电阻），根据线路或负载电流的变化改变集电极-发射极的电流。

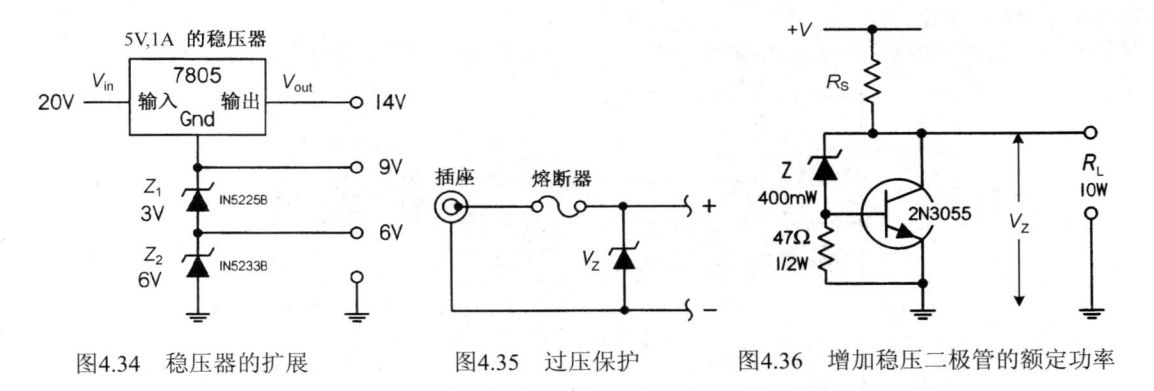

图4.34　稳压器的扩展　　　　图4.35　过压保护　　　　图4.36　增加稳压二极管的额定功率

图4.37所示为一个由击穿电压依次增加的稳压二极管构成的简单电压表电路。随着输入电压的增加，发光二极管依次发光。我们可以采用不同的稳压二极管，只要串联电阻使通过发光二极管的电流在安全范围内。大多数发光二极管最适宜的电流约为20mA。当输入电压为V_{in} = 16V时，可以计算出最差情况下5V发光二极管的情况。期望找到更完善的方案时，可使用模数转换器、微控制器和液晶显示器或发光二极管显示器。

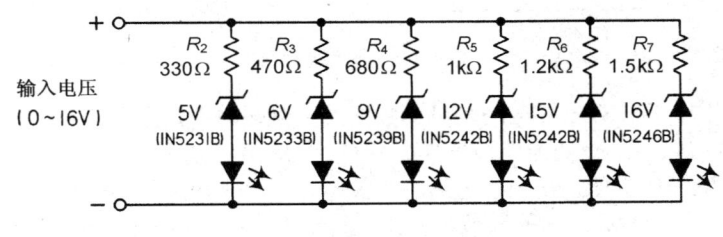

图4.37　简单电压表电路

4.2.8　变容二极管

变容二极管是一种结电容随反向电压的改变而改变的二极管。因此，它可作为可变电容。当施加的反向电压增加时，PN结的宽度增加，从而电容减小。对于不同的器件，变容二极管电容的范围从几皮法到100pF，最大的反向电压从几伏到近100V（虽然许多规格的二极管和稳压管的反向电压与电容之间的关系不是很可靠，但都可当作相对便宜的变容二极管来使用）。

变容二极管的低电容值使得它的使用通常限制在高频率的射频电路中，而所加的电压用来改变振荡器电路中的电容。反向电压可以通过调整一个分压器来获得，作用是改变振荡器的频率。反向电压也可是施加的一个调制信号（如声频信号），用于调制振荡器的高频载波。

设计变容二极管电路时，反向偏压必须完全无噪声，因为反偏电压的任何改变都会引起电容的改变。反偏压中含有噪声时，会产生有害的频移及不稳定性。使用滤波电容可限制这类噪声。

变容二极管有单管和对管两种形式。变容二极管的对管构造中包括两个反向串联的变容二极管，其阳极共用，阴极分开。在这种构造中，当电压加到公共的阳极时，变容二极管就像是两个串联的电容，它们的电容值一起改变。

频率调制器（见图4.38）　当载波频率按照所加的调制信号的大小发生瞬间变化时，就会产生频率调制（调制信号的频率在几赫兹到几千赫兹的范围内，例如，对于音频调制的无线电信号，载波频率通常为数兆赫兹）。一种产生频率调制的方法是采用压控振荡器。振荡器的输出频率与调制信号的振幅成正比。当调制信号的振幅增加时，载波信号的频率也增加。考毕兹LC振荡器使用变容二极管来代替调谐电路中的一个电容。加在二极管两端的调制电压使二极管的电容按比例改变，导致振荡器频率改变，进而在该过程中产生频率调制。L_2（RFC）是射频信号的阻隔器件，用于防止高频信号反馈到调制信号源；C_3和C_4是耦合电容，其他电路元件则构成考毕兹振荡器。

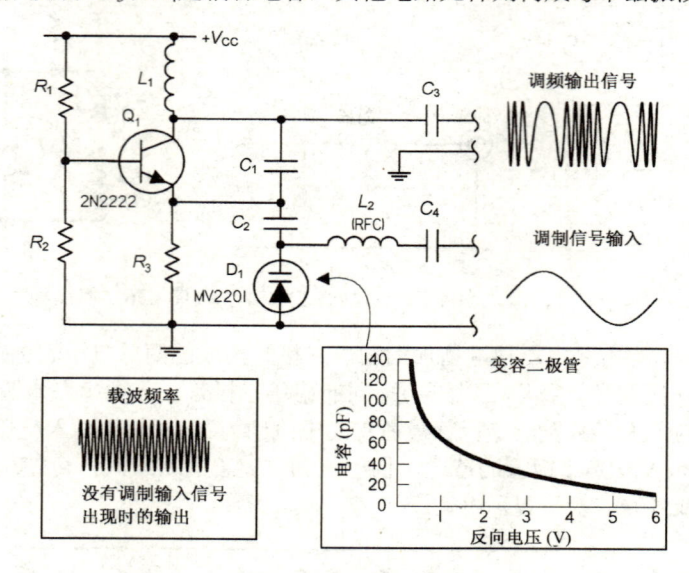

图4.38 频率调制器

与前述电路不同，图4.39中的电路是可变频率的高频振荡器，由分压器（R_1）控制频率变化。从分压器得到的电压通过一个低通滤波器（C_1和R_2）加到变容二极管对管D_1上，确保变容二极管的偏置为直流。该电压改变$D_1 \sim L_1$调谐电路的等效电容，即改变振荡器的频率。C_2和C_6是隔直（交流耦合）电容。Q_1是一个N沟道结型场效应管，在共漏极结构中通过C_3将信号反馈给栅极。R_3是栅极偏置电阻，R_4是带有滤波电容C_5的漏极电阻。

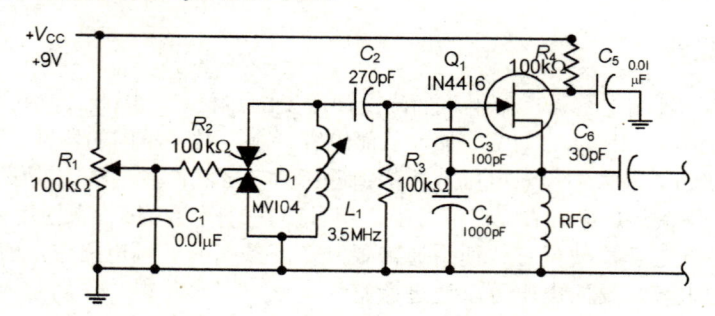

图4.39 分压器控制的变容二极管调谐振荡器

4.2.9 PIN二极管

PIN二极管被用作射频和微波开关。对高频信号来说，PIN二极管是可变电阻，其阻值由所加的直流正向偏置电流控制。对于较大的直流偏置，PIN二极管的阻值通常小于1Ω。但在较小的正向偏置下，它对高频信号的阻值非常大（几千欧姆）。PIN二极管是在掺杂浓度很高的P型和N型材料中间夹一层本征（不掺杂）半导体材料，形成一个PIN结而制成的。

就应用而言，PIN二极管主要用作射频和微波开关，在大功率下也能使用。通常用作100MHz及更高频率下工作的收发器的发射/接收开关。它们可以用作光纤系统的光电探测器。大多数情况下，可能

· 320 ·

用不上它们。

在射频频率下，开关是非常讲究的，需要采用专门的技术减少信号的污染和衰减。图4.40是两种用PIN二极管制成的开关电路。在单刀单掷（SPST）开关电路中，通过PIN二极管的偏置电压来控制来自射频发生器的信号是否可以通过负载。RFC是一个高频阻抗，用于防止射频信号输入偏置电源，但接地的电容是为了提供纯净的直流偏压。单刀双掷（SPDT）开关电路和第一种电路非常相似，但它有两个偏压输入。

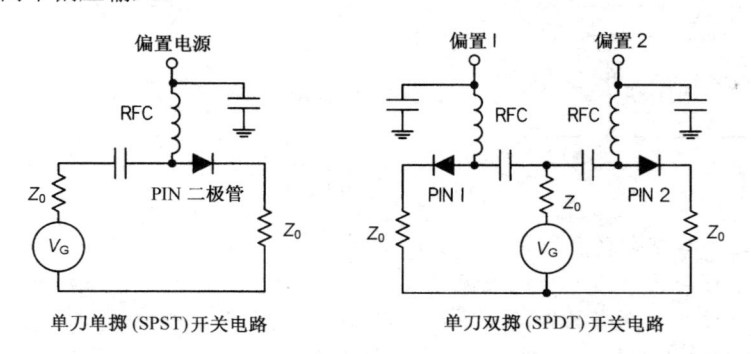

图4.40　PIN二极管射频开关

4.2.10　微波二极管（雪崩二极管、耿氏效应二极管、隧道二极管等）

有些二极管通常不被使用，它们在高频微波和毫米波（大于20GHz）范围内有着特殊的用途，常用在微波放大器和振荡器中。由于载流子扩散和漂移通过半导体PN结相对较慢，大部分规格的二极管和双极型晶体管在如此高的速率下通常不能截止。隧道二极管、耿氏效应二极管、雪崩二极管和其他二极管涉及完全不同的物理学知识：允许变化以光速发生，不同的效果导致放大器的增益、振荡器的谐振频率等发生有用的变化。这些物理现象可能是电子穿越隧道（穿过将P型和N型区域分开的电场势垒，而非在二极管中通常发生的热电子发射穿过势垒）——隧道二极管；也可能是由于正向偏压时的负阻抗，化合物导电带的对称性导致电子（慢下来）的有效质量增加——耿氏效应二极管；还可能是电子移动到更高的能带导致的负阻抗在正向偏置下使得电流减小——雪崩二极管。总之，我们可以得出这样的结论：高频材料常由专业人士使用。常用的二极管小结如表4.3所示（注意，俘获等离子雪崩触发渡越二极管和势垒二极管也常用于微波应用）。

4.2.11　练习

练习1　图4.41所示电路的作用是什么？最终的输出电压是多少？当插头的上端为正而下端为负时，每个二极管的压降是多少（假设每个二极管的正向压降是0.6V）？为保证二极管不被烧坏，负载电阻最小为多大？假设所用的二极管为1N4002。

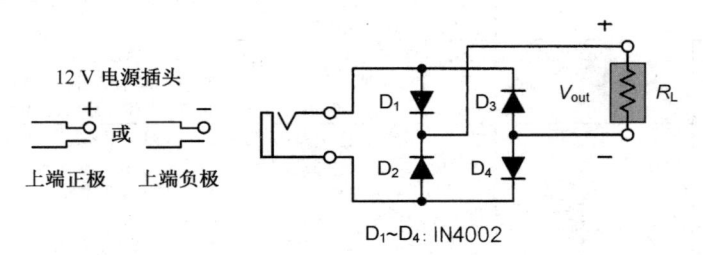

图4.41　练习1用图

答案：不管输入的极性如何，极性保护电路输出的极性都相同。最终输出电压是11.4V。上端为正极：$V_{D1} = 0.6V$，$V_{D2} = 11.4V$，$V_{D3} = 11.4V$，$V_{D4} = 0.6V$；上端为负极：$V_{D1} = 11.4V$，$V_{D2} = 0.6V$，$V_{D3} = 0.6V$，$V_{D4} = 11.4V$。使用1N4002二极管时，因为它们的最大额定电流是1A，所以负载阻抗不应低于11.4Ω。为安全起见，电流保持为最大值的75%左右较好，所以15Ω应是一个较好的限制。

练习2 图4.42中左侧电路的输出量是什么？将2.2kΩ负载接到输出端时会发生什么？

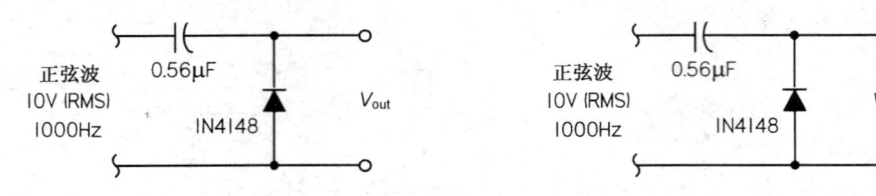

图4.42 练习2用图

答案：不考虑由二极管的压降引起的0.6V电压时，钳位电路使输出平移，输出为一个纯直流电压（考虑到$V_{peak} = 1.41 V_{rms}$），电压的最大值为27.6V，最小值为-0.6V。加上负载后，电容和负载电阻的作用就像一个高通滤波器，其截止频率为$1/(2\pi RC)$，所以输出量稍有所减小。仿真得到输出量为8.90V（RMS），或者最大值为24.5V，最小值为-0.6V。

练习3 一个10~50mA的负载需要一个8.2V的稳定电压，如图4.43所示。采用一个12V±10%的电源和一个8.2V的稳压二极管，需要串联的电阻为多大？假设从参数表（或实验）中获得稳压二极管的最小稳压电流是10mA。求电阻和稳压二极管的额定功率。

图 4.43 练习 3 用图

答案：$V_{in, max} = 13.2V$，$V_{in, min} = 10.8V$；$R_S = (10.8V - 8.2V)/(10mA + 50mA) = 43\Omega$；$P_R = (13.2V-8.2V)/(43\Omega) = 0.58W$；$P_Z = 8.2V(13.2V - 8.2V)/(43\Omega) = 0.95W$。

表4.3 常用的二极管小结

二极管类型	符 号	工作方式
PN结二极管	1N4001 A —▶|— C	具有单向导电性，电流只能从二极管的正极（A）流入，从负极（C）流出。常见的有硅管和锗管两种，都需要正向偏压才能导通。硅管的典型电压值为0.6~1.7V，锗管的典型电压值为0.2~0.4V。可用于整流、暂态抑制、电压倍增、射频检波、模拟逻辑、钳位、快速开关、电压调整等领域
肖特基二极管	A —▶|— C	工作特性与PN结二极管相似，但设计时采用特殊的金属半导体结代替PN结。这使得它具有非常小的结电容，存储的电荷很少。这种结具有非常快的开关速度，适合高速钳位和接近吉赫兹的高频应用。此外，通常具有较低的正向偏压，约为0.4V，但也可能为0.15~0.9V或更高。和PN结二极管一样，肖特基二极管也适合相似的应用，但能提供更好的低信号电平探测，有着较快的速度和较低的功率损耗（由于低正向门限）
稳压二极管	A —▶|— C	由A到C的导通和PN结二极管一样，但当所加反向电压大于齐纳击穿电压V_Z时，也可从C到A导通。就像一个电压控制的阀门。有各种击穿电压（1.2V、3.0V、5.1V、6.3V、9V、12V等）和各种额定功率，可用于稳压、削波、电压平移和暂态抑制等
发光二极管和激光二极管	A —▶|— C	发光二极管在正向偏置电压约为1.7V时（A＞C），发出波长几乎固定的光。有各种不同波长（从红外线到可见光）、大小及功率的发光二极管，可用于指示器、红外线和可见光波通信的光源。激光二极管和发光二极管相似，但其光谱很窄（约为1nm，而发光二极管的光谱约为40nm），通常处于红外区。它们的反应时间非常快（1ns）。这些信号的特性使其可用在光纤系统中，对光纤系统尽可能小的散光效应、有效的耦合及限制长距离传输中的衰减都是非常重要的。它们也用在激光指示器、CD/DVD播放器、条形码阅读器以及各种外科手术应用中

续表

二极管类型	符 号	工作方式
光电二极管	A —▶∣— C	光电二极管受到光照时会产生电流,或者当光照强度变化时,改变通过其的电流。有光照时,在反偏电压下工作(电流从C流向A)。电流随着光强的增加而增加。具有很快的响应速度(ns)。没有光敏晶体管的灵敏度高,但其线性性质使得它们可用在简单的照度计中
变容二极管	A —▶∣— C	其作用如同电压敏感的可变电容,变容二极管的电容值随着二极管的反向偏压增大而减小。可用PN结的特定公式设计,在适当的反向偏压范围内获得较大的电容取值范围。电容范围为皮法量级,因此常用在射频应用中,如调谐接收器和射频发生器
PIN二极管、碰撞雪崩及渡越时间二极管、耿氏效应二极管、隧道二极管等	A —▶∣*— C	这些二极管的大部分是电阻性器件,用在射频、微波、毫米波应用中(如放大器和振荡器)。与载流子扩散通过PN结的标准二极管相比,独特的传导物理特性使得这些二极管具有非常快的响应速度

4.3 晶体管

晶体管是半导体器件,它既可用作电气控制的开关,也可用作放大器。晶体管的优点是,它以类似水龙头控制水流的方式控制电流。调整水龙头的旋钮可以控制水流。利用加在晶体管的一个控制端的小电压或小电流,可以控制通过晶体管另外两端的大电流。

晶体管应用在几乎所有电路中。例如,可在开关电路、放大器电路、振荡器电路、电流源电路、稳压器电路、电源电路、数字逻辑集成电路中见到晶体管。几乎所有电路中的晶体管都是用小信号控制大电流的。

4.3.1 晶体管简介

控制特性和电流特性设计独特的晶体管有多种。大多数晶体管具有不同的电流控制特性,但也有少数晶体管没有这种特性。有些晶体管在通常情况下是截止的,除非给基极或栅极加上电压,它们才导通,但另一些晶体管通常情况下是导通的,直到加电压才截止(这里的通常情况是指控制端开路的情况。同样,导通是指可通过不同大小的电流)。一些晶体管需要将小电流和小电压同时加到它们的控制端,才能使电路工作,但有些晶体管只需要加一个电压。一些晶体管工作时需要加负电压或者让电流流出基极端(相对于其他两根导线中一根导线而言),但另一些晶体管需要正电压或者让电流输入基极端。

晶体管分为双极型晶体管和场效应晶体管(FET)。这两类晶体管的主要不同是,双极型晶体管的控制端需要输入(或输出)基极电流,而场效应晶体管只需要电压——实际上无电流 [从物理角度说,双极型晶体管工作需要正(空穴)、负(电子)两种载流子,而场效应晶体管只需要一种载流子]。因为场效应晶体管没有或几乎没有电流流入,所以它们的输入阻抗很高(约$10^{14}\Omega$)。这么高的输入阻抗意味着场效应晶体管的控制端对控制电路的特性几乎没有影响。对于双极型晶体管,控制端会从控制电路中汲取一个小电流,它与主电流汇合流经另外两端,因此会影响控制电路的特性。

事实上,在今天的电路设计中,场效应晶体管比双极型晶体管更受欢迎。除了在其控制端基本上是零输入-输出电流,场效应晶体管更容易生产,制作更便宜(需要较少的硅),且可制作得极其微小——将元件制作到集成电路中。场效应晶体管的一个缺点是,在放大器电路中,它们的跨导和同样电流下的双极型晶体管相比小得多。这意味着电压的增益也小得多。在简单的放大器电路中,场效应晶体管很少使用,除非有极高的输入阻抗和极低的输入电流要求。

表4.4是一些最常用的晶体管概述。注意,表中的通常情况是指控制端(如基极、栅极)与通道的一端(如发射极、源极)短接(电位相同)。同样,图中的导通和断开状态也不完全是字面意

思；通过器件的电流量通常情况下是一个变量，由控制电压的大小决定。图中描述的晶体管将在本章的后面详细讨论。

表4.4 一些最常用的晶体管概述

晶体管类型	符 号	运行方式
双极型晶体管	NPN	通常情况下处于断开状态，但当一个小电流流入和一个小正向偏压加在基极（B）和发射极（E）上时，就处于导通状态（允许一个较大的集电极-发射极电流），此时$V_C > V_E$。用于开关电路和放大电路
	PNP	通常情况下处于断开状态，但当一个小电流流出及一个小反向偏压加在基极（B）和发射极（E）上时，就处于导通状态（允许一个较大的发射极-集电极电流），此时$V_E > V_C$。用于开关电路和放大电路
结型场效应管	N 沟道	通常情况下处于导通状态，但当一个小反向偏压加在栅极（G）和源极（S）上时就会断开（不允许有较大的漏极-源极电流），此时$V_D > V_S$。不需要栅极电流。用于开关电路及放大电路
	P 沟道	通常情况下处于导通状态，但当一个小正向偏压加在栅极（G）和源极（S）上时就会断开（不允许有较大的源极-漏极电流），此时$V_S > V_D$。不需要栅极电流。用于开关电路及放大电路金属氧化物半导体
金属氧化物半导体场效应管（MOSFET）（耗尽型）	N 沟道	通常情况下处于导通状态，但当一个小反向偏压加在栅极（G）和源极（S）上时就会断开（不允许有较大的漏极-源极电流），此时$V_D > V_S$。不需要栅极电流。用于开关电路及放大电路
金属氧化物半导体场效应管（MOSFET）（耗尽型）	P 沟道	通常情况下处于导通状态，但当一个小正向偏压加在栅极（G）和源极（S）上时就会断开（不允许有较大的源极-漏极电流），此时$V_S > V_D$。不需要栅极电流。用于开关电路及放大电路
金属氧化物半导体场效应管（MOSFET）（增强型）	N 沟道	通常情况下处于断开状态，但当一个小正向偏压加在栅极（G）和源极（S）上时就会导通（允许有较大的漏极-源极电流），此时$V_D > V_S$。不需要栅极电流。用于开关电路及放大电路
金属氧化物半导体场效应管（MOSFET）（增强型）	P 沟道	通常情况下处于断开状态，但当一个小反向偏压加在栅极（G）和源极（S）上时就会导通（允许有较大的源极-漏极电流），此时$V_S > V_D$。不需要栅极电流。用于开关电路及放大电路
单结场效应管（UJT）	UJT	通常情况下从基极2（B_2）到基极1（B_1）有一个非常小的电流流过，但当一个正向电压加在发射极和基极1（B_1）或基极2（B_2）上时电流就会增大。运行于$V_{B2} > V_{B1}$。不需要栅极电流，只能用作开关

4.3.2 双极型晶体管

双极型晶体管是三端器件，可用作电控开关或放大控制器。这些器件有NPN或PNP两种结构（见图4.44）。NPN双极型晶体管用基极的一个小输入电流和正向电压（相对于发射极）来控制非常大的集电极-发射极电流。反过来，PNP型双极型晶体管用基极的一个小输出电流和负电压（相对于发射极）来控制一个大的发射极-集电极电流。

双极型晶体管是非常有用的器件。它们可以利用控制信号来控制电流，使得它们成为电控开关电路、稳流电路、稳压电路、放大电路、振荡电路和存储器电路的基本元件。

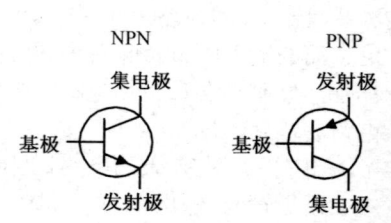

图 4.44 双极型晶体管

1. 双极型晶体管是如何工作的

图4.45所示为NPN双极型晶体管的工作模型（对于PNP双极型晶体管，所有元素、极性和电流都相反）。

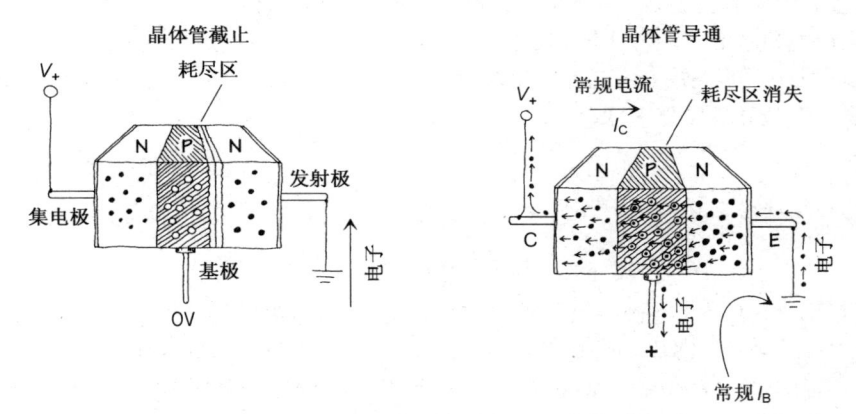

图4.45　NPN双极型晶体管的工作模型

NPN双极型晶体管是由两个N型半导体中间夹一个P型半导体薄层构成的。当晶体管的基极不加电压时，由于PN结的存在，发射极的电子无法移到集电极（电子要通过PN结，必须有一个偏压为电子提供足够的能量，进而逃脱原子的束缚力而运动到N区）。注意，基极上加的是负偏压时，事情将更糟——基极和发射极中间的PN结变成反向偏置。因此，会形成势垒层，进而阻挡电流的通过。

NPN型晶体管的基极加正向电压（至少为0.6V）时，基极和发射极之间的PN结正向偏置。在正向偏置的情况下，自由电子被拉向加正电压的基极。有些电子由基极流出，但这是假象，因为P型的基极很薄，电子离开发射极时的冲击使得它们与集电极非常接近，这就使得电子可以直接跳到集电极。增加基极电压会增加跳跃效应，因此会增加发射极到集电极的电子流。记住，常规的电流方向与电子流的方向相反。因此，用常规电流来描述时，可以说正向基极电压与输入电流导致了从集电极到发射极的正电流I。

2. 理论

图4.46所示为双极型晶体管的典型特性曲线，描述了基极电流I_B和发射极到集电极的电压V_{EC}对发射极电流I_E或集电极电流I_C的影响（实际上I_C和I_E相等）。

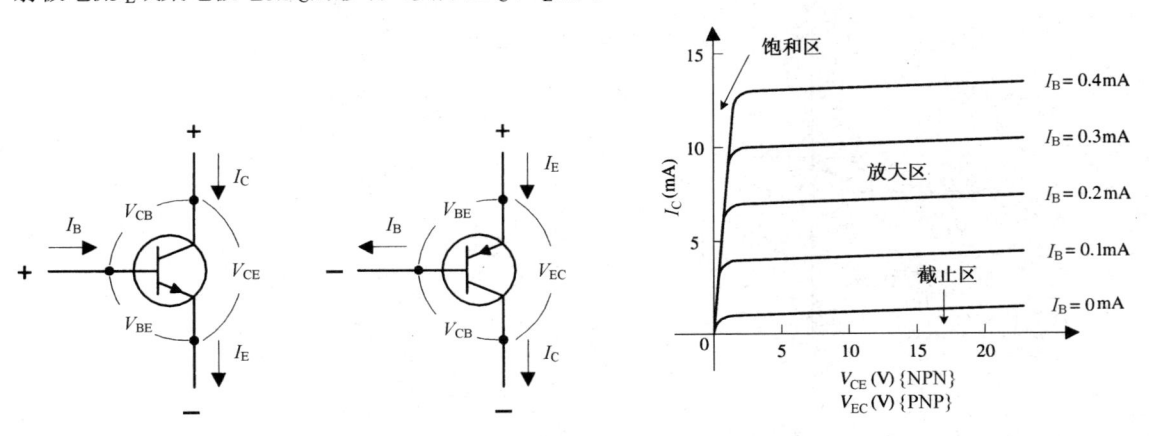

图4.46　双极型晶体管及其典型特性曲线

用来描述晶体管工作的一些重要术语有饱和区、截止区、放大区、偏置和静态工作点（Q点）。饱和区是指晶体管的一个工作区间，工作在饱和区时，集电极电流达到最大，晶体管很像从集电极到发射极闭合的开关。截止区是指输出特性曲线中靠近电压轴的一个工作区间，工作在截止区时，晶体管就像一个断开的开关，在这种工作状态下，只有一个很小的泄漏电流流过。放大区描述的是晶体管在饱和区的右边截止区上边的工作状态/区间，工作在放大区时，端子电流（I_B、I_C、I_E）之间存在近似线性的关系。偏置是指使得晶体管处于放大状态下所需的工作点时，所加的特定端电压和电流，称为静态工作点或Q点。

3. 公式

描述双极型晶体管工作状态（在放大区）的基本公式为

$$I_C = h_{FE}I_B = \beta I_B$$

式中，I_B是基极电流，I_C是集电极电流，h_{FE}（也可记为β）是电流增益。每个晶体管都有自己独特的h_{FE}。晶体管的h_{FE}通常为一常数，典型值为10～500，但它可能随着环境温度和集电极到发射极之间电压的不同而稍有不同（晶体管的h_{FE}在参数表中给出）。电流增益公式的简单解释如下，例如，使用一个h_{FE}为100的双极型晶体管，在基极注入1mA的电流，集电极电流将为100mA。现在，特别值得注意的是，电流增益规则只在下面的定理1和定理2成立时才适用，即要假设晶体管工作在放大区。此外，对流过晶体管的电流和加在晶体管上的电压的大小也有限制。本章后面将讨论这些限制。

4. 几个重要的定理

定理1 对于NPN型晶体管，无论基极电压多大，集电极电压V_C必须比发射极电压V_E至少大零点几伏，否则电流将不能通过集电极与发射极。然而，对于PNP型晶体管，发射极电压必须比集电极电压至少大零点几伏。

定理2 对于NPN型晶体管，基极和发射极之间有一个0.6V的压降。然而，对于PNP型晶体管，基极和发射极之间有一个0.6V的电压升。在操作上，这意味着对NPN型晶体管，基极电压V_B要比发射极电压V_E至少高0.6V；否则，晶体管将不能通过集电极-发射极电流。对于PNP型晶体管，V_B比V_E至少小0.6V，否则将不能通过发射极-集电极电流。

运用基尔霍夫电流定律（电流方向如图4.47所示），可得到发射极、集电极和基极电流之间关系的表达式：

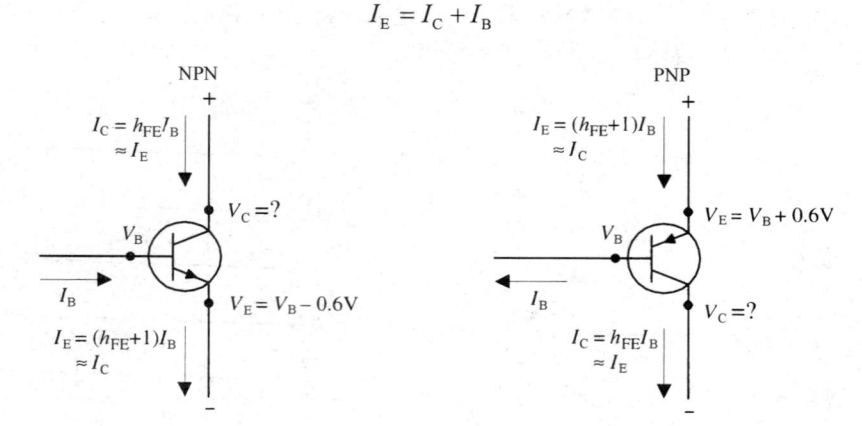

$$I_E = I_C + I_B$$

图4.47 运用基尔霍夫电流定律

将电流增益公式代入上式，得到发射极电流与基极电流的关系式：

$$I_E = (h_{FE} + 1)I_B$$

这个公式与电流增益公式（$I_C = h_{FE}I_B$）非常接近，只是多了一个"+1"项。实际上，当h_{FE}相当大时，"+1"可以忽略（大部分情况都满足）。这样，就得出了下面的近似公式：

$$I_E \approx I_C$$

下面的公式是定理2的数学表达式：

$$V_{BE} = V_B - V_E = +0.6V(NPN)$$
$$V_{BE} = V_B - V_E = -0.6V(PNP)$$

图4.47给出了各端子电流和电压之间的关系。图中，集电极电压旁加了一个问号。依据产生的原因，V_C的值不能由上面的公式确定。V_C的值依赖于与其相连的电路网络。例如，在图4.48所示的电路图中，为了求集电极的电压，要先求出电阻上的电压降。应用欧姆定律和电流增益公式，就能计算出V_C。

注意，这些公式仅在理想状态下成立。在实际中使用这些公式很可能得出不真实的结果。例如，当电流和电压不在所提供的特性曲线范围内时，就会出错。盲目应用这些公式时，不考虑工作特性，将得到一些实际上不可能的错误结果。

在双极型晶体管理论中，最后一个要注意的是跨阻r_{tr}。跨阻呈现为一个小电阻，反映的是晶体管发射结的固有特性。两个因素决定着晶体管的跨阻：温度和发射极电流。下面的公式给出了r_{tr}的近似值：

$$r_{tr} = 0.026V/I_E$$

在很多情况下，r_{tr}是无关紧要的（通常在1000Ω以下），不会对整个电路的工作状况产生较大的影响。然而，在某些特定类型的电路中，不能忽略r_{tr}的存在。事实上，它的存在可能是影响电路运行的主要因素。本章后面会密切关注跨阻问题。

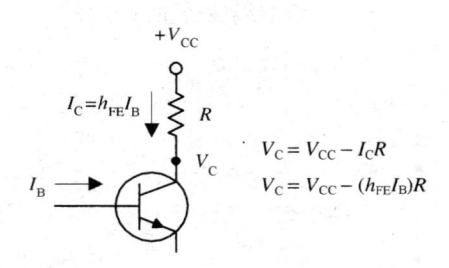

图4.48 应用欧姆定律和电流增益公式

下面的例题可帮助我们理解上述公式的运用。第一个例子是关于NPN晶体管的，第二个例子是关于PNP晶体管的。

【例1】在图4.49中，已知$V_{CC} = +20V$、$V_B = 5.6V$、$R_1 = 4.7kΩ$、$R_2 = 3.3kΩ$和$h_{FE} = 100$，求V_E、I_E、I_B、I_C和V_C。

$$V_E = V_B - 0.6 \text{ V}$$
$$V_E = 5.6 \text{ V} - 0.6 \text{ V} = 5.0 \text{ V}$$
$$I_E = \frac{V_E - 0 \text{ V}}{R_2} = \frac{5.0 \text{ V}}{3300 \text{ Ω}} = 1.5 \text{ mA}$$
$$I_B = \frac{I_E}{1 + h_{FE}} = \frac{1.5 \text{ mA}}{1 + 100} = 0.015 \text{ mA}$$
$$I_C = I_E - I_B \approx I_E = 1.5 \text{ mA}$$
$$V_C = V_{CC} - I_C R_1$$
$$V_C = 20 \text{ V} - 1.5 \text{ mA} \times 4700 \text{ Ω}$$
$$V_C = 13 \text{ V}$$

图4.49 例1所示电路

【例2】在图4.50中，已知$V_{CC} = +10V$、$V_B = 8.2V$、$R_1 = 560Ω$、$R_2 = 2.8kΩ$和$h_{FE} = 100$，求V_E、I_E、I_B、I_C和V_C。

$V_E = V_B + 0.6\text{V}$

$V_E = 8.2\text{V} + 0.6\text{V} = 8.8\text{V}$

$I_E = \dfrac{V_{CC} - V_E}{R_1} = \dfrac{10\text{ V} - 8.8\text{ V}}{560\text{ }\Omega} = 2.1\text{mA}$

$I_B = \dfrac{I_E}{1 + h_{FE}} = \dfrac{2.1\text{ mA}}{1 + 100} = 0.02\text{mA}$

$I_C = I_E - I_B \approx I_E = 2.1\text{mA}$

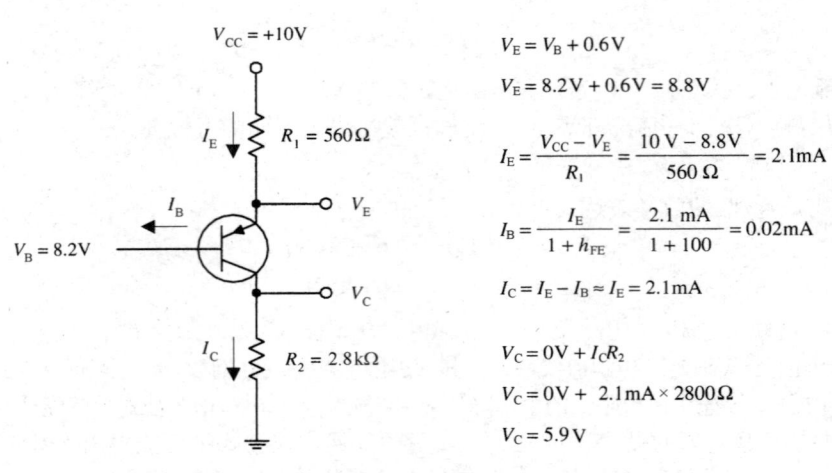

$V_C = 0\text{V} + I_C R_2$

$V_C = 0\text{V} + 2.1\text{mA} \times 2800\text{ }\Omega$

$V_C = 5.9\text{V}$

图4.50 例2所示电路

5. 双极型晶体管的水类比

在图4.51中，从左边进入主设备的较小管道代表NPN水晶体管的基极。垂直管道的上半部分代表集电极，下半部分代表发射极。当基极管道没有压力或水流时（模拟NPN晶体管基极处于开路状态），下方的杠杆臂保持垂直，关闭上方的主阀门。这个状态模拟的是真实NPN双极型晶体管的截止状态。在这个水类比中，当一个小水流或压力施加到基极管道时，垂直杠杆被水流推开并逆时针方向旋转。当这个杠杆臂旋转时，上方的主阀门根据下方杠杆的旋转角度跟着旋转一定的角度。在这种情况下，只要有足够大的压力克服弹簧的关门压力，水就能从集电极管道流向发射极管道。这个弹簧压力模拟的是集电极到发射极导通电流所需的0.6V偏置电压。注意，在这个模拟中，小基极水流与集电极水流汇合在一起后流向发射极。

在图4.51(b)中，要注意的是在基极施加较小的压力以使PNP水晶体管开启。通过让水流流出基极管道，控制杠杆移动，允许发射极到集电极的阀门打开。打开的程度随着控制杠杆的旋转角度而发生变化，旋转角度与从基极通道流出的水量对应。此外，要注意0.6V的偏置弹簧。

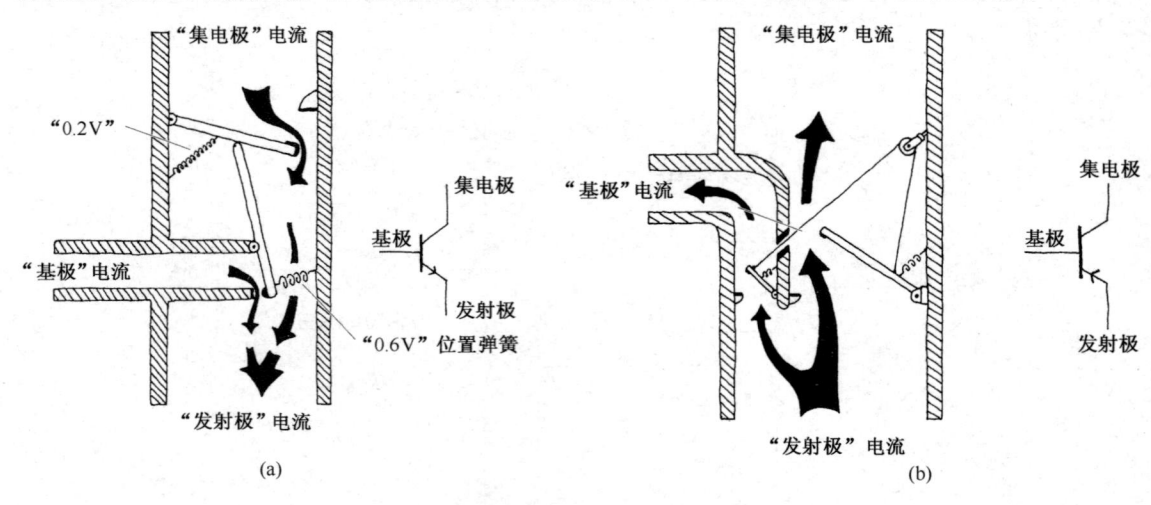

图4.51 (a)NPN的水类比；(b)PNP的水类比

6. 基本运用

图4.52(a)中使用一个NPN晶体管来控制流过灯泡的电流。当开关接通时，晶体管适当偏置，

· 328 ·

集电极到发射极的通道打开，允许电流从V_{CC}经过灯泡流向地。基极电流的计算如下：

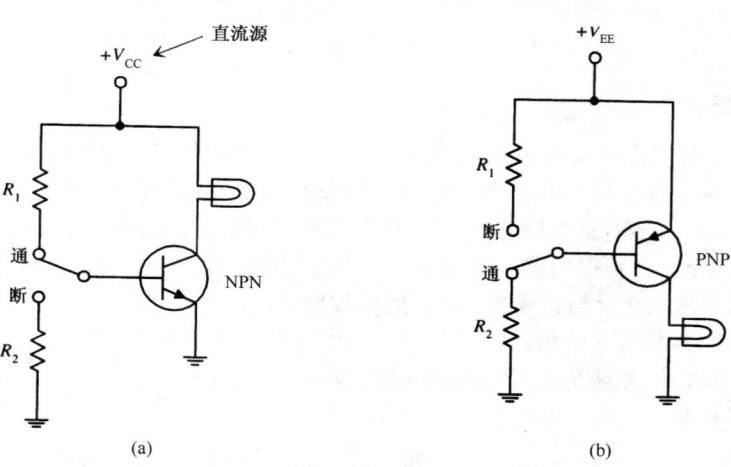

$$I_B = \frac{V_E + 0.6\text{V}}{R_1} = \frac{0\text{V} + 0.6\text{V}}{R_1}$$

图4.52 晶体管开关电路的基本应用

为了求集电极电流，可以使用电流增益公式（$I_C = h_{FE}I_B$），假设灯泡的电压降不是太大（它不应使V_C下降到$0.6\text{V} + V_E$）。当开关断开时，基极接地，晶体管截止，切断流经灯泡的电流。R_2应比较大（如10kΩ），所以流向地的电流很小。

在PNP电路中，所有的都相反；电流从基极流出，使得电流从发射极流向集电极。

图4.53所示的电路是由一个NPN型晶体管构成的简单电流源，通过给基极加一个小输入电压和电流，来控制一个较大的集电极或负载电流。集电极或负载电流与基极电压之间的关系为

$$I_C = I_{load} = \frac{V_B - 0.6\text{V}}{R_E}$$

上式的推导如图4.53所示。

为电流源设置偏置有两种常用的方法：使用一个分压器电路［见图4.54(a)］，或者使用一个稳压二极管稳压器［见图4.54(b)］。在分压器电路中，偏置电压通过R_1和R_2设定，它等于

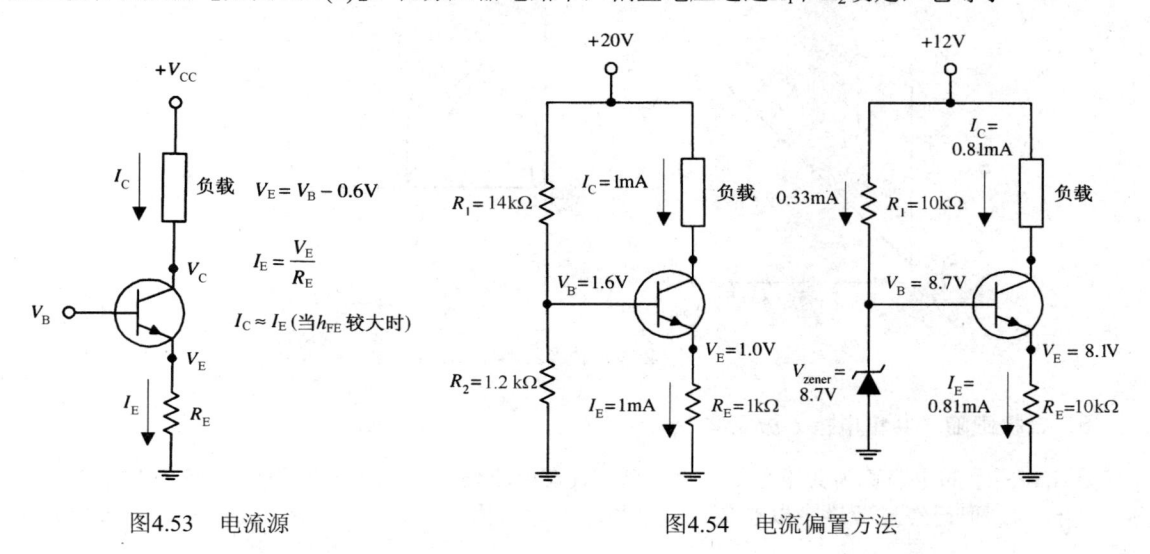

图4.53 电流源　　　　　　　图4.54 电流偏置方法

$$V_B = \frac{R_2}{R_1 + R_2} V_{CC}$$

在稳压二极管电路中，偏置电压就是稳压二极管的击穿电压，所以有

$$V_B = V_{zener}$$

7. 射极跟随器

图4.55所示的电路称为射极跟随器。在这个电路中，输出电压（由发射极引出）基本上是输入电压的镜像（输出跟随输入），而输出相对输入有0.6V的压降（这由基极发射极PN结造成）。此外，当$V_B \leqslant +0.6V$（在输入信号的负半周）时，晶体管关断（PN结反向偏置）。这导致输出波形被削波（见图4.55）。初看之下，射极跟随器没有用处——它没有电压增益。然而，仔细看这个电路，就会发现电路的输入阻抗远大于其输出阻抗，或者更精确地说，其输出电流（I_E）远大于输入电流（I_B）。换句话说，射极跟随器具有电流增益，这是一个与电压增益同样重要的特性。它意味着与信号源直接驱动负载相比较，该电路从信号源需求（加在V_{in}）的电能更少。利用晶体管增益公式和用欧姆定律，输入电阻和输出电阻为

$$R_{in} = \frac{V_{in}}{I_{in}} \approx h_{FE} R_E, \quad R_{out} = R_E \| \frac{R_S}{h_{FE}} \approx \frac{R_S}{h_{FE}}, \quad A_V = \frac{V_{out}}{I_{out}} \approx 1 \quad \text{（电压增益）}$$

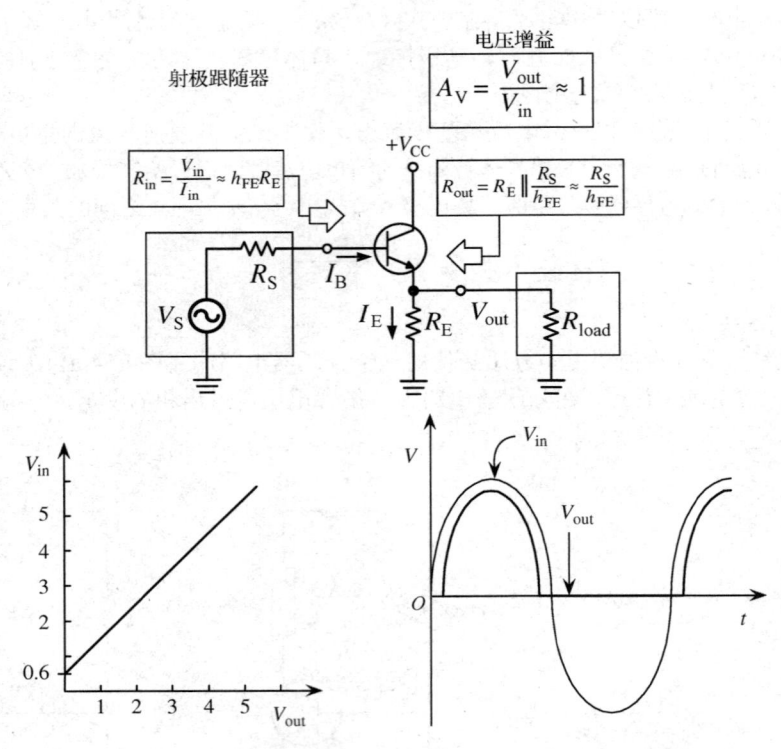

图4.55 射极跟随器

8. 射极跟随（共集电极）放大器

图4.56所示的电路称为共集电极放大电路，具有电流增益，但没有电压增益。它利用了电压跟随器的结构，但已经过改进，以避免在负半周输入时被钳死。分压器（R_1和R_2）为（通过电容后

的）输入信号提供一个正直流电位或工作点（称为静态工作点）。输入和输出电容的使用，使得交流信号的输入/输出不影响直流工作点。如见到的那样，电容也被用作滤波器元件。

已知电压源V_{CC} = 10V，晶体管的h_{FE}为100，设计一个共集电极放大器，以驱动3kΩ的负载，要求截止频率点f_{3dB}为100Hz。

1. 首先，确定静态电流$I_Q = I_C$。在该题中，选择I_Q = 1mA。
2. 接着，在无失真的情况下，为了使输出在尽可能大的范围内对称，选择V_E = 1/2V_{CC}，本题中为5V。要使V_E = 5V且仍然要求I_Q = 1mA，可使用R_E，其值可通过欧姆定律得到：

$$R_E = \frac{\frac{1}{2}V_{CC}}{I_Q} = \frac{5V}{1mA} = 5k\Omega$$

3. 然后，为满足静止条件，使$V_B = V_E + 0.6V$（匹配V_E避免失真）。要设定基极电压，可使用分压器（R_1和R_2）。R_1和R_2之比可通过将分压器的关系式重新整理并代入$V_B = V_E + 0.6V$得到：

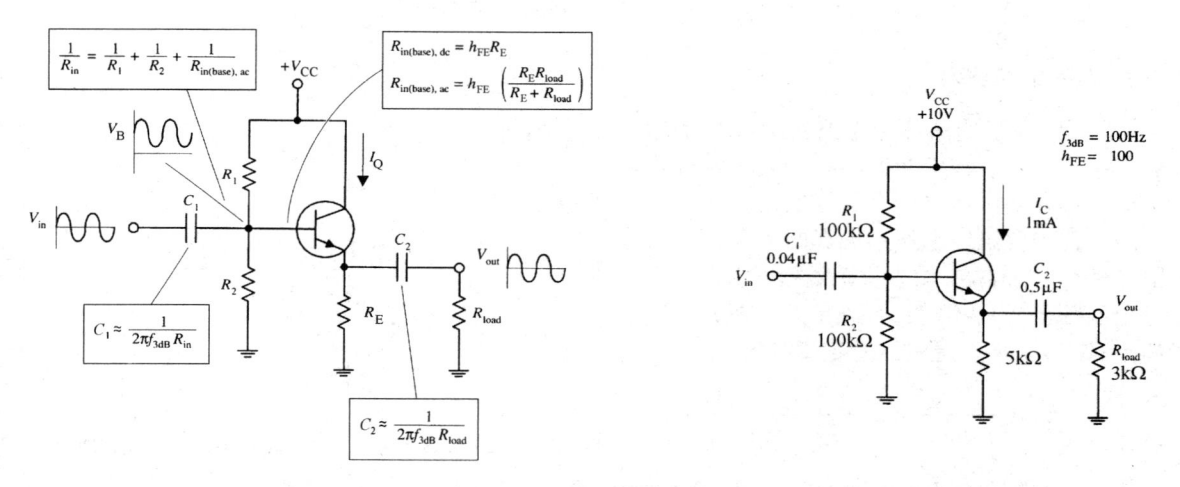

$$\frac{R_2}{R_1} = \frac{V_B}{V_{CC} - V_B} = \frac{V_E + 0.6V}{V_{CC} - (V_E + 0.6V)}$$

图4.56 共集电极放大电路

所幸的是，我们可做一个简单的近似，即假设$R_1 = R_2$。这个近似忽略了0.6V的压降，但误差不明显。R_2和R_1的实际阻值应使它们的并联电阻小于或等于晶体管的直流（静态）输入电阻的1/10（这样可防止分压器的输出电压接负载时下降）：

$$\frac{R_1 R_2}{R_1 + R_2} \leqslant \frac{1}{10} R_{in(base),dc}, \quad \frac{R}{2} \leqslant \frac{1}{10} R_{in(base),dc} \quad （利用近似R = R_1 = R_2）$$

式中，$R_{in(base),dc} = h_{FE}R_E$，在本例中$R_{in(base),dc}$ = 500kΩ。运用上面的近似，计算出R_1和R_2的值各为100kΩ（这里不用担心交流耦合负载，因为已假设静态设置条件，它不影响分压器；C_2可视为开路，所以消除了负载）。

4. 再后，选择交流耦合电容，阻断直流电平和其他不需要的频率信号。C_1与R_{in}构成高通滤波器（见图4.56）。为了求R_{in}，将分压器和$R_{in(base),ac}$视为并联电阻：

$$\frac{1}{R_{in}} = \frac{1}{R_1} + \frac{1}{R_2} + \frac{1}{R_{in(base),ac}}$$

注意，用到的是$R_{\text{in(base),ac}}$而不是$R_{\text{in(case),dc}}$，因为当有变化的信号输入时，不能再认为负载不存在，电容开始通过一个交变电流。这意味着需要将R_E和R_{load}并联后乘以h_{FE}来求出$R_{\text{in(base),ac}}$：

$$R_{\text{in(base),ac}} = h_{\text{FE}}\left(\frac{R_E R_{\text{load}}}{R_E + R_{\text{load}}}\right) = 100 \times \left(\frac{5\text{k}\Omega \times 3\text{k}\Omega}{5\text{k}\Omega + 3\text{k}\Omega}\right) = 190\text{k}\Omega$$

现在可以求R_{in}：

$$\frac{1}{R_{\text{in}}} = \frac{1}{100\text{k}\Omega} + \frac{1}{100\text{k}\Omega} + \frac{1}{190\text{k}\Omega} \Rightarrow R_{\text{in}} = 40\text{k}\Omega$$

求出R_{in}后，选择C_1来设定f_{3dB}点（C_1和R_{in}构成高通滤波器）。电容C_1的值可用下面的公式求得：

$$C_1 = \frac{1}{2\pi f_{\text{3dB}} R_{\text{in}}} = \frac{1}{2\pi \times 100\text{Hz} \times 40\text{k}\Omega} = 0.04\mu\text{F}$$

C_2与负载构成高通滤波器，可以求出

$$C_2 = \frac{1}{2\pi f_{\text{3dB}} R_{\text{load}}} = \frac{1}{2\pi \times 100\text{Hz} \times 3\text{k}\Omega} = 0.5\mu\text{F}$$

9．共发射极结构

图4.57所示的晶体管电路结构称为共发射极结构。与射极跟随器不同，共发射极放大电路具有电压增益。要了解电路是如何工作的，首先要确定无波形失真的最大动态范围，设$V_C = 1/2 V_{CC}$。与射极跟随器一样，从选择一个静态电流I_Q开始。用R_C在所需的I_Q下设$V_C = 1/2 V_{CC}$，R_C可通过欧姆定律得到：

$$R_C = \frac{V_{CC} - V_C}{I_C} = \frac{V_{CC} - \frac{1}{2} V_{CC}}{I_Q} = \frac{\frac{1}{2} V_{CC}}{I_Q}$$

例如，V_{CC}是10V、I_Q是0.5mA时，R_C是10kΩ。这个电路的增益可通过理解公式$\Delta V_E = \Delta V_B$（这里的Δ指微小的变化）求得。射极电流可通过欧姆定律得到：

$$\Delta I_E = \frac{\Delta V_E}{R_E} = \frac{\Delta V_B}{R_E} \approx \Delta I_C$$

利用$V_C = V_{CC} - I_C R_C$，可得最终表达式为

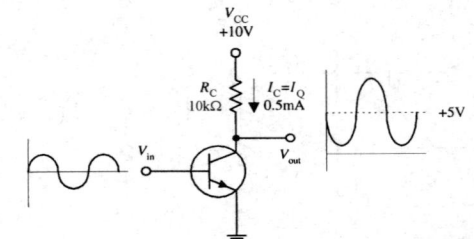

$$\Delta V_C = \Delta I_C R_C = \frac{\Delta V_B}{R_E} R_C$$

因为V_C是V_{out}，而V_B是V_{in}，所以增益为

$$\text{增益} = \frac{V_{\text{out}}}{V_{\text{in}}} = \frac{\Delta V_C}{\Delta V_B} = \frac{R_C}{R_E}$$

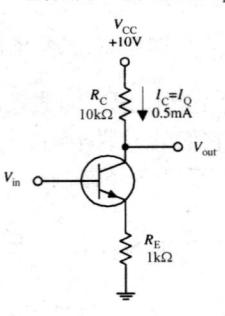

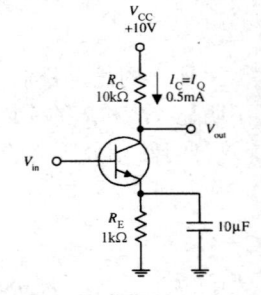

图 4.57 共发射极结构

但R_E是多大呢？根据电路，这里没有射极电阻。应用增益公式，得到$R_E = 0\Omega$，导致增益无限大。然而，根据前面所讲的，双极型晶体管的发射结有一个电阻（小内阻），其近似公式为

$$r_{tr} = 0.026\text{V}/I_E$$

应用该式，选取 $I_Q = 0.5\text{mA} = I_C \approx I_E$，增益公式中的 R_E（或 r_{tr}）为 52Ω。这意味着

$$\text{增益} = -\frac{R_C}{R_E} = -\frac{R_C}{r_{tr}} = -\frac{10\text{k}\Omega}{52\Omega} = -192$$

注意，增益是负的（输出是反向的）。这个结果事实上导致 V_{in} 增加，I_C 增加，而 V_C（V_{out}）减小（根据欧姆定律）。现在，这个电路还有一个问题，即 r_{tr} 很不稳定，而事实上它使增益不稳定。r_{tr} 的不稳定是由温度引起的。当温度上升时，V_E 和 I_C 增加，V_{BE} 减小，但 V_B 保持不变。这意味着偏置电压范围减小，实际上趋于关断晶体管阀门。要消除这种因素，有必要将一个射极电阻连接到射极与地线之间。将 R_E 和 r_{tr} 当成串联电阻，增益变成

$$\text{增益} = -\frac{R_C}{R_E + r_{tr}}$$

增加 R_E 后，分母的变化减小，所以增益的变化也减小。实际上，选择 R_E 时应使 V_E 约为 1V（考虑到温度的稳定性和最大输出动态范围）。应用欧姆定律，选择 $R_E = V_E/I_E = V_E/I_Q = 1\text{V}/1\text{mA} = 1\text{k}\Omega$。遗憾的是，将 R_E 加入电路后，会使增益减小。然而，可以使用一个技巧来消除电压增益的减小，同时维持对温度的稳定性。给电阻 R_E 并联一个电容后，当高频信号输入时，可让 R_E 消失（回忆电容的特性在直流时相当于开路，但在交流时变为小阻抗）。在增益表达式中，R_E 的阻抗趋于零，因为电流通过电容到地，仅有电阻 r_{tr} 留在增益方程中。

10．共发射极放大器

图4.58显示的电路是一个共发射极放大器。与共集电极放大器不同，共发射极放大器提供电压增益。该放大器利用共发射极结构，且经过改进，以允许交流信号耦合。要了解放大器是如何工作的，可参阅下面的例子。

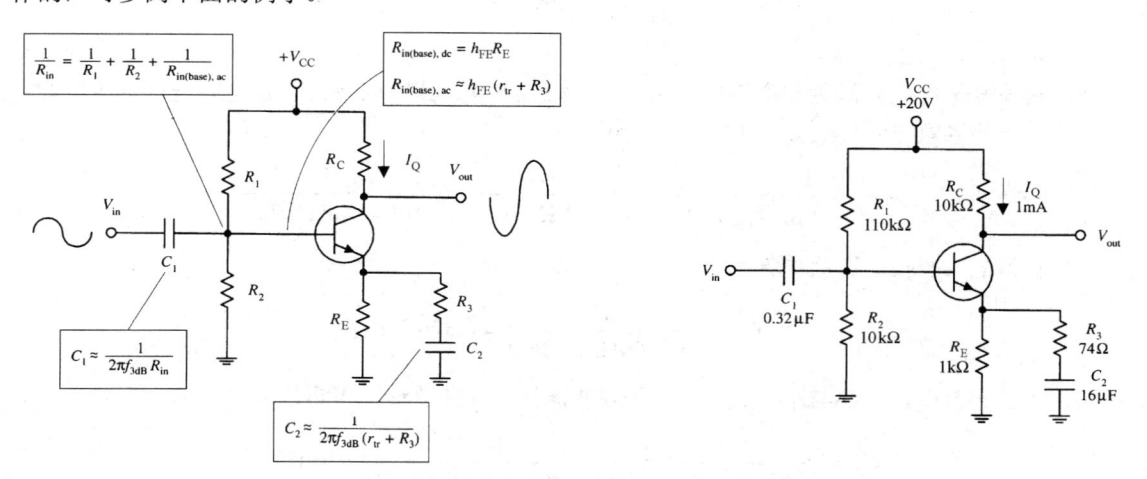

图4.58 共发射极放大器

已知 $h_{FE} = 100$、$V_{CC} = 20\text{V}$，设计一个共发射极放大器，使其电压增益为 -100，f_{dB} 为 100Hz，静态电流 $I_Q = 1\text{mA}$。

1. 首先，考虑到要求输出对称幅值尽可能大，选择 R_C 使 V_{out}（或 V_C）为 $1/2 V_{CC}$。在本例中，这意味着 V_C 应被定为 10V。使用欧姆定律求出 R_C：

$$R_C = \frac{V_C - V_{CC}}{I_C} = \frac{\frac{1}{2}V_{CC} - V_{CC}}{I_Q} = \frac{10\text{V}}{1\text{mA}} = 10\text{k}\Omega$$

2. 接着，考虑到温度稳定性，选择R_E使$V_E = 1\text{V}$。利用欧姆定律，代入$I_Q = I_E = 1\text{mA}$，求出$R_E = V_E/I_E = 1\text{V}/1\text{mA} = 1\text{k}\Omega$。

3. 然后，选择R_1和R_2，用分压器设定静止的基极电压$V_B = V_E + 0.6\text{V}$或1.6V。为了找到R_1和R_2的合适比率，应用分压器的关系式：

$$\frac{R_2}{R_1} = \frac{V_B}{V_{CC} - V_B} = \frac{1.6\text{V}}{20\text{V} - 12.6\text{V}} = \frac{1}{11.5}$$

这意味着$R_1 = 11.5R_2$，读者可用与共集电极放大器中相似的方法求出这些电阻的值；它们的并联电阻应小于或等于$1/10R_{\text{in(base), dc}}$：

$$\frac{R_1 R_2}{R_1 + R_2} \leqslant \frac{1}{10} R_{\text{in(base), dc}}$$

将$R_1 = 11.5R_2$代入上式，并利用$R_{\text{in(base), dc}} = h_{FE}R_E$，求出$R_2 = 10\text{k}\Omega$，即$R_1 = 115\text{k}\Omega$（选用与$R_1$足够接近的$110\text{k}\Omega$）。

4. 再后，为了所需的增益选择R_3：

$$\text{增益} = -\frac{R_C}{r_{tr} + (R_E \parallel R_3)} = -100$$

式中，双竖线表示R_E与R_3并联。为了求r_{tr}，使用表达式$r_{tr} = 0.026\text{V}/I_E = 0.026\text{V}/I_C = 0.026\text{V}/1\text{mA} = 26\Omega$。现在可在加交流信号的情况下去掉$R_E$，将增益表达式简化为

$$\text{增益} = -\frac{R_C}{r_{tr} + R_3} = \frac{10\text{k}\Omega}{26\Omega + R_3} = -100$$

解得$R_3 = 74\Omega$。

5. 接下来选择C_1以满足频率特性，$C_1 = 1/(2\pi f_{3\text{dB}} R_{\text{in}})$，其中$R_{\text{in}}$是分压器电阻与从分压器向左看去的等效电阻$R_{\text{in(base), ac}}$的并联等效电阻：

$$\frac{1}{R_{\text{in}}} = \frac{1}{R_1} + \frac{1}{R_2} + \frac{1}{h_{FE}(r_{tr} + R_3)} = \frac{1}{110\text{k}\Omega} + \frac{1}{10\text{k}\Omega} + \frac{1}{100 \times (26\Omega + 74\Omega)}$$

解得$R_{\text{in}} = 5\text{k}\Omega$，这意味着

$$C_1 = \frac{1}{2\pi \times 100\text{Hz} \times 50\text{k}\Omega} = 0.32\mu\text{F}$$

6. 为了选择C_2，将C_2与$r_{tr} + R_3$作为高通滤波器处理（交流情况下再次忽略R_E），C_2为

$$C_2 = \frac{1}{2\pi f_{3\text{dB}}(r_{tr} + R_3)} = \frac{1}{2\pi \times 100\text{Hz} \times (26\Omega + 74\Omega)} = 16\mu\text{F}$$

11. 稳压电路

图4.59所示的稳压二极管电路可用作简单的稳压器。但在很多应用中，这个简单的稳压电路存在一些问题：V_{out}无法调节到精确值，稳压二极管只能对波纹电压提供适度的保护；当负载阻抗变化时，简单的稳压二极管稳压电路的工作特性不是特别好；具有大额定功率且能适应大负载变化的稳压二极管很昂贵。

图4.59(b)所示的电路与图459(a)所示的电路不同,图4.59(b)所示的电路可以更好地稳压。它可为变化的负载提供稳压,提供大的输出电流,且在一定程度上具有更高的稳定性。这个电路与前面的电路很相似,除了齐纳二极管连接到NPN晶体管的基极,用以调节集电极到射极电流。晶体管被置为射极跟随器结构。这意味着发射极将跟随基极(除了有0.6V的压降)。用稳压二极管稳定基极的电压,就稳定了发射极的电压。根据晶体管的原理,基极需要的电流只是集电极到发射极电流的$1/h_{FE}$。因此,小功率稳压二极管可以稳定晶体管基极的电压,而晶体管则可通过一个可观的电流。电容用于减小稳压二极管的噪声,同时也与用于减小波纹的电阻构成RC滤波器。

在有些例子中,前面的齐纳二极管电路并不能提供足够的基极电流。解决该问题的方法之一是添加第二个晶体管,如图4.59(c)所示。增加的晶体管(其基极连接到稳压管)用于放大送到上方晶体管的基极电流。

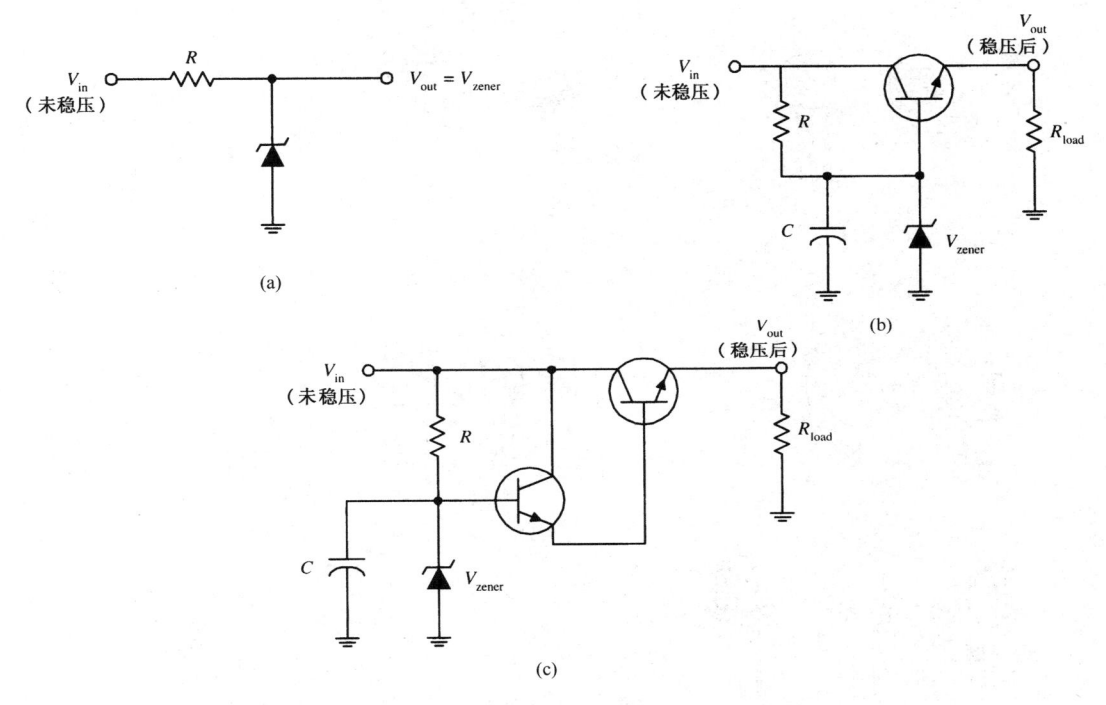

图4.59 稳压二极管电路

12. 达林顿管

将如图4.60所示的两个晶体管连在一起,就形成了一个工作电流更大、h_{FE}更大的等效晶体管电路。这种组合结构称为达林顿管。达林顿管的等效h_{FE}等于两个晶体管的h_{FE}值的乘积,即$h_{FE} = h_{FE1}h_{FE2}$。达林顿管常用于大电流场合,当有大输入阻抗要求时用于放大器的输入级。然而,与单个晶体管不同,达林顿管的响应时间较慢(花更多的时间用于上部的晶体管,以驱动下部的晶体管导通或截止),且具有2倍于单晶体管的基极-发射极电压降(为1.2V而非0.6V)。在市面上,可以买到单个封装的达林顿管。

13. 双极型晶体管的种类

图4.61(a)所示的晶体管常用于放大小信号,也可用作开关。h_{FE}的典型值为10~500,I_C的最大值为80~600mA,有NPN和PNP两种形式。最大的工作频率为1~300MHz。

图4.60 达林顿管

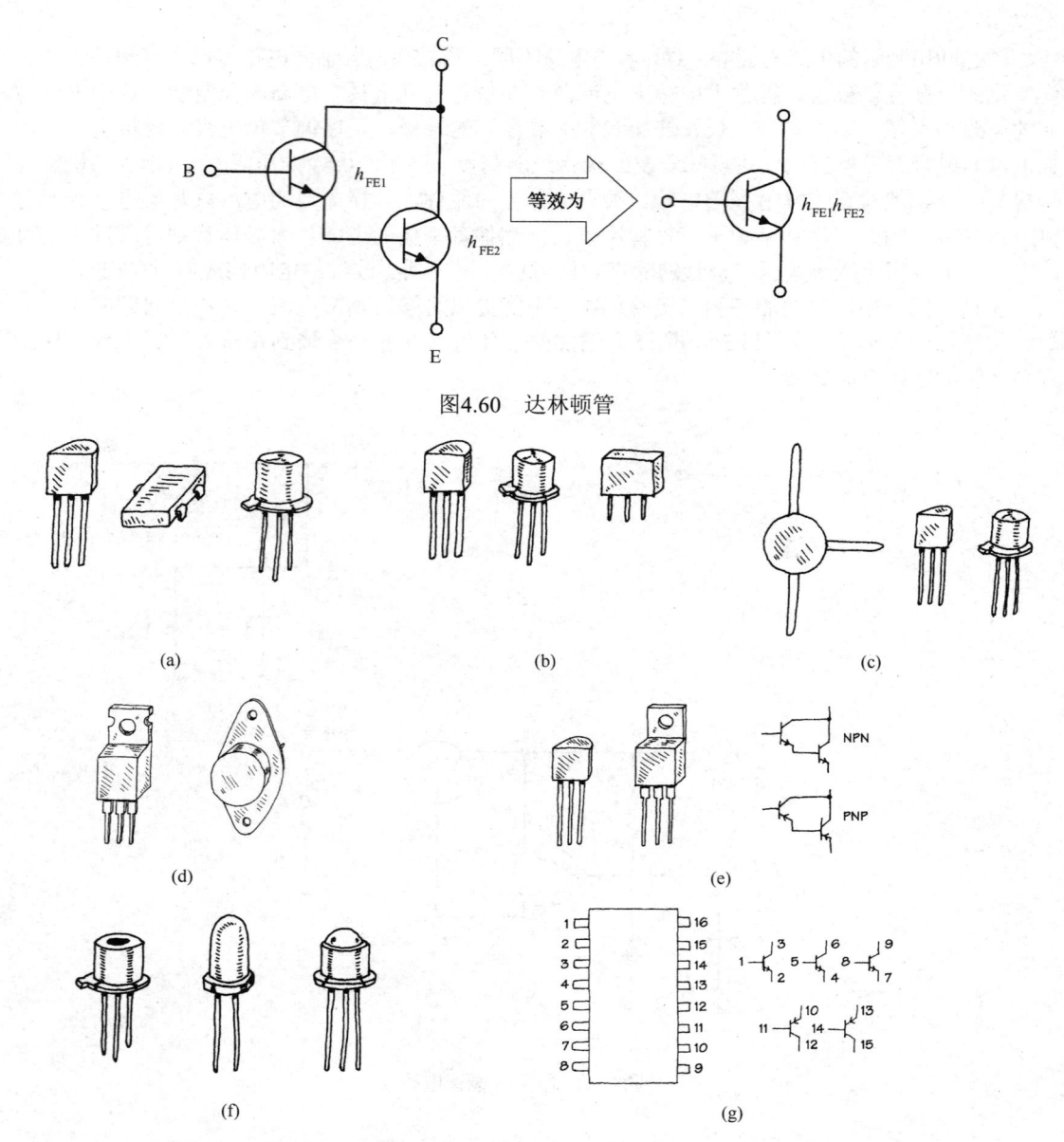

图4.61 双极型晶体管的种类。(a)小型放大管；(b)小型开关管；(c)射频（RF）；(d)功率管；(e)达林顿管；(f)光敏晶体管；(g)晶体管组

图4.61(b)所示的晶体管常被用作开关，但也可用作放大器。h_{FE}的典型值为10～200，而I_C的最大值范围为10～1000mA。有NPN和PNP两种形式。最大的开关速率为10～2000MHz。

图4.61(c)所示的晶体管用在高频小信号及高速开关应用中。它们的基极区域非常薄，而且实际芯片非常小。它们被用在HF、VHF、UHF、CATV及MATV的放大器和振荡器中。它们的最大频率范围约为2000MHz，最大I_C电流为10～600mA。它们也分为NPN和PNP两种。

图4.61(d)所示的晶体管用在大功率放大器和电源中。它的集电极连接到一块金属基板上，金属基板充当散热器。典型额定功率的范围为10～300W，频率范围为1～100MHz。最大I_C值为1～100A。它们有NPN和PNP以及达林顿（NPN或PNP）等形式。

两个晶体管制作在一起［见图4.61(e)］后，可在大电流下提供更高的稳定性。这种器件的等

· 336 ·

效h_{FE}比单个晶体管的要大得多,所以允许有更大的电流增益。有NPN和PNP两种达林顿封装。

图4.61(f)所示的晶体管是一种光敏双极型晶体管(基极暴露在光照下)。当光照射基极区域时,就会产生基极电流。对于不同的光敏晶体管,光可能是基极的替代者(双端光敏晶体管),也可能简单地改变已存在的基极电流(三端光敏晶体管)。

图4.61(g)所示的集成电路的封装中包含多个晶体管。例如,所示晶体管阵列由三个NPN晶体管和两个PNP晶体管组成。

14. 关于双极型晶体管的重要事项

晶体管的电流增益不是一个很可靠的参数,它在同型号的晶体管中可以不同(如50~500),而且随着集电极电流、集电极到发射极电压及温度的变化而变化。因为h_{FE}很难预测,所以应避免构建过分依赖h_{FE}值的电路。

所有晶体管都有最大集电极电流额定值($I_{C,max}$)、最大集电极到基极的击穿电压(BV_{CBO})、集电极到发射极的击穿电压(BV_{CEO})和发射极到基极的击穿电压(V_{EBO}),以及最大集电极耗散功率额定值(P_D)。超过这些额定值,晶体管就可能损坏。防止BV_{EB}以保护晶体管的一种方法是,在发射极和基极之间接一个二极管,如图4.62(a)所示。当发射极比基极的电位更高(如发射极为地的电位,而基极的输入为负值)时,这个二极管就会阻止发射极到基极的击穿。当基极电压变得比集电极电压大得多时,为了避免超过BV_{CBO},可以用一个与集电极相串联的二极管[见图4.62(b)]来阻止集电极和基极之间的击穿。为了阻止超过BV_{CEO},在集电极接一个电感性负载可能有问题,因为将一个二极管和负载并联[见图4.62(c)]时,二极管就会在由电感性负载产生的电压峰值达到击穿电压之前导通。

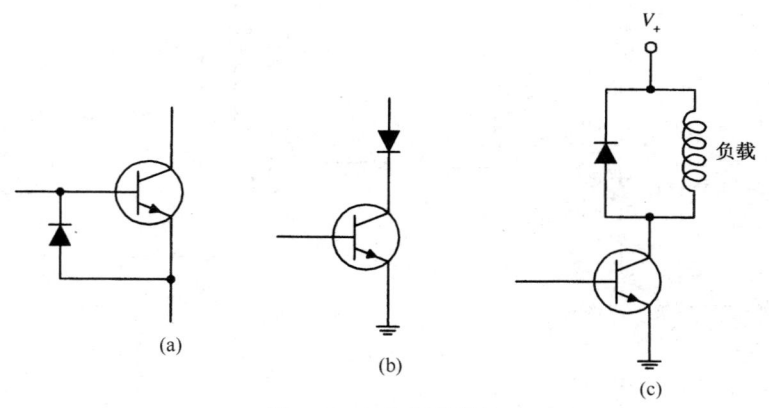

图4.62 晶体管的保护

15. 双极型晶体管的引脚

双极型晶体管有不同的封装形式。一些晶体管的外壳是塑料的,另一些晶体管则有金属外壳。当试图区分对应于基极、发射极和集电极的引脚时,首先要看这种晶体管封装是否有引脚图。未提供引脚图时,可使用参考目录(如NTE的半导体参考目录)。在很多情况下,简单的散装开关晶体管没法查寻——它们可能没有标签,而且散装晶体管放到一起时看起来很像,但可能有着完全不同的引脚定义,并且可能包含PNP和NPN两种双极型晶体管。如果要经常使用晶体管,那么建议购买具有晶体管测试功能的数字万用表。这种万用表价格不贵,使用方便,且有几个小孔。要测试晶体管,可将晶体管的引脚插入小孔,简单按下相应的按钮后,就会开始真行测试。测试完毕后,万用表会显示其是NPN晶体管还是PNP晶体管,并且提供引脚的名称(如ebc、cbe等),还会给出晶体管的电流放大倍数h_{FE}。

16. 应用

图4.63中使用一个NPN晶体管来控制一个继电器。当晶体管的基极接收到控制电压或电流时，晶体管就导通，允许电流通过继电器的线圈，并导致继电器切换状态。二极管用于消除由继电器线圈产生的电压尖峰。选择继电器时，额定电压必须合适。

图4.64所示的差动放大器可将两个分别输入的信号进行比较，得到二者的差值，然后放大这个差值。要理解该电路是如何工作的，可将两个晶体管视为相同的，并且注意到两个晶体管都是共发射极结构。现在，将相同的输入信号加到V_1和V_2上，每个晶体管就通过相同的电流。这意味着两个晶体管的集电极电压相同（根据$V_C = V_{CC} - I_C R_C$）。既然输出端是左边和右边晶体管的集电极电压，那么输出电压（电位差）为零。现在，假设加到输入端的信号是不同的，譬如V_1比V_2大，在这种情况下，流经右侧晶体管的电流就比流经左侧晶体管的电流大。这意味着右侧晶体管的V_C相对于左侧晶体管的V_C要小一些。因为晶体管是共发射极结构，所以实际的效果会被放大。输入和输出的电压关系由下面的表达式给出：

$$V_{out} \approx \frac{R_C}{r_{tr}}(V_1 - V_2)$$

整理该式，可得增益等于R_C/r_{tr}。

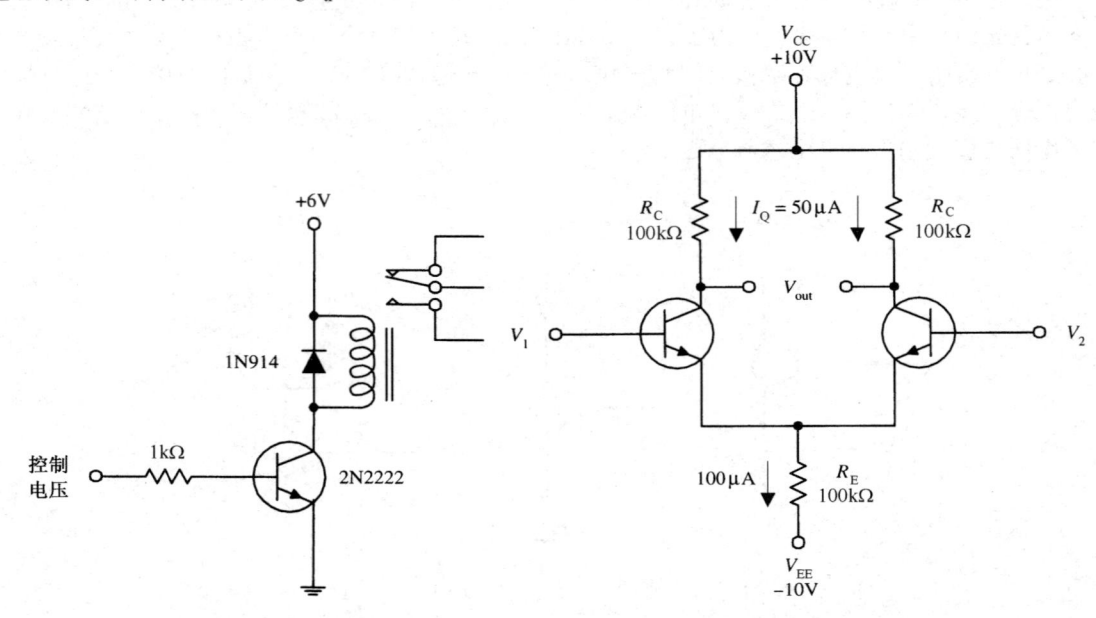

图4.63　继电器的驱动　　　　　图4.64　差动放大器

下面考察所示的电路，了解要如何选择电阻值。首先，为了使动态范围最大，选择R_C使V_C为$1/2 V_{CC}$或5V。同时，必须选择一个静态（无信号输入时的）电流，如$I_Q = I_C = 50\mu A$。利用欧姆定律，可得$R_C = (10V - 5V)/50\mu A = 100k\Omega$。选择$R_E$使晶体管的发射极尽可能接近0V。通过$R_E$的电流是将左右两条支路的$50\mu A$电流相加得到的，总电流为$100\mu A$。应用欧姆定律得$R_E = 0V - 10V/100\mu A = 100k\Omega$。接着，求出电阻$r_{tr} \approx 0.026V/I_E = 0.026V/50\mu A = 520\Omega$，增益等于$100k\Omega/520\Omega = 192$。

差动放大器可用于提取如下信号：信号已变得微弱，且在通过电缆传输时被强噪声污染（差动放大器放在接收端）。与滤波电路不同，当噪声的频率和信号的频率不同时，不能从噪声中仅提取一个信号。差动放大器提取信号时，不要求噪声的频率和信号的频率不同，唯一的要求是噪声同时存在于两根信号线中。

当涉及差动放大器时，术语共模抑制比（CMRR）常被用于描述放大器的品质。好的差动放大器具有高CMRR（理论上无限大）。CMRR是为了使输出达到相同的电压值，必须同时加在两个输入端（V_1和V_2）的电压与必须加的差分（$V_1 - V_2$）电压之比。

17．互补对称放大器

回顾可知，NPN射极跟随器在输入信号的负半周时，输出波形会被剪切（当$V_B \leqslant V_E + 0.6V$时，晶体管截止）。同样，PNP跟随器在输入入信号的正半周时，输出波形被剪切。然而，将一个NPN晶体管和一个PNP晶体管结合在一起（见图4.65），就得到一个推挽跟随器或互补对称放大器。这个放大器可以提供电流增益，且可以在输入为正半周和负半周时导通。对于$V_{in} = 0V$，两个晶体管都偏置到截止区（$I_B = 0$）。对于$V_{in} > 0V$，上方的晶体管导通，相当于射极跟随器，而下方的晶体管截止。对于$V_{in} < 0V$，下方的晶体管导通，上方的晶体管截止。除了作为直流放大器使用，这个电路也转换功率，因为两个晶体管的工作点都接近$I_C = 0$。然而，当$I_C = 0$时，h_{FE}和r_{tr}的特性并不恒定，所以这个电路对小信号来说，或者对接近零交叉点的大信号来说，并不是线性的（出现了交越失真）。

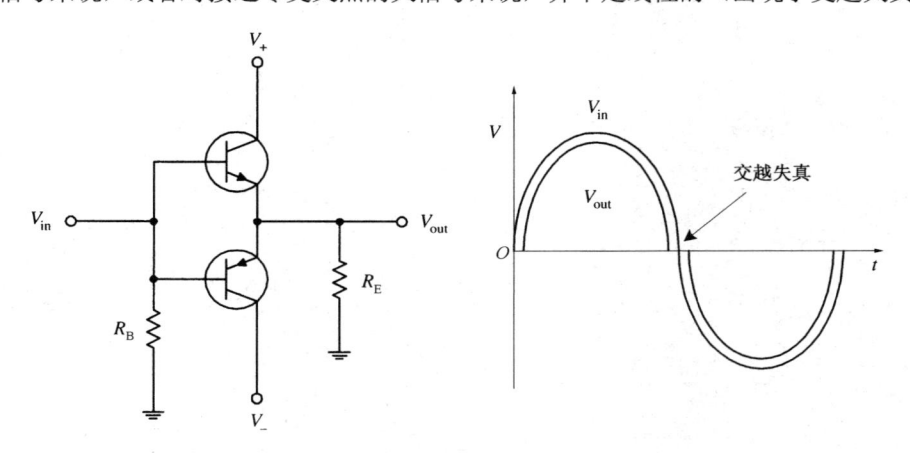

图4.65　互补对称放大器

18．电流镜

在图4.66中，两个相匹配的PNP晶体管可用来构成所谓的电流镜。在这个电路中，负载电流是控制电流的镜像，而控制电流是最左边晶体管的集电极电流。既然相同的偏置电流流出晶体管的基极，那么两个晶体管的集电极到发射极的电流应该是一样的。控制电流可以设置，如集电极通过一个电阻接到一个更低的电位。镜像电流也可由NPN晶体管构成，但必须上下颠倒这个电路：用NPN晶体管替换PNP晶体管，反转电流方向，然后交换电源电压和地。

19．多路电流源

图4.67所示的电路是前面的电路的扩充，用于向许多不同的负载提供控制电流的镜像电流（像在上例子中所做的那样，可用NPN晶体管设计一个这样的电路）。注意控制侧电路中的额外晶体管，这个晶体管的加入是为了防止饱和晶体管（例如当其负载被拿掉）从公共基极窃取电流，进而减小其他晶体管的输出电流。

20．触发器

双稳态触发器　双稳态触发器［见图4.68(a)］这个电路用于保持两个状态之一，直到加入控制信号导致其改变状态。电路改变状态后，需要另外一个信号使其回到以前的状态。为了理解这个电路是如何工作的，首先假设$V_1 = 0V$，这意味着晶体管Q_2没有基极电流，于是也没有集电极电流。因此，所有流经R_4和R_3的电流都流入晶体管Q_1的基极，使其进入饱和状态。在饱和状态下，$V_1 = 0$与假设一致。因为这个电路是对称的，所以有$V_2 = 0$，晶体管Q_2饱和，同样处于稳态。双稳态触发器可根据需要简单地将V_1或V_2接地，使其从一个状态切换到另一个状态，这可用开关S_1来实现。双稳态触发器可用作存储器或分频器，因为交替脉冲可让其恢复到初始状态。

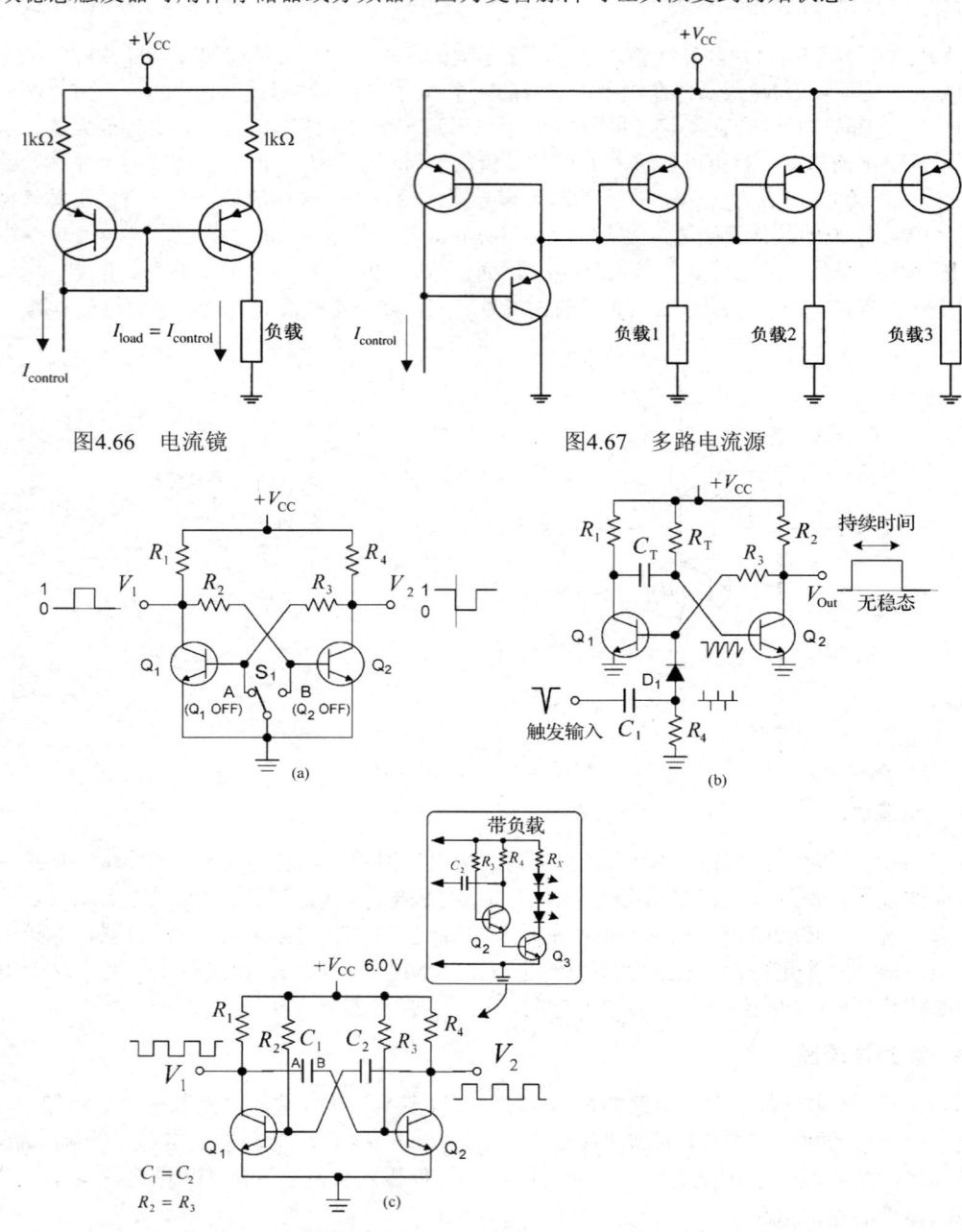

图4.66 电流镜

图4.67 多路电流源

图 4.68 (a)双稳态触发器；(b)单稳态触发器；(c)无稳态触发器

单稳态触发器 单稳态触发器[见图4.68(b)]是只在一种状态下稳定的电路，在这种情况下，$V_{out} = 0V$。通过外加一个触发信号，可使其翻转到一个不稳定状态（$V_{out} = V_{CC}$），但经过由RTCT网络确定的一段时间后，它会自动恢复到稳定状态。一个负触发脉冲加到输入端后，快速下降的

· 340 ·

脉冲沿将通过电容C_1经由二极管D_1到达Q_1的基极，使Q_1导通。原本为V_{CC}的Q_1集电极电位快速下降到0V，有效地使CT极板间的电压反向充电到-0.6V，晶体管Q_2的基极电压很小，使其充分截止，电路呈现为非稳定状态（$V_{out}=V_{CC}$）。-0.6V的C_T开始通过R_T放电并反向充电到V_{CC}，Q_2基极的负电压按由时间常数R_TC_T决定的速度逐渐变小，当Q_2的基极电压增加到V_{CC}时，开始导通，使Q_1再次关断。电路回到其初始的稳定状态。

无稳态触发器 无稳态电路［见图4.68(b)］在两种可能的输出状态下都是不稳定的，就像一个振荡器，它不需要外部触发脉冲，而靠一个正反馈电路和RC定时电路来产生触发，使输出在V_{CC}和0V之间切换。结果是一个方波频率发生器。在图4.68所示的电路中，Q_1和Q_2是开关晶体管，用有两个延时电容的交叉耦合反馈网络连接。晶体管的偏置是线性的，就像共发射极放大器一样，且有100%的正反馈。当Q_1截止时，其集电极电压上升到接近V_{CC}，Q_2导通。这时，电容C_1的极板A的电压上升到接近V_{CC}，电容C_1的另一个极板B连接Q_2的基极，由于Q_2处于导通状态，所以电容C_1的电压为6.0-0.6=5.4V（高充电值）。在Q_1导通的瞬间，C_1的极板A的电压下降到0.6V，导致C_1的B极板电压瞬间也发生同等幅度的下降，C_1的电压被下拉-5.4V（反向充电），这个负电压使晶体管Q_2截止（不稳定状态）。这时，+0.6V电源通过R_3向C_1反向充电，Q_2的基极电压按时间常数C_1R_3上升到接近V_{CC}。但是，当Q_2的基极电压达到0.6V时，Q_2翻转到完全导通，开始一个和上述类似的过程，只不过现在是C_2使Q_1的基极为-5.4V，而充电是通过R_2完成的。电路进入第二个不稳定状态。只要电源电压存在，这个过程就会反复重现。输出的振幅约等于V_{CC}，两个状态的持续时间由晶体管基极连接的RC网络决定。它可驱动低阻抗负载（或电流负载），如LED、扬声器等。如图4.68(c)所示，在该电路中加入另一个晶体管不会影响谐振荡器的工作状态。

21．晶体管逻辑门

图4.69所示的两个电路组成逻辑门。当A或B或者A和B都为高电平时，或门允许输出（C）变为高电平。换句话说，只要至少有一个晶体管偏置（导通），输出就呈现高电平。在与门电路中，为了使C为高电平，A和B必须都为高电平。换句话说，为了在输出端呈现高电平，两个晶体管都必须正向偏置。

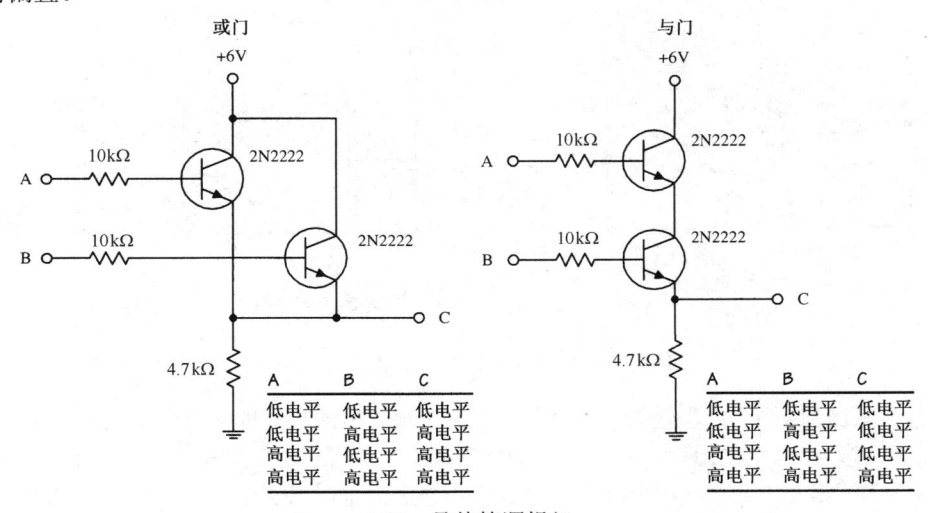

4.69 晶体管逻辑门

4.3.3 结型场效应晶体管

结型场效应晶体管（JFET）是三引脚半导体器件，常用作电气控制开关、放大控制器、电压控制的电阻等。与双极型晶体管不同，结型场效应晶体管不需要偏置电流，而仅由电压控制。结型场效应晶体管的另一个独特特性是，当其栅极和源极引脚之间没有电压差时，它是导通的。然而，在这两个引脚之间形成电压差时，结型场效应晶体管就会对电流产生更大的阻碍（流过漏极和源极引脚的电流更小）。因此，与双极型晶体管称为增强器件（当电流或电压加到双极型晶体管的基极时，它们对电流的阻碍变小）不同，结型场效应晶体管称为耗损器件。

结型场效应晶体管有N沟道和P沟道两种结构。对于N沟道结型场效应晶体管，当一个负电压加到栅极上时（相对于源极），流经漏极到源极的电流减小（此时$V_D > V_S$）同而对于P沟道结型场效应晶体管，加在栅极上的正电压会使其从源极到漏极的电流减小（此时$V_S > V_D$）。两种场效应晶体管的电路符号如图4.70所示。

在实际应用中，结型场效应管的一个重要特性是，其输入阻抗非常大（典型值约为$10^{10}\Omega$）。这个高输入阻抗意味着结型场效应晶体管输入极小的电流或者不输入电流（小于皮安量级），因此，对连接到栅极的外部元件或电路没有影响——没有电流从控制电路流出，也不需要电流进入控制电路。结型场效应晶体管在维持极高阻抗情形下的电流控制能力，使得其在双向模拟开关电路、放大器的输入级电路、简单双端电流源电路、放大器电路、振荡器电路、电子增益控制逻辑开关和音频混合电路中成为非常有用的器件。

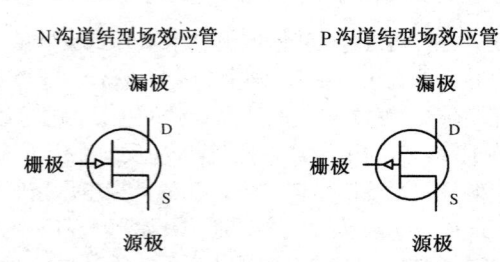

图 4.70　两种场效应晶体管的电路符号

1．结型场效应晶体管的工作原理

N沟道结型场效应晶体管由N型硅沟道构成，沟道两边各有一个块状的P型硅区域。栅极引脚连接到这两个P型区，而漏极和源极引脚则分别连接到N型沟道的两端（见图4.71）。

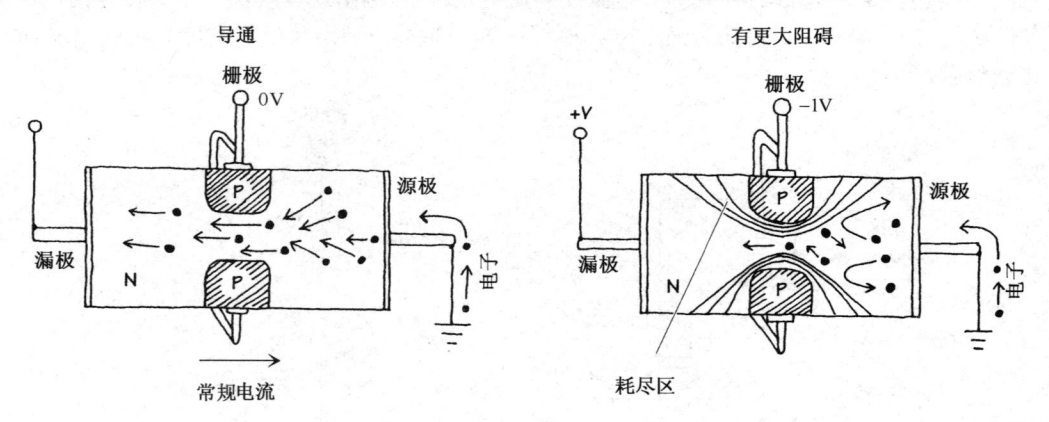

图4.71　结型场效应晶体管的工作原理

当没有电压加到N沟道结型场效应晶体管的栅极上时，电流自由地流经中间的N沟道（电子毫无困难地穿过N沟道），那里已经存在许多带负电荷的载流子，等待着流动的条件。然而，给栅极加一个负电压（相对于源极）时，在P型半导体凸块和N型沟道之间会形成两个反向偏置的PN结。由反向偏置条件形成的耗尽区将在沟道中扩展。栅极电压越负，耗尽区就越大，电子要通过这个沟道就更困难。对于P沟道结型场效应晶体管（JFET），一切都是相反的，这意味着要用正电压取代负栅极电压，用P型半导体沟道取代N沟道，用N型半导体凸块取代P型半导体凸块，用正电荷载流子（空穴）取代负电荷载流子（电子）。

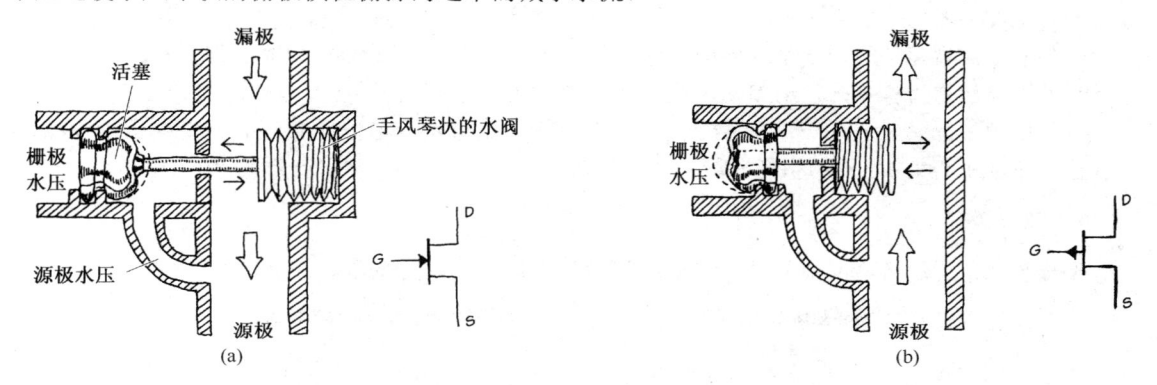

2．结型场效应晶体管的水类比

图4.72是N沟道和P沟道结型场效应晶体管的水类比，水流充当常规电流，水压充当电压。

当N沟道水结型场效应晶体管的栅极和源极之间不存在压力时，设备完全打开；水可从漏极管道流到源极管道。为了说明真实结型场效应晶体管的高输入阻抗，结型场效应晶体管的水类比采用了一个连接到活动水阀门上的活塞装置（活塞在允许压力控制水阀门的同时，避免了流体进入漏源沟道）。当一个相对于源极管道更负的水压加到N沟道结型场效应晶体管的栅极时，活塞就被推向左边，进而拉出手风琴状的水阀，使其横在漏源沟道中而减小水流。

P沟道水结型场效应晶体管和N沟道水结型场效应晶体管相似，只是所有水流和水压是相反的。P沟道结型场效应晶体管一直是完全导通的，直到有一个相对于源极的正水压加到栅极管道上。正水压迫使手风琴状的栅极横在栅源沟道中而减小水流。

图4.72 (a) N沟道结型场效应晶体管的水类比；(b) P沟道结型场效应晶体管的水类比

3．技术资料

图4.73所示为典型N沟道结型场效应晶体管的符号及特性曲线，尤其是特性曲线描述了漏极电流（I_D）是如何受栅源极电压（V_{GS}）和漏源极电压（V_{DS}）影响的。P沟道结型场效应晶体管的特性曲线和N沟道结型场效应晶体管的特性曲线相似，只是I_D随着正V_{GS}的增加而减小。换句话说，V_{GS}的电压是正的，而V_{DS}的电压是负的。

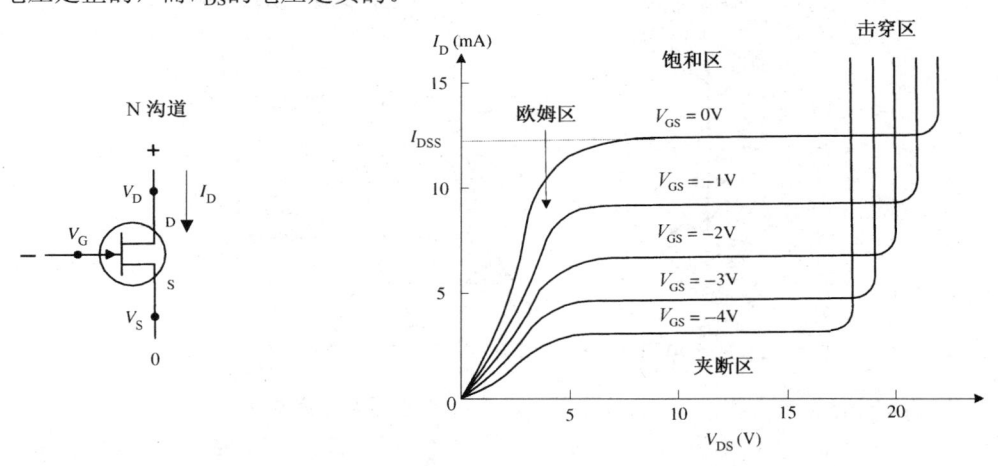

图4.73 典型N沟道结型场效应晶体管的符号及特性曲线

当栅极电压V_G与源极电压相同（$V_{GS} = V_G - V_S = 0$）时，通过结型场效应晶体管的电流最大。工程上，称该电流（$V_{GS} = 0$时）为饱和漏极电流或I_{DSS}，I_{DSS}是一个常数，不同结型场效应晶体管的I_{DSS}不同。下面考察I_D是如何随漏极源极电压（$V_{DS} = V_D - V_S$）的变化而变化的。当V_{DS}很小时，I_D随V_{DS}近似线性变化（对应V_{GS}确定时的一条特定曲线）。图中的这个区域称为欧姆区或线性区，在这个区域内，结型场效应晶体管的特性如同一个受电压控制的电阻。

现在注意图示曲线较平坦的区域，这个区域称为饱和区，在这个区域内，漏极电流I_D受栅极源极电压V_{GS}的影响强烈，但几乎不受漏极源极电压V_{DS}的影响（必须在上下曲线之间观察）。

还要注意，使得结型场效应晶体管关断的特定电压V_{GS}称为关断电压（也称夹断电压V_P），记为$V_{GS, off}$。

当V_{DS}增大到某个值时，I_D雪崩击穿。在这一点上，因为加在漏源端之间的电压太大，结型场效应晶体管失去阻碍电流的能力。通常称这种现象为漏源击穿，这个击穿电压记为BV_{DS}。

对于典型的结型场效应晶体管，I_{DSS}的范围为1mA～1A，N沟道结型场效应晶体管的$V_{GS, off}$范围为-0.5～-10V，P沟道结型场效应晶体管的$V_{GS, off}$范围为+0.5～+10V，BV_{DS}的范围为6～50V。

类似于双极型晶体管，结型场效应晶体管的通道有内阻，它随着漏极电流和温度变化而变化。这个电阻的倒数称为跨导g_m。射箭队电阻的典型值约为数千西门子（S）。

结型场效应晶体管的另一个参数是导通电阻或$R_{DS, on}$，表示结型场效应晶体管处于饱和状态（$V_{GS} = 0$）时JFET的内阻。结型场效应晶体管的$R_{DS, on}$在参数表中提供，一般为10～1000Ω。

4．主要参数

欧姆区　结型场效应晶体管开始呈电阻特性，类似于一个可变电阻（见图4.74）。

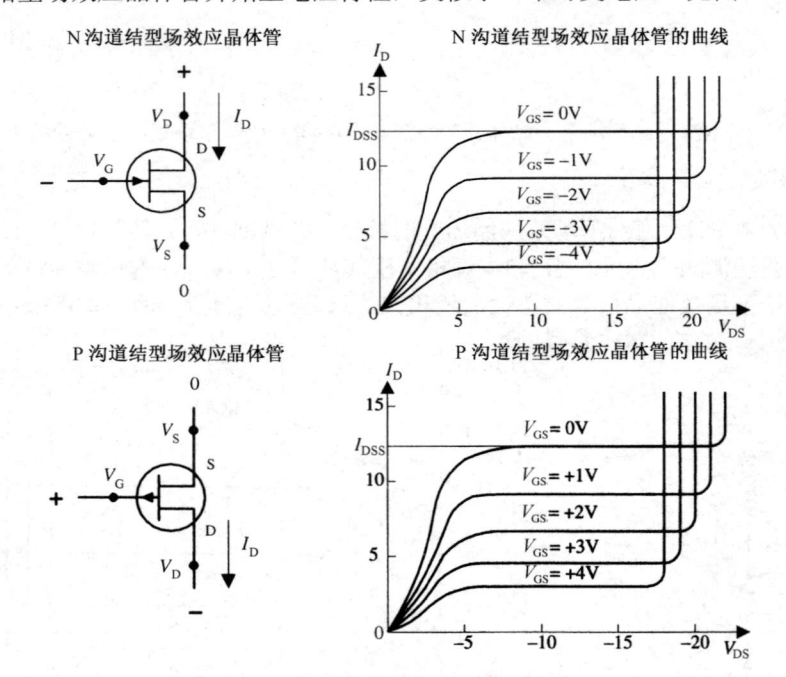

图 4.74　N 沟道和 P 沟道结型场效应晶体管的符号及特性曲线

饱和区　结型场效应晶体管受V_{GS}影响强烈，而几乎不受V_{DS}影响。

夹断电压（$V_{GS, off}$）　使结型场效应晶体管工作在类似开路状态（通道电阻值最大）的特定栅源极电压。

击穿电压（BV_{DS}）　使结型场效应晶体管电阻通道击穿的漏源极电压。

漏极饱和电流I_{DSS}　当栅源电压为0V（或将栅极连到源极，$V_{GS} = 0$）时的漏极电流。

跨导（g_m）　漏源电压为特定值V_{DS}时，漏极电流随栅源电压变化的比率，类似于双极型晶体管的跨导（$1/r_{tr}$）。

N沟道结型场效应晶体管的$V_{GS,off}$是负的。

漏极电流（欧姆区）

$$I_D = I_{DSS}\left[2\times\left(1-\frac{V_{GS}}{V_{GS,off}}\right)\frac{V_{DS}}{V_{GS,off}} - \left(\frac{V_{DS}}{V_{GS,off}}\right)^2\right]$$

P沟道结型场效应晶体管的$V_{GS,off}$是正的。

漏极电流（恒流区）

$$I_D = I_{DSS}\left(1 - V_{GS}/V_{GS,off}\right)^2$$

$V_{GS,off}$和I_{DSS}是已知参数（可在参数表或包装上找到）。

漏源电阻

$$R_{DS} = \frac{V_{DS}}{i_D} \approx \frac{V_{GS,off}}{2I_{DSS}(V_{GS} - V_{GS,off})} = \frac{1}{g_m}$$

典型结型场效应晶体管的参数值如下：

I_{DSS}　　　　　　　1mA～1A
$V_{GS,off}$　　　　　　–0.5～–10V（N沟道），+0.5～+10V（P沟道）
$R_{DS,on}$　　　　　　10～1000Ω
BV_{DS}　　　　　　　6～50V
1mA时的g_m　　　　500～3000μΩ

饱和电阻

$$R_{DS,on} = 常数$$

漏源电压

$$V_{DS} = V_D - V_S$$

跨导

$$g_m = \left.\frac{\partial I_D}{\partial V_{GS}}\right|_{V_{DS}} = \frac{1}{R_{DS}} = g_{m_0}\left(1 - V_{GS}/V_{GS,off}\right) = g_{m_0}\sqrt{I_D/I_{DSS}}$$

栅极短路的跨导

$$g_{m_0} = -\left|\frac{2I_{DSS}}{V_{GS,off}}\right|$$

5. 例题

【**例1**】如图4.75所示，N沟道结型场效应晶体管的$I_{DSS}=8$mA，$V_{GS,off}=-4$V，假设该结型场效应晶体管工作在恒流区，求$R=1$kΩ、$V_{DD}=+18$V时的漏极电流I_D。

恒流区中的漏极电流为

$$I_D = I_{DSS}\left(1 - V_{GS}/V_{GS,off}\right)^2 = 8\text{mA}\times\left(1 - \frac{V_{GS}}{-4\text{V}}\right) = 8\text{mA}\times\left(1 + \frac{V_{GS}}{2} + \frac{V_{GS}^2}{16}\right)$$

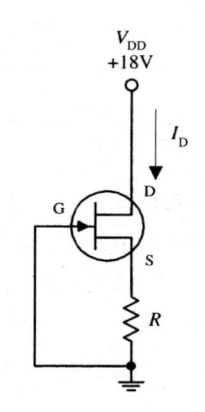

图4.75　例1所示电路

式中有两个未知量，表明还需要一个等式。如何得到另一个等式？首先，

假设栅极电压为0V（因为它是地），于是有

$$V_{GS} = V_G - V_S = 0V - V_S = -V_S$$

由此，利用欧姆定律及$I_D = I_S$，就可为漏极电流提供另一个等式：

$$I_D = \frac{V_S}{R} = -\frac{V_{GS}}{R} = -\frac{V_{GS}}{1k\Omega}$$

联立第一个等式得

$$-\frac{V_{GS}}{1k\Omega} = 8mA \times \left(1 + \frac{V_{GS}}{2} + \frac{V_{GS}^2}{16}\right)$$

化简得

$$V_{GS}^2 + 10V_{GS} + 16 = 0$$

该方程的解为$V_{GS} = -2V$和$V_{GS} = -8V$。但是，由于是在恒流区中，V_{GS}须为-4～0V，表明$V_{GS} = -2V$是正确的解，故舍弃$V_{GS} = -8V$。将V_{GS}代入$I_{D(active)}$的等式得

$$I_D = -\frac{V_{GS}}{R} = -\frac{-2V}{1k\Omega} = 2mA$$

【例2】$V_{GS,off} = -4V$，$I_{DSS} = 12mA$，假设结型场效应晶体管工作在恒流区（见图4.76），分别求$V_{GS} = 2V$和$V_{GS} = +1V$时的I_D、g_m和R_{DS}。

当$V_{GS} = -2V$时，

$$I_D = I_{DSS}\left(1 - V_{GS}/V_{GS,off}\right)^2 = 12mA \times \left(1 - \frac{-2V}{-4V}\right)^2 = 3.0mA$$

为了求g_m，要先知道g_{m_0}（栅极短路时的跨导）：

$$g_{m_0} = -\frac{2I_{DSS}}{V_{GS,off}} = -\frac{2 \times 12mA}{-4V} = 0.006S = 6000\mu S$$

于是有

$$g_m = g_{m_0}\sqrt{I_D/I_{DSS}} = 0.006S \times \sqrt{3.0mA/12.0mA} = 0.003S = 3000\mu S$$

为了求漏源电阻（R_{DS}），利用

$$R_{DS} = 1/g_m = 1/0.003S = 333\Omega$$

使用相同的公式可以求出$V_{GS} = +1V$时，$I_D = 15.6mA$、$g_m = 0.0075\ S = 750\mu S$和$R_{DS} = 133\Omega$。

6. 基本应用

图4.77所示的两个电路描述了如何将结型场效应晶体管用作压控灯光调节器。在N沟道结型场效应晶体管电路中，较大的负栅极电压导致较大的漏源电阻，灯泡只能通过较小的电流。在P沟道结型场效应晶体管电路中，较大的正栅极电压导致了较大的漏源电阻。

7. 基本电流源和基本放大器

如图4.78(a)所示，通过将源极和栅极的引脚接到一起（称为自偏压），就可构成一个简单的电流源。这意味着$V_{GS} = V_G - V_S = 0V$，漏极电流等于I_{DDS}。这个电路的明显缺点是I_{DDS}对特定结型场效应晶体

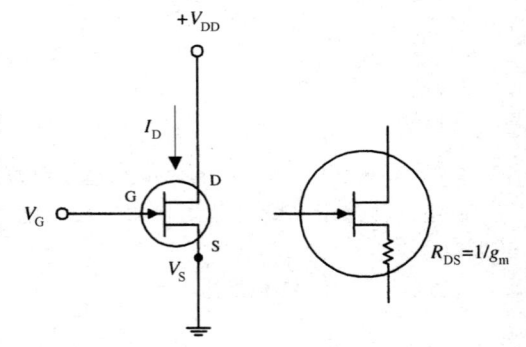

图4.76 例2所示电路

管是不可预测的（每个结型场效应晶体管在制造时就确定了自身的I_{DDS}），且这个电流源是不可调节的。然而，在源极和地之间串接一个电阻时，如图4.78(c)所示，可使电流源可调。增加R_S可减小I_D，反之亦然（见例2）。除了可调，该电路的I_D随V_{DS}变化而发生的变化量不会像图4.78(a)所示的电路那样大。虽然结型场效应晶体管电流源的结构简单，但其稳定性不及较好的双极型晶体管电流源或运放电流源。

(a) N沟道结型场效应晶体管　　　　　　(b) P沟道结型场效应晶体管

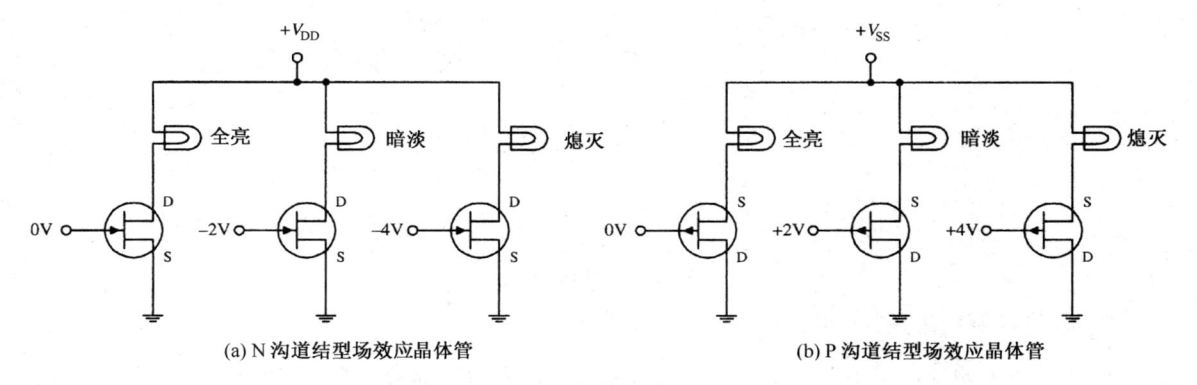

图4.77　灯光调节器电路

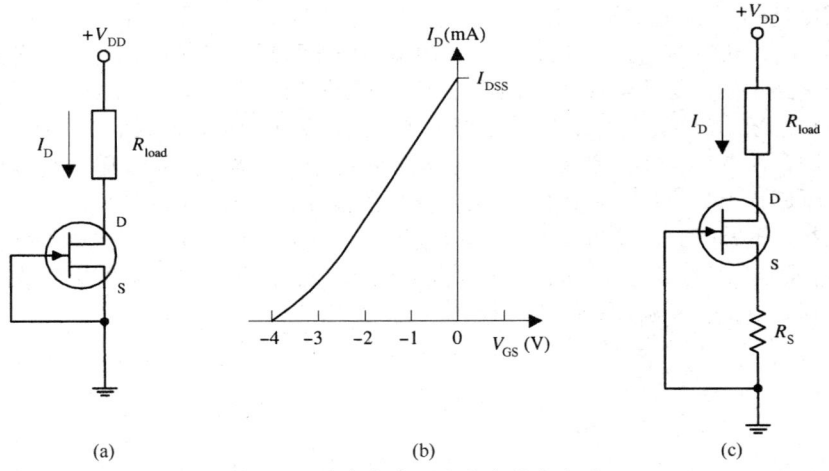

图4.78　基本电流源和基本放大电路

8．源极跟随器

图4.79所示的结型场效应晶体管电路称为源极跟随器，它类似于双极型晶体管的射极跟随器电路，可提供电流增益，但不提供电压增益。利用欧姆定律，可得放大后的输出信号$V_S = R_S I_D$，其中$I_D = g_m V_{GS} = g_m (V_G - V_S)$，由此可得

$$V_S = \frac{R_S g_m}{1 + R_S g_m} V_G$$

因为$V_S = V_{out}$、$V_G = V_{in}$，所以增益为$R_S g_m / 1 + R_S g_m$。输出阻抗与例2中描述的一样，为$1/g_m$。与射极跟随器不同，源极跟随器具有更大的输入阻抗，因此几乎无输入电流。然而，结型场效应晶体管的跨导比双极型晶体管的小，这意味着其输出也被较多地削弱，譬如将$1/g_m$视为漏源通道中的小内阻［见图4.79(b)］。当漏极电流随所加的波形变化时，g_m和输出阻抗随之改变，导致输出失真。这个跟随器电路的另一个问题是，V_{GS}是一个几乎不可控的参数（由制造工艺决定），进而导

致一个不可预测的直流偏置。

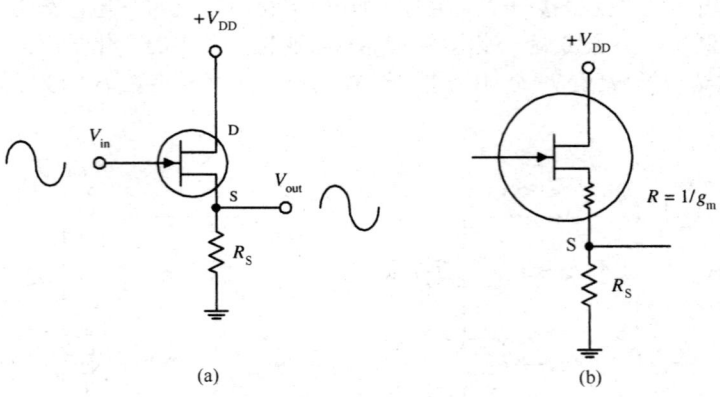

图4.79　源极跟随器

9. 改进的源极跟随器

前面例子中的源极跟随器，电路的线性性质较差，且直流偏置不可预测。但是，可用图4.80所示的两个电路之一来解决这些问题。在图4.80(a)所示的电路中，用双极型电流源代替源极电阻，双极型电流源使得V_{GS}为固定常量，消除了非线性性质。调节R_1可获得直流偏置（R_2类似于前面所述电路中的R_S，用以获得增益）。图4.80(b)所示的电路用结型场效应晶体管电流源代替双极型电流源。与双极型电路不同，这个电路不用调节，而且有更好的温度稳定性。这里的两个结型场效应晶体管采用的是匹配的对管（匹配结型场效应晶体管是成对出现的，但封装在一起）。下面的晶体管所通过的电流要使得$V_{GS}=0$（栅极短接），这意味着两个结型场效应晶体管的V_{GS}值都是0，即上面晶体管的直流偏置为0。因为下面的结型场效应晶体管直接响应上面的结型场效应晶体管，所以任何温度变化都能被补偿。调节R_1等于R_2，有$V_{out}=V_{in}$，这两个电阻会使得电路的线性性质更好，并且允许I_D为不同于I_{DSS}的其他值。就应用而言，结型场效应晶体管跟随器常用于放大器、测试仪器或其他连接到高阻抗信号源设备的输入级。

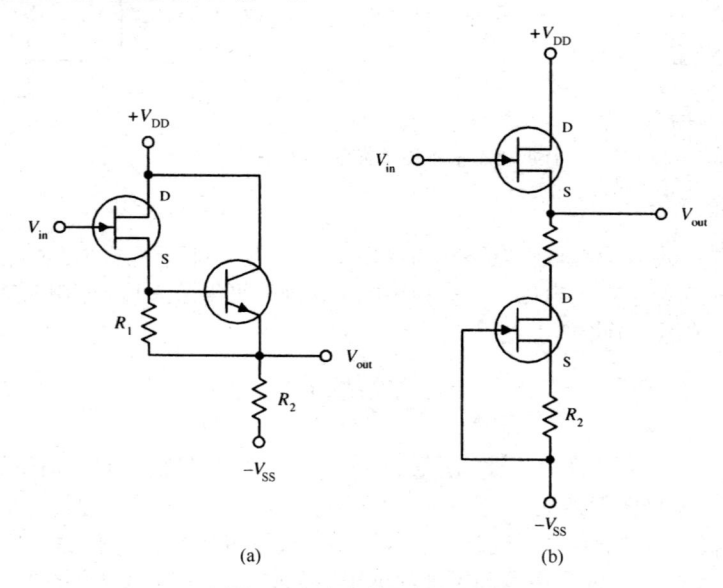

图4.80　改进的源极跟随器

10. 结型场效应晶体管放大器

回顾射极跟随器和共射极晶体管放大器可知，结型场效应晶体管也有名称类似的源极跟随器和共源极放大器，源极跟随器提供电流增益，共源极放大器提供电压增益（见图4.81）。建立等式进行数学运算时，放大器的增益为

$$增益 = \frac{V_{out}}{V_{in}} = \frac{R_S}{R_S + 1/g_m} \quad （源极跟随器增益）$$

$$增益 = \frac{V_{out}}{V_{in}} = g_m \frac{R_D R_l}{R_D + 1} \quad （共源极放大器增益）$$

式中，跨导为 $g_m = g_{m_0} \frac{I_D}{I_{DSS}}$，$g_{m_0} = -\frac{2I_{DSS}}{V_{GS,off}}$。

类似于双极型放大器，电阻用于产生栅极电压和静态电流，电容用作交流耦合/高通滤波器。注意，这两个结型场效应晶体管放大器都只需要一个自偏置电阻。

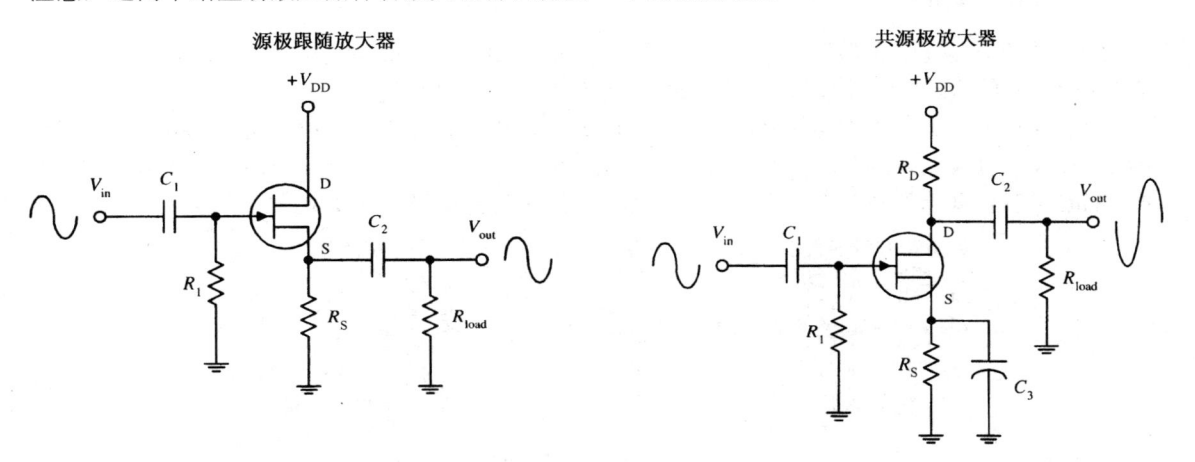

图4.81 源极跟随放大器

现在，一个重要的问题是，为何选择结型场效应晶体管放大器而不选择双极型放大器？答案是结型场效应晶体管可提高输入阻抗，且有着较低的输入电流。然而，不需要太高的输入阻抗时，最好采用简单双极型放大器或运算放大器。事实上，双极型放大器的非线性问题较少，与结型场效应晶体管放大器相比有着较高的增益，因为在相同的电流下，结型场效应晶体管比双极型晶体管的跨导低，双极型晶体管的跨导和结型场效应晶体管的跨导之间的差异系数达100。这意味着结型场效应晶体管放大器的增益明显较低。

11. 压控电阻

在图4.82(a)所示的电路中，V_{DS} 降到足够低时，结型场效应晶体管将工作在线性区（欧姆区）。在该区域内，$V_{DS} < V_{GS} - V_{GS,off}$，$I_D \sim V_{DS}$ 曲线近似为一条直线，意味着对于两极间的小信号，结型场效应晶体管就像一个电压控制的电阻。例如，使用结型场效应晶体管代替分压网络中的一个电阻，可得到一个电压控制的分压器［见图4.82(b)］。结型场效应晶体管表现出了普通电阻特性的范围，且因管子而异，大致与栅极电压超过 $V_{GS,off}$ 的量值成比例。要使结型场效应晶体管像线性电阻那样，就要限制 V_{DS}，使其小于 $V_{GS,off}$，并且保持 $|V_{GS}| < |V_{GS,off}|$。结型场效应晶体管的这种工作方式被广泛用于电子线路的增益控制电路、电子衰减器、电子可变滤波器及振荡器的振幅控制电路。一个简单的电

子增益控制电路如图4.82(c)所示，该电路的电压增益为$1+R_F/R_{DS(on)}$，其中R_{DS}为漏极-源极通道电阻。当$R_F=29\text{k}\Omega$，$R_{DS(on)}=1\text{k}\Omega$时，最大增益为30。当$V_{GS}$接近$V_{GS,\text{off}}$时，$R_{DS}$变得非常大（$R_{DS}\gg R_F$），致使增益降低到最低（接近1）。可见，这个电路增益能在30:1的范围内改变。

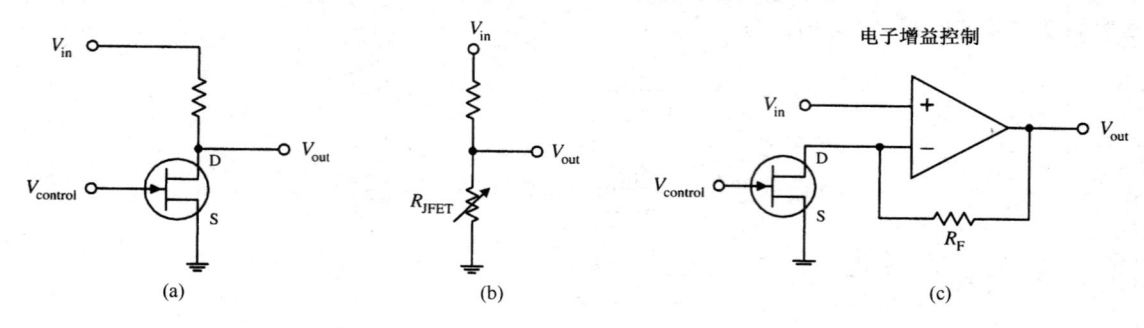

图4.82 压控电阻

12. 实际注意事项

结型场效应晶体管实际上被分为以下几类：小信号和开关结型场效应晶体管、高频结型场效应晶体管、双结型场效应晶体管（见图4.83）。小信号和开关结型场效应晶体管常用于将高阻抗的信号源耦合到放大器或其他设备（如示波器等），这些器件也常被用作压控开关。高频JFET主要用于放大高频信号（在射频范围内）或者用作高频开关。双结型场效应晶体管在一个封装中包含两个匹配的JFET，如前所述，双结型场效应晶体管可用于提高源极跟随器电路的性能。

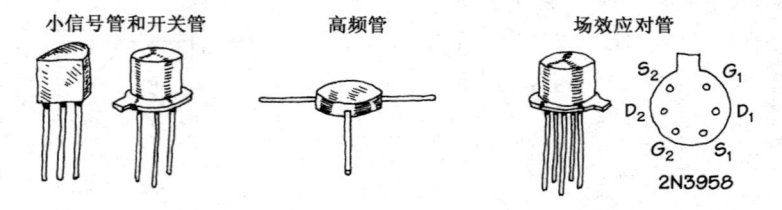

图4.83 结型场效应晶体管的封装类型

类似于双极型晶体管，过大的电流和电压也会损坏结型场效应晶体管，因此要确保其不超过最大电流和击穿电压。表4.5中给出了结型场效应晶体管的部分参数表。

表4.5 结型场效应晶体管的部分参数表

型号	极性	BV_{GS}(V)	I_{DSS}（mA）最小值(mA)	最大值(mA)	$V_{GS,\text{OFF}}$(V) 最小值(V)	最大值(V)	G_M 典型值(μS)	C_{ISS}(pF)	C_{RSS}(pF)
2N5457	N沟道	25	1	5	−0.5	−6	3000	7	3
2N5460	P沟道	40	1	5	1	6	3000	7	2
2N5045	N沟道对管	50	0.5	8	−0.5	−4.5	3500	6	2

图4.84中使用一个N沟道结型场效应晶体管来开闭继电器。当开关掷向A时，结型场效应晶体管导通（为避免损耗的影响发生，栅极不加偏置）。电流通过结型场效应晶体管的漏源区和继电器线圈，使得继电器转换开关状态。当开关掷向B时，相对于源极的一个负电压加到栅极，使结型场效应晶体管阻止电流通过继电器线圈，继电器转换其状态。

图4.85所示电路使用一个结型场效应晶体管，采用共源极结构混合多个不同来源的信号，如麦克风、前置放大器等。所有信号都通过交流耦合电容/滤波器输入。源极和漏极的电阻用于产生总

· 350 ·

放大倍数，1MΩ分压器则用于控制每个输入信号的增益。

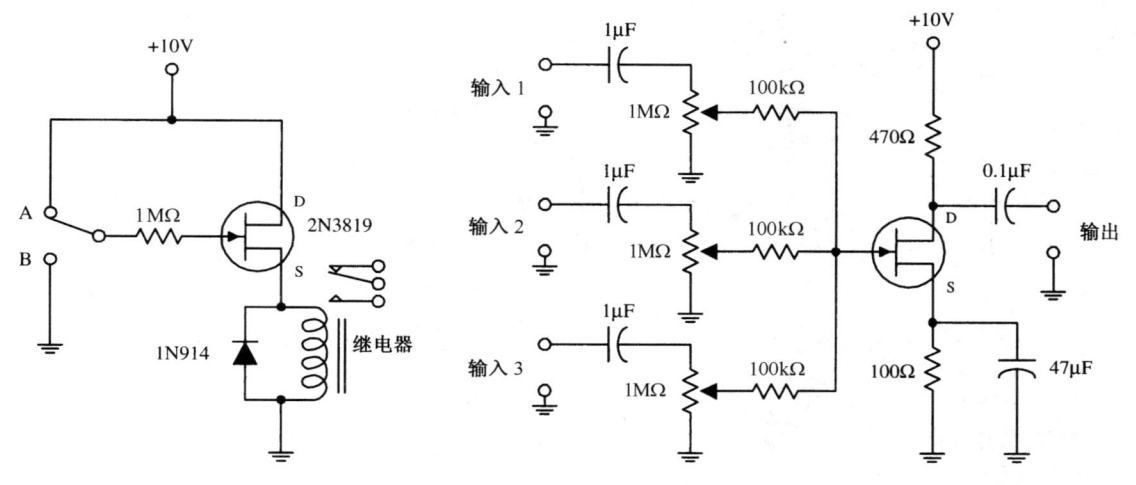

图4.84　继电器的驱动　　　　　图4.85　音频混频器/放大器

在图4.86所示的电路中，结型场效应晶体管用于形成一个简单的电场强度测量仪，当天线（普通导线）放到带电物体的旁边时，按照物体所带的电荷是正的还是负的，天线中的电子被推向或拉离结型场效应晶体管的栅极。电子的重新分配产生一个栅极电压，该电压与物体上的电荷成比例。于是，结型场效应晶体管抵抗或允许电流流过漏源通道，引发电表指针的偏转。R_1用于保护电表，R_2用于校准。

4.3.4　金属氧化物半导体场效应晶体管

金属氧化物半导体场效应晶体管（MOSFET）是应用非常广泛的晶体管，它在某些方面类似于结型场效应晶体管。例如，当MOSFET的栅极加小电压时，通过其漏源通道的电流将被改变。与结型场效应晶体管不同，MOSFET有更大的栅极输入阻抗（大于或等于$10^{14}\Omega$，相比之下结型场效应晶体管的栅极输入阻抗约为$10^9\Omega$），这意味着栅极几乎没有电流流入。通过在栅极与源漏极通道之间加入金属氧化物绝缘层，可以增大输入阻抗，但增大输入阻抗的代价是栅极与通道间的电容非常小（几皮法）。对于某些类型的MOSFET，在栅极感应出太强的静电时，聚集的电荷就可能击穿栅极，进而损坏MOSFET（为了防止击穿，一些MOSFET设计带有防护措施，但并非所有MOSFET都带有防护措施）。

两种主要的 MOSFET 是增强型 MOSFET 和耗尽型 MOSFET（见图 4.87）。当 $V_{GS} = V_G - V_S = 0V$ 时，耗尽型 MOSFET 通常导通（从漏极到源极流过的电流最大）。然而，加一个电压到栅极时，类似于结型场效应晶体管，漏源通道的阻碍作用将变大。当 $V_{GS} = 0V$ 时，增强型 MOSFET 关断（从漏极到源极流过的电流最小）。然而，在其栅极加一个电压时，漏源通道的阻碍作用变小。

增强型和耗尽型MOSFET都有N沟道和P沟道两种形式。对于N沟道耗尽型MOSFET，负栅源电压（$V_G < V_S$）使漏源通道的电阻增大；对于P沟道耗尽型MOSFET，正栅源电压（$V_G > V_S$）使漏源通道的电阻增大。对于N沟道增强型MOSFET，正栅源电压（$V_G > V_S$）减小漏源通道的电阻；对于P沟道增强型MOSFET，负栅源电压（$V_G < V_S$）减小漏源通道的电阻。

MOSFET是如今最流行的晶体管，其输入电流非常小，易于制造（结构简单），体积可做得非常小，功耗极低。就应用而言，MOSFET常用于超高输入阻抗放大电路、压控电阻电路、开关电路和大规模数字集成电路。

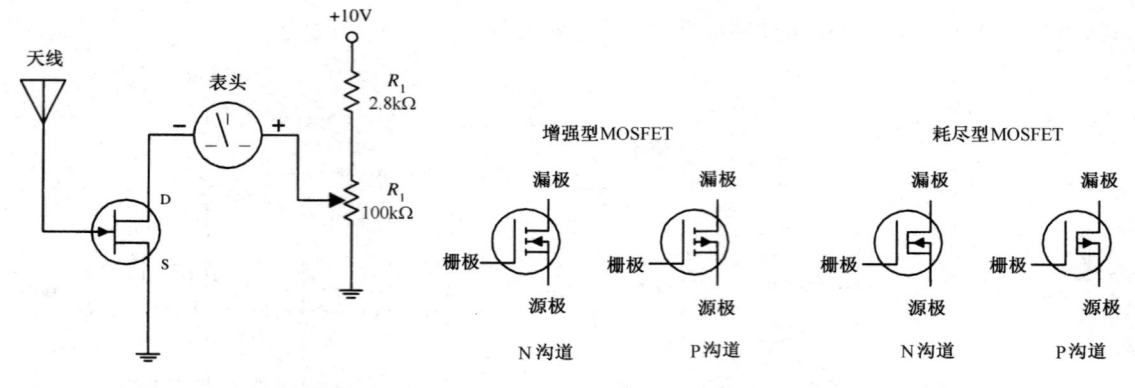

图4.86　电场场强测量仪　　　　　　　图4.87　MOSFET的电路符号

像结型场效应晶体管一样，与双极型晶体管相比，MOSFET的跨导值较小，当用于放大器时，将导致增益值降低。因此，除非要求超高输入阻抗或低电流输入特性，在简单的放大电路中很少使用MOSFET。

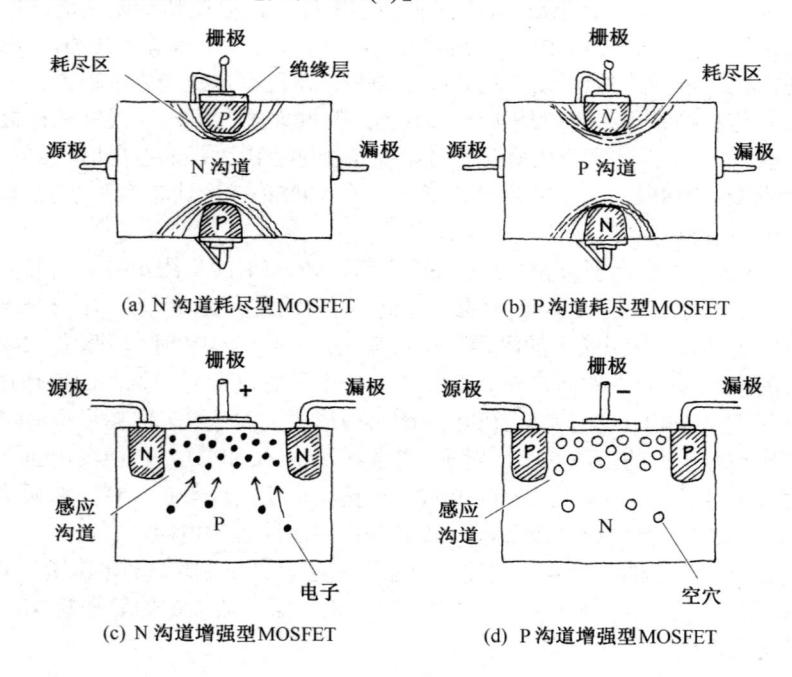

1. MOSFET的工作原理

耗尽型和增强型MOSFET都用由栅极电压产生的电场来改变其半导体漏源通道中的载流子流量。耗尽型MOSFET的漏源通道本身导电。载流子如电子（N沟道）或空穴（P沟道）本身已存在于N型或P型沟道中。负栅源电压加到N沟道耗尽型MOSFET上时，导致电场试图夹断流过通道的电子流［见图4.88(a)］；P沟道耗尽型MOSFET以正栅源电压夹断空穴流过的通道［见图4.88(b)］（上下栅极耗尽区的接触形成夹断效应）。增强型MOSFET与耗尽型MOSFET不同，通常其通道电阻很大，通道的载流子数量极少。将正栅源电压加到N沟道增强型MOSFET上时，P型半导体区域中的电子将移入通道，增强通道的导电性［见图4.88(c)］。对于P沟道增强型MOSFET，负栅源电压将吸引空穴进入通道，以增加其电导［见图4.88(d)］。

图4.88　MOSFET的工作原理

2. 基本应用

图4.89所示的电路显示了如何用MOSFET来控制通过灯泡的电流。通过栅极电压可使灯泡变暗，所用的MOSFET不同，电压也不同。

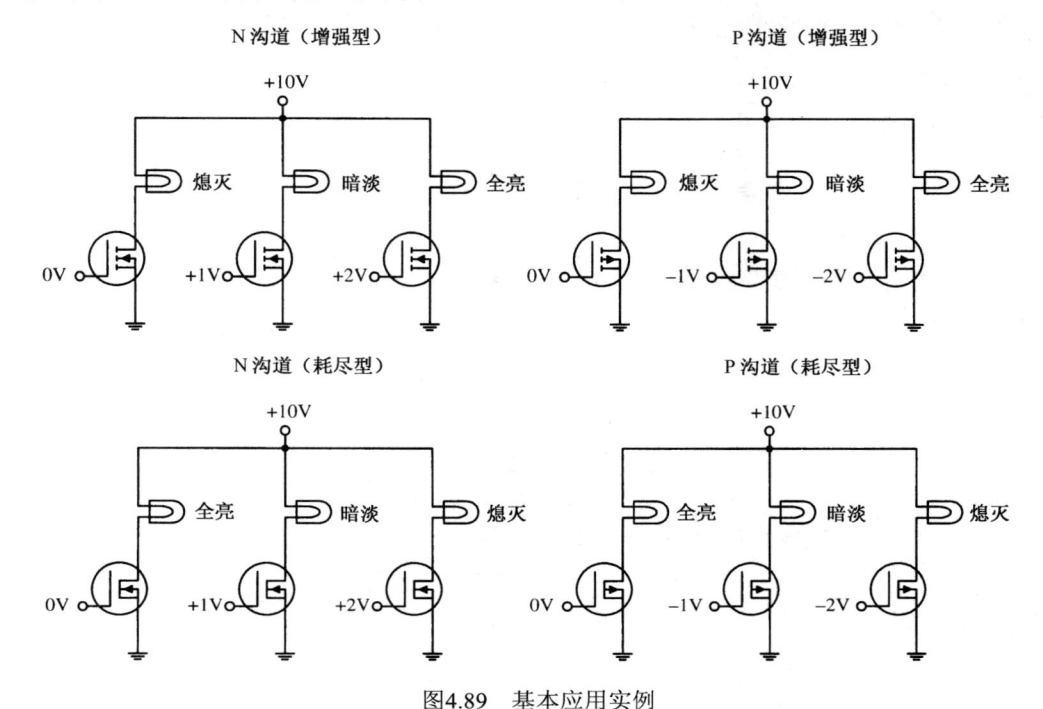

图4.89 基本应用实例

3. 耗尽型MOSFET的理论分析

在图4.90所示的电路中，除了输入阻抗更大，可以采用与处理结型场效应晶体管相同的方法来处理耗尽型MOSFET，下面的图形、定义和公式归纳了该理论。

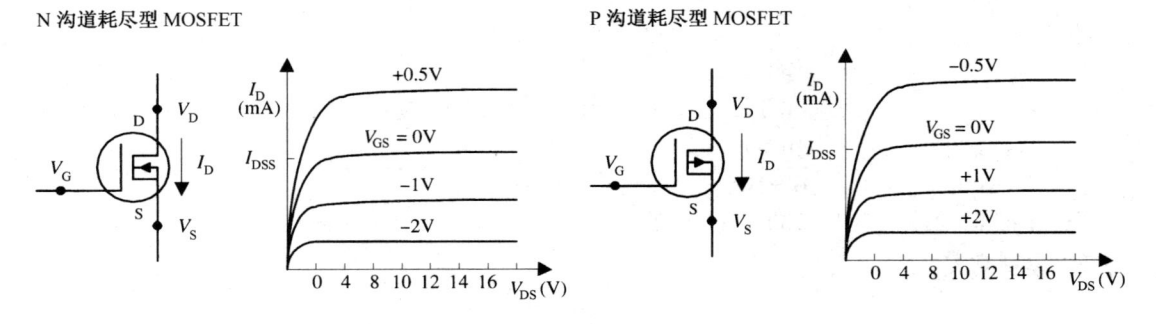

图4.90 耗尽型MOSFET的理论分析

欧姆区　　MOSFET开始呈电阻特性，类似于可变电阻。
饱和区　　MOSFET受栅源电压（V_{GS}）的影响强烈，而几乎不受漏源电压（V_{DS}）的影响。
关断电压（$V_{GS,off}$）　　通常称为夹断电压V_P，表示使MOSFET阻止几乎全部漏源电流通过时的特定栅源电压。
击穿电压（BV_{DS}）　　使得电流击穿MOSFET通道的漏源电压（V_{DS}）。

饱和漏电流（I_{DSS}）　当栅源电压为0V（或栅极源极短接）时的漏极电流。

跨导（g_m）　当漏源电压为固定值V_{DS}时，漏极电流随栅源电压变化的比率，类似于双极型晶体管的跨导（$1/r_{tr}$）。

4. 耗尽型MOSFET的常用公式

N沟道结型场效应晶体管的$V_{GS,off}$是负的。

漏极电流（欧姆区）

$$I_D = I_{DSS}\left[2\times\left(1-\frac{V_{GS}}{V_{GS,off}}\right)\frac{V_{DS}}{-V_{GS,off}}-\left(\frac{V_{DS}}{V_{GS,off}}\right)^2\right]$$

P沟道结型场效应晶体管的$V_{GS,off}$是正的。

漏极电流（恒流区）

$$I_D = I_{DSS}\left(1-V_{GS}/V_{GS,off}\right)^2$$

漏源电阻

$$R_{DS} = \frac{V_{DS}}{I_D} \approx \frac{V_{GS,off}}{2I_{DSS}(V_{GS}-V_{GS,off})} = \frac{1}{g_m}$$

$V_{GS,off}$和I_{DSS}是已知参数（可由参数表或包装查到）。

导通电阻

$$R_{DS,on} = 常数$$

漏源电压

$$V_{DS} = V_D - V_S$$

跨导

$$g_m = \left.\frac{\partial I_D}{\partial V_{GS}}\right|_{V_{DS}} = \frac{1}{R_{DS}} = g_{m_0}\left(1-V_{GS}/V_{GS,off}\right) = g_{m_0}\sqrt{I_D/I_{DSS}}$$

典型参数值：

I_{DSS}	1mA～1A
$V_{GS,off}$	−0.5～−10V（N沟道），+0.5～+10V（P沟道）
$R_{DS,on}$	10～1000Ω
BV_{DS}	6～50V
1mA时的g_m	500～3000μΩ

栅极短路跨导

$$g_{m_0} = \left|\frac{2I_{DSS}}{V_{GS,off}}\right|$$

5. 增强型MOSFET的技术资料

要掌握增强型MOSFET的工作情况，还要了解一些概念和公式，下面是理论概述（见图4.91）。

欧姆区　MOSFET刚开始导通，类似于一个可变电阻。

饱和区　MOSFET受栅源电压V_{GS}的影响强烈，而几乎不受漏源电压V_{DS}的影响。

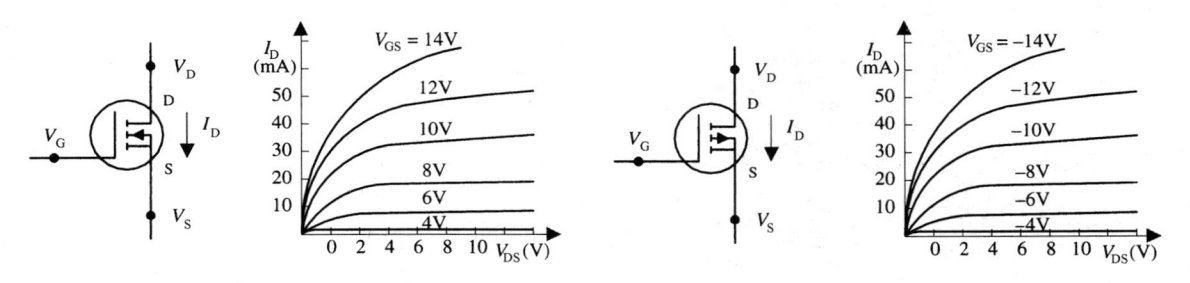

图4.91　增强型MOSFET的理论分析

开启电压（$V_{GS,th}$）　　使MOSFET开始导电的栅源电压。
击穿电压（BV_{DS}）　　使电流击穿MOSFET通道的漏源电压（V_{DS}）。
特定偏置时的漏极电流（$I_{D,on}$）　　参数表中给定V_{GS}时的漏极电流。
跨导（g_m）　　当漏源电压为固定值V_{DS}时，漏极电流随栅源电压变化的比率，类似于双极型晶体管的跨导（$1/r_{tr}$）。

漏极电流（欧姆区）

$$I_D = k\left[2(V_{GS} - V_{GS,th})V_{DS} - \frac{1}{2}V_{DS}^2\right]$$

漏极电流（恒流区）

$$I_D = k(V_{GS} - V_{GS,th})^2$$

结构参数

$$k = \frac{I_D}{(V_{GS} - V_{GS,th})^2} = \frac{I_{D,on}}{(V_{GS,on} - V_{GS,th})^2}$$

跨导

$$g_m = \left.\frac{\partial I_D}{\partial V_{GS}}\right|_{V_{DS}} = \frac{1}{R_{DS}} = 2k(V_{GS} - V_{GS,th}) = 2\sqrt{kI_D} = g_{m_0}\sqrt{I_D/I_{DSS}}$$

漏源通道电阻

$$R_{DS} = 1/g_m, \quad R_{DS_2} = \frac{V_{G_1} - V_{GS,th}}{V_{G_2} - V_{GS,th}}R_{DS_1}$$

结构参数k的值和晶体管通道宽度与长度之比成比例，且与温度有关，可用结构参数公式计算。N沟道增强型MOSFET的$V_{GS,th}$是正的，P沟道增强型MOSFET的$V_{GS,th}$是负的。典型参数值：

$I_{D,on}$　　　　　1mA～1A
$R_{DS(on)}$　　　　1～1000Ω
$V_{GS,off}$　　　　+0.5～+10V
$BV_{DS(off)}$　　　6～50V
$BV_{GS(off)}$　　　6～50V

在特定I_D下，$V_{GS,th}$、$I_{D,on}$、g_m的值是已知的，可在参数表或包装上查到。给定电压V_{G1}时，R_{DS1}是已知电阻，给定另一个栅极电压V_{G2}时的R_{DS2}可通过计算得到。

6. 例题

【例1】图4.92所示N沟道耗尽型MOSFET的I_{DSS} = 10mA、$V_{GS,off}$ = -4V，求I_D、g_m、R_{DS}分别在V_{GS} = -2V和V_{GS} = +1V时的值。假设MOSFET工作在饱和区。

解：当 $V_{GS} = -2V$ 时，

$$I_D = I_{DSS}\left(1 - V_{GS}/V_{GS,off}\right)^2 = 10\text{mA} \times \left(1 - \frac{-2V}{-4V}\right)^2 = 2.5\text{mA}$$

为了求 g_m，必须先知道 g_{m0}：

$$g_{m_0} = \left|\frac{2I_{DSS}}{V_{GS,off}}\right| = \left|\frac{2 \times 10\text{mA}}{-4V}\right| = 0.005\text{S} = 5000\mu\text{S}$$

将 g_{m0} 代入下面的式子求 g_m：

$$g_m = g_{m_0}\left(1 - V_{GS}/V_{GS,off}\right) = 5000\mu\text{S} \times \left(1 - \frac{-2V}{-4V}\right) = 2500\mu\text{S}$$

所以漏源电阻 $R_{DS} = 1/g_m = 400\Omega$。应用相同的公式可得，当 $V_{GS} = +1V$ 时，$I_D = 15.6\text{mA}$、$g_m = 6250\mu\Omega$ 和 $R_{DS} = 160\Omega$。

【例2】 图4.93所示的N沟道增强型MOSFET的 $V_{GS,th} = +2V$、$I_D = 12\text{mA}$，求 $V_{GS} = +4V$ 时 k、g_m 和 R_{DS} 的值，假设MOSFET工作在饱和区。

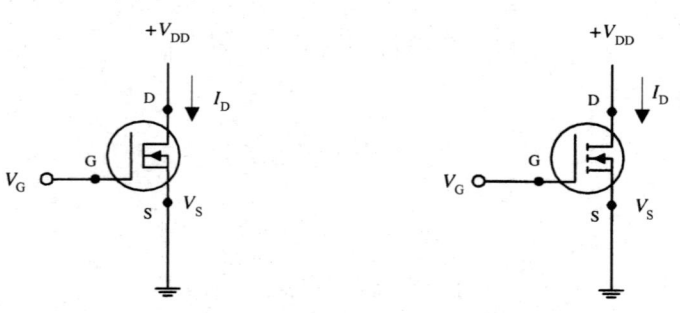

图4.92 例1所示电路   图4.93 例2所示电路

解：为了求 k，利用饱和区漏极电流公式：

$$I_D = k(V_{GS} - V_{GS,th})^2$$

将 k 解出并代入已知量有

$$k = \frac{I_D}{(V_{GS} - V_{GS,th})^2} = \frac{12\text{mA}}{(4V - 2V)^2} = 0.003\text{S/V} = 3000\mu\text{S/V}$$

于是有

$$g_m = 2k(V_{GS} - V_{GS,th}) = 2\sqrt{kI_D} = 2\sqrt{\frac{3000\mu\text{S/V}}{12\text{mA}}} = 0.012\text{S} = 12000\mu\text{S}$$

故漏源电阻 $R_{DS} = 1/g_m = 83\Omega$。

【例3】 在图4.94所示的N沟道耗尽型MOSFET电路中，$I_{DSS} = 10\text{mA}$、$V_{GS,off} = -4V$、$R_D = 1\text{k}\Omega$、$V_{DD} = +20V$，求 V_D 和增益 V_{out}/V_{in}。

解：应用欧姆定律和基尔霍夫定律得

$$V_{DD} = V_{DS} + I_D R_D, \quad V_{DD} = V_D + I_D R_D$$

后一个表达式考虑了源极接地（注意1MΩ的电阻是自偏置电阻，用于补偿泄漏电流及其他致使MOSFET不稳定的参数，因为栅极电流很小，典型值为纳安或皮安，所以电阻上的压降可以忽略）。现在

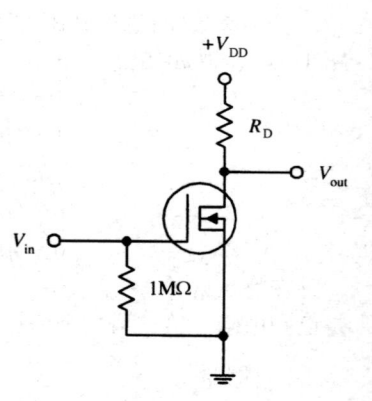

图4.94 例3所示电路

假设无输入电压，则有 $I_D = I_{DSS}$，这意味着

$$V_D = V_{DD} - I_{DSS}R_D = 20\text{V} - 10\text{mA} \times 1\text{k}\Omega = 10\text{V}$$

为了求增益，可以使用如下公式：

$$增益 = \frac{V_{out}}{V_{in}} = g_{m_0}R_D$$

式中，

$$g_{m_0} = \left|\frac{2I_{DSS}}{V_{GS,off}}\right| = \left|\frac{2 \times 10\text{mA}}{-4\text{V}}\right| = 5000\mu\text{S}$$

将 g_{m0} 代入增益公式，可得增益为5。

【例4】在图4.95所示的N沟道增强型MOSFET电路中，若 $k = 1000\mu\Omega/\text{V}$、$V_{DD} = 20\text{V}$、$V_{GS,th} = 2\text{V}$、$V_{GS} = 5\text{V}$，求使 V_D 为电压中心值10V时的电阻 R_D 及电路的增益。

解：首先确定漏极电流为

$$I_D = k(V_{GS} - V_{GS,th})^2 = 1000\mu\text{S/V} \times (5\text{V} - 2\text{V})^2 = 9\text{mA}$$

接着确定使 $V_D = 10\text{V}$ 时的 R_D，由欧姆定律得

$$R_D = \frac{V_{DD} - V_D}{I_D} = \frac{20\text{V} - 10\text{V}}{9\text{mA}} = 1100\Omega\text{（1M}\Omega\text{电阻的作用与上例中的相同）}$$

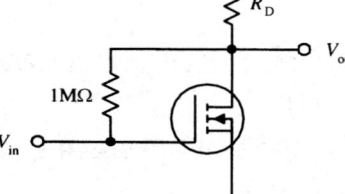

为了求增益，先求跨导：

$$g_m = 2k(V_{GS} - V_{GS,th}) = 2 \times 1000\mu\text{S/V} \times (5\text{V} - 2\text{V}) = 6000\mu\text{S}$$

代入增益表达式得

$$增益 = V_{out}/V_{in} = g_m R_D = 6.6$$

图 4.95　例 4 所示电路

7. 关于MOSFET的重要事项

MOSFET可能还提供第四端子，称为衬底（见图4.96）。衬底与漏极-源极通道之间形成一个PN结，该端必须保持一个非导通电压［即衬底电压小于源极电压（N沟道器件），或者大于源极电压（P沟道器件）］。将衬底与源极脱开（增强型MOSFET），并给其加一个与源极电压不同的电压时，对于给定的 V_{GS}，将使开启电压 $V_{GS,th}$ 朝漏极电流减小的方向变化 $\frac{1}{2}V_{BS}^{1/2}$。在某些情况下，当泄漏效应、电容效应及信号的极化必须平衡时，平移开启电压将变得很重要。增大加在栅极上的交流信号时，MOSFET的衬底常用于确定MOSFET的工作点。

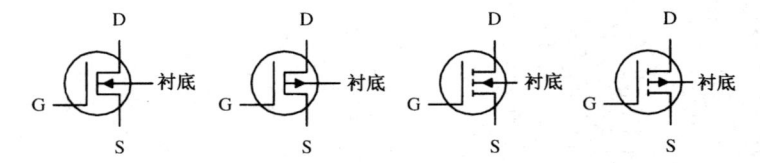

图4.96　四端MOSFET元件

8. MOSFET的易损性

MOSFET 极端脆弱，栅极与沟道间的薄氧化物绝缘体会受到来自带静电物体的电子冲击。例如，走过地毯后触摸 MOSFET 的栅极，可能会轻易地就将其中的某个绝缘体击穿。人在走路时，获得的电荷量足够多时，可使体电位高达几千伏。虽然相互作用时的放电电流量不是很大，但氧

化物绝缘体非常薄（栅极与通道的电容非常小，典型值仅为几皮法），很小的电流就可将MOSFET击穿。装配MOSFET时，应消除工作区域中的所有静电，消除方法详见第7章。

9．MOSFET的种类

类似于其他晶体管，MOSFET的封装形式有金属壳封装和塑料封装，大功率MOSFET带有金属凸耳，可将其固定在散热片上（见图4.97）。MOSFET的高/低电平驱动集成电路也很常见，内部由许多独立MOSFET组成的这些驱动器件（典型的为DIP形式）用于处理逻辑信号。

(a) 开关管　　　　(b) 大功率管　　　　(c) 高/低电平驱动集成电路

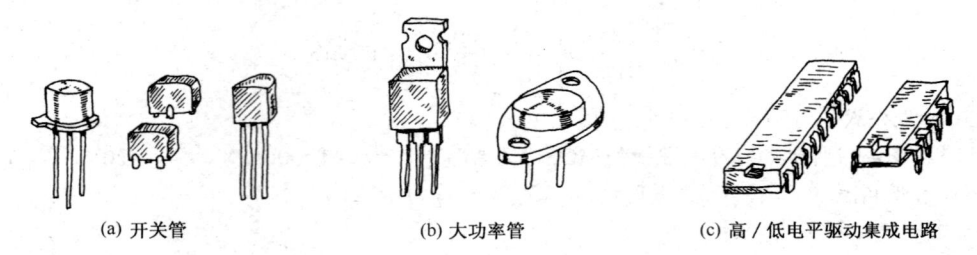

图4.97　MOSFET的种类和封装形式

购买MOSFET时，需要考虑的包括击穿电压、$I_{D,\,max}$、$R_{DS(on),\,max}$、功耗、开关速度和防静电保护功能。

10．MOSFET的应用

1）调光器

在图4.98所示的电路中，N沟道增强型功率MOSFET用于控制流过灯泡的电流，并用分压电阻R_2调整栅极电压，进而调整通过灯泡的漏极电流。

2）电流源

在图4.99所示的电路中，运放与一个N沟道耗尽型MOSFET构成一个可靠的电流源（误差小于1%）。MOSFET的电流通过负载，而R_S两端的采样电压接到运放的反相输入端，与放大器同相输入端的输入电压比较，漏极电流增大或减小时，运算放大器（运放）作为响应将减小或增大输出，进而改变MOSFET的栅极电压，控制负载的电流。这个运放/MOSFET电流源比由简单双极型晶体管构成的电流源更可靠，且漏电流极小。电路的负载电流由欧姆定律决定（使用将在第8章中讨论的运放定理）：

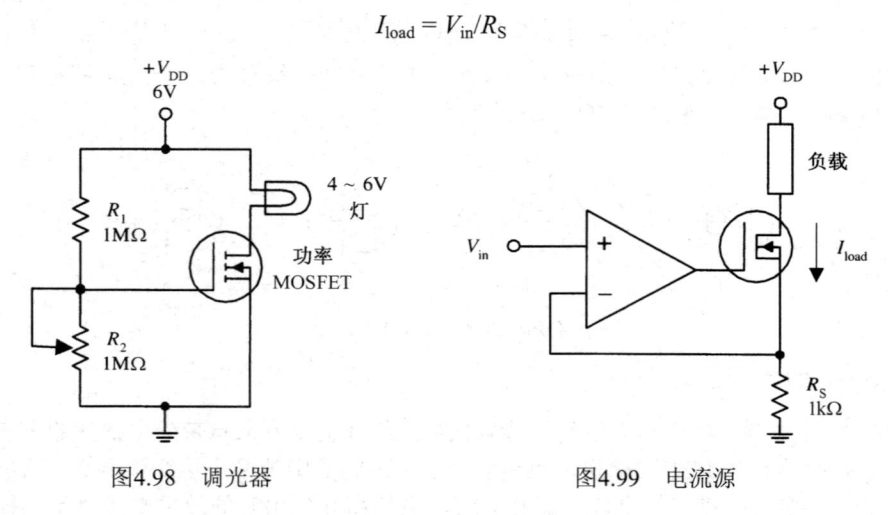

$$I_{load} = V_{in}/R_S$$

图4.98　调光器　　　　图4.99　电流源

3）放大器

在图4.100所示的电路中，共源极放大器和源极跟随器可由耗尽型或增强型MOSFET构成。除了电路的输入阻抗更高，耗尽型MOSFET放大器类似于前面讨论的结型场效应晶体管放大器。增强型MOSFET放大器的工作过程与耗尽型MOSFET的基本相同，但需要一个分压器（与耗尽型的单个电阻相比）来产生静态栅极电压，且增强型共源MOSFET放大器的输出是反相的。电路中电阻和电容的作用与前面讨论的放大器电路中的相同。

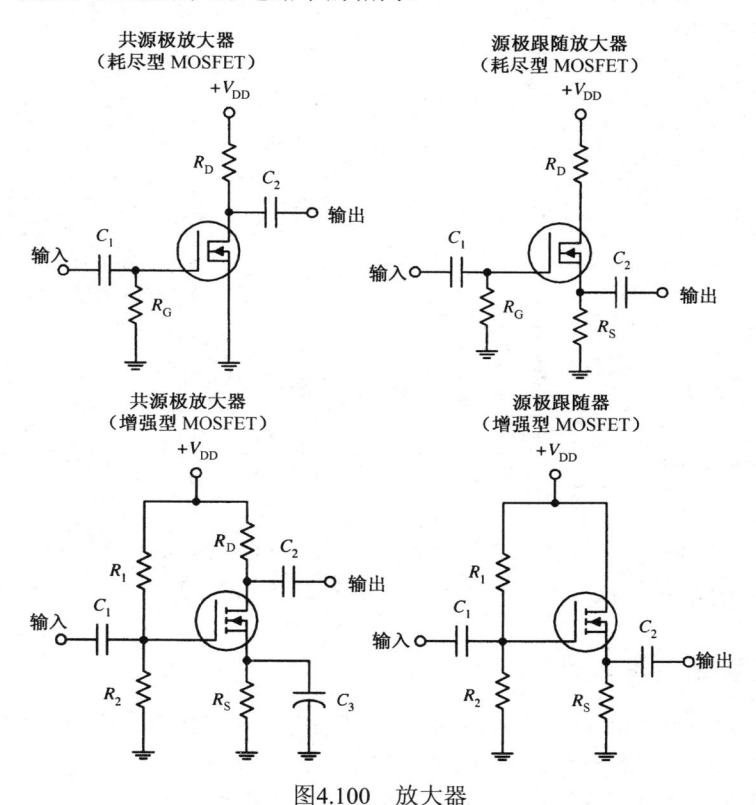

图4.100 放大器

4）音频放大器

在图4.101所示的电路中，一个N沟道增强型MOSFET用于放大一个由高阻抗麦克风产生的音频信号，放大的信号用于驱动扬声器。C_1为交流耦合电容，分压电阻R_2控制增益（音量）。

5）继电器的驱动（数模转换）

图4.102所示的电路用一个N沟道耗尽型MOSFET作为逻辑电路和模拟电路的接口。在这个例子中，与门用于驱动MOSFET导通，进而使继电器动作。输入A和B都为高电平时，继电器开关掷向2，任何一个其他输入组合（高/低、低/高、低/低）都使开关掷向1。作为数字电路和模拟电路的接口，MOSFET是较好的选择；MOSFET极高的输入阻抗和较低的输入电流使其在驱动高压或大电流模拟电路时成为较好的选择，而不用考虑其从驱动逻辑电路中汲取的电流。

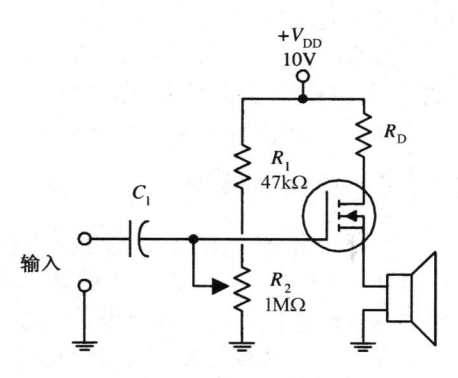

图4.101 音频放大器

6）直流电动机的转向控制

永磁直流电动机由端子所接电压的极性，决定了其是顺时针方向旋转还是逆时针方向旋转。

图4.103所示的简单电路可以控制电动机的转动和停止，以及电动机的旋转方向。该电路是由大功率MODFET构成的H桥，Q_1和Q_2为N沟道MODFET，Q_3和Q_4为P沟道MODFET。开关SW_1和SW_2用于启动电动机及控制电动机的转向。两个开关都是常开的按钮，按下SW_1按下，Q_1和Q_3的栅极电压变为零，Q_1关断，Q_3导通，产生一个经Q_3通过电动机和Q_2的电流，使电动机顺时针方向转动。当SW_1被释放后，电动机停止转动。按下SW_2后，Q_2关断，Q_4导通，导致一个反向的电流通过Q_4、电动机和Q_1，电动机逆时针方向转动。为了实现数字控制，SW_1和SW_2可用由微控制器控制通断的晶体管来替代相应的开关。

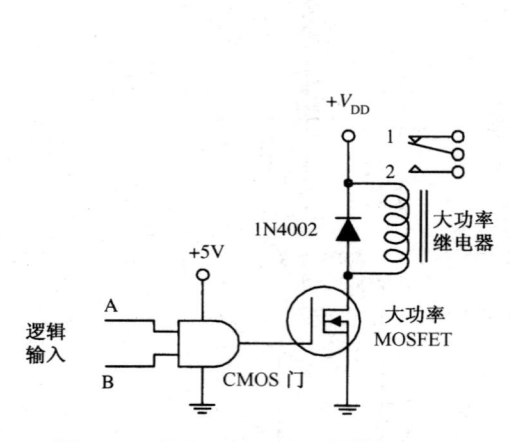

图4.102　继电器的驱动（数模转换）

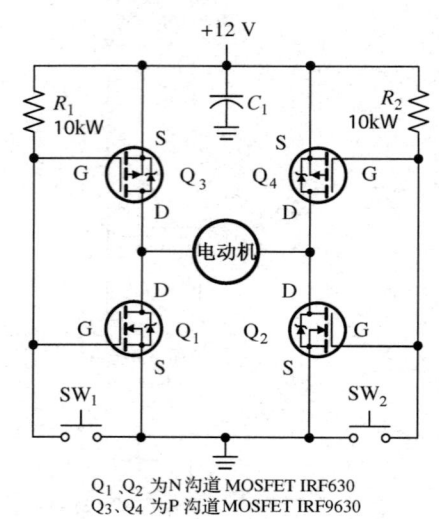

图4.103　直流电动机的转向控制

4.3.5　绝缘栅双极型晶体管

绝缘栅双极型晶体管（IGBT）是由MOSFET和双极型晶体管组合而成的，这反映在IGBT的元件符号上（见图4.104）。它有一个MOSFET的栅极端子，有双极型晶体管的集电极和发射极。如期望的那样，这种晶体管常用于开关非常大的电流和非常高的电压。和MOSFET一样，开关由电压控制，但又具有双极型晶体管通过大电流的能力。

IGBT适用于大功率场合，如电动车辆，这时多个IGBT并联组成模块，可在高压下开关数百安培的电流。由于具有非常宽的脉冲能力，因此IGBT也被固态特斯拉线圈的爱好者所用。

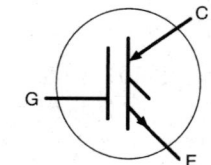

图 4.104　绝缘栅双极型晶体管的电路符号

4.3.6　单结晶体管

单结晶体管（UJT）是专用于电控开关（不用作放大控制）的三端器件（见图4.105）。单结晶体管的基本功能相对简单：当在发射极和任何一个基极（B_1或B_2）之间没有电位差时，仅有很小的电流从B_2到B_1。然而，一个相对于其基极足够大的正触发电压加到发射极上时，来自发射极的较大电流与从B_2到B_1的小电流一起在B_1处产生一个大的输出电流。前面提到的其他晶体管的控制端（如发射极或栅极）只提供很小的电流，或者不提供电流，而单结晶体管相反，其发射极电流是输出电流的主要来源。

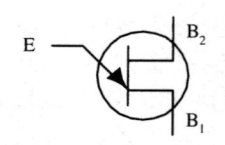

图 4.105　单结晶体管的电路符号

1. 单结晶体管的工作原理

单结晶体管的简单模型如图4.106所示，它由中间带有P型半导体凸块的N型条状半导体组成。条块的一端作为基极1的端子，另一端作为基极2的端子，凸起部分为发射极。下面简单介绍单结晶体管是如何工作的。

无电压加到发射极上时，仅有相对较少的电子通过B_1和B_2之间的N区。通常，B_1端和B_2端的阻抗较大（约为数千欧姆）。

当足够大的电压加到发射极上时，发射极与通道的PN结正向偏置（类似于二极管正向偏置），这样就允许基极1的大量电子穿过发射极。既然常将电流方向定义为电子流动的相反方向，那么就可以说一个正电流从发射极流入通道，与通道电流一起构成了一个大的B_1输出电流。

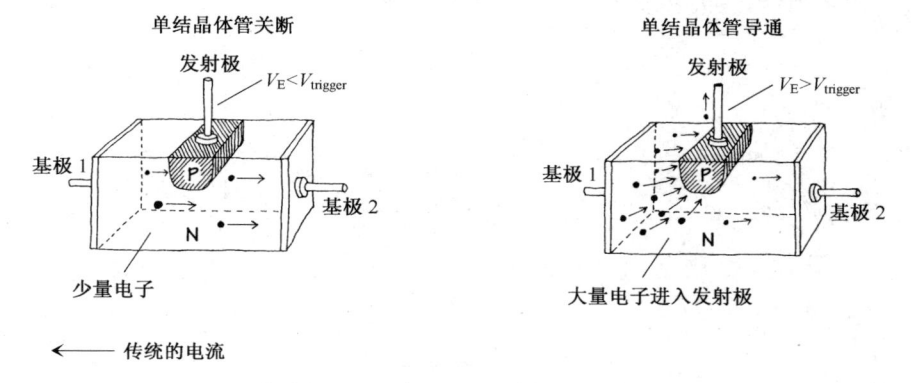

图4.106　单结晶体管的简单模型

2. 技术资料

图4.107显示了单结晶体管的伏安特性曲线及等效电路。理论上说，当B_1接地时，除非加在发射极上的电压超过称为触发电压的临界电压值，否则其将不起作用（不会增大从一个基极端到另一个基极端的导电性）。触发电压由下式给出：

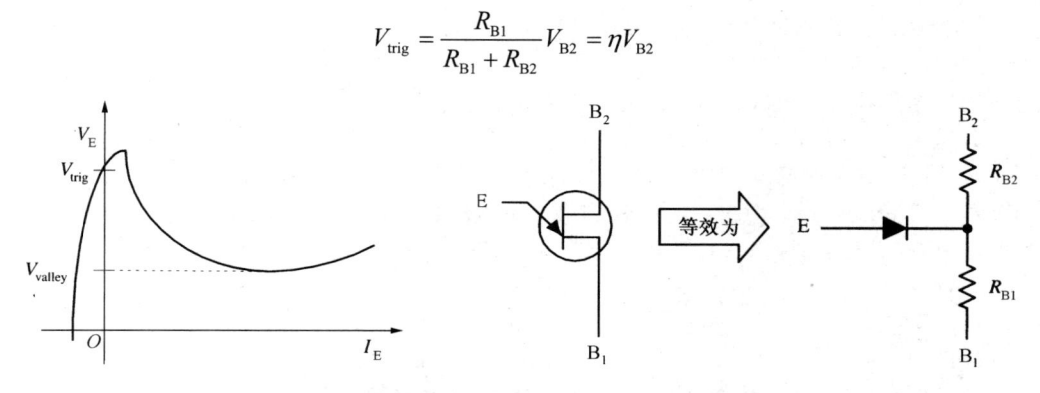

$$V_{\text{trig}} = \frac{R_{B1}}{R_{B1} + R_{B2}} V_{B2} = \eta V_{B2}$$

图4.107　单结晶体管的伏安特性曲线及等效电路

式中，R_{B1}和R_{B2}是每个基极端和N通道之间区域的内部阻抗。当发射极开路时，这个混合通道电阻的典型值为数千欧姆，R_{B1}稍大于R_{B2}。一旦达到触发电压，PN结正偏（等效电路中的二极管开始导通），电流从发射极流入通道。但是，怎样确定R_{B1}和R_{B2}的大小呢？大多数制造商未给出这两个值，而给出了称为分压系数η的典型参数。假设发射极未导通，这时分压系数η等于前述表达式中的$R_{B1}/(R_{B1}+R_{B2})$。η的取值范围为0~1，典型值约为0.5。

3. 典型应用（弛张振荡器）

单结晶体管常用在振荡电路中。在图4.108中，单结晶体管与电阻电容组成一个振荡器，能输出三种不同的波形。当电路工作时，C_E通过R_E充电，直到发射极的电压达到触发电压，超过触发电压后，E到B_1的电导率迅速增大，这样就允许电流从电容进入发射极、穿过发射极-基极1，然后到地。而C_E突然失去电荷，发射极电压也突然下降到触发电压以下，循环往复，产生如图所示的波形。振荡器的频率由RC充放电周期决定：

$$f = \frac{1}{R_E C_E \ln[1/(1-\eta)]}$$

例如，若$R_E = 100\text{k}\Omega$、$C_E = 0.1\mu\text{F}$、$\eta = 0.61$，则$f = 10^6\text{Hz}$。

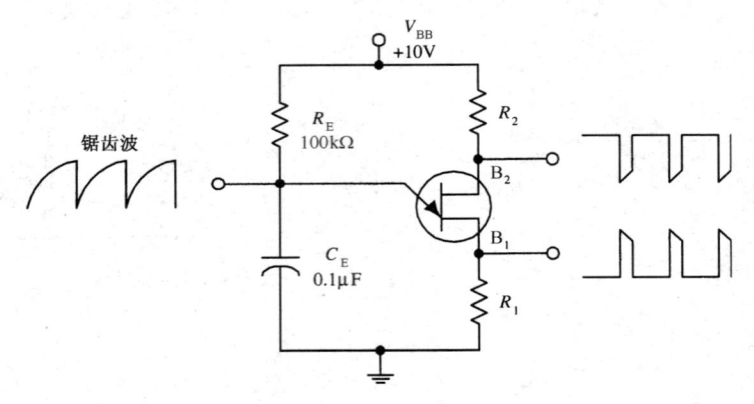

图4.108 典型应用（弛张振荡器）

4. 单结晶体管的种类

1）基本开关型

图4.109所示的单结晶体管常用于振荡器电路、时钟电路和电平检测电路。典型的极限值参数如下：I_E为50mA，内部基极电压V_{BB}为35～55V，功耗为300～500mW。

2）可编程型

可编程单结晶体管（PUT）与单结晶体管基本相似，只是R_{BB}、I_V（电流波谷值）、I_P（电流峰值）、η（分压系数）可通过一个外部的分压器来编程，而为了消除电路的不稳定性，通常需要改变这些参数。可编程单结晶体管的电路符号与单结晶体管的相比，外形看起来不同（见图4.110），端子的名称也不同，分别为栅极、阴极和阳极。可编程单结晶体管常被用作构建时钟电路、高增益相位控制电路和振荡器电路。后面将给出可编程单结晶体管的一些简单应用。

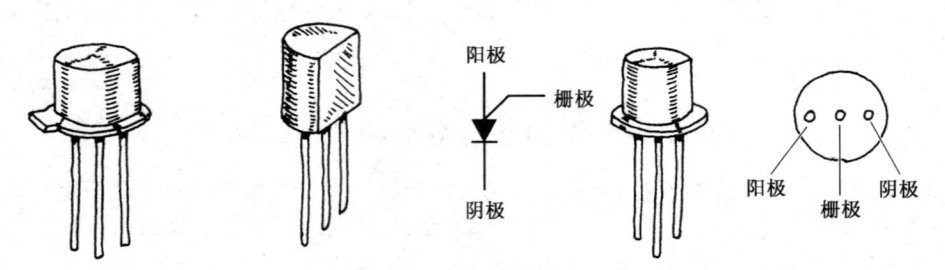

图4.109 基本开关型单结晶体管　　　图4.110 可编程型单结晶体管

5. 应用

1）定时/继电器驱动

图4.111所示的电路使继电器以重复的方式从一个位置到另一位置切换开关。正电源电压给电容充电，当电容两端的电压达到单结晶体管的触发电压时，单结晶体管导通，使得继电器的开关掷向位置2；当电容电荷放电，电压下降到触发电压以下时，单结晶体管关断，继电器的开关掷向位置1。R_1控制电容的充电速度，电容值决定用来触发单结晶体管的电压值，同时也影响充电速度。

2）带有放大器的斜波信号发生器

在图4.112所示的电路中，使用一个单结晶体管、一些电阻、一个双极型晶体管和一个电容组成了一个带有放大器（由双极型晶体管构成）的锯齿波发生器。像前面的振荡器一样，C_1和R_3设置频率，双极型晶体管使输出电压与电容上的电压相同，为斜波或锯齿波。

图4.111 定时/继电器驱动

3）可编程单结晶体管弛张振荡器

在图4.113所示的电路中，可编程单结晶体管通过R_1和R_2编程来调整期望的触发电压和阳极电流，这两个电阻形成分压器，进而设置栅极电压V_G（用于通断可编程单结晶体管的端子）。要使可编程单结晶体管导通，阳极电压必须超过栅极电压至少0.7V。当电容放完电时，栅极反向偏置，可编程单结晶体管关断。随着时间的推移，电容通过R_4充电，当电荷累积充足时，足够大的电压将使栅极正偏置，而这又使可编程单结晶体管导通（阳极电流I_A超过峰值电流I_P）。接下来，电容通过可编程单结晶体管和R_3放电（注意，当可编程单结晶体管导通时，从阳极到阴极的电压约为1V）。当电容充分放电，栅极不再有足够的电压时，阳极电流减小，最终停止。之后，又开始充电，循环往复。在栅极端和源极端，可以输出脉冲波和锯齿波。

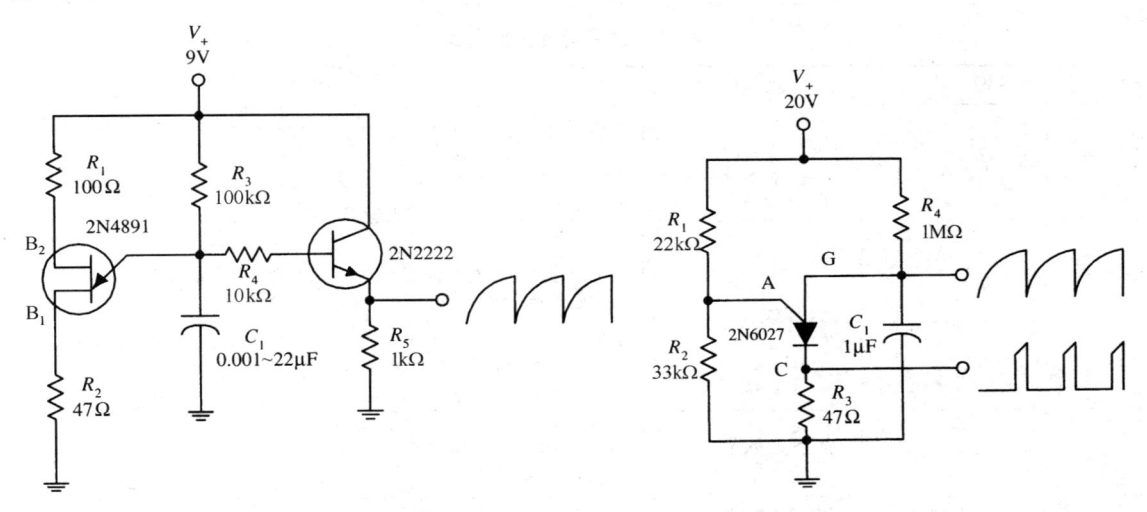

图4.112 带有放大器的斜波信号发生器　　图4.113 可编程单结晶体管弛张振荡器

4）计算

当$V_A = V_S + 0.7V$时，可编程单结晶体管开始导通，其中V_S由分压器得到：

$$V_S = \frac{R_2}{R_2 + R_1} V_+$$

当 V_A 到达时，阳极电流变为

$$I_A = \frac{V_+ - V_A}{R_1 + R_2}$$

4.4 半导体晶闸管

4.4.1 简介

晶闸管是二端到四端半导体器件，与晶体管用于放大信号不同，它们作为开关使用。一个三端晶闸管使用加到一个端子上的小电流或电压，控制通过其他两个端子的大得多的电流。此外，二端晶闸管没有控制端，它被设计成当其两端的电压达到特定电压时导通，该电压称为击穿电压。当两端的电压低于击穿电压时，两端晶闸管保持关断。

在开关应用中，为什么不简单地用晶体管代替晶闸管呢？答案是，晶体管的确常用作开关，但相比晶闸管，它要求精确地控制电流或电压，用起来太灵敏，控制电流或电压不精确时，晶体管就可能停留在开和关之间的状态。依照普遍状况，在中间状态间停留的开关不是好开关。反过来，晶闸管的设计不是应用在中间状态的，对于这些器件，要么导通，要么断开。

就应用而言，晶闸管被用于速度控制电路、大功率开关电路、继电器的替代电路、低成本时钟电路、振荡电路、电平探测电路、相位控制电路、逆变电路、断路器电路、逻辑电路、调光电路、电动机转速控制电路等。

表4.6中简述了晶闸管的主要种类。看到"导通"一词时，就意味着在两个导电端子之间的导电通道已经建立（如从阳极到阴极、从MT_1到MT_2）。通常关断的条件是在无电压加在控制极（控制极开路）的情况下讨论的。后面的章节中将详细介绍晶闸管。

表4.6 晶闸管的主要种类

类 型	符 号	工作模式
晶闸管		正常情况下关断，但当一个小电流进入控制极（G）时，晶闸管导通。即使控制极电流被除去，晶闸管仍然导通。为了关断晶闸管，从阳极到阴极的电流必须为零，或者在阳极加一个比阴极更负的电压。电流按一个方向流动：从阳极（A）到阴极（C）
硅可控开关（SCS）		类似于晶闸管，但在其第四个端子（称为阳栅极）上加正电压脉冲可以关断它。当负电压加在阳栅极上时，该器件也能被触发。电流按一个方向流动，即从阳极（A）到阴极（C）
双向晶闸管		类似于晶闸管，但它能双向开断，这意味着其能像开断直流那样开断交流。仅当控制极接收电流时，双向晶闸管才导通，当控制极电流为零时，双向晶闸管关断。电流通过MT_1和MT_2双向流通
四层二极管		其仅有两个端子，在电路中应用时，其作用就像一个压敏开关。只要其两端的电压差在击穿电压以下，它都保持关断。然而，当电压差超过击穿电压时，它会导通。它从阳极（A）到阴极（C）单向导通
双向击穿二极管		类似于四层二极管，但是能够双向导通，可开断交流或直流

4.4.2 晶闸管

晶闸管是一种三端半导体器件（见图4.114），作用类似于由电控制的开关。当特定的触发电压或电流加到晶闸管的控制极（G）上时，就在阳极和阴极之间形成导电通道，电流只能单方向流动，即从阳极（A）到阴极（C）（类似于二极管）。

除了电流控制型开关，晶闸管的另一个独特之处是在控制极电流回零后，其导通状态保持不变。晶闸管被触发而导通后，去除控制极电流对晶闸管没有影响，即当控制极电流或电压被去除后，晶闸管仍保持导通。关断它的唯一方法是使从阳极到阴极的电流回零，或者反置阳极和阴极电压的极性。

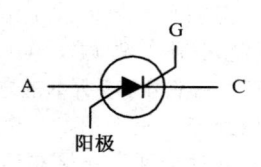

图4.114 晶闸管的符号

就应用而言，晶闸管用于开关电路、相位控制电路、逆变电路、限幅器电路和继电器控制电路等。

1. 晶闸管的工作原理

晶闸管是由一个NPN双极型晶体管和一个PNP双极型晶体管组合而成的，如图4.115所示。双极型晶体管的等效电路可以很好地描述晶闸管。

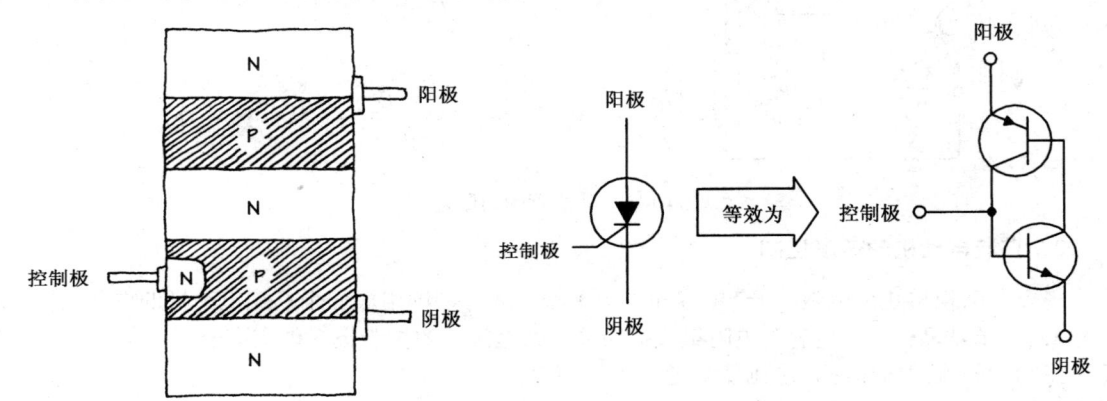

图4.115 晶闸管的工作原理

1）晶闸管关断

在双极型晶体管等效电路中，当控制极没有所需的正电压使NPN晶体管导通时，PNP晶体管的基极不会有电流流出，这意味着两个晶体管都不能导通，因此电流不能从阳极流到阴极。

2）晶闸管导通

当一个正电压加在控制极上时，NPN晶体管的基极被合适偏置，因此NPN晶体管导通。一旦NPN晶体管导通，PNP晶体管的基极就有电流流出，通过NPN晶体管的集电极，而这正是PNP晶体管导通所需要的。既然两个晶体管都已导通，那么电流就可自由地从阳极流动到阴极。注意，即使控制极电流被去除，晶闸管仍然保持导通。依照双极型晶体管等效电路，控制极电流被去除后，两个晶体管都保持导通状态。因为有电流通过PNP晶体管的基极，晶体管没有关断的理由。

3）晶闸管的基本应用

在图4.116所示的电路中，晶闸管用来组成一个简单的闭锁电路。S_1是一个常开按钮开关，S_2是一个常闭按钮开关。当S_1被按下并释放时，一个小电流脉冲将进入晶闸管的控制极，

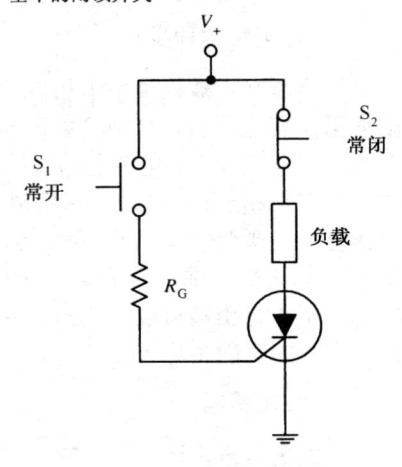

图4.116 简单的闭锁电路

使得晶闸管导通,电流流过负载。负载一直通电,直到S₂被按下,晶闸管关断。控制极电阻用来调整晶闸管的触发电压或电流。应注意晶闸管的触发规范。

在图4.117所示的电路中,晶闸管用来对正弦信号进行整流,以驱动一个负载。将一个正弦波加到控制极上后,当阳极和控制极接收到波形的正半周(超过触发电压)时,晶闸管导通。一旦晶闸管导通,正弦电源通过阳极和阴极,向负载供电。在波形的负半周,晶闸管类似反向偏置的二极管,晶闸管关断。增加R_1会降低为晶闸管控制极提供的电流或电压,使得阳极到阴极的导通产生时间滞后。因此,可以控制器件在一个周期中导通的部分(见图4.117),这意味着通过R_{load}的平均功率可以调整。相对于串联可变电阻的方式,利用晶闸管控制电流具有很大的优势,因为其不存在电阻发热损耗能量的问题。

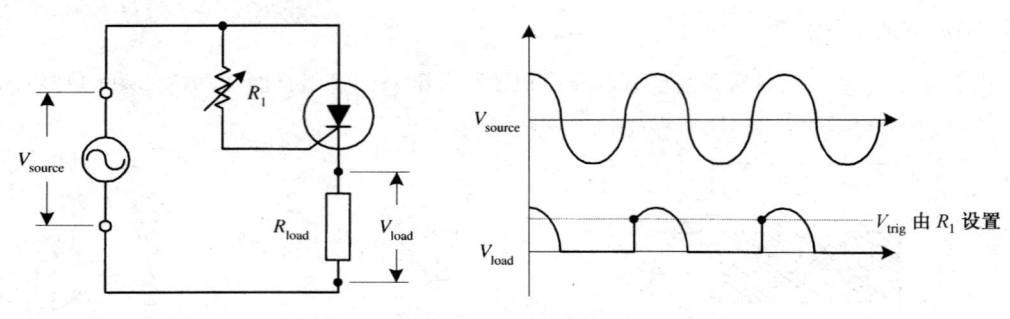

图4.117 晶闸管的通断过程

2. 直流电动机的速度控制

一个晶闸管与几个电阻、一个电容和一个单结晶体管共同组成一个直流电动机的调速电路(见图4.118)。单结晶体管、电容、电阻组成振荡器,为晶闸管的控制极提供交流电压,当控制极电压超过晶闸管的触发电压时,晶闸管导通,允许电流流过电动机。改变电阻R_1可以改变振荡器的频率,因此决定了晶闸管的触发时间与周期的比值,进而控制了电动机的速度(电动机表现为连续旋转,即使它接收到的是一系列开/关脉冲,导通时间对周期的平均值决定电动机的速度),用这样一个简单连续可变电阻控制电动机转速的电路的功耗较小。

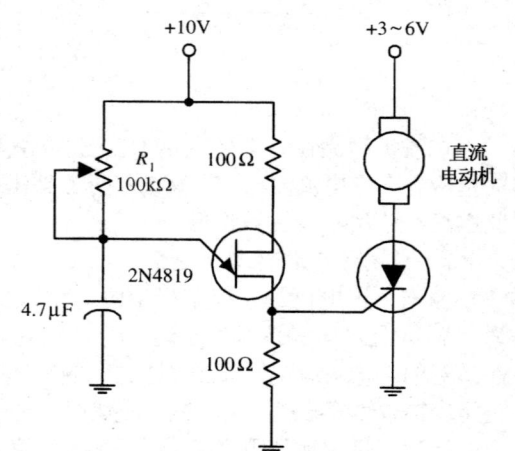

3. 晶闸管的种类

一些晶闸管被设计用于相位控制,而其他晶闸管则被用作高速开关。晶闸管更重要的特性差别是它们可通过的电流量,小电流晶闸管的最大电流/电压范围的典型值不超过1A/100V,中电流晶闸管的最大电流/电压范围的典型值不大于10A/100V,大电流晶闸管的最大电流/电压范围是几千安/几千伏(见图4.119)。小电流晶闸管是用塑料或金属封装的,而中或大电流晶闸管需要固定散热片。

图4.118 直流电动机的速度控制

4. 技术资料

下面是厂家描述晶闸管的一些通用术语:

V_T　导通压降。当晶闸管导通时的阳极-阴极电压。

(a) 小电流　　　　(b) 中电流　　　　(c) 大电流

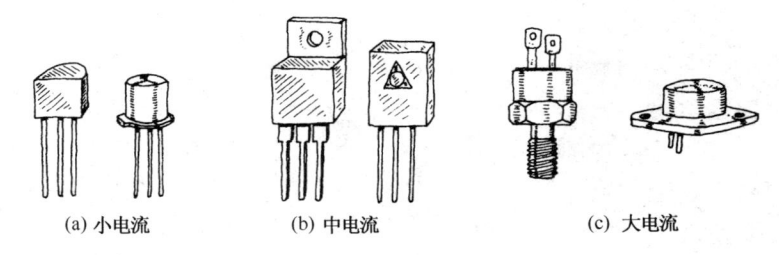

图 4.119　晶闸管的种类

I_{GT}　　控制极触发电流。使晶闸管导通所需的最小控制极电流。
V_{GT}　　控制极触发电压。产生控制极触发电流所需的最小控制极电压。
I_H　　保持电流。保持晶闸管导通状态通过阳极-阴极的最小电流。
P_{GM}　　控制极峰值功耗。在控制极和阴极之间的区域可能消耗的最大功率。
V_{DRM}　　断态反向重复峰值电压。晶闸管两端处理关断状态时出现的最大瞬时电压值,包括所有的重复瞬时电压,但不包括所有的非重复瞬时电压。
I_{DRM}　　断态重复峰值电流。晶闸管在断态重复峰值电压下,关断状态电流的最大瞬时值。
V_{RMM}　　反向重复峰值电压。晶闸管两端的最大反向电压瞬时值,包括所有的重复瞬时电压,但不包括所有的非重复瞬时电压。
I_{RMM}　　反向重复峰值电流。晶闸管在反向重复峰值电压下的反向电流的最大瞬时值。

表4.7给出了一个晶闸管的部分参数。

表4.7　一个晶闸管的部分参数

MNFR#	V_{DRM} (MIN)(V)	I_{DRM} (MAX)(mA)	I_{RRM} (MAX)(mA)	V_T(V)	I_{GT}(TYP/MAX)(mA)	V_{GT}(TYP/MAX)(V)	I_H(TYP/MAX)(mA)	P_{GM}(W)
2N6401	100	2.0	2.0	1.7	5.0/30	0.7/1.5	6.0/40	5

4.4.3　硅可控开关

硅可控开关(SCS)是一个类似于SCR的器件,但其设计满足增强控制、触发敏感、可预期损坏等需求。例如,SCS关断时间的典型值为1～10ms,而SCR的对应值为5～30ms。与SCR不同,SCS具有更低的功率、电流和电压等级,典型参数是:最大阳极电流为100～300mA,耗散功率为100～500mW。不同于SCR,当一个正电压或输入电流脉冲加到SCS附加的阳栅极时,它会关断。也可通过将一个负电压或输出电流脉冲加到相同的端子来触发并导通SCS。图4.120所示为硅可控开关的电路符号。

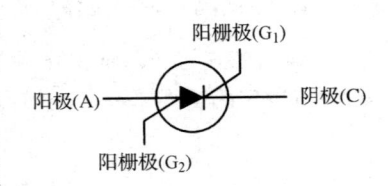

图 4.120　硅可控开关的电路符号

硅可控开关可用于任何需要开关通过两个控制脉冲来接通和关断的电路,常见于电源开关电路、逻辑电路、照明驱动电路、电压传感器和脉冲发生器。

1. 硅可控开关的工作原理

图4.121(a)显示了SCS的基本四层三结PNPN硅模型,它有4个电极,分别称为阴极(C)、阴栅极(G_1)、阳栅极(G_2)和阳极(A)。可用图4.121(c)所示的背靠背双极性晶体管模型电路来等效SCS。若应用双晶体管等效电路,则当一个负脉冲加到阳栅极(G_2)上时,晶体管Q_1导通,Q_1为晶体管Q_2提供基极电流,于是两个晶体管都导通。同样,当一个正脉冲加到阴栅极G_1上时,也能使器件导通。因为SCS只用于小电流场合,所以可在其中的一个栅极用极性适合的脉冲来关断,在阴栅极需要使用一个脉冲来关断器件,而在阳栅极则需要使用正脉冲来关断器件。

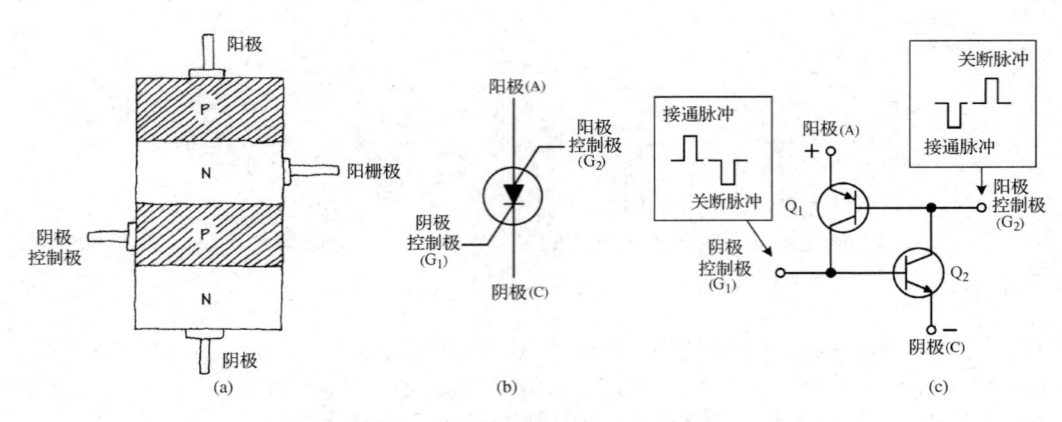

图4.121 硅可控开关与双极型晶体管的等效电阻

2. 说明

购买硅可控开关时，应确保所选器件的击穿电压、电流和功耗范围是合适的，典型的参数表会提供以下参数：BV_{CB}、BV_{EB}、BV_{CE}、I_E、I_C、I_H（保持电流）和P_D（功耗）。

4.4.4 双向晶闸管

双向晶闸管是一种类似于晶闸管的器件（见图4.122），也是一种电控开关，但又不同于晶闸管，它允许电流双向通过，因此双向晶闸管适用于交流。双向晶闸管有三个端子，即一个控制端和两个传导端子——MT_1和MT_2。当无电流或电压加到控制极上时，双向晶闸管保持关断。可是，当特定的触发电压加在控制极上时，器件导通。要关断双向晶闸管，就必须消除控制极的电流或电压。

图 4.122 双向晶闸管的电路符号

双向晶闸管常用于交流电动机控制电路、调光电路、相位控制电路和其他交流大功率开关电路，也常用来替代机械继电器。

1. 双向晶闸管的工作原理

图4.123显示了双向晶闸管的一个简单N型/P型硅模型，这个器件类似于两个反向并联的晶闸管，等效电路描述了双向晶闸管是如何工作的。

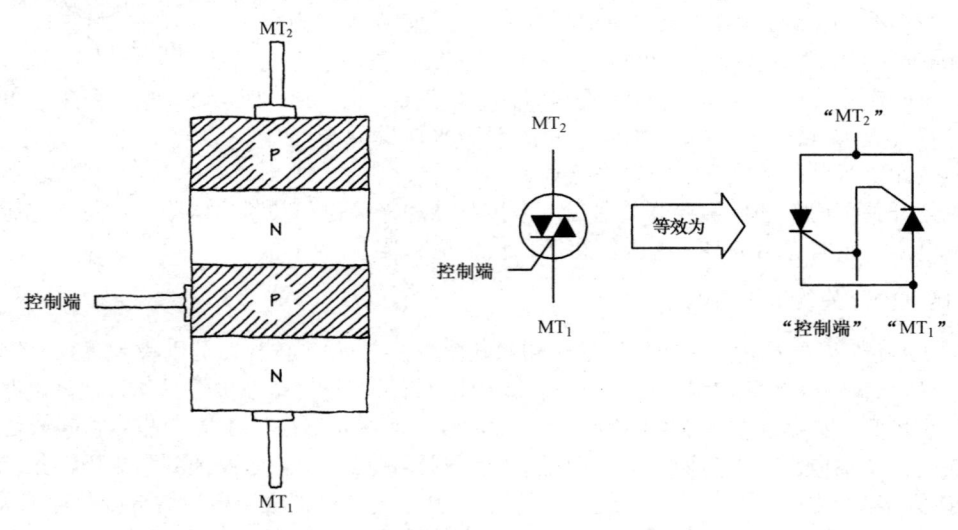

图4.123 双向晶闸管的等效电路

1）双向晶闸管关断

由双向晶闸管的等效电路可知，当无电流或电压加到控制极上时，两个晶闸管的控制极都未接收到触发电压，因此电流从两个方向都不能通过MT$_1$和MT$_2$。

2）双向晶闸管导通

当特定的正触发电流或电压加到控制极上时，两个晶闸管都接收到了充足的电压，触发其导通。一旦双向晶闸管导通，电流既可从MT$_1$流向MT$_2$，又可从MT$_2$流向MT$_1$。控制极电压被消除后，当MT$_1$和MT$_2$两端的交流波形过零时，两个双向晶闸管关断。

2. 基本应用

1）简单开关

图4.124所示为一个简单开关，说明了双向晶闸管是怎样允许或阻止电流到达负载的。当机械开关断开时，无电流进入双向晶闸管的控制极，双向晶闸管保持关断，无电流通过负载；当开关闭合时，一个小电流通过R_G，触发双向晶闸管进入导通状态（提供的控制极电流和电压需要超过双向晶闸管的触发要求）。交变的电流现在能通过双向晶闸管，并为负载供电。开关又一次打开时，双向晶闸管关断，流过负载的电流被阻断。

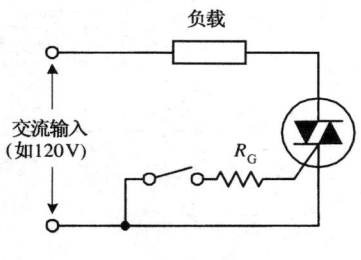

图 4.124 简单开关

2）双向整流

一个双向晶闸管、一个可变电阻和一个电容可以组成一个可调全波整流器。改变电阻R的阻值可调整双向晶闸管触发导通的时间，增大R时，双向晶闸管触发时间滞后，导致大量波形被剪切[见图4.125(b)]。C的大小也决定波形被剪切了多少（电容存储电荷，直到其两端的电压达到双向晶闸管的触发值，然后放电）。电容之所以引起附加的剪切，是因为电容导致控制极电压滞后MT$_2$到MT$_1$的电压（例如，即使控制极接收到足够大的触发电压，MT$_2$到MT$_1$的电压也会过零点）。总体来说，剪切得越多，提供给负载的能量就越少。采用此电路比简单地给负载串联一个可变电阻节省能量，串联的可变电阻消耗能量，而这个电路则通过有效的电流脉冲提供能量。

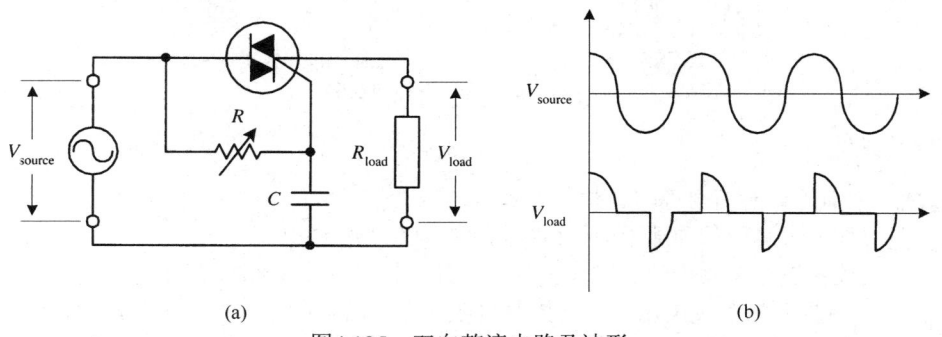

(a)　　　(b)

图4.125 双向整流电路及波形

3）交流调光器

图4.126所示的电路常用于许多家用照明的调光开关，双向击穿二极管的作用是确保精确地触发双向晶闸管（双向击穿二极管的作用类似于开关，当其两端的电压达到击穿电压时，双向击穿二极管通过电流。一旦达到击穿电压，双向击穿二极管就发出一个电流脉冲）。在这个电路中，某时刻双向击穿二极管是关断的。然而，当充足的电流通过电阻为电容充电时，电容上的电压超过双向击穿二极管的触发电压时，双向击穿二极管就会突然导通，使所有的电容电荷进入双向晶闸管的控制极，双向晶闸管导通，灯泡点亮。当电容的放电使电压低于双向击穿二极管的击穿电压时，双向击穿二极管关断，双向晶闸管关断，灯泡熄灭。之后，循环往复。灯泡看起来一直是

亮着的（或者有一些程度的变暗），因为其开关周期非常快，灯泡亮度由R_2控制。

4）交流电动机控制器

图4.127所示的电路除了干扰抑制器部分（R_2C_2），与调光器电路有着相同的基本构造，电动机的速度通过改变R_1来调节。

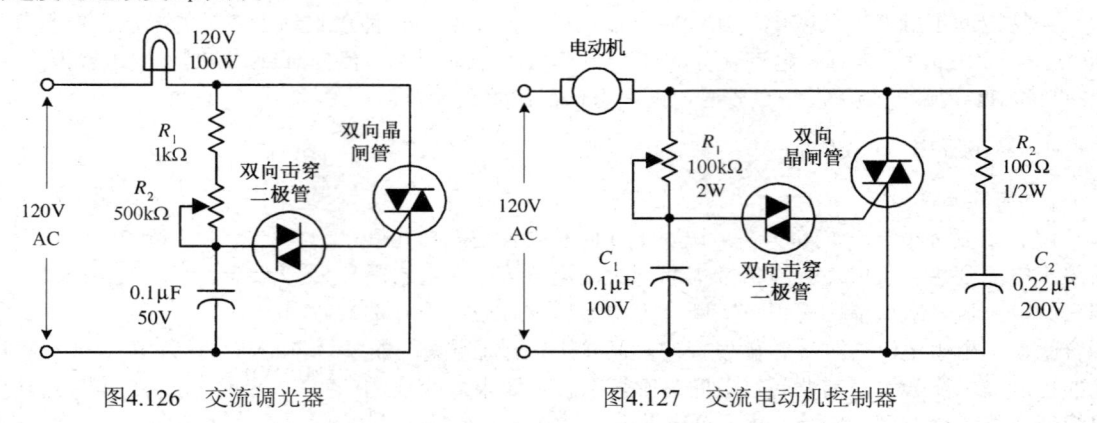

图4.126 交流调光器

图4.127 交流电动机控制器

3．双向晶闸管的种类

双向晶闸管分为小电流型和中电流型（见图4.128）。小电流型双向晶闸管的最大电流/电压范围不大于1A/几百伏。中电流型双向晶闸管的最大电流/电压范围达40A/几千伏。双向晶闸管不能开关如大电流晶闸管那样的大电流。

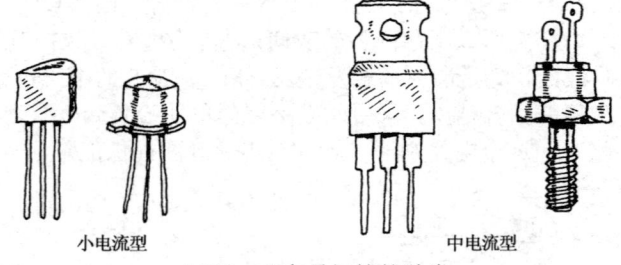

4.128 双向晶闸管的种类

4．技术资料

下面是厂家描述双向晶闸管的一些通用术语：

$I_{TRMS, max}$　均方根有效值导通电流。MT_1到MT_2的最大允许电流。

$I_{GT, max}$　直流控制极触发电流。双向晶闸管导通所需的最小控制极直流电流。

$V_{GT, max}$　直流控制极触发电压。产生控制极触发电流所需的最小控制极直流电压。

I_H　直流维持电流。维持双向晶闸管导通所需的从MT_1到MT_2的最小直流电流。

P_{GM}　控制极峰值功耗。控制极到MT_1的最大功耗。

I_{surge}　浪涌电流。允许的最大浪涌电流。

表4.8给出了一个双向晶闸管的部分参数。

表4.8　一个双向晶闸管的部分参数

MNFR#	$I_{T, RMS}$MAX(A)	I_{GT}MAX(mA)	V_{GT}MAX(V)	V_{FON}(V)	I_H(mA)	I_{SUGRE}(A)
NTE5600	4.0	30	2.5	2.0	30	30

4.4.5 四层二极管和双向击穿二极管

四层二极管和双向击穿二极管都是双端晶闸管（见图4.129），它们的开关电流不需要控制极信号触发，而在两端的电压到达特定的击穿电压（或导通电压）时元件导通。四层二极管类似于无控制极的晶闸管，被设计为只能开关直流。击穿二极管类似无控制极的PNP晶体管，被设计为只能开关交流信号。

图4.129 四层二极管与双向击穿二极管的电路符号

四层二极管和双向击穿二极管常被用于帮助晶闸管和双向晶闸管获得合适的触发信号。例如，如图4.130(a)所示，利用击穿二极管触发双向晶闸管的控制极，可以避免由于温度变化等原因造成的器件不稳定，导致双向晶闸管的触发不可靠。当击穿二极管两端的电压达到击穿电压时，二极管会突然释放一个强电流脉冲进入双向晶闸管的控制极。

图4.130(b)所示的电路常用来检测击穿二极管的特性，调节100kΩ可变电阻可使击穿二极管每半周击穿一次。

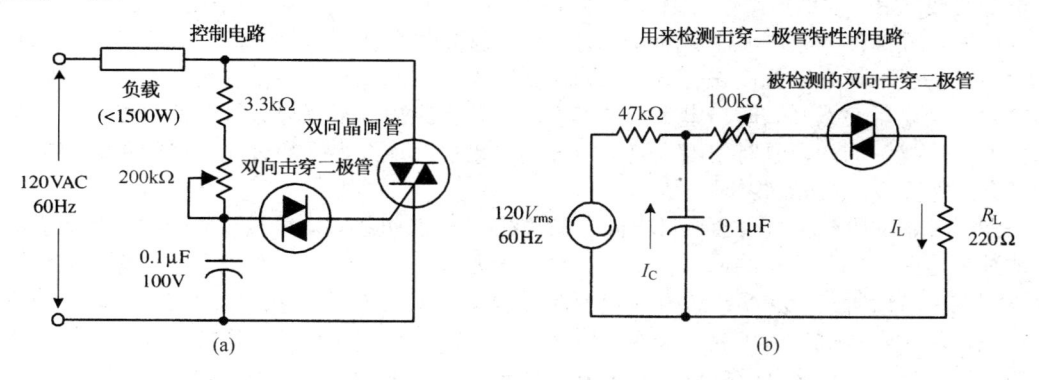

图 4.130 双向击穿二极管的应用

表4.9给出了一个击穿二极管的部分参数。

表4.9 一个击穿二极管的部分参数

MNFR#	$V_{BO}(V)$	$I_{BO}MAX(\mu A)$	$I_{PULSE}(A)$	$V_{SWITCH}(V)$	$P_D(mW)$
NTE6411	40	100	2	6	250

这里，V_{BO}是导通电压，I_{BO}是导通电流，I_{PULSE}是最大电流脉冲峰值，V_{SWITCH}是最大开关电压，P_D是最大功耗。

4.5 瞬态干扰抑制

许多器件可被用来抑制不必要的瞬态电压。前面说过，去耦电容能够吸收线性波动，二极管能够去除由开关动作产生的瞬时毛刺。对于小功率的情况，应用这些器件效果较好，但有时瞬时电压比较强或者能量较大，因此需要更耐用的器件。下面介绍各种瞬态电压的抑制器件，如瞬态抑制二极管（TVS）、压敏电阻、多层压敏电阻、瞬态电压抑制器和可恢复保险丝。在这样做之前，下面介绍一些关于瞬态现象的内容。

4.5.1 关于瞬态现象的内容

瞬态现象是指电压或电流瞬间的浪涌或尖刺，它会严重地破坏电路。瞬态电压峰值根据其来源的不同可能是小儿毫伏，也可能是几千伏，持续时间从几纳秒到100ms不等。在有些情况下，瞬态现象是反复的和周期发生的，如电动机连线的缺陷导致的瞬态干扰。

电路内部或外部都可能产生瞬态，外部的干扰经电源线、信号的输入或输出线、数据线和其他输入/输出线进入电路。内部的瞬态干扰可能来源于电感性负载开关、晶体管或逻辑集成电路开关、电弧效应和错误的连线等。

对于诸如电动机、继电器线圈、电磁铁线圈和变压器等的感性负载，突然关断设备会使设备中的电感部分将存储的能量突然传递给电源线，产生电压尖峰（回忆电感公式 $V = LdI/dt$）。在许多情况下，这些感应电压超过1000V，持续时间从50ns到超过100ms。任何晶体管电路或逻辑驱动集成电路以及使用同一电源电路供电的电路，会遭受瞬态尖峰及伴随的瞬态干扰沿电源线传播带来的不可预知的情况（电源线不是理想导体，输出阻抗不为零）。

TTL和CMOS电路开关导致的瞬态电流毛刺的威胁要小得多，但也可能导致不稳定的情况。例如，当TTL门的输出晶体管导通时，会突然从电源线汲取电流浪涌。这个尖峰的出现通常非常迅速，导致电源线或PCB上的电压降低（因为导体有阻抗）。所有连接到电源上的电路将感应到电压的降低，导致振荡或某种不稳定，致使信号失真或数字逻辑电平混乱。

火花是另一种瞬态干扰，它有多种来源，如断路器、开关和连接器的接触不良会在间隙产生电弧放电。当电压突然升高时，电子跃过间隙，导致音频振荡干扰。有缺陷的接线和接地不良也会产生瞬时干扰。例如，具有线圈或绝缘故障的电动机会连续产生超过几百伏的瞬时浪涌。破旧的电线会加重负载开关时的瞬时干扰。

来源于外部的瞬时干扰也会通过电源的输入线、信号的输入/输出线、数据线和其他进出底盘的连线冲击电路。外部干扰的原因之一是导线（电源线、电话线、分布式电脑系统的连线等）附近有雷击发生，或者是开关负载或开关电容时导线上出现了感应电压。家中的开关动作感应的外部干扰也可能由电源线进入电路，如开关吹风机、微波炉或洗衣机等。通常，瞬时干扰会被其他并联的负载消耗，因此这个影响不是很显著。对于昂贵的用电设备，如计算机、监视器、打印机、传真机、电话和调制解调器，采用瞬态功率峰值保护器/备用电池是一种较好的方法，这会削弱电源线、信号线和电话线上的干扰。

静态放电（ESD）是另一种常见的外部瞬时干扰形式，它可能损坏敏感性器件和集成电路。它通过手指或金属工具的接触进入系统。静电与湿度有关，可能产生小电流和高达40000V的瞬时电压。内部有长导线的系统，如电话和分布式计算机系统，会有效地接收闪电的能量。邻近的冲击可能会在信号线上感应出300V或者更高的电压。

人们一直在试图消除干扰，因为干扰会使电子设备的运行不可靠，进而产生错误的结果。它们冲击敏感的集成电路，导致集成电路立即失效，有时甚至损坏信道。今天的微型芯片比过去的芯片更密集，瞬态电压可能将它们熔化、损坏、烧毁，导致电路发生暂时性或永久性故障，尖峰电压也可能降低电路的效率，如电动机会因瞬时现象而运行在较高的温度下，中断正常的电动机调速，导致迟滞现象，进而使电动机产生噪声和出现过热现象。

4.5.2 用于抑制瞬态干扰的器件

设计电路时，可以使用表4.10中的常用器件来抑制瞬态干扰的不利影响。

表4.10 抑制瞬态干扰的常用器件

器件类型	符号	应用	优点	缺点
旁路电容逻辑电路0.01~0.22μF，电源0.1μF及以上		用于小功率应用，如RC缓冲器和为数字逻辑电路提供干净电源的去耦	低价、实用、应用简单、快速、双极性	抑制不均匀、有不可预知的毁坏、高容量
稳压二极管		在高频小功率电路中起转换/钳位作用（如高速数据线）	低价、快速、较准确的钳位电压、使用简单、标准额定值、双向性	小功率操作，易于损坏（危害电路）；实际上用于调节多于瞬态
瞬态抑制二极管（TVS）	单向 双向	在低压、小功率系统中起转换/钳位作用	快速、较准确的低钳位电压、实用、使用简单	容量大时频率受限，功率小，比稳压管或MOV贵
金属氧化物压敏电阻（MOV）		在大多数低频到中频电路的所有电压和电流水平下起转换/钳位作用	低价、快速、实用、较准确的钳位电压、使用简单、标准额定值、双方向；比TVS处理的功率更高	中容量到大容量的电容限制了高频应用
多层压敏电阻（MLTV）		在中频低压（3~70V）系统中起转换/钳位作用	快速、紧凑、大功率、双向低校准电压、表面安装	比稳压管或MOV更贵，大电容量时会限制频率范围
保护用晶闸管		对大功率高频电路和数据线起转换（保护）作用	高速/中等功率、快速的电压钳位、中等位	价格高于后面展示的其他通用器件
雪崩二极管	阴极 阳极 (−) (+)	低压、高速逻辑保护	极高速（几纳秒的响应），低旁路电容（50pF）	浪涌容量低
气体放电和火花隙瞬态抑制		在特大功率/高电压应用中起转换（保护）作用	能量容量达到20000A；几乎不存在泄漏电流（皮法范围内）	价格高于其他器件，响应时间长
聚乙烯开关		对扬声器、电动机、电源、电池组等进行过流保护	低成本、使用方便、过流保护	复位要求一个冷却周期

1. 瞬态抑制二极管

瞬态抑制二极管（TVS）是流行的半导体器件，它可在瞬态电压和电流（静态放电、感应开关反应、引发闪电浪涌等）损坏电路之前，及时地将电压或电流钳位到安全水平。在前面关于二极管的章节中，可以看到如何用标准二极管和稳压二极管进行瞬态抑制。虽然标准二极管和稳压二极管能用作瞬态保护，但它们是设计用于整流和电压调整的，不像TVS那么可靠或耐用。

瞬态抑制二极管分为单极（单向）和双极（双向）两种类型。当单向瞬态抑制二极管的特定击穿电压V_{BR}被超过时，在一个方向击穿（类似于稳压二极管，电流沿与箭头相反的方向流动）。双向瞬态抑制二极管与单向瞬态抑制二极管不同，当其两端的电压超过击穿电压时，可处理两个方向的瞬态峰值，如图4.131所示。

2. 瞬态抑制二极管的重要特性

反向保持电压（V_{RWM}） 也称工作电压，代表瞬态抑制二极管的最大额定直流工作电压。在这个电压下，器件对所保护的电路呈高阻态，器件的V_{RWM}为2.8~440V。

最大击穿电压（V_{BR}） 在这个电压下，瞬态抑制二极管开始导通，变为瞬态干扰的低阻抗通道，器件的V_{BR}为5.3~484V。击穿电压是在测试电流为I_T时测得的，典型的I_T为1mA或10mA。V_{BR}值约比V_{RWM}大10%。

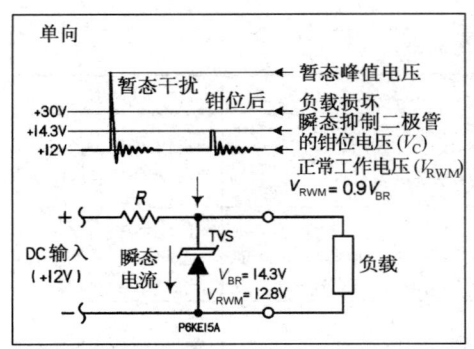

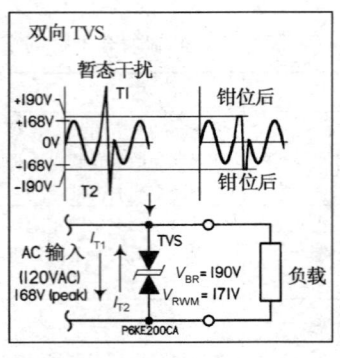

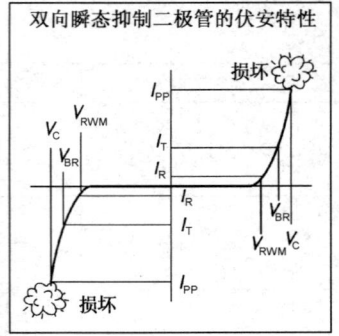

图4.131 瞬态抑制二极管

最大峰值电流（I_{PP}） 器件在烧坏前所能承受的最大峰值电流。

泄漏电流（I_R） 工作电压下测得的最大泄漏电流。

最大钳位电压（V_C） 特定峰值脉冲电流I_{PP}时的最大钳位电压，典型值比V_{BR}高35%～40%，或者比V_{RWM}高60%。

电容（C_J） 瞬态抑制二极管的内部电容，在高速数字电路中它可能是一个重要参数。

对电路设计而言，瞬态抑制二极管在瞬态未发生时可忽略，它的各项电气参数，如击穿电压、漏电流和电容，都应对正常电路不产生影响。瞬态抑制二极管的击穿电压通常比其工作电压高10%，其接近电路的工作电压，以限制漏电流并允许因温度系数变化引起的V_{BR}变化（参数表中同时给出了两个参数——V_{BR}/V_{RWM}：12.4V/11.1V、15.2V/13.6V、190V/171V等）。V_{RWM}应等于或稍大于被保护电路的正常工作电压。瞬态发生时，瞬态抑制二极管立即钳位，将电压峰值限制到安全水平，将电流从被保护电路移走。当然，V_C应该小于被保护电路所能承受的最大电压。注意，在交流电路中，应用电压峰值（V_{peak}）而不用有效值来选择V_{RWM}和V_{BR}的值（$V_{peak} = 1.4V_{RMS} \leqslant V_{RWM}$）。要确保选择的瞬态抑制二极管能处理可能出现的最大瞬态脉冲电流。图4.132显示了各种瞬态抑制二极管的应用。

图4.132中的①~③说明如下：当电动机、继电器线圈和螺线管等感性负载断开时，会产生较高的瞬态电压。瞬态抑制二极管对驱动电路提供保护，也限制其毁坏继电器和螺线管金属触头。

图4.132中的④~⑦说明如下：用瞬态抑制二极管作为瞬态保护的典型电源，选择瞬态抑制二极管的击穿电压等于或高于直流输出电压。在大多数应用中，应在线路中加保险丝。

图4.132中的⑧~⑨说明如下：对于信号线上传递的小电流高压静电或交叉干扰，输入状态是脆弱的。运算放大器或其他集成电路通常会设置一个内部钳位二极管，但这对大电流或高电压提供的保护不够，因此这里使用一个外部瞬态抑制二极管来提供附加的保护。第二个电路的瞬态抑制二极管用在运放的输出端，防止因电路短路或感性负载引起的传递到输出级的电压瞬态。

图4.132中的⑩说明如下：导线上的瞬态持续几微秒到几毫秒，幅值达10000V。这会对集成电路造成高噪声的损害。然而，对这些设备的输入二极管的保护作用有限，所以集成电路仍然可能损坏，导致电路断开或使电路的性能逐渐变坏。这里，信号线上的瞬态抑制二极管吸收过量的能量，防止器件损坏。

图4.132中的⑪说明如下：射频耦合瞬态抑制方法的选择。

3. 金属氧化物压敏电阻和多层压敏电阻

金属氧化物压敏电阻（MOV）是双向半导体瞬态抑制器，类似于压敏电阻（见图4.133）。金属氧化物压敏电阻内部包含复杂的陶瓷晶体结构，其晶体颗粒间有若干多向金属氧化物PN结夹在两个电极之间。每个PN结都有较高的电阻值，直到晶体颗粒两端的电压超过约3.6V，PN结正偏，阻值很小。金属氧化物压敏电阻的开关电压值依赖于两极间颗粒的平均数量，在生产过程中，这个值可设置为期望的任意击穿电压值。在金属氧化物压敏电阻中,由于晶体颗粒的方向是任意的,因此金属氧化物压敏电阻类似于双极型器件,可用在交流或直流应用中。

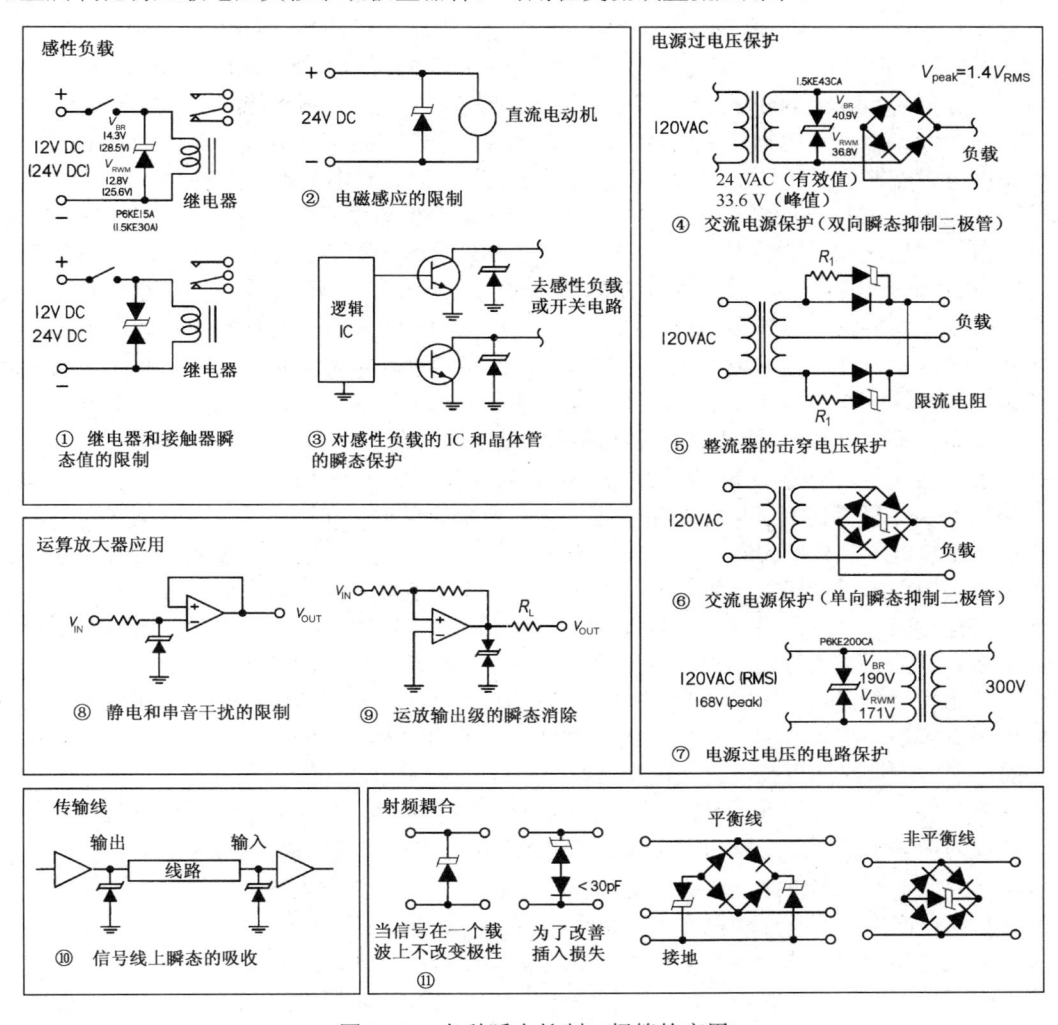

图4.132 各种瞬态抑制二极管的应用

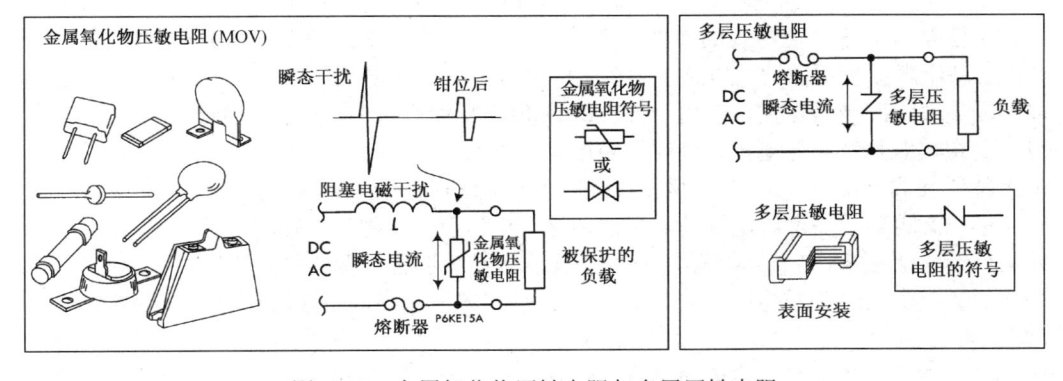

图4.133 金属氧化物压敏电阻与多层压敏电阻

就应用而言,金属氧化物压敏电阻通常跨接在其保护的设备或电路的主要输入端,串联一个滤波电感并接入一个熔断器来保护金属氧化物压敏电阻本身。在瞬态情况下，金属氧化物压敏电阻的阻抗值从高阻（几兆欧姆）到低阻（几欧姆）变化，将自身变为瞬态大电流的泄流通道。金属氧化物压敏电阻被制造为各种钳位电压、峰值额定电流和最大额定功率，反映了金属氧化物压敏电阻能短时间吸收很大功率或长时间吸收很小功率的事实。例如，额定值为60J的金属氧化物压敏电阻可持续1s吸收60W功率，或者持续1s吸收600W功率，或者持续10ms吸收6kW功率，或者持续1ms吸收60kW功率。

在许多方面，金属氧化物压敏电阻类似于背靠背的稳压二极管。然而，与二极管不同，金属氧化物压敏电阻能够承受比稳压二极管更高的瞬态能量，因为它不是单独的PN结，而是相当多的PN结贯穿其结构。高电导的氧化锌颗粒作为吸热装置，确保通过器件迅速分配热能，降低温度的升高（注意金属氧化物压敏电阻仅消耗相对较小的平均功率，不适合在要求连续功耗的条件下应用）。它们与齐纳二极管一样，迅速将电压峰值钳位到安全水平。泄漏非常低，这意味着其消耗的电路功率较小。与齐纳二极管和其他器件不同，压敏电阻没有短路。开路时，齐纳二极管也不能正常工作，导致设备在之后出现脉冲时不被保护。这可帮助保护电路免受高瞬态脉冲的破坏；短路的压敏电阻跨接在交流线路或其他线路两端，能量大时可能爆裂。金属氧化物压敏电阻应该加熔断器或安装在发生此情况时不影响其他器件的地方。

相对于瞬态抑制二极管，金属氧化物压敏电阻能承受更大的功率或能量，而受到的影响较小。然而，瞬态抑制二极管显示了更好的钳位比（更高质量的保护）和快速的响应时间（1～5ns相比金属氧化物压敏电阻的5～200ns）。而金属氧化物压敏电阻的速度限制是封装和引线寄生电感的结果，可通过缩短引脚设计降低这种限制。在金属氧化物压敏电阻的结构内部，也展现了内在的损坏机制，当器件吸收瞬态能量时，电特性（如泄漏电流、击穿电压）趋于移动。而瞬态抑制二极管无内部损坏机制。金属氧化物压敏电阻所具有的等效电容从小型金属氧化物压敏电阻的75pF到大型金属氧化物压敏电阻的20000pF。这是与引线电感产生的共同效应，使得实际的金属氧化物压敏电阻比瞬态抑制二极管更慢，但仍是快速器件。对不同的器件，响应时间为5～200ns，而需要消除的瞬态通常比该时间更长，因此这些器件通常对所要完成的工作是胜任的。

金属氧化物压敏电阻用在计算机和其他敏感设备的电源中，以及主滤波器和稳压器中，防止开关通断或闪电等主要的瞬态来源的影响。它们常用在电信和数据系统（电源单元、开关设备等）、工业设备（控制、接近开关、变送器、电动机、交通信号灯）、消费电器（电视机、录像机、洗衣机等）和自动化产品（所有电动机和电子系统）中。

金属氧化物压敏电阻用于表面安装的形式是多层压敏电阻。通过表面安装接触，引线的自感和串联电阻减小，具有更快的响应时间——少于1ns。串联电阻的降低也能转化为每个元件单元的峰值电流容量的增加。即使是在这种情况下，当与其他压敏电阻相比时，多层压敏电阻的能量比也是相当恒定的。多层压敏电阻的一个优点是，其能承受上千次额定峰值电流的冲击而不老化。多层压敏电阻具有一个类似电容的特性，其等效介电常数约为800（低于传统电容）。因为这个特点，多层压敏电阻也被用在滤波电路中。多层压敏电阻的工作电压从3.5V到大约68V，广泛用于集成电路和晶体管瞬时电压保护，也用于许多ESD和I/O配置的保护（见图4.134）。

以下是金属氧化物压敏电阻和多层压敏电阻的参数：

最大持续直流电压（$V_{M(DC)}$） 器件在最高工作温度时的最大持续直流电压。额定直流运行电压（工作电压）也常用作泄漏电流的参考点，这个电压总小于器件的击穿电压。

最大持续交流电压（$V_{M(AC)}$） 器件从任意温度到最大运行温度的最大连续正弦电压的有效值，它与先前的直流电压的关系为$V_{M(DC)} = 1.4 V_{M(AC)}$。这意味着应用非正弦波形时，周期性峰值电压应被限制为$1.4 V_{M(AC)}$。

额定瞬态能量（W_{TM}） 能量的单位为焦耳（J），表示连续电压下10/1000μs的单一脉冲电流波形的最大允许能量。

额定峰值电流（I_{PK}） 最大钳位电压V_C时的额定最大电流。

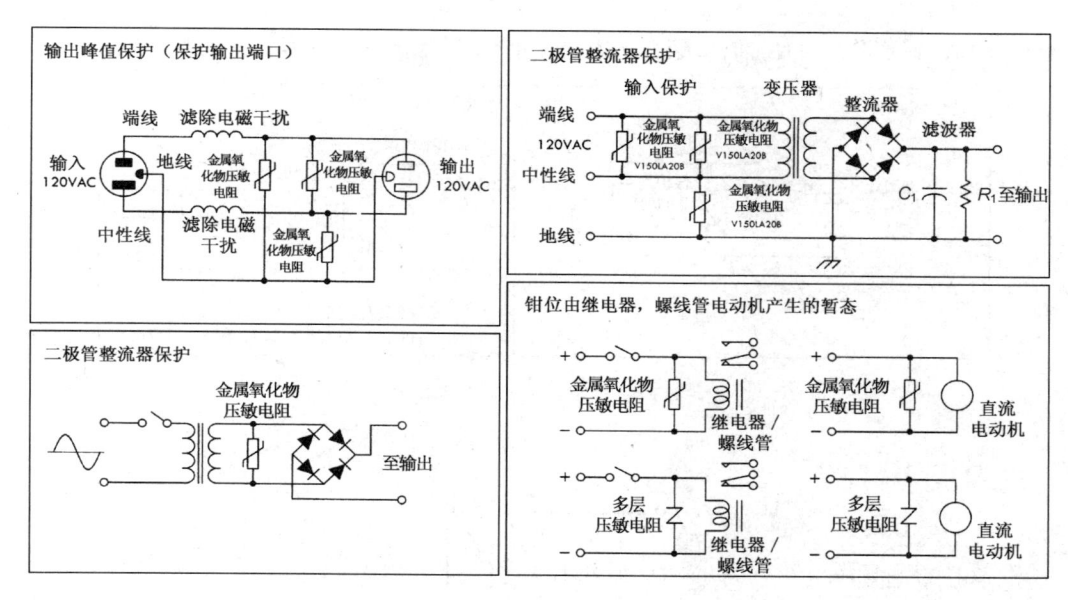

图4.134 各种保护电路

压敏电压（$V_{B(DC)}$或V_{NOM}） 在此电压下器件从关断状态变为导通状态，并进入导通工作模式，这个电压通常在1mA时测定，并给出最小电压和最大电压。

钳位电压（V_C） 峰值电流I_{PK}时金属氧化物压敏电阻两端的钳位电压。

额定直流电压下的泄漏电流（I_L） 当器件在非导通模式下加特定电压时器件的泄漏电流。

电容（C_p） 指定$1V_{PP}$的偏置和1MHz的频率时器件的电容，对于小器件，这个电容通常为100pF或更低，对于大器件，这个电容可达几千皮法。

就设计而言，压敏电阻必须工作在连续运行模式（备用）和预测的瞬态模式（正常）下。确定必需的稳态额定电压（工作电压），然后确定压敏电阻吸收的瞬态能量，计算通过压敏电阻的峰值瞬态电流，并定出需要消耗的电能，再选择一个型号来满足需要的钳位电压特性。

4．保护用晶闸管

还有其他瞬态电压抑制器，如保护用晶闸管（见图4.135）、气体放电和火花隙瞬态抑制二极管。保护用晶闸管利用硅晶闸管技术为正负极性的瞬态提供双向过压保护钳位作用。保护用晶闸管由五层PN结构成。只要所加的电压等于或低于V_{DRM}的额定值，保护用晶闸管保持反偏状态，保持较低的泄漏电流，对电路表现为无负载。一旦瞬态电压超过这个值，就会导致器件雪崩（击穿），对其接地导线开始钳位动作。当瞬态电压的前沿试图增高时，通过电路电源阻抗的保护用晶闸管电流将增加，直到V_{BO}或达到击穿电压模式。晶闸管被迅速触发，保护用晶闸管开关打开，或者呈闭锁状态。这个非常低的阻抗状态以正向PN结的特性有效地保护了电路，因此短路了瞬态电压。

5．聚乙烯开关

聚乙烯开关（也称聚乙烯保险丝、多路开关或自恢复保险丝）是特殊的正温度系数热敏电阻，由导电聚合体混合而成（见图4.136），类似于将一个压敏电阻和PTC热敏电阻合二为一。在正常温度下，聚合体形式的导电颗粒密集地形成低电阻链，允许电流方便地流动。然而，通过聚乙烯开关的电流增加到某个值——器件的温度升高到临界水平之上时，聚乙烯开关的晶体结构就会突然变成膨胀无序的状态。在这个电流值下，器件的阻抗显著增大，致使电流突然减小，这个电流值称为**断路电流**。断路后，当电压维持不变时，足够大的保持电流将维持器件工作在断路状态。只有当电压降低、器件冷却、聚乙烯开关复位时，聚合体的颗粒才迅速回到密集封装状态，阻抗降低。

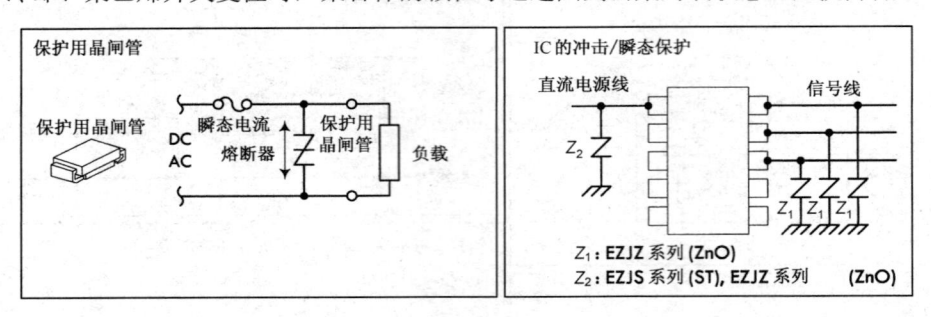

图4.135 保护用晶闸管的应用

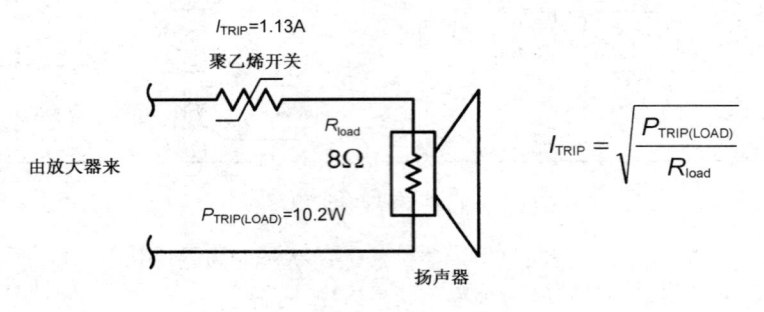

$$I_{TRIP} = \sqrt{\frac{P_{TRIP(LOAD)}}{R_{load}}}$$

图4.136 聚乙烯开关的应用

聚乙烯开关可用在许多需要低价格且能复位的固态电路断路器应用中，用于限制扬声器、电源、电池组、电动机等电路中的过流。图4.136显示了如何用聚乙烯开关来防止放大器送给扬声器的电流过大。这个聚乙烯开关的断路电流定为稍高于扬声器所能承受的功率水平。例如，8Ω/5W扬声器的最大电流值可用一般的功率公式来确定。

6. 雪崩二极管

雪崩二极管被设计为在特定的反偏电压下击穿导通，这种特性称为雪崩效应，它类似于稳压二极管，但其发生是由不同机制导致的（一个加在PN结上的反向电场，使电子移动，从而导致雪崩发生，形成大电流）。可是，与稳压二极管对最大击穿电压有相当严格的限制不同，雪崩二极管在超过4000V的击穿电压时仍然可用。雪崩二极管常用在电路中防止瞬态高压损坏电路，在电路中反偏连接（阴极被置在相对于阳极的正端）。在这种机构下，雪崩二极管是不导通的，且不影响电路。可是，当电压升高到超过安全限制时，二极管进入雪崩击穿，通过将电流导入大地来消除有害电压。雪崩二极管有指定的钳位电压V_{BR}和能吸收的最大瞬态峰值，且指定了能量的焦耳值或I^2t。只要二极管不过热，雪崩二极管的击穿就不是毁坏性的。雪崩二极管产生的不良效应是射频噪声。

4.6 集成电路

集成电路（IC）是微型电路，包含电阻、电容、二极管和三极管集中到一片不比人的指甲大的芯片上。芯片中的电阻、电容、二极管和晶体管的数量可以是几个到几百万个。

将所有电路做到如此小的封装中的关键，是在制造过程中将微小的N型和P型硅结构嵌入硅芯片内部。为了连接晶体管、电阻、电容和二极管，在芯片的表面放置了一个铝镀膜层。图4.137显示了已放大的集成电路芯片截面，可以看出各种元件是如何嵌入芯片的以及是如何连接的。

集成电路有模拟、数字或模拟/数字形式。

- 模拟（或线性）集成电路产生、放大或响应变化的电压。常用的模拟IC包括稳压电路、运算放大器、比较器、时基电路和振荡器等。
- 数字（或逻辑）集成电路响应或产生的信号只有高和低两种电压状态。常用的数字IC包括逻辑门（如与门、或门及与非门）、微控制器、存储器、二进制计数器、移位寄存器、数据选择器、编码器和译码器等。
- 数字/模拟集成电路既具有模拟电路的特性，又具有数字电路的特性。数字/模拟集成电路有多种不同的形式。例如，集成电路可设计为其主要部分是一个模拟的时基电路，但又包含数字计数器。作为一种选择，集成电路可以设计为读取数字信号，然后利用这个信号产生线性输出，这个输出可用来驱动步进电动机或者LED显示器。

集成电路的使用非常普遍，在后面的许多章节中，我们会看到它们的运用。

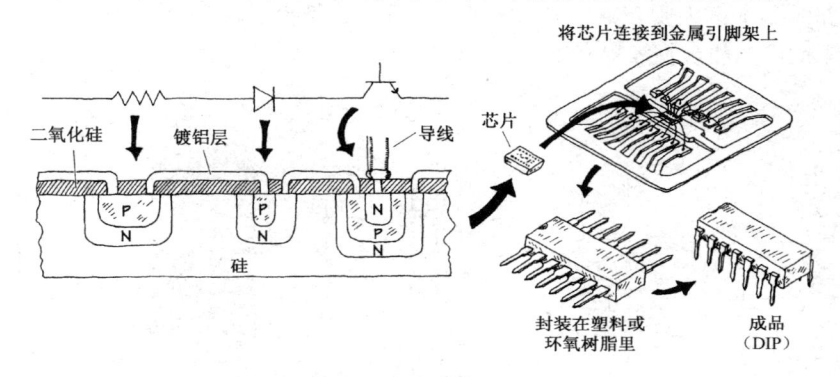

图4.137　集成电路芯片截面

4.6.1　集成电路的封装

集成电路的常用封装有多种（见图4.138），决定封装种类的因素是引脚的数量和耗散的功率。例如，一个大功率稳压集成电路可以有三个引脚，看起来像一个大功率晶体管。

但是，多数集成电路有更多的引脚排成两行（DIP），有8、14、16、20、24和40引脚封装（见图4.138），也有表面安装的DIL封装，封装也可是方形的，引脚排列在四周。一些表面安装的封装引脚之间的间距极小，有时小到0.5mm，即1mm就有两个引脚。

集成电路的一些常用封装如表4.11所示。

图4.138　集成电路的常用封装

相同的集成电路也有多种封装，我们可在制作样机时选用容易焊接的DIL或SO封装，而在最终的产品中换用更小的封装。

表4.11　集成电路的一些常用封装

封　装	全　名	定位间距（mm）	注　释
DIL	双列直插封装	2.54	
SO/SOIC/SOP	小外形封装	1.27	
MSOP/SSOP	超小型/缩小型外封装	0.65	
SOT	小外形晶体管封装	0.65	
TQFP	薄型四方扁平封装	0.8	引脚在四周
TQFN	薄型四方扁平无引线封装	0.4～0.65	芯片底部无引脚或触点

第5章　光电子技术

光电子学是研究光辐射、光检测器件的电子学分支。一方面，光辐射器件［如灯泡、发光二极管（LED）］利用电流激发电子，使其进入更高的能级而产生电磁能量（如光能，当电子能级改变时，就辐射光子）。另一方面，光检测器件如光电晶体管、光敏电阻等则设计用于吸收电磁能量并将其转换成电流和电压。转换过程通常是利用光子释放半导体材料中的束缚电子来实现的。光发射器件的典型应用是作为照明灯或指示灯。光检测器件主要用于光传感和通信装置，如暗激活开关和遥控电路等。本章主要介绍灯泡、发光二极管、光敏电阻、光电二极管、光电三极管、光电晶闸管、太阳能电池和光绝缘耦合器等（见图5.1）。

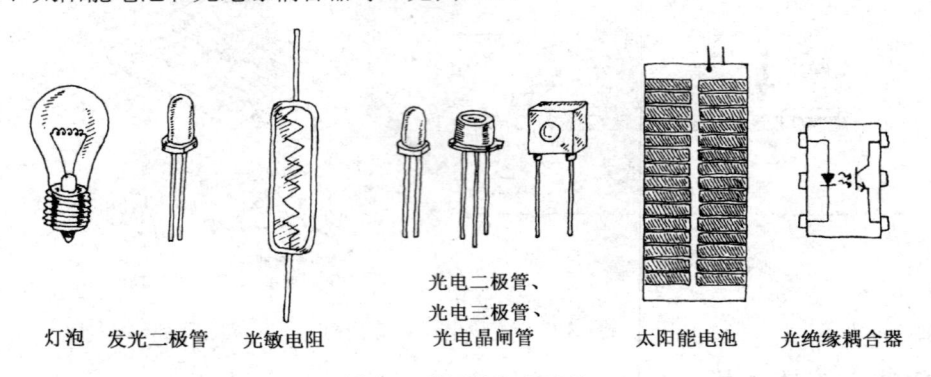

图5.1　常用的光电器件

5.1　光子简介

光子是电磁辐射的基本单元。例如，白光是由不同的光子组成的，其中的一些是蓝光子，一些是红光子等。注意，自然界中不存在白光子，它只是不同颜色的光子组合作用于人眼后在人脑中产生的感觉。

光子并不局限于可见光，还有射频光子、红外线光子、微波光子和其他看不见的光子。

从物理性质看，光子是一种非常有趣的东西。它们没有静止质量，但有动量（能量）。光子在其电磁束中还具有波的特性。光子的波长（电场或磁场的两个峰值之间的水平距离）与光子运动于其中的介质和产生它的光源有关，即这种波长决定了光子的颜色。光子频率与波长的关系$\lambda = v/f$，其中v是光子运动速度。在自由空间中，v与光速c相等（$c = 3.0 \times 10^8$m/s），但在其他介质如玻璃中，v变得比光速小。长波长（或低频率）光子的能量低于短波长（或高频率）光子的能量。光子的能量用$E = hf$表示，其中h是普朗克常数（6.63×10^{-34}J·s）。

"制造"光子的技巧是加速/减速带电粒子。例如，在天线中来回振荡的电子产生射频光子，与可见光的光子相比，它们的波长更长（低能量）。可见光是原子的外层电子被迫在能级之间跃迁产生的。其他频率光子的产生可能缘于分子的高频振荡或高速旋转。还有一些光子，特别是那些高能光子（如γ射线），它们的产生则是缘于原子核内的电荷加速。

图5.2给出了电磁波谱的分类。射频光子的频率范围为几赫兹到约10^9Hz（波长从几千米到约0.3m）。电磁波通常由电力传输线和电子电路（如无线电和电视发射机等）中的交变电流产生。

微波的频率范围为$10^9 \sim 3 \times 10^{11}$Hz（波长为30cm～1mm）。这些光子可以穿透地球大气层，因此可用于太空通信、射电天文学和卫星电话，还可用来烹调食物。微波的产生是由于原子跃迁和电子、原子核的自旋。

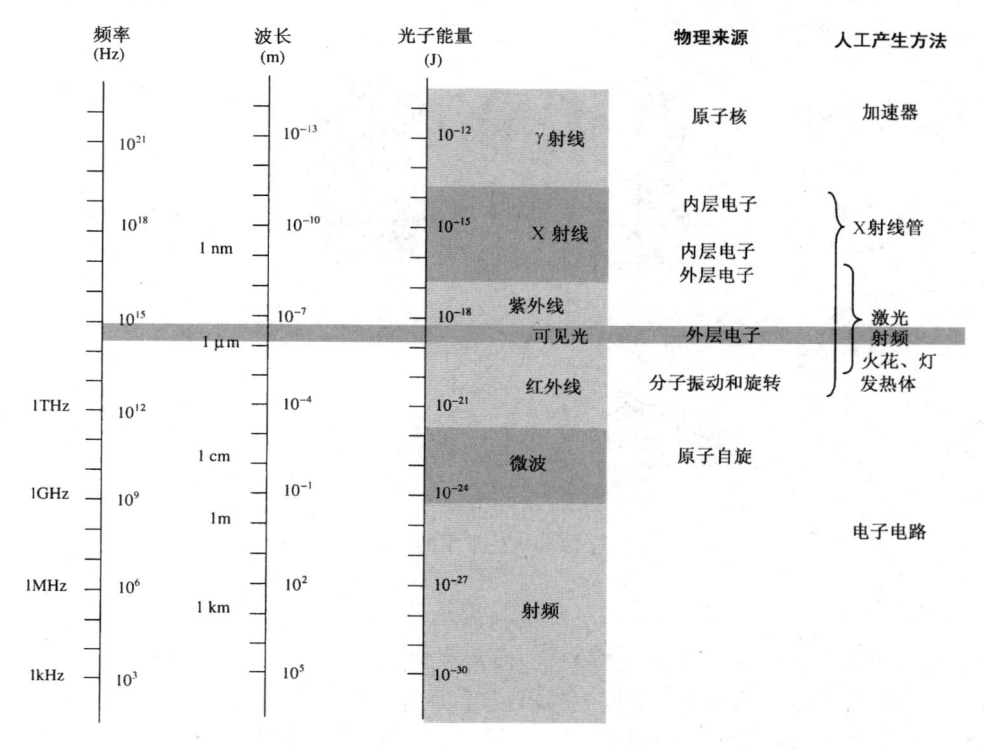

图5.2 电磁波谱的分类

红外线的频率范围为$3×10^{11}$～$4×10^{14}$Hz。红外辐射的产生是由于分子的振荡。红外线通常由高温热源产生，如电炉、热煤炭、太阳、人体（人体红外线的波长为3000～10000nm）和一些特制的半导体器件。

可见光的频率范围相对较窄，为$3.84×10^{14}$～$7.69×10^{14}$Hz，通常由原子或分子的外层电子重新排列而成。例如，在白炽灯泡的灯丝中，电子受施加电压的作用朝各个方向杂乱无章地加速运动且频繁地碰撞，大范围地加速电子，使得频谱变宽，进而产生白光。

紫外线的频率范围为$8×10^{14}$～$3.4×10^{16}$Hz，由原子内的电子从高激发态向高能级的低激发态跃迁产生。遗憾的是，紫外线会与人类细胞的DNA起不良反应，导致皮肤病。来自太阳的紫外线辐射很强烈，好在地球大气高层中的臭氧层会吸收大部分辐射，将紫外线光子的能量转换为臭氧分子内的振动，进而起了保护作用。

X射线是高能光子，其频率范围为$2.4×10^{16}$～$5×10^{19}$Hz，其波长短于一个原子的直径。产生X射线的方法之一是，将高速运动的带电粒子迅速减速。X射线如同子弹一样，可用于成像。

γ射线是能量最高的光子，其频率在$5×10^{19}$Hz以上，是原子核内的粒子向下跃迁产生的。注意，γ射线的波长性质极难观测到。

5.2 灯泡

灯泡是将电流转换成光能的器件（见图5.3）。常用的转换方法之一是，让电流通过特制的金属灯丝。电流与灯丝原子碰撞，使得灯丝发热并发射光子（灯丝发热过程产生许多不同波长的光子，

· 381 ·

使得发热的光看起来是白色的）。另一种常用于产生光的方法是，将一对间距很小的电极封装在充有气体的玻璃球泡中，在其两极施加电压时，就会电离气体（电子从原子中分离），并在该过程中发射出光子。下面介绍灯泡的几种主要类型。

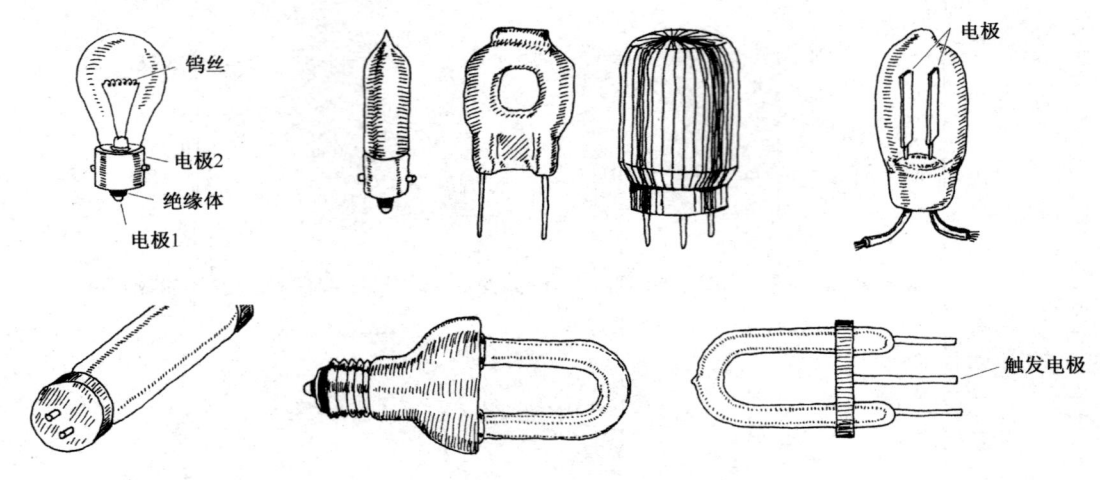

图5.3 一些常用的灯泡

1. 白炽灯

白炽灯采用钨金属灯丝，当电流通过灯丝时产生炽热的白光。灯丝封装在预先抽真空且充入氩、氪、氮等气体的玻璃球泡中，这些气体不仅可以增加灯泡的亮度，还可以防止灯丝烧毁（避免使灯丝处在富有氧的环境中）。白炽灯常用作闪光灯、室内照明灯和指示灯，具有各种不同的大小和外形，且有不同的额定电流、电压和电功率。

2. 卤素灯

卤素灯与白炽灯相似，能产生极高的亮度。与典型白炽灯不同的是，卤素灯的灯丝封装在充满了卤素气体（如溴或碘）的石英真空管内。这种灯泡常用作放映灯、汽车前灯和闪光灯等。

3. 气体放电灯

气体放电灯产生暗淡而苍白的光。这种光是灯泡中的氖分子电离时产生的。典型气体放电灯有氖、氙闪光灯和汞蒸气等。气体放电灯具有达到最低工作电压时突然点亮的特点，因此常用作为触发器、电压校准器，并用作指示灯来标识室内的交流插座。

4. 荧光灯

荧光灯由充有少量汞和惰性气体、内壁涂有荧光材料的玻璃管构成。灯管的一端是阳极，另一端是灯丝的阴极。当灯丝的阴极发射的电子与汞原子碰撞时，辐射紫外线。紫外线激发荧光涂料，使荧光层发出可见光。荧光灯需要附带具有双金属片的起辉器和镇流器，以便启动荧光灯内的放电效应。荧光灯的效率很高，常用作室内照明。

5. 氙闪光灯

氙闪光灯是充有氙气的气体放电灯。当特定大小的电压作用于其电极时，氙气即被电离放电。这种灯有三个引脚：阳极、阴极和触发极。只在阳极和阴极施加正常电压时，灯不能点亮。然而，同时在触发极施加特定的电压时，气体会被突然电离并发出极亮的闪光。这种灯常用作照相机闪光灯，并且用于一些需要特殊效果的场合。

6．灯泡技术资料

灯泡的亮度由平均球面烛光功率仪（MSCP）测量。生产厂家将灯放在MSCP的球壳中心，使灯光平均照射在球壳的内表面上。灯泡的实际MSCP值是灯丝发光表面的色温函数。色温给定后，灯丝表面积加倍，MSCP值加倍。灯泡的其他技术参数有额定电压、额定电流、寿命、几何尺寸和灯丝类型。图5.4所示是一些不同类型的灯泡和灯座。

近年来，白炽灯已很少见。在美国的照明市场，它们几乎已被荧光灯代替，在一些欧洲国家甚至不再销售。趋势是用发光二极管代替白炽灯。在原先使用白炽灯的场合，发光二极管的优点更多。发光二极管的寿命更长、功耗更低、更耐物理冲击和热冲击。

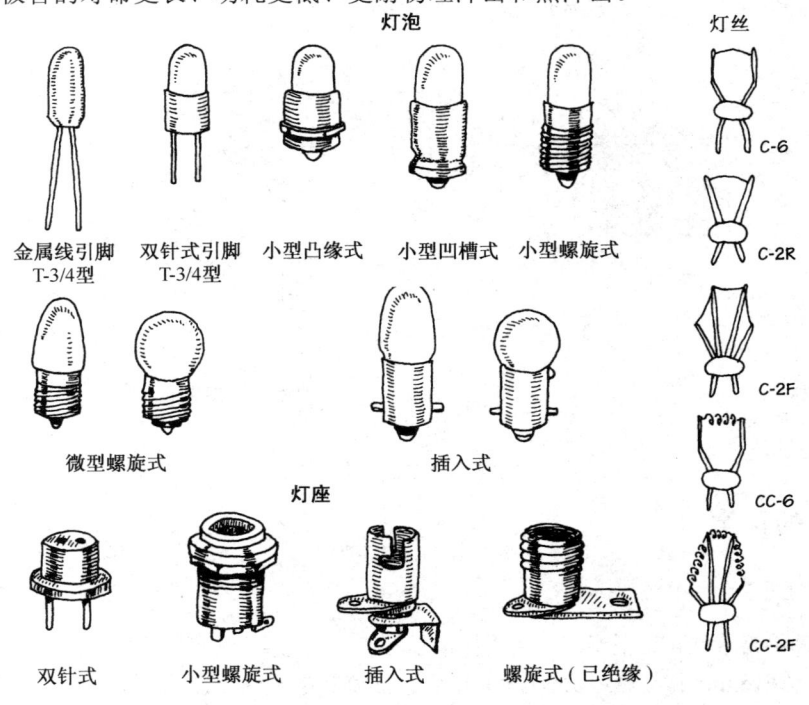

图5.4 一些不同类型的灯泡和灯座

5.3 发光二极管

类似于PN结二极管，发光二极管（LED）也有两个引脚，设计用于发射可见光或不可见红外线。当LED的正极引脚电压比负极引脚电压高（至少0.6～2.2V）时，电流通过LED并使其发光。将极性对换（正极比负极更负）后，LED不导通，也不发光。发光二极管的符号参见图5.5。

图5.5 发光二极管的符号

LED可以发出多种颜色的光。在发展过程中，彩色LED首先是红色LED，接着是黄色LED、绿色LED和红外线LED。蓝色LED直到20世纪90年代才出现。如今，LED可以发出更多颜色的光，包括白光。

还有用于照明的高能LED，以及由高分子材料制造的用于数码管的有机LED（OLED）。

通常，LED（特别是红外线LED）在遥控电路（如电视机遥控器）中用作发射元件。这时，接收元件可能是光电晶体管，它能改变跟随接收电路的电流，反映发光二极管输出的变化。

5.3.1 LED的工作原理

LED的发光部分是由N型和P型半导体结合而成的PN结（见图5.6）。当PN结正向偏置时，N侧的电子被激发，通过PN结到达P侧，与P侧的空穴复合，并在电子与空穴复合时发出光子。LED的PN结部分封装在环氧树脂罩内，环氧树脂中混合有光散射微粒，以使光发生漫反射，并使得LED看起来更亮。半导体下方通常放有反射材料，以使光朝上反射。两个引脚采用较大规格的导体制作，以帮助散发半导体的热量。

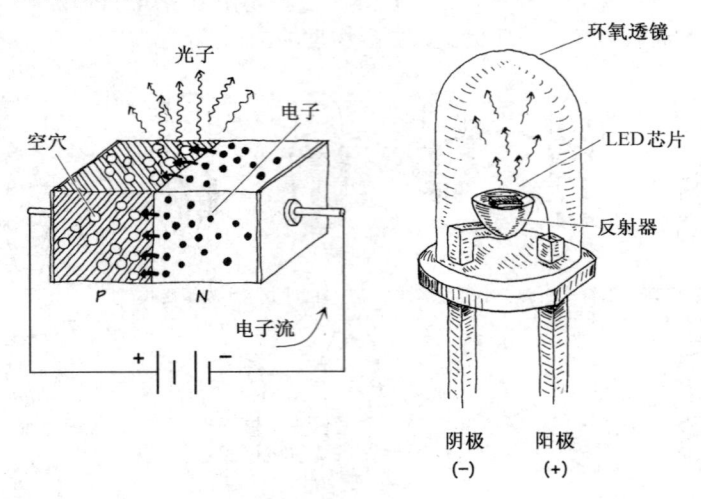

图5.6 LED的工作原理

5.3.2 LED的种类

1．可见光LED

可见光LED价格不高，也很耐用，常用作指示灯。它们的颜色一般有绿色（约565nm）、黄色（约585nm）、橘色（约615nm）和红色（约650nm）。最大正向偏置电压约为1.8V，典型工作电流为10～30mA。

2．红外线LED

红外线LED用于发射红外线，发射波长为880～940nm。在遥控电路（如TV遥控电路、入侵警报器）中，它们通与光敏传感器（如光电二极管、光敏电阻、光电三极管）配合使用。与可见光LED相比，它们的光发射角度较小，因此传播信息的方向性好。在特定的正向电流下，光输出量由输出功率决定，典型输出范围为0.5mW/20mA～8.0mW/50mA。在特定的正向电流下，最大输出电压为1.6V/20mA～2.0V/100mA。

3．闪烁LED

闪烁LED包含一个与其封装在一起的微型集成电路，该电路使LED每秒闪光1～6次。它们最主要的用途是作为指示闪烁灯，也用于简单的振荡电路。

4．多色LED

多色LED由多个LED封装在一起形成，它们发出的光是单个LED发的光的混合。最终的多色二极管是RGB LED：将红色、绿色和蓝色LED封装在同一个壳体中。通过控制每个LED的亮度，实现各种颜色光的混合。每个LED的亮度相同时，产生白光。封装常用共阳极或共阴极连接。多色LED的一个变体是将红色LED和绿色LED背靠背连接，以判别极性（电源电压的极性决定哪个LED正向偏置和导通，另一个LED则反向偏置和关断）。

5．LED数码管

LED数码管可用于显示数字或其他字符。由图5.7可以看出，它由7个单独的LED组成，简称七段LED。对其中的一个LED施加电压，字符"8"中的一个笔画发光。与液晶显示器相比，LED显示的字符是断续的，功耗也更大。

与七段LED一样，也可将LED矩阵封装在一起。

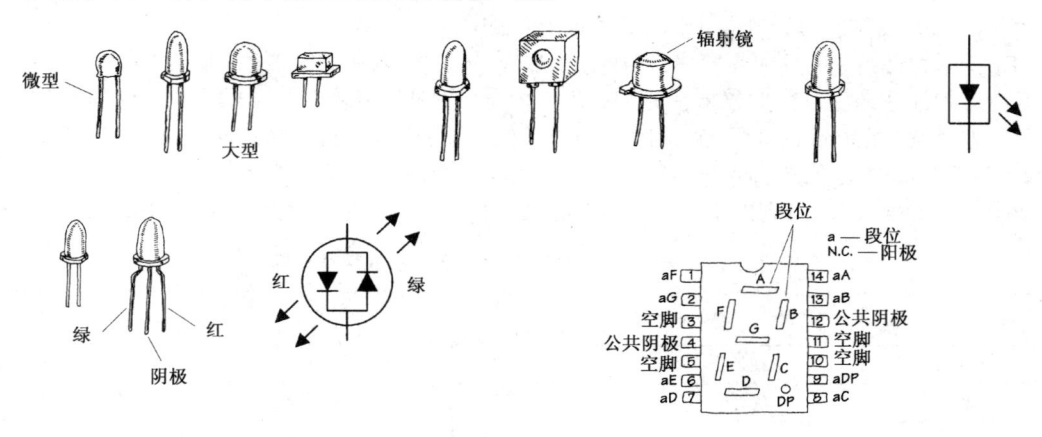

图5.7　LED的种类

5.3.3　LED的其他资料

LED的符号、封装和安装简图如图5.8所示。当LED正向偏置时，发射可见光、红外辐射甚至紫外辐射。LED发射的可见单色光有绿色光、黄色光、红色光、橘色光和蓝色光（90%的强度，波长通常小于40nm）。红外二极管发射的光谱带宽超过红光。白光二极管提供各种波长的光，可模拟白光，常用于低级别的照明，如逆光、小型照明灯和夜光灯。

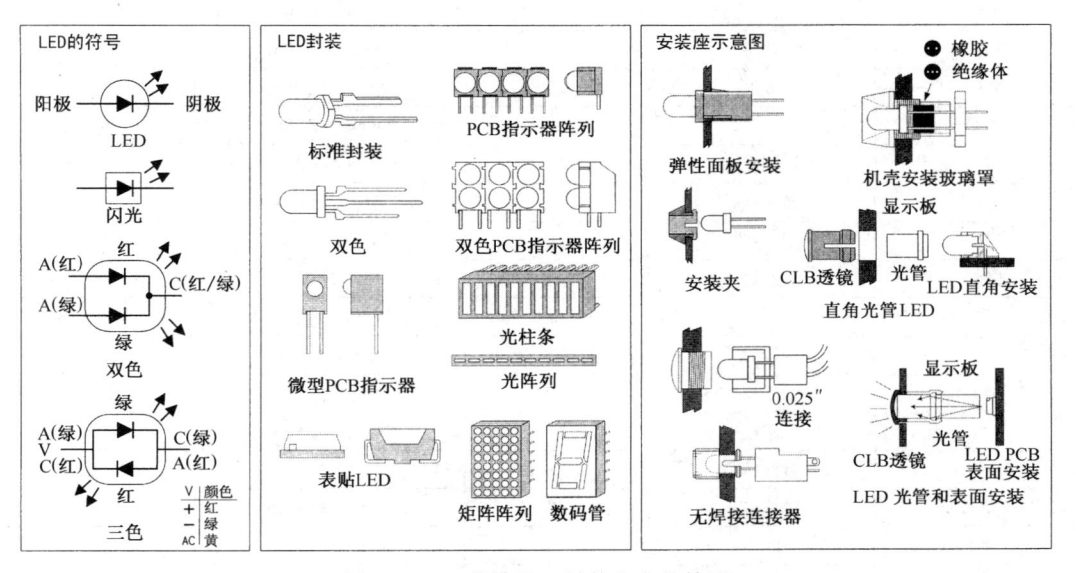

图5.8　LED的符号、封装和安装简图

大功率LED（HPLED）已问世。这种LED的正向偏置电流达几百毫安，甚至超过1A。它们非常亮，但会产生大量的热量，必须安装在散热器上以防止热损坏。LED的特点是响应时间短、效率高和寿命长。LED是电流控制器件，输出的光强与其正向电流成正比。

为了使LED发光，施加的电压应大于LED的正向偏置电压V_{LED}，且流过串联电阻的电流应小于LED的最大额定电流I_{LED}，后者电流通常是供货商提供的最佳电流。依照下式选择电阻：

$$R_S = \frac{V_{IN} - V_{LED}}{I_{LED}}$$

需要控制灯的亮度时，可串联一个1kΩ的电位器，如图5.10所示。

LED的颜色随V_{LED}的变化而变化。当V_{LED}为1.7V时，LED发微亮的红色光，为1.9V时发高亮、高效、低电流的红色光，为2V时发橘色光和黄色光，为2.1V时发绿色光，为3.4～3.6V时发亮白色光或蓝色色，为6V时发430nm的蓝色光。因此，对低压LED施加3V电压较理想，对3.4V的LED加4.5V电压较好，对430nm的蓝色光加6V电压较好。不知道LED的推荐电流是多少时，从安全角度考虑，一般约取电流为20mA。表5.1列出了一定范围内的LED型号及它们的特性指标，光谱曲线如图5.9所示。

表5.1 一定范围内的LED型号及它们的特性指标

波 长	颜 色	正向电压 （V_F @ 20MA）	亮 度 （5MM LED）	LED材料
940	红外	1.5	16mW @ 50mA	GaAlAs/GaAs
880	红外	1.7	18mW @ 50mA	GaAlAs/GaAs
850	红外	1.7	26mW @ 50mA	GaAlAs/GaAs
660	深红	1.5～1.8	200mcd @ 50mA	GaAlAs/GaAs
635	高亮度红	2.0	200mcd @ 20mA	GaAsP/GaP
633	大红	2.2	3500mcd @ 20mA	InGaAIP
620	亮橙	2.2	4500mcd @ 20mA	InGaAIP
612	亮橙	2.2	6500mcd @ 20mA	InGaAIP
605	橙色	2.1	160mcd @ 20mA	GaAsP/GaP
595	亮黄	2.2	5500mcd @ 20mA	InGaAIP
592	超纯黄	2.1	7000mcd @ 20mA	InGaAIP
585	黄色	2.1	100mcd @ 20mA	GaAsP/GaP
574	超柠檬黄	2.4	1000mcd @ 20mA	InGaAIP
570	超柠檬绿	2.0	1000mcd @ 20mA	InGaAIP
565	高亮度绿	2.1	200mcd @ 20mA	GaP/GaP
560	超纯绿	2.1	350mcd @ 20mA	InGaAIP
555	纯绿	2.1	80mcd @ 20mA	GaP/GaP
525	浅绿	3.5	10000mcd @ 20mA	SiC/GaN
505	蓝绿	3.5	2000mcd @ 20mA	SiC/GaN
470	亮绿	3.6	3000mcd @ 20mA	SiC/GaN
430	深蓝	3.8	100mcd @ 20mA	SiC/GaN
370～400	紫外LED	3.9	NA	GaN
4500K	白炽白光	3.6	2000mcd @ 20mA	SiC/GaN
6500K	浅白	3.6	4000mcd @ 20mA	SiC/GaN
8500K	冷白光	3.6	6000mcd @ 20mA	SiC/GaN

需要了解的其他指标包括功率损耗（典型值为100mW）、反向额定电压、工作温度（典型值为−40℃~+85℃）、脉冲电压（典型值为100mA）、亮度[单位为毫坎德拉（mcd）]、观察角（在一定范围内）、最高发射波长和光谱宽度（典型值为20~40nm）。

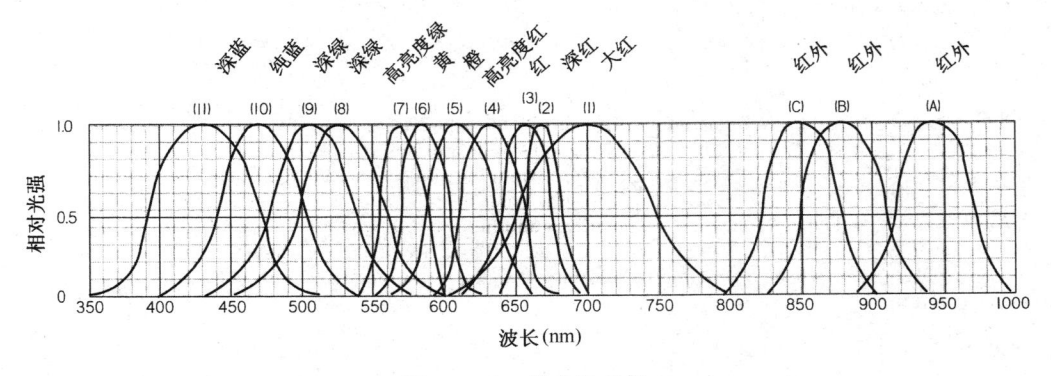

图5.9　LED的光谱曲线

5.3.4　LED的应用

图5.10给出了LED的一些典型应用。在图5.10(a)中，保持电流低于LED的最大额定电流非常重要。串联限流电阻可根据给定的公式选择。利用1kΩ的电位器，可以控制LED的亮度。在图5.10(b)中，使用交流电驱动LED电路，电路的核心是电容和电阻，前者的作用是减弱交流信号，后者的作用是限制电流大小。因为流过电容的电流必须是双向电流，所以与LED并联的二极管可为电容提供负半周的电流通路，同时限制LED的反向电压。可用极性反接的LED代替二极管，或者使用三色LED，交流电流通过三色LED可以产生橙色光。限流电阻的选择原则是，使LED的最大浪涌电流不超过150mA，在电容充电时，电流在1ms内的下降小于30mA。0.47μF的电容在60Hz下的阻抗为5640Ω，所以LED的半波电流约为20mA，或者平均电流为10mA。电容越大，电流就越大；反之，电容越小，电流就越小。电容必须是无极性的，且耐压在200V以上。

在图5.10(c)中，也为交流电源驱动电路使用白色LED，可用于夜间照明。与图5.10(b)相同，0.47μF的输入电容用于降低交流电压，180Ω电阻用于限制电流。带滤波电容的桥式整流器可产生近似恒定的直流电压，而稳压二极管的作用是稳压。在这种情况下，4个白色LED串联，每个取3.4V的压降，总压降为13.6V；因此，选择耐压为15V的稳压二极管。在图5.10(d)中，LED不能在没有各自的限流电阻的情况下并联使用。虽然它也可以工作，但不可靠。LED受热后电导增大，导致并联LED的电流分布不均匀。并联LED需要有各自的串联电阻。每个串联支路串联各自的电阻时，可实现并联。在图5.10(e)中，多个LED可通过单个公共电阻串联使用。在串联电阻的计算公式中，V_{LED}的值用串联LED的压降之和代替。为了获得期望的电流值及保持良好的稳定性，供电电压不超过额定电压的80%比较理想。在图5.10(f)中，用稳压二极管构建了一个简单的过电压指示器：当电压超过稳压二极管的击穿电压时，有电流流动，LED发光。在图5.10(g)中，使用DPDT开关实现电路极性换向。当DPDT搿向一边时，D_1工作；而搿向另一边时，D_2工作。在图5.10(h)中，两个LED反向并联，构成简单的极性指标器。注意，两个LED都工作在交流电路中。图5.10(i)所示为三色LED的应用电路。在图5.10(j)中，闪烁的LED并不需要串联电阻，但电压不要超过建议的电源电压，3~9V的供电电压是安全的。与LED反向并联的稳压管用于过电压保护。可用闪烁LED实现普通LED的闪光。也可使用闪烁LED驱动晶体管，利用其闪动实现开关的通断。

第13章将介绍用微控制器去驱动LED数码管（涉及多路复用技术，以及使用PWM信号驱动RGB LED来获得混合色的技术）。

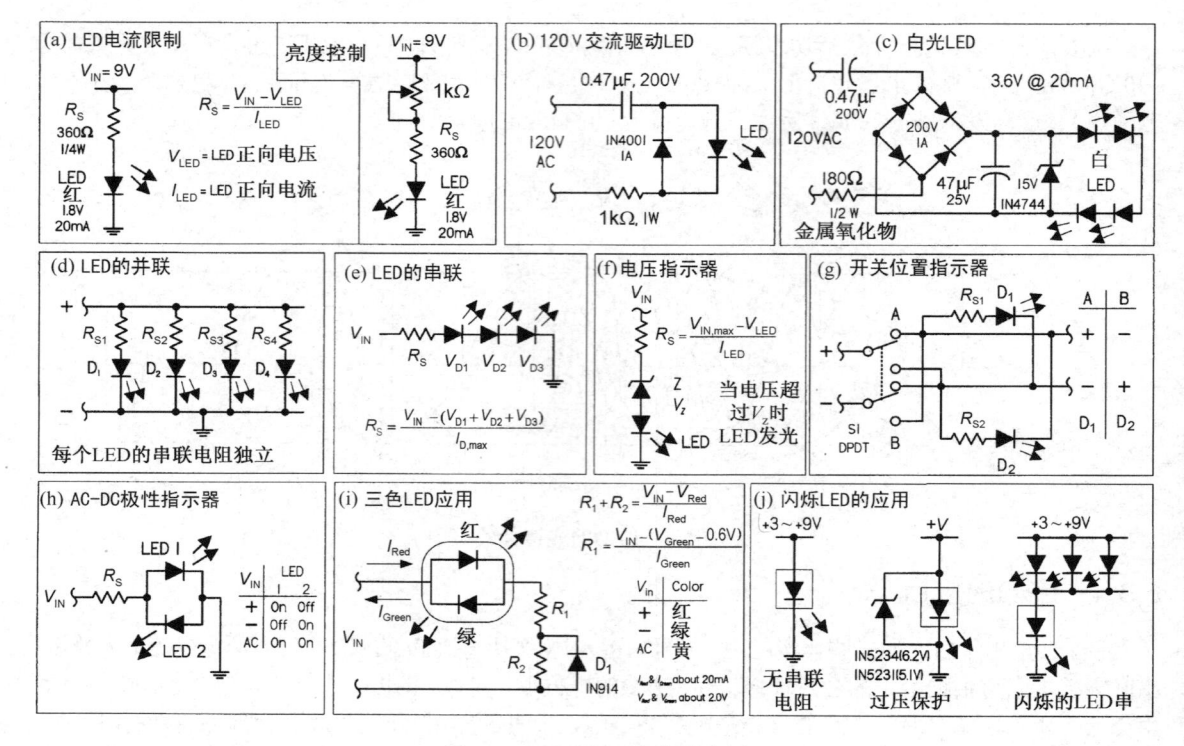

图5.10 LED的一些典型应用

5.3.5 激光器二极管

激光二极管是光发射二极管，其表面有两个"镜片"，用于形成激光谐振器。当二极管正向偏置时，电荷流入PN结的有效区域，此时，电子和空穴自发复合而发射光子。当这些光子经过半导体时，一旦经过已发射的电子-空穴对附近，就会使其重新复合而形成受激发射。当电流足够大时，该器件就发出激光。激光二极管由低电压驱动，常用光电二极管（安装在激光二极管的封装内）的光学反馈来控制流过激光二极管的电流，图5.11给出了激光二极管的示意图。

与LED相比，激光二极管具有较快的响应时间和非常窄的波段（约1nm）；且可聚焦辐射到直径小于1μm的一个点——即使是廉价的激光二极管，也可用作CD播放机的激光头。但是，与气体激光器不同的是，激光二极管的输出光束通常是发散的，需要重新聚焦。

通常，激光二极管的输出波长被固定为单一模式，如红色（635nm、670nm）、红外线（780nm、800nm、900nm、1550nm等），以及绿色、蓝色、紫色。不过，也有多模激光二极管，其发射光谱由多个单独谱线组成，这些谱线出现在器件主波长（具有最大光强的波）外。多模激光二极管较好地解决了跳模问题，因此具有较好的信噪比。跳模是指由激光槽的热扩散引起的波长微小改变。

低功率激光二极管的光输出功率的典型值是1~5mW，而高功率激光二极管可高达100W或更高。大功率激光二极管器件是由激光二极管阵列而非单个器件组成的。

激光二极管可用在CD播放机、CD-ROM驱动器、DVD及蓝光播放器中，还可用在激光打印机、激光传真机、激光笔、激光扫描/测量设备、高速光纤和空间通信系统中。在其他激光器如条形码扫描仪和高能量的探测器中，激光二极管可作为泵浦源使用。在这些应用中需要高速脉冲（吉赫兹范围），尤其需要集成驱动芯片，以控制激光二极管驱动电流。

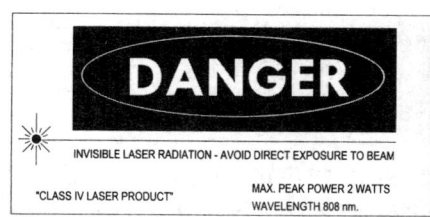

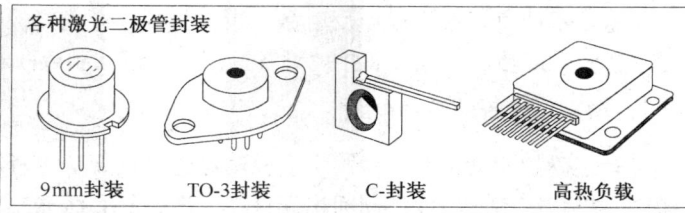

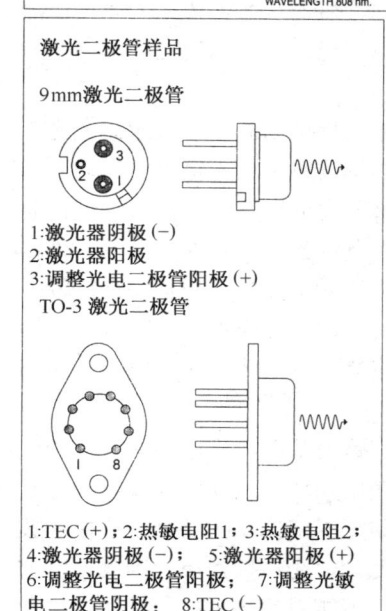

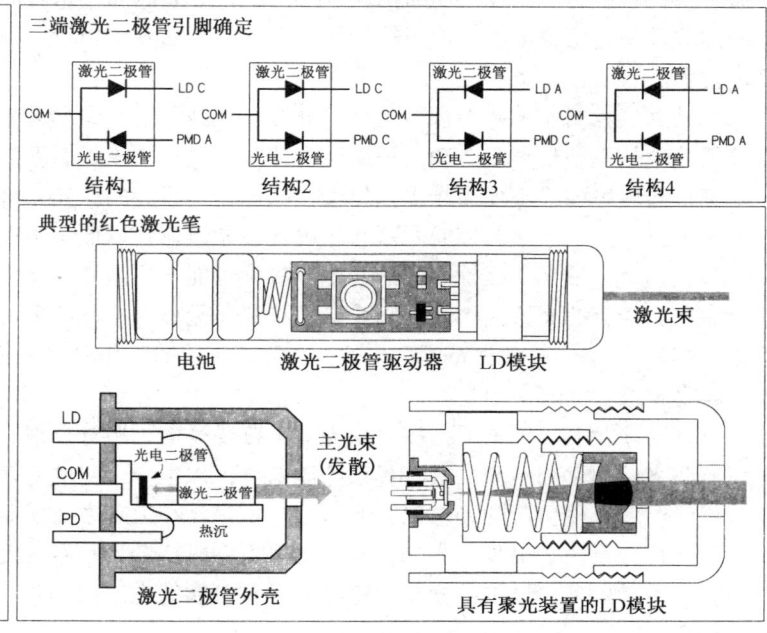

图5.11 激光二极管的示意图。这类激光二极管可在激光笔或CD播放机中找到。外形尺寸的典型值是5～10mm，但激光二极管芯片的长度小于1mm。与氦氖激光器不同，激光二极管发射的激光束是发散的，发散角通常为10°～30°，需要外部光学器件使其成为接近平行的光束。简单（球形）的短焦距凸透镜就可实现该功能，但激光二极管模块和激光笔可用的透镜至少应有非球形表面（常见镜头）。来自激光二极管芯片后端的光束作用在内置的光电二极管上，内置的光电二极管是光敏反馈回路，用于控制电流和输出功率

小型激光二极管常用于CD播放机、CD-ROM驱动器、激光打印机和条形码扫描仪等设备。最普通的激光二极管可用在CD播放机和CD-ROM驱动器中。它们大多产生不可见的光束，光谱在780nm附近。实际激光二极管的光输出可高达5mW，当光通过光路到达CD时，光功率下降0.3～1mW。用于读写驱动器的高功率红外激光二极管具有较大的输出功率——高达30mW或更高。甚至在蓝光播放器中，也有高功率的蓝色激光二极管。

在条形码扫描仪、激光笔、医学的定位装置（如CT和MRI扫描仪）和许多其他应用中，可见光激光二极管已取代氦氖激光器。第一个可见光激光二极管发出的波长约为670nm，色谱为深红色。目前，650nm和635nm的红色激光二极管的价格已下跌。635～650nm的激光二极管也用在DVD技术中。作为众多的技术改进之一，低于780nm的波长使得DVD光盘的信息存储量比普通CD光盘提高了8倍（DVD光盘的每面分为两层，每层可存储4～5GB的信息，而普通CD只能存储650MB的信息）。和红外线激光二极管一样，可见光激光二极管最大输出功率的典型值为3～5mW，但光路和驱动电路较为复杂。20mW高能型可见光激光二极管的价格较高，特高能型激光二极管通常由激光二极管阵列或多条激光棒组成，价格更高。

注意，不能直视激光束或反射激光束。另外，激光二极管对静电（ESD）极其敏感，因此，在使用它时，应使用接地带和接地设备，同时要遵从制造商建议的操作注意事项。

1. 激光二极管的驱动电路

没有正确的驱动电路，就不可能驱动激光二极管。没有适当的驱动电路，不稳定的结电流会使激光二极管因工作温度波动而出现许多问题，导致激光二极管的寿命缩短或损坏。因此，驱动电路的关键是提供稳定的电流，抑制瞬变因素。下面介绍用于实现激光二极管稳定光输出的两种基本技术。

自动电流控制（ACC）或恒定电流电路 该技术适合驱动无光电反馈的激光二极管；激光二极管最简单的驱动是恒流驱动。使用该方法时，激光二极管温度的变化将引起光输出的波动。不过，工作温度可控（不使用光电二极管）的电路和相应的激光二极管也值得关注。具有温度控制的恒流电路可提供快速的控制回路和精确的参考电流，以便精确控制激光二极管的电流。另外，在大多数场合，激光二极管内部的光电二极管可能产生漂移和噪声。内部光电二极管的性能较差时，激光二极管的光输出中含有噪声且不稳定。无温度控制的恒流驱动虽然廉价且功耗较低（廉价激光笔等），但一般来说是不理想的。激光二极管的工作温度下降明显时，光输出功率增加，因此很容易超过它的最高额定值。

自动功率控制（APC）电路 该驱动电路以光电二极管反馈回路为基础，光电二极管反馈回路可监测光输出并为激光二极管提供控制信号，以维持恒定的光输出功率。恒功率控制可防止激光二极管温度下降引起的光输出功率增加。但是，在恒功率模式和无温度控制的场合，跳模和波长的变化仍会发生。另外，当二极管的散热不够时，会导致温度上升，光功率减小。因此，驱动电路会增大结电流，以维持光功率恒定。没有可靠的电流限制时，可能引起热失控，进而损坏激光二极管。

无论何种驱动电路，关键都是要防止驱动电流超出其额定电流。超过最大光输出时，即使是纳秒级的过载，也会损害激光二极管表面的涂层。实验室的普通电源不能直接用于驱动激光二极管，因为它无法提供足够的保护。典型的驱动电路是慢启动电路、滤波电容及抑制尖峰/浪涌和其他技术的有机组合。

图5.12给出了作者自己设计的激光二极管驱动电路。虽然这些驱动电路仅工作于不要求控制功能的低功率激光二极管，但它有助于理解、分析激光二极管制造商推荐的驱动电路。自制驱动电路很困难，且在制作过程中可能会烧坏一些昂贵的激光二极管。当然，期望研制比较复杂（与激光笔相比）的电路时，最好的办法是购买激光二极管专用驱动芯片。这些驱动芯片除了为稳定光源提供所需的恒定电流，还可提供高频调制；当然，也有适合线性和开关调制的芯片。知名芯片制造商有MAXIM、Linear Technology、夏普、东芝、三菱、Analog Devices和Burr-Brown。通常，这些制造商会提供一些免费样品。

2. 驱动电路的保护

不加保护的驱动电路会因激光二极管和驱动电路连接的间歇性或不可靠性而崩溃。光敏反馈电路的间歇性接触通常会毁坏激光二极管，甚至功率控制电位器的电阻触头接触不良也会导致激光二极管工作异常。另外，在驱动电路和激光二极管之间不能使用开关或继电器使其接通或断开。下面介绍激光二极管的其他预防措施。

功率监测 由于制造公差造成的特性差异，即使光输出功率不超过制造商规定的极限范围，激光二极管的工作也可能不安全。为安全起见，必须用光功率计或校准的光电二极管监测激光二极管的输出。记住，一旦激光二极管的特性超过其门限，正向电流的微小增加就会引发强受激发射，进而使光输出明显增大。因此，驱动电流的明显增加可能造成光输出过载。另外，在监测和聚焦时，应尽量减少通过光学透镜或其他组件时造成的光损耗。

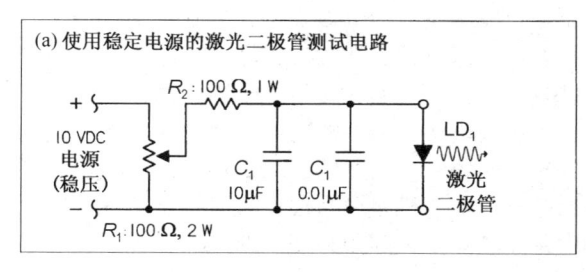

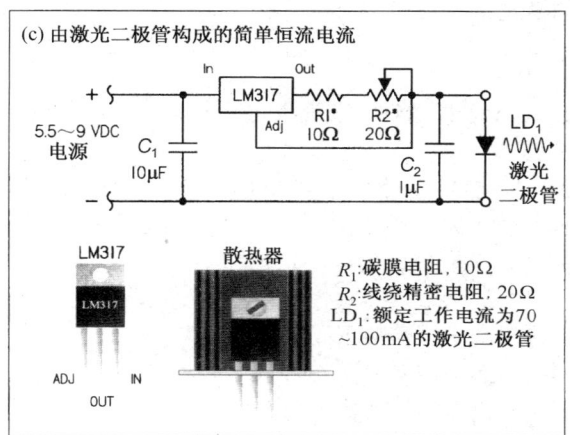

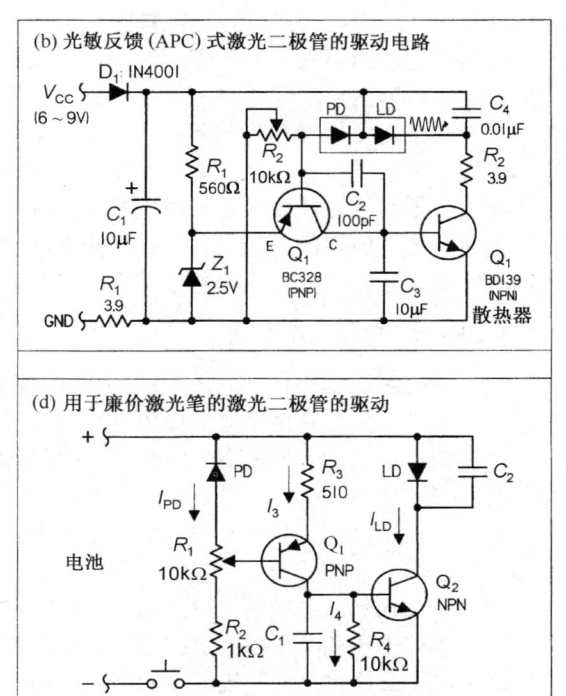

图5.12　作者自己设计的激光二极管驱动电路。(a)该电路用于判定激光二极管的极性及连接是否正确，也用于测试目的的驱动。这里，0～10V的直流电源、限流电阻与二极管串联。所用电源有电流限制装置时，设为20～25mA，但以后可随时改变。R_2用于限制最大电流。已知二极管规格时，这是一个较好的方案（还可保护电源输出）。激光二极管需要大于85mA的电流时，必须减小R_2值；(b)它可工作于6～9V（墙上适配器提供）的交流电源。电路中有较大的滤波电容。改变滤波电容可使电路工作在任何频率下。注意，C_4是估计值；此外，2.5V的参考电压可由2.5V的LM341电压基准替代；(c)阻值取决于具体激光二极管的电流大小。电源由5.5～9V的直流电池提供。10Ω碳膜小电阻与精密的20Ω可调电阻串联。较好的做法是：用3个普通二极管串联代替激光二极管，调节电位器，直到得到所需的电流值，即50～60mA。可以超过这个值，但绝不能超过二极管的最大电流值；否则，二极管暗电流急剧增加，激光二极管输出强度在某些点产生异常跳跃；(d)该电路来自廉价的激光器。包括滤波电容和功率调节电位器R_1，与以往的电路不同，该电路没有绝对的参考值，所以输出功率会在一定程度上取决于电池电压。通过去除或减小滤波电容C_1的值，可将电路调整到合适的频率上

工作温度和散热器　在大多数应用中，激光二极管需要加装散热器，尤其是在连续工作时。没有散热器时，激光二极管的结温将迅速增加，造成光输出降低。激光二极管的温度继续上升，超过最大使用温度时，二极管会完全损坏或工作寿命明显缩短。一般来说，较低的工作温度有助于延长二极管的寿命。与红外线激光二极管相比，短波长（如635nm）的可见光激光二极管对温度更敏感。一般来说，需要使用电子制冷器件保持低温。当使用散热器时，可使用少量的非硅型导热胶，以提高激光二极管和散热片之间的导热系数。

窗口　保持激光二极管的窗口和光路清洁。灰尘或指纹会产生衍射和干涉，导致激光输出降低或远场分布异常。窗口可用棉签和乙醇清洗。

3. 简易用法：激光二极管模块和激光指示器

期望应用可见光激光二极管时，可借用商用激光二极管模块或某些品牌的激光指示器（包括基于光反馈的功率调节）。模块和激光指示器都包括在非稳压低直流电压输入时可靠工作的驱动电路，以及和一个激光二极管相匹配的聚焦透镜。大多数模块允许微调镜头位置以确保聚焦最佳，或者在某特定的距离内调整焦点。然而，模块和激光指示器都被设计成以较高的频率进行调制，以便构建有效的内部滤波，进而保护激光二极管过载。因此，它们一般不适合激光通信应用。一般来说，与激光二极管和自制驱动电源相比，激光二极管模块或指示器的应用要方便得多，甚至比购买现有的驱动电路容易，因为它不是为普通激光二极管专门设计的。这里很难确定廉价激光指示器工作的可靠性和耐久性，以及光束的质量。激光二极管模块通常要比激光指示器贵、质量好，因此是各种应用的首选。此外，还可考虑使用氦氖激光器，因为最便宜的氦氖激光器也可产生比典型激光二极管模块或激光指示器更高质量的激光束。

4. 激光二极管技术参数

（1）激光波长λ_p。激光二极管发射的光的波长。对于单模器件，它是激光输出单谱线对应的波长；对于多模器件，它是光谱中最强谱线对应的波长。

（2）阈值电流I_{th}。在光输出功率-正向电流曲线中，自发辐射与受激发射的分界点所对应的正向电流。当正向电流低于阈值电流时，和LED类似，输出是不连续的；当正向电流大于阈值电流时，开始输出激光。一旦超过阈值，就实现受激发射，正向电流的微小增加即可引起光输出显著增加。

（3）工作电流I_{op}。额定温度下激光二极管输出额定功率所需的正向电流值。

（4）工作电压V_{op}。额定温度下激光二极管输出额定功率所需的正向电压值。

（5）光输出功率P_o。在连续或间断工作模式下，光输出的最大瞬时功率。

（6）工作温度范围。器件可安全工作的温度范围。

（7）监测电流I_m。在激光二极管输出额定功率及特定的反偏电压条件下，通过光敏（反馈）二极管的电流。

（8）光敏暗电流$I_{D(PD)}$。不发射激光时，反偏内部光电二极管通过的电流。

（9）反偏电压V_R。激光二极管或光敏（反馈）二极管反向施加的最大电压。具有光敏反馈的激光二极管的反偏电压表示为$V_{R(LD)}$，而光敏（反馈）二极管的反偏电压表示为$V_{R(PD)}$。

（10）视角比AR。激光二极管垂直发射角$\theta_\perp$与水平发射角$\theta_\parallel$之比。当垂直发射角为30°、水平发射角为10°时，视角比为3∶1。

（11）像散A_S或D_{as}。光束在结平面上有垂直方向和水平方向的两个亮点。两点间的距离定义为像散距离。需要精确聚焦时，要对像散严重的激光二极管进行像散校准（或减少），否则聚焦后的光束是发散的。

（12）光束发射角$\theta_\perp$和$\theta_\parallel$。也称辐射角，光束发射角在半峰强度点以全角度进行测量，即半峰宽或FWHM。纵轴和横轴都应提供角度刻度。

（13）偏振（极化）比。单腔激光二极管的输出在激光器结平面内的偏振是水平方向的线性极化。在激光器结平面，也可能发生无规则和/或垂直方向偏振的自发发射。偏振比定义为水平分量除以垂直分量。工作在最大功率附近的激光二极管的偏振比的典型值大于100∶1；当工作在阈值点附近时，因为主要是自发发射，所以偏振比很低。

（14）斜率效率SE。也称微分效率。在输出功率-正向电流曲线的发射激光区域内，功率增量与电流增量之比定义为斜率效率。

（15）上升时间。激光输出从最大值的10%上升到最大值的90%所需的时间。

（16）定位精度（D_x、D_y、D_z）。也称发射点精度，表征封装成形激光器的定位精度。D_x、D_y 表示在封装发射窗口平面上，光束到物理轴（中心）的距离；D_z 表示垂直方向上光束到参考表面的距离。这个指标可用角度差（单位为度）或线误差（单位为微米）表示。

5.4 光敏电阻

光敏电阻是光控可变电阻，称为光电阻（LDR）。处于黑暗环境中时，光敏电阻的阻值通常非常大（兆欧量级），但被光照射时，阻值将非常低：可根据光强的大小降至几百欧姆。光敏电阻可用在亮/暗激励开关电路中，也可用在光敏检测电路中。光敏电阻的符号如图5.13所示。

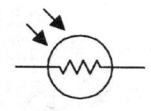

图5.13 光敏电阻的符号

5.4.1 光敏电阻的工作原理

光敏电阻由特种半导体材料制成（见图5.14），如硫化镉（可见光）或硫化铅（红外线）。当将这种半导体元件置于黑暗中时，由于晶体中的原子束缚力很大，电子根本无法在外加电压作用下流动而通过光敏电阻。但是，当有光照时，光线中的光子撞击被束缚的电子，将它们从约束它们的原子核中剥离，并且在此过程中产生空穴。于是，这些释放的电子在外加电压的作用下汇成电子流而通过电阻（阻值下降）。

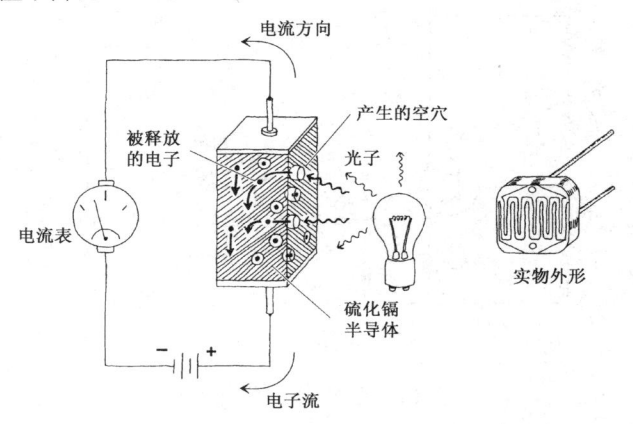

图5.14 光敏电阻的工作原理

5.4.2 光敏电阻技术要点

光敏电阻对光强变化的响应时间只需要几毫秒，但去除光照后，光敏电阻要恢复到常态阻值，可能需要数秒。光敏电阻的用途广泛，运行方式几乎相近。但是，不同光敏电阻的感光灵敏度和电阻变化范围的差别非常大。另外，不同的光敏电阻具有不同的响应频率（光波波长）。例如，硫化镉光敏电阻对波长范围400～800nm内的光响应最好，而硫化铅光敏电阻对红外线的响应最佳。

5.4.3 光敏电阻的应用

1. 简单光强计

在图5.15(a)中，使用一个光敏电阻作为感光元件。无光照时，光敏电阻的阻值很大，流过串联回路的电流很小，因此光强计指针的偏转角最小。当光源发出逐渐增强的光并照射到光敏电阻上时，光敏电阻的阻值逐渐下降，回路的电流逐渐增大，光强计指针的偏转角也逐渐增大。电路中的可变电阻可用于校准光强计。

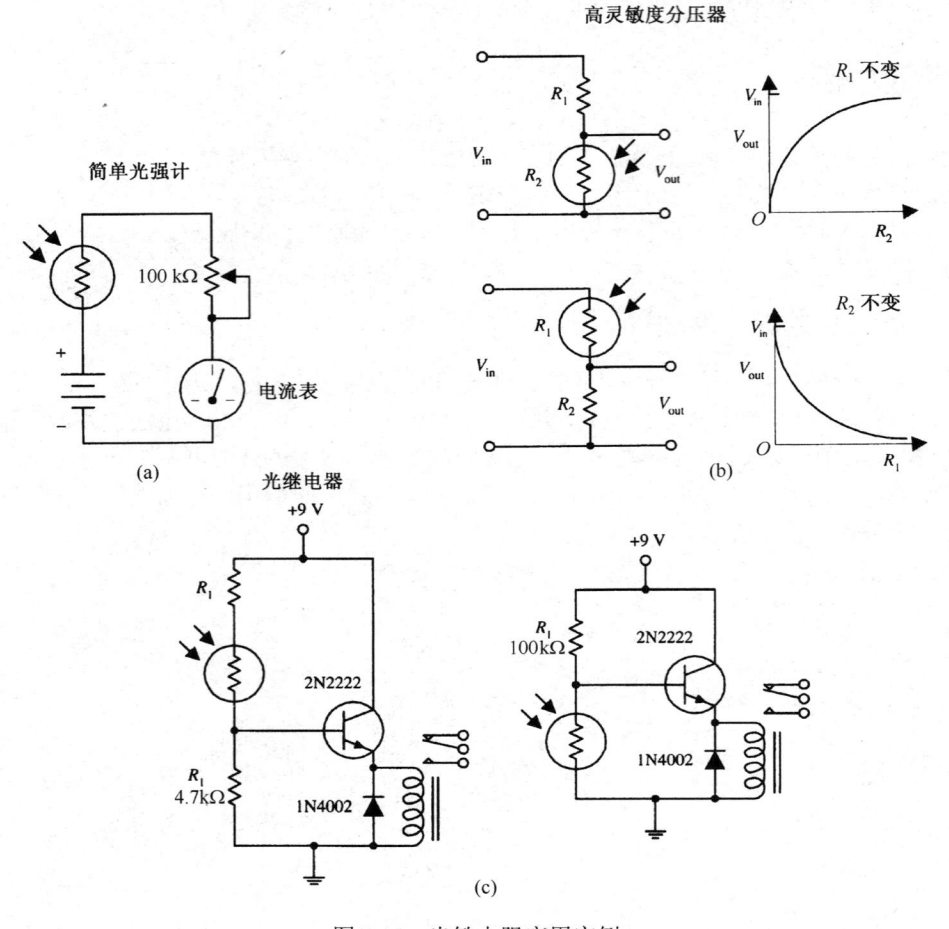

图 5.15 光敏电阻应用实例

2. 高灵敏度分压器

图5.15(b)所示的电路与第3章介绍过的分压电路相似，输出电压由下式给出：

$$V_{out} = \frac{R_2}{R_1 + R_2} V_{in}$$

当光强增大时，光敏电阻的阻值减小，使得图中上方电路的输出电压V_{out}减小，下面电路的输出电压V_{out}增大。使用微控制器控制光敏电阻可以实现分压。

3. 光继电器

图5.15(c)的两个电路都采用了光敏分压器，光强发生变化可使继电器动作。左图为亮激励电路。当光照射到光敏电阻上时，光敏电阻的阻值下降，使得晶体管基极的电流和电压增大。当基极电流和电压足够大时，流过晶体管发射极的电流也足够大，进而触发继电器。右图是暗激励电路，其工作原理相似，只是工作状态相反。亮激励电路中R_1的取值约为1kΩ，在实际应用中，对它可稍做调整。暗激励电路中的R_1（100kΩ）也需根据实际情况进行调整。这两个电路的工作电压均为6~9V，线圈电阻为500Ω的继电器。

5.5 光电二极管

光电二极管有两个引脚,可将光能直接转换成电流。将光电二极管的正负引脚用导线连接起来,并且将它放在黑暗中时,导线中将不会有电流流过。但是,用光照射时,光电二极管立刻变成一个小电流源,且电流从负极流出而进入正极。光电二极管的符号如图5.16所示。在无线电通信中,检测近红外高速脉冲的常用器件是光电二极管。由于光电二极管的光电响应特性良好,在光强计电路中也常使用它(如照相机光强计、入侵报警器等)。

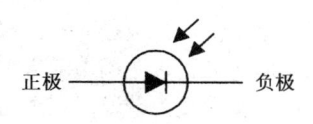

图 5.16 光电二极管的符号

5.5.1 光电二极管的工作原理

光电二极管由很薄的N型半导体和很厚的P型半导体结合而成(N型半导体侧有丰富的电子,P型半导体侧有丰富的空穴,见图5.17)。PN结的N侧作为负极,P侧作为正极。用光照射此元件时,许多光子将通过N型半导体进入P型半导体。进入P区的部分光子将与束缚电子碰撞而离开原来的位置,于是产生空穴。碰撞在PN交界面附近进行时,被逐出的电子将越过PN结。于是,在N侧额外增加了电子,而在P侧额外增加了空穴。正负电荷的分离导致在PN结两侧形成电位差。此时,用一根导线将负极(N侧)与正极(P侧)相连时,电子将从有丰富电子的负极流向有丰富空穴的正极(或者认为电流从正极通过导线流向负极)。光电二极管常用带窗口的塑料或金属封装,窗口中可能装有放大镜和滤光片。

5.5.2 光电二极管的基本应用

1. 光电电流源

在图5.18(a)中,光电二极管的作用是将光能直接转换成电流,该电流可用电流表测量。光的输入强度(亮度)和输出电流呈线性关系。

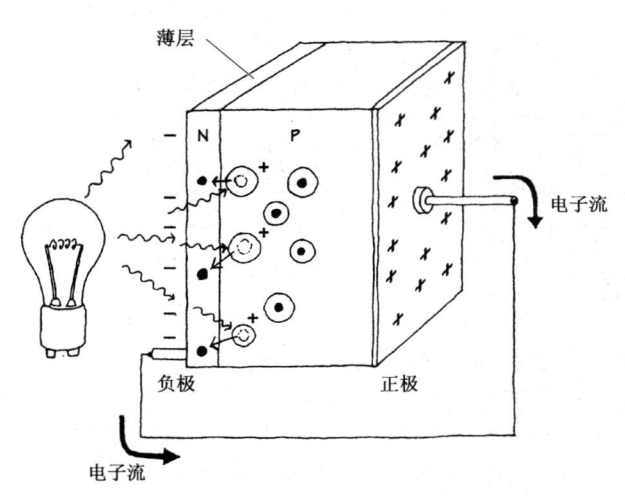

图5.17 光电二极管的工作原理

2. 光电导应用

单个光电二极管可能无法产生足够大的电流来驱动光电电路。通常，它与一个电压源合在一起使用。在图5.18(c)中，光电二极管以反向偏置的方向与电压源相连。当处于黑暗中时，只有很小的暗电流（纳安量级）通过光电二极管。当用光照射光电二极管时，通过它的电流增大。该电路与前述电路的不同之处是，利用电池来增大输出电流。在电路中串接一个电阻后，可用于校准电流表。注意，将光电二极管视为普通二极管时，电路无法导通。光电二极管的连接方向与普通二极管的相反。

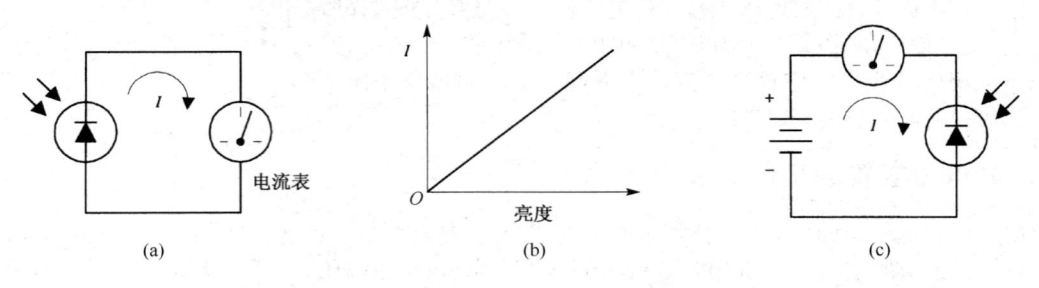

图5.18 光电二极管的基本应用

5.5.3 光电二极管的种类

光电二极管形状多样，大小不一（见图5.19），有带辐射镜的，有带滤光片的，有用于高速响应场合的，有感光面积大、灵敏度高的，也有感光面积小、灵敏度低的。当光电二极管的感光面积增大时，响应速度将变慢。表5.2给出了NTE3033光电二极管的特性参数。

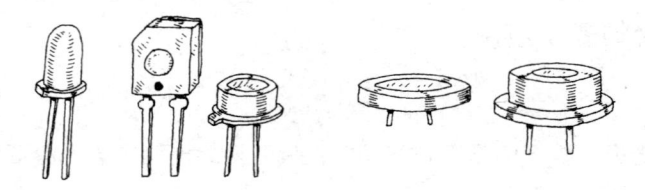

图5.19 光电二极管的种类

表5.2 NTE3033光电二极管的特性参数

型 号	种 类	反向电压（V）V_R	最大暗电流（nA）I_D	最大亮电流（μA）I_L	功 耗（mW）P_D	上升时间（ns）t_r	典型检测角（°）	典型最大辐射波长（nm）λ_p
NTE3033	红外线	30	50	35	100	50	65	900

5.6 太阳能电池

太阳能电池是感光表面积很大的光电二极管（见图5.20）。因为太阳能电池的感光面积大，所以其感光灵敏度高，可提供比普通光电二极管大得多的功率（更大的电流和电压）。例如，当单个太阳能电池置于明亮的光线中时，可产生0.5V的电压，提供0.1A的电流。

太阳能电池可为一些小型电器供电，如太阳能计算器。也可串联几个太阳能电池，对镍镉电池充电。太阳能电池还常作为可见光和红外线检测器中的感光元件，如用于光强度计和继电器中的光感触发。与光电二极管相似，太阳能电池也有正极和负极引脚。将太阳能电池接入电路时，应让正引脚的电位高于负引脚的电位。太阳能电池的典型响应时间约为20ms。

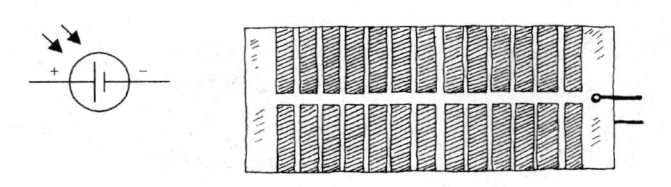

图5.20 太阳能电池

5.6.1 太阳能电池的基本应用

1. 电源

与普通电池一样,太阳能电池既可串联,又可并联。在明亮的光照下,每个电池产生的开路电压为0.45~0.5V,电流达0.1A。将几个光电池串联后,输出电压为单个电池电压的总和,而将几个太阳能电池并联可以增大输出电流。

2. 电池充电器

图5.21(c)中的电路显示了如何使用9个串联的太阳能电池对两个1.5V的镍镉电池充电(每个太阳能电池提供0.5V的电压,总电压为4.5V减去二极管的0.6V电压降)。电路中二极管的作用是防止在黑暗条件下,镍镉电池通过太阳能电池放电。注意,充电速率不要超过镍镉电池的安全充电速率。要降低充电速率,可在电池上串联一个电阻。

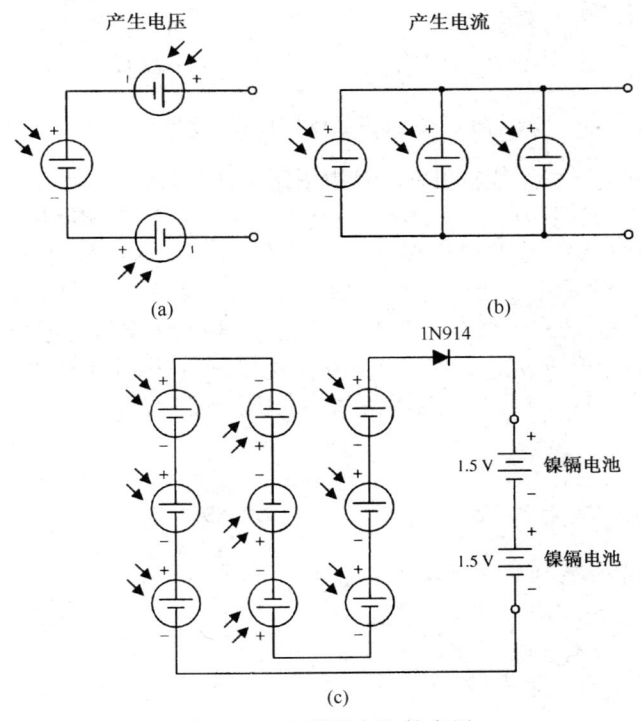

图5.21 太阳能电池的应用

5.7 光电晶体管

光电晶体管是仅对光照敏感的晶体管。普通光电晶体管类似于用光敏表面取代基极引脚的双极型三极管。当光敏表面处于黑暗环境时，光电晶体管截止（实际上，集电极和射极之间无电流流过）。当光敏表面处于光线中时，产生一个小基极电流，并且控制产生一个大得多的集电极至发射极的电流。场效应光电晶体管是对光敏感的场效应晶体管。场效应光晶体管与光电晶体管的不同之处是，它利用光照产生的栅极电压来控制产生漏源电流。场效应光电晶体管对光线的变化极其敏感，但它们比双极型光电晶体管更容易损坏（电性能方面）。光电晶体管的符号如图5.22所示。

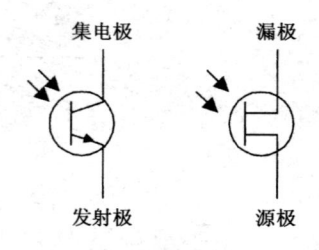

图 5.22 光电晶体管的符号

5.7.1 光电晶体管的工作原理

图5.23给出了光电晶体管的工作原理，下面详细介绍其工作原理。

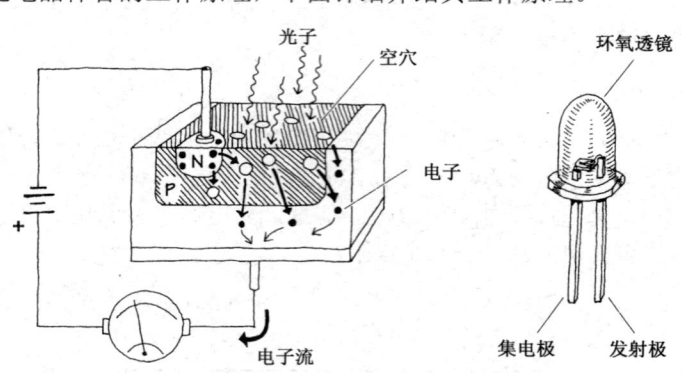

图5.23 光电晶体管的工作原理

双极型光电晶体管是一种无基极引脚的双极型晶体管，它具有一个很大的用来感受光照射的开放P型半导体区域。当光线中的光子（这些光子具有合适的频率和能量）撞击P型半导体内的电子时，将使电子获得足够大的能量而越过PN结势垒。一旦P区中的电子进入N区，在P区半导体中就产生空穴。注入N区的电子流向电池的正端，而电池负端的电子则流入上面的N型半导体，越过PN结进入P区，与P区的空穴结合。结果是产生从射极到集电极的电子流（电流从集电极流向射极）。也就是说，当基区被光照射时，产生从集电极流向发射极的正电流I。光电晶体管通常将PNP型半导体芯片封装在可兼作放大镜的环氧树脂中，有些光电晶体管采用塑料窗口的金属外壳来封装。

5.7.2 光电晶体管的基本结构

多数情况下，光电晶体管都与普通双极型晶体管相似。图5.24为射极跟随器（有电压增益而无电流增益）和共射极放大器（电压增益）电路。射极跟随器和共射极放大器已在第4章中介绍。

5.7.3 光电晶体管的种类

1. 三端光电晶体管

有时，二端光电三极管注入基极的电子数量太少，不能产生期望的集电极至发射极的电

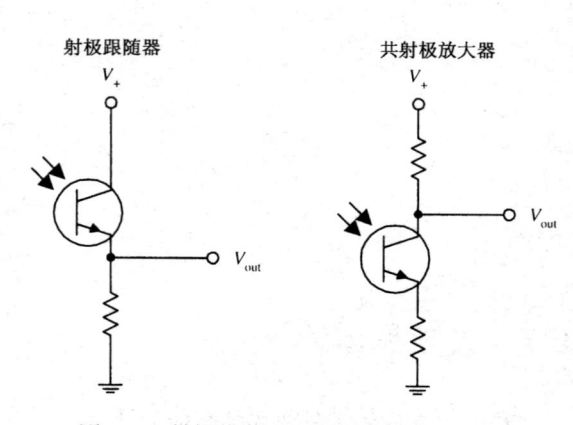

图5.24 射极跟随器和共射极放大器电路

流。为此，要使用三端光电晶体管，其基极引脚可引入外加的电流来帮助提升注入基极的电子数量。事实上，基极电流的大小由光强和外加基极电流共同决定。在实际的光子电路中，常用三端光电晶体管取代二端光电晶体管，但基极引脚要悬空。

2. 光电达林顿复合管

光电达林顿复合管与传统双极型达林顿晶体管相似，但为光敏的。光电达林顿复合管比普通光电三极管的灵敏度大得多，但响应时间较低。它们有的有基极端，有的则没有（见图5.25）。

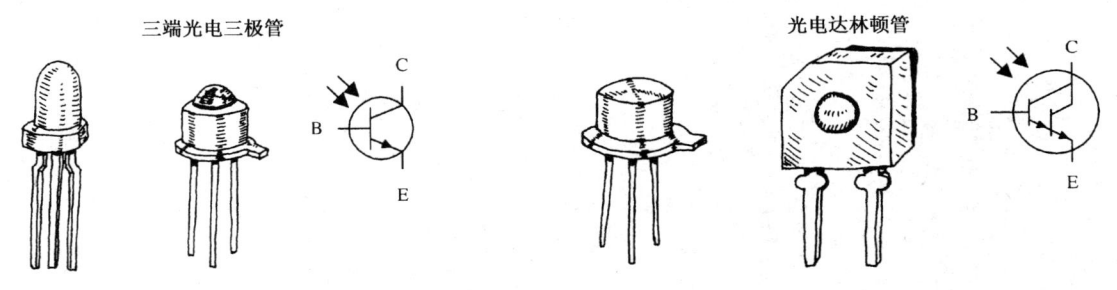

图5.25 光电晶体管的种类

5.7.4 光电晶体管的技术要点

和普通晶体管一样，光电晶体管的参数包括最大击穿电压、最大额定电流和最大额定功耗。通过光电晶体管集电极的电流I_C的大小直接取决于辐射光的强度、元件的放大倍数和外加基极电流（对三端光电晶体管而言）。用于控制集电极至发射极电流大小的光电晶体管，即使放在黑暗中，也有一个称为暗电流I_D的小电流通过该元件，暗电流通常忽略不计。表5.3给出了典型光电晶体管的部分参数。

表5.3 典型光电晶体管的部分参数

型 号	说 明	集电极-基极电压 BV_{CBO}(V)	最大集电极电流I_C(mA)	最大集电极暗电流I_D(nA)	最小光电流I_L(mA)	最大耗散功率P_D(mW)	典型响应时间（μs）
NTE3031	NPN型，硅，可见光和红外线	30（V_{CEO}）	40	100（10V时）	1	150	6
NTE3036	NPN型，硅，达林顿复合管，可见光和近红外线	50	250	100	12	250	151

5.7.5 光电晶体管的应用

1. 光控继电器

在图5.26(a)中，光电晶体管用于控制功率开关晶体管的基极电流，进而控制继电器的电流。在亮激励电路中，当光照射光电晶体管时，光电管导通，允许电源电流通过并进入功率开关晶体管的基极，于是功率晶体管导通，电流流过继电器，继电器被触发而改变状态。在暗激励电路中，情况与上述电路的相反：仅在撤去照射光电晶体管的光后，光电晶体管截止，进入功率晶体管基极的电流增大。图中100kΩ电位器的作用是通过控制光电晶体管的电流大小来调节感光灵敏度。

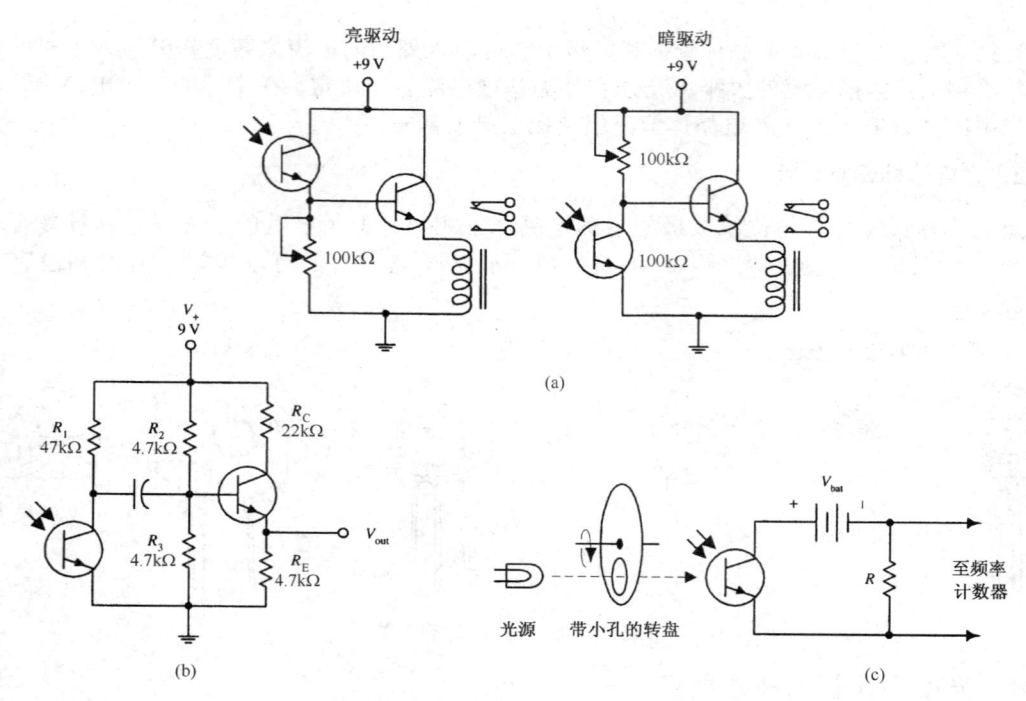

图5.26 光电晶体管的应用

2. 接收电路

图5.26(b)中电路是由光电晶体管和一级放大器（电流放大器）组成的调制光波接收电路。电路中的R_2和R_3用于设定功率开关晶体管的直流工作点，R_1用于设定光电晶体管的感光灵敏度。电容为隔直电容。

3. 转速表

图5.26(c)是一个简单的例子，说明如何用光电晶体管组成简单的频率计数器和转速表。带小孔（在转轴旁）的转盘转一圈，光线就通过小孔一次。通过小孔的光触发光电晶体管，使其导通。用频率计数器可对产生的电子脉冲进行计数。

5.8 光电晶闸管

光电晶闸管（LASCR）是光激励晶闸管。光激励晶闸管和光激励双向晶闸管是两种普通的光电晶闸管。光电晶闸管可用作开关，被光脉冲照射时导通。光撤去后，光电晶闸管依然保持导通状态，直至将其阳极和阴极极性反接或者切断电源为止。光激励双向晶闸管的性能与光电晶闸管的相似，但用于控制交流电流。光电晶闸管的符号如图 5.27所示。

图 5.27 光电晶闸管的符号

5.8.1 光电晶闸管的工作原理

图5.28中的模型和等效电路可以解释光电晶闸管的工作原理。和其他PN结光电器件一样，当光子在P型半导体侧撞击电子时，电子将被逐出原来的位置而越过PN结进入N型侧。大量电子被逐出并越过PN结时，基极将产生足够大的电流使晶体管导通。当光被撤

· 400 ·

去后，光电晶闸管依然保持导通，直至将其阳极和阴极极性反接或者切断电源为止（产生这种结果的原因是，从阳极流向阴极的电流继续充当晶体管的基极电流）。

5.8.2 光电晶闸管的基本应用

在图5.29所示电路中，当没有光照射时，光电晶闸管关断，负载中无电流通过。当有光照射时，光电晶闸管导通，电流通过负载。电路中的电阻R用于设定光电晶闸管的触发电平。

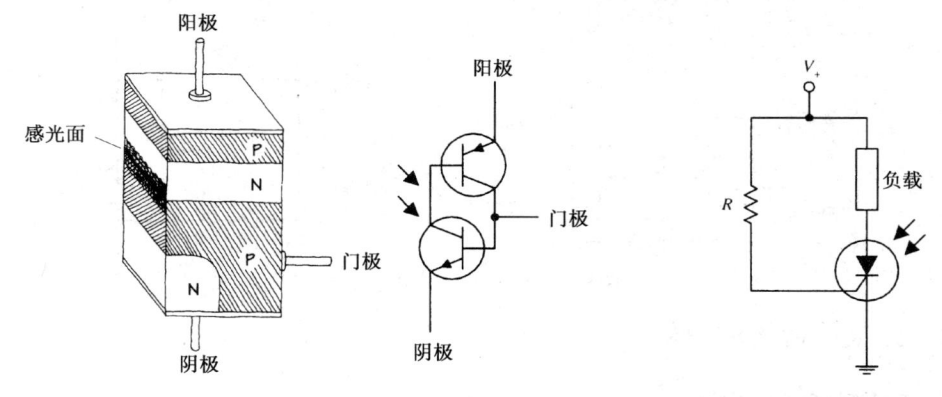

图5.28 光电晶闸管模型和等效电路　　　图5.29 光电晶闸管的基本应用

5.9 光电耦合器

光电耦合器是用光连接两个电路的器件。例如，典型光电耦合器可能是由一个发光二极管和一个光电晶体管共同封装在不透光的外壳中组成的。光电耦合器中的发光二极管部分与源电路相连，而光电晶体管部分与检测电路相接。当LED因通电而发光时，发射的光子都能被光电晶体管监测到。另外，还有许多类似的源-传感器的组合电路，如发光二极管和光电二极管、发光二极管和光激励晶闸管以及灯泡与光电晶体管的组合等。

光电耦合器常用在电气上绝缘的隔离电路之间，即可用一个电路来控制另一电路，而不出现干扰电压和干扰电流。两个电路之间存在电气连接时，可能出现干扰电压和干扰电流。光电耦合器件的典型封装方式如下：将源器件和传感器件面对面地放在一个不透光的外壳中。这种耦合器就像是一个闭合对［见图5.30(a)］。除了电气上的绝缘应用，闭合对常用于电平转换电路和固态继电器。开槽耦合器/中断器在源和传感器之间开有一个槽孔，槽孔中可插入阻挡片以切断光线［见图5.30(b)］。这种器件可用作物体探测器、限位开关和振荡探测仪等。还有一种采用反射对结构的光电耦合器。在这种结构中，光源发射光，传感器检测被物体反射的光。反射对结构可用于物体探测器、反射监视器、转速计和动作探测器［见图5.30(c)］。

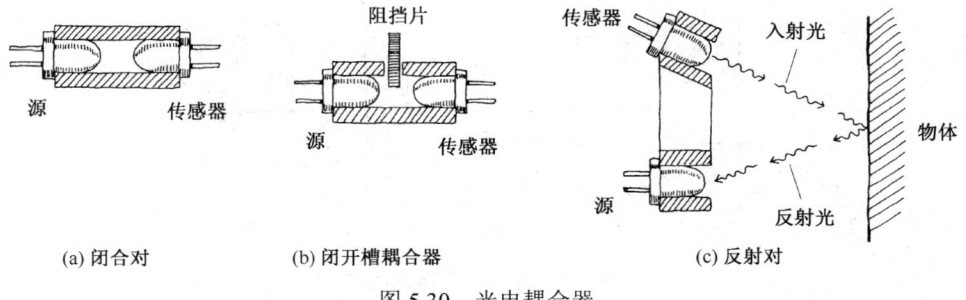

图 5.30 光电耦合器

5.9.1 集成光电耦合器

光电耦合常采用集成封装形式。图5.31给出了两种集成光电耦合器芯片。

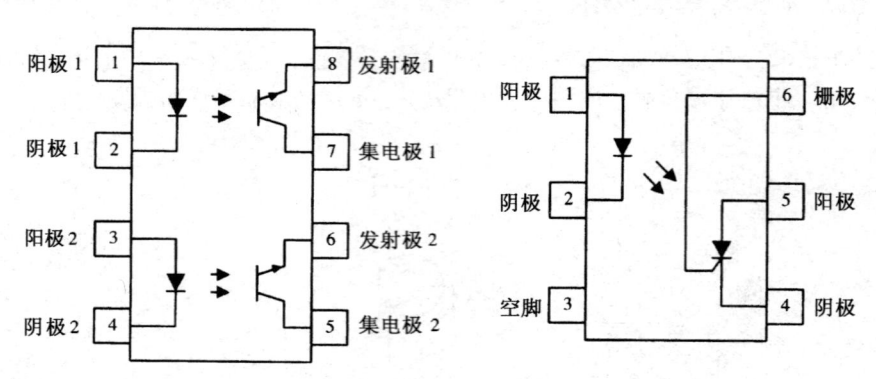

图5.31 两种集成光电耦合器芯片

5.9.2 光电耦合器的应用

1．基本隔离/电平变换

图5.32(a)中的发光二极管和光电晶体管用于保证源电路和传感器电路之间的电气绝缘，并在输出端获得电平变换的直流信号。左边的电路输出同相信号，右边的电路输出反相信号。

2．光耦合放大器

在光电应用中，光电耦合器中的光电晶体管不具有足够大的控制能力来开、关大电流，可增加一个功率开关晶体管［见图5.32(b)］来解决这一问题。

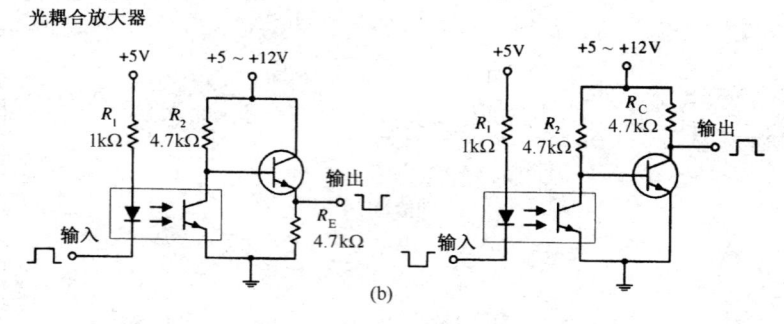

图5.32 光电耦合器的应用

3. 固态继电器

光隔离三端双向晶闸管元件MOC3041具有过零检测功能，因此只在过零点时才导通，以减小浪涌电流（见图5.33）。该器件用于控制三端双向晶闸管元件，实现交流110V的通断。

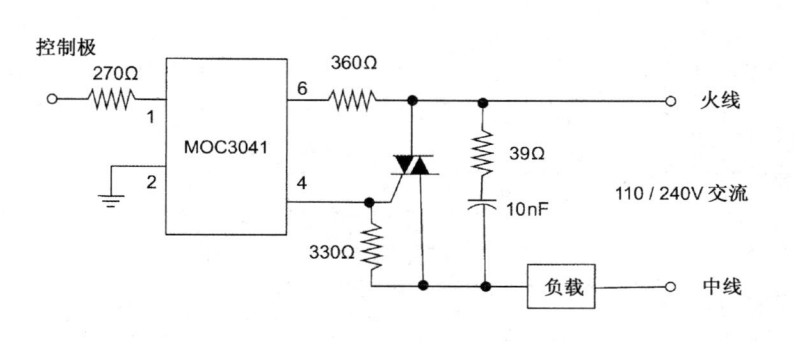

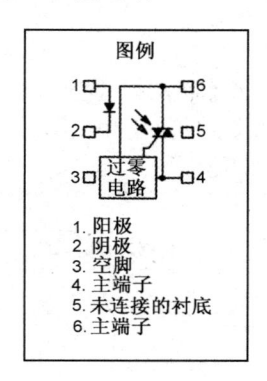

图5.33 固态继电器的基本电路

5.10 光纤

严格说来，光纤属于光学而非光电子学，常和光电二极管、发光二极管或激光二极管一起作为携带编码光束的数据介质。图5.34给出了光纤的工作原理。

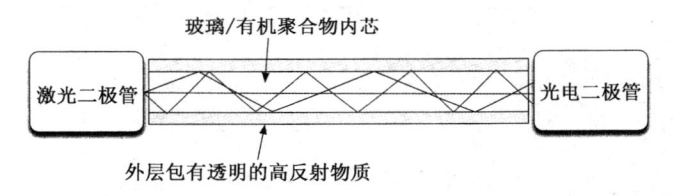

图5.34 光纤的工作原理

两层之间分界面的外层具有高反射率，以确保光纤作为光导时，光在其中发生全反射，使其光损耗最小。因此，长距离传输数据时光纤的性能比导线的好，频带宽，原因是光不受导线的电感、电容效应影响。因此，它们频繁地用于远程通信业，尤其是城市间的高带宽管线和海底光缆。在远程连接的最后几千米中，越来越多地用光纤代替铜线，如家用终端的高速网络和有线电视。

如图5.34所示，光线经过不同的路径通过光纤，这些路径的长度不同，限制了有效带宽。光纤芯的直径缩小，这种影响将减弱。因此，单模光纤芯的直径通常为8～10.5μm，外壳材料的直径为125μm。在图5.34中，当只允许直线传播的光通过时，在几百千米距离内光纤可以获得50Gb/s的带宽。

数据从发送端光源（LED或激光二极管）发出，并在接收端由光电二极管或晶体管接收。由于激光二极管产生的干涉光具有良好的传播特性，因此常用在通信系统中。LED用在低成本的系统中，如家用音频系统中的光纤声音连接。

第6章 传 感 器

传感器是测量物理属性的器件（常用的传感器类型见图6.1和图6.2），如温度、湿度、应力等。这里关注的是将测量结果转换成电信号。也可将传感器的定义延伸到GPS的概念中，GPS可以确定目标的空间位置。

传感器类型		
传感器分类	作用	器件实例
位置传感器	 用于检测或响应设备的角位移或直线位移	电位器 直线位置传感器 霍尔效应位置传感器 磁阻角度传感器	编码器 正交型 增量旋转型 光电型
接近、运动传感器	 用于检测或响应位于组件外、传感器范围内的物体的运动	超声波接近型 光学反射型 光学（对装式） PIR（被动红外式）	电感接近型 电容接近型 磁性开关 触摸开关
惯性传感器	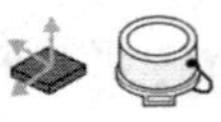 用于测量物体运动状态的变化	加速度计 电位器 测斜仪 陀螺仪 振动传感器/开关	斜度传感器 压电振动传感器 线性差动变压器 旋转差动变压器
压力/力传感器	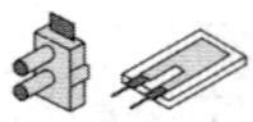 用来检测外部施加的力	IC气压计 应变计 压敏电阻 LVDT 硅传感器	压阻式传感器 电容式换能器
光学传感器	 光学设备用于检测光的存在或光通量的量	LDR 光电二极管 光电晶体管 光断续器 反射式传感器	红外收发器 太阳能电池 LTV（光伏）传感器
图像、摄像传感器	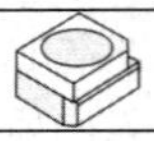 用于检测并将可视图像转换成数字信号	CMOS图像传感器	
磁性器件	 用于检测/响应磁场的存在	霍尔效应传感器 磁开关 磁性指南针IC 干簧管传感器	
介质传感器	 用于检测和响应作用在传感器某种物质上的存在或量值	气体 烟雾 湿度、水分 灰尘 浮球液位	流体流速
电流和电压传感器	 用于检测输电线路或电路中的电流、电压	霍尔效应电流传感器 DC电流传感器 AC电流传感器 电压变送器	
温度传感器	 用于测量不同介质中的温度	NTC热敏电阻 PTC热敏电阻 热电阻（RTD） 热电偶 热电堆	数字IC 模拟IC 红外测温仪/高温计
专用传感器	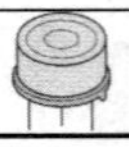 用于完成特殊环境下的监测、测量或响应，也可能是多功能测量	音频麦克风盖革-米勒管化学传感器	

图6.1 传感器类型

大多数传感器都提供一个正比于被测量的电压信号，有些数字传感器提供关于物理属性的数字信息。无论哪种传感器，通常都将信息输入微处理器。

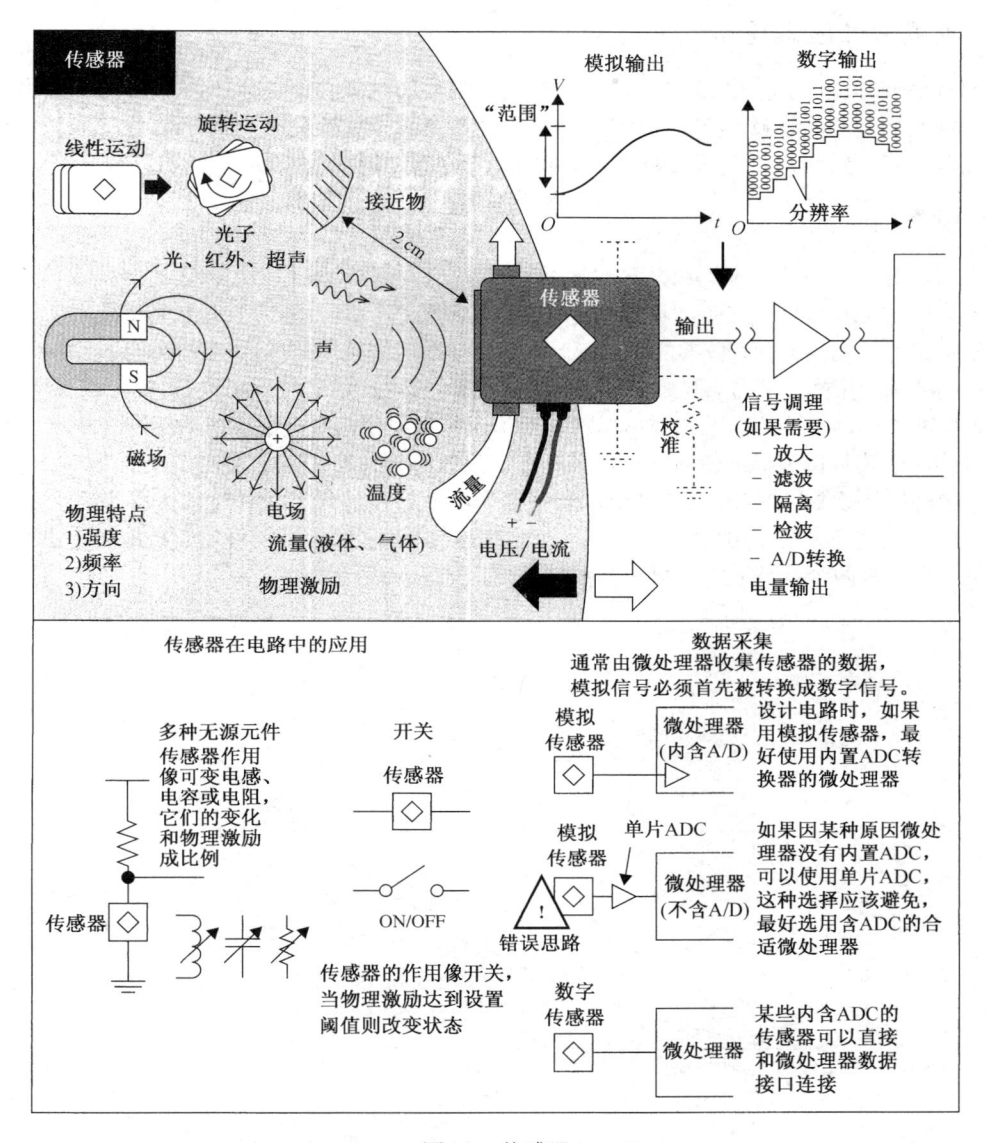

图6.2 传感器

6.1 一般原则

在介绍实用传感器知识之前，先介绍传感器的一般原则，这是所有传感器的基础。

6.1.1 精度、准确度和分辨率

当我们讨论传感器时，理解精度和准确度的区别是很重要的。精度常被认为是传感器的准确度。电子秤就是一个典型的例子。例如，当你的体重是92.1kg时，电子秤却告诉你是85.7kg。这里存在10%的误差，甚至更大，而一直使用同一个电子秤时，不会产生多大的问题，但对于绝对测量，结果是很离谱的。精度反映传感器多次测量读数之间的差异。准确度反映测量结果与真值一致的程度。对数字传感器来说，分辨率就是二进制的位数，可能是8位（1/256）、12位（1/4096）或更多。也就是说，读数不再连续而已被量化。

6.1.2 观测者效应理论

观测者效应理论是指观测者的某种特性改变了观察的结果。下面以汽车胎压测量为例加以说明。当常规胎压计与轮胎接通时，会漏掉少量气体，胎压发生变化。对大多数传感器来说，这样的变化可以忽略。然而，当判断读数是否真实时，就需要另当别论。

6.1.3 校准

一方面，若产品是低成本的和批量的，不需要校准，则生产很容易。事实上，确定传感器个体差异的校准相当昂贵。另一方面，若生产的是专用的高价值产品，则可考虑单台校准。

不论传感器的属性如何，校准的方法都是一致的，即用被校准传感器测量准确度已知的标准值，得到一系列准确度未知的读数。例如，要校准一个温度传感器，标准温度可以是100℃的沸腾蒸馏水，或者是为校准传感器设计的高准确度恒温箱，而恒温箱需要使用更高准确度的标准来校准。

当传感器的读数偏离标准值时，可用某些方法进行补偿。常用方法是制作校准表，表中包含标准值和对应的原始读数。例如，从12位A/D转换获取的原始读数介于0和1023之间。这些原始输出值（最少取5个值）放在表的左边一列，而右边一列则是与之对应的标准温度值，该值用十进制表示，单位为摄氏度。在两个读数之间，可进行线性插值，如图6.3所示。

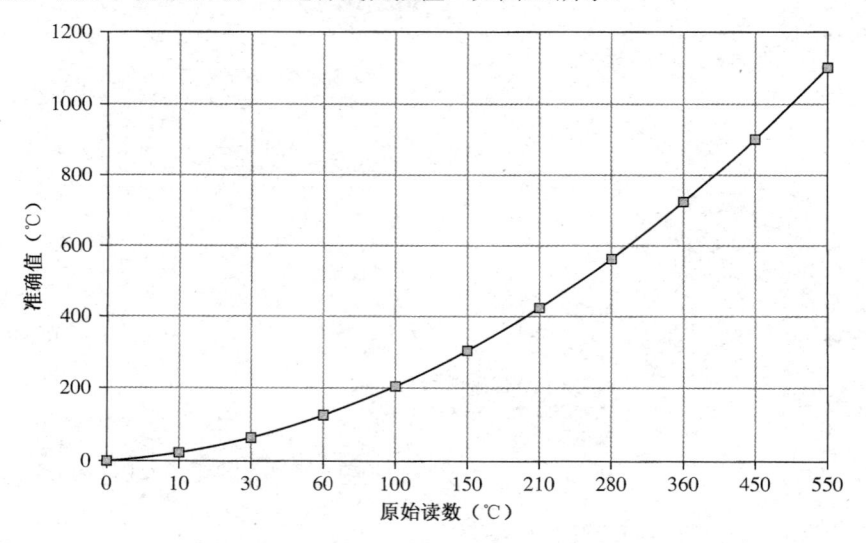

图6.3 实际传感器的准确值与原始读数的对应关系

在生产过程中，有些集成传感器会单个地校准，校准结果以表格形式刻录在传感器内部的只读存储器（ROM）中，因此大大降低了准确测量的成本。

6.2 温度传感器

温度传感器（见图6.4）是最常用的传感器之一。计算机及许多设备都需要检测自身的温度，以防止过热。另外，电子温控器通过控制加到负载电源上的功率来保持温度恒定，这里通常是开/关控制。

热敏电阻　　　　　　　　TMP36　　　　　　　　热电偶

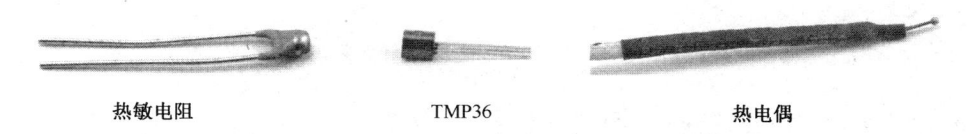

图6.4　温度传感器

6.2.1　热敏电阻

术语热敏电阻由"热"和"电阻"两词组合而来，是一种随温度变化电阻值明显改变的电阻。热敏电阻有两类，即负温度系数（NTC）型热敏电阻和正温度系数（PTC）型热敏电阻。NTC型热敏电阻的阻值随温度的增加而减小，而PTC型热敏电阻的阻值随温度的增加而增加。NTC型热敏电阻最常见。

在热敏电阻中，温度和电阻间的关系不是线性的，即使是在较小的温度范围（如0℃～100℃）内，将其近似地视为线性关系会产生极大的误差（见图6.5）。

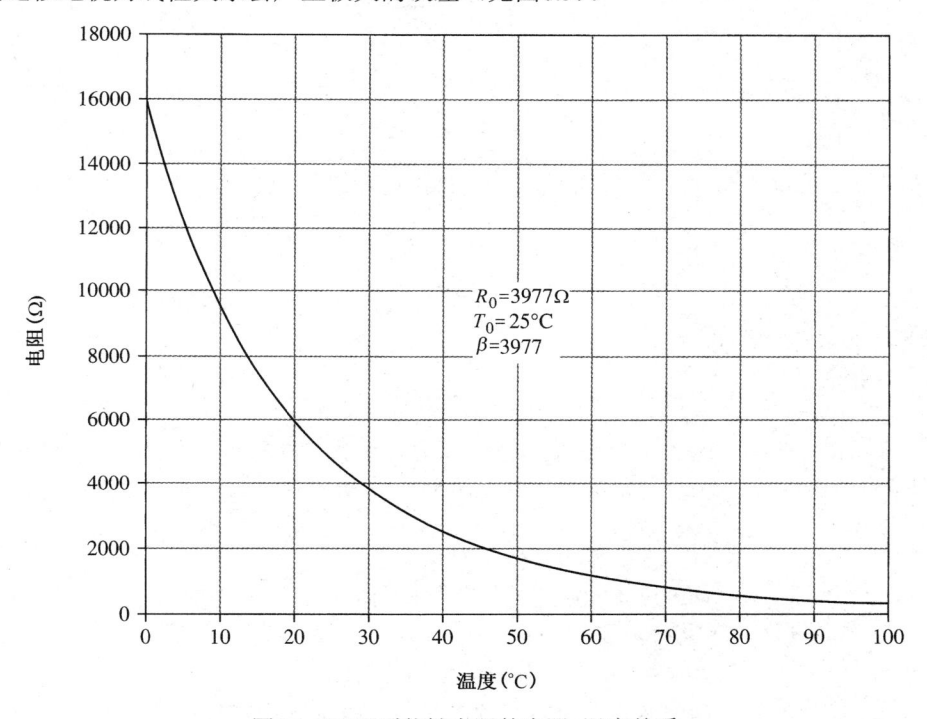

$R_0=3977\Omega$
$T_0=25°C$
$\beta=3977$

图6.5　NTC型热敏电阻的电阻-温度关系

斯坦-哈特（Steinhart-Hart）方程是一个三阶近似多项式，可根据热敏电阻的阻值来求温度。它既适合NTC型热敏电阻，又适合PTC型热敏电阻：

$$\frac{1}{T} = A + B \ln R + C \ln^3 R \tag{6.1}$$

式中，T是温度（单位为K），R是热敏电阻的电阻，A、B、C是热敏电阻的特性系数，由厂家提供。

另一个常见的特性方程用参数（β）来表示热敏电阻的特性。这里假设T_0和R_0为常数，T_0通常为25℃，R_0是T_0时的电阻值。热敏电阻的特性方程可以表示为

$$\frac{1}{T} = \frac{1}{\beta} \ln(R/R_0) + \frac{1}{T_0} \tag{6.2}$$

整理得

$$R = R_0 e^{\beta(1/T - 1/T_0)} \tag{6.3}$$

数据手册不仅提供β、T_0和R_0，还提供准确度和测量范围的相关信息。

为了将热敏电阻的信息输入微处理器，必须将其转换成电压，供微处理器中的A/D转换器测量。图6.6所示为一个热敏电阻型温度计的电路和符号。

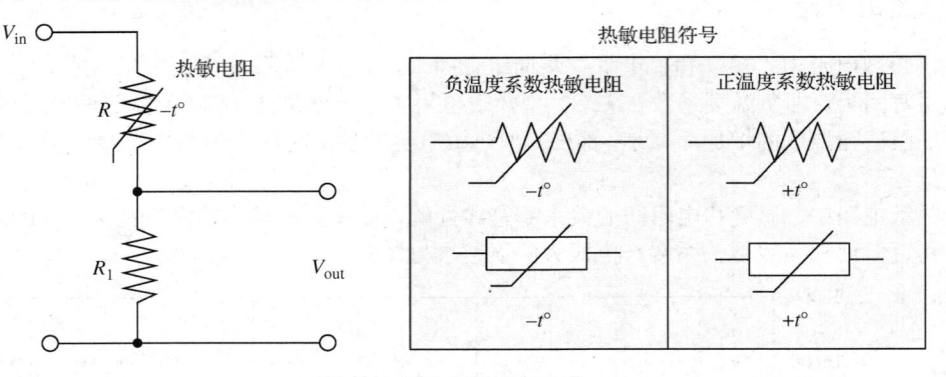

图6.6　热敏电阻型温度计

将NTC型热敏电阻放在分压器顶部，当热敏电阻的温度增加时，其电阻减小，V_{out}下降。根据图6.6有

$$V_{out} = \frac{R_1}{R_1 + R} \cdot V_{in} \tag{6.4}$$

将式（6.4）代入式（6.3）得

$$V_{out} = \frac{R_1}{R_1 + R_0 e^{\beta(1/T - 1/T_0)}} \cdot V_{in} \tag{6.5}$$

【例1】根据图6.5所示的曲线，当温度$T_0 = 25°C$时，由固定电阻$R_1 = 4.7k\Omega$、$\beta = 3977$的NTC型热敏电阻R构成分压器，如图6.6所示，其中$V_{in} = 5V$，求输出电压表达式。

解： 将值代入公式得

$$V_{out} = \frac{5 \times 4700}{4700 + 4700 e^{3977(1/T - 1/(25+273))}} = \frac{5}{1 + e^{3977(1/T - 1/(25+273))}}$$

注意，273加上摄氏度（℃）就转换成热力学温度（K）。

【例2】使用例1中同样的假设，求25℃时的输出电压V_{out}。

解： 这是一个带有窍门的问题。因为25℃时热敏电阻的阻值是$4.7k\Omega$，所以输出电压是2.5V。另外，也可使用公式计算：

$$V_{out} = \frac{5}{1 + e^{(3977 \times 0)}} = \frac{5}{1+1} = 2.5V$$

【例3】使用例1和例2中同样的假设，求0℃时的输出电压V_{out}。

解：

$$V_{out} = \frac{5}{1 + e^{3977(1/273 - 1/(25+273))}} = \frac{5}{4.34} = 1.15V$$

6.2.2　热电偶

热敏电阻适合测量小范围（-40℃～+125℃）内的温度，而热电偶适合测量大范围内的温度，如图6.7所示。

任何具有热梯度的导体都会产生泽贝克效应，即可以获得一个小电压，该电压的大小取决于金属导体的种类。将两种不同的金属连接时，可通过测量另一端的电压来测量热端的温度，同时测量另一端的温度，常用热敏电阻进行测量，因为温度接近室温。该点的温度常称冷端温度。

因为热端温度与电压的关系并不完全是线性的，所以常通过查表（关于电压和热端温度的表格，这个特性也可以用五阶多项式来精确地逼近）来确定热端温度。用于计算温度的大容量表格通常由热电偶制造商的数据手册提供。

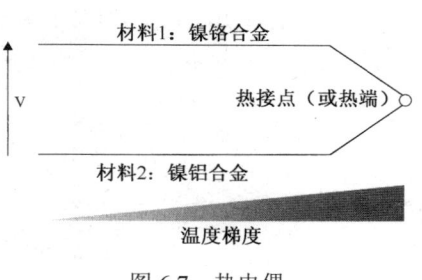

图 6.7 热电偶

热电偶的常用金属是镍铬合金（90%的镍、10%的铬）和镍铝合金（95%的镍、2%的铝、2%的锰和1%的硅）。用上述材料制成的热电偶的测温范围为–200℃～+1350℃，灵敏度为 41μV/℃。

6.2.3 电阻温度检测器

电阻温度检测器（RTD）目前可能是最简单的温度传感器。和热敏电阻一样，RTD根据电阻随温度的变化而变化，但它不像热敏电阻那样使用对温度变化敏感的特殊材料，而只使用绕在玻璃或陶瓷芯上的导线（通常为铂金）。当温度为0℃时，线圈电阻通常为100Ω。RTD不如热敏电阻敏感，但其温度范围较大。铂电阻在温度范围0～100℃（或更大）内基本上线性变化，变化量为 0.003925Ω/Ω/℃。因此，当温度为0℃时铂RTD的电阻为100Ω，当温度为100℃的电阻为

$$100\Omega + 100℃ \times 100\Omega \times 0.003925\Omega/\Omega/℃ = 139.25\Omega$$

式中，第一个100Ω是RTD在0℃时的固有电阻。和热敏电阻一样，可用分压器进行后续处理。

6.2.4 模拟输出的集成温度传感器

热敏电阻和固定电阻构成分压器的另一种用法是，制作具有特殊用途的集成温度传感器。例如，TMP36就是一种三引脚封装的集成温度传感器，如图6.8所示。

和热敏电阻不同，传感器的输出在温度范围–40℃～+125℃内几乎是线性的，即10mV/℃，其精度是±2℃。

由电压计算温度（℃）的公式为

$$T = 100V_{out} - 50$$

常数50由TMP36的数据手册规定。

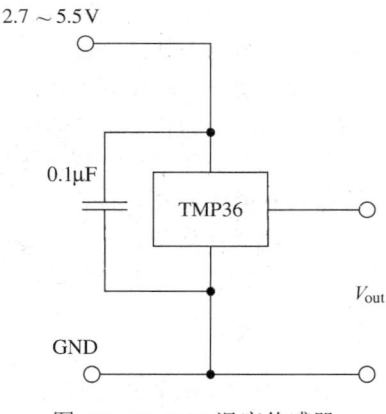

图 6.8 TMP36 温度传感器

这类器件比热敏电阻和串联电阻贵得多，但应用十分方便。

6.2.5 数字集成温度传感器

技术含量较高的温度测量使用数字集成温度传感器，且通过串口与微处理器相连。典型的数字集成温度传感器是DS18B20，它采用单总线串行连接，总线可同时连接多个传感器，如图6.9所示。DS18B20比类似于TMP36的线性器件更准确，准确度为±0.5℃，温度范围是–55℃～+125℃。

因为集成数字温度传感器以数字量传输数据，所以更适合遥测。与模拟器件相比，导线长度和电气干扰影响较小。事实上，在电噪声环境中，它们要么可靠地工作，要么根本不工作。

集成数字温度传感器还可配置工作于"寄生"电源模式，从数据线获得能量，允许仅用两根

线连接。DS18B20的GND端和正极都必须接地，微控制器要在严格的定时条件下控制MOSFET晶体管，将数据线的电压拉高到电源电压。

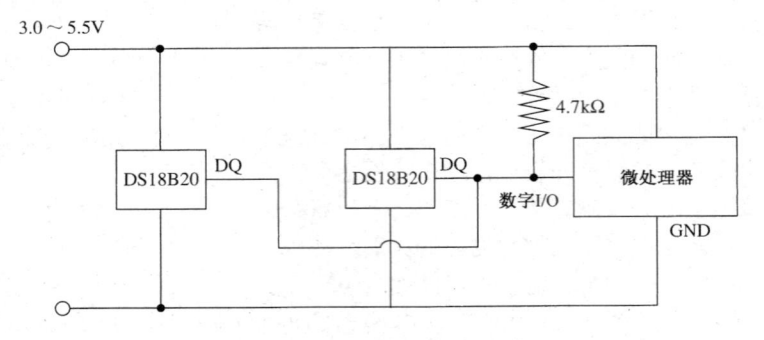

图6.9　DS18B20数字温度传感器

6.2.6　红外温度计/高温计

如果最近看过医生并且量过体温，那么可见到放在耳旁的红外温度计，它用于测量耳朵内表面的温度，但与耳朵无任何实际的接触。之所以选择耳朵，是因为它实际上是进入人体的有效的孔洞，且不受外部辐射的影响，因此耳朵的背面相当于一个"黑体"辐射器。

高温计或宽带高温计测量辐射的强度，即单位面积上的能量大小，然后通过斯特藩-玻尔兹曼定律来确定温度：

$$j^* = \sigma T^4$$

辐射强度（j^*）与温度的4次方成正比，σ是斯特藩-玻尔兹曼常数（$5.6704 \times 10^{-8} \text{J} \cdot \text{s}^{-1} \cdot \text{m}^{-2} \cdot \text{K}^{-4}$）。上述温度计使用红外传感器，如MLX90614，由传感器与起红外辐射聚焦作用的光学器件配合完成温度测量。当用于其他测量时，红外温度计常将低功率激光对准传感器，得到现场的温度读数。

类似于MLX90614的器件不仅包含传感器，还包含低噪声放大器、高精度A/D转换器以及所有产生数字量输出的相关电子器件。

和其他集成传感器一样，集成红外传感器的优点是，它将所有电子器件封装到一个芯片内，可降低传感器本身的噪声，同时简化接口。

除了集成红外传感器，还有其他类型的传感器可用于高温测量，如在工业锅炉中使用的温度传感器。高温计常用于工业炉温的高温测量。

6.2.7　小结

表6.1列出了各种温度传感器及其特点。

表6.1　各种温度传感器及其特点

传感器	温度范围/℃	精度/±℃	优点	缺点	应用
热敏电阻	−40～125	1	成本低		环境温度测量
热电偶	200～1350	3	成本低	需要测量参考温度	工业锅炉
RTD	−260～800	1	准确、线性好	价格高、响应慢	
模拟集成传感器	−40～125（TMP36）	2	接口简单	价格高于热敏电阻	家用，恒温器、数字温度表
数字集成传感器	−55～125（DS18B20）	0.5	准确、方便，具有微控制器的连接	价格高于热敏电阻	家用，恒温器、数字温度表
红外温度计/高温计	−70～380（MLX90614） −70～1030（MLX90616）	0.5	非接触	价格高于接触式	医院，工业控制，特别是接触测温困难时

在表 6.1 中，精度数据不完全切合实际，因为对大多数传感器来说可通过单独校准来获得较高的精度。整个系统的精度才是最重要的，包括所用传感器的精度和其他电子器件的精度。假设使用成品传感器，利用数据手册提供的参数而不经过单独校准意味着表中所给的精度是可以实现的。

6.3 接近和触摸传感器

本节讨论检测目标，以及测量目标到传感器的距离。图6.10列出了一些接近和触摸传感器。

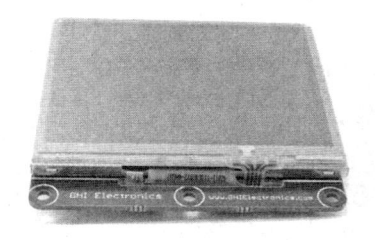

触摸屏　　　　超声测距仪　　　　红外接近传感器

图6.10　接近和触摸传感器

6.3.1 触摸屏

触摸屏常用在手机和平板电脑中。许多不同的技术用于触摸屏，最常用的是电阻触摸屏。

电阻触摸屏是一种最古老且更易使用的触摸屏技术，它们依赖于显示屏顶部的一个透明板，这个板是有弹性的，同时也是导电的。图 6.11 显示了一个四线制电阻触摸屏的典型方案。

上表面和底面都涂有导电层。绝缘点均匀地喷在坚硬底面上使涂层分开，除非它们被压在一起。为了确定触摸点的水平位置X，设A为0V，B为5V，于是便可建立穿过顶面的电压梯度场。因此，在C或D测得的电压便与X成比例。这样，通过A/D转换器转化就可得到相应的坐标。

导电层的作用和带滑块C的电位计一样。测量C处电压的器件的输入阻抗很高时，从导电层表面到C的终端的导线电阻可以忽略。大多数微控制器有一个带有高输入阻抗的模数转换器，阻抗值通常为数兆欧姆。因此，C处的电压为0～5V，该电压与触摸点的水平位置 X到A的距离成正比。

读垂直位置Y时，要采用另一种工作方式。此时，设C为0V，D为5V，在A或B处测电压。所有这些处理程序由专用控制芯片或微控制器完成。

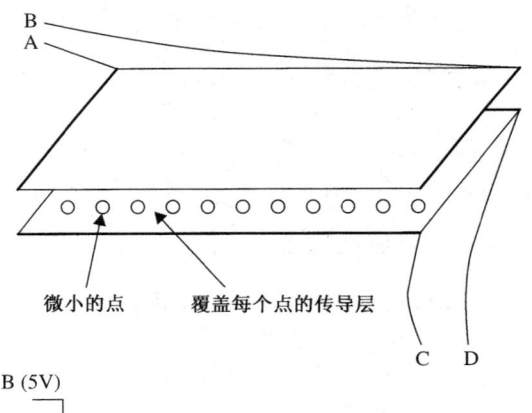

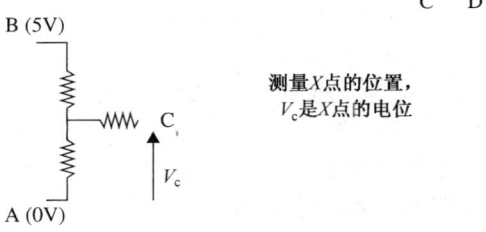

微小的点　　覆盖每个点的传导层

测量X点的位置，V_c是X点的电位

图6.11　一个四线制电阻触摸屏的典型方案

6.3.2 超声波测距仪

超声波测距仪深受机器人开发爱好者的喜爱，也可见于类似卷尺的测距设备中。这些设备发出超声波脉冲并测量脉冲反向回来所需的时间。于是，根据声速，就可通过简单的计算得出目标的距离（见图6.12）。

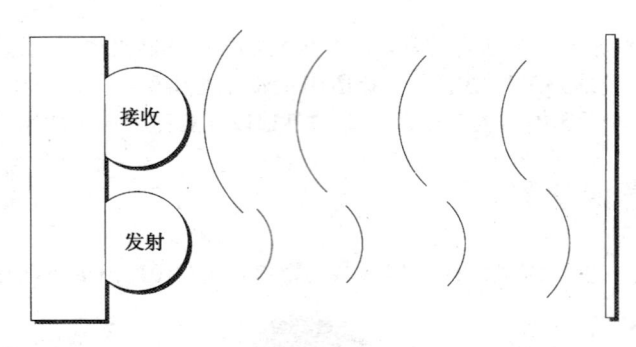

图6.12 超声测距

这类设备的测量范围约为5m，但它很大程度上取决于目标的大小和声波的反射特性。声速波动限制它们的准确度，声速大小依赖于大气压、湿度、温度等许多因素。例如，当温度为0℃时，干燥空气中的声速是331m/s，而当温度为25℃时，干燥空气中的声速增加到346m/s，相差4.5%。

发射和接收超声波脉冲有时使用两个传感器分别完成，有时使用一个传感器完成。

有些设备利用微控制器来启动脉冲、测量回波；有些设备的价格较高，有自己的数字信号处理系统，能够产生相应的输出，能够被微控制器读取：

- 一个与距离成正比的模拟输出电压
- 串行数据
- 正比于距离的一系列不同的脉冲长度

有些传感器可以同时提供以上三种输出。

【例1】当温度为20℃时，干燥空气中的声速为340m/s，脉冲发射周期是10ms，反射物体的距离是多少？

解：距离 = 速度×时间 = 340×0.01 = 3.4m。这是整个往返路程的距离，因此到物体的实际距离是它的一半，即1.7m。

6.3.3 光学测距仪

在近距测量中，另一种实用设备是红外光学测距仪，如图6.13所示，它利用调制红外脉冲的反射量确定目标的距离。这类传感器的典型产品是夏普GP2Y0A21YK。

红外光学传感器用于近距离测量（比超声传感器测得的距离短），输出为模拟信号。这类传感器是非线性的，精度一般，因此常用于简单的近似测量而非精确测量。

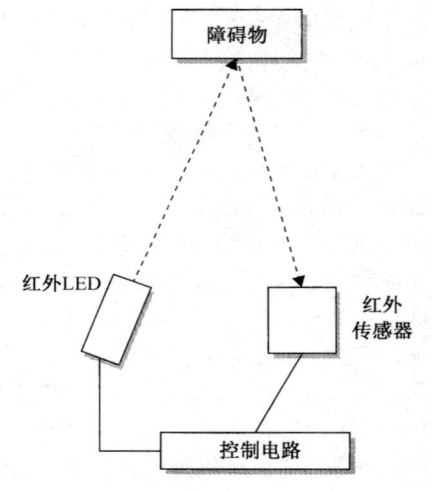

图 6.13 光学测距仪

在近距测量场合，距离-输出电压关系不单值的，如图6.14所示。因此，安装时应使被测目标避开模糊的距离，图6.14中的模糊距离是5cm。

当这类传感器和微处理器一起使用时，可通过查表将电压转换成距离读数。

在某些场合，需要判断物体是否存在。利用槽式安装的光学传感器可实现这个目标，此时要将红外源与传感器对直安装在二者之间的槽中，当光束被切断时，物体就被检测到。

6.3.4 电容传感器

电容传感器常称接近或触摸传感器，用于替代机械式按钮开关。这类传感器对导体敏感，因此能较好地感知手掌或手指的接近或触摸。

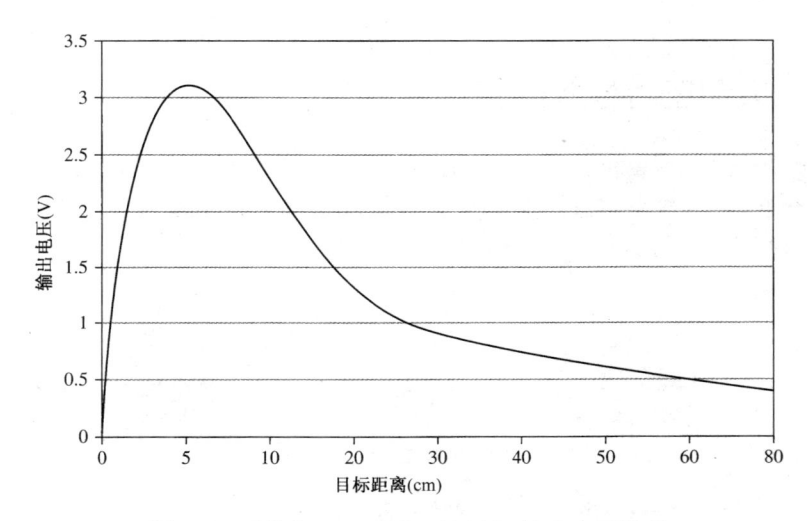

图6.14 夏普GP2Y0A21YK的距离-输出电压关系

电容感应的方法有多种,但基本原理是相同的,如图 6.15所示。图中,感应是通过微处理器的两个普通I/O完成的。发射引脚被配置成输出,接收引脚被配置成输入。两个引脚之间的固定电阻构成RC网络的一部分,而电容为RC网络的另一部分,电容由被检测物体和传感器的极板构成。

当手掌靠近极板时,电容增大。控制软件设置发射引脚的状态,定时读取接收引脚的电位,就可捕获引脚的充电状态。在这种方法中,电容检测是有效的,因此可以判断被测物体是否靠近。接收的状态到达发射引脚的状态的时间越长,物体就越靠近极板。

这类传感器的优点是需要的硬件极少,且可通过玻璃、塑料和其他绝缘材料感应。这种技术的最大优点是可在二维平面内感应,用于制造电容触摸屏。

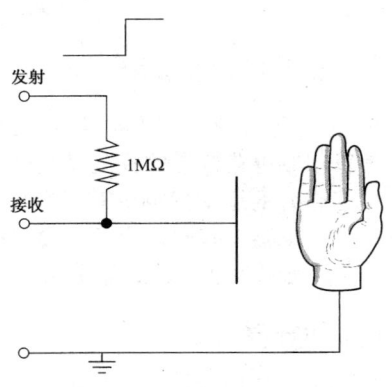

图 6.15 电容感应

6.3.5 小结

表6.2给出了几种不同类型的距离传感器的性能比较。

表6.2 几种不同类型的距离传感器的性能比较

传感器类型	距离范围	精度	优点	缺点	应用
超声	150mm～6m	25mm	简单,便于接口	价格相对高	工业控制、安防、机器人
光反射	100～800mm	10mm	简单,便于接口,成本低	目标的红外反射率影响测量	工业控制、安防、机器人
光(槽式安装)	N/A	N/A	成本低	仅检测有和无,不能检测距离	工业控制
电容	0～30cm	N/A	成本低	仅能检测接地的导体	替代按钮开关触摸屏

用在工业背景中的另一类传感器是感应式传感器,它本质上是微距离金属探测器。

磁体的接近检测可以使用磁传感器,如霍尔效应传感器,甚至可以使用简易的识别开关,这种开关有一对触点,封装在玻璃壳体内,当磁体靠近时,触点便会闭合。

6.4 运动、力和压力检测装置

许多不同型号的传感器可以告诉我们物体是如何运动的。在智能手机中，这样的事情经常发生。例如，使用加速度传感器可以确定手机的方位，进而自动完成屏幕中图像格式之间的转换。图6.16给出了几种不同型号的运动传感器。

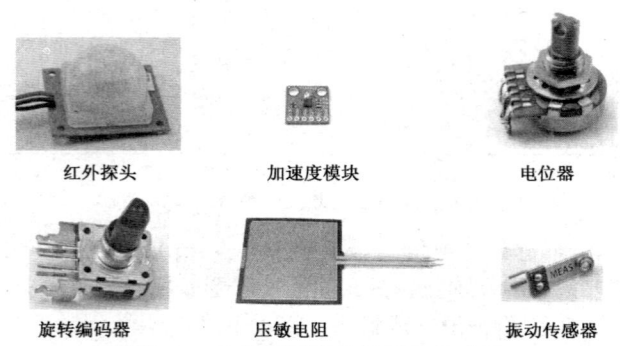

图6.16 几种不同型号的运动传感器

6.4.1 被动红外探测器

被动红外（PIR）探测器通常用在报警器中，用以探测红外热辐射的变化。探测器需要塑料透镜，常以印制电路板上的探测模块形式销售。

性能较好的运动探测器有多个检测单元，对红外热辐射能级的检测响应迅速。检测时，模块可以驱动继电器，有的模块具有集电极开路输出结构。

图6.17所示为红外传感器中由SparkFun构成的集电极开路输出结构图。

6.4.2 加速度仪

将加速度仪用在移动电话中，可使移动电话成为低成本的便携设备。加速度仪中最常使用微机电系统（MEMS），其基本原理是测量质块的位置，并且质块与因加速度作用而延伸的弹簧相连，如图6.18所示。神奇的是，所有元件均封装在IC芯片内。

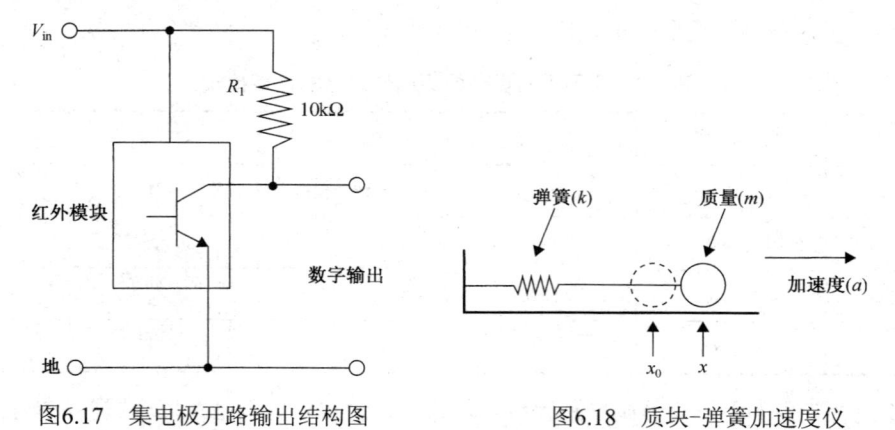

图6.17 集电极开路输出结构图　　图6.18 质块-弹簧加速度仪

这种结构本质上与弹簧平衡系统相同。事实上，旋转90°后，人们就可测量出万有引力常数，其单位和加速度的单位相同。这就是加速度仪如何确定其垂直方向的原理。

加速度作用到质量块上的力为 $F = k(x-x_0) = ma$，所以

$$a = \frac{k(x-x_0)}{m}$$

因为制造商会告知k和m，所以可能确定质块m的位移。运动测量也可使用质块的电容效应。较常见的结构是质块在两个极板之间运动，导致电容值变化，如图6.19所示。

在图6.19中，两个极板间的矩形质块处于A板和B板的中间位置，电容值C相等。图6.19所示的加速度将右移重物，电容比发生变化。

大多数加速度仪被封装在很小的IC中，不仅包含三个加速度计（每个方向一个），还包含所有必需的电子器件、A/D转换器和数字处理器件，提供串行数据通信，通过I^2C串行总线与微处理器相连。

常用的低成本加速度仪是MMA8452Q。

6.4.3 旋转测量仪

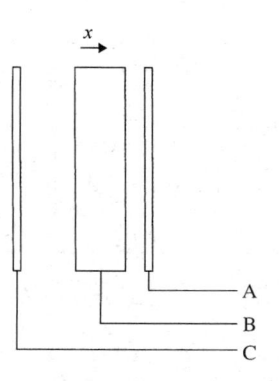

图 6.19 测量质块的位移

最简单的旋转测量仪是作为分压器的电位器，其滑动端的电压与旋转角度成正比，如图6.20所示。这里，电位器不能旋满360°，因为其轨道两端设有限位装置，防止其自由转动。

比电位器灵活的是方波编码器。这类装置旋转时不需要限位，可以连续旋转。在电子装置中，方波编码器通常用于代替电位器。实际上，它测量的是向左或右转过的步数，而非绝对位置。

方波编码器有一对同轴滑轨，每个滑轨上有一个触点。滑轨的作用类似于开关，轴转动时产生脉冲，如图6.21所示。

A和B的交替出现可用于确定轴的旋转方向。例如，顺时针方向旋转时可依次读取1～4时刻的相位关系，而反时针方向旋转时可依次读取4～1时刻的相位关系：

顺时针方向（AB）：LH HL HH HL

反时针方向（AB）：HL HH LH LL

如大家理解的那样，这些数字器件可与微控制器直接连接。

方波编码器具有不同的分辨率。低成本编码器的分辨率仅为12脉冲/转，性能较好编码器的分辨率为200脉冲/转，设计为30000转/分的高速工作模式。

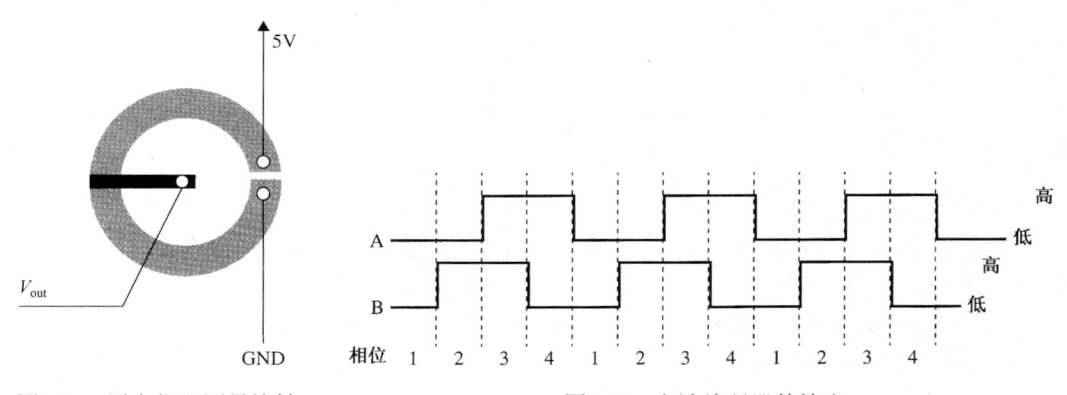

图6.20 用电位器测量旋转   图6.21 方波编码器的输出

测量相对旋转方波编码器的变体是绝对编码器。本质上讲，绝对编码器是一个旋转开关，它有一定数量的滑轨，每个滑轨都按角度定标，可以提供二进制输出。这里不再是"常规"二进制计数，每个位置的二进制数将是组合而成的，且要确保两个相邻位置的二进制数仅有

一位变化。这类编码称为格雷码，如三位格雷码为000、001、011、010、110、111、101、100。
表6.3给出了几种旋转传感器的优缺点。

表6.3 几种旋转传感器的优缺点

传感器类型	精度	优点	缺点	应用
电位器	2°～5°	廉价，测量绝对角度	限位到300°	音量控制等
方波编码器（低成本）	30°	廉价	测量角度变化，非绝对测量	音量控制等
方波编码器（光敏感）	2°	高精度高速	昂贵	工业控制
绝对旋转编码器	22°（4位）	测量绝对角度	精度太低	工业控制

6.4.4 流速测量仪

测量流量最简单的传感器是放在流体中的带桨轮或涡轮，其转速正比于流速。测量风速的风速计是典型的例子，如图6.22所示。

风驱动杯形轮转动，转速正比于风力。杯形轮的某些固定点在转过接近传感器时，距离传感器较近，使得接近传感器可在整转内产生一个脉冲。在该应用中，可以获得一个脉冲串，脉冲串的频率正比于风速。于是，风速测量就可由微控制器在给定时间内的脉冲计数实现。接近传感器可以使用磁传感器，如霍尔效应传感器（这时需要在杯形轮上安装固定磁极），或者使用光传感器（光束被切断时）。

表6.4给出了几种液体流速传感器。

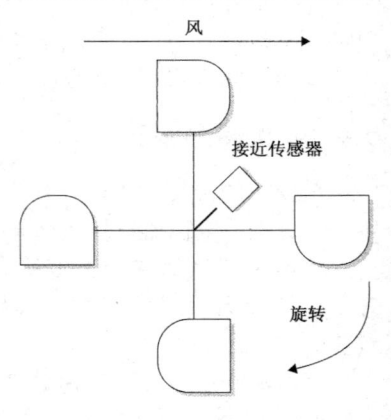

图 6.22 杯式风速计

表6.4 几种液体流速传感器

传感器	说明	优点	缺点
热线式	流过导线的电流使其温度保持恒定。液体流动带走导线的热量。于是，温度保持恒定的电流就与流速成正比	简单	发热
超声（时差法）	超声波由上游耦合器注入液体，测出超声波到达下游耦合器的时间，再测出反向过程的时间，根据时间的差值就可确定液体的流速	无运动部件	装置的几何尺寸影响大
声（多普勒）	入射探头和反射探头并排安装，测量入射波和反射波的频率差别，该差别与液体中的颗粒相关	无运动部件	液体中需要有微粒状物质
激光（多普勒）	类似于超声多普勒，使用单色激光，测量反射光波长的差别	精确	液体中需要有微粒状物质、昂贵

6.4.5 测力仪

力可通过压敏电阻来测量。这类器件的工作原理和电阻式触摸屏的类似。它们有两层，即导电层和微点绝缘层。压力越大，顶层微点与底层导体的接触越多，电阻就越小。这些设备一般不太精确。应变检测原理基于电阻在拉力或压缩力作用下的几何变形（见图 6.23）。

为了更精确地测量力，常使用称重传感器，即将两个或更多应变片粘贴到具有形变的金属块上。称重传感器通常具有温度补偿功能。

6.4.6 斜度测量仪

虽然加速度计可用于测量斜坡的坡度，或者检测相对于水平方向的斜度，但是，如果只需要了解传感器相对于水平方向的倾斜程度，那么可以使用相对简单的传感器。在这种情况下，最简单的办法是使用一个球，当物体水平时，小球就处在平衡位置；而当物体倾斜时，小球就会滚动。

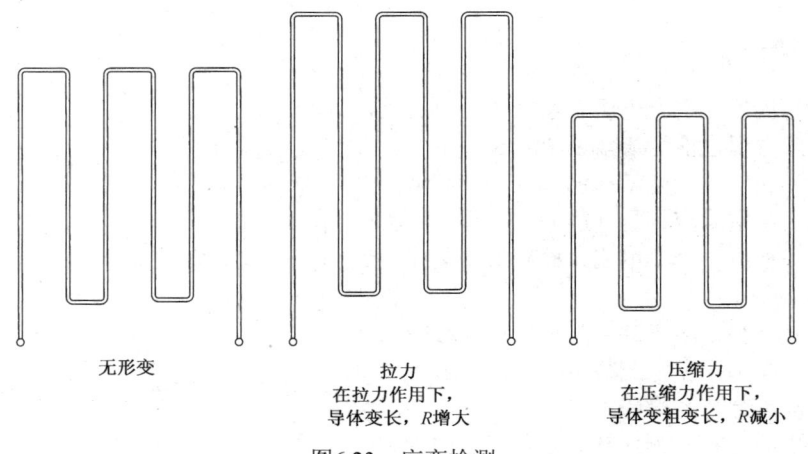

图6.23 应变检测

无形变　　拉力
在拉力作用下，导体变长，R增大　　压缩力
在压缩力作用下，导体变粗变长，R减小

6.4.7 振动和机械振动测量仪

压电材料能够较好地检测振动和冲击。对于图6.16所示的振动传感器，测量时会在压电材料柔性条的末端加一个小重物，当重物因振动而摆动时，就产生电压。在实际应用中，这个电压输出会漂移。当振动传感器的两端并联一个10MΩ的电阻时，可用相同的方式检测机械振动。

6.4.8 压力测量仪

除非计划从事过程控制或者建立气象站，否则几乎不涉及压力测量问题。除了有特殊的传感需求，解决方案几乎总是购买集成数字传感器，如表6.5所示。

表6.5 压力传感器

传感器	范围	描述	特点	应用
硅（一般用途）（MPX2010）	0~10kPa	传感器上有一人喷嘴，用来测量不同的压力	温度补偿、线性度好、出厂校准、价格低	呼吸诊断、空气运动控制
硅（测大气压用）（KP125）	40~115kPa	传感器在芯片上表面，用来测量大气压	精准（±1.2kPa）、出厂校准	高度表、晴雨表

其他类型的压力传感器具有较大的测量范围，常用于传统的压力测量，如波纹管或布尔东管。这时，将压力转换成位移，便可使用前面讨论的任何一种技术进行测量，如电位器法、应变片法，或者使用IC加速度计中的电容位置传感器。

6.5 化学物质传感器

检测不同种类化学物质的传感器有很多，图6.24中列举了几种化学物质传感器，后面将介绍它们的工作原理。

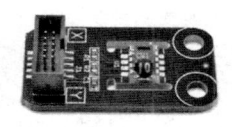

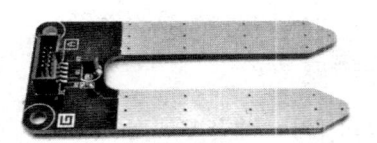

气体传感器　　湿度传感器　　水分传感器

图6.24 化学物质传感器

6.5.1 烟雾检测器

家用烟雾检测器几乎用于所有家庭中。事实上，常用设备的传感过程也很复杂（见图6.25）。

这里用一种放射性同位素（镅）在一个腔室中产生电离粒子流，腔室对空气是开放的。于是可在辐射源和检测板之间形成一个小电流，检测板安装在腔室的另一端。

烟雾粒子甚至显微粒子进入腔体后，会被吸附在离子上，与离子中和，使电流减小。这样，就可通过检测电流来实现对烟雾的检测。

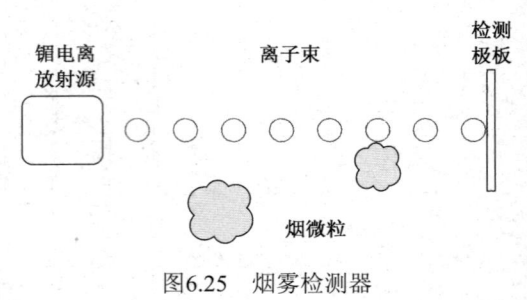

另一种通用的烟雾检测器是由聚焦红外LED和光敏二极管组成的，光敏二极管偏离LED红外聚焦轴。当烟雾粒子进入传感器时，烟雾离子散射红外光，进而使光敏二极管发光。

图6.25 烟雾检测器

6.5.2 气体检测器

气体检测器由加热元件和催化探测器组成，可以检测甲烷浓度低至200ppm的气体。其他型号的传感器利用不同的催化剂来感知其他不同的气体。

使用气体检测器时，将提供一个电压（一般为5V）来加热元件，传感器的输出引脚则和一个固定的电阻构建成分压器，产生可以测量的输出电压。

6.5.3 湿度检测器

虽然高精度湿度测量技术需求很大，但是在大多数应用中，1%或2%的精度是可接受的，且可用一个低成本的电容传感器来实现。这类传感器通常由温度传感器、控制单元和串行接口（供微型控制器用）组成。

电容的敏感性依赖于两极板间聚合物的介电常数。传感器通过激光校准，可以获得较好的精度。也就是说，在制造过程中，会通过激光将校准参数写入器件内部的数字存储器。

除非特殊应用需要极高的精度，否则没有理由使用除IC湿度传感器外的其他传感器。

6.6 光、辐射、磁性和声音传感器

图6.26给出了几种检测辐射或磁性的传感器。

图6.26 几种检测辐射或磁性的传感器

6.6.1 光传感器

光检测可用于很多领域，如从数据的光传输到接近检测。很多型号的传感器可用于此目的，包括前面探讨过的传感器，如光电阻。

6.6.2 电离辐射传感器

电离辐射的测量可以使用盖革-米勒管，该管内封装有低压的惰性气体（譬如氖）。高电压（400～500V）施加在外导电阴极和管内中心轴线的金属丝阳极之间，如图6.27所示。

当电离辐射穿透管子时，气体就被电离并产生一个电压脉冲 V_{out}。电压脉冲可通过盖革公式来计算，且伴随电离通常会产生嘶嘶声。

不同类型的辐射测量可由不同设计的盖革-米勒管来实现，具有薄云母端部的盖革-米勒管可以检测α粒子。

6.6.3 磁场传感器

在流量计转速测量的讨论中，说过在磁铁通过传感器时通过感应就可以检测转速。该传感器是一个能够产生感应电流的线圈。因此，磁体运动越慢，可用的信号就越小。这种方法的另一种用途是测量恒定磁场和探测磁体的有无。完成上述任务的普通器件是霍尔效应传感器。

霍尔效应是指当电流通过处于磁场中的导体时产生的电效应。在图6.28中，当电流沿厚度为 d 的导体流动时，导体处于磁场 B 中，这时在导体上、下两个表面之间将产生一个电压 V_H。

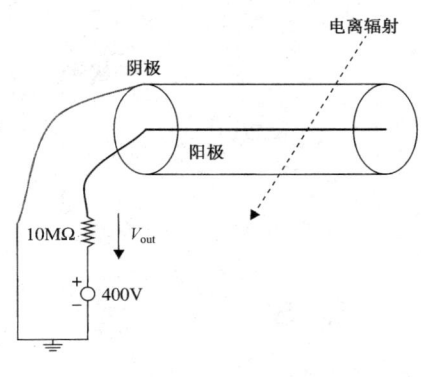

图6.27 盖革-米勒管

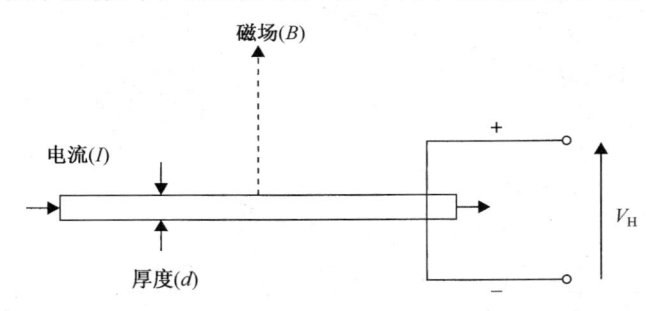

图6.28 霍尔效应传感器

霍尔电压由如下公式给出：

$$V_H = \frac{-IB}{ned}$$

式中，n 是载流子密度，e 是一个电子的电荷，d 是导体的厚度，I 是通过它的电流，B 是磁场强度。

实用的霍尔效应传感器通常由传感器本身和高增益放大器组成，集成在单片IC上。其他更好、更实用的技术包括将数据发送到微控制器的串行接口。

霍尔效应传感器有两类：一类像开关那样动作，根据附近磁体的存在与否提供了开/关指示。另一类（线型传感器）提供正比于磁场强度的线性输出电压。

6.6.4 声音传感器

声音的感应可通过麦克风和扬声器。要感知声音的强弱，就要使用低通滤波器和检波来确定声音的强度（见图6.29）。

图6.29 测量声音的强度

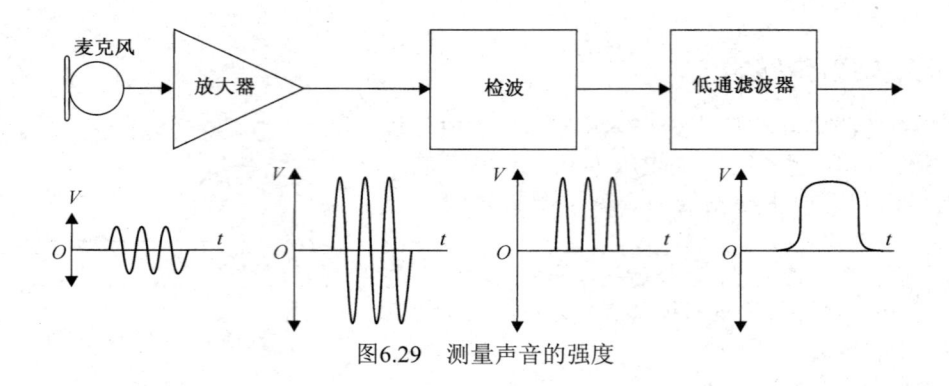

6.7 GPS

为降低成本,商用电子设备(如智能手机和专用卫星导航)可以直接使用GPS模块。

GPS依赖于卫星系统(见图6.30)。每颗卫星中都包含一个与相同卫星系统中的所有卫星同步的高精度时钟,且会广播该时间信号。

地面上的GPS接收机接收来自不同卫星的时间信号,并根据时间信号的差别来计算接收机的位置。

GPS模块通常是单片IC,应用时需要外接几何尺寸较大的专用天线。图6.31所示是由SparkFun生产的带有天线的金星638 FLPx GPS模块。该模块及类似的模块均有串行接口,以上传接收机的位置数据和其他相关信息,譬如时间和当前正在接收的卫星数量。

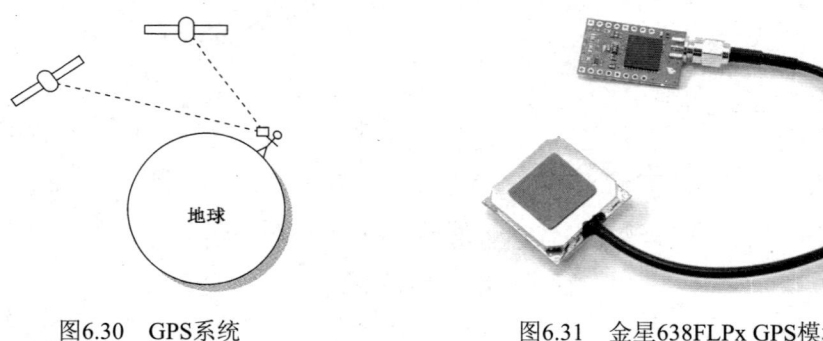

图6.30 GPS系统

图6.31 金星638FLPx GPS模块

第7章 实用电子技术

7.1 安全性

7.1.1 安全须知

在电气设备中,对人体最危险的是120V/60Hz(有些国家为240V/50Hz)的工频电压。最常见的情形是当人体接触到火线或与火线接触的不接地金属物品时,人体就充当电流流向大地的导电介质。火线电压的频率和幅值将趋于稳定,使得人体肌肉自然收缩而不放开火线。这种"冻结"效应非常危险:黏着的时间越长,电流对人体内部组织的破坏就越大(组织发热),心脏停搏或窒息的可能也越大。

当电压幅值和频率低于标称线电压和标称频率时,也可能导致心脏停搏或窒息(特别是当人体的电阻值较小时),但不太可能发生"冻结"效应。当频率高于标称频率时,不易造成肌肉收缩,因此危害较小。当电压非常高时,极有可能发生放电效应,即使不直接接触,也可能触电:人体与带电体之间的电压太大,导致人体与带电体之间的空气变成导电介质。所幸的是,电弧带来的"突然一击"的力量大到足以将人体推倒,使之脱离危险。除了剧烈的疼痛,这种"触电"往往伴随着心脏停搏和窒息,具体取决于人体所站的位置。注意,这时的"跌倒"可能是致命的凶手。

明确地说,造成伤害的主要原因是电流。当人体接触带电导线或带电体时,通过人体的电流取决于电压的高低(假定是理想电压源)和人体组织的电阻。粗壮且干燥的手掌电阻约为1MΩ,而纤细、湿润的手掌电阻仅为100Ω。一般来说,小孩的体电阻要小一些,不同人体组织的阻值也不相同。神经、动脉和肌肉的阻值较小,骨头、脂肪和肌腱的阻值相对较大。成年人的胸腔阻值为70~100Ω。低阻值的胸腔和高阻值的充满空气的肺,为维持生命的心脏和脊髓提供了低阻值通道。100~1000mA的电流足以导致心脏停搏,呼吸停止。由I^2R导致的人体组织发热,也是导致失去生命和肢体的重要因素。热灼伤效果随着电流的平方增大,因此大电流会对人体内部和外部造成严重的烧伤。

一般来讲,当从头到脚流过频率为50~60Hz的10mA电流时,身体只有轻微的感觉。然而,当流过的电流是大于10mA的同频率电流时,会将人体吸附到所接触的带电体上。使用接地故障断路器(GFCI),可在其感知接地电流突变时断开电源(触发点一般设为5~10mA)。虽然20~100mA的电流就足以导致死亡,但最致命的电流为100mA~1A。当电流大于1A时,心脏紧缩,内部热灼伤严重。即使人体马上与电源脱离,也会造成心脏停搏或者呼吸停止。

最常见的触电致死源于从手到手的电流回路;此时,电流正好经过心脏、肺脏和脊髓。从手到脚的触电回路危险相对较小,只有前者的20%左右。因此,在带电操作时,要确保将一只手放到口袋中。另一个安全操作经验是,当用手接触未知的端子时,使用手背可避免"握电致死"。

电子消费品(如电视机、计算机显示器、微波炉和电子闪光设备等)所用的工作电压都是致命的。通常,这些危险的电路都有安全外壳,以避免意外碰触,但是在维修电路时会打开安全外壳,这时就很危险。根据电路和人体状况的差异,致人死亡的电压、电流或总能量的范围有较大的变化。

微波炉大概是最危险的家用电器,它工作于几千伏高压(5000V或更高)和大电流(工作时的瞬时电流可能大于1A)下,这绝对是致命的组合。

电视机和显示器的阴极射线管上有35kV的电压和低于几毫安的电流,阴极电容的大量电荷会长时间保持。另外,电视机和显示器的某些电路与家电设备的供电插座(如开关电源)通过连线与外部电路连接。这些电路的地可能是浮空的,电位高出大地几百伏。浮地电路与120V电路连接后,人体接触到这些电路浮地就会产生电压差。开关电源、电子闪光设备和闪光灯中有大型储能电容,即使断开电源很长时间,仍然可能释放出足以致命的电流。这种设备普遍用于任何带闪光灯的照相机。即使是外观上看起来毫无危险的设备(如录像机、CD播放器、真空吸尘器等),其某些部分也可能潜藏着较大的危险。

电气安全提示

1. 不要在带电情况下修理电源电路,务必先关闭电源。
2. 使用一只手测量,将另一只手放到另一边或口袋中。这样,万一触电,电流通过心脏的机会也要小得多。
3. 如果因为检查、焊接或其他原因需要接触断电的电路,就要用2W、100~500Ω/V的电阻对大功率电源滤波器或能量存储电容放电。例如,对于200V的电容,使用20~100kΩ的电阻放电即可(常用螺丝刀的尖端对电容放电,但这种放电方法未必有效)。监控放电过程并用电压表检测,确保没有残余电量。大容量电容会存储大量的电量,并且可能将这些电量保持几天。即使额定电压为5~10V的电容,也有可能带来危险。
4. 在未加电前,应进行多次检测。例如,可用欧姆表检测电源中的半导体器件是否短路。
5. 尽可能远离产生危险的地方,以免因发生触电而被击倒。摔伤通常比触电本身更严重。
6. 处理高压电路时,一定带上协助人员,以防发生意外。当看到某人无法脱离带电物体时,千万不要直接去抓,而要使用木棒或其他绝缘物体让其脱离带电体。
7. 使用高压(交流120V或240V以上)测试设备(如功率源、信号发生器和振荡器等)时,应使用三线电缆。
8. 使用保险套管的探头测试电路时,不要让手指滑到金属部分上。此外,连接导线或电缆时,务必断开电源。
9. 连接或切断测试引线时,应在设备断电的情况下进行。当使用带线夹的导线或者焊接临时导线时,要引出位于狭窄或不易操作区域的电路接点。带电作业时,要用电工胶带缠住测试探头,以避免危险发生。要将检测设备的参考点用线夹接至地回路,使用一只手检测设备。
10. 当需要从封装中移去电路板时,应在电路板之间放置绝缘材料,以避免短路。另外,要用塑料或木棍支撑电路板,并用绳子或电工胶带进行固定。
11. 要使工作区可靠地接地,以免意外触电。
12. 当接触交流线路时,要穿上橡胶鞋,或者站在橡胶板或木制品上,以降低触电的可能性。
13. 使用带有GFCI(接地故障电路断路器)的电源插座是好主意,但它不能避免来自其他在线设备(如电视机、显示器或微波炉侧面的高电压)的电击。注意,GFCI在用电高峰期或者偶然漏电时(如检查接地线或具有高电容或高电感特性的在线设备的启动),会带来麻烦。
14. 当保险丝或断路器为人体(大多数场合是为设备)提供保护时,响应速度慢且迟钝,但能够断开人体与可能接触到的地线和带电机壳的连接。
15. 了解设备:电视机或显示器可能用金属外壳部件作为参考地,这个参考地相对于交流供电线路的地线来说,电位可能不是零。微波炉使用外壳作为参考地,它有很高的电位。另外,不能贸然认为所有设备都以外壳作为参考地。要检查电力线路上连接的任何设备,务必使用隔离变压器。自耦变压器是非隔离的,所以需要采用自耦变压器与隔离变压器连接才能确保安全。
16. 确保交流供电线路的容量满足所有与交流供电线路连接的电器设备所需的额定功率。

17. 在电源供电系统和设备施工中，要确认全部导线和部件被封装在金属盒或绝缘塑料箱中。用的是金属盒时，要让外壳接地（用导线连接金属盒的内壁与电源线的地线）。金属外壳接地可防止火线脱落掉到盒子上，使整个外壳带电。
18. 当金属盒上有连接电源线的小孔时，小孔上应安装电缆橡胶护套，防止电源线被磨破。
19. 佩戴眼镜装置：大号塑料镜片眼镜或安全护眼罩。
20. 不要佩戴任何导电的首饰或工艺品，以免偶然接触到带电线路而导电。

7.1.2 静电可损坏器件

在干燥的天气穿着橡胶鞋在地毯上走动时，电子会从地毯传到人体。在这种情况下，人体相对于地的电位可能为1000V。处理聚乙烯袋时，能产生大于300V的静电；梳头时，也能产生2500V的静电。环境越干燥（湿度越小），形成的电荷数就越多。如今，人们已习惯静电放电，并且静电带电体对地放电电流的大小往往不会引起人们的注意。然而，在相同的放电条件下，对某些半导体器件的损害是完全不同的。

尤其容易被损坏的器件包括场效应管（MOSFET和JFET）。例如，对MOSFET来说，由于其栅极与导电沟道之间的氧化物绝缘体很容易被损坏，带静电的物体碰到其栅极时，管子很容易被损坏，即栅极的绝缘层会被击穿。下面是一些容易损坏的器件。

- 极易损坏的器件　MOS场效应管、MOS集成电路、结型场效应管、激光二极管、微波晶体管、金属膜电阻。
- 易损坏的器件　CMOS集成电路、小规模TTL集成电路、肖特基集成电路、肖特基二极管、线性集成电路等。
- 较易损坏的器件　TTL集成电路、小信号二极管和三极管、压电晶体。
- 不易损坏的器件　电容、碳化合物电阻、电感及其他模拟器件。

7.1.3 使用注意事项

易损坏器件上通常标有"元件易遭到静电损坏"的字样。看到这些标识时，要关注如下事项：

- 元件保存在其原始包装物里。如导电的容器（薄铁片、铝箔），或者在导电泡沫包装里。
- 勿触摸对静电放电敏感的元件引脚。
- 在触摸元件前，先要用手摸一下自来水管或大电器的接地外壳，释放人体上的静电。
- 不要让衣服接触到元器件。
- 将电烙铁和桌面接地（或用由电池供电的电烙铁）。用与地线相连的导电护腕将人体接地。

在带电情况下，不要安装或拆卸电路中对静电敏感的器件。器件安装结束后，被损坏的概率会大大降低。实际上，因静电效应而损坏器件的风险很高。对于昂贵的易损坏器件，应给予关注并采取必要的预防措施。当然，没有必要一直戴着接地的防静电护腕。

7.2 设计电路

本节简要介绍如何创建可行的实际电路，包括画电路原理图、组装样机、制作永久性电路、采购电路所需的元器件，以及运用查找故障的步骤和顺序来检修功能错误等。

7.2.1 绘制电路原理图

电路原理图就是电路的设计图。有效的原理图要包含所需的全部信息，做到读原理图就能了解需要购买的元器件，以及如何安装元器件得到期望的输出特性。绘制便于阅读且清晰的原理图时，应遵循如下原则。

- 绘制原理图的习惯是，将输入端放在左边，将输出端放在右边，将正电源放在顶部，将负电源或接地点放在底部。
- 将原理图按功能分成多个模块，如放大器、输入回路、滤波器等，以便测试电路时容易隔离出现的各种问题。
- 给出各器件的名称（如R_1、C_3、Q_1和IC_4），准确提供元器件的参数和型号（如100kΩ、0.1μF、2N2222或741）。标出某些元器件的额定功耗同样很重要，如电阻、电容、继电器、扬声器等的功率。
- 对数值较大的元器件使用倍数单位，如用100kΩ代替100000Ω、用100pF代替$100×10^{-12}$F等。常用的单位前缀为$p = 10^{-12}$，$n = 10^{-9}$，$μ = 10^{-6}$，$k = 10^{3}$，$M = 10^{6}$。
- 标注集成电路时，将引脚名称放在元器件符号外部，将元器件名称放在元件符号内部。
- 当要求准确描述波形形状的特定电路（如逻辑电路、反相电路等）时，在电路图中应绘制预期波形，这对随后测试电路的相位及判断故障部件很有帮助。
- 运算放大器和数字集成电路的电源引脚通常是默认的，在原理图中通常不必绘制，觉得混乱时也可绘制电源引脚。
- 相连的线应在交叉处应绘制小圆点，不相连的线只需简单穿过，不绘制小圆点。
- 标题放在图的底部，包括电路名称、设计人员的名称、时间等。最好为校正表预留空间。

图7.1所示为简单的电路原理图。

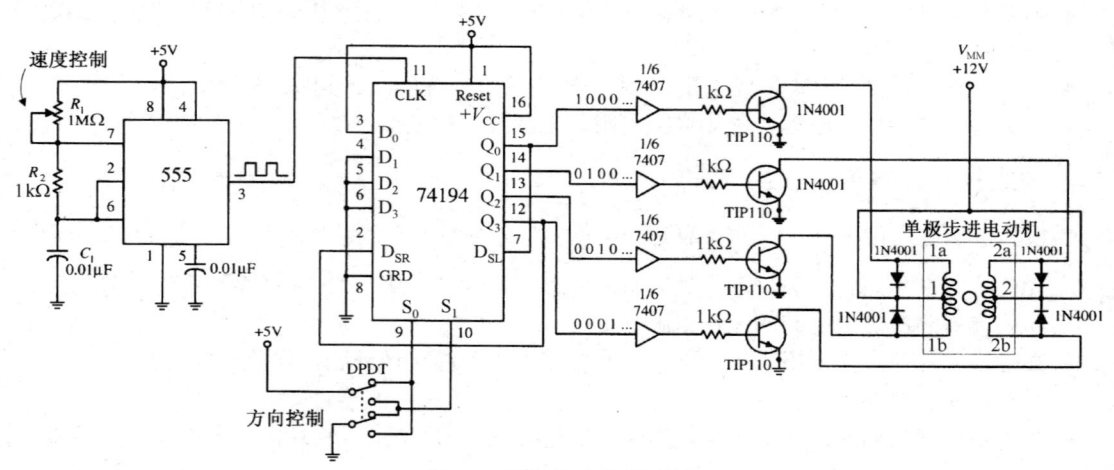

图7.1　简单的电路原理图

绘制电路原理图后，应检查其上是否有可疑之处：是否忘了连线？是否忘了给出元件参数的大小？元件的极性是否标明？是否考虑了元件的额定功率？连线是否最简单？应仔细检查电路原理图，因为焊接元器件时发现错误比绘制图形时擦去一些线条要麻烦得多。

某些简单的电路图可以手绘制，但一般要有用到CAD软件，其优点如下。

- 修改原理图时，图能保持整洁且不易擦除。
- 好的CAD软件应有电路图的设计规则，提醒操作者未连接好的引线。
- CAD软件有两种视图：原理图和PCB布局图。CAD软件能自动布线，将原理图转换为PCB布局图。
- 要得到PCB布局图，CAD软件包必须了解元件的几何形状。厂商会提供元件的封装信息和引脚配置表，还提供元件的封装形式。

CAD软件包有多种版本，其中较受欢迎的一种是EAGLE CAD，它有一款免费版，但仅限于小规模的双层PCB设计。

若只是为了练习，则不必使用成熟的CAD软件系统，使用普通画图工具如Microsoft Visio即可。

7.2.2 电路仿真

设计电路时，或在画完原理图之前，可能要使用电路仿真软件来验证设计思路，以了解其否能正常工作。电路仿真软件允许在不接触真正的元器件的情况下，构建电路的计算机模型并测试它（测量电压、电流、波形图和逻辑状态等）。典型的仿真软件可以提供数字和模拟元件库，包括分立元件和集成元件。建立振荡电路（由双极型晶体管、电阻、电容和直流电源组成）模型的步骤如下：从元件库中选择元件，设置这些元件的值，调整这些元器件的位置并连成一个振荡电路。

要测试电路，可以首先选择一台仿真测试设备，然后将其探头连到电路中的测试点。例如，要了解振荡器输出的波形是什么形状，可以选择仿真的振荡器模型，接着连接测试探头，然后测量输出波形。计算机屏幕上会显示输出电压随时间变化的曲线。在仿真软件中，还提供其他测试设备，如万用表、逻辑测试仪、函数发生器和频谱仪等。

在制作真正的电路之前，为何要先用仿真软件进行计算机仿真？

- 不用担心电路中的元件出现故障。
- 不用担心大电流损坏元件（计算机软件不会因为电流过大而烧坏元件）。
- 仿真软件可完成全部数学运算工作。
- 仿真软件允许反复调整元件的数值，直到电路工作于期望状态。使用仿真软件可使电子技术的学习变得非常直观，且可节省大量的时间。

常用的仿真软件包括EWB、CircuitMaker和MicroSim/Pspice，前两者较易使用，后者更专业。

7.2.3 制作电路的调试样机

完成原理图后，接下来的步骤是制作电路的调试样机。在这个阶段，最常用的工具是面包板。面包板相当于临时的装配板，上面放置电阻、晶体管、集成电路等电子器件，使用导线或面包板内部的连线将它们连接起来（见图7.2）。

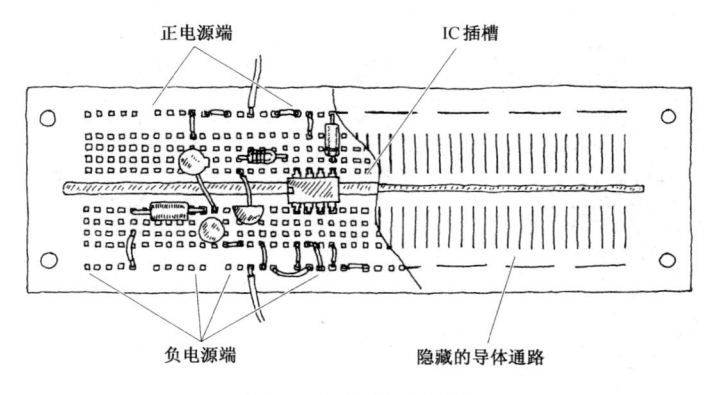

图7.2 面包板示意图

面包板是带有中心距离约为2.53mm的小正方形插孔方阵。当导线或元件引脚插入这些插孔时，嵌在孔内的弹性金属接头便会夹住导线或引脚。面包板插座适用22号金属丝，也适用直径为0.38～0.81mm的导线。面包板上方和下方的单排插座用于连接正、负电源，中央缝隙区域间的插座是为双列直插封装集成电路设计的。

7.2.4 实际电路的制作

电路设计完成后，下一步是构建一个比较固定的电路。此时，必须选择能安装元件的电路板。可以选择的电路板包括多孔板、绕线板、成品印制电路板或自制印制电路板。

1．多孔板

多孔板是多孔的绝缘板（见图7.3）。每个元器件的引脚可以插入附近的孔中，引脚端则插入板的背部，以便对应地连接电子器件的引脚（可焊接）。

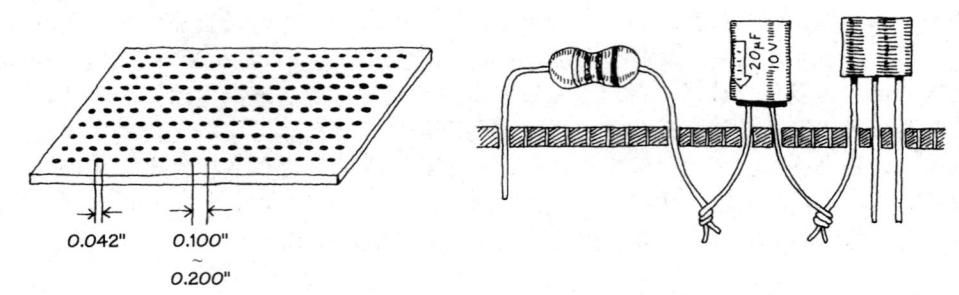

图7.3 多孔板及引脚连接

在多孔板上构建电路很容易，需要的材料很少，且制作和连接不需要复杂的技术，但最终得到的是一个既大又松散的电路。这个电路容易引发噪声（跳线相当于小天线），且时间长了会散开。因此，多孔板仅用于制作要求较低的简单电路。

2．绕线板

在安装包含集成电路的复杂电路中，使用绕线板可能较方便。绕线板由若干插座构成，每组插座在板缘都有对应的管状扩充插座（见图7.4）。

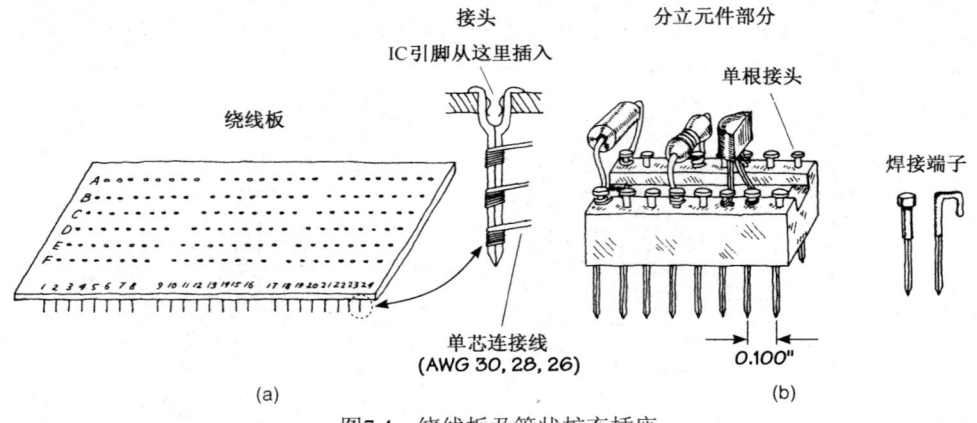

图7.4 绕线板及管状扩充插座

集成电路引脚可直接插入绕线板的插座。分立元件（如电阻、电容和晶体管等）必须安装在类似木块的特殊平台的钉帽引脚位置［见图7.4(b)］。平台上有一些像钉帽的连接端，分立元件的引脚要与其相连。元件可卷绕在这些类似于钉帽的引脚上，也可用焊锡焊接到这些钉帽引脚上。平台上类似于钉头的引脚可插入绕线板上的插座。

要将元器件连接到一起，绕线板背部的端子可用导线连接起来（常用30号、28号、26号单芯连接线）。要使导线和钉状引脚连接牢靠，可使用特制的绕线工具（见图7.5）。该工具利用一个空芯部件将导线缠绕在钉状引脚的周围。使用时，先将导线按图所示位置插入，接着将工具的空芯腔套入钉状引脚，然后将绕线工具旋转几圈（通常约为7圈）。

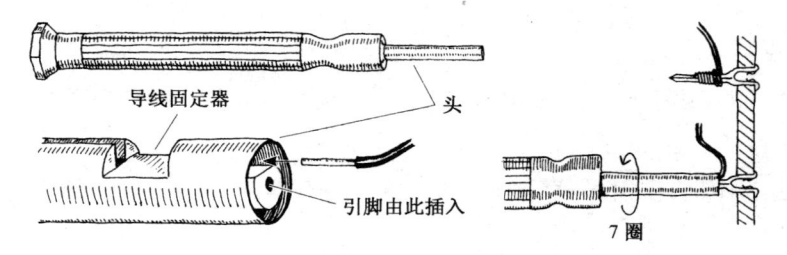

图7.5 特制的绕线工具

在实践中，为了节省时间和避免错误，一次性地完成所有缠绕较好。为了遵循这样的原则，要求做必要的记录。注意，图7.4(a)中每个插座/接头都给出了一行或一列标识。例如，位于三行和二列的引脚左边标为C2，而位于五行和七列的引脚左边标为E7。

设计电子器件在安装板上的布局草图很有必要。在草图上，可以标注所有的元器件，整理生成元器件引脚特定行/列的坐标图。草图完成后，以草图为指南，安装元器件并用绕线工具将元器件之间的引脚对应连接即可。

绕线板适合含有一定数量的IC电路的制作，如逻辑电路。因为绕线板的插座不是针对线性元器件设计的（必须使用分立元件平台），在这种情况下，使用成品印制电路板可能比较容易，也可使用自制印制电路板。

3．成品印制电路板

成品印制电路板是按一定的图案预先腐蚀并打孔的敷铜板。将元件的引脚插入相应的孔中，然后用烙铁焊接即可。孔间的连接是腐蚀后留下的铜线条。

成品印制电路板有多种不同的蚀刻图案，图7.6给出了几个印制电路板成品。

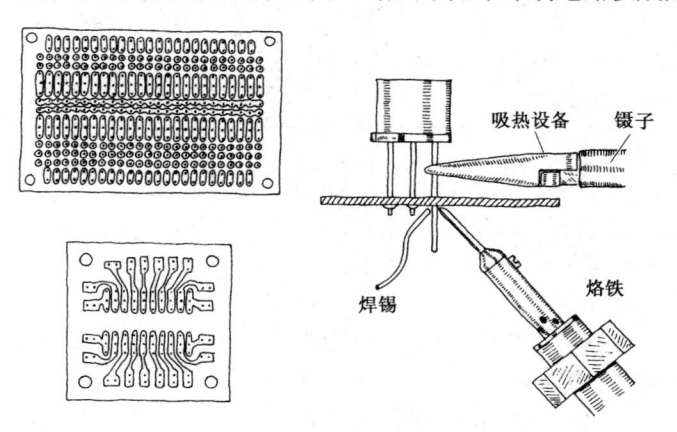

图7.6 几个印制电路板成品

4．自制印制电路板

如果需要制作具有专业外观的电路板，就需要制作PCB。下一节将介绍如何制作。

设计PCB需要很长的时间，但常能获取更好性能的电路板。在将时间花在制作腐蚀电路板前，应首先确认电路功能的正确性。当导线较长而对某些器件产生较大的感应时，要花的时间更多。例如，射极耦合逻辑电路要求独特的微带状连线几何结构和合理的元件布局，以获取快速的上升时间，同时避免元件之间的串扰噪声。高灵敏度的低压放大电路也需要合理的布局和微带状连线，短而直的互连线有助于降低噪声。

7.2.5 PCB的制作

设计PCB时，既可用手画，又可用CAD软件画。设计完成后，制作PCB有多种选择。

- 抗蚀刻笔法。
- 光蚀刻法，即将布局图画在高透射投影仪的透明投影片上，并用感光板感光。
- 激光打印显影法。
- 用蚀刻机制作PCB，使用CAD和台式蚀刻设备刻出敷铜板上的图案。
- PCB服务商制作法。Gerber是PCB行业软件描述线路板（线路层、阻焊层、字符层等）图像及钻、铣数据的文档格式，格式设计文件要送给PCB制造商。

每种方法都有其优缺点。最后一种方法的成本较高，可以保证质量，但要等一两周的时间。下面依次介绍这些方法。

1. 抗蚀刻笔法

蚀刻是指使用绘图和化学方法将敷铜板变为传统刻蚀电路板。通过蚀刻，可以获得布局紧凑且可靠的无跳线电路板（见图7.7）。

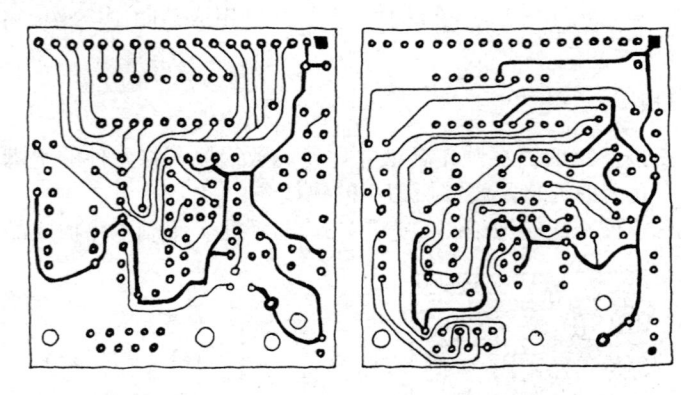

图7.7 制作好的印制电路板

要设计蚀刻PCB,首先需要一块单面或双面全部敷设一层薄铜箔的绝缘板（厚度常为1/16英尺，由防火环氧树脂玻璃纤维制成）。其次，需要将电路原理图转换为PCB布局，包括重新安排元件使得传导路径短而直。可能的话，布局应避免导线交错。

首先绘制草图，接着将绘好的草图复制到敷铜板上，然后利用蚀刻技术将不需要的铜箔刻蚀掉，留下事先绘制好的传输路径。

刻蚀方法有多种，最简单的方法是使用PCB工具包，这个工具包可自RadioShack这样的商店购买。典型的工具包应包含一块单面或双面敷铜板、一瓶蚀刻剂、一支不褪色的记号笔、一瓶酒精和一个钻头。

蚀刻电路板的步骤如下：第一步，用铅笔将电路图画到电路板的表面；第二步，在元件引脚穿过的位置打孔；第三步，用抗蚀笔沿着铅笔画的图样描绘，确保引脚孔被包围；第四步，将电路板放入蚀刻溶液（通常是氯化铁溶液），直到敷铜板上未被抗蚀笔墨水描绘的部分被溶解（这种墨水不溶于溶剂，作用是保护下面的敷铜）；第五步，将电路板从溶剂中取出，并用水清洗干净，然后用浸过酒精的布擦除抗蚀笔的墨迹。

PCB工具包适合单一产品的PCB制作。PCB工具包很容易上手，且成本低。在实际操作中，不需要提供除工具包本身外的其他专用设备。但是，这种工具包的一个问题是，一次只能制作一块电路板。另外，由于使用抗蚀笔构建导电回路，因此其精度受限。制作高精度多层电路板时，会涉及光化学处理等复杂技术。

2．光刻蚀法

只有最简单的设计才适合手绘PCB设计。掌握CAD系统后，就难以返回到手工制作方法。

使用CAD系统进行PCB设计的最大优势是可以打印PCB图。该技术可将PCB图直接打印到透明胶片上，而过去用的是高透射投影技术。这种胶片（尺寸如A4纸大小）有两种规格，分别用于激光打印机和喷墨打印机。不要将喷墨胶片放入激光打印机（可能会将熔化胶片并与硒鼓粘连）。

还可以使用EAGLE PCB软件，如图7.8所示。图7.8(a)所示为原理图，图7.8(b)所示为带有所有元件位置和标注的PCB；图7.8(c)所示为最终的PCB。

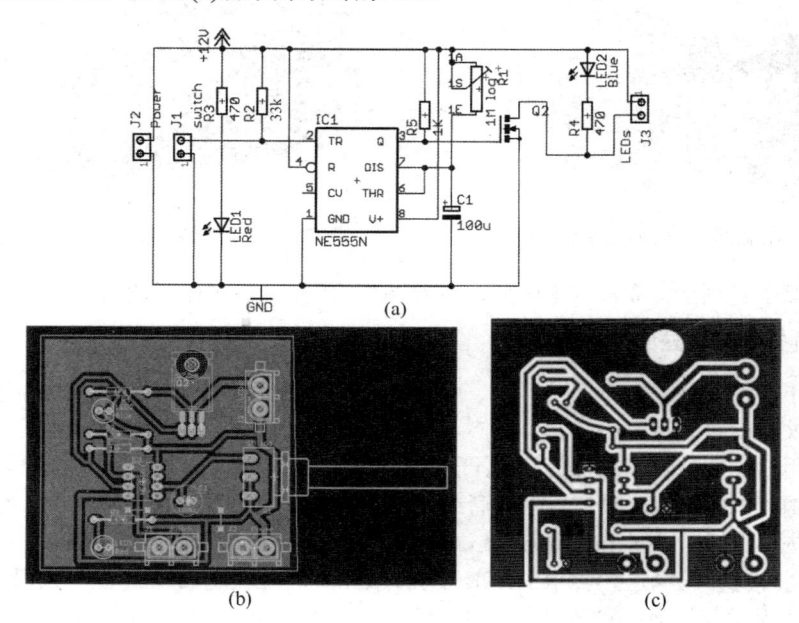

图7.8 EAGLE PCB电路原理图和敷铜层

过程是先画出电路原理图，接着将其转移到敷铜板上；也就是说，将元件放到敷铜板上，根据原理图使用导线连接各个元件。设置一系列设计规则并点击按钮，就可自动完成PCB布局。也可人工介入，去掉某些连线，按自己的方式重新连接。但是，一般情况下，自动布线是不错的选择。

设计完成后，先将其打印到胶片上，再将打印好的胶片放到已感光敷铜板的上面。将其置于强紫外线下，敷铜板就变成具有光敏层的PCB。这种紫外灯在大多数电子产品商店都能买到。虽然短时光照对其无影响，但也应将它放到不透光的容器中。

敷铜板、胶片可固定在框架上（相框夹就行），放在紫外线盒子中进行曝光。然后将板子放入显影剂，PCB图案将在板上显现。

接下来，利用化学方法刻蚀显影后的敷铜板，除去被PCB图案保护的部分以外的敷铜。这个过程和笔绘PCB的过程类似。

图7.9所示为一个自制的PCB用光刻工具包，它将紫外灯阵列安装在盒子内部，提供紫外曝光。当然，也可买到商用工具包。

注意，黑色部分最终保留敷铜。可见，胶片上大部分为黑色，以便减少需要溶解的铜的数量，延长化学试剂的寿命。大面积敷铜一般都接地，常称"地平面"。

· 429 ·

3. 激光打印显影法

使用激光打印机将PCB布局打印到特殊的纸上，然后用家用熨斗将墨粉熨烫到敷铜板上。在这种情况下，图像必须镜像打印。

实践表明，该方法的效果较好，且不需要专门的工具。网上介绍这种方法的视频很多。

4. 用蚀刻机制作PCB

低廉的台式CNC蚀刻机可完成普通敷铜板的非化学PCB制作，但要借助计算机控制的CNC蚀刻机去除不需要的敷铜（见图7.10）。

图7.9 自制的PCB用光蚀刻工具包

图7.10 正在蚀刻PCB的蚀刻机

该过程类似于光刻法，完成PCB图后，将敷铜板放到蚀刻机中，这里的蚀刻机类似于打印机。

5. PCB服务商制作法

PCB的设计过去常是非常专业的技术，如今的某些方面仍然如此。对复杂的大批量生产来说，可以考虑专业PCB设计公司的服务。

然而，利用EAGLE PCB软件通过自动布线、规则设置（线宽、线间距等）可以解决PCB设计过程中的很多困难，使得自己设计、服务商制作PCB成为可能。服务商制作PCB的过程几乎完全是自动的，不会进行查错，因此在发送设计文件之前，需要确认设计是正确的。

PCB服务商可制作出满足户需求的PCB。所有服务商都可以完成双面板（顶层和底层）的制作，还可提供过孔实现层与层之间的连接，标注元件并标记它们所在位置的丝网层，以及不需要焊接的敷铜部分的掩膜层。

图7.11给出了由服务商制作的典型PCB。

发送给PCB服务商的设计文件称为Gerber文件。表7.1列出了应发送的CAM文件。每个文件都有指明其内容的不同扩展名。EAGLE CAD的计算机辅助制造（CAM）软件自动生成CAM工作文件，这些文件的用法可在PCB服务商网站上的说明书中找到。

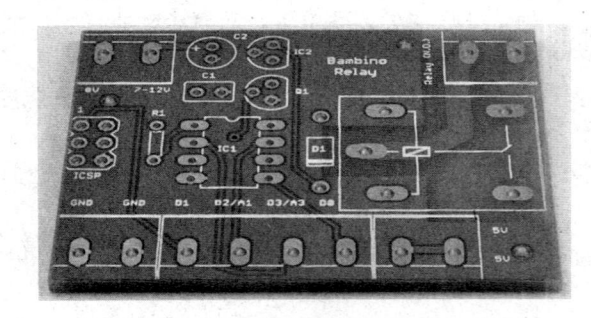

图7.11 由PCB服务商制作的典型PCB

表7.1 应发送的CAM文件

文件	内容
Myboard.GTL	顶层（铜）
Myboard.GBL	底层（铜）
Myboard.GTS	阻焊层（顶层）
Myboard.GBS	阻焊层（底层）
Myboard.GTO	丝网层（顶层）
Myboard.GBO	丝网层（底层）
Myboard.TXT	打孔层

接着要做的是付款、压缩文件、发邮件到PCB服务商。根据所选的服务等级，几天或几周后PCB就会被寄回。

某些PCB服务商也接受EAGLE CAD.Brd文件和其他的CAD版本，不一定要Gerber文件。

当电路图较复杂时，会发现将所有东西画在一层铜板上是不可能的，而需要两层板子。顶层板和底层板可通过两层的引线来连接各个元件，也可通过过孔（板子上可让迹线在层间穿越的洞）连接。

性能优越的PCB协议不断出现，因此应查阅新闻，留意别人正在用什么。两个有帮助的提供商是Itead Studio和Elektor PCB。

6. 关于板子布局的注意事项

在电路板上布局元件时，集成电路、电阻应排列整齐，且所有端点都要指向同一个方向。同时，确保在板子的四周预留约2mm的边界，为板夹、插入导槽或螺栓固定提供空间。

将电源线或其他I/O线接到板子的边缘，通过边缘连接器将它们连接起来，如D型连接器、排线连接器或者固定在板子边缘的接线柱。避免在电路板上安装较重的元件，以防跌落造成损坏。

将二极管、电解电容的极性标在器件旁边是个不错的主意，集成电路插脚旁放标记也很有用。同样，也要考虑测试点、微调功能（如零位调整）、输入和输出、指示灯功能和电源端。

7.2.6 构建电路用到的特殊元器件

构建电路时通常要用到镀金的I/O接口模板、集成电路，以及晶体管插座和散热片。

标准模板带有镀金的接头，接头通常位于PCB边缘。每块模板通过塑料导入装置与边缘连接器。这样，多块分离的板就可通过扁平多芯电缆连接到一起［见图7.12(a)］。这样做的好处是，很容易拔出它们，以便进行检修。设计多重功能的模板时，每个功能模块要使用单独的PCB（如放大器部分、存储芯片部分等），以方便以后的检修。

集成电路和晶体管的管座［见图7.12(b)］通常用在器件经常更换的地方。在电路中使用管座是方便，但太多的管座也会让人头疼。这类管座的插座部分的质量通常较差，时间长了会导致接触不良。

散热片是固定到发热器件（如功率二极管和三极管）上帮助扩散热量且具有很大表面积的金属器件。散热片通常由螺丝钉和垫圈连接到元件器件上［见图7.12(c)］。在垫圈和散热片之间可以涂上导热硅胶，以提高电子元器件和散热片之间的热传导率。

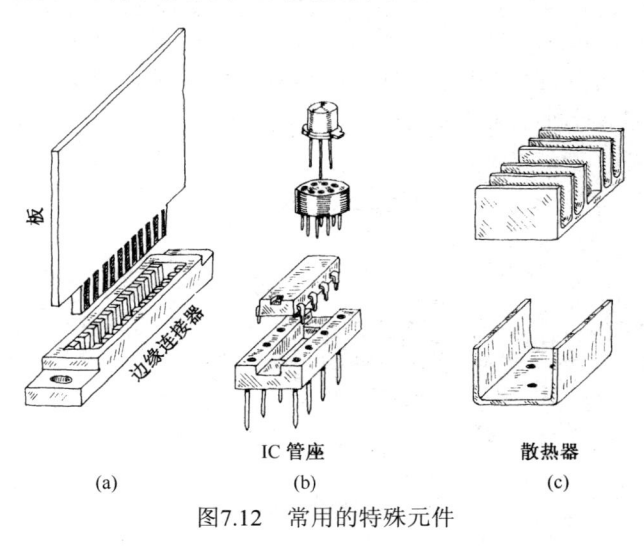

图7.12 常用的特殊元件

7.2.7 焊接

焊锡是锡和铅的合金（目前大多不含铅），用于将元件连接在一起，且常与松香剂混合使用。松香可以溶解金属表面的氧化物。目前，欧洲法律（RHSD或RoHS）规定消费品中铅的使用不合法，美国则通过增税来降低铅的使用。

在使用烙铁进行焊接之前，需要清除金属表面的污油、硅酮、蜡和油脂。可用溶剂、钢丝球或细砂纸去除难清理的残留物。

焊接印制电路板时，要使用低功率的电烙铁（25~40W）。为了确保不虚焊，烙铁尖部必须呈现亮焊锡。长时间使用后，这层焊锡被氧化变黑，要用海绵擦亮后再焊接（在烙铁头涂上一层新焊锡，即对烙铁镀锡）。

保证不虚焊的技巧是，首先将两个金属片的连接部分加热，而不能先熔化焊锡，否则很难控制焊锡的附着点，因为焊锡趋于流向"热点"。

另外，焊接电路时，不要将焊锡溅在电路板上。小粒焊锡滴到两条分离的导线上时，要将它们切开。焊接完成后，要仔细检查有否溅落的焊锡。

为了防止敏感器件被烙铁烫坏，可用镊子夹住其引脚来使之降温。特制的散热夹子也可达到这个目的。

7.2.8 拆焊

连接出错或者需要更换元器件时，要再次熔化焊锡，然后在焊锡尚未凝固时尝试用力拔出元件。然而，这种方法通常不容易实现，尤其是在处理集成电路时。

更好的方法是先将焊锡熔化，然后用吸焊器将焊锡吸掉。另一种吸掉焊锡的方法是用吸锡绳，吸锡绳通过毛细管的吸收原理让焊锡离开焊接点。

7.2.9 安装电路

电路可安装在铝盒或塑料盒内。设计高电压设备时，通常使用铝盒，而塑料盒通常用于低电压场合。如果设计高压电路并将其放到铝盒中，那么将盒子接地，以确保安全。

放在铝盒中的电路板要支撑起来，与壳底保持一段距离，而不能接触。如果电路要接入交流电源，那么可在盒子的后面板上钻孔，装上橡胶护套，再穿入电源线。要在前面板上设置常用开关、按键和指示灯，不常用的开关和保险丝则置于后面板。

如果电路可能产生大量的热量（功率大于10W），就可考虑安装一台散热风扇。对于工作于低电压的电路，可以简单地在盒子底部或顶部打一些孔，以增大散热效果。

主要的发热器件（如大功率的电阻、晶体管）应放在盒子的后面板上，与散热片相连，确保散热片安装在垂直方向。此外，如果要制作的是有着多块板槽的装置，应将所有板槽并列放置，以便于空气的流动（见图7.13）。

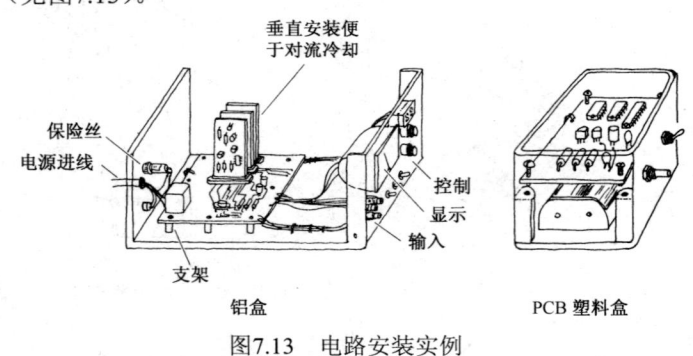

图7.13 电路安装实例

塑料壳体内部通常设置有固定电路板的安装支架。电路板的下方应留有足够的空间，以放置电池和喇叭等元件。

7.2.10 常用工具

工作台上最好备有以下工具：

- 尖嘴钳
- 剪刀
- 焊锡
- 电烙铁
- 吸锡器
- IC插座
- 接线柱
- 溶剂

- 散热座夹子
- 电路板固定器
- 螺钉（平头和圆头）
- 螺母
- 垫圈（4～40，6～32，10～24）
- 跳线器
- 保险丝座
- 金属铆钉

- 导线固定器
- 电缆夹
- 排线
- 连接线
- 各种规格的热缩管
- 镊子

7.2.11 电路故障的排除

如果电路产生故障，那么可以参照图7.14所示的电路故障检测流程图进行检查。

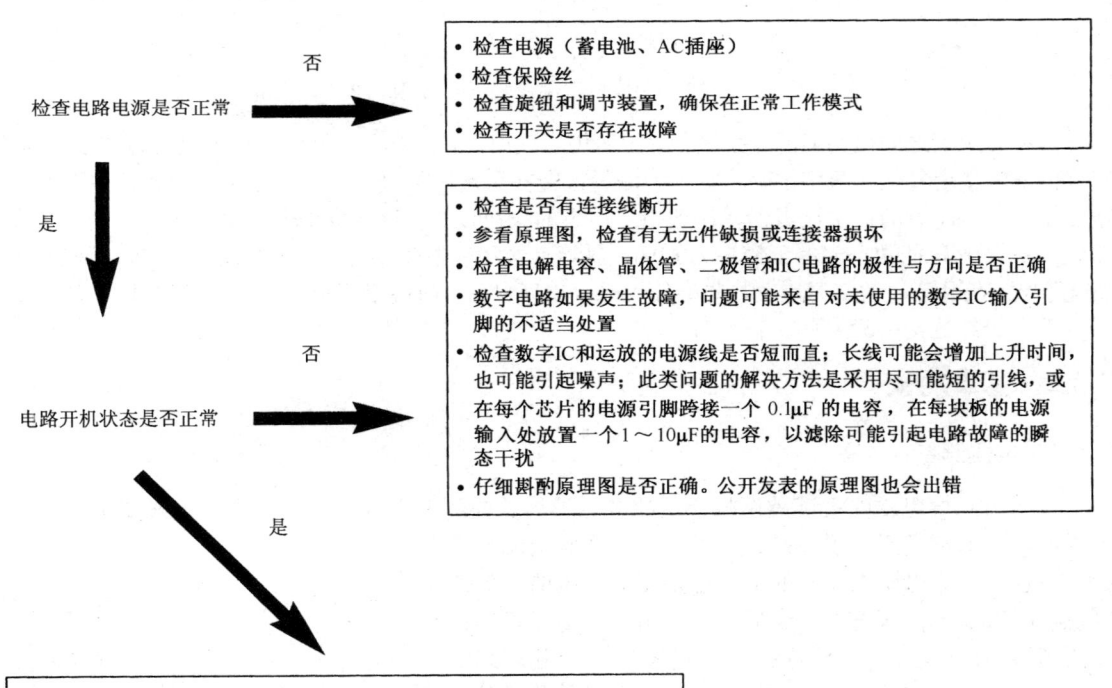

检查电路电源是否正常 —否→
- 检查电源（蓄电池、AC插座）
- 检查保险丝
- 检查旋钮和调节装置，确保在正常工作模式
- 检查开关是否存在故障

↓是

电路开机状态是否正常 —否→
- 检查是否有连接线断开
- 参看原理图，检查有无元件缺损或连接器损坏
- 检查电解电容、晶体管、二极管和IC电路的极性与方向是否正确
- 数字电路如果发生故障，问题可能来自对未使用的数字IC输入引脚的不适当处置
- 检查数字IC和运放的电源线是否短而直；长线可能会增加上升时间，也可能引起噪声；此类问题的解决方法是采用尽可能短的引线，或在每个芯片的电源引脚跨接一个 0.1μF 的电容，在每块板的电源输入处放置一个 1～10μF 的电容，以滤除可能引起电路故障的瞬态干扰
- 仔细斟酌原理图是否正确。公开发表的原理图也会出错

↓是

检查是否有元件格外发烫，有时也会闻到某种气味。如果有发烫元件，可能是元件过热引起的。更换大功率元件即可解决，或许会应用到散热器

最后 →
根据故障现象，可尝试将电路分隔。可能更换某些元件，故障就可排除。如果还解决不了，可参阅文献，查找类似电路的论述资料。这些资料经常涉及故障原因，可帮助读者解决问题

图 7.14 电路故障检测流程图

7.3 万用表

万用表是一种可测量电流、电压和电阻的设备。最常用的两种万用表是模拟万用表和数字万用表,如图7.15所示。

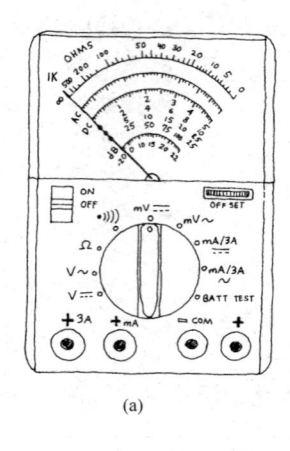

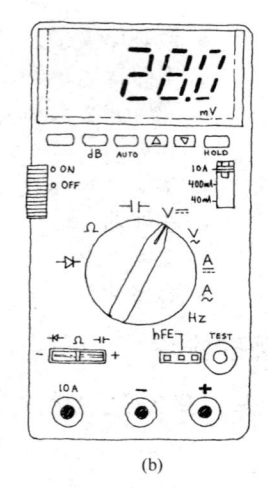

图 7.15 (a)模拟万用表和(b)数字万用表

两种万用表之间最明显的差别是,模拟万用表使用指针机构(指针沿着校准刻度盘转动),而数字万用表则使用复杂的数字电路将输入的测量值转换为数字值直接显示。技术上说,模拟万用表的精度比数字万用表的低(读数误差比数字万用表的大3%),并且读数比较麻烦。此外,模拟万用表的分辨率为1%,而数字表的分辨率为0.1%。尽管有这些局限性,当测量中存在噪声时,模拟万用表要优于数字万用表。数字万用表在噪声较大时会出现异常,而模拟万用表相对不受这种干扰的影响。

下面介绍这两种设备的工作原理。

7.3.1 基本功能

1. 电压测量

万用表测量电压的关键是选择合适的电压量程。要测量直流电压,量程开关就要旋转到直流电压挡。要测量交流电压,量程开关就要旋转到交流电压挡。注意,交流电压挡显示的电压值是交流电压的有效值($V_{rms} = 0.707V_{pp}$)。设置万用表后,将万用表的两根表笔直接接到待测量电压的两个节点上(万用表并联),就可测量出两个节点间的电压。例如,图7.16显示了测量电阻两端电压的方法。

2. 电流测量

测量电流和测量电压一样简单,唯一的不同是,必须断开被测电流支路。电路开路后,将万用表的两根表笔接到两个断点上(万用表是串联接入的)。图7.17显示了测量电流的方法。测量交流电流时,万用表必须旋转到交流有效值挡。

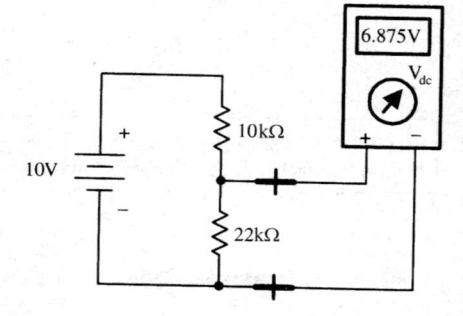

图 7.16 测量电阻两端电压的方法

3．电阻测量

万用表测量电阻的方法比较简单（见图7.18）：断开被测电阻的电源，将两根表笔跨接到被测电路的两端。当然，要确保万用表的转换开关已预先旋转到欧姆挡。

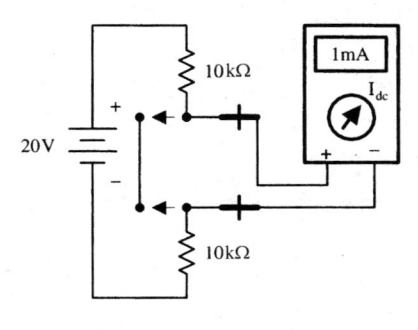

图7.17　测量电流的方法　　　　　　图7.18　测量电阻的方法

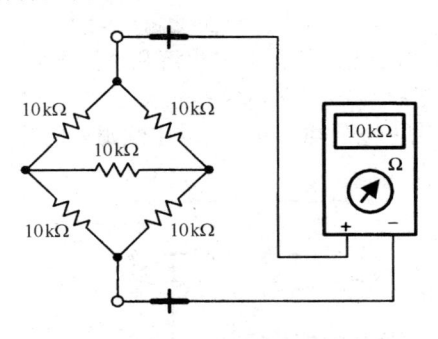

7.3.2　模拟万用表的工作原理

模拟万用表是集电流表、电压表和欧姆表于一体的多用表。分析和掌握这三种表的工作原理，对于理解整个万用表的工作原理是很有帮助的。

1．电流表

电流表使用一个直流检流计，检流计的偏转角与流过它的电流成正比。检流计的线圈有一定的内电阻，这意味着测量流过R_m（典型的R_m约为2kΩ）的电流，就要将检流计串联到电路中，如图7.19所示。

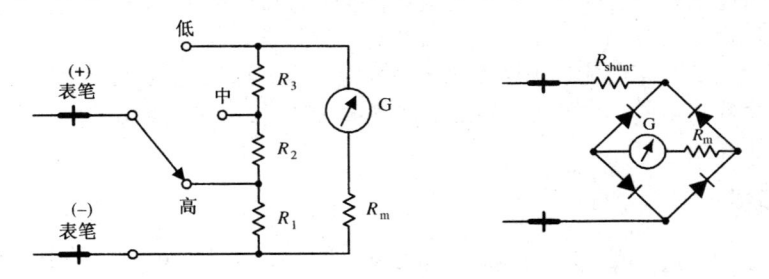

图7.19　电流表的工作原理

检流计可单独用于测量电流；然而，当输入的电流较大时，它会迫使指针偏转到超出刻度盘的正常范围。为了避免这种影响，可以并联一些适当的分流电阻，将可能导致指针超偏的电流从检流计分流。电流值可从刻度盘上直接读出，刻度盘和分流电阻的选择是相对应的。

要使检流计能够测量交流电流，可以加入一个整流桥，如图7.19所示。图中，交流电流单方向地通过检流计，典型电流表的输入电阻约为2kΩ。理想情况下，电流表的输入电阻为零（见图7.21）。

2．电压表

和电流表一样，模拟电压表也使用直流检流计，其内阻为R_m。当电压表的表笔跨接在被测电压的两端时，电流将从高电压端通过检流计流向低电压端。在这个过程中，通过的电流与指针的偏转角和电压成正比。

另外，类似于电流表，这里使用分压电阻来校准和控制指针的偏转角（见图7.20）。为了测量交流电压，像电流表一样，加入整流桥。典型电压表的输入电阻为100kΩ。理想电压表的输入电阻为无限大。

3. 欧姆表

为了测量电阻，欧姆表使用内置电池为被测电阻和检流计提供电流（检流计和被测电阻是串联的）。当被测电阻较小时，通过检流计的电流就大，产生的偏转角也大。当被测电阻较大时，通过检流计的电流就小，产生的偏转角也小（在欧姆表中，刻度是反向的，即0Ω的刻度标在表盘右方）。这样，流过检流计的电流和被测电阻就是一一对应的。欧姆表在使用之前，必须短路两根表笔，以进行调零校准。像其他表一样，欧姆表也用分流电阻来控制和校准指针的偏转角。典型欧姆表的输入电阻约为50Ω。理想欧姆表的输入电阻为零（见图7.21）。

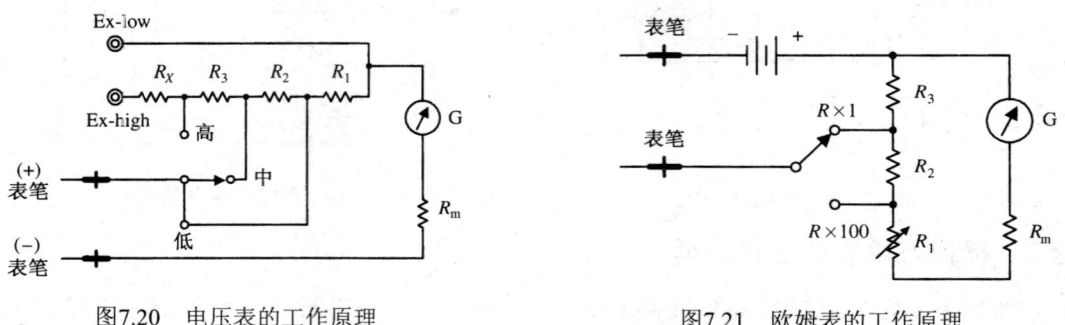

图7.20　电压表的工作原理　　　　图7.21　欧姆表的工作原理

7.3.3　数字万用表的工作原理

数字万用表由许多模块组成，其工作原理如图7.22所示。信号定标电路是一个相当于选择开关的衰减器。信号调节器将定标后的输入信号转换为模数转换（A/D转换）范围内的直流电压。测量交流电压时，交流电压先通过精密的整流滤波器转换为直流电压。有源滤波器增益的设置原则是，保证转换后的直流电平与被测交流电压或电流的有效值相等。

信号调节器中也包含将电流或电阻等比例地转换为直流电压的电路，A/D转换器将直流模拟输入信号转换为数字输出信号。数字显示器显示被测量的数值。控制逻辑电路用来使A/D转换器和数字显示电路同步工作。

7.3.4　测量误差

测量流过负载的电流（或电压/跨接的电阻）时，从万用表上读出的值与被测量的实际值相比，总是有差别的。这个误差来自万用表的内阻。

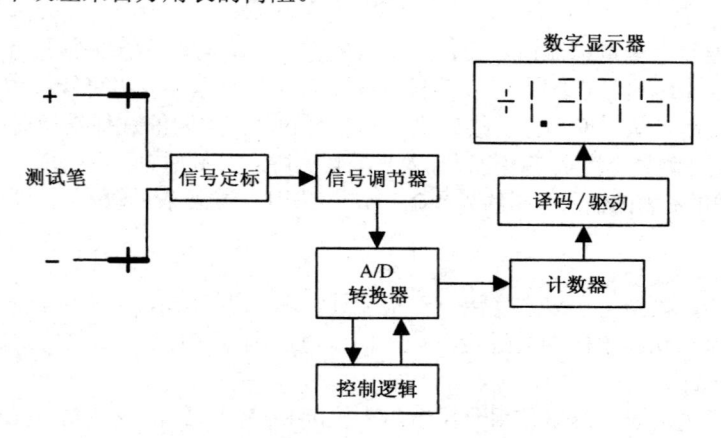

图7.22　数字万用表的工作原理

对不同的工作模式（电流/电压/欧姆）来说，万用表的内阻是不同的。实际电流表内阻的典型值约为2kΩ，而电压表的输入内阻通常大于或等于100kΩ，欧姆表的内阻通常约为50Ω。为了获得精确的测量值，了解这些设备的内阻是很必要的。下列例子表明在给定仪表内阻的条件下，读数的相对误差如此之大。

1. 电流测量误差

假设电流表的内阻为2kΩ，计算如图7.23所示电路的读数误差。

$$I_{true} = \frac{400mV}{4k\Omega + 4k\Omega} = 50\mu A$$

$$I_{measured} = \frac{400mV}{4k\Omega + 4k\Omega + 2k\Omega} = 40\mu A$$

$$误差(\%) = \frac{50\mu A - 40\mu A}{50\mu A} \times 100\% = 20\%$$

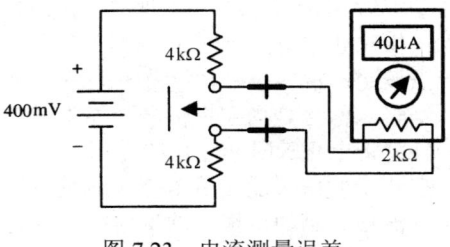

图 7.23 电流测量误差

2. 电压测量误差

假设电压表的输入电阻为100kΩ，计算如图7.24所示电路的读数误差。

$$V_{true} = \frac{100k\Omega}{100k\Omega + 100k\Omega} \times 20V = 10V$$

$$V_{measured} = \frac{100k\Omega}{100k\Omega + (100k\Omega \times 100k\Omega)/(100k\Omega + 100k\Omega)} = 6.67V$$

$$误差(\%) = \frac{10V - 6.67V}{10V} \times 100\% = 33\%$$

3. 电阻测量误差

假设欧姆表的输入电阻为50Ω，计算如图7.25所示电路的读数误差。

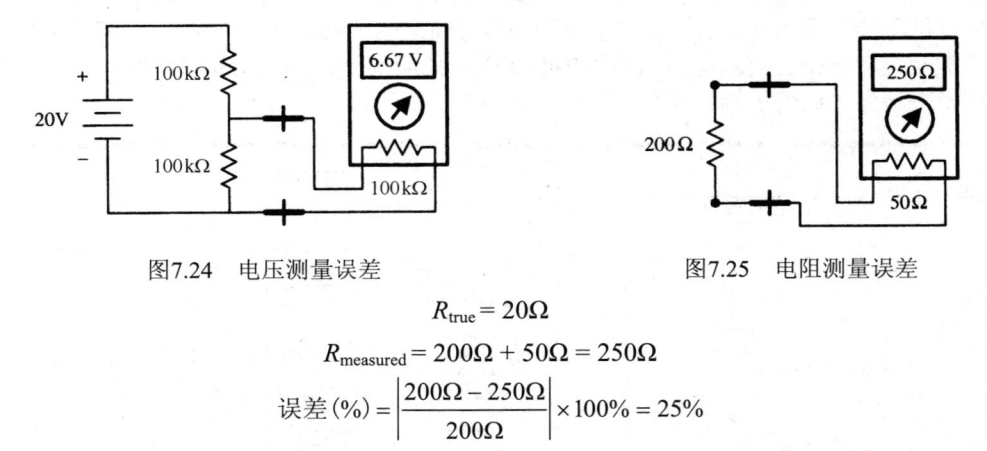

图7.24 电压测量误差

图7.25 电阻测量误差

$$R_{true} = 20\Omega$$

$$R_{measured} = 200\Omega + 50\Omega = 250\Omega$$

$$误差(\%) = \left|\frac{200\Omega - 250\Omega}{200\Omega}\right| \times 100\% = 25\%$$

为了使测量误差尽可能小，电流表的输入电阻应小于被测电路的戴维南等效电阻的1/20或者更小。相反，电压表的输入电阻应大于被测电路的戴维南等效电阻的20倍或者更大。欧姆表同样如此，即欧姆表的输入电阻应小于被测电路的戴维南等效电阻的1/20。只有这样，测量误差才有可能降至5%以下。

另一种（有些烦琐的）方法是查询或测量万用表的内阻值，然后加上或减去内阻，对误差进行修正（见附录B）。

7.4 示波器

示波器只能测量电压，而不能测量电流和电阻。这一点很重要，一开始就应了解。示波器是可快速绘制输入信号与时间（或另一个输入量）关系的绘图仪。

当信号施加到示波器的输入端时，屏幕上会出现光点。当输入电压发生变化时，光点随之上、下移动或者左、右移动。示波器的纵轴（Y轴）通常表示电压，光点根据瞬时电压值向上或向下移动；横轴（X轴）通常作为时间轴。在时间轴上，控制示波器内部产生的线性斜坡电压，可以使光点按照一定的速率在屏幕上向左或向右移动。

当输入信号是周期性信号（如正弦波）时，示波器显示相对静止的正弦曲线。因此，示波器是一种分析电压随时间变化的有用工具。

虽然示波器只能测量电压，但是可通过转换电路将电流、形变、加速度和压力等转换成电压量进行测量。例如，根据欧姆定律，使用电阻将电流转换为电压，通过测量电阻的电压，即可间接地测量电流。将形变、运动转换为电压时，需要使用相应的传感器（机电装置）。例如，通过标定，可用压力传感器来准确地测量压力。

下面介绍示波器的工作原理。

7.4.1 示波器工作原理

目前，我们仍然能够买到带有阴极射线管的模拟示波器，而新型示波器大多数带有模数转换器和LCD或OLED显示器，其体积和质量都有所减小。由于使用了数字信号处理技术，新型示波器可以做很多模拟示波器不能做的事：使用彩色迹线更清晰地显示信号，提供左右移动的记忆回放，将显示的图像输出到计算机中，动态显示信号频率。数字示波器的价格与模拟示波器相当。

有趣的是，使用模拟示波器的老用户很容易掌握数字示波器的操作方法，因为操作数字示波器的基本程序与模拟示波器的类似。事实上，使用模拟示波器比使用数字示波器更容易理解示波器的工作原理。

模拟示波器的主要部件是阴极射线管。示波器内部电路的作用是获取输入信号，并将其转换为一组提供给示波管的电压，以控制电子束的偏转（确定电子束显示的位置）。大多数示波器上的旋钮和开关都是用于改变内部电路送给阴极射线管的控制指令，如电压比例、时间基准、电子束强度、电子束聚焦、通道选择、触发电平等（见图7.26）。

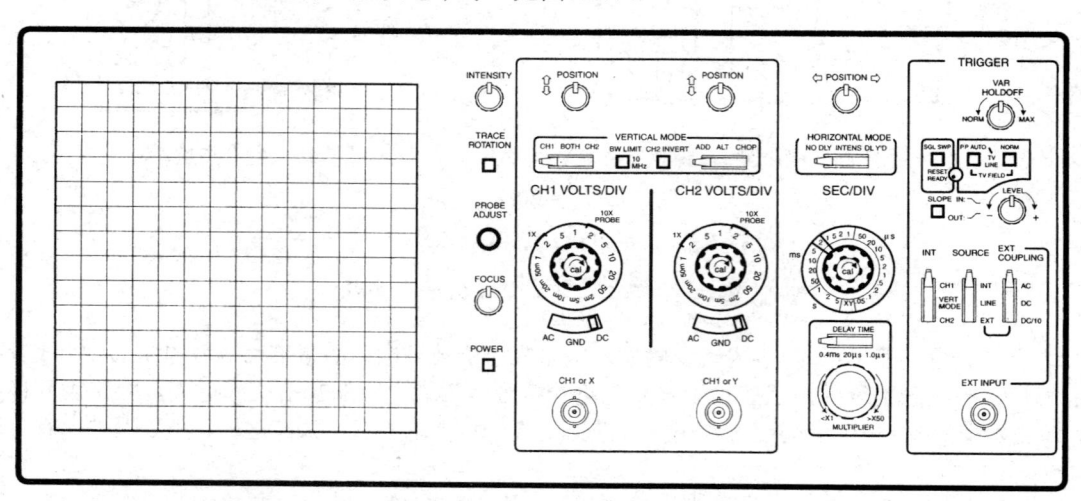

图7.26 示波器面板

阴极射线管由电子枪（灯丝、阴极、控制栅极、第一阳极）、第二阳极、垂直偏转板、水平偏转板和荧光屏组成（见图7.27）。当电流流过灯丝时，灯丝加热阴极使其发射电子。控制栅极控制发射的电子数量，即控制流过电子枪的电子数量，从而达到控制电子束强度的目的。栅极为负电压时，从阴极到达栅极的电子数量减少，导致电子束的电流减小。

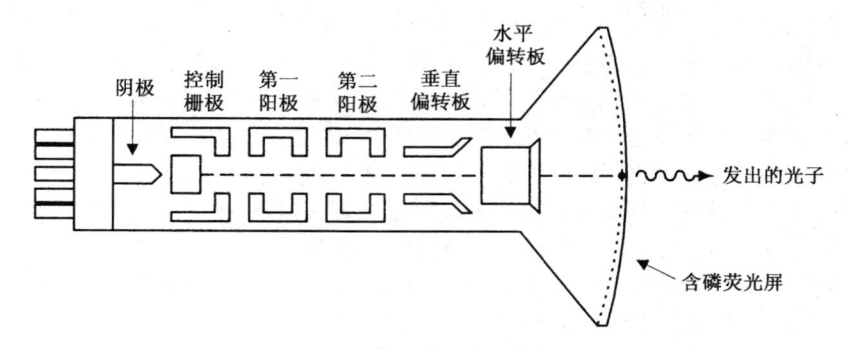

图7.27 阴极射线管的结构

通过施加控制电压或者将电压聚焦到第一阳极，可使电子束聚集成极细的一束。在第二阳极上施加高电压时，可为电子束提供碰撞荧光屏进而发射光子所需的动能。阴极射线管中产生聚焦电子束的部分称为电子枪。

在第二阳极和荧光屏内表面之间有两对静电偏转板（垂直和水平）：一对使电子束垂直偏转，另一对使电子束水平偏转。例如，当负极板的电位比正极板的低时，电子束远离负极板并向正极板偏转（电子束中电子向前运动的速度通常很大，因此电子不与极板碰撞）。当锯齿波电压施加到水平偏转板上时，逐渐上升的电压使电子束从负极板向正极板偏转，即电子束在荧光屏上做水平运动，而施加到垂直偏转板上的电压将使电子束做上下运动。

为了更好地理解示波器的工作原理，必须了解如何将输入信号转换为控制电子束偏转轨迹的电子信号或电压信号。下面介绍示波器的内部电路（见图7.28）。

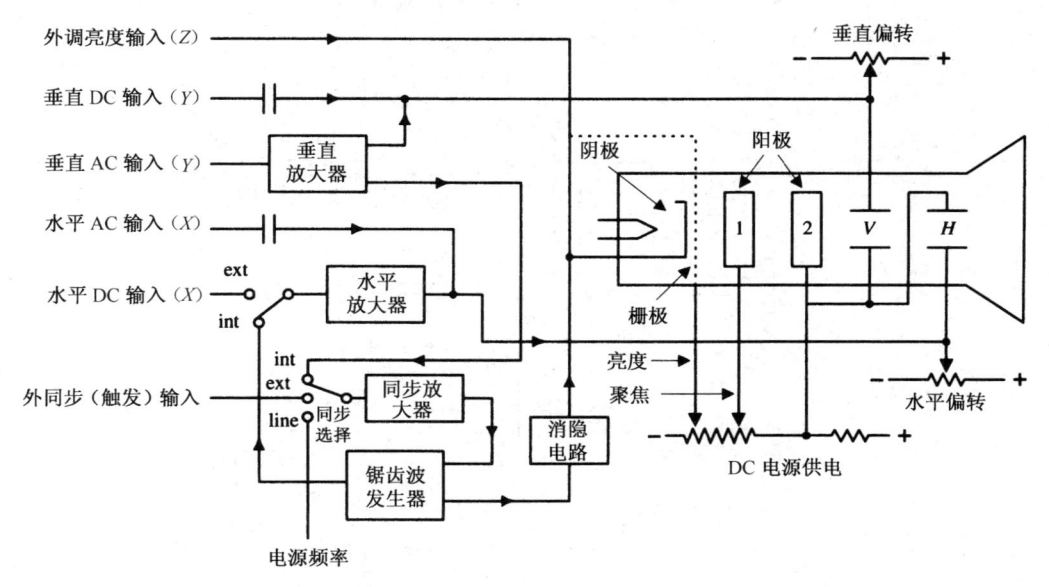

图7.28 示波器的内部电路

7.4.2 示波器的内部电路

下面以正弦信号为例,分析内部电路是如何将它转换为波形并显示在屏幕上的。首先将正弦信号送至垂直输入端,进入垂直放大器,后者将正弦信号放大到足以使电子束偏转的电压电平。垂直放大器将信号送到选择器。当选择器切换到内部位置时,来自垂直放大器的信号进入同步放大器。

同步放大器用于同步水平扫描信号(这里是锯齿波)和测试信号。没有同步放大器时,波形在水平方向上随机运动。同步放大器将信号送到锯齿波发生器,触发扫描周期。锯齿波发生器将锯齿波信号送至水平放大器(这时水平输入设置成由内部提供)。同时,锯齿波发生器也将一路信号送至消隐电路,将消隐电路的负高压加到控制栅极上(或在阴极射线管的阴极上加正高压),保证回扫时关闭电子束。最后,从垂直放大器和水平放大器出来的电压(锯齿波)被同步送至垂直偏转板和水平偏转板,荧光屏上显示的就是正弦曲线的波形。

注意,示波器的水平偏转板并不都输入锯齿波电压。调节旋钮和改变输入,也可向水平轴输入其他信号。要了解亮度控制、聚焦、水平偏移和垂直偏移的原理,可参阅示波器的电路图。

7.4.3 电子束的控制

当水平和垂直偏转板上无电压作用时,电子束的焦点显示在荧光屏的中心 [见图7.29(a)]。

当直流电压加到垂直偏转板上而水平偏转板上无电压作用时,电子束根据电压大小上下移动 [见图7.29(b)]。

当正弦电压加到垂直偏转板上而水平偏转板上无电压作用时,Y轴是一条垂直亮线 [见图7.29(c)]。

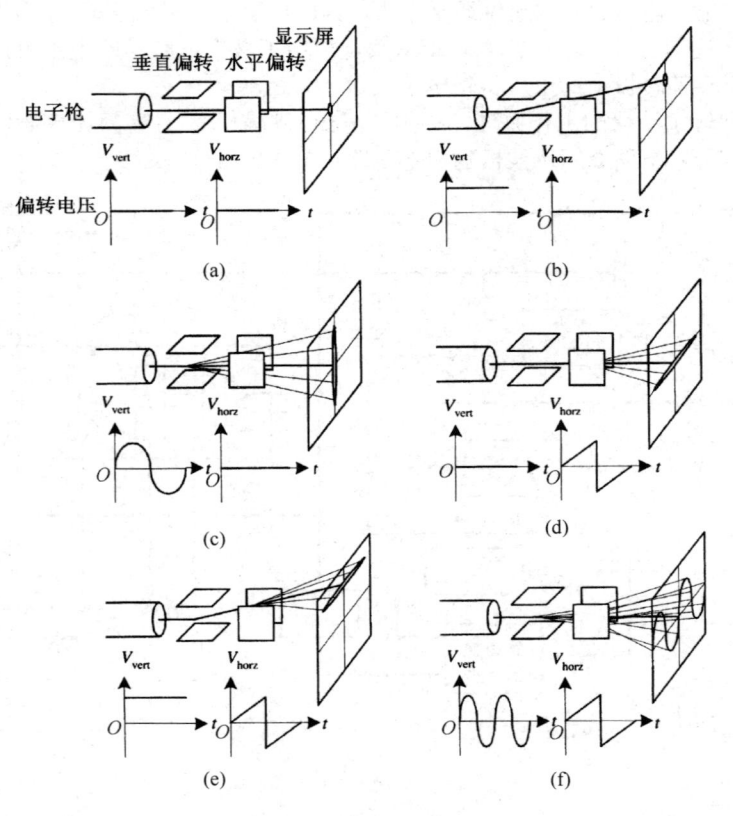

图7.29 电子束的控制

当锯齿波电压加到水平偏转板上而垂直偏转板上无电压作用时，电子束由左到右扫描成一条亮线。锯齿波经过一个周期后，电子束又从左边重新开始扫描［见图7.29(d)］。

当直流电压加到垂直偏转板上而锯齿波加到水平偏转板上时，一条水平线根据施加到垂直偏转板上的电压大小上下移动［见图7.29(e)］。

当正弦电压和锯齿波电压分别施加到垂直偏转板和水平偏转板上时，电子束随着信号电压的上升而升高。同时，电子束随着施加到水平偏转板上的锯齿波电压左移。因此，荧光屏显示正弦曲线［见图7.29(f)］。输入的正弦信号的频率是锯齿波的2倍时，荧光屏上显示两个周期的波形。

7.4.4 示波器的应用

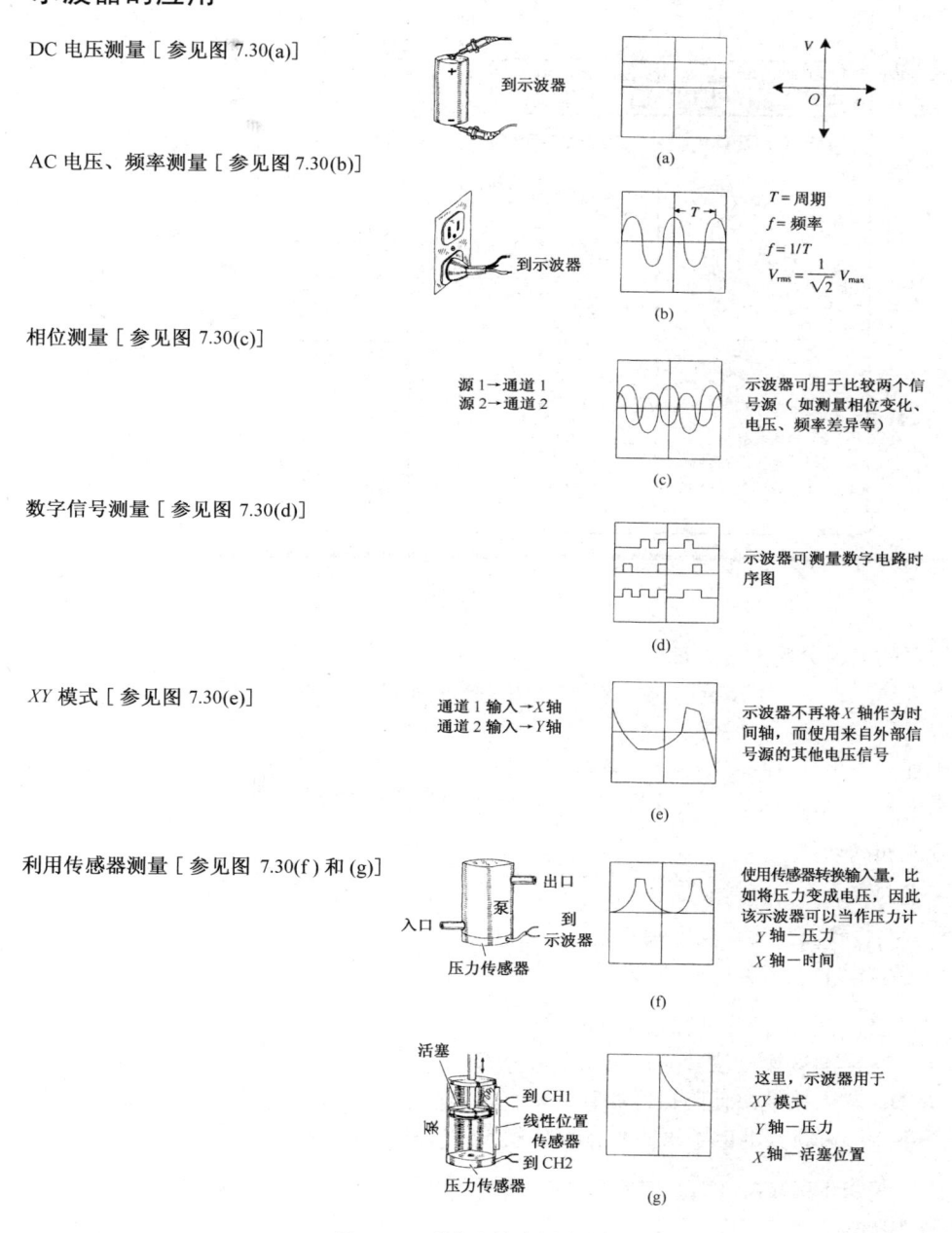

DC 电压测量［参见图 7.30(a)］

AC 电压、频率测量［参见图 7.30(b)］

$T =$ 周期
$f =$ 频率
$f = 1/T$
$V_{rms} = \dfrac{1}{\sqrt{2}} V_{max}$

相位测量［参见图 7.30(c)］

源1→通道1
源2→通道2

示波器可用于比较两个信号源（如测量相位变化、电压、频率差异等）

数字信号测量［参见图 7.30(d)］

示波器可测量数字电路时序图

XY 模式［参见图 7.30(e)］

通道1输入→X轴
通道2输入→Y轴

示波器不再将X轴作为时间轴，而使用来自外部信号源的其他电压信号

利用传感器测量［参见图 7.30(f) 和 (g)］

出口
入口
泵
到示波器
压力传感器

使用传感器转换输入量，比如将压力变成电压，因此该示波器可以当作压力计
Y 轴—压力
X 轴—时间

活塞
泵
到 CH1
线性位置传感器
到 CH2
压力传感器

这里，示波器用于 XY 模式
Y 轴—压力
X 轴—活塞位置

图7.30 示波器的应用实例

7.4.5 示波器旋钮与开关的功能

图7.31所示为示波器的典型面板。这台示波器的面板也许与其他示波器的稍有不同(旋钮位置、数字显示、通道数等)，但是基本组成是一样的。在本节中未找到所要的内容时，可参阅示波器用户手册。

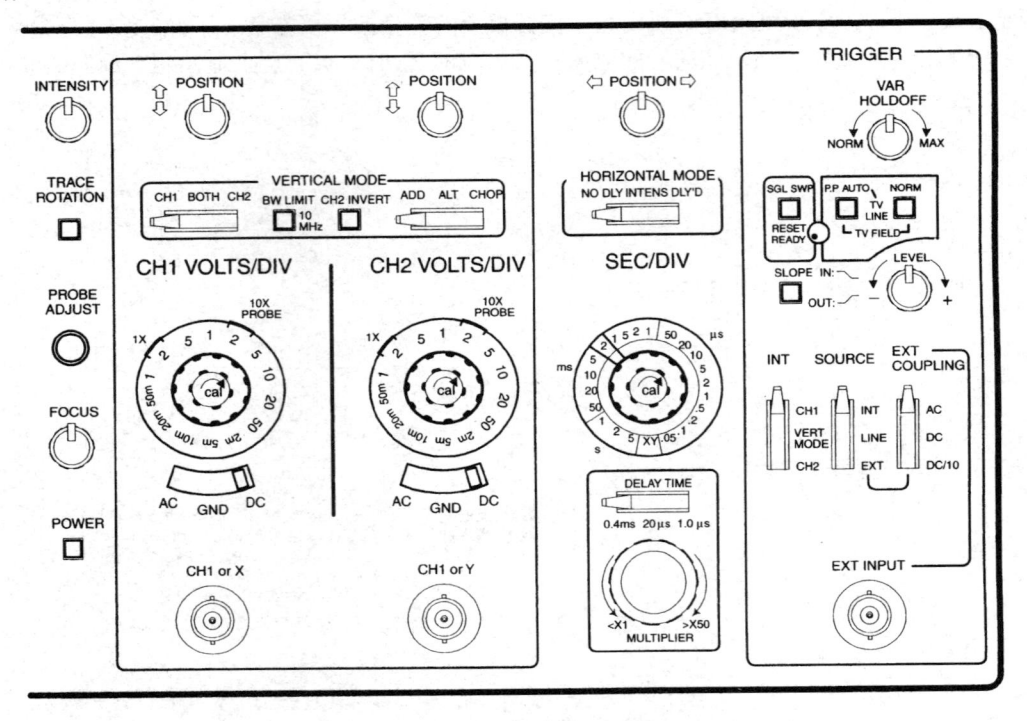

图7.31 示波器的典型面板

示波器的面板分为如下几部分。

垂直部分 该部分包含的旋钮、按钮常用于控制示波器的垂直波形，常与输入电压的幅值相联系。

水平部分 该部分包含的按钮、旋钮用于控制示波器的水平波形，常与示波器的时基相联系。

触发部分 该部分包含的按钮、旋钮用于控制示波器"阅读"输入信号的方式。

各个旋钮的功能

垂直部分

CH1、CH2同轴输入：信号输入端。

AC、GND、DC开关：

- AC：阻止直流信号，只通过交流信号。
- DC：直接测量输入信号的直流和交流分量。
- GND：输入接地。使阴极射线管的垂直偏转板上无电压，电子束不偏转。调节垂直部分的旋钮，可重新校准电子束的垂直部分到显示屏的参考位置。

CH1 VOLTS/DIV，CH2 VOLTS/DIV旋钮：设置显示电压的比例，如5VOLTS/DIV表示5V/格（1cm）。

MODE开关：

- CH1，BOTH（DUAL），CH2开关：这个开关允许你任选通道1和通道2显示，也可两个通道同时显示（见图7.32）。
  NORM，INVERT：这个开关以正相方式或反相方式显示信号。
  ADD，ALT，CHOP：

- ADD：信号相加，同时显示两通道信号（见图7.33）。
- ALT：交替扫描，与扫描时间无关。在该模式下，NORM CHOP开关无效。
- CHOP：与触发SOURCE开关配合，实现自动或手动双踪扫描发生器ALT或CHOP模式的选择。

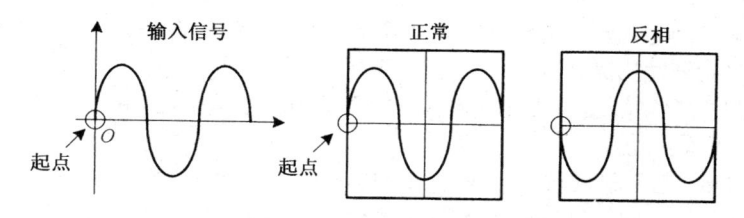

图7.32 单通道显示

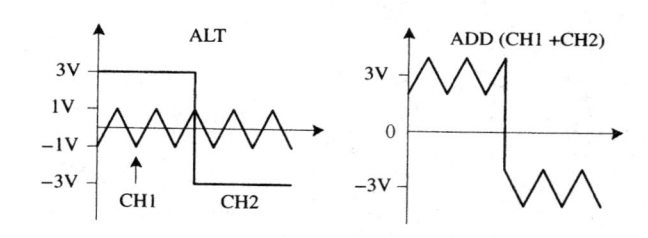

7.33 双通道叠加显示

POSITION（Y轴位置）旋钮：该旋钮可向上或向下移动荧光屏上的波形。
XY 模式：选择该模式后，时基关闭，用输入通道2的外部信号电压代替扫描时基。

水平部分

SEC/DIV旋钮：控制扫描速度或横轴时间扫描范围，如0.5SEC/DIV表示0.5ms/格。
MODE开关：

- NO DLY：设置为立即显示。
- DLYD：延迟水平信号的触发时间（在示波器限定的时间内），用于设置信号的延时。
  SWEEP TIME变化控制：有时称为扫描频率控制、精细频率控制或频率微调，用作精细的扫描时间调节。在顺时针方向的尽头（CAL），用SWEEP TIME/CM开关校准扫描时间，在其他位置，可以提供连续变化的扫描率。
  POSITION旋钮：水平左移或右移显示波形。该旋钮在比较两个输入信号时非常有用，且可以调整比较波形的位置。

触发部分

EXT（TRIG插座）：外触发信号输入端。
CAL（校正端子）：输出频率为1kHz、峰-峰值为0.1V的方波校准信号，用于校准垂直放大器和示波器探头的频率补偿。

HOLDOFF（触发抑制控制）：用于调节抑制时间。
TRIGGERING（触发模式选择开关）：

- SINGLE（单次触发）：当信号不可重复或信号幅度和波形随时间变化时，普通重复显示得到的是不稳定的结果。单次触发使得触发单次扫描的复位键有效。单次扫描用于观测不重复的信号波形。按下复位按钮，当下一个同步触发到来时，开始单次扫描。
- NORM（正常触发）：用于触发扫描。通过调节触发电平来控制触发扫描的起始时刻。没有触发信号或触发电平的设置值超过触发信号的幅值时，没有扫描信号产生。
- AUTO（自动）：用于自动扫描模式。在自动模式下，没有触发信号时，扫描发生器自激振荡并产生扫描信号（通常指周期性扫描）；有触发信号时，扫描发生器自动转到触发扫描模式。初始设置示波器时，通常选择自动触发模式，它可为波形观测始终提供扫描，直到其他控制设置正确为止。当测量直流信号或交流信号的幅值很低时，因为不能产生触发信号，必须选择自动触发扫描模式。
- FIX：该模式与自动触发模式基本相同，区别是当触发电平控制被忽略时，在同步触发波形的中点开始触发扫描。
- SLOPE button（触发极性按钮）：选择示波器的触发极性。选择"+"极性触发时，只在触发信号"上升"过程中与触发电平相等的时刻，示波器才开始扫描。选择"−"极性触发时，只在触发信号"下降"过程中与触发电平相等的时刻，示波器才开始扫描（见图7.34）。

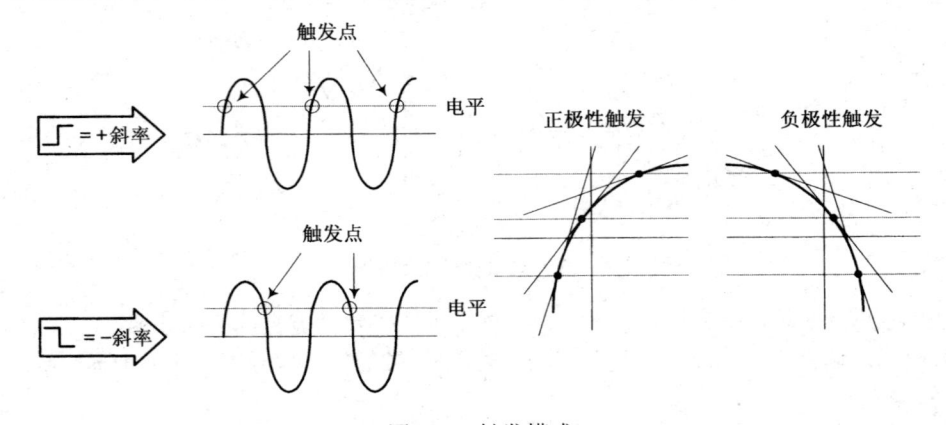

图7.34 触发模式

- RESET button（复位按钮）：当触发模式开关设为SINGLE（单触发）时，按下复位按钮，于同步触发发生时可再次（单）触发扫描。
- READY/TRIGGER indicator（准备/触发指示器）：在单触发模式下，当复位按钮被按下时，指示灯亮，表明扫描开始。当扫描完成时，指示灯灭。在NORM、AUTO和FIX触发模式下，触发扫描过程中指示灯亮，指示灯亮也表明LEVEL设置合适。
- LEVEL knob（触发电平旋钮）：在触发扫描模式下使用。根据观测信号的幅值来设定示波器的触发电平，触发电平可大可小。扫描触发时，READY/TRIGGER指示灯亮，表明触发电平在合理的范围内（见图7.35）。
- COUPLING开关：用于选择同步触发信号的耦合方式。
  - AC（交流）：最常用的耦合方式。AC耦合允许触发频率为10Hz～35MHz（具体取决于示波器类型），并隔断同步触发信号的直流分量。
  - LF REJ（低频衰减）：阻止直流并衰减低于10kHz的信号，只有信号的高频分量能实现扫描触发（见图7.36）。触发信号中含有低频成分时（如60Hz干扰），可提供稳定的触发。
- HF REJ（高频衰减）：衰减大于100kHz的信号，用于减小高频噪声，或用于从调幅信号中滤除载波并用包络启动触发（见图7.37）。
- VIDEO（视频）：用于合成的视频信号，适用于视频信号检测。
- DC（直流）：从直流到35MHz的信号均能触发，DC位置可用于对低频信号提供稳定触发。在AC位置时，该触发信号被衰减，调节LEVEL可在期望的直流电平上进行触发。

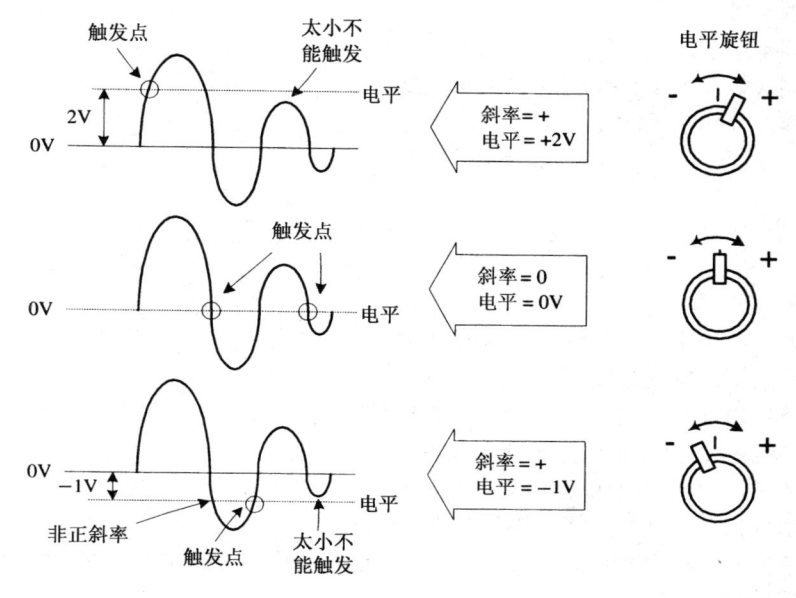

图7.35 触发电平的控制

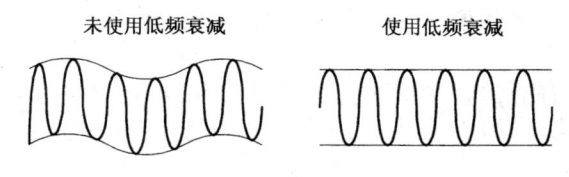

图7.36 使用和未使用低频衰减

图7.37 使用和未使用高频衰减

7.4.6 示波器的使用

使用示波器进行精确测量时，示波器的按钮、旋钮必须设置到相应的位置上。只要有一个旋钮或开关设置不当，示波器就不能正常工作。因此，必须确保每个旋钮位于正确的位置。

下面介绍示波器的部分应用。首先介绍如何用示波器测量两个信号之间的相位，然后在涉及特殊应用时，介绍如何调整示波器的相应按钮和旋钮。

1. 初始设置

步骤一

- 电源开关：关闭。
- 内部周期性扫描（触发模式开关）：关闭［正常（NORM）或自动（AUTO）位置］。
- 聚焦：调至最小。
- 增益：调至最小。
- 亮度：调至最小。
- 同步控制（触发电平、抑制电平）：调至最小。
- 扫描选择：外部（EXT）。
- Y轴位移：中点。
- X轴位移：中点。

步骤二

- 电源开关：开启。
- 聚焦：调至电子束聚焦准确（扫描线最细）。
- 亮度：调至期望发光强度。
- 扫描选择：内部（多于一次扫描时，可用内部线性扫描）
- Y轴位置控制：调至电子束位于荧光屏中心。
- X轴位置控制：调至电子束位于荧光屏中心。
- 内部周期性扫描：开启，将扫描频率置于100Hz。
- 水平增益控制：检查光点展开为一条水平轨迹或亮线，将水平增益回调至零或最低挡。
- 内部周期性扫描：关闭。
- Y轴增益控制：调至中间值。用手触摸Y轴输入端，杂散信号应使光点为一条倾斜轨迹或一条直线。通过调整Y轴增益控制钮，检查垂直扫描线是否可控。然后，将Y轴增益回调至零或最低位。
- 内部周期性扫描：开启。调节水平增益，使光点展开为一条水平基线。

2. 正弦电压信号测量

1. 按图7.38连接设备。

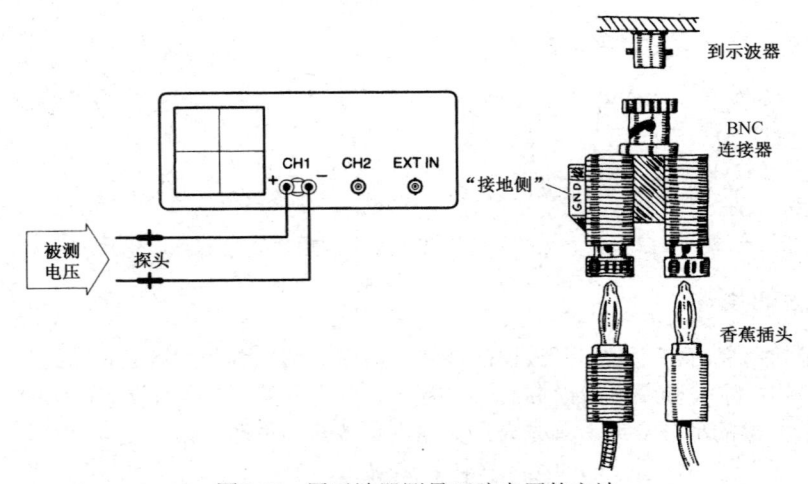

图7.38 用示波器测量正弦电压的方法

2. 将示波器置于初始位置。
3. 调节 Y 轴VOLT/DIV旋钮直到有信号出现。
4. 将输入耦合选择器（AC/GRD/DC）旋转到地（GRD）。
5. 将示波器设为内部周期性扫描。调节扫描速度（SEC/DIV）旋钮，得到期望电子束轨迹的位置。
6. 现在可看到一条水平线。然后，通过调节 Y 轴位移旋钮，将水平线调至期望的基准位置（确认在设置到期望位置后，不可再调节 Y 轴位移旋钮。无意间移动该旋钮位置后，要将输入耦合选择器置地，重新再做校准）。
7. 设置输入耦合选择器，使（AC/GRD/DC）切换到DC位置，连接探头至被测信号。
8. 调节 Y 轴VOLT/DIV和 X 轴SEC/DIV旋钮，直到出现信号波形。
9. 屏幕上出现信号波形后，记录VOLT/DIV和SEC/DIV旋钮的位置。使用荧光屏上的网格，观测信号波形的周期和峰-峰值电压等。要得到比较准确的电压和时间测量值，可调节 Y 轴位移旋钮和 X 轴位移旋钮，使测量的波形和刻度对准。图7.39显示了如何计算正弦波的峰-峰值电压、均方根电压、周期和频率。

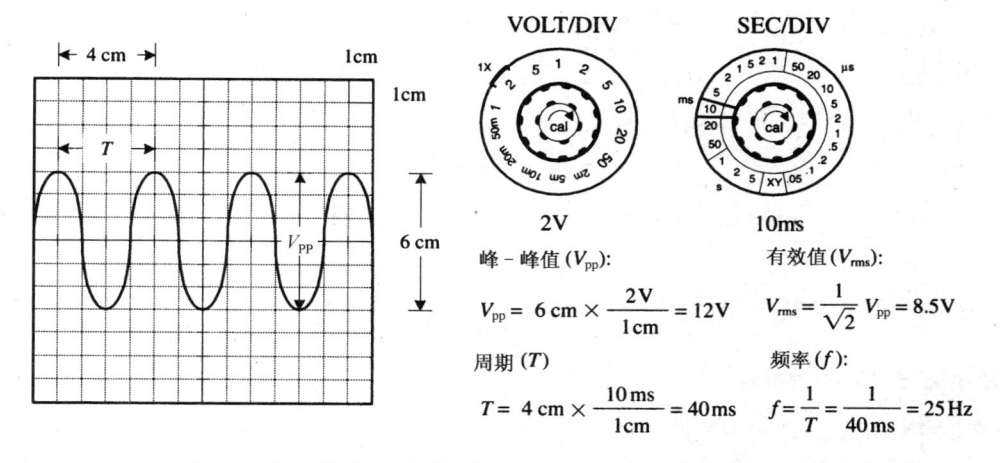

峰-峰值（V_{pp}）:
$$V_{pp} = 6\,cm \times \frac{2V}{1cm} = 12V$$

有效值（V_{rms}）:
$$V_{rms} = \frac{1}{\sqrt{2}} V_{pp} = 8.5V$$

周期（T）:
$$T = 4\,cm \times \frac{10\,ms}{1\,cm} = 40\,ms$$

频率（f）:
$$f = \frac{1}{T} = \frac{1}{40\,ms} = 25\,Hz$$

图7.39 如何计算正弦波的峰-峰值电压、均方根电压、周期和频率

3. 电流测量

如前所述，示波器只能测量电压，而不能直接测量电流。然而，利用电阻和欧姆定律可以间接测量电流。简单测量已知电阻值的电压降后，可通过计算得到电流，即电流等于电压/电阻。为避免干扰被测电路的工作状态，常选用电阻值足够小的电阻，如选用高精度的1Ω电阻。

下面是使用示波器测量电流的例子。

1. 按图7.40连接设备。

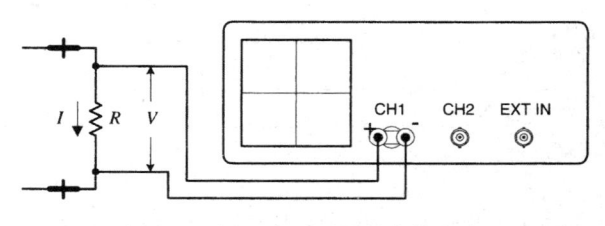

图7.40 用示波器测量电流的方法

2．将示波器置于初始位置。

3．将一个待测量的直流电流加到电阻上，为简单起见，并避免在测试时改变电路的动态特性，这里使用1Ω的电阻。电阻的功率至少为最大电流平方的2倍。例如，当待测的最大电流是0.5A时，该电阻的功率最小为1/2W。

4．使用示波器测量电阻两端的电压降。串入1Ω的电阻后，待测电流值等于电压测量值。图7.41中列举了用示波器测量电流的几个例子，其中两个例子描述了如何测量交流电流的有效值和总（DC+AC）有效值。

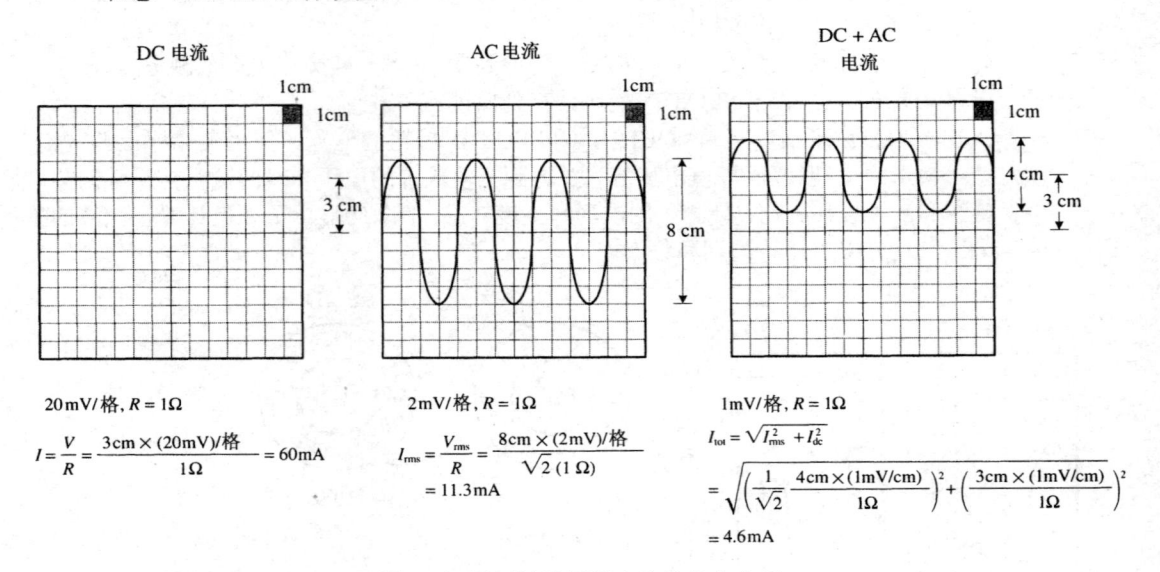

DC 电流

20mV/格，R = 1Ω

$I = \dfrac{V}{R} = \dfrac{3cm \times (20mV)/格}{1\Omega} = 60mA$

AC 电流

2mV/格，R = 1Ω

$I_{rms} = \dfrac{V_{rms}}{R} = \dfrac{8cm \times (2mV)/格}{\sqrt{2}(1\Omega)}$
$= 11.3mA$

DC + AC 电流

1mV/格，R = 1Ω

$I_{tot} = \sqrt{I_{rms}^2 + I_{dc}^2}$
$= \sqrt{\left(\dfrac{1}{\sqrt{2}} \dfrac{4cm \times (1mV/cm)}{1\Omega}\right)^2 + \left(\dfrac{3cm \times (1mV/cm)}{1\Omega}\right)^2}$
$= 4.6mA$

图7.41　用示波器测量电流的几个实例

4．两个信号之间的相位差测量

要比较两个电压信号之间的相位关系，就要施加一个信号到通道1，施加另一个信号到通道2，然后将显示方式设置为双踪，以便同时显示两个信号的波形，使两个波形肩并肩地排列，进而比较两个信号之间的相位差。

操作步骤如下。

1．按图7.42连接设备。

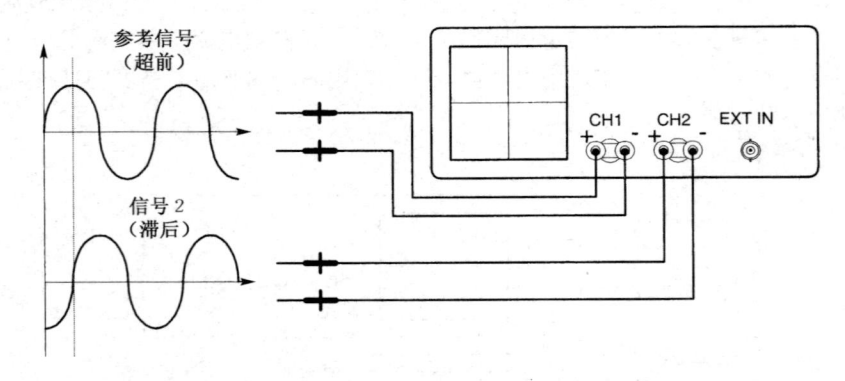

图7.42　用示波器测量两个信号之间的相位差的方法

2．将示波器置于初始位置。注意探头应短，长度相同，且有相似的电特性。频率高时，探头的长度差异或电特性的差异产生一定的相位测量误差。
3. 开启示波器的内部周期性扫描。
4. 将示波器置于双踪显示方式。
5. 调节CH1和CH2的VOLT/DIV旋钮，直到两信号有相近的振幅，以便比较测量相位差。
6. 测出参考信号的相位系数。当信号的1个周期（360°）是8cm时，则1cm相当于1个周期的1/8，即45°，这个45°值就是相位系数（见图7.43）。
7. 测量两个波形相应点的水平距离（如相应的峰值点或谷值点）。用实测距离乘以相位系数即得到相位差（见图7.43）。例如，当两个信号间的实测距离是2cm时，相位差是2×45°，即90°。

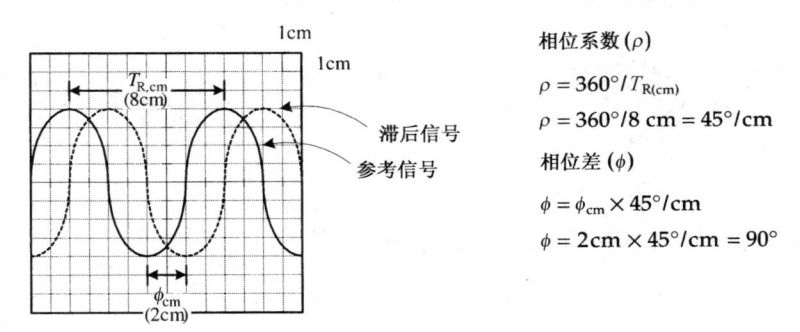

相位系数(ρ)

$\rho = 360°/T_{R(cm)}$

$\rho = 360°/8\text{ cm} = 45°/\text{cm}$

相位差(ϕ)

$\phi = \phi_{cm} \times 45°/\text{cm}$

$\phi = 2\text{cm} \times 45°/\text{cm} = 90°$

图7.43 用示波器测量两个信号之间的相位差的实例

7.4.7 示波器的应用

示波器具有"冻结"高频波形的能力，在测试电子元器件和电路的响应曲线、瞬态特性、相位关系和时间关系方面，是非常有用并且重要的仪器。例如，示波器可用于研究特殊波形（如方波、锯齿波等），可用于测量静态噪声（组件间接触不良导致的电流变化）、脉冲延迟、阻抗、数字信号等。下面是示波器应用的几个例子。

1. 电位器静态噪声的测量

这里，示波器用于确定电位器的滑动触头是否有故障（见图7.44）。好的电位器将在示波器上显示连续的电压，否则将显示有噪声扰的图形。在确定电位器被损坏之前，应确认测量过程没有干扰。例如，本次测量可能就有噪声。

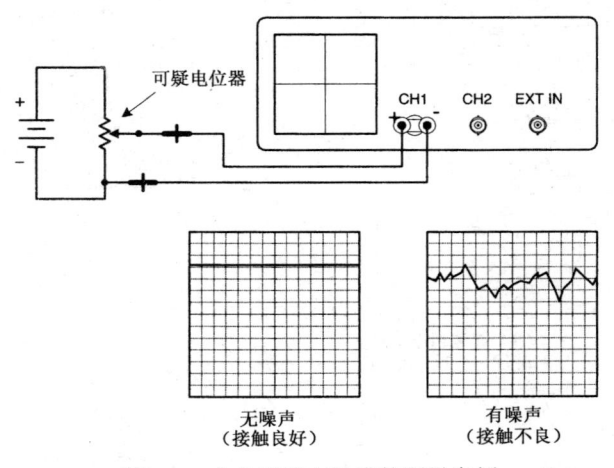

图7.44 电位器静态噪声的测量实例

2. 脉冲的测量

示波器常用于研究方波通过电路时的变化状况，图7.45连同下面的定义一起说明一些脉冲响应变化。脉冲的描述如下。

上升时间（t_r）　输出脉冲的幅值从最大值的10%上升到90%所经过的时间间隔。

下降时间（t_f）　输出脉冲的幅值从最大值的90%下降到10%所经过的时间间隔。

脉冲宽度（t_w）　输出脉冲的幅值在前后沿最大值的50%之间的时间间隔。

时间延迟（t_d）　输出脉冲的起点（$t=0$）到幅值为最大值10%的时刻所经过的时间间隔。

跌落　输出脉冲上部下降量的测量。

$$跌落 = \frac{A}{B} \times 100\%$$

过冲　和输入脉冲相比，输出脉冲顶部超过量的测量。

$$过冲 = \frac{C}{D} \times 100\%$$

7.4.8　阻抗测量

比较反射脉冲与输出脉冲，可实现测量阻抗。当输出信号经过传输线时，若信号不匹配或阻抗有差异，则部分信号将被反射回信号源。传输线有其固有的特征阻抗，当传输线阻抗大于信号源阻抗（被测量）时，反射信号是反相的。传输阻抗小于信号阻抗时，反射信号是同相的。

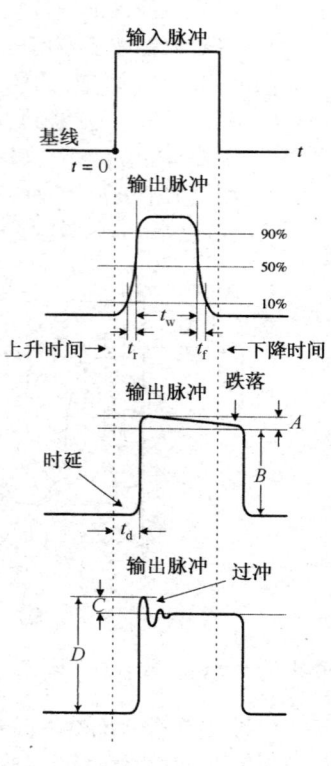

图7.45　脉冲测量实例

1．按图7.46连接电路。
2．将旋钮和开关设为初始设置状态。

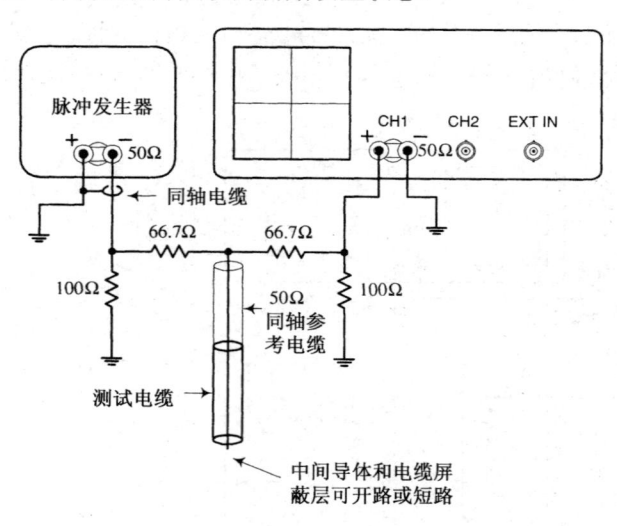

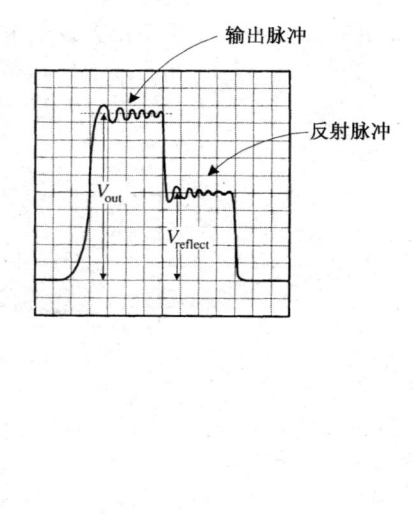

图7.46　阻抗测量实例

3．开启内部周期性扫描。

· 450 ·

4．将扫描选择器旋转到INTERNAL。
5．将同步选择器旋转到INTERNAL。
6．接通脉冲发生器电源。
7．调节示波器的VOLT/DIV和SEC/DIV旋钮，直到出现输出脉冲。
8．在示波器上观察输出和反射脉冲，测量输出电压（V_{out}）和反射电压（$V_{reflect}$）。
9．用公式计算未知阻抗值：

$$Z = \frac{50\Omega}{2V_{out}/V_{reflect}} - 1$$

其中，50Ω是参考同轴电缆的特性阻抗。

数字测量中的应用

输入/输出关系的测量（见图7.47）。

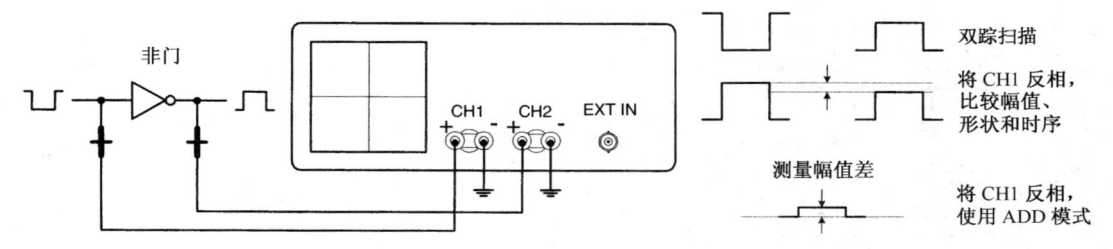

图7.47　输入/输出关系的测量

时序关系的测量（见图7.48）。

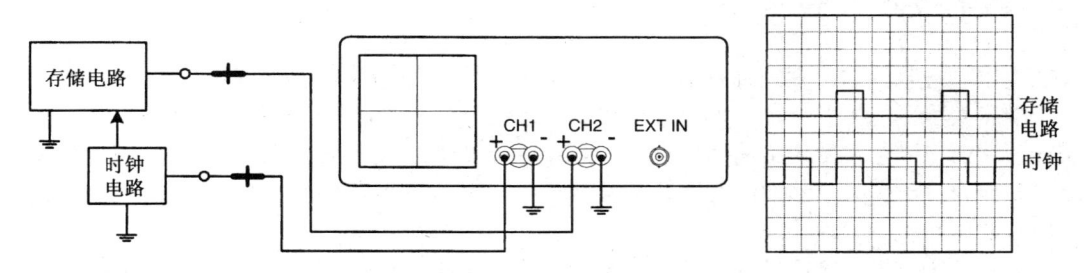

图7.48　时序关系的测量

二分频关系的测量（见图7.49）。

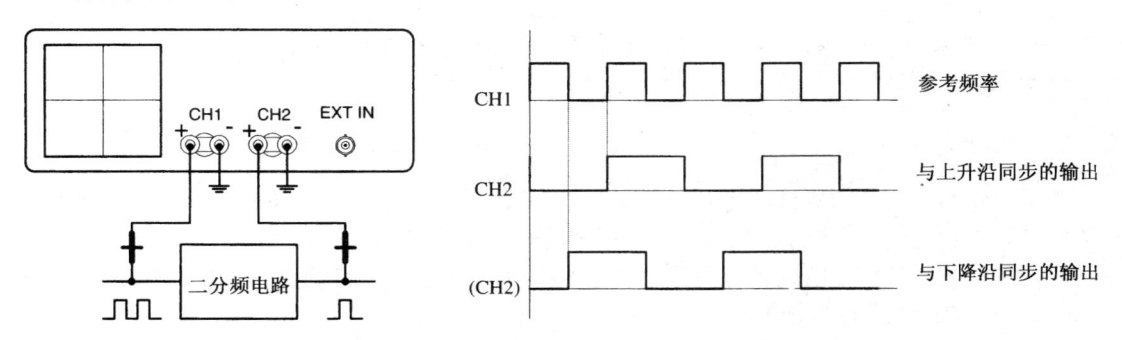

图7.49　二分频关系的测量

传输时延的测量（见图7.50）。

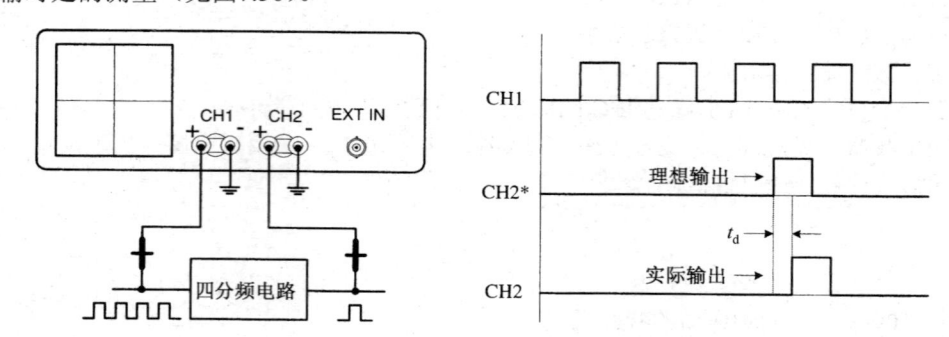

图7.50 传输时延的测量

逻辑状态的测试（见图7.51）。

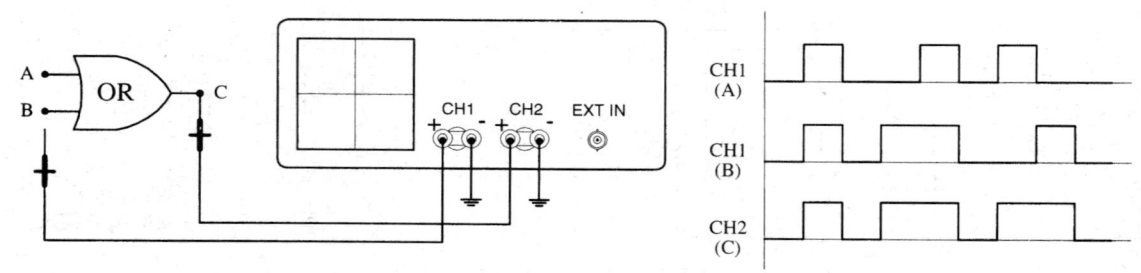

图7.51 逻辑状态的测试

7.5 电子技术实验室

要使电子技术的学习安全且有趣，有必要建立一个标准的电子技术实验室。本节主要介绍通用电子技术实验室的主要特征。本节既介绍如何建立一个工作区来限制外部电磁噪声的干扰，又介绍如何预防对静电较敏感IC的静电损坏。读者还可了解、熟悉各种测试设备、标准设备和用于电路诊断、设计的工具。然而，刚开始时没有必要准备好所有设备：一张桌子、一把电烙铁和一块万用表即可。

注意，在学习电子学的过程中，最重要的工具是人脑。因此，当在学习电子学的过程中缺少下面提到的某些设备或工具时，应动脑想出其他解决办法。然而，要清楚的是，可能会因为没有合适的工具而在寻找故障和搭建电路时花费更多的时间。

最后要注意的是，在下面的介绍中，某些信息超出了读者的知识范围，但读者没有必要担心。购买设备时，与测试设备和故障诊断设备相关的众多技术资料足以让读者明白应该关注哪些参数。

7.5.1 工作台

为了放置相关设备和器材，需要制作大而坚固的工作台。理想情况下，工作台的工作面最好是金属平面，以便与大地相连或断开（交流插座的绿色线是接地线）。接地金属平面可抑制射频电路辐射、工频噪声、外部电磁扰动和静电干扰等扰动。工作台和待测电路之间应该使用绝缘材料和纸张隔离，以免电路因接地而损坏。

进行不精确的临时性检测和测量时，可不使用接地平面。因为未接地而受到干扰时，简单的解决办法是将电路放在双侧绝缘的金属片之间，金属片上焊接导线与地相连。使用纸板覆盖的接地单面敷铜板也可解决问题。图7.52所示是工作台及其接地连接示意图。

实验工作台可在网上购买，也可以自己制作。

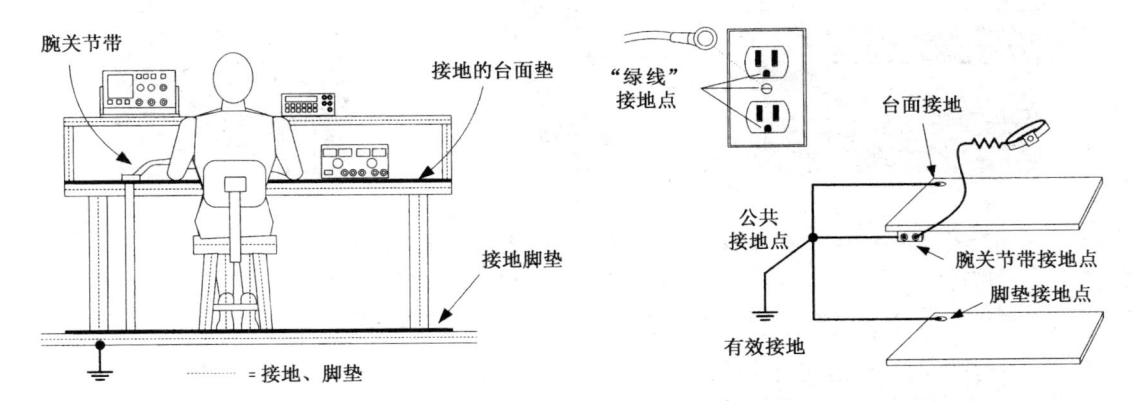

图7.52 工作台及其接地连接示意图。使用接地台面和接地腕关节带为工作台构建小型化ESD（静电放电）。为可靠接地，将台面垫、脚垫和腕关节带的接地线分别直接与公共接地点连接

利用台面、人体和地面的可靠接地，可以消除人体对敏感IC的破坏性静电放电。注意，人体不能直接接地——受到电击时存在巨大危险，可通过串接1MΩ电阻的接地线接地。电阻用来限制潜在的电流，同时为静电放电提供足够的通路。

如果在混凝土地面上铺设橡胶垫以防止触电，就必须使用防静电橡胶。否则，ESD的风险更大。如果要铺地毯，就要购买防静电专用地毯，或者喷洒防静电液。DESCO、3M和其他公司都生产防静电的工作垫及使工作站完备接地的工具。

另外，要保证所有设备正确接地，包括使用中的电烙铁。尽管大部分设备都通过三芯电源线接地，但不能保证"接地"不出现问题。检查所有的接地点，看它们是否处于同一电位。用欧姆表测量公共接地点与设备接地点、插头和机壳之间的电阻。如果某台设备接地不可靠，当人体触摸它时，就会成为最好的接地路径。完备的接地能够消除大地环流和外部噪声干扰。

7.5.2 测试设备

适合电子技术实验室的仪器设备有多种，可根据预算和需求购买。网店是购买二手仪器设备的好地方，在那里可以找到各种仪器设备。

在购买任何设备之前，都要做好充分的准备，确定所有的规格（带宽、输入阻抗和精度等）都满足测试要求。不要被"必须使用最新和最贵的仪器来做电子实验"的想法所误导。正常使用的仪器，即使已用了20年或者更久，还可以可靠地工作。在购买设备前，仅需确定设备目前工作是否正常，是否通过了校准或鉴定。另外，在最终购买前，可要求试用。

7.5.3 万用表

当需要在工作台上做很多工作时，建议购买一款位数至少为五的台式数字万用表（DMM）。当然，位数越多，精度越高，需要的费用就越多。万用表要具有量程自动锁定功能，以确保测量的高精度和高速度。对大多数电路来说，在20V或以上量程，仪表保持高输入阻抗（大于10000MΩ）是很重要的。高阻抗输入可使测量仪表从被测电路获取的能量较少，以便减小测量误差。

输入阻抗为10MΩ的万用表的型号很多。注意，万用表要具有四线电阻测量功能——可以消除由测量引线电阻导致的误差。可以在网站上找到此类万用表，如HP3468A（5.5位）、HP34401A（6.5位）和HP3485A（8.5位）（见图7.53）。

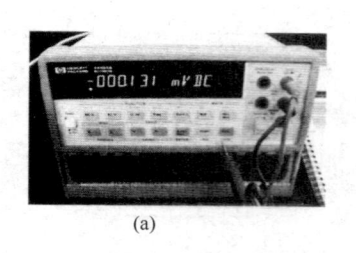

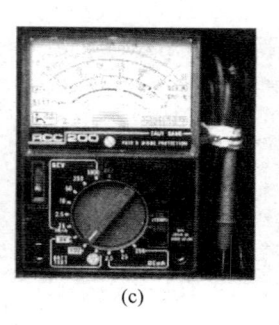

图7.53　(a)HP34401A是带有计算机接口的6.5位台式数字万用表；(b)用于监测变化趋势的指针式仪表；MetRex3 3/4位便携式数字万用表，带有RS-232接口、真有效值、温度、电感、电容、逻辑分析、三极管h_{FE}测试、二极管测试和频率测试等功能

需要节省费用时，可选用背面带有支架、大显示屏和背光的便携式数字万用表。对高品质万用表来说，这是一种合理的配置。

购买万用表时，考虑其他辅助功能是有必要的。某些便携式万用表具有很多辅助功能，如电容测量、电感测量、二极管/三极管测量、频率计数器、温度计，使用非常方便。尤其是在样机研制时，永远无法预知何时需要测量LED的极性、三极管的h_{FE}或电容值是否符合设计要求。

尽管指针式仪表现在的应用范围正在缩小，但仍然是有用的，与数字万用表相比，它的准确性要差一些。但是，通过普通的指针式仪表可以观察到被测量的变化方向，而数字仪表很难做到这一点，特别是存在噪声和抖动时。指针式仪表的另一个优点是其被动特性，即它不会向被测电路注入噪声，而数字仪表则会注入噪声。指针式仪表还可捕捉缓慢变化的信号，尽管不能读取瞬时变化，但可看到读数变化的速率，而在数字万用表上很难观察到这种现象，某些数字万用表通过提供"气压计"来解决这个问题。

最好的选择是，考虑基于计算机的数字万用表。这类设备通过插入扩展插槽（如PCI）或者通过串行、并行或USB数据线与计算机连。基于计算机的现代测试技术已使得仪器仪表的性能得到了较大的改善。（美国）国家仪器公司生产的NI PXI-4070 DMM是一款性能优良的6.5位数字万用表。如果计划进行数据后处理，那么可以考虑选择购买该设备。

7.5.4　直流电源

实验室经常使用直流电源来提供稳定的直流电压。应购买一台电压可调的稳压/稳流直流电源，且应具备单极性、双极性输出。

- **单极性模式**　例如，用来驱动直流电动机的+12V电压输出——正极（+）作为源端，负极（−）作为返回端。
- **双极性模式**　例如，±15V可用来为运算放大器提供偏置电源——使用正端（+15V）、负端（−15V）和公共端，公共端作为0V电位参考。

有的电源（如图7.54中间的电源）有两个独立的电压源，可组成双极性电源使用。方法是用一根跳线将两个电源串联起来，串联点的位置就是公共端（常见的做法是通过一个"开关"来设置和选择电源的串联模式）。

另外，直流电源应附有输出电压、电流显示功能，因为电流大小一定程度上可以反映电路工作状态是否正常。

电源还应该有接地端子，它通过交流供电电源的地线与室外的接地棒相连。大多数电路和测试设备（示波器、函数发生器等），都将"大地"作为参考点。例如，示波器的输入通道和函数发生器的输入通道的屏蔽线一般都接地。

另外，有些电源有附加的固定+5V输出，可为逻辑电路提供电源，该输出电流的典型值为3A。

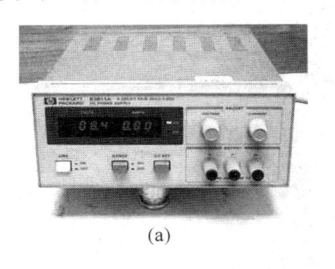

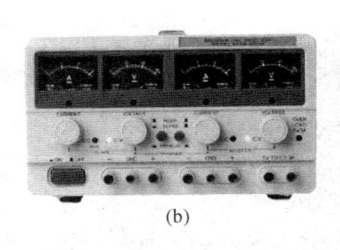

图7.54　具有限流和调压功能的稳流/稳压电源。(a)电源有负端、公共端和正端。(b)电源由三个独立的直流电源组成，其中的两个是可变电源，一个是固定的5V电源。可变电源可以独立使用，也可以串联或并联使用。通过串联，可以获得双极性电源，公共端为两电源的连接点。(c)电源是固定为5V的双极性电源，它可存储和记忆三组电流/电压设置

电源应有电压微调/粗调以及电流限制和锁定功能。要避免使用数字调节电流/电压，因为在监测变化趋势时它是不连续的。

较好的电源（如图7.54中的HP3631A）具有存储和记忆功能，允许存储和记忆三组电源设置。另外，还带有RS-232接口。觉得该电源太贵时，也可选用其他电源（无须考虑过流保护与报警）。市场上有多种可编程电源，但它们都相当昂贵。另一种选择是自己制作电源。

单输出开关电源的价格不高，双通道电源的价格较高。从节约开支方面考虑，单输出的开关电源较为合适。

另外，电源的另一种选择是电池组——碱性电池、镍镉电池或其他电池。我们可用它们产生一切需要的电压。例如，两个 9V 的电池组可以产生+18V 或±9V 电压。电池组是实用的低噪声电源，可用在前置放大器电路中。当用电池组替代一般电源时，若前置放大器还不能稳定输出，则不是电源的问题。也可用电池组为装在金属盒内的低噪声电路供电，该电路的信号不受电源噪声的干扰。

7.5.5　示波器

要同时观测两个信号，就有必要获取一台至少有两个通道的台式示波器（可显示电压波形）。另外，示波器的频带至少应为100MHz。

即使是观察低频放大电路，宽频带对捕捉高频振荡也是很重要的。在观测高频分量和非正弦谐波时，宽频带也很必要。例如，观测100MHz方波的5次谐波，需要带宽为500MHz的优质示波器（和探头）。

通常，为准确测量频率，示波器的带宽应是测量信号基波的3～5倍。幅值的测量精度和示波器的频率响应无关，但示波器的频带应是所测信号频带的10倍以上，因为测量超出示波器频带的频率分量时，会衰减−3dB以上。示波器的上升时间和下降时间会使理想方波变得类似于正弦波。图7.55中显示了几种常用示波器的外观与特性。图7.56中显示了使用20MHz、100MHz和500MHz示波器测量50MHz方波的频带效应。

那么，是考虑购买模拟示波器还是购买数字示波器？从技术角度看，数字示波器的用途更广，功能更强。模拟示波器虽然有一些优点，如易于操作、瞬时显示、便于实时调整、价格便宜等，但精度差、无预触发能力、频带窄（几乎不超过400MHz）、无波形存储功能。

数字示波器既具有波形存储、高精度预触发显示、峰值/脉冲检测、自动测量等功能，又具有和计算机/打印机连接、波形处理、波形数学计算、多种显示模式（如平均和无限持续）和自校正

· 455 ·

等功能。高品质数字示波器的价格昂贵。数字示波器的价格一直在下降低。带宽越宽，价格越高，因此在购买之前一定要核对哪种数字示波器并仔细阅读相关资料。

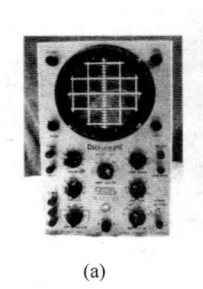

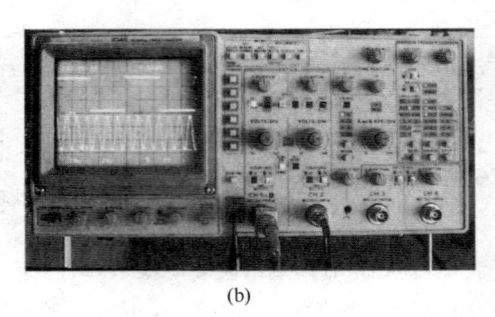

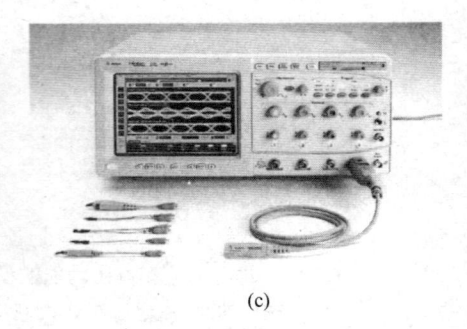

(a) (b) (c)

图7.55 几种常用示波器的外观与特性。随着科学技术的发展,示波器价格发生了变化。(a)Eiko TR-410 10MHz示波器属于慢扫描示波器，但可以满足一般低频电路的需求。(b)Tektronix2246 100MHz四通道模拟示波器，具有自动读取电压和时间的功能。对大多数普通测量来说，它是一款性能优良的设备。(c)Cutting-edgeInfiniium54850示波器和InfiniiMax1130探头配合使用，具有6GHz的带宽和20Gsa/s的采样率，提供基于Windows XP的用户界面，支持 CD-RW、双显示屏和第三方插件，但价格昂贵

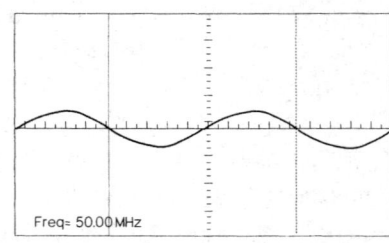

20MHz 示波器显示的 50MHz 方波信号

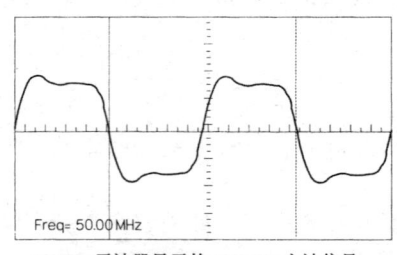

50MHz 示波器显示的 100MHz 方波信号 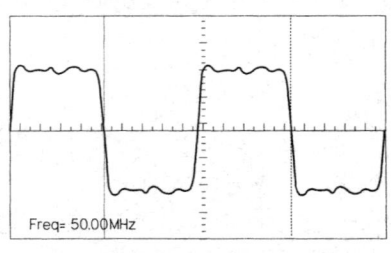　　500MHz 示波器显示的 50MHz方波信号

图7.56 使用20MHz、100MHz和500MHz示波器测量50MHz方波的频带效应。相同方波在具有不同频带的三个示波器上的显示波形。500MHz示波器给出了最好的高频特性和时间响应。随着频带的下降，上升时间增加，幅值降低。示波器的频带至少应为被测信号基频的3倍，测量幅值时应为10倍以上

决定选择购买数字示波器时，必须保证其有足够高的采样率，以便对高频信号进行扫描。采样率越高，对应的频带越宽，实时分辨率就越高。大多数制造商都遵循采样率和实际带宽之比至少为4:1（采用数字重建）或10:1（不采用数字重建）来防止频谱混叠。另外，还应注意示波器的存储深度。

示波器的较新款式是基于PC的示波器（见图7.57）。这类示波器由计算机、采集卡或适配器和运行软件组成。适配器可根据其模式选择扩充插槽（如ISA、PCI）与计算机连接，或者采用串行/并行接口或USB口与计算机连接。测试探头与采集卡连接。从采集卡获得的数据经应用软件分析

后,通过屏幕显示结果。PC示波器的价格随着频带的增大而大幅增加。

如果重点是电路测量和故障检修而非数据分析,那么建议选用经典示波器。虽然基于PC的高端示波器具有很宽的频带,但普通消费者负担得起频带很窄(约为20MHz)的PC示波器。

CompuScope 8500示波器以8位分辨率、500MS/s的采样率对模拟信号采样,并对数据在线存储。它有两路独立的输入:1MΩ的输入电阻和超高频50Ω的输入电阻。GageScope软件可通过采集卡捕获、分析数据,并自动计算测量结果。CompuScope 8500示波器能够测量上升时间、下降时间、脉宽和幅值,甚至可以完成特殊的波形分析。

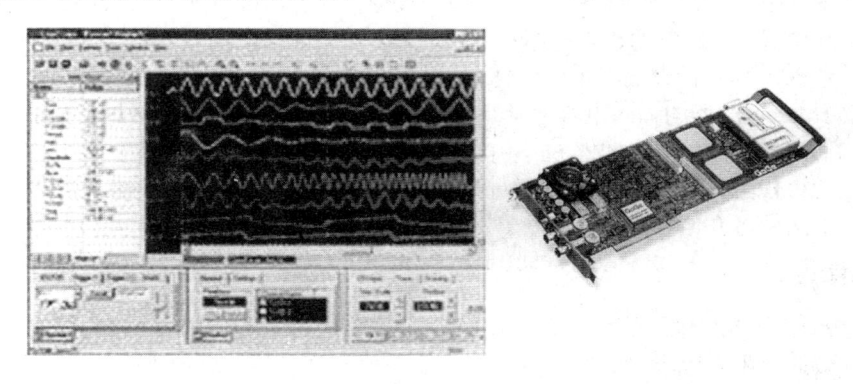

图7.57 基于PC的示波器

7.5.6 示波器探头

示波器通常需要配备三个探头:一个用于触发输入,两个用于通道输入。虽然可用裸线连接示波器和电路,但这样做是不可取的。因为裸线的分布电容和电感较大,会增加输出放大器的负荷,甚至引起短路。

低频时,可以使用万用表表笔和BNC(同轴电缆)连接器连线,但这样做会引入外部辐射(如60Hz工频、射频等),干扰测量信号。使用带有临时探头的屏蔽同轴电缆可抑制辐射干扰,但同轴电缆和示波器连接时会引入新问题。测量时,同轴电缆的固有电容(通常为100pF/m)会引入容性电流,在一定频率下还会出现谐振,产生反射信号而导致混叠。因此,使用同轴线来延长测量线是不可取的,而应该使用专用的50Ω探头来匹配50Ω输入的示波器。

没有合适的探头时会出现很多问题。主要问题是电路的负载效应,即所用探头会从被测电路吸取电流,导致被测电压降低。如果探头含有电容和电感,如同轴电缆,那么还会遇到电容负载效应和电感负载效应的问题,前者影响时域测量,后者使波形失真。如果探头的接地线过长,那么接地线的分布电感和探头的电容相互作用会导致信号畸变,如正弦波的幅值衰减和相位延迟。这些负载效应还可能导致工作中的电路产生故障,使未工作的电路非正常启动。

即使使用专用示波器探头,也会遇到负载效应问题,并且问题会随着频率的增加而变得越来越严重。在高频条件下,探头的容抗下降,导致负载增加。因此,会限制示波器的带宽并延长上升时间。就阻性负载而言,探头的阻抗越低,信号的衰减就越大。

探头最好选择示波器指南中推荐的探头。找不到使用指南时,可从制造商的网站上查找。否则,应考虑下列因素:

- 保证探头的输入连接器与示波器的输入端相匹配。大多数示波器采用BNC型输入端,有的也使用SMA输入端,而大多数高端示波器使用特殊设计的输入端来支持读出、跟踪扫描和探头供电（对有源探头和差分探头）及其他特殊功能。
- 探头的输入电阻和输入电容应与示波器相匹配。对于信号传输和保真，匹配很重要。探头的输入电阻和输入电容用来描述探头的负载效应。对待测电路来说，低频（1MHz以下）时输入电阻是关键因素，而高频时输入电容是关键因素。

示波器的输入电阻通常为 1MΩ 或 50Ω。绝大多数示波器的输入电阻是 1MΩ，可用于普通测量，而 50Ω 用于高频低负载如 50Ω 输入电阻条件下。1MΩ 探头与 1MΩ 输入相匹配，50Ω 探头与 50Ω 输入相匹配。另外，也可使用阻尼探头。例如，10×探头与 1MΩ 的输入电阻连接，将产生 10MΩ 的输入电阻；10×探头与 50Ω 的输入电阻相连接，将产生 500Ω 的输入电阻。

示波器的输入电容和标准输入电阻（1MΩ 或 50MΩ）不同，是由示波器的带宽和其他特性决定的。大多数 1MΩ 示波器的输入电容通常是 20pF，实际上，示波器的等效电容可能为 5～100pF。若要匹配，则要选择其电容与示波器的电容为同一数量级的探头，通过调节探头的补偿网络（电容）来实现匹配。注意，示波器的电容超过探头的补偿范围时，补偿效果不佳。有了以上关于探头的知识后，下面就可介绍某些实际探头。

1. 无源探头

客观地讲，用于1MΩ输入的大多数普通探头是无源探头，它们由导线和连接器组成，必要时还有补偿和衰减的电阻、电容。这些探头没有有源器件（如晶体管和放大器等），所以非常耐用，价格便宜，使用方便。

无源电压探头有1×、10×、100×和1000×等形式，分别表示无衰减（1×）、10倍衰减（10×）、100倍衰减（100×）和1000倍衰减（1000×）。衰减探头是通过内部电阻和示波器的输入电阻构成分压器来扩大量程的。例如，用于1MΩ示波器的10×探头，当其内部电阻为9MΩ时，可在输入端产生10:1的衰减。也就是说，屏幕上显示的信号幅度是测量信号的1/10。这样，利用衰减探头就可以测量使示波器过压的信号（表7.2中显示了10×探头的结构）。

与1×探头相比，10×探头的负载效应较轻，因为测量时它从被测电路吸取的电流较小。10×探头具有较大的带宽（60～300MHz），而1×探头的带宽仅为4～34MHz，因为10×探头的输入电容比1×探头的小10倍。这里的频带差异也适用于100×探头和1000×探头。

对于1×/10×、10×/100×和100×/1000×这样的二合一探头，可通过拨动探头上的开关来选择工作模式。测量两个不同幅度的信号时，使用该探头十分方便。但要记住的是，切换其模式时，电压刻度、频带宽度会随之改变。

另外，要注意的是，1×和10×探头的最大电压量程为400～500V，而100×和1000×探头的最大电压量程高达1.4～20kV。对于高于20kV的信号，需要采用特殊设计的高压无源探头。图7.58中显示了几种探头的外观与特性。

50Ω无源探头和50Ω示波器应予以关注。50Ω探头常称Z_0探头，Z_0表征电缆的特征阻抗，这里是指50Ω的同轴电缆。此类探头的带宽比更大（与最好的1MΩ探头相比），可达GHz量级，上升时间可达100μs或更小。50Ω系统主要用于高频电路。

表7.2 示波器探头一览表

类 型	特性与应用
典型10×无源探头 C_1 8-12 pF，6英尺 探头末端 R_1=9 MΩ 探头电缆 8～10 pF/英尺，1.5 ns/英尺 C_{comp} 7-50 pF 示波器 R_2 1MΩ，C_2 20 pF	最常用的探头，500V以下的信号。探头末端有9MΩ的电阻，当与示波器连接时，与示波器的输入电阻构成10:1的衰减。调节安装在探头末端盒中的补偿电容，可以获得匹配。最适合一般的检查和维修。探头的高输入阻抗通常为1MΩ或更大，适合测量运算放大器的"求和节点"的电压。不足的是，与低阻抗探头相比，频带较窄，容性负载较大

续表

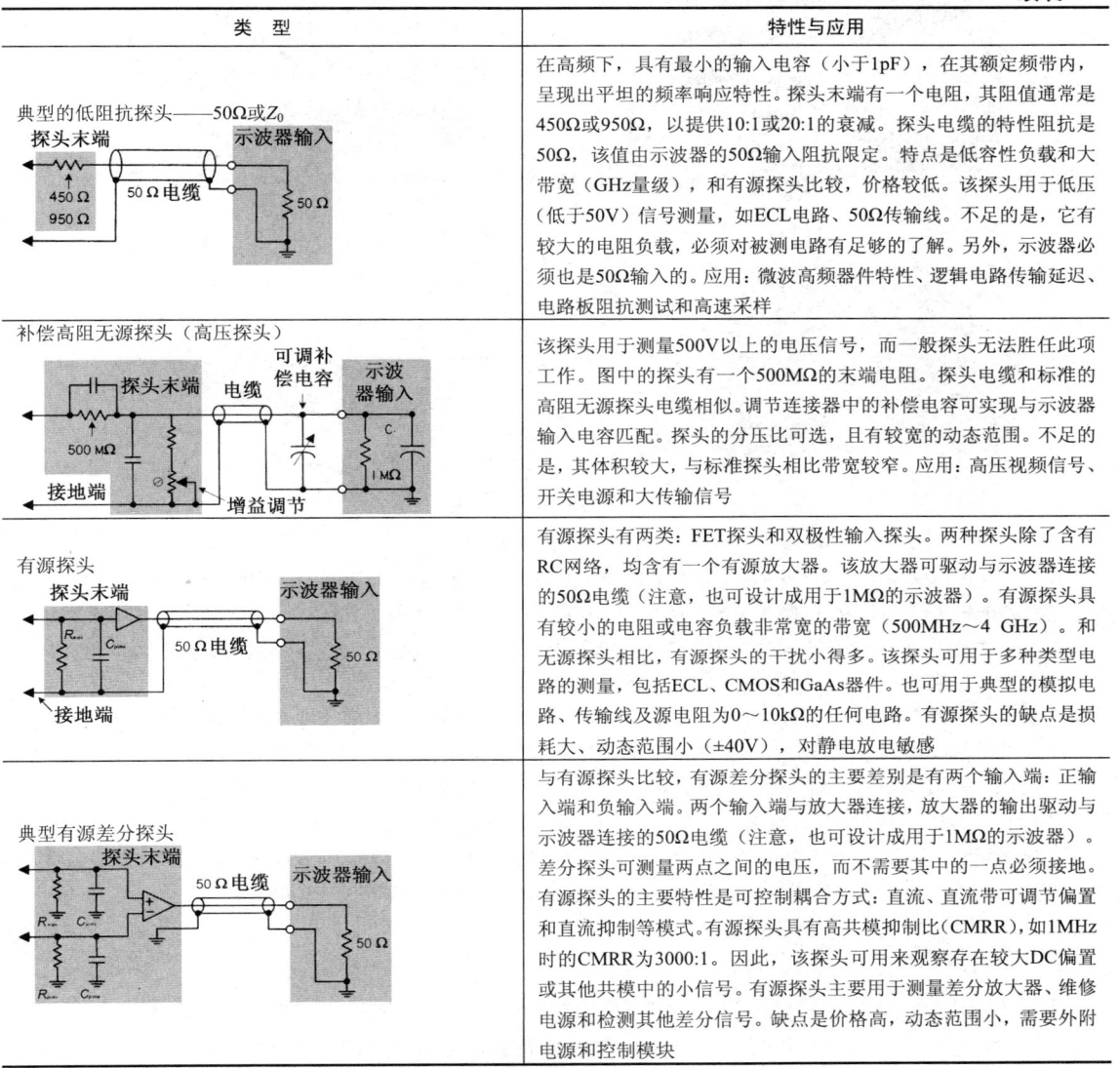

类 型	特性与应用
典型的低阻抗探头——50Ω或Z_0	在高频下,具有最小的输入电容(小于1pF),在其额定频带内,呈现出平坦的频率响应特性。探头末端有一个电阻,其阻值通常是450Ω或950Ω,以提供10:1或20:1的衰减。探头电缆的特性阻抗是50Ω,该值由示波器的50Ω输入阻抗限定。特点是低容性负载和大带宽(GHz量级),和有源探头比较,价格较低。该探头用于低压(低于50V)信号测量,如ECL电路、50Ω传输线。不足的是,它有较大的电阻负载,必须对被测电路有足够的了解。另外,示波器必须也是50Ω输入的。应用:微波高频器件特性、逻辑电路传输延迟、电路板阻抗测试和高速采样
补偿高阻无源探头(高压探头)	该探头用于测量500V以上的电压信号,而一般探头无法胜任此项工作。图中的探头有一个500MΩ的末端电阻。探头电缆和标准的高阻无源探头电缆相似。调节连接器中的补偿电容可实现与示波器输入电容匹配。探头的分压比可选,且有较宽的动态范围。不足的是,其体积较大,与标准探头相比带宽较窄。应用:高压视频信号、开关电源和大传输信号
有源探头	有源探头有两类:FET探头和双极性输入探头。两种探头除了含有RC网络,均含有一个有源放大器。该放大器可驱动与示波器连接的50Ω电缆(注意,也可设计成用于1MΩ的示波器)。有源探头具有较小的电阻或电容负载非常宽的带宽(500MHz~4 GHz)。和无源探头相比,有源探头的干扰小得多。该探头可用于多种类型电路的测量,包括ECL、CMOS和GaAs器件。也可用于典型的模拟电路、传输线及源电阻为0~10kΩ的任何电路。有源探头的缺点是损耗大、动态范围小(±40V),对静电放电敏感
典型有源差分探头	与有源探头比较,有源差分探头的主要差别是有两个输入端:正输入端和负输入端。两个输入端与放大器连接,放大器的输出驱动与示波器连接的50Ω电缆(注意,也可设计成用于1MΩ的示波器)。差分探头可测量两点之间的电压,而不需要其中的一点必须接地。有源探头的主要特性是可控制耦合方式:直流、直流带可调节偏置和直流抑制等模式。有源探头具有高共模抑制比(CMRR),如1MHz时的CMRR为3000:1。因此,该探头可用来观察存在较大DC偏置或其他共模中的小信号。有源探头主要用于测量差分放大器、维修电源和检测其他差分信号。缺点是价格高,动态范围小,需要外附电源和控制模块

2. 有源探头

对于高频(大于500MHz)或高阻抗电路,无源探头(即使是10×探头)不能用于1MΩ示波器,否则将加重被测电路的负载,同时使信号衰减或失真。适用于高频信号测量的是有源探头。有源探头内置有场效应管(FET)或其他有源元件,可产生极高的输入阻抗和极低的输入电容(1pF左右)。在外部电源驱动下,有源元件可放大信号而不消耗被测量电路的能量。

有源探头的频带为500MHz~4GHz。FET探头通常有50Ω的输出阻抗,可驱动50Ω电缆,而特制的有源探头可用于1MΩ的示波器。这样,在探头放大系统和同轴电缆的限制下,可增加示波器到设备的距离。采用有源探头的另一个优点是,接地线的长度没有无源探头那么关键,因为探头的低输入电容可减小接地效应。有源探头的缺点是其有限的电压范围,通常是±0.6~±10V,最大电压也只有±40V。

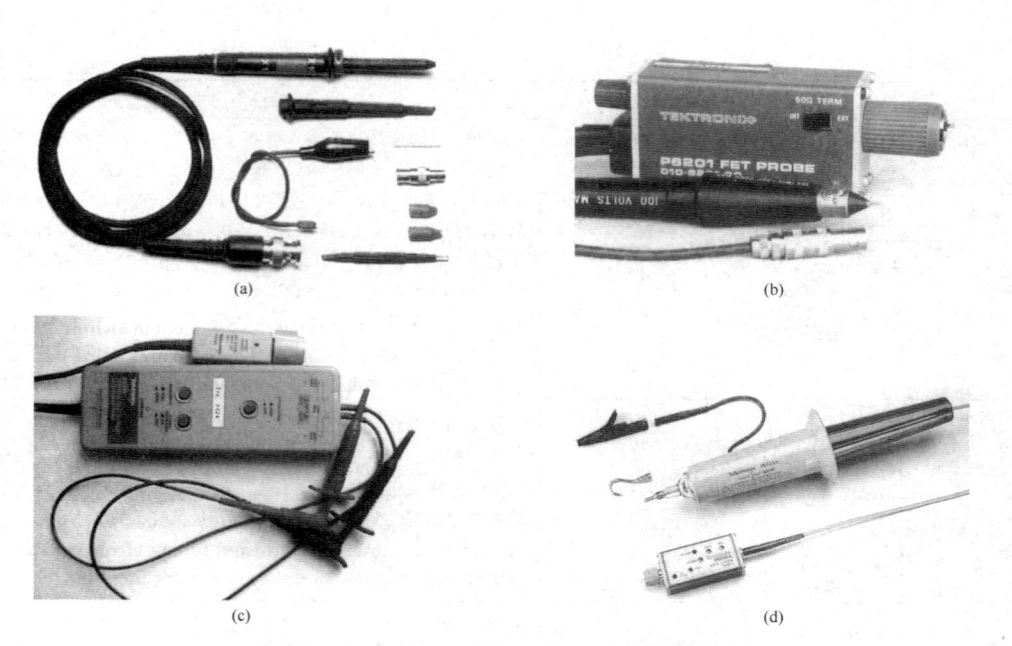

图7.58 几种探头的外观与特性。(a)普通1×/10×无源探头，配有多种附件，主要用于输入阻抗/电容为1MΩ/20pF的示波器。在1×模式下无衰减，但带宽被限制为4～34MHz；在10×模式下信号幅度衰减为原始信号的1/10，而带宽增至60～300MHz。(b)有源探头，主要用于高频、低压场合。有源探头内部的FET使其输入电容极小（大于1pF），因此具有很大的带宽（500MHz～6GHz）。另外，有源探头的负载效应最小。有源探头的典型输出阻抗为50Ω，可用于驱动50Ω的电缆，电缆长度可任意增加。有源探头要求示波器具有电源连接器和信号连接器或外附电源。信号幅度的典型值是±40V。(c)差分探头，内置的差分放大器可实现差分测量（任意两点而非任意一点和地之间的信号测量）。差分探头有50Ω和1MΩ两种封装，要求示波器具有电源连接器和信号连接器或外附电源。(d)高压探头，主要用于超过2.5kV的高压测量。泰克公司生产的P6015A可测量20kV（RMS）以下的直流电压和40kV以下的脉冲电压，其带宽为75MHz。常称100×或1000×的高压探头提供不同的最大电压范围和带宽限制

3. 差分探头

另一种有效的探头是差分探头，用于测量差分信号——任意两点间的电压差，不仅仅是一点与地之间的电压差。使用差分探头，可测量集电极负载或其他情形下的浮地电压。

虽然可以用两个标准无源探头间接进行差分测量［用独立的探头和独立的通道来测量两点对地的电位，然后采用示波器的减法函数（A通道减B通道）得到差分结果］，但在高频或小信号（噪声较大）的场合下不能使用。该方法的主要缺点是信号要经过两个探头和示波器通道，信号在传输路径上的时延差别会导致两个信号失真。对于高频信号，失真会对计算出的差分信号产生明显的幅度误差和时间误差。

另一个问题是，无源探头不能提供足够的共模噪声抑制能力。而差分探头采用差分放大器来使两路信号相减，得到的差分信号是通过一个通道来测量的。这样，在高频带范围内就可保证足够大的共模抑制能力。频带为1GHz的差分探头，在1MHz下，共模抑制比为60dB，而在1GHz下，其共模抑制比为30dB。

4. 电流探头

有必要介绍的另一种探头是电流探头。电流探头可非接触式测量流过导体的电流。它有两种

类型：传统交流探头和霍尔效应半导体探头。交流探头利用变压器将电流转换为交流电压信号，供示波器显示测量值，其频率响应可从几百赫兹到吉赫兹。将霍尔元件和交流变压器结合起来，可使频率响应从直流到交流50MHz。使用电流探头的主要原因是其非接触的特点，因此能产生比其他探头更轻的负载。当其他方法不安全或对电路有损坏时，可采用该方法。

5. 关于探头的几点补充

探头补偿　大多数探头是按满足与特定示波器的输入特性相匹配的要求而设计的。但是，不同示波器及相同示波器的不同通道间的输入特性有轻微差异。为了消除这些差异，多数探头尤其是衰减探头（10×和100×）内部有补偿网络。如果有补偿功能，使用时应进行探头补偿。方法是将探头与示波器连接，探头末端接到补偿"测试点"（在示波器前面板上，可产生1～10kHz的方波）。利用自带的校准工具或非磁性螺丝刀来调整补偿系统，以获得平顶无过冲或无圆顶的校准波形。如果示波器有内置的校准程序，那么可运行该程序以提高校准精度。无补偿网络的探头会导致多种测量误差，尤其是在测量脉冲上升时间和下降时间时。当更换示波器通道或探头时，都要重新进行探头补偿。

使用合适的探头连接器　避免用短线焊接到电路测试点来代替探头，即使很短的线在高频下也会引起电抗的显著变化。

保证接地线短　对于无源探头，长接地线会引入很大的电抗，进而引起振荡或信号失真。不要去延长探头的地线。

7.5.7　普通函数发生器

购置一台可以产生正弦波、方波和三角波的普通函数发生器，该函数发生器应有足够高的上限截止频率（超过5MHz）和足够的电压范围。某些函数发生器还可产生斜波、脉冲、对称波、方波、选通、线性/对数扫描信号、AM、FM、VCO、直流偏置、相位锁定和外调制输入。有这些功能当然更好，但不必特意追求。和示波器一样，函数发生器的价格随带宽的提高而增长。图7.59中显示了几种典型的函数发生器。

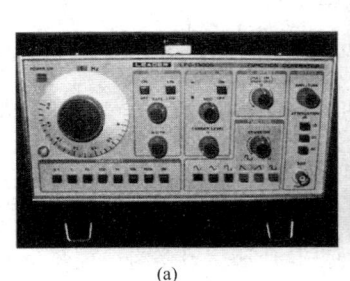

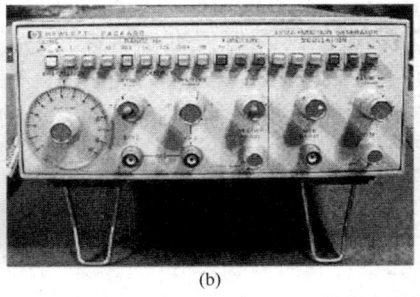

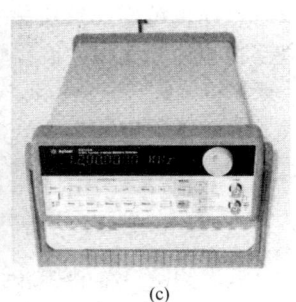

图7.59　几种典型的函数发生器。(a)Leader LFG-1300S，2MHz函数发生器具有简单的控制和多波形选择功能，包括幅度调制和线性/对数扫描。(b)HP3312A函数发生器具有0.1～13MHz的带宽，可输出正弦波、方波、三角波、斜波和可变的对称脉冲波。它既有内调制的AM、FM、内扫描、内触发、选通能力，也有外调制的AM、FM、外控扫描、外触发、选通能力。(c)安捷伦33120A15MHz函数/任意波形发生器，这是一款高性能信号源，可提供正弦波、方波和三角波信号，其频率范围为0.1～15MHz。该设备还具有直流偏置和占空比连续调节的功能，也可输出TTL电平的时钟信号。另有两个接口：HPIB和RS-232

为了获得音频范围内价格很低的函数发生器，可试着用智能手机下载一个函数发生器的应用软件。对iPhone和Android系统来说，有很多免费的应用软件。需要一个带测试引线的耳机插头。应用软件允许设置50～20kHz的频率，并且可以选择常用的波形幅值。需要用示波器的一个通道来观测波形的频率、相位和随频率变化的幅值。这种方法明显受到限制，但在某些情况下可以解决不少问题。

7.5.8 频率测量仪

频率测量仪用于精确的高频测量，如测量数字电路或RF电路中的晶振频率。示波器对这样的测量来说精度是不够的（通常为5%或更大）。带宽为0～250MHz的频率测量仪较为合适。图7.60中显示了几种典型的频率测量仪。

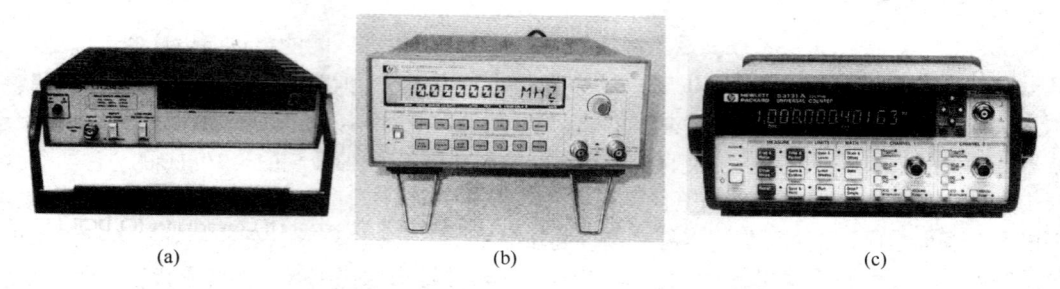

图7.60 几种典型的频率测量仪。(a)泰克CFC-250是DC-100MHz频率测量仪。(b)HP 5385A的测量范围为10Hz～1GHz，具有8位数字显示和两个输入通道。(c)HP5342A的测量范围为10Hz～18GHz，具有12位数字显示，价格昂贵

某些万用表具有频率测量功能，但所测频率上限较低。

7.5.9 计算机

最好在实验室中配置一台专用计算机。计算机应用得最多的地方是查阅产品说明书、电路图、在线目录及类似的东西。有了因特网，就可坐在办公室中方便地获取任何复杂IC的说明书和引脚配置图等相关资料：只需在IC生产商的搜索引擎中输入器件名字。专业器件供应商如Farnell、RS Components、Mouser、Digi-Key和Newark销售的大多产品的说明书都有链接，因此即使你不购买他们的产品，这也是很好的资源。

当然，也可用计算机来对微型控制芯片编程。要再次强调的是，有上网许可时，下载他人的微型控制芯片源程序、编程软件和升级程序也是非常必要的。

计算机上装有电路仿真软件和PCB设计软件是非常便利的。

如果执意要安装插件式测试设备，那么计算机应具有适当的扩展插槽和端口序号。对于成熟的插件式测试软件，需要配置较高的计算机去运行它。

7.5.10 其他测试设备

电气类测试设备的数量非常多，我们目前只用到了其中的几种。其他测试设备有LCR测量器、阻抗分析仪、逻辑分析仪、频谱分析仪、调制分析仪、电缆测试仪、功率测量仪、网络分析仪和各种无线电设备（见图7.61）。所幸的是，多数设备对于大多数业余水平的实验是不必要的。当工作与调制分析和频谱分析相关时，工作单位的实验室中可能配有相关设备，因此无必要购买这些设备。

7.5.11 多功能PC设备

多功能PC设备性能优越、价格合理，越来越受到人们的欢迎。值得关注的一款PC设备是由DesignSoft生产的TINALab II（见图7.62）。PC设备与TINALab II和TINALabPro电路仿真软件结合，可作为万用表（可选择）、示波器、逻辑分析仪、信号分析仪、信号/函数发生器和频谱分析仪使用。该设备可通过USB或RS-232接口与笔记本电脑或台式计算机连接。在TINAPro的界面中，利用鼠标就可实现不同设备面板和测量功能之间的切换。

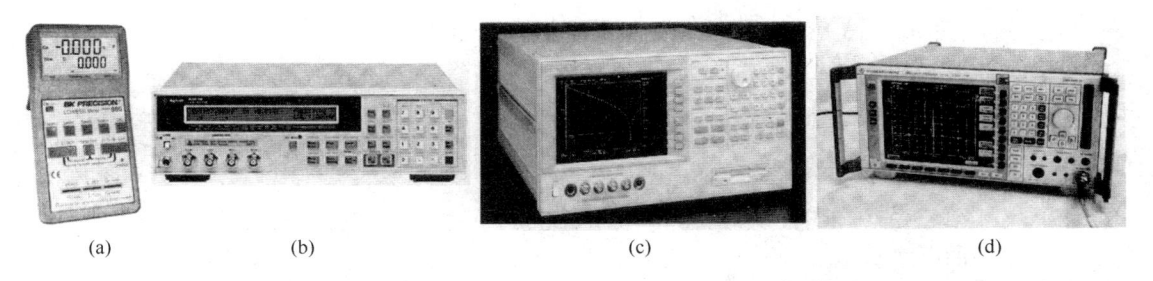

图7.61　(a)BK Precision LCR/ESR可在较宽的频率范围（100kHz）内测量阻抗、电感、电容等，它提供四端测试探头以减小引线造成的测量误差。(b)安捷伦4263B-LRC测试仪可测量多种参数。(c)安捷伦阻抗分析仪与LCR表不同，可进行连续的频率扫描和图形分析。该表可用来测量阻抗，也可用来测量介电常数和磁导率。工作频率范围为40Hz～110MHz。部件特性的极小变化也可以0.08%的精度被检测出来。该设备主要用于电容、电感、谐振器、半导体材料、PC和同轴电缆的性能评价。(d)Rohde&Schwartz频谱分析仪用于分析信号的频谱（各频率分量的幅值）。频谱分析仪可在一定的频率范围内使用。在不同的应用领域，它有不同的名称，主要用于研究噪声电平、动态范围、频率范围和无线电设备的功率电平

DesignSoft软件包吸引人的地方是，TINAPro既可作为仿真仪使用，又可作为实际的测试仪使用。例如，要设计一个利用运算放大器、少量电阻和电容的放大电路，首先可在TINAPro中创建一个放大器模型并用虚拟仪器（虚拟示波器、虚拟伯德图等）进行仿真，以验证电路的特性；然后，利用实际PC和器件组建真实的放大电路；最后，用TINALab II的接口来测试放大电路。仿真和实际测试结果可同时在一个屏幕上显示出来。对仿真或实际电路特性不满意时，可改变电路设计，重新仿真、组建和测试，直到满意为止。DesignSoft不仅是很好的故障检测工具，还是学习电子技术知识的好帮手。

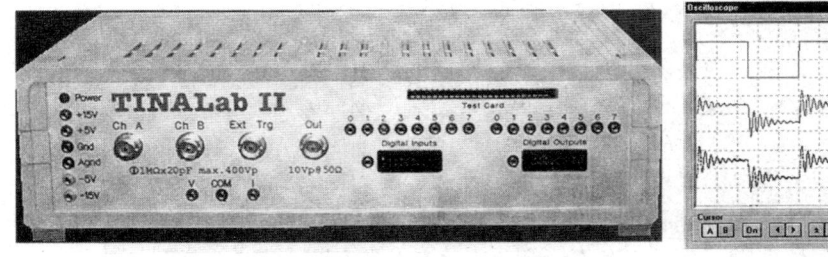

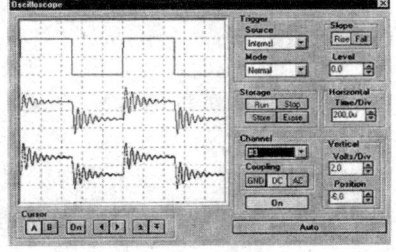

图7.62　DesignSoft的TINALab是多功能PC测试仪。可用的虚拟仪表有数字示波器、万用表、逻辑分析仪、信号分析仪、数字信号发生器和频谱分析仪，但必须与TINAPro电路仿真软件配合使用

TINALab II的功能如下。

数字示波器　双通道，50MHz带宽，10/12位分辨率，周期信号的采样率为4GS/s，单触发模式的采样率为20MS/s。最大输入电压范围为±400V，电压灵敏度为5mV/div～100V/div。

万用表（可选）　DC/AC电压为1mV～400V，电流为100μA～2A，直流电阻为1Ω～10MΩ。

函数发生器　可输出正弦波、方波、斜波、三角波和任意波形信号；频率为0～4MHz；具有对数和线性扫描型号和峰-峰值为10V的调制信号输出。也可通过TINAPro使用指南中的高级语言来编程实现任意波形的输出。

信号分析仪　与函数发生器配合使用，可测量和显示伯德图、相频特性、奈奎斯特图，也可以作为频谱分析仪使用。

逻辑信号发生器和逻辑分析仪　16个独立的数字输入通道和输出通道，用来生成和测试频率达40MHz的数字信号。

其他　供电电源（±5V、±15V），备用实验卡插槽。

TINALab II软件包的优点是将所有仪器和相关软件集于一体，使用方便；缺点是带宽不够，可能导致测量误差。

7.5.12　隔离变压器

如果检测由电网直接供电的设备，如电视机、开关电源或其他直接从电网取电而未做输入隔离（输入变压器）的电路或设备，那么应该使用隔离变压器，因为这些电路的"地"是脚悬浮的，若不隔离，则测试设备的地直接与被测电路的地连接，可能导致触电、电路元件爆裂和探头损坏。

图7.63中显示了一个简单的隔离变压器，其变比为1:1，即原边和的匝数相等，所以原边和副边的电压与电流既不增加又不减少。隔离变压器将电源和负载隔离，是为提供接地保护而设计的。

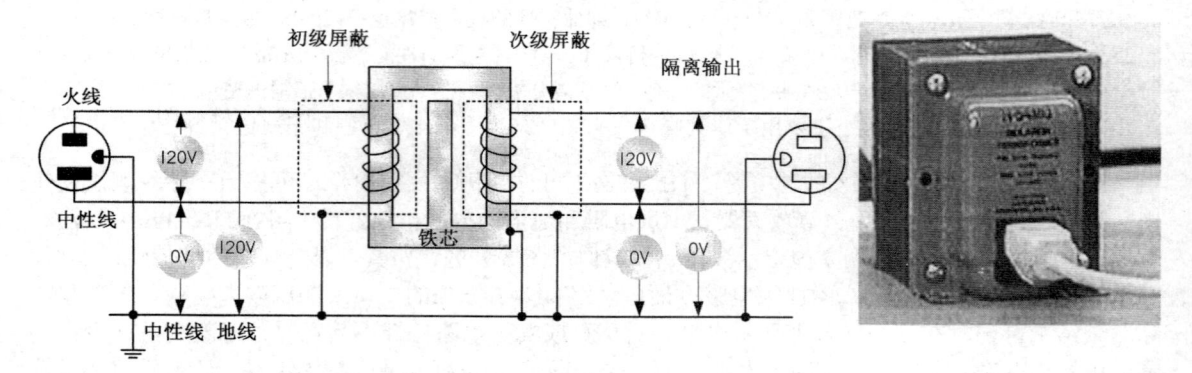

图7.63　一个简单的隔离变压器。用隔离变压器将负载与电源隔离的基本结构，具有接地保护功能。隔离变压器主要用于检测既无接地装置也无输入隔离情况的电路，如开关电源的检测。从图中可看出次级线圈的对地电压为0V，初级线圈的对地电压为120V

进行家庭布线时，中性线（白色）和地线（绿色）在进户配电盒中是接在一起的，所以它们的电势相等（0V 或地电压）。如果不小心碰到了火线且和接地物体接触，电流就会流过人体导致电击。

有隔离变压器时，副边绕组类似一个120V的电源端和参考端，与电源的火线和中性线相似。但是，最大的不同是，副边的电源端和参考端都不和大地相连。这就意味着，若碰到副边的电源端或参考端，且同时接触接地物体，则不会有电流通过人体，原因是副边的电流只能通过电源端和参考端形成回路。注意，所有变压器都提供隔离，而非只有隔离变压器提供隔离。因此，具有输入功率的变压器内都有基本的隔离保护。图7.64中显示了使用标准120V/12V变压器作为隔离变压器的简单方法（背靠背式）。

隔离变压器在原边和副边之间设计了典型的法拉第屏蔽结构，屏蔽层一般跨接在变压器两侧或者与大地连接。屏蔽可抑制高频噪声，两个法拉第屏蔽间的距离越大，屏蔽间的分布电容越小，噪声耦合度也就越小。因此，隔离变压器作用是在噪声传输到供电电路之前将其消除。

什么场合需要隔离变压器呢？例如，电视机中的电势比大地的电势高80~90V，打开电视做检查时，很有可能触电，因为测试设备和检修者与比电视机中的电势低90V的大地接触。当测量设备和电视机的地连接时，会形成一个接地回路而造成短路事故。老式电视机中没有保护措施来防止这样的短路。

同理，在开关电源中也需要使用隔离变压器。开关电源的供电回路由一根火线和一根中性线组成，如图7.64所示。任意一个开关电源的火线无疑是触电的危险区。火线的输入端通常是二极管整流桥，这意味着在滤波电容的负极和交流电源线的火线之间总是存在一个二极管压降。如果将测试设备的地接到滤波电容的浮地（点A）上，那么至少会烧坏桥路中的一个二极管，而与有无保险丝无关。这是因为测试设备的地将线电压直接跨接在二极管的两端，二极管首先被击穿。另外，也可能烧坏探头、烧伤人体，甚至出现潜在的致命电击。

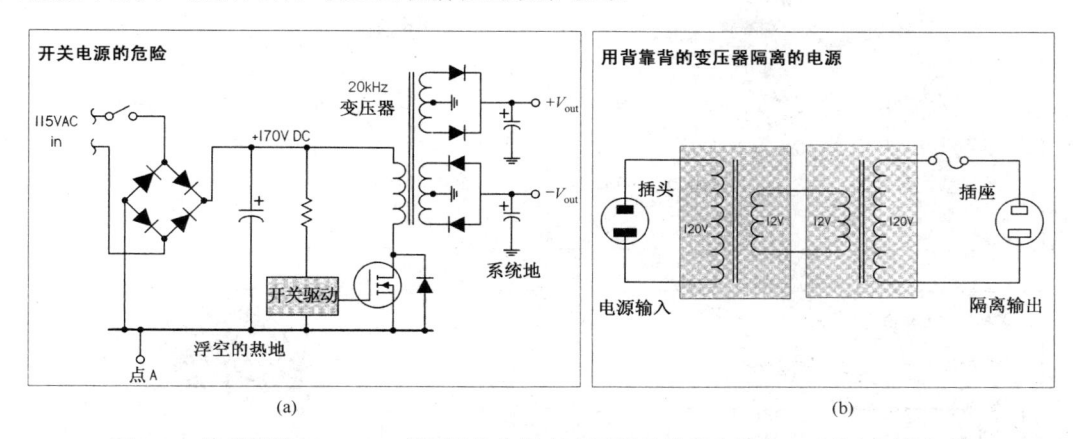

图7.64　使用标准120V/12V变压器作为隔离变压器的简单方法。(a)开关电源是怎样产生危险的。没有隔离变压器，测试设备的接地端与A点连接，烧毁桥路中的二极管和示波器探头。(b)使用标准120V/12V变压器组建隔离变压器的结构（背靠背）

隔离变压器是根据输出电压（有效值）和容量（VA）进行设计与制作的，其他指标还有效率和电压稳定度。一般而言，200VA的隔离变压器足以满足一般设备的需求。

检查未接地设备时，需要特别小心。应当使用隔离变压器，即使这样，将测试设备的探头接入被检查电路时也要小心。不能尝试维修，除非有可靠的测试设备、完备的安全隔离和详细的维修指南。另外，要切记任何位置的接地（通过测试设备）都可能毁坏线性开关电源。注意，一定要使用隔离变压器，并在连接和测试之前仔细思考。

7.5.13　可调变压器

可调变压器或自耦变压器是很实用的设备，其作用类似于可调交流电源。可调变压器的结构是一个自耦变压器，其初级与120V的火线和中性线相连，而次级由一个中性端和一个滑动触头组成，滑动触头可沿中心线圈移动（见图7.65）。要确保中性线与输出边的公共端连接，而不能将火线与其连接，否则整个系统的对地电位就会升高。

检测功率设备时，若在正常线电压下保险丝被快速熔断，则有必要使用可调线电压的电源。即使保险丝未被烧坏，在约85V的检测电路中，也可大大降低出现"故障电流"的概率。另外，对于刚维修好的设备，如电动机，慢慢提高工作电压是保证不出差错的较好实验模式。通过监测，可准确判断故障点。

警告：可调变压器并不能像标准变压器或隔离变压器那样提供隔离保护，因为初级和次级都连接在一个公共绕组上。因此，在不接地的情况下工作（热地类设备）时，如上一节中提到的，必须在可调变压器之前而非之后接隔离变压器，否则就会发生危险。图7.65(c)给出了该接法的示意图。它既有开关和熔断丝，又有电流表和电压表，可以组成一个可调的、隔离的交流电源。2A可调变压器可以满足大部分需求，当然，5A或更大的可调变压器也是可以的。

为了避免可调变压器和隔离变压器级联，通常使用集调压、隔离于一体的交流电源。例如，B+K Precision的1653A交流电源将AC 0～150V/2A的可调变压器、隔离变压器和电压电流表全部封装在一起。类似的交流电源可在网店上买到［见图7.65(d)］。

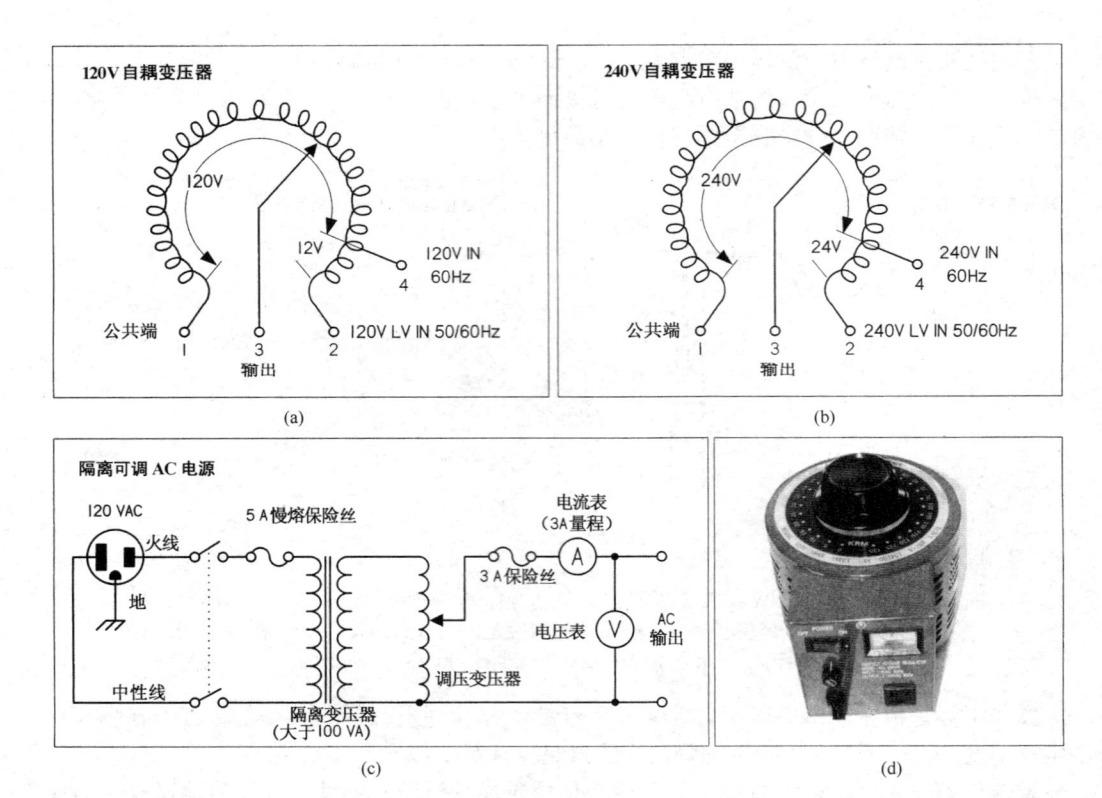

图 7.65 (a)通过旋转滑动触头改变输出电压的非隔离 120V 自耦变压器。(b)非隔离 240V 自耦变压器。(c)用隔离变压器和自耦变压器制作的可调 AC 电源。(d)提供隔离变压器、自耦变压器、开关、熔断器和测量仪表的 AC 电源

7.5.14 置换箱

高度电路时，经常需要确定 R、L、C 和 RC 的最佳值，使用电阻箱、电感箱、电容箱和阻容箱等置换箱是非常方便的。图 7.66 中显示了由 IET 公司生产的电阻箱、电感箱、电容箱和阻容箱。通过面板上的旋钮可方便地获得所需的 R、L、C 和 RC 值。确定给定模型的分压网络时，电压分压器置换箱也非常方便。置换箱的价格较高，但它通常物超所值。

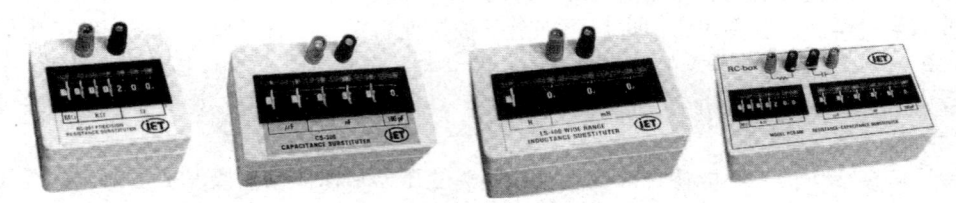

图7.66 由IET公司生产的电阻箱、电感箱、电容箱和阻容箱。电阻箱分十进制7位（0~9999999，分辨率为1Ω）和十进制9位（0~99999999.9，分辨率为0.1Ω）；电容箱为十进制6位，范围为0~99.9999μF，分辨率为100pF；电感箱为十进制3位（999mH，分辨率为1mH）和十进制4位（9.999mH，分辨率为1mH）；阻容箱由电阻箱和电容箱组合而成。旋钮可以调节 R、C 和 L 的值。精度典型值是1%或更高

图7.67中显示了分辨率为1Ω、范围为0~9999999Ω的十进制电阻箱的电路图。每位的电阻值都是10的倍数，给定位的每个电阻值相同，分别为1Ω、10Ω、100Ω、1kΩ、10kΩ、100kΩ和1MΩ。为了获得期望的阻值，将每位的旋钮旋转到相应位置即可。

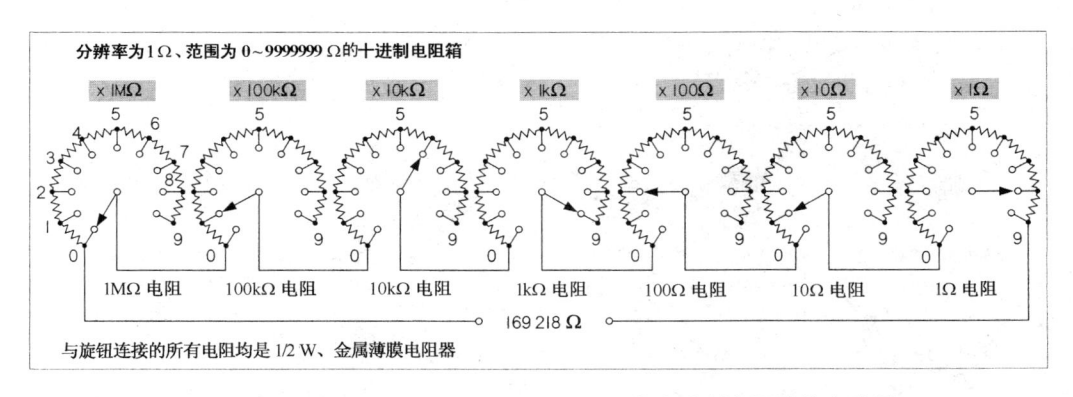

图7.67 分辨率为1Ω、范围为0~9999999Ω的十进制电阻箱的电路图

1/2W金属薄膜电阻是电阻箱的最佳选择。制作一个分辨率为0.1Ω的电阻箱时，0.1Ω位的电阻应该用电阻丝绕制而成。注意，电阻丝绕制的电阻类似于电感线圈，在高频电路中工作时会引发电感效应。

虽然制作十进制电阻箱是可行的，但将电感、电容和阻容箱制作在一起并不值得尝试。高精度元件价格昂贵，且制作过程复杂。最好的方法是从制作商那里购买常规元件，然后简单组合即可，如图7.68中的阻容箱。虽然它们不是标准的十进制（所以不可能获得所有可能的值），但是可提供常用值，如元件目录上的10、22、33、47、56、68、82等。

例如，简单的小电容阻容置换箱如图7.68(a)所示，它由一个10~150pF（或其他合适值）的塑料绝缘材质可调电容和一个10kΩ电位器组成。常规阻容箱可通过开关转换到多种模式（纯电阻、纯电容、阻容串联、阻容并联），如图7.68(b)所示。

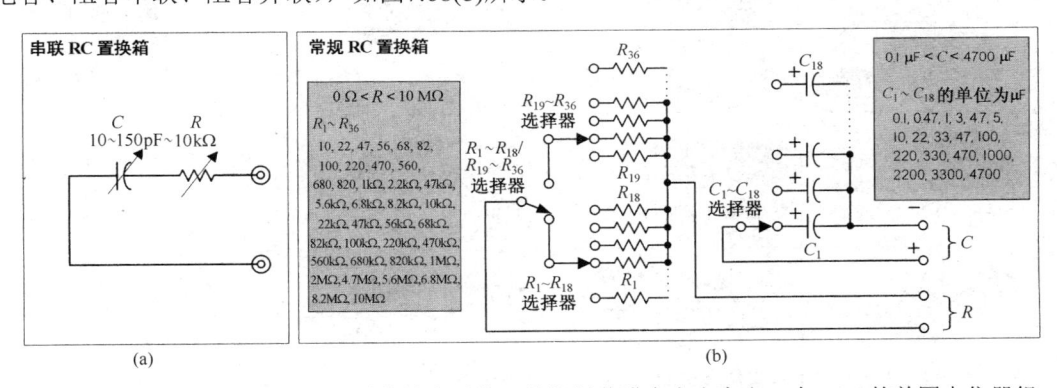

图7.68 (a)由一个10~150pF（或其他合适值）的塑料薄膜介电电容和一个10kΩ的单圈电位器组成的串联置换箱。(b)常规RC置换箱，可在纯电阻、纯电容、RC串联、RC并联四种模式下置换

元件值的选择取决于具体的应用。这里的元件值选用厂家生产的常规元件值，18位旋钮用来选择电阻和电容值。电容类型的典型选择有100~900pF云母电容、0.001~0.009pF聚苯乙烯电容、0.01~0.9μF聚碳酸酯电容、1~9μF聚酯电容、10μF及以上钽电容和电解电容（注意电解电容的极性）。常用的是高精度、低电容值的空气介质可调电容。1/2W、1%金属薄膜电阻对大于1Ω的电阻能够保证较高的精度，小于1Ω电阻可用电阻丝绕制而成。注意高频时电阻丝绕制电阻的感性效应。

7.5.15 测试电缆、连接器和适配器

实验室中应备有一定数量的测试电缆、连接器和适配器，包括BNC同轴电缆接插件、钩式接

• 467 •

头、香蕉插头、鳄鱼夹、0.100英寸管座、0.156英寸插座、耳机插头、RCA和F插头（见图7.69）。开始对一些特殊电路和设备进行故障诊断时，我们无法预知需要哪种连接器。

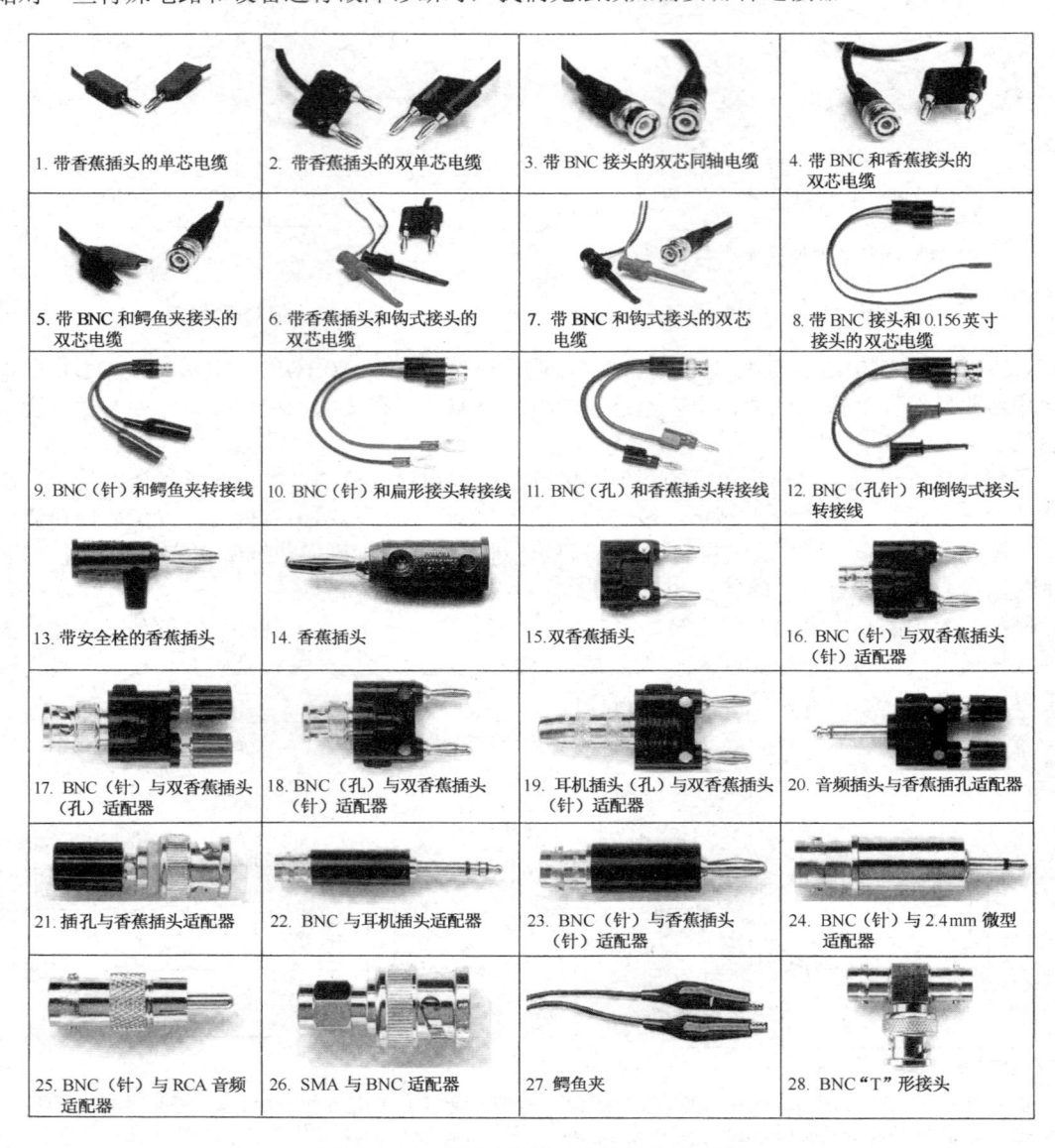

1. 带香蕉插头的单芯电缆	2. 带香蕉插头的双单芯电缆	3. 带BNC接头的双芯同轴电缆	4. 带BNC和香蕉接头的双芯电缆
5. 带BNC和鳄鱼夹接头的双芯电缆	6. 带香蕉插头和钩式接头的双芯电缆	7. 带BNC和钩式接头的双芯电缆	8. 带BNC接头和0.156英寸接头的双芯电缆
9. BNC（针）和鳄鱼夹转接线	10. BNC（针）和扁形接头转接线	11. BNC（孔）和香蕉插头转接线	12. BNC（孔针）和倒钩式接头转接线
13. 带安全栓的香蕉插头	14. 香蕉插头	15. 双香蕉插头	16. BNC（针）与双香蕉插头（针）适配器
17. BNC（针）与双香蕉插头（孔）适配器	18. BNC（孔）与双香蕉插头（针）适配器	19. 耳机插头（孔）与双香蕉插头（针）适配器	20. 音频插头与香蕉插孔适配器
21. 插孔与香蕉插头适配器	22. BNC与耳机插头适配器	23. BNC（针）与香蕉插头（针）适配器	24. BNC（针）与2.4mm微型适配器
25. BNC（针）与RCA音频适配器	26. SMA与BNC适配器	27. 鳄鱼夹	28. BNC"T"形接头

图7.69 各种测试电缆、连接器和适配器

7.5.16 焊接设备

1. 电烙铁

通常，低功率（25～40W）的笔状电烙铁是比较合适的。对于特别小的元件，可能需要使用15W的烙铁，而非常大的连接点可能需要50W的烙铁。

最好使用带数字显示、温度可调的烙铁。大功率烙铁和吸锡器不是对所有电子器件的连接和PCB都适用的，它们只能用于面积较大的连接，如大直径的多股线连接（14位/秒或更大）和铝质底座连接。

图7.70中显示了一些常用的焊接设备。

图7.71中显示了具有低功率备用电源的锡焊烙铁和温度可调的恒温烙铁。

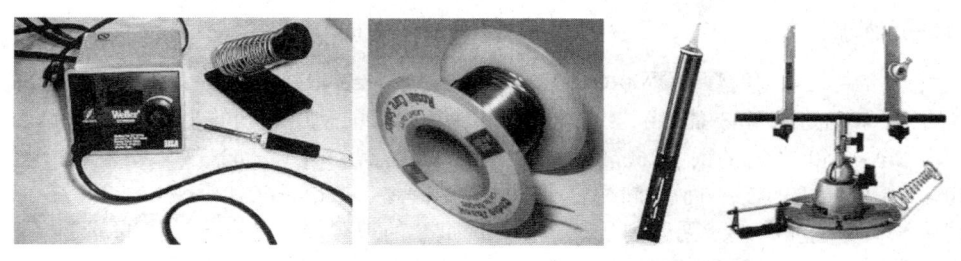

图7.70　一些常用的焊接设备：数显温度可调电烙铁，规格为60/40的松香芯焊锡丝，吸锡器，用来固定电路板的电子工作台

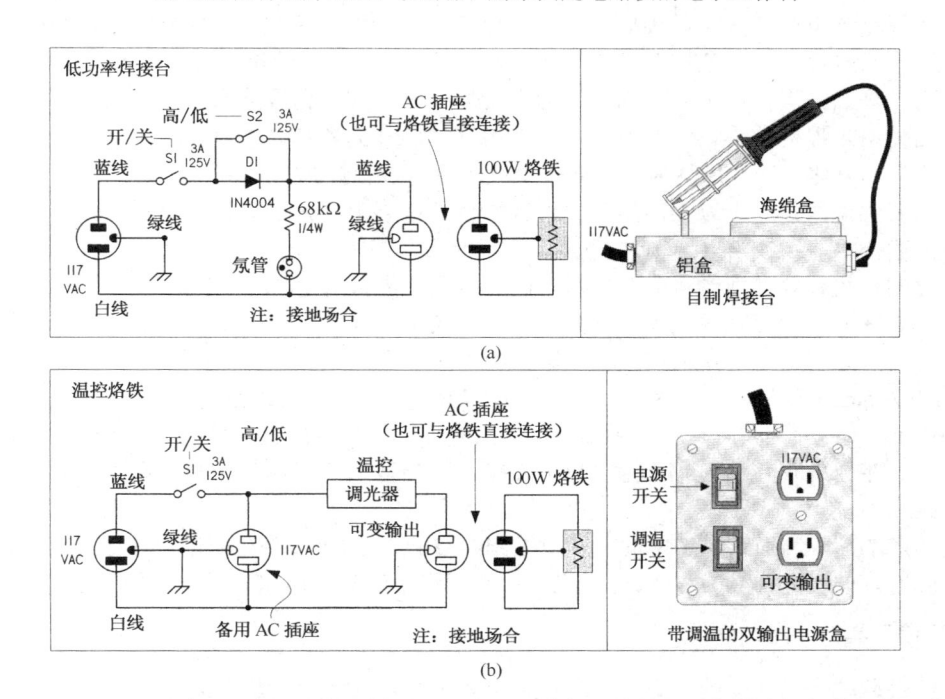

图7.71　具有低功率备用电源的锡焊烙铁和温度可调的恒温烙铁。(a)烙铁头和加热元件工作在低温状态时可延长工作寿命。对交流半波整流后供电可实现该效果。电流单向流动，氖管的一个电极发光。开关闭合后，二极管短路，烙铁被施加最大功率，氖管的两个电极被点亮。为保证安全，电路应封装在铝外壳内。该设备可供30～40W的烙铁使用。海绵放在一个平底金属盘中，用螺丝和螺母将烙铁架固定。海绵盘应密封，以防湿气泄入电路组件。氖管用3/16ID金属环固定，其引线端用热收缩绝缘套保护，且温度控制具有更大的灵活性。白炽灯调光器可用来控制烙铁的工作温度。(b)封装在电源盒内的温度控制电路。电源盒有一个调节开关和两个输出插座。温控器仅控制两个交流输出之一。通常，用跳线将两个输出的火线连在一起（火线接线端比中性线接线端小，一般用黄铜螺钉连接），使用时必须移除。中性线保持不变。调光器可在任何电子商店购得

烙铁端部的大小和形状应满足各种工作的需要。考虑到小元件和狭窄位置，端部要小；而考虑到快速升温到超过焊锡的熔点，端部应大。端部的大小一般为0.05～0.08英寸，适合大部分焊接工作，而非常小的元件则需要使用端部更小的烙铁。

要保证烙铁有足够大的功率和足够快的升温。功率过小或升温过慢的烙铁可能形成虚焊和元件损坏。后一种情况的发生通常是由于加热时间太长所致。

另外，应注意烙铁是接地（静电放电安全）还是浮地。在某些场合，烙铁接地是必要的，如焊接静电敏感型器件时。

2. 焊锡和焊剂

在电气连接中，常用的焊锡是60/40（SN60）和63/37（SN63）。60/40和63/37表示合金含量分别为60%的锡、40%的铅和63%的锡、37%的铅。其他焊锡可能使用不同的金属和百分比，如62/36/2[62%的锡、36%的铅和2%的银]。60/40和63/37焊锡的熔点是361℉。63/37焊锡适合小焊点、热敏感元件和印制电路板的焊接；而60/40适合更多的普通焊接。无论是60/40还是63/37焊锡，既可制成松香焊剂芯，又可制成固态（无焊剂）芯。松香焊剂芯的焊锡通常是电气连接的首选。

使用的是固态芯的焊锡时，需要准备一些膏体或液体焊剂。在焊接前，要将焊剂涂在金属连接点的表面。当烙铁置于涂焊剂的表面并加热时，焊剂成为化学清洁剂，用来清除金属表面的氧化层，确保焊点导电性良好。焊接后，多余的焊剂残留物用除焊剂（可用异丙醇，溶剂溶于水时也可用水）予以清除。这样可防止焊剂残留物聚集。焊剂残留物聚集有时导致PCB短路。

若使用带焊剂的焊锡，则当焊锡外层的合金熔化时，焊剂会渗漏出来，达到助焊的目的。一般而言，当使用带焊剂的焊锡时，不再需要使用其他额外的焊剂。不过，在焊接前，焊接处的表面不应有明显的氧化，应使用优质钢绒或砂纸打磨后再进行焊接。

最后需要强调的是，千万不能用腐蚀性（酸性）或导电焊剂去焊接电子元件，而只能用中性焊剂，如上述松香焊锡或松香焊剂。

焊锡丝的直径有各种规格，下面介绍它们的标准直径和用途。

0.020/0.508mm（25号）或更小　这类焊锡适合较小的PCB焊点和表面贴装元件的焊接。然而，用它焊接普通焊点则太细，导致加热时间过长。

0.031/0.79mm（21号）　这类焊锡适合所有PCB和电气组装与维修的焊接。

0.040/1mm（19号）或更大　这类焊锡用于大焊点（如14号或更大号的导线端部）的焊接和大号导线（绳、带）的焊接。它们不适合PCB焊接，因为多余的焊锡易在两个焊点之间形成焊锡桥而导致短路。

使用传统的铅焊料时，电烙铁的温度应达到约330℃，为了得到更好的焊接效果，无铅焊锡需要较高的温度，一般约为400℃。节点很难焊接，焊锡不流动（熔化）时，可使用助焊笔。

3. 除锡工具

元件的拆卸或多余焊锡的清除，必须使用除锡工具。下面介绍几种除锡工具。

吸锡器　该工具可用于因加热而熔化的焊锡连接点。吸锡器可将熔化的焊锡吸入吸锡器的储锡腔中。使用得当时，该方法可将焊点的焊锡清除，进而使元件的引脚与其连接的金属脱离。处理对静电敏感的元件时，需要使用抗静电吸锡器，因为普通吸锡器会因摩擦产生较高的电压而损坏器件。使用吸锡器无法达到令人满意的效果时，可使用吸锡带。

吸锡带　吸锡带是浸透无腐焊剂的铜质编织物。将吸锡带铺在需清除焊锡的焊点上，加热吸锡带。由于毛细作用，熔化的焊锡流向热源端而脱离焊点。该方法适合焊锡较少或PCB的连线很细的情况。在这种情况下，使用吸锡器可能产生其他问题。吸锡带也可用于对静电较敏感的场合，此时不能使用非抗静电的吸锡器。对于清除PCB的焊锡孔或清除飞溅的焊锡来说，吸锡带是最佳的选择。

除锡烙铁　需要时，使用带吸锡器的除锡烙铁可加快工作进度。烙铁先将焊锡熔化，然后启动吸锡器，于是熔化的焊锡就被吸入设置的储锡装置。除锡烙铁比较贵，但确实好用。

焊接台应备有一块湿海绵，以清除粘在烙铁尖端的焊锡或污物。也可使用专用烙铁尖清洗剂（糊状物），它可清除烙铁尖上附着的金属氧化物。线刷、锉刀和钢刷都可用来清除烙铁尖部的氧化物。无论使用何种方法，清除后都要将烙铁加热，以在其尖端涂上焊锡，然后用软布将多余的锡擦掉并使其表面光滑。否则，尖部将被氧化。

7.5.17 实验板

图7.72中显示了几种常用的实验板。

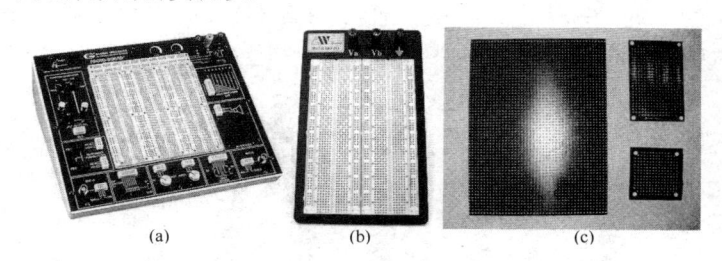

图7.72 几种常用的实验板：(a)实验开发板；(b)面包板；(c)多用途PCB

1．面包板

面包板上有若干行和若干列插孔，且配有IC插槽、电源母线和连接外电源的香蕉插孔。使用时无须进行焊接。面包板和插口总线也很实用。面包板可用元件的引脚的直径0.3～0.8mm（20～30 AWG）。

注意，面包板不适合搭建RF电路，板内有弹性的金属簧片会给电路增加大量的杂散电容。同时，面包板也不能用于电流大于100mA的电路。

2．实验开发板

实验开发板是值得关注的装置，尤其是实验阶段。实验开发板除了配置面包板，还内置有（固定的和可变的）电源、函数发生器以及面板安装器件，如电位器、开关、LED指示器和喇叭。尽管有些人可能会因"个人习惯"而不使用这样的开发板，但它非常方便和实用，既避免了大量的重复接线，又保持了工作区的整洁。

3．多用途PCB

下面介绍几种类型的PCB。

空白敷铜板 用单面或双面敷铜板制成，适合搭建具有"地"层结构的电路。使用时，电路元件放在未被蚀刻的一面，当某元件的引脚需要接地时，引脚与铜皮面层焊接。元件间的非接地连接采用点对点焊接。

无焊盘PCB 由苯酚或玻璃纤维制成的电路板，板上有0.1英寸的孔来安装电子器件。这种板既无焊盘，又无连线，适合搭建要求不高的简单电路。使用时，只需将引脚穿过板子后折弯焊接。大尺寸的板子可被任意分割。

通用PCB 根据焊盘、连线的布局和尺寸，有多种类型可供选择，如一盘一孔型、母线型、三孔连通型、地层型和电源/地层型。各种类型的PCB很容易购买，可根据需要来选择。

PCB工具包 用于自制PCB。只需很低的价格就可从RadioShack获得一个PCB工具包，包括两块3英寸×4.5英寸的敷铜板、一只抗蚀笔、一瓶刻蚀溶液、一瓶刻蚀墨水、一个1/16英寸的钻头和一本使用说明书。虽然还有其他更加专业的制作PCB的方法，但上述工具包对小项目来说已经足够。

贴片PCB 一种对贴片元件非常重要的实验器件，它可将贴片元件的封装转换成0.1英寸大小的SIP封装，使之与面包板插孔兼容，常用于制作器件阵列（如电阻、电容、二极管和晶体管）和其他贴片组件，也可用于贴片IC的检测。

7.5.18 常用工具

1. 剥线钳和斜口钳

剥线钳是最常用的工具,它内置有刀口。通常应有两把剥线钳,一把用于10~18号导线,另一把用于16~26号导线。另外,还需要一把4英寸或5英寸的斜口钳或普通钳,用于剪断各种导线,特别是剥线钳难以剪断的导线(见图7.73)。

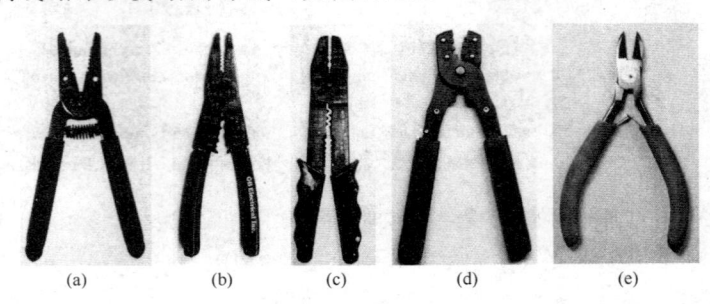

图7.73 (a)剥线钳;(b)和(c)带有附加功能的夹线钳;(d)D形夹线钳;(e)斜口钳

2. 夹线钳

夹线钳采用无焊剂的折弯压紧方法连接导线和接线端子或接线叉。夹线钳分为绝缘型和非绝缘型,规格为10~22。

D形夹线钳可连接计算机插头、对接连接器、电话插头和其他连接器与导线,规格为14~26。

涉及BNC电缆、带状电缆、电话电缆或CAT5电缆的连接时,还需要其他专用夹线工具,如BNC、IDC和组合夹线钳。

3. 其他工具

所需的其他工具如下所述。

螺丝刀系列 如飞利浦及其他品牌。

钳子系列 标准尖嘴钳、长嘴钳和弯嘴钳。

扳手和套筒 多种规格。

钢丝钳、冲型剪、金属折弯机 钢丝钳用来剪断钢材,冲型剪用于切除部分金属,而金属折弯器用于按需卷曲金属。

IC起拔器 将IC从插座中无损坏拔出。

镊子 用于精细的工作,如贴片元件的定位。

卡尺 用于测量元件引脚的直径、元件尺寸、电路板的厚度等。

放大镜 用来检查电路板、连线和元件是否有裂缝、短路和虚焊。

X形剪刀 用来进行剪切。

散热器 焊接和拆焊时,夹在元件引脚上,用于吸收热量以防止元件被烧坏。

抛光工具 用于连接位装置的磨砂和抛光。

电钻 用于PCB、外壳等的打孔。

锉刀 用于孔、槽的扩充、毛刺的清除和金属、木头、塑料组件的修整,也可用于焊接前金属焊接面的清理。

绕线器 涉及线圈制作时,手动绕线器是必需的。30AWG的绕线器可以满足一般需求。

台钳和电路板固定器 PanaVise公司生产各种性能优越的台钳和电路板固定器。

钢锯 用于锯断螺栓、板材、金属柱和PCB。

7.5.19　导线、电缆、接插件与化学试剂

1. 导线和电缆

图7.74中显示了一些常用的导线、电缆、接插件与化学试剂。

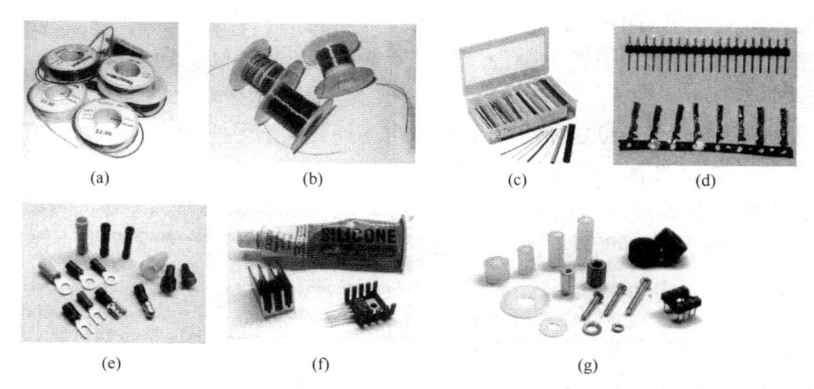

图7.74　一些常用的导线、电缆、接插件与化学试剂。(a)连接线；(b)漆包线；(c)热缩管；(d)0.1英寸插头和0.156英寸插孔；(e)半圆接线叉、圆接线片、快速拆分连接器和接线旋钮；(f)散热器和导热化合物；(g)尼龙和铝支架、垫片、螺钉、橡皮脚和IC插座

应准备一些不同颜色、不同规格的导线，16号、22和24号导线是最常用的。实验板中的非焊接连线用22AWG单芯导线。需要折弯的连线时，可使用带0.156英寸孔（可配0.1英寸针）的22AWG或24AWG多芯导线，因为多芯导线不易折断，如图7.75所示。

图7.75　用连接线、0.156英寸接头（孔）、弯套管和1/16～1/8的热缩管自制跨接线。这里需要用夹线工具将接头固定到线的端部，也可用尖嘴钳和其他精巧工具

还要准备一些电线和电缆，如扁平橡胶电缆（28AWG）、CAT5网络电缆、双绞电缆、同轴电缆（RG-59、RG-11等）。需要时，要准备一些家用电线，如NM-B（室内）和UF-B（室外）。要制作绕接电路，应使用绕接线。带Kynar绝缘护套的30号线是最受欢迎的一种导线。当然，流过的电流较大时，需要选用线径更粗的线。

2. 漆包线

漆包线［见图7.74(b)］用来制作线圈和电磁元件或电路中所需要大量的绕制线圈，如收音机中的调谐元件。漆包线由导线芯和绝缘覆盖层制成。应常备规格为22～30 AWG的漆包线。

3. 热缩管

热缩管［见图7.74(c)］是遮盖裸露电线和接插件端部的必要组件，也可用它将若干不同导线组合成一根密封的多芯电缆。可以购买整圈热缩管或购买成套的不同颜色、不同直径的热缩管。热缩管的内径（热缩前）规格有3/64英寸、1/16英寸、3/32英寸、1/8英寸、3/16英寸、1/4英寸、5/16英寸、3/8英寸、1/2英寸、5/8英寸、3/4英寸、1英寸、2英寸、3英寸和4英寸。热缩比为2:1（50%），

所以1/8英寸的热缩比为1:16。也可购买到热缩比为3:1的热缩管。常用吹风机加热热缩管，也可用加热枪加热热缩管。

4．连接器

常用的连接器有线-线接头、导线帽、对接接头和各种针-孔接头［见图7.74(d)和(e)］。导线帽：将两根导线拧在一起后塞进帽中使之连接。对接接头：将两根不同的导线塞进接头中，用夹线钳挤压使导线连接。针-孔接头：由各种摩擦密接机构制成，一根导线端与针头插座连接，另一根导线端与孔头插座连接。

对于永久性的连接线，如PCB与外壳或底盘的连接，可使用各种连接器。PCB常用连接器是0.100英寸的针状（直脚或弯脚）插座，与之配套的是0.156英寸的孔状插头。电流比较大的连接应使用PCB接线端子或带有焊接端（与导线连接）的外壳（底盘）接线端子。注意焊接接线端组件包括扁形接插件（针或孔）、弹簧接插件和圆形接插件，可满足各种规格导线的连接需求。

5．其他器件

还有一些小器件，如下所述［见图7.74(g)］。

电池座 AAA、AA、C、D、9V和纽扣电池。

散热器 TO-3、TO-92、TO-202、TO-218、TO-220、DIP外壳安装形式和散热器组件。

支架 各种长度的铝制和铜制4-40、6-32支架。

螺钉和螺母 螺钉（4-40、6-32）、六角螺母（4-40、6-32）、平垫片和弹簧垫片（4、6和8）。

橡皮脚 安装于壳体底部，防止滑落和表面划伤。

晶体管和IC插座 主要是8引脚、14引脚和16引脚DIP插座。

设备旋钮 旋钮内径应在1/8英寸和1/4英寸之间，旋钮上应有用于固定的螺钉，如电位器上的旋钮。

底板 塑料或铝制，用于安装PCB。

铁皮 尺寸通常很大，如4英尺×8英尺或者更大，用于制作金属机壳。

绕线设备 需要制作线圈或绕组时，就要准备绕线设备及相应的接线端子、IC插座等。

6．化工产品

下列几种产品也是必备的。

环氧树脂 两种环氧树脂混合在一起，用于粘接各种材料，是一种具有一定强度的黏结剂。

硅胶 适合粘接元件，如将莫莱克斯连接器粘接到电路板上。硅胶能够承受高温，所以粘接位置也可进行焊接。另外，硅胶凝固后具有弹性，因此粘接元件的拆卸也很方便。

脱氧剂和清除剂 比如DeoxIT，主要用于金属电气连接器，如开关、继电器触点、香蕉插头和音频插头的除氧、清洁和防腐。

去焊剂 用于电路板上焊剂的清除，防止形成短路桥。

抗氧化混合物 比如Nolox，用于电气连接不受潮湿的侵蚀。例如，要将低压线用于照明或户外其他设备，就有必要使用线鼻，在将线与线鼻连接前，应在线的连接处涂少量化合物。

导体书写和电路覆盖笔 导电墨水（主要成分是银）笔，如由CAIG公司生产的CricuitWriter，可方便地用于被腐蚀或被损坏电路的修复——用笔重画被毁坏的电路痕迹。碳墨水笔可用于开关触点和表面涂层。另外，还有一种丙烯墨水笔可为无保护层电路和新画电路提供氧化保护层。

电路冷却器 用来迅速冷却元件，以及存在间歇性故障的电容、电阻、半导体器件和其他有缺陷元件的排查与维修。也可用于检查冷焊点、PCB上的裂缝和被氧化的连接点。

制作电路板的化学试剂 PCB工具包中给出了必要的化学试剂，但其他化学试剂，如抗蚀剂、胶带、抗蚀笔、油漆、复写纸、刻蚀剂等，也经常用到。

7.5.20 电子器件目录

制作类似于Digi-Key、Jameco和Mouser Electronics的纸介质器件资料，以备查用。下面列出一些知名企业的产品目录。

企业	产品目录	企业	产品目录
All Electronics	电子、机械及其代理	Jameco Electronics	电子
Allied Electronics	电子	JDR Microdevices	电子及配件等
Alltronics	电子及代理等	Martin P.Jones	电子及其代理
B.G.Micro	电子及代理、成套	MECI	电子及其代理
Debco Electronics	电子、成套等	Mouser Electronics	电子
Digi-Key	电子	Newark Electronics	电子
Electronic Goldmine	电子	NTE Electronics	电子、替代品
Electronix Express	电子	RadioShack	电子
Gateway Electronics	电子、成套及配件	SparkFun	电子、专用模块
Halted Specialties	电子及配件等	Web-tronics	电子及其设备

这些器件中的许多器件被海运到世界各地，以下是其他的国际产品。

公司	产品目录	公司	产品目录
CPC	电子	Maplin Electronics	电子、配件，英国分销店
Farnell	电子、全球专业供应	RS Components	电子、全球专业供应

7.5.21 推荐的电子器件

对电子技术兴趣浓厚时，实验室中应储备一定数量的电子器件，以便进行实验和课题研究。图7.76中显示了常备电子元器件列表。当将电阻、电容、晶体管、二极管、LED、数字IC和其他类似器件放在一起采购时，可享受成套批发价以降低开支。

电子器件的另一来源是废弃的传统产品，如微波炉、立体声音响系统、激光打印机和烤箱。将它们拆开，可得到某些器件——高压变压器、大功率电动机、步进电动机、激光二极管、减速器、开关、继电器、电容、接插件等。将它们收集起来，以备再用。

7.5.22 计算机辅助设计

计算机辅助设计（CAD）是学习电路理论、分析电路结构、设计复杂电路的重要工具。CAD软件的功能包括电路原理图编辑、电路仿真、PCB制作、自动布线和三维建模（见图7.77）。读者可以通过网络了解这方面的知识，因为大多数软件公司允许人们免费下载适用的软件版本。此外，某些通用电子CAD工具作为开放资源可免费使用，但电路板的大小和层数有限制。表7.3中给出了几种免费的CAD软件。

表7.3 几种免费的CAD软件

CAD程序	简介
EAGLE CAD	运行环境：Windows、Mac和Linux系统，仅限于非商业用户的2层PCB设计，对业余爱好者来说，是最易使用的CAD软件。该产品具有独特的用户界面，便于使用。它没有任何仿真功能，中心任务是原理图设计和PCB制作。具有PCB元件自动放置、Gerber文件输出功能和完整的操作命令。同时，可提供丰富的元件库
KiCad	运行环境：Windows、Mac和Linux系统，性能与EAGLE CAD类似，但属于开放资源。在任何时间，Mac版本都可使用

常备电子元件列表(一)

电阻

碳膜:$1\Omega \sim 1M\Omega$,$1/8$,$1/4$,$1/2W$,$\pm 5\%$
金属膜:$1\Omega \sim 1M\Omega$,$1/8$,$1/4$,$1/2W$,$\pm 1\%$
金属氧化:$1\Omega \sim 1M\Omega$,$1/2W$,$\pm 5\%$
功率电阻:$0.1\Omega \sim 50k\Omega$,$10 \sim 100W$,$\pm 5\%$

电阻值序列的前两位:
10 11 12 13 15 16 18 20 22 24 27 30 33
36 39 43 47 51 56 62 68 75 82 91 100

$1/2W$ 单圈电位器
500Ω,$1k\Omega$,$2k\Omega$,$5k\Omega$,$10k\Omega$,$20k\Omega$,$50k\Omega$,$100k\Omega$,$500k\Omega$,$1M\Omega$

$3/4W$ 多圈电位器
500Ω,$1k\Omega$,$2k\Omega$,$5k\Omega$,$10k\Omega$,$20k\Omega$,$50k\Omega$,$100k\Omega$,$500k\Omega$,$1M\Omega$

$1/2W$ 单圈、多圈金属陶瓷电位器
100Ω,500Ω,$1k\Omega$,$2k\Omega$,$5k\Omega$,$10k\Omega$,$20k\Omega$,$50k\Omega$,$100k\Omega$

厚膜电阻网络:2%,SIP/DIP
数字电位器:如 DS1804 ~ 100

电容

瓷片电容:($10pF \sim 0.47\mu F$)
$10pF$,$22pF$,$47pF$,$100pF$,$470pF$,$0.001\mu F$,$0.01\mu F$,$0.022\mu F$,$0.1\mu F$,$0.47\mu F$ (50 V ±20%)
电解电容:($0.1\mu F \sim 4700\mu F$)
$0.1\mu F$(50V),$1\mu F$(50V),$1\mu F$(100V),$2.2\mu F$(50V),$3.3\mu F$(50V),$4.7\mu F$(50V),$10\mu F$(50V),$100\mu F$(50V),$220\mu F$(25V),$470\mu F$(25V),$1000\mu F$(25V),$2200\mu F$(25V),$3300\mu F$(25V),$4700\mu F$(35V)
钽电容:($0.1 \sim 1000\mu F$,$\pm 10\%$)
$0.1\mu F$(35V),$0.22\mu F$(35V),$0.47\mu F$(35V),$1\mu F$(35V),$1.5\mu F$(35V),$2.2\mu F$(16V),$3.3\mu F$(35V),$4.7\mu F$(35V),$6.8\mu F$(35V),$10\mu F$(16V),$15\mu F$(35V),$22\mu F$(16 V),$33\mu F$(25V),$47\mu F$(25V)
聚酯电容:($100V \pm 20\%$)
$0.001\mu F$,$0.004\mu F$,$0.01\mu F$,$0.022\mu F$,$0.033\mu F$,$0.047\mu F$,$0.1\mu F$,$0.22\mu F$,$0.47\mu F$,$1\mu F$
聚酯/聚丙烯电容:$0.01 \sim 10\mu F$,$\pm 10\%$
$0.01\mu F$,$0.022\mu F$,$0.033\mu F$,$0.047\mu F$,$0.068\mu F$,$0.1\mu F$,$0.22\mu F$,$0.47\mu F$,$1\mu F$,$2.2\mu F$,$4.7\mu F$,$10\mu F$
金属化聚酯电容:($1000pF \sim 0.47\mu F$,$\pm 10\%$)
$0.01\mu F$,$0.022\mu F$,$0.1\mu F$,$0.22\mu F$,$0.33\mu F$,$0.47\mu F$,$1.0\mu F$(63V),$4700pF$,$0.1\mu F$,$0.47\mu F$(100V),$0.1\mu F$(250V),$0.047\mu F$,$0.1\mu F$(400V)
云母电容:($1 \sim 2000pF$,$\pm 5\%$)
1,2,3(300V),5,10,22,33,39,47,56,100,220,270,330,390,470,560,680,820,1000,1200,1500,2000(500V)
微调瓷介电容:$1 \sim 3pF$,$3 \sim 10pF$,$5 \sim 20pF$,$10 \sim 50pF$,$20 \sim 70pF$(200V)

音响设备

扬声器:4Ω,8Ω,$70 \sim 20kHz$,铁氧体和压电型
压电蜂鸣器:$1.5 \sim 28VDC$,$120VAC$
麦克风:驻极板式拾音头

扼流圈、电感、铁氧体

射频扼流圈:0.22,0.47,1.0,2.2,3.3,4.7,10,15,22,33,47,68,100,220,330,470,680,1000
防电磁干扰珠和铅珠:43(宽带),61(高频),73(低频)
轴向模制电感:0.10,0.22,0.33,0.47,1.0,2.2,3.3,4.7,5.6,8.2,10,12,15,22,33,39,47,56,100,220,330,470,1000,2200,3300,4700,5600,6800
小电流扼流圈:$0.33 \sim 1000\mu H$
中电流扼流圈:$330 \sim 33\,000\mu H$
大电流扼流圈:$0.7 \sim 10\mu H$
可调线圈:屏蔽与非屏蔽

晶振

1.8432,2.0,2.4576,3.2768,3.579545,3.6864,4.0,4.194304,4.433 61,4.9152,5.0,5.0688,6.0,6.5536,8.0,10.0,11.0592,12.0,16.0,18.0,18.432,20.0,24.0MHz

瞬态抑制器

金属氧化压敏电阻:AC 和 DC,各种电压等级
TVS(瞬态拟制二极管):单向和双向、各种电压等级

保险丝及其支架

快速熔断和慢速熔断
250V,63mA,1/16,1/8,3/10,1/4,3/8,1/2,3/4,1-1/4,1-1/2,2,2-1/2,3,5,6,8,10,15,20A
支架:面板安装型、线型和夹子型

开关

类型:触摸型、按钮型、旋转型、乒乓开关、DIP 封装型、滑动型、投掷型、二进制型、十六进制型、指轮型
结构:SPST,SPST-NC,SPST-NO,SPDT,DPDT,DP3T,4PDT,4P3T,6PDT,(4,5,6,8,10,12-旋转位置)

继电器

小功率(5A,8A,12A)
12VDC,24VDC,120VAC,SPDT,DPDT,3PDT
小信号继电器(3A)
5VDC,12VDC,24VDC;DPDT,4PDT
DC/AC 和 DC/DC 固态继电器
SIP/DIP 继电器:5V,6V,12V

机械器件

DC 电动机:1.3V,3V,5V,6V,12V,24V;十字联轴器、齿轮等
螺线管:12VDC,24VDC
DC 无电刷风扇:5VDC,12VDC,115VAC
步进电动机:5,12,24V 单极、双极
RC 伺服系统:4.8 ~ 6V,30 ~ 200 盎司-英寸

二极管、稳压二极管、整流桥

二极管/整流管
1N270　　Ge,50PRV,220mA
1N67A　　Ge,100PRV,4mA
1N914　　开关 75PRV,10mA
1N3600　　开关 50PRV,200mA
1N4001　　整流,50PRV,1A
1N4004　　整流 400PRV,1A
1N4007　　整流 1000PRV,1A
1N4148　　开关 100PRV,25mA
1N5404　　整流 400PRV,3A
1B5408　　整流 1000PRV,3A
1B5819　　肖特基 40PRV,1A

稳压二极管(1W)
1N4730A 3.9V　1N4739A 9.1V　1N4746A 18V
1N4733A 5.1V　1N4742A 12V　1N4747A 20V
1N4735A 6.2V　1N4744A 15V　1N4749A 24V
整流桥:200 ~ 600PRV,1 ~ 35A;DF04M,WO4G,5BP04M,BR82D 等

发光二极管

红外线:940,935,880,850,800nm
颜色:红、橙、黄、绿色等
其他:高亮度、白、闪烁和三色
形状:T1、T13/4 和方形等
安装附件:平面安装管座、LITEPIPE 等

三极管

小信号普通双极型三极管
3N2219A　　NPN,hFE 100@150mA,TO-39
2N2222A　　NPN,hFE 100@150mA,TO-92
2N2369A　　NPN,0.2A,40-120hFE,TO-92
2N2907A　　PNP,hFE 100@150mA,TO-92
2N3904　　NPN,hFE 100@10mA,TO-92
2N3906　　NPN,hFE 100@10mA,TO-92

功率双极型三极管
TIP31C　　NPN,100V,3A,TP-220
TIP32C　　PNP,100V,3A,TO-220
TIP41C　　NPN,100V,6A,TO-220
TIP42C　　PNP,100V,6A,TO-220
TIP48　　NPN,300V,3A,TO-220
TIP120　　NPN,60V,5A,TO-220
TIP121　　NPN,80V,5A,TO-220
TIP122　　NPN,100V,5A,TO-220
TIP125　　PNP,60V,5A,TO-220
TIP132　　NPN,100V,8A,TO-220
TIP140　　NPN,60V,10A,TO-220
TIP145　　PNP,60V,10A,TO-220
MJE2955T　　PNP,60V,10A,TO-220
MJE3055T　　NPN,60V,10A,TO-220

N 沟道场效应管
IRF840　　500VDC,8A,TO-220
IRF511　　200PRV,4A,TO-126
IRF9520　　200PRV,10A,TO-220

三端双向晶闸管

2N6071A　　200 PRV,4A,TO-126
SC146B　　200 PRV,10A,TO-220

显示器

LCD 模块:20×1,16×2,16×4,20×4
LCD 数字面板表:3.5 和 4.5 digit
LED 数码管:7 段、点矩阵

图 7.76　常备电子元器件列表

常备电子元件列表（二）

稳压电路

正稳压器
78L05	5V,0.1A,TO-92 封装
7805T	5V,1.0A,TO-220 封装
7808T	8V,1.0A,TO-220 封装
78L09	9V,0.1A,TO-92 封装
78L12	12V,0.1A,TO-92 封装
7812T	12V,1.0A,TO-220 封装
7815T	15V,1.0A,TO-220 封装
78L24	24V,0.1A,TO-92 封装

负稳压器
7905T	-5V,1.0A,TO-220 封装
7912T	-12V,1.0A,TO-220 封装
7915T	-15V,1.0A,TO-220 封装

可调稳压器
LM317T	1.2~37V,1.5A,TO-220 封装
LM317LZ	1.2~37V,100mA,TO-92 封装
LM317HVT	1.2~57V,1.5A,TO-220 封装
LM337T	-1.2~37V,1.5A,TO-220 封装

运放和音频放大器

TL082CP	FFET 输入运放
TL084CP	FFET 输入运放
LM301N	精密运放
LM308N	精密运放
LM324N	小功率四运放
LM351N	BIFET 运放
LM356N	FFET 输入、宽带运放
LM358N	小功率双运放
LM380N	2W 音频功率运放
LM383T	9W 音频功率运放
LM384N	5W 音频运放
LM386N-1	低电压、音频运放 250mW/6V
LM386N-3	低电压、音频运放 500mW/9V
LF411CN	低漂移、JFET 输入运放
LF412CN	双 LF411 运放
LM741CN	普通运放
LM747CN	双 741 运放
LM1458	双普通运放
LM5532	双低噪声运放

电压比较器

LM311N	电压比较器
LM339N	小功率、低偏置电压四比较器
LM393N	小功率、低偏置电压双比较器

各种线性 IC

LMC555CN	时基电路
XRL555	微功率 555 电路
LM556N	双 555 电路
NE558N	四 555 电路
LM564N	高频、锁相环
LM565N	锁相环
LM3909	LED 闪烁振荡器
LM567V	音调解码器
LM2907N	电压转换器频率
LM566	压控振荡器
LM334Z	可调电流源
LM34CZ	温度传感器
LM35DT	温度传感器
LM334Z	温度传感器
ULN2003A	高电压/电流-达林顿晶体管阵列
ULN2083A	高电压/电流-达林顿晶体管阵列

4000 CMOS 逻辑电路

4001	四-二输入或非门
4017	十进制计数器
4020	14 级二进制计数/分频器
4024	7 级二进制计数/分频器
4046	微功率锁相环
4049	六反相缓冲/转换器
4050	六同相缓冲/转换器
4051	8 选 1 模拟开关
4066	四-双向模拟开关
4069	六反相器
4071	四-二输入端或门
4584	六施密特触发器

微控制器

Arcduino Unot
Arduino Protoshield
Arduino LCD Shield
Arduino Min
ATtiny85
ATMega328
基本类型(Parallax):SB2,SB2e,SB2sx,SB2p
PIC 类型（微芯片）:PIC12Cxx,PIC12Fxx,PIC16Cxx,PIC16Fxx,PIC18xx,PIC18Fxx
其他:OOPPIC,Intel 8051,Motorola 68HC11

光电器件

红外线 LED:950,940,900,800,860 nm
NPN 光电三极管:910,900,860,800 nm
光电二极管:960,950,850,820 nm
光敏开关:various outputs
光电池:多种尺寸、多种功率输出
光敏电阻(器):多种光谱和电阻范围
发光管:多种类型(白炽灯、卤素灯、氖灯、氙灯等)和连接方式(T-1、双脚和螺纹等)

导线/连接器/其他

导线与电缆:16,18,20,22,24AWG 单芯线;28AWG 扁状电缆;5类 网络电缆;24AWG 双绞电缆;NM-B(室内)、UF-B(室外)高压电缆;
热缩管:3/32″到 1″ 各种颜色
散热器:TO-3、TO-92、TO-202、TO-218、TO-220、DIP 外壳安装形式和其他散热器组件
安装附件:蓄电池座(AAA、AA、C、D 和 9V);晶体管和 IC 插座;PCB 铝支架(柱);线扎、金属螺钉、螺母;尼龙垫片、橡皮脚、塑料盒、铝盒等
AC 连接器:进口(针)、出口(孔)
AC&AC/DC 隔离变换器:3~24 V
DC 插座/插销:2.1 mm, 2.5 mm, 3.5 mm
100″的针状(直或弯脚)和 0.156 控状插头、端子排、焊接端了;圆环状的、平叉状的;分离器:14-24 AWG
线鼻:10~18,14~22,16~24 AWG 等
对接接头:10~12,14~16,18~24 AWG

传感器

TMP36	温度传感器
UGN3142	半应变桥传感器(快速、微系统)
HIH3605A	湿度传感器(Honeywell)
MPX2202D	相位传感器
Sparkfun SEN-00639	超声波测距仪
GP1S36	倾斜传感器
GP2Y0A21YK	红外接近距感器
MMA8452Q	三轴加速计

图7.76 常备电子元器件列表（续）

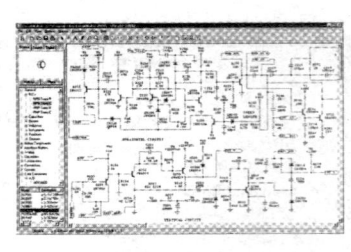

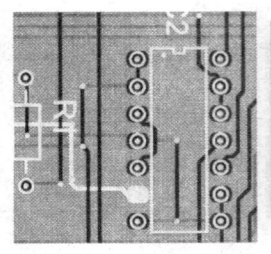

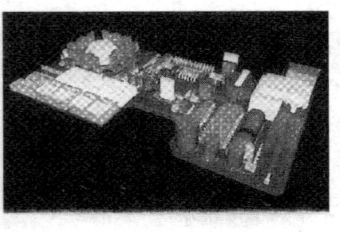

图7.77 电路原理图、PCB和三维元件立体图

表7.4中给出了几种商用计算机辅助设计软件。

表7.4 几种商用计算机辅助设计软件

CAD程序	简 介
Altium Designer	CircuitMaker 2000的功能是电路原理图设计、编辑和仿真（备有免费演示版），同时提供一个探头工具包，可用来检测电路中任意节点的输出波形。程序能够将电路原理图中的元件及其连接关系等信息自动转换到CircuitMaker 2000的PCB编辑器中，为布线做好准备。真正意义上的仿真器可同时看到电路的输出结果，包括模拟量和数字量。它拥有巨大的元件库、普通符号编辑器以及SPICE 2和SPICE 3模式入口虚拟仪器：示波器、万用表、伯德图绘仪、波形记录器、数据序列发生器、信号发生器、逻辑分析仪和逻辑脉冲发生器 电路设计完成并确认正确后，只需按一下按钮，CircuitMaker 2000就会自动产生一个PCB配置信息。打开PCB编辑器，定义电路板外形尺寸后，它会加载配置信息并在电路板区域内布局元器件。自动布线系统支持8个电气层（6个信号层、1个电源层、1个地线层）、丝网印刷层、焊锡和阻焊层。支持引脚焊接元件和贴片封装元件。CircuitMaker 2000有一个引脚焊接元件和贴片封装元件的封装库，专门用于PCB设计
ExpressPCB	这仅是一个PCB布线程序，是制造商希望读者使用他们的产品而免费提供的布线程序，但它只限于两层板的布线及引脚焊接元件
NI MultiSim	这是元件制造商NI生产的产品，有16000多个元件封装库的原理编辑器，还可提供元件编辑、SPICE网络列表和PCB封装库。仿真可用SPICE、VHDL和Verilog软件。MultiSim V6提供自动布线、导线移动、PCB输出和其他PCB程序。升级版本可用于100MHz以上（此时SPICE软件不可靠）的RF电路设计 可提供的虚拟仪器有示波器、函数发生器、万用表、伯德图绘仪、网络分析、字码发生器、逻辑分析仪、频谱分析仪、失真度分析仪、功率表、直流工作点检测和温度计等
Ultiboard PCB Layout	这是NI和MultiSim的合作产品：可以设计2m×2m以内的任何形状的电路板。该软件可提供DXF输入、标准封装库、64个信号层、64个机械层、2个焊接层和2个阻焊层、2层丝网、打孔图和使用指南、制造、装配信息、违规检查、接插件放置、元件封装库和PCB元件库等。安装机械CAD功能后，也可同时设计附属于PCB的前面板、外壳等，以确保相互定位、装配准确。该软件还提供3D绘图软件，可为设计者呈现电路板三维视图
TINAPro 6	一款学生可负担且功能足够的PCB制板软件。可提供原理图编辑、强大的器件库（20000多个）、参数提取、模拟仿真、数字仿真和模数混合仿真、频谱分析、傅里叶分析、噪声分析、网络分析、容差分析等。还可提供虚拟仪器：示波器、函数发生器、万用表、信号分析/伯德图绘仪、网络分析、频谱分析、逻辑分析、数字信号发生器和XY记录仪 EDS3（TINA的PCB自动工具）：提供为TINA专门开发的自动布线软件。该软件可根据原理图或网络表自动生成PCB引脚连接，也可根据要求重新布局或调整。EDS3使用基于原始设计的检查来确保电路连接正确

7.5.23 自制工作台

对电子工作者来说，具有足够大的工作台面、五层结构、金属骨（支）架和安装电源插座、照明灯的开关、绕线握杆背板的工作台是十分必要的。图7.78所示为制作工作台的设计图。整个设计是基于

Do+Able Products公司生产的07200型支架实现的。所有材料都可从Home Depot公司购买，该公司免费提供木材切割服务。

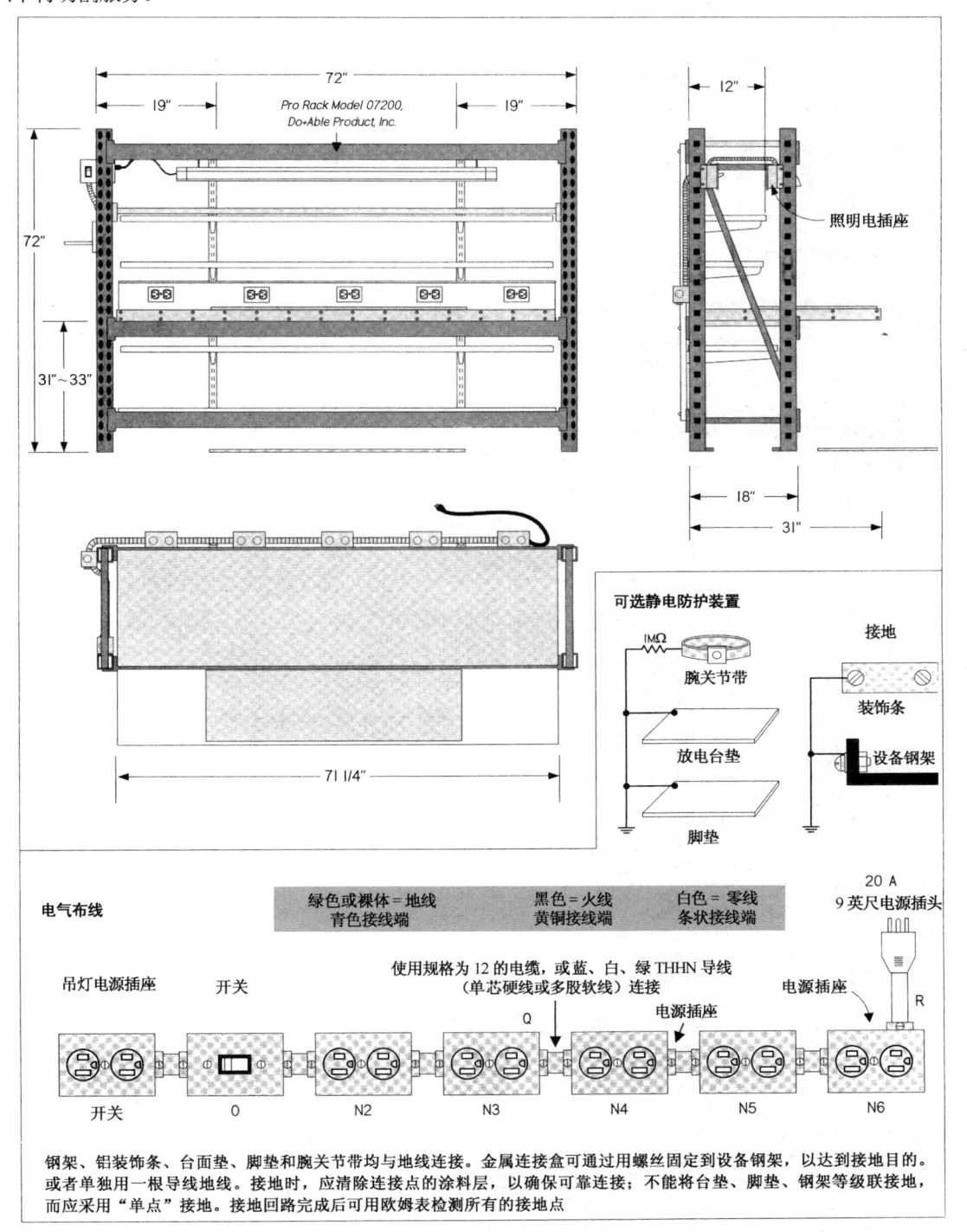

图7.78 制作工作台的设计图

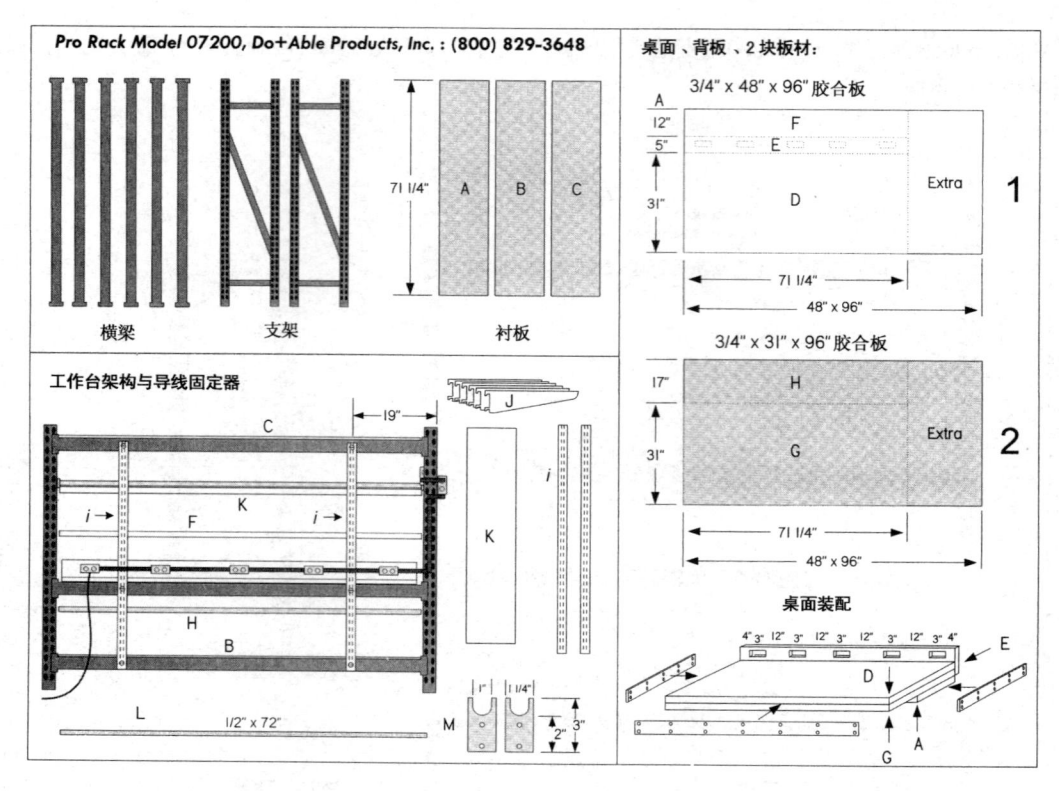

图7.78 制作工作台的设计图（续）

部件列表：所有材料都从Home Depot公司购买，该公司免费提供木材切割服务。
1. Pro Rack Model 07200, Do+Able Products公司：包括金属横梁、支架和3块3/4"×16"×71 1/4"木质衬板A、B、C。
2. 台面：台面是用1"（1英寸）的螺丝固定的多层结构，如图7.78所示。
    G：3/4"×71 1/4"×31"胶合板，从板2上截取。
    D：3/4"×71 1/4"×31"白色金属板，从板1上截取。
    A：3/4"×71 1/4"×31"木质衬板，与支架同时购买。
    装饰条：可选1/16"×1/2"塑料或镀铝装饰条，用胶粘或螺丝固定。
3. 电源插座背板：在板E上开出5个3"×2"的矩形电源插座孔。
    E：3/4"×5"×71 1/4"白色金属板，从板1上截取。
    电源插座背板与台面用2 1/2"的螺丝连接。
    使用铁皮螺丝和金属附件将台面、背板固定或连接。
4. 金属附件：准备具有承重强度的垂直支架和托架（双槽）。垂直支架用于工作台框架的固定。
    I：2个68"的垂直支架。
    J：6个12"带有固定螺丝孔的承重托架。
    F：3/4"×12"×71 1/4"白色金属板，从板1上截取。
    H：3/4"×17"×71 1/4"胶合板，从板2上截取。
    K：3/4"×12"×71 1/4"白色金属板或72"预制的白色搁架［板］。
    L：1/2"×72"实芯金属棒，用作导线盘的导轨，常从10英尺长的棒料上截取。
    M：2个1/8"×1 1/4"×3"铝支架，如图7.78所示，由于支撑导线盘导轨。
5. 电气材料：不包括放电台垫和腕关节带。遵照所述的接地原则进行选择。
    N：6个2"×3"双联电源插座。
    O：1个2"×3"电源开关。
    P：刚性或柔性导线管、导线管及插座的固定螺丝和线鼻。
    Q：12号铠装连接电缆，或使用黑、白、绿THHN电线。
    R：9英尺延伸电缆（20A），剥掉护套层与电源插座连接，应使用线夹。
    S：4英尺长的工作灯，悬挂在工作台架前上方的横梁上。
6. 五金部件：1"和2 1/2""木螺丝、1盒3/16"×1"螺钉（垫片、螺帽）和少量3/4"铁皮螺丝。
7. 工具：锯弓、电钻（带切割木材刀刃）及13/64"和5/32"钻头、螺丝刀、金属锉刀、锤子、卷尺、剥线钳、刀片和绝缘胶带。

· 480 ·

第8章 运算放大器

运算放大器简称运放（见图8.1），是常用的高精度小信号放大器件，它有许多令人称奇的用法。典型的运放有一个同相输入端、一个反向输入端、两个直流电源引脚（正极和负极）、一个输出端和附加的调零引脚。在电路图中，电源的正负极和附加的调零引脚常被省略。图中的电源引脚未画出时，通常默认它为双电源供电。

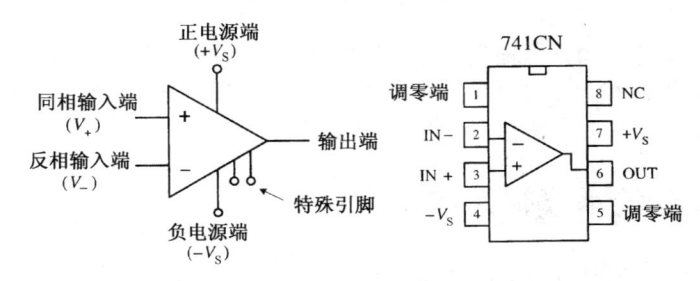

图8.1 典型的运算放大器

注意，这里标出了+V_S和−V_S，它们通常是相等的，但不一定要双电源供电，因为本章还会涉及单电源供电的运算放大器。

运算放大器本身的工作原理很简单。当反向端V_-的电压比同相端V_+的电压高时，输出端的电压将趋于负电源电压−V_S。反之，当V_+高于V_-时，输出电压将趋于正电源电压+V_S（见图8.2），也就是说，只要两个输入端的电压存在微小的不同，运放便有最大输出电压。

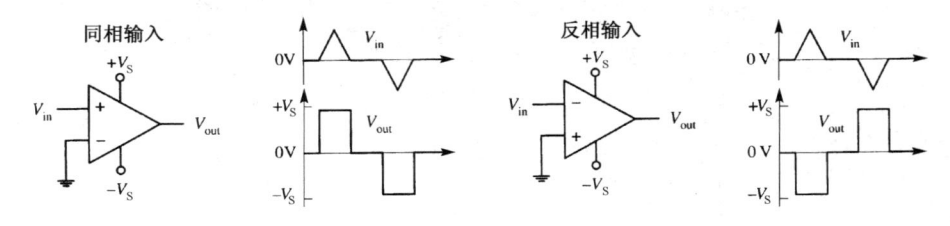

图8.2 运算放大器的符号及输出波形

乍看之下，运放并不能给人留下很深的印象——当输入端电压稍有不同时，输出端就从一个输出最大值转换到另一个最大值。因此，它的应用范围很窄。但是，引入负反馈后，运放便成为非常有用的器件。

当将输出端的信号反馈到反相输入端时（负反馈），运放的放大倍数就可得到控制——防止运放输出饱和。例如，将一个反馈电阻R_F连接在输出端和反相输入端之间（见图8.3）的作用是，将输出状态反馈到输入端，这个反馈信息告诉运放调节它的输出电压，输出端输出的信号电压取决于反馈电阻的大小。图8.3中的电路称为反相运算放大器，其输出电压为$V_{out} = -V_{in}(R_F/R_{in})$。输出的负极性信号是反馈信号连接到放大器的反相输入端——反相的结果。增益是输出电压除以输入电压，或者是−R_F/R_{in}（负号代表输出和输入负相关）。由这个公式可见，增大反馈电阻，电压增益也增加，反之亦然。

在负反馈回路中增加其他元件时，放大器还可实现其他有趣的电路，包括电压调节电路、电流-电压变换器、电压-电流变换器、振荡电路、运算电路（如加法器、减法器、乘法器、除法器、积分器等)、波形发生器、滤波器、整流器、峰值检波器和采样和保持电路等。本章介绍上述大部分电路。

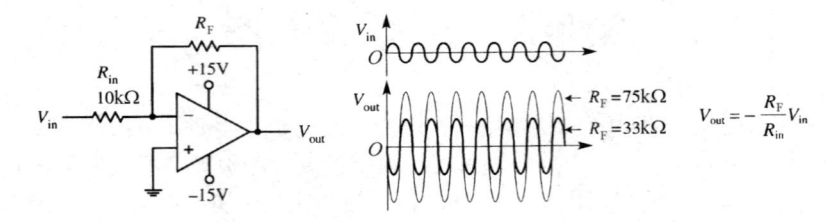

图8.3 带有反馈电阻的运算放大器

除了负反馈,还有正反馈,即输出信号通过网络连接到放大器的同相输入端。正反馈与负反馈相反,它使运放趋于饱和。相对于负反馈电路,正反馈应用较少,常见的有比较器电路,而比较器电路常用于振荡电路中。本章也会讨论正反馈电路。

8.1 运算放大器的水模拟系统

将运算放大器比作水系统(见图8.4)是最贴切的例子。为了让这个例子更加生动,我们假设水压为电压,水流为电流。

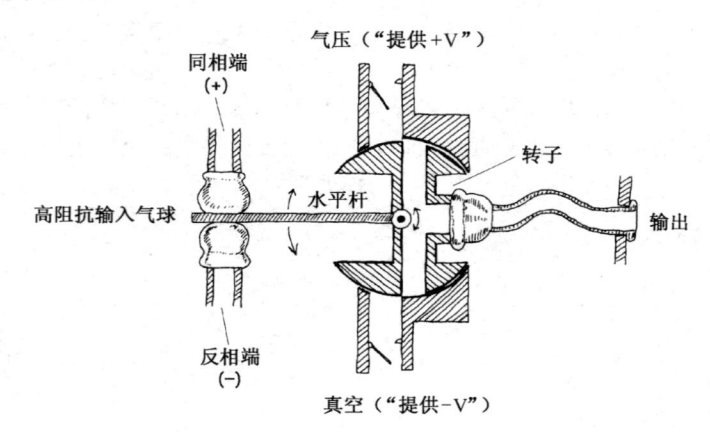

图8.4 运算放大器的水系统类比

运算放大器的反相端和同相端用两根水管末端的弹性气球表示。当两根水管中的水压相同时,水平杆位于中间位置。加在同相端的水压比加在反相端的电压大时,同相端的气球变大并迫使水平杆向下转动,同时水平杆带动球阀逆时针方向转动。因此,从高压导管(类似于正电源)到输出导管的通道打开(类似于同相输入端的电压高于反相输入的电压时,运算放大器输出正饱和)。同相端的水压比反相端的水压小时,反相端的气球推动水平杆向上转动,使球阀顺时针方向转动。因此,从真空管(类似于负电源)到输出管的通道打开(类似于反相输入端的电压高于同相输入端的电压时,运算放大器输出负饱和)。同理,可以模拟负反馈过程。与理想运算放大器相似,水模拟系统也有输入阻抗无穷大、输出阻抗为零的特点。但是,在实际运算放大器中,总存在一定的漏电流。

8.2 运算放大器的工作原理

运算放大器是由若干三极管、电阻和一些电容组成的集成电路。图8.5所示为一个廉价双极型运算放大器的原理图。这个运算放大器由三个最基本的部分构成：高输入阻抗差动放大器、带有电平变换（允许输出正负极性转换）的高增益电压放大器和低输出阻抗放大器。运算放大器的实际结构要复杂得多，但这不影响对输入、输出特性的理解。也就是说，没有必要去了解运算放大器电路内部的工作过程，这很复杂，只要记住一些与输入、输出有关的规律即可。这看起来好像是在回避难点，但却很有效。

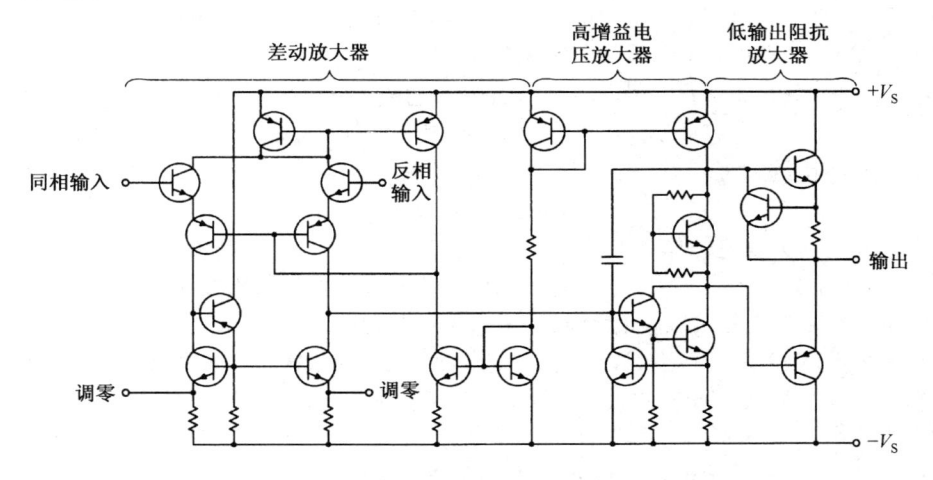

图8.5　一个廉价双极型运算放大器的原理图

8.3　运算放大器的相关理论

为了掌握运算放大电路的特点，理解下面的公式很有必要。这是一个基本的公式，它给出了输出电压与输入电压V_+（同相端）、V_-（反相端）和运算放大器的开环放大倍数（A_o）的函数关系：

$$V_{out} = A_o(V_+ - V_-)$$

该表达式说，一个理想运算放大器可视为一个理想电压源，其输出电压等于$A_o(V_+ - V_-)$（见图8.6）。实际运算放大器要复杂一些。一般来说，开环电压表达式基本保持不变。我们可对实际等效电路稍做修正，如这里考虑非理想运算放大器的因素，如输入电阻R_{in}和输出电阻R_{out}。图8.6的右边给出了实际运算放大器的等效电路。

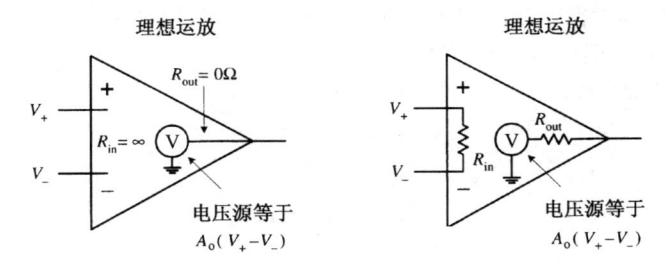

图8.6　运算放大器的等效电路

为了理解开环电压放大倍数表达式和理想运算放大器的等效电路，A_o、R_{in}和R_{out}的定义规则如下。

规则1　对于理想运算放大器，开环电压放大倍数为无穷大（$A_o = \infty$），而实际运算放大器的开环电压放大倍数是有限的，典型值为$10^4 \sim 10^6$。

规则2 对于理想运算放大器，输入阻抗为无穷大（$R_{in} = \infty$），而实际运算放大器的输入阻抗是有限的，典型值为$10^6 \Omega$（如典型双极型运算放大器）~$10^{12}\Omega$（如典型JFET运算放大器）。理想运算放大器的输出电阻为零（$R_{out} = 0$），实际运算放大器R_{out}的典型值为10~1000Ω。

规则3 理想运算放大器的输入电流为零。实际运算放大器同样如此，输入电流一般（但不总是）可以忽略，典型值在pA（如典型JFET运算放大器）和nA（如双极型运算放大器）之间。

理解$V_{out} = A_o(V_+ - V_-)$和上述三条规则后，就可将它们应用到一些简单的例子中。

【例1】 求图8.7所示电路的电压放大倍数（V_{out}/V_{in}）。

V_-接地（0V），故V_+等于V_{in}，代入开环电压放大倍数表达式得

$$V_{out} = A_o(V_+ - V_-) = A_o(V_{in} - 0V) = A_oV_{in}$$

整理得放大倍数的表达式为

$$增益 = V_{out}/V_{in} = A_o$$

将运算放大器视为理想运算放大器时，A_o将为无穷大。作为实际的运算放大器，A_o的值是有限的（10^4~10^6）。这是一个以地为参考点的同相比较器。当$V_{in} > 0$时，理想运算放大器的输出电压为$+\infty$；当$V_{in} < 0V$，输出电压为$-\infty$。而实际运算放大器的输出电压受电源限制（电源是默认的，图中未标出）。实际的输出电压略低于正电源电压或略高于负电源电压。正、负最大的输出电压称为正、负饱和电压。

图8.7 例1所示电路

【例2】 求图8.8所示电路的放大倍数（V_{out}/V_{in}）。

V_+接地（0V），故V_-等于V_{in}，代入开环电压放大倍数表达式得

$$V_{out} = A_o(V_+ - V_-) = A_o(0V - V_{in}) = -A_oV_{in}$$

整理得放大倍数表达式为

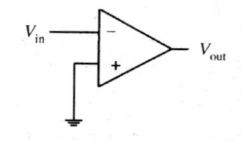

$$增益 = V_{out}/V_{in} = -A_o$$

图8.8 例2所示电路

将运算放大器视为理想运算放大器时，$-A_o$为无穷大。实际运算放大器的$-A_o$值是有限的（10^4~10^6）。这是一个以地为参考点的反相比较器。$V_{in} > 0$时，理想运算放大器的输出电压为$-\infty$；$V_{in} < 0$时，输出电压为$+\infty$。实际运算放大器输出的动态范围在饱和电压以内。

8.4 负反馈

负反馈是指放大器输出端的信号通过反馈网络连接到其反相输入端。反馈网络即可以是一根导线（它将输出端直接连接到反相端），也可以是电阻、电容或其他复杂电路。如何计算放大倍数呢？放大倍数取决于反馈电路，计算起来很简单。事实上，只要会使用基本公式，并且将它与负反馈电路结合起来（可能还需要应用几条基本规则），就可得到计算放大倍数的公式。这个公式类似于理想放大器的输出信号和输入信号之间的关系式$V_{out} = A_o(V_+ - V_-)$。然而，在负反馈电路中，V_-取自放大器的输出信号，即$V_- = fV_{out}$，f代表反馈系数。

负反馈分为电压负反馈和电流负反馈（见图8.9）：

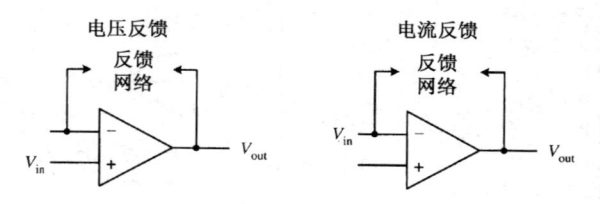

图8.9 两种基本的负反馈电路

$$V_{out} = A_o(V_+ - fV_{out})$$

实际上，计算反馈系数f并不重要，也就是说，不必精确地计算出它。之所以先介绍开环输入电压与输出电压的关系表达式，是为了便于对负反馈工作原理有个基本的理解。事实证明，对于带负反馈的运算放大器的计算，有一个简单的技巧。对于理想运算放大器，开环时，输出电压与

输入电压的关系为$V_{out}/A_o=(V_+-V_-)$，因为理想运算放大器的A_o无穷大，即上式的左边为零，得到$V_+ - V_- = 0$。该结论在简化负反馈运算放大器电路的计算时是十分重要的，以至于结果也遵循自己的规则。

规则4 当运算放大器的同相和反相输入电压存在差异时，反馈电路起作用，使两端的电压差为零（$V_+ - V_- = 0$）。该规则只适用于负反馈。

以下的例子说明了如何应用规则4（及其他规则）来求解负反馈运算放大器的问题。

1. 负反馈实例

1）缓冲器（跟随器）

求图8.10所示电路跟随器电路的放大倍数（V_{out}/V_{in}）。

由规则4可知，从输出端反馈到反相端的电压总是使得$V_+ - V_- = 0$，在本例中，输出端和反相端直接连接，因此有$V_{in} = V_+$，$V_- = V_{out}$，即$V_{in} - V_{out} = 0$，所以放大倍数为$V_{out}/V_{in} = 1$。放大倍数为1表示没有放大作用，运算放大器的输出等于其输入。反馈回路似乎没起什么作用。其实，反馈回路会使得运算放大器的输入电阻增大，输出电阻减小（根据规则2），因此可用于隔离电路，即作为缓冲器。在实际应用中，可在反馈回路中增加一个电阻（限流），减少由输入偏置电流产生的误差（漏电流）。反馈电阻的阻值应等于信号源电阻，本章将讨论输入偏置电流。

2）反相放大器

求图8.11所示反相放大电路的放大倍数（V_{out}/V_{in}）。

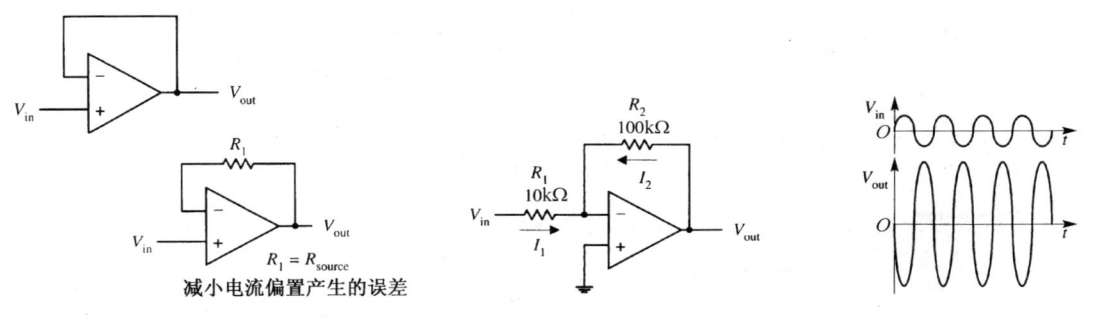

图8.10　电压跟随器　　　　图8.11　反相放大电路

前面介绍了负反馈，其作用是使运算放大器的同相输入（V_+）和反相输出（V_-）的差值为零。V_+接地（0V），意味着V_-也为0V（规则4）。为了得到输入和输出之间的关系，必须找到电流I_1和I_2，进而得到V_{in}和V_{out}的表达式。根据欧姆定律，可得

$$I_1 = \frac{V_{in} - V_-}{R_1} = \frac{V_{in} - 0V}{R_1} = \frac{V_{in}}{R_1}, \quad I_2 = \frac{V_{out} - V_-}{R_2} = \frac{V_{out} - 0V}{R_2} = \frac{V_{out}}{R_2}$$

理想运算放大器的输入阻抗无穷大，因此可认为没有电流流入反相输入端（根据规则3）。于是，应用基尔霍夫电流定律得$I_2 = -I_1$。电路的增益为

$$增益 = \frac{V_{out}}{V_{in}} = -\frac{R_2}{R_1}$$

负号说明输出信号和输入信号反相（相位差180°）。注意，当$R_2 = R_1$时，放大倍数是-1（负号意味着反相）。在这种情况下，可得到单位反相增益或反相缓冲器。然而，当实际应用中存在较大的输入偏置电流（如双极型运算放大器）时，应在同相输入端与地之间接一个阻值等于$R_1 \| R_2$的电阻，以减小电压偏移。

3）同相放大器

求图8.12所示同相放大电路的放大倍数（V_{out}/V_{in}）。

显然，$V_+ = V_{in}$。应用规则4得$V_- = V_+$，即$V_- = V_{in}$；下面推导V_{in}和V_{out}的关系（求出增益）。根据电压分压关系有

$$V_- = \frac{R_1}{R_1+R_2}V_{out} = V_{in}$$

求出放大倍数为

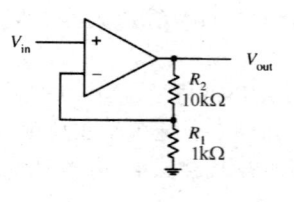

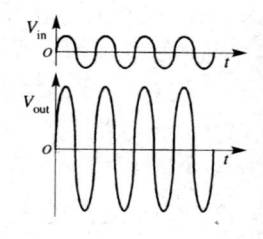

图8.12 同相放大电路

$$增益 = \frac{V_{out}}{V_{in}} = \frac{R_1+R_2}{R_1} = 1+\frac{R_2}{R_1}$$

与反相放大器不同，该电路的输出和输入同相（输出不反相）。在实际应用中，为了减小因输入电流引起的电压偏移误差，应使$V_{source} = R_1 \parallel R_2$。

4）加法放大器

求图8.13所示加法电路中V_{out}与V_1和V_2的关系。

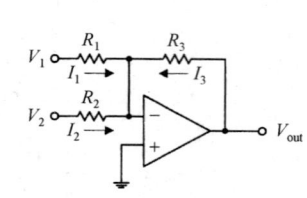

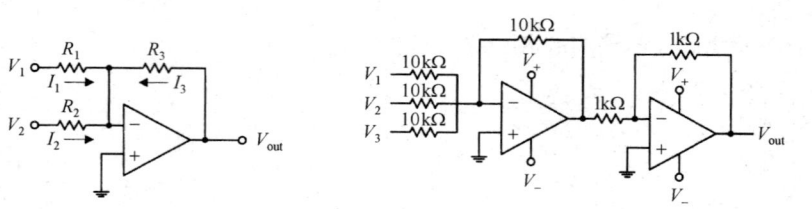

图8.13 加法电路

运算放大器的同相端V_+接地（0V），根据规则4有$V_+ = V_- = 0V$。知道V_+后，就可解出I_1、I_2和I_3得到V_{out}与V_1和V_2的关系。根据欧姆定律得

$$I_1 = \frac{V_1-V_-}{R_1} = \frac{V_1-0V}{R_1} = \frac{V_1}{R_1}, \quad I_2 = \frac{V_2-V_-}{R_2} = \frac{V_2-0V}{R_2} = \frac{V_2}{R_2}, \quad I_3 = \frac{V_{out}-V_-}{R_3} = \frac{V_{out}-0V}{R_3} = \frac{V_{out}}{R_3}$$

理想运算放大器的输入电阻为无穷大，因此可以认为没有电流流入运算放大器的输入端（根据规则3），由基尔霍夫节点电流定律得$I_1 + I_2 + I_3 = 0$。

将上面结论代入表达式得

$$V_{out} = -\frac{R_3}{R_1}V_1 - \frac{R_3}{R_2}V_2 = -\left(\frac{R_3}{R_1}V_1 + \frac{R_3}{R_2}V_2\right)$$

当$R_1 = R_2 = R_3$时，$V_{out} = -(V_1+V_2)$。注意，和为负值，要得到正值，可加上一个反相器（见图8.14）。同理，三个输入相加后，输出为$V_{out} = V_1 + V_2 + V_3$。在某些实际应用中，需要在同相端和地之间接一个电阻，以避免因输入偏置电流产生的偏移误差。该电阻的大小应等于所有输入电阻的并联值。

5）减法放大器

求图8.14所示电路的V_{out}。首先，根据分压关系得到同相端的电压（假设输入电流为零）为

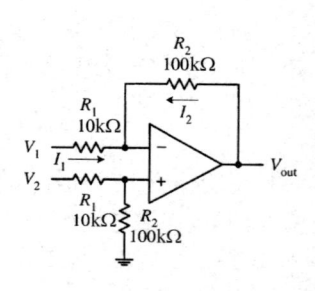

图8.14 减法电路

$$V_+ = \frac{R_2}{R_1+R_2}V_2$$

其次,在反相输入端应用基尔霍夫节点电流定律得

$$\frac{V_1 - V_-}{R_1} = \frac{V_- - V_{out}}{R_2}$$

使用规则4($V_+ = V_-$),将V_+代入上式得

$$V_{out} = \frac{R_2}{R_1}(V_2 - V_1)$$

当$R_2 = R_1$时,有$V_{out} = V_2 - V_1$。

6)积分器

求图8.15所示积分电路中V_{out}和V_{in}的关系。

电路中有反馈,且$V_+ = 0V$,可认为V_-也是0V(规则4)。已知V_-,可求出I_R,I_C,继而可以列出一个表达式,得V_{out}和V_{in}的关系。因为没有电流流入运算放大器的输入端(规则3),流过电容的电流I_C和流过电阻的电流I_R满足关系:$I_C + I_R = 0$。应用欧姆定律得

$$I_R = \frac{V_{in} - V_-}{R} = \frac{V_{in} - 0V}{R} = \frac{V_{in}}{R}$$

I_C可表示为

$$I_C = C\frac{dV}{dt} = C\frac{d(V_{out} - V_-)}{dt} = C\frac{d(V_{out} - 0V)}{dt} = C\frac{dV_{out}}{dt}$$

将I_C和I_R代入$I_R + I_C = 0$,整理得

$$dV_{out} = -\frac{1}{RC}V_{in}dt, \quad V_{out} = -\frac{1}{RC}V_{in}t$$

该电路称为积分器,输出端是输入信号的积分。该电路存在一个问题:实际运算放大器存在电压漂移和偏置电流等非理想因素,即使输入两端接地,也会有电压输出。对此,可以采用一个大电阻并接在电容两端,为直流负反馈提供稳定的偏置电压。同样,也可以在同相输入端和地之间接一个补偿电阻,来减少由输入偏置电流引起的电压偏移误差。该电阻的阻值等于输入电阻和反馈电阻的并联值。

2. 微分器

求图8.16所示微分电路中V_{out}和V_{in}的关系。

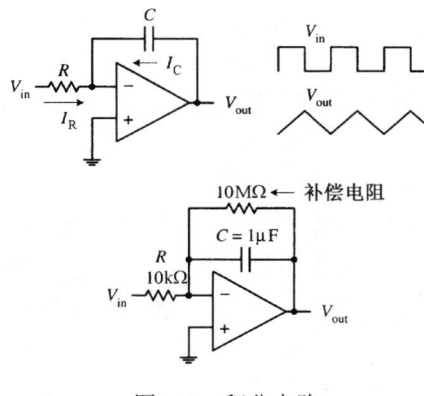

图8.15 积分电路   图8.16 微分电路

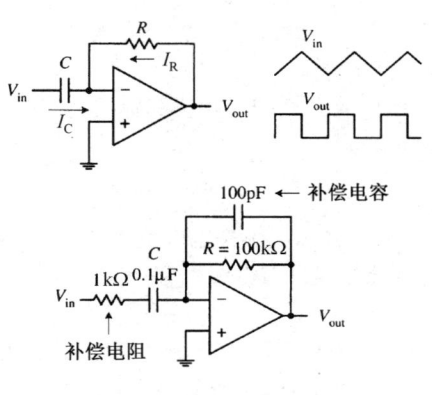

因为V_+接地（0V），根据规则4，由负反馈得$V_- = V_+ = 0V$。得到V_-后，即可求出I_R和I_C，继而得到V_out与V_in的关系式。因为没有电流流入运算放大器的输入端（规则3），通过电容的电流I_C与流过电阻的电流I_R满足$I_R + I_C = 0$。由电容的特性和欧姆定律得

$$I_\text{C} = C\frac{\text{d}V}{\text{d}t} = C\frac{\text{d}(V_\text{in} - V_-)}{\text{d}t} = C\frac{\text{d}(V_\text{in} - 0\text{V})}{\text{d}t} = C\frac{\text{d}V_\text{in}}{\text{d}t}$$

$$I_\text{R} = \frac{V_\text{out} - V_-}{R} = \frac{V_\text{out} - 0\text{V}}{R} = \frac{V_\text{out}}{R}$$

整理得

$$V_\text{out} = -RC\frac{\text{d}V_\text{in}}{\text{d}t}$$

这样的电路称为微分电路，其输出信号是对输入信号的微分。这个微分电路并不是实际的电路形式，因为运算放大器对交流有很大的放大倍数。该电路中的噪声较大，并且微分网络是一个RC低通滤波器，相位滞后90°，可能引起电路稳定性问题。在其下面的微分电路中，由于增加了反馈电容和输入电阻，稳定性和噪声两个问题得到了解决。新增元件提供了高频通路，减小了高频噪声，元件也产生90°相移，可以抵消90°滞后相位。然而，由于增加了元件，最高工作频率受到限制——在非常高的频率下，微分器变成积分器。还要在同相输入端与地之间增加一个补偿电阻，以避免因输入偏置电流产生的偏移误差，电阻的阻值应等于反馈电阻的阻值。

8.5 正反馈

正反馈与负反馈相反，其输出电压反馈连接到运算放大器的同相端。根据运算放大器工作原理，我们再来看公式$V_\text{out} = A_\text{o}(V_+ - V_-)$，将$V_+$变为$fV_\text{out}$（$f$是反馈系数），它变为$V_\text{out} = A_\text{o}(fV_\text{out} - V_-)$，这个公式给出了很重要的信息（一般是正反馈）：反馈到同相输入端的电压在方向上使运算放大器的输出更大（趋于饱和）。也就是说，fV_out项起"加"作用。回顾前面介绍的内容可知，负反馈的作用是相反的，即fV_out（$=V_-$）项起"减"作用，阻止了输出电压饱和。在电子学中，常认为正反馈是不利的，而负反馈是有利的。在大多数应用中，期望放大倍数得到控制（负反馈），而不期望输出饱和（正反馈）。

尽管如此，正反馈还是很有用的。当运算放大器用作比较器时，正反馈可使输出的幅度更明显。另外，通过调节反馈电阻，比较器可用作迟滞电路。实际上，迟滞电路可得到两个门槛电压，两个门槛电压之差称为迟滞电压。通过得到两个门槛电压（而不是一个），比较电路就变得更具抗干扰能力，即可避免噪声产生不必要的输出。为了较好地理解迟滞现象，下面结合正反馈来分析图8.17中的比较器。

假设运算放大器的同相饱和输出为+15V。当$V_\text{in} = 0$V时，同相和反相输入端的电压差为1.36V，根据欧姆定律有

$$I_\text{F} = (V_\text{out} - V_\text{in})(R_1 + R_2), \quad V_\text{d} = I_\text{F}R_1$$

这对输出没什么影响，输出仍保持为+15V。随后，我们减小V_in，当V_d变为0V时，输出改变状态，此时的V_in电压称为负门槛电压（$-V_\text{T}$）。该电压可由前面的两个公式确定，即$-V_\text{T} = -V_\text{out}/(R_2/R_1)$。在本例中，$-V_\text{T} = -1.5$V。当输出为负饱和（$-15$V）、输入为0V时，$V_\text{d} = -1.36$V，输出保持为$-15$V。随后，增大输入电压，当$V_\text{d}$变为零时，输出状态改变，此时的电压称为正门槛电压（$+V_\text{T}$），其值等于$+V_\text{out}/(R_2/R_1)$。在本例中，$+V_\text{T} = +1.5$V。两个饱和电压的迟滞电压差$V_\text{h} = +V_\text{T} - (-V_\text{T})$，本例中$V_\text{h} = 3$V。

图8.17 正反馈电路

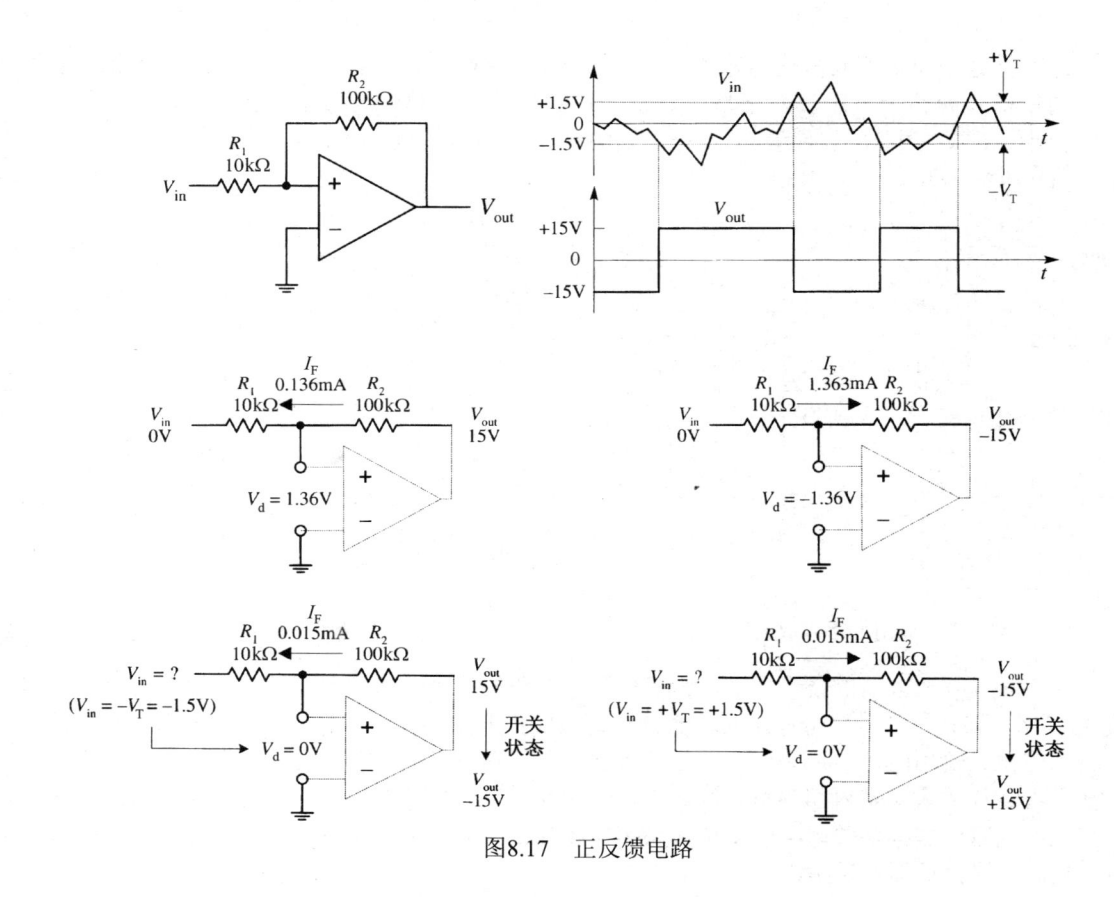

8.6 运算放大器的实际类型

1. 通用型运算放大器

目前，市面上有大量通用型和精密型运算放大器可供选择（见图8.18和图8.19）。精密运算放大器的稳定性高，偏移电压低，偏置电流小，漂移参数低。我们可以查阅专业手册，以便选择需要的运算放大器。总体来说，运算放大器除了分为通用运算放大器和精密运算放大器，还可根据输入电流分为双极型、JFER、MOSTET或其他混合型。普通双极型运算放大器如741（工业标准），其输入偏置电流比JFET或MOSFET型运算放大器的输入偏置电流大。也就是说，它的输入端有较大的"漏电流"，输入偏置电流会在反馈网络电阻、偏置电路电阻或信号源电阻上产生电压降，导致输出电压偏移。电路电压偏移量的允许极限由实际应用决定。如前面提到的那样，在同相输入端和地之间接一个电阻（如双极型反相运算放大器电路）可减小偏移误差（下面将介绍更多这方面的内容）。

2. 精密型运算放大器

避免由输入偏置电流引发的问题的简单方法是使用FET运算放大器。典型JFET运算放大器的输入偏置电流为皮安量级，而双极型运算放大器的输入偏置电流通常为纳安量级。一些MOSFET运算放大器的输入偏置电流更低，通常不到十分之一皮安。然而，FET运算放大器也有一些不足之处。例如，JFET运算放大器经常反相，当输入JFET的共模电压非常接近负电源电压时，反相端和同相端可能反转方向。此时，负反馈变为正反馈，导致运算放大器无法正常工作。为避免这一问题，只需使用双极型运算放大器或减小共模信号。还有其他几个衡量运算放大器的指标，如补偿电压（双极型的较小、JFET的中等、MOSFET的较大）、漂移补偿（双极型的较小、FET的中等）、偏置匹配（双极型的较大，FET的较小）、偏置/温度变化（双极型的大，FET的中等）。

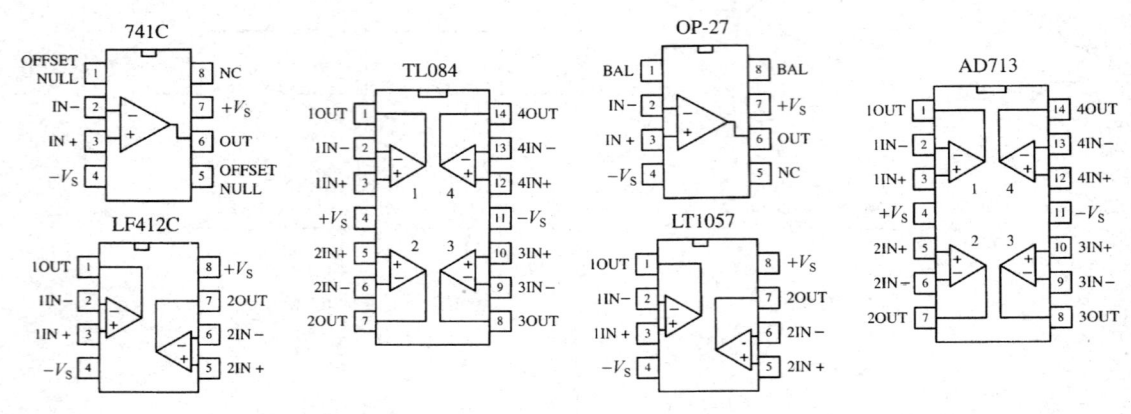

图8.18 通用型运算放大器

图8.19 精密型运算放大器

面对各种运算放大器的技术参数，为避免混淆，我们只需关注其产品目录中给出的指标，如速度/转换率、噪声、输入失调电压及其漂移、输入偏置电流及其漂移、共模电压范围、增益、带宽、输入阻抗、输出阻抗、最大电源电压、额定电流、功率耗散和温度范围。在购买运算放大器时，还要看运算放大器是内部频率补偿还是外部频率补偿。外部补偿运算放大器需要外部补偿元件，阻止在高频时放大倍数因下降太快而导致反相与振荡。内部补偿运算放大器使用内部电路解决这个问题，详见后面的说明。

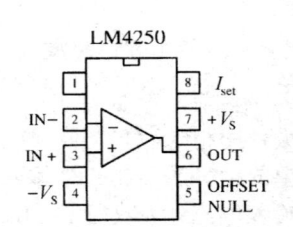

3．可编程运算放大器

可编程运算放大器（见图8.20）是一款多功能器件，主要应用于低压场合（如由电池供电的电路）。这些器件可通过外部电流来编程，以获得所需的特性。这些可编程的特性包括静态功耗、输入补偿、偏置电流、转换速度、增益带宽成分和输入噪声特性等，并且特性指标正比于编程电流。编程电流从器件的编程引脚（如LM4250的第8脚）流出，通过一个电阻接地。电流范围很宽，一般从几微安到几毫安。根据不同的编程电流，可编程运算放大器可变为用途完全不同的运算放大器，因此在实际应用中，在系统内可用一种器件实现多种功能。典型的可编程运算放大器可在很低的电压下工作（如LM4250的工作电压为1V）。要详细了解有关器件的使用，可查阅厂家的资料。

图8.20 可编程运算放大器

4．单电源运算放大器

这类运算放大器都由单极型电源（如+12V）供电，且允许输入信号电压降到负极限（一般接地）电压。图8.21所示为单电源供电放大器。注意，单电源供电放大器不可能输出负信号，因此不能用于处理诸如交流耦合的音频信号。单电源运算放大器常用于由电池供电的装置。

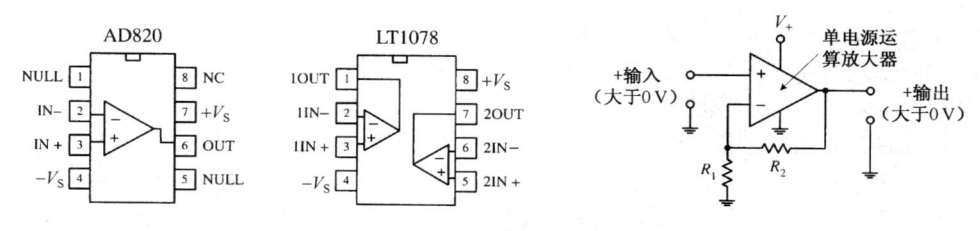

图8.21 单电源供电放大器

5. 音频放大器

音频放大器（见图8.22）设计用于放大20～20000Hz的音频信号，其噪声和失真度都很低，主要用于高灵敏度的前置放大、音频系统、AM-FM收音机、伺服放大器、通信和汽车电路。市面上有许多音频放大器可供选择。与通用运算放大器不同的是，音频放大器有许多特点，例如，常用低电压音频放大的LM386，其内部设置放大倍数为20倍，但在其增益脚（1脚和8脚）接外接电阻和电容时，放大倍数可增加到200倍。它还可驱动低阻负载，如8Ω扬声器。LM386可单电源工作，工作电压为+4～+12V，是理想的电池供电器件。LM383也用于功率放大，是大电流（3.5A）器件，可驱动4Ω负载（如一个4Ω扬声器或两个并联的8Ω扬声器），带有热保护电路和散热片。

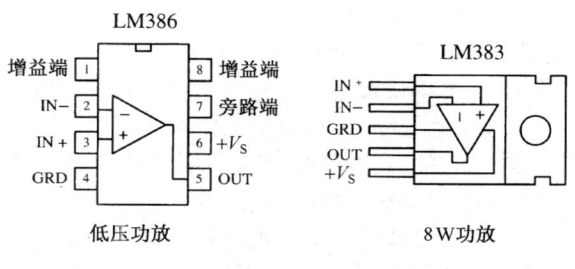

图 8.22 音频放大器

8.7 运算放大器的特性

几种运算放大器的具体参数如表8.1所示。

表8.1 几种运算放大器的具体参数

型号	电源电压/V 最大	电源电压/V 最小	供电电流/mV	偏移电压/mV 典型值	偏移电压/mV 最大值	电流/nA 偏置最大值	电流/nA 偏移最大值	典型值 转换率/(V/μs)	典型值 f_T/MHz	CMRR最小值/dB	增益最小值/mA	输出电流最大值/mA
双极型 741C	10	36	2.8	2	6	500	200	0.5	1.2	70	86	20
MOSFET CA3420A	2	22	1	2	5	0.005	0.004	0.5	0.5	60	86	2
JFET LF411	10	36	3.4	0.8	2	0.2	0.1	15	4	70	88	30
双极型精密型	1	45	0.4	0.3	2	20	0.7	0.12	0.1	93	102	20

（1）共模抑制比（CMRR）。输入差分放大器的信号一般有两种：共模信号和差模信号。共模信号的电压是两个输入端电压的平均电压，而差模信号的电压则是两个输入端电压的差值。理想放大器应该只对差模信号有放大作用，但实际上，共模信号在某种程度上也被放大。CMRR是差分信号电压放大倍数与共模电压放大倍数之比，它表明对加在两个输入端信号的共模抑制能力，CMRR的值越大，放大器的工作性能越好。

（2）最大差模输入电压。放大器同相端和反相端所能承受的最大电压值。两个端电压超过这个范围时，容易导致运算放大器性能显著恶化。

（3）差分输入阻抗。表示同相端和反相端的阻抗大小。

（4）输入补偿电压。理论上说，当输入为零时，运算放大器的输出电压应为零。而实际上，内部电路的微小差异也会产生一个输出电压。输入补偿电压的作用是使输入为零电压时，放大器的输出电压为零。

（5）输入偏置电流。理论上说，运算放大器的输入阻抗是无穷大，因此其输入电流为零。但实际上，输入端总有电流注入，一般为pA～nA量级，两个输入端的平均电流称为输入偏置电流。该电流通过反馈网络（偏置网络或信号源阻抗）产生电压降，进而产生错误的输出电压。输入偏置电流与运算放大器的输入电路有关，对于FET运算放大器，该电流很小，不至于产生严重的补偿电压；而对双极型运算放大器而言，该电流会导致严重的问题，此时需要一个补偿电阻。这方面的内容将在稍后讨论。

（6）输入补偿电流。代表当输出为0时，两个输入端的输入电流之差。这意味着什么呢？实际运算放大器的输入端都有漏电流，即使在两端加同样的电压。这是因为在制造过程中，两个输入端的输入电阻总有一些差异。因此，运算放大器的两端加上同一输入电压时，会得到不同的输入电流值，导致输出出现偏置。一般来说，运算放大器的偏置端会连到一个电位器上，以校正偏置电流，详见稍后的讨论。

（7）电压放大倍数（A_V）。运算放大器的放大倍数一般为10^4～10^6（或80～120dB，1dB = 20lgA_o）。放大倍数降为1时的频率称为单位增益频率f_T，其值一般为1～10MHz。运算放大器的内部电路限制了它的高频特性。稍后讨论更多有关运算放大器的高频特性。

（8）输出电压幅度。这是以零位参考点的峰值输出电压幅度，它是在不限幅时获得的。

（9）转换速率。输出电压相对时间的变化量。输出电压相对时间的变化量的极限是由内部或外部频率补偿电容决定的，因此会导致输出变化延迟于输入变化（传播延迟）。在高频下，运算放大器的转换速率很重要。通用运算放大器的转换速率（如LM741的转换速率为0.5V/μs）比高速运算放大器（如HA2539的转换速率为600V/μs）要小得多。

（10）供电电流。不接负载且输出电压为零时，电源所提供的电流。

8.8 功率运算放大器

大部分运算放大器要求双极型电源供电。第11章中使用带抽头的变压器提供±15V电压。给运算放大器供电的是电池时，可使用图8.23所示的电路形式。

在实际应用中，通常不期望使用双电源供电，特别是在电池供电的场合。这时，可使用单电源运算放大器。然而，如前所述，当这些器件的输入信号趋于负极性时，输出会被削波，因此不适合用于交流耦合。当使用单电源供电时，为避免被削波，可以使用一个通用运算放大器并用电压分配网络给输入端提供直流电平。因此，在输出端有一个直流偏移电平。输入端、输出端的偏移电平都以地为参考电平（电池的负极）。当一个输入端的信号位于负半周时，加到运算放大器输入端的电压将降至低于偏移电压，但不会降到地（假设偏置电压足够大，输入信号不太大，否则发生削波）。结果是输出将随偏移电平的变化而变化。为了实现输入和输出的连接，有必要加入输入电容和输出电容。图8.24所示为两个采用通用运算放大器单电源供电的交流耦合放大器（音频放大）。

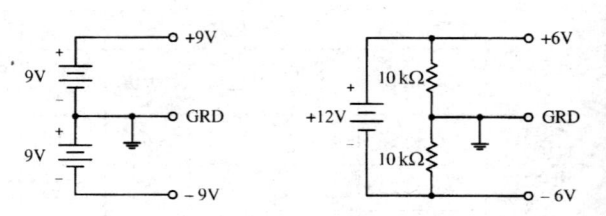

图8.23 双电源供电电路

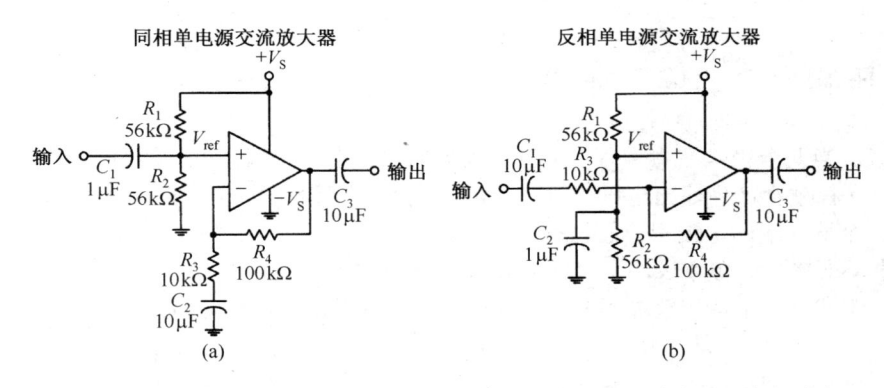

图8.24 两个采用通用运算放大器单电源供电的交流耦合放大器（音频放大）

在同相输入电路中，要通过R_1和R_2将直流偏移电平设为电源电压的一半，目的是得到最大的对称幅度。C_1（和R_2）和C_3（和R_{load}）作为交流耦合（滤波）电容，将阻断不必要的直流成分和低频信号。C_1应为$1/(2\pi f_{3\,dB} R_1)$，C_3应为$1/(2\pi f_{3\,dB} R_{load})$，其中$f_{3\,dB}$是截止频率。

使用单电源通用运算放大器时，要确保运算放大器工作在最大的电压范围内，还要考虑最大的输出电压幅度限制和最大共模电压输入范围。

8.9 实践中的注意事项

注意，不要将电源极性接反，否则会损坏运算放大器。有种办法可避免这种情况的发生：用一个二极管串接在运算放大器负极电源端和电源的负电压端之间，如图8.25(a)所示。

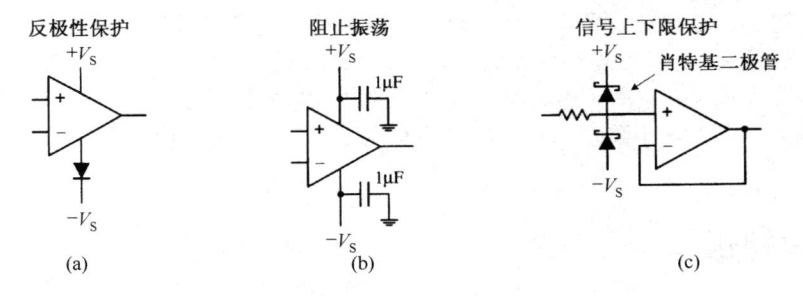

图8.25 运算放大器电路的保护

使接到运算放大器电源端的引线既短又直，这有利于消除输出端不必要的振荡与噪声。电源电压的变化也可能产生干扰。为了减小此影响，可在电源端和地之间放置旁路电容，如图8.25(b)所示。该电容可用0.1μF瓷介电容或1.0μF钽电容。

当输入信号比各自的运算放大器电源电压更高或更低时，双极型和JFET运算放大器可能产生严重后果。输入端信号超过$+V_S + 0.7V$或低于$-V_S - 0.7V$时，电路的电流流向将发生错误，电源短路并损坏器件。为避免这种潜在的损坏，重点是防止运算放大器的输入端不超过供电电压。由这个特性可得出这样一种推论：当在运算放大器通电之前将一个输入信号加到运算放大器上时，于运算放大器通电的瞬间，运算放大器可能马上损坏。一种有效的解决办法是用二极管（最好用快速低压降肖特基二极管）限制输入电压，如图8.25(b)所示。图中使用了一个限流电阻来保护二极管，使其电流不超过极限。这种保护电路也存在问题，即二极管的漏电流可能增大误差。要了解更多的信息，请查阅制造商提供的手册。

8.10 电压和电流的偏移补偿

理论上说，当两个输入端为零时，运算放大器的输出电压也应为零。然而，在实际中，内部电路的微小不平衡就会产生输出电压（典型值为微伏到毫伏量级）。输入偏移电压是指为了使输出为零而加在一个输入端的电压，前面已讨论过。为了使输入偏移电压为零，厂家经常外加两个偏移调整端，滑动端接到电源负极，如图8.26所示。调校输出时，先将两输入引脚短路，并接一个输入电压。输出饱和时，重新调整输入偏移，并调节电位器滑动端，使输出为零。

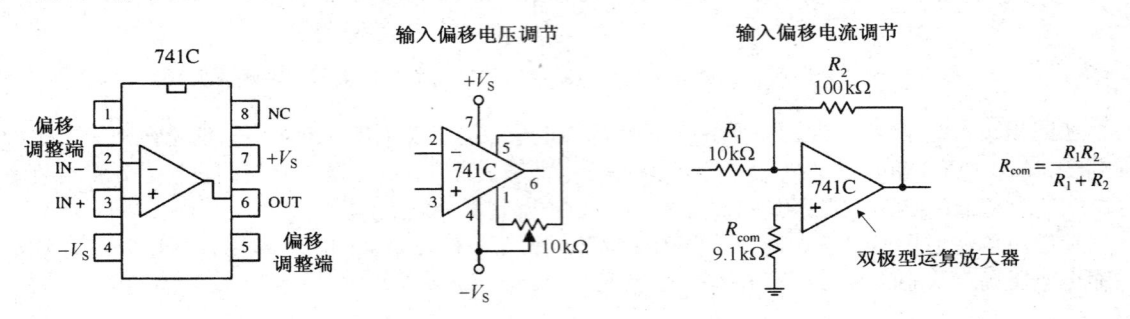

图8.26 运算放大器电路的补偿

在图8.26所示的反相放大电路中，同相端和地之间接了一个电阻，其作用是补偿因输入偏置电流在R_1和R_2上的电压降而产生的输出电压误差。前面讨论过，双极型运算放大器的输入偏置电流比FET运算放大器的大。FET运算放大器的输入偏置误差一般很小（皮安量级），引起的输出电压误差可以忽略，没有必要用到补偿电阻。然而，对于双极型运算放大器，情况就不同了（输入偏置电流为nA量级），补偿电阻常常是必需的。在反相放大器中，未接补偿电阻时，偏置电流产生的输入压降为$V_{in} = I_{bias}(R_1 \| R_2)$，这个值将被放大$-R_1/R_2$倍后输出。为了修正这个偏差，在同相输入端和地之间接入一个阻值为$R_1 \| R_2$的补偿电阻。这个电阻会让运算放大器"感到"有同样的输入驱动电阻。

8.11 频率补偿

典型运算放大器的开环放大倍数为$10^4 \sim 10^6$（80～120dB）。但在某个低频信号频率（称为转折频率f_B）处，放大倍数下降3dB，即下降到70.7%的开环放大倍数（最大放大倍数）。随着频率的增加，放大倍数将进一步下降。当其接近1（或0dB）时，这时的频率称为单位增益频率f_T。运算放大器的单位增益频率一般为1MHz，厂家会给出具体参数［见图8.27(a)］。由于运算放大器的内部电路本身具有低通滤波的作用，当频率上升时，放大倍数下降。引入负反馈后，可增宽频带，曲线的平坦部分更宽，如图8.27(a)中的曲线所示。由于内部电路中近似滤波部分的相位漂移作用，在f_T点，运算放大器的开环放大倍数以每10倍频程下降60dB的规律下降，且运算放大器工作不稳定。当放大倍数大于1时，如果相位漂移达180°，负反馈就变为正反馈，进而产生不必要的振荡［见图8.27(b)和(c)］。为了防止振荡，需要进行频率补偿。这可通过将RC网络接到运算放大器的频率补偿端来进行。补偿网络，特别是电容，会影响响应曲线。厂家会提供运算放大器的响应曲线，同时也会给出用于特定频率响应的补偿网络及其参数。处理频率补偿最简单的方法可能是使用内部自带补偿的运算放大器。

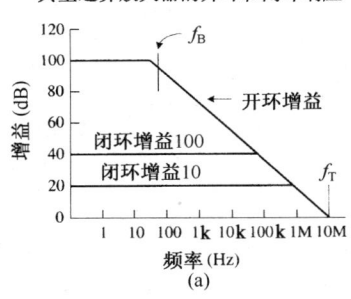

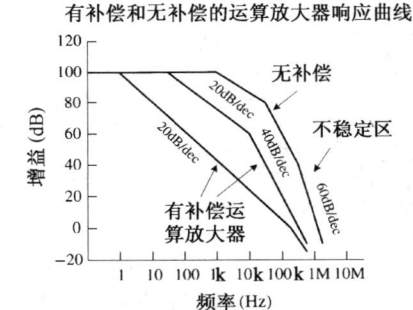

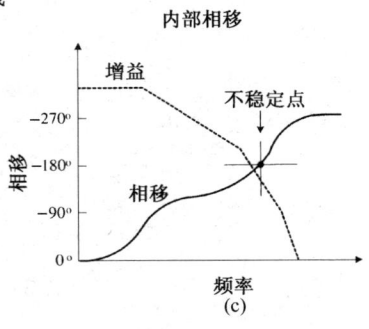

图8.27 运算放大器电路的频率补偿

8.12 比较器

在许多情况下，需要知道两个信号中的哪个较大，或者一个信号何时超出预设的电压。使用运算放大器可以搭建一个实现该功能的简单电路，如图8.28所示。在同相比较电路［见图8.28(a)］中，当输入电压超过反相端参考电压时，输出电压将从0转换为高电压（正极电压）。在反相比较电路［见图8.28(b)］中，当输入电压超过加到同相端参考电压时，输出将从高电平转变为低电平。在图8.28(c)所示电路中，使用分压器提供参考电压。

注意，并非所有运算放大器都能在负电源接地条件下工作，因此建议选用专用的IC比较器。

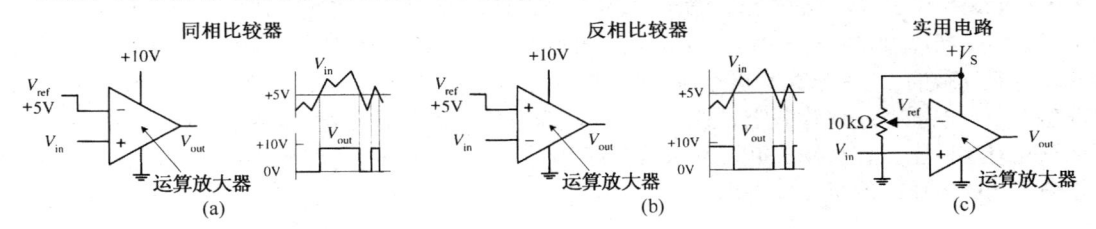

图8.28 由运算放大器构成的比较电路

比较两个电压更常用的方法是，使用称为比较器的专用集成电路。与运算放大器一样，比较器具有反相输入端、同相输入端、输出端和电源端。它的原理图也与运算放大器的类似。然而，与运算放大器不同的是，比较器没有频率补偿，因此不能作为线性放大器。实际上，比较器从来不使用负反馈（而经常使用正反馈）。在比较器使用负反馈时，其输出将不稳定。比较器被设计为高速开关——它们有比运算放大器更快的转换速率和更短的时延。比较器和运算放大器的其他重要差别在于输出电路。运算放大器采用推挽输出，而比较器采用一个晶体管，集电极连到输出端，发射极接地。当比较器的同相端电压低于反相端电压时，输出晶体管导通，输出接地；当同相端电压高于反相端电压时，输出晶体管截止。为了让比较器在晶体管截止时（$V_-<V_+$）输出高电平，需要外接一个从正电源端到输出端的上拉电阻，该上拉电阻相当于晶体管的集电极电阻。使用时，上拉电阻的阻值应适当。阻值过小时，会过度消耗电能；阻值过大时，会削弱比较器的驱动能力。上拉电阻的典型值从几百欧到几千欧。图8.29所示为包含上拉电阻的简单同相和反相比较器电路，两个电路的输出电压都是0～+5V。

比较器一般用于模数转换。典型应用是在比较器的一个输入端接磁性传感器或光电二极管，在另一个输入端接参考电压，用传感器驱动比较器的输出端，产生适合驱动逻辑电路的高、低电平。

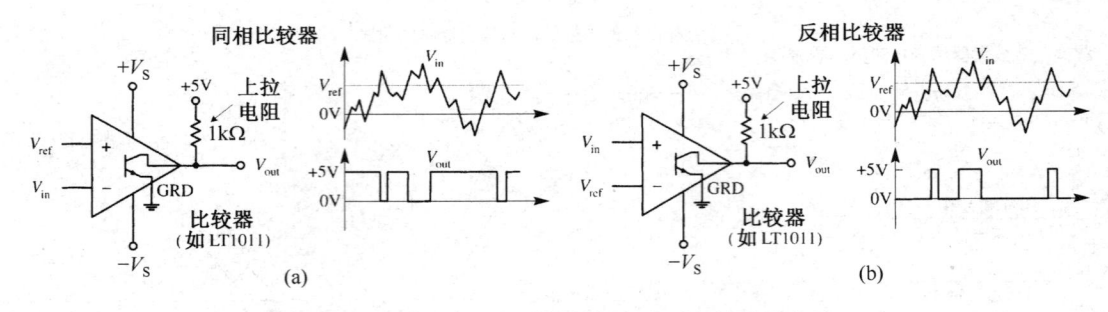

图8.29 包含上拉电阻的简单同相和反相比较器电路

8.13 迟滞比较器

图8.29所示的两个比较器电路有一个根本问题：有一个靠近参考电压变化缓慢的信号出现时，输出端将"神经质"地在高、低电平间跳跃。在许多情况下，对电路响应的要求并不如此讲究，相反，倒是经常需要一个小"缓冲区"来忽略这种小信号偏差。为得到这样一个缓冲，可加入正反馈来得到迟滞现象，以产生两个不同的门限电压（也称触发电平）。下面用两个例子来详细介绍迟滞比较器是如何工作的。

8.13.1 迟滞反相比较器

图8.30(a)所示的反相比较器通过R_3正反馈，提供比较器的两个门限电压。之所以产生两个门限电压，原因是在V_{out}为高电平（+15V）及V_{out}为低电平（0）时，加在同相端的参考电压不同。这是由反馈电流导致的。当输出为高电平时，参考电压称为V_{ref1}；当输出为低电平时，参考电压称为V_{ref2}。假设输出为高电平（晶体管截止）且$V_{in} > V_{ref1}$，为了使输出变为低电平，V_{in}必须比V_{ref1}大。V_{ref1}如何计算呢？实际上，在如图8.30(c)所示的基本电阻网络中，只要计算出输出为高电平（+15V）时同相输入端的电压，就可计算出V_{ref1}。

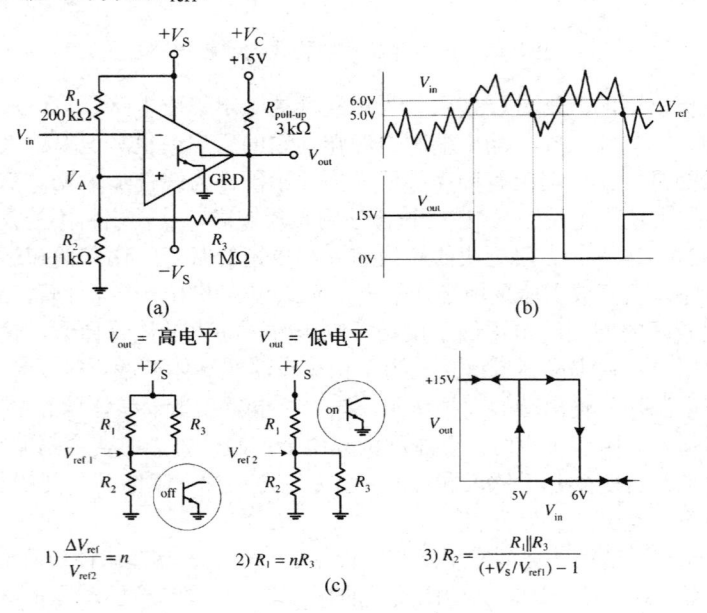

1) $\dfrac{\Delta V_{ref}}{V_{ref2}} = n$ 2) $R_1 = nR_3$ 3) $R_2 = \dfrac{R_1 \| R_3}{(+V_S / V_{ref1}) - 1}$

图 8.30 反相比较器电路

当输出已是高电平时，一旦$V_{in} > V_{ref1}$，输出就会突然变低——晶体管导通。此时，输出变为低电平，出现新参考电压V_{ref2}。为了计算V_{ref2}，参见图8.30(c)所示的电阻网络，有

$$V_{ref2} = \frac{+V_S R_2 \| R_3}{R_1 + (R_2 \| R_3)} = \frac{+V_S R_2 R_3}{R_1 R_2 + R_1 R_3 + R_2 R_3}$$

输入电压降至V_{ref2}或更低时，输出突然变为高电平。这两个参考电压之差称为迟滞电压或ΔV_{ref}。

$$\Delta V_{ref} = V_{ref1} - V_{ref2} = \frac{+V_S R_1 R_2}{R_1 R_2 + R_1 R_3 + R_2 R_3}$$

下面通过理论计算出实际的设计实例。

假设要设计一个比较电路，其中$V_{ref1} = +6V$，$V_{ref2} = +5V$，$+V_C = +15V$，电路驱动100kΩ的负载。首先要做的是确定上拉电阻。根据经验公式$R_{pull-up} < R_{load}$，有$R_3 > R_{pull-up}$。

为什么会这样？因为上拉电阻负载越大（R_3和R_{load}中较小的一个），最大输出电压将越小，因此可通过降低V_{ref1}来减小滞后效应。由于$R_{pull-up} = 3kΩ$，$R_3 = 1MΩ$，整合上面的公式得图8.30下方的实用公式。根据1）式，计算出n，即$(6V-5V)/5V = 0.20$。根据2）式，求得R_1为200kΩ。用3）式求R_2，根据上面给出的公式有$R_2 = 166kΩ/(15V/6V - 1) = 111kΩ$。

8.13.2 迟滞同相比较器

与反相比较器不同，图8.31中的同相比较器只用两个电阻来产生迟滞（要用一个电压分配器来设定参考电压，就需要外接电阻，但这些电阻不对迟滞电压产生影响）。同样，输入信号的端口上也发生门限电平移位——正反馈的结果。当输出端从高电平（$+V_C$）变为低电平（0V）时，加到同相端的门限电平改变参考电压值。例如，假设开始时V_{in}的电压很低，使V_{out}保持低电平。为了让输出为高电平，V_{in}必须升至触发电压V_{in1}。该值可简单地用图8.31(c)中的电阻网络求出：

$$V_{in1} = \frac{V_{ref}(R_1 + R_2)}{R_2}$$

V_{out}一旦变为高电平，同相端的电压就转换为另一个比V_{ref}更大的值：

$$\Delta V_+ = V_{in} + \frac{(V_{CC} - R_{in1})R_1}{R_1 + R_2}$$

为了让比较器返回到低电平，V_{in}必须降低到ΔV_+以下。V_{in2}的求取可用图8.31(d)中的电阻网络。

$$V_{in2} = \frac{V_{ref}(R_1 + R_2) - V_{CC} R_1}{R_2}$$

迟滞电压是V_{in1}和V_{in2}之差，即

$$\Delta V_{in} = V_{in1} - V_{in2} = \frac{V_{CC} R_1}{R_2}$$

图8.31是一个设计实例：给定$+V_C = 10V$，$V_{in1} = 8V$，$V_{in2} = 6V$，求解V_{ref}、$R_{pull-up}$、R_1和R_2。

首先，选择$R_{pull-up} < R_{load}$和$R_2 > R_{pull-up}$以降低负载效应，为此$R_{pull-up} = 1kΩ$，$R_2 = 1MΩ$；其次，根据上面的公式计算R_1和V_{ref}：

$$\frac{R_1}{R_2} = \frac{\Delta V_{in}}{V_C} = \frac{10-8}{10} = 0.20 \quad \Rightarrow \quad R_1 = 0.20 R_2 = 0.20 \times 1MΩ = 200kΩ$$

$$V_{ref} = \frac{V_{in1}}{1 + R_1/R_2} = \frac{8V}{1 - 0.20} = 6.7V$$

图8.31 同相比较器电路

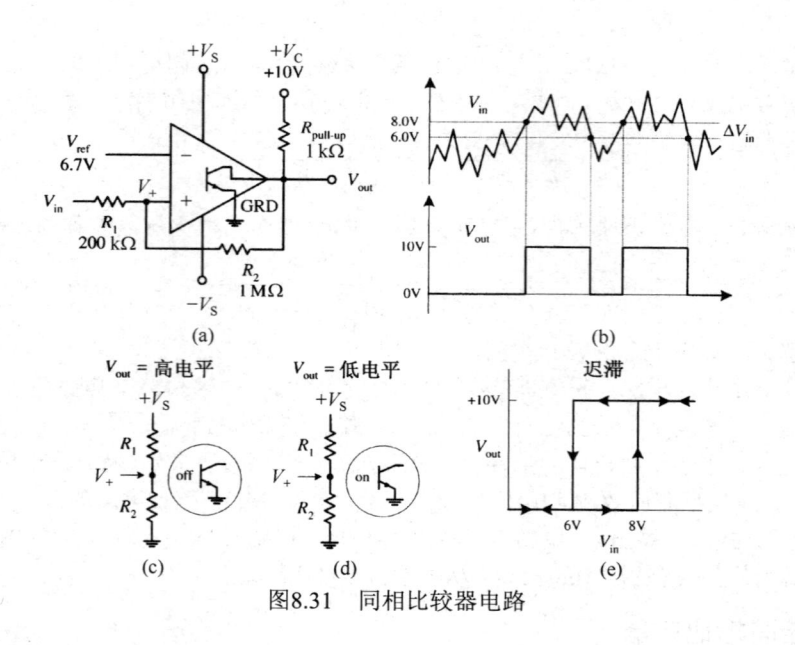

8.14 单电源比较器

像运算放大器一样，比较器集成电路也有双电源和单电源供电两种形式。单电源供电比较器的发射极和电源负极在内部与地接在一起，而双电源运算放大器的发射极（地）和电源负极是分开的。图8.32给出了几种比较器集成电路和两个单电源比较器电路。

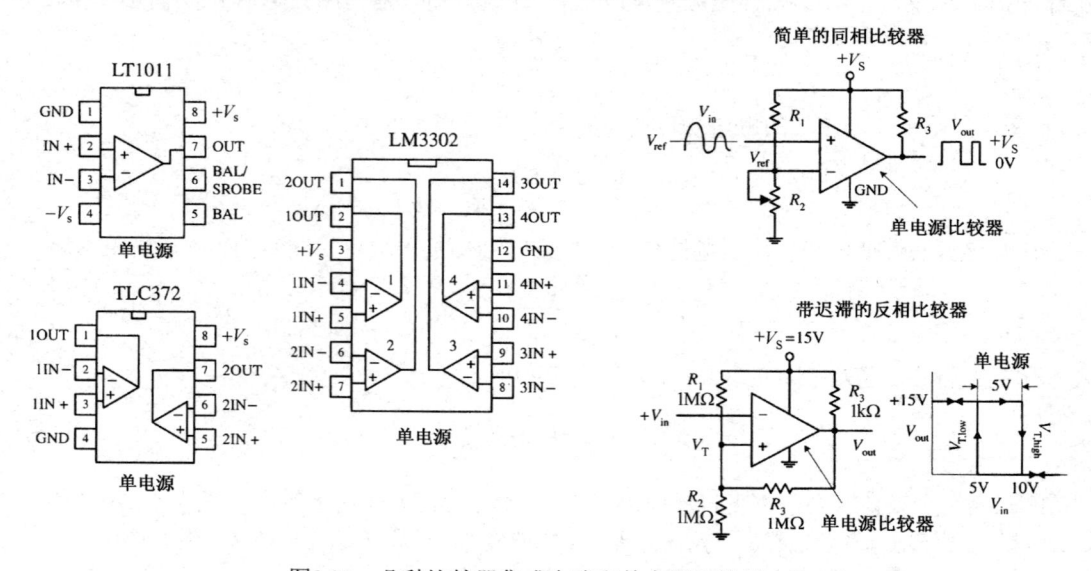

图8.32 几种比较器集成电路和单电源比较器电路

8.15 窗口比较器

窗口比较器是一种很有用的电路。只要输入电压进入或离开预先设定的高低参考电压区域，输出将改变状态。两个参考电压之间的区域称为窗口。图8.33所示为由两个比较器构成的一个简单窗口比较器（也可用运算放大器）。在图8.33(a)中，窗口设置在+3.5V（$V_{\text{ref, low}}$）和+6.5V（$V_{\text{ref, high}}$）之间。V_{in}低于+3.5V时，下面的比较器输出接地，上面的比较器输出悬空。当V_{in}高于+6.5V时，上面的比较器输出接地，而下面的比较器输出悬空。只要有一个比较器接地，就能使$V_{\text{out}}=0V$。仅当V_{in}为+3.5～+6.5V时，输出端输出高电平（+5V）。图8.33(c)使用电阻分压网络来设置参考电压。

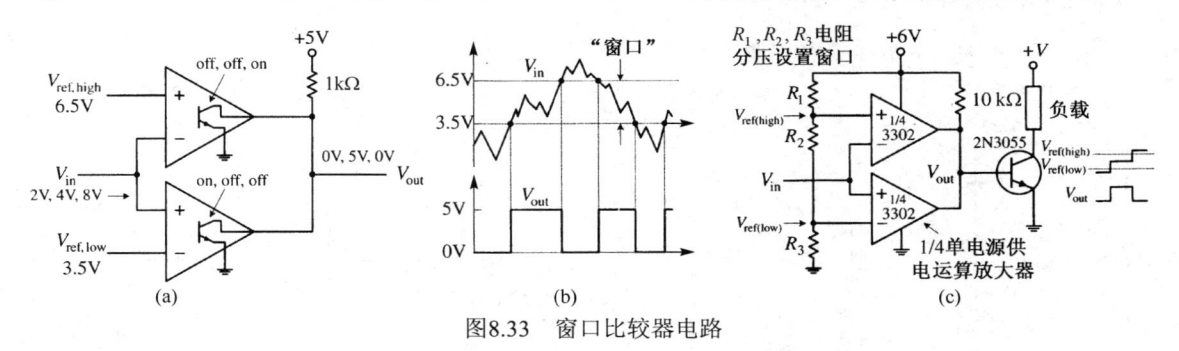

图8.33 窗口比较器电路

8.16 电平指示器

制作一个电平指示器的简单方法是使用多个比较器，将它们的输入端接在一起，且每个比较器接上不同的参考电压，如图8.34所示。在该电路中，从下往上，比较器上的参考电压是递增的（分压网络的结果）。当输入电压增加时，最下面的比较器输出为零（LED导通），随后上面的比较器的输出依次为零。电位器对所有参考电压进行同比例调节。

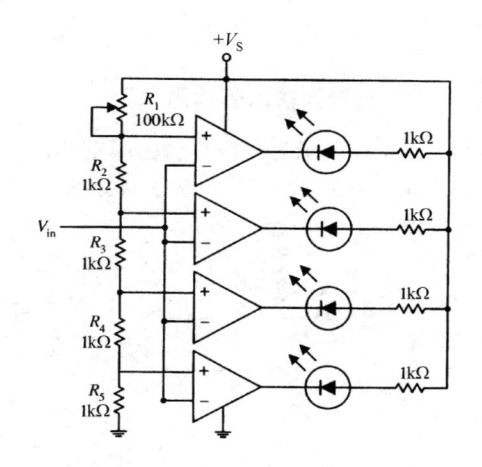

8.17 测量放大器

测量放大器的作用相当于差分放大器，即放大正输入端和负输入端的差分信号。测量放大器的一个典型应用是用在ECG（心电图）机中，放大患者胸前电极产生的小电压信号，形成心跳轨迹。测量放大器的缓冲输入使其性能比普通放大器的性能更优越。三个普通运算放大器就可构建一个测量放大器（见图8.35）。为了获得准确测量，通常使用包含精确匹配电阻的专用集成测量放大器。测量放大器具有很高的共模抑制比。

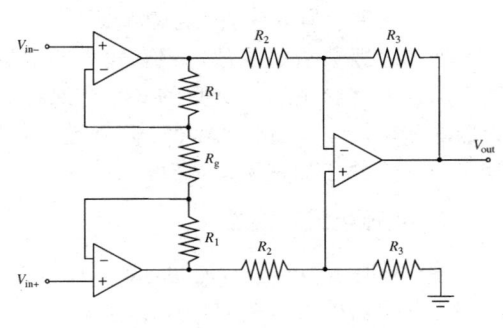

电阻R_1要求匹配，当R_g省去时，放大器可获得单位增益，否则放大器的增益由下式给出：

$$\frac{V_{\text{out}}}{V_{\text{in+}} - V_{\text{in-}}} = \left(1 + \frac{2R_1}{R_g}\right)\frac{R_3}{R_2}$$

因此，单个电阻R_g就可设置放大器的增益。

图8.34 电平指示器电路

图8.35 测量放大器电路

8.18 应用

1. 运算放大器输出驱动器

图8.36所示为运算放大器输出驱动器（对负载开或关）。

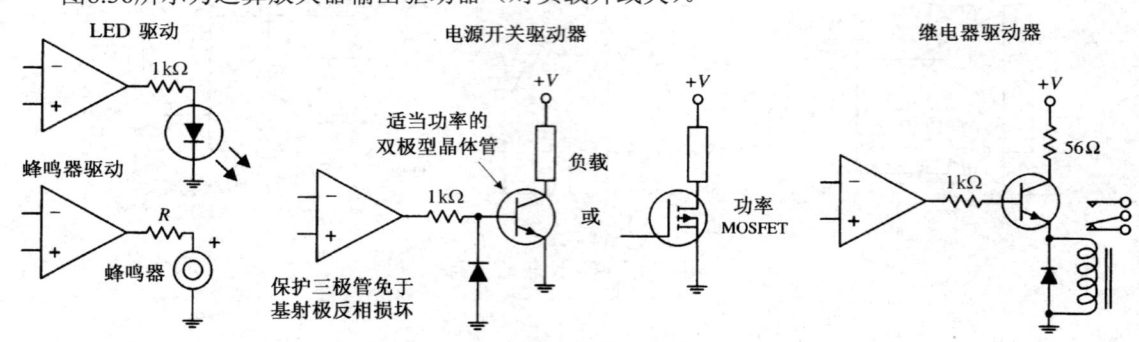

图8.36 运算放大器输出驱动器

2. 比较器输出驱动器

图8.37所示为比较器输出驱动器。

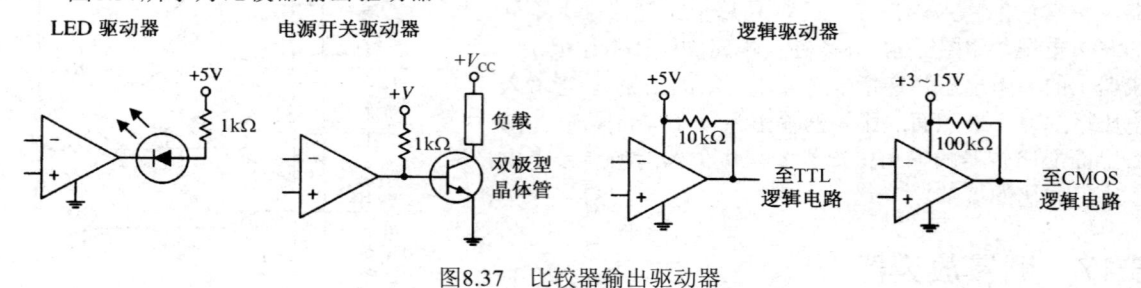

图8.37 比较器输出驱动器

3. 运算放大器功率提升器

图8.38所示为运算放大器功率提升器（AC信号）。

通常，既要求运算放大器有较大的带负载能力，又要求它保持正负输出幅度不变。提高输出功率的同时保持输出不失真的简单方法是，使用晶体三极管组成互补推挽电路，并连接到运算放大器的输出端，如图8.38所示。高频时，需要加偏置电阻和电容防止交越失真。低频时，采用负反馈可消除大部分交越失真。

4. 电压电流变换器

图8.39所示为一个电流源，即运算放大器功率提升器，其输出电流的大小由加到运算放大器的同相输入电压的大小决定。输出电流和电压由下面表达式确定：

$$V_{out} = \frac{(R_L + R_2)}{R_2} V_{in}, \quad I_{out} = \frac{V_{out}}{R_1 + R_2} = \frac{V_{in}}{R_2}$$

V_{in}可由分压器设定。

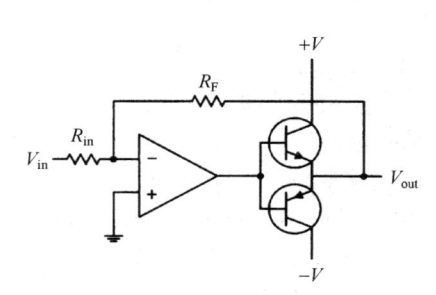

图8.38 运算放大器功率提升器

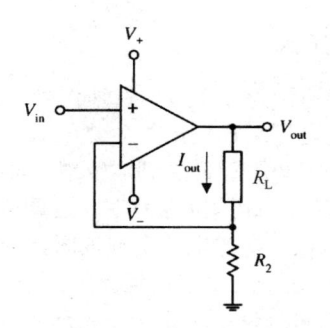

图8.39 电压-电流变换器

5. 高精度电流源

图8.40为高精度电流源，它使用一个JFET管驱动双极型晶体管来控制流过负载的电流。与前面的电流源不同，该电路对输出漂移不敏感。JFET管的作用是得到零偏置电流误差（单个双极型晶体管输出的场合会流出基极电流）。该电路输出的准确电流比JFET管的漏源电流大，提供的V_{in}大于0V。为得到更大的电流，可用达林顿管代替FET双极型连接，只要基极电流不引起大误差。输出电流或负载电流由$I_{load} = V_{in}/R_2$决定。R_2的作用是调节与控制。该电路可能还需要一些附加补偿，具体由负载的电抗和晶体管的参数决定。要确保晶体管有足够大的额定功耗，以满足负载电流需求。

6. 电流-电压变换

图8.41所示为将电流转换为电压的电路。负反馈电阻R_F用于在反相输入端设置电压，并控制输出电压幅度。各电路的输出电压都由下式给出：

$$V_{out} = I_{in} R_F$$

图8.41中各个光敏电路的工作原理与之相同，产生的输出电压与流过光敏传感器的电流成正比。

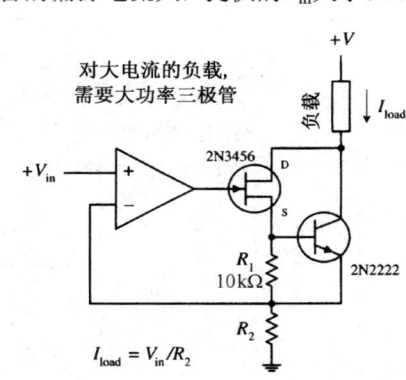

图8.40 高精度电流源

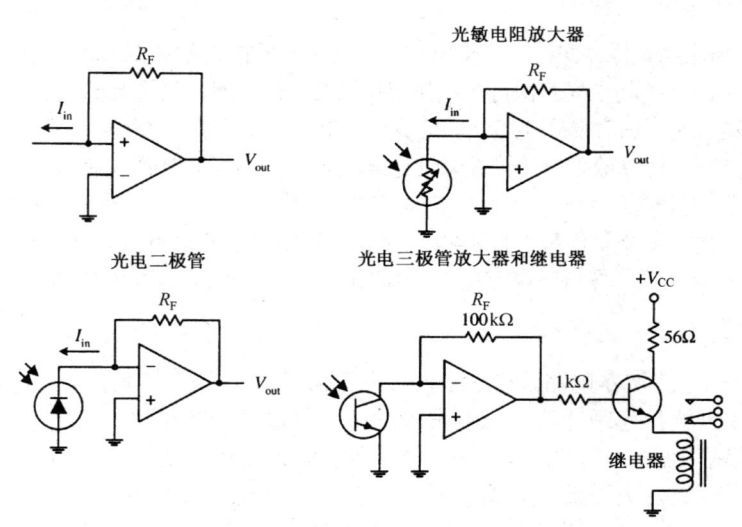

图8.41 将电流转换为电压的电路

7. 过压保护

图8.42所示为一个过压快速保护控制电路，用于保护对浪涌电压较敏感的负载。电源提供一个稳定的+6V电压。通过R_1、R_2分压器提供给运算放大器同相输入端的电压为3V（电位器可进行微调），通过3V稳压管再加到运算放大器反相输入端的电压也为3V。在该例中，运算放大器差分输入电压为零，因此输出也为零（运算放大器作为一个比较器），晶闸管（SCR）截止，没有电流从正极流向负极。电源电压有浪涌时，同相端输入电压将上升，而反相端电压保持为3V（由于3V稳压管作用）。这一结果使得运算放大器的输出为高电平，触发晶闸管导通。此时，电源被短路到地，没有电流流向负载。因此，保险丝（短路器）断开，保护负载。打开开关复位SCR。

8. 可编程放大器

图8.43所示为一个简单的反相放大器，其反馈电阻（增益）可选择数字控制双向开关（如CMOS 4066）。例如，当双向开关的输入端a置为高电平（+5~+18V）而输入端b~d都置为低电平（0V）时，反馈环上只有电阻R_a，当输入端b~d都置为高电平时，有效的反馈电阻是R_a~R_d的并联值。

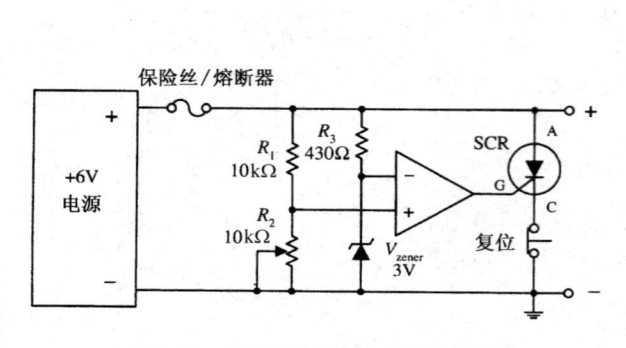

图8.42　一个过压快速保护控制电路 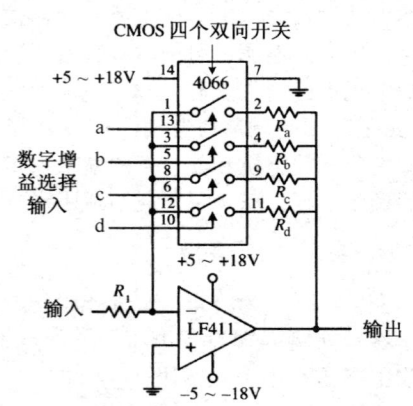　　　图8.43　一个简单的反相放大器电路

9. 采样和保持电路

采样和保持电路用来采样并保持一个模拟信号，以便分析它或在需要时将之转变为数字信号。在图8.44(a)所示的电路中，开关起采样和保持控制作用。当开关闭合时，采样开始，而当开关断开时，采样结束。此时，输入电压将实时存储在电容上。运算放大器作为单位放大（缓冲），传送电容的电压到输出端，防止电容放电（理想运算放大器的输入端没有电流流入）。采样电压能保持多久，取决于电容的漏电流。使用低输入偏置电流的运算放大器（如FET运算放大器），可让漏电流最小。在其他两个电路中，采样和保持开关用一个电控开关代替。图8.44(b)所示电路使用了双向开关，图8.44(c)所示电路使用了MOSFET开关。最适合采样和保持的电容是聚四氟乙烯电容、聚乙烯电容和聚碳酸酯电容。

10. 峰值检波

图8.45所示为峰值检波器电路，它跟随输入电压信号并将其最大电压存储到电容上。图8.45(a)所示电路的运算放大器作为缓冲器，检测电容的电压并输出，防止电容放电。二极管防止当输入电压低于存储的峰值电压时电容放电。图8.45(c)所示电路是更加实用的峰值检波器，它外加一个运算放大器，使得检波器更灵敏，并将电容的电压反馈到反相输入端，以补偿二极管的压降（约为0.6V）。换句话说，它是一个有源整流器。这个电路外加了一个开关来复位检波器。一般来说，要用FET代替二极管，用FET门作为复位开关，而减小电容的容量可加速对V_{in}的充电反应时间。

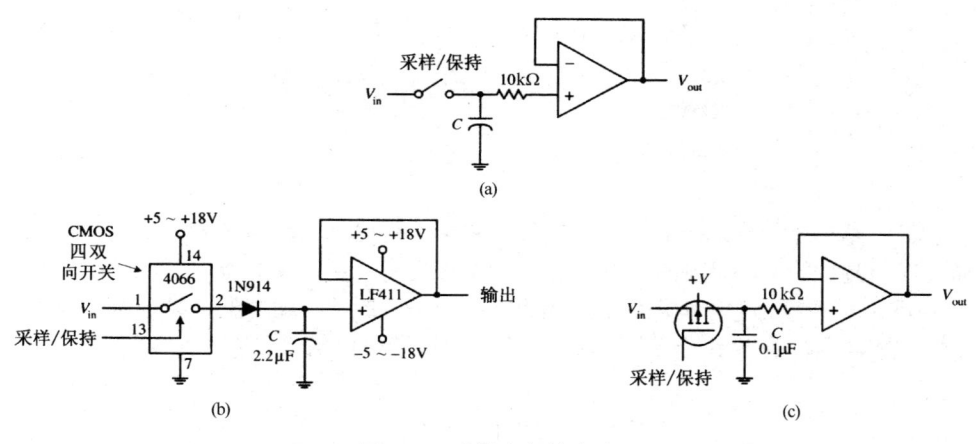

图8.44 采样和保持电路

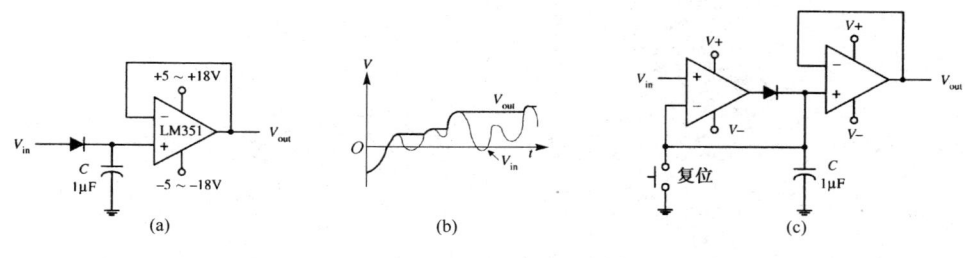

图8.45 峰值检波器电路

11．同相限幅放大器

图 8.46 所示的同相限幅放大器电路可削去输出信号中正负幅值超出的波形。当反馈电压超过稳压二极管的击穿电压时，发生限幅作用。去掉一个稳压二极管时，电路将单向限幅（是正相还是反相限幅取决于哪个稳压二极管被去掉）。该电路可用于限制音频放大器过载，也可作为正弦波-方波变换。

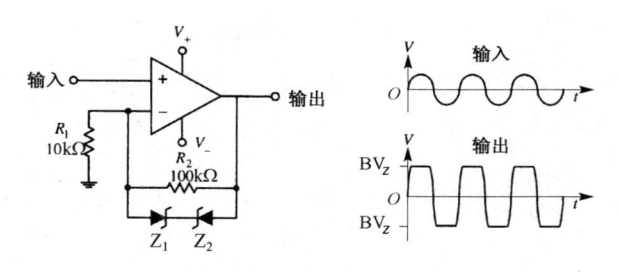

图8.46 同相限幅放大器

12．有源整流器

单个二极管可作为信号整流。然而，二极管会产生压降（如0.6V），不仅会使输出电压降低，还会使其不能整流低于0.6V的电压信号。解决这个问题的简单方法是使用有源整流器，如图8.47(a)所示。该电路作为理想整流器，能整流低至0V的各方向的信号。电路的工作原理如下：当输入V_{in}为正时，电流I将以图8.47(b)所示简化网络中所给的方向流动。因为V_+接地，所以$V_- = V_+ = 0V$（规则4）。

应用基尔霍夫电压定律求V_{out1}、V_{out2}和V_{out3}

$$0V - IR_2 - 0.6V - V_{out1} = 0,$$

$$V_{out1} = 0V - \frac{V_{in}R_2}{R_1} - 0.6V = -V_{in} - 0.6V$$

$$V_{out2} = V_{out1} + 0.6V = -V_{in},$$

$$V_{out3} = V_{out2} = -V_{in}$$

注意，最终结果是没有0.6V的压降，但输出和输入反相。当V_{in}为负时，如图8.47(c)所示，输出电流通过D_1流到V_-的0V（规则4），因为没有电流流向R_2（由于缓冲器），所以V_{out2}和V_{out3}与V_-相等，都等于0V。缓冲器为下一级提供低输出阻抗，使下一级不加载到整流级。为了保持输入极性和输出极性一致，可在输出端接一个反相缓冲器（单位增益反相放大器）。

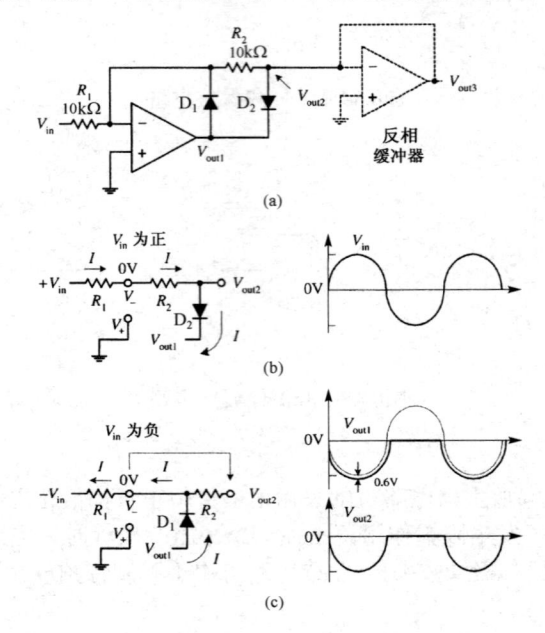

图8.47 有源整流器

第9章 滤 波 器

滤波器是一种通过某些频率信号而阻止其他频率信号的电路。4类主要滤波器是低通滤波器、高通滤波器、带通滤波器和带阻滤波器(也称陷波滤波器,见图9.1)。低通滤波器只允许低频成分的信号通过,而高通滤波器只允许高频成分的信号通过。带通滤波器只通过滤波器谐振频率范围内的窄波段频率信号。陷波滤波器能通过除以滤波器谐振频率为中心的窄波段频率外的其他频率。

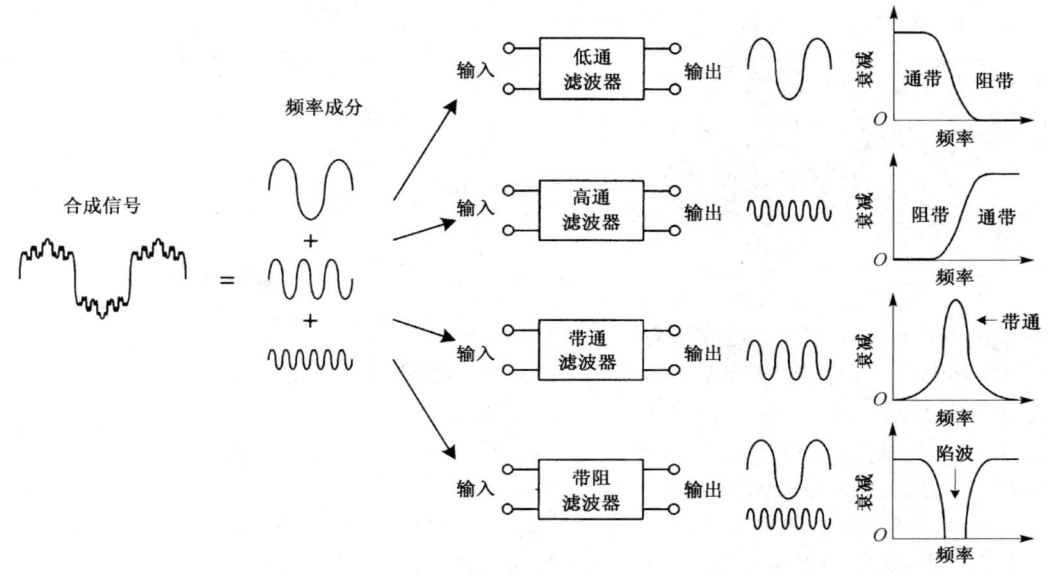

图9.1 滤波器示意图

滤波器在电子学中有许多实际应用。例如,在直流供电情况下,滤波器可用于消除由交流电带来的高频噪声,平滑整流器输出的直流电压。在无线电通信中,滤波器能够让收音机只提供听众需要的信号,同时屏蔽其他信号。同样,滤波器可使电波发射机只产生一种频率的信号,同时减弱其他可能的干扰信号。在声学中,滤波器网络又称分频网络,它将低频音频信号分离到低音扬声器,将中频音频信号分离到中频扬声器,将高频音频信号分离到高频扬声器。高通滤波器常用于滤除音频电路中的60Hz交流干扰。总之,滤波器的应用是很广泛的。

本章介绍两种滤波器,即无源滤波器和有源滤波器。无源滤波器由无源器件制成(如电阻、电容和电感),大多用于100Hz~300MHz频率下(下限频率受低频条件下电容、电感值的限制,电容、电感值变得极大,意味着需要极大体积的元器件。上限频率受高频条件下寄生电容、电感效应的限制)。设计具有强衰减响应能力的无源滤波器时,电容、电感的数量增加。随着电容、电感数量的增加,信号衰减也随之增加。此外,设计无源滤波器时,必须考虑信号源和负载阻抗的影响。

不同于无源滤波器,有源滤波器由运算放大器、电阻、电容组成,而无须电感。有源滤波器能够处理超低频(接近0Hz)信号,且在需要时可提供电压增益(这一点不同于无源滤波器)。有源滤波器可设计成与LC滤波器作用相当的滤波器,更易实现,限制更少,且不需要大容量的元件。另外,有源滤波器可提供与频率无关的理想化输入阻抗与输出阻抗。有源滤波器的主要缺点是高频工作范围相对有限。对于100kHz以上的频率,有源滤波器可能会变得不可靠(受到运算放大器带宽和转换速率要求的影响)。在无线电频率范围工作时,最好使用无源滤波器。

9.1 滤波器设计须知

描述滤波器如何工作时,常用响应曲线。响应曲线其实是增益(V_{out}/V_{in})相对于频率的衰减图(见图9.2)。衰减常用分贝(dB)表示,而频率常用角频率ω(rad/s)或其常规形式f表示(Hz),二者的关系为$\omega = 2\pi f$。滤波器响应曲线可绘制成线性-线性、对数-线性和对数-对数曲线。绘制成对数-线性曲线时,衰减就不必用dB表示。

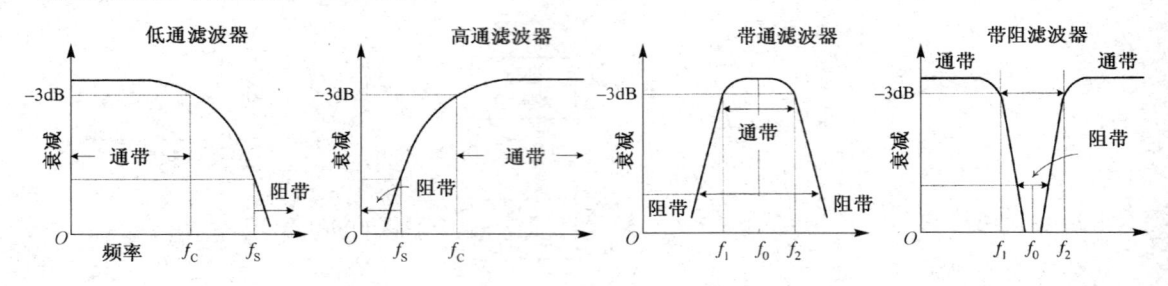

图9.2 滤波器频率特性

下面的术语常用于描述滤波器响应。

(1)–3dB频率(f_{3dB})。表示导致输出信号相对于输入信号下降3dB时的输入信号频率。–3dB频率等于截止频率。在这一点上,输出功率相对于输入功率减少一半,而输出电压相对于输入电压减小到$1/\sqrt{2}$。对低通和高通滤波器来说,只有一个–3dB频率;而对带通滤波器和带阻滤波器来说,有两个–3dB频率,常表示为f_1和f_2。

(2)中心频率(f_0)。在线性–对数曲线中,当响应绘制在线性–对数坐标图上时(对数坐标轴代表频率),带通滤波器响应曲线关于滤波器的谐振频率或中心频率几何对称。在线性–对数曲线中,中心频率与–3dB频率的关系为

$$f_0 = \sqrt{f_1 f_2}$$

对窄带带通滤波器来说,当f_2和f_1之比小于1.1时,响应形状接近算术对称。在这种情况下,可对–3dB频率求平均值来近似求出f_0:

$$f_0 = \frac{f_1 + f_2}{2}$$

(3)通频带。表示那些输出衰减量不超过–3dB的信号频率。

(4)阻带频率(f_s)。一个特定的频率,其衰减达到由设计者给定的某个值。对于低通和高通滤波器,超过阻带频率的频率范围称为阻带。带通和带阻滤波器有两个阻带频率,且介于两个阻带频率之间的频率也称阻带。

(5)品质因数(Q)。带通滤波器中心频率和–3dB带宽(–3dB的两点f_1和f_2之间的距离)之比:

$$Q = \frac{f_0}{f_2 - f_1}$$

对于带阻滤波器,品质因数由$Q = (f_2 - f_1)/f_0$计算,其中f_0为中心频率。

9.2 基本滤波器

第2章说过，利用电容和电感的阻抗特性，以及LC串并联网络的谐振特性，可做出简单的低通、高通、带通和带阻滤波器。下面先简要回顾基本滤波器。

图9.3中所示的滤波器都有一个共同的限制特性：衰减响应值超过–3dB点后，有6dB/倍频程的衰减。在某些应用中，6dB/倍频程的衰减作用已经很好，尤其是当你想要去除的信号被设置在超过–3dB之外的场合。然而，在某些需要更大频率选择性的场合（如更陡峭的衰减或更平坦的通频带），6dB/倍频程的衰减滤波器将无法正常工作。这时，需要一种新的方法来设计滤波器。

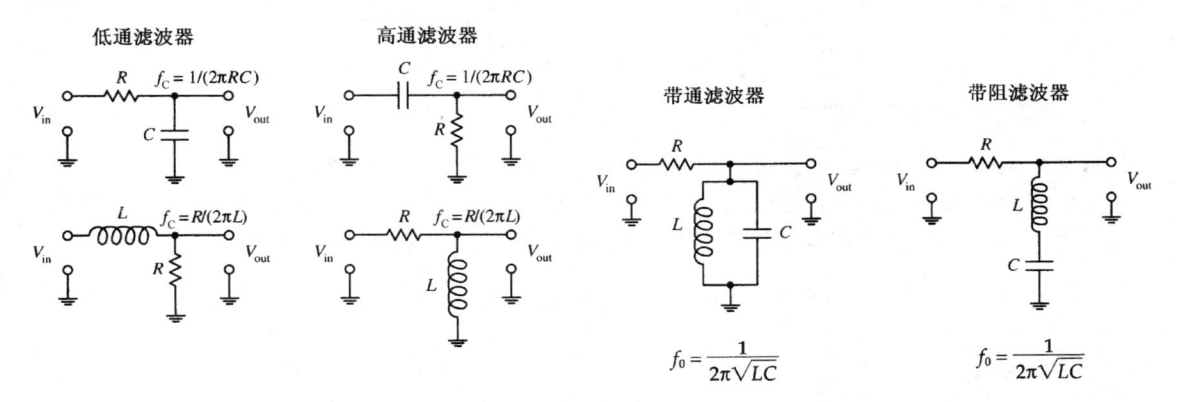

图9.3 基本滤波器电路

制作具有更陡峭衰减和更平坦通频带响应的滤波器

获得更陡峭衰减的一种方法是，组合多个衰减为6dB/倍频程的滤波器。这样的组合就是对前面滤波器的输出进行再滤波。然而，将一个滤波器与另外一个滤波器相连来提高斜率"分贝/倍频程"并不容易。在某些情况下（如窄带带通滤波器的设计），它实际上是不可实现的。例如，你必须解决暂态响应、相位漂移、信号恶化、线圈电容、内阻、磁感应噪声等问题。

为便于讨论，这里跳过那些困难的滤波器理论（这些内容会使事情变得麻烦），仅给出一些使用基本响应曲线图和滤波器设计图表进行设计的技巧。真正理解滤波器基本理论毫无疑问是非常重要的。要对滤波器理论有更深入的理解，可参阅相关的滤波器设计手册。

下面介绍衰减超过6dB/倍频程的实际滤波器设计实例，首先讨论无源滤波器，然后讨论有源滤波器。

9.3 无源低通滤波器的设计

假设要设计一个f_{3dB} = 3000Hz（3000Hz处的衰减是–3dB）及频率为9000Hz时衰减为–25dB（称为截止频率f_S）的低通滤波器，且信号源阻抗R_S和负载阻抗R_L都为50Ω。如何设计该滤波器？

1．第一步：归一化

首先，绘制一条大致的衰减-频率曲线[见图9.4(a)]。其次，将曲线归一化，即将–3dB频率f_{3dB}设为1rad/s。图9.4(b)所示为这种归一化曲线（当将归一化曲线和图表应用在设计技巧中时，归一化就显得极其重要）。要确定归一化截止频率f_S（也称陡峭度因子），可简单地使用如下关系式：

$$A_S = f_S/f_{3dB} = 9000\text{Hz}/3000\text{Hz} = 3$$

上式表明归一化截止频率 f_S 是归一化–3dB点的频率1rad/s的3倍，因此归一化截止频率 f_S 为3rad/s。

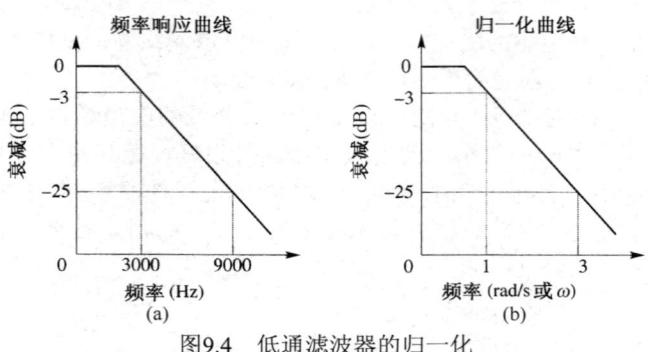

图9.4 低通滤波器的归一化

2．第二步：确定响应曲线

接着，选择一个滤波器的类型。有三类滤波器可供选择，它们分别是巴特沃思滤波器、切比雪夫滤波器和贝塞尔滤波器（见图9.5），它们都是以人名命名的，这里不必深究。三种滤波器均可用LC滤波器网络来构建。在其数学模型中，传递函数都可表示为

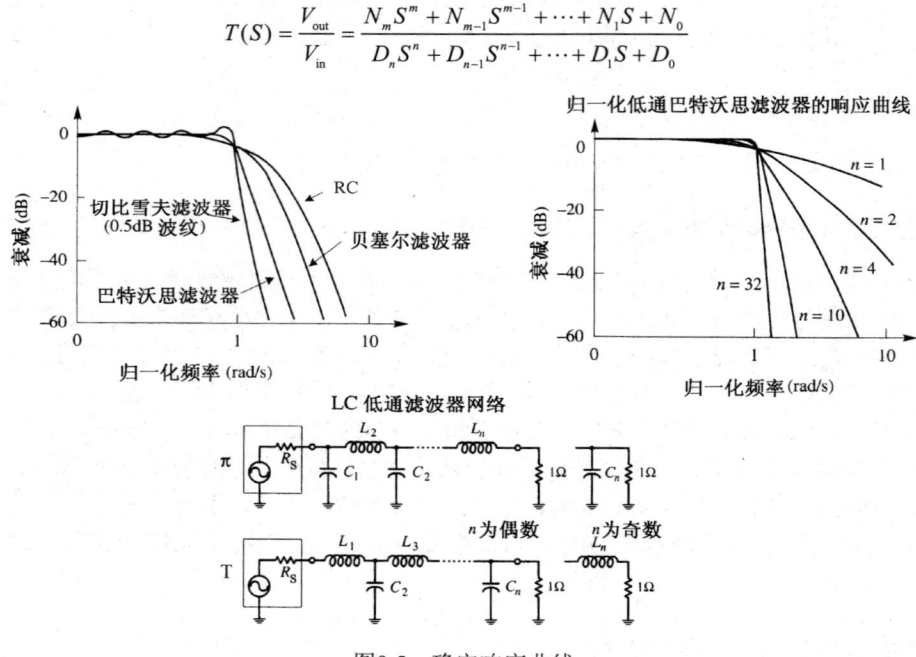

$$T(S) = \frac{V_{\text{out}}}{V_{\text{in}}} = \frac{N_m S^m + N_{m-1} S^{m-1} + \cdots + N_1 S + N_0}{D_n S^n + D_{n-1} S^{n-1} + \cdots + D_1 S + D_0}$$

图9.5 确定响应曲线

式中，$N_l(l=0,1,\cdots,m)$ 是分子系数，$D_k(k=0,1,\cdots,n)$ 是分母系数，$S = \text{j}\omega$（$\text{j}=\sqrt{-1}$，$\omega = 2\pi f$）。分母中的最高次幂n表示滤波器的级数或极点数量，分子的最高次幂m表示零点数量。现在，通过处理这个函数，每种滤波器（如巴特沃思、切比雪夫和贝塞尔滤波器）都能画出传递函数的唯一曲线图，类似于级联LC滤波网络的衰减响应曲线图。从实际出发，重要的是，需要知道传递函数中的极点数量和级联滤波器网络中LC级数之间的关系，因为这些关系决定了衰减响应曲线的大致陡峭度（dB/倍频程）。随着极点数量的增加（LC级数的增加），衰减响应变得越来越陡峭。传递函数的系数影响响应曲线的整体形状并与滤波器网络中的特定电容值和电感值有关。巴特沃思、切比

雪夫和贝塞尔滤波器都有自己的传递函数，且给出了系数值及怎样改变传递函数的阶数来影响衰减斜率。巴特沃思滤波器在通带和阻带之间的变化区内，以损失陡峭度为代价，得到一个较好平坦度的通带响应。切比雪夫滤波器采用一种方法，以通频带内存在波纹为代价，得到了通带和阻带之间极其陡峭的过渡。贝塞尔滤波器则以平坦的通带和陡峭的衰减为代价，得到了最小的相位漂移。后面将讨论巴特沃思、切比雪夫和贝塞尔滤波器的优缺点。下面先讨论巴特沃思滤波器。

3．第三步：确定所需的极点数量

我们选择巴特沃思这种流行的设计方法。首先，找到巴特沃思低通滤波器的归一化频率衰减图，如图9.6所示（这样的响应曲线由滤波器手册提供，当然也有切比雪夫和贝塞尔滤波器的响应曲线）。接着，按题意在图中找到一条在3rad/s处产生−25dB衰减的响应曲线。当手指随着曲线移动时，会发现 n = 3时的曲线在3rad/s处提供了足够的衰减。现在，我们需要一个3阶低通滤波器，它有3个极点。这意味着要设计含有3个LC回路的滤波器。

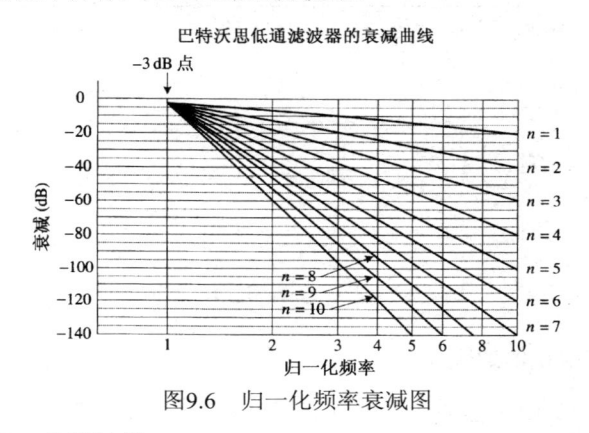

图9.6 归一化频率衰减图

4．第四步：制作归一化滤波器

确定滤波器的阶数后，就可制作归一化LC滤波电路（这个电路不是最终的电路，还需要改进）。设计的电路可以是π形网络，也可以是T形网络，如图9.7所示。当信号源和负载阻抗相匹配时，使用任何一种网络均可。显然，π形网络更具有吸引力，因为需要的电感较少。然而，当负载阻抗比信号源阻抗大时，最好采用T形网络。当负载阻抗比信号源阻抗小时，最好采用π形网络。由于最初要求的信号源和负载阻抗都是50Ω，所以我们选择π形网络。电感和电容的值都已在表9.1中给出（滤波器手册中提供了这样的表格）。因为需要一个3阶滤波器，所以在 n = 3行中取值。在这种情况下，归一化后的滤波电路如图9.8所示。

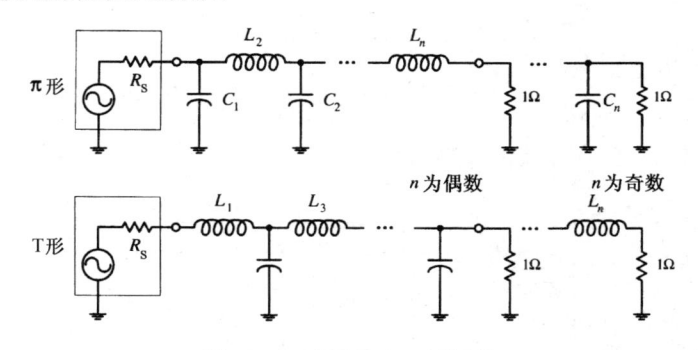

图9.7 π形网络和T形网络

如前所述，这个电路还不是最终的电路。也就是说，列出的电容值不能使滤波器正常工作！

这是因为我们使用的图表经过了归一化处理，而且未考虑信号源和负载阻抗的影响。为了构建最终的工作电路，应按照图9.8列出的电路元件值来确定频率和阻抗的大小。

表9.1 巴特沃思有源低通滤波器的值

π {T} n	R_S {1/R_S}	C_1{L_1}	L_2{C_2}	C_3{L_3}	L_4{C_4}	C_5{L_5}	L_6{C_6}	C_7{L_7}
2	1.000	1.4142	1.4142					
3	1.000	1.0000	2.0000	1.0000				
4	1.000	0.7654	1.8478	1.8478	0.7654			
5	1.000	0.6180	1.6180	2.0000	1.6180	0.6180		
6	1.000	0.5176	1.4142	1.9319	1.9319	1.4142	0.5176	
7	1.000	0.4450	1.2470	1.8019	1.8019	1.8019	1.2470	0.4450

注：相对一个1Ω的负载，在1rad/s频率下-3dB的L_n和C_n值，单位分别为H和F。

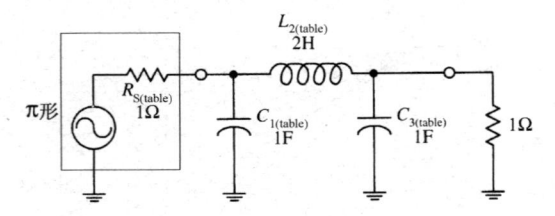

图 9.8 归一化后的滤波电路

5．第五步：频率和阻抗值的变换

为了解决电源和负载的阻抗值的匹配问题，同时处理归一化后的频率，我们采用下面的频率和阻抗变换规则。对于频率变换，将从表格中得到的电容值和电感值除以$\omega = 2\pi f_{3dB}$。对于阻抗变换，将电阻值和电感值乘以负载阻抗，并将电容值除以负载阻抗。也就是说，利用下面两个等式就可得到所需的实际元件值：

$$L_{n(actual)} = \frac{R_L L_{n(table)}}{2\pi f_{3dB}}, \quad C_{n(actual)} = \frac{C_{n(table)}}{2\pi f_{3dB} R_L}$$

$$L_{2(actual)} = \frac{R_L L_{2(table)}}{2\pi f_{3dB}} = \frac{50\Omega \times 2H}{2\pi \times 3000Hz} = 5.3mH$$

$$C_{1(actual)} = \frac{C_{1(table)}}{2\pi f_{3dB} R_L} = \frac{1F}{2\pi \times 3000Hz \times 50\Omega} = 1.06\mu F$$

$$C_{3(actual)} = \frac{C_{3(table)}}{2\pi f_{3dB} R_L} = \frac{1F}{2\pi \times 3000Hz \times 50\Omega} = 1.06\mu F$$

计算结果和最终得到的低通滤波电路如图9.9所示。

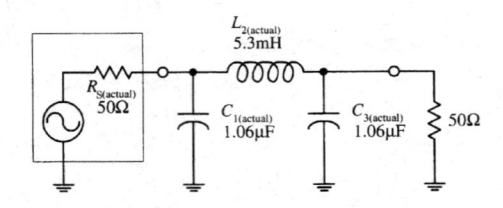

图9.9 计算结果和最终得到的低通滤波电路

9.4 滤波器的比较

前面说过，切比雪夫和贝塞尔滤波器可以代替巴特沃思滤波器。我们可以采用与设计巴特沃思滤波器相似的方法来设计切比雪夫和贝塞尔滤波器。但是，需要利用不同的低通衰减图表来表示π形和T形LC网络中的元件参数。对设计切比雪夫和贝塞尔滤波器有兴趣的读者，可参考相关滤波器的设计手册。下面介绍各种滤波器之间的差别。

巴特沃思滤波器是最流行的一种滤波器，它在通频带中部区域有非常平坦的频率响应，但在靠近–3dB点的区域则有些起伏。在–3dB点外，衰减速率逐渐增加并逐渐达到n×6dB/倍频程（当n = 3时，衰减将达到18dB/倍频程）。巴特沃思滤波器相对来说容易构建，且需要的元件也不像其他滤波器要求得那样精确。

与巴特沃思和贝塞尔滤波器相比，切比雪夫滤波器（如0.5dB波纹、0.1dB波纹的切比雪夫滤波器）在超过–3dB点的位置有着更大的衰减速率。达到这么陡峭的衰减度是要付出代价的——通频带内的电压波动，称为通带波动。通带波动的大小随滤波器阶数的增加而增加。此外，与巴特沃思滤波器相比，切比雪夫滤波器对元件的允许误差更灵敏。

巴特沃思和切比雪夫滤波器都存在一个问题——对不同频率的信号，都会产生不同的时延。换句话说，当输入信号由多个频率波形组成（如调制信号）时，输出信号会因不同频率而有不同的时延，进而产生信号的失真。经过通带的时延变化所引发的失真称为延迟失真，它随巴特沃思滤波器和切比雪夫滤波器阶数的增加而增加。为避免这种影响，可以使用贝塞尔滤波器。贝塞尔滤波器不像其他两种滤波器，它在通带上提供恒定的时延。然而，贝塞尔滤波器没有上述两种滤波器那样的衰减特性。注意，陡峭的衰减特性并不适合在输出端还原信号。当需要还原信号时，贝塞尔滤波器更加可靠。

9.5 无源高通滤波器的设计

假设要设计一个高通滤波器，要求f_{3dB} = 1000Hz，且在300Hz处至少有–45dB的衰减（该处的频率称为截止频率f_S）。假设该滤波器有50Ω电阻的信号源和负载，且响应符合巴特沃思曲线。该怎样进行设计？答案很简单：将高通响应视为低通响应的转化，然后设计一个归一化低通滤波器，在这个低通滤波器的元件上运用一些换算技巧，得到一个归一化高通滤波器，再用频率和阻抗变换这个归一化高通滤波器。

首先，画出高通滤波器的响应曲线，如图9.10所示。接着，在水平方向上翻转高通响应曲线，得到低通响应曲线（允许使用低通设计技术。然后，需要应用一些转换技巧，即用该低通滤波器的标准元件参数得到所需的高通滤波器）。为了得到陡峭度因子A_S和归一化阻带截止频率f_S，可以使用与低通滤波器例子基本相同的过程，但要保证f_{3dB}在f_S上方。

$$A_S = f_{3dB}/f_S = 1000Hz/300Hz = 3.3$$

上式表明归一化阻带截止频率是f_{3dB}的3.3倍。该归一化图表将f_{3dB}置为1rad/s，因此f_S为3.3rad/s。

接着，按照前面的步骤，得到低通滤波器的响应曲线，并在图9.6中确定3.3rad/s处衰减至少达到–45dB的响应曲线。n = 5的曲线符合要求，因此可以构建一个5阶LC网络。现在，问题是使用π形网络还是使用T形网络。最初，你可能认为π形最好，因为负载和信号源阻抗相等并且需要更少的电感。然而，利用转化技巧使低通滤波器变为高通滤波器时，需要将电容和电感互换。因此，现在选择T形低通网络时，在最后得到的高通电路中将需要较少的电感。这个5阶归一化低通滤波网络如图9.10所示。

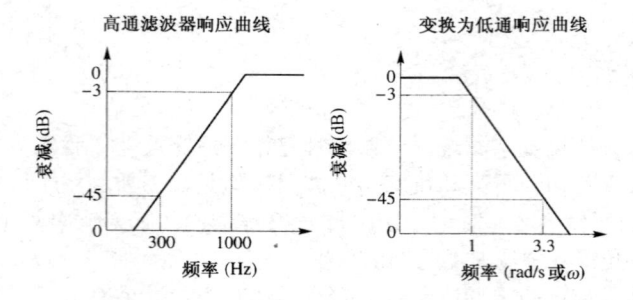

高通滤波器响应曲线

变换为低通响应曲线

(1) 从 T 形低通滤波器开始

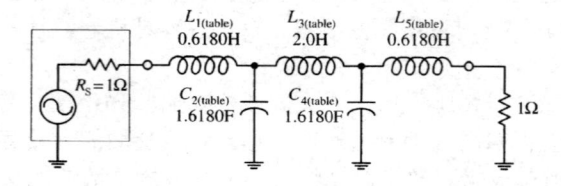

$L_{1(\text{table})}$ 0.6180H, $L_{3(\text{table})}$ 2.0H, $L_{5(\text{table})}$ 0.6180H
$C_{2(\text{table})}$ 1.6180F, $C_{4(\text{table})}$ 1.6180F
$R_S = 1\Omega$, 1Ω

(2) 将低通滤波器变换为高通滤波器

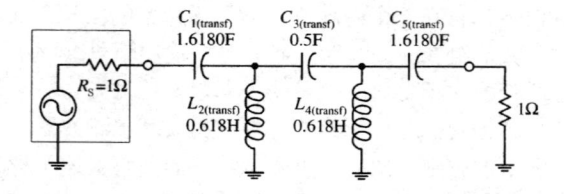

$C_{1(\text{transf})}$ 1.6180F, $C_{3(\text{transf})}$ 0.5F, $C_{5(\text{transf})}$ 1.6180F
$L_{2(\text{transf})}$ 0.618H, $L_{4(\text{transf})}$ 0.618H
$R_S = 1\Omega$, 1Ω

(3) 标定频率和阻抗来得到实际的电路

$C_{1(\text{actual})}$ 5.1μF, $C_{3(\text{actual})}$ 1.6μF, $C_{5(\text{actual})}$ 5.1μF
$L_{2(\text{actual})}$ 4.9mH, $L_{2(\text{actual})}$ 4.9mH
$R_S = 50\Omega$, 50Ω

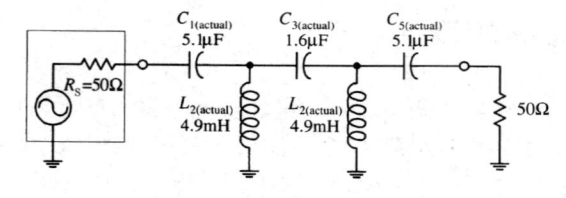

图9.10　5阶归一化低通滤波网络

为了将低通滤波器变成高通滤波器，用具有 $1/L$ 值的电容置换电感，用具有 $1/C$ 值的电感置换电容。换句话说，做下面的变换：

$$C_{1(\text{transf})} = 1/L_{1(\text{table})} = 1/0.6180 = 1.6180\text{F} \qquad L_{2(\text{transf})} = 1/C_{2(\text{table})} = 1/1.6180 = 0.6180\text{H}$$

$$C_{3(\text{transf})} = 1/L_{3(\text{table})} = 1/2.0 = 0.5\text{F} \qquad L_{4(\text{transf})} = 1/C_{4(\text{table})} = 1/1.6180 = 0.6180\text{H}$$

$$C_{5(\text{transf})} = 1/L_{5(\text{table})} = 1/0.6180 = 1.6180\text{F}$$

然后，变换频率和阻抗得到实际的元件参数：

$$C_{1(\text{actual})} = \frac{C_{1(\text{trans})}}{2\pi f_{3\text{dB}} R_L} = \frac{1.618\text{H}}{2\pi \times 1000\text{Hz} \times 50\Omega} = 5.1\mu\text{F} \qquad L_{2(\text{actual})} = \frac{L_{2(\text{trans})} R_L}{2\pi f_{3\text{dB}}} = \frac{0.6180\text{F} \times 50\Omega}{2\pi \times 1000\text{Hz}} = 4.9\text{mH}$$

$$C_{3(\text{actual})} = \frac{C_{3(\text{trans})}}{2\pi f_{3\text{dB}} R_L} = \frac{0.5\text{H}}{2\pi \times 1000\text{Hz} \times 50\Omega} = 1.6\mu\text{F} \qquad L_{4(\text{actual})} = \frac{L_{4(\text{trans})} R_L}{2\pi f_{3\text{dB}}} = \frac{0.6180\text{F} \times 50\Omega}{2\pi \times 1000\text{Hz}} = 4.9\text{mH}$$

$$C_{5(\text{actual})} = \frac{C_{5(\text{trans})}}{2\pi f_{3\text{dB}} R_L} = \frac{1.618\text{H}}{2\pi \times 1000\text{Hz} \times 50\Omega} = 5.1\mu\text{F}$$

9.6 无源带通滤波器的设计

带通滤波器分为窄带和宽带两种。两种带通滤波器的主要区别在于,其高通-3dB频率f_1与低通-3dB频率f_2之比。当f_2/f_1大于1.5时,带通滤波器属于宽带类型;当f_2/f_1小于1.5时,带通滤波器属于窄带类型。如下面介绍的那样,设计宽带带通滤波器和窄带带通滤波器的程序是有区别的。

1. 宽带滤波器设计

简单地说,设计宽带带通滤波器是指结合低通滤波器和高通滤波器。下例将说明详细步骤。假设要设计一个带通滤波器,要求在-3dB点的截止频率为$f_1 = 1000$Hz和$f_2 = 3000$Hz,且在300Hz处至少有-45dB的衰减,在9000Hz处衰减超过-25dB,并且该信号源和负载的阻抗都是50Ω。用巴特沃思滤波器进行设计。

图9.11(a)中标出了所要求的基本响应曲线。比值$f_2/f_1 = 3$大于1.5大,因此属于宽带情形。注意图9.11(a)是如何将低通和高通响应曲线绘在一幅图上的。如果将响应分为低频阶段曲线和高频阶段曲线,那么可以得到下面的结果:

低通: 在3000Hz处衰减-3dB,在9000Hz处衰减-25dB

高通: 在1000Hz处衰减-3dB,在300Hz处衰减-45dB

现在,我们可以设计宽带带通滤波器。利用上面的值和前面关于低通和高通滤波器例子中详细介绍的设计方法,分别设计低通滤波器和高通滤波器。完成设计后,只需简单级联低通滤波器和高通滤波器。最后的级联网络如图9.11(b)所示。

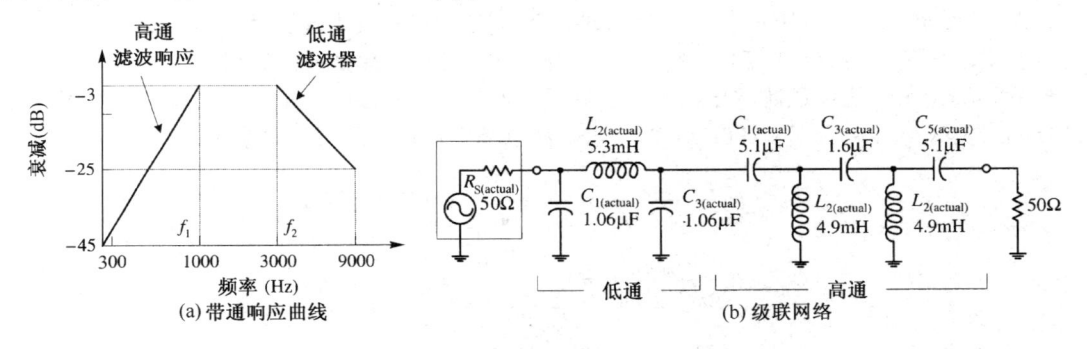

图9.11 宽带滤波器的设计

2. 窄带滤波器的设计

不像宽带滤波器,窄带滤波器($f_2/f_1 < 1.5$)不能简单地级联低通滤波器和高通滤波器。因此,必须采用一种新的设计方法与步骤。具体步骤是将带通滤波器的-3dB带宽($\Delta f_{BW} = f_2 - f_1$)变换为低通滤波器的-3dB频率$f_{3dB}$。同时,将带通滤波器的阻带带宽变为低通滤波器的阻带频率。这样,就构建了一个归一化低通滤波器。归一化低通滤波器构建后,必须采用特殊的方法标定滤波器频率,以得到需要的带通滤波器(这个归一化电路也要像前面那样进行阻抗标定)。当对归一化低通滤波器元件进行频率变换时,不要除以$\omega = 2\pi f_{3dB}$,而要除以低通标定值。相反,归一化低通滤波器元件要除以$2\pi(\Delta f_{BW})$。另外,该变换电路的支路必须与带通滤波器的中心频率f_0谐振,通过将另外的电感与电容并联及将另外的电容与电感串联来实现。附加的电感和电容值用LC调谐公式确定。

$$f_0 = \frac{1}{2\pi\sqrt{LC}}$$

3. 窄带宽带通滤波器设计实例

假设要设计一个在$f_1 = 900$Hz和$f_2 = 1100$Hz处有-3dB点的带通滤波器,且在800Hz和1200Hz频率处至少有-20dB的衰减。假设该信号源和负载的阻抗都是50Ω,用巴特沃思滤波器进行设计。

显然,$f_1/f_2 = 1.2$,它小于1.5,所以属于窄带滤波器设计。设计窄带带通滤波器的第一步是归一化该带通滤波器。

首先,确定几何中心频率:

$$f_0 = \sqrt{f_1 f_2} = \sqrt{900\text{Hz} \times 1100\text{Hz}} = 995\text{Hz}$$

接着,使用如下公式计算两对几何相关的阻带频率:

$$f_a f_b = f_0^2, \quad f_a = 800\text{Hz}, \quad f_b = \frac{f_0^2}{f_a} = \frac{(995\text{Hz})^2}{800\text{Hz}} = 1237\text{Hz}, \quad f_b - f_a = 437\text{Hz}$$

$$f_b = 1200\text{Hz}, \quad f_a = \frac{f_0^2}{f_b} = \frac{(995\text{Hz})^2}{1200\text{Hz}} = 825\text{Hz}, \quad f_b - f_a = 375\text{Hz}$$

注意,事情现在变得有些复杂。对于每对阻带频率,可以得到两对新阻带频率,这由f_0的几何特性决定。从最佳特性考虑,阻带频率可选择间隔较小的那个,即375Hz。

带通滤波器的陡峭度因子A_S由下式求出:

$$A_S = 阻带带宽/3\text{dB}带宽 = 375\text{Hz}/200\text{Hz} = 1.88$$

接着,在1.88rad/s处设计一个至少有-20dB衰减的低通巴特沃思滤波器。根据图9.6,$n = 3$的曲线符合要求。于是,利用表9.1和π形结构就可构建一个3阶归一化低通滤波器。

然后,标定归一化低通滤波器的阻抗和频率,使其满足50Ω的阻抗要求和-3dB频率等于带通滤波器的带宽($\Delta f_{BW} = f_2 - f_1 = 200$Hz)的要求。注意频率标定的技巧!结果如下:

$$C_{1(\text{actual})} = \frac{C_{1(\text{table})}}{2\pi(\Delta f_{BW})R_L} = \frac{1\text{F}}{2\pi \times 200\text{Hz} \times 50\Omega} = 15.92\mu\text{F}$$

$$C_{3(\text{actual})} = \frac{C_{3(\text{table})}}{2\pi(\Delta f_{BW})R_L} = \frac{1\text{F}}{2\pi \times 200\text{Hz} \times 50\Omega} = 15.92\mu\text{F}$$

$$L_{2(\text{actual})} = \frac{L_{2(\text{table})}R_L}{2\pi(\Delta f_{BW})} = \frac{2\text{H} \times 50\Omega}{2\pi \times 200\text{Hz}} = 79.6\text{mH}$$

接下来是关键的一步,即对电感增加串联电容及对电容增加并联电感,使低通滤波器的各个支路都在f_0频率处发生谐振。用LC谐振方程来确定附加的元件参数:

$$L_{(与C_1并联)} = \frac{1}{(2\pi f_0)^2 C_{1(\text{actual})}} = \frac{1}{(2\pi \times 995\text{Hz})^2 \times 15.92\mu\text{F}} = 1.61\text{mH}$$

$$L_{(与C_3并联)} = \frac{1}{(2\pi f_0)^2 C_{3(\text{actual})}} = \frac{1}{(2\pi \times 995\text{Hz})^2 \times 15.92\mu\text{F}} = 1.61\text{mH}$$

$$C_{(与L_2串联)} = \frac{1}{(2\pi f_0)^2 L_{2(\text{actual})}} = \frac{1}{(2\pi \times 995\text{Hz})^2 \times 79.6\text{mH}} = 0.32\mu\text{F}$$

最终得到的带通滤波电路如图9.12所示。

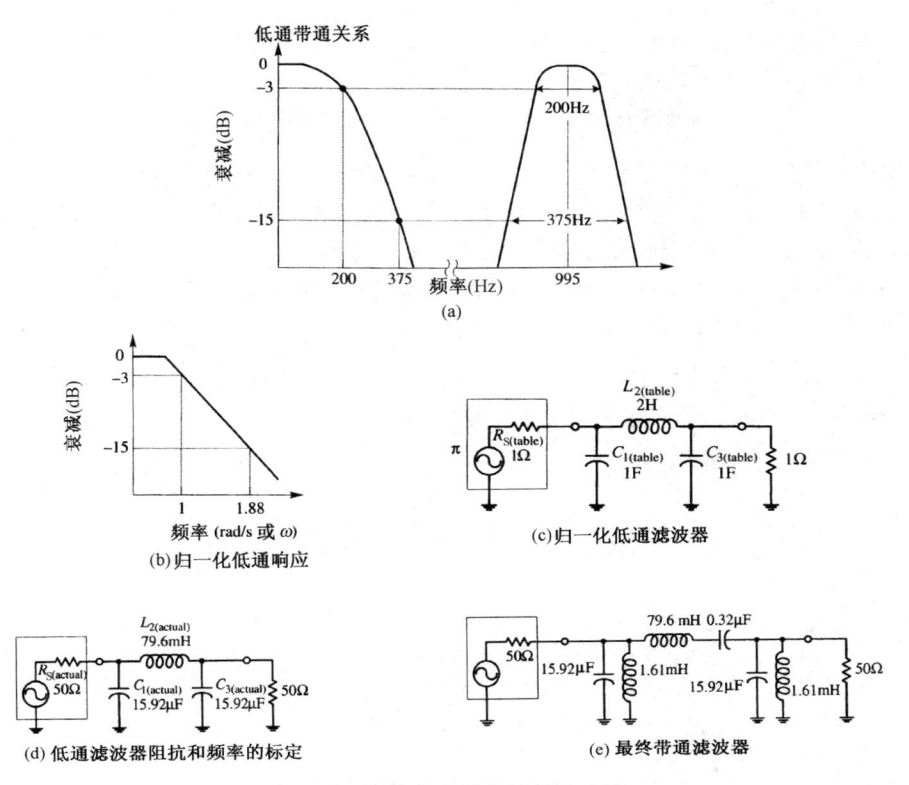

图9.12　最终得到的带通滤波电路

9.7　无源带阻滤波器的设计

为了设计带阻（陷波）滤波器，可以使用窄带带通滤波器例子中所用的类似方法。但这里需要用高通滤波器来代替低通滤波器作为基本部件。方法是，将带阻滤波器的-3dB带宽（$\Delta f_{BW}=f_1-f_2$）与高通滤波器的-3dB频率联系起来，将带阻滤波器的阻带带宽与高通滤波器的阻带频率联系起来。此后，就是如何构建一个归一化高通滤波器。该滤波器要用一种特殊的方法进行频率标定——将其所有元件值除以$2\pi\Delta f_{BW}$（该电路也要像前面那样进行阻抗标定）。与窄带带通滤波器的例子一样，也要将附加的串联电容插入电感支路，并将附加的并联电感插入电容支路，使变换后的高通滤波器的支路都谐振于该带阻滤波器的中心频率f_0。

设计实例

假设要设计一个带阻滤波器，要求在-3dB点处的频率为$f_1=800$Hz和$f_2=1200$Hz，且在900Hz和1100Hz处至少有-20dB的衰减。假设信号源和负载的阻抗都是600Ω，要求按巴特沃思滤波器设计。

首先，求出几何中心频率：
$$f_0=\sqrt{f_1 f_2}=\sqrt{800\text{Hz}\times1200\text{Hz}}=980\text{Hz}$$

接着，计算两对几何相关的阻带频率：

$$f_a=900\text{Hz} \quad f_b=\frac{f_0^2}{f_a}=\frac{(980\text{Hz})^2}{900\text{Hz}}=1067\text{Hz} \quad f_b-f_a=1067\text{Hz}-900\text{Hz}=167\text{Hz}$$

$$f_b=1100\text{Hz} \quad f_a=\frac{f_0^2}{f_b}=\frac{(980\text{Hz})^2}{1100\text{Hz}}=873\text{Hz} \quad f_b-f_a=1100\text{Hz}-873\text{Hz}=227\text{Hz}$$

· 515 ·

选择一对能提供较优特性的频率,它们的差为227Hz。

然后,计算该带阻滤波器的陡峭度因子,它由下式给出:

$$A_S = 3\text{dB}带宽/阻带带宽 = 400\text{Hz}/227\text{Hz} = 1.7$$

为了提供最后的带阻滤波器设计,需要先将陡峭度因子视为高通滤波器的陡峭度因子。运用前面介绍过的相同技巧来构建一个高通滤波器。水平翻转这个高通响应曲线,得到一个低通响应曲线。然后,先归一化这个低通响应(将归一化截止频率设为1.7rad/s),再用图9.6($n = 3$提供1.7rad/s处至少-20dB的衰减)、表9.1和π形网络完成归一化低通滤波器设计。最后,使用低通到高通的转化技巧得到一个归一化高通滤波器:

$$L_{1(\text{actual})} = 1/C_{1(\text{table})} = 1/1 = 1\text{H}, \quad L_{3(\text{actual})} = 1/C_{3(\text{table})} = 1/1 = 1\text{H}, \quad C_{2(\text{actual})} = 1/L_{2(\text{table})} = 1/2 = 0.5\text{F}$$

图9.13中的前三个电路显示了从低通到高通的转化过程。

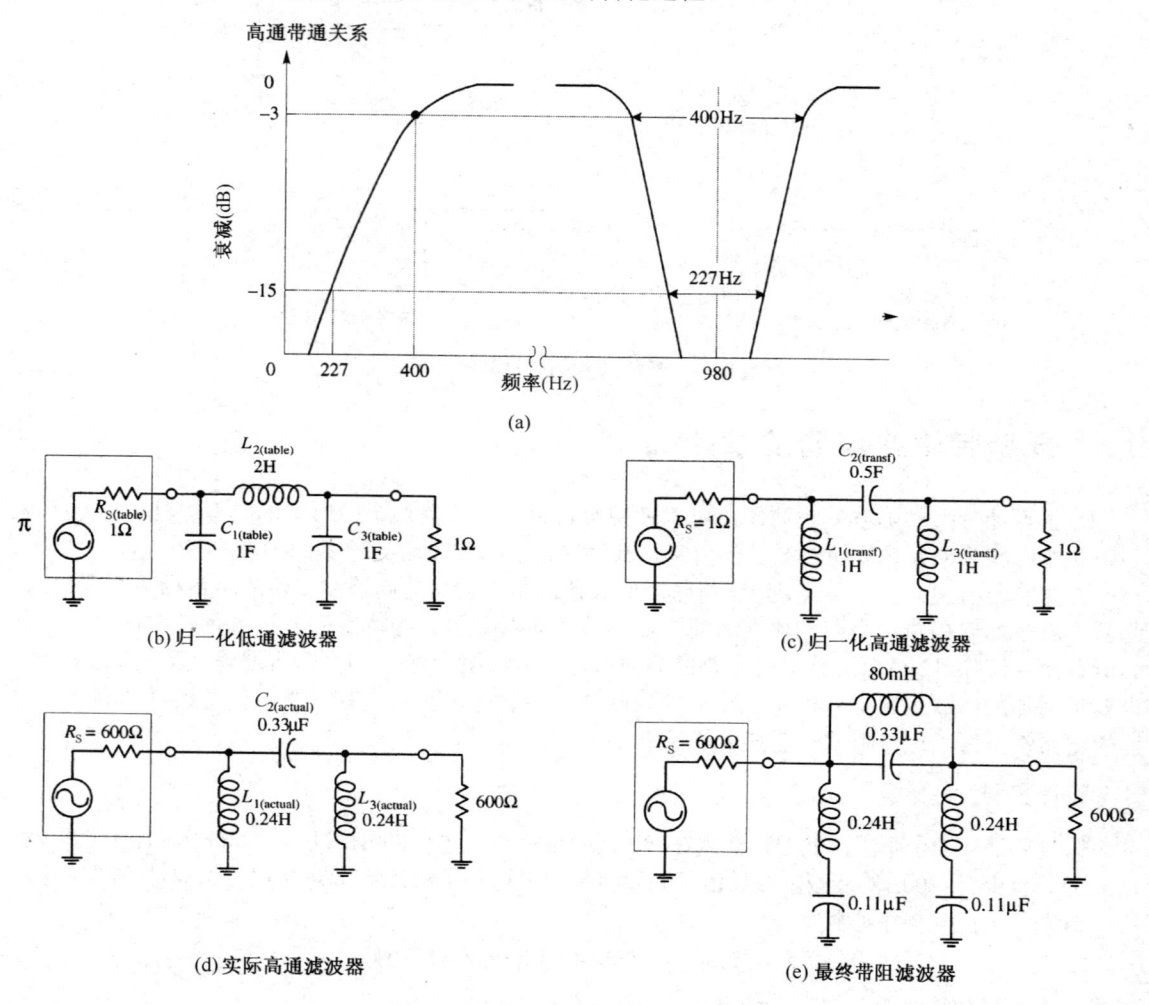

图 9.13 无源带阻滤波器的设计

接着进行阻抗和频率标定:将归一化高通滤波器的阻抗等级标定为600Ω,并将-3dB频率标定为带阻滤波器所需的带宽($\Delta f_{\text{BW}} = f_2 - f_1$),在本例中它等于400Hz。注意频率标定技巧!结果如下:

· 516 ·

$$L_{1(\text{actual})} = \frac{R_L L_{1(\text{transf})}}{2\pi(\Delta f_{\text{BW}})} = \frac{600\Omega \times 1\text{H}}{2\pi \times 400\text{Hz}} = 0.24\text{H}, \quad L_{3(\text{actual})} = \frac{R_L L_{3(\text{transf})}}{2\pi(\Delta f_{\text{BW}})} = \frac{600\Omega \times 1\text{H}}{2\pi \times 400\text{Hz}} = 0.24\text{H}$$

$$C_{2(\text{actual})} = \frac{C_{1(\text{table})}}{2\pi(\Delta f_{\text{BW}})R_L} = \frac{0.5\text{F}}{2\pi \times 400\text{Hz} \times 600\Omega} = 0.33\mu\text{H}$$

最后，进行重要修正——对各个电感增加串联电容及对各个电容增加并联电感，使各支路谐振于该带阻滤波器的中心频率f_0。附加的元件值必须满足

$$C_{(\text{与}L_1\text{串联})} = \frac{1}{(2\pi f_0)^2 L_{1(\text{actual})}} = \frac{1}{(2\pi \times 400\text{Hz})^2 \times 0.24\text{H}} = 0.11\mu\text{H}$$

$$C_{(\text{与}L_3\text{串联})} = \frac{1}{(2\pi f_0)^2 L_{3(\text{actual})}} = \frac{1}{(2\pi \times 400\text{Hz})^2 \times 0.24\text{H}} = 0.11\mu\text{H}$$

$$L_{(\text{与}C_2\text{并联})} = \frac{1}{(2\pi f_0)^2 C_{2(\text{actual})}} = \frac{1}{(2\pi \times 400\text{Hz})^2 \times 0.33\mu\text{F}} = 80\text{mH}$$

最后的电路如图9.13(e)所示。

9.8 有源滤波器的设计

本节介绍基本的巴特沃思有源滤波器的设计。本章前面讨论了有源滤波器设计的一些基本情况，下面集中讨论单位增益有源滤波器的实用设计技术。本节首先设计一个低通滤波器。

9.8.1 有源低通滤波器设计实例

假设要设计一个有源低通滤波器，要求在100Hz处有3dB的衰减，在400Hz（截止频率）f_S处至少有60dB的衰减。

设计该滤波器时，首先要归一化低通滤波器的要求。陡峭度因子是

$$A_S = f_S/f_{3\text{dB}} = 400\text{Hz}/100\text{Hz} = 4$$

这意味着f_S的归一化位置是4rad/s，如图9.14所示。

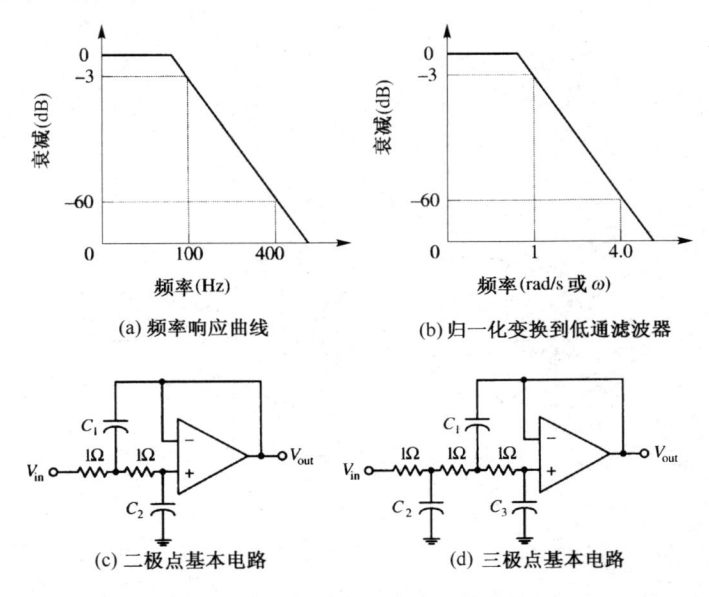

图 9.14 有源低通滤波器的设计

(a) 频率响应曲线
(b) 归一化变换到低通滤波器
(c) 二极点基本电路
(d) 三极点基本电路

其次，利用图9.6中的巴特沃思低通滤波器响应曲线来确定所需的滤波器阶数。在该例中，$n=5$的曲线在4rad/s处提供超过–60dB的衰减。也就是说，需要一个5阶滤波器。

与无源滤波器设计不同，有源滤波器设计需要使用多个不同的基本归一化滤波器网络和网络元件的表格。图9.14中给出了基本归一化滤波器网络中的两个。图9.14(c)为二极点组件，图9.14(d)为三极点组件。使用表9.2，可设计一个给定阶数的巴特沃思归一化低通滤波器（滤波器手册中也提供切比雪夫滤波器和贝塞尔滤波器的表格）。在本例中，需要5个极点，所以根据表格可知，需要一个三极点组件和一个二极点组件。两个组件级联在一起。对应于级联网络的相应元件值也列在表9.2中。得到的归一化低通滤波器如图9.15所示。

表9.2 巴特沃思归一化有源低通滤波器的值

阶数（n）	组件数	组件	C_1	C_2	C_3
2	1	二极点	1.414	0.7071	
3	1	三极点	3.546	1.392	0.2024
4	2	二极点	1.082	0.9241	
		二极点	2.613	0.3825	
5	2	三极点	1.753	1.354	0.4214
		二极点	3.235	0.3090	
6	3	二极点	1.035	0.9660	
		二极点	1.414	0.7071	
		二极点	3.863	0.2588	
7	3	三极点	1.531	1.336	0.4885
		二极点	1.604	0.6235	
		二极点	4.493	0.2225	
8	4	二极点	1.020	0.9809	
		二极点	1.202	0.8313	
		二极点	2.000	0.5557	
		二极点	5.758	0.1950	

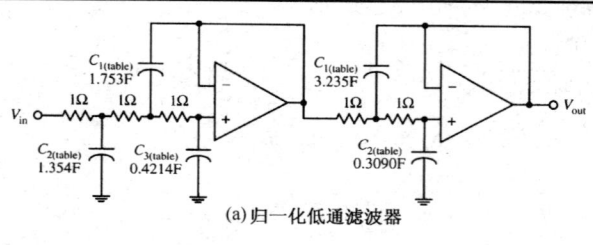

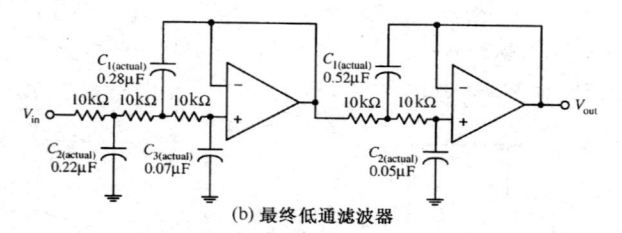

(a) 归一化低通滤波器

(b) 最终低通滤波器

图9.15 归一化低通滤波器

归一化的滤波器能提供正确的响应，但元件值不实用——它们太大。为了降低元件值，必须对电路进行频率和阻抗标定。对于频率标定，只需简单地用$2\pi f_{3dB}$除电容值（无须对电阻进行频率标定，因为它们不是电抗元件）。在阻抗标定过程中，不必处理信号源/负载的阻抗匹配问题。相反，只需简单地将归一化滤波器电路的电阻乘以一个因子Z，并用它除电容值。Z值的选取原则是，使得标定后的滤波器元件值更符合实际，Z的典型值是10000Ω。最终的标定规则表示如下：

$$C_{(actual)} = \frac{C_{(table)}}{Z \cdot 2\pi f_{3dB}}, \quad R_{(actual)} = ZR_{(table)}$$

取Z为10000Ω，可得图9.15(b)所示的最终低通滤波器电路。

9.8.2 有源高通滤波器设计实例

设计有源高通滤波器的方法与设计无源高通滤波器的方法相似。取一个归一化低通滤波器，将它变为一个高通滤波器，然后对其进行频率和阻抗标定。例如，假设要设计一个−3dB频率为1000Hz和300Hz时衰减50dB的高通滤波器。该如何做呢？

第一步是，将高通滤波器响应转换为一个归一化低通滤波器响应，如图9.16所示。等效低通响应的陡峭度因子由下式给出：

$$A_S = f_{3dB}/f_S = 1000Hz/300Hz = 3.3$$

上式表明截止频率在归一化曲线上被设为3.3rad/s，在图9.6所示的巴特沃思响应曲线上提供的5阶（$n = 5$）滤波器满足所需的衰减响应。就像上个例子中一样，需要一个级联的三极点和二极点归一化低通滤波器，滤波器如图9.16所示。

第二步是，将归一化低通滤波器转换成一个归一化高通滤波器。为了实现转换，交换电阻和电容，并取值为1/R的电容和值为1/C的电阻。图9.16(d)中的电路显示了这种变换。

与上个例子中的问题一样，为了构建最终的电路，归一化高通滤波器元件值必须进行频率和阻抗变换：

$$C_{(actual)} = \frac{C_{(table)}}{Z \cdot 2\pi f_{3dB}}, \quad R_{(actual)} = ZR_{(table)}$$

另外，令Z = 10000Ω，设计完成的高通滤波器电路如图9.17所示。

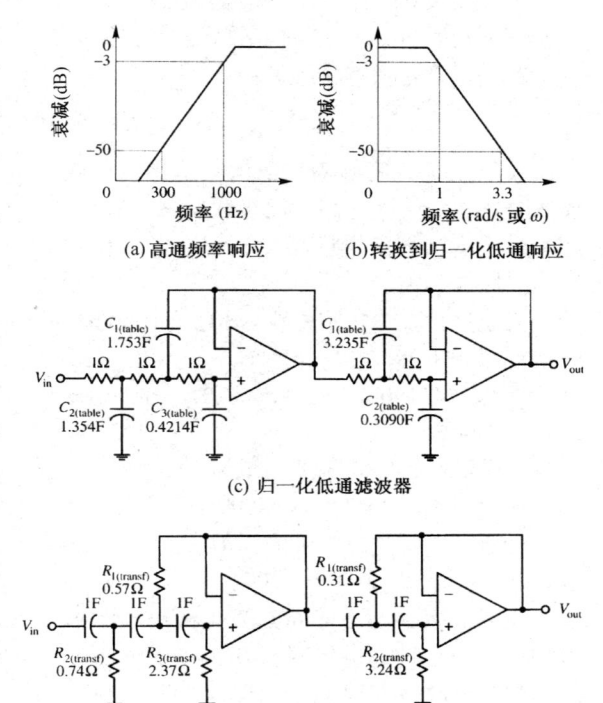

图9.16 高通滤波器与低通滤波器的转换

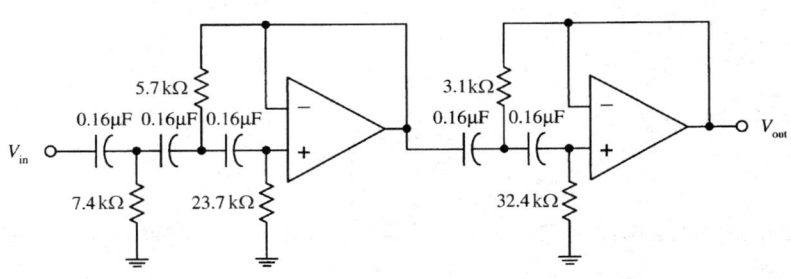

图9.17 设计完成的高通滤波器电路

9.8.3 有源带通滤波器设计

设计有源带通滤波器时，需要确定所需的是宽带带通滤波器还是窄带带通滤波器。当高通3dB频率 f_2 除以低通3dB频率 f_1 大于1.5时，带通滤波器是宽带带通滤波器；高通3dB频率 f_2 除以低通3dB频率 f_1 小于1.5时，带通滤波器是窄带带通滤波器。对于宽带带通滤波器，可将一个高通滤波器和一个低通滤波器简单地级联起来。设计窄带带通滤波器时，需要一些特殊的技巧。

1. 宽带设计实例

假设要设计一个带通滤波器，要求在 $f_1 = 1000\text{Hz}$ 和 $f_2 = 3000\text{Hz}$ 处有 -3dB 的衰减，在300Hz和10000Hz处至少有 -30dB 的衰减、该怎么做呢？

首先，确定是宽带类型：

$$f_2/f_1 = 3000\text{Hz}/1000\text{Hz} = 3$$

比值大于1.5，这意味着只需简单地将一个低通滤波器和一个高通滤波器级联起来。为此，可将带通滤波器的响应特性分解为低通和高通响应特性。

低通：在3000Hz处衰减–3dB，在10000Hz处衰减–30dB

高通：在1000Hz处衰减–3dB，在300Hz处衰减–30dB

低通滤波器的陡峭度因子为

$A_S = f_S/f_{3\text{dB}} = 10000\text{Hz}/3000\text{Hz} = 3.3$

高通滤波器的陡峭度因子为

$A_S = f_{3\text{dB}}/f_S = 1000\text{Hz}/300\text{Hz} = 3.3$

上式表明，两种滤波器的归一化截止频率都为3.3rad/s。因此，应用图9.6中的响应曲线确定所需的滤波器阶数（$n = 3$）在3.3rad/s处提供超过–30dB的衰减。为了构建级联关系和归一化低通/高通滤波器，可按上面两个例子中的步骤进行。图9.18(a)和(b)所示的两个电路显示了该过程。为了构建最终的带通滤波器，还要对归一化带通滤波器进行频率和阻抗的标定。

低通部分为

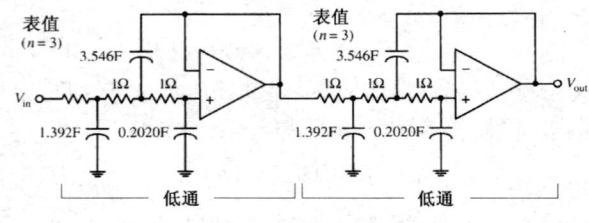

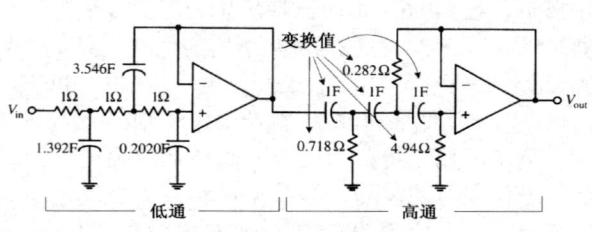

$$C_{(\text{actual})} = \frac{C_{(\text{table})}}{Z \cdot 2\pi f_{3\text{dB}}} = \frac{C_{(\text{table})}}{Z \times 2\pi \times 300\text{Hz}}$$

高通部分为

$$C_{(\text{actual})} = \frac{C_{(\text{table})}}{Z \cdot 2\pi f_{3\text{dB}}} = \frac{C_{(\text{table})}}{Z \times 2\pi \times 1000\text{Hz}}$$

选择 $Z = 10000\Omega$ 以提供便于实现的元件标定值。在归一化电路中，电阻乘以因子 Z。最终的带通滤波器如图9.18(c)所示。

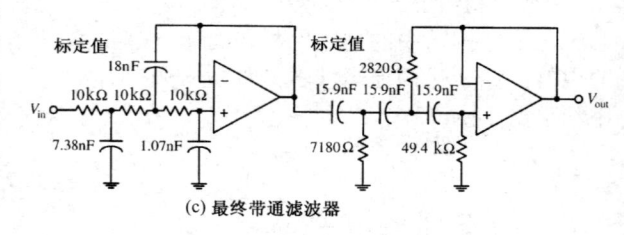

图9.18 设计完成的带通滤波器电路

2．窄带设计实例

假设要设计一个带通滤波器，其中心频率为$f_0 = 2000$Hz，-3dB带宽为$\Delta f_{BW} = f_2 - f_1 = 40$Hz。如何设计呢？因为$f_2/f_1 = 2040Hz/1960Hz = 1.04$，所以不能用在宽带滤波器设计中使用的低通、高通级联技术，而必须使用一种不同的方法。下面介绍一种简单的方法。

在本例中，简单地运用图9.19中的电路和一些重要的公式。

首先，求出期望响应的品质因数：

$$Q = \frac{f_0}{f_2 - f_1} = \frac{200\text{Hz}}{40\text{Hz}} = 50$$

接着，使用下面的设计公式：

$$R_1 = \frac{Q}{2\pi f_0 C}, \quad R_2 = \frac{R_1}{2Q^2 - 1}, \quad R_3 = 2R_1$$

为C选择一个合适值，假设它为0.01μF，则电阻值为

$$R_1 = \frac{50}{2\pi \times 200\text{Hz} \times 0.01\mu\text{F}} = 79.6\text{k}\Omega, \quad R_2 = \frac{79.6\text{k}\Omega}{2 \times 50^2 - 1} = 400\Omega, \quad R_3 = 2 \times 79.6\text{k}\Omega = 159\text{k}\Omega$$

最后的电路如图9.19(b)所示，可以使用可调电阻来调节R_2的阻值。

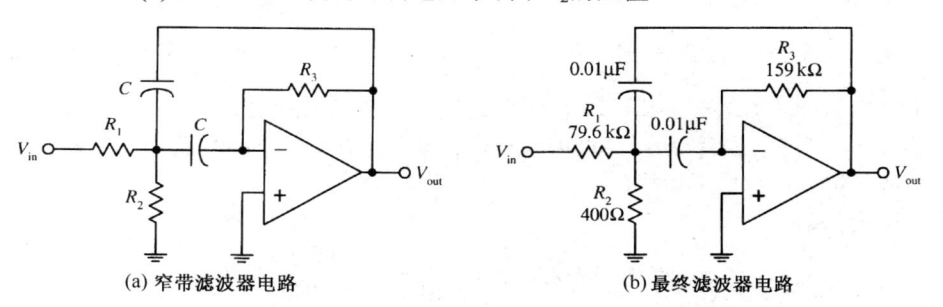

(a) 窄带滤波器电路　　　　(b) 最终滤波器电路

图9.19　窄带带通滤波器电路

9.8.4　有源带阻滤波器

带阻滤波器也分窄带带阻滤波器和宽带带阻滤波器两种。当高通-3dB频率f_2除以低通-3dB频率f_1大于1.5时，该滤波器称为宽带带阻滤波器，否则称为窄带带阻滤波器。

1．宽带带阻滤波器设计

要设计一个宽带带阻滤波器，可将一个高通滤波器和一个低通滤波器级联起来，如图9.20所示。

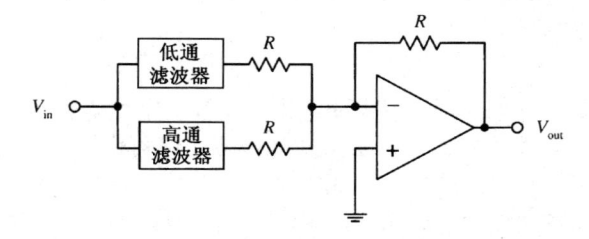

图9.20　一个高通滤波器和一个低通滤波器的级联

例如，如果需要一个带阻滤波器，要求-3dB点的频率为500Hz和5000Hz，且频率为1000Hz和2500Hz时至少衰减-15dB，那么简单地级联一个低通滤波器和一个高通滤波器即可。具体响应特性如下。

低通滤波器的响应：500Hz处的衰减为3dB，1000Hz处的衰减为15dB

高通滤波器的响应：5000Hz处的衰减为3dB，2500Hz处的衰减为15dB

参照前面提到的低通滤波器和高通滤波器设计过程，这两种滤波器的设计不难完成。完成后按照图9.20将它们连起来即可。在本电路中，通常使用$R = 10\text{k}\Omega$。

2．窄带带阻滤波器设计实例

要设计一个窄带带阻滤波器（$f_2/f_1 < 1.5$），即一种常见的双T形RC无源窄带带阻滤波器电路（见图9.21）。该电路对某个特殊频率处的信号具有很强的抑制能力，但其Q值只有1/4（回顾可知带阻滤波器的Q值由滤波器的中心频率或零点频率除以-3dB带宽得到）。为了提高Q值，可用图9.22中的有源窄带带阻滤波器。

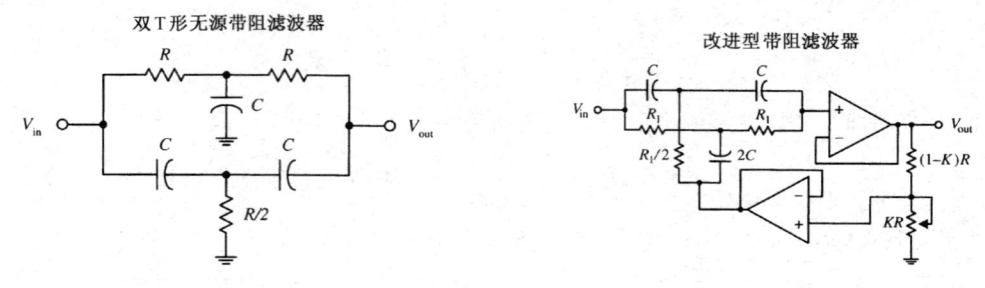

图9.21　无源窄带带阻滤波器电路　　　　图9.22　有源窄带带阻滤波器电路

就像窄带带通滤波器的例子那样，下面来看如何选择带阻波滤波器的元件值。

假设要设计一个中心频率为$f_0 = 2000\text{Hz}$、-3dB带宽为$\Delta f_\text{BW} = 100\text{Hz}$的带阻滤波器。为了得到期望的响应曲线，可以执行如下步骤。

首先，确定Q值：

$$Q = 带阻频率/\text{-3dB带宽} = \frac{f_0}{\Delta f_\text{BW}} = \frac{2000\text{Hz}}{100\text{Hz}} = 20$$

有源滤波器的元件可使用

$$R_1 = \frac{1}{2\pi f_0 C}, \quad K = \frac{4Q-1}{4Q}$$

现在，选择R和C的值。设$R = 10\text{k}\Omega$，$C = 0.01\mu\text{F}$，接着解出R_1和K：

$$R_1 = \frac{1}{2\pi f_0 C} = \frac{1}{2\pi \times 2000\text{Hz} \times 0.01\mu\text{F}} = 7961\Omega, \quad K = \frac{4Q-1}{4Q} = \frac{4\times 20-1}{4\times 20} = 0.9875$$

将这些值代入图9.22的电路。注意，图中的电位器用于微调电路。

9.9　集成滤波器电路

目前，市面上可买到各种集成滤波器电路。集成滤波器电路主要包括状态变量集成滤波器电路和开关电容集成滤波器电路两类。这两类集成滤波器电路可以实现前面各小节中描述的2阶函数。要设计高阶滤波器，可将多个这样的集成电路级联起来。一般来说，设计滤波器集成电路只需要几个电阻。集成电路滤波器具有应用上的多功能性、设计上的方便性、特性上的精确性和成本上的低廉性。在大部分应用中，频率和选择因数可以独立调节。

状态变量滤波器集成电路的例子是（美国）国家半导体公司的AF100芯片，它可提供低通、高通、带通和带阻滤波器的功能（见图9.23）。与本章前面介绍的滤波器不同，该状态变量滤波器可以提供电压增益。

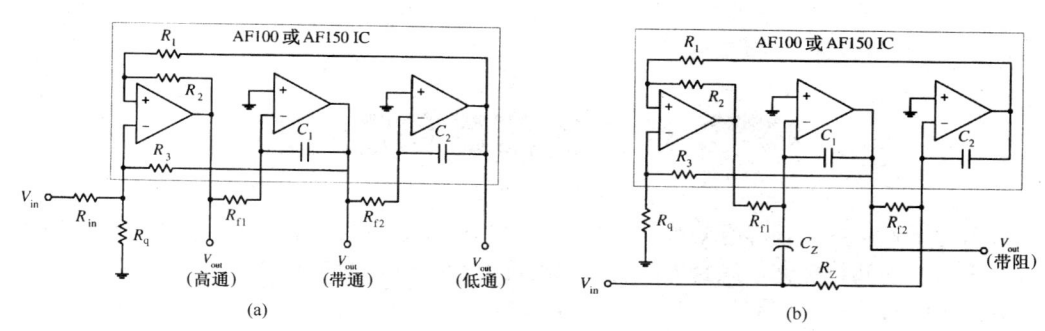

图9.23 集成滤波器电路

AF100集成芯片的低通增益由电阻R_1和R_{in}（增益 $= -R_1/R_{in}$）设定，而高通滤波器的增益由电阻R_2和R_{in}（增益 $= -R_2/R_{in}$，负号表示输出信号与输入信号反相）设定。设定带通和带阻滤波器的增益有点儿复杂。其他参数如Q值，可通过厂商提供的设计公式求解。好的滤波器设计手册会详细描述状态变量滤波器，并提供必要的设计公式。另外，还可查阅电子器件手册，了解其他状态变量滤波器集成电路。

开关电容滤波器的功能类似于前面讨论的其他滤波器。然而，开关电容滤波器并不通过外接电阻来得到所需的性能，而使用高频电容开关网络技术。该电容开关网络的作用类似于其电阻值随外部时钟电压的频率改变而改变的电阻。时钟信号的频率决定何种频率可以通过，何种频率不能通过。要设计通过数字电路来改变参数的滤波器，滤波器的驱动通常可以采用数字时钟信号，这一特性很有用。开关电容集成电路的一个例子是（美国）国家半导体公司的MF5（见图9.24）。通过接入少量的外部电阻、电源和时钟信号，就能设计出具有低通、高通和带通功能的滤波器。另外，像状态变量集成电路一样，厂商也提供选择电阻和时钟信号频率的必要公式。

$$f_0 = \frac{f_{clk}}{50} = \sqrt{\frac{R_2}{R_4}}$$

$$Q = \frac{R_3}{R_2}\sqrt{\frac{R_2}{R_4}}$$

低通增益（$f < f_0$）：$A_l = -\frac{R_4}{R_1}$

带通增益（$f = f_0$）：$A_l = -\frac{R_3}{R_1}$

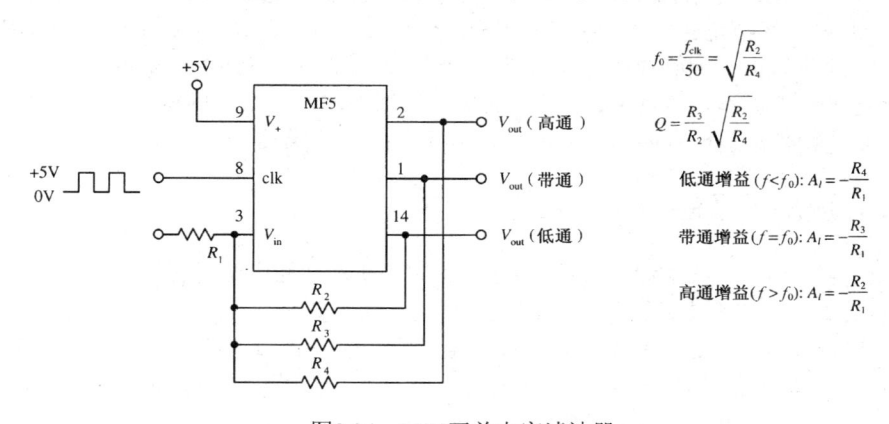

高通增益（$f > f_0$）：$A_l = -\frac{R_2}{R_1}$

图9.24 MF5开关电容滤波器

开关电容滤波器具有不同的阶数。例如，MF4是一个4阶巴特沃思低通滤波器，而MF6是一个6阶低通巴特沃思滤波器，它们都由（美国）国家半导体公司生产。这两种集成电路有统一的通带增益，且不需要外部元件，但都要求一个时钟输入。此外，还有许多开关电容滤波器，它们由不同的厂商制造，详情请查阅产品目录。

注意，用于开关电容滤波器的周期性时钟信号可能在输出信号中产生大量噪声（10～25mV）。一般情况下不必太在意，因为噪声的频率（与时钟频率相当）远离我们关心的信号带宽。一般来说，使用简单的RC滤波器就可解决这个问题。

第 10 章 振荡器和定时器

在每台电子设备中，都存在某种类型的振荡器。振荡器用来产生所需形状、频率和振幅的周期性波形，以驱动其他电路。激励电路的常用波形有脉冲波、正弦波、方波、锯齿波和三角波等波形（见图 10.1）。

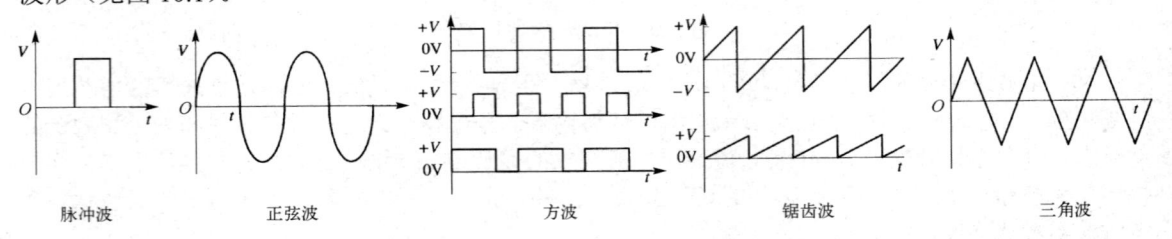

图 10.1 激励电路的常用波形

在数字电子学中，方波振荡器（也称时钟振荡器）用来驱动通过逻辑门的信息位，并且时钟频率决定信息位通过逻辑门和触发器的速率。在射频电路中，高频正弦波振荡器用来产生载波，以运载经过编码的信息。载波信号的调制同样需要振荡器。在示波器中，锯齿波发生器用来产生电子束水平扫描基线。振荡器还被用在合成电路、计算器、定时电路和 LED/闪光灯电路中。当然，振荡器的应用远不止这些。良好振荡电路的设计过程相当复杂，可选择的设计方案多种多样，但也涉及多种设计技术。不同的设计利用不同的定时方案（如 RC 充电/放电循环电路、LC 振荡储能电路网络、石英晶体），且每种方案都是针对某个特定应用的。有些设计结构简单，但频率稳定性有限。有的设计可能在某个频率范围内有较好的稳定性，但在该频率范围外的稳定性很差。振荡器产生的波形是设计时必须考虑的一个因素。本章主要讨论几种常用的振荡器，如 RC 间歇振荡器、文氏电桥振荡器、LC 振荡器和晶体振荡器，同时简要介绍当今流行的集成振荡器。

10.1 RC 间歇振荡器

RC 间歇振荡器或许是最容易设计的振荡器，我们可通过下列电路来解释它的振荡过程：首先，电容通过电阻充电，当电容电压达到某个门限电压时，电容迅速放电，而当电容上的电压放电到一定程度时，电容又开始充电，如此循环不止。常用带正反馈的放大器来控制电容的充电/放电循环。放大器就像一个充电/放电开关（通过门限电压触发），而且提供振荡器所需的增益。图 10.2 所示为一个简单的运算放大器（简称运放）间歇振荡器。

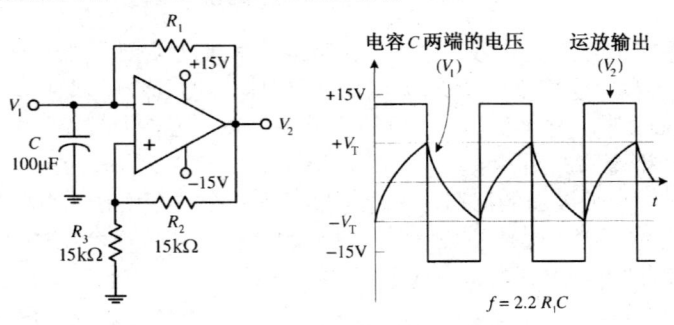

图 10.2 一个简单的运算放大器间歇振荡器

假设电源开启时,运算放大器的输出接近正饱和(假设输出达到负饱和时同样如此,详见第 8 章)。电容将以逼近运算放大器正电源电压(+15V)的趋势开始充电,充电时间常数为 R_1C。当电容的电压达到门限电压时,运算放大器的输出端将迅速转向负饱和(−15V)。该门限电压是运算放大器的反相输入端电压,即

$$V_T = \frac{R_3}{R_3 + R_2}V_2 = \frac{15\text{k}\Omega}{15\text{k}\Omega + 15\text{k}\Omega} \times (+15\text{V}) = +7.5\text{V}$$

这时,门限电压被分压器设为−7.5V。电容朝负饱和方向放电,直到电压为−7.5V,其放电时间常数同样是 R_1C。这时,运算放大器的输出又回到正饱和电压。该循环一直持续,周期为 $2.2R_1C$。

图 10.3 所示为一个简单的锯齿波发生器,它产生锯齿波形。和前面的振荡器不同,该电路类似于运算放大器积分器网络——反馈环中的 PUT(可编程单结型晶体管)除外。PUT 是使该电路振荡的关键组件。下面简单介绍该电路的工作原理。

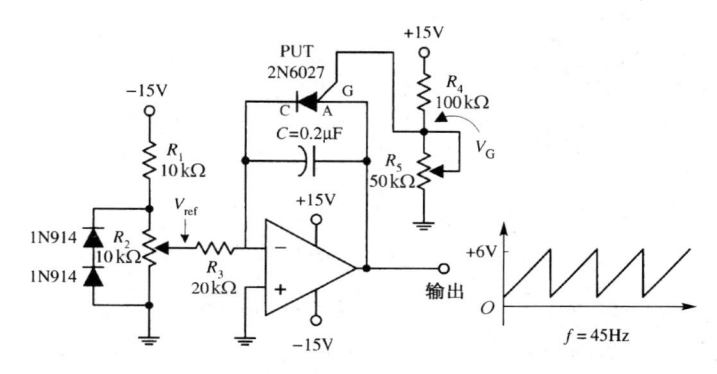

图 10.3 简单的锯齿波发生器

振荡频率为

$$f \approx \frac{V_{\text{ref}}}{R_3 C}\left(\frac{1}{V_p - 0.5\text{V}}\right)$$

首先,假设图 10.3 所示的电路中未包含 PUT。于是,该电路就相当于一个简单的积分电路。当一个负电压施加到反相输入端(−)时,电容将按线性速率充电到正饱和电压(+15V)。输出信号只产生一次斜波电压,而不产生重复的三角波。要产生重复的波形,就要采用 PUT 元件。PUT 起有源开关的作用,使电路起振。PUT 的特性是,当正负极间电压比栅压大一个二极管压降时,PUT 导通(正极到负极导通),并保持导通状态,直到通过它的电流下降到最低维持电流为止。在图 10.3 所示的电路中,当输出电压达到 V_G 时,PUT 导通,迅速使电容放电,输出电压下降;当电容放电到一定程度时,PUT 关闭,输出又增加,如此循环不止。PUT 的导电压通过电阻 R_4 和 R_5 分压设定。电阻 R_1 和 R_2 分压设定反相输入端的基准电压。调节 R_2 来改变频率时,二极管起到稳定 R_2 两端电压的作用。输出电压的幅度由 R_4 决定,输出频率近似为图 10.3 下方的表达式(PUT 的典型压降值是 0.5V)。

图 10.4 所示为一个简单的双运算放大器电路,可产生三角波和方波。该电路由三角波发生器和比较器级联组合而成。

图 10.4 所示运算放大器是一个比较器——它被接成正反馈形式。当该运算放大器的输入端电压稍有变化时,输出电压 V_2 将趋于正饱和或负饱和。为便于讨论,假设此时运算放大器趋于正饱和。它将保持饱和状态,直到同相输入端(+)电压下降到低于 0,此时 V_2 趋于负饱和电压。门限电压为

$$V_T = \frac{V_{\text{sat}}}{R_3 - R_2}$$

式中，V_{sat}略低于运算放大器的电源电压。这里，比较器和斜波发生器（图10.4中的第一个运算放大器）级联使用。斜波发生器的输出端和比较器的输入端相连，同时其输出反馈到斜波发生器的输入端。每次斜波电压达到门限电压，比较器就改变状态，进而引起振荡。输出波形的周期由时间常数R_1C、饱和电压V_T和门限电压V_{sat}确定：

$$T = \frac{4V_T}{V_{sat}}R_1C$$

其频率为$1/T$。显然，运算放大器并不是构建间歇振荡器的唯一有效器件，它也可用其他器件代替，如晶体管或数字逻辑门等。

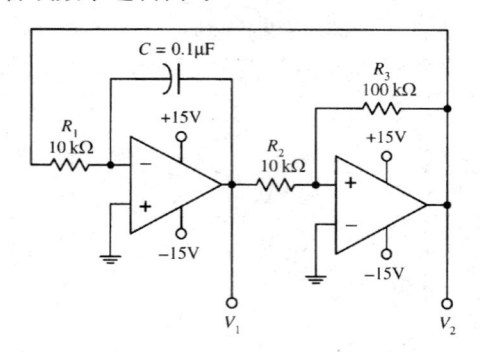

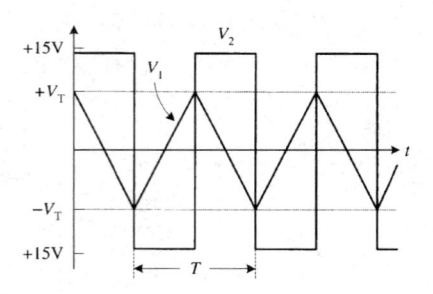

图10.4 一个简单的双运算放大器电路

图10.5(a)所示是用单结晶体管（UJT）、电阻和电容构成的间歇振荡器，它可产生三种不同的输出波形。在工作期间，电容C最初通过电阻R充电，直到发射极的电压达到UJT的触发电压。一旦该电压大于触发电压，E极到B_1极间的电导率就迅速增大，电容的放电电流流经发射区-基区，然后到地。于是，电容C迅速失去其电荷，并且发射极电压忽然低于触发电压。此后，重复地周期性循环。振荡频率为

$$f = \frac{1}{RC\ln[1/(1-\eta)]}$$

式中，η是UJT的固有分压比，其值一般为0.5。

第二个例子是一个简单的间歇振荡器，它由施密特触发器集成电路和一个RC网络构成（施密特触发器用来将缓慢变化的输入波形转换为急剧变化的无抖动输出波形）。当电路接通电源时，电容C的电压为0V，反相器的输出为高电平（+5V）。电容最初通过电阻R充电，向输出电压值逼近。当电容电压达到反相器的正向门限电压（如1.7V）时，反相器的输出电压变低（0V）。由于输出电压下降，电容C放电并趋于0V。当电容电压降低到反相器的负向门限电压（如0.9V）时，反相器的输出变高。重复这样的循环。开/关时间由正相和负相门限电压和RC时间常数确定。

第三个例子是用一对CMOS反相器构建的简单方波RC间歇振荡器。电路的工作电压为4～18V。振荡频率为

$$f = \frac{1}{4RC\ln 2} \approx \frac{1}{2.8RC}$$

调节R就可改变频率。

本节介绍的所有间歇振荡器，制作起来都相对简单。此外，还有一种更容易的方法来产生基本波形，即使用专用集成电路。常用的方波发生芯片为555，它由电阻和电容设置。

(a) 单结晶体管间歇振荡器

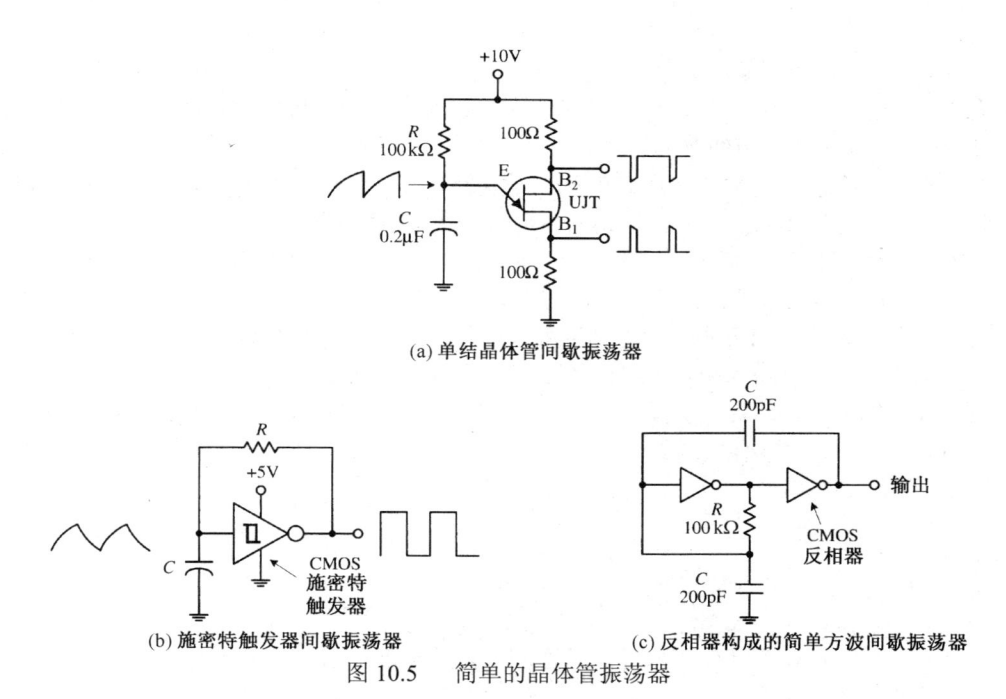

(b) 施密特触发器间歇振荡器

(c) 反相器构成的简单方波间歇振荡器

图 10.5 简单的晶体管振荡器

10.2 555 定时器

555 定时器是一种极其有用且非常精确的定时器,它既能作为定时器使用,又能作为振荡器使用。作为定时器,最常见的是单稳态方式,555 定时器能方便地产生单脉冲。当在触发端加触发电压时,芯片将输出单个矩形波,波形宽度由外部的 RC 电路决定。作为振荡器,最常见的是非稳态方式,555 集成块可以产生矩形波输出,波形(脉宽、频率等)可通过两个外部的 RC 充电/放电电路调整。

555 定时器使用方便(仅需几个元件和简单电路),价格低廉,且可用在许多场合。例如,借助于 555 定时器,可以制作数字时钟发生器、LED 发光电路、语音电路(报警器、节拍器等)、单脉冲定时器电路、自由摆动开关、三角波发生器、分频器等。

10.2.1 555 定时器的工作原理(非稳态应用)

图 10.6 所示为典型 555 定时电路的简化框图。整个电路(包括外部元件)组成一个非稳态振荡电路。

555 定时器的名字源于框图中的 3 个 5kΩ 电阻,这些电阻在电源电压(V_{CC})和地之间起到一个三级分压器的作用。底部 5kΩ 电阻的顶端(连接比较器 2 的同相输入端)电压为 $1/3V_{CC}$,中间 5kΩ 电阻的顶端(连接比较器 2 的反相输入端)电压为 $2/3V_{CC}$。两个比较器输出端的电平高低,取决于它们的输入端的模拟电压。当比较器的同相端电压比反相端电压高时,其输出逻辑电平为高;否则输出逻辑电平为低。比较器的输出送往 RS 触发器的输入端。触发器的输出由 RS 输入端的电压状态决定。

- 引脚 1(接地端),IC 接地端。
- 引脚 2(触发端),输入至比较器 2,用来设置触发翻转电压。当引脚 2 的电压低于 $1/3V_{CC}$ 时,比较器转为高电平,触发器置位。
- 引脚 3(输出端),555 定时器的输出端,由一个反相输出缓冲器(可吸收或发出约 200mA

电流）驱动。输出电流决定输出电平，电压约为 V_{out}（高）= V_{CC} − 1.5V 和 V_{out}（低）= 0.1V。
- 引脚 4（复位端），低电平复位，当该端输入低电平时，强迫 RS 触发器的 $\overline{Q}$ 为高电平，于是引脚 3（输出端）为低。
- 引脚 5（控制端），通常连接一个 0.01μF 的旁路电容（该电容可消除电源噪声）后接地。需要时，可通过外加电压设置一个新触发电平，让其电平超过 2/3V_{CC}。
- 引脚 6（阈值端），连接比较器 1 的同相输入，用于复位 RS 触发器。当引脚 6 的电压超过 2/3V_{CC} 时，比较器的输出为高电平，使用 RS 触发器复位。
- 引脚 7（放电端），连接到 NPN 型集电极开路的晶体管的集电极。当 $\overline{Q}$ 为高电平（引脚 3 为低电平）时，引脚 7 和地短路，使连接到引脚 7 的电容放电。
- 引脚 8（电源端 V_{CC}），对于通用的 TTL555 定时器，电源电压的典型值为 4.5～16V（对于 CMOS 类型，电源电压可以低到 1V）。

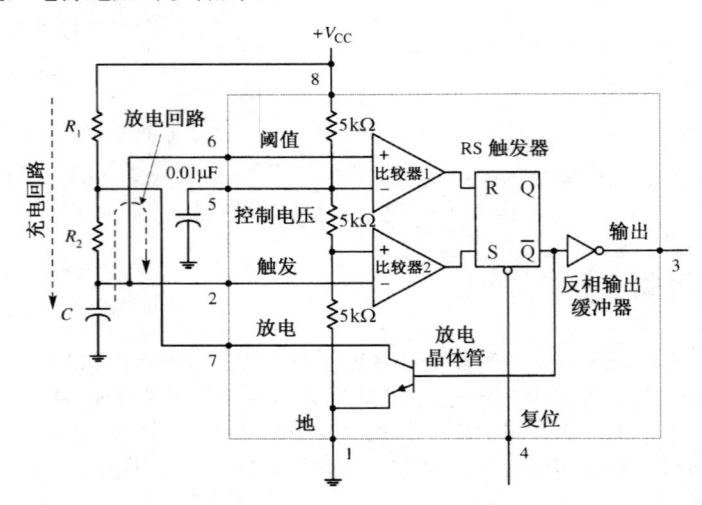

图 10.6 典型 555 定时电路的简化框图

在非稳态振荡电路中，当系统刚接通电源时，电容尚未充电，引脚 2 上的电压为 0V，导致比较器 2 的输出为高电平，使触发器置位，即 $\overline{Q}$ 为高电平。此时，555 定时器的输出为低电平（反相输出缓冲器的结果）。另外，$\overline{Q}$ 为高电平时，会使放电三极晶体管导通，使 V_{CC} 通过 R_1 和 R_2 向电容 C 充电。当电容 C 的电压超过 1/3V_{CC} 时，比较器 2 的输出为低电平，RS 触发器不受影响，当电容 C 的电压超过 2/3V_{CC} 时，比较器 1 的输出为高电平，RS 触发器复位并导致 $\overline{Q}$ 为高电平，555 定时器的输出为低电平。同时，放电晶体管导通，引脚 7 短路接地，电容 C 通过 R_2 放电。当电容 C 上的电压下降到低于 1/3V_{CC} 时，比较器 2 的输出转为高电平，RS 触发器置位且使 $\overline{Q}$ 为低电平，555 定时器的输出为高电平。$\overline{Q}$ 为低电平，放电晶体管截止，允许电容再次充电。这样，循环周而复始，输出便为方波，方波幅值约为 V_{CC} − 1.5V，方波周期由 C、R_1 和 R_2 的值确定。

10.2.2 基本的无稳态应用

当 555 定时器被设置为无稳态方式时，则它便没有稳定的状态，输出周期性地上下翻转。V_{out} 保持为低电平（约 0.1V）的时间，由时间常数 R_1C_1、电压值 1/3V_{CC} 和 2/3V_{CC} 确定；输出 V_{out} 保持为高电平（约 V_{CC} − 1.5V）的时间，则由时间常数$(R_1 + R_2)C_1$ 和上述两个电压值确定。完成一些基本计算后，就可推导出两个有用的表达式：

$$t_{low} = 0.693 R_2 C_1, \quad t_{high} = 0.693(R_1 + R_2)C_1$$

占空比 D_C，即输出高电平时间与周期之比：

$$D_C = \frac{t_{high}}{t_{high} + t_{low}}$$

输出波形的频率为

$$f = \frac{1}{t_{high} + t_{low}} = \frac{1.44}{(R_1 + 2R_2)C_1}$$

为了可靠地运行，电阻取值应为 10kΩ～14MΩ，定时电容应为 100pF～1000μF。图 10.7 所示为频率与元件值示意图。

$t_{low} = 0.693 \times 20\text{k}\Omega \times 680\text{nF} = 9.6\text{ms}$

$t_{high} = 0.693 \times (10\text{k}\Omega + 20\text{k}\Omega) \times 680\text{nF} = 14.1\text{ms}$

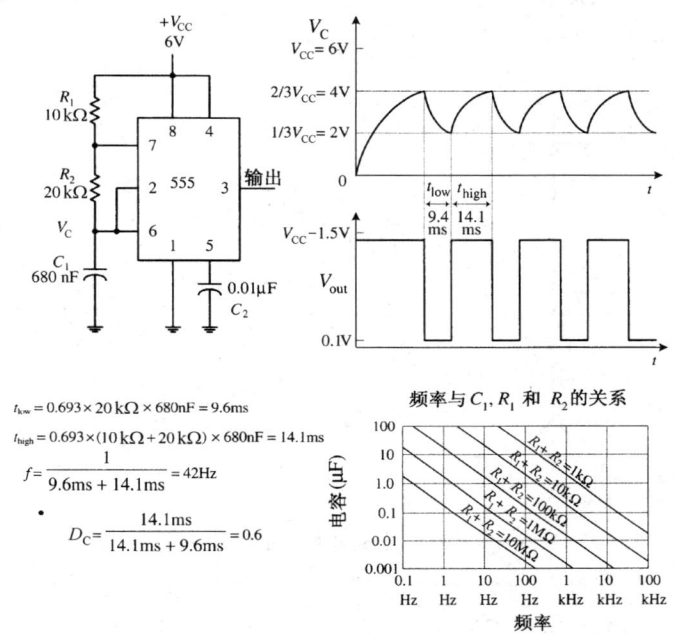

$f = \dfrac{1}{9.6\text{ms} + 14.1\text{ms}} = 42\text{Hz}$

- $D_C = \dfrac{14.1\text{ms}}{14.1\text{ms} + 9.6\text{ms}} = 0.6$

图 10.7 频率与元件值示意图

该电路的问题是，无法获得小于 0.5（或等于 50%）的占空比 D_C。换句话说，没法使 t_{high} 比 t_{low} 短，因为 $R_1 C_1$ 的值（用来产生 t_{low}）不可能大于 $(R_1 + R_2)C_1$ 的值（用于产生 t_{high}）。那么，如何解决这个问题呢？可在 R_2 旁边并联一个二极管，如图 10.8 所示。由于二极管的存在，当电容 C_1 充电（产生 t_{high}）时，时间常数 $(R_1 + R_2)C_1$ 将减小为 $R_1 C_1$，因为充电电流流经二极管但绕过 R_2。并联二极管后，高电平和低电平时间分别变为

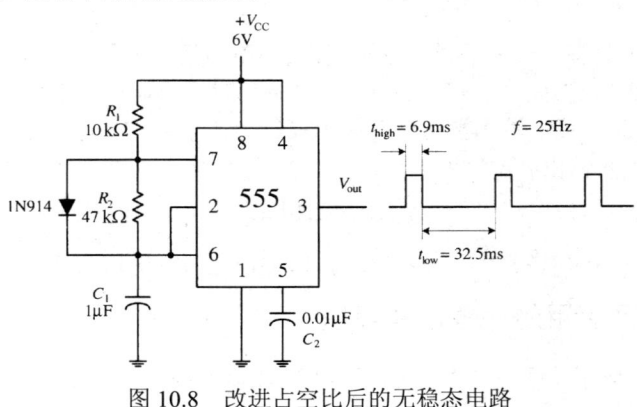

图 10.8 改进占空比后的无稳态电路

$$t_{high} = 0.693 \times 10k\Omega \times 1\mu F = 6.9ms, \quad t_{low} = 0.693 \times 47k\Omega \times 1\mu F = 32.5ms$$

$$f = \frac{1}{6.9ms + 32.5ms} = 25Hz, \quad D_C = \frac{6.9ms}{6.9ms + 32.5ms} = 0.18$$

$$t_{high} = 0.693 R_1 C_1, \quad t_{low} = 0.693 R_2 C_1$$

要产生一个占空比 D_C 小于 0.5（或等于 50%）的方波信号，只需使 R_1 小于 R_2 即可。

10.2.3　555 定时器的工作原理（单稳态应用）

图 10.9 中显示了由 555 定时器构成的单稳态电路（单触发方式）。与非稳态方式不同，单稳态方式只有一种稳态。也就是说，对于输出的翻转，需要施加外部信号。

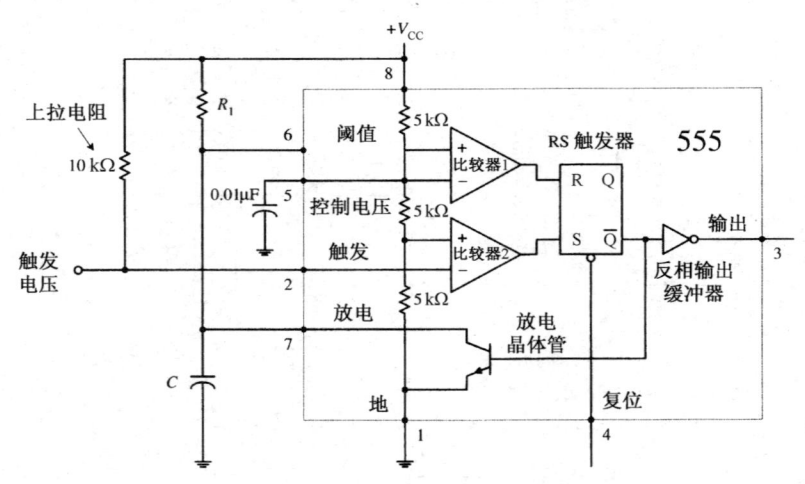

图 10.9　由 555 定时器构成的单稳态电路

在单稳态电路中，最初（施加触发脉冲之前）555 定时器的输出为低电平，同时放电晶体管导通放电，引脚 7 短路接地并且电容 C 保持放电状态，引脚 2 通过 10kΩ 上拉电阻保持为高电平。当在引脚 2 上施加一个负触发脉冲（小于 $1/3 V_{CC}$）时，比较器 2 被强制输出高电平，RS 触发器被置位，$\overline{Q}$ 端为低电平，使得输出为高电平（反相输出缓冲器的作用）。同时，放电晶体管截止，允许 C 通过 R_1 充电，充电电压从 0V 向 V_{CC} 增大。然而，当电容的电压达到 $2/3 V_{CC}$ 时，比较器 1 的输出为高电平，RS 触发器使输出为低电平。同时，放电晶体管导通，允许电容迅速放电至 0V。输出将保持该稳态（低），直到施加另一个触发脉冲为止。

10.2.4　基本的单稳态应用

单稳电路仅有一种稳态，也就是说，输出复位为 0V（实际上是 0.1V），除非一个负向触发脉冲加到触发器的引脚 2（只要引脚 2 接地，就产生负向脉冲，可通过在引脚 2 和地之间接一个按钮开关实现）。施加触发脉冲后，输出被置为高电平（约为 $V_{CC} - 1.5V$），其持续时间由 $R_1 C_1$ 网络确定（见图 10.11）。高电平输出脉冲的宽度为

$$t_{width} = 1.10 R_1 C_1$$

为了可靠地工作，定时用的电阻 R_1 应为 10kΩ~14MΩ，定时用的电容应为 100pF~1000μF。

10.2.5　555 定时器应用的一些注意事项

555 定时器分为双极型 555 定时器和 CMOS 555 定时器两种。如前面的例子所示，双极型 555

定时器内部采用双极型晶体管，CMOS 555 定时器内部则采用 MOSFET 管。两种 555 定时器的最大输出电流、最低供电电压/电流、最低触发电流和最大开关速度均不相同。除最大输出电流外，在其他方面，CMOS 555 定时器的性能优于双极型 555。区分 CMOS 555 定时器和双极型 555 定时器的方法是，查看定时器（集成电路）上是否含有字母 C（如 ICL7555、TLC555、LMC555 等。注意，有些 555 同时具有双极型和 CMOS 技术的优点）。表 10.1 中列出了部分 555 定时器的技术参数。

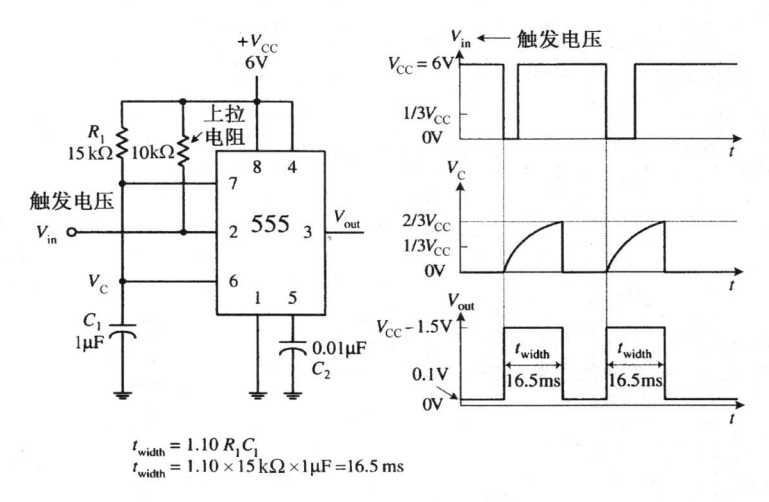

图 10.10 基本单稳态电路

表 10.1 部分 555 定时器的技术参数

型号	供电电压 最大(V)	供电电压 最小(V)	供电电流(V_{CC}=5V) 典型(μA)	供电电流(V_{CC}=5V) 最大(μA)	触发电流 典型(nA)	触发电流 最大(nA)	典型频率 (MHz)	$L_{out,max}$(V_{CC}=5V) 拉电流(mA)	$L_{out,max}$(V_{CC}=5V) 灌电流(mA)
SN555	4.5	18	3000	5000	100	500	0.5	200	200
ICL7555	2	18	60	300	—	10	1	4	25
TLC555	2	18	170	—	0.01	—	2.1	10	100
LMC555	1.5	15	100	250	0.01	—	3		
NE555	4.5	15	—	6000					200

要使用多个 555 定时器，可使用 556 定时器（2 个 555 定时器）或 558 定时器（4 个 555 定时器）。556 定时器包含有两个独立的 555 定时器，但是共用一个电源；558 定时器包含 4 个稍微简化的 555 定时器。对 558 定时器来说，并非所有功能都用引脚引出。事实上，该器件主要用于单稳态方式，但稍加改变后，也可用于非稳态（详细资料请查阅厂商的说明书）。图 10.11 所示为 555 定时器及同族定时器的引脚排列。

注意，为避免误触发，可在 555 定时器的引脚 5 和地之间应接一个 0.01μF 的电容。此外，当电源线较长时，或者当定时器不能工作时，可尝试在引脚 8 和引脚 1 之间接一个 0.1μF 或更大的电容。

10.2.6 555 定时器的简单应用

图 10.12 所示的单稳态电路作为一种时延定时器，用来控制时延以产生所需的脉宽。当开关断开时，555 定时器的输出为低电平（约为 0.1V），继电器复位。当开关闭合时，555 定时器开始定时周期，输出为高电平（约为 10.5V），脉宽 $t_{delay} = 1.10R_1C_1$。

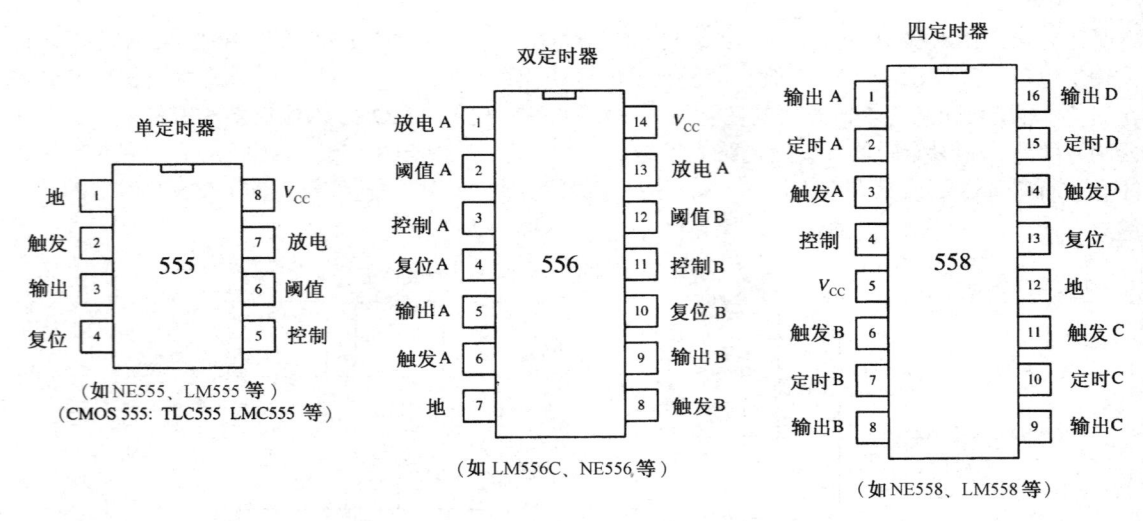

图 10.11 555 定时器及同族定时器的引脚排列

在此期间，继电器吸合。二极管可抑制浪涌电流，以免损坏 555 定时器或继电器的开关连接。

图 10.13 所示的灯光闪烁器和节拍器电路都是振荡电路。在 LED 闪光电路中，晶体管用来放大 555 定时器的输出，以提供充足的电流来驱动 LED，同时 R_S 用来防止过大的电流，以避免损坏 LED。对于闪光灯电路，MOSEFT 放大器用来控制流经闪光灯的电流。当闪光灯需要大电流时，要有一个大功率 MOSEFT 驱动。节拍器电路产生一系列滴答声，其速率取决于 R_2，音量大小通过 R_4 来调整。

图 10.12 时延定时器

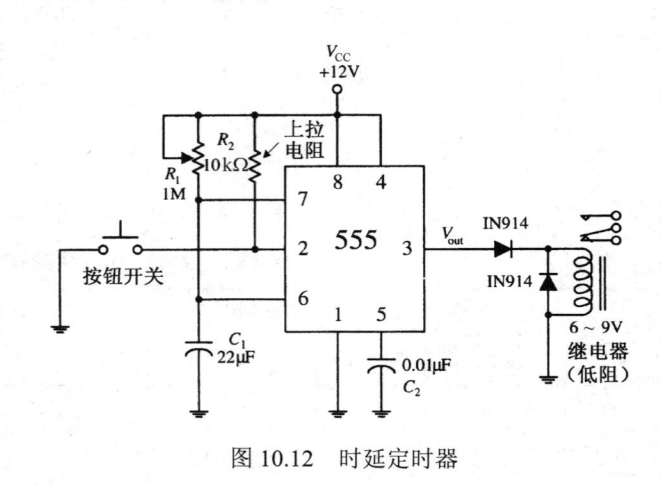

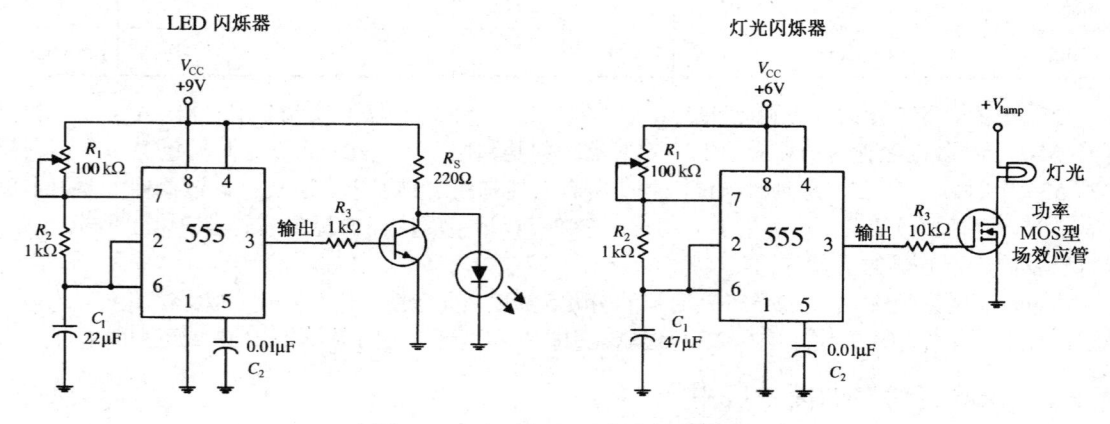

图 10.13 灯光闪烁器和节拍器电路

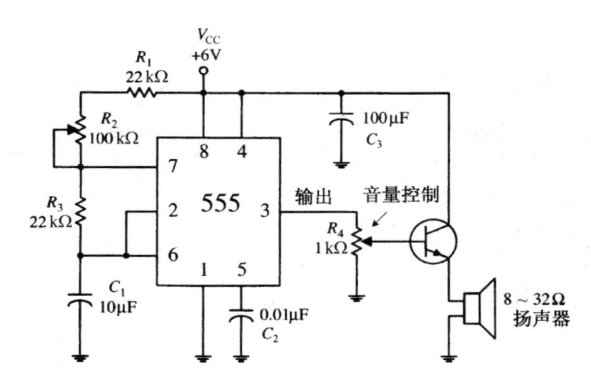

图 10.13 灯光闪烁器和节拍器电路（续）

10.3 压控振荡器

除了 555 定时器，市面上还有许多压控振荡器（VCO），其中的一些不止提供方波输出。例如，NE566 函数发生器是一种稳定且易于使用的三角波和方波发生器。在图 10.14 所示的 566 定时器应用电路中，R_1 和 C_1 用于设置中心频率，引脚 5 的控制电压可以改变频率。这个控制电压由分压器网络（R_2、R_3、R_4）施加。利用图 10.14 中所示的公式可求出 566 定时器的输出频率。

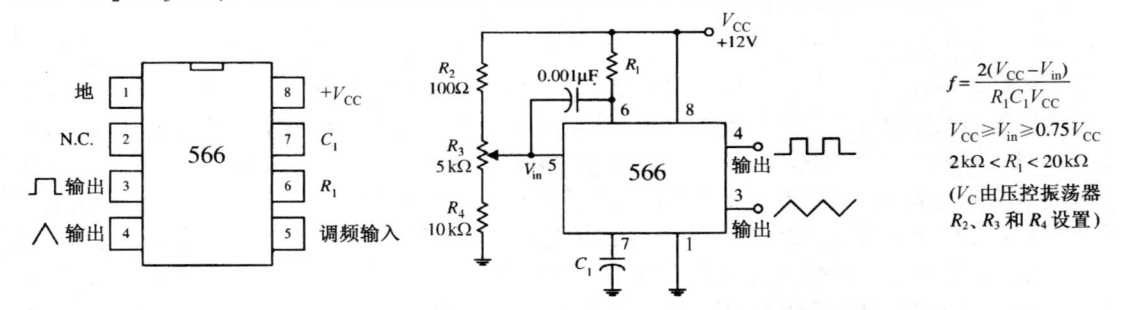

$$f = \frac{2(V_{CC} - V_{in})}{R_1 C_1 V_{CC}}$$

$V_{CC} \geq V_{in} \geq 0.75 V_{CC}$

$2k\Omega < R_1 < 20k\Omega$

（V_C 由压控振荡器 R_2、R_3 和 R_4 设置）

图 10.14　566 定时器应用电路

其他压控振荡器（VCO），如 8038 和 XR2206 都可以生成三种波形，一般包括正弦波（近似）、方波和三角波。有些 VCO 专门用来生成数字波形，有些 VCO 使用外部石英替换电容来改善系统的稳定性。要详细了解 VCO 的种类，请查阅相关的电子产品手册。

10.4 文氏电桥和双 T 形振荡器

文氏振荡器是一种用于产生低频/中频、低失真正弦波的 RC 电路。与本章论过的振荡电路不同，这种振荡器采用一种不同的装置来产生振荡，即选频滤波网络。

文氏振荡器的核心是其选频反馈网络。运算放大器的输出反馈到同相输入端。反馈中的一部分是正反馈（通过选频 RC 支路到达同相端），另一个反馈是负反馈（通过阻抗支路到达运算放大器的反相输入端）。在某个特殊频率 $f_0 = 1/(2\pi RC)$ 处，其反相输入端电压（V_4）和同相输入端电压（V_2）相等，反馈相互抵消，电路发生振荡。对于其他的任何频率，电压 V_2 太小，以至于不能抵消 V_4，电路不发生振荡。在该电路中，增益必须设为+3，电阻值必须满足条件 $R_3/R_4 = 2$（使得反相端增益为 3）。任何小于该值的增益将导致振荡停止；任何大于该值的增益将导致输出饱和。按图 10.15 中所列的元件值，振荡范围可能为 1~5kHz。该频率可通过一个双联可变电容来调整。

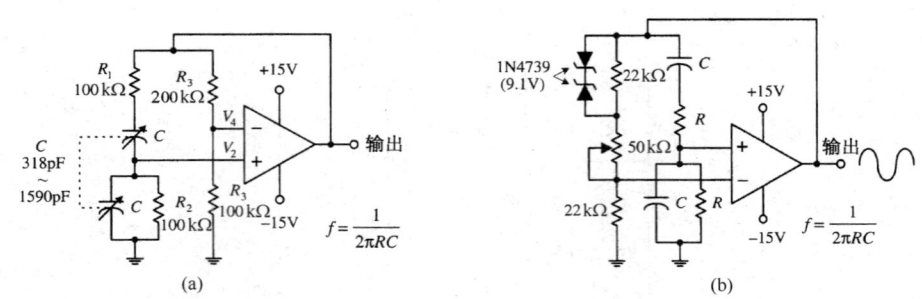

图 10.15 文氏电桥和双 T 形振荡器电路

在图 10.15 中，第二个电路与第一个电路稍有不同。第二个电路的正反馈必须比其负反馈大才支持振荡。电位器用于调整负反馈量，而 RC 支路用于控制基于工作频率的正反馈量。现在，既然正反馈比负反馈大，就要解决"饱和问题"，就如上个例子中遇到的那样。为了防止饱和问题，两个齐纳二极管必须正极对正极（或负极对负极）地通过大于 22kΩ 的电阻相连。当输出电压上升到超过齐纳击穿电压时，总有一个齐纳二极管导通，具体哪个齐纳二极管导通取决于反馈的极性。导通的齐纳二极管分流 22kΩ 电阻的部分电流，导致负反馈电路的阻抗减小。其他类型的负反馈也被用于运算放大器，目的是将振荡器的输出电压控制在某个确定的值。

10.5　LC 振荡器（正弦波振荡器）

最常采用 LC 振荡器（也称 LC 振荡电路）来产生高频正弦波（常用于电磁波）。前面介绍的 RC 振荡器难以获得高频信号，主要原因是在高频情况下，电容和电阻的值经常变得不稳定，使得输送到放大器输入端的反馈信号的相位漂移，难以控制。另一方面，LC 振荡器可以使用小电感与电容来得到上限频率约为 500MHz 的反馈振荡器。但是在低频区（如音频范围），LC 振荡器会变得不适用。LC 振荡器主要由一个含有 LC 选频电路的正反馈放大器组成。LC 电路用来消除明显不同于其固有共振频率的其他频率信号，使其不能加到放大器的输入端。正反馈信号在 LC 选频电路中的共振作用促使整个电路持续振荡。有疑问时，可回顾并联 LC 电磁振荡电路，这种振荡电路在 LC 的振荡频率处产生正弦振荡——电容和电感反复充放电。然而，由于内电阻和负载的作用，振荡会自然停止。为了保证振荡持续，常采用放大器。放大器提供额外的能量，以维持振荡电路在关键时刻持续振荡。关于这一点，下面举一个简单的例子来加以说明。图 10.16 所示为一个采用正反馈的运算放大器，其反馈量由 LC 振荡电路控制。这个振荡电路消除了同相输入端中任何明显不同于振荡电路固有共振频率的信号。

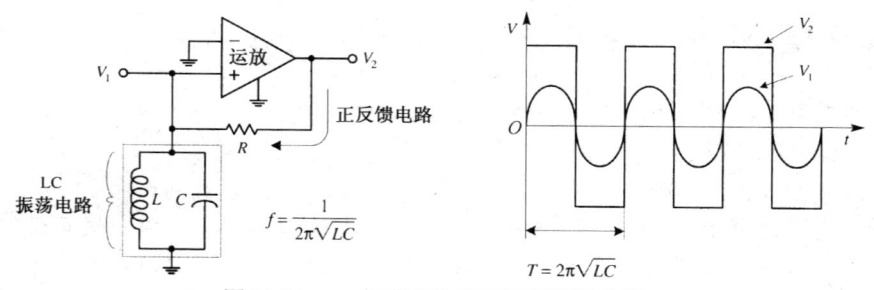

图 10.16　一个采用正反馈的运算放大器

LC 振荡电路的固有频率为

$$f = \frac{1}{2\pi\sqrt{LC}}$$

回顾并联 LC 振荡电路可知，其阻抗在振荡频率处最大，而在其他频率处很小，因此远离振荡频率的反馈信号被过滤而接地。当在 V_1 处输入频率为振荡频率的正弦电压时，放大器的输出交替趋于正饱和和负饱和，在输出端 V_2 产生方波电压。振荡频率处的方波包含一个基本的傅里叶成分，它的一部分通过电阻反馈到同相输入端以维持振荡。去除最初施加在 V_1 处的正弦电压时，振荡将持续存在，且 V_1 处的电压将成为正弦电压。事实上（考虑到实际元件并不是理想模型），没有必要给 V_1 输入正弦波而使振荡持续（这一点很重要）。这是因为放大器的非理想性，振荡器将自动产生振荡。为什么？因为实际放大器，即使其输入端接地，输出端仍有一些固有的噪声。该噪声包含频率为振荡频率的信号成分，因为正反馈，该成分的振幅迅速增大（或许只需几个周期），直到输出振幅饱和。

目前，实际 LC 振荡器中通常很少使用运算放大器。在甚高频（如射频）范围，由于转换速率和带宽的限制，运算放大器变得不可靠。当频率需要上升到约 100kHz 时，就要使用另一种放大器。对于高频应用，一般采用晶体管放大器（如双极型晶体管或场效应管）。晶体管的开关速度可能高得令人难以置信——对于特殊的射频晶体管，2000MHz 的上限很常见。然而，当在振荡器中使用晶体管放大器时，可能需要解决一个小问题（使用运算放大器时不必考虑这个问题）：常见晶体管放大器的输出端与输入端正好移相 180°，而为了维持振荡的反馈，输出端必须与输入端同相。对于某种 LC 振荡器，必须插入一个附加的相位来进行校正：放大器输出和输入间的移相网络。下面介绍几种典型的 LC 振荡器电路。

1. 哈特莱振荡器

哈特莱振荡器使用电感分压器来确定反馈系数。哈特莱振荡器可采用多种类型（如场效应晶体管、双极型晶体管等），下面以结型场效应管为例进行论述。图 10.17 所示哈特莱振荡器完成 180° 相移所需的正反馈，由振荡电路中的电感线圈抽头得到。相对地来说，电感线圈的两个末端，相电压相差 180°。L_2 两端的反馈信号经 C_1 耦合到晶体管放大器的基极。抽头电感线圈基本上是一个自耦变压器，其中 L_1 是初级，L_2 是次级。哈特莱振荡器的频率由电路振荡频率决定：

$$f = \frac{1}{2\pi\sqrt{L_T C_T}}$$

频率可通过改变 C_T 来调整。R_G 为栅极偏置电阻，用来设置栅极电压。R_S 是源极电阻。C_S 用来改善放大器的稳定度，C_1 和 C_2 为隔直电容，对振荡器的工作频率而言其容抗是低阻抗，同时防止影响场效应管的直流工作点。射频扼流圈（RFC）用来向放大器提供稳定的直流电源，并消除不必要的交流干扰。

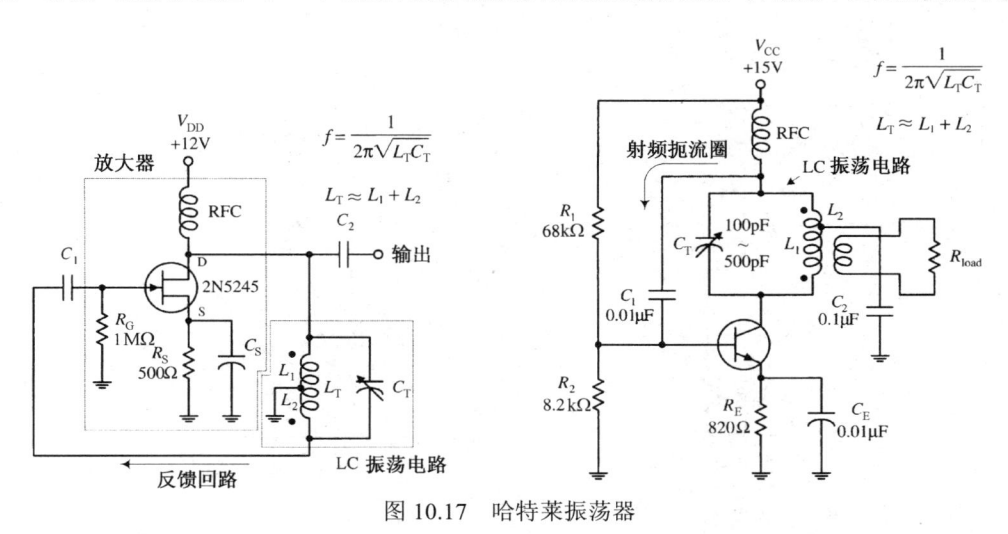

图 10.17 哈特莱振荡器

第二个电路是另一类哈特莱振荡器，它采用双极型晶体管代替 JFET（结型场效应晶体管）作为放大器件。工作频率也由 LC 电路的振荡频率确定。注意，在这个电路中，负载和变压器次级线圈与振荡器有很大的关系。

2. 考毕兹振荡器

考毕兹振荡器适用的频率范围更大，且与哈特莱振荡器相比具有更好的稳定性（见图 10.18）。与哈特莱振荡器不同，其反馈信号是由两个串联电容之间的抽头得到的。等幅振荡需要的 180°相移是 LC 振荡电路中交流电流通过两个串联的电容得到的。相对而言，在两个电容上随时会产生极性相反的电压信号。例如，振荡电路两个末端电压的方向总是相反的。振荡电压分别通过这两个电容传输。来自集电极信号的一部分，即 C_4 的信号电压通过耦合电容 C_1 连接到晶体管的基极，构成正反馈。集电极信号通过 C_3 馈送给振荡电路信号能量，以补偿能量损失。工作频率也由 LC 振荡电路的振荡频率确定：

$$f = \frac{1}{2\pi\sqrt{LC_{\text{eff}}}}$$

式中，C_{eff} 是 C_3 和 C_4 的串联电容，即

$$\frac{1}{C_{\text{eff}}} = \frac{1}{C_1} + \frac{1}{C_2}$$

C_1 和 C_2 是隔直电容，R_1 和 R_2 用来设置晶体管的偏置电压。RFC 用来为放大器提供稳定的直流电流。电路中的振荡电路可选择两个振荡电路网络中的一个，以实现振荡频率的调节。其中一个振荡电路采用磁调谐（可变电感线圈），另一个振荡电路采用置于电感支路的调谐电容来改变振荡电路的振荡频率。

3. 克拉普振荡器

克拉普振荡器的频率具有异乎寻常的稳定性（见图 10.19），是考毕兹振荡器的一种简单变体。总振荡电容是 C_1 和 C_2 的串联组合。振荡电路的有效电感 L 随纯电抗的改变而改变，纯电抗通过增减 L_T 的感抗和 C_T 的容抗而改变。通常，C_1 和 C_2 比 C_T 大，L_T 和 C_T 串联共振在所需的工作频率上。反馈系数由 C_1 和 C_2 决定，且因它们比 C_T 大，故调节 C_T 对反馈几乎没有影响。克拉普振荡器因其稳定性而出名，寄生电容的影响是通过 C_1 和 C_2 来消除的，这意味着频率几乎完全由 L_T 和 C_T 决定。工作频率由下式确定：

$$f = \frac{1}{2\pi\sqrt{LC_{\text{eff}}}}$$

$$C_{\text{eff}} = \frac{C_1 C_2}{C_1 + C_2}$$

$$f = \frac{1}{2\pi\sqrt{L_T C_{\text{eff}}}}$$

$$C_{\text{eff}} = \frac{1}{1/C_1 + 1/C_2 + 1/C_T} \approx C_3$$

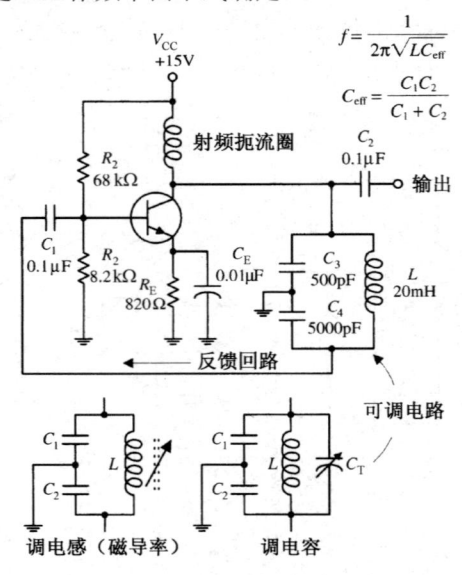

图 10.18　考毕兹振荡器电路

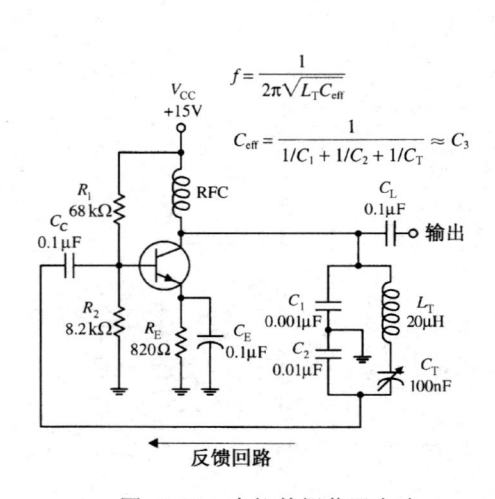

图 10.19　克拉普振荡器电路

$$f = \frac{1}{2\pi\sqrt{L_T C_{\text{eff}}}}$$

式中，C_{eff} 为

$$C_{\text{eff}} = \frac{1}{1/C_1 + 1/C_2 + 1/C_T} \approx C_3$$

10.6 晶体振荡器

当稳定性和精度成为设计振荡器需要考虑的关键参数时，最好的方法是使用晶体振荡器。晶体振荡器的稳定性（0.01%～0.001%）远高于 RC 振荡器的稳定性（约为 0.1%）和 LC 振荡器的稳定性（最小约为 0.01%）。

石英晶体按一定的方位角切割成薄片，在其两个面上装金属板并引出电极，就形成一个两端器件，这种器件的性能类似于一个 RLC 调谐回路。当晶体被压缩或施加一个外加电压而被激励时，就会以特定频率产生机械振动并持续振动一段时间，同时在两个端子间产生一个交流电压。这种现象（常称压电效应）与 LC 电路冲击激励的阻尼电子振荡类似。然而，与 LC 电路不同的是，石英晶体的振荡在最初的冲击激励后，会持续得更久，因为石英晶体具有很高的品质因素 Q 值。对于高品质因数的石英晶体，Q 值为 100000 是很普通的。LC 电路的品质因素 Q 值一般为几百。

石英晶体的等效电路如图 10.20 所示。等效电路的下半部分由 R_1、C_1 和 L_1 串联组成，我们称其为动态臂。动态臂表示石英晶体的串联机械共振特性。上半部分的 C_0 是晶体本身的电极和引线间的寄生电容。动态电感 L_1 的大小通常为若干亨利（H），而动态电容 C_1 的容量很小（≪1pF），因此晶体的 L_1 与 C_1 的比值比实际电感与电容的比值大得多。晶体的内电阻 R_1 和 C_0 也都很小。对于一个基频为 1MHz 的晶体，其典型值为 $L_1 = 3.5$H，$C_1 = 0.007$pF，$R_1 = 340\Omega$，$C_0 = 3$pF。对于一个基频为 10MHz 的晶体，其典型值为 $L_1 = 9.8$mH，$C_1 = 0.026$pF，$R_1 = 7\Omega$，$C_0 = 6.3$pF。

在工作期间，晶体可工作于串联振荡包络或并联振荡包络。对于串联振荡，晶体工作在串联振荡频率 f_S 上，此时晶体类似于串联振荡的 LC 电路，其阻抗变得最小——仅剩下 R_1。对于并联振荡包络，晶体工作在并联振荡频率 f_p 上，此时晶体类似 LC 并联振荡电路，其阻抗有最大值，如图 10.20 所示。

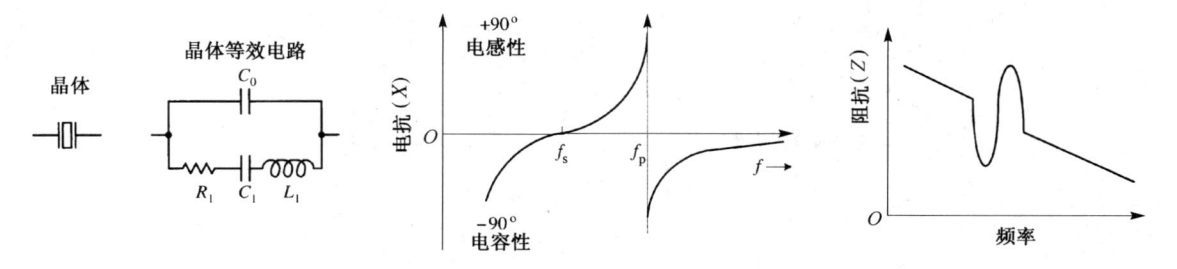

图 10.20 石英晶体的等效电路及阻抗特性

石英晶体可以串联方式或并联方式应用，既可设计成基频类晶体，又可设计成谐波类晶体。基频类晶体用来设计基波频率振荡器，而谐波类晶体用来设计谐波频率振荡器（晶体产生的谐波频率是基频的奇数倍。例如，15MHz 基频的晶体将产生 45MHz 的三次谐波、75MHz 的五次谐波、135MHz 的九次谐波等。图 10.21 所示为石英晶体的 RLC 等效电路及其响应曲线，它们都是估计谐波频率时所必需的）。基频类晶体的工作频率一般为 10kHz～30MHz，谐波类晶体的最大工作频率为几百兆赫兹。通常可获得的频率是 100kHz、1.0MHz、2.0MHz、4MHz、5MHz、8MHz 和 10MHz。

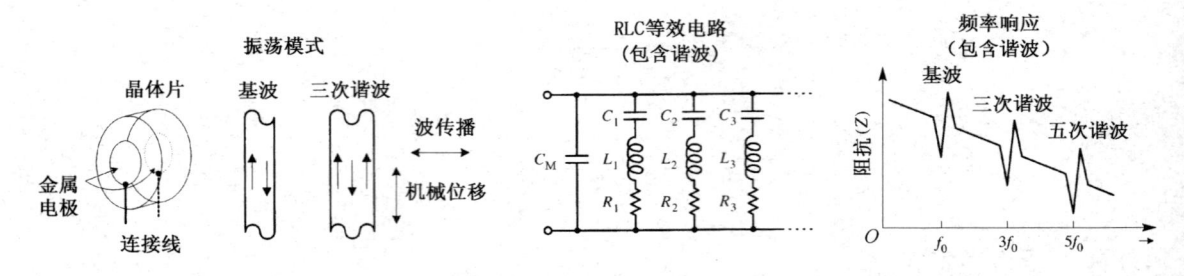

图 10.21　石英晶体的 RLC 等效电路及响应曲线

设计晶体振荡电路与设计 LC 振荡电路相同，除了用晶体管替换 LC 储能电路。晶体将提供正反馈而获得串联或并联振荡频率，因此会导致连续振荡。下面从一些基本的晶体振荡电路开始论述。图 10.22(a)所示的基本晶振电路类似于图 10.16，区别是采用晶体的串联振荡代替 LC 电路的并联振荡来提供所需频率的正反馈。其他晶体振荡器，如皮尔斯振荡器、考毕兹振荡器和 CMOS 反相振荡器，如图 10.22(b)所示，同样用晶体作为确定频率的器件。皮尔斯振荡器（采用 JFET 放大级）采用晶体作为串联振荡反馈元件。从漏极到栅极的最大正反馈仅出现在晶体的串联振荡频率处。考毕兹电路（与皮尔斯电路不同）使用晶体的并联反馈结构，最大的基极-发射极电压信号出现在晶体的并联振荡频率上。CMOS 电路采用两个 CMOS 反相器和晶体构成一个串联振荡反馈元件，最大正反馈出现在晶体的串联振荡频率处。可用于设计晶体振荡器的集成电路很多，如 74S124 TTL VCO（方波发生器），可用外部晶体产生方波，其频率由晶体的振荡频率确定。MC12060 压控振荡器和 74S124 的不同是，前者可输出一对正弦波。现有的晶体振荡器是所有器件（石英等）的集成体，可视为 DIP 金属封装的晶体。它们可工作于特定的标称频率（如 1MHz、2MHz、4MHz、5MHz、6MHz、10MHz、16MHz、24MHz、25MHz、50MHz 和 64MHz 等）。关于晶体的详细特性，请查阅产品手册。

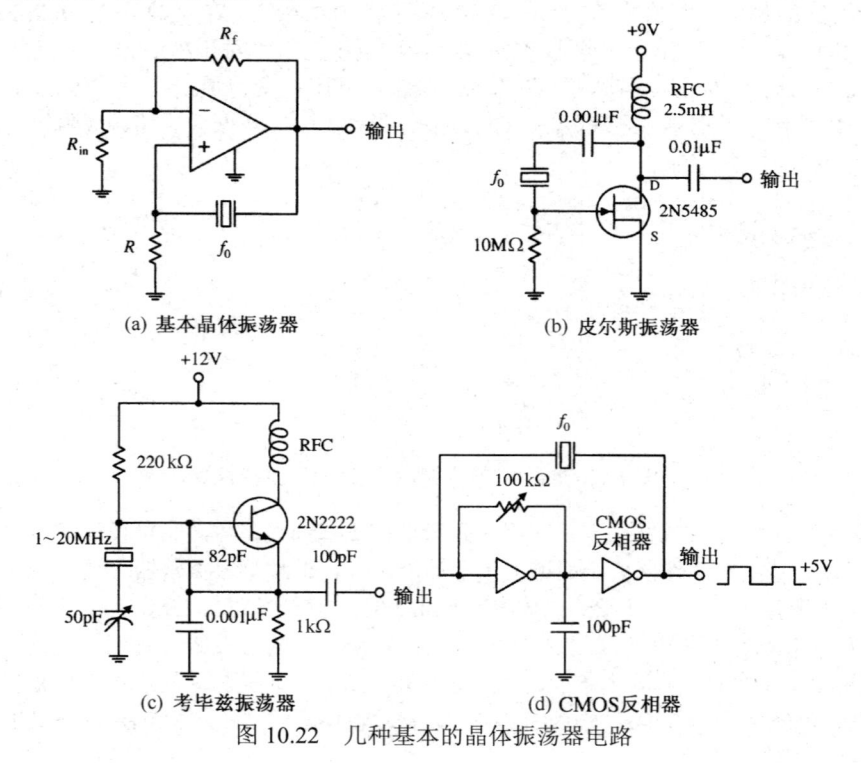

图 10.22　几种基本的晶体振荡器电路

第 11 章　稳压器和电源

在保持稳定电压的同时，电路通常需要一个向负载提供足以驱动电流的直流电源。电池是很好的直流电源，但与其他电源相比，它提供电流的能力很小。因此，在需要大电流或频繁使用的电路中使用电池是不实际的。另一种方法是将 220V/50Hz 的交流电压转换成一种可以使用的直流电压。

转换电压的方法有两种：一种是使用传统降压变压器，另一种是使用开关电源。近年来，开关电源几乎取代了降压变压器，因为它不仅可使功率适配器变得小而轻，还在各个国家的不同线电压下使用时不需要进行调整和开关切换。本章将讨论这两种方法，先介绍降压变压器的使用。

要将交流电压转换成一种可用的直流电压（一般是低压），首先要用降压变压器降低交流电压，然后使用整流器来滤除负半周的波形（设计的是负电压电源时，滤除正半周波形）。滤除半周波形电压后，再用滤波电路来平滑整流信号，输出的直流电压波形将非常平滑。图 11.1 中给出了电源降压与整流的工作过程。

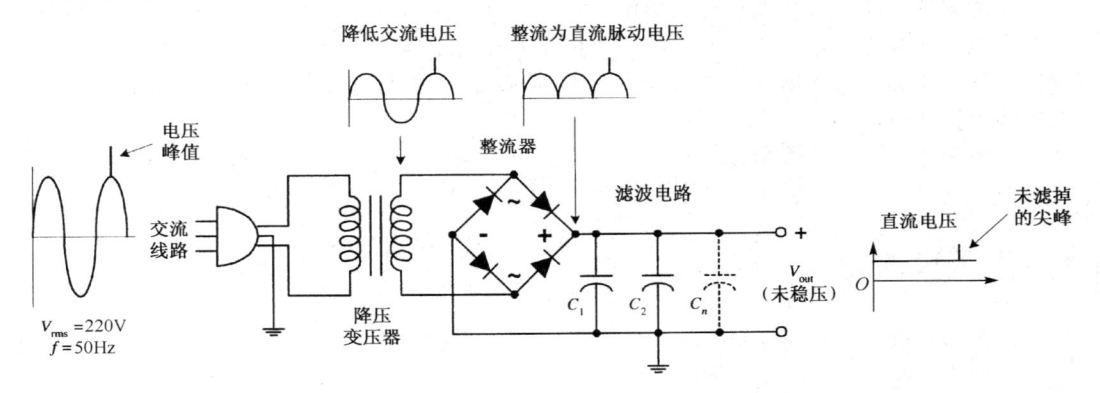

图 11.1　电源降压与整流的工作过程

上述供电方案有一个问题——稳定性，即交流输入电压中存在随机的冲击而导致的输出电压变化（注意，尖峰信号可以通过图 11.1 所示的直流稳压电路）。使用未经稳压的电源来驱动敏感电路（如数字集成电路）是不可行的。电流尖峰将导致工作特性异常（如误触发等），甚至损害工作中的集成电路。未经稳压的电源还有一个问题，即输出电压会随负载电阻的变化而变化。用低阻抗（大电流）负载来替换高阻抗（小电流）负载时，输出电压将下降（欧姆定律）。

所幸的是，一种特殊电路不仅能够将电源变为稳定的电源，消除尖峰信号，还能够随着负载变动保持稳定的输出电压（见图 11.2）。这种特殊电路称为稳压器。

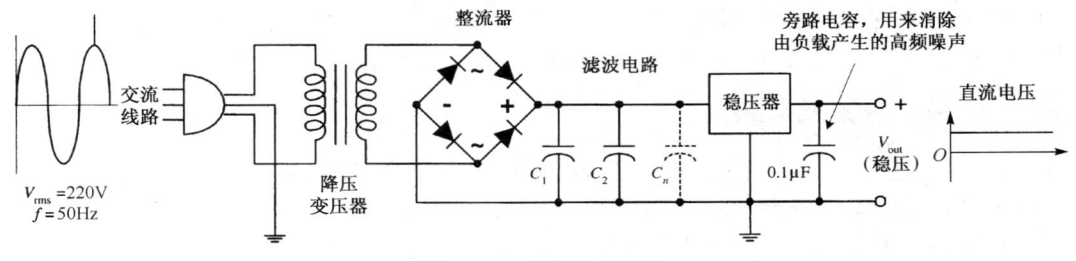

图 11.2　直流稳压电路

稳压器通过比较电源的直流输出和一个固定或可编程的内部参考电压，自动调整流过负载的电流，使输出电压保持恒定。简单的稳压器由采样电路、误差放大器、调整元件和基准电压元件组成（见图11.3）。

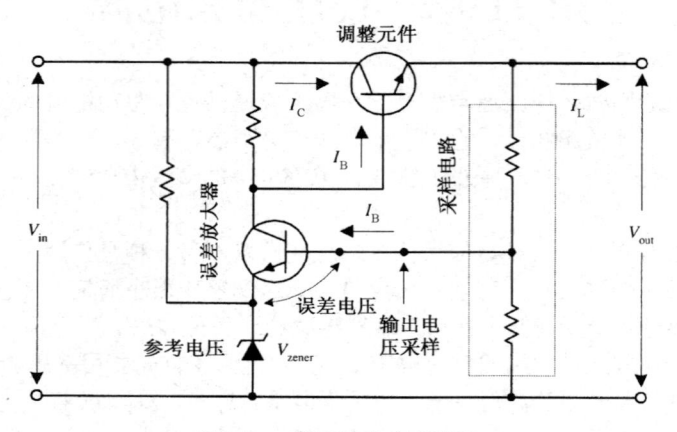

图 11.3　稳压器的内部结构

稳压器的采样电路（分压器）对输出电压进行采样，并将它反馈到误差放大器，以监控输出电压。参考电压元件（齐纳二极管）输出一个恒定的参考电压，供误差放大器使用。误差放大器比较输出采样电压和参考电压，当二者存在差别时，产生一个误差电压。误差放大器的输出反馈到电流控制元件（晶体管），从而调整负载电流。

在实际应用中，没有必要自己设计稳压电路，只需购买一个稳压集成电路。下面详细介绍这些集成电路。

11.1　稳压集成电路

目前，市场上有许多不同种类的稳压集成电路。有的输出正固定电压，有的输出负固定电压，而有的稳压集成电路的输出电压还可以调节。

11.1.1　固定稳压集成电路

常用稳压集成电路是三端 LM78xx 系列，其中 xx 代表输出电压值，如 LM7805（5V）、LM7806（6V）、LM7808（8V）、LM7810（10V）、LM7812（12V）、LM7815（15V）、LM7818（18V）和 LM7824（24V）等。具备适当的散热条件时，这些器件可提供最大 1.5A 的输出电流。为了消除有害的输入、输出尖峰信号或噪声，可在稳压集成电路的输入端和输出端加上电容，如图 11.4 所示。常用负电压稳压集成电路系列是 LM79xx 系列，其中 xx 代表负电压输出值。同样，这些器件也可提供最大 1.5A 的输出电流。不同厂家制造了各种各样的稳压集成电路，有些稳压集成电路可提供大小不同的电流。这些器件也有贴片封装形式的，如 SOT-89。一定要查阅用户手册，因为这种封装通常比同类产品的最大输出电流小。可通过查阅产品目录来了解这些产品。

11.1.2　可调稳压集成电路

LM317 稳压器是一种可调的三端正电压输出的稳压集成电路。不同于 LM78xx 系列固定稳压器，LM317 系列是浮动稳压器（浮动是指输出端与输入端之间的电压差是浮动的），输出电压可通过两个外部电阻设定。在工作中，LM317 在输出端和可调端之间提供一个 1.25V 的参考电压。这个参考电压（恒定）通过阻抗 R_1 产生恒定电流 I_1，I_1 流过阻抗 R_2 而设置输出电压，如图 11.5 中的公式所示。增大 R_2，稳压器的输出电压上升。LM317 系列允许输入最大 37V 的未经调整的电压，且可以输出最大 1.5A 的电流。TL783 是另一种正稳压器，其输出的电压范围为 1～125V，最大输出电流为 700mA；不同于前面两种稳压集成电路，LM337T 是可调负电压稳压器，其输出范围为 -1.2～-37V，最大输出电流为 1.5A。同样，查阅产品目录可了解其他稳压器。当稳压集成电路离电源较远时，应加上滤波电容 C_in，其值为 $0.1\mu F$。滤波电容 C_out 用于消除输出端的电压尖峰，其值约为 $0.1\mu F$ 或者更大，如图 11.5 所示。

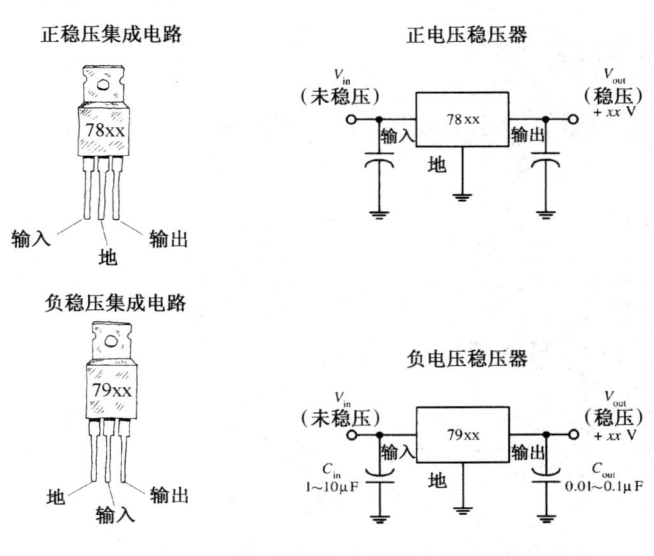

图 11.4 稳压集成电路的外形与连接

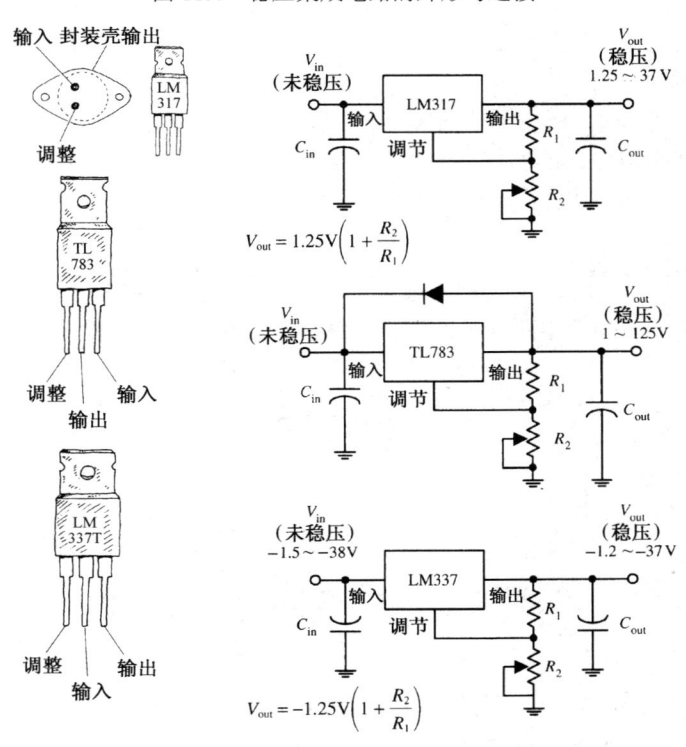

图 11.5 可调稳压集成电路的外形和连接

11.1.3 稳压器的规格表

稳压器的规格表一般提供如下信息：输出电压，精度（百分比），最大输出电流，功率损耗，最大和最小输入电压，120Hz 波纹抑制（dB），热稳定性（$\Delta V_{out}/\Delta T$）和输出阻抗（在特定的频率上）。良好的稳压集成电路的波纹抑制特性可大大减小电源输出端的电压变化，详见本章后面的介绍。

11.2 稳压器的应用

前面介绍了如何在电源电路中应用稳压器，在其他领域如何应用稳压器呢？几个稳压集成电路的应用实例如图 11.6 所示。

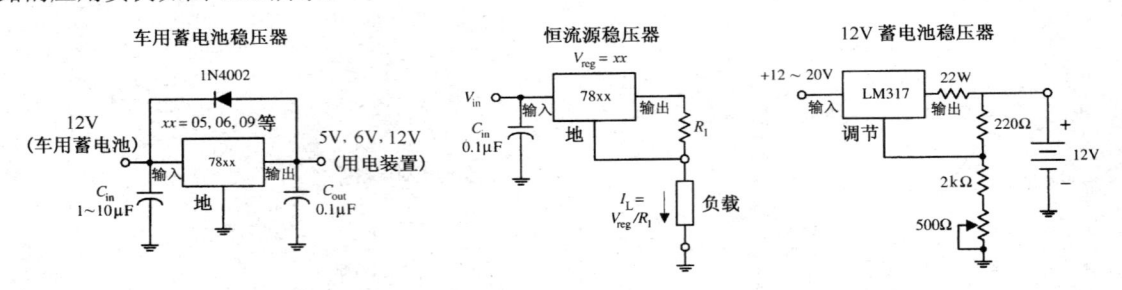

图 11.6 几个稳压集成电路的应用实例

恒流稳压器常用于驱动 LED，尤其是驱动大功率器件。

11.3 变压器

对电源来说，选择合适的变压器很重要。通常，变压器的次级电压不能高于稳压集成电路的输出电压，否则稳压集成电路的功耗将增大，且要对其增强散热设计。同时，次级电压也不能比稳压集成电路的最低输入电压低（一般比输出电压高 2~3V）。

11.4 整流器的封装

电源电路的三种基本整流电路为半波整流电路、全波整流电路和桥式整流电路（见图 11.7）。

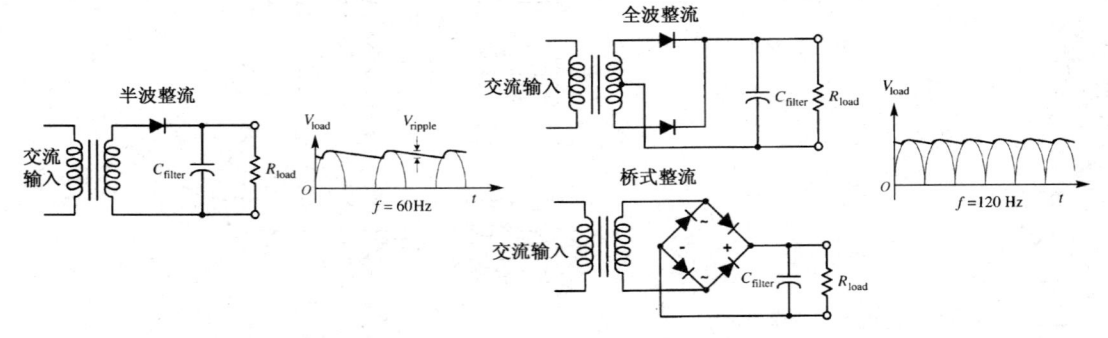

图 11.7 半波整流电路、全波整流电路和桥式整流电路

半波整流器、全波整流器与桥式整流器完全可用分立二极管制成。然而，全波整流器与桥式整流器已有预先封装于一体的形式（见图 11.8）。

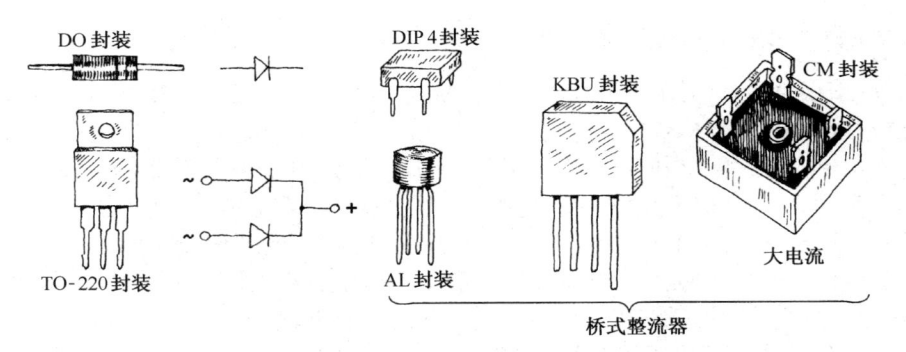

图 11.8　部分整流器的外形

要确保电源电路中的整流二极管有合适的正向整流电流和反向峰值电压（PIV）。一般整流二极管的额定电流为 1～25A，PIV 额定值为 50～1000V，浪涌电流额定值为 30～400A。通用整流二极管包括：1N4001～1N4007 系列（额定电流 1A/正向电压降 0.9V）；1N5059～1N5062 系列（额定电流 2A/正向电压降 1.0V）；1N5624～1N5627 系列（额定电流 5A/正向电压降 1.0V）；1N1183A～90A（额定电流 40A/正向电压降 0.9V）。在低压应用中，可以使用肖特基势垒整流器，其正向电压降小于标准整流器的正向电压降（一般小于 0.4V），但它们的反向击穿电压较小。通用全波桥式整流器包括 3N246～3N252 系列和 3N253～3N259 系列。

11.5　几种简单的电源

第一种电源，采用额定值为 12.6V/1.2～3A 的中心抽头变压器。整流后的脉动电压峰值为 8.9V。滤波电容（C_1）滤除脉冲，LM7805 稳压输出+5V。C_2 跨接在稳压器的输出端，用来旁路可能由负载产生的高频噪声。跨接在 LM7805 的输入/输出端的二极管用来保护稳压器，避免负载端产生的反向浪涌电流的损害，当电源关断时，有可能产生这样的浪涌。例如，断电后跨接在输出端的电容的放电速度比跨接在输入端的电容的放电速度慢，会使稳压集成电路反向偏置，且可能损害工作中的稳压器。这时，二极管旁路稳压器的反向电流。第二种电源与第一种电源相似，只是采用了桥式整流器（见图 11.9）。

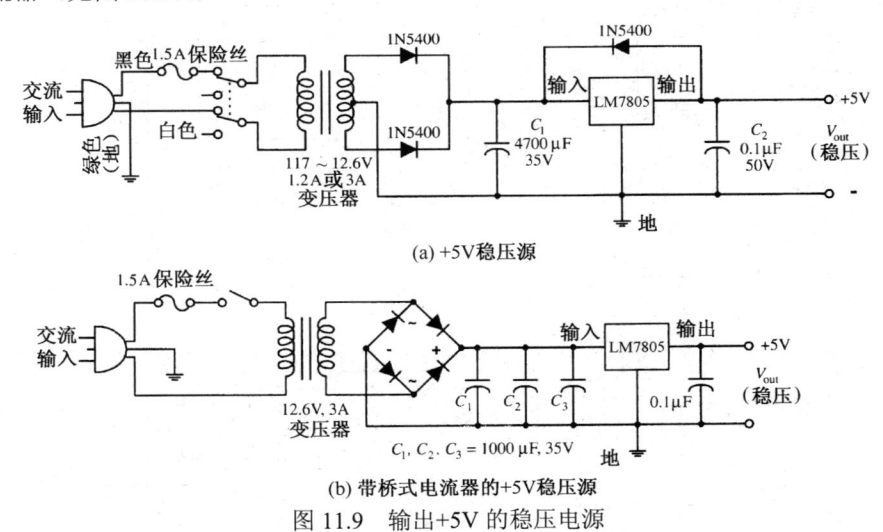

(a) +5V 稳压源

(b) 带桥式电流器的+5V 稳压源

图 11.9　输出+5V 的稳压电源

1. 双极型可变输出（±1.2～35V）稳压电源

图 11.10(a)所示的双极型线性电源提供 1.2～35V 的正电压或负电压。当散热设备有效时，这个互补稳压器［LM317（+）和 LM337（-）］输出 1.5A 电流（取决于输出电压）。该稳压电源电路对许多日常电路的测试和供电是很有效的。重要的是，变压器的次级中心抽头与地相连，因此可提供相对于地的正电压和负电压。它将初级的 120 交流电压转换为次级的 48 交流电压，并且通过中心抽头分成两个 24 交流电压。将中心抽头作为地或公共端，获得相对于地的正电压/负电压输出。二极管将变压器输出的交流量调整为直流脉冲波形。电解电容 C_1 和 C_2 滤除直流电压脉冲波形，得到一个未稳压的直流电压。与电解电容并联的小薄膜电容 C_3 和 C_4 可提高电路的瞬态响应，并滤除高频噪声。LM317（+）和 LM337（-）是互补的可调电压稳压器，它们的输出能通过两个外部电阻调节，输出电压为

$$+V_{\text{DC}} = 1.25(1 + R_2/R_1)$$

为了防止稳压器输出电压中的波纹电压被放大，通过 C_5 和 C_6 将波纹抑制能力从 65dB 提高到 80dB。电解电容 C_7 和 C_8 用来缓冲输出电压的变化，并使输出阻抗降低。C_9 和 C_{10} 是旁路电容，作用是滤除输出中的高频噪声。因此，旁路电容应是低阻抗的（如聚酯、聚丙烯、聚苯乙烯或聚酯薄膜电容）。48VAC CT（24-0-24）变压器次级电压通常是受限的。在本例中，次级输出电压上限由稳压器最大输入电压和 35V 直流电压滤波电容耐压值决定。

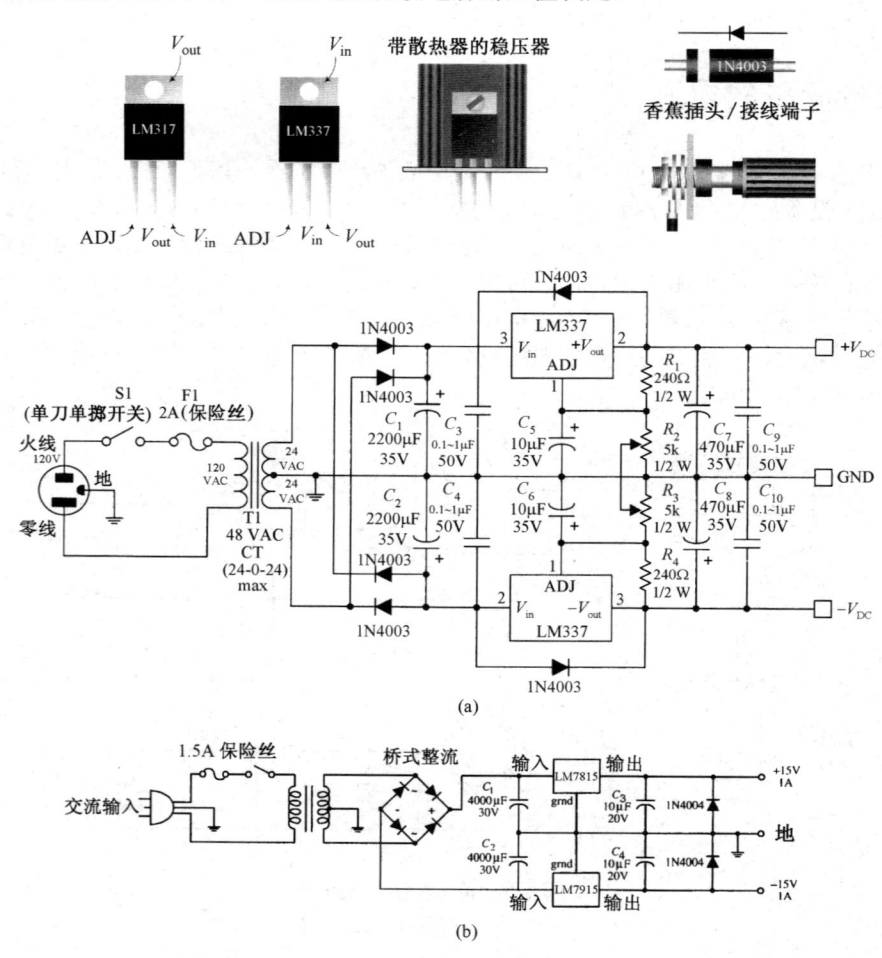

图 11.10 双极型可变输出稳压电源

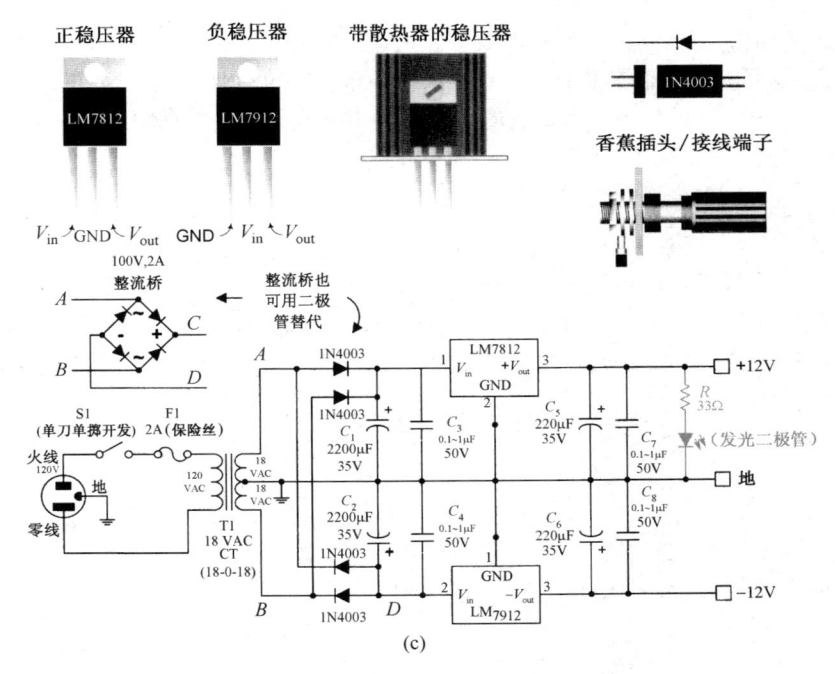

图 11.10 双极型可变输出稳压电源（续）

2. 双极型功率电源

图 11.11 中显示了将外部直流电源连接到由蓄电池供电设备的简单方法。当没有外部电源（外部直流电源没有连接）时，短路触头将供电方式转为蓄电池供电。当外部直流电源通过直流插头接入时，短路插头将由蓄电池供电切换成直流适配器供电。

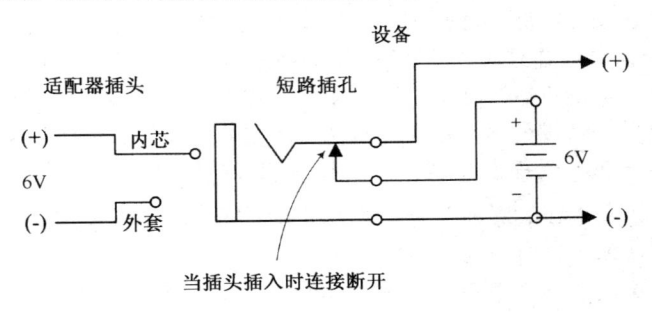

图 11.11　电源适配器供电和蓄电池供电切换电路

11.6　关于波纹抑制的技术要点

当电源为敏感电路供电时，必须保持输出电压的变化尽量小。例如，用 5V 电源为数字电路供电时，输出电压的变化应限定为 5%（0.25V），或者更低。实际上，数字逻辑电路的最低噪声容限通常为 200mV。对小信号模拟电路，要特别关注电源的输出变化。例如，有时要求电源电压的变化始终小于 1%才能正常工作。那么，如何保持输出变化足够小呢？答案是使用滤波电容和稳压器。

滤波电容在正向整流期间存储电荷，存储的电荷可降低输出的波动；在负向整流期间，滤波电容通过放电，使得输出电平的下降足够缓慢，进而将输出电压保持在一定的电平上。滤波电容太小时，可能无法存储足够的电荷。在负向整流期间，它将无法保持负载电流和输出电压稳定。

事实上，负载电流会影响电容的放电速度。当在电源输出端跨接一个低阻抗负载时，电容相对于地的放电速度更快，进而使得电容和负载两端的电压下降变快。另一方面，对高阻抗负载，电容放电变慢，这意味着输出不会有很大的变化。可用下式计算放电期间电容两端的压降：

$$I = C\frac{dV}{dt} \approx C\frac{\Delta V}{\Delta t}$$

式中，I 是负载电流，Δt 是放电时间，ΔV 是输出电压围绕平均直流电平的波动值。ΔV 也称脉动电压峰-峰值 V_{pp}（可用线性放电曲线代替指数放电曲线来描述放电周期，见图 11.12）。Δt 可近似为整流输出电压的一个周期。对于全波整流，周期为 1/120 Hz 或 8.3×10^{-3} s。实际上，在峰-峰值 V_{pp} 变化期间，电容的放电时间是 5ms，充电时间为 3.3ms。为方便起见，可用下式简化计算：

$$V_{ripple} = 0.0024s \times \frac{I_L}{C_f}$$

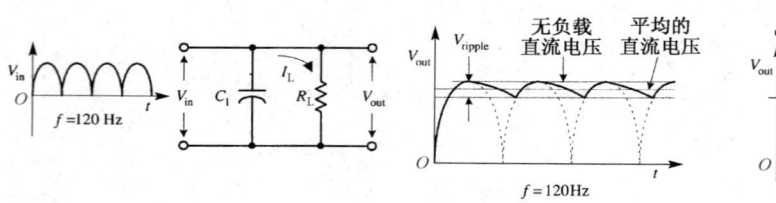

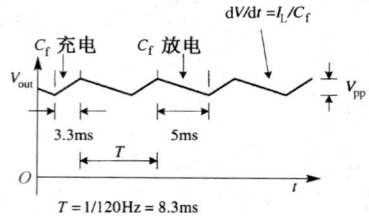

图 11.12　波纹抑制的波形曲线

注意，波纹电压 V_{ripple} 不是峰-峰值电压而是有效值电压（$V_{pp} = \sqrt{2}\ V_{rms}$）。为了检验该式，不妨计算连接 4700μF 滤波电容、最大负载电流为 1.0A 的 5V 电源的波纹电压（假设未用稳压器）。将上述数值代入，可得 V_{ripple} = 510mV。前面说过，用该电源给数字电路供电时，电压变化范围应在 ±0.25V%内，510mV 的波纹电压显然太大。这时，改变电容值可获得更好的结果。也就是说，取 C 为无穷大最好。理论上这是对的，但实际上是不可能的。不可能的原因有三：第一个原因很简单，即不可能找到无限大的电容，如果存在无限大的电容，那么整个世界将变得面目全非；第二个原因和电容误差有关，遗憾的是，用于电源的大容量电解电容都有很大的误差值，对这些元件来说，误差通常为 5%～20%或者更大，实际上，误差的存在导致波纹电压 V_{ripple} 的计算是不确定的；第三个原因，也可能是最主要的原因。为避免机械地硬套公式，可用稳压器内在的波纹抑制特性。下面将看到，电压稳压器可以解决这些问题。

稳压器常用分贝来表示波纹电压的抑制能力。例如，LM7805 的抑制波纹能力约为 60dB。使用衰减表达式，可得波纹抑制度：

$$-60dB = 20\lg\frac{V_{out}}{V_{in}}, \quad -3 = \lg\frac{V_{out}}{V_{in}}, \quad 10^{-3} = \frac{V_{out}}{V_{in}}$$

上式表明输出波纹电压减小至输入时的 1/1000。使用上述滤波电路和稳压集成电路时，其输出波纹电压仅为 0.51mV——在安全限定以内。要指出的是，LM7805 的输入和输出之间需要一个不小于 3V 的电压差值才能正常工作。这意味着要获取 5V 的输出，稳压集成电路的输入电压不能小于 8V。同时，要注意整流器的压降（一般为 1~2V）。因此，变压器的次级电压必须大于 8V。对于 5V 电源，使用次级电压为 12V 左右的变压器是合适的。

下面来看 LM319 可调稳压集成电路是如何更好地抑制波纹的。设 LM317 被用在一个次级电压有效值为 12.6V 的变压器电源中。在一个周期中，电容的峰-峰值电压为 17.8V（次级线圈的峰-峰值电压）。LM317 抑制波纹的特性约为 65dB，借助并联 10μF 电容的 LM317 的分压器，该值大约可提升到

80dB（见图 11.13）。

假设滤波电容为 4700μF，且最大负载电流是 1.5A，则得到波纹电压为

$$V_{rms} = 0.0024\ s(1.5A/4700μF) = 760mV$$

这个波纹电压对敏感集成电路来说显得太大，很难工作。然而，考虑到 LM319 的抑制波纹电压能力（假设使用旁路电容），它对波纹电压的衰减量为

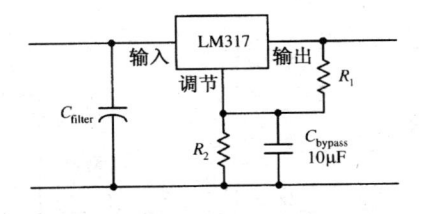

$$-80\text{dB} = 20\lg\frac{V_{out}}{V_{in}},\quad -4 = \lg\frac{V_{out}}{V_{in}},\quad 10^{-4} = \frac{V_{out}}{V_{in}}$$

图 11.13　借助并联电容进一步抑制波纹

换句话说，输出波纹电压减小至输入时的 1/10000，最终输出脉动电压仅为 0.076mV。

11.7　相关问题

1．电源滤波器和浪涌抑制器

交流电源滤波器是接在电源电路与市电之间的 LC 滤波电路，用来滤除输入电源线路中的高频干扰。电源滤波器也可抑制电压尖峰，消除由电源产生的射频干扰。交流电源滤波器接在变压器之前，如图 11.14 所示。市面上可以买到封装好的交流电源滤波器，读者可查阅产品目录，以获得更多的信息。

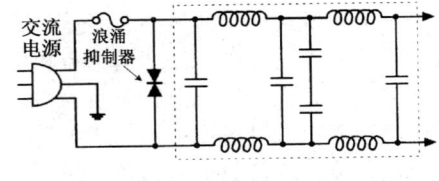

图 11.14　交流电源滤波器电路

浪涌抑制器用来短路超过安全极限值的端电压（如尖峰电压信号）。这些器件就像双向的大功率齐纳二极管，它们很便宜，封装和二极管的相似，输出低压和峰值脉冲电压。

图 11.5 所示的消弧电路和钳位电路可跨接在稳压电源的输出端，避免稳压器损坏（内部短路）时输出电压升高，从而保护负载。

2．消弧电路

对于消弧电路，当电源电压超过齐纳二极管击穿电压（0.6V）时，齐纳二极管导通，触发晶闸管（SCR）导通，SCR 分流有害的电流到地。此后，仅当电源关断或切断通过 SCR 的电流时，消弧电路的 SCR 关断。

3．钳位电路

在电源的输出端跨接一个齐纳二极管也可实现电压过压保护。然而，当电流过大时，它可能会被烧毁。为避免齐纳二极管烧毁，可用一个大功率晶体管来分流。当电压超过齐纳二极管的击穿电压时，将有电流通过它流入晶体管的基极，导致额外的电流流经晶体管的集电极、发射极到地。利用钳位电路可消除由电压尖峰产生的误触发。另一方面，它不需要复位，这一点与消弧电路不同。

4．过电压保护

当稳压电源的输出端并联一个电阻时，关闭电源并去掉负载后，滤波电容的高压将通过它放电。该电阻称为泄放电阻（见图 11.16），最好用 1kΩ/0.5W 的电阻。

RC 串联电路并联在变压器的初级，可防止电源关闭时产生很大的瞬时感应浪涌电压。电容的耐压参数必须足够高。典型 RC 电路由一个 100Ω 电阻和一个 0.1μF/1kV 电容组成。就像前面提到的，也可使用专门的浪涌抑制器件。

图 11.15　消弧电路和钳位电路

图 11.16　过电压保护电路

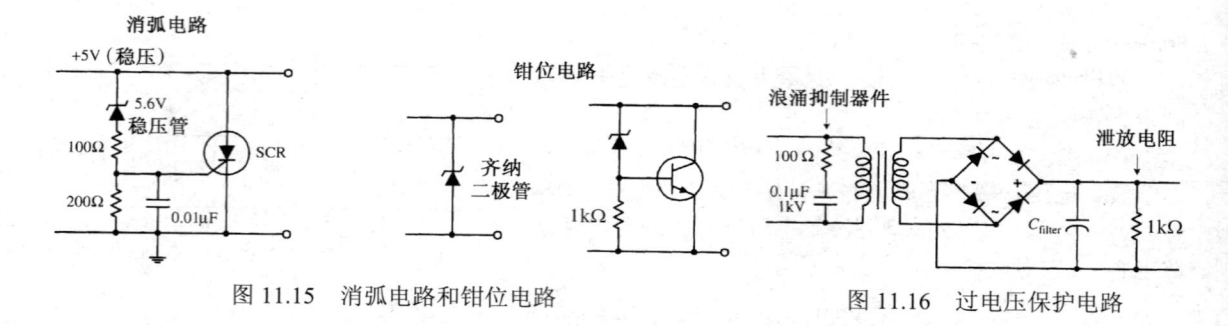

11.8　开关稳压器电源

开关电源是一种特殊的电源，它的转换效率远大于前面介绍的线性电源。线性可调电源和稳压器电路需要比实际所需电压更高的输入电压。当电压降低时，在稳压器电路的器件上将产生热量，导致能量损失。对这些电源来说，能量转换效率（P_{out}/P_{in}）一般低于 50%，即大半能量以热量的形式耗散了。

开关电源可获得超过 85% 的能量转换效率，这意味着它比线性稳压电源有更好的能量转换效率。开关电源也有一个很宽的电流和电压工作范围，且可制成降压（输出电压小于输入电压）、升压（输出电压大于输入电压）或反向（输出与输入极性相反）电源。此外，开关电源可按照能直接使用交流电源（市电）的标准制作，无须笨重的电源变压器，可制作得既轻又小，从而使开关电源在计算机或其他小型设备中得到广泛应用。

开关电源在很多方面与线性电源类似。然而，它有两个独有的特点：储能电感和非线性稳压电路。与线性电源不同的还有，线性电源通过改变调整元件的电阻值来调整电压，而开关电源接入一个可调系统，通过控制调整元件导通或关断时间来调整电压。开/关脉冲是由振荡器、误差放大器、脉宽调制器来控制的（见图 11.17）。

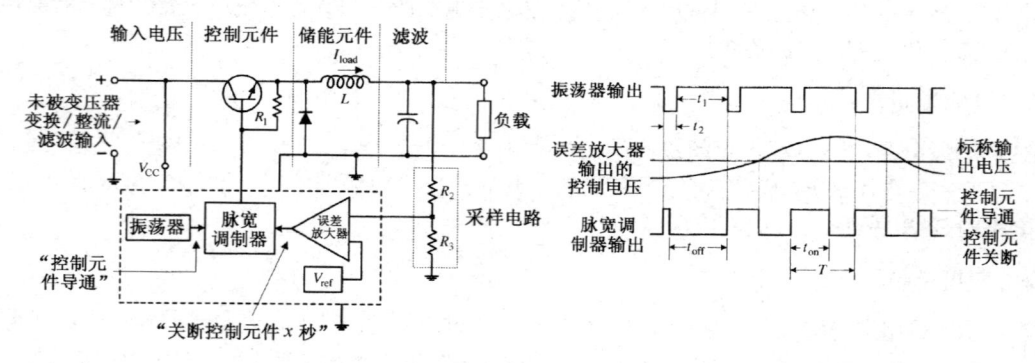

图 11.17　开关稳压器及其控制信号

当开关控制元件导通时，能量流经电感（能量存储在电感线圈磁场中）；当开关控制元件关断时，存储在电感中的能量直接通过二极管释放到滤波器和负载。采样电路（R_2 和 R_3）对输出电压进行采样并反馈到误差放大器的一个输入端。然后，误差放大器将采样电压和参考电压（V_{ref}）进行比较，当采样电压低于参考电压时，误差放大器增大输出到脉宽调制器的控制电压；而当采样电压高于参考电压时，误差放大器减小输出到脉宽调制器的控制电压。与此同时，振荡器为脉宽调制器提供一系列稳定的触发电压脉冲。脉宽调制器用振荡器的脉冲和误差放大器的输出来产生开/关信号，送给开关控制元件的基极。整形后的振荡器信号用矩形波表示，由输入误差电压决定开关控制元件的导通时间。当误差电压低时（意味着采样电压比要求的高），脉宽调制器为开关控制元件发送一个较短的脉宽；当误差电压高时（意味着采样电压比要求的低），脉宽调制器为开关控制元件发送一个较长的脉宽。图 11.17 中显示了振荡器、误差放大器和脉宽调制器输出波形之间的相互关系。将频率和宽度均可改变的开关脉冲提供给开关稳压电源的调整器件，可得到很高的转换效率。因此，开关电源比线性电源的效率更高，并且关闭电源时的辐射较小。

图 11.18 所示为典型的开关稳压器布局。556 双时基集成电路具有振荡器和脉宽调制器的功能，同时 UA723 稳压器用作误差放大器。R_2 和 R_3 构成采样电路，R_6 和 R_7 设置参考电压，R_4 和 R_5 设置发送给脉宽调制器的控制电压。

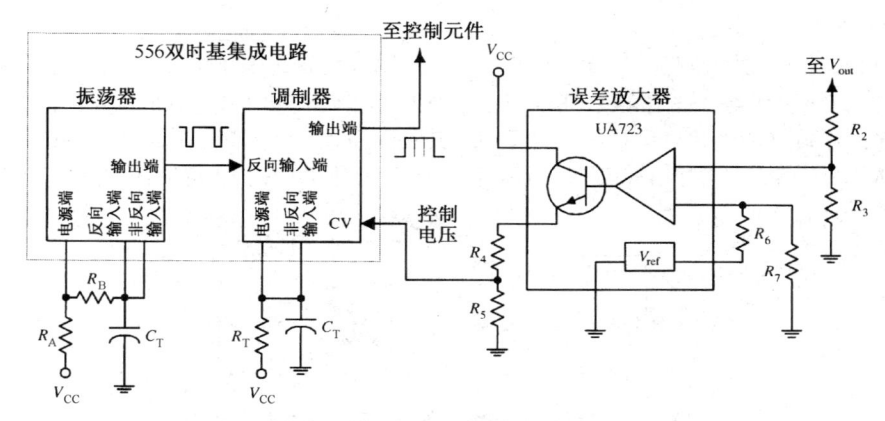

图 11.18　典型的开关稳压器布局

图 11.17 所示的开关稳压器是降压稳压器，它用在输出电压低于输入电压的场合。开关稳压器也可用在升压和反向电路中。当输出比输入高时，采用升压电路，而反向电路用在输出电压和输入电压极性相反的场合。下面分析这三种电路。

（1）降压型开关稳压器

当输出电压比输入电压低时，采用降压型稳压器，如图 11.19 所示。当控制元件导通时，L 存储能量，并向负载提供电流且向滤波电容充电。当控制元件关闭时，存储在 L 中的能量释放，既向负载提供电流，又继续对 C_F 充电——控制元件关闭且 L 放电完成后，C_F 的能量用来维持对负载供电。

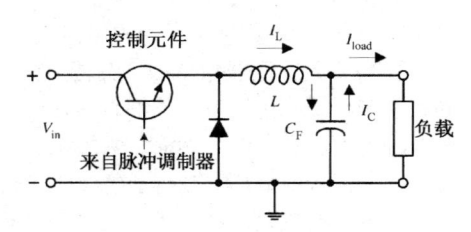

图 11.19　降压型开关稳压器

（2）升压型开关稳压器

当要求输出电压比输入电压高时，可采用升压开关电路，如图 11.20 所示。当控制元件导通时，能量存储在 L 中，被二极管隔离的负载由存储在 C_F 中的能量供电。当控制元件关断时，存储在 L 中的能量与输入电压相加，向负载供电，同时对 C_F 充电——当控制元件关断且 L 中的能量释放完时，C_F 的能量用来供应负载电流。

（3）反向型开关稳压器

当输出电压与输入电压的极性相反时，可采用反向型开关稳压电路，如图 11.21 所示。当控制元件导通时，能量存储在 L 中，同时二极管将 L 和负载隔开，负载电流由 C_F 提供。当控制元件关断时，存储在 L 中的能量向负载供电且对 C_F 充电，形成负极性 V_{out}。当控制元件关断且电感放电结束时，C_F 向负载提供电流。反向开关电源稳压器电路既可制成升压型，又可制成降压型。

图 11.20 升压型开关稳压器　　　　图 11.21 反向型开关稳压器

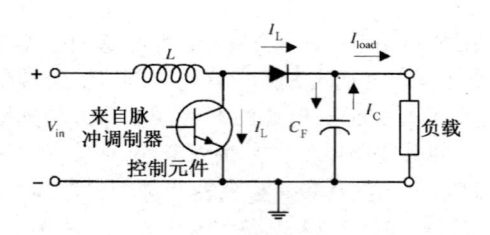

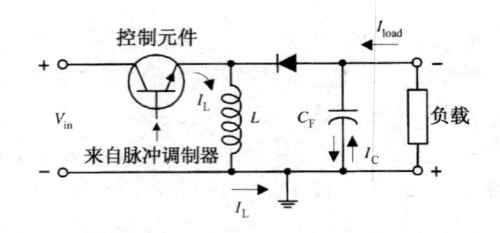

（4）集成开关稳压器

开关稳压器的使用非常普遍，因此人们开发了专用开关稳压器 IC，以使电路设计更简单。开关稳压器 IC 有诸多优势：工作频率高、滤波电感小和设计成本低等。流行且便于使用的一款是 LM2575，它具有固定输出和可调输出两种系列。开关稳压器 IC 仅需 6 个元件就可产生一个 5V 的电源，与 LM7805 相比仅多了 3 个元件。图 11.22 所示为使用 LM2575 的 5V 集成开关稳压器。

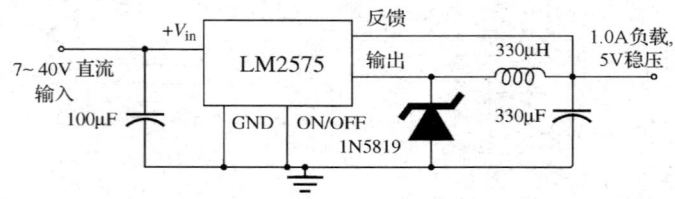

图 11.22　使用 LM2575 的 5V 集成开关稳压器

11.9　开关电源

开关变换器的逻辑控制完全不用变压器，而是直接对整流后的电压进行处理。今天，消费性电子产品很少采用带变压器的电源设计，因为变压器价格贵且笨重。相比之下，开关电源较便宜。

使用开关稳压器独特的开关转换原理，设计在输入级中不需要笨重电源变压器的稳压电源是可能的。换句话说，可以设计能够直接接到交流市电的开关电源——在馈送到稳压器之前，还必须对交流电压进行整流和滤波。然而，去掉电源变压器后，就去掉了 120V 交流市电（美国标准）至直流输入端之间的保护性隔离。没有了隔离，直流输入电压约为 160V。为避免潜在的不稳定因素，必须更改开关稳压器。提供隔离的一种方法是用带有次级绕组的高频变压器代替存储能量的电感，同时使用另一个高频变压器或光电耦合器件来关联从误差放大器反馈到可调元件的误差信号（见图 11.23）。

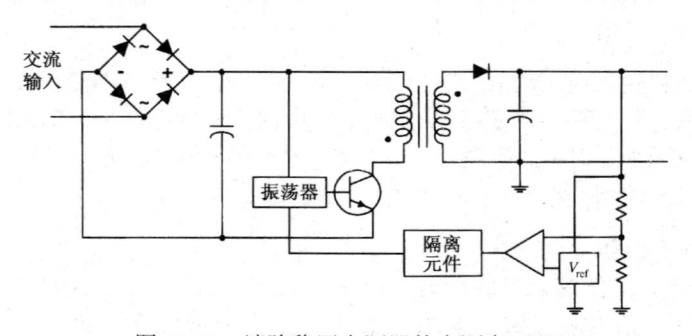

图 11.23　消除稳压电源器的电源变压器

为何去掉一个变压器、增加另一个变压器会使器件更小、更轻呢？根据物理学定律，当信号频率变高时，就可缩小变压器内的铁芯。我们可以使用高频变压器，因为开关振荡器的频率非常高（如 65kHz）。采用高频变压器的开关电源和采用 60Hz 电源变压器的开关电源相比，大小和质量方面的差异很明显。例如，一个 500W 开关电源的体积为 0.01m³，而一个同样质量的线性电源体积为 0.025m³。此外，运行时，开关电源的温度比线性电源的低。

对于开关电源，还有一个小问题需要说明：由于开关稳压器电路的脉冲开/关作用，开关电源的输出将包含一个幅值较小的开关脉冲电压（一般为几十毫伏）。脉冲电压通常不会造成太多的问题（例如，对于数字集成电路，200mV 的噪声容限不算大）。然而，当电路对电源的要求较高时，需要外加一个大电流的低通滤波器。

11.10 各种商用电源

为简单起见，可购买成品电源而无须关注其设计。这些电源要么是线性的，要么是开关形式的，有各种不同的封装形式可供选择。以下是一些可供选择的封装。

1. 小型模块电源

图 11.24 中显示了用于小功率应用的电源（如±5V、±10V、±15V 电源）。这些电源是小模块封装的，尺寸通常约为 6.5cm×10cm×2.5cm。它们通常带有引脚，可直接焊接在电路板上，或者在它的边缘带有连接端子。这些电源可以是单输出端子的（+5V）、双输出端子的（±15V）或三输出端子的（+5V、±15V）。线性电源的额定功率为 1~10W，开关电源的额定功率为 10~25W，且必须装保险丝、开关和滤波器。

2. 开放式电源

在这类电源中，电路板、变压器等可以安装在一个金属板上（对于低压电源，可简单地装在电路板上），也可固定在设备中（见图 11.25）。电源有线性和开关两类，且电压、电流和功率额定值的范围较大（线性电源的额定功率为 10~200W，开关电源的额定功率为 20~400W）。使用时，需加装保险丝、开关和滤波器等。

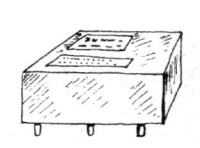

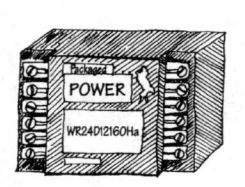

图 11.24 小型模块电源　　　　图 11.25 开放式电源

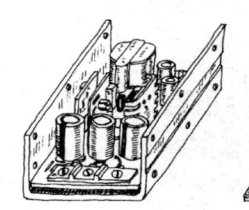

3. 封闭式电源

这类电源封装在一个易散热的金属盒子中（见图 11.26），有线性电源和开关电源两类。线性电源的额定功率为 10~800W，开关电源的额定功率为 20~1500W。

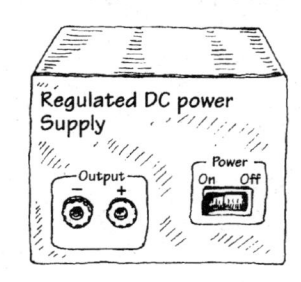

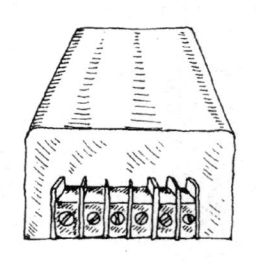

图 11.26 封闭式电源

4．壁挂式电源

壁挂式电源（常称插座式电源）可直接插入交流电插座（见图 11.27），有的电源仅提供交流变压，有的电源仅提供固定的直流电压，有的电源提供可调的直流输出。此类电源的典型输出电压有+3V、+5V、+6V、+7.5V、+9V、+12V 和+15V，其中也有双极型的。

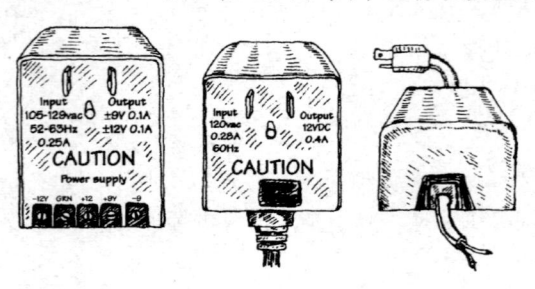

图 11.27　壁挂式电源

壁挂式电源大多为开关电源模式，通常不专用于特定的产品，因此通常可批量生产。它们又小又轻，价格低廉。壁挂式电源大多采用标准的 6.3mm 输出插头，插头中心为正，外部为负。然而，对一些特殊型号，插头的正负极是相反的。

11.11　电源的制作

制作电源的建议如下(见图 11.28)：

- 装配时，电源变压器应直接装到金属外壳的后部。
- 保险丝、电源开关和接线端应安装到外壳后面板上。
- 电路板应固定牢靠。
- 在电路板上，二极管或整流器组件与滤波电容和电压调整元件应尽可能靠紧放置。
- 保证稳压器的有效散热。
- 在外壳前面放置电源输出插孔。
- 在外壳上钻孔帮助散热。
- 外壳接地。
- 电源线从后面板的孔中引出，在出口使用一个橡皮圈。
- 为避免电击，确认所有裸露的电源连接点都用热缩管隔离。

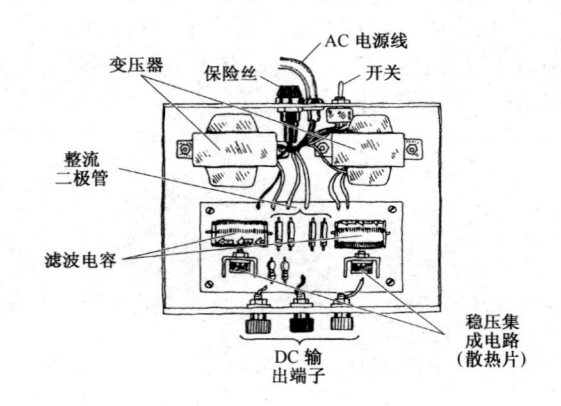

图 11.28　电源的制作

第12章 数字电路

本章内容丰富,消化和吸收起来有一定的难度。前面介绍了模拟电子电路,这种电路处理的是在给定范围内连续变化的信号,即模拟信号。模拟电路包含整流器、滤波器、放大器、RC 定时器、振荡器、晶体管开关等。虽然模拟电路元器件在各自的领域中起着重要作用,但是它们都缺少一个重要的特征——不能存储和处理复杂逻辑运算所需的位信息。要在电路中实现逻辑运算,就要使用数字电子元器件。

12.1 数字电路基础

本节介绍数字电子技术的基本概念与数学工具,内容包括数字信号的基本概念及主要参数、数字集成电路的基本常识、计算机等数字设备中常用的数制与编码、逻辑代数基础、逻辑函数描述方法、逻辑函数化简方法、带符号数的表示方法等。

12.1.1 数字电路的基本概念

随着电子计算机的普及及通信技术和现代电子技术的快速发展,人类已进入信息时代,在信息社会,数字电子技术得到了广泛应用和发展,不仅广泛应用于现代数字通信、雷达、自动控制、测量仪表、医疗设备等各个领域,还进入了人们的日常生活,如智能手机、数码相机等。

1. 模拟信号与数字信号

(1)模拟量与数字量

自然界中存在着各种物理量,这些物理量可分为模拟量和数字量两大类。模拟量是指时间上和数值上均连续变化的物理量,如温度、压力、速度等;数字量是指时间上和数值上均不连续(离散)的物理量,如人口数量、产品数量等。在实际应用中,许多物理量的测量值既可用模拟形式表示,又可用数字形式表示。例如,用指针式电压表测量电压值时,结果是模拟量的形式;而用数字式电压表测量电压值时,结果是数字量的形式。

(2)模拟信号与数字信号

在电子设备中,表示模拟量的电信号称为模拟信号,如正弦波信号就是典型的模拟信号。表示数字量的电信号称为数字信号,如矩形波信号就是典型的数字信号。数字信号也称脉冲信号。

数字信号的波形是逻辑电平与时间的关系图形表示。数字信号有两种波形:一种称为电平型,另一种称为脉冲型。电平型数字信号以一个时间节拍内信号是高电平还是低电平来表示 1 或 0,且每个 1 或 0 所占的时间间隔相等,一个 1 或一个 0 称为 1 位(bit),几个连续的高(低)电平就是几位 1(0),图 12.1(a)所示为电平型 9 位数字信号。脉冲型数字信号以一个时间节拍内有无脉冲来表示 1 或 0。图 12.1(b)所示为脉冲型 9 位数字信号。由图可见,电平型和脉冲型数字信号在波形上差别显著,即电平型数字信号波形在一个节拍内不归零,而脉冲型数字信号波形在一个节拍内归零。与模拟信号相比,数字信号具有抗干扰能力强、存储处理方便等

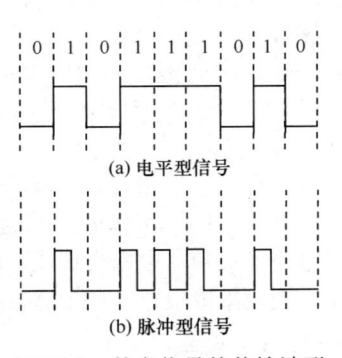

图 12.1 数字信号的传输波形

优点。

(3) 模拟电路与数字电路

与电路所处理的信号形式相对应,传送、变换、处理、产生模拟信号的电子电路称为模拟电路,而传送、变换、处理、产生数字信号的电子电路称为数字电路。

2. 数字信号的主要参数

由图 12.1 可知,数字信号只有两个取值(故称二值信号),分别用符号 1 和符号 0 表示;一般用符号 1 表示电路的高电平,而用符号 0 表示电路的低电平。在实际数字系统中,数字信号波形并没有图 12.1 所示的那么理想。当波形从低电平跳变到高电平或从高电平跳变到低电平时,边沿没有那么陡峭,而要经历一个过渡过程,分别用上升时间 t_r 和下降时间 t_f 描述。

数字信号的种类很多,在数字系统中,主要应用的是矩形脉冲。下面以电压矩形脉冲为例说明数字信号的主要参数。实际电压矩形脉冲波形及其主要参数如图 12.2 所示。

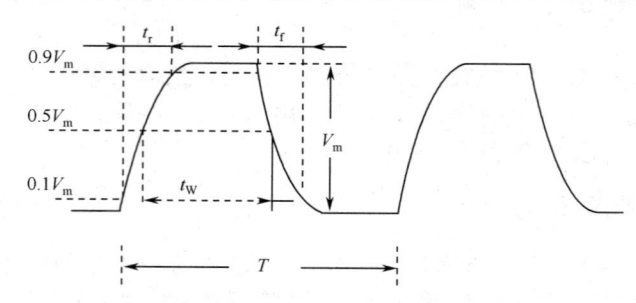

图 12.2 实际电压矩形脉冲波形及其主要参数

矩形波数字信号的主要参数如下。①脉冲幅值 V_m:矩形波电压信号变化的最大值。②脉冲上升时间 t_r:脉冲上升沿从 $0.1V_m$ 上升到 $0.9V_m$ 所需的时间。③脉冲下降时间 t_f:脉冲下降沿从 $0.9V_m$ 下降到 $0.1V_m$ 所需的时间。④脉冲宽度 t_W:脉冲上升沿的 $0.5V_m$ 与脉冲下降沿的 $0.5V_m$ 两点之间的时间间隔。⑤脉冲周期 T:在周期性脉冲序列中,两个相邻脉冲间的时间间隔称为脉冲周期。有时也用频率 $f=1/T$ 来表示单位时间内脉冲重复的次数。⑥占空比 $q=t_W/T$:脉冲宽度与脉冲周期的比值称为占空比。占空比常用百分数表示,并且称占空比 $q=50\%$ 的矩形波为方波。

3. 数字集成电路的分类及特点

前面给出了模拟电路和数字电路的概念。实际上,电子电路按功能分为模拟电路和数字电路。根据数字电路的结构特点及其对输入信号的响应规则的不同,数字电路又可分为组合逻辑电路和时序逻辑电路。数字电路中的电子器件(如二极管、三极管)工作于开关状态,时而饱和导通,时而截止,构成电子开关。这些电子开关是组成逻辑门电路的基本器件。逻辑门电路又是数字电路的基本单元,若将这些门电路及其他元器件集成到一块半导体芯片上,则构成数字集成电路。

在很多情况下,数字集成电路称为芯片、模块、器件。若干数字集成电路芯片按照一定的方式连接在一起,可构成功能强大的数字电路系统。从集成度来看,数字集成电路可分为小规模集成电路(SSI)、中规模集成电路(MSI)、大规模集成电路(LSI)、超大规模集成电路(VLSI)和甚大规模集成电路(ULSI)五类。

12.1.2 数制

本节首先介绍常用的计数体制,包括十进制、二进制和十六进制,然后介绍数制之间相互转换的方法。在日常生活中,人们习惯于使用十进制,而在数字系统中常采用二进制、十六进制等。

1. 十进制

数制是人类表示数值大小的各种方法的统称。迄今为止，人类都是按照进位方式来实现计数的，这种计数制度称为进位计数制，简称进位制。大家熟悉的十进制就是一种典型的计数制。

在一种数制中，允许使用的数符的数量称为该数制的基数。例如，十进制中允许使用 0, 1, 2, 3, 4, 5, 6, 7, 8, 9 共十个数符，其中最大的数符是 9，因此十进制的基数为 10。一般而论，r 进制的基数就是 r，允许使用的最大数符为 $r-1$。

在一种数制中，表示数中不同位置上数字的单位数值称为权。例如，十进制数 635.78 左边第一位是百位（数字 6 代表 600），权为 10^2；左边第二位是十位（数字 3 代表 30），权为 10^1；左边第三位是个位（数字 5 代表 5），权为 10^0；小数点右边第一位是十分位（数字 7 代表 7/10），权为 10^{-1}；小数点右边第二位是百分位（数字 8 代表 8/100），权为 10^{-2}。

十进制是以 10 为基数的计数体制，在日常生活和工作中是最常用的。它有 0, 1, 2, 3, 4, 5, 6, 7, 8, 9 共十个数符，计数规律是"逢十进一"，即在计数过程中，一旦计数满十，就向高位进一，故称十进制。任何一个十进制数按位置计数法都可表示为

$$(D)_{10} = (a_{n-1}a_{n-2}\cdots a_1 a_0 a_{-1}\cdots a_{-m})_{10}$$

位置计数法实际上是如下多项式计数法（也称按位权展开式）省略各位权值和运算符号并增加小数点（小数点也称基点）后的简记形式，即

$$(D)_{10} = a_{n-1}10^{n-1} + a_{n-2}10^{n-2} + \cdots + a_1 10^1 + a_0 10^0 + a_{-1}10^{-1} + \cdots + a_{-m}10^{-m} = \sum_{i=-m}^{n-1} a_i \cdot 10^i$$

式中，i 表示数中的第 i 位；a_i 为第 i 位的数符，它可以是 0～9 十个数符中的任何一个；n、m 为正整数，n 表示整数部分的位数；m 表示小数部分的位数；10 表示计数制的基数，D 的下标为 10，表示 D 是一个十进制数；10^i 为第 i 位的权。可见，任何一个十进制数都可按位权展开，即首先将每位的位权值与各自的数符相乘，然后对每项求和。例如，

$$(2561.347)_{10} = 2\times 10^3 + 5\times 10^2 + 6\times 10^1 + 1\times 10^0 + 3\times 10^{-1} + 4\times 10^{-2} + 7\times 10^{-3}$$

生活中除了十进制，人们也会根据计数的不同要求采用十二进制、六十进制等。按照以上方法，可将任意进制数的按位权展开式写为

$$(D)_N = a_{n-1}N^{n-1} + a_{n-2}N^{n-2} + \cdots + a_1 N^1 + a_0 N^0 + a_{-1}N^{-1} + \cdots + a_{-m}N^{-m} = \sum_{i=-m}^{n-1} a_i \cdot N^i$$

式中，N 为计数的基数，a_i 为第 i 位的数符，N^i 为第 i 位的权。

2. 二进制

在数字电路和计算机中，机器码（计算机能执行的程序代码）是用二进制表示的。二进制是以 2 为基数的计数体制，它只有 0 和 1 两个数符，计数规律是"逢二进一"，故称二进制。在二进制数中，每个数位的位权值为 2 的幂。因此，二进制数也可按位权展开：

$$(D)_2 = (a_{n-1}a_{n-2}\cdots a_1 a_0 a_{-1}\cdots a_{-m})_2 = a_{n-1}2^{n-1} + a_{n-2}2^{n-2} + \cdots + a_1 2^1 + a_0 2^0 + a_{-1}2^{-1} + \cdots + a_{-m}2^{-m} = \sum_{i=-m}^{n-1} a_i \cdot 2^i$$

式中，a_i 是第 i 位的数符，它只能是 0 或 1，n、m 为正整数，2 是二进制的基数，2^i 表示第 i 位的权。

例如，可将二进制数 11010.101 表示为

$$(11010.101)_2 = 1\times 2^4 + 1\times 2^3 + 0\times 2^2 + 1\times 2^1 + 0\times 2^0 + 1\times 2^{-1} + 0\times 2^{-2} + 1\times 2^{-3}$$

在数字系统中，采用二进制比较方便，因为二进制只有两个数符 0 和 1。于是，二进制数的每位数字都可用某些元器件具有的两个不同的稳定状态来表示，例如三极管的饱和工作状态与截止工作状态、某些电子器件输出端的高电平工作状态和低电平工作状态。只要用其中一种状态表示 1，用另一种状态表示 0，就可表示二进制数。但是，当用二进制表示一个数时，位数通常很多，书写

和阅读起来很不方便，且与人们习惯的计数方法不尽相同，因此需要在二进制数与其他进制数间进行转换，以达到不同的应用目的。

3．十六进制

十六进制是以 16 为基数的计数体制，它有 0，1，2，3，4，5，6，7，8，9，A，B，C，D，E，F 共 16 个数符，计数规律是"逢十六进一"，故称十六进制，各位数的位权值是 16 的幂。十六进制数可按位权展开为

$$(D)_{16} = a_{n-1}16^{n-1} + a_{n-2}16^{n-2} + \cdots + a_1 16^1 + a_0 16^0 + a_{-1}16^{-1} + \cdots + a_{-m}16^{-m} = \sum_{i=-m}^{n-1} a_i \cdot 16^i$$

式中，a_i 为第 i 位的数符，其取值范围是 0~9 和 A~F。例如，

$$(D)_{16} = (E5D7.A3)_{16} = 14 \times 16^3 + 5 \times 16^2 + 13 \times 16^1 + 7 \times 16^0 + 10 \times 16^{-1} + 3 \times 16^{-2}$$

4．数制之间的相互转换

一般来说，人们熟悉的是十进制，而电子计算机等数字设备中常用二进制或十六进制。为便于人机对话，有必要进行各种数制间的转换。

（1）各种进制数转换为十进制数

将二进制数、八进制数、十六进制数及其他进制数转换为十进制数的方法相同：首先写出待转换的其他进制数的按权展开式，然后求出数符与位权之积，并将各项乘积求和，即可得到转换后的十进制数。例如，

$$(1101.101)_2 = 1 \times 2^3 + 1 \times 2^2 + 0 \times 2^1 + 1 \times 2^0 + 1 \times 2^{-1} + 0 \times 2^{-2} + 1 \times 2^{-3} = 8 + 4 + 1 + 0.5 + 0.125 = (13.625)_{10}$$

$$(172.46)_8 = 1 \times 8^2 + 7 \times 8^1 + 2 \times 8^0 + 4 \times 8^{-1} + 6 \times 8^{-2} = 64 + 56 + 2 + 0.5 + 0.09375 = (122.59375)_{10}$$

$$(4E6.8)_{16} = 4 \times 16^2 + 14 \times 16^1 + 6 \times 16^0 + 8 \times 16^{-1} = 1024 + 224 + 6 + 0.5 = (1254.5)_{10}$$

（2）二进制数与十六进制数的相互转换

二进制数与十六进制数之间的对应关系非常简单：十六进制的基数是 $16 = 2^4$，因此 1 位十六进制数对应于 4 位二进制数。

二进制数转换成十六进制数 将二进制数从小数点开始分别向右和向左划分成 4 位一组，每组便是 1 位十六进制数。若不足 4 位，则在二进制数整数部分的高位添 0 或在小数部分的低位添 0 来补足 4 位一组，然后将 4 位二进制数用相应的十六进制数代替，即可将二进制数转换为十六进制数。例如，

$$(1101111100011.100101)_2 = (0001\ 1011\ 1110\ 0011.1001\ 0100)_2 = (1BE3.94)_{16}$$

十六进制数转换成二进制数 十六进制数转换成二进制数的方法与上述过程相反：将十六进制数的每个数符用相应的 4 位二进制数替代，并去除整数部分高位无效的 0 和小数部分末尾无效的 0，即可将十六进制数转换为二进制数。例如，

$$(2BA.5C)_{16} = (0010\ 1011\ 1010.0101\ 1100)_2 = (1010111010.010111)_2$$

（3）十进制数转换为二进制数

十进制数转换为二进制数时，十进制数的整数部分和小数部分的转换方法是不同的，需要分别进行转换。

整数部分的转换 十进制整数转换为二进制数，结果必然也是整数。将十进制整数转换为二进制数时，采用除 2 取余法，即十进制整数部分连续除以 2，直至商为 0，得到的余数就是转换的结果，即所需的二进制数。注意，最先得到的余数是相应二进制数的最低位（最低位常用符号 LSB 表示），最后得到的余数是相应二进制数的最高位（最高位常用符号 MSB 表示）。

小数部分的转换 十进制小数转换为二进制数，结果必然也是小数。将十进制小数转换为二进制数时，采用乘 2 取整法，即十进制小数部分乘以 2，所得乘积的整数部分就是等值二进制小数的最高位（MSB），所得乘积的小数部分再乘以 2，结果的整数部分就是等值二进制小数的次高位，所得乘积的小数部分再乘以 2……以此类推，直到所得乘积的小数部分为 0 或满足精度要求时为止。注意，最先得到的整数是相应二进制小数的最高位，最后得到的整数是相应二进制小数的最低位。另外，这种转换有时是有误差的。若待转换的十进制数既有整数部分又有小数部分，则要先将两部分分别转换，再将转换结果并列在一起。

12.1.3 编码

虽然电子计算机等数字设备采用二进制数据进行处理，但人们输入到计算机让其处理的却不仅仅是二进制数据，还包括字母、数字甚至控制符号。例如，在带符号数表示法中，用二进制 0 表示符号"+"，用二进制 1 表示符号"-"，字母、数字、符号也要用二进制数来表示。这种用若干位二进制数按一定规则表示给定字母、数字、符号或其他信息的过程称为编码，而编码的结果则称为代码。反过来，将二进制代码还原成字母、数字、符号等的过程称为解码或译码。

当需要编码的信息有 N 项时，所需二进制数码的位数 n 应满足关系 $2^n \geq N$。

1．二-十进制编码

二-十进制编码是指用 4 位二进制数码表示 1 位十进制数中 0～9 这十个数符，简称 BCD 码。

采用 4 位二进制数进行编码时，共有 16 个代码，理论上可从 16 个代码中任选 10 个来表示十进制数中的 10 个数符，多余的 6 个代码称为禁用码，平时不允许使用。

8421 BCD 码是最常用的 BCD 码，它由 4 位自然二进制数 0000～1111 共 16 个代码中的前 10 个组成，即 0000～1001，其余 6 个代码是禁用码。编码中每位的权从左到右分别为 8，4，2，1，因此称为 8421 BCD 码，它属于有权码，有时也称自然 BCD 码。

2421 BCD 码也是有权码，编码中每位的权从左到右分别为 2，4，2，1。它的特点是，将任意一个十进制数 D 的代码的各位取反，所得代码正好是 D 对 9 的补码。例如，十进制数 2 的 2421 BCD 码为 0010，各位取反后为 1101，1101 是十进制数 7 的 2421 BCD 码，而 2 对 9 的补码是 7。这种特性称为自补性，具有自补性的代码称为自补码。

5421 BCD 码也是有权码，编码中每位的权从左到右分别为 5，4，2，1。

余 3 码是自补码，与 2421 BCD 码有类似的自补性。余 3 码是无权码，它的每位没有一定的权值，但余 3 码可由 8421 BCD 码加 3（0011）得出。

余 3 循环码也是一种无权码，它的特点是，任意两个相邻代码之间仅有 1 位的取值不同。例如，十进制数符 4、5 的代码 0100、1100 只有最高位不同。

2．ASCII 码

ASCII 码是一种字符编码，是美国信息交换标准代码的简称。它由 7 位二进制数码构成，共表示 128 个字符，包括英文字母、数字、标点符号、控制字符和一些其他字符。ASCII 码用于计算机和计算机之间、计算机和外围设备之间的文字交互。

例如，字母 A 的编码是 65，a 的编码是 97，PC 键盘上空格键的编码是 32 等。当然，仅用 ASCII 码是不能完全表示所有字符的，如汉字、韩文、日文等无法用 ASCII 码直接表示。

12.1.4 逻辑代数基础

逻辑代数是研究逻辑变量及其相互关系的科学，它由英国数学家乔治·布尔于 1849 年首先提出，因此也称布尔代数。后来，美国数学家、信息论创始人香农将布尔代数用到开关矩阵电路中，因此又称开关代数。现在，逻辑代数已被广泛用于数字逻辑电路和计算机电路的分析与设计中，成为数字逻辑电路的理论基础。

1. 逻辑变量和逻辑函数

所谓逻辑，是指事物的因果关系所遵循的规律。数字电路也是研究逻辑的，即研究数字电路的输入、输出的因果关系，也就是研究输入和输出间的逻辑关系。为了对输入和输出间的逻辑关系进行数学表达和演算，人们提出了逻辑变量和逻辑函数两个术语。

一个逻辑电路的框图如图 12.3 所示，其中 A、B 为输入变量，F 为输出变量，输出和输入之间的逻辑关系可表示为 $F = f(A,B)$。具有逻辑属性的变量称为逻辑变量，其中 A、B 为逻辑自变量，简称逻辑变量；F 为逻辑因变量，简称逻辑函数。A、B 的逻辑取值确定后，F 的逻辑值也就随之唯一地确定，表达式 $F = f(A,B)$ 反映了输出变量与输入变量之间的逻辑关系，称为逻辑表达式。

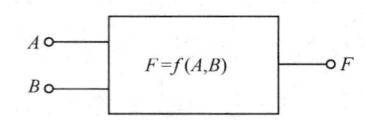

图 12.3　一个逻辑电路的框图

逻辑变量与一般代数变量不同，逻辑变量的取值只有真和假两种，为方便起见，在逻辑代数中分别用 1 和 0 表示逻辑变量的这两种取值，即 1 表示逻辑真，0 表示逻辑假。数字电路中的两种状态（高电平状态、低电平状态）可与逻辑变量的这两种取值相对应，因此数字电路有时也称数字逻辑电路，简称逻辑电路。注意，逻辑变量的两种取值 1 和 0 仅代表逻辑变量的两种不同状态，其本身既无数值含义，又无大小关系，无论是自变量还是因变量，都只能取 1 和 0 两种值。

例如，在图 12.4 所示的指示灯控制电路中，指示灯 F 是否点亮取决于开关 A 是否接通，因此开关与灯之间的因果关系为逻辑关系。开关 A 为输入变量，不妨设 $A = 1$ 表示开关接通，$A = 0$ 表示开关断开；灯 F 为逻辑函数，不妨设 $F = 1$ 表示灯亮，$F = 0$ 表示灯灭。那么，F 关于 A 的逻辑表达式就是 $F = A$。

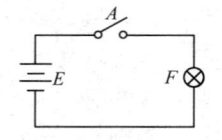

图 12.4　指示灯控制电路

2. 三种基本逻辑运算及逻辑符号

逻辑与、逻辑或、逻辑非是逻辑代数中的三种基本逻辑运算。实现这三种逻辑运算的电路分别称为与门、或门、非门，它们是基本逻辑门。

（1）与运算

与运算也称逻辑乘、逻辑与，其含义为仅当决定某个事件的所有条件全部具备时，该事件才发生，否则该事件不发生。

与门符号　与逻辑的概念可用图 12.5(a)中的指示灯控制电路来说明。灯 F 亮作为事件发生，开关 A、B 的闭合作为事件发生的条件。由图 12.5(a)可以看出，仅当开关 A、B 同时闭合（$A = 1$，$B = 1$）时，灯 F 才亮（$F = 1$），满足与逻辑关系。在数字电路中，常将能够实现与运算功能的基本单元称为与门，其逻辑符号如图 12.5(b)和(c)所示。图 12.5(b)是国标与门符号，方框中的&是与运算的定性符。图 12.5(c)是欧美国家使用的与门符号。

(a) 电路图　　(b) 国标与门符号　　(c) 欧美与门符号

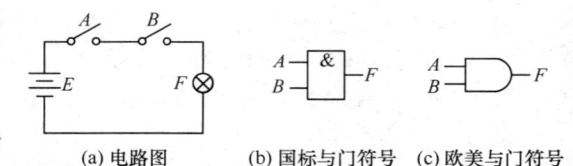

图 12.5　与逻辑电路示意图及与门符号

与运算的逻辑表达式和真值表　与运算的运算符为"·"，为简便起见，有时会省略小圆点。上述两个逻辑变量 A、B 的与逻辑函数 F 的表达式为

$$F = A \cdot B = AB$$

为清楚地看出与运算的逻辑功能，常将逻辑自变量 A、B 的各种可能取值及其对应的逻辑函数 F 的值列在一张表中，这

表 12.1　与运算真值表

A	B	$F = AB$
0	0	0
0	1	0
1	0	0
1	1	1

张表通常称为真值表。与运算真值表如表 12.1 所示。由真值表可以得到与运算的运算规则如下:

$$0 \cdot 0 = 0 \qquad 0 \cdot 1 = 0 \qquad 1 \cdot 0 = 0 \qquad 1 \cdot 1 = 1$$

与运算可以推广到多变量的情形,即 $F = A \cdot B \cdot C \cdots$。

(2) 或运算

或运算也称逻辑加、逻辑或,其含义为在决定某个事件的所有条件中,只要一个条件或一个以上的条件具备,该事件就发生。

或门符号 或逻辑的概念可用图 12.6(a)中的指示灯控制电路来说明。灯 F 亮作为事件发生,开关 A、B 的闭合作为事件发生的条件。由图 12.6(a)可以看出,只要开关 A、B 中的任意一个闭合,或者开关 A、B 同时闭合($A=1, B=1$),灯 F 就亮($F=1$),满足或逻辑关系。在数字电路中,常将能够实现或运算功能的基本单元称为或门,其逻辑符号如图 12.6(b)和(c)所示。图 12.6(b)是国标或门符号,方框中的 ≥ 为或运算的定性符。图 12.6(c)是欧美国家使用的或门符号。

或运算的逻辑表达式和真值表 或运算的运算符为"+"。上述两个逻辑变量 A、B 的或逻辑函数 F,其表达式为 $F = A + B$。

或运算真值表如表 12.2 所示。由真值表可得或运算的运算规则如下:

$$0 + 0 = 0 \qquad 0 + 1 = 1 \qquad 1 + 0 = 1 \qquad 1 + 1 = 1$$

或运算也可推广到多变量的情形,即 $F = A + B + C + \cdots$。

(3) 非运算

非运算也称逻辑非,其含义为当条件具备时该事件不发生,而当条件不具备时该事件发生。

非门符号 非逻辑的概念可用图 12.7(a)所示的指示灯控制电路来说明。灯 F 亮作为事件发生,开关 A 的闭合作为事件发生的条件。由图 12.7(a)可以看出,只要开关 A 闭合($A=1$),灯 F 就不亮($F=0$);当开关 A 断开($A=0$)时,灯 F 亮($F=1$),满足非逻辑关系。在数字电路中,常将能够实现非运算功能的基本单元称为非门,其逻辑符号如图 12.7(b)和(c)所示。图 12.7(b)是国标非门符号,方框中的"1"为"缓冲"定性符。图 12.7(c)是欧美国家使用的非门符号。非门有时也称反相缓冲器。

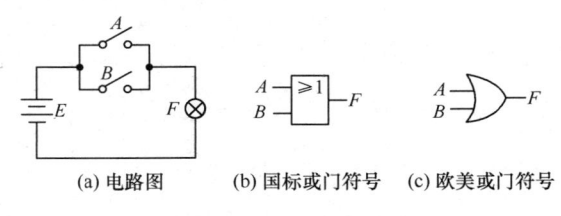

图 12.6 或逻辑电路示意图及或门符号

表 12.2 或运算真值表

A	B	F = A + B
0	0	0
0	1	1
1	0	1
1	1	1

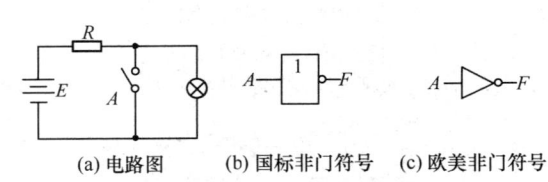

图 12.7 非逻辑电路示意图及非门符号

非运算的逻辑表达式和真值表 逻辑变量 A 的非逻辑函数 F,其表达式为 $F = \overline{A}$。

非运算真值表如表 12.3 所示。由真值表可得到非运算的运算规则为 $\overline{0} = 1$ 和 $\overline{1} = 0$。

表 12.3 非运算真值表

A	$F = \overline{A}$
0	1
1	0

(4) 复合逻辑运算

复合逻辑运算是由与、或、非三种基本逻辑运算组合而成的,经常用到的有与非、或非、与或非、异或、同或等复合逻辑运算,复合逻辑门符号如图 12.8 所示,上

· 559 ·

面一行是国标符号，下面一行是欧美国家使用的符号。

在复合逻辑运算中，要注意运算的优先顺序：圆括号 → 非运算 → 与运算 → 或运算。

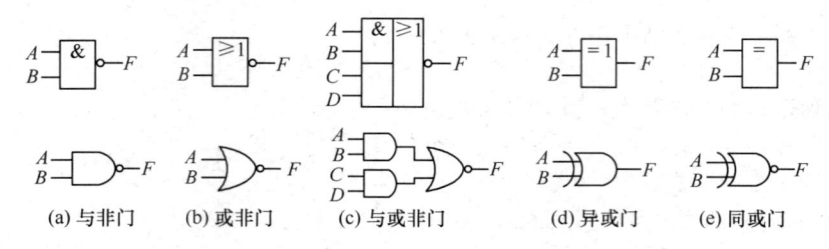

(a) 与非门　(b) 或非门　(c) 与或非门　(d) 异或门　(e) 同或门

图 12.8　复合逻辑门符号

与非逻辑运算　与非逻辑运算是与运算和非运算的组合，它首先对输入变量 A、B 进行与运算，然后对结果取反，得到 A、B 的与非运算结果。其逻辑表达式为 $F = \overline{A \cdot B}$。

与非逻辑运算真值表如表 12.4 所示。可见，对于与非运算，输入变量中只要有 0，输出就为 1。或者说，只有输入变量全部为 1 时，输出才为 0。其逻辑符号如图 12.8(a)所示，图中的小圆圈表示非运算。

表 12.4　与非逻辑运算真值表

A	B	$F = \overline{A \cdot B}$
0	0	1
0	1	1
1	0	1
1	1	0

或非逻辑运算　或非逻辑运算是或运算和非运算的组合，它首先将输入变量 A、B 进行或运算，然后对结果取反，得到 A、B 的或非运算结果。其逻辑表达式为 $F = \overline{A + B}$。

或非逻辑运算真值表如表 12.5 所示。可见，对于或非运算，输入变量中只要有 1，输出就为 0。或者说，只有输入变量全部为 0 时，输出才为 1。其逻辑符号如图 12.8(b)所示，图中的小圆圈表示非运算。

与或非逻辑运算　与或非逻辑运算是与运算、或运算、非运算的组合，它首先将输入变量 A、B 和 C、D 分别进行与运算，然后将结果进行或运算，最后对结果取反，得到与或非的运算结果。其逻辑表达式为 $F = \overline{A \cdot B + C \cdot D}$。可见，只要输入变量 A、B 或 C、D 中的任何一组的变量同时为 1，输出就为 0；只有当每组输入变量不全是 1 时，输出才为 1。其逻辑符号如图 12.8(c)所示。

异或逻辑运算　异或运算的逻辑关系为，当两个输入变量 A、B 的值不同时，输出为 1；当两个输入变量 A、B 的值相同时，输出为 0，即输入有异，输出为 1。异或也可用与、或、非的组合表示，其逻辑表达式为 $F = A \oplus B = \overline{A} \cdot B + A \cdot \overline{B}$，其中 $\oplus$ 为异或逻辑运算的运算符。异或逻辑运算真值表如表 12.6 所示，其逻辑符号如图 12.8(d)所示。

表 12.5　或非逻辑运算真值表

A	B	$F = \overline{A + B}$
0	0	1
0	1	0
1	0	0
1	1	0

表 12.6　异或逻辑运算真值表

A	B	$F = A \oplus B = \overline{A} \cdot B + A \cdot \overline{B}$
0	0	0
0	1	1
1	0	1
1	1	0

同或逻辑运算　同或运算的逻辑关系为两个输入变量 A、B 的值不同时，输出为 0；两个输入变量 A、B 的值相同时，输出为 1，即输入相同，输出为 1。同或也可用与、或、非的组合表示，逻辑表达式为 $F = A \odot B = A \cdot B + \overline{AB}$，其中 $\odot$ 为同或逻辑运算的运算符，同或逻辑运算真值表如表 12.7 所示，其逻辑符号如图 12.8(e)所示。

于是，异或逻辑运算与同或逻辑运算互为反运算，即有 $A \oplus B = \overline{A \odot B}$ 和 $A \odot B = \overline{A \oplus B}$。

表 12.7　同或逻辑运算真值表

A	B	$F = A \odot B = A \cdot B + \overline{AB}$
0	0	1
0	1	0
1	0	0
1	1	1

3．逻辑函数的描述方法

一般来说，比较复杂的逻辑电路往往是受多种因素控制的，即它有多个逻辑变量。输出变量与输入变量之间逻辑函数的描述方法并不唯一，常用的逻辑函数描述方法有逻辑表达式、真值表、逻辑图、时序图和卡诺图等。

（1）逻辑表达式描述法

由与、或、非三种逻辑运算符以及括号构成的表示逻辑函数与逻辑变量之间关系的代数式，称为逻辑函数表达式。例如，异或函数的逻辑表达式为 $F = A\overline{B} + \overline{A}B$，它描述函数 F 与变量 A、B 的关系如下：当变量 A、B 的取值相异时，函数值为 1，否则函数值为 0。

（2）真值表描述法

真值表是将输入逻辑变量的各种可能取值和相应的函数值排列在一起而形成的表格。首先在真值表左边一栏列出全部逻辑变量的可能取值组合，然后将每组变量取值的函数值对应地填入表格右边的一栏，所得到的表格就称为真值表。

（3）逻辑图描述法

将逻辑函数中各变量之间的与、或、非等逻辑关系用相应的逻辑门的电路符号表示出来的图形，称为逻辑电路图，简称逻辑图。

逻辑函数表达式中的基本逻辑运算（与、或、非）都有相应的门电路存在，若用这些门电路的逻辑符号代替逻辑函数表达式中的逻辑运算，并把各逻辑符号按运算的优先顺序用导线连接起来，则可得到逻辑图。

例如，逻辑函数 $F = \overline{\overline{A}\overline{B} \cdot \overline{AB}}$ 和 $F = \overline{A \oplus B + \overline{BC}}$ 的逻辑图分别如图 12.9(a)和(b)所示。可见，只要用逻辑门电路的符号代替表达式中相应的逻辑运算符号，就可得到该逻辑函数表达式的逻辑图。

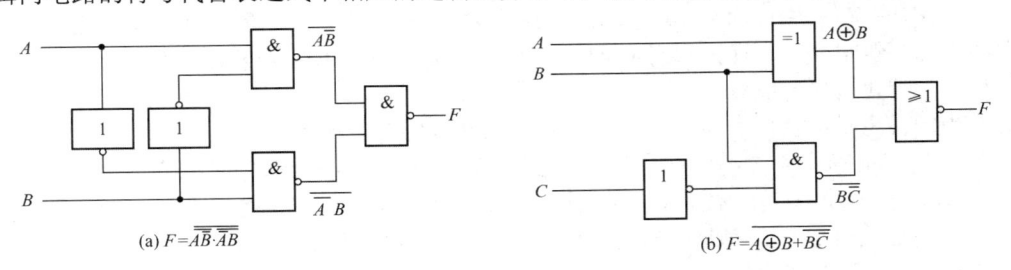

图 12.9　两个逻辑函数的逻辑图

（4）时序图描述法

这种方法使用输入端在不同逻辑信号作用下对应的输出信号的时序图，表示电路的逻辑关系。时序图也称波形图。

图 12.10 是同或逻辑的时序图，A、B 是输入逻辑变量，输出逻辑变量 $F = A \odot B = AB + \overline{AB}$。由图看出，在 t_1 时间段内，输入 A、B 均为逻辑 1，根据同或逻辑关系可知，输出 F 为逻辑 1。同理，可以得出 t_2、t_3、t_4 时间段内输出 F 的时序图。从时序图可以得出结论：对于同或逻辑关系，只要输入 A、B 相同，输出就为 1；输入 A、B 不同时，输出为 0。

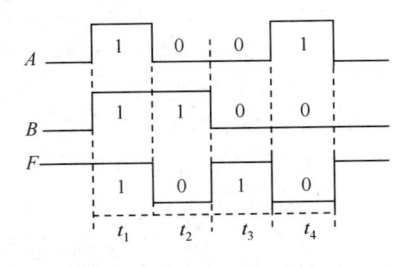

图 12.10　同或逻辑的时序图

4. 逻辑代数运算的基本规则

今天，逻辑代数已成为分析和设计数字电路的基础。逻辑代数有一系列的定律、定理和规则，使用它们对逻辑表达式进行处理，可完成对逻辑电路的化简、变换、分析与设计。

（1）逻辑代数的基本公式

根据与、或、非三种基本逻辑运算法则及运算的优先顺序，可以推导出逻辑代数运算的一些基本公式（基本定律），进而推导出一些常用公式。

①变量与常量的关系

0-1 律　　　　　$A \cdot 0 = 0$；$A + 1 = 1$；$A \cdot 1 = A$；$A + 0 = A$
　　　　　　　　$A \cdot \overline{A} = 0$；$A + \overline{A} = 1$；$A \cdot A = A$；$A + A = A$

②与普通代数相似的公式

交换律　　　　$A \cdot B = B \cdot A$　　　　　　　　　　$A + B = B + A$

结合律　　　　$(AB)C = A(BC)$　　　　　　　　$(A + B) + C = A + (B + C)$

分配律　　　　$A \cdot (B + C) = AB + AC$　　　　　$A + B \cdot C = (A + B) \cdot (A + C)$

③逻辑代数的特殊规律

重叠律　　　　$A \cdot A = A$　　　　　　　　　　　$A + A = A$

吸收律　　　　$A(A + B) = A$；$A + AB = A$；$A + \overline{A}B = A + B$；$(A + B) \cdot (A + \overline{C}) = A + B \cdot C$

还原律　　　　$\overline{\overline{A}} = A$

反演律（摩根定律）　$\overline{A \cdot B} = \overline{A} + \overline{B}$，　$\overline{A + B} = \overline{A} \cdot \overline{B}$

（2）逻辑代数的三条基本规则

逻辑代数的三条基本规则是代入规则、反演规则和对偶规则。

代入规则　在任何一个逻辑等式中，若将等式两边在所有位置出现的某个变量用一个逻辑函数代替，则等式仍成立。这一规则称为代入规则。

例如，给定逻辑等式 $A(B + C) = AB + AC$，若将式中的 C 都用 $(C + D)$ 代替，则该逻辑等式仍然成立，即 $A[B + (C + D)] = AB + A(C + D) = AB + AC + AD$。代入规则的正确性是显然的，因为任何逻辑函数都与逻辑变量一样，只有 0 和 1 两种可能的取值，所以用逻辑函数取代等式中的任一逻辑变量后，等式自然也成立。

代入规则在推导公式时具有重要意义，利用这条规则可将逻辑代数基本公式中的变量用任意函数代替，从而推导出更多的等式。这些等式可直接作为公式使用，无须另加证明。例如已知 $\overline{A \cdot B} = \overline{A} + \overline{B}$，若用 $Z = AC$ 代替等式两边的 A，根据代入规则，等式仍然成立，整理后可写成 $\overline{AC \cdot B} = \overline{AC} + \overline{B} = \overline{A} + \overline{B} + \overline{C}$。以此类推，摩根定律可推广到多个变量。

反演规则　反演是指由原函数 F 求反函数 $\overline{F}$（取非）的过程。反演规则如下：将原逻辑函数 F 中所有的"与"换成"或"，将"或"换成"与"；将常数"0"换成"1"，将"1"换成"0"；将原变量换成反变量，将反变量换成原变量。得到的新函数即为原逻辑函数 F 的反函数 $\overline{F}$。

对偶规则　若在原逻辑函数 F 中将所有的"与"换成"或"，将"或"换成"与"，将常数"0"换成"1"，将"1"换成"0"，则得到的新函数为原函数 F 的对偶式 F'。实际上对偶是相互的，即 F 和 F' 互为对偶式。在求对偶式时，应注意以下几点：求对偶式时，变量不要变化；函数对偶式的对偶式为函数本身；保持原函数的优先运算顺序；长非号应保持不变。

（3）逻辑代数的常用恒等式

$$AB + \overline{A}C + BC = AB + \overline{A}C$$

上式表明，在一个与或表达式中，若两个与项分别包含了一个变量的原变量和反变量，而这两个与项的其余因子构成了第三个与项或为第三个与项的部分因子，则第三个与项是多余的，可以消去，这称为冗余定理。注意，对偶式也成立。

5. 逻辑函数的代数化简法

根据逻辑函数表达式，可以画出相应的逻辑图。但是，直接根据某种逻辑要求归纳出来的逻辑函数表达式往往不是最简形式，并且利用化简后的逻辑函数表达式构成逻辑电路时，可以节省器件，降低成本，提高系统的可靠性。因此，需要对逻辑函数表达式进行化简。

（1）逻辑函数的最简形式

同一逻辑函数可以写成各种不同形式的逻辑表达式。例如，

与-或表达式	$F = AB + \bar{A}\bar{B}$	与非-与非表达式	$F = \overline{\overline{AB} \cdot \overline{\bar{A}B}}$
或-与非表达式	$F = \overline{(\bar{A}+\bar{B}) \cdot (A+B)}$	与-或非表达式	$F = \overline{\bar{A}B + A\bar{B}}$
或非-或非表达式	$F = \overline{(\bar{A}+\bar{B}) + (A+B)}$	与非-与非表达式	$F = \overline{\overline{AB} \cdot \overline{\bar{A}\bar{B}}}$
或-与表达式	$F = (A+\bar{B}) \cdot (\bar{A}+B)$	或非-或非表达式	$F = \overline{\overline{(A+\bar{B})} + \overline{(\bar{A}+B)}}$

每种形式的逻辑函数都对应一种逻辑电路结构。逻辑表达式的形式越简单，它所表示的逻辑关系越明显，并且可以用最少的电子器件来实现这个逻辑函数，从而使得电路简单、成本低、可靠性高。因此，在设计电路时，需要通过化简来求出逻辑函数的最简形式。在各种逻辑函数表达式中，最常用的是与-或表达式。因为逻辑代数的基本公式和常用公式多以与-或形式给出，所以化简为与-或逻辑表达式比较方便，而且由与-或表达式还可以很容易地推导出其他形式的表达式。这里着重讨论最简与-或表达式。

最简与-或表达式的条件有两个：所含的与项（乘积项）最少；每个与项中所含的变量最少。与项最少，可以使电路实现时所需的逻辑门的个数最少；每个与项中的变量数最少，可以使电路实现时所需逻辑门的输入端个数最少。这样，就可保证电路最简单。

（2）逻辑函数的代数化简法

代数化简法就是利用逻辑代数的基本公式、基本规则和常用公式对逻辑函数进行化简，所以也称公式化简法。化简过程就是不断地用等式变换的方法消去逻辑表达式中多余的乘积项和因子，使逻辑表达式最简。应用代数法化简逻辑函数时，要求熟悉逻辑代数的基本公式和规则，并能灵活运用这些公式，掌握一定的化简技巧。逻辑函数的代数化简法没有固定的规律可循。

下面介绍几种常用的代数化简方法。

并项法 利用公式 $AB + A\bar{B} = A$，可将两项合并为一项，且消去 B 和 $\bar{B}$ 这一对因子。例如，

$$F_1 = ABC + \bar{A}BC + \overline{BC} = BC(A+\bar{A}) + \overline{BC} = BC + \overline{BC} = 1$$

$$F_2 = A(BC + \bar{B}\bar{C}) + A(B\bar{C} + \bar{B}C) = ABC + A\bar{B}\bar{C} + AB\bar{C} + A\bar{B}C$$

$$= AB(C+\bar{C}) + A\bar{B}(\bar{C}+C) = AB + A\bar{B} = A(B+\bar{B}) = A$$

吸收法 利用公式 $A + AB = A$ 和 $AB + \bar{A}C + BC = AB + \bar{A}C$，消去多余的乘积项。例如，

$$F_1 = \bar{A} + \overline{A \cdot \overline{BC}} \cdot (B + \overline{AC + \bar{D}}) + BC = (\bar{A} + BC) + (\bar{A} + BC)(B + \overline{AC + \bar{D}}) = \bar{A} + BC$$

$$F_2 = AC + A\bar{B}CD + ABC + \bar{C}D + ABD = AC(1 + \bar{B}D + B) + \bar{C}D + ABD = AC + \bar{C}D + ABD = AC + \bar{C}D$$

消去法 利用公式 $A + \bar{A}B = A + B$，消去乘积项中多余的因子。例如，

$$F_1 = AB + \overline{AB}C + \bar{B} = A + \bar{B} + \overline{AB}C = A + \bar{B} + \bar{A}C = A + \bar{B} + C$$

$$F_2 = A\bar{B} + \overline{A\bar{B}} + ABCD + \overline{A\bar{B}}CD = (A\bar{B} + \overline{A\bar{B}}) + (AB + \overline{A\bar{B}})CD$$

$$= (A\bar{B} + \overline{A\bar{B}}) + \overline{A\bar{B} + A\bar{B}} \cdot CD = A\bar{B} + \overline{A\bar{B}} + CD$$

配项法 利用逻辑函数的基本性质和公式 $A + A = A, A + \bar{A} = 1, A \cdot \bar{A} = 0, AB + \bar{A}C + BC = AB + \bar{A}C$，在表达式中增加相应的乘积项，再与其他项合并，进而消去更多的项，达到化简的目的。例如，

$$F_1 = A\bar{B} + B\bar{C} + \bar{B}C + \bar{A}B = A\bar{B} + B\bar{C} + (A+\bar{A})\bar{B}C + \bar{A}B(C+\bar{C})$$

$$= A\bar{B} + B\bar{C} + A\bar{B}C + \bar{A}\bar{B}C + \bar{A}BC + \bar{A}B\bar{C} = A\bar{B}(1+C) + B\bar{C}(1+\bar{A}) + \bar{A}C(\bar{B}+B) = A\bar{B} + B\bar{C} + \bar{A}C$$

$$F_2 = AC + \overline{A}D + \overline{B}D + B\overline{C} = AC + B\overline{C} + (\overline{A} + \overline{B})D = AC + B\overline{C} + AB + \overline{AB}D$$
$$= AC + B\overline{C} + AB + D = AC + B\overline{C} + D$$

在实际解题时，为化简一些更复杂的逻辑函数，常常需要综合应用上述各种方法，而且能否较快地获得令人满意的结果，与设计者对逻辑代数公式的熟悉程度和运算技巧有关。

6. 逻辑函数的卡诺图化简法

利用卡诺图不仅可以简便、直观地化简逻辑函数，还很容易判断是否已得到最简与或表达式。与代数化简法相比，卡诺图化简法不需要记忆大量的公式，也不存在选择采用何种化简路径的问题，所以在数字逻辑电路的分析和设计中得到了广泛应用。但是，采用卡诺图化简法时，逻辑函数的变量不宜太多，六变量以上的卡诺图甚至画不出来。

（1）卡诺图化简逻辑函数的原理

在逻辑函数的两个与项中，若除了其中一个变量分别为原变量和反变量，其他变量都相同，则这两个与项在逻辑上有相邻性，称为相邻项。例如，在 ABC 与 $\overline{A}BC$ 这两个与项中，变量 A 互为相反的变量，B、C 两个变量均相同，所以 ABC 与 $\overline{A}BC$ 为相邻项；同理，$ABCD$ 与 $AB\overline{C}D$ 也为相邻项。两个相邻与项可以合并为一项，并消去其中一个变量。例如，

$$\overline{A}BC + ABC = (\overline{A} + A)BC = BC, \quad ABCD + AB\overline{C}D = AB(C + \overline{C})D = ABD$$

（2）逻辑函数的最小项及其性质

最小项的定义 在有 n 个逻辑变量的逻辑函数中，包含所有 n 个变量的乘积项（与项）称为最小项。最小项的特点如下：①n 个变量可以组成 2^n 个最小项，每个最小项都有 n 个变量。②在一个最小项中，每个变量都以它的原变量或反变量的形式在乘积项中出现，且仅出现一次。例如，对于二变量 A, B，有 $2^2 = 4$ 个最小项，分别是 $\overline{AB}, \overline{A}B, A\overline{B}, AB$。对于三变量 A, B, C，有 $2^3 = 8$ 个最小项，分别是 $\overline{ABC}, \overline{AB}C, \overline{A}B\overline{C}, \overline{A}BC, A\overline{BC}, A\overline{B}C, AB\overline{C}, ABC$。

最小项的编号 在最小项表达式中，为了叙述和书写方便，通常要对最小项进行编号，用 m_i 表示，m 表示最小项，下标 i 是最小项的编号，用十进制数表示。编号的方法是，最小项中的原变量用 1 表示，反变量用 0 表示，得到二进制数，再转换为对应的十进制数，就是最小项的编号。例如，最小项 $A\overline{BC}$ 的变量取值为 100，对应的十进制数是 4，所以 $A\overline{BC}$ 的编号为 m_4，写成 $m_4 = A\overline{BC}$。以此类推，有 $m_5 = A\overline{B}C$，$m_6 = AB\overline{C}$。

最小项的性质 表 12.8 列出了三变量的所有最小项真值表，不难看出最小项具有下列性质：①对任意一个最小项 m_i，只有一组变量取值组合使其值为 1，其他取值组合使其值均为 0，不同的最小项，使之为 1 的变量取值组合不同。②对于变量的任一组取值，任意两个最小项的逻辑乘为 0。③对于变量的任一组取值，全体最小项之和为 1。④n 变量的每个最小项都有 n 个相邻项。

表 12.8 三变量的所有最小项真值表

变量 ABC	最小项							
	$\overline{ABC}$	$\overline{AB}C$	$\overline{A}B\overline{C}$	$\overline{A}BC$	$A\overline{BC}$	$A\overline{B}C$	$AB\overline{C}$	ABC
000	1	0	0	0	0	0	0	0
001	0	1	0	0	0	0	0	0
010	0	0	1	0	0	0	0	0
011	0	0	0	1	0	0	0	0
100	0	0	0	0	1	0	0	0
101	0	0	0	0	0	1	0	0
110	0	0	0	0	0	0	1	0
111	0	0	0	0	0	0	0	1
编号	m_0	m_1	m_2	m_3	m_4	m_5	m_6	m_7

逻辑函数的最小项表达式。在逻辑函数的与或表达式中，若每个乘积项均为最小项，则此表达式称为该逻辑函数的最小项表达式，也称标准与或表达式。任何一个逻辑函数都可以转换成最小项之和的形式。

（3）卡诺图的画法

卡诺图实质上是将代表最小项的小方格按相邻原则排列而成的方块图。所谓相邻原则，是指在几何上邻接的小方格所代表的最小项在逻辑上也是相邻的。由此可见，只要将逻辑函数的最小项表达式中的各最小项相应填入一个特定的方格，就构成卡诺图。

下面介绍卡诺图的构成，由卡诺图的构成方法称为折叠展开法。

一变量卡诺图　一个变量 A 只有 $2^1 = 2$ 个最小项，即 $m_0 = \overline{A}$ 和 $m_1 = A$，对应两个相邻小方格。外标志 0 表示取 A 的反变量，1 表示取 A 的原变量，如图 12.11(a)所示。一变量卡诺图的组成规律是，上下折叠后，重合方格的编号大小相差 1。

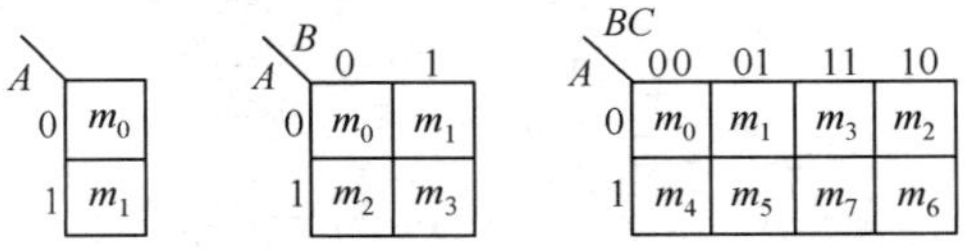

二变量卡诺图　二变量 A、B 有 $2^2 = 4$ 个最小项，分别是 $m_0 = \overline{AB}$，$m_1 = \overline{A}B$，$m_2 = A\overline{B}$，$m_3 = AB$，对应 4 个小方格，如图 12.11(b)所示。图中的行表示变量 A，第一行表示 $\overline{A}$，以 0 标志；第二行表示 A，以 1 标志。图中的列表示变量 B，第一列表示 $\overline{B}$，以 0 标志；第二列表示 B，以 1 标志。行变量与列变量排列起来就是方格对应的最小项，它们都以相邻原则排列，如 m_0 与 m_2 是相邻项，它们是上下相邻的；m_0 与 m_1 是相邻项，它们是左右相邻的。二变量卡诺图的组成规律是，上下折叠后，重合方格的编号大小相差 2。

三变量卡诺图　三个变量 A、B、C 共有 $2^3 = 8$ 个最小项，分别是 $m_0 = \overline{ABC}$，$m_1 = \overline{AB}C$，$m_2 = \overline{A}B\overline{C}$，$m_3 = \overline{A}BC$，$m_4 = A\overline{BC}$，$m_5 = A\overline{B}C$，$m_6 = AB\overline{C}$，$m_7 = ABC$，对应 8 个小方格，如图 12.11(c)所示。A、B、C 三个变量分为两组，A 为一组，B、C 的组合为一组，分别表示行和列，为保证几何相邻的方格具有逻辑相邻性，即相邻两方格之间变量的取值只有一个不同，变量 BC 的取值不是按二进制数递增的顺序排列的，而是按 2 位格雷码的顺序排列的，即 00，01，11，10。三变量卡诺图的组成规律是，上下折叠后，重合方格的编号大小相差 4。

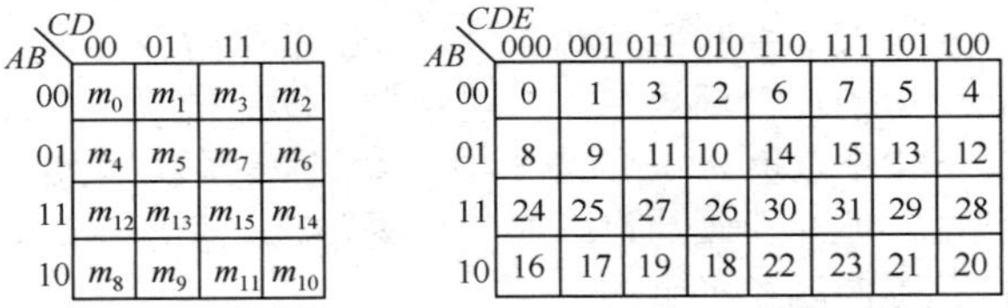

图 12.11　一变量、二变量、三变量的卡诺图

四变量卡诺图　四个变量 A、B、C、D 共有 $2^4 = 16$ 个最小项，对应 16 个小方格，如图 12.12(a)所示。A、B、C、D 四个变量分为两组，A、B 为一组，C、D 为一组，分别表示行和列，均按 2 位格雷码的顺序排列。四变量卡诺图的组成规律是，上下折叠后，重合方格的编号大小相差 8。

五变量卡诺图　五个变量 A、B、C、D、E 有 $2^5 = 32$ 个最小项，对应 32 个小方格，如图 12.12(b)所示。五个变量分为两组，A、B 为一组，C、D、E 为一组，分别表示行和列，都按格雷码的顺序排列。方格中的数字表示最小项的编号。五变量卡诺图的组成规律是，上下折叠后，重合方格的编号大小相差 16。

图 12.12　四变量、五变量卡诺图

（4）用卡诺图表示逻辑函数

当逻辑函数为最小项表达式时，在卡诺图中找出与表达式中最小项对应的小方格并填入 1，其余的小方格填入 0（也可以不填，而以空格表示），就可得到逻辑函数的卡诺图表示形式。也就是说，任何逻辑函数都等于其卡诺图中为 1 的方格所对应的最小项之和。

（5）用卡诺图化简逻辑函数

用卡诺图化简逻辑函数的过程，就是在卡诺图上找出逻辑函数取值为 1 且相邻的小方格，通过画包围圈的方法，合并相邻项，从而化简逻辑函数的过程。

卡诺图上合并相邻项的规律 ①2个逻辑函数取值为1的相邻小方格（相邻项），可以合并成一个与项，在该与项中消去1个取值不同的逻辑变量。②4个逻辑函数取值为1的相邻小方格，可以合并成一个与项，在该与项中消去2个取值不同的逻辑变量。4个逻辑函数取值为1的相邻小方格，有4种情形（见图12.13）。③8个逻辑函数取值为1的相邻小方格，可以合并为一个与项，在该与项中消去3个取值不同的逻辑变量。

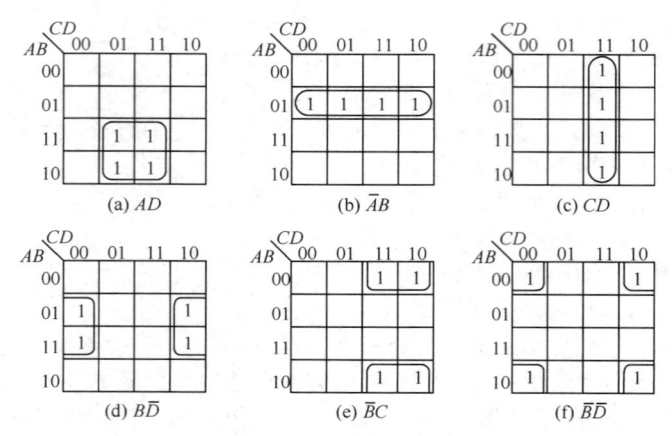

图12.13 相邻项的合并

用卡诺图合并最小项的原则 用卡诺图化简逻辑函数，就是在卡诺图中找相邻的最小项，并画包围圈。为了保证得到最简逻辑函数，画圈时必须遵循以下原则：①包围圈要尽可能大，以便消去的变量多，与项中的变量少。但每个圈内只能含有 2^k（$k=0,1,2,\cdots,n$）个相邻项。要特别注意对边相邻性和四角相邻性。②圈的个数要尽量少，因为一个包围圈与一个与项相对应，圈数少，化简后的逻辑函数中，与项就少。③卡诺图中所有逻辑函数取值为1的小方格均要被圈过，即不能漏下一个取值为1的最小项。④逻辑函数取值为1的小方格可被重复圈在不同的包围圈中，多次使用，但在新画的包围圈中至少要有一个逻辑函数取值为1的小方格未被其他包围圈圈过，否则该包围圈就是多余的。

用卡诺图化简逻辑函数的步骤 ①将待化简的逻辑函数填入卡诺图。②合并相邻的最小项，即根据上述原则画包围圈。③写出每个包围圈对应的与项，并将所有与项加起来，得到逻辑函数的最简与或表达式。

写出每个包围圈对应与项的方法是：消去互补因子；保留公共因子，取值为1的逻辑变量用原变量表示，取值为0的逻辑变量用反变量表示，将这些变量相与，得到包围圈对应的与项。

12.1.5 正、负逻辑及逻辑符号的变换

1. 正逻辑、负逻辑的概念

在数字电路中，可以采用两种不同的逻辑体制表示电路输入的高、低电平，以及电路输出的高、低电平。在前面的讨论中，用逻辑1表示高电平，用逻辑0表示低电平，这种表示方法称为正逻辑体制。若用逻辑0表示高电平，用逻辑1表示低电平，则这种表示方法称为负逻辑体制。

对同一逻辑电路，既可采用正逻辑体制，又可采用负逻辑体制。若同时采用两种逻辑体制，则称为混合逻辑。正逻辑和负逻辑不牵涉逻辑电路本身的结构，但是由于所选用的正负逻辑的不同，即使同一逻辑电路也具有不同的逻辑功能。

2. 混合逻辑中逻辑符号的等效变换

一般而言，正逻辑的与门等价于负逻辑的或门，正逻辑的或门等价于负逻辑的与门；正逻辑的与非门等价于负逻辑的或非门，正逻辑的或非门等价于负逻辑的与非门；正逻辑的异或门等价于负逻辑的同或门，正逻辑的同或门等价于负逻辑的异或门。也就是说，同一个逻辑电路的正逻辑表达式与负逻辑表达式互为对偶式，可用摩根定律进行转换。表 12.9 中列出了几种常用正负逻辑门的逻辑符号，表中每行的正逻辑符号与负逻辑符号是等价的。

表 12.9 几种常用正负逻辑门的逻辑符号

正负逻辑对偶式	正逻辑的逻辑符号	负逻辑的逻辑符号
$F = AB = \overline{\overline{A} + \overline{B}}$	正与门	负或门
$F = A + B = \overline{\overline{A} \cdot \overline{B}}$	正或门	负与门
$F = \overline{A \cdot B} = \overline{A} + \overline{B}$	正与非门	负或非门
$F = \overline{A + B} = \overline{A} \cdot \overline{B}$	正或非门	负与非门
$F = \overline{A}$	正非门	负非门
$F = A = \overline{\overline{A}}$	正缓冲器	负缓冲器

人们通常习惯采用正逻辑体制，但是在复杂逻辑电路中有时会采用混合逻辑，如图 12.14(a) 所示。为了完成逻辑电路的分析，可把整个电路按正逻辑进行分析。一种方法是把负逻辑或门用正逻辑与门替代，把负逻辑与门用正逻辑或门替代，如图 12.14(b)所示；另一种方法是把负逻辑符号中输入端的小圆圈当作反相器处理，如在图 12.14(c)中，将负或门的输入端小圆圈分别移到两个正与门的输出端上。在图 12.14 中，三个逻辑电路图的功能完全一样，逻辑函数为 $F = ABCD$。

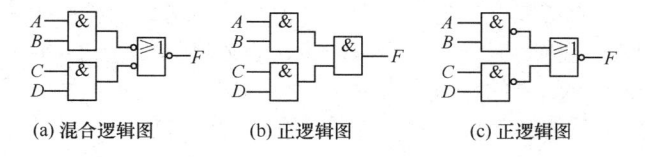

(a) 混合逻辑图　　(b) 正逻辑图　　(c) 正逻辑图

图 12.14 逻辑符号的替换

12.1.6 带符号数的表示方法

前面讨论各种进制的数时，未考虑数的正负问题，但在算术运算中，数是带符号的正数或负数。下面介绍带符号数的常用表示方法。

一个带符号的二进制数由两部分组成，即数的符号部分和数值部分。数的符号通常用"+"表示正，用"−"表示负。习惯上，在计算机中用 0 表示"+"，用 1 表示"−"。例如，有两个带符号的二进制数 $N_1 = +1011$ 和 $N_2 = -1011$，在二进制数值部分最高位的前面增加 1 位来表示符号，于是 N_1 可以表示为 01011，N_2 可以表示为 11011。这里，将带有"+""−"号的数的表示形式称为真值，上面两个等式中的 N_1 和 N_2 就是真值。

1. 原码

带符号数的原码表示法是，数值部分用二进制数表示，符号部分用 0 表示"+"，用 1 表示"−"，即采用符号位加绝对值的表示方法，这样形成的一组二进制数称为该带符号数的原码。n 位二进制原码所能表示的十进制数的范围是 $-(2^{n-1}-1) \sim +(2^{n-1}-1)$。例如，十进制正数 71 的 8 位二进制原码为 01000111，十进制负数 -71 的 8 位二进制原码为 11000111。

2．反码

反码的符号部分与原码相同，即数的最高位也是符号位，而且用 0 表示正数，用 1 表示负数。反码的数值部分与数的符号有关：对于正数，反码的数值部分与其原码相同；对于负数，反码的数值部分是将原码的数值部分按位取反后得到的。

3．补码

原码表示法虽然直观，且数值的大小与符号一目了然，但原码的计算规则比较复杂，导致其电路实现时不太方便。因此，在电子计算机和数字系统中很少采用原码表示法来表示数值。

在电子计算机和数字系统中，通常采用的带符号数表示法是补码表示法。补码表示法的规则是，对于正数，补码与原码相同；对于负数，符号位仍为 1，但是二进制数值部分要按位取反，然后加 1。这样得到的一组二进制数称为该带符号数的补码。之所以称其为补码，是因为该负数的补码与该负数所对应原码的数值部分满足互补关系，即二者的和为 2^n，此处 n 为二进制补码的位数。利用这一特点，可以快速计算一个带符号二进制数或十六进制数的补码。n 位二进制补码所能表示的十进制数的范围是 $-(2^{n-1}) \sim +(2^{n-1}-1)$。

例如，十进制正数 71 的 8 位二进制原码为 01000111，其二进制补码也是 01000111。又如，十进制负数 -71 的 8 位二进制原码为 11000111，其二进制补码为 10111001。

顺便指出，由补码求原码的方法，与由原码求补码的方法相同。也就是说，对于正数，原码与补码相同；对于负数，原码的符号位仍为 1，但数值部分要将补码的数值部分按位取反后加 1。此外，当带符号数为纯小数时，其原码或补码的符号位在小数点的前面，0 表示正数，1 表示负数，并且原来小数点前面的整数 0 不再表示出来。

4．溢出概念

利用补码，可以方便地进行带符号数的加、减运算（减法运算要变换为加法运算）。但要注意，同号相加或异号相减时，有可能发生溢出。所谓溢出，是指运算结果超出了原指定二进制数的位数所能表示的带符号数的范围。因此，发生溢出时，需要增加二进制补码的位数，否则运算结果将出错。是否溢出，可通过结果的符号位直观地做出判断：正数加正数，或正数减负数，结果均应为正数，否则有溢出；负数加负数，或负数减正数，结果均应为负数，否则有溢出。

5．定点数与浮点数表示方法

若考虑小数点的位置，则带符号数还可采用定点数和浮点数表示法。所谓定点数，是指在采用的数据描述格式中，小数点位置固定不变的数据。所谓浮点数，是指在采用的数据描述格式中，小数点位置浮动的数据。

定点数表示法　定点数表示法非常类似于原码表示法和补码表示法，不同之处只是在定点数表示法中，小数点隐含于约定规则中，而不再出现在最后得到的定点数中。一般而论，当定点数用于带符号整数时，小数点约定在最低位（LSB）的后面；当定点数用于带符号小数时，小数点约定在最高位（MSB）的后面，也就是在符号位的后面。至于是使用原码还是使用补码，则由使用者自己决定。

浮点数表示法　浮点数表示法类似于科学记数法。一般来说，任何一个二进制数 N 总可以表示成浮点数形式 $N = 2^E \times M$，其中，E 表示数 N 的阶码，M 表示数的尾数。尾数 M 一般用小数，它表示数 N 的有效数字；阶码 E 为整数，它指出小数点的实际位置；基数 2 是预先约定的，实际中不表示出来。阶码和尾码都可以用原码、反码、补码表示。

12.2 数模和模数转换器

将模拟信号转换成数字信号的电路称为模数转换器（简称 A/D 转换器）；将数字信号转换成模拟信号的电路称为数模转换器（简称 D/A 转换器）。A/D 转换器和 D/A 转换器已经成为计算机系统中不可缺少的接口电路。本章介绍几种常用 A/D 与 D/A 转换器的电路结构、工作原理及其应用。

12.2.1 D/A 转换器

随着数字技术特别是计算机技术的飞速发展与普及，在现代控制、通信及检测领域中对信号的处理广泛采用了数字计算机技术。由于系统的实际处理对象往往都是一些模拟量（如温度、压力、位移、图像等），要使计算机或数字仪表能识别和处理这些信号，首先要将这些模拟信号转换成数字信号；而经计算机分析、处理后输出的数字量往往也需要将其转换成为相应的模拟信号才能为执行机构所接收。这样，就需要一种能在模拟信号与数字信号之间起桥梁作用的电路——模数转换电路和数模转换电路。一般而言，D/A 转换器比 A/D 转换器简单，这里先介绍 D/A 转换器。

1. D/A 转换器的基本工作原理

数字量是用代码按数位组合起来表示的，对于有权码，每位代码都有一定的权。为了将数字量转换成模拟量，必须将每位代码按其权的大小转换成相应的模拟量，然后将这些模拟量相加，即可得到与数字量成正比的总模拟量，从而实现了数字–模拟转换，这就是构成 D/A 转换器的基本思路。图 12.15 所示是 D/A 转换器的输入/输出关系，$D_0 \sim D_{n-1}$ 是输入的 n 位二进制数，v_O 是与输入二进制数成比例的输出电压。图 12.16 所示是 3 位 D/A 转换器的转换特性，它反映了 D/A 转换器的基本功能。

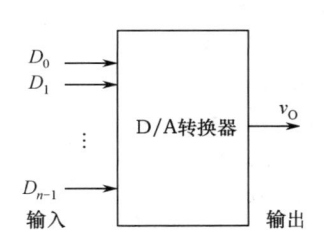

图 12.15 D/A 转换器的输入/输出关系 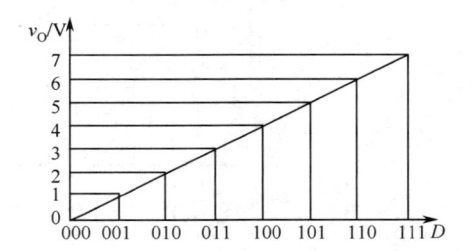　　图 12.16 3 位 D/A 转换器的转换特性

2. 倒 T 形电阻网络 D/A 转换器

在单片集成 D/A 转换器中，使用得最多的是倒 T 形电阻网络 D/A 转换器。4 位倒 T 形电阻网络 D/A 转换器如图 12.17 所示。$S_0 \sim S_3$ 为模拟开关，R-$2R$ 电阻解码网络呈倒 T 形，运算放大器 A 构成求和电路。S_i 由输入数码 D_i 控制，当 $D_i = 1$ 时，S_i 接运放反相输入端（虚地），I_i 流入求和电路；当 $D_i = 0$ 时，S_i 将电阻 $2R$ 接地。

无论模拟开关 S_i 处于何种位置，与 S_i 相连的 $2R$ 电阻均等效接地（或虚地）。这样，流经 $2R$ 电阻的电流与开关位置无关，分别为 $I/2$、$I/4$、$I/8$ 和 $I/16$。

分析 R-$2R$ 电阻解码网络不难发现，从每个接点向左看的二端网络等效电阻均为 R，流入每个 $2R$ 电阻的电流从高位到低位按 2 的整倍数递减。假设由基准电压源提供的总电流为 I（$I = V_{\text{REF}}/R$），则流过各开关支路（从右到左）的电流分别为 $I/2$、$I/4$、$I/8$ 和 $I/16$。

要使 D/A 转换器具有较高的精度，对电路中的元件参数有以下要求：基准电压稳定性好；倒 T 形电阻网络中 R 和 $2R$ 电阻的比值精度要高；每个模拟开关的开关电压降要相等。为实现电流从高位到低位按 2 的整倍数递减，模拟开关的导通电阻也相应地按 2 的整倍数递增。

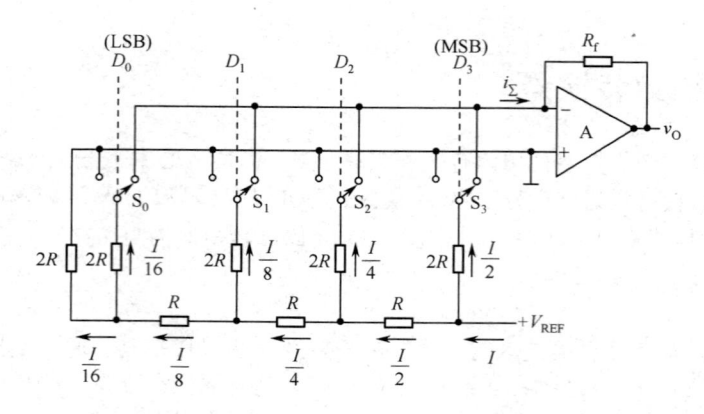

图 12.17　4 位倒 T 形电阻网络 D/A 转换器

3．权电流型 D/A 转换器

尽管倒 T 形电阻网络 D/A 转换器具有较高的转换速度，但由于电路中存在模拟开关电压降，当流过各支路的电流稍有变化时，就会产生转换误差。为进一步提高 D/A 转换器的转换精度，可采用权电流型 D/A 转换器。

（1）原理电路

如图 12.18 所示，恒流源从高位到低位电流的大小依次为 $I/2$、$I/4$、$I/8$、$I/16$。

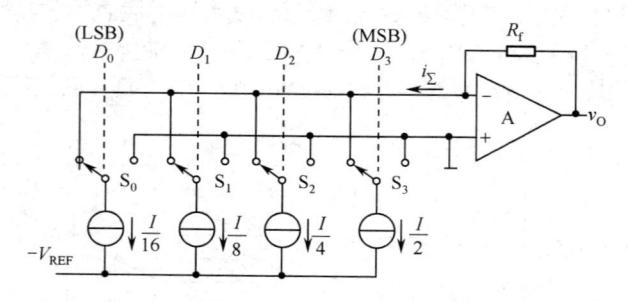

图 12.18　权电流型 D/A 转换器的原理电路

当输入数字量的某位代码 $D_i = 1$ 时，开关 S_i 接运算放大器的反相输入端，相应的权电流流出求和电路；当 $D_i = 0$ 时，开关 S_i 接地。

采用恒流源电路后，各支路权电流的大小均不受开关导通电阻和压降的影响，这就降低了对开关电路的要求，提高了转换精度。

（2）实际电路

如图 12.19 所示，为了消除各个双极型晶体管（BJT）发射极电压 V_{BE} 的不一致性对 D/A 转换器精度的影响，$T_3 \sim T_0$ 均采用了多发射极晶体管，其发射极个数分别是 8、4、2、1，所以 $T_3 \sim T_0$ 发射结面积之比为 8:4:2:1。这样，在各 BJT 电流比值为 8:4:2:1 的情况下，$T_3 \sim T_0$ 的发射极电流密度相等，可使各发射结电压 V_{BE} 相同。$T_3 \sim T_0$ 的基极电压相同，因此它们的发射极 e_3、e_2、e_1、e_0 就为等电位点。在计算各支路电流时将它们等效连接后，可看出倒 T 形电阻网络与图 12.19 中的工作状态完全相同，流入每个 $2R$ 电阻的电流从高位到低位依次减少 1/2 倍，各支路中电流分配比例满足 8:4:2:1 的要求。

基准电流 I_{REF} 产生电路由运算放大器 A_2、R_1、T_r、R 和 $-V_{EE}$ 组成，A_2 和 R_1、T_r 的 cb 结组成电压并联负反馈电路，以稳定输出电压（即 T_r 的基极电压）。T_r 的 cb 结、电阻 R 到 $-V_{EE}$ 为反馈电路的负载，由于电路处于深度负反馈，根据虚短的原理，基准电流为 $I_{REF} = V_{REF}/R_1 = 2I_{E3}$。

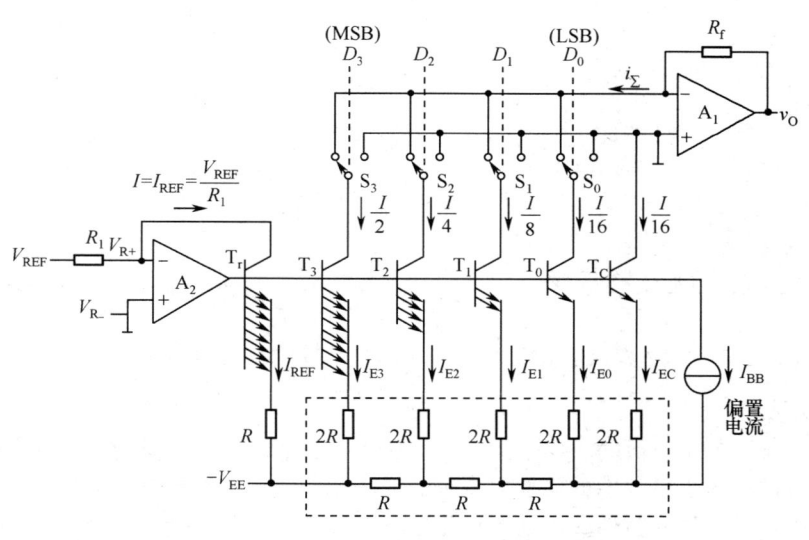

图 12.19 权电流 D/A 转换器的实际电路

该电路的特点为，基准电流仅与基准电压 V_{REF} 和电阻 R_1 有关，而与 BJT、R、$2R$ 电阻无关。这样，电路降低了对 BJT 参数及 R、$2R$ 取值的要求，对于集成化十分有利。

12.2.2 A/D 转换器

1．A/D 转换器的基本工作原理

在 A/D 转换器中，因为输入的模拟信号在时间上是连续量，而输出的数字信号代码是离散量，所以进行转换时必须在一系列选定的瞬间（亦即时间坐标轴上的一些规定点上）对输入的模拟信号采样，然后把这些采样值转换为输出的数字量。因此，一般的 A/D 转换过程是通过采样、保持、量化和编码四个步骤完成的。图 12.20 所示为模拟量到数字量的转换过程。

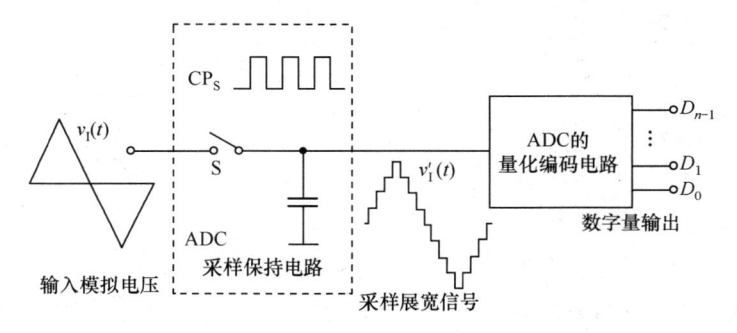

图 12.20 模拟量到数字量的转换过程

（1）采样定理

可以证明，为了正确无误地用图 12.21 中所示的采样后的信号 v_S 表示模拟信号 v_I，必须满足 $f_S \geqslant 2f_{Imax}$，其中，f_S 为采样频率，f_{Imax} 为输入信号 v_I 的最高频率分量的频率。

在满足采样定理的条件下，可以用一个低通滤波器将信号 v_S 还原为 v_I，这个低通滤波器的电压传输系数 $|A(f)|$ 在频率低于 f_{Imax} 的范围内应保持不变，而在 $f_S - f_{Imax}$ 以前应迅速下降为零，如图 12.22 所示。因为每次将采样电压转换为相应的数字量都需要一定的时间，所以在每次采样以后，必须把采样电压保持一段时间，由此可见，进行 A/D 转换时所用的输入电压，实际上是每次采样结束时的 v_I 值。

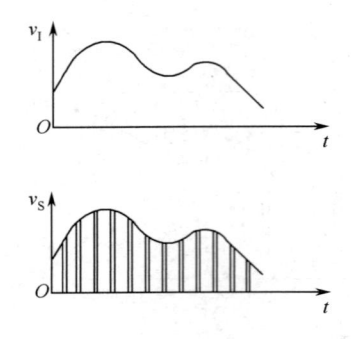

图 12.21　对输入模拟信号的采样 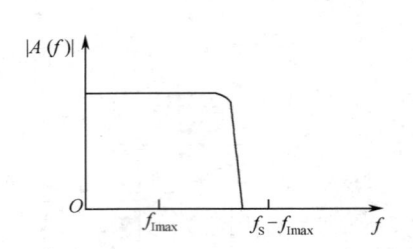　　图 12.22　还原采样信号所用滤波器的频率特性

（2）量化和编码

数字信号在时间上是离散的，在数值上的变化也是离散的。也就是说，任何一个数字量的大小，都是以某个最小数量单位的整倍数来表示的。因此，在用数字量表示采样电压时，也必须把它化成这个最小数量单位的整倍数，这个转化过程就称为量化。所规定的最小数量单位称为量化单位，用 Δ 表示。显然，数字信号最低有效位中的 1 表示的数量大小，就等于 Δ。把量化的数值用二进制代码表示，称为编码。这个二进制代码就是 A/D 转换的输出信号。

既然模拟电压是连续的，那么它就不一定能被 Δ 整除，因而不可避免地会引入误差，把这种误差称为量化误差。在把模拟信号划分为不同的量化等级时，用不同的划分方法可以得到不同的量化误差。

假定需要把 0～+1V 的模拟电压信号转换成 3 位二进制代码，这时可取 $\Delta=(1/8)\text{V}$，并且规定凡数值为 $0\sim\frac{1}{8}\text{V}$ 的模拟电压都当作 $0\times\Delta$ 看待，用二进制的 000 表示；凡数值为 $\frac{1}{8}\sim\frac{2}{8}\text{V}$ 的模拟电压都当作 $1\times\Delta$ 看待，用二进制的 001 表示……如图 12.23(a)所示。不难看出，最大量化误差可达 Δ，即 $\frac{1}{8}\text{V}$。

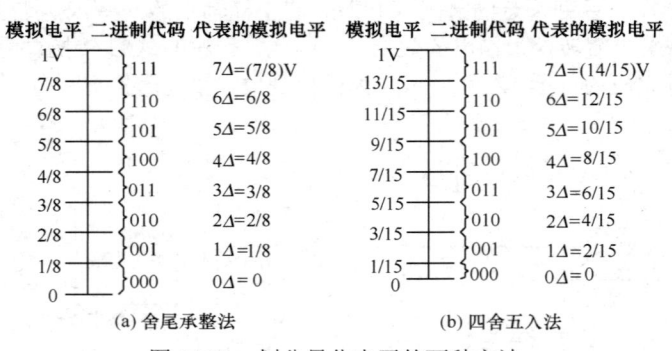

(a) 舍尾承整法　　(b) 四舍五入法

图 12.23　划分量化电平的两种方法

为了减小量化误差，通常采用图 12.23(b)所示的划分方法，取量化单位 $\Delta=\frac{2}{15}\text{V}$，并将 000 代码所对应的模拟电压规定为 $0\sim\frac{1}{15}\text{V}$，即 $0\sim\Delta/2$。这时，最大量化误差将减小为 $\Delta/2=\frac{1}{15}\text{V}$。这个道理不难理解，因为现在把每个二进制代码所代表的模拟电压值规定为它所对应的模拟电压范围的中点，所以最大的量化误差自然就缩小为 $\Delta/2$。

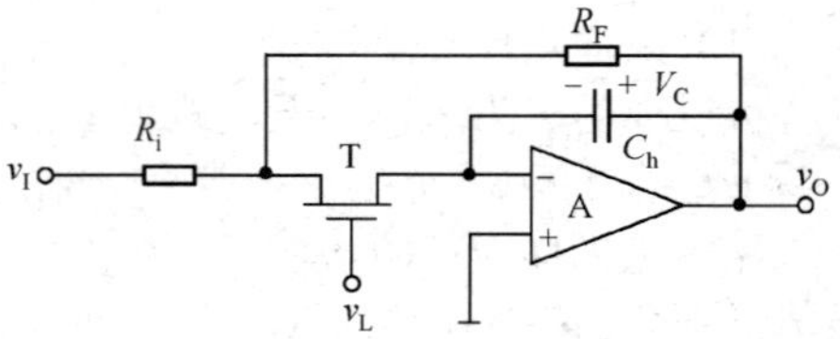

2．采样-保持电路

（1）电路组成及工作原理

基本的采样-保持电路如图 12.24 所示，N 沟道 MOS 管 T 作为采样开关使用。

图 12.24　基本的采样-保持电路

当控制信号 v_L 为高电平时，T 导通，输入信号 v_I 经电阻 R_i 和 T 向电容 C_h 充电。若取 $R_i = R_F$，则充电结束后 $v_O = -v_I = v_C$。

当控制信号 v_L 返回低电平时，T 截止。C_h 无放电回路，因此 v_O 的数值被保存下来。

图 12.24 所示采样–保持电路的缺点是采样过程中需要通过 R_i 和 T 向 C_h 充电，所以使采样速度受到了限制。同时，R_i 的数值又不允许取得很小，否则会进一步降低采样电路的输入电阻。

（2）改进电路及其工作原理

图 12.25 是单片集成采样–保持电路 LF198 的电路图及符号，图中 A_1、A_2 是两个运算放大器，S 是电子开关，L 是开关的驱动电路，当逻辑输入 v_L 为 1，即 v_L 为高电平时，S 闭合；v_L 为 0，即低电平时，S 断开。

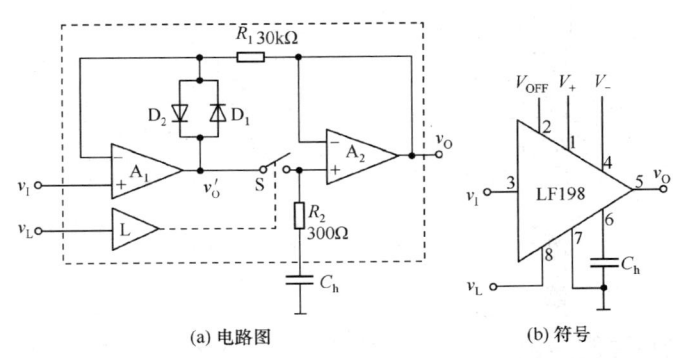

(a) 电路图　　　　(b) 符号

图 12.25　单片集成采样–保持电路 LF198 的电路图及符号

当 S 闭合时，A_1、A_2 均工作在单位增益的电压跟随器状态，所以 $v_O = v_O' = v_I$。电容 C_h 接到 R_2 的引出端与地之间，则电容上的电压也等于 v_I。当 v_L 返回低电平以后，虽然 S 断开了，但是 C_h 上的电压不变，因此输出电压 v_O 的数值得以保持。

在 S 再次闭合以前的这段时间里，若 v_I 发生变化，则 v_O' 可能变化非常大，甚至会超过开关电路所能承受的电压，因此需要增加 D_1 和 D_2 构成保护电路。当 v_O' 比 v_O 所保持的电压高（或低）一个二极管的压降时，D_1（或 D_2）导通，从而将 v_O' 限制在 $v_I \pm v_D$ 以内。而在开关 S 闭合的情况下，v_O' 和 v_O 相等，故 D_1 和 D_2 均不导通，保护电路不起作用。

3．并行比较型 A/D 转换器

3 位并行比较型 A/D 转换器的电路图如图 12.26 所示，它由电压比较器、寄存器和代码转换器三部分组成。

在电压比较器电路中，量化电平的划分采用图 12.23(b)所示的四舍五入法，用电阻将参考电压 V_{REF} 分压，得到从 $\frac{1}{15}V_{REF}$ 到 $\frac{13}{15}V_{REF}$ 之间的 7 个比较电平，量化单位 $\Delta = \frac{2}{15}V_{REF}$。然后，将它们分别接到 7 个比较器 $C_1 \sim C_7$ 的反相端作为比较基准。同时将输入的模拟电压加到每个比较器的另一个输入端上，与这 7 个比较基准进行比较。

单片集成并行比较型 A/D 转换器的产品较多，如 AD 公司的 AD9012（TTL 工艺，8 位）、AD9002（ECL 工艺，8 位）、AD9020（TTL 工艺，10 位）等。

并行比较型 A/D 转换器具有如下特点：①转换是并行的，其转换时间只受比较器、触发器和编码电路延时限制，因此转换速度很快。②随着分辨率的提高，元件数量会按几何级数增加。一个 n 位转换器，所用的比较器个数为 $2^n - 1$，如 8 位的并行 A/D 转换器就需要 $2^8 - 1 = 255$ 个比较器。位数愈多，电路愈复杂，因此制作分辨率较高的集成并行 A/D 转换器是比较困难的。③使用这种含有寄存器的并行 A/D 转换电路时，可以不用附加采样–保持电路，因为比较器和寄存器这两部分也兼有采样–保持功能，这也是该电路的一个优点。

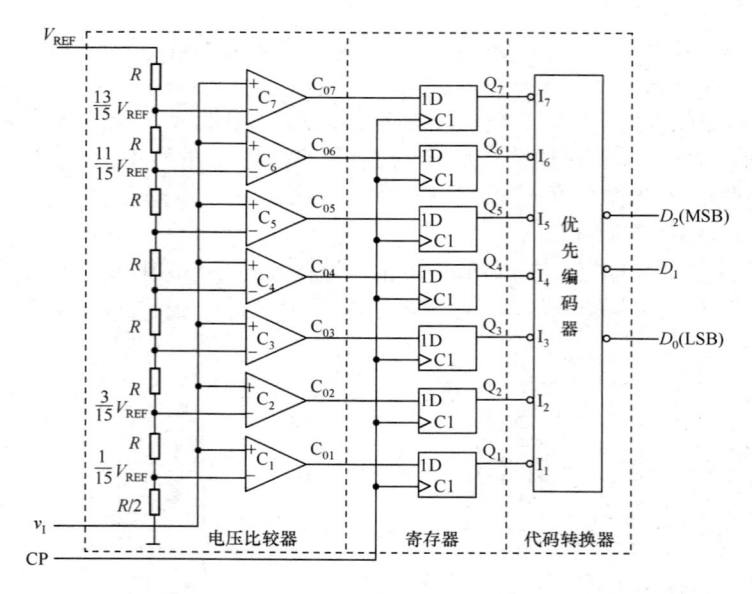

图 12.26 并行比较型 A/D 转换器的电路图

4. 逐次比较型 A/D 转换器

逐次比较 A/D 转换过程，与用天平称量物体的质量非常相似。按照天平称重的思路，逐次比较型 A/D 转换器，就是将输入模拟信号与不同的参考电压做多次比较，使转换所得的数字量在数值上逐次逼近输入模拟量的对应值。

4 位逐次比较型 A/D 转换器的逻辑电路，如图 12.27 所示。图中，5 位移位寄存器可进行并入/并出或串入/串出操作，其输入端 F 为并行置数使能端，高电平有效。其输入端 S 为高位串行数据输入。数据寄存器由 D 触发器组成，数字量从 $Q_4 \sim Q_1$ 输出。电路工作过程如下。

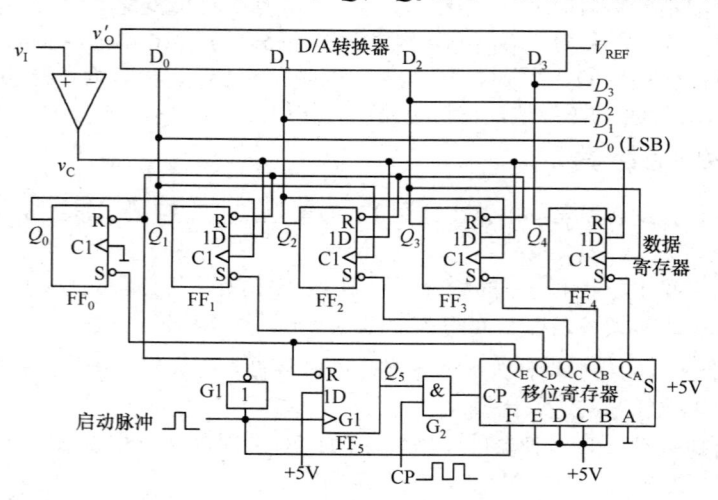

图 12.27 4 位逐次比较型 A/D 转换器的逻辑电路

当启动脉冲上升沿到达后，$FF_0 \sim FF_4$ 被清零，且 $Q_5 = 1$，Q_5 的高电平开启与门 G_2，时钟脉冲 CP 进入移位寄存器。在第一个 CP 脉冲作用下，由于移位寄存器的置数使能端 F 已由 0 变 1，并行输入数据 $ABCDE$ 置入，$Q_A Q_B Q_C Q_D Q_E = 01111$，$Q_A$ 的低电平使数据寄存器的最高位（Q_4）置 1，即 $Q_4 Q_3 Q_2 Q_1 = 1000$。D/A 转换器将数字量 1000 转换为模拟电压 v_O'，送入比较器 C 与输入模拟电

· 574 ·

压 v_I 比较，若 $v_I > v_O'$，则比较器 C 输出 v_C 为 1，否则为 0。比较结果送到数据寄存器的 $D_4 \sim D_1$。

第二个 CP 脉冲到来后，移位寄存器的串行输入端 S 为高电平，Q_A 由 0 变 1，同时最高位 Q_A 的 0 移至次高位 Q_B。于是数据寄存器的 Q_3 由 0 变 1，这个正跳变作为有效触发信号加到 FF_4 的 CP 端，使 v_C 的电平得以在 Q_4 保存下来。此时，由于其他触发器无正跳变触发脉冲，v_C 的信号对它们不起作用。Q_3 变 1 后，建立了新的 D/A 转换器的数据，输入电压再与其输出电压 v_O' 进行比较，比较结果在第三个时钟脉冲作用下存于 Q_3……如此进行，直到 Q_E 由 1 变 0 时，使触发器 FF_0 的输出端 Q_0 产生由 0 到 1 的正跳变，作为触发器 FF_1 的 CP 脉冲，使上一次 A/D 转换后的 v_C 电平保存于 Q_1。同时，Q_E 使 Q_5 由 1 变 0 后将 G_2 封锁，一次 A/D 转换过程结束。于是电路的输出端 $D_3 D_2 D_1 D_0$ 得到与输入电压 v_I 成正比的数字量。

由以上分析可知，逐次比较型 A/D 转换器完成一次转换所需时间与其位数和时钟脉冲频率有关，位数越少，时钟频率越高，转换所需时间越短。这种 A/D 转换器具有转换速度快、精度高的特点。常用的集成逐次比较型 A/D 转换器有 ADC0808/0809 系列（8 位）、AD575（10 位）、AD574A（12 位）等。

5. 双积分型 A/D 转换器

双积分型 A/D 转换器是一种间接 A/D 转换器。它的基本原理是，对输入模拟电压和参考电压分别进行两次积分，将输入电压平均值变换成与之成正比的时间间隔，然后利用时钟脉冲和计数器测出此时间间隔，进而得到相应的数字量输出。该转换电路是对输入电压的平均值进行转换，因此具有很强的抗工频干扰能力，在数字测量中得到广泛应用。

图 12.28 是这种转换器的原理电路，它由积分器（由集成运放 A 组成）、过零比较器（C）、时钟脉冲控制门（G）和定时器/计数器（$FF_0 \sim FF_n$）等几部分组成。

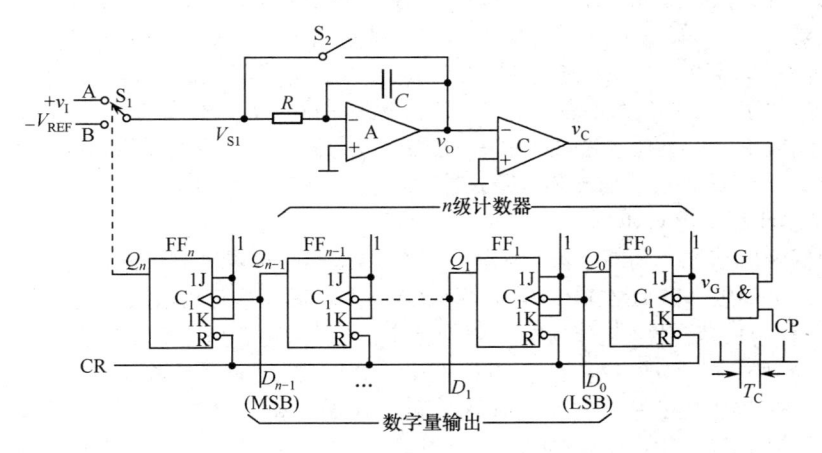

图 12.28 双积分型 A/D 转换器的原理电路

积分器 积分器是转换器的核心部分，它的输入端所接开关 S_1 由定时信号 Q_n 控制。当 Q_n 为不同电平时，极性相反的输入电压 v_I 和参考电压 V_{REF} 将分别加到积分器的输入端，进行两次方向相反的积分，积分时间常数 $\tau = RC$。$Q_n = 0$ 时，开关 S_1 接到 A 点；$Q_n = 1$ 时，开关 S_1 接到 B 点。

过零比较器 过零比较器用来确定积分器输出电压 v_O 的过零时刻。当 $v_O \geq 0$ 时，比较器输出 v_C 为低电平；当 $v_O < 0$ 时，v_C 为高电平。比较器的输出信号接至时钟控制门（G）作为关门和开门信号。

计数器和定时器 它由 $n+1$ 个接成计数型的 JK 器 $FF_0 \sim FF_n$ 串联组成。触发器 $FF_0 \sim FF_{n-1}$ 组成 n 级计数器，对输入时钟脉冲 CP 计数，以便把与输入电压平均值成正比的时间间隔转变成数字信号输出。当计数到 2^n 个时钟脉冲时，$FF_0 \sim FF_{n-1}$ 均回到 0 状态，而 FF_n 反转为 1 状态，$Q_n = 1$ 后，

· 575 ·

开关 S_1 从位置 A 点转接到 B 点。

时钟脉冲控制门　时钟脉冲的周期 T_C，作为测量时间间隔的标准时间。当 $v_C = 1$ 时，与门 G 打开，时钟脉冲通过与门 G 加到触发器 FF_0 的输入端。

12.3　逻辑门电路

本节讨论逻辑门的外部特性和技术参数，重点说明几种典型逻辑门电路的功能及其工作原理。

12.3.1　逻辑门的外部特性和技术参数

在使用数字集成电路芯片时，不仅要熟悉其逻辑功能，还要了解其属性参数，如逻辑电平、噪声容限、功耗、传输延时、扇入数和扇出数等。

1．逻辑门电路简介

逻辑门电路是指能完成一些基本逻辑功能的电子电路，简称门电路，它是构成数字电路的基本单元电路。从生产工艺来看，门电路可分为分立元件门电路和集成逻辑门电路两大类。随着微电子技术的发展，分立元件门电路目前已很少采用，而主要采用集成逻辑门电路。集成逻辑门电路把实现各种逻辑功能的器件及其连线集中制造在同一块半导体材料基片上，并封装在一个壳体中，通过连接线与外界联系。采用集成逻辑门电路设计数字系统，不仅可以简化设计和调试过程，还可以使数字系统具有可靠性高、功耗低、成本低等优点。

根据所采用半导体器件的不同，目前常用的集成逻辑门电路可以分为两大类：一类是采用双极型半导体构成的双极型集成电路；另一类是采用金属氧化物半导体构成的 MOS 集成电路。双极型集成电路主要有 TTL 和 ECL 两种，MOS 集成电路主要有 NMOS、PMOS、CMOS 三种。双极型集成电路的特点是速度快、负载能力强，但功耗较大、集成度较低，TTL 电路的性价比高，在小规模和中规模数字系统中应用普遍。MOS 集成电路的特点是结构简单、制造方便、集成度高、功耗低，由于制造工艺的不断改进，CMOS 电路已成为占主导地位的逻辑器件，其工作速度已经赶上甚至超过 TTL 电路，它的功耗和抗干扰能力则远优于 TTL 电路，因此，几乎所有的超大规模存储器及 PLD 器件都采用 CMOS 工艺制造。

目前，根据响应速度、功耗、温度范围、额定电压和额定电流的不同，每种类型的电路又可分为若干子类。早期生产的 CMOS 门电路为 4000 系列，其工作速度较慢，与 TTL 不兼容，但它具有功耗低、工作电压范围宽、抗干扰能力强的特点。随后出现了高速 CMOS 器件 74HC 和 74HCT 系列，与 4000 系列相比，74HCT 系列与 TTL 兼容，也可与 TTL 器件交换使用。另一种新型 CMOS 系列是 74VHC 和 74VHCT 系列，其工作速度可达 74HC 和 74HCT 系列的 2 倍。近年来，针对便携式设备（如笔记本计算机、数码相机、手机等）的发展，先后推出了 74LVC 系列及超低电压 74AUC 系列，它们的特点是成本更低、速度更快、功耗更小，同时可以与 5V 电源的 CMOS 器件或 TTL 器件电平兼容。

最早的 TTL 门电路是 74 系列。后来出现了改进的 74H 系列和 74L 系列，但是不能很好地解决功耗和速度平衡的问题，为此推出了低功耗和高速的 74S 系列，它使用肖特基晶体三极管。之后又生产出 74LS 系列，其速度与 74 系列相当，但功耗降低到了 74 系列的 1/5。74LS 系列广泛应用于中、小规模集成电路中。随着集成电路的发展，生产出了进一步改进的 74AS 和 74ALS 系列。74AS 系列与 74S 系列相比，功耗相当，但速度却提高了 2 倍。74ALS 系列又进一步提高了 74LS 系列的速度。74F 系列的速度和功耗介于 74AS 和 74ALS 系列之间，广泛应用于速度要求较高的 TTL 逻辑电路中。

目前，不同数字逻辑芯片生产厂商采用了相同的命名标准，元器件的型号并不会因为生产厂商的不同而不同。芯片型号的前缀可能略有不同，该部分表示厂商名称的缩写。比如，对于典型 TTL 芯片 SN74LS00N，前缀 SN 为生产厂商代码，表示 Texas Instrument 公司，7400 表示四路两输入与非门电路，LS 表示低功耗 TTL 系列。后缀 N 用于说明封装形式，N 表示双列直插式封装（DIP），W 表示陶瓷扁平封装，D 表示表面安装型 SO 封装，芯片具体的封装类型和封装尺寸可查阅生产厂商的数据手册。

2．逻辑电平

有 4 种不同的逻辑电平规范，即 V_{IL}、V_{IH}、V_{OL} 和 V_{OH}。如图 12.29 所示，对 CMOS 电路来说，输入电压的范围（V_{IL}）可以用有效低电平（逻辑 0）表示。以 74HC 系列为例，这个有效低电平对 5V 电源电压而言是 0～1.5V；以 74LVC 系列为例，对 3.3V 电源电压而言是 0～0.8V。表示有效高电平（逻辑 1）的输入电压的范围（V_{IH}），对 5V 电源电压而言是 3.5～5V，对 3.3V 电源电压而言是 2～3.3V。对 5V 电源电压而言输入电压为 1.5～3.5V 时，以及对 3.3V 电源电压而言输入电压为 0.8～2V 时，是不可预测性能的区域，在这些区域的输入电压值是不允许出现的。当输入电压在这些区域中时，CMOS 电路的工作是不可靠的（见图 12.29 和图 12.30）。

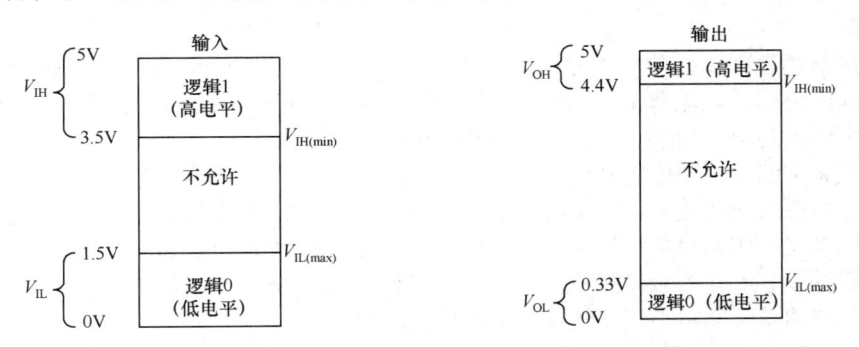

图 12.29　5V 电源电压时 CMOS 的输入和输出逻辑电平

生产厂商的数据手册中一般会给出 4 种逻辑电平参数：输入低电平的上限值 $V_{IL(max)}$、输入高电平的下限值 $V_{IH(min)}$、输出低电平的上限值 $V_{OL(max)}$、输出高电平的下限值 $V_{OH(min)}$。如图 12.29 所示，输出高电平的下限值 $V_{OH(min)}$ 要比输入高电平的下限值 $V_{IH(min)}$ 大，输出低电平的上限值 $V_{OL(max)}$ 要比输入高电平的下限值 $V_{IH(min)}$ 小。

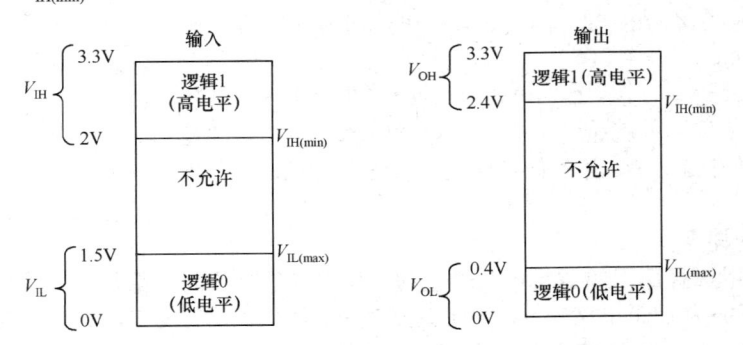

图 12.30　3.3V 电源电压时 CMOS 的输入和输出逻辑电平

TTL 电路与 CMOS 电路类似，也有 4 种不同的逻辑电平。

3．噪声容限

噪声是电路中产生的一种不需要的电压，它可能威胁到电路的正常工作。系统中的导线和其他元器件可能因为受到高频电磁辐射或输电线波动电压干扰而产生噪声。为了避免噪声的不利影响，逻辑电路必须具有一定的抗噪能力，即输入端有一定程度的电压波动时不会改变其输出状态。例如，在高电平状态下，当噪声电压导致 5V 电源电压的 CMOS 门电路的输入下降到 3.5V 以下时，输入电压就在不允许的范围内，这时操作的结果是不可预测的。

抗噪能力的参数称为噪声容限，其单位为伏特（V）。给定的逻辑电路有两个噪声容限值：噪声容限高电平（V_{NH}）和噪声容限低电平（V_{NL}）。这两个参数的定义式为

$$V_{NH} = V_{OH(min)} - V_{IH(min)}, \quad V_{NL} = V_{IL(max)} - V_{OL(max)}$$

噪声容限示意图如图 12.31 所示。分析示意图可知，随着电源电压 V_{DD} 的增大，V_{NH} 和 V_{NL} 也相应地增大。V_{NH} 和 V_{NL} 越大，抗干扰能力就越强。

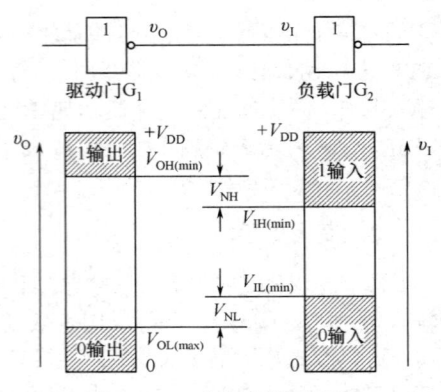

图 12.31 噪声容限示意图

4．延时-功耗乘积

（1）功耗

功耗有静态功耗和动态功耗之分。所谓静态功耗，是指电路的输出没有状态转换时的功耗。静态时，CMOS 电路的电流非常小，使得静态功耗非常低，所以 CMOS 电路广泛应用于要求功耗低或电池供电的设备中，如笔记本计算机、数码相机及手机等。

静态功耗是电路的电源电压 V_{DD} 与电路的总电流 I_{DD} 的乘积。当门电路受到脉冲作用时，其输出将在高、低电平间交替变换，产生的供电电流将在 I_{OH} 和 I_{OL} 间变换。平均功耗取决于占空比，当占空比为 50%时，平均供电电流为 $I_{DD} = (I_{OH} + I_{OL})/2$，平均功耗为 $P_D = V_{DD}I_{DD}$。

TTL 电路的功耗在工作频率范围以内基本上是恒定的。CMOS 电路的功耗则和工作频率有关，在静态条件下它的功耗非常小，并随着频率的增加而增加。

（2）平均传输延时

平均传输延迟时间（延时）t_{PD} 是一个反映门电路工作速度的重要参数。信号经过任何门电路都会产生延时，这是由器件本身的物理性质决定的。

延时包含输入/输出信号电平变化所需的延时和门电路输入影响输出的延时两部分，如图 12.32 所示，图中 t_{PHL} 是从输入波形上升沿的 50%幅值处到输出波形下降沿的 50%幅值处需要的时间，t_{PLH} 是从输入波形下降沿的 50%幅值处到输出波形上升沿的 50%幅值处需要的时间。

平均传输延时 $t_{PD} = (t_{PHL} + t_{PLH})/2$，$t_{PD}$ 限制了工作频率。传输延时越长，最高工作频率就越低。因此，速度较高的电路传输延时较短。例如，传输延时为 3ns 的门电路就比传输延时 7ns 的门电路速度快。

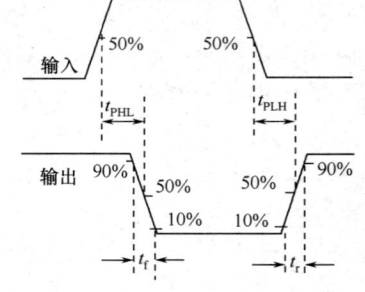

图 12.32 门电路传输延时波形图

（3）延时-功耗乘积

在为某种应用选择所用的逻辑电路类型时，若传输延时和功耗都是重要的考虑因素，则延时-功耗乘积提供了各种逻辑电路的比较基础。延时-功耗乘积用符号 DP 表示（$DP = t_{PD}P_D$），单位为微微焦耳或皮焦（pJ），延时-功耗乘积 DP 越低越好。

12.3.2 MOS 逻辑门电路

1．MOS 管的开关特性

MOS 管是金属-氧化物-半导体场效应管的简称，有时也用 MOSFET 表示。它是仅有一种多

数载流子（自由电子或空穴）参与导电的电压控制器件，也称单极性器件。按导电沟道极性的不同，MOS 管分为 P 沟道和 N 沟道两种，P 沟道 MOS 管称为 PMOS 管，N 沟道 MOS 管称为 NMOS 管。每种沟道又按工作模式的不同，分为增强型和耗尽型两种。需要在 MOS 管的栅极、源极间加电压 v_{GS}，并且要求 v_{GS} 的值大于某数值时导电沟道才能形成的，称为增强型，沟道出现时对应的 v_{GS} 称为开启电压，用 V_T 表示。在栅极、源极间不需要加电压就存在导电沟道的，称为耗尽型。MOS 管是一种具有电流放大功能的器件，它具有 3 种不同的工作状态，即截止状态、导通状态、放大状态，在数字电路中 MOS 管只能工作在截止状态和导通状态。下面以增强型 NMOS 管为例说明其开关特性。

（1）开关作用（静态特性）

在图 12.33(a)所示的由增强型 NMOS 管构成的开关电路中，于栅极和源极间输入矩形波 v_I，并设 NMOS 管的开启电压为 V_T（$V_T > 0$）。

当 $v_I < V_T$ 时，NMOS 管工作在截止状态，漏极 d 与源极 s 间呈现高电阻，如同断开的开关，漏极电流 $I_D = 0$，$v_O = V_{DD}$（高电平），其等效电路如图 12.33(b)所示。

当 $v_I > V_T$ 时，漏极 d 与源极 s 间导通，$I_G \approx 0$（说明增强型 NMOS 管的输入电阻很大，I_G 是不能控制 I_D 的），漏极 d 与源极 s 的导通电阻 R_{on} 很小，如同闭合的开关，且当 R_d 远大于 R_{on} 时，$v_O = V_{DS} = \frac{R_{on}}{R_d + R_{on}} \cdot V_{DD} \approx 0$（低电平），其等效电路如图 12.33(c)所示。

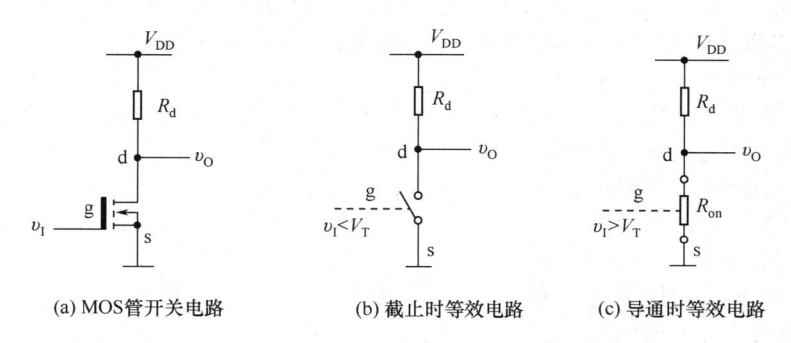

(a) MOS管开关电路　　(b) 截止时等效电路　　(c) 导通时等效电路

图 12.33　MOS 管开关电路及其等效电路

（2）开关时间参数（动态特性）

根据 MOS 管的构造特点，MOS 管从导通状态进入截止状态或从截止状态进入导通状态均需要一定的过渡时间。在图 12.33(a)所示的由增强型 NMOS 管构成的开关电路中，输入理想的矩形波，其输出电压 v_O 的变化如图 12.34 所示。当 v_I 由低电平跳变到高电平时，MOS 管需要经过开通时间 t_{PHL} 后，才能从截止状态转换到导通状态，输出电压 v_O 由高电平变为低电平。当 v_I 由高电平跳变到低电平时，MOS 管需要经过关断时间 t_{PLH} 后，才能从导通状态转换到截止状态，输出电压 v_O 由低电平变为高电平。在 CMOS 电路中，硬件结构互补对称，因此 $t_{PHL} = t_{PLH}$。

2．CMOS 反相器

CMOS 逻辑电路把互补对称的 MOS 管作为基本单元。CMOS 反相器由一个互补对称使用的 P 沟道和 N 沟道增强型 MOS 管构成，如图 12.35 所示。T_P 和 T_N 的栅极相连作为输入端，T_P 和 T_N 的漏极相连作为输出端，T_N 的源极接地，T_P 的源极接 $+V_{DD}$。

设电源电压 $V_{DD} = 10V$，T_N 的开启电压 $V_{TN} = 2V$，T_P 的开启电压 $V_{TP} = -2V$。当 $v_I = 0V$ 时，因为 $v_{GSN} = 0V < V_{TN} = 2V$，$T_N$ 截止；$v_{GSP} = -10V < V_{TP} = -2V$，$T_P$ 导通；这种情况通过 T_P 的导通电阻使输出连接到 $+V_{DD}$，所以 v_O 输出高电平。当 $v_I = 10V$ 时，由于 $v_{GSN} = 10V > V_{TN} = 2V$，$T_N$ 导通；$v_{GSP} = 0V > V_{TP} = -2V$，$T_P$ 截止；这种情况通过 T_N 的导通电阻使输出接地，所以 v_O 输出低电平。

可见，图 12.35 所示的电路实现了反相器功能，即非门功能。下面介绍 CMOS 反相器的特点。

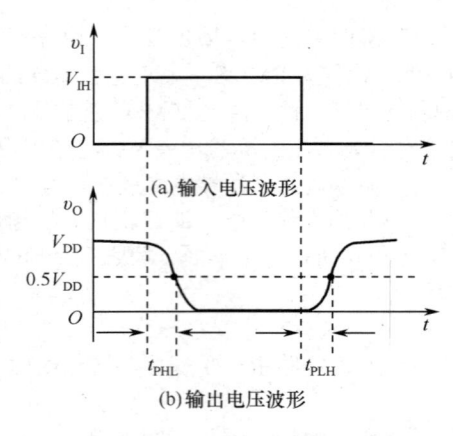

图 12.34　MOS 管开关电路波形　　　　图 12.35　CMOS 反相器

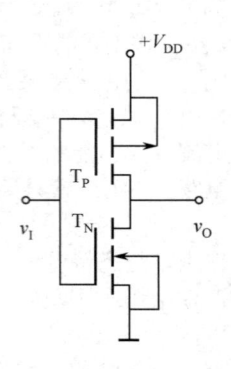

(1) 静态功耗小

在目前应用的集成门电路产品中，CMOS 反相器的功耗是最低的，整个封装的 CMOS 产品的静态平均功耗小于 $10\mu W$。这是因为 CMOS 反相器工作时总是一个管导通，而另一个管截止，流过两个 MOS 管的静态电流接近于零。但随着工作频率的升高，CMOS 集成电路的动态功耗将有所增大。另外，CMOS 门电路的输入电容比 TTL 电路的大，故其动态功耗将随工作频率的增加而增加。

(2) 工作速度较高

无论反相器的输出是高电平还是低电平，T_P 和 T_N 总有一个管子是导通的，输出阻抗都比较小，因此对负载电容的充电和放电过程都比较快，大大缩短了输出波形上升沿和下降沿的时间，CMOS 反相器的平均传输延时约为 10ns。

(3) 抗干扰能力强

由于 $V_{DD} > |V_{TP}| + |V_{TN}|$，设两管参数对称，当 $v_I = V_{DD}/2$ 时，有 $v_{GSN} = v_I = V_{DD}/2 > |V_{TN}|$，$|v_{GSP}| = |v_I - V_{DD}| = V_{DD}/2 > |V_{TP}|$。$T_P$ 和 T_N 均导通，且导通电流相等，导通电阻也相等，$v_O = V_{DD}/2$。此时，只要 v_I 增加，就有 $v_{GSN} = v_I > V_{DD}/2$，$|v_{GSP}| = |v_I - V_{DD}| < V_{DD}/2$。$T_P$ 管的 $|v_{GSP}|$ 减小，导通电流减小，导通电阻增加；T_N 管的 v_{GSN} 增加，但导通电流受 T_P 管限制，不能随之增加，导通电阻急剧减小，近似于开关闭合，引起输出电压急剧下降。所以其电压传输特性陡峭，抗干扰能力强，接近于理想开关的电压传输特性，如图 12.36 所示。

例如，电源 V_{DD} 取 5V 时，当 v_I 在 0 至略小于 $V_{DD}/2$ (2.5V) 范围内变化时，v_O 为高电平，约为 4.95V；当 v_I 略高于 2.5V 时，v_O 立即翻转为低电平，约为 0.05V。所以 CMOS 电路输入端噪声容限可达 $V_{DD}/2$。实际电路中，T_P 和 T_N 管的参数不可能完全对称，因此实际的电压传输特性要差一些。

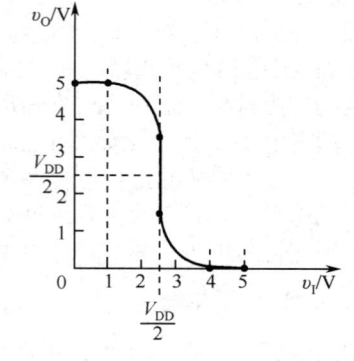

(4) 带负载能力强

CMOS 反相器的输入阻抗高，一般高达 500MΩ 以　　图 12.36　CMOS 反相器的电压传输特性
上，CMOS 逻辑电路带同类门时几乎不从前级取电流，也不向前级灌电流。考虑到 MOS 管存在输入电容，CMOS 逻辑电路可带 50 个以上的同类门。

(5) 允许的电源电压波动范围大

一般情况下，电源电压范围为 3~18V，在此范围内 CMOS 反相器均能正常工作，所以 CMOS 反相器对电源电压的稳定性要求不高。CMOS 反相器输出的高电平接近 V_{DD}，输出的低电平接近 0V，所以 CMOS 反相器的逻辑摆幅大。

（6）集成度高，成本低

CMOS 反相器功耗小，内部发热量少，集成度高。CMOS 是 NMOS 和 PMOS 管互补组成的，因此当外界温度变化时，有些参数可以互相补偿。又因为集成度高，功耗小，电源供电线路简单，所以用 CMOS 集成电路制作的产品成本低。

但是，CMOS 门电路的输入电阻很高，而在输入栅极和沟道之间的 SiO_2 绝缘层非常薄，输入电容仅为几皮法。这样，在接入电路前，若引线悬空，则即使有很小的感应电荷，也容易造成电荷积累，产生高压将栅极击穿而损坏元器件。因此，在 CMOS 反相器的输入端都设置有二极管保护电路。带保护电路的 CMOS 反相器如图 12.37 所示，图中的 C_P 和 C_N 分别表示 T_P 和 T_N 的栅极等效电容，D_1、D_2 和 R_S 组成保护电路。D_2 为分布式二极管结构，由两个二极管和虚线表示。二极管的正向导通电压 $V_{DF}=0.5\sim0.7V$，反向击穿电压约为 30V，$R_S=1.5\sim2.5\ k\Omega$。

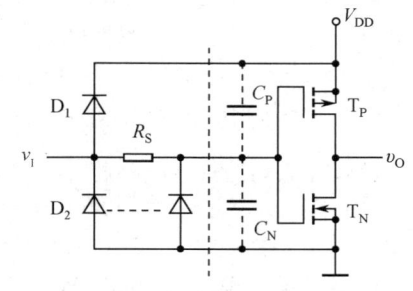

图 12.37 带保护电路的 CMOS 反相器

当输入电压在正常工作范围（$0 \leqslant v_I \leqslant V_{DD}$）时，输入保护电路不起作用。当 $v_I > V_{DD}+V_{DF}$ 时，D_1 导通，将 T_P 和 T_N 的栅极电位钳位为 $0\sim(V_{DD}+V_{DF})$。当 $v_I < -V_{DF}$ 时，D_2 导通，将 T_P 和 T_N 的栅极电位钳位为 $-V_{DF}\sim 0$。这样，保护电路就将 CMOS 反相器的输入端逻辑电平限制为 $-V_{DF}\sim V_{DD}+V_{DF}$ 内，使 MOS 管的 SiO_2 绝缘层不会被击穿。

一般来说，逻辑门电路的输出端也接入静电保护二极管或反相器，以确保输出不超出正常的工作范围。

3. 使用 CMOS 芯片的注意事项

场效应晶体管的栅极和衬底之间的 SiO_2 绝缘层很薄，很容易被静电击穿。静电电荷从一个物体表面移动到另一个物体表面时，会发生静电放电现象，例如从人的手指移动到芯片上，所以在使用 CMOS 芯片时要注意以下几点。

（1）电源电压

电源电压应在元器件参数规定范围内工作，以防止因电压过高而将元器件击穿，或因电压过低而影响电路的逻辑功能。CMOS4000 系列的电源电压范围为 3~15V，但最大不允许超过极限值 18V；HC 系列的电源电压范围为 2~6V，HCT 系列的电源电压范围为 4.5~5.5V，但最大不允许超过极限值 7V。电源电压选择得越高，抗干扰能力越强。

（2）多余输入端的处理

CMOS 电路多余的输入端不允许悬空，以避免干扰信号破坏正常的逻辑功能，造成逻辑混乱。与门和与非门的多余输入端应接到 V_{DD} 或高电平；或门和或非门的多余输入端应接到地或低电平。多余输入端不宜与使能输入端并联使用，因为这样会增大输入电容，从而使电路的工作速度下降，但在工作速度很低的情况下，允许输入端并联使用。

（3）输出端的连接

输出端不允许直接与电源或地连接，因为电路的输出级通常为 CMOS 反相器的推拉式结构，这样会使输出级的 NMOS 管或 PMOS 管可能因为电流过大而损坏。

为了提高电路的驱动能力，可将同一块集成电路芯片上相同门电路的输入端、输出端并联使用。CMOS 电路输出端接大容量的负载时，流过 MOS 管的电流很大，有可能使 MOS 管损坏。因此，需要在输出端和电容之间串接一个限流电阻，以保证流过 MOS 管的电流不超过允许值。

（4）防静电措施

所有的 CMOS 芯片都应包装在导电泡沫中运输，以防止静电电荷的形成。从泡沫包装中拿出

CMOS 芯片时，不要接触其引脚。在撤走保护材料时，芯片应该引脚向下地放在接地表面（如金属板）上。不要将 CMOS 芯片放在聚苯乙烯泡沫或塑料盘上。

所有的工具、测试设备和金属工作台都应当接地。在某些环境中，使用 CMOS 芯片的人员应在手腕上缠绕一段电缆并串联一个高阻值电阻接地。这个电阻将在操作人员接触电源时防止强烈的电击。在印制电路板上装配好后，于存储或运算时，把印制电路板的连接口插入泡沫，以提供必要的保护。或者用高阻值的电阻将 CMOS 的引脚与地连接，这样引脚也可以得到保护。

4．CMOS 门电路产品系列

CMOS 系列的集成电路芯片与 TTL 系列的集成电路芯片具有几乎相同的逻辑功能，但 CMOS 门电路提供了几种 TTL 电路所不具备的特殊功能。CMOS 电路集成度高、功耗低、工作电压范围较大，目前工作速度、抗静电能力等性能得到了很大的改善，从而使其得到了越来越广泛的应用。常用 CMOS 集成电路有 4000 系列、74HC/HCT 系列、74Bi-CMOS 系列等。

（1）4000 系列 CMOS 门电路

4000 系列电路是最早投放市场的 CMOS 集成电路，其工作电源电压范围为 3～15V。因为其低功耗而在电池供电设备中广泛应用，但存在工作速度慢、负载能力差的缺点。

（2）74HC/HCT 系列 CMOS 门电路

74HC/HCT 系列是高速 CMOS 电路，T 表示与 TTL 直接兼容。其工作速度和负载能力得到了较大的改进。74HC/HCT 系列与 TTL74 系列引脚兼容，逻辑功能相同。74HC 系列的工作电源电压范围为 2～6V，但其输入、输出电平等不能和 TTL 电路完全兼容；74HCT 系列的工作电源电压一般为 5V，其输入电平、输出电平等和 TTL 电路完全兼容，所以不必经过电平转换就可作为 TTL 器件与 CMOS 器件的中间级，同时起电平转换作用，适用于 CMOS 电路和 TTL 并存的系统。

（3）74Bi-CMOS 系列门电路

74Bi-CMOS 系列门电路是由三极管和 CMOS 晶体管构成的电路。三极管 PN 结的高速特性与 CMOS 的低功耗特性相结合，产生了极低功耗、极高速度的数字逻辑电路。各生产厂商采用不同的后缀来标识 Bi-CMOS 系列。

（4）74AHC/AHCT 系列 CMOS 门电路

74AHC/AHCT 系列为改进的高速 CMOS 电路，工作速度比 HC 系列快 3 倍，输出端驱动电流提高，带负载能力提高近 1 倍，延时降为 1/3，电源电压为 3.3V 或 5V，其引脚与 TTL74 系列兼容。

（5）74 低电压系列门电路

74 低电压系列门电路是为满足手持设备和电池供电设备的低功耗需求而设计的，主要应用于笔记本计算机、移动式无线电台、手持电子游戏机、通信设备和某些高性能计算机工作站中，最常用的低压系列门电路的后缀如下：LV 是低电压 HCMOS，LVC 是低电压 CMOS，LVT 是低压技术 CMOS，ALVT 是改进的低电压 CMOS，HLL 是高速低功耗低电压 CMOS，AUC 是改进的超低电压 CMOS。

LV 系列逻辑电路的电源电压范围为 1.2～3.6V，适合电池供电应用，当工作电压为 3.0～3.6V 时，可直接接入 TTL 电路。LV 逻辑电路的开关速度极快，速度范围大概如下：LV 系列为 9ns，ALVC 系列为 2.1ns。与 Bi-CMOS 电路一样，LVT 逻辑电路的功耗在无效状态或低频时可以忽略；高频时，由于 LV 电路的电源电压降低，功耗降为 Bi-CMOS 的一半。LVT 逻辑电路的另一个优点是，其高电平输出驱动能力较强，LVT 系列电路的最高驱动能力灌电流为 64mA，拉电流为 32mA。

AUC 系列工作电源电压为现代电子电路中常用的超低电压（3.3V、2.5V、1.8V、1.5V 和 1.2V），最大传输延时为 2ns，主要用于逻辑总线接口电路。高速微处理器与外部器件通信时，无须进入等待状态就可匹配接口逻辑电路。AUC 系列集成芯片的另外一重要特性是动态输出控制，在高速开关电路中进行逻辑电平转换时，内部线路自动调整输入/输出阻抗，以减小冲激信号。

12.3.3 TTL 逻辑门电路

1. 三极管的开关特性

三极管也称晶体管或双极型晶体管,是数字电路和模拟放大电路的最基本的元件之一。三极管有三种工作状态:截止状态、放大状态、饱和状态。在模拟放大电路中,作为电信号放大器件,三极管主要工作在放大区。在数字电路中,三极管主要工作在截止状态、饱和状态,且经常在截止状态和饱和状态之间快速转换,三极管的这种工作状态称为开关状态,三极管相当于电子开关。三极管是一种三端半导体器件,它的三个引出端分别是基极、集电极和发射极。三极管通常由 N 型半导体和 P 型半导体构成,根据半导体排列次序的不同,三极管有 NPN 型和 PNP 型两种结构。

对 NPN 型三极管而言,基极和发射极之间加正向电压,使得集电极和发射极短路(三极管导通)。基极和发射极之间加入反向电压或零电压,相当于集电极-发射极断开(三极管截止)。对 PNP 型三极管而言,基极和发射极之间加入反向电压使三极管导通;基极和发射极之间加入正向电压或零电压使三极管截止。下面以 NPN 型三极管为例,讨论其开关特性。

(1) 开关作用(静态特性)

由三极管构成的开关电路如图 12.38(a)所示,图中 NPN 型三极管的基极接输入信号 v_I,发射极接地,集电极接上拉电阻到电源 V_{CC},集电极作为输出端 v_O。

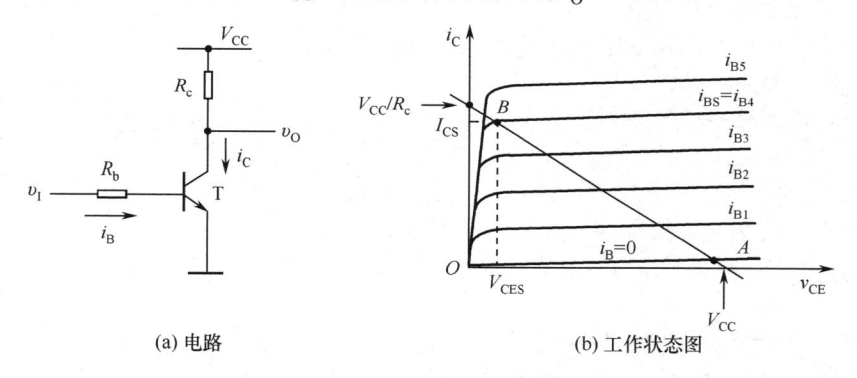

(a) 电路　　　　(b) 工作状态图

图 12.38　三极管的开关工作状态

当输入端为低电平如 $v_I = 0V$ 时,$v_{BE} = 0$,$i_B \approx 0$,$i_C \approx 0$。三极管工作在截止状态,集电极和发射极之间相当于开关断开状态,对应于图 12.38(b)中的 A 点。电路输出高电平,$v_O = v_{CE} \approx V_{CC}$。

当输入端为高电平如 $v_I = 5V$ 时,调节 R_b,随着 R_b 的减小,i_B 增加,i_C 也随之增加,$v_{CE} = V_{CC} - i_C R_c$ 减小。$v_{CE} < v_{BE} \approx 0.7V$ 时,晶体管集电结正偏,$v_{BC} > 0V$,晶体管进入饱和区,失去电流的比例放大作用。若 R_b 进一步减小,则晶体管集电极电流几乎不再增加,集电极电压很小,c、e 极之间的等效电阻很小,近似于短路。此时,c、e 极相当于开关闭合状态,如图 12.38(b)中的 B 点所示,电路输出低电平,$v_O = v_{CE} = v_{CES} \approx 0.3V$。

(2) 开关时间参数(动态特性)

三极管在饱和与截止两种状态的转换过程中具有的特性,称为三极管的**动态特性**。三极管内部存在电荷的建立与消失过程,所以饱和与截止两种状态的转换也需要一定的时间才能完成。当图 12.39(a)所示开关电路的输入端接一个理想的矩形脉冲信号时,其集电极电流 i_C 的波形和输出电压 v_O 的波形分别如图 12.39(b)和(c)所示。

三极管从截止到饱和导通所需的时间,称为开通时间,用 t_{on} 表示,$t_{on} = t_d + t_r$,t_d 称为延时,是从 v_I 的正跳变开始至 i_C 上升至 $0.1I_{CS}$ 所需的时间;t_r 称为上升时间,是 i_C 从 $0.1I_{CS}$ 上升至 $0.9I_{CS}$ 所需的时间。t_{on} 是三极管发射极由宽变窄和基区积累电荷所需的时间。

三极管从饱和导通到截止所需的时间，称为关闭时间，用 $t_s > t_f$ 表示，$t_{off} > t_{on}$，t_s 称为**存储时间**，是从 Q'' 的负跳变开始至 i_C 下降至 $0.9I_{CS}$ 所需的时间；t_f 称为**下降时间**，是 i_C 从 $0.9I_{CS}$ 下降至 $0.1I_{CS}$ 所需的时间。t_{off} 主要是清除三极管内存电荷所需的时间。

三极管的开关时间一般为纳秒数量级，并且 $t_s > t_f$，$t_{off} > t_{on}$，所以 t_s 的大小是决定三极管开关速度的主要参数。半导体三极管开关时间的存在，影响了开关电路的工作速度。由于 $t_{off} > t_{on}$，减少饱和导通时基区存储电荷的数量并尽可能地加速其消散过程，是提高三极管开关速度的关键。

2. TTL 反相器

TTL（Transistor-Transistor Logic）电路是晶体管–晶体管逻辑电路的简称。TTL 电路是目前双极型数字集成电路中使用最为广泛的一种。TTL 电路的功耗大，线路较复杂，因此其集成度受到了一定的限制，TTL 电路广泛应用于中小规模逻辑电路中。

（1）TTL 反相器的电路组成

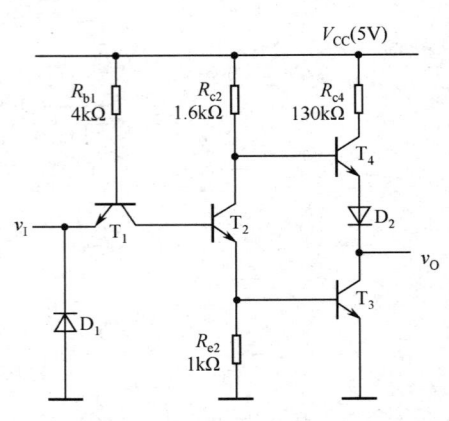

图 12.40 所示为 TTL 反相器的基本电路，它由输入级、中间级和输出级三部分组成。

①输入级。输入级由一个 NPN 型三极管 T_1、二极管 D_1 和基极电阻 R_{b1} 组成。输入信号 v_I 接三极管 T_1 的发射极，T_1 的集电极接 T_2 的基极。D_1 是钳位二极管，一方面可以抑制输入端可能出现的负向干扰脉冲，另一方面可以防止输入电压为负电压时 T_1 的发射极电流过大，即 D_1 起到保护 T_1 的作用。

②中间级。中间级由三极管 T_2 和电阻 R_{c2}、R_{e2} 组成。从 T_2 的集电极和发射极输出两个相位相反的信号，分别作为三极管 T_3 和 T_4 的驱动信号。另外，也将 T_2 的基极电流放大，以增强输出级的驱动能力。

③输出级。输出级由三极管 T_3 和 T_4、电阻 R_{c4} 及二极管 D_2 组成。D_2 和 T_4 导通时 T_3 截止，T_3 导通时 D_2 和 T_4 截止，因此这种电路形式称为推拉式结构，推拉式结构具有较强的负载能力。

（2）TTL 反相器的工作原理

图 12.41(a)所示为 TTL 反相器的输入为低电平时的工作状态。当输入电压 $v_I = 0V$ 时，T_1 的发射结正向偏置，T_1 饱和（导通），T_2 的基极对地的电压为 0.3V。0.3V 电压不足以使 T_2 导通，因此 T_2 没有电流流入 T_1；然而，电源 V_{CC} 经过电阻 R_{c2} 有较小的电流流入 T_4 的基极，使得 T_4 和 D_2 导通，输出高电平。T_4 的基极电压约为 4.8V，二极管和三极管的导通电压为 0.7V，因此输出电压 $v_O = 4.8V - 0.7V - 0.7V = 3.4V$。应该注意的是，该输出电压只是近似地表示电路的状态，实际的电压会随着输出端负载的不同而有所不同。

图 12.41(b)所示为 TTL 反相器的输入为高电平时的工作状态。当输入电压 $v_I = 5V$ 时，T_1 的发射结反向偏置，T_1 的集电结正向偏置，因此 T_1 的工作状态为反向放大。电流从 T_1 的基极流入 T_1 的集电极，T_1 的集电极电流驱动 T_2 和 T_3 饱和（导通），此时 $v_{B1} = V_{BC1} + V_{BE2} + V_{BE3} = 2.1V$。$T_2$ 和

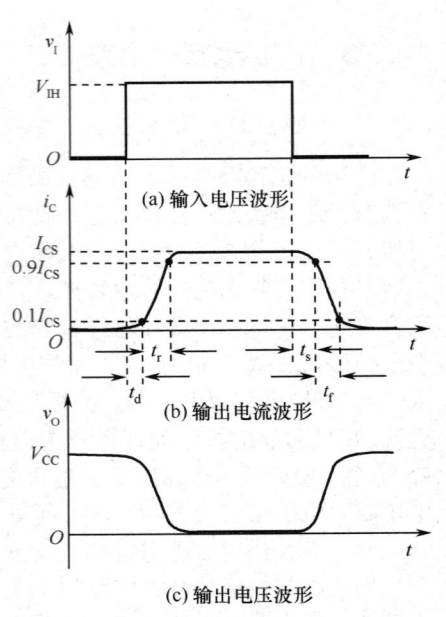

T_3 饱和，故 $v_{C2} = V_{CES2} - V_{BE3} = 1.0V$。该电压小于 T_4 和 D_2 的导通压降（2×0.7V），所以 T_4 和 D_2 截止。T_2 和 T_3 饱和，T_4 和 D_2 截止，输出低电平 $v_O = v_{C3} = V_{CES3} \approx 0.3V$。

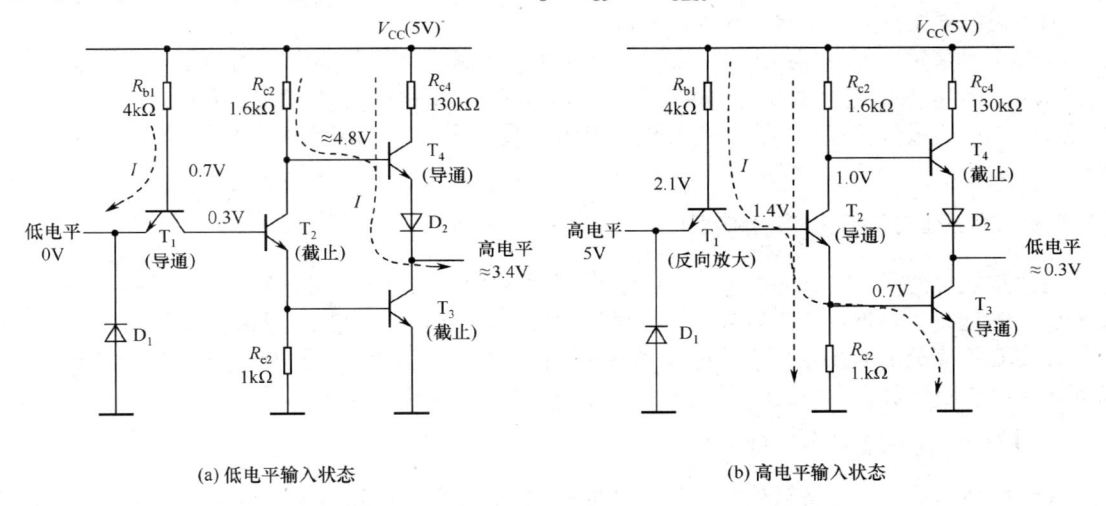

(a) 低电平输入状态　　　　　　　　　(b) 高电平输入状态

图 12.41　TTL 反相器的工作状态（I 表示电流）

（3）TTL 反相器的电压传输特性

电压传输特性是指输入电压与输出电压变化的关系曲线，如图 12.42 所示。TTL 反相器的电压传输特性大致可以分为 4 段。

AB 段（截止区）：当 $v_I < 0.4V$ 时，T_1 深度饱和，T_2 和 T_3 截止，T_4 导通，输出高电平 $v_O = 3.4V$。

BC 段（线性区）：T_2 开始导通并工作在放大区，T_3 截止，输出电压 v_O 随着 v_I 增加而下降。

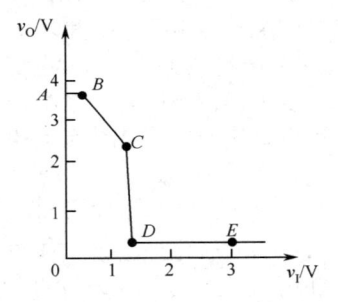

CD 段（转折区）：T_3 开始导通并工作在放大区，输出电压 v_O 急剧下降为低电平。

图 12.42　TTL 反相器的电压传输特性

DE 段（饱和区）：T_1 反向放大，T_2 和 T_3 饱和，T_4 截止，输出低电平 $v_O = 0.3V$。

3. 使用 TTL 芯片的注意事项

（1）电源电压及电源干扰的消除

电源电压的变化对 54 系列应满足 5V±10% 的要求，对 74 系列应满足 5V±5% 的要求，电源的正负极性和接地不可接错。为了防止外来干扰通过电源串入电路，需要对电源进行滤波，通常在印制电路板的电源输入端接入 10～100μF 的电容进行滤波，在印制电路板上，每隔 6～8 个门加接一个 0.01～0.1μF 的电容对高频进行滤波。

（2）多余输入端的连接

TTL 集成门电路使用时，多余的输入端一般不悬空，主要是防止干扰信号从悬空输入端引入电路。对于多余输入端的处理，以不改变电路逻辑状态及工作稳定性为原则。

对于 TTL 与非门多余输入端，可直接接电源或通过 1～10kΩ 的电阻接电源；若前级驱动能力允许，则可将多余输入端和有用输入端并联使用。对于 TTL 或非门多余输入端，可接地处理。

（3）输出端的连接

具有推拉式输出结构的 TTL 门电路的输出端不允许直接并联使用。输出端不允许直接接电源或地。使用时，输出电流应小于产品手册上规定的最大值。三态输出门的输出端可以并联使用，但在同一时刻只能有一个门工作，其他门的输出处于高阻态。集电极开路门的输出端可并联使用（线与），但公共输出端和电源之间应接上拉电阻 R_p。

（4）电路安装接线和焊接应注意的问题

连线要尽量短，最好用绞合线；整体接地要好，地线要粗、短；焊接用的烙铁功率最好不大于 25W；由于集成电路外引线间的距离很近，焊接时焊点要小，不得将相邻引线短路，焊接时间要短；印制电路板焊接完毕后，不得浸泡在有机溶液中清洗，只能用少量酒精擦去外引线上的助焊剂和污垢。

12.3.4 集成逻辑门电路的应用

前面重点讨论了 CMOS 和 TTL 门电路的工作原理、逻辑符号及外部特性。在具体应用中，可以根据传输延时、功耗、噪声容限、带负载能力等要求，选择合理的器件类型和技术参数。有时在设计需要的情况下，需要将两种逻辑系列的器件混合使用，因此就出现了不同逻辑门电路的接口问题、门电路与负载之间的匹配问题，以及安装和抗干扰措施等。

1. TTL 与 CMOS 器件之间的接口问题

在数字系统中，各电路都有各自不同的要求，例如需要使用分立元器件，如二极管、三极管、场效应晶体管、继电器等元器件时，要保证整个系统的正常工作，需用接口电路，使这些不同的电路之间能符合电平匹配和功率驱动等要求。无论是 CMOS 电路驱动 TTL 电路还是 TTL 电路驱动 CMOS 电路，驱动门电路必须要给负载门提供一个符合要求的高电平、低电平和足够大的驱动电流。以下器件是可以直接相互连接的：TTL 电路与 74HCT 系列的 CMOS 电路完全兼容，相互之间可以直接连接；74HC 系列的 CMOS 电路可以直接驱动 74 系列或 74LS 系列的 TTL 电路；4000 系列的 CMOS 电路可直接驱动 1~2 个 74LS 系列的 TTL 电路。

除此之外，其他电路之间的连接则需要采用接口电路进行电平转换。

（1）CMOS 电路驱动 TTL 电路

使用 CMOS 电路驱动 TTL 电路时，主要考虑电流问题。CMOS 电路的输出高电平和低电平都能满足 TTL 电路输入高电平和低电平的要求，而 4000 系列的 CMOS 电路不能直接驱动 74 系列的 TTL 电路的问题，在于不能满足连接条件 $I_{OL(max)} \geqslant I_{IL(total)}$。因此，需要扩大 CMOS 门电路输出低电平时的负载能力。

①并联使用 CMOS 电路驱动 TTL 电路，两个 CMOS 与非门并联电路如图 12.33 所示。负载能力提高为原来的 2 倍。

②加 CMOS 驱动器，其电路如图 12.44 所示。CMOS 驱动器可选用漏极开路的电路，其负载能力更强。

③加电流放大器，其电路如图 12.45 所示。加电流放大器既可提高负载能力，又可解决电平匹配的问题。

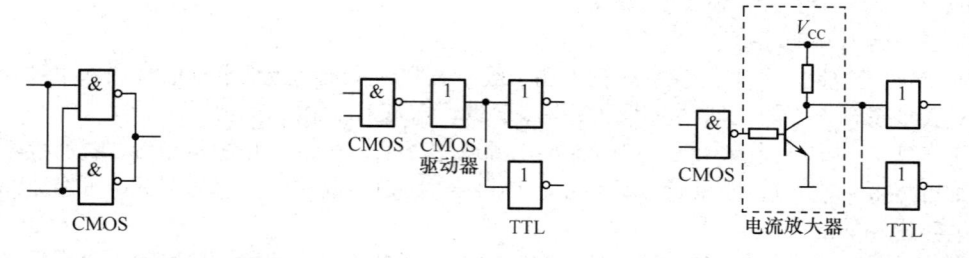

图 12.43　并联 CMOS 电路　　图 12.44　用驱动器驱动电路　　图 12.45　用电流放大器驱动电路

（2）TTL 电路驱动 CMOS 电路

当 TTL 电路驱动 CMOS 电路时，由于 CMOS 电路是电压驱动，输入端电流很小，几乎不取前级电流，电流是兼容的。而 TTL 电路中的 $V_{OL(max)}$ 均小于 CMOS 电路中的 $V_{IL(max)}$，所以低电平输出驱动不存在问题。而不能驱动的主要问题在于不能满足连接条件 $V_{OH(min)} \geqslant V_{IH(min)}$，因此必须提高 TTL 门电路的输出高电平的值，常见的方法有三种：①加上拉电阻。加上拉电阻的方法如图 12.46 所示，图中 R_P 为上拉电阻。当 TTL 门电路的输出为高电平时，上拉电阻的存在使得输出级的驱动管和负载管同时截止，故输出高电平约为 V_{CC}。②加 OC 门。当 V_{CC} 太高时，有可能超过 TTL 输出端能够承受的电压，此时可改用 OC 门，电路如图 12.47 所示。OC 门的负载能力强，输出的高电平约为 V_{CC}。③加电平偏移器。可采用专用的 CMOS 电平偏移器，如图 12.48 所示。它用两种直流电源供电，可以接收 TTL 电平（对应于 V_{CC}），并输出 CMOS 电平（对应于 V_{DD}）。

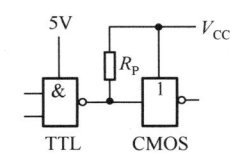

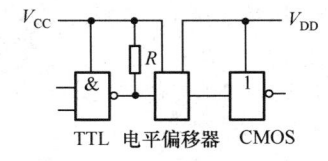

图 12.46　用上拉电阻提高输出高电平

图 12.47　加 OC 门提高输出高电平

图 12.48　加电平偏移器实现电平转换

2．用门电路驱动 LED 显示器件

数字电路中，经常需要用发光二极管来显示信息，例如简单的逻辑器件的状态、七段数码管显示、图形符号显示等。

许多特殊应用利用一个驱动门来驱动发光二极管（LED）。驱动门可以是普通的门电路，也可以是具有更高驱动能力的 OD 开路门或 OC 开路门。利用门电路驱动 LED 显示器件的电路如图 12.49 所示，电路中串联了一个限流电阻 R_P 以保护 LED 显示器。

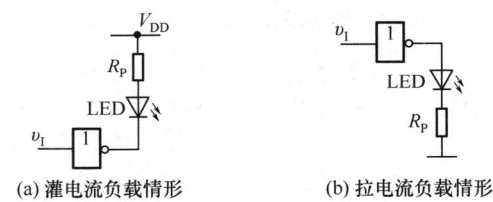

(a) 灌电流负载情形　　(b) 拉电流负载情形

图 12.49　利用门电路驱动 LED 显示器件的电路

3．电源去耦合和接地方法

在数字系统中，主电源需要提供很大的电流，在逻辑门电路的 V_{CC} 主线上，很容易产生毛刺，尤其是在逻辑电平转换时（低电平变为高电平，高电平变为低电平）。在逻辑电平转换时，TTL 电路中推拉式输出电路的上、下两个三极管交替导通，电流 I_C 的剧烈变化将导致 V_{CC}（电源）线上产生高频尖脉冲，该尖脉冲将使连接该电源的其他器件切换失败，同时产生电磁干扰。

为了去除主电源线上的尖脉冲，可在系统中每个集成芯片的电源 V_{CC} 和地之间直接连接一个 $0.01\sim0.1\mu F$ 的电容，电容可以使每个器件的 V_{CC} 电平保持为正常值，进而减小系统的电磁干扰。在集成芯片附近加入这些小电容，可以确保电流尖脉冲被抑制掉，而不是传向整个系统，然后返回电源。

实施电路系统的安装时，正确处理电路各处的接地点对于降低电路噪声十分重要。一般采用的方法是：强电地和弱电地分开、电源地和信号地分开、数字地和模拟地分开。也就是说，若系统中同时具有强电部分和弱电部分，则应尽可能将其两者远离，同时两者的地线各自独立连在一起，最后用最短的粗导线将两个地线接点连在一起。若系统中同时具有电源部分和信号部分、数字部分和模拟部分，则也应做同样的处理，即首先将各部分的地线独立连接起来，然后找到适当的位置，用最短的粗导线将各部分的地线相连。必要时可以设计模拟和数字两块电路板，各自备有直流电源，然后将两者的地线通过一点连接在一起。

12.4 组合逻辑电路

本节首先介绍组合逻辑电路的结构特点、分析方法、设计方法，然后重点介绍数字系统中常用的组合逻辑电路。

12.4.1 组合逻辑电路的概念

根据电路的结构和工作原理的不同，通常将数字电路分为组合逻辑电路和时序逻辑电路两大类。若一个逻辑电路在任何时刻的稳定输出只取决于这一时刻各输入变量的取值，而与电路以前的状态无关，则该电路称为组合逻辑电路。

组合逻辑电路可以有一个或多个输入端，也可以有一个或多个输出端，组合逻辑电路示意框图如图 12.50 所示。在组合逻辑电路中，数字信号是单向传递的，即只有从输入端到输出端的传递，而没有从输出端到输入端的反传递，所以各个输出仅与各个输入的即时状态有关。

研究组合逻辑电路的任务有 3 个方面：①对已给定的组合逻辑电路分析其逻辑功能。②根据逻辑命题的要求，设计组合逻辑电路。③掌握常用组合单元电路（中规模器件）的逻辑功能，选择和应用到工程实际中。

图 12.50 组合逻辑电路的示意框图

12.4.2 组合逻辑电路的分析设计方法

1. 组合逻辑电路的分析方法

组合逻辑电路的分析，是对已经给出的组合逻辑电路（图或实体），用逻辑代数的原理研究它的特性，从而得出其逻辑功能的过程。目的是了解电路的工作特性、逻辑功能、设计思想、器件的可替代性或评价电路的技术经济指标等。在下面的分析中，假设电路器件是理想的，即电路的信号传输是无延时的，输出与输入同时产生。

组合逻辑电路分析的一般步骤如下：根据逻辑电路图，按各种门的功能递推出每个输出端的逻辑函数表达式；将输出端的逻辑函数表达式转换成最简表达式；根据输出端的表达式列出真值表；根据真值表，分析电路的逻辑功能。

2. 组合逻辑电路的设计方法

组合逻辑电路的设计是其分析的逆过程，即根据给出的实际逻辑问题设计要求，设计出能够实现其逻辑功能的最佳逻辑电路。

这里的"最佳"包含以下几方面的含义：所选用的逻辑器件数量及种类最少，而且器件之间的连线最简单；级数尽量少，以便提高数字系统的工作速度；降低功耗，使系统工作状态稳定。

组合逻辑电路设计的基本步骤如下：对实际问题进行逻辑抽象，并定义输入变量和输出变量。分析逻辑命题所给定的因果关系，把引起事件的原因作为输入逻辑变量，把事件的结果作为输出逻辑变量，并分别以逻辑 0 和逻辑 1 给予赋值；列出逻辑真值表。根据逻辑问题的因果关系列出真值表；写出逻辑函数表达式。根据所列的真值表写出逻辑函数表达式；简化或变换逻辑函数表达式。根据逻辑的命题要求、器件的功能以及逻辑器件资源情况，对逻辑函数表达式进行相应的化简或变换；画出逻辑电路图。根据化简或变换后的逻辑函数表达式以及所选用的逻辑器件，画出逻辑电路图。

除以上原则性的逻辑设计任务外，实际的设计工作还包括集成电路芯片的选择、工艺设计、安装、调试等内容。下面举例说明组合逻辑电路的设计方法。

12.4.3 常用组合逻辑电路

组合逻辑电路的种类很多，常见的有编码器、译码器、数据选择器（简称 MUX）、数据分配器、数字比较器、加法器等。这些电路应用很广泛，因此有专用的中规模集成电路（MSI）器件。采用 MSI 实现逻辑函数不仅可以缩小体积，还可以大大提高电路的可靠性，使设计更为简单。中规模集成电路器件一般有如下几个特点：

①通用性。电路既能用于数字计算机，又能用于控制系统、数字仪表等，其功能往往超过本身名称所表示的功能。

②能"自扩展"。器件通常设置有一些控制端（使能端）、功能端和级联端等，在不用或少用附加电路的情况下，就能将若干功能部件扩展成位数更多、功能更复杂的电路。

③电路内部一般设置有缓冲门。需用到的互补信号均能在内部产生，这样就减少了外围辅助电路和封装引脚，使电路更简洁。

下面分别介绍几种实用性强、应用较广泛的组合逻辑电路。

1. 编码器

将符号、文字或数字转换成一种代码形式的过程称为编码。编码器可以对各种不同的符号进行编码，编码器接收输入端的有效电平，每个输入表示一个数，例如十进制数或八进制数，并把这个数转换为代码输出，如 BCD 码或二进制码。图 12.51 所示为典型十进制-BCD 编码器和八进制-二进制编码器的方框图。常见的十进制-BCD 编码器芯片有 CD40147、74HC147 等，常见的八进制-二进制编码器芯片有 CD4532、74HC148、74LS348 等。

(a) 十进制-BCD编码器　　　(b) 八进制-二进制编码器

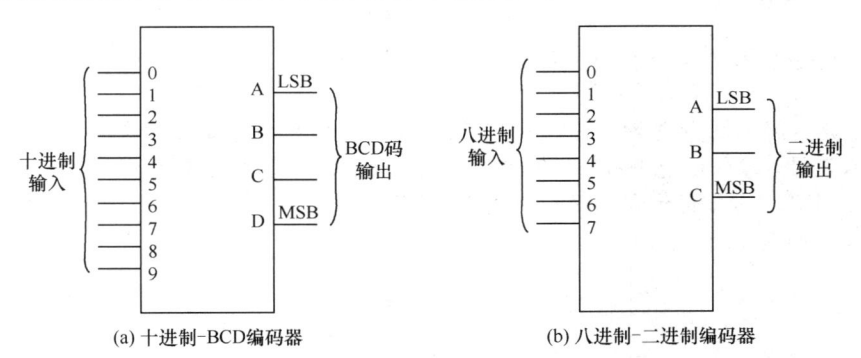

图 12.51　典型十进制-BCD 编码器和八进制-二进制编码器的方框图

（1）十进制-BCD 编码器

将十进制数 0~9 转换成二进制代码的电路，称为十进制-BCD 编码器。根据 $2^n \geqslant m$，可知 $n=4$，所以十进制-BCD 编码器的输出是 4 位 BCD 码。十进制-BCD 编码器是一个 10 线-4 线编码器。用 $DCBA$ 表示十进制数的 4 位 8421BCD 码，因为 10 个被编码信号中每次只能输入一个有效信号（编码器每次只对一个输入信号进行编码），输出函数的逻辑表达式如下：

$$D = Y_8 + Y_9,\ C = Y_4 + Y_5 + Y_6 + Y_7,\ B = Y_2 + Y_3 + Y_6 + Y_7,\ A = Y_1 + Y_3 + Y_5 + Y_7 + Y_9$$

根据上述输出函数表达式，画出逻辑电路图如图 12.52 所示。在图 12.52 中，Y_0 不需要输入，因为当输入 $Y_1 \sim Y_9$ 都是低电平时，BCD 码输出为 0000，对应 Y_0 的 BCD 编码。电路的基本操作如下：当某个十进制输入端为高电平时，在 BCD 输出端上会产生相应的编码输出。例如，若输入 Y_5 为高电平（其他输入端为低电平），则输出 C 和 A 为高电平，D 和 B 为低电平，这就是十进制数 5 的 BCD 码（0101）。但是，若输入 Y_5 和 Y_9 都为高电平（也就是输入端有两个或两个以上的有效电平输入),则从输出端不能获得正确的 BCD 编码。

(2) 优先编码器

上述的十进制-BCD 编码器,在任何时候都只能输入一个有效编码信号,否则将产生错误输出。在数字系统中,特别是在计算机系统中,常常要控制几个工作对象,如计算机主机要控制打印机、磁盘驱动器、键盘等,这就要求编码器能根据事先安排好的优先次序,对优先输入的信号进行编码。这种能根据优先顺序进行编码的电路称为优先编码器。

74LS147 是十进制-BCD 优先编码器,图 12.53 是 74LS147 的引脚图和逻辑符号,$\overline{I_9} \sim \overline{I_1}$ 是 9 个待编码的十进制数,$\overline{I_9}$ 的优先级最高,$\overline{I_1}$ 的优先级最低。$\overline{Y_3} \sim \overline{Y_0}$ 是输出的 4 位 BCD 编码。$\overline{I_9} \sim \overline{I_1}$ 上的"非"符号表示输入端低电平有效,$\overline{Y_3} \sim \overline{Y_0}$ 上的"非"符号表示输出端也是低电平有效,输出是反码形式的 BCD 码。

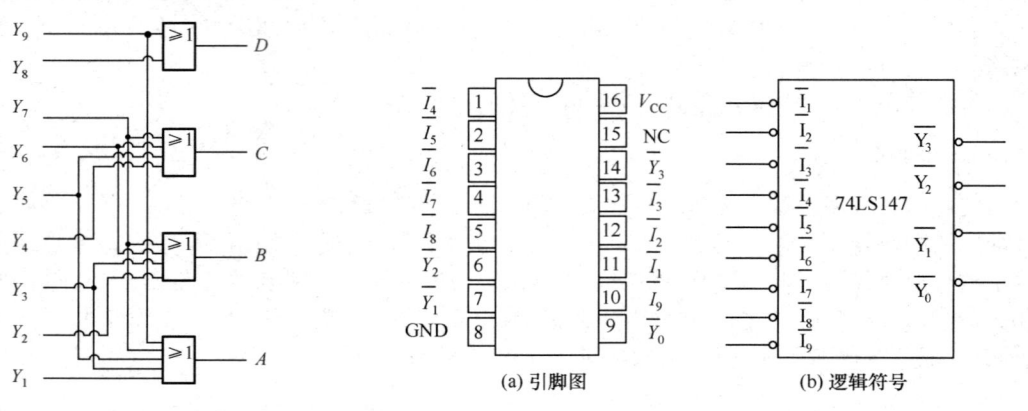

图 12.52 十进制-BCD 编码器的逻辑电路图

图 12.53 74LS147 的引脚图和逻辑符号

74LS148 是 8 线-3 线优先编码器,图 12.54 是 74LS148 的引脚图和逻辑符号,$\overline{I_7} \sim \overline{I_0}$ 是 8 个要编码的输入信号,输入低电平有效。其中 $\overline{I_7}$ 的优先级最高,$\overline{I_0}$ 的优先级最低。$\overline{Y_2} \sim \overline{Y_0}$ 为编码输出端。$\overline{I_7} \sim \overline{I_0}$ 上的"非"符号表示输入端低电平有效,$\overline{Y_2} \sim \overline{Y_0}$ 上的"非"符号表示输出端低电平有效,并以反码形式输出。

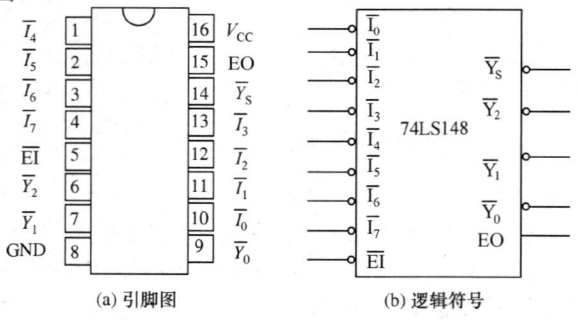

图 12.54 74LS148 的引脚图和逻辑符号

$\overline{EI}$ 为使能输入信号,低电平有效。$\overline{EI}=1$ 时,禁止编码,输出信号 $\overline{Y_2}$,$\overline{Y_1}$,$\overline{Y_0}$,$\overline{Y_S}$ 和 EO 全部输出高电平 1;$\overline{EI}=0$ 时,允许编码。

EO 为扩展输出端。若 EO=1,则表示有输入信号,且有编码输出;若 EO = 0,则表示没有输入信号。EO 主要用于级联和扩展。

$\overline{Y_S}$ 是输出标志端,$\overline{EI}=0$ 且有输入信号时,$\overline{Y_S}=0$,否则 $\overline{Y_S}=1$。

2．译码器

译码是编码的逆过程。译码将编码的原意"翻译"出来，还原成有特定意义的输出信息。译码可将二进制代码翻译成十进制数、字符。实现译码功能的逻辑电路称为译码器（或解码器）。译码器在数字技术中有着广泛的应用，如用来驱动数字显示器的显示译码器、用译码器实现的数据分配器，以及存储器中的地址译码器和控制器中的指令译码器等。

假设译码器有 n 个输入信号和 N 个输出信号，若 $N = 2^n$，则称为全译码器，常见的全译码器有 2 线-4 线译码器、3 线-8 线译码器、4 线-16 线译码器等。若 $N < 2^n$，则称为部分译码器，如 BCD-十进制译码器、显示译码器等。常见的全译码器集成电路芯片有 2 线-4 线译码器 74HC139、3 线-8 线译码器 74HC138、4 线-16 线译码器 74154 等。常见的部分译码器集成电路芯片有 BCD-十进制译码器 74HC42、74HC145 等，显示译码器 74LS47、74LS48、CD4511 和 74HC4543 等。

（1）2 线-4 线译码器

图 12.55 所示为 2 线-4 线译码器的逻辑电路图。图 12.55 中 A_1、A_0 为输入信号，其中 A_1 为高位，A_0 为低位。$\overline{Y_0} \sim \overline{Y_3}$ 为输出信号，$\overline{Y_i}$ 上的"非"符号表示输出端低电平有效。$\overline{E}$ 为使能端（也称选通控制端），$\overline{E}$ 上的"非"符号表示低电平有效。当 $\overline{E} = 0$ 时，允许译码器工作，$\overline{Y_0} \sim \overline{Y_3}$ 中有一个为低电平输出；当 $\overline{E} = 1$ 时，禁止译码器工作，输出 $\overline{Y_0} \sim \overline{Y_3}$ 均为高电平。

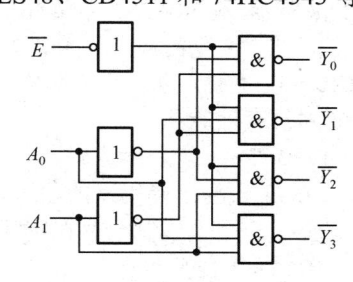

图 12.55　2 线-4 线译码器的逻辑电路图

典型的 2 线-4 线译码器有 74HC139 和 74LS139，两者在逻辑功能上没有区别，只是电性能参数不同。一片 74HC139 译码器集成了两个 2 线-4 线译码器，74HC139 的引脚图和逻辑符号如图 12.56 所示。

（2）3 线-8 线译码器

3 线-8 线的典型芯片为 74HC138，图 12.57 所示为 74HC138 的引脚图和逻辑符号。

该译码器有 3 个输入端，用 $A_2 \sim A_0$ 表示，其中 A_2 为最高位，A_0 为最低位。8 个输出端用 $\overline{Y_0} \sim \overline{Y_7}$ 表示，$\overline{Y_i}$ 上的"非"符号表示输出端低电平有效，输出为低电平时表示译码中。E_3、$\overline{E_2}$ 和 $\overline{E_1}$ 为输入使能端，当 $E_3 = 1$，$\overline{E_2} = \overline{E_1} = 0$ 时，译码器处于工作状态。使能端还可以用来扩展输入变量数（功能扩展）。

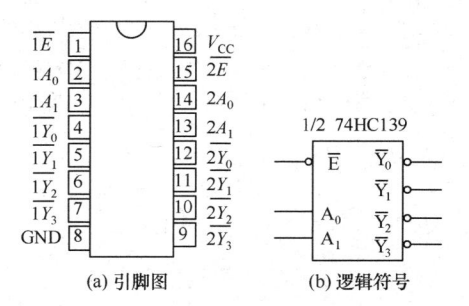

图 12.56　74HC139 的引脚图和逻辑符号

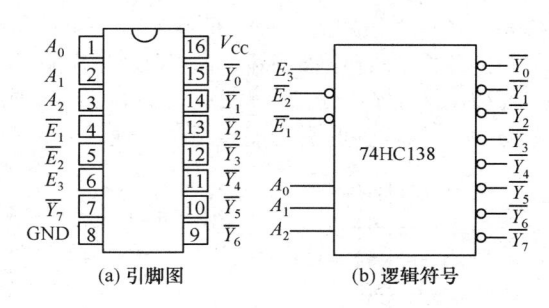

图 12.57　74HC138 的引脚图和逻辑符号

若 $\overline{Q}$、$\overline{Q}\,\overline{E_1} = 0$，则其输出的逻辑表达式为

$$\overline{Y_0} = \overline{\overline{A_2} \cdot \overline{A_1} \cdot \overline{A_0}},\ \overline{Y_1} = \overline{\overline{A_2} \cdot \overline{A_1} \cdot A_0},\ \overline{Y_2} = \overline{\overline{A_2} \cdot A_1 \cdot \overline{A_0}},\ \overline{Y_3} = \overline{\overline{A_2} \cdot A_1 \cdot A_0}$$

$$\overline{Y_4} = \overline{A_2 \cdot \overline{A_1} \cdot \overline{A_0}},\ \overline{Y_5} = \overline{A_2 \cdot \overline{A_1} \cdot A_0},\ \overline{Y_6} = \overline{A_2 \cdot A_1 \cdot \overline{A_0}},\ \overline{Y_7} = \overline{A_2 \cdot A_1 \cdot A_0}$$

若把 A_2、A_1、A_0 视为输入端的三变量，则上述逻辑表达式也可以写成最小项的形式：

$$\overline{Y_0}(A_2, A_1, A_0) = \overline{\overline{A_2} \cdot \overline{A_1} \cdot \overline{A_0}} = \overline{m_0},\ \overline{Y_1}(A_2, A_1, A_0) = \overline{\overline{A_2} \cdot \overline{A_1} \cdot A_0} = \overline{m_1}$$

$$\overline{Y_2}(A_2,A_1,A_0) = \overline{\overline{A_2}\cdot A_1\cdot \overline{A_0}} = \overline{m_2}, \quad \overline{Y_3}(A_2,A_1,A_0) = \overline{\overline{A_2}\cdot A_1\cdot A_0} = \overline{m_3}$$

$$\overline{Y_4}(A_2,A_1,A_0) = \overline{A_2\cdot \overline{A_1}\cdot \overline{A_0}} = \overline{m_4}, \quad \overline{Y_5}(A_2,A_1,A_0) = \overline{A_2\cdot \overline{A_1}\cdot A_0} = \overline{m_5}$$

$$\overline{Y_6}(A_2,A_1,A_0) = \overline{A_2\cdot A_1\cdot \overline{A_0}} = \overline{m_6}, \quad \overline{Y_7}(A_2,A_1,A_0) = \overline{A_2\cdot A_1\cdot A_0} = \overline{m_7}$$

由上述表达式可见，译码器的每个输出函数对应输入变量的一组取值。当使能端为有效电平时，它正好是输入变量最小项的反函数。因此只要控制好输出端，就能实现给定的组合逻辑函数。

（3）BCD-十进制译码器

下面以 74HC42 为例介绍 BCD-十进制译码器。它有 4 个输入端和 10 个输出端，又称 4 线-10 线译码器，是一种部分译码器。其引脚图和逻辑符号如图 12.58 所示，输入端 $A_3 \sim A_0$ 是 BCD 码，输出端 $\overline{Y_0} \sim \overline{Y_9}$ 上的"非"符号表示输出低电平有效，当输入无效码 1010～1111 时，输出全为高电平 1（无效电平）。该译码器没有使能端。

（4）BCD-七段显示译码器

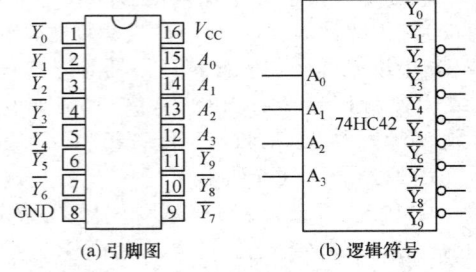

图 12.58 74HC42 的引脚图和逻辑符号

BCD-七段显示译码器的输入端接收 BCD 代码，产生用来驱动七段数字显示器的输出，数字显示器显示一个十进制数。在实际工作中，一般把数字显示器和译码器配合使用，或者说可以直接利用 BCD-七段显示译码器驱动七段数字显示器。因此，把数字量翻译成数字显示器所能识别信号的这类译码器称为显示译码器。

常用的数字显示器有多种类型，按显示方式分，有字形重叠式、点阵式、分段式等。按发光物质分，有 LED 数码管、荧光显示器、液晶显示器、气体放电管显示器等。目前应用最广泛的是由发光二极管构成的 LED 数码管。

● LED 数码管

LED 数码管由若干发光二极管组成，当发光二极管导通时，相应的一点或一段发光，控制不同组合的发光二极管导通，就能显示出各种字符。通常，一个 LED 数码管由 8 个发光二极管组成，其中 7 个发光二极管构成字形"8"的各个笔画（段）$a\sim g$，另一个发光二极管 dp 为小数点。

通常使用的 LED 数码管有共阴极和共阳极两种，如图 12.59 所示。发光二极管的阳极连在一起的（公共端 COM）称为共阳极 LED 数码管；阴极连在一起的（公共端 COM）称为共阴极 LED 数码管。当在某段发光二极管上施加一定的正向电压时，该段笔画亮，不加电压时该段笔画暗。为了保护各段 LED 不被损坏，需外加限流电阻。以共阴极 LED 数码管为例，公共阴极 COM 接地，若向各控制端 $a,b,\cdots,g,\mathrm{dp}$ 顺次送入 11100001 逻辑信号，则该 LED 数码管显示"7."字形。图 12.60 所示为 LED 数码管的引脚配置图（顶视图）。

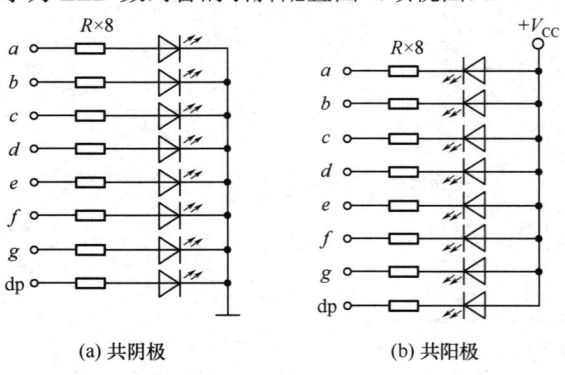

图 12.59 LED 数码管

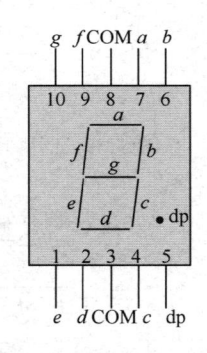

图 12.60 LED 数码管的引脚配置图（顶视图）

● BCD-七段显示译码器 74LS48

BCD-七段显示译码器 74LS48 是一种与共阴极 LED 数码管配合使用的集成译码器,它的功能是将输入的 4 位二进制代码转换成 LED 数码管所需要的七个段信号 $a \sim g$,但不控制小数点。图 12.61 为它的引脚图和逻辑符号。其中,$A_3 A_2 A_1 A_0$ 为译码器的译码输入端,其中 A_3 为 BCD 码的最高位,A_0 为 BCD 码的最低位。$a \sim g$ 为译码输出端,所有的输出端高电平有效。另外,3 个控制端也是低电平输入有效,其中 $\overline{LT}$ 为灯测试输入端、$\overline{RBI}$ 为灭零输入端、$\overline{BI}/\overline{RBO}$ 为灭灯输入端和灭零输出端。下面结合功能表介绍 74LS48 的工作情况及其控制信号的作用。

① 译码显示功能。当 $\overline{LT}=1, \overline{BI}/\overline{RBO}=1$ 时,就可对译码输入为十进制数 1~15 的 BCD 码(0001~1111)进行译码,产生显示器显示 1~15 所需的七段显示码(10~15 用特殊符号显示)。

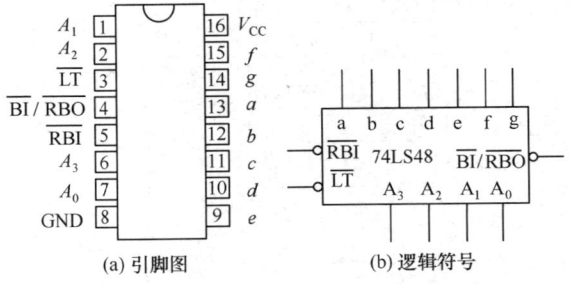

图 12.61 74LS48 的引脚图和逻辑符号

② 灯测试功能。当 $\overline{LT}=0, \overline{BI}/\overline{RBO}=1$ 时,七段显示器的每段都被点亮。灯测试用来检测是否有发光段被烧坏。

③ 灭零功能。当 $\overline{LT}=1, \overline{RBI}=1$ 且输入端 $A_3 A_2 A_1 A_0=0000$ 时,七段数码管显示数字 0;当 $\overline{LT}=1, \overline{RBI}=0$ 且输入端 $A_3 A_2 A_1 A_0=0000$ 时,输出 $a \sim g$ 均为逻辑 0,七段均熄灭,不显示数字 0,故称"灭零"。灭零用于取消多位数中不必要 0 的显示。

④ 灭灯输入端和灭零输出端 $\overline{BI}/\overline{RBO}$。$\overline{BI}/\overline{RBO}$ 可作为输入端,也可作为输出端。作为输入端使用,且 $\overline{BI}/\overline{RBO}=0$ 时,不管其他输入端为何值,$a \sim g$ 均输出逻辑 0,显示器全灭。$\overline{BI}/\overline{RBO}$ 作为输出端使用时,受控于 $\overline{LT}$ 和 $\overline{RBI}$。当 $\overline{LT}=1$ 且 $\overline{RBI}=0$,输入为 0 的 BCD 码 0000 时,$\overline{BI}/\overline{RBO}=0$,用以指示该片正处于灭零状态。$\overline{BI}/\overline{RBO}$ 和 $\overline{RBI}$ 引脚配合,用于级联灭零控制。

图 12.62(a)给出了一个整数的头部灭零逻辑电路图。当显示译码器的 BCD 输入为 0 时,最高有效位(最左边)的输出 0 总是被熄灭,因为最高有效位译码器的 $\overline{RBI}$ 接地为低电平。每个显示译码器的 $\overline{BI}/\overline{RBO}$ 作为输出端接低一级显示译码器的 $\overline{RBI}$,这样从第一个非零数字开始,左边的零全部熄灭。例如,图 12.62(a)中两个最高位的数字是零,因此全部熄灭。剩下的两个数字 2 和 5 显示在七段数码管上。

图 12.62(b)给出了一个小数的尾部灭零逻辑电路图。当显示译码器的 BCD 输入为 0 时,最低有效位(最右边)的输出 0 总是被熄灭,因为最低有效位译码器的 $\overline{RBI}$ 接地为低电平。每个显示译码器的 $\overline{BI}/\overline{RBO}$ 作为输出端接高一级显示译码器的 $\overline{RBI}$,这样从第一个非零数字开始,右边的零全部熄灭。例如,图 12.62(b)中两个最低位的数字是零,因此全部熄灭。剩下的两个数字 3 和 9 显示在七段数码管上。为了在同一显示器上使头部和尾部灭零合在一起,以及能够显示十进制的小数点,还需要附加一些逻辑功能。

3. 数据选择器

数据选择器又称多路复用器,它的功能是把多路数据中的某路数据传送到公共数据线上。数据选择器由多条数据输入线和一条输出线以及数据选择输入线构成,数据选择输入线用于把输入线中任何一条线上的数据和输出线连通。

(1)4 选 1 数据选择器

4 选 1 数据选择器的功能表如表 12.10 所示。表中 D_3、D_2、D_1、D_0 为数据输入,D_3 为最高位,D_0 为最低位。A_1、A_0 为地址选择信号,A_1 为高位,A_0 为低位。$\overline{E}$ 为低电平有效的输入使能信号,Y 为数据输出信号。由功能表可见,根据地址选择信号的不同,可选择对应的一路输入数据输出。例如，当地址选择信号 $A_1A_0 = 10$ 时，$Y = D_2$，将 D_2 送到输出端（$D_2 = 0$，$Y = 0$；$D_2 = 1$，$Y = 1$）。

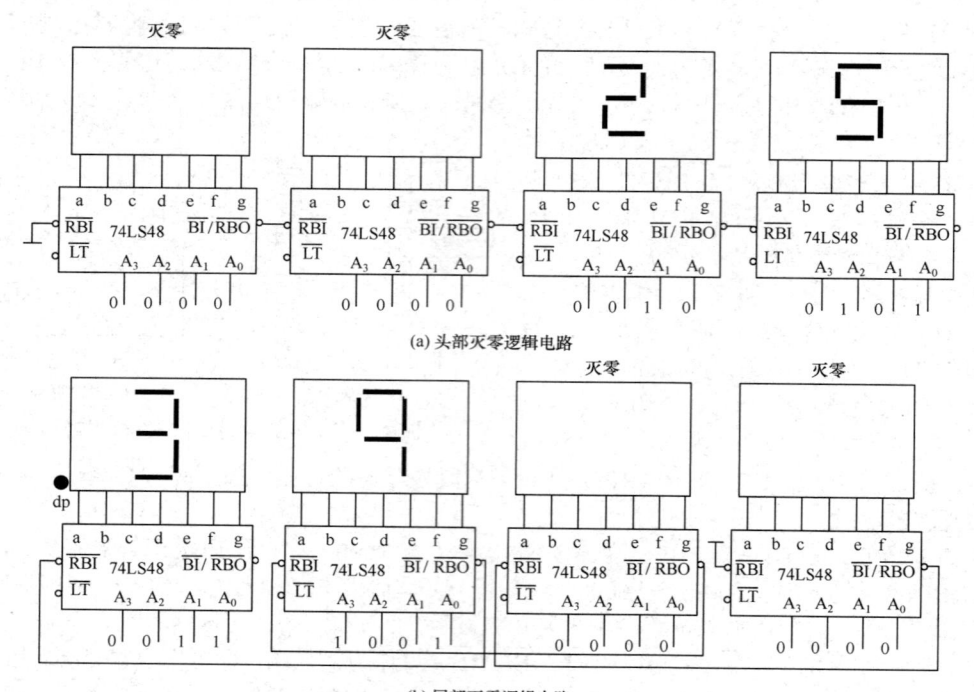

图 12.62 有灭零控制的数码显示系统

根据功能表，当使能端 $\overline{E} = 0$ 时，输出逻辑表达式可以写为

$$Y = \overline{A_1}\,\overline{A_0}D_0 + \overline{A_1}A_0D_1 + A_1\overline{A_0}D_2 + A_1A_0D_3 = \sum_{i=0}^{3} m_iD_i$$

式中，m_i 是地址变量 A_1、A_0 所对应的最小项，称为地址最小项。

由逻辑表达式画出逻辑电路图，结果如图 12.63 所示。

（2）数据选择器 74HC151

74HC151 是 8 选 1 数据选择器，其引脚图和逻辑符号如图 12.64 所示。其中，$D_7 \sim D_0$ 为数据输入信号，D_7 为最高位，D_0 为最低位。S_2、S_1、S_0 为地址选择信号，S_2 为最高位，S_0 为最低位。$\overline{E}$ 为低电平有效的使能端，Y 和 $\overline{Y}$ 为互补的数据输出端。

表 12.10 4 选 1 数据选择器的功能表

输入						输出
$\overline{E}$	A_1	A_0	D_3	D_2	D_1	D_0	Y
1	×	×	×	×	×	×	0
0	0	0	×	×	×	0	0
0	0	0	×	×	×	1	1
0	0	1	×	×	0	×	0
0	0	1	×	×	1	×	1
0	1	0	×	0	×	×	0
0	1	0	×	1	×	×	1
0	1	1	0	×	×	×	0
0	1	1	1	×	×	×	1

当使能端 $\overline{E} = 0$ 时，输出逻辑表达式可以写为 $Y = \sum_{i=0}^{7} m_iD_i$，其中 m_i 是地址变量 S_2、S_1、S_0 所对应的最小项。根据最小项的性质，当 $m_2 = 1$，其余最小项为 0 时，$Y = D_2$，即将 D_2 的数据传送到输出端。

（3）数据选择器的功能扩展

若将 74HC151 扩展为 16 选 1 数据选择器，则需要由两片 74HC151 和三个门电路构成，其连接图如图 12.65 所示。将低位片 74HC151(0)的使能端 $\overline{E}$ 经过一个非门与高位片 74HC151（1）的使能端 $\overline{E}$ 相连，作为最高位的地址选择信号 D。若 $D = 0$，则 74HC151(0)工作，根据 CBA 从 $D_7 \sim D_0$

中选择一路输出；若 $D=1$，则 74HC151（1）工作，根据 CBA 从 $D_{15} \sim D_8$ 中选择一路输出。

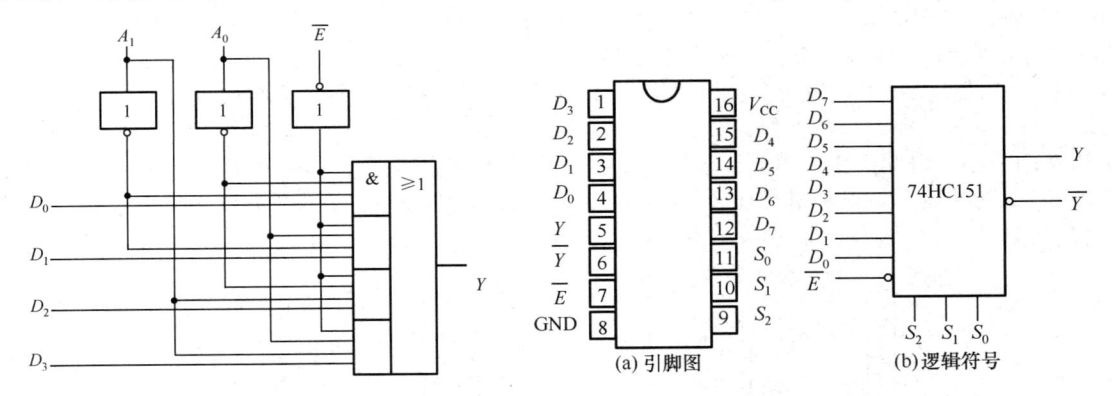

图 12.63　4 选 1 数据选择器的逻辑电路图

图 12.64　74HC151 的引脚图和逻辑符号

4．数值比较器

在各种数字系统中，经常需要比较两个数的大小或比较是否相等。数值比较器具有判决两个二进制数大小的逻辑功能。

（1）1 位数值比较器

两个 1 位数的大小比较，输出结果有三种情况：$A>B$，$A<B$，$A=B$，所以这个比较器应当有两个输入信号（A 和 B），三个输出端。若以 $Z_1=1$ 表示 $A>B$，$Z_2=1$ 表示 $A<B$，$Z_3=1$ 表示 $A=B$，则可列出真值表。

通过真值表可写出三个输出逻辑表达式：

$$Z_1 = A\overline{B}, \quad Z_2 = \overline{A}B, \quad Z_3 = \overline{A}\,\overline{B} + AB = \overline{\overline{A}B + A\overline{B}}$$

其逻辑电路如图 12.66 所示。

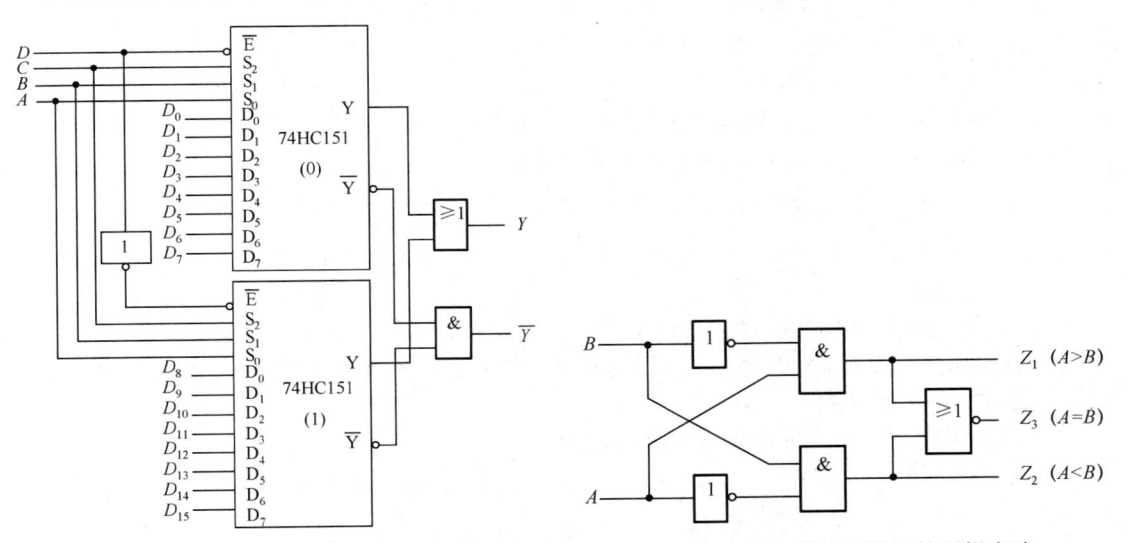

图 12.65　用两片 74HC151 构成 16 选 1 数据选择器

图 12.66　1 位数值比较器的逻辑电路

（2）集成 4 位数值比较器 74LS85

多位二进制数进行比较时，先从高位比较，若高位能比较出数值大小，则比较结束，输出结果；若高位数值相等，则依次比较低位数值，直至比较出结果为止，并输出结果。

· 595 ·

以 4 位比较器 74LS85 为例，图 12.67 所示为其引脚图和逻辑符号，输入信号包括 $A_3 \sim A_0$、$B_3 \sim B_0$ 及扩展输入信号 $I_{A>B}$、$I_{A<B}$ 和 $I_{A=B}$，输出端为 $F_{A>B}$、$F_{A<B}$ 和 $F_{A=B}$。扩展输入端与其他数值比较器的输出端连接，可组成位数更多的数值比较器。

由功能表可以看出，当两个 4 位二进制数进行比较时，首先比较最高位 A_3 和 B_3，若 $A_3 > B_3$，则结果为 $A > B$；若 $A_3 < B_3$，则结果为 $A < B$；若 $A_3 = B_3$，则需要通过比较下一位 A_2 和 B_2 来判断 A 和 B 的大小。以此类推，得到比较结果。若两数的各数值均相等，输出则决定于扩展输入端的状态。若仅对 4 位二进制数进行比较，则应对 $I_{A>B}$、$I_{A<B}$ 和 $I_{A=B}$ 进行适当的赋值，即 $I_{A>B} = I_{A<B} = 0$ 和 $I_{A=B} = 1$。

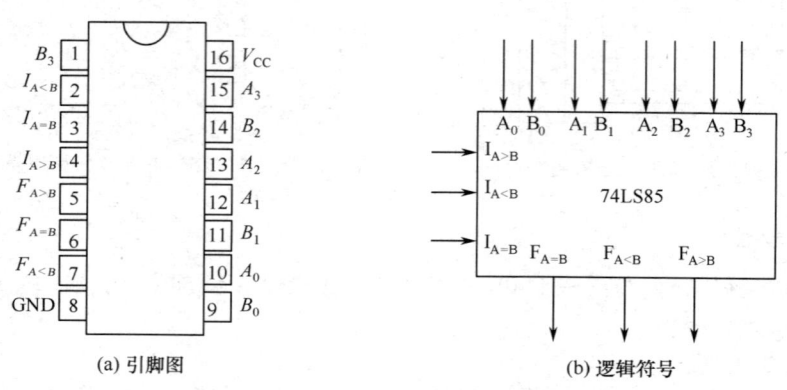

图 12.67 74LS85 的引脚图和逻辑符号

5. 加法器

在数字计算机中，两个二进制数之间的算术运算，无论加、减、乘、除，都由若干加法运算来完成，加法器是构成运算器的基本单元。

（1）1 位半加器

只考虑两个 1 位二进制数的相加，而不考虑来自低位进位数的运算电路，称为 1 位半加器。根据两个 1 位二进制数 A 和 B 相加的运算规律可以得到半加器真值表，如表 12.11 所示。表中 A 和 B 分别表示加数和被加数，S 表示半加器的和，C 表示进位。

由真值表可得和 S 与进位 C 的逻辑表达式分别为

$$S = \overline{A}B + A\overline{B} = A \oplus B, \quad C = AB$$

表 12.11 1 位半加器真值表

输	入	输	出
A	B	S	C
0	0	0	0
0	1	1	0
1	0	1	0
1	1	0	1

可见，半加器可由一个异或门和一个与门组成，图 12.68 是 1 位半加器的逻辑电路图和逻辑符号。

（2）1 位全加器

全加器是指两个多位二进制数相加时，第 i 位的被加数 A_i 和加数 B_i 以及来自相邻低位的进位数 C_{i-1} 三者相加，其结果是和 S_i 及向相邻高位的进位数 C_i。这种实现全加运算的电路称为全加器。表 12.12 是全加器的真值表。

由真值表可得和 S_i 和进位 C_i 的逻辑表达式为

$$S_i = \overline{A_i}\overline{B_i}C_{i-1} + \overline{A_i}B_i\overline{C_{i-1}} + A_i\overline{B_i}\overline{C_{i-1}} + A_iB_iC_{i-1} = (\overline{A_i}B_i + A_i\overline{B_i})\overline{C_{i-1}} + (\overline{A_i}\overline{B_i} + A_iB_i)C_{i-1}$$
$$= (A_i \oplus B_i)\overline{C_{i-1}} + \overline{(A_i \oplus B_i)}C_{i-1} = A_i \oplus B_i \oplus C_{i-1}$$
$$C_i = \overline{A_i}B_iC_{i-1} + A_i\overline{B_i}C_{i-1} + A_iB_i\overline{C_{i-1}} + A_iB_iC_{i-1} = (\overline{A_i}B_i + A_i\overline{B_i})C_{i-1} + A_iB_i(\overline{C_{i-1}} + C_{i-1})$$
$$= (A_i \oplus B_i)C_{i-1} + A_iB_i$$

图 12.69 是全加器的逻辑电路图和逻辑符号。

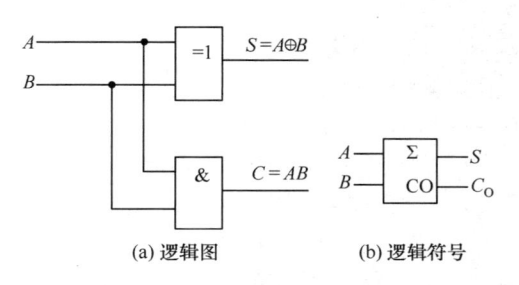

图 12.68 1 位半加器的逻辑电路图和逻辑符号

表 1212　全加器真值表

输入			输出	
A_i	B_i	C_{i-1}	S_i	C_i
0	0	0	0	0
0	0	1	1	0
0	1	0	1	0
0	1	1	0	1
1	0	0	1	0
1	0	1	0	1
1	1	0	0	1
1	1	1	1	1

（3）串行进位加法器

要进行多位数相加，最简单的方法是将多个全加器级联，称为串行进位加法器。图 12.70 所示是 4 位串行进位加法器。两个 4 位相加数 $A_3A_2A_1A_0$ 和 $B_3B_2B_1B_0$ 的每位同时送到相应全加器的输入端，进位信号则串行传送。全加器的个数等于相加数的位数。最低位全加器的 C_{i-1} 端应接逻辑 0。

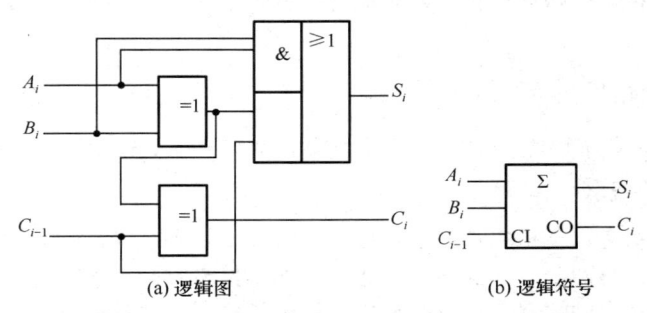

图 12.69　全加器的逻辑电路图和逻辑符号

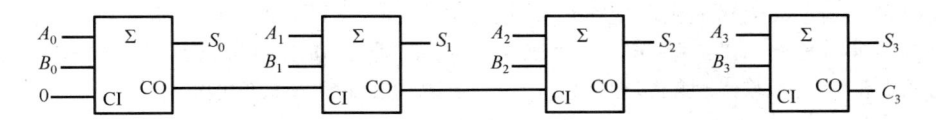

图 12.70　4 位串行进位加法器

进位信号是串行传递的，因此图 12.70 中最后一位的进位输出 C_3 要经过 4 个全加器传递之后才能形成。可见，串行进位加法器虽然电路比较简单，但是速度比较慢。

（4）集成 4 位超前进位加法器 74HC283

为了提高速度，人们设计了一种超前进位加法器。超前进位是指在加法运算过程中，各级进位信号同时送到各位全加器的进位输入端。下面先介绍超前进位的原理。

全加器的和 S_i 及进位 C_i 的逻辑表达式为

$$S_i = A_i \oplus B_i \oplus C_{i-1}, \quad C_i = (A_i \oplus B_i)C_{i-1} + A_iB_i$$

定义中间变量 $G_i = A_iB_i$，$P_i = A_i \oplus B_i$：

当 $A_i = B_i = 1$ 时，有 $A_iB_i = 1$，得 $C_i = 1$，即产生进位，因此 G_i 称为产生变量。

当 $A_i \oplus B_i = 1$ 时，有 $A_iB_i = 0$，得 $C_i = C_{i-1}$，即低位的进位信号能传送到高位的进位输出端，因此 P_i 称为传输变量。G_i 和 P_i 都只与被加数 A_i 和加数 B_i 有关，而与进位信号无关。将 G_i 和 P_i 代入得

· 597 ·

$$S_i = P_i \oplus C_{i-1}, \qquad C_i = G_i + P_i C_{i-1}$$

通过迭代运算给出进位信号的逻辑表达式如下：

$$C_0 = G_0 + P_0 C_{-1}, \quad C_1 = G_1 + P_1 C_0 = G_1 + P_1 G_0 + P_1 P_0 C_{-1}$$
$$C_2 = G_2 + P_2 C_1 = G_2 + P_2 G_1 + P_2 P_1 G_0 + P_2 P_1 P_0 C_{-1}$$
$$C_3 = G_3 + P_3 C_2 = G_3 + P_3 G_2 + P_3 P_2 G_1 + P_3 P_2 P_1 G_0 + P_3 P_2 P_1 P_0 C_{-1}$$

可以看出各位的进位信号只与 G_i、P_i 和 C_{-1} 有关，而 C_{-1} 是最低位的进位输入信号，其值为 0，所以各位的进位信号都只与两个加数有关，且并行产生，从而实现超前进位。

（5）加法器的扩展

当运算位数较多时，可将多片 4 位加法器级联起来，扩展运算的位数。尽管它们之间的进位也是串行传输的，但比完全采用单个全加器串行相连的运算要快得多。为了提高工作速度，片与片之间也可采用超前进位方式。

12.5 锁存器和触发器

一般来说，数字系统中除需要具有逻辑运算和算术运算的组合电路外，还需要具有存储功能的电路，组合电路与存储电路相结合可以构成时序逻辑电路，简称时序电路。本节讨论最简单的时序电路——锁存器和触发器。

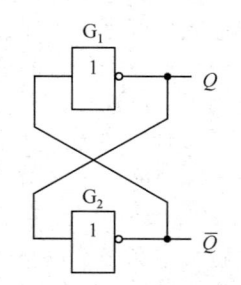

12.5.1 双稳态存储单元电路

双稳态存储单元电路具有维持两个不同的稳定状态的能力，从而具有存储 1 位二进制数的功能。

1. 电路双稳态的概念

所谓电路的稳定状态，是指电路可以长期稳定在某个状态，只在一定的外部信号作用下才发生状态的转换。电路具有两个不同的稳定状态时，如不掉电时，输出保持为高电平，这是电路的稳定状态之一；在不掉电的情况下，电路输出保持为低电平，这是电路的稳定状态之二。在一定的外部信号作用下，电路输出状态可以由低电平转变为高电平，也可以由高电平转变为低电平。

在正逻辑体制下，电路输出高电平可以用来表示"数字 1"，也可以用来表示"逻辑 1"，电路输出低电平可以用来表示"数字 0"，也可以用来表示"逻辑 0"。这样，具有双稳态的电路就能够存储或记忆 1 位二进制数，也能够存储或记忆一个逻辑变量的两种取值。

2. 双稳态存储单元电路

（1）电路结构

如图 12.71 所示，两个非门 G_1 和 G_2 首尾交叉连接，构成了最基本的双稳态存储单元电路。不妨假设非门 G_1 的输出信号为 Q，非门 G_2 的输出信号为 $\overline{Q}$，下面分析该电路的逻辑状态。

（2）电路逻辑状态分析

由非门的逻辑关系可知，若 $Q=0$ 被送到非门 G_2 的输入端，由于非门 G_2 的作用，则有 $\overline{Q}=1$，$\overline{Q}$ 再反馈到非门 G_1 的输入端，又保证了 $Q=0$。由于两个非门首尾相接的逻辑锁定，该电路能自行保持在 $Q=0$，$\overline{Q}=1$ 的状态，从而形成了第一种稳定状态。同理，若 $Q=1$，则电路能自行保持在 $Q=1$，$\overline{Q}=0$ 的状态，从而形成了第二种稳定状态。在两种稳定状态下，输出信号 Q 和 $\overline{Q}$ 总是互补的。

图 12.71 双稳态存储单元电路

该电路只存在这两个可以长期保持的稳定状态，因此称为双稳态存储单元电路，简称双稳态电路。可以定义 $Q=0$ 时电路的 0 状态，$Q=1$ 时为电路的 1 状态。电路接通电源后，可能随机进入其中的某

· 598 ·

种状态，并能长期保持不变，因此该电路具有存储或记忆 1 位二进制数的能力。但是，因为没有控制信号输入，所以无法确定该电路上电时究竟进入哪种状态，也无法在运行过程中改变它的状态。

12.5.2 锁存器

锁存器和触发器的共同特点是都具有 0 和 1 两种稳定状态，能够存储或记忆 1 位二进制数，是构成时序电路的存储单元电路。在一定的外部信号作用下，锁存器和触发器可以由一种稳定状态转换到另一种稳定状态。

锁存器是一种对脉冲电平敏感的存储单元电路，它可在特定输入脉冲电平（高电平或低电平）的作用下，改变电路的状态。由不同锁存器构成的触发器则是一种对脉冲边沿敏感的存储单元电路，它只在称为触发信号脉冲边沿（上升沿或下降沿）到来的瞬间，才改变电路的状态。

1. RS 锁存器

RS 锁存器有基本 RS 锁存器和同步 RS 锁存器两种，它们既可由与非门组成，又可由或非门组成。下面主要讨论由与非门组成的 RS 锁存器。

（1）基本 RS 锁存器

● 电路结构

由与非门组成的基本 RS 锁存器的逻辑电路图如图 12.72(a)所示，逻辑符号如图 12.72(b)所示。该基本 RS 锁存器由两个与非门的输入端/输出端交叉连接而成，电路有两个输入信号 R 和 S，两个输出信号 Q（$=\overline{S\overline{Q}}$）,$\overline{Q}$（$=\overline{RQ}$）。一般情况下，$Q$ 和 $\overline{Q}$ 是互补的，当 $Q=1$ 时 $\overline{Q}=0$，称为锁存器的 1 状态；当 $Q=0$ 时 $\overline{Q}=1$，称为锁存器的 0 状态。

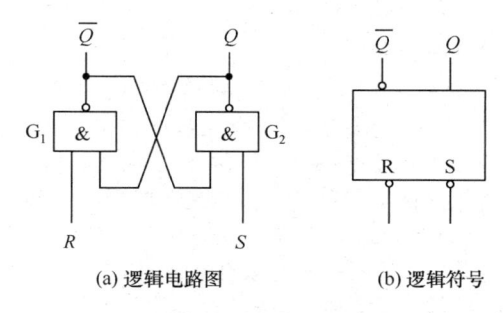

图 12.72 基本 RS 锁存器的逻辑电路图和逻辑符号

● 逻辑功能

①当 $R=1,S=0$ 时，称锁存器被置 1（置位）。由 $S=0$ 得 $Q=1$。再由 $R=1$ 和 $Q=1$ 导出 $\overline{Q}=0$。由于 $\overline{Q}$ 接回到与非门 G_2 的一个输入端，S 由低电平变为高电平后，锁存器仍能维持 1 状态。因为使锁存器为 1 状态的关键信号是 $S=0$，所以 S 称为置 1 输入端，也称置位端，并且是低电平有效，可以认为 S 是 Set 的缩写。

②当 $R=0,S=1$ 时，称锁存器被置 0（清 0、复位）。由 $R=0$ 得 $\overline{Q}=1$。再由 $S=1$，$\overline{Q}=1$ 导出 $Q=0$。由于 Q 端接回到与非门 G_1 的一个输入端，R 由低电平变为高电平后，锁存器仍能维持 0 状态。因为使锁存器为 0 状态的关键信号是 $R=0$，所以 R 称为置 0 输入端，也称复位端或清 0 端，并且是低电平有效，可以认为 R 是 Reset 的缩写。

③当 $R=S=1$ 时，电路状态保持原态不变。不妨假设锁存器的原态为 $Q=0,\overline{Q}=1$，因为 $Q=0$ 通过与非门 G_1 的作用，将使得 $\overline{Q}=1$，而 $\overline{Q}=1$ 且 $S=1$ 通过与非门 G_2 的作用，又能维持 $Q=0$，所以锁存器将维持原态不变；同理，若假设锁存器的原态为 $Q=1,\overline{Q}=0$，则也能维持原态不变。这体现了锁存器的记忆功能。

④当 $R=S=0$ 时，$Q=\overline{Q}=1$，破坏了两个输出信号电平互补的原则。R 和 S 同时由低电平 0 变为高电平 1 后，两个与非门的延时存在差别，使得锁存器的输出状态不能确定，可能是 1 状态，也可能是 0 状态，这种情况是不允许的。因此，在正常使用锁存器时，应遵守 $R+S=1$ 的约束条件，即避免同时加入 $R=0,S=0$ 的输入信号。

综上所述，由与非门组成的基本 RS 锁存器的功能表如表 12.13 所示。

表 12.13 基本 RS 锁存器的功能表

R	S	Q	$\overline{Q}$	锁存器状态
0	0	1	1	不确定
0	1	0	1	置 0（复位）
1	0	1	0	置 1（置位）
1	1	不变	不变	保持原态

2. D锁存器

D锁存器的电路结构有逻辑门控制的和传输门控制的两种，下面介绍逻辑门控制的D锁存器。

（1）电路结构

消除同步RS锁存器输出状态不确定的最简单的方法，是在图12.73(a)所示的电路中增加一个非门G_5，从而保证满足约束条件"输入信号R、S不同时为1"，D锁存器的逻辑电路图如图12.73(a)所示，它只有两个输入端：数据输入端D和使能输入端E。D锁存器的逻辑符号如图12.73(b)所示，C1和1D二者是相关联的，表示C1控制着输入信号1D。

（2）逻辑功能

当$E=0$时，与非门G_3和G_4的输出都为1，G_3和G_4被封锁。这时，由与非门G_1和G_2构成的基本RS锁存器处于保持状态，无论输入信号D如何变化，输出信号Q和$\overline{Q}$均保持不变。需要更新状态时，可将使能信号E变为1，电路将根据此时输入信号D的取值，将锁存器置为新的状态：若$D=0$，则无论基本RS锁存器的原态如何，都将使$Q=0$，$\overline{Q}=1$，电路被置为0状态；同理，若$D=1$，则无论基本RS锁存器的原态如何，电路都将被置为1状态。若输入信号D在$E=1$时发生变化，则电路的输出信号Q将跟随D而变化。但是，E由1跳变为0后，电路将锁存E跳变前瞬间D的逻辑值，可以暂时存储1位二进制数据。

图12.73 D锁存器的逻辑电路图和逻辑符号

12.5.3 触发器的电路结构

由前述可知，D锁存器在锁存使能信号LE=1期间，输出信号Q会随输入信号D的变化而变化，并且可以维持两种稳态。也就是说，锁存器是一种对脉冲电平敏感的存储单元电路，D锁存器在锁存使能信号LE=1期间，可能多次改变电路的状态，这种特性会使得时序电路的某些功能不能实现。这种在时钟脉冲边沿作用下的状态刷新称为触发，具有这种特性的存储单元电路称为触发器。不同电路结构的触发器对时钟脉冲的敏感边沿可能不同，有上升沿触发的和下降沿触发的两种。

目前，实际使用的触发器主要有三种电路结构：主从触发器、维持阻塞触发器、利用传输延时的触发器。下面介绍前两种电路结构的触发器。

1. 主从触发器

（1）主从RS触发器

主从RS触发器的逻辑电路图如图12.74(a)所示。由逻辑电路图可见，它由两级同步RS锁存器构成。$G_5 \sim G_8$组成主锁存器，直接接收输入信号R和S，$G_1 \sim G_4$组成从锁存器，接收主锁存器的输出信号。G_9的作用是将CP脉冲反相，形成与CP互补的脉冲CP'，使两级锁存器分别工作在两个不同的时间区域内，从而有效地克服多次翻转的问题。

图12.74(b)所示为其逻辑符号，逻辑符号方框

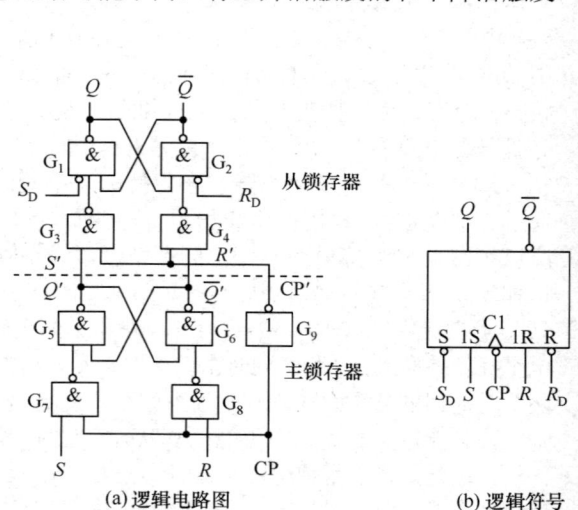

图12.74 主从RS触发器的逻辑电路图和逻辑符号

内侧的"^"符号表示触发器对 CP 信号的脉冲边沿敏感，CP 输入端的小圆圈表示该主从 RS 触发器对时钟信号 CP 的下降沿敏感；C1 与 1R、1S 相关联，C1 控制着输入信号 1R 和 1S。

（2）主从 D 触发器

主从 D 触发器的逻辑电路图如图 12.75(a)所示，它由两个基于传输门的 D 锁存器级联而成。主锁存器和从锁存器的逻辑电路相同，但主锁存器的锁存使能信号正好与从锁存器的反相，利用两个锁存器的交互锁存可以实现存储数据与输入信号之间的隔离。

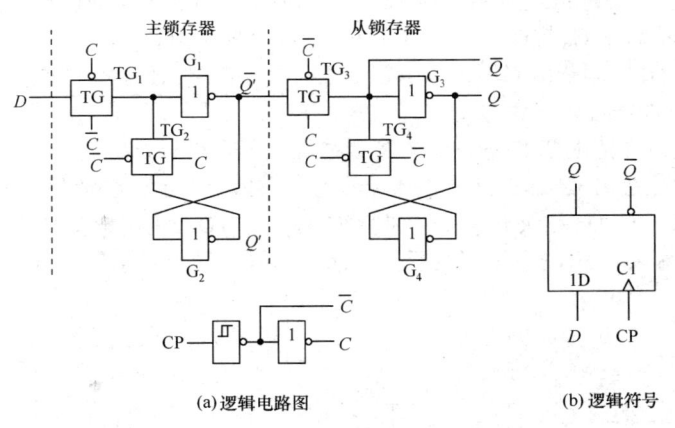

图 12.75 主从 D 触发器的逻辑电路图和逻辑符号

图 12.75(b)所示为主从 D 触发器的逻辑符号，逻辑符号方框内侧的"^"符号表示触发器对时钟信号 CP 的脉冲边沿敏感，CP 输入端无小圆圈，表示该主从 D 触发器对时钟信号 CP 的上升沿敏感；C1 与 1D 相关联，C1 控制着输入信号 1D。

（3）主从 JK 触发器

主从 JK 触发器的逻辑电路图如图 12.76(a)所示，它是在主从 RS 触发器的基础上增加两根反馈线构成的，一根从 Q 端引回到 G_8 的输入端，一根从 $\overline{Q}$ 端引回到 G_7 的输入端，原来的 S 端改为 J 端，原来的 R 端改为 K 端。从电路结构上看，主从 JK 触发器由两个同步 RS 锁存器级联而成，主锁存器和从锁存器的逻辑电路相同，但主锁存器的锁存使能信号正好与从锁存器的反相，利用两个锁存器的交互锁存可以实现存储数据与输入信号之间的隔离。

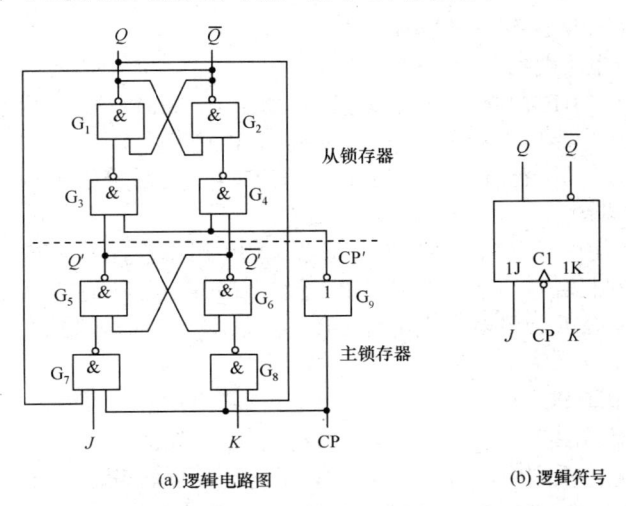

图 12.76 主从 JK 触发器的逻辑电路图和逻辑符号

图 12.76(b)所示为主从 JK 触发器的逻辑符号，逻辑符号方框内侧的^符号表示触发器对 CP 时钟信号的脉冲边沿敏感，CP 输入端的小圆圈表示该主从 JK 触发器对时钟信号 CP 的下降沿敏感；C1 与 1J、1K 相关联，C1 控制着输入信号 1J 和 1K。

2．维持阻塞 D 触发器

（1）维持阻塞 D 触发器的电路结构

维持阻塞 D 触发器的逻辑电路图如图 12.77(a)所示，它由 3 个与非门构成的基本 RS 锁存器组成，其中由 G_3、G_5 和 G_4、G_6 构成的两个基本 RS 锁存器响应外部输入信号 D 和时钟信号 CP，它们的输出信号 Q_3 和 Q_4 控制着由 G_1、G_2 构成的第三个基本 RS 锁存器的状态，即整个触发器的状态。电路中的 3 根反馈线分别用序号①、②、③标识。

图 12.77(b)所示为维持阻塞 D 触发器的逻辑符号，逻辑符号方框内侧的"^"符号表示触发器对 CP 时钟信号的脉冲边沿敏感，在 CP 输入端没有小圆圈，表示该维持阻塞 D 触发器对时钟信号 CP 的上升沿敏感；C1 与 1D 相关联，C1 控制着输入信号 1D；在逻辑符号方框外侧，异步清 0 输入端 R_D、异步置 1 输入端 S_D 的小圆圈表示异步清 0 信号、异步置 1 信号低电平有效。

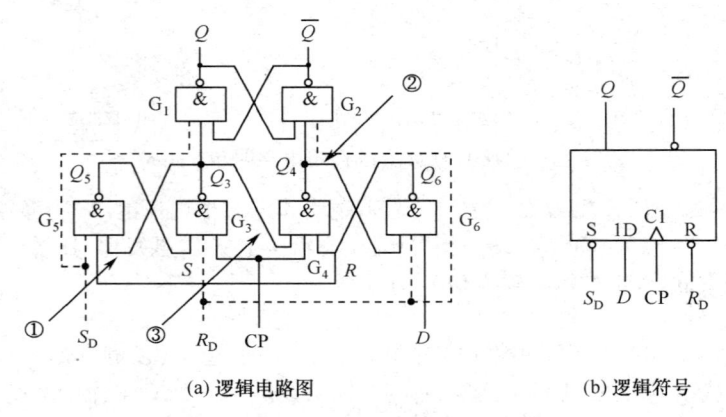

(a) 逻辑电路图　　　　　　　(b) 逻辑符号

图 12.77　维持阻塞 D 触发器的逻辑电路图和逻辑符号

3．双 D 触发器 74HC74 介绍

数字系统中经常使用双 D 触发器 74HC74。

（1）芯片内部逻辑电路图

CMOS 双 D 触发器 74HC74 的内部逻辑电路图如图 12.78(a)所示，其内部包含两个基于传输门的主从 D 触发器，增加了低电平有效的异步置 0 端 $\overline{R}_D$ 和异步置 1 端 $\overline{S}_D$。注意，在图 12.78(a)中，逻辑门符号采用的是欧美国际符号。双 D 触发器 74HC74 的逻辑符号如图 12.78(b)所示。

（2）74HC74 的引脚图

从应用的角度看，使用者仅在知道集成电路芯片的引脚图后，才能够真正使用它。双 D 触发器 74HC74 的引脚图如图 12.79 所示。74HC74 一般有双列直插式封装形式和贴片式封装形式，双列直插式封装如图 12.80(a)所示，封装名称为 DIP-14；贴片式封装如图 12.80(b)所示，封装名称为 SOIC-14。

（3）74HC74 的逻辑功能

CMOS 双 D 触发器 74HC74 是在时钟信号 CP 上升沿触发的。

在 TTL 数字集成电路系列中，74LS74 和 74F74 也是双 D 触发器。74LS74 和 74F74 的逻辑功能、逻辑符号、引脚图与 CMOS 双 D 触发器 74HC74 的完全相同。74F 系列数字集成电路是高速 TTL 数字集成电路，目前 74HC74 已经基本取代了 74LS74。

(a) 内部逻辑电路图　　　　　　　　　　　　　(b) 逻辑符号

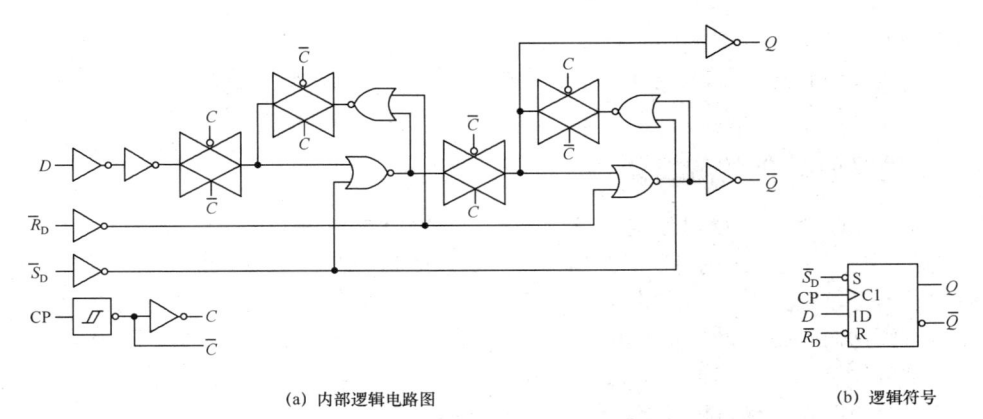

图 12.78　双 D 触发器 74HC74 的内部逻辑电路图和逻辑符号

(a) DIP-14封装　　(b) SOIC-14封装

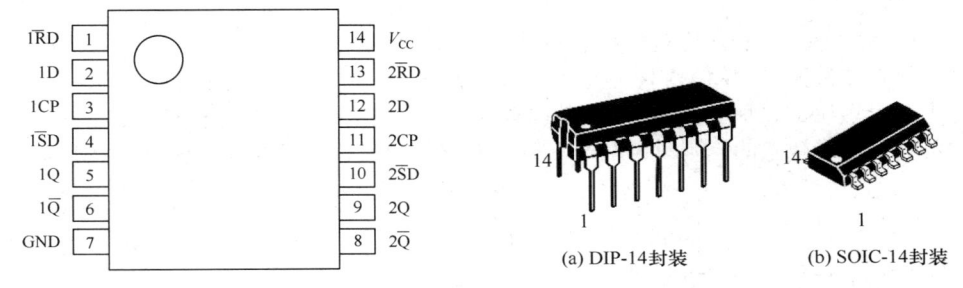

图 12.79　74HC74 的引脚图　　　　图 12.80　74HC74 的封装

4．触发器的动态性能技术指标

触发器的动态性能是指触发器在工作过程中，其输入信号与时钟信号之间的时序要求，以及输出信号对时钟信号响应的延时。下面以 CMOS 双 D 触发器 74HC74 为例，对触发器的动态性能技术参数进行说明。图 12.81 所示是 D 触发器的时序图。

①建立时间 t_{SU}。输入信号 D 的变化会引起触发器内部电路的一系列变化，它必须在时钟信号 CP 的上升沿（对上升沿触发的触发器而言）到来之前的某个时刻跳变到某个逻辑电平并保持不变，以保证与输入信号 D 有关的电路建立稳定的状态，使触发器状态得到正确转换。t_{SU} 表示输入信号 D 对 CP 上升沿的最少时间提前量。

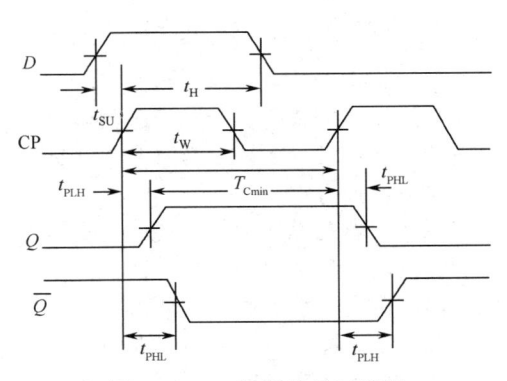

图 12.81　D 触发器的时序图

②保持时间 t_H。时钟信号 CP 上升沿到来时，输入信号 D 不允许立即撤除，以保证信号 D 的状态被可靠地传送到输出端 Q 和输出端 $\overline{Q}$。t_H 表示时钟信号 CP 上升沿到来后输入信号 D 需要继续保持的最少时间。由于半导体生产技术的进步，已有多种触发器可把保持时间降到 0。这种特性在高速移位寄存器或高速计数器中是十分重要的。

③脉冲宽度 t_W。为保证可靠触发，要求时钟信号 CP 的脉冲宽度不小于 t_W，保证内部各逻辑门正确地翻转。

④传输延时 t_{PLH} 和 t_{PHL}。从时钟信号 CP 上升沿到输出端的新状态稳定建立的时间，称为传输延时。t_{PLH} 是指输出从低电平到高电平的延时，t_{PHL} 是指输出从高电平到低电平的延时。实际应用中，一般取其平均传输延时 $t_{PD} = (t_{PLH} + t_{PHL})/2$。

⑤最高触发频率 f_{Cmax}。最高触发频率 f_{Cmax} 是指触发器所能响应的时钟信号 CP 的最高频率，即 $f_{Cmax}=1/T_{Cmin}$。因为在时钟信号 CP 的高电平和低电平期间，触发器内部电路都要完成一系列动作，需要一定的延时，所以对时钟信号 CP 的工作频率有一个最高频率的限制。

12.5.4 不同逻辑功能的触发器

前面介绍了主从结构的 D 触发器、维持阻塞结构的 D 触发器、主从结构的 JK 触发器和主从结构的 RS 触发器。需要指出的是，电路结构与逻辑功能是两个不同的概念。由前述可知，同一逻辑功能的触发器可以采用不同的逻辑电路，由同一基本逻辑电路可以构成不同逻辑功能的触发器。

触发器在每次时钟信号触发沿到来之前的状态称为现态，而时钟信号触发沿到来后的状态称为次态。所谓触发器的逻辑功能，是指次态与现态、输入信号之间的逻辑关系，这种逻辑关系可以用特性方程、特性表、状态转换图、驱动表来描述。

从逻辑功能的角度看，有 5 种不同逻辑功能的触发器：D 触发器、JK 触发器、RS 触发器、T 触发器、T′ 触发器。

从应用的角度看，要非常清楚触发器的逻辑功能，其中 D 触发器是应用最为广泛的，而 JK 触发器是逻辑功能最为全面的。5 种不同逻辑功能触发器的逻辑符号如图 12.82 所示，它们都是对时钟信号上升沿敏感的，而且逻辑符号方框内标明了时钟信号与输入信号的关联关系。若触发器是对时钟信号下降沿敏感的，则只需在逻辑符号方框外侧的时钟信号输入端加一个小圆圈。

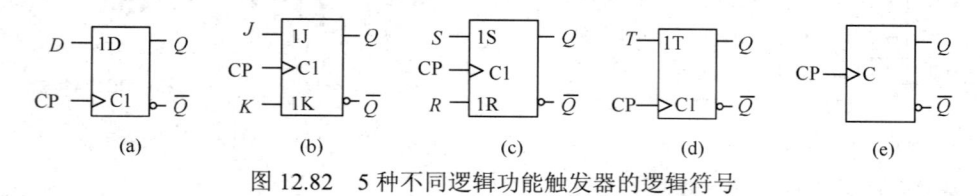

图 12.82　5 种不同逻辑功能触发器的逻辑符号

1. D 触发器

（1）特性表

以触发器的输入信号和现态为变量，以次态为函数，描述它们之间逻辑关系的真值表，称为触发器的特性表。D 触发器的特性表如表 12.14 所示。

（2）特性方程

以触发器的输入信号和现态为变量，以次态为函数，描述它们之间逻辑关系的逻辑表达式，称为触发器的特性方程。根据表 12.14，可以写出 D 触发器的特性方程为 $Q^{n+1}=D$，这与由逻辑电路导出的逻辑关系表达式完全相同。

（3）状态图

触发器的逻辑功能还可以用状态转换图来描述。状态转换图描述逻辑功能时更加形象和直观，而且这种描述方式在时序电路设计时尤为有用。同样，根据表 12.14 也可以画出 D 触发器的状态转换图，如图 12.83 所示，图中两个圆圈内标有 1 和 0，表示触发器的两个稳定状态，4 条方向线表示状态转换的方向，正好分别对应特性表中的 4 行，方向线的起点为触发器的现态 Q^n，箭头指向相应的次态 Q^{n+1}，方向线旁边标出了状态转换的条件，即输入信号 D 的逻辑值。

表 12.14　D 触发器的特性表

Q^n	D	Q^{n+1}
0	0	0
0	1	1
1	0	0
1	1	1

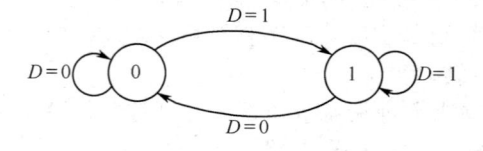

图 12.83　D 触发器的状态转换图

2. JK 触发器

（1）特性表

JK 触发器的特性表如表 12.15 所示，表中列出了输入信号 J、K 和现态 Q^n 在不同组合条件下次态 Q^{n+1} 的值。

（2）特性方程

可以写出 JK 触发器的特性方程为 $Q^{n+1} = J\overline{Q^n} + \overline{K}Q^n$。这与由逻辑电路导出的逻辑关系表达式完全相同。

（3）状态图

根据表 12.15，也可以画出 JK 触发器的状态转换图，如图 12.84 所示。图中，两个圆圈内标有 1 和 0，表示 JK 触发器的两个稳定状态，4 条方向线表示状态转换的方向，方向线的起点为触发器的现态 Q^n，箭头指向相应的次态 Q^{n+1}，方向线旁边标出了状态转换的条件，即输入信号 J 和 K 的逻辑值，转换条件中存在无关变量（用×表示，既可取逻辑 0，又可取逻辑 1）。

从 JK 触发器的特性方程、特性表、状态转换图都可以看出：$J = 1$，$K = 0$ 时，触发器的下一状态将被置 1，$Q^{n+1} = 1$。$J = 0$，$K = 1$ 时，触发器的下一状态将被置 0，$Q^{n+1} = 0$。$J = 0$，$K = 0$ 时，触发器的状态保持不变，$Q^{n+1} = Q^n$。$J = 1$，$K = 1$ 时，触发器的状态发生翻转，$Q^{n+1} = \overline{Q^n}$。

3. RS 触发器

（1）特性表

RS 触发器的特性表如表 12.16 所示，表中列出了输入信号 R、S 和现态 Q^n 在不同组合条件下次态 Q^{n+1} 的值。由于输入信号 R 是置 0 信号，输入信号 S 是置 1 信号，都为高电平有效，所以不允许同时为高电平，RS 触发器必须遵循 $RS = 0$ 的约束条件。

（2）特性方程

根据表 12.16，可以写出 RS 触发器的特性方程为

$$\begin{cases} Q^{n+1} = S + \overline{R}Q^n \\ RS = 0 \end{cases} \quad (约束条件)$$

这与由逻辑电路导出的逻辑关系表达式完全相同。

（3）状态图

根据表 12.16，也可以画出 RS 触发器的状态转换图，如图 12.85 所示，图中两个圆圈内标有 1 和 0，表示 RS 触发器的两个稳定状态，4 条方向线表示状态转换的方向，方向线的起点为触发器的现态 Q^n，箭头指向相应的次态 Q^{n+1}，方向线旁边标出了状态转换的条件，即输入信号 R 和 S 的逻辑值，转换条件中存在无关变量（用×表示，既可取逻辑 0，也可取逻辑 1）。

表 12.15　JK 触发器的特性表

Q^n	J	K	Q^{n+1}
0	0	0	0
0	0	1	0
0	1	0	1
0	1	1	1
1	0	0	1
1	0	1	0
1	1	0	1
1	1	1	0

图 12.84　JK 触发器的状态转换图

表 12.16　RS 触发器的特性表

Q^n	R	S	Q^{n+1}
0	0	0	0
0	0	1	1
0	1	0	0
0	1	1	不确定
1	0	0	1
1	0	1	1
1	1	0	0
1	1	1	不确定

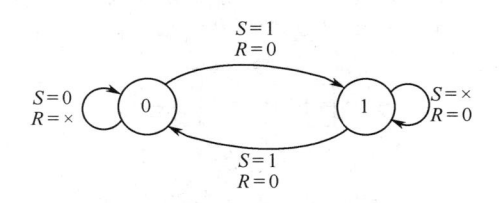

图 12.85　RS 触发器的状态转换图

4．T 触发器和 T'触发器

（1）特性表

T 触发器的特性表如表 12.17 所示，表中列出了输入信号 T 和现态 Q^n 在不同组合条件下次态 Q^{n+1} 的值。

（2）特性方程

根据表 12.17，可以写出 T 触发器的特性方程为 $Q^{n+1} = T\overline{Q^n} + \overline{T}Q^n$。

（3）状态图

根据 T 触发器的特性表，也可画出 T 触发器的状态转换图，如图 12.86 所示。

表 12.17　T 触发器的特性表

Q^n	T	Q^{n+1}
0	0	0
0	1	1
1	0	1
1	1	0

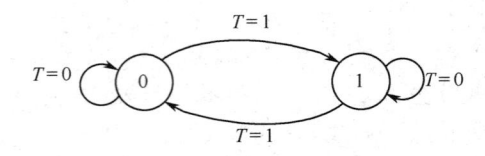

图 12.86　T 触发器的状态转换图

从 T 触发器的特性方程、特性表、状态转换图都可以看出：当 $T = 0$ 时，触发器的状态保持不变，$Q^{n+1} = Q^n$。当 $T = 1$ 时，触发器的状态发生翻转，$Q^{n+1} = \overline{Q^n}$。

（4）T'触发器

若固定 T 触发器的输入信号 $T = 1$，则每来一个时钟信号的触发沿，触发器就翻转一次。这种特定的 T 触发器称为 T' 触发器。因此，T' 触发器的特性方程为 $Q^{n+1} = \overline{Q^n}$。

注意，在标准数字集成电路系列中，实际上没有专门的 T 触发器和 T' 触发器集成电路芯片。有需要时，可以由其他逻辑功能的触发器通过逻辑功能转换得到。然而，在时序电路的设计工作中，会经常遇到将现有触发器的逻辑功能转换为其他逻辑功能的情形。下面介绍触发器逻辑功能的转换问题。

5．触发器逻辑功能的转换

前面提到 D 触发器是应用最为广泛的，下面讨论如何将 D 触发器转换为其他逻辑功能的触发器。

（1）D 触发器构成 JK 触发器

比较 D 触发器和 JK 触发器的特性方程，不妨令 $D = J\overline{Q} + \overline{K}Q$，由此可以画出逻辑电路如图 12.87 所示，该电路符合 JK 触发器的特性方程，于是用 D 触发器实现了 JK 触发器的逻辑功能。

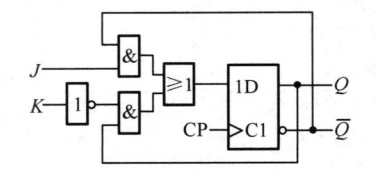

（2）D 触发器构成 T 触发器

采用与构成 JK 触发器相同的方法，不妨令 $D = T\overline{Q} + \overline{T}Q = T \oplus Q$，由此可以画出逻辑电路如图 12.88 所示，该逻辑电

图 12.87　用 D 触发器实现 JK 触发器逻辑功能的逻辑电路

路由异或门和 D 触发器组成，符合 T 触发器的特性方程，于是用 D 触发器实现了 T 触发器的逻辑功能。

（3）D 触发器构成 T'触发器

比较 D 触发器和 T' 触发器的特性方程，可得 $D = \overline{Q^n}$，由此可以画出逻辑电路如图 12.89 所示，于是用 D 触发器实现了 T' 触发器的逻辑功能。

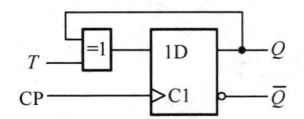

图 12.88　用 D 触发器实现 T 触发器逻辑功能的逻辑电路

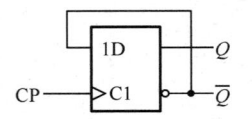

图 12.89　用 D 触发器实现 T'触发器逻辑功能的逻辑电路

12.6 时序逻辑电路

逻辑电路可分为组合逻辑电路和时序逻辑电路两大类，前面介绍了锁存器和触发器。本节首先介绍时序逻辑电路的基本概念，然后介绍时序逻辑电路的一般分析步骤，最后简要介绍同步时序逻辑电路的设计方法。

12.6.1 时序逻辑电路概念

前面介绍了组合逻辑电路，任意时刻的输出信号仅仅取决于当前时刻的输入信号，而与上一时刻的电路状态无关，这一特点充分体现了组合逻辑电路控制的实时性。本节介绍另一种逻辑电路，在这类逻辑电路中，任意时刻的输出信号不仅取决于当前时刻的输入信号，还取决于电路原来的状态，或者说还跟原来的输入有关，具备这一特点的逻辑电路就称为时序逻辑电路。

1. 时序逻辑电路的结构及特点

时序逻辑电路的结构主要由两部分构成：一部分是进行逻辑运算的组合逻辑电路，另一部分是具有记忆功能的存储电路。存储电路主要由触发器或锁存器构成。

一般来说，时序逻辑电路的框图表示如图 12.90 所示，图中各组变量分别是输入信号 X、输出信号 Y、激励信号 Z 和状态信号 Q。其中，输入信号是指整个时序逻辑电路的输入变量；输出信号是指时序逻辑电路的输出变量；激励信号是指时序逻辑电路中存储电路的输入变量或驱动变量；状态信号是指存储电路的状态变量。

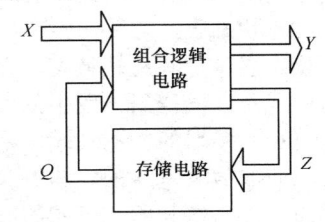

由上面的时序逻辑电路的构成可以得到其主要特点：① 时序逻辑电路由组合逻辑电路和存储电路组成。② 时序逻辑电路任一时刻的状态变量不仅是当前输入信号的函数，还是电路上一时刻状态的函数，时序逻辑电路的输出信号应该由输入信号和电路的状态共同决定。

图 12.90 时序逻辑电路的框图表示

2. 时序逻辑电路分类

时序逻辑电路按存储电路中触发器的时钟信号是否一致，可以分为同步时序逻辑电路和异步时序逻辑电路。若电路中触发器的时钟信号来自同一个时钟源，触发器状态能够同时刷新，则这样的时序逻辑电路就称为同步时序逻辑电路；若电路中触发器的时钟信号没有统一的时钟源，或者电路中干脆没有时钟信号（如锁存器），电路的状态不能同时刷新，则这样的时序逻辑电路就称为异步时序逻辑电路。

按输出信号取决于哪个变量，还可将时序逻辑电路分为 Mealy 型和 Moore 型。输出信号不仅取决于存储电路的状态，还取决于电路的输入信号，这样的时序逻辑电路称为 Mealy 型电路；输出信号仅取决于存储电路的状态，而与电路的输入信号没有直接联系，甚至没有输入信号，这样的时序逻辑电路称为 Moore 型电路。Mealy 型和 Moore 型电路框图如图 12.91 所示。

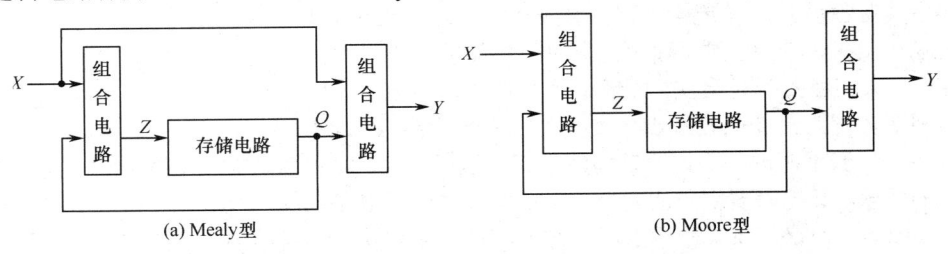

(a) Mealy型　　　　(b) Moore型

图 12.91 Mealy 型和 Moore 型电路框图

3. 时序逻辑电路功能描述方法

在描述组合逻辑电路的逻辑功能时，可以用逻辑表达式、真值表及波形图来表达。但在描述时序逻辑电路的逻辑功能时，需要用到的表达方式却是逻辑方程组（包括输出方程组、激励方程组和状态方程组）、状态表、状态图及时序图。其实，只要确定了时序逻辑电路的逻辑方程组，电路的逻辑功能就被唯一地确定。但是，在分析一些时序逻辑电路时，只根据逻辑方程组往往很难直接判断出电路的逻辑功能，而在设计时序逻辑电路时，也很难根据给定逻辑要求（功能）直接写出电路的逻辑方程组，所以在方程组和逻辑功能之间，往往需要增加一些中间转换部分来将两者联系起来，例如逻辑方程组与状态表直接相关，状态表与状态图和时序图直接相关，而状态图或时序图能直接描述逻辑功能。因此，只用逻辑方程组表达逻辑功能是绝对不够的，还需要用到状态表、状态图，甚至时序图。

（1）逻辑方程组

逻辑方程组主要包括时序逻辑电路的输出方程组、激励方程组和状态方程组。它直接由时序逻辑电路得到，或者可以直接由它得到时序逻辑电路。根据之前对三大方程组的介绍，输出方程组取自整个时序逻辑电路的输出端，激励方程组取自存储电路中各个触发器的激励信号的构成，状态方程组则取自各个触发器的特性方程与激励方程组的组合。

（2）状态表

状态表也称状态转换表，它反映了时序逻辑电路的输出信号及触发器的次态在输入信号和触发器的现态共同作用下发生怎样的改变，或者说是输出信号和触发器的次态与输入信号和触发器的现态之间对应的取值关系。列表的方式通常是将触发器的现态作为一栏，将其所有可能的取值一一列出，然后将触发器的次态和输出信号作为一栏，并且在输入信号所有可能取值的作用下，对应所有现态的取值，根据电路状态方程组得到其取值，如表 12.18 所示。

表 12.18 状态表示例

$Q_1^n Q_0^n$	$Q_1^{n+1} Q_0^{n+1} / Y$	
	$X = 0$	$X = 1$
00	00/0	01/0
01	01/0	10/0
10	10/0	11/0
11	11/0	00/1

（3）状态图

状态图也称状态转换图，是反映时序逻辑电路状态转换规律与相应输入信号、输出信号取值关系的图形。状态图比其他表达方式更形象，一般由状态表可以直接得到。

在状态图中，一般用圆圈及圆圈内的字母或数字表示时序逻辑电路的各个状态，连线及箭头表示状态转换及转换的方向（现态到次态）。当箭头起点和终点都在同一个圆圈上时，表示经过一个时钟脉冲有效沿作用后电路状态不变。标在连线一侧的数字表示状态转换前输入信号的取值和在输入信号作用下得到对应的输出信号的取值，用符号"/"分开。一般将输入信号取值写在符号"/"的左侧，将输出信号取值写在符号"/"的右侧。它表明在该输入取值作用下将产生相应的输出值，并且电路将发生箭头方向所指的状态转换，如图 12.92 所示。

（4）时序图

时序图实际上就是时序逻辑电路的波形图，它能直观地描述时序逻辑电路的输入信号、时钟脉冲、输出信号以及电路的状态在时间上对应的关系。它最大的特点就是直观，能够展现我们在之前无法发现的一些细节上的问题。因为前面的几种表达方式主要表现为离散状态的变化，方程组虽然不只表示离散状态，但是仍然不够直观。因此，时序图既能体现状态的转换，又能发现细节的问题，在发现时序逻辑电路问题的过程中，时序图是很有必要的。一般画时序图时不必全部画出，而只需要画出有代表性的一部分。

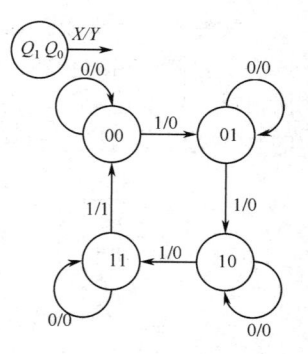

图 12.92 状态图示例

12.6.2 时序逻辑电路的分析方法

时序逻辑电路的分析是指根据给定逻辑电路图，找出电路的输出变量及状态变量在输入变量和时钟脉冲的作用下如何发生变化的规律，并且归纳总结出电路的逻辑功能，同时充分理解电路的工作特性。下面介绍分析时序逻辑电路的一般步骤。

时序逻辑电路有同步时序逻辑电路和异步时序逻辑电路之分，它们的分析步骤有相同的地方，也有不同的地方。

① 根据给定的逻辑电路图，列出电路的逻辑方程组。对于每个组合电路的输出变量，可以列出输出方程组；对于每个触发器的激励输入，可以列出激励方程组；对于每个触发器的状态输出，可以结合触发器的特性方程列出状态方程组。同步时序逻辑电路一般不需要考虑时钟信号的影响。如果是异步时序逻辑电路，因为其异步主要体现在时钟的不一致上，那么必须加上一组时钟方程，而且时钟方程还需要在状态方程中得以体现：通常在状态方程中增加时钟变量 CP_n，CP_n 的取值来自时钟方程，用 $CP_n = 1$ 表示时钟信号起作用，也就是提供了时钟信号的有效沿，触发器的输出状态可以根据激励的变化发生状态改变；用 $CP_n = 0$ 表示时钟信号不起作用，触发器的输出状态将保持原有状态不变。

② 由状态方程组和输出方程组建立状态表，进而画出状态图和时序图。对于异步时序逻辑电路，在建立状态表时一定要考虑时钟变量 CP_n；对于同步时序逻辑电路，由于时钟变化一致，所以不用考虑时钟变量 CP_n。

③ 分析并确定电路的逻辑功能，可以用文字详细说明。

12.6.3 计数器

计数器是一种典型的时序逻辑电路，其应用非常广泛。计数器的主要功能是累计输入脉冲的个数，同时还可以用于分频、定时、产生节拍脉冲和顺序控制等。计数器是一个周期性的时序逻辑电路，其状态图为一个闭合环，闭合环内各状态循环一次所需要的时钟脉冲个数称为计数器的模。

计数器种类繁多，按时钟控制方式可分为同步计数器和异步计数器，按计数进制可分为二进制计数器和非二进制计数器，其中非二进制计数器通常又可分为二-十进制计数器和任意进制计数器，按计数数值增减可分为加计数器、减计数器和可逆计数器。

1. 二进制计数器

二进制计数器主要有异步二进制计数器和同步二进制计数器，其中异步二进制计数器具有结构简单的特点，但是时钟不同步导致状态刷新不同步，所以会有不确定状态出现；而同步二进制计数器状态刷新步调一致，不会出现不确定状态，但是电路结构相对异步电路来说要复杂一些。

（1）异步二进制计数器

图12.93 所示为一个 4 位异步二进制加计数器的逻辑电路图，它由 4 个 T' 触发器构成，其中 MR 为清零端，高电平有效。

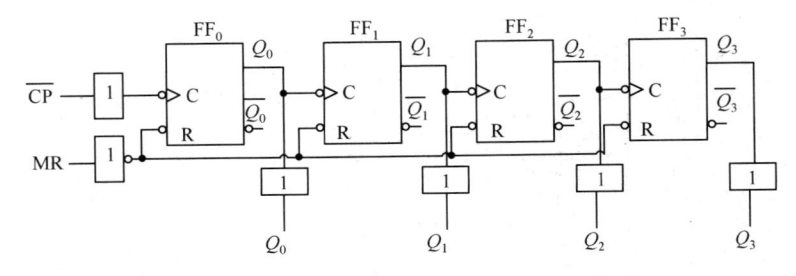

图 12.93 一个 4 位异步二进制加计数器逻辑电路图

由图 12.93 可知，触发器 FF₀ 外接时钟脉冲 $\overline{CP}$，只要 $\overline{CP}$ 提供一个下降沿，根据 T' 触发器特性，其输出 Q_0 就翻转一次。而后面的触发器 FF₁、FF₂ 和 FF₃ 都以前一级触发器的 Q 输出作为时钟触发信号，只有当 Q_0 由 1 变为 0 时，FF₁ 才翻转，以此类推。由此，很容易得到电路的时序图，如图 12.94 所示。

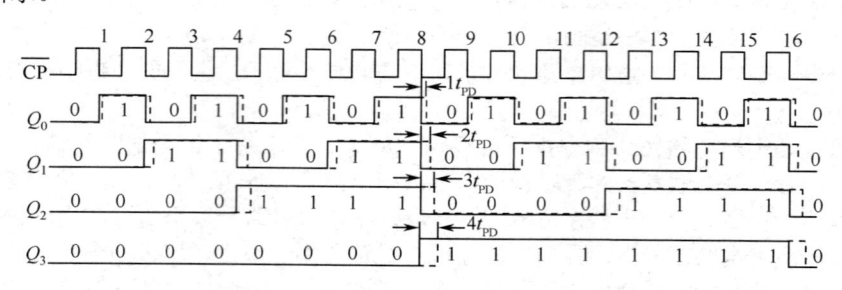

图 12.94 4 位异步二进制加计数器的时序图

图 12.94 中的虚线部分是考虑触发器逐级翻转中的平均延时 t_{PD} 的波形。由于各触发器的翻转时间有延迟，状态刷新不一致，若用该计数器驱动逻辑电路，则有可能出现瞬间逻辑错误。例如，当计数值从 0111 加 1 时，理论上应该进入 1000，但实际上从图中可以看出，中间出现了 0110、0100、0000 三个状态，然后才进入 1000。若是对 0110、0100、0000 译码，因为其存在时间非常短暂，则这时译码输出端会出现毛刺状波形。同时，当计数脉冲的频率很高时，还有可能会出现 CP 脉冲一个时钟周期结束时计数器还有触发器仍未刷新的情况，这样就会使得整个计数器得不到正确的次态，也就是说，每个状态都是不确定的。所以，对于一个 N 位异步二进制计数器来说，从一个计数脉冲开始作用到第 N 个触发器翻转达到稳定状态，需要的时间为 Nt_{PD}。为了保证正确地输出计数值，时钟脉冲的周期必须远远大于 Nt_{PD}。因此，异步二进制计数器的计数速度被计数器总的延时限制，速度一般不高。

（2）同步二进制计数器

要想提高计数器的计数速度，可以采用同步计数器。因为同步计数器中的每个触发器都接到同一个时钟源，其状态翻转是同时的，所以不受异步计数器传输延时的限制，而且不会有中间瞬时状态的产生，从而不会出现不确定状态。

对于同步二进制加计数器的原理，采用设计 4 位同步二进制计数器的方式来进行介绍。根据逻辑功能，可以得到如表 12.19 所示的 4 位同步二进制计数器的状态表。

表 12.19 4 位同步二进制计数器的状态表

计数顺序	计数器状态				进位输出
	Q_3	Q_2	Q_1	Q_0	
0	0	0	0	0	0
1	0	0	0	1	0
2	0	0	1	0	0
3	0	0	1	1	0
4	0	1	0	0	0
5	0	1	0	1	0
6	0	1	1	0	0
7	0	1	1	1	0
8	1	0	0	0	0
9	1	0	0	1	0
10	1	0	1	0	0
11	1	0	1	1	0
12	1	1	0	0	0
13	1	1	0	1	0
14	1	1	1	0	0
15	1	1	1	1	1
16	0	0	0	0	0

由表 12.19 可以看出，只要 CP 提供有效沿，Q_0 就会发生翻转；当 $Q_0 = 1$ 时，只要 CP 提供有效沿，Q_1 就会发生翻转；当 $Q_0 = Q_1 = 1$ 时，只要 CP 提供有效沿，Q_2 就会发生翻转；当 $Q_0 = Q_1 = Q_2 = 1$ 时，只要 CP 提供有效沿，Q_3 就会发生翻转，按照这个规律还可以继续扩展位数。因此，可用 T 触发器来实现该设计，并且用 D 触发器来实现 T 触发器的功能。

由激励方程组可以画出逻辑电路图，如图 12.95 所示。其中，当 CE = 0 时，电路保持输出状态不变，当 CE = 1 时，电路完成表 12.17 所示的功能。

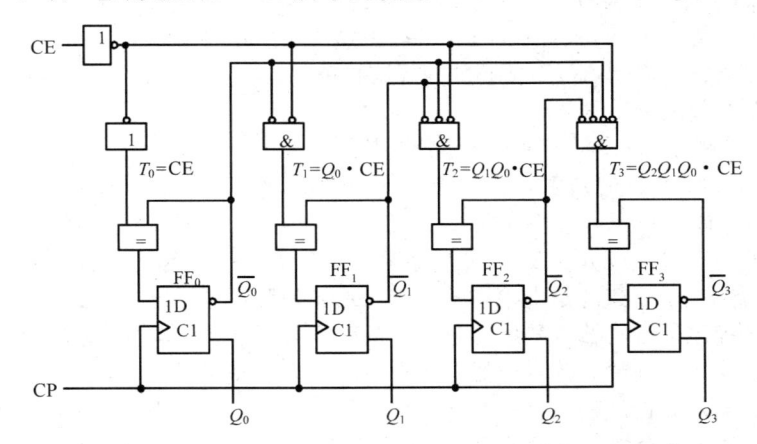

图 12.95　4 位同步二进制计数器的逻辑电路图

2. 其他进制计数器

其他进制的计数器习惯上称为任意进制计数器，其中最常用的是二-十进制计数器。其他进制计数器包括同步和异步计数器，加、减计数器和可逆计数器等几种类型。这里首先介绍一款二-十进制异步加计数器。

前面分析了一个异步五进制加计数器电路，若在其基础上再增加一级 $\frac{2}{3}V_{CC}$ 触发器作为二进制计数器，则可以构成一个异步二-十进制加计数器，如图 12.96 所示。74HC/HCT390 就是集成了两个图 12.96 所示逻辑电路的芯片。可以看出，除清零信号（高电平有效）外，二进制计数器和五进制计数器的输入端、输出端都是独立引出的。

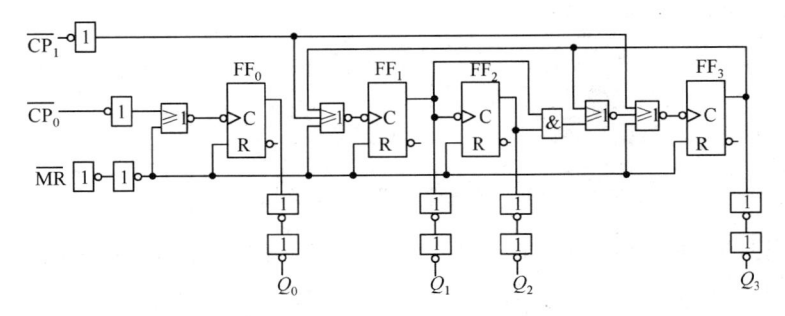

图 12.96　74HC/HCT390 中的一个异步二-十进制加计数器逻辑电路图

12.6.4　寄存器

寄存器是一种典型的时序逻辑电路，其基本功能是通过其内部的触发器存储二进制信息，按其功能不同可分为数码寄存器和移位寄存器。

1. 数码寄存器

数码寄存器主要用于存储二进制数据。因为一个触发器可以存储 1 位二进制数据，所以用 n 个触发器可以组成存储一组 n 位二进制数据的数码寄存器。

图 12.97 所示是由 8 个触发器构成的 8 位 CMOS 寄存器 74HC/HCT374 的逻辑电路图，与许多中规模集成电路一样，在所有的输入端、输出端都插入了缓冲电路，这是现代集成电路的特点之一，可以使芯片内部逻辑电路与外部电路得到有效隔离。

$D_0 \sim D_7$ 是 8 位数据输入端，在 CP 上升沿作用下，$D_0 \sim D_7$ 的数据同时存入相应的 D 触发器。$\overline{OE}$ 是输出使能控制端，当 $\overline{OE} = 1$ 时，$f_S \sim f_S$ 输出高阻态；$\overline{OE} = 0$ 时，$f_P \sim f_S$ 输出前面存入的数据。

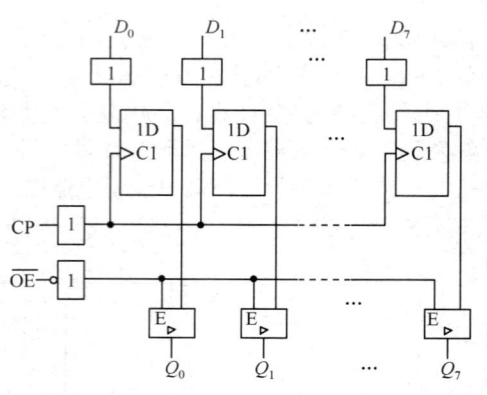

图 12.97　74HC/HCT374 的逻辑电路图

从存储数据的角度看，74HC573（8 位锁存器）与 74HC/HCT374（8 位寄存器）具有类似的逻辑功能。两者的区别在于，前者是电平敏感电路，后者是脉冲边沿敏感电路。它们有不同的应用场合，主要取决于控制信号与输入数据信号之间的时序关系及控制存储数据的方式。若输入数据的刷新可能出现在控制（使能）信号开始有效之后，则只能使用锁存器，它不能保证输出同时更新状态；若能确保输入数据的刷新在控制（时钟）信号敏感边沿出现之前稳定，或要求输出同时更新状态，则可以选择寄存器。一般来说，寄存器比锁存器具有更好的同步性能和抗干扰能力。

2．移位寄存器

移位寄存器不但可以寄存数码，而且在同一个移位脉冲的作用下，寄存器中的数据可以根据需要由低位向高位移动（右移）或由高位向低位移动（左移），显然，移位寄存器属于同步时序逻辑电路。因此，移位寄存器不但可以用来寄存数据，或者说寄存串行数据，而且可以用来实现数据的串行/并行转换、数值的运算以及数据处理等。移位寄存器也是数字系统和计算机中应用非常广泛的基本逻辑器件。

（1）单向移位寄存器

图 12.98 所示电路是一个由 D 触发器构成的 4 位单向移位寄存器。串行二进制数据从 D_I 输入，左边触发器的输出作为右边相邻触发器的 D 输入信号。

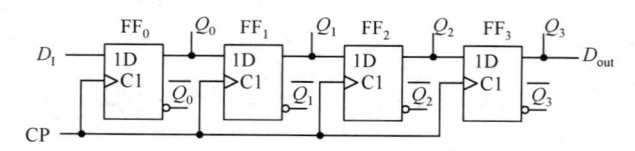

图 12.98　由 D 触发器构成的 4 位单向移位寄存器

假设移位寄存器的初始状态为 $Q_3Q_2Q_1Q_0 = 0000$，串行输入数据 $D_I = 1101$ 从高位到低位依次输入。输入第一个数据 1 时，有 $D_0 = 1$，$D_1 = Q_0 = 0$，$D_2 = Q_1 = 0$，$D_3 = Q_2 = 0$，则在第一个时钟脉冲上升沿作用后，FF_0 输出 $Q_0 = 1$，其原来的状态 $Q_0 = 0$ 移到了 FF_1 中，4 个触发器中的数据全部往右移一位，这时 4 个触发器输出 $Q_3Q_2Q_1Q_0 = 0001$。第二个时钟脉冲上升沿作用后，$\frac{2}{3}V_{CC}$ 的第二个 1 进入 FF_0，而 FF_0 之前的那个 1 则进入 FF_1，使得 $Q_3Q_2Q_1Q_0 = 0011$。第三个时钟脉冲上升沿作用后，FF_0 收到 D_I 的 0，使得 $Q_3Q_2Q_1Q_0 = 0110$。最后，第四个时钟脉冲上升沿作用后，D_{out} 和 D_I 的 4 位串行数据 1101 全部存入寄存器，此时若从 4 个触发器输出端输出，则就是并行输出。若还经历三个时钟脉冲，从 D_{out} 输出全部的 1101，则就是串行输出。

（2）多功能双向移位寄存器

为了便于扩展逻辑功能和增加使用的灵活性，在定型生产的移位寄存器集成电路中，有的还附加了左移右移控制、数据并行输入、保持、异步复位等功能，工作模式如图 12.99 所示。

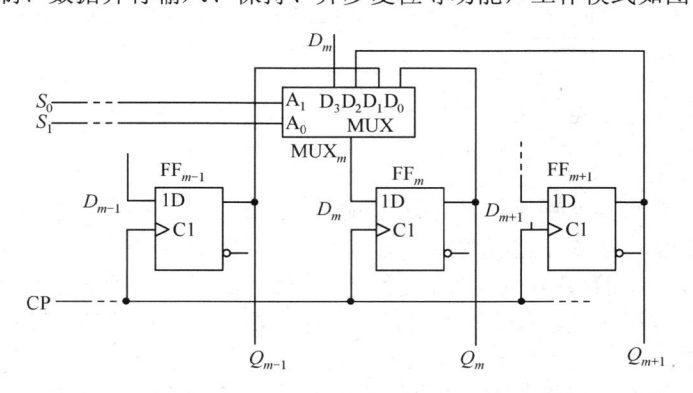

图 12.99　多功能双向移位寄存器的工作模式

3．74HC595 介绍

74HC595 属于标准中等规模集成电路 CMOS 器件，是 8 位串行输入/串行或并行输出的移位寄存器，具有三态并行寄存输出功能。芯片内部具有一个 8 位移位寄存器和一个 8 位数码寄存器，而且移位寄存器和数码寄存器分别采用各自的时钟。目前，74HC595 被广泛应用于 LED 显示屏控制系统中。

4．移位寄存器构成的移位型计数器

移位型计数器是以移位寄存器为主体构成的同步计数器。这类计数器具有电路连接简单、编码别具特色的特点，用途十分广泛。主要可以分为环形计数器和扭环形计数器。

（1）环形计数器

若将 4 位移位寄存器中的 D_{out} 和 D_I 直接相连，则在不断输入时钟脉冲时，寄存器里的数据将循环右移。因此，用电路的不同状态能够表示输入时钟脉冲的数目，也就是说，可以把这个电路作为时钟脉冲的计数器，也就是环形计数器。

环形计数器最大的优点就是电路结构极其简单，而且在有效循环的每个状态只包含一个 1（或 0）时，可以直接将各个触发器输出端的 1 状态表示电路的一个状态，不需要额外再加译码电路。但是，很明显，它无法充分利用电路的所有状态，浪费很严重，用 n 位移位寄存器组成的环形计数器只用了 n 个状态，而电路总共有 2^n 个不同的状态。

（2）扭环形计数器

为了在不改变移位寄存器内部结构的条件下提高环形计数器的电路状态利用率，可从改变反馈逻辑电路上想办法。

12.6.5　时序逻辑电路的设计方法

时序逻辑电路设计也称时序逻辑电路综合，其任务是根据给定的逻辑功能及要求，选择合适的逻辑器件，选取合适的设计方案，设计出符合逻辑功能要求的时序逻辑电路。一般来说需要设计最简电路，当选用小规模集成电路芯片实现设计时，电路最简的标准是所用的触发器和门电路数目最少，且触发器和门电路的输入端数目也最少；当使用中大规模集成电路芯片实现设计时，电路最简的标准则是使用的集成电路数目最少，种类最少，且互相的连线也最少。本节讨论用触发器和门电路设计同步时序逻辑电路，这是使用计算机和辅助软件设计复杂时序逻辑电路的设计基础。

同步时序逻辑电路设计的一般步骤如图 12.100 所示。

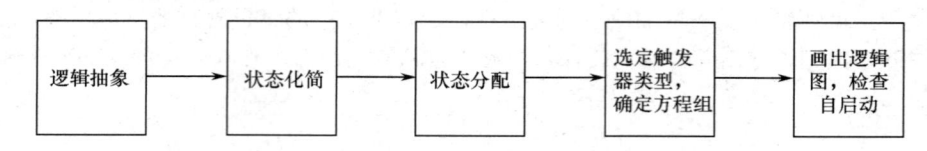

逻辑抽象 → 状态化简 → 状态分配 → 选定触发器类型，确定方程组 → 画出逻辑图，检查自启动

图 12.100　同步时序逻辑电路设计的一般步骤

（1）逻辑抽象

逻辑抽象就是将逻辑功能转换为时序逻辑函数。因为一般给定逻辑功能都是用文字、图形或波形等描述给出的，所以必须先进行逻辑抽象，从逻辑问题描述中抽象出逻辑内容，变成状态图或状态表，但是这样得到的状态图或状态表不一定是最简的形式，所以称之为原始状态图或原始状态表。逻辑抽象的过程如下。①分析给定逻辑问题，确定输入/输出变量数目及符号。一般取原因（或条件）作为输入变量，取结果作为输出变量。同步时序逻辑电路中的时钟脉冲因为取自同一时钟源，不需要作为输入变量考虑。②找出所有可能的状态及状态转换之间的关系，并将状态顺序编号。可以先假设一个初始状态，以该状态作为现态，根据输入条件确定输出及次态。以此类推，找出所有状态关系后，就可建立原始状态图。③由原始状态图建立原始状态表。

（2）状态化简

若两个电路状态在相同的输入条件下有相同的输出，且有相同的次态，则称这两个状态为等价状态。仔细观察原始状态图或原始状态表，若其中出现了等价状态，则需要将等价状态合并，也就是去除其中一个，这称为状态化简，目的是减少电路中触发器及门电路的数目，但是要确保不改变其逻辑功能。

（3）状态分配

状态分配也称状态编码，就是给每个状态赋予一个特定的二进制编码。因为之前得到的状态都是用符号表示的，要想用逻辑电路实现，必须用二进制来表示。编码方案有多种，方案不同，电路也就不同，方案选择合适，电路才会相对简单。

（4）选定触发器类型，确定方程组

在前面介绍的触发器类型中，D 触发器最简单，JK 触发器功能最齐全，而且它们都可以实现其他触发器的功能，所以很多时候对触发器的选择主要集中在这两种触发器。

选定触发器后，就可根据具体触发器的特性方程及状态表，得到卡诺图，进而得到电路的激励方程组，以及输出方程组。

（5）画出逻辑电路图，检查自启动

按照前一步的方程组，可以直接画出逻辑电路图。

因为在状态编码时，电路的状态数并不一定等于触发器的组合状态数，所以很有可能出现无效状态。一旦出现无效状态，要想电路仍然能正常工作，电路就必须具备自启动能力，即能够自动从无效状态进入有效状态的能力。否则，就需要改进逻辑电路图。若电路的零状态属于有效状态，且必须要从零状态启动，则可在触发器部分增加复位电路，上电自动复位或手动复位都可以，这样，电路将直接进入有效状态，而不需要检查自启动。

12.7　脉冲波形产生与整形电路

在数字电路或数字系统中，常常需要各种波形的脉冲信号，例如时钟脉冲、控制过程中的定时信号等。通常采用两种方法来获取这些脉冲信号：一种是利用脉冲信号发生器直接产生；另一种是对已有的信号进行变换整形，使之满足系统的要求。

本节以集成 555 定时器为核心，介绍施密特触发器、多谐振荡器、单稳态触发器的电路结构及工作原理与应用，以及施密特触发器和单稳态触发器集成电路芯片。

12.7.1 集成 555 定时器

集成 555 定时器是一种应用极为广泛的中规模集成电路。该集成电路一经问世，立即受到极大的重视，目前世界上几乎所有的半导体厂家都有同类的产品，而且在型号上都有"555"三个字。该集成电路使用灵活、方便，只需外接少量的阻容元件，就可构成单稳态触发器、多谐振荡器、施密特触发器，不仅用于信号的产生和变换，还常用于控制与检测电路中，在仪器仪表、自动化装置、防火防盗警报器等民用电子产品中，得到了广泛的应用。

1. 555 定时器的电路结构与工作原理

目前集成 555 定时器有双极型和 CMOS 两种类型，其型号有 NE555（或 5G555、LM555 等）和 ICM7555 等多种。它们的内部电路结构及工作原理基本相同。通常，双极型定时器具有较大的驱动能力，而 CMOS 定时器具有低功耗、输入阻抗高等优点。集成 555 定时器的电源工作电压很宽，并可承受较大的负载电流。双极型 555 定时器电源电压范围为 5～18V（推荐使用 10～15V），最大负载电流可达 200mA，所以可以直接驱动继电器、发光二极管、指示灯等；作为振荡器时，最高工作频率可达 300kHz。CMOS 555 定时器电源电压范围为 3～18V，最大负载电流在 4mA 以下。下面以双极型 555 定时器的典型产品 NE555 为例进行介绍。

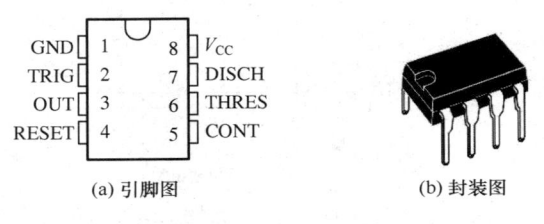

图 12.101　NE555 的引脚图和封装图

555 定时器一般采用双列直插式 8 脚封装形式，NE555 的引脚图和封装图如图 12.101 所示。

2. 555 定时器的功能表

555 定时器内部电路结构如图 12.102 所示。它由 3 个阻值为 5kΩ 的电阻组成的分压器、两个电压比较器 C_1 和 C_2、基本 RS 锁存器、放电三极管 T 以及反相驱动器 G 组成。

555 定时器的主要功能取决于比较器，比较器的输出控制基本 RS 锁存器和放电三极管 T 的状态。图中 $\overline{R_D}$ 为复位输入端，当 $\overline{R_D}$ 为低电平时，不管其他输入端的状态如何，输出电压 u_O 均为低电平。因此，在不需要复位时，应将其接高电平。

555 定时器内部三个 5kΩ 电阻对电源电压分压，使 555 定时器内部两个电压比较器构成一个电平触发器，其上触发电压为 $\frac{2}{3}V_{CC}$，下触发电压为 $\frac{1}{3}V_{CC}$。显然，若 5 脚外接一个控制电压（其取值范围为 0～V_{CC}），则比较器的参考电压发生变化，电路相应的阈值、触发电压也随之变化，并进而影响电路的工作状态。

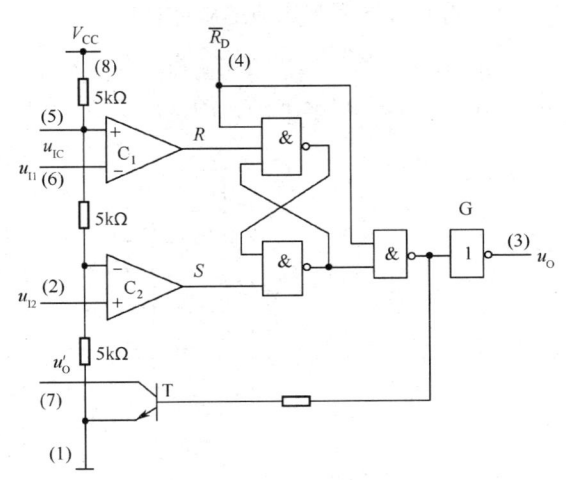

图 12.102　555 定时器内部电路结构

综合上述分析，可得 555 定时器的功能表，如表 12.20 所示。

表 12.20　555 定时器的功能表

输入			输出	
阈值输入（u_{I1}）	触发输入（u_{I2}）	复位（$\overline{R_D}$）	输出（u_O）	放电管 T
×	×	0	0	导通
$< \frac{2}{3}V_{CC}$	$< \frac{1}{3}V_{CC}$	1	1	截止
$> \frac{2}{3}V_{CC}$	$> \frac{1}{3}V_{CC}$	1	0	导通
$< \frac{2}{3}V_{CC}$	$< \frac{1}{3}V_{CC}$	1	不变	不变

12.7.2　施密特触发器

施密特触发器具有类似于磁滞回线形状的电压传输特性，如图 12.103 所示。这种形状的特性曲线称为滞回特性或施密特触发特性。

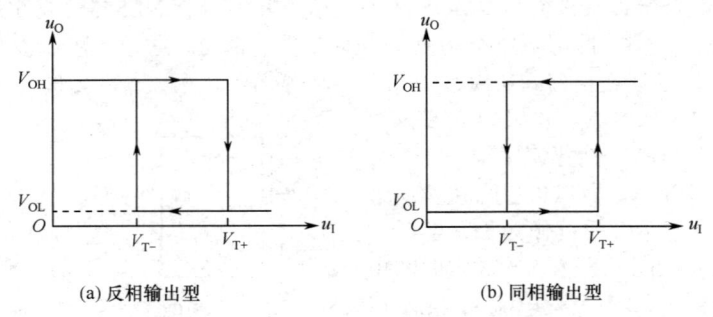

(a) 反相输出型　　　(b) 同相输出型

图 12.103　施密特触发器的电压传输特性

不难看出，无论是同相输出型还是反相输出型，施密特触发器都有两个共同特点：①施密特触发器属于电平触发，对于缓慢变化的信号仍然适用，当输入信号达到一定电压值时输出电压会发生突变。②输入信号增加和减小时，电路有不同的阈值电压。

下面介绍数字电路中常用的施密特触发器。

1. 由 555 定时器组成的施密特触发器

将 555 定时器的阈值输入端和触发输入端连在一起，便构成了施密特触发器，如图 12.104(a)所示，当输入如图 12.104(b)所示的三角波形信号时，则从施密特触发器的 u_{O1} 端可得到矩形波输出。

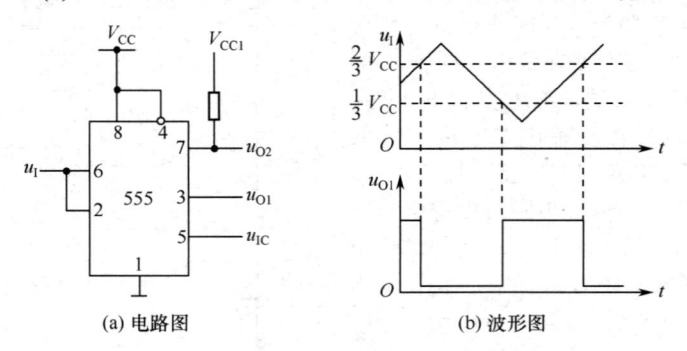

(a) 电路图　　　(b) 波形图

图 12.104　由 555 定时器构成的施密特触发器

因为定时器的阈值输入端（第 6 脚）和触发输入端（第 2 脚）连接在一起，所以不论输入信号的波形如何，只要其幅度上升到 $\frac{2}{3}V_{CC}$，则 555 定时器的输出端（第 3 脚）电压 u_{O1} 为低电平；若输入信号幅度降至 $\frac{1}{3}V_{CC}$，则 555 定时器的输出端（第 3 脚）电压 u_{O1} 为高电平。显然，由 555

定时器组成的施密特触发器,其正向阈值电压 V_{T+} 为 $\frac{2}{3}V_{CC}$,负向阈值电压 V_{T-} 为 $\frac{1}{3}V_{CC}$,所以回差电压为 $\Delta V_T = V_{T+} - V_{T-} = \frac{2}{3}V_{CC} - \frac{1}{3}V_{CC} = \frac{1}{3}V_{CC}$。

若将图 12.104 中 555 定时器的第 5 脚外接控制电压 u_{ic},并改变 u_{ic} 的大小,则可以调节回差电压的范围。若在 555 定时器的放电三极管 T 输出端(第 7 脚)外接一个电阻,并将电阻的另一端与另一电源 V_{CC1} 相连,则由 u_{O2} 输出的矩形波信号便可实现电平转换。

2.施密特触发器 CC40106 介绍

前面介绍了用 555 定时器组成的施密特触发器,其实施密特触发器也可以用门电路构成,相关内容请读者参考有关资料。实际上,在常规的数字集成电路中,有施密特触发器集成电路芯片,如 TTL 系列中的 74LS14,CMOS 系列中的 CC40106。

集成施密特触发器性能稳定,应用广泛,下面以 CC40106 为例,介绍其工作原理。

(1)施密特电路

CMOS 集成施密特触发器 CC40106 的内部电路(1/6 的内部电路)如图 12.105(a)所示。施密特电路由 P 沟道 MOS 管 T_{P1}~T_{P3}、N 沟道 MOS 管 T_{N4}~T_{N6} 组成,不妨设 P 沟道 MOS 管的开启电压为 V_{TP},N 沟道 MOS 管的开启电压为 V_{TN},输入信号 u_I 为三角波。

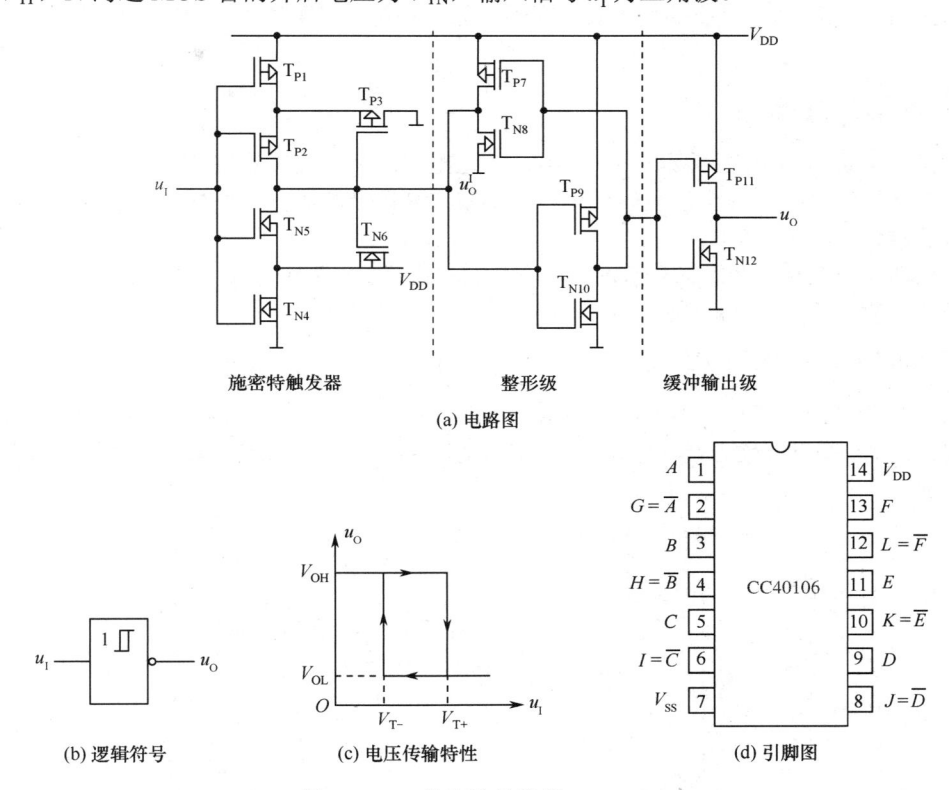

图 12.105 施密特触发器 CC40106

当 $u_I = 0$ 时,T_{P1}、T_{P2} 导通,T_{N4}、T_{N5} 截止,电路中 u'_O 为高电平($u'_O \approx V_{DD}$),$u_O = V_{OH}$。u'_O 的高电平使 T_{P3} 截止,T_{N6} 导通且工作于源极输出状态。T_{N5} 的源极电位 $u_{S5} = V_{DD} - V_{TN}$,该电位较高。

u_I 电位逐渐升高,当 $u_I > V_{TN}$ 时,T_{N4} 先导通,由于 T_{N5} 的源极电压 u_{S5} 较大,即使 $u_I > V_{DD}/2$,T_{N5} 仍不能导通,u_I 继续升高直至 T_{P1} 和 T_{P2} 趋于截止时,随着其内阻增大,u'_O 和 u_{S5} 才开始相应减小。

当 $u_I - u_{S5} \geq V_{TN}$ 时,T_{N5} 导通,并引起如下正反馈过程:

$$u'_O \downarrow \longrightarrow u_{S5} \downarrow \longrightarrow u_{gs5} \uparrow \longrightarrow R_{ON5} \downarrow$$

于是 T_{P1}、T_{P2} 迅速截止，u'_O 为低电平，电路输出状态转换为 $u_O = 0$。

u'_O 的低电平使 T_{N6} 截止，T_{P3} 导通且工作于源极输出器状态，T_{P2} 的源极电压 $u_{S2} \approx 0 - V_{TP}$。

同理可以分析，当 u_I 逐渐下降时，电路工作过程与 u_I 上升过程类似，只有当 $|u_I - u_{S2}| > |V_{TP}|$ 时，电路又转换为 u'_O 为高电平，$u_O = V_{OH}$ 的状态。

在 $V_{DD} \gg V_{TN} + |V_{TP}|$ 的条件下，电路的正向阈值电压 V_{T+} 远大于 $V_{DD}/2$ 且随着 V_{DD} 增加而增加。在 u_I 下降过程中的负向阈值电压 V_{T-} 也要比 $V_{DD}/2$ 低得多。

由上述分析可知，电路在 u_I 上升和下降过程中分别有不同的两个阈值电压，具有施密特电压传输特性。其传输特性如图 12.105(c) 所示。

有时，CC40106 又称 6 施密特反相器，图 12.105(d) 所示是其引脚图。

（2）整形级

整形级由 T_{P7}、T_{N8}、T_{N9}、T_{N10} 组成，电路为两个首尾相连的反相器。在 u'_O 上升和下降过程中，利用两级反相器的正反馈作用可使输出波形有陡直的上升沿和下降沿。

（3）输出级

输出级为 T_{P11} 和 T_{N10} 组成的反相器，它不仅能起到与负载隔离的作用，还提高了电路带负载的能力。

12.7.3 多谐振荡器

多谐振荡器是一种自激振荡电路，电路在接通电源后无须外接触发信号就能产生一定频率和幅值的矩形脉冲信号。因为矩形波信号中含有丰富的高次谐波成分，所以习惯上经常把矩形波振荡器称为多谐振荡器。

多谐振荡器没有稳定状态，只有两个不同的暂稳态（0 态和 1 态）。多谐振荡器工作时，电路状态不停地在两个暂稳态之间转换。

1．用 555 定时器组成的多谐振荡器

图 12.106(a) 是由 555 定时器组成的多谐振荡器。R_1、R_2、C 是外接定时元件，555 定时器的阈值输入端（6 脚）和触发输入端（2 脚）并联在一起，放电三极管的集电极（7 脚）连接到 R_1、R_2 的连接点 P。

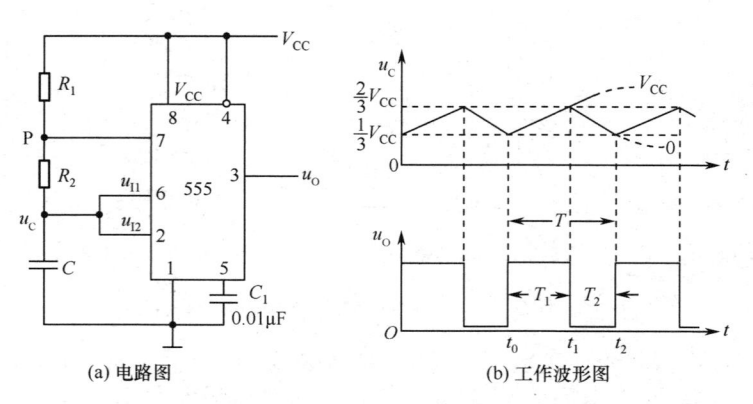

(a) 电路图 (b) 工作波形图

图 12.106 由 555 定时器组成的多谐振荡器

当多谐振荡器输出端 u_O 为高电平时，放电三极管 T 截止，V_{CC} 经 R_1、R_2 向电容 C 充电，u_C 上升，充电时间常数为 $(R_1+R_2)C$。当 u_C 上升到 $\frac{2}{3}V_{CC}$ 时，555 定时器内基本 RS 锁存器被复位，多

谐振荡器输出端 u_O 由高电平翻转为低电平。同时放电三极管 T 由截止转为导通，电容 C 经 R_2 和 T 的集电极（7 脚）放电，放电时间常数为 R_2C。此后，电容 C 上的电压 u_C 伴随着放电过程从 $\frac{2}{3}V_{CC}$ 不断下降，当 u_C 下降到 $\frac{1}{3}V_{CC}$ 时，基本 RS 锁存器又被置位，u_O 翻转为高电平，T 又由导通翻转为截止，放电过程结束。此后，V_{CC} 经 R_1、R_2 再向电容 C 充电，电容电压 u_C 由 $\frac{1}{3}V_{CC}$ 开始增大，继续重复上述过程。多谐振荡器的上述工作过程，用电压波形表示如图 12.106(b)所示。

2．占空比可调的多谐振荡器电路

在图 12.107 所示电路中，电容 C 的充电时间常数 $\tau_1 = (R_1 + R_2)C$，放电时间常数 $\tau_2 = R_2C$，因此 T_1 总是大于 T_2，u_O 的波形不可能对称，并且占空比 q 不易调节。利用半导体二极管的单向导电特性，把电容 C 充电和放电回路隔离开来，再加上一个电位器，便可构成占空比可调的多谐振荡器，如图 12.107 所示。

由于二极管的单向导电作用，电容 C 的充电时间常数 $\tau_1 = R_1C$，放电时间常数 $\tau_2 = R_2C$。同理可得

$$T_1 = 0.7R_1C, \qquad T_2 = 0.7R_2C$$

占空比为

$$q = \frac{T_1}{T} = \frac{T_1}{T_1 + T_2} = \frac{0.7R_1C}{0.7R_1C + 0.7R_2C} = \frac{R_1}{R_1 + R_2}$$

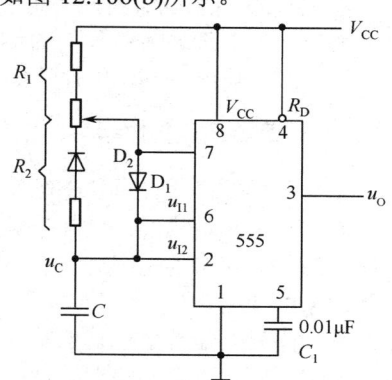

图 12.107 占空比可调的多谐振荡器

只要改变电位器滑动端的位置，就可方便地调节占空比 q，当 $R_1 = R_2$ 时，$q = 0.5$，输出电压 u_O 就成为对称的矩形波，也就是方波。

3．石英晶体多谐振荡器

前面介绍的多谐振荡器的振荡周期或重复频率与时间常数 RC 有关，电阻值 R 和电容量 C 容易受温度的影响，因此频率稳定性较差，不能应用在对频率稳定性要求较高的场合。为得到频率稳定性很高的脉冲波形，多采用由石英晶体组成的石英晶体振荡器。

（1）石英晶体的选频特性

石英晶体是一种两端电子元件，简称石英晶体或晶振，其电抗频率特性和符号如图 12.108 所示。由其电抗频率特性可知，石英晶体的选频特性非常好，它有一个极为稳定的串联谐振频率 f_S，且等效品质因数 Q 值很高。只有频率为 f_S 的信号容易通过它，而其他频率的信号均会被石英晶体所衰减。f_P 称为石英晶体的并联谐振频率，f_P 略大于 f_S，但二者非常接近，近似相等。我们将 f_S 称为石英晶体的固有振荡频率，它只与石英晶体切割的方向、外形和尺寸有关，不受外围电路参数的影响。石英晶体谐振频率的稳定度可达 $10^{-10} \sim 10^{-11}$，足以满足大多数数字系统对脉冲信号频率稳定度的要求。

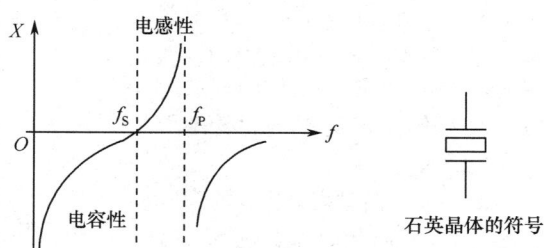

图 12.108 石英晶体的电抗频率特性和符号

（2）石英晶体多谐振荡器

石英晶体多谐振荡器电路如图 12.109 所示。图中，并联在两个反相器输入端、输出端之间的电阻 R

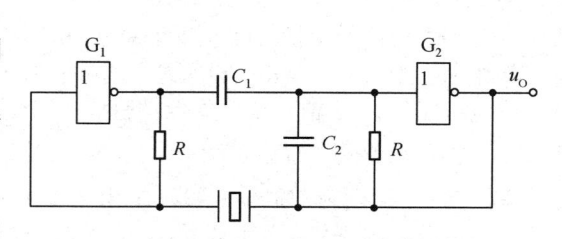

图 12.109 石英晶体多谐振荡器电路

的作用是，使反相器工作在线性放大区，对于 TTL 门电路而言，R 的阻值范围通常为 0.7~2kΩ；对于 CMOS 门电路而言，R 的阻值范围通常为 10~100MΩ。在电路中，电容 C_1 用于两个反相器间的信号耦合，而 C_2 的作用则是抑制电路中的高次谐波，以保证输出信号频率的稳定。C_1 的选择应使 C_1 在频率为 f_S 时的容抗可以忽略不计。电容 C_2 的选择应使 $2\pi RC_2 f_S \approx 1$，从而使 RC_2 并联网络在 f_S 处产生极点，以减少谐振信号损失。

图 12.109 所示电路的振荡频率仅取决于石英晶体的串联谐振频率 f_S，而与电路中 R、C 的数值无关，因为电路对频率为 f_S 的信号所形成的正反馈最强而易于维持振荡。

为了改善输出波形，增强带负载的能力，通常在振荡器的输出端再加一级反相器。

12.7.4 单稳态触发器

单稳态触发器又称单稳态触发电路，它具有下述特点：电路具有两个不同的工作状态，一个是稳态，一个是暂稳态；在外来触发信号作用下，电路能从稳态翻转到暂稳态；在暂稳态维持一定时间后，电路自动返回到稳态。暂稳态维持时间的长短取决于电路本身的参数，而与触发信号的脉冲宽度无关。

单稳态触发器的这些特点具有广泛的用途。例如，可用于整形，把宽度和幅度不规则的脉冲信号变换为固定宽度和幅度的脉冲信号。也可以用于定时，即给出一定时间宽度的脉冲信号。此外，还可以用于延时，即给出比触发脉冲滞后一定时间的输出信号等。

单稳态触发器可以用门电路组成，也可以用集成单稳态触发器或 555 定时器组成。无论用哪一类器件组成，都需要外接电阻和电容元件，用 RC 电路的充放电过程来决定暂稳态持续时间的长短。

1. 用 555 定时器组成的单稳态触发器

图 12.110 所示电路是由 555 定时器组成的单稳态触发器。R 和 C 是定时元件；加在触发输入端（2 脚）的电压 u_I 是输入触发信号，下降沿有效；阈值输入端（6 脚）的电压受电容电压 u_C 控制；u_O 为输出电压信号。

① 无触发信号输入时电路工作在稳定状态。当电路输入端无触发信号时，u_I 保持为高电平，电路工作在稳定状态，即输出端 u_O 保持为低电平，555 定时器内部放电三极管 T 饱和导通，引脚 7"接地"，电容电压 u_C 为 0V。

② u_I 下降沿触发。当 u_I 的下降沿到达时，555 定时器触发输入端（2 脚）由高电平跳变为低电平，电路被触发，u_O 由低电平跳变为高电平，电路由稳态转入暂稳态。

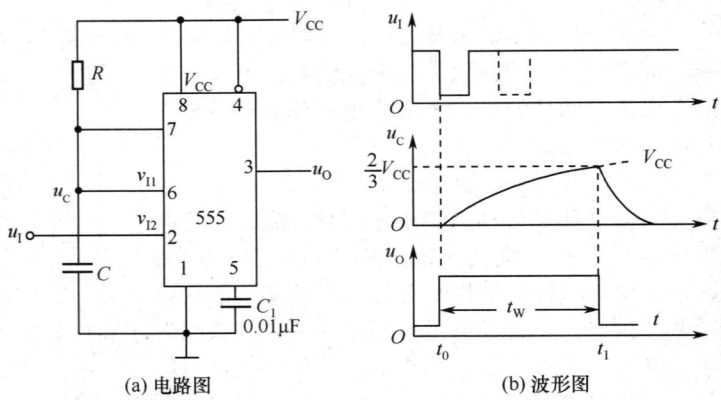

图 12.110 由 555 定时器组成的单稳态触发器

③ 暂稳态的维持时间。在暂稳态期间，555 定时器内放电三极管 T 截止，V_{CC} 经 R 向 C 充电。其充电回路为 $V_{CC} \to R \to C \to$ 地，时间常数 $\tau_1 = RC$，电容电压 u_C 由 0V 开始增大，在 u_C 上升到阈值电压即 $\frac{2}{3}V_{CC}$ 之前，电路将保持暂稳态不变。

④ 自动返回（暂稳态结束）。当 u_C 上升至阈值电压 $\frac{2}{3}V_{CC}$ 时，输出电压 u_O 由高电平跳变为低电平，555 定时器内部放电三极管 T 由截止转为饱和导通，引脚 7"接地"，电容 C 经 T 对地迅速放电，电压 u_C 由 $\frac{2}{3}V_{CC}$ 迅速降至 0V（放电三极管的饱和压降），电路由暂稳态重新转入稳态。

⑤ 恢复过程。当暂稳态结束后，电容 C 通过饱和导通的三极管 T 放电，时间常数 $\tau_2 = R_{ces}C$，

其中 R_{ces} 是三极管 T 的饱和导通电阻，其阻值非常小，因此 τ_2 的值也非常小。经过(3～5)τ_2 后，电容 C 放电完毕，恢复过程结束。

恢复过程结束后，电路返回到稳态，单稳态触发器又可以接收新的触发信号。

2. 单稳态触发器 74LS121、MC14528 介绍

鉴于单稳态触发器的应用十分广泛，所以在 TTL 和 CMOS 数字集成电路中，都有单片集成单稳态触发器。在使用这些集成单稳态触发器时，通常还要外接电容元件和电阻元件，通过改变外接电容或电阻的参数，可以很方便地调节单稳态触发器输出信号的脉冲宽度。集成单稳态触发器根据电路及工作状态不同，分为可重复触发的单稳态触发器和不可重复触发的单稳态触发器两种。

两种不同触发特性的单稳态触发器的主要区别是：不可重复触发单稳态触发器，在进入暂稳态期间，如有触发脉冲作用，电路的工作过程不受其影响，只有当电路的暂稳态结束后，输入触发脉冲才会影响电路状态。单稳态触发器输出脉冲信号的宽度由 R 和 C 参数确定。

而可重复触发单稳态触发器在暂稳态期间，若有触发脉冲作用，则电路会重新被触发，使暂稳态又从头开始，这样，单稳态触发器的输出脉冲信号的宽度在 t_W 的基础上增加了一个 t_Δ 时间。

两种单稳态触发器的工作波形，如图 12.111 所示。

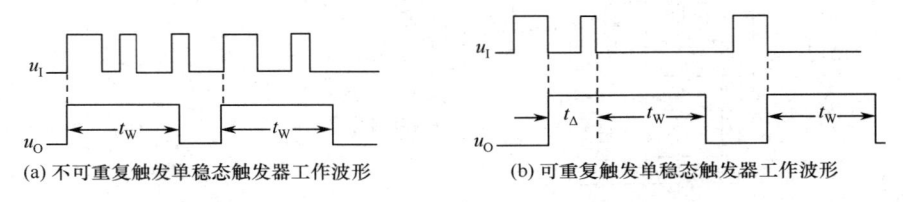

图 12.111 两种单稳态触发器的工作波形
(a) 不可重复触发单稳态触发器工作波形
(b) 可重复触发单稳态触发器工作波形

（1）不可重复触发的集成单稳态触发器 74LS121

TTL 系列中的 74LS121 是一种不可重复触发单稳态触发器集成电路，其内部逻辑电路图和引脚图，分别如图 12.112(a)和(b)所示。

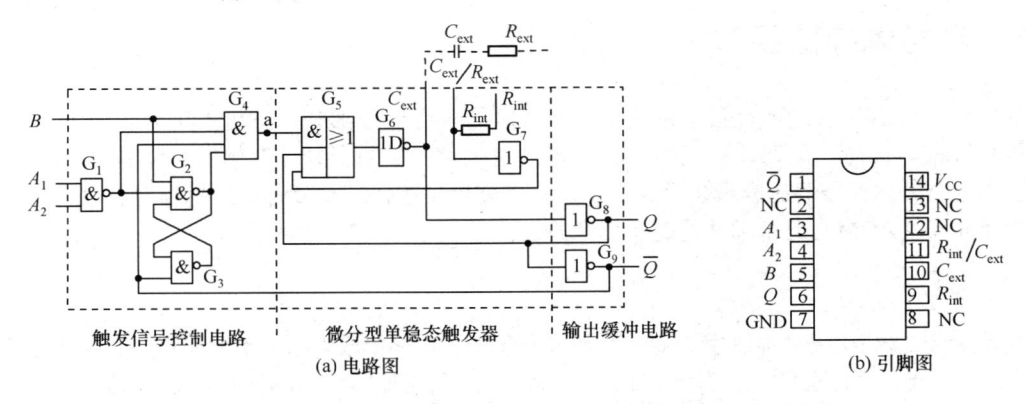

图 12.112 单稳态触发器 74LS121 的内部逻辑电路图和引脚图
(a) 电路图
(b) 引脚图

①电路组成及工作原理。74LS121 内部逻辑电路由触发信号控制电路、微分型单稳态触发器、输出缓冲电路组成。

②触发与定时。触发方式：74LS121 集成单稳态触发器有 3 个触发输入端，对触发信号控制电路分析可知，在下述情况下，电路可由稳态翻转到暂稳态：

- 输入 A_1 和 A_2 中有一个或两个为低电平，B 发生由 0 到 1 的正跳变。
- B 为高电平且 A_1 和 A_2 中的一个为高电平，输入 A_1 和 A_2 中有一个或两个产生由 1 到 0 的负跳变。

定时：单稳态电路的定时取决于定时电阻和定时电容的数值。74LS121 的定时电容连接在芯片的 10 和 11 引脚之间。若输出脉冲宽度较宽，而采用电解电容时，电容 C 的正极接在 C_{ext} 输入端（10 脚）。对于定时电阻，使用者可以有两种选择：
- 利用内部定时电阻（2 kΩ），此时将 9 脚（R_{int}）接至电源 V_{CC}。
- 采用外接定时电阻（阻值范围为 1.4～40kΩ），9 脚应悬空，定时电阻接在 11 和 14 脚之间。

74LS121 的输出脉冲宽度为 $t_W \approx 0.7RC$。

通常，R 的数值范围为 2～30kΩ，C 的数值范围为 10pF～10μF，得到的 t_W 的取值范围可达 20ns～200ms。R 可以是外接电阻 R_{ext}，也可以是芯片内部电阻 R_{int}（2kΩ），如希望得到较宽的输出脉冲，一般使用外接电阻。

（2）可重复触发集成单稳态触发器 MC14528

下面以 CMOS 系列数字集成电路 MC14528 为例介绍可重复触发单稳态触发器工作原理。MC14528 的逻辑电路图和引脚图，分别如图 12.113(a)和(b)所示。

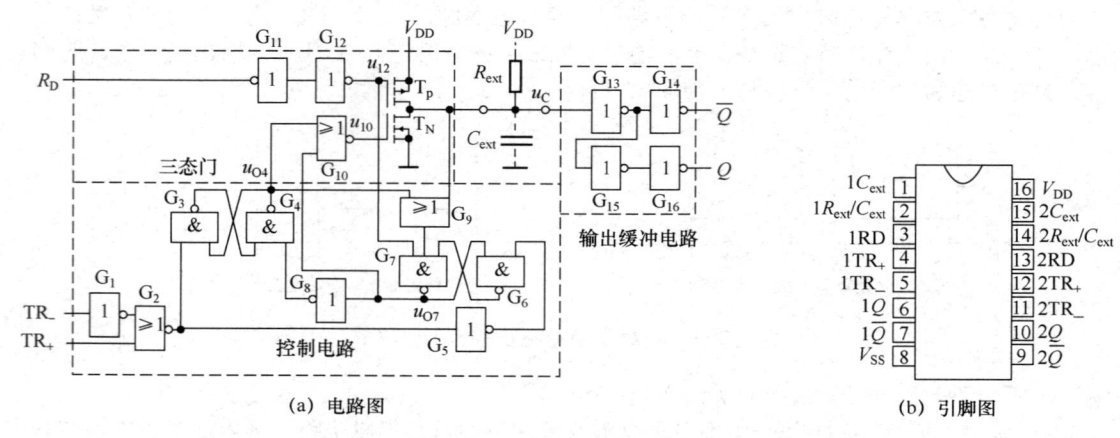

图 12.113　MC14528 的逻辑电路图和引脚图

12.8　半导体存储器

半导体存储器几乎是现代数字系统中不可或缺的重要组成部分，它可以用来存储大量的二进制代码和数据。目前，微型计算机的内存普遍采用了大容量的半导体存储器。随着微电子技术的迅速发展，半导体存储器的容量越来越大，存取速度越来越快。本节讨论随机存取存储器（RAM）和只读存储器（ROM）的基本结构与工作原理。

12.8.1　概述

半导体存储器是用来存储大量二进制代码和数据的大规模集成电路。半导体存储器以其容量大、体积小、功耗低、存取速度快、使用寿命长、可靠性高、价格低等特点，在数字设备中得到广泛应用，是计算机和数字系统中不可缺少的组成部分。下面介绍半导体存储器的分类和主要技术指标。

1．半导体存储器的分类

（1）按使用功能分类

根据使用功能不同，半导体存储器分为两大类，即只读存储器（ROM）和随机存取存储器（RAM）。两者的主要区别是，正常工作时，RAM 能读能写，ROM 只能读；断电以后，RAM 中所存数据将全部丢失，即具有易失性，而 ROM 则不同，其中存放的数据可以长久保存。

RAM 又称读写存储器。根据存储单元结构的不同，RAM 又可分为静态 RAM（SRAM）和动态 RAM（DRAM）。SRAM 中的存储单元是一个触发器，有 0、1 两个稳态；DRAM 则是利用电容器存储电荷来保存数据 0 和 1 的，所以需要定时对其存储单元进行刷新，否则随着时间的推移，电容器中存储的电荷将逐渐消散，从而丢失所存数据。

根据是否允许用户对 ROM 写入数据，ROM 又可分为掩模 ROM、可编程 ROM（PROM）。PROM 又可分为一次可编程 ROM、光可擦除可编程存储器（EPROM）、电可擦除可编程存储器（EEPROM）、闪存（Flash Memory）。

RAM 一般用在需要频繁读写数据的场合，例如计算机系统中的数据缓存。ROM 常用于存放系统程序、数据表格、字符代码等不易变化的数据。EEPROM 和 Flash Memory 则广泛用于各种存储卡中，例如公交车的 IC 卡、数码相机中的存储卡、手机存储卡、U 盘、MP3 播放器等。

（2）按照制造工艺分类

按照制造工艺，分为双极型存储器和 MOS 存储器。双极型存储器以 TTL 触发器作为基本存储单元，具有速度快、功耗大、价格高的特点，主要用于高速应用场合，如计算机的高速缓存；而 MOS 存储器以 MOS 触发器或电荷存储器件作为基本存储单元，具有集成度高、功耗小、价格低的特点，主要用于大容量存储系统，如计算机的内存。

（3）按照数据输入/输出方式分类

按照数据输入/输出方式，分为串行存储器和并行存储器。并行存储器中，数据输入或输出采用并行方式。串行存储器中，数据输入或输出采用串行方式。显然，并行存储器读写速度快，但数据线和地址线占用芯片的引脚数较多，并且存储容量越大，所用引脚数目越多。串行存储器的速度比并行存储器慢一些，但芯片的引脚数目少了许多。

2．半导体存储器的主要技术指标

（1）存储容量

存储容量指半导体存储器能够存储二进制信息量的多少。存储器中每个存储单元可存储 1 位二进制数据，因此存储容量就是存储单元的总量。

（2）存取时间

一般用读/写的周期来表示，存储器连续两次读/写操作所需的最短时间间隔称为读周期/写周期。读周期/写周期越短，则存取时间越短，存储器的工作速度就越快。目前，高速 RAM 的存取时间已经达到纳秒数量级。

12.8.2　随机存取存储器

正常工作时，随机存取存储器（RAM）既能方便地读出所存数据，又能随时写入新的数据。RAM 的缺点是数据的易失性，即一旦掉电，所存的数据就会全部丢失。

1．RAM 的基本结构

RAM 通常由存储矩阵、地址译码器、读/写控制电路等几部分组成，其电路结构如图 12.114 所示。

（1）存储矩阵

RAM 中有许多结构相同的存储单元，它们排列成矩阵形式，用来存储信息，称为存储矩阵。每个存储单元存储 1 位二进制信息（0 或 1），在地址译码器和读/写控制电路的作用下，将某个存储单元中的数

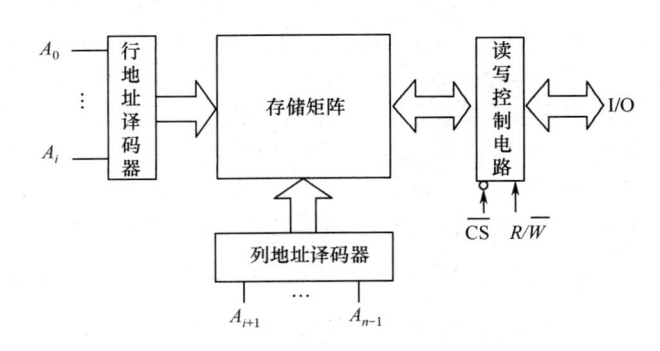

图 12.114　RAM 的电路结构

据读出，或者将数据写入该存储单元。

通常存储器中数据的读出或写入，是以字为单位进行的，每次操作是读出或写入一个字，1个字包含有若干存储单元，每个存储单元存储1位数据，每位数据称为该字的一位，1个字所含有的位数称为字长。在工程实际中，常以字数乘以字长表示存储容量。为了区别不同的字，给每个字赋予一个编号，称为该字的地址，每个字都有唯一的地址与之对应，并且每个字的地址反映该字在存储器中的物理位置。地址通常用二进制数或十六进制数表示。

（2）地址译码器

RAM 存储单元的选择，是通过地址译码器来实现的。存储单元的地址由行地址和列地址两部分组合而成，通过行、列地址译码器，对行地址信号、列地址信号进行译码，得到存储器的行选择信号、列选择信号，由行、列选择信号共同选择欲读/写的存储单元。

图 12.115 所示为 1024×1 位存储矩阵和地址译码器的结构，属于多字 1 位结构，1024 个字排列成 32×32 的矩阵，存储矩阵中的每个小方块代表一个存储单元。为了存取方便，给它们编上号，行编号为 $X_0, X_1, \cdots, X_{31}$，列编号为 $Y_0, Y_1, \cdots, Y_{31}$，这样每个存储单元都有一个固定的行编号和列编号(X_i, Y_j)。

地址译码器的作用是将地址信号译码成有效的行选择信号和列选择信号，从而选中该存储单元。

（3）片选和读/写控制电路

①片选控制。由于受 RAM 的集成度限制，一台计算机的存储器系统往往是由许多 RAM 芯片组合而成的。CPU 访问存储器时，一次只能访问 RAM 中的某片（或几片），即存储器中只有一片（或几片）RAM 中的一个地址接受 CPU 访问，与 CPU 交换信息，而其他片 RAM 与 CPU 不发生联系，片选就是用来实现这种控制的。通常一片 RAM 有一根或几根片选线，当片选线接入有效电平时，该片 RAM 被选中，且地址译码器的输出信号控制该片 RAM 某个地址的存储单元与 CPU 接通；当片选线接入无效电平时，则该片与 CPU 之间处于断开状态。

图 12.115　1024×1 位存储矩阵和地址译码器的结构

②读/写控制。访问 RAM 时，对被选中的存储单元，究竟是读还是写，通过读/写控制线 $R/\overline{W}$ 进行控制。若是读，则被选中单元存储的数据经数据线、输入/输出线传送给 CPU；若是写，则 CPU 将数据经过输入/输出线、数据线存入被选中单元。一般 RAM 的读/写控制线高电平时为读，低电平时为写；也有的 RAM 读/写控制线是分开的，一根为读，另一根为写。

③数据输入/输出端。RAM 通过数据输入/输出端与计算机的中央处理单元（CPU）交换数据，读出时它是输出端，写入时它是输入端，是双向的，是输入端抑或是输出端由读/写控制信号 $R/\overline{W}$ 决定。输入/输出端数据线的个数，与一个地址中所对应的存储单元个数相同，例如，在 1024×1 位的 RAM 中，每个地址中只有 1 个存储单元，因此只有 1 条输入/输出线；而在 256×4 位的 RAM 中，每个地址中有 4 个存储单元，所以有 4 条输入/输出线。RAM 的输出端一般都是集电极开路或三态输出电路结构。

2．RAM 的存储单元

存储单元是存储器的核心部分。按工作方式不同，RAM 可分为静态 RAM（SRAM）和动态 RAM（DRAM）；按所用元件类型又可分为双极型和 MOS 型两种。因此，RAM 的存储单元电路形式多种多样。

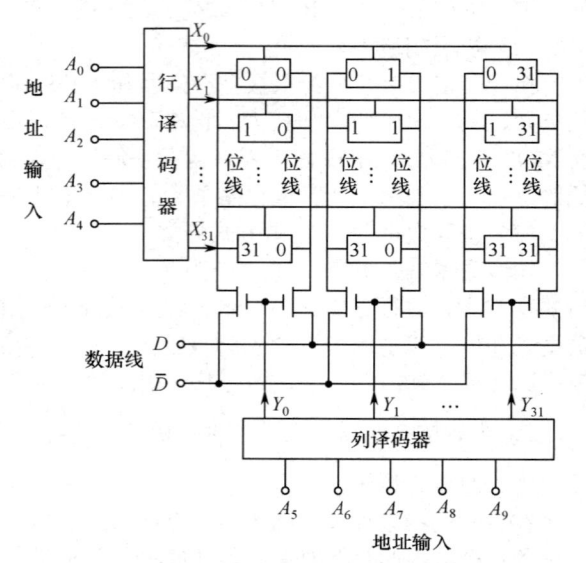

（1）SRAM 的存储单元

SRAM 的存储单元可以采用双极型晶体管器件，也可以采用 MOS 管器件。CMOS 器件以其低功耗的特点，在 SRAM 中得到广泛应用。目前，大容量 SRAM 一般都采用 CMOS 器件构成存储单元。

CMOS SRAM 的静态功耗很低，而且能在降低电源电压的状况下保存数据，所以 SRAM 存储器可在交流供电系统断电后用电池供电，以继续保持存储器中的数据不致丢失，用这种方法可弥补 SRAM 数据易失的缺点。

（2）DRAM 的存储单元

六管静态 CMOS 存储单元构成的 SRAM 有两个缺点：一是不管存储单元存储的是 1 还是 0，总有一个管子导通，所以需要消耗一定的功率，这对大容量存储器来说，因为存储单元很多，所以消耗的功率相当可观；二是每个存储单元需要六个 MOS 管，不利于提高存储器的集成度，而 DRAM 较好地解决了这两个问题。

动态 MOS 存储单元存储信息的原理，是利用 MOS 管栅极电容的电荷存储效应来存储数据的。DRAM 存储单元结构非常简单，因此在大容量、高集成度 RAM 中得到广泛应用。DRAM 由于漏电流的存在，栅极电容上存储的电荷不可能长久保持不变，因此，为了及时补充漏掉的电荷，避免存储信息丢失，需要定时地给栅极电容补充电荷，通常将这种操作称为刷新。下面介绍四管和单管动态 MOS 存储单元。

12.8.3　只读存储器

半导体只读存储器（ROM）是一种永久性数据存储器，存储的数据不会因断电而消失，即具有非易失性。正常工作时，ROM 的数据只能读出，不能写入，故称只读存储器。与 RAM 不同，ROM 一般由专用装置写入数据，这种专用装置称为编程器，编程器有专用编程器和通用编程器两种。

1．ROM 的分类

按照数据写入方式特点不同，ROM 可分为以下几种。

①掩模 ROM。这种 ROM 在制造时，厂家利用掩模技术直接把需要存储的信息写入存储器，ROM 制成后，其存储的信息也就固定不变了，用户在使用时不能更改其存储内容，因此，掩模 ROM 有时也称固定 ROM。

②一次性可编程 ROM（OTP ROM）。OTP ROM 所存储的数据不是由生产厂家而是由用户按自己的需要存入的，这种存储器在出厂时，存储内容全为 1（或全为 0），用户可根据自己的需要，利用编程器将某些单元改写为 0（或 1），但只能写一次，一经写入就不能再修改了。

③光可擦除可编程 ROM（EPROM）。EPROM 是一种可实现多次改写的只读存储器，它是采用浮栅技术生产的可编程器件，它的存储单元多采用 N 沟道叠层栅 MOS 管，信息的存储是通过 MOS 管浮层栅上的电荷分布来实现的，编程过程就是一个电荷注入过程。编程结束后，尽管撤除了电源，但是，因为绝缘层的包围，注入浮层栅上的电荷无法泄漏，所以电荷分布维持不变，EPROM 也就成为非易失性存储器了。

④电可擦除可编程 ROM（EEPROM）。因为 EPROM 一般采用紫外线擦除，擦除时间一般为几十分钟，且操作过程复杂，所以研制了电擦除的可编程 ROM。EEPROM 也是采用浮栅技术生产的可编程 ROM，但是构成其存储单元的是一种浮栅隧道氧化层 MOS 管，隧道 MOS 管也是利用浮栅是否存有电荷来存储二值数据的，不同的是隧道 MOS 管是用电擦除的，并且擦除的速度要比 EPROM 快得多，一般为毫秒数量级。

⑤闪存（Flash Memory）。Flash Memory 是从 EPROM 和 EEPROM 发展而来的非易失性存储集成电路，其主要特点是工作速度快、单元面积小、集成度高、可靠性好，可重复擦写 10 万次以上，数据可靠保持超过 10 年。国外从 20 世纪 80 年代开始发展，到 2002 年，Flash Memory 的年

销售额超过 100 亿美元，并增长迅速。目前，用于 Flash Memory 生产的技术水平已达 0.13μm，单片存储容量达几百 GB，编程时间小于 500ns。

2. ROM 的基本结构

（1）ROM 的电路结构

与 RAM 的电路结构类似，ROM 的电路结构如图 12.116 所示，由存储矩阵、地址译码器、输出控制电路等几部分组成。由图可见，输入的 n 位地址信号 $A_{n-1},\cdots,A_1,A_0$ 经地址译码器译码后，产生 2^n 个输出控制信号 $W_{2^n-1},\cdots,W_1,W_0$，每个控制信号对应于存储矩阵中的一根字线，利用该控制信号，可以选中存储矩阵中的指定地址单元，并把该地址单元中的一组数据送到输出控制电路。由前述可知，地址单元中的这一组数据称为一个字，若字长为 M，则存储容量为 $2^n \times M$ 位。输出控制电路一般包含三态缓冲器，以便与系统的数据总线连接。

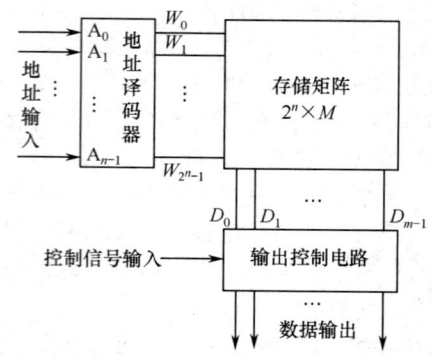

图 12.116 ROM 的电路结构

（2）ROM 的基本工作原理

①电路组成。图 12.117 是由二极管与门、二极管或门构成的最简单的只读存储器，输入地址信号是 A_1A_0，输出数据线是 $D_3D_2D_1D_0$，每条数据线又称位线。地址译码器的输出 $W_3 \sim W_0$ 为 4 条字选择线，用以在 4 个字中实现 4 选 1。输出缓冲级使用的是三态门，$\overline{EN}$ 为三态门的控制端。三态门有两个作用：一是提高存储器的带负载能力；二是实现对数据输出端的三态控制，用以实现 ROM 电路与系统数据总线的连接。

图 12.118 中二极管门电路都排成了矩阵形式，与门阵列中有 4 个与门构成译码器，其电路结构如图 12.118(a)所示；或门阵列中有 4 个或门构成存储单元，其结构如图 12.118(b)所示。字线与位线交叉处相当于一个存储单元，此处若有二极管存在，则表示存储的数据为 1，没有二极管存在，则表示存储的数据为 0，该 ROM 电路的存储容量为 $2^2 \times 4$ 位 = 16 位。

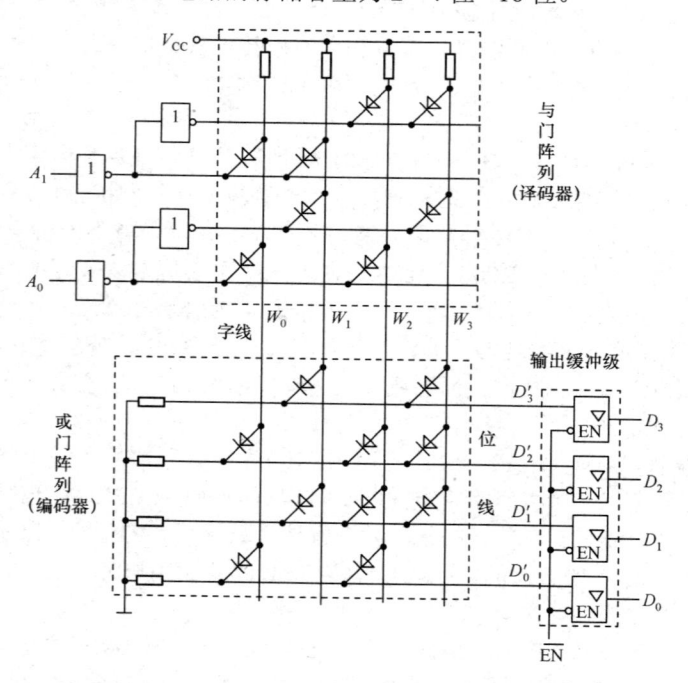

图 12.117　由二极管与门、二极管或门构成的最简单的只读存储器

②输出信号逻辑表达式。二极管与门阵列输出表达式为
$$W_0 = \overline{A_1}\,\overline{A_0}, \quad W_1 = \overline{A_1}A_0, \quad W_2 = A_1\overline{A_0}, \quad W_3 = A_1 A_0$$

二极管或门阵列输出表达式为
$$D_0 = W_0 + W_2, \quad D_1 = W_1 + W_2 + W_3, \quad D_2 = W_0 + W_2 + W_3, \quad D_3 = W_1 + W_3$$

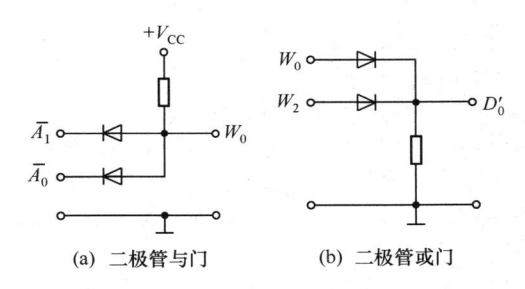

(a) 二极管与门　　(b) 二极管或门

图 12.118　二极管门电路

根据以上各表达式，可列出该存储器 4 个地址单元所存储的二值数据。

③电路结构说明。存储单元除用二极管构成外，也可用双极型三极管或 MOS 管构成，其工作原理与二极管 ROM 类似。

3．存储器 AT27C040 介绍

下面通过介绍实际的存储器芯片 AT27C040，了解 ROM 的具体情况。该芯片是美国 Atmel 公司生产的 512K×8 位的 OTP（一次可编程）EPROM。在读工作方式下，采用 5V 电源，读出时间最短为 45ns，静态时工作电流小于 10μA。

（1）引脚图

一次可编程型存储器 AT27C040 的引脚图，如图 12.119(a)所示，采用双列直插式封装，封装名称为 DIP-32。AT27C040 共有 32 个引脚。

（2）芯片内部结构框图

AT27C040 内部，由地址译码器、存储阵列、输出缓冲器、控制逻辑电路等组成，其内部结构框图如图 12.119(b)所示。

(a) 引脚图　　(b) 内部结构框图

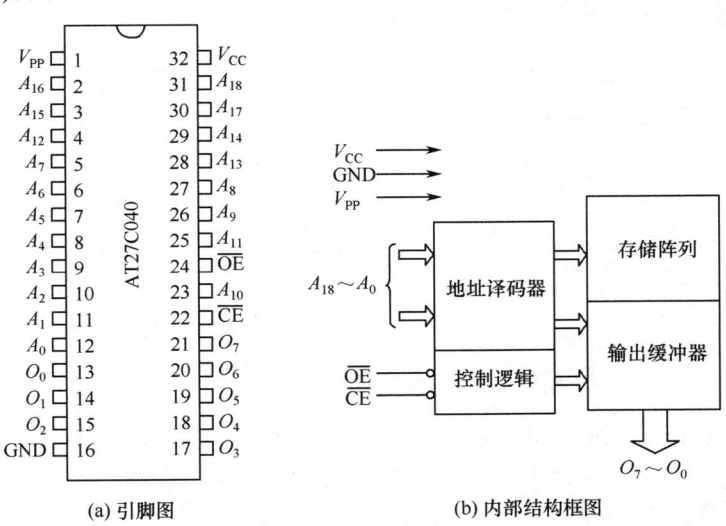

图 12.119　AT27C040 的引脚图和内部结构框图

第13章 微控制器

微控制器本质上是一台部署在芯片上的计算机,它包含一个中央处理单元、ROM、RAM、串行通信接口,以及A/D转换器等。微控制器是一台无显示器、键盘和鼠标的小型计算机。之所以称为微控制器,是因为它们的体积小(微)且能控制机器等。

采用这样一个器件,就能构建一台智能机器,在主计算机上编写一个程序,经由计算机的串行端口或并行端口将程序下载到微控制器中,然后拆除编程线并使用程序控制机器的运行。例如,在微波炉中,单独的微控制器具有从键盘读取信息、写信息到显示器、控制加热元件和存储数据(如烹调时间)等所有基本要素。

可供使用的微控制器至少有上千种不同的类别,其中一些类别是一次性可编程的(OTP),即程序一旦被写入ROM(OTP-ROM),就不能改变。OTP微控制器用在微波炉、洗碗机、汽车传感器系统和其他许多不需要改变内部程序的器件中。其他微控制器可重复编程,即存储在ROM(可能为EPROM、EEPROM或闪存)中的微控制器程序需要时可被改变——设计原型或需要I/O器件的测试设备时非常有用。

微控制器用在寻呼机、电动自行车灯光闪烁器、数据记录器、玩具(如飞机和汽车模型)、防抱死刹车系统、VCR、微波炉、报警系统、燃料喷射器、体育设备等中。微控制器也可用来构建机器人,作为机器人的大脑,控制和监控各种输入/输出设备,如光传感器、步进电动机、伺服电动机、温度传感器和扬声器。通过一些编程,可让机器人回避障碍物、清扫地板、生成各种声音信号——用于说明遇到困难(如低电压、翻倒等)或完成清扫。由于微控制器使用广泛而成本低廉,其应用场合非常之多。

13.1 微控制器的基本结构

图13.1所示为多种微控制器的基本组成部分,包括CPU、ROM(OTP-ROM、EPROM、EEPROM、Flash)、RAM、I/O端口、定时电路/引线、中断控制、串行端口适配器(如UART、USART)和模数或数模(A/D或D/A)转换器。

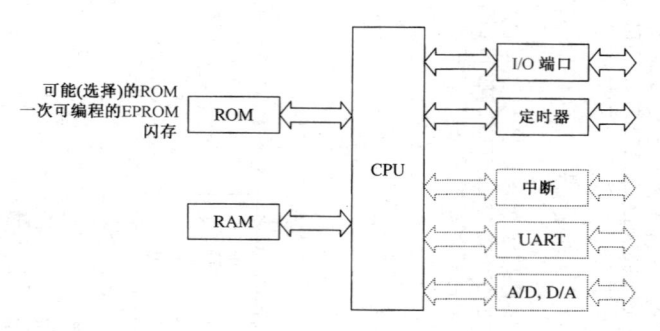

图13.1 多种微控制器的基本组成部分

CPU从存储用户程序的ROM中获取程序指令,使用RAM来存储运行程序时产生的临时数据。I/O端口用于连接外部设备,以便在其与CPU之间接收或发送指令信息。

串行端口适配器在微控制器和PC之间或两个微控制器之间提供串行通信,用于控制器件之间不同速率的数据流。在微控制器中使用的串行数据适配器是UART(通用异步通信接口)或USART(通用异步同步通信接口），UART可处理异步串行通信，而USART既可处理异步串行通信，又可处理同步串行通信。有些微控制器在这一方面做得更好，包括通用串行总线接口（USB）对芯片的接口。

中断系统用于中断运行中的程序，进而处理专用事务（称为*中断服务程序*）。这会使得微控制器可以采样需要立即处理的外部数据，如外部传感器获得的要求立刻停止的信息（如温度太高、物体靠得太近等）。定时/计数器用于钟控器件——提供数据移动所需的驱动力。有许多微控制器内建有A/D和D/A转换器，用于连接模拟传感器，如温度传感器、应变片、位置传感器等。

13.2 微控制器举例

微控制器生产厂家很多。最通用的两种微控制器由Atmel公司和Microchip公司生产。本节介绍来自这两个厂家的微控制器。

13.2.1 ATtiny85微控制器

Atmel公司的ATtiny85微控制器是一个8引脚芯片，既可表面贴装，又可通孔DIL封装。该器件可用最少的外部器件来运行。图13.2显示了其中一个小封装的内部结构。

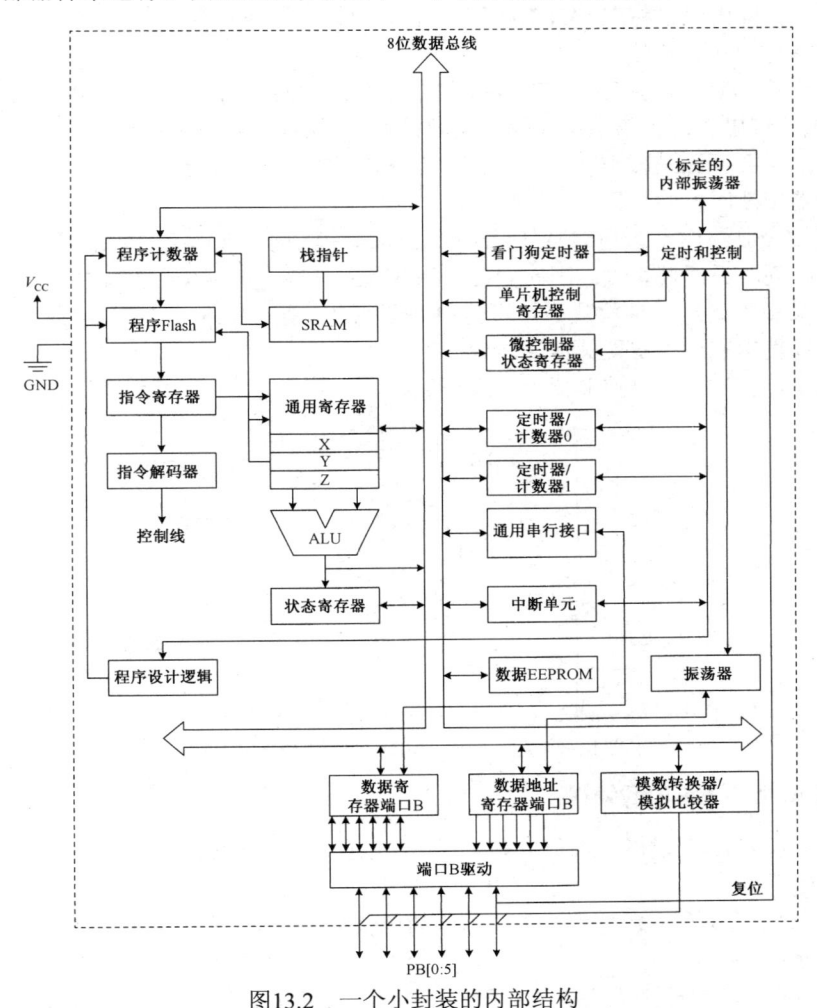

图13.2 一个小封装的内部结构

ATtiny85有三种不同类型的存储器：

- 8KB存储程序指令的闪存。
- 256B SRAM，用来存储指令执行期间的数据。
- 512B EEPROM，用来存储在掉电后需要保存的易失性数据。

看门狗时钟允许微控制器处于一种几乎不耗电的休眠模式下。看门狗时钟经过一段时间后，将唤醒微控制器。该器件可以使用不精确的内部振荡器，或者用一个外部振荡器来连接两个用于输入/输出的引脚。两种时钟用于生成内部中断，以触发一些周期性执行的代码。外部中断由某个引脚的电平变化触发。

所有I/O引脚也可用于内部ADC。ATtiny还有一个通用串行接口，可与许多不同类型的串行总线通信，包括USB、I^2C和串行总线。

1. 最小的外部器件

图13.3所示为ATtiny85 LED闪光灯控制器电路，说明了只需很少的元器件就能让一个ATtiny工作。电位器被连接到一个作为模拟输入的引脚上。例如，这可用来控制LED灯闪烁的频率。

电阻R_1可被去除而直接将RESET引脚连到V_{CC}，但在这里放一个电阻可让RESET引脚复位，在编程时，有时这样做是必要的。

当工作频率在10MHz以内时，ATtiny芯片的正常工作电压范围是2.7~5.5V，因此可用3V锂电池或一对AA电池供电。时钟频率可在编程期间设置，也能在ATtiny实际运行时由程序代码改变。控制时钟频率的主要原因是减小功耗。当频率为1MHz时，功耗可减小到300μA，在掉电模式下等待看门狗定时器中断时，功耗仅为0.1μA。

为何选用微控制器而不选用555定时器呢？虽然微控制器比555定时器昂贵，但与微控制器连接的器件较少，同时灵活性很大。因此，使用相同的硬件时，选用微控制器能做得更灵巧。例如，当电位器处于其最大的逆时针位置时，可将LED灯完全关闭。此外，微控制器还有3个未用的I/O引脚，我们可以使用它们来实现其他功能。

实际情况是，合适一个微控制器时，需要编程。

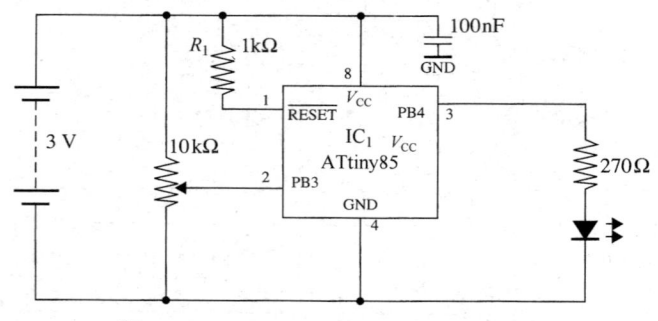

图13.3　ATtiny85 LED闪光灯控制器电路

2. AVR Studio下的ATtiny编程

ATtiny的制造商Atmel提供一个集成开发环境（IDE）——AVR Studio，它为微处理器的编程带来了很大的方便。

ATtiny常用C语言编程，较好地折中了程序的可执行性和可读性。可读性是指程序被非程序编写者的他人所理解的程度。

标准AVR Studio的功能强大且灵活，但C语言属于"低级"语言，不像BASIC Stamp语言那样容易理解。

3. 使用Arduino编程ATtiny

许多人用Arduino库来简化代码的编写。该库包含各种实用的功能，而不像BASIC Stamp语言中内置的指令。Arduino库发展自布线工程，对AVR微控制器来说是一个有用的库，主要用于Arduino开发板。然而，Arduino IDE（不同于AVR Studio）也能用来在大多数8位AVR处理器中编写程序，包括ATtiny85。

Arduino IDE是开放资源，可在Mac、Linux和Windows系统上运行。安装一些额外的配置和库文件，可让Arduino IDE在ATtiny微控制器上运行。

这里使用一个ATtiny微控制器而非完整Arduino电路板的优点是能够降低成本和功耗。

无论是用AVR Studio还是用Arduino编程微控制器，都需要将USB编程器连接到计算机的一个USB端口。编程器采用一种称为电路系统编程（ICSP）的技术，使用一个6引脚座连接ATtiny的引脚，这就是在复位引脚上连接一个电阻的原因。在印制电路板电路中，这样的设计很常见；在开发过程中，对固件的更改会非常容易。

4. 其他ATtiny微控制器

当需要更多的I/O引脚，或者使用较少的内存来节省成本时，可考虑ATtiny系列中的其他微控制器。Atmel公司的网站上包括所有微控制器的比较表。

13.2.2 PIC16Cx微控制器

简要探讨ATtiny85微控制器后，下面介绍Microchip公司的微控制器。类似于ATtiny系列，这些微控制器也是8位的。

图13.4所示为Microchip公司的PIC16C56和PIC16C57微控制器。如内部结构图所示，两个微控制器内都含有CPU、EPROM、RAM和I/O电路。

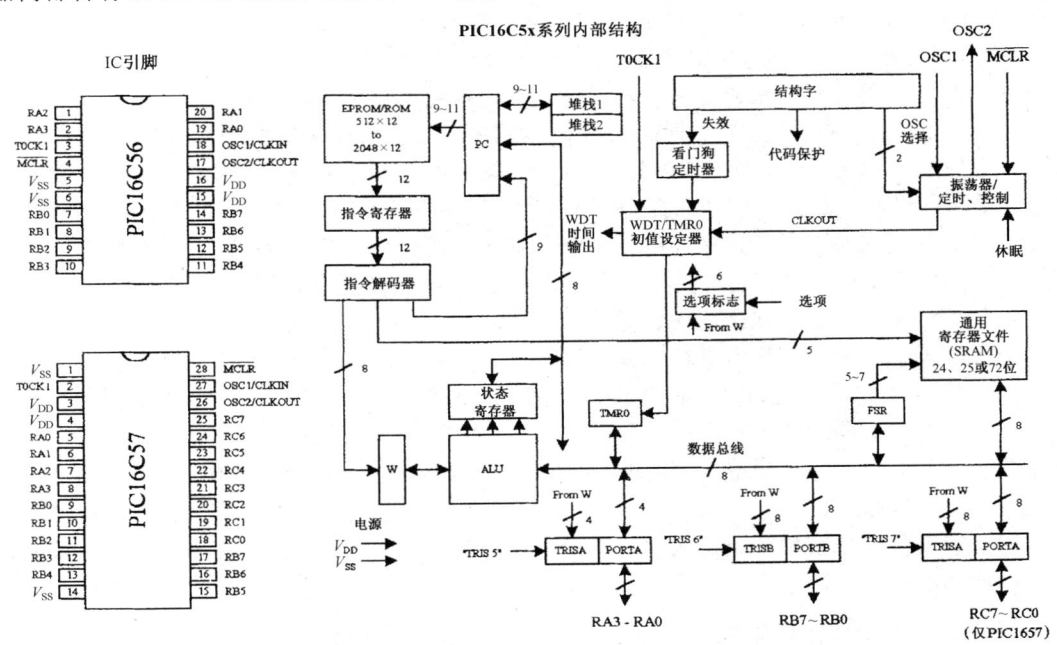

图13.4 Microchip公司的PIC16C56和PIC16C57微控制器

结构基于寄存器概念——程序和数据使用不同的总线与存储器（哈佛结构），这可以使操作并行发生。例如，当一个指令被预取时，当前指令正在数据总线上执行。PIC16C56的程序存储器

（EPROM）空间大小为1024B，而PIC16C57的存储空间大小为2048B。一个8位宽的ALU包含一个临时工作寄存器，以便对保存在工作寄存器和文件寄存器中的数据执行算术与布尔逻辑运算。ALU和文件寄存器最多由80个可寻址的8位寄存器组成，且I/O端口与8位数据总线相连。32B RAM是直接寻址的，剩余字节的获取是通过存储器转换来完成的。

为了使位移发生（时钟信号生成），PIC控制器要求将一个石英晶体或陶瓷振荡器连接到引脚OSC1和OSC2上。PIC控制器在频率为20MHz的时钟信号作用下，性能可达500万条指令每秒（5MIPS）。看门狗定时器也包含在内，它是一个不需要外部元件即可工作的RC振荡器。它在时钟信号停止时仍然继续运行，因此无论微控制器是处于工作状态还是处于休眠状态，都可获得重启信号。

芯片也具有许多可连接到外设（如亮度传感器、扬声器、LED或其他逻辑电路）的I/O引脚。PIC16C56的12个I/O引脚可划分为2个端口：端口A（RA0~RA3）、端口B（RB0~RB7）。PIC16C57比PIC16C56多8个I/O引脚（RC0~RC7）。

1. PIC微控制器编程

与微处理器一样，微控制器使用一套机器码（1和0）指令执行不同的任务，如加、比较、采样和经由I/O端口生成数据。这些机器码指令一般经由与个人计算机相连的编程单元写入内电路板上的ROM（EPROM、EEPROM、闪存）。然而，实际的程序不是使用机器码编写的，而是在计算机上的程序编辑器内使用高级语言编写的。所用的高级语言可能是流行的通用语言（如C语言）或制造商推出的在微控制器中优化了所有特性的专用语言。用户最终可将其转换为汇编语言，从而降低内存需求并减小程序，但这会以代码的可读性为代价。

使用从制造商那里得到的手册和软件，可以写出人性化的语句命令微控制器如何运行。在程序编辑器中，可输入语句、运行程序并检查语法错误。程序写好后，保存它并运行编译程序将其转换为机器语言。若程序中有错误，则编译器会拒绝执行转换，这时要返回到程序编辑器中改正错误。

错误消除且程序编译成功后，会将程序加载到微控制器中，这可能要求从电路中移出微控制器，并将其放在一个连接到主计算机或前面介绍的ICSP的专用程序单元中。

现在可以使用另一种方法来完成这项工作——包括使用解释器代替编译器。解释器是高级语言转换器，与编译器不同的是，它不存在于主计算机中，而存在于微控制器的ROM中。这就意味着需要使用一个外部ROM（EPROM、EEPROM、闪存）来存储实际程序。解释器接收并即时解释来自计算机的高级语言代码，然后将被解释的代码（机器代码）传输到外部ROM中，进而被微控制器调用。

看起来，这会浪费存储器，因为解释器要占用相当大的片上存储空间，且使用解释器会明显降低速度（不得不从外部存储器中找回程序指令），但使用解释器有一个非常重要的优点：使用解释器立即解释数据，可直接在主程序和微控制器之间建立交互式联系。用于生成源代码的主程序通常具有调试功能——当程序在微控制器中被执行时，将错误显示到计算机屏幕上，以便发现程序错误或硬件错误（如某个I/O引脚的逻辑状态错误），进而完善程序中的具体任务，如完善声音生成任务、步进电动机控制任务等。

使用解释代码（BASIC Stamp）和编译机器代码（AVR Studio）的折中方案是，将微控制器的一个引导程序装入EEPROM。在这种方法中，小引导程序被装入微控制器的闪存后，每当微控制器复位时，它就快速检查串行口传入的编程指令。若发现有编程指令，则将串行数据读入设备的闪存，以便在闪存中运行。这样，就可以不需要专门的编程硬件。

2. BASIC Stamp的PIC编程

BASIC Stamp实际上是内置有软件解释器的微控制器。这些器件也有外部支持电路，如EEPROM、调压器、石英晶体振荡器等。BASIC Stamp是初学者的理想选择，因为它们易于编程、功能强大、价格低廉。发明家和业余爱好者经常使用这些器件，读者可在互联网上找到许多有用的文献、应用笔记及经过测试的完整方案。

BASIC Stamp最初的封装由Parallax公司于1993年推出,因其外观像一张邮票而得名。BASIC Stamp的早期版本是REV D,后期推出了改进版BASIC Stamp I(BSI)和BASIC Stamp II(BSII)。

BSI和BSII在微控制器的EPROM中都内置有一个专用的解释器固件,两种封装都使用一个PIC控制器,待运行的应用程序存储在内电路板上的EEPROM中。接通电源后,在存储器中运行基本程序。若将它们连接到运行主程序的PC上,则可在任何时候对其重新编程。新程序编写完成后,按下相应的键就可加载到封装里。输入、输出引脚可连接其他数字器件,如转换开关、LED、LCD显示器、伺服电动机和步进电动机等。

下面重点介绍BSII。为启动BSII,需要编程软件、编程线、使用手册、BASIC Stamp模块和合适的开发板(可选)。这些都来自BSII的启动工具包,价格要比分开购买各部分便宜。

要获得更多的关于BASII Stamp系列的信息,请访问相关网页。

注意,要完全了解 BASIC Stamp编程的细节,可阅读用户手册,但仅阅读用户手册通常不是最好的学习方式,因为这样做很容易让初学者困惑于大量的专业术语。

3. BASIC Stamp II

BSII是24引脚DIL封装的模块,图13.5显示了完整的BASIC Stamp电路。

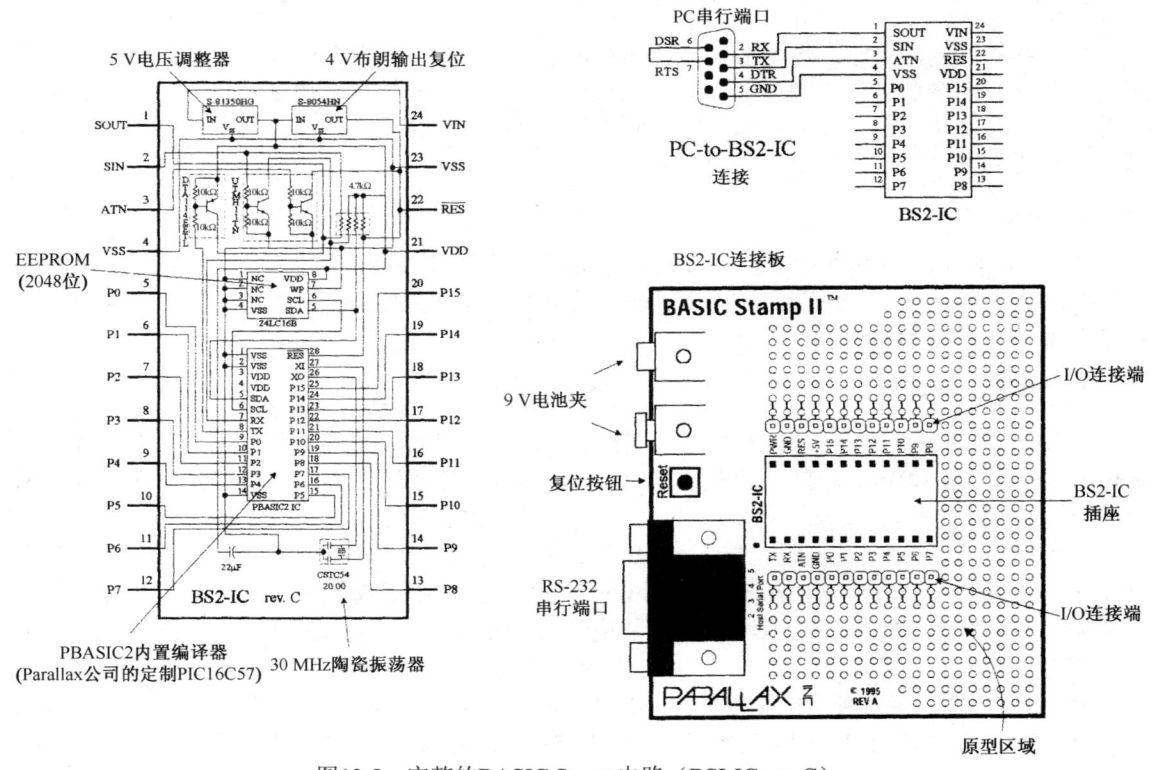

图13.5 完整的BASIC Stamp电路(BSI-IC.rev.C)

BSII的大脑是PIC16C57微控制器——采用一个PBASIC2指令对其内置一次,可永久编程EPROM(OTP-EPROM)。对BSII编程时,需要告诉PIC16C57在外部EEPROM存储器中存储符号——称为令牌。程序运行时,PIC16C57从存储器中找回令牌,将其解释为PBASIC2指令并执行这些指令。PIC16C57可以5MIPS的速度执行内部程序。但是,每条PBASIC2指令都要占据许多机器指令,所以PBASIC2的执行较慢,速度为3~4MIPS。

BSII有16个I/O引脚(P0~P15)。这些引脚可与所有的5V逻辑器件相连,例如从TTL到CMOS

· 633 ·

（它们的属性技术上类似于74HCT逻辑门系列）。引脚的方向（输入或输出）在程序中设置，当一个引脚被设置为输出引脚时，BSII可将信号发送给其他器件，如LED、伺服系统等；当一个引脚被设置为输入引脚时，BSII可接收其他器件发送的信号，如开关、光传感器等。每个I/O引脚可流入25mA的电流，流出20mA的电流；引脚P0~P7和P8~P15作为引脚组，每组可以流入共50mA的电流或流出共40mA的电流。

4．2048B EEPROM

BSII的PIC的内置OTP-EPROM是在生产过程中通过Parallax的固件（将该存储器变为PBASIC2的解释芯片）进行永久编程的。由于它们为解释器，Stamp PIC将整个PBASIC语言永久性地写入它们的内置寄存器，因此该存储器不能用来存储用户的PBASIC2程序。相反，主程序必须存储在EEPROM中，该存储器可在无电源的情况下保持数据，并易于重新编程。在运行期间，主计算机生成的PBASIC2程序被下载到BSII的EEPROM中（始于最高位地址2047并向下运行）。很多程序可能不需要整个EEPROM，这意味着PBASIC2可在EEPROM未用的低位存储数据。由于程序从存储器的顶部开始向下存储，因此数据应从存储器的底部开始向上存取。两者交叠时，Stamp的主程序将检测出该问题并显示错误信息。

5．复位电路

BSII有一个复位电路。当电源初次接到Stamp上时，或者电池电压不稳定时，电源提供的电压可能低于所需的5V。在低电压期间，PIC处于欠压状态，具有不稳定的趋势。因此，设计中加入了一个复位芯片，以强制PIC返回到程序的初始位置并且一直保持，直到电压处于可以接受的范围内。

6．供电

为避免向BSII提供不稳定的电压，BSII中集成了一个5V调节器。调节器将5~15V的电压调整为固定的5V，并提供最大50mA的电流。调整后的5V电压可在输出端V_{DD}获得，可用于对电路的其他部分供电——只要所需电流不超过50mA。

7．BSII与主PC连接

对Stamp编程时，需要将其与运行主程序的PC相连，以允许用户编写、编辑、下载和调试PBASIC2程序。PC和BSII通过一个RS-232（COM端口）接口相互通信，接口由引脚S_{IN}、S_{OUT}和ATM（串行输入、串行输出和注意信号线）组成。

在编程期间，主程序将正脉冲输入ATM，复位PIC，然后经S_{IN}将一个信号传输给PIC，表明它要下载一个新程序。PC到BSII的连接器接线图如图13.5所示。该连接允许PC复位PIC，以便编程、下载程序和接收BSII的调试数据。连接的附加引脚对（DB9插座的引脚6和引脚7）可让BSII的主程序鉴别端口所连接的是哪个BSII。

对BSII编程时，通常使用一个专用的BSII连接板，它具有原型区域、I/O连接端、BSII-IC插座、9V电池夹和一个RS-232串行端口连接器，如图13.5所示。这些连接板、编程电缆和软件可以当作启动包来购买。

8．PBASIC语言

虽然BASIC Stamp的名字中含有"BASIC"，但不能用Visual Basic或QBASIC对其编程。它不具有图形用户界面、硬件驱动和许多RAM。BASIC Stamp只能使用Parallel公司的BASIC、PBASIC编程，是专门设计用来开发BASIC Stamp的。

PBASIC是人们熟悉的BASIC编程语言的混合形式。之所以称PBASIC为"混合形式"，是因为它除了包含一些标准BASIC控制结构的简化形式外，还包含用于有效控制I/O引脚的专用命令。PBASIC是一种易于掌握的语言，并且有许多熟悉的指令，如GOTO、FOR…NEXT和IF…THEN。它还包括一些 Stamp专用指令，如PULSOUT、DEBUGBUTTON等，详见后面的介绍。

被写入BASIC Stamp的实际程序首先应使用BSII编辑器软件写出，该软件可运行在Microsoft Windows、Linux或用虚拟软件运行Windows的Mac系统上。编写应用程序所需的代码后，只需将Stamp连接到计算机的串行端口或者将USB连接到串行适配器上，对Stamp供电，并将代码下载到Stamp中。代码被成功下载后，就从代码的第一行开始执行程序。

Stamp可存储的程序大小是受限的。BSII的程序存储空间为2048B，可存储500～600行PBASIC代码。Stamp的程序存储器数量不能被扩展，因为解释芯片（PIC）认为存储器及其大小是固定的，但数据存储器可以扩展。可将EEPROM或其他存储器件连接到Stamp的I/O端口，以获得更多的数据存储区间。这需要在PBASIC程序中提供恰当的代码，以便Stamp和你可能选择的外部存储器件设备之间可以通信。扩展的数据存储器常用在监视和记录数据的Stamp应用中（如环境扫描器）。

类似于其他高级语言，PBASIC语言也包括变量、常数、地址标志、数学运算、位运算及各种指令（如分支、循环、数字处理、数字I/O、串行I/O、模拟I/O、声音I/O、EEPROM存取、时间、功率控制等）。下面简要介绍PBASIC 2语言的各个要素。

注释 注释可加入程序，以描述操作。注意始于符号"'"，终于行尾。

变量 变量是存储器中的位置——程序可用它们存储和找回数值。变量的范围是受限的。在PBASIC2程序中，变量在使用前必须声明。

常数 常数是不能改变的值，在程序开始时指定，在程序中可用来代替它们所代表的数。PBASIC2的默认数字是十进制数字，但也可通过前缀定义使用二进制数和十六进制数。例如，当前缀%放在一个二进制数之前（如%0111 0111）时，该数将视为二进制数而非十进制数。定义十六进制数的前缀是$。PBASIC2自动将引用的文本转换为相应的ASCII码。例如，若定义一个常数A，则其将被自动解释为A的ASCII码（65）。

地址标志 在程序中编辑器使用地址标志代替地址（位置）。这与有些版本的BASIC（使用行数字）不同。一般而言，地址标志可以是字母、数字和下画线的任意组合。但是，标志的首字符不能是数字，且标志不能与保留字（如PBASIC指令或变量）相同。程序可被转到地址标志所代表的位置并执行接下来的指令。地址标志后面应跟一个冒号（如loop:）。

数学运算 PBASIC II有两种运算：一元运算和二元运算。一元运算优先于二元运算。因此，应先执行一元运算。例如，在表达式10-SQR 16中，BSII首先求16的平方根，然后执行减法运算。

一元运算符

ABS	求绝对值	SQR	求平方根值
DCD	2^n位权解码器	NCD	求对应十六进制数的优先编码
SIN	求正弦函数值	COS	求余弦函数值

二元运算符

+	加法	−	减法
/	除法	//	求除法运算的余数
*	乘法	**	求乘法运算值的高16位
*/	乘以8位整数和8位小数	MIN	设最小值
MAX	设最大值	DIG	返回值的某一位
<<	左移位	>>	右移位
REV	求反	&	按位与
|	按位或	^	按位异或

表13.1中显示了BSII中使用的PBASIC指令。

表13.1　BSII中使用的PBASIC指令

指　　令	说　　明
分支指令	
IF条件THEN地址量	判断条件,若为真,则转移到程序中地址量所表明的位置 [包括=、<>（不等于）、>、<、>=、<=]
BRANCH偏移量,［地址0,地址1,…,地址N］	转移到偏移量所确定的地址（若在范围内）
GOTO地址量	转移到程序中地址量所表明的位置
GOSUB地址量	存储GOSUB语句后下一条指令的地址,然后转移到程序中地址量所表明的位置
RETURN	从子程序中返回
循环指令	
FOR变量名 = 初始值到结束值{STEP变化}…NEXT	生成一个循环,重复执行FOR和NEXT之间的语句,每循环一次,根据步长变化语句增大或减小变量值,当变量值超过结束值时,循环结束数值指令
LOOKUP索引,[值0,值1,…,值N]结果变量	查询指针所指的值并将其存储在一个变量中。若指针超过列表中该项指针的最高值,则变量不受影响。列表中最多可包括256个值
LOOKDOWN值,{比较关系}[值0,值1,…,值N]结果变量	根据指定的比较运算关系,将一个值与列表中的值进行比较,并将第一个比较出真值的索引号存储在结果变量中。若列表中未比较出真值,则结果变量不变
RANDOM变量名	使用一个字节或字变量产生一个伪随机数,该变量的每位都被加密,以产生这个随机数
数字I/O	
INPUT引脚名	使得特定引脚作为输入引脚
OUTPUT引脚名	使得特定引脚作为输出引脚
REVERSE引脚名	若一个引脚已为输出引脚,则使其为输入引脚;若一个引脚已为输入引脚,则使其为输出引脚
LOW引脚名	使特定引脚输出低电平
HIGH引脚名	使特定引脚输出高电平
TOGGLE引脚名	颠倒一个引脚的状态
PULSIN引脚名, 状态, 结果变量	以2μs为单位测量脉冲宽度
PULSOUT引脚名, 时间	通过颠倒一个引脚的状态一段时间（2μs的倍数）,输出一个定时脉冲
BUTTON引脚名, 按下状态, 延迟, 速度, 字节变量, 目标状态、地址	等待按键输入,自动重复。若按键处于目标状态,则转移到地址。按键电路可以是低电平有效或高电平有效
SHIFTIN d引脚名, 从引脚名, 模式, [结果{位}{结果{位}…}]	从同步串行器件中移入数据
SHIFTOUT引脚名, 从引脚名, 模式, [结果{位}{结果{位}…}]	将数据移出到同步串行器件中
COUNT引脚名, 时段, 变量名	统计时段内特定引脚的循环（0-1-0或1-0-1）数量和毫秒数,并将数据存储在变量中
XOUT m引脚名, z引脚名,［机构\调节OR命令｛循环｝{机构\调节OR命令｛循环｝…}]	生成X-10功率线控制代码
串行I/O	
SERIN r引脚{f引脚},波特模式,{plabe}{timeout, tlabe,}{输入数据}	接收异步串行传输
SEROUT tpin, baudmode, {pace,}{输出数据}	以任意字节速度和流量控制发生串行数据
模拟I/O	

· 636 ·

续表

指　令	说　明
PWM引脚名，任务，循环	输出快速脉宽调制，然后将引脚返回到输入端。此命令可使电容和寄存器输出模拟电压（0～5V）
RCTIME引脚名，状态，结果变量	测量RC充放电时间。可用于电位计测量
声音	
FREQOUT引脚名，期间，频率1{，频率2}	在特定期间生成1个或2个正弦音调
DTMFOUT引脚名，{起始时间，结束时间，}{，音调…}	生成双音调，多频音调（DTMF，如电话"按键"音调）
EEPROM存取	
DATA	在下载PBASIC程序前，将数据存储到EEPROM中
READ位置，变量名	读EEPROM位置并将值存储在变量中
WRITE地址字节	将1字节数据写到EEPROM的恰当地址
时间	
PAUSE毫秒	将程序暂停一些毫秒（0～65535ms）
功率控制	
NAP期间	进入休眠模式，无负载驱动时，功耗降低到50μA，时长为（2期间）×18ms
SLEEP秒	休眠1～65535s以将功耗降至约50μA
END	休眠，直到与电源或PC连接，功耗约为50μA
程序调试	
DEBUG输出数据{，输出数据…}	在PC屏幕上显示BSII主程序中的变量和信息；输出数据由下面一项或多项组成：文本串、变量、内容、表达式、格式化和控制字符

9. 调试

对PBASIC程序进行调试时，BASIC Stamp编辑器有两个方便的特性，即语法检查和DEBUG命令。

语法检查向用户提醒所有语法错误，并在将程序下载到BASIC Stamp中时自动执行检测，语法错误将使得下载进程中断，显示错误信息，并指出源代码中的错误。

不同于语法检查，DEBUG命令是一个写入程序、用来找出逻辑错误的指令——逻辑错误由用户无意造成，BASIC Stamp无法发现。DEBUG执行类似于BASIC语言中的PRINT命令，并且可以显示PBASIC（在BASIC Stamp中执行时）程序中特定变量的当前状态。若用户的PBASIC代码中包含一个DEBUG命令，则编辑器会在下载进程的底部打开一个专用窗口以显示结果。

10. 使用BSII制造机器人

为了说明使用BASIC Stamp II制造有趣的器件非常简单，下面来看一个机器人应用。在该应用中，主要目标是阻止机器人撞上物体。机器人无目的地到处移动，当其靠近一个物体时，机器人应停下、倒退并向另一个方向运动。在该例中，机器人由如下部分组成：

- 一个BSII，作为机器人的大脑。
- 两个连接到车轮上的伺服系统，作为机器人的腿。
- 一对红外线传感器，作为机器人的眼睛。
- 一个压电扬声器，作为机器人的发声系统。

图13.6所示为用于制造机器人的元件及其连接方式。

11. 伺服系统

机器人的移动方向由左右伺服电动机控制，后者可提供360°的旋转。控制伺服电动机要求生成宽度为1000～2000μs、间隔约为20ms的脉冲信号。对于例中的伺服电动机，当发送到伺服电动机控制线上的脉冲宽度设为1500μs时，伺服系统居中——不移动。若脉冲宽度减小，如减小为1300μs，则伺服电动机顺时针方向旋转。若脉冲宽度增大，如增大为1700μs，则伺服电动机逆时针方向旋转。

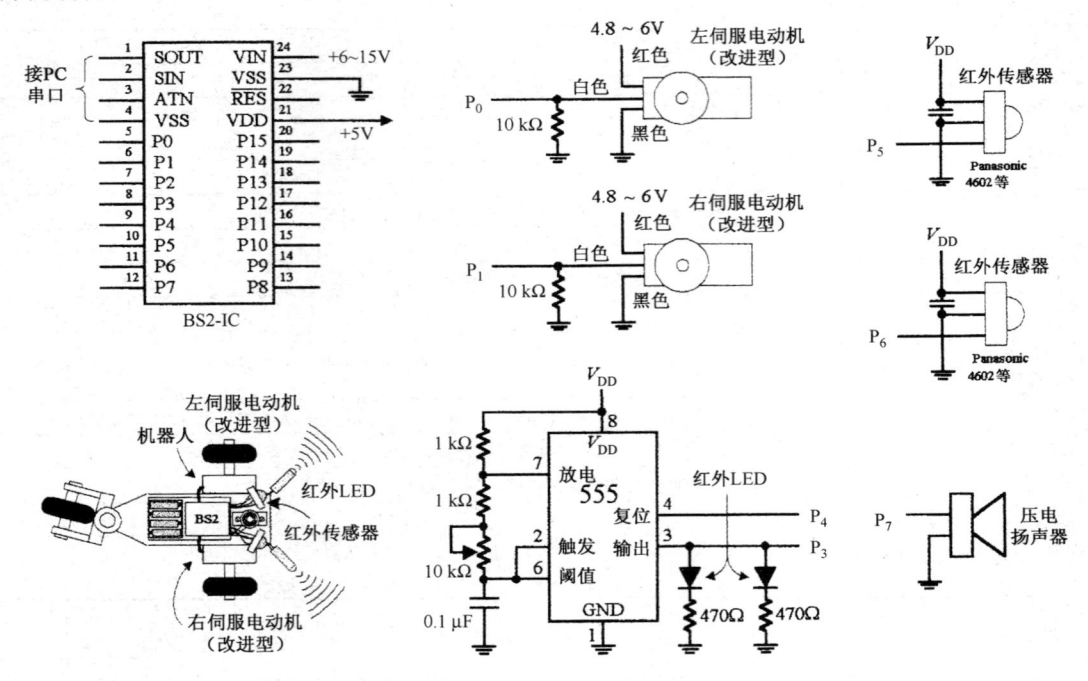

图 13.6　用于制造机器人的元件及其连接方式

用于驱动机器人中伺服电动机的实际信号由BSII使用PULSOUT pin、time1和PAUSE time2指令生成。pin代表与伺服电动机控制线相连的BSII特定引脚，而time1代表该引脚保持为高电平的时间。注意，对于PULSOUT指令，置于time1位置的十进制数实际上只代表脉冲为高电平时间的一半（单位为微秒）。例如，PULSOUT 1,1000表示BSII置引脚1为高电平的时长为2000μs或2ms。对于PAUSE指令，置于time2位置的十进制数代表中断时间（单位为毫秒）。

12. 红外传感器和接收器

机器人的目标检测系统由左右红外（IR）LED传感器和红外检测模块组成。红外LED经由555定时器以非常高的频率闪烁，在例中为38kHz，占空比为50%。选择该频率主要是为了避免与其他家用红外光源（主要为白炽灯）相互干扰，并与图中的红外传感器匹配（许多红外LED传感器可以用在该机器人中，使用不同的频率时，它们可能工作得更好）。也可使用BASIC Stamp产生这些脉冲，这里选择外部硬件是为了使程序更简单。

LED发射的红外光子遇到机器人路径中的物体后，反射到红外检测器模块中。当一个检测器模块收到光子时，与模块相连的BSII引脚变为低电平。BSII每秒仅能执行约4000条指令，而检测器模块每秒生成的脉冲数为38000个，这时BSII接收的脉冲实际数量较少，约为10个或20个。

13. 压电扬声器

压电扬声器连接到BSII I/O的终端之一，用于在机器人前进或后退时发出不同的声音。为了向压电场声器提供生成声音所需的正弦波形，使用了FREQOUT pin、time、frequency指令。指令FREQOUT 7 1000 440在引脚7上生成一个持续1000ms的440Hz正弦波。

注意，由于产品公差，当脉冲达到1500μs时，电动机可能不停止转动，处理这样小的误差因素可能需要增大或减小PULSOUT值。

14．关于大量制造的思考

BASIC Stamp电路的主要元件是PIC（内有CPU和存储PBASIC解释器的ROM）、外置EEPROM（存储程序）和谐振器。在大规模制造中，一般会去掉外部存储器、程序解释器，将编译的PBASIC代码直接下载到PIC中，以便节省空间和费用。制造时，BASIC Stamp使用Parallax的PIC16Cxx编程器，将PBASIC代码直接写入PIC微控制器。

BASIC Stamp的主要优点是易于调整代码、测试输出程序块且可立刻发现其是否工作等，这是制造原型机时的主要特性之一。相比之下，使用PIC建立原型时，检查错误会变得非常困难，因为必须一次性编译所有代码，且不能测试代码块。

13.2.3　32位微控制器

前面探讨的是时钟频率约为10MHz、内部存储器空间仅为数千字节且采用8位数据总线的微控制器。20世纪八九十年代的家用计算机采用的就是人们熟知的这些微处理器。相比之下，现代智能手机具有吉赫兹数量级时钟频率和成百上千兆字节RAM的32位处理器，而8位微控制器提供的性能确实不敢恭维。那么，这些32位微控制器将用来做什么？

Atmel、Microchip和大多数其他微控制器制造商都生产采用32位数据总线且有更多存储器的高性能微控制器，以便满足高性能应用的要求。当需要这种性能的微控制器时，可选用你熟悉的生产8位设备的制造商的产品，因为这些产品通常具有相同或相似的软件工具和编程方法。虽然这些高性能微控制器的价格高一些，但处理速度要快得多。

13.2.4　数字信号处理器

手边有一个带有ADC模块输入和DAC模块输出的微控制器时，就可转换声音信号（如音乐信号）。此类微控制器以某种方式处理数据，然后通过DAC模块送回结果。采用此类微控制器，可以创建图形均衡器或动态变声器，后者称为数字信号处理器（DSP）。

虽然可将标准的8位微控制器作为简单的数字信号处理器，但其自身的ADC转换速度往往很慢，而处理音频信号的傅里叶变换算法的实时性要求很高，因此选用快速的CPU是有益的。

芯片有多种专用于数字信号处理的标准微控制器。dsPIC就是一款多用于低功耗数字信号处理系统的芯片，其参数如下：16位的内部数据总线、40MHz的时钟频率和2KB的RAM。

说明：数字信号处理是一个复杂的研究领域，当前有很多针对该领域的优秀参考书籍。

13.3　评测板/开发板

因为微控制器制造商非常希望自己的产品能被用户使用，所以基本上都提供微控制器的开发测试板，以便让用户进行低成本开发。微控制器开发板常以PCB形式存在，其上提供晶振和稳压器等元器件，以及用于开发者再设计的区域。开发板通常通过USB或RS-232串口进行编程，但在使用RS-232串口进行编程时，需要有一台带有串口的早期计算机。开发商还提供与开发板配套的软件开发工具，但有时用户需要购买软件开发工具的专业版本。

在开发商提供开发板的同时，第三方也提供一些开发板。这些开发板在开发阶段非常有用，因为与一切从头开始设计相比，原型机设计要简便和快捷得多。

表13.2中列出了一些常用的微控制器评测板。

表13.2 一些常用的微控制器评测板

生产商	评测板名称	微处理器	备注
Atmel	AVR Butterfly	ATMega169	包含LCD，串口编程器
Freescale（Motorola）	DEMO908JL16	MC68HC08JL16 family	USB编程
Microchip	PICkit 1 Flash Starter Kit	PIC12F675	包含USB编程硬件
Microchip	MPLAB Starter Kit for dsPIC	dsPIC 33FJ256GP506	USB，音频（处理），包含放大器
Arduino	Arduino Uno	ATmega328	参见13.4节的内容

13.4 Arduino

Arduino是用于微控制器原型机设计的开源硬件平台，包含硬件开发板和集成开发环境（IDE）。IDE使用简单，可用在Mac、Linux和Windows计算机中。

作为微控制器技术的起点，Arduino开发板很受欢迎，原因如下：价格低廉、开源设计、简单且可跨平台使用的集成开发环境、插件可用性（硬件扩展）。

13.4.1 Arduino简介

Arduino Uno是最受欢迎的Arduino开发板（见图13.7），它基于与ATmega328类似的Atmel微控制器（ATtiny微控制器也可通过Arduino的集成开发环境编程）。

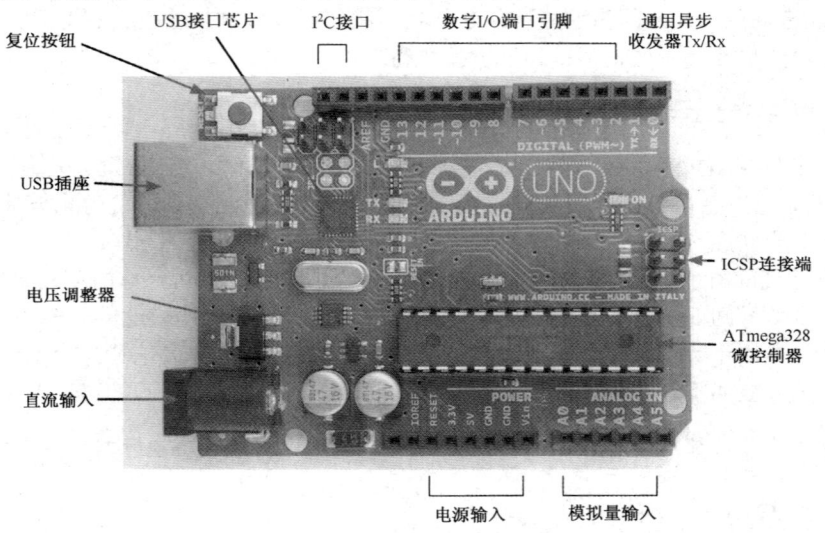

图13.7 Arduino开发板

ATmega328有32KB闪存、2KB RAM和1KB EEPROM，有硬件串行接口、UART端口、通用定时器和中断功能。

微控制器是图13.8中所示开发板右下方的28引脚芯片。芯片下方是6个可作为数字I/O端口的模拟引脚和一个电源连接模块。

Arduino可由7~12V的直流输入供电或USB端口供电，且可自动切换供电方式。

开发板上方是I^2C接口端口，通常是采用Arduino Uno的两个模拟输入端口（A4和A5）。为满足独立I^2C接口的进一步开发，此类端口需要具有复用功能。开发板上方还有一排数字I/O端口，其中一些端口具有脉宽调制能力，D_0和D_1分别作为UART端口的Rx和Tx引脚。

13.4.2 Arduino开发环境

Arduino开发环境提供编辑器,可完成程序的编辑,并通过USB端口将程序下载到Arduino开发板中。除了程序编辑区域,开发环境还提供如下功能:

- 语法高亮显示且区分颜色
- 显示存储器的使用情况
- 链接Arduino库文档
- 与USB双向通信的串口监视器

包括Arduino Uno在内的大多数Arduino开发板都有一个可用于编程的USB连接器。完成代码编写后,选择开发板型号并单击"上传"按钮,代码将进行编译,然后下载到微控制器的闪存中。

13.4.3 Arduino开发板

为了满足不同的开发需求,除Arduino Uno外,还有很多其他的Arduino开发板,它们具有相同的编程方式,只是大小、价格和可用I/O端口数不同。制造商经常发布新增了许多功能的Arduino开发版。大多数人使用表13.3中列出的Arduino开发板。

表13.3 Arduino开发板

型 号	性 能	说 明
Uno R3	本书编写时Arduino Uno的最新版本	与Arduino Uno的最初版本基本相同,但增加了I^2C和电源状态插座
Uno	14个数字I/O端口和6个既可作为数字引脚又可作为模拟引脚的I/O端口,32 KB闪存、2KB SRAM和1KB EEPROM	最受欢迎的Arduino开发板,适合初学者使用。采用了新USB端口,不需要USB驱动
Leonardo	与Arduino Uno具有相同的I/O端口和存储器规格	比Uno更廉价,且拥有可USB编程的微控制器
Duemilanove	一部分与Uno的规格相同;一部分采用ATMega168微控制器,拥有Uno一半的存储容量	Uno的前身。使用基于FTDI的USB接口,需要在Windows系统下安装USB驱动
Lilypad	14个数字I/O端口和6个既可作为数字引脚又可作为模拟引脚的I/O端口,16KB闪存、1KB SRAM和可工作在8MHz频率下的512B EEPROM	可与Lilypad的其他设备连接使用,如LED和加速计需要一个从USB到串口的转换器
Mega 2560	54个数字I/O端口和16个既可作为数字引脚又可作为模拟引脚的I/O端口,4个UART端口、256KB闪存、8KB SRAM和4KB EEPROM	当需要大量I/O端口时,可以选用这款开发板;可以插接Arduino插件,但偶尔会出现兼容性问题
Mini	与Arduino Uno具有相同的I/O端口和存储器规格	比Arduino Uno小巧,需通过USB转串口转换器编程
Nano	与Arduino Uno具有相同的I/O端口和存储器规格	比Arduino Uno小巧,可直接插接面包板使用。通过一个微型USB插座编程
Fio	与Arduino的规格相近,可运行在8MHz频率下;无线XBee插座	专用于无线移动应用,可用锂电池供电
Ethernet	与Arduino Uno具有相同的I/O端口和存储器规格	含有内置以太网的Arduino Uno

除了表13.3中列出的开发板,其他制造商也提供开发板,但它们的区别很小。表13.4中列出了一些专用的Arduino开发板。

表13.4 一些专用的Arduino开发板

型 号	性 能	说 明
DFRobot-ShopRover	内置电动机驱动	用于机器人开发
Electric Sheep	带有USB主机连接的Arduino Mega开发板	常用于支持开放标准的Android手机
EtherTen	带有以太网连接的Arduino Uno开发板	
Lightuino	LED驱动	70个电流恒定的LED通道
USBDroid	带有USB主机连接的Arduino Uno开发板	
Teensyduino	与Leonardo开发板规格相似	带有USB功能的微面包板装置

13.4.4 扩展板

Arduino的成功在很大程度上取决于扩展板的广泛应用,因为扩展板可给基本的Arduino开发板扩展很多功能。扩展板可安装到Arduino主开发板的插口中(见图13.8)。大多数扩展板通过另外的插头与主板相连,可在Arduino主板的底部扩展多个功能的扩展板,但带有显示器件的扩展板不能以上述方式连接主板。注意,采用这种方式堆叠扩展板时,需要确保扩展板间的兼容性,如两个扩展板要求使用同样的排针。有些扩展板通过跳线可以解决这一问题,因为跳线的引入增大了引脚的灵活性。

从继电器控制到LED显示,再到音频文件播放,几乎所有期望通过Arduino实现的功能都可找到相应的扩展板来完成。大多数扩展板是以Arduino Uno作为开发板设计的,但也有很多开发板能够兼容Arduino Mega开发板。表13.5中列出了一些常用的扩展板。

图 13.8 Arduino 开发板上的以太网扩展板

表13.5 一些常用的扩展板

扩展功能	描 述
电动机	Ardumoto扩展板H桥双向电动机控制,每个通道的最大电流为2A
以太网	以太网和SD卡扩展板
继电器	控制四路继电器,继电器触点为螺栓型端子
液晶显示	摇杆液晶显示扩展板,可以显示16×2个字母或数字

13.4.5 Arduino C语言库

Arduino是通过C语言进行编程的。Arduino提供一系列内核函数,它们可直接用在程序中。Arduino函数库中提供大量指令,表13.6中列举了Arduino函数库的常用指令。

表13.6 Arduino函数库的常用指令

指 令	例 子	描 述
数字I/O		
pinMode	pinMode(8, OUTPUT);	设置8路引脚为输出。若第二个参数为INPUT,则设置其为输入
digitalWrite	digitalWrite(8, HIGH);	设置8路引脚为高电平。若第二个参数为LOW,则设置其为低电平
digitalRead	int i; i = digitalRead(8);	读取引脚8的电平状态,设置i值为HIGH或者LOW
pulseIn	i = pulseIn(8, HIGH)	在引脚8的下一个高电平脉冲到来时,以微秒为单位返回持续时间
tone	tone(8, 440, 1000);	设置引脚8每隔1000ms按440Hz的频率振荡
noTone	noTone()	停止程序中的所有振荡动作
模拟I/O		
analogRead	int r; r = analogRead(0);	读取端口0的值并赋给r。其中0V对应0,5V对应1023,i是所获电压值按比例对应的值(对于3V的板子,1023对应3.3V)
analogWrite	analogWrite(9, 127);	输出PWM信号。占空比为0~255,255表示占空比为100%。只能用于Arduino开发板上标记为PWM的引脚(3、5、6、9、10和11)
时间指令		
millis	unsigned long l; l = millis();	long型在Arduino中为32位。返回值是以毫秒为单位的自上次复位至今的时长。该值约在50天后重置
micros	long l; l = micros();	与millis相似,只是返回时间的单位是微秒。该值约在70分钟后重置
delay	delay(1000);	延迟1000ms或1s
delayMicroseconds	delayMicroseconds(100000);	延迟100000μs。注意:最小延迟时间为3μs,最大延迟时间约为16ms
中断		
attachInterrupt	attachInterrupt(1, myFunction, RISING);	在中断引脚1(Uno上的D3脚)的上升沿执行函数myFunction
detachInterrupt	detachInterrupt(1);	禁用中断引脚1上的任何中断事件

此外，也有很多与Arduino集成开发环境绑定的函数库，用到时可添加到自己的代码中。使用如下指令实现库函数的引用，其中include指令后跟的是函数库名称：

```
#include <Servo.h>
```

以上指令导入Servo库，它会在Arduino程序中用到。

表13.7中列出了Arduino集成开发环境包含的函数库。

表13.7 Arduino集成开发环境包含的函数库

函 数 库	描 述
EEPROM	读写EEPROM
Ethernet	使用以太网开发板或扩展板时的TCP/IP通信协议，包括DNS、DHCP、HTTP和UDP
Fermata	关于引脚开关、读取模拟值等的使用串行指令的协议
LiquidCrystal	基于HD44780（最常用的字母数字型LCD模块）的标准字母数字型LCD模块的接口
SD	SD卡读写：用在带有以太网或实时时钟接口的SD卡插口的功能扩展板上
Servo	同时控制多个伺服系统
SoftwareSerial	用任意两个引脚接收传送数据：Arduino有一个硬件串口（UART）
SPI	外围串行接口总线库
Stepper	步进电动机控制
Wire	I^2C库

作为开源系统，除了Arduino官方函数库，任何人都可编写自己的函数库并发布到社区中。很多个人编写的函数库非常实用，表13.8中列举了其中一些常用的第三方Arduino函数库。

表13.8 一些常用的第三方Arduino函数库

函 数 库	描 述
Android Accessory	实现Android手机和Arduino开发板的串行通信
Bounce	实现开关的软件去抖动
Dallas Temperature Control	提供DS18B20系列温度传感器的接口函数库
Handbag	提供与Android装置通信的替代机制
IRRemote	用红外LED发送器和接收器发送、接收远程红外指令
Keypad	解码来自矩阵键盘的单击动作
OneWire	1总线接口函数库
RTC library	与各种实时时钟芯片的接口函数
Si4703_Breakout	对Si4703无线接收芯片进行简单控制
USB Host Shield	用于类似键盘的USB装置，也可用于Android配件
VirtualWire	为以433MHz无线调频信号连接的两块Arduino开发板提供串行通信
xbee	与XBee数据模块通信

要详细了解Arduino，可参阅Arduino的官方网址。

13.5 微控制器的接口

无论所用的是ATtiny、PIC还是Arduino，都需要连接一些元器件，至少要有一到两个开关。与微控制器相连的接口有如下三类：

- 数字接口：开关信号作为输入，LED或类似器件作为输出。
- 模拟接口：各种类型的传感器。
- 串行接口：有四种主要类型的串行通信协议：TTL串口、I^{2}C、1-Wire、串行外围接口（SPI）。

下面各节假定你的微控制器有模拟和数字两个输入，以及数字和PWM输出。同时，假设微控制器的工作电压是5V。这并不是绝对的，因为许多微控制器能在更低的电压下工作，如3.3V就是常用的选择之一。

13.5.1 开关

1. 单开关

开关很容易连接到数字输入端（见图13.9）。注意，上拉电阻的作用使引脚保持高电平直至开关闭合。当开关属于常闭型开关时，电流是持续的，因此需要将一个高阻值（10kΩ）的电阻串联到电路中。但对于常开型开关，仅当开关按下时才有电流流动，因此1kΩ的电阻符合要求。

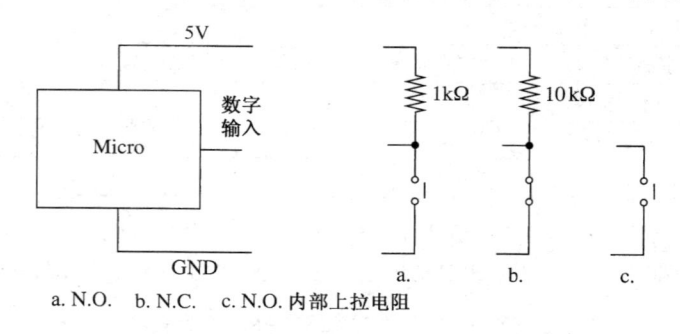

图13.9 开关连接到数字输入端

将开关连到地，如图13.9所示。当开关闭合时，数字输入将被拉低。这意味着按下按钮后，逻辑将倒置。也可以交换开关和电阻的位置，让电阻成为下拉电阻，且在开关闭合后输入端为逻辑高电平。

上拉电阻的选择依赖于周围环境的电磁噪声和微控制器与开关之间的距离。本质上讲，它是对噪声消除和电流损耗的折中。对于常开型开关，仅当按键被按下时电流才流动，因此用一个1kΩ的电阻产生5mA的电流通常不是问题。事实上，有人主张使用一个阻值更低（如270Ω）的电阻。

许多微控制器都包含上拉电阻，这些上拉电阻可以打开和关闭特定的数字输入。在ATmega和ATtiny微控制器上，这种专用的上拉电阻的值为20～40kΩ，因此当噪声较大且开关距离较远时，采用外部上拉电阻可能更好。

2. 多路开关与一个模拟输入

若有大量的开关且不想占用一个数字输入的负载，则可使用一个模拟输入和若干电阻。模拟输入的电压取决于被按下的开关（见图13.10）。

图13.10截自Freetronics Arduino LCD的原理图，这里用5个按钮操作杆式排列的开关。注意它是如何将每个按钮的10位AD的十进制值作为表格给出的。

读取的模拟量通常并不完全是所要的数值，具体取决于电阻公差和电源供电电压的变化。因此，在代码注释中通常会显示某个按钮的数值区间而非一个值。

3. 使用矩阵键盘

矩阵键盘使用开关排成一个矩阵，如图13.11所示。图中的4×3矩阵键盘在每行和每列的交叉处都有一个键。为了检查某个键是否被按下,微控制器会从Q_0到Q_2依次拉高每个输出引脚,并查看输入端I_0到I_3的显示值是多少。注意,若微控制器未提供内部上拉电阻,则每个输入端都需要上拉电阻。

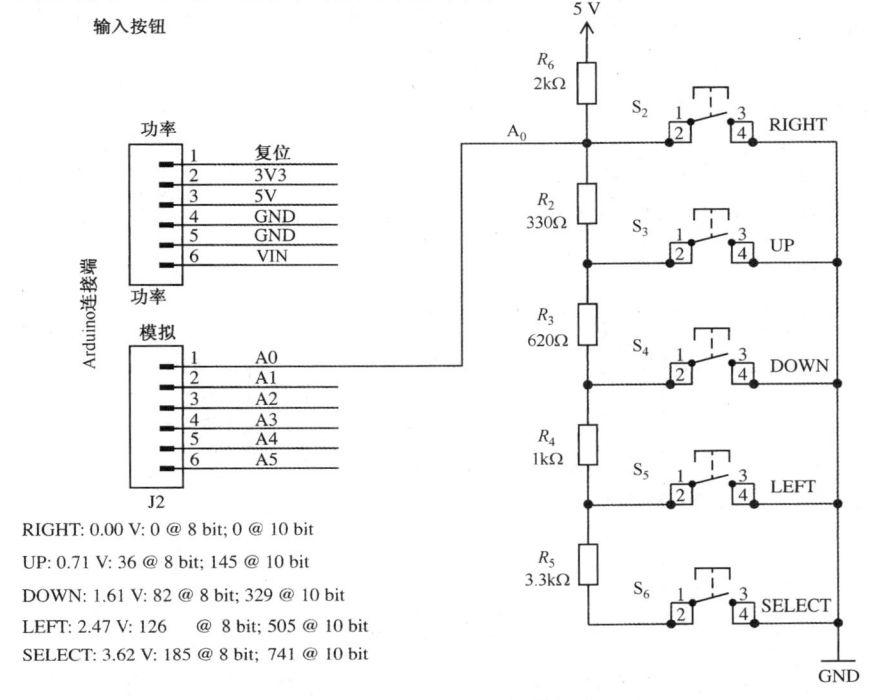

RIGHT: 0.00 V: 0 @ 8 bit; 0 @ 10 bit
UP: 0.71 V: 36 @ 8 bit; 145 @ 10 bit
DOWN: 1.61 V: 82 @ 8 bit; 329 @ 10 bit
LEFT: 2.47 V: 126 @ 8 bit; 505 @ 10 bit
SELECT: 3.62 V: 185 @ 8 bit; 741 @ 10 bit

图13.10 多路开关与一个模拟输入

实际上,这是一个常用的微控制器组件,为它重新编写代码是不必要的浪费。

4. 消抖

将示波器连接到图13.11中任何一个电路的输出端,若开关闭合,则可能看到图13.12所示的输出波形,这称为开关抖动。开关抖动会造成一些后果,想象按下一个键来切换LED灯的开和关,若恰好有一些抖动,则LED灯的开关打开后又立即关闭,给人一种什么也未发生的印象。

消除开关抖动的一种较好方法是,将其连接到微控制器的输入端。尽管可以用硬件来这么做,即采用单稳态触发器来滤除触发开关后产生的后续脉冲,但使用软件来消抖可减少元器件的数量。

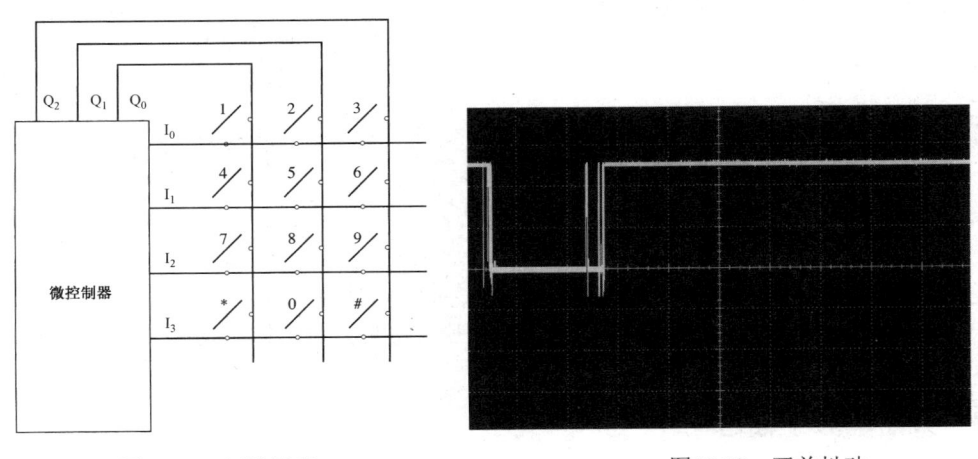

图13.11 矩阵键盘

图13.12 开关抖动

键盘矩阵的消抖是早已解决的常见问题。软件消抖的原理和硬件消抖的原理相同，即在第一次开关时采取措施，然后忽略任何后续的输出，直到安全的消抖时间过去。然而，有时无法这样做，如微控制器有其他任务的时候（如LED的闪烁显示等）。这时，常用的方法是在第一次开关时设置一个变量作为毫秒的标号，并设置一个从键被按下到抖动时间结束的条件。

13.5.2 模拟输入

许多传感器提供一个模拟输出信号来表明其正处于读操作状态。例如，TMP36温度传感器IC可直接连接到微控制器的模拟输入端（见图13.13）。

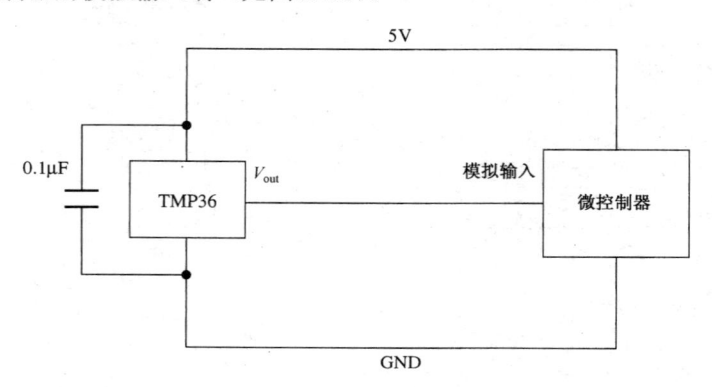

图13.13 从TMP36传感器读取电压

要测量一个超出微控制器的模拟输入范围（0～10V）的电压信号，可用两个电阻作为一个电压分配器来将电压降至合适的值。如果仍然存在电压超出预期范围的风险，可再加一个稳压二极管（见图13.14）来保护微控制器的模拟输入。

实际上，在电压为5.1V之前，稳压二极管就开始导通，这会影响读数的线性度。这就是输入范围被标为0～50V而非0～55V的原因。记住，电压分配器比是1∶11而不是1∶10。

若转换方式是规定的，则应该使用软件而非硬件实施。这种方法提供更大的灵活性，如增加滞后环节或者改变设定的温度。

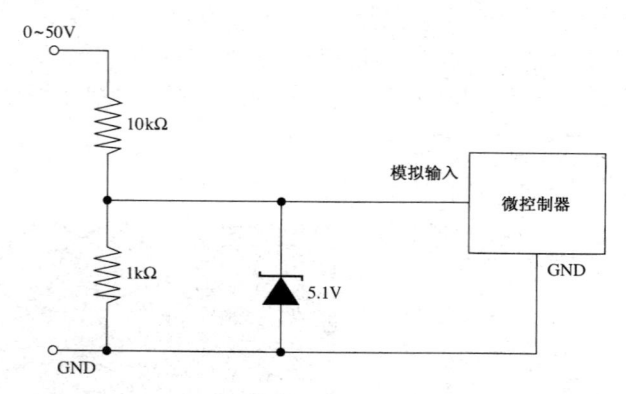

图13.14 ADC电压减小和输入保护

为了测量电阻，电阻型传感器（如光敏电阻和热敏电阻）通常作为电压分配器的一路来产生能读取的电压。

13.5.3 大功率数字输出

大多数微控制器能够可靠地提供约20mA的输入/输出电流。要驱动大功率负载，如继电器或一个大功率LED，就要使用晶闸管。

注意，Arduino可承受每个引脚40mA及每块芯片最大200mA的电流。为了生产产品，这些数据应降低25%，因此Atmel公司声称他们的芯片能够轻松应对最大额定电流。

图13.15说明了如何使用双极型晶体管来完成放大功能，而图13.16则说明了如何用MOS场效应管来完成放大功能。

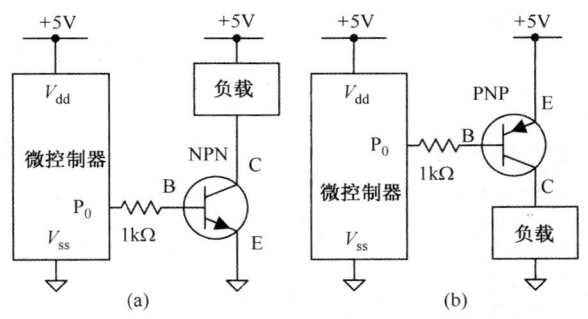

图13.15 如何使用双极型晶体管来完成放大功能

双极型晶体管可作为开关来接通和断开负载。在图13.16(a)所示的电路中，当P_0置高电平时，NPN型晶体管导通，C和E间呈现低电阻。在图13.16(b)所示的电路中，当P_0低电平时，PNP型晶体管导通。微控制器的I/O端口输出电流的等级通常可为双极型晶体管提供足够大的基极电流。因此，要为负载选择合适电流/电压等级的双极型晶体管。

与双极型晶体管相比，MOS场效应管有许多优点。优点之一是对大多数应用而言，MOS场效应管不需要门电阻。然而，MOS场效应管是一个容性负载，因此当引脚改变状态时，励磁涌流可能非常高，且持续时间很短。微控制器一般能应对这种情况，但为了设计的规范性，通常会使用一个约1kΩ的门电阻。

与双极型晶体管（10～100mΩ）相比，MOS场效应管有更低的导通电阻。这意味着MOS场效应管驱动产生的压降很小，且通常会流过更大的电流。MOS场效应管也有很高的输入阻抗；它们输入一个来自微控制器I/O引脚的很小门极电流。一些MOS场效应管能够处理60A或更大的电流。在图13.16(a)所示的电路中，N沟道MOS场效应管使用P_0端口输出的高电平触发。图13.16(b)所示的电路中，P沟道MOS场效应管使用P_0端口输出的低电平触发。存在感性负载时，推荐使用单独的电源为负载供电。

使用MOS场效应管作为开关的另一个优点是其漏源电阻非常低，且关断电阻非常高。这会使得小尺寸的MOS场效应管就能控制大负载。但要确认栅极阈值电压是否超过逻辑电平。例如，当门极电压为5V时，栅极阈值电压为6V的N沟道MOSFET管是不能打开的。对大功率MOS场效应管来说，这个问题很常见。当使用大功率MOS场效应管时，标有"逻辑电平"的MOS场效应管意味着栅极阈值电压低于5V。

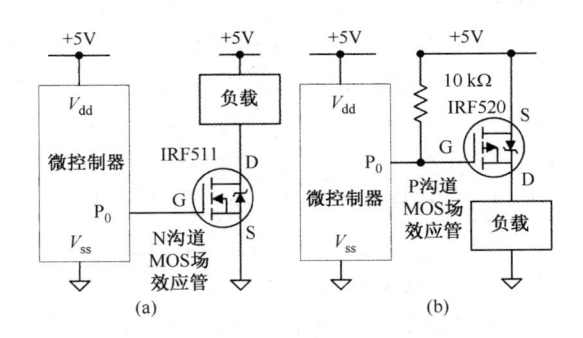

图13.16 如何用MOS场效应管来完成放大功能

1. 继电器和其他感性负载

除了簧片继电器，很少有继电器在小于50mA的电流下切换，因此需要采用晶体管放大器配合工作。此外，还要将一个反偏二极管并接在继电器线圈的两端，防止切换时继电器线圈产生的电压尖峰信号损坏晶体管（见图13.17）。

对于大电流系统，如12V继电器，MOS场效应管是比双极型晶体管更好的选择。图13.18中的N沟道MOS场效应管由微控制器通过74HC07缓冲器驱动。二极管用于削减由线圈产生的感性尖峰信号。当P₀置为高电平时，MOSFET导通，使继电器处于接通状态。

2. 脉宽调制

图13.17也适用于类似直流电动机的感性负载。若数字输出为PWM，则该电路也可用于控制电动机的功率和速度（见图13.18）。

图 13.17　由数字输出控制继电器或直流电动机

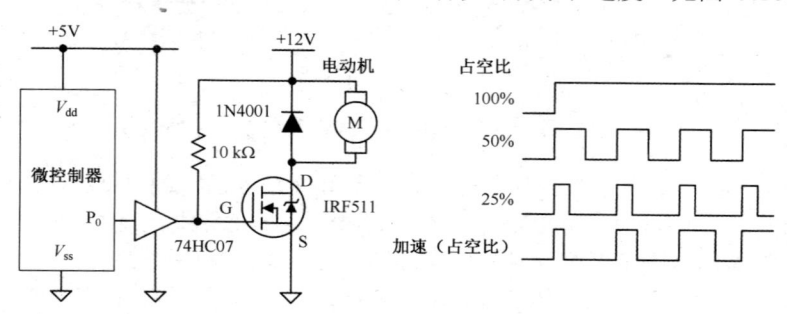

图13.18　直流电动机控制

图13.18中的波形显示了如何调整占空比（高电平时间与脉冲周期的比值）来控制电动机的转速。有些微控制器也可通过硬件来简化产生PWM信号的过程。若所用微控制器本身具有相当强的输出，则使用74HC07缓冲器的意义不大。

3. 电动机方向控制

电动机方向控制可由图13.19所示的H形桥电路来实现。

若控制电动机的电流不超过2A，则最佳的控制方式是采用H形桥电路，如TB6612FNG，它已将所有晶闸管封装在一起，且具有热关机保护功能以防止过载。

用MOSFET搭建的H形桥电路为直流电动机提供正向和反向的方向。H形桥电路提供一个内置的动态保护切断功能，适用于较大的功率控制应用。为了让电动机朝某个方向运动，P₀被设置为高电平，P₁被设置为低电平。切换方向时，P₀置低电平，P₁置高电平。缓冲器（74HC07）可用光耦合器代替，以便与电动机的电路部分实现理想的电气隔离。

4. 伺服电动机控制

在机器人的例子中，我们接触过伺服电动机的控制。因为伺服电动机使用一个控制信号，所以可用一个数字输出来直接提供控制信号（见图13.20）。

图13.20所示为低电流伺服电动机，它受控于一个微控制器。P₀端口向伺服电动机发送控制信号。一系列宽度为1ms、间隔为10ms的控制脉冲将伺服电动机的轴转动到一端。宽度为2ms（周期相同）的控制脉冲将伺服电机的主轴转向相反方向，而在其他情况下，伺服电动机的轴向处于中间位置。若没有序列脉冲，伺服电动机就不能静止在所处的位置。

5. 步进电动机控制

步进电动机有许多线圈，这些线圈必须以正确的顺序加上电压后，才能转动转子。图13.21中的排列可用来实现这个功能。

图13.19 双向电动机控制

图13.20 伺服电动机控制

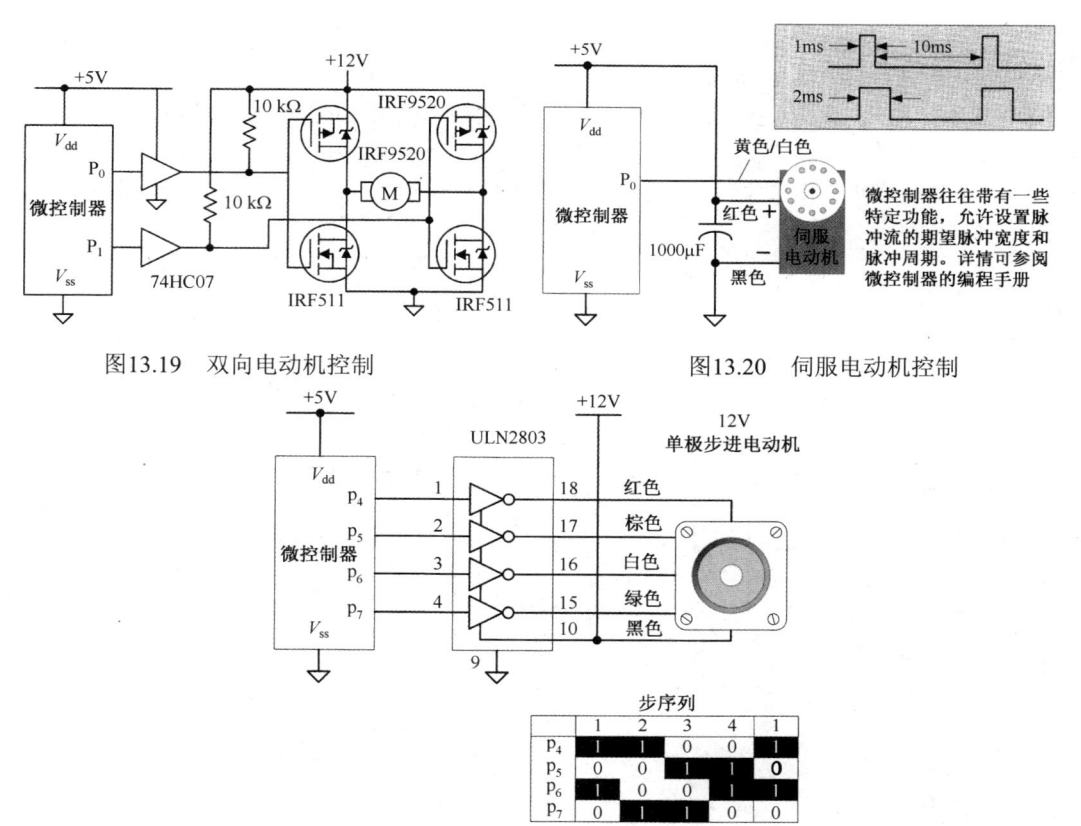

图13.21 单极步进电动机

图13.21所示为一个12V的单极步进电动机,它由一个连接到微控制器的、集电极开路的TTL驱动芯片控制。

目前已有很多具有附属功能的新型步进电动机驱动,读者可在网络上查阅最新的技术及步进电动机的驱动代码示例。

13.5.4　音频接口

图13.22所示为音频检测原理图。第二级比较器是可选的,第一级比较器的输出可直接作为模拟输入来进行音频采样。大多数微控制器的ADC速度不够快,即使如此,也可按10kHz以上的频率完成采样,进行一些原始的数字信号处理。

电路通过LM324比较器连接到扬声器。当发出指定的音频时,输出立即发生变化,产生一个高电平信号并输入微控制器。

作为数字装置,当需要产生音频信号时,微控制器产生方波信号比产生其他波形信号更容易,微控制器所要做的是将引脚置为高电平,一段时间后,再置为低电平,然后重复该过程。像前面演示的那样,Arduino函数库和BASIC Stamp都可直接提供这种指令。若使用的是压电式扬声器,则可使用数字输出直接驱动;若使用的是电磁式扬声器,则会因超过输出引脚的驱动能力而需要放大驱动信号。考虑到方波本身相当粗糙,因此没有必要使用高性能放大器。大多数扬声器的负载为8Ω,以防止集电极电流太大而损坏晶体管。

要得到正弦信号,就要动些脑筋。第一种方法是使用PWM引脚输出来产生正弦信号。然而,对大多数微处理器来说,PWM是以音频频率进行切换的,因此若不精心处理,将产生类似方波的信号。更好的方法是通过数模转换器产生，数模转换器可将数字输入按比例转换成电压输出，而使用电阻就可方便地制作出简易的数模转换器。

图13.23所示为一个R-$2R$电阻网络的数模转换器，它使用阻值为R和$2R$的电阻。例如，若R为5kΩ，则$2R$为10kΩ。每个数字输入都连接到Arduino的数字输出。四个数字位代表一个四位数值，因此可代表16个不同的模拟输出。数字位越多，数模转换器的分辨率就越高，使用起来也就越方便。

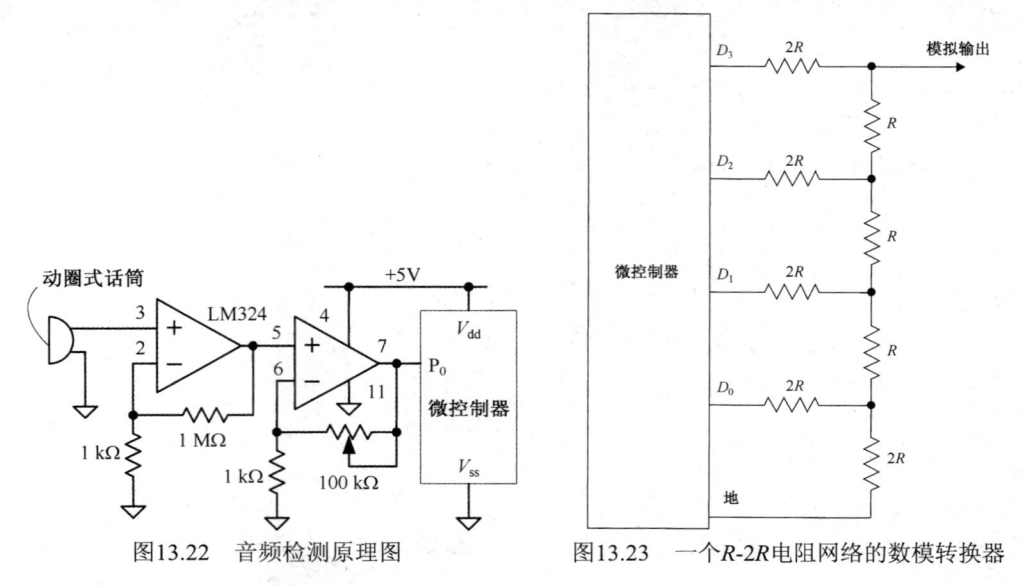

图13.22　音频检测原理图　　　　图13.23　一个R-$2R$电阻网络的数模转换器

13.5.5　串行接口

微控制器的串行接口标准很多，不同的标准使用不同的引脚和方式进行通信。本节介绍其中一些标准是如何连接微控制器和其他器件的。

与外设通信时，无论使用哪种串行接口，都有很多方式实现微控制器与设备的通信。例如，可从微控制器发出一个简单的命令，它以1个字节码的形式出现，可能代表读取的温度或在EEPROM中存储的数据，外接设备将有一个结果或数值响应。另一种常用但不直观的方式是使用寄存器，通过指令读取或设置寄存器来控制设备的电气性质。例如，设置I^2C调频接收器进行立体声播放，使用寄存器写指令设置寄存器的相应位，而不使用特定的指令直接设置为立体声模式或单声道模式。

1．单总线

单总线只使用一条连接线（除公共地外）进行通信。单总线标准由Dallas Semiconductor公司提出，用于各种传感器、模数转换器、EEPROM等器件的数据传输。工作电压可为5V或3.3V，因此要保证连接到微控制器的器件以相同的电压工作，否则可能发生器件损坏。

DS18B20温度传感器使用的是单总线接口。该传感器已在第6章中介绍，这里关注该传感器如何用于寄生电源模式。从微控制器到设备只需要两条连接线。该总线上最多可连接255个设备。

图13.24所示为与微控制器相连的DS18B20。单总线上的设备既可作为主机，又可作为从机。微控制器作为主机时，外围设备如传感器将作为从机。从机中需要包含一个电容，当没有数据传输时，通过总线充电；当总线用于数据传输时，为从机供电。当DS18B20以这种方式使用时，GND和V_{dd}端是连在一起的。通信是双向的，微控制器可通过程序改变引脚的方向，既可作为输入端，又可以作为输出端。每个从机出厂时都会在ROM中编程写入唯一的64位标识符。

主机（微控制器）通常先完成通信初始化，将数据线设置为输出模式，并发送一串脉冲指令。数据线上拉电平为5V，因此脉冲电平为5V到GND。60μs脉冲表示0，15μs脉冲表示1。

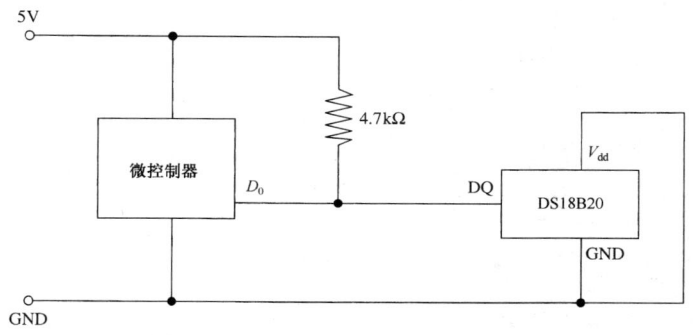

图13.24 与微控制器相连的DS18B20

当微控制器需要发送一条指令时,要在发送包含设备标识符的指令序列后,先发送一条至少持续480μs的复位脉冲。特定标识符的设备是通过特定的搜索协议得到的,主机发送一条指令,请求ID带有某个指定位的设备响应。若多于一个设备响应,则继续尝试其他位。采用这种方式,可高效地区分所有设备。

2. I^2C(TWI)

以双总线(TWI)接口著称的I^2C协议传输数据时使用两条线路而非一条线路,但其服务目的与单总线一样。像单总线一样,双总线支持连接到相同两条线上的多个器件。I^2C既可运行于3.3V电压,又可运行于5V电压。然而,双总线的传输速度远快于单总线,其最高传输速度可达400KB/s。

在微处理器中,I^2C两条漏极开路数据线既作为微控制器的输入又作为其输出运行。与单总线一样,必须要有上拉电阻。它们不采用单总线的寄生模式,因此远程传感器共需四条线,两条作为数据线,两条作为电源线。

图13.25解释了微处理器之间使用I^2C协议进行通信的方式。

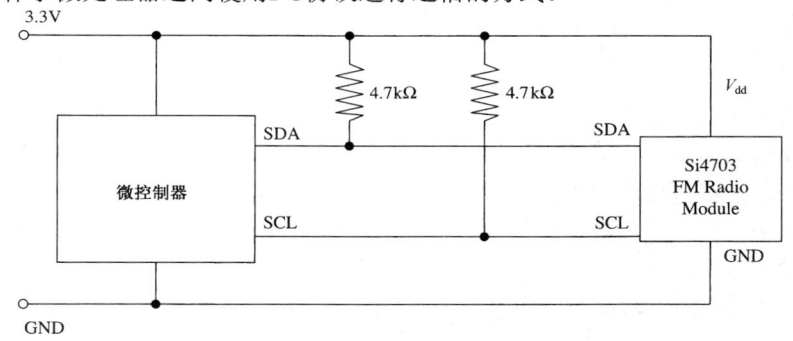

图13.25 微处理器之间使用I^2C协议进行通信的方式

I^2C器件既可工作于主模式,又可工作于从模式,而且在线路中可以有两个及两个以上的主处理器。事实上,器件允许改变主从模式,但这种方法不常用。在微处理器中,使用I^2C协议进行通信是常用的方法。

时钟信号线(SCL)提供时钟信号,串行数据总线(SDA)传输数据。这些引脚的时序图如图13.26所示。主机提供SCL时钟,传输数据时,发送者(主机或从机)使SDA进入发送数据状态,跟随时钟信号发送高电平或低电平;数据传输完成后,时钟可能关闭,SDA引脚回到三态模式。

微控制器无论是用I^2C还是单总线,命令都相似,并且协议库隐藏了次一级的定时协议。

如下例所示,在Arduino C中,微处理器之间使用I^2C协议发送数据。当使用I^2C和传感器或其他从机使用接口相连时,过程是类似的,但所用信息会被打包到数组中进行传输。针对这种应用,每种设备都可能不同,因此必须阅读数据手册来确定所发送数据的格式。注意,这些例子改编自Arduino环境。

图13.26　引脚时序图

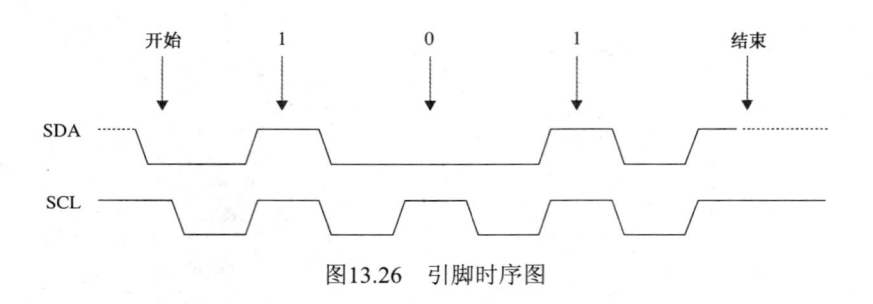

3. 串行外设接口

另一个数据总线标准是SPI总线标准。它使用4条数据线，速度快于前面介绍的数据总线（最高可达80MB/s）。

如图13.27所示，很多外设连接到总线上，但只有一个主机。

从机不分配地址，而主机（通常是微处理器）必须为从机准备一条专用的从机选择线（SS），用来选择与它通信的从机。其余线也需要，因为每条单独的线都只有一个信息传输方向。主机输出/从机输入线（MOSI）将数据从主机传输到从机，而主机输入/从机输出线（MISO）的作用正好相反。

针对物理串行接口出现了许多不同的数据协议，但其他总线的基本原理是一样的。采用的方法是找到想要使用的微控制器的SPI库，并阅读所用通信设备的数据手册。

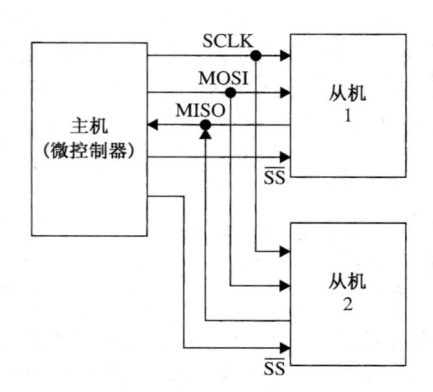

图 13.27　SPI 连接

SPI的规范并未规定发送数据的位数，因此要确保其程序代码符合设备要求。SPI也作为一种ICSP方法用于一些微控制器，如ATmega和ATtiny系列微处理器。

4. 串口

许多设备使用另一种类型的接口——串口。这是一种陈旧的标准，可追溯到电传打字机时代。现在仍能找到一些带有串口的计算机。

用于串口的正常信号电压需要遵守RS-232标准，且电压相对于地是正负摆动的。使用微控制器时，这是极其不方便的。因此，微控制器虽然使用相同的通信协议，但用的是逻辑电平，这称为TTL串口，越来越多的设备正在采用这种接口。尽管如此，使用3.3V的设备还是多于使用5V的设备。

TTL串口有两个数据引脚：Tx（发送）和Rx（接收）。它不是一种总线，而是点对点的连接，所以它对地址不同的设备不存在任何问题。

串行连接必须在连接的两端设置相同的波特率。波特率是指每秒传输的数据位数，但不包括起始位、停止位和潜在的奇偶校验位，因此实际的数据传输速率要比波特率慢。为了简化连接两端的波特率匹配，需要使用一组标准的波特率：110、300、600、1200、2400、4800、9600、14400、19200、38400、57600、115200、128000和256000。在这些波特率中，1200可能是最慢的波特率，许多TTL串行设备的波特率不高于115200，而9600是最常用的波特率，且很多设备通常默认该波特率；对有些设备来说，波特率是可调的。

除了波特率，定义串行连接的其他参数有每字节的位数、奇偶校验位的类型，以及起始位和停止位的位数。常用的定义如下：字节长8位，无奇偶校验位，起始位和停止位的位数是1，该定义经常缩写为8N1。

位是作为高低电平被发送出去的(见图13.28)。因为没有独立的时钟信号,定时是极其重要的,所以起始位后,接收器会以合适的速率接收数据,直到接收到8个数据位和1个停止位。数据最低有效位首先被发送。

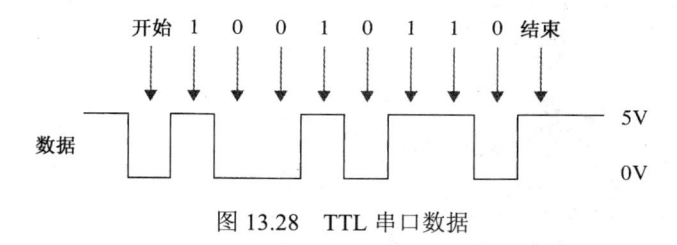

图 13.28　TTL 串口数据

大多数微控制器既有专用的TTL串口硬件(UART通用异步收发传输器),又有制造商开发的串行软件库。

13.5.6　电平转换

近来的一种趋势是,微控制器和其他IC产品开始用3.3V或1.8V电压来代替5V电压。低压设备用较小的电流,且可以方便地使用电池来供电。微控制器需要连接的这些组件也属于上述范畴。虽然一些3.3V的设备可以承受5V电压,但大多数是不能的。这意味着若用前面讨论的某种总线和串行接口来与它们通信,则需要确保转换电压的等级是合适的。

1. SPI和TTL串口电平转换

在SPI和TTL串口之间转换电平相当容易,因为对于每个通信方向,它们都有一条单独的线,图13.29说明了电阻是如何用作简单电压分配器的。

3.3V设备的输出引脚Tx可直接连至5V微控制器的输入引脚Rx,因为微处理器会将任何一个超过2.5V的输入视为一个逻辑高电平。电压分配器的作用是保护3.3V的设备被微控制器的5V Tx输出损坏。

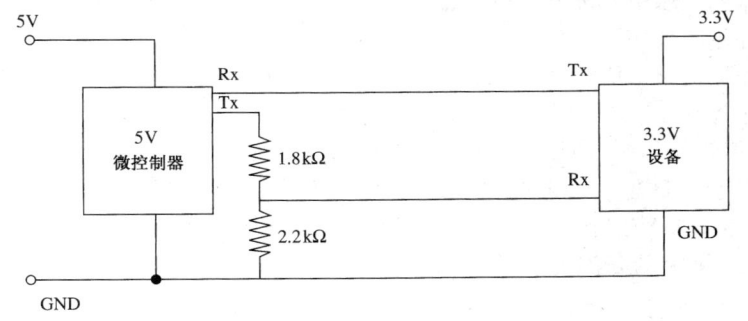

图13.29　TTL串口5V到3.3V电平转换

2. I^{2}C和单总线电平转换

当引脚改变模式时,如从输入模式变为输出模式,问题就会变得复杂,就像处理I^{2}C和单总线一样。在这两种情况下,最好的解决方案是用一个常用的电平转换器,如TXS0102,它可转换两种电平(适合I^{2}C)。图13.30所示为使用TXS0102来转换I^{2}C电平的情形。具有同样功能的可选IC是MAX3372、PCA9509和PCA9306。

13.5.7　LED显示接口

如何控制LED显示器需要动动脑筋。其实,这样的显示器可用一个微控制器来正常控制,微处理器不需要为每个单独的LED提供一个片选引脚;相反,多个LED显示器组成共阳极或共阴极,即将所有LED的阳极或阴极连接在一起,并通过一个引脚引出。图13.33说明了一个共阴极7段数字显示器是如何被连接的。

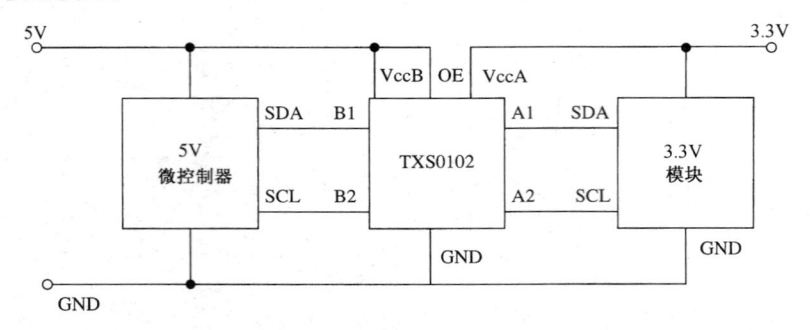

图 13.30 使用 TXS0102 来转换 I²C 电平的情形

如图13.31所示,公共极被连接到GND,每个管子通过一个单独的限流电阻连接到一个微处理器的引脚上。注意,不要采用在公共极上连接电阻且在非公共极上不连接电阻的做法,因为这样会导致无论多少LED被点亮,电流都会被限制,而且点亮的LED越多,显示的LED就越暗。

1. 多路LED显示

在同样的情况下,多路LED显示是很常见的,如图13.32所示的三位7段共阴极LED显示。在这种类型的显示中,每个数字的显示和单个数字的显示方式相同,并且都有自己的共阴极。但不同的是,所有管子的A段的阳极连在一起,而其他同段位也做相同的处理。

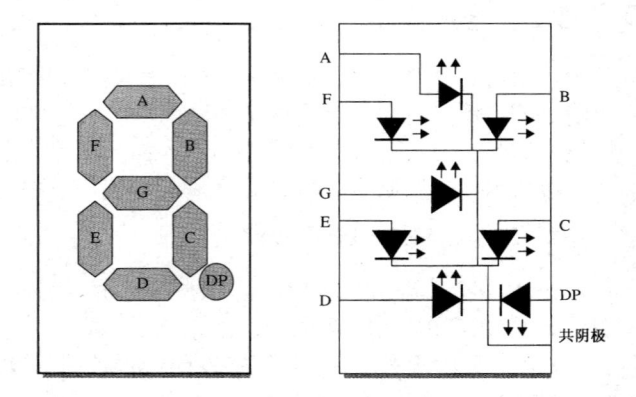

图13.31 共阴极7段LED数字显示器

无论是微处理器还是LED驱动芯片,都依次激活7段LED,打开数码管对应的段,然后移至下一位。因为刷新速度非常快,所以显示屏上的数码管可以显示不同的数字,这种方法称为**多路复用**。同样的方法可于LED矩阵,每列依次激活,然后适当设置相应的行。

注意,采用这种三极管控制共阴极的方法能够同时处理8个LED电流。对大多数微控制器来说,不用这种方法即可同时控制8个LED是较困难的。

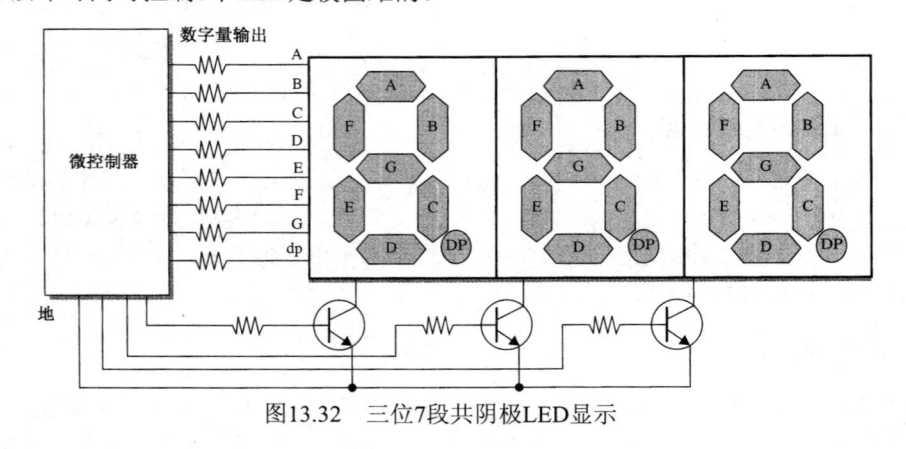

图13.32 三位7段共阴极LED显示

2. Charlie多路复用

寻求使用最少的引脚来显示LED矩阵的方法称为Charlie多路复用（以发明者Maxim公司的Charlie Allen命名）。这种技术利用了程序执行时微控制器I/O引脚可从输出状态转换为高阻抗输入状态的特性。图13.33所示为三引脚控制6个LED的排列。

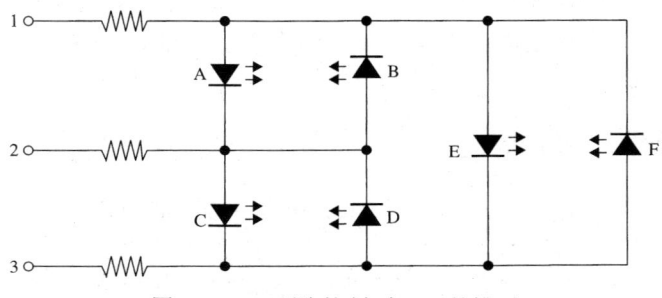

图13.33 三引脚控制6个LED的排列

Charlie多路复用是一个动态过程，类似多路复用技术，所有LED不在同一时刻点亮，而以超过视觉可分辨的速度扫描刷新点亮。为实现刷新点亮动作，引脚有表13.9所示的三种状态：高电平、低电平和高阻抗输入。

每个微控制器的引脚所能控制的LED数为

$$LED = n^2 - n$$

由上式可知，有4个引脚时，可以控制16 - 4 = 12个LED；10个引脚的微控制器可以控制多达90个LED。然而，LED数量与引脚数成比例增大也会带来一些问题。例如，为了产生静止的视觉效果，LED的刷新速度必须足够快，大数量LED要求在一个刷新周期内产生大量的电平序列，而这样做会导致LED变暗，因为占空比下降了。一定程度上可通过增大流经LED的电流来改善这种现象，但带来的是一小段时间内产生相当大的尖峰电流这一问题。当微控制器由于某种原因出现信号停滞时，上述持续尖峰电流会导致LED烧毁。

表13.9 Charlie多路复用LED对应的访问地址

发光二极管	引脚1	引脚2	引脚3
A	高（电平）	低（电平）	（高阻态）输入
B	高（电平）	高（电平）	（高阻态）输入
C	（高阻态）输入	高（电平）	低（电平）
D	（高阻态）输入	低（电平）	高（电平）
E	高（电平）	（高阻态）输入	低（电平）
F	低（电平）	（高阻态）输入	高（电平）

3. 彩色LED的颜色控制

彩色LED实际上是将红、绿、蓝LED以共阴极或共阳极方式打包封装而成的。通过分别控制每个LED的功率，可使LED工作在各种颜色和亮度下。可通过控制流经LED的电流改变每个彩色通道的亮度，但使用PWM信号可以得到更好的效果。相比采用模拟方式，采用占空比方式控制电流能更好地控制LED的亮度。

第 14 章 可编程逻辑器件

本章介绍可编程逻辑器件的基本电路结构和一般开发方法,包括早期可编程逻辑器件 PROM、PLA、PAL、GAL 等的表示方法和基本电路结构、现场可编程门阵列(FPGA)和复杂可编程逻辑器件(CPLD)的基本电路结构、应用可编程逻辑器件进行数字系统设计的一般流程,以及电路仿真软件 Proteus。

14.1 可编程逻辑器件概述

可编程逻辑器件(Programmable Logic Device,PLD)是一种可由用户对其进行编程的大规模通用集成电路。用 PLD 器件进行逻辑设计,一般都有强大的标准设计软件工具支持,可以借助计算机进行设计,因此,PLD 与传统的中小规模集成电路相比,具有显著的特点和优势。

14.1.1 可编程逻辑器件的发展历程

早期的可编程逻辑器件(PLD)只有可编程只读存储器(PROM)、紫外线可擦除只读存储器(EPROM)、电可擦除只读存储器(EEPROM)三种。由于结构的限制,它们只能完成简单的数字逻辑功能。其后,出现了一类结构上稍复杂的可编程芯片,即可编程逻辑器件,它能够完成各种数字逻辑功能,这一阶段的产品主要有 PAL 和 GAL。典型的 PLD 由一个"与"门和一个"或"门阵列组成,而任意一个组合逻辑都可以用"与-或"表达式来描述,所以 PLD 能以乘积和的形式完成大量的组合逻辑功能。PAL 由一个可编程的"与"门阵列和一个固定的"或"门阵列构成,或门的输出可以通过触发器有选择地被置为寄存状态。PAL 器件是现场可编程的,它的实现工艺有反熔丝技术、EPROM 技术和 EEPROM 技术。

另一类结构更灵活的逻辑器件是可编程逻辑阵列(PLA),它也由一个"与"门阵列和一个"或"门阵列构成,但是这两个门阵列的连接关系是可编程的。PLA 器件既有现场可编程的,也有掩膜可编程的。在 PAL 的基础上,又发展了一种通用阵列逻辑(GAL),如 GAL16V8、GAL22V10 等。它采用了 EEPROM 工艺,实现了电可擦除、电可改写,其输出结构是可编程的逻辑宏单元,因而它的设计具有很强的灵活性,至今仍有许多人使用。

14.1.2 可编程逻辑器件的分类

目前,常用的 PLD 器件主要有复杂可编程逻辑器件(Complex Programmable Logic Device,CPLD)和现场可编程门阵列(Field Programmable Gate Array,FPGA)。在实际应用中,PLD 器件可根据其结构、集成度及编程工艺进行分类。

- 按结构分类:①乘积项结构器件。其基本结构为"与-或"阵列的器件,大部分简单 PLD 和 CPLD 都属于这个范畴。②查找表结构器件。由简单的查找表组成可编程门,再构成阵列形式。大多数 FPGA 属于此类器件。
- 按集成度分类:①低集成度芯片。早先出现的 PROM、PAL、可重复编程的 GAL 都属于这类,可重构使用的逻辑门数大约在 500 门以下,称为简单 PLD。②高集成度芯片。如现在大量使用的 CPLD、FPGA 器件,称为复杂 PLD。
- 按编程工艺分类:①熔丝型器件。早期的 PROM 器件就是采用熔丝结构的,编程过程是根据设计的熔丝图文件来烧断对应的熔丝,达到编程和逻辑构建的目的。②反熔丝型器件,是对熔丝技术的改进,在编程处通过击穿漏极层使得两点之间获得导通,这与熔丝烧断获得开路正好相反。③EPROM 型,称为紫外线擦除电可编程只读存储器,是用较高的编程电压进行编程，需要再次编程时，要用紫外线进行擦除。④EEPROM 型，即电可擦写可编程只读存储器，现有部分 CPLD 及 GAL 器件采用此类结构，它是对 EPROM 的工艺改进，不需要紫外线擦除，而直接用电擦除。⑤SRAM 型，即 SRAM 查找表结构的器件，大部分 FPGA 器件都采用此种编程工艺。⑥Flash 型。美国 Actel 公司为解决上述反熔丝器件的不足，推出了采用 Flash 工艺的 FPGA，可以实现多次可编写，同时做到掉电后不需要重新配置。

14.1.3　可编程逻辑器件的逻辑表示方法

由于 PLD 器件所用门电路输入端很多，用前面学习的门电路符号来表示 PLD 器件内部电路并不合适，所以在分析 PLD 器件之前，先介绍目前被广泛采用的逻辑表示方法。

1．输入/输出缓冲器的逻辑表示

输入/输出缓冲器的逻辑门符号如图 14.1 所示，其常用结构有互补输出门和三态输出门。它们都有一定的驱动能力，所以称为缓冲器。

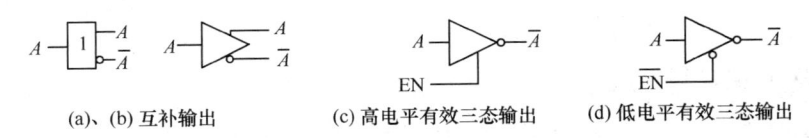

图 14.1　输入/输出缓冲器的逻辑门符号

2．阵列交叉连接的逻辑表示

PLD 器件的阵列交叉连接方式如图 14.2 所示。图 14.2(a)表示交叉二线没有任何连接，称为断开；图 14.2(b)表示永久性连接，又称硬线连接或固定连接；图 14.2(c)为编程连接，连接状态由编程决定，是可编程的。

3．与门和或门的逻辑表示

为方便逻辑电路图的表达，PLD 器件中与门和或门的逻辑表示如图 14.3 所示。图 14.3(a)是与门，图 14.3(b)是或门。

图 14.2　PLD 器件的阵列交叉连接方式

图 14.3　PLD 器件中与门和或门的逻辑表示

4．与门的缺省状态

当输入缓冲器的互补输出同时接到一个与门的输入端时，这时与门输出总为 0，这种状态称为与门的缺省状态，如图 14.4 所示。由图可得 $D=0$。为便于表示缺省状态，在与门符号框中画上"×"。如图 14.4 中 $E=0$，它表示输入缓冲器的互补输出同时加在输出为 E 的与门输入端。

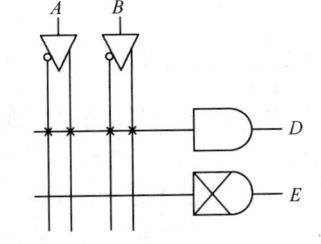

图 14.4　与门的缺省状态

14.2　低密度可编程逻辑器件

低密度 PLD 以"与"阵列和"或"阵列作为主体，主要用来实现各种组合逻辑函数。常见的低密度 PLD 有可编程只读存储器（PROM）、可编程逻辑阵列（PLA）、可编程阵列逻辑（PAL）、通用阵列逻辑（GAL）等。

14.2.1 可编程只读存储器

PROM 即可编程只读存储器（Programmable Read-Only Memory），PROM 除了用作只读存储器，还用作 PLD。其基本结构是一个固定的与阵列和一个可编程的或阵列。一般用于存储器，其输入为存储器的地址，输出为存储器单元的内容。例如，半加器的逻辑表达式为 $S = A \oplus B$，$C = AB$，它有 2 个输入信号和 2 个输出信号，因此可以采用 4×2 PROM 编程实现。ROM 半加器的逻辑阵列如图 14.5 所示。

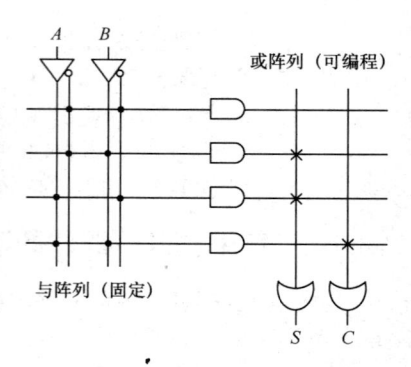

图 14.5 PROM 半加器的逻辑阵列

14.2.2 可编程逻辑阵列

PLA 即可编程逻辑阵列（Programmable Logic Array），它们都有一个与阵列和一个或阵列，PLA 的与阵列和或阵列均可编程，而 PROM 中只有或阵列是可编程的，其与阵列（地址译码器）是不可编程的。

14.2.3 可编程阵列逻辑

可编程阵列逻辑（PAL）是采用熔丝工艺制造的一次性可编程逻辑器件，主要由可编程的与阵列、不可编程的或阵列和输出电路组成［见图 14.6(a)］；编程后的 PAL 电路结构如图 14.6(b)所示。

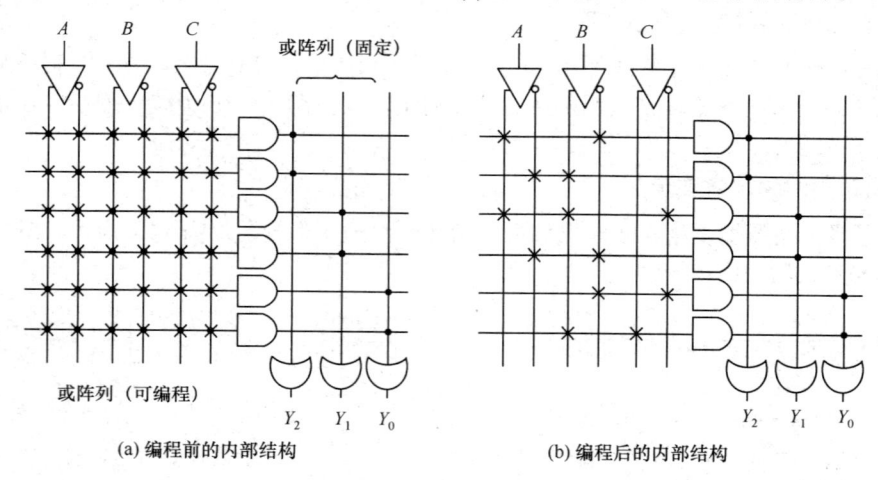

(a) 编程前的内部结构　　(b) 编程后的内部结构

图 14.6　PAL 的基本电路结构

14.2.4 通用阵列逻辑

通用阵列逻辑（GAL）器件的基本结构与 PAL 相同，与阵列可编程，或阵列固定。但它和 PAL 又有不同。首先，GAL 是 EEPROM 工艺，可进行多次编程，所以具有可改写性，从而降低了设计风险，PAL 则采用熔丝工艺，一旦编程后便不能修改。其次，GAL 的输出电路结构完全不同于 PAL，它的输出为输出逻辑宏单元（Output Logic Macro Cell，OLMC），在 OLMC 中包含了或门、寄存器和可编程的控制电路，通过对 OLMC 进行编程，可组态出多种不同的输出结构，几乎涵盖了 PAL 的各种输出结构。图 14.7 所示为 GAL 器件 GAL16V8 的逻辑电路图，它由与阵列、输出逻辑宏单元、输入缓冲器、反馈缓冲器和三态输出缓冲器组成，或阵列包含在输出逻辑宏单元中。GAL16V8 有 16 个输入引脚，8 个输出引脚。

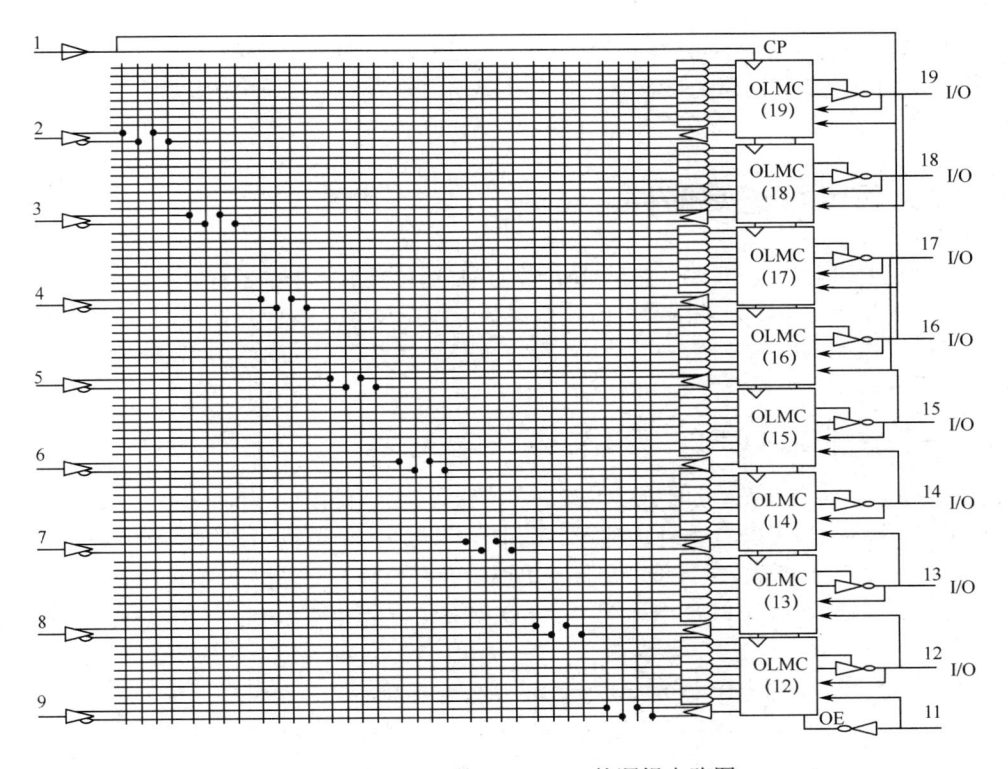

图 14.7 GAL 器件 GAL16V8 的逻辑电路图

图 14.8 所示为输出逻辑宏单元原理框图，它主要由 8 输入或门、D 触发器、数据选择器和控制门电路组成。

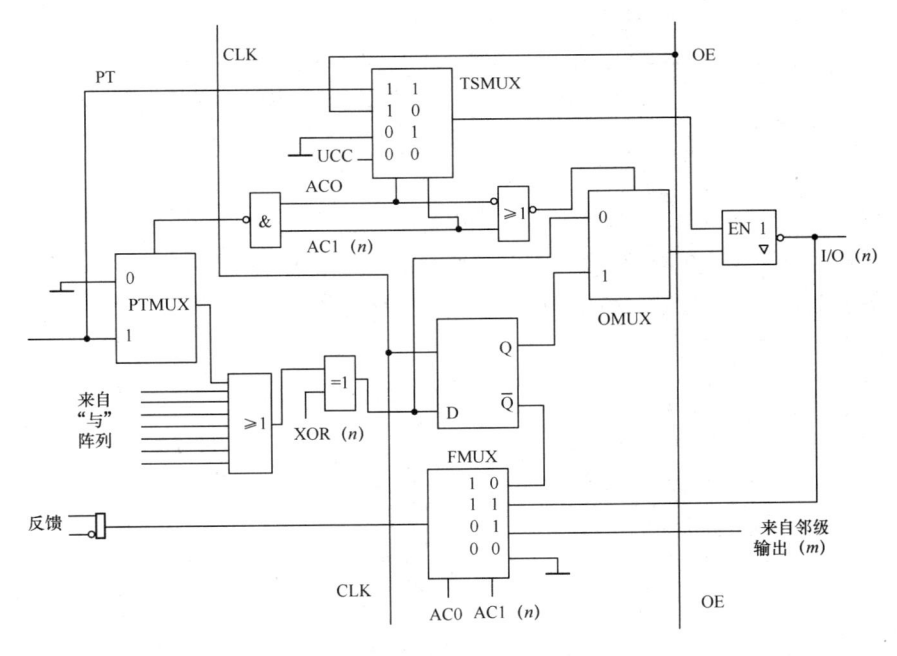

图 14.8 输出逻辑宏单元原理框图

8 输入或门的每个输入来自与阵列中的一个与门输出的与项（乘积项），因此或门的输出为输入与项之和，即或门输出为与或逻辑函数，PT 为与阵列输出的第一与项。

D 触发器为时序逻辑电路的寄存器单元，其驱动信号为来自异或门的输出，用以存放异或门的输出信号。

14.3 复杂可编程逻辑器件

复杂可编程逻辑器件（CPLD）是从 PAL 和 GAL 器件发展出来的器件，相对而言规模大，结构复杂，属于大规模集成电路范围，具有编程灵活、集成度高、设计开发周期短、适用范围宽、开发工具先进、设计制造成本低、对设计者的硬件经验要求低、标准产品无须测试、保密性强、价格大众化等特点，可实现较大规模的电路设计。

14.3.1 基于乘积项的 CPLD 基本结构

CPLD 比 PAL、GAL 的集成度更高，有更多的输入端、乘积项及宏单元。图 14.9 所示为一般 CPLD 器件的结构框图。CPLD 器件内部含有多个逻辑块，每个逻辑块都相当于一个 GAL 器件，每个块之间可以使用可编程内部连线（也称可编程的开关矩阵）实现相互连接。为增加对 I/O 的控制能力，提高引脚适应性，CPLD 中还增加了 I/O 模块。每个 I/O 块中有多个 I/O 单元。

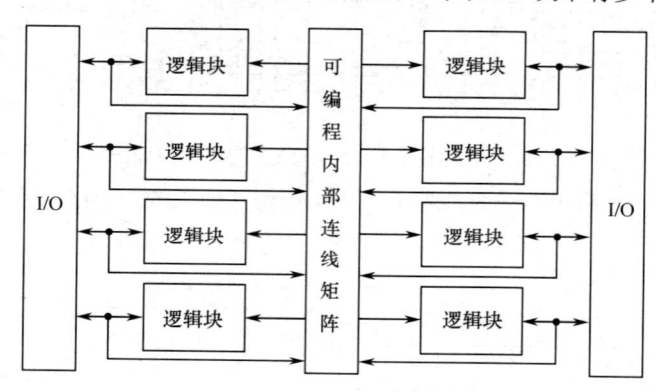

图 14.9 一般 CPLD 器件的结构框图

1. 逻辑块

逻辑块的构成如图 14.10 所示。它主要由可编程乘积项阵列、乘积项分配、宏单元三部分构成，其结构类似于 GAL。对于不同厂商、不同型号的 CPLD，逻辑块中乘积项的输入变量个数 n 和宏单元个数 m 不完全相同。

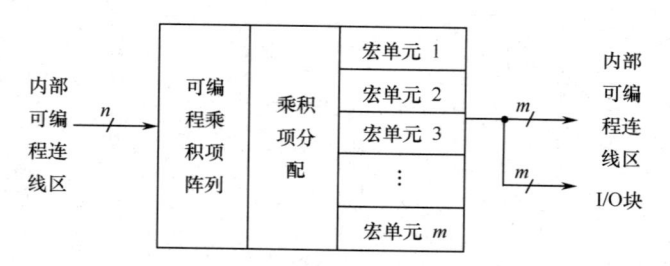

图 14.10 逻辑块的构成

可编程乘积项阵列 乘积项阵列有 n 个输入，可以产生 n 变量的乘积项。一般一个宏单元对应 5 个乘积项，在逻辑块中共有 $5 \times m$ 个乘积项。

乘积项分配和宏单元 不同型号的 CPLD 器件，乘积项分配和宏单元电路结构不完全相同，但实现的功能大体相似。图 14.11 所示为 XC9500 系列的乘积项分配和宏单元电路，图中 $S_1 \sim S_8$ 为可编程信息分配器，$M_1 \sim M_5$ 为可编程信息选择器。

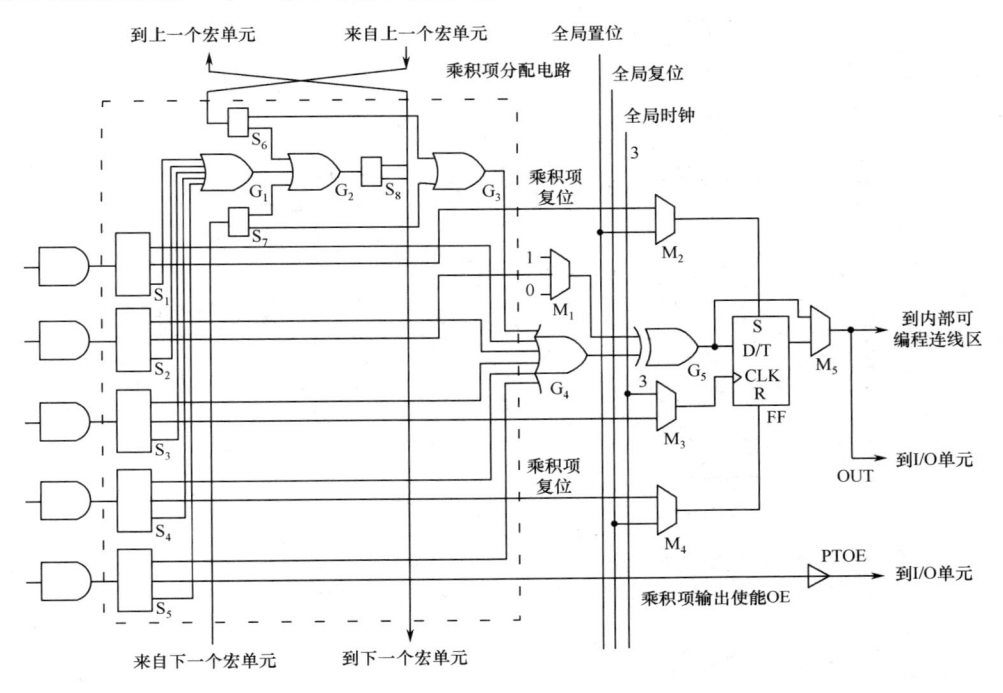

图 14.11 XC9500 系列的乘积项分配和宏单元电路

2．可编程内部连线

可编程内部连线的作用是实现逻辑块与逻辑块之间、逻辑块与 I/O 块之间以及全局信号到逻辑块和 I/O 块之间的连接。连线区的可编程连接一般由 E^2CMOS 管实现，连接原理如图 14.12 所示。当 E^2CMOS 管被编程为导通时，纵线和横线连通；被编程为截止时，两线则不通。

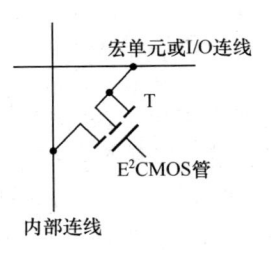

图 14.12 连接原理

3．I/O 单元

I/O 单元是 CPLD 外部封装引脚和内部逻辑间的接口。每个 I/O 单元对应一个封装引脚，对 I/O 单元编程，可将引脚定义为输入、输出和双向功能。CPLD 的 I/O 单元简化结构如图 14.13 所示。

I/O 单元中有输入和输出两条信号通道。当 I/O 引脚用作输出时，三态输出缓冲器的输入信号来自宏单元，其使能控制信号 OE 由可编程信息选择器 M 选择其来源。其中，全局输出使能控制信号 r 有多个，不同型号的器件，其数量也不同。当 OE 为低电平时，I/O 引脚可用作输入，引脚上的输入信号经过输入缓冲器送至内部可编程连线区。

图 14.13 中 D_1 和 D_2 是钳位二极管，用于保护 I/O 引脚。另外，通过编程可使 I/O 引脚接上拉电阻或接地，选择快速方式可适应频率较高的信号输出，选择慢速方式则可减小功耗和降低噪声。

14.3.2 CPLD 产品概述

国际上生产 CPLD/FPGA 的主流公司，并且在国内占有市场份额较大的主要是美国的 Altera、Lattice、Xilinx 三家公司。典型的 CPLD 产品情况如下。Altera 公司有 MAX3000A、MAX7000S、

MAX9000 等系列，MAX 系列器件结构中主要包含 3 个主要部分，分别是逻辑阵列块（LAB）、可编程连线阵列（PIA）和 I/O 控制块（IOCB）。Xilinx 公司有 XC9500、CoolRunner-II、CoolRunner XPLA3、XC9500/XL/XV 等系列。

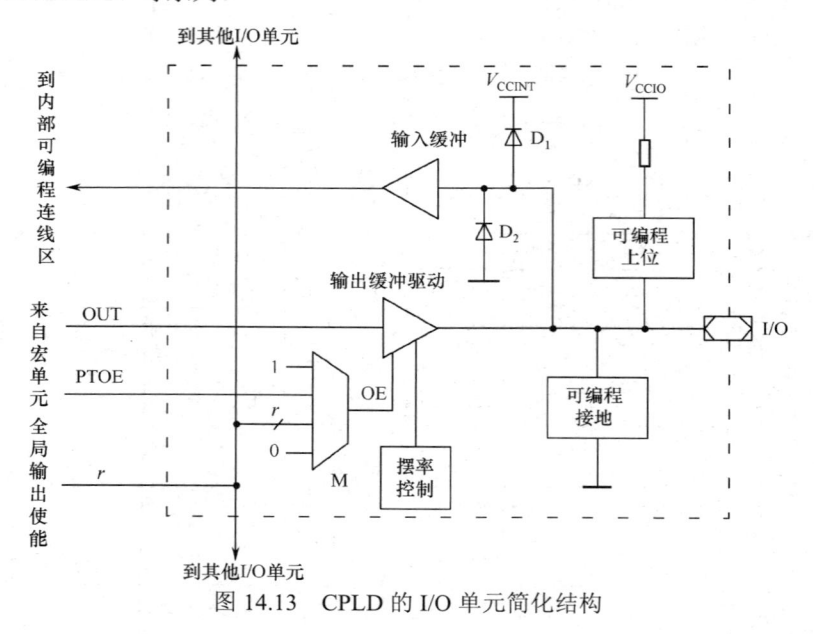

图 14.13　CPLD 的 I/O 单元简化结构

14.4　现场可编程门阵列

现场可编程门阵列（FPGA）和前面讨论的 PAL 和 GAL 不同，不再是与或阵列结构，而是另一类可编程逻辑器件，它主要由许多规模较小的可编程逻辑块（CLB）排成的阵列和可编程输入/输出模块（IOB）组成。与 CPLD 相比，FPGA 的集成度更高，在设计数字系统时，它的通用性更好，使用更加方便灵活，芯片内资源利用率高。FPGA 利用小型查找表（16×1RAM）来实现组合逻辑，每个查找表连接到一个 D 触发器的输入端，触发器再来驱动其他逻辑电路或驱动 I/O，由此构成了既可实现组合逻辑功能又可实现时序逻辑功能的基本逻辑单元模块，这些模块间利用金属连线互相连接或连接到 I/O 模块。FPGA 的逻辑是通过向内部静态存储单元加载编程信息来实现的，存储在存储器单元中的值决定了逻辑单元的逻辑功能以及各模块之间或模块与 I/O 间的连接方式，并最终决定了 FPGA 所能实现的功能，FPGA 允许无限次的编程。目前，FPGA 已成为广为应用的可编程器件之一。

14.4.1　基于查找表的 FPGA 基本结构

FPGA 结构框图如图 14.14 所示，它主要由可编程输入/输出模块（IOB）、可编程逻辑模块（CLB）和可编程互连资源（PIR）三种可编程逻辑部件及存放编程信息的静态存储器（SRAM）组成。

IOB 模块分布在集成芯片的四周，它是内部逻辑电路和芯片外引脚之间的编程接口。CLB 模块分布在集成芯片的中间，通过编程可实现组合逻辑电路和时序逻辑电路。PIR 提供了丰富的连线资源，包括纵横网状金属导线、可编程开关和可编程连接点等部分，主要用以实现 CLB 模块之间、CLB 与 IOB 之间的连接。SRAM 主要用以存放内部 IOB、CLB 及互连开关的编程信息。断电后，SRAM 中存放的数据（编程信息）会全部丢失。因此，每次使用通电时，存放 FPGA 中编程信息的 EPROM 通过编程接口电路自动给 SRAM 重新装载编程信息。下面以 Xilinx 公司的 XC2000 系列产品为例,简要介绍 FPGA 各个功能模块的功能及其工作原理。

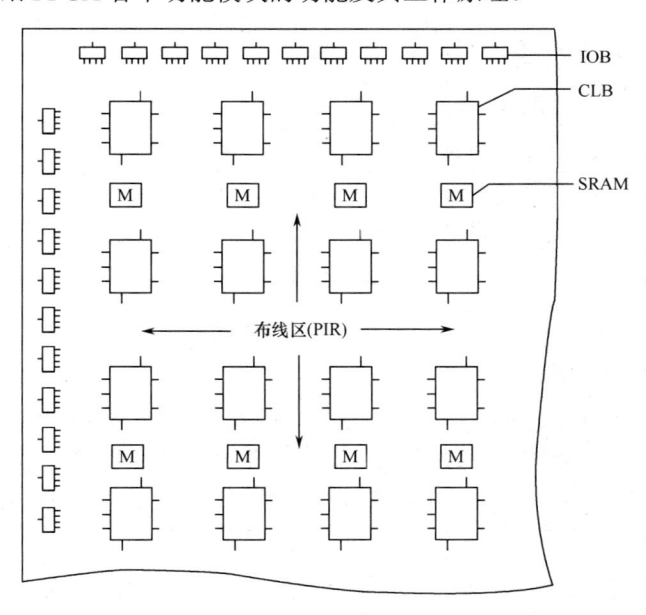

图 14.14 FPGA 结构框图

1. 可编程逻辑模块（CLB）

XC2000 系列 FPGA 的 CLB 原理框图如图 14.15 所示,它由可编程组合逻辑块、触发器和数据选择器组成,有 A、B、C、D 四个输入端、一个时钟输入端 CLK 和 X、Y 两个输出端。图中未画出数据选择器的选择码（地址码）,这是因为它是由开发系统软件根据用户的设计文件自动决定并存储在 SRAM 中的。通过对组合逻辑块编程,可产生 3 种不同的组合逻辑电路组态,分别可以实现 4 输入/单输出逻辑函数、3 输入/2 输出逻辑函数和 3 输入/2 选 1 输出逻辑函数,3 种电路组态如图 14.16 所示。CLB 中的触发器具有 3 种不同的时钟信号,可供编程选择。触发器的置位和清除信号也有两种,通过编程加以取舍,这种构造为逻辑设计提供了很大的灵活性。

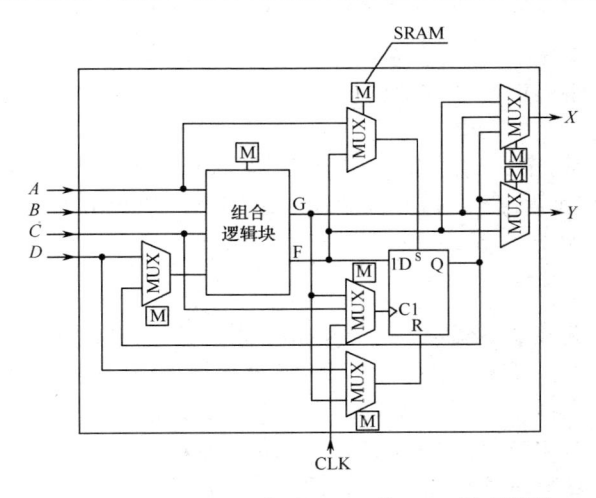

图 14.15 XC2000 系列 FPGA 的 CLB 原理框图

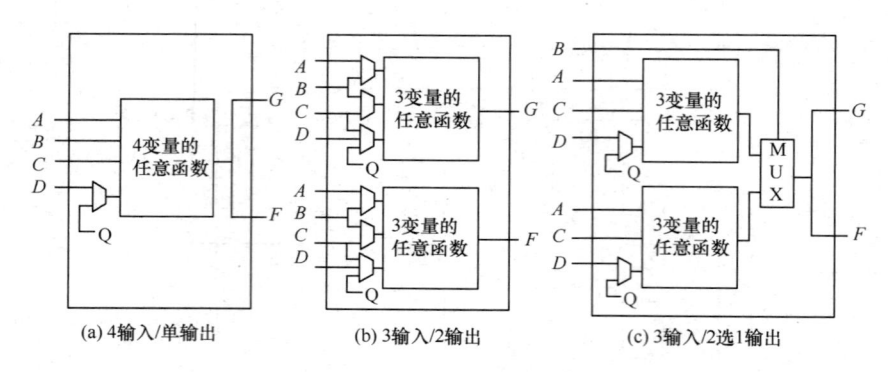

(a) 4输入/单输出　　　　(b) 3输入/2输出　　　　(c) 3输入/2选1输出

图 14.16　3 种电路组态

2. 可编程输入/输出模块（IOB）

XC2000 系列 FPGA 器件的 IOB 电路框图如图 14.17 所示，它分布在 FPGA 芯片的四周，是信号输入/输出的接口。它由三态输出缓冲器 G_1、输入缓冲器 G_2、D 触发器和两个数据选择器 MUX1、MUX2 组成，当 IOB 被编程作为输入端时，它有异步输入和同步输入两种方式。

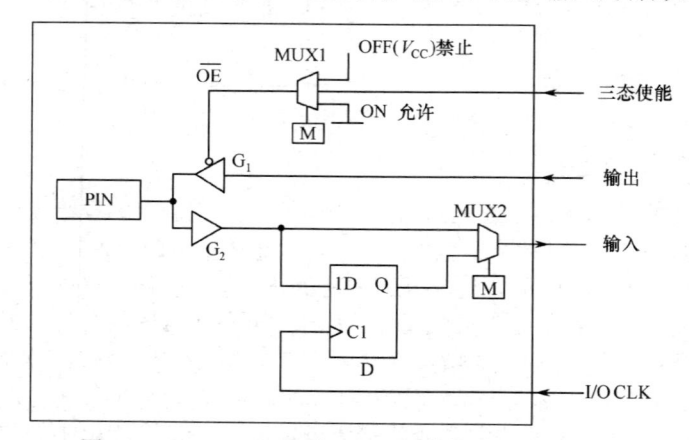

图 14.17　XC2000 系列 FPGA 器件的 IOB 电路框图

数据选择器 MUX1 输出为三态输出缓冲器 G_1 提供使能控制信号。当 MUX1 输出 $\overline{OE}$ 为低电平 0 时，G_1 的使能控制有效，IOB 工作在输出状态，信号通过 G_1 输出。当 MUX1 输出 $\overline{OE}$ 为高电平时，G_1 被禁止。

数据选择器 MUX2 用于输入方式选择。当 MUX2 选择由缓冲器 G_2 输入时，外部输入信号经 G_2、MUX2 直接输入 FPGA 内部，形成异步输入。当 MUX2 选择由触发器的 Q 端输入时，为同步输入，同步信号为外部时钟信号 I/O CLK。

3. 可编程互连资源（PIR）

PIR 是 FPGA 芯片中为实现各模块之间的互连而设计的可编程互连网络结构，如图 14.18 所示。PIR 包括内部连接导线、可编程连接点和可编程互连开关矩阵。图中的纵向和横向分布的细线为连接导线，分为直接连线、通用连线和全局连线。图中导线交叉处的小方框表示可编程连接点，而 SM 方框为可编程互连开关矩阵，它负责纵向、横向通用连线的连通。控制互连关系的编程信息存储在分布于 CLB 矩阵中的 SRAM 单元里。通过对 PIR 的编程，可实现系统的逻辑互连。

4. FPGA 的编程信息装载

FPGA 器件的编程是把编程信息装入 FPGA 芯片中的 SRAM 单元，再由 SRAM 控制各编程连接点的连接状态。因此，它不像 PAL、GAL 那样一次编程后，数据可永久保持，而是在系统断电后，装载到 FPGA 里的编程信息会全部丢失，所以需要一片 EPROM 来存放编程信息，在系统开机通电后，由系统自动对 FPGA 重新装载编程信息。图 14.19 所示为 FPGA 装载原理图，图中存储器 EPROM 中已经存放了对 FPGA 编程的编程信息文件，在系统接通电源后，FPGA 自带振荡器工作，产生编程时钟信号，同时内部复位电路被触发，LDC 输出低电平，使 EPROM 处于工作状态，电路自动执行编程信息的装载操作。编程信息装载完毕后，标志位 D/P 由低电平变为高电平，此时 FPGA 进入用户逻辑状态，所有的地址端和数据端都为用户 I/O 端口，LDC 和 M2 也成为用户 I/O 端口，M0、M1 为输入端口。FPGA 进行编程信息的装载有多种模式，由 FPGA 器件的 M0、M1、M2 三个模式选择端来确定。

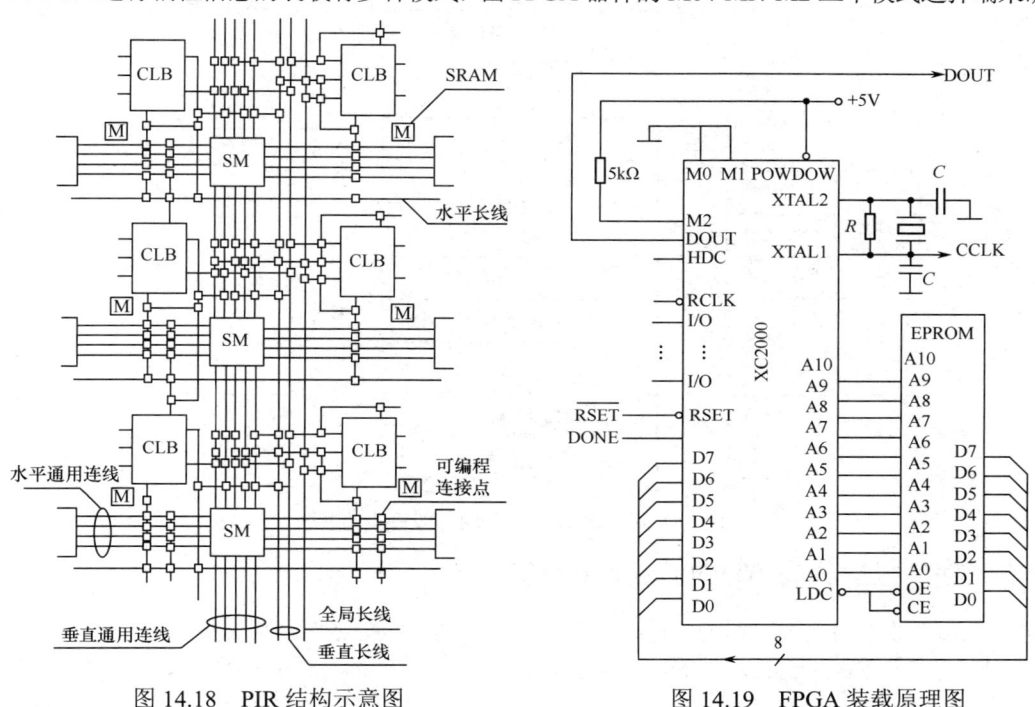

图 14.18 PIR 结构示意图   图 14.19 FPGA 装载原理图

14.4.2　FPGA 产品概述

典型的 FPGA 产品情况如下。Lattice 公司有 MachXO、ispXPGA、EC/ECP、ECP2/M（含 S 系列）、ECP3、SC/SCM、XP/XP2、FPSC 等系列。Altera 公司有 MAX II、Cyclone、Cyclone II、Cyclone III、Arria GX、Arria IIGX、STRATIX、STRATIX II、STRATIX III、STRATIX IV、FLEX10K、FLEX8000、APEX20K、APEX II、ACEX1K 等系列。Xilinx 公司有 XC3000、XC4000、XC5200、Spartan II、Spartan IIE、Spartan-3、Spartan-3A、Spartan-3E、Spartan-3L、Spartan-6、Virtex、Virtex-E、Virtex-II、Virtex-4、Virtex-5、Virtex-6 等系列。

14.5　基于 CPLD/FPGA 的数字系统开发流程

CPLD/FPGA 开发设计流程包括：设计输入、设计数据库的使用、综合编译、分析验证、综合仿真、布局布线、编程下载等。

14.5.1　一般开发流程

CPLD/FPGA 的一般开发流程如图 14.20 所示。

①源程序的编辑和编译：用一定的逻辑表达手段将设计表达出来。

②逻辑综合：将用一定的逻辑表达手段表达出来的设计，经过一系列的操作，分解成一系列的基本逻辑电路及对应关系（电路分解）。

③目标器件的布线/适配：在选定的目标器件中建立这些基本逻辑电路及对应关系（逻辑实现）。

④目标器件的编程/下载：将前面的软件设计经过编程变成具体的设计系统（物理实现）。

⑤硬件仿真/硬件测试：验证所设计的系统是否符合设计要求。

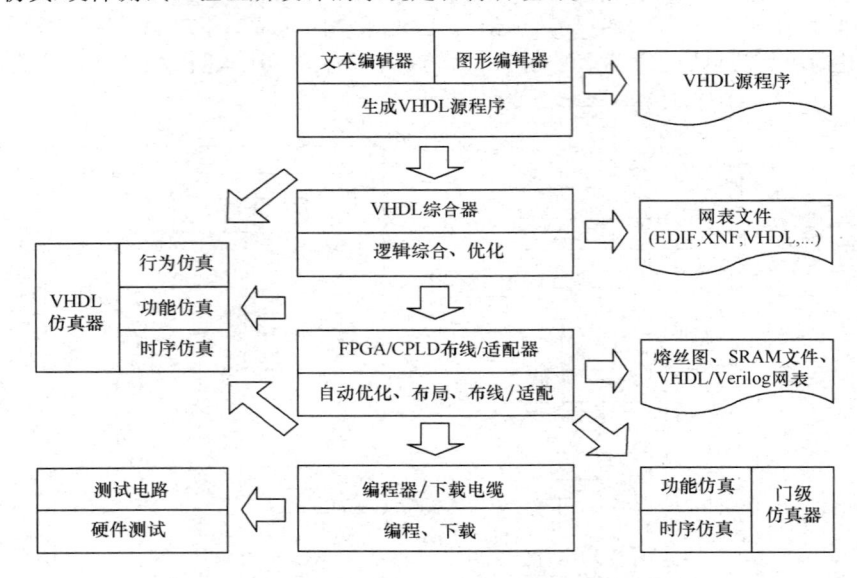

图 14.20　CPLD/FPGA 的一般开发流程

14.5.2　硬件描述语言 VHDL/Verilog HDL

随着 EDA 技术的发展，使用硬件描述语言设计 CPLD/FPGA 已经成为一种趋势。目前最主要的硬件描述语言（Hardware Description Language）是 VHDL 和 Verilog HDL。VHDL 发展得较早，语法严格，而 Verilog HDL 是在 C 语言的基础上发展起来的，语法较自由。相比之下，VHDL 的书写规则要比 Verilog HDL 烦琐一些，而 Verilog HDL 的语法更自由。

1. 硬件描述语言 VHDL

VHDL 的全称是 Very High speed integrated circuit Hardware Description Language，最初由美国国防部、德州仪器公司（TI）和 IBM 公司联合开发。1987 年，VHDL 被 IEEE 和美国国防部确认为标准硬件描述语言，使得 VHDL 在电子设计领域得到了广泛应用，渐成为工业界标准。

一般的硬件描述语言在行为级、RTL（寄存器传输级，即数据流描述）级和门电路级这三个层次上描述电路。VHDL 用于行为级和 RTL 级的描述，它是一种高级描述语言，几乎不能控制门电路的生成。然而，任何一种硬件描述语言的源程序都要转化成门级电路，这一过程称为综合。熟悉 VHDL 语言后，设计效率会很高，且生成电路的性能不亚于其他设计软件生成电路的性能。目前大多数 EDA 软件都支持 VHDL 语言。

通常一个完整的 VHDL 语言程序包含实体（ENTITY）、结构体（ARCHITECTURE）、程序包（PACKAGE）、配置（CONFIGURATION）和库（LIBRARY）等多个部分。

①实体（ENTITY）。用于描述所设计系统的外部接口信号，所有设计的表达均与实体有关。实体是设计中最基本的模块，设计分层次时，设计的最顶层是顶级实体，在顶级实体的描述中会含有较低级实体的描述。

②结构体(ARCHITECTURE)。用于描述实体所代表的系统内部的结构和行为。一个实体可以有多个结构体,因此,对于描述一个系统的内部细节,结构体具有更强的描述能力和灵活性。

③程序包(PACKAGE)。设计中用的子程序和公用数据类型的集合。用于存放各个设计模块都能享用的数据类型、常数和子程序。

④配置(CONFIGURATION)。对应于传统设计方法中设计的零件清单,用于指明实体所对应的结构体。

⑤库(LIBRARY)。用于存放已经编译过的实体、结构体、程序包和配置。用户也可以生成自己的库。

⑥VHDL的基本语句。VHDL的基本描述语句分为顺序语句和并行语句。顺序语句是完全按程序中出现的顺序执行的语句,即前面语句的执行结果会影响后面语句的执行结果。顺序语句只出现在进程和子程序中。并行语句作为一个整体运行,仅执行被激活的语句,并非所有语句都执行。在设计过程中,一个实体下面可以写多个结构体,但在综合时必须用配置语句为实体指定一个结构体。结构体是实体的行为描述,行为描述由一系列的并行语句构成,最常用的并行语句有信号赋值语句、子程序调用语句和进程语句,而进程语句又由一系列的顺序语句组成。

2. 硬件描述语言 Verilog HDL

Verilog HDL 是一种标准硬件描述语言,用于从算法级、门级到开关级的多种抽象设计层次的数字系统建模。被建模的数字系统对象的复杂性可以介于简单的门和完整的数字系统之间。数字系统能够按层次描述,并可在相同描述中显式地进行时序建模。

Verilog HDL 语言具有下述描述能力:设计的行为特性、设计的数据流特性、设计的结构组成以及包含响应监控和设计验证方面的时延和波形产生机制。所有这些都使用同一种建模语言。此外,Verilog HDL 语言提供了编程语言接口,通过该接口可以在模拟、验证期间从设计外部访问设计,包括模拟的具体控制和运行。

Verilog HDL 语言不仅定义了语法,还对每个语法结构定义了清晰的模拟、仿真语义,因此,用这种语言编写的模型能够使用 Verilog 仿真器进行验证。Verilog HDL 语言从 C 编程语言中继承了多种操作符和结构。Verilog HDL 提供了扩展的建模能力,其中许多扩展最初很难理解。但是,Verilog HDL 语言的核心子集非常易于学习和使用,这对大多数建模应用来说已经足够。

Verilog HDL 就是在用途最广泛的 C 语言的基础上发展起来的一种硬件描述语言,它是由 GDA 公司的 PhilMoorby 在 1983 年末首创的,最初只设计了一个仿真与验证工具,之后又陆续开发了相关的故障模拟与时序分析工具。1985 年 Moorby 推出它的第三个商用仿真器 Verilog-XL,获得了巨大的成功,从而使得 Verilog HDL 迅速得到推广应用。1989 年 CADENCE 公司收购了 GDA 公司,使得 Verilog HDL 成为了该公司的独家专利。1990 年 CADENCE 公司公开发布了 Verilog HDL,并成立 LVI 组织以促进 Verilog HDL 成为 IEEE 标准,即 IEEE Standard 1364-1995。

Verilog HDL 语言程序中,模块是基本描述单位,用于描述某个设计的功能或结构及其与其他模块通信的外部端口。一个设计的结构可使用开关级原语、门级原语和用户定义的原语方式描述;设计的数据流行为使用连续赋值语句进行描述;时序行为使用过程结构描述。一个模块可以在另一个模块中被调用。

14.6 电路仿真软件 Proteus

本附录介绍电路仿真软件 Proteus 的结构和资源、简单使用方法。以典型实例讲述基于 Proteus ISIS 的电路设计方法、调试方法、仿真方法。

14.6.1 Proteus 电路仿真软件简介

1. Proteus 简介

Proteus 是英国 Labcenter 公司开发的电路分析与仿真软件。Proteus 软件自 1989 年问世至今，功能得到了不断完善，性能越来越好，全球的用户也越来越多。Proteus 之所以在全球得到应用，原因是它具有自身的特点和结构。该软件的特点如下：①集原理图设计、仿真和 PCB 设计于一体，是真正实现了从概念到产品的完整电子设计工具。②具有模拟电路、数字电路、单片机应用系统、嵌入式系统设计与仿真功能。③具有全速、单步、设置断点等多种形式的调试功能。④具有各种信号源和电路分析所需的虚拟仪表。⑤支持多种第三方的软件编译和调试环境。⑥具有强大的原理图到 PCB 设计功能，可以输出多种格式的电路设计报表。

可以这样认为，拥有电路仿真软件 Proteus，就相当于拥有了一个电子设计和分析平台。

2. Proteus 组成

Proteus 电子设计软件由原理图输入模块（ISIS）、混合模型仿真器、动态器件库、高级图形分析模块、处理器仿真模型及 PCB 设计编辑（ARES）6 部分组成，如图 14.21 所示。

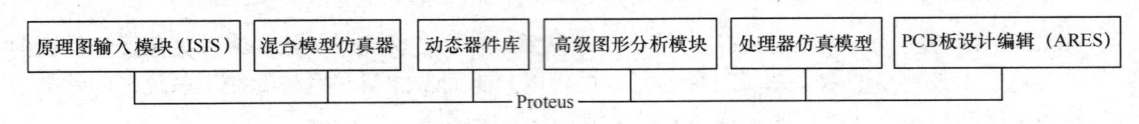

图 14.21 Proteus 的基本组成

3. Proteus 基本资源

（1）工具

工具包括标准工具和绘图工具，标准工具的内容与菜单栏的内容一一对应，绘图工具栏有丰富的操作工具，通常分为操作工具、图形绘制工具，选择不同的按钮会得到不同的工具。

（2）虚拟仪器

虚拟仪器包括电路激励源、电路功能分析、电路图表分析和测试探针。

①电路激励源。提供 13 种信号源，对每种信号源参数又可进行设置。

②电路功能分析。提供 9 种电路分析工具，设计电路时，可用来测试电路的工作状态。

③电路图表分析。提供 13 种分析图表，仿真电路时，用来精确分析电路的技术指标。

④测试探针。提供电流探针和电压探针，用来测试所放之处的电流和电压值。注意，电流探针的方向一定要与电路的导线平行。

（3）元件

Proteus 提供大量元件的原理图符号和 PCB 封装。绘制原理图前，要知道每个元件对应的库；自动布线前，要知道对应元件的封装。

4. Proteus 基本操作与设置

（1）Proteus ISIS 界面

双击桌面上的 ISIS Professional 图标，打开 ISIS Professional。

①工作界面。Proteus ISIS 的工作界面是一种标准的 Windows 界面，如图 14.22 所示，它包括标题栏、主菜单、标准工具栏、绘图工具栏、状态栏、对象选择按钮、预览对象方位控制按钮、仿真进程控制按钮、预览窗口、对象选择器窗口、图形编辑窗口。

②主菜单。Proteus 包括 File、Edit、View 等 12 个菜单栏，如图 14.23 所示。每个菜单栏又有自己的子菜单，Proteus 的菜单栏完全符合 Windows 操作风格。

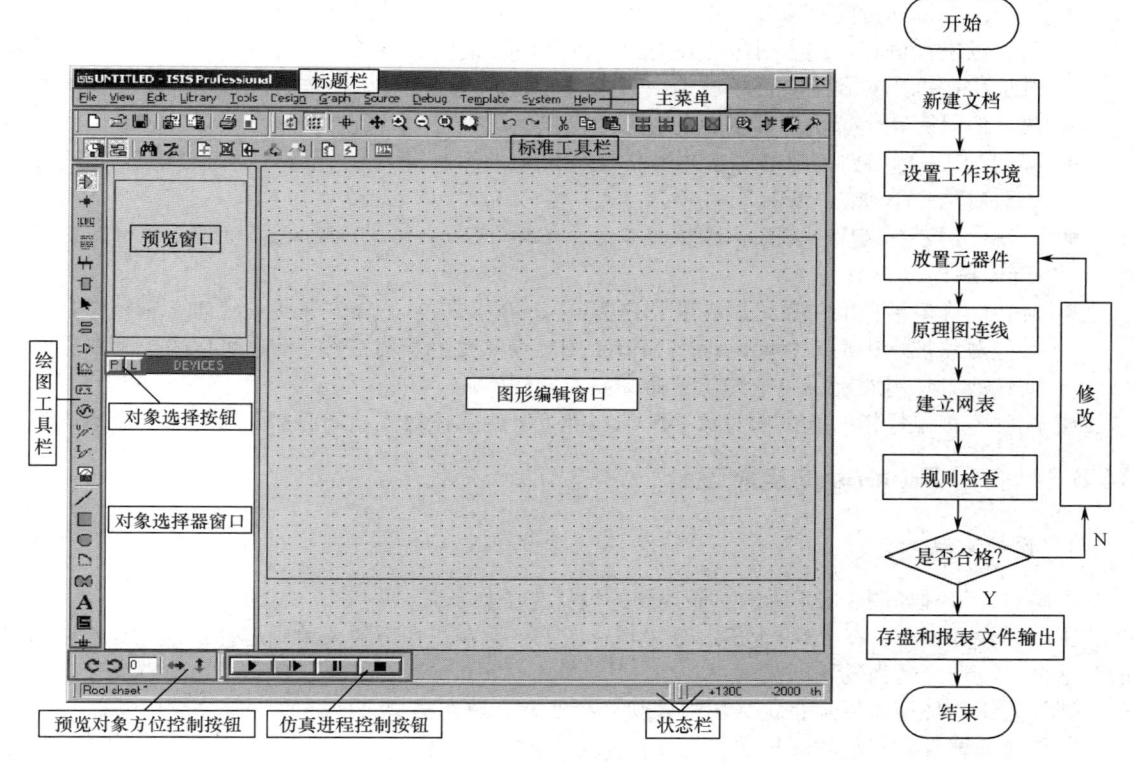

图 14.22　Proteus ISIS 的工作界面　　　　图 14.24　电路设计流程

③工具。Proteus 包括菜单栏下面的标准工具栏和绘图工具栏。

④状态栏。状态栏用来显示工作状态和系统运行状态。

⑤对象选择。对象选择包括对象选择按钮、对象选择器窗口、对象预览窗口。完成器件的具体选择的操作步骤是：首先单击对象选择按钮 P，弹出器件库，输入器件名称，选中具体的器件，于是所选的器件将列在对象选择器窗口。然后在对象选择器窗口中选中器件，选中的器件在预览窗口将显示具体的形状和方位。最后在图形编辑窗口中放置器件，放置器件的方法是在图形编辑窗口中单击。

⑥Proteus VSM 仿真。Proteus VSM 有交互式仿真和基于图表的仿真。

交互式仿真：实时直观地反映电路设计的仿真结果。

基于图表的仿真（ASF）：用来精确分析电路的各种性能，如频率特性、噪声特性等。

Proteus VSM 中的整个电路分析是在 ISIS 原理图设计模块下延续下来的，原理图中可以包含探针、电路激励信号、虚拟仪器、曲线图表等仿真工具。

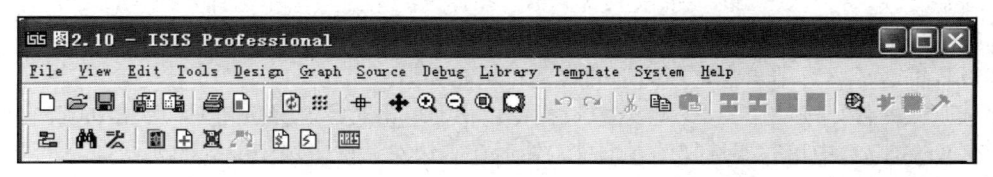

图 14.23　Proteus ISIS 菜单栏

⑦图形编辑窗口。在图形编辑窗口内完成电路原理图的编辑和绘制。在图形编辑窗口中放置对象的步骤如下。

· 669 ·

- 选中：用鼠标指向对象并单击左键可以选中该对象。该操作选中对象并使其高亮显示，然后可以进行编辑。选中对象时该对象上的所有连线同时被选中。要选中一组对象，可以通过依次在每个对象上右键单击选中每个对象的方式，也可以通过右键拖出一个选择框的方式，但只有完全位于选择框内的对象才可以被选中。
- 移动：用鼠标指向选中的对象并用左键拖曳可以拖动该对象。该方式不仅对整个对象有效，还对对象中单独的 labels 也有效。
- 复制：用鼠标选中对象后，使用菜单命令 Edit→Copy to Clipboard，或使用鼠标左键单击 Copy 图标。
- 旋转：许多类型的对象可以调整朝向为 0°、90°、270°、360°或通过 x 轴 y 轴镜像。当该类型对象被选中后，Rotation and Mirror 图标会从蓝色变为红色，然后可以来改变对象的朝向；或者使用右键菜单中的旋转命令完成器件旋转。
- 删除：用鼠标指向选中的对象并单击右键可以删除该对象，同时删除该对象的所有连线。

14.6.2 基于 Proteus 的电路设计

1. 设计流程

电路设计流程如图 14.24 所示，原理图的设计方法如下。

①新建设计文档。在 Proteus ISIS 环境，单击 File 菜单，在下拉菜单中选择新建设计，在出现的对话框中，选择适当的图纸尺寸。

②设置工作环境。用户自定义图形外观（含线宽、填充类型、字符）。

③放置元器件。在编辑环境选择元器件，然后放置元器件。

④绘制原理图。单击元件引脚或者先前连好的线，就能实现连线；也可使用自动连线工具进行连线。

⑤建立网表。选择 Tools→Netlist Compiler 菜单项，在出现的对话框中，可以设置网表的输出形式、模式、范围、深度及格式。网表是电路板与电路原理图之间的纽带。建立的网表文件用于 PCB 制板。

⑥电气规则检查。选择 Tools→Electrical Rule Check 菜单项，出现电气规则检测报告单，在该报告中，系统提示网表已生成，并且无电气错误，才可执行下一步操作。

⑦存盘和输出报表文件。将设计好的原理图存盘。选择 Tools→Bill of Materials 菜单项，输出 BOM 文档。

2. 设计实例

下面以 555 定时器设计一个每隔 6 秒振荡 1 秒的多谐振荡器为例，说明电路原理图的 Proteus 设计方法。

①新建文件。打开 Proteus，单击 File 菜单，在弹出的下拉菜单中选择 New Design，在弹出的图幅选择对话框中，选 Default。

②设置编辑环境。用户自定义图形的线宽、填充类型、字符。

③选取元器件。按设计要求，在对象选择窗口中，单击对象选择按钮 P，弹出 Pick Devices 对话框，在 Keywords 中填写要选择的元器件，然后在右边对话框中选中要选的元器件，元器件就会列在对象选择窗口。如图 14.25 所示，本设计所需选用的元器件如下：

- 555：555 定时器
- RES：电阻元件
- CAP：电容元件
- DIODE：二极管
- POT：电位器

④放置元器件。在对象选择的窗口，单击 555，然后把鼠标指针移到右边的原理图编辑区的适当位置，单击鼠标的左键，就把 555 定时器放到了原理图区。用同样的方法将对象窗口的其他元件放到原理图编辑区。

⑤放置电源及接地符号。单击工具箱的接线端按钮（Inter-sheet terminal），在器件选择器中单击 Power 或 Ground，鼠标移到原理图编辑区，左键单击一下即可放置电源符号或接地符号，注意，V_{CC}、GND 一般是隐藏的。

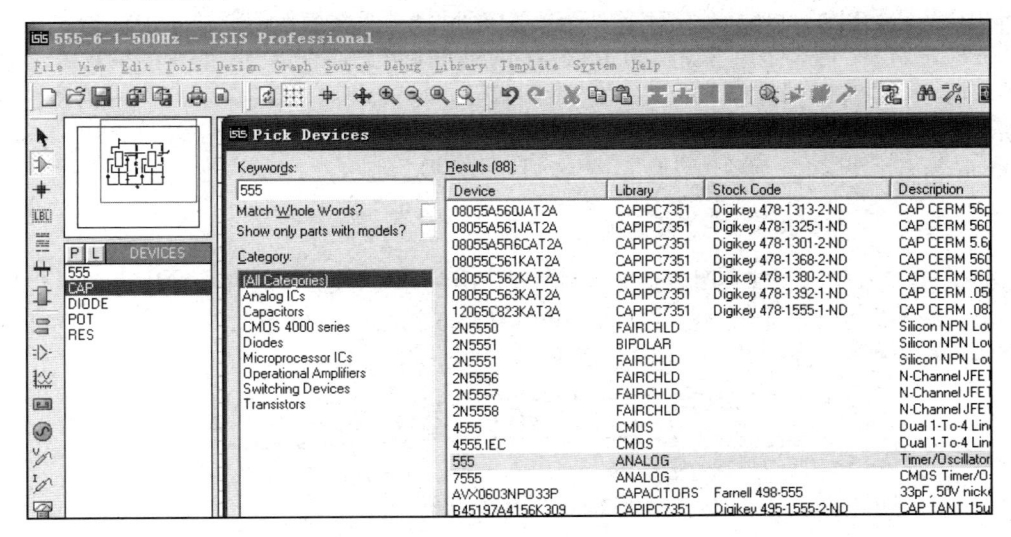

图 14.25 元器件选择对话框

⑥对象的编辑。把电源符号、接地符号进行统一调整，放在适当的位置，设置元器件参数。

⑦原理图连线。在原理图中画导线、总线和总线分支线，如图 14.26 所示。

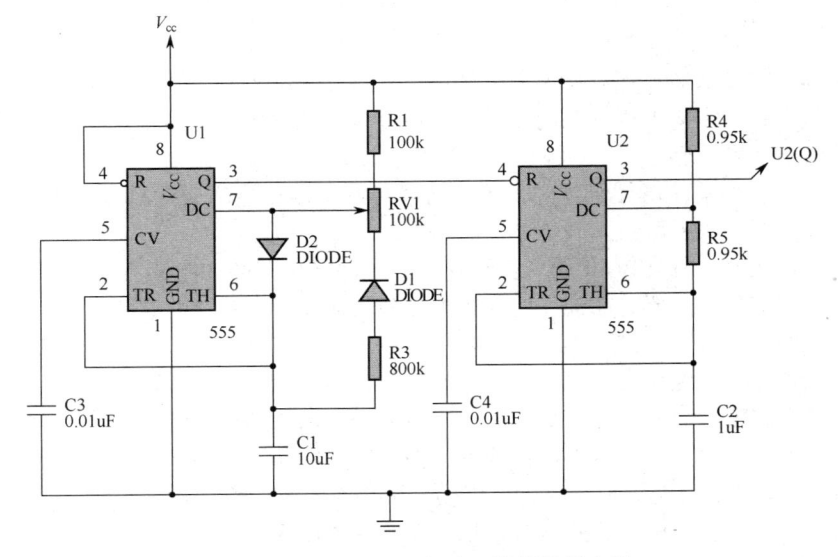

图 14.26 基于 555 定时器的振荡器电路

画导线：在 ISIS 编辑环境，左键单击第一个对象连接点，再左键单击另一个连接点，ISIS 就能自动绘制出一条导线，要想自己决定走线路径，只需在想要拐点处单击鼠标左键。

画总线：单击工具箱的总线按钮（Bus），即可在编辑窗口画总线。

画总线分支线：单击工具按钮（Buses model），单击待连线的点，然后在离总线 Bus 一定距离的地方再单击，然后按 Ctrl 键，将鼠标移到总线上单击即可（需将 WAR 功能关闭）。

⑧放置网络标号。单击工具箱的网络标记按钮（Wire label），在要标记的导线上单击右键，在出现的对话框中填写网络标号，然后单击 OK 按钮。

⑨电气检测。电路设计完成后，通过菜单操作工具的"电气检测"下拉菜单弹出电气检测结果窗口，在窗口中，前面是一些文本信息，接着是电气检查结果列表，有错时会给出详细说明。

⑩生成报表。ISIS 可以输出网表、器件清单等多种报告，具体操作如下。a. 网表：Tools→Netlist Compiler 输出网表。网表是原理图与 PCB 版图的纽带和桥梁，网表错误一般发生在 ISIS 为原理图创建网表时，从原理图到 ARES 进行 PCB 设计时遇到的一般问题在于：有两个同名的器件，或未命名器件，例如两个电阻为 R；脚本文件格式（如 MAP ON 表）不对。b. 元器件清单：Tools→Bill of Materials 输出元件清单。元器件清单是采购元器件的依据。

14.6.3　基于 Proteus 的电路仿真

Proteus 有交互仿真和基于图表仿真两种方式，两种方式可以结合进行。交互仿真用进程控制按钮启动，起到定性分析电路功能的作用；基于图表仿真通过按 PC 键盘的空格键或菜单来启动，起到定量分析电路特性的作用，如图 14.27 所示。

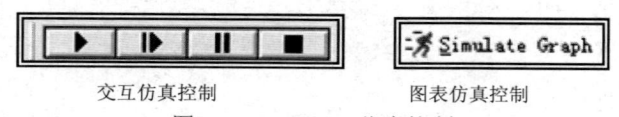

图 14.27　Proteus 仿真控制

1. 交互式仿真

交互式仿真是通过交互式器件和工具，观察电路的运行状况，用来定性分析电路，验证电路是否能正常工作。例如，单片机应用系统的交互仿真过程，分为程序加载和仿真两个步骤。

2. 基于图表的仿真

交互式仿真有很多优势，但在很多场合需要捕捉图表来进行细节分析。基于图表的仿真是可以做很多的图形分析，比如小信号交流分析、噪声分析、扫描参数分析等。

基于图表的仿真过程有 5 个主要阶段：绘制仿真原理图；在监测点放置探针；放置需要的仿真分析图表，比如用频率图表显示频率分析；将信号发生器或检测探针添加到图表中；设置仿真参数（比如运行时间），进行仿真。

①绘制电路。在 Proteus ISIS 中输入需要仿真的电路（电路图的绘制方法已在前面介绍）。

②放置探针和信号发生器。探针、信号发生器和其他元件，终端的放置方法相同。如图 14.28 所示，选择合适的对象按钮，选择信号发生器、探针类型，将其放置到原理图中需要的位置，可以直接放置到已经存在的连线上，也可以放置好后再连线。

③放置图表。如图 14.29 所示，选择模拟、数字、转移、频率、扫描分析等图表，用拖曳的方法放置在原理图中合适的位置，再将探针或信号拖到对应的仿真图表中。

④在图表中添加轨迹。在原理图放置多个图表后，必须指定每个图表对应的探针/信号发生器。每个图表也可以显示多条轨迹，这些轨迹数据来源一般是单个信号发生器或探针，但 Proteus ISIS 提供一条轨迹显示多个探针，这些探针通过数学表达式的方式混合。举个例子，一个监测点既有电压探针也有电流探针，这个检测点对应的轨迹就会是功率曲线，如图 14.30 所示。

曲线显示对象的添加有两种方式：在原理图中选中探针或激励源拖入图表中；在 Edit Graph Trace 对话框中选中探针，需要多个探针时要添加运算表达式。

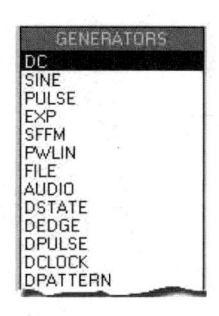

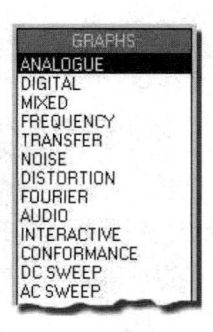

图 14.28　选择探针和信号发生器　　　　图 14.29　选择仿真图表

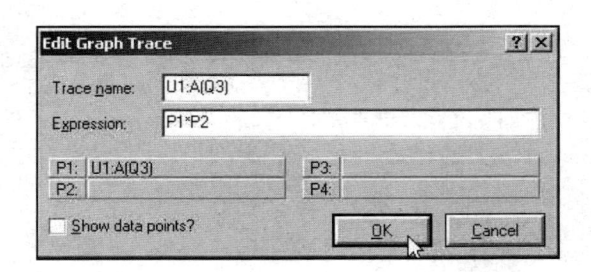

图 14.30　电流电压生成功率

⑤仿真过程。基于图表的仿真是命令驱动的。这意味着整个过程是通过信号发生器、探针及图表构成的系统，设定测量的参数，得到图形，验证结果。其中，任何仿真参数都是通过 GRAPH 存在的属性定义的（比如仿真开始及停止时间等），也可以自己手动添加其他的属性（比如对于一个数字仿真，你可以在仿真器系统中添加一个 RANDOMISE TIME DELAYS 属性）。在仿真开始时系统应完成如下工作：a. 产生网表：网表提供一个元件列表，引脚之间连接的清单及元件所使用的仿真模型；b. 分区仿真：Proteus ISIS 对网表进行分析，将其中的探针分成不同的类，当仿真进行时，结果也保存在不同的分立文件中；c. 结果处理：Proteus ISIS 通过这些分立文件在图表中产生不同的曲线，将图表最大化进行测量分析。

当上述任何一步出错时，仿真日志会留下详细的记载。有些错误是致命的，有一些是警告。致命的错误报告会直接弹出仿真日志窗口，曲线不产生；警告不会影响到仿真曲线的产生。大多数错误产生源于电路图绘制，也有一些是选择元件模型错误。

综上所述，Proteus 软件可以对各种数字逻辑电路、模拟电路、混合电路、单片机及其外围电路协同仿真。

第15章 电 动 机

电子技术中最有趣的事情之一可能是使机械装置运动。三种常用设备可使物体运动,分别是直流电动机、遥控伺服系统和步进电动机(见图15.1)。

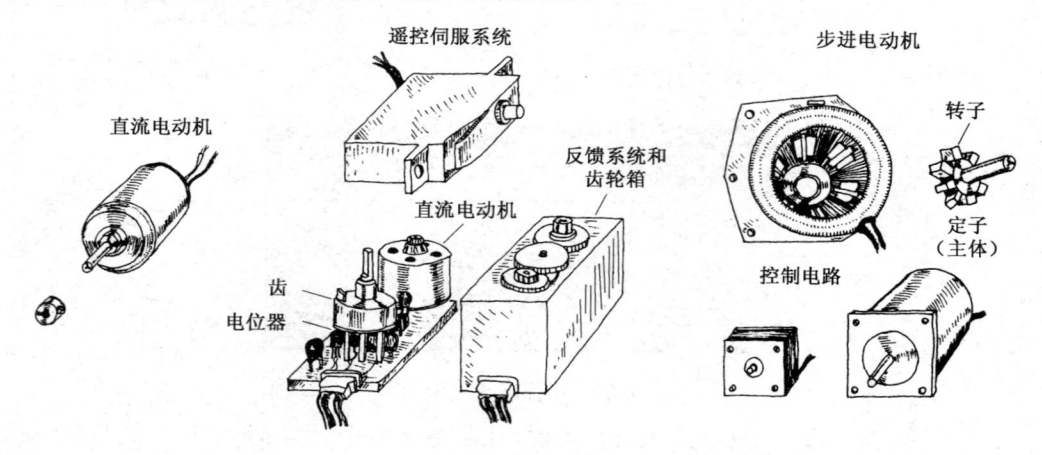

图15.1 常用小型直流电动机和伺服系统

15.1 直流电动机

直流电动机是有两根引线的电控设备。它有一条转轴,可配上齿轮、推进器等。直流电动机的转速(转/分)相当大,要改变它们的旋转方向(如从顺时针方向改变为逆时针方向),只需改变它们的两根导线的电源极性。低速运行时,直流电动机产生的转矩小,仅实现微位移控制。直流电动机不适用于定位控制系统。

直流电动机通常有多种形状和外形尺寸可供选择。大多数直流电动机的转速是3000~8000转/分。额定工作电压一般是1.5~24V。在额定电压下,电动机的工作效率最高。在实际应用中,可通过改变工作电压来调节电动机的转速。一般情况下,当实际工作电压小于额定电压的50%时,电动机就会停止转动;而当实际电压大于额定电压的30%时,电动机就会过热,甚至损坏。在实际使用中,脉宽调制(高速开/关电动机)可提高电动机的工作效率。通过控制脉冲宽度或脉冲周期,可以控制电动机的转速。没有负载时,电动机线圈中只有少量的电流(能量)。一旦接入负载,流过电动机线圈的电流就会增大(增至1000%甚至更多)。电动机生产厂商一般会提供停转电流参数,该参数表明当电流降至停转电流时,电动机将停止转动。未给出电动机的停转电流参数时,可用电流表测定。另一个参数是额定转矩,它用来描述电动机驱动负载能力的大小。额定转矩越大,电动机驱动负载的能力就越强。

15.2 直流电动机的速度控制

控制直流电动机的一种简单方法是用一个分压器来控制加到电动机两端的电压[见图 15.2(a)]。根据欧姆定律,电位器电阻增加,电流减小,电动机转速降低。然而,用电位器控制电流是不经济的,因为电位器电阻的增加会导致电能转换为热量的增加。电动机减速而产生的热量是十分不利的,它不仅消耗能量,还会损坏电位器。另一种看起来较好但效率较低的转速控制方法是使用晶体管放大器,其结构如图15.2(b)所示。然而,这里仍然存在问题,当集电极-射极电阻增大时,晶体管的发热问题会相当严重,很可能毁坏晶体管。

为了提高效率和防止器件烧毁,可将类似于开关电源的方法用于控制电动机转速。该方法的原理是,将原来的直流供电改成脉冲供电,只要控制脉冲的宽度和频率,就可控制电动机的转速。采用这种方法,任何情况下任何元器件都可长时间工作。图 15.3显示了三种产生电动机转速控制所需脉冲的方法。

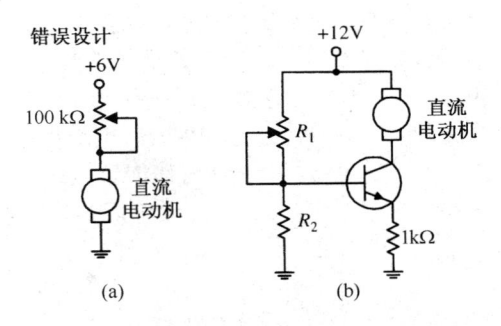

图 15.2 简易直流电动机的转速控制

在图15.3(a)所示的电路中,使用单结晶体管(UJT)组成振荡器来产生脉冲序列,以控制晶闸管整流器(SCR)的开/关。要改变电动机的转速,只需改变RC时间常数,从而改变振荡器的频率。在图15.3(b)所示的电路中,使用一对与非门组成振荡器来驱动一个增强型MOS管,以控制电动机。与图15.3(a)所示的一样,电动机的转速也由振荡器的RC常数决定。注意,只要将左边的与非门的引脚引出,就可以控制电动机的开/关,注意该控制是基于CMOS逻辑电路的。

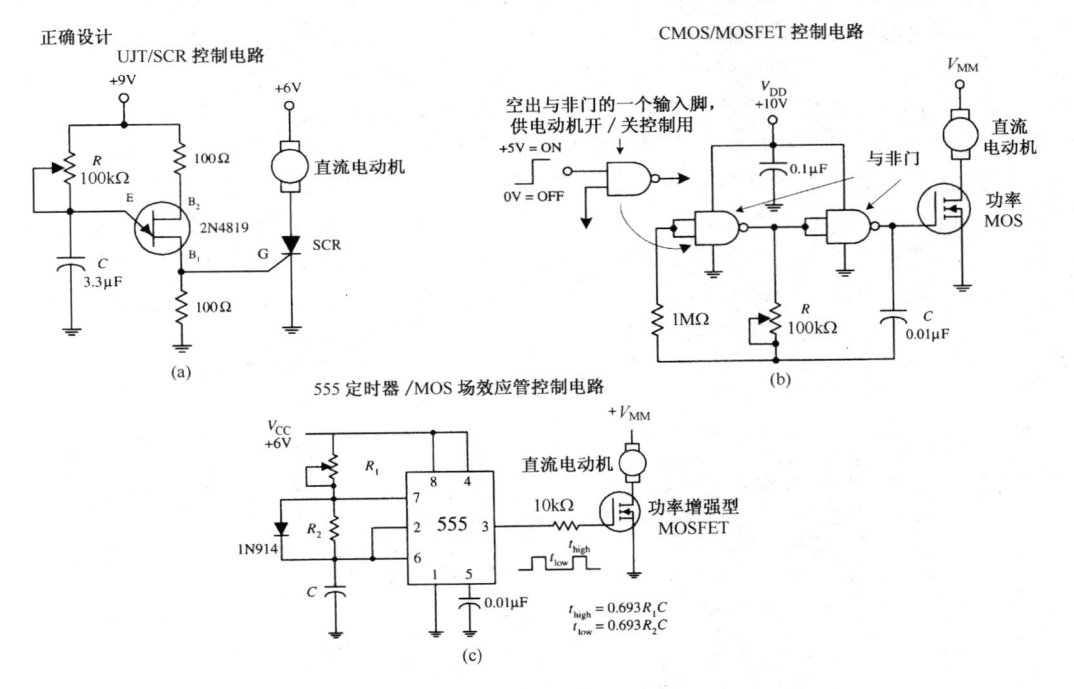

图15.3 三种产生电动机转速控制所需脉冲的方法

图15.3(c)所示电路用555时基电路构成的一个方波发生器来驱动功率MOSFET管。借助6脚和7脚之间接入的二极管,将555定时器设置成低占空比的周期工作模式。输出脉冲的频率及占空比由R_1、R_2和C决定。相关参数的计算公式在电路图的右下方。

在大多数应用中,555定时器已被带有PWM输出的微控制器替代。

15.3 直流电动机的方向控制

为了控制电动机的旋转方向,电动机两根引线的极性必须能够互换。最简单的方法是使用一个双刀双掷开关,如图15.4(a)所示。也可选择使用三极管驱动的双刀双掷开关,如图15.4(b)所示。如果不想使用继电器,那么推挽式电路也可完成所需的功能,如图15.4(c)所示。图中使用了两个晶体管(一个是NPN达林顿管,另一个是PNP达林顿管)。当输入为高电平(+5V)时,上面的NPN管导通,电流从+V_{CC}经过NPN管、电动机流向地。当输入为低电平(0V)时,下面的PNP管导通,电流从地经过电动机、PNP管流向负电源。

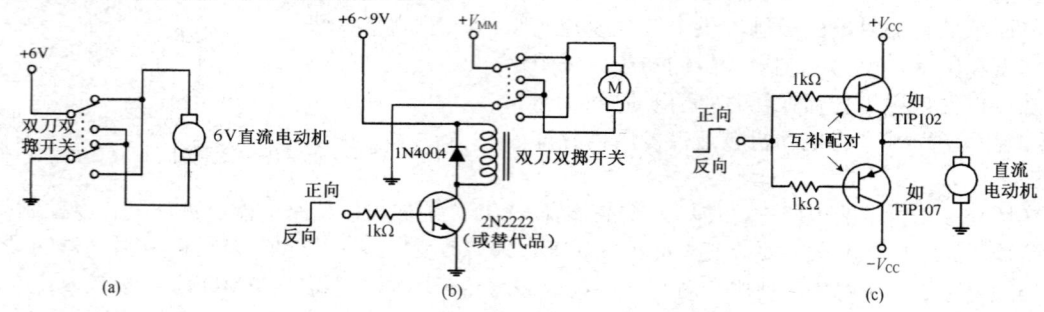

图15.4 简易直流电动机的转向控制

另一种常见的电动机旋转方向(和速度)控制电路是H形桥式电路。图15.5中显示了两种控制直流电动机转向的H形桥式电路。图15.5(a)采用的是晶体管,图15.5(b)采用的是MOS管。要使电动机正向旋转,只需将高电平信号施加到"正向"输入端,而"反向"输入端不需要施加信号(注意,不允许两个输入端同时输入电压信号)。同时,利用脉宽调制信号可以控制电动机的速度。电路的工作原理如下:Q_3的基极为高电平时,Q_3导通,Q_2也导通。此时,电流从正电源端经Q_2、电动机、Q_3到地。流过电动机的电流方向是从右向左,此时的电动机转动方向称为正转。Q_4的基极为高电平(Q_3的基极为低电平)时,Q_4、Q_1导通,电流从正电源经Q_1、电动机、Q_4到地,此时流过直流电动机的电流方向与前一种情况的相反,所以电动机的转动方向称为反转。由MOS管组成的电路原理相同,这里不再赘述。电路中的二极管的作用是抑制电动机线圈产生的瞬时电压尖峰,以免损坏其他元件。电路中的晶体管(除了MOSFET电路图中的两个三极管)必须是大功率晶体管。

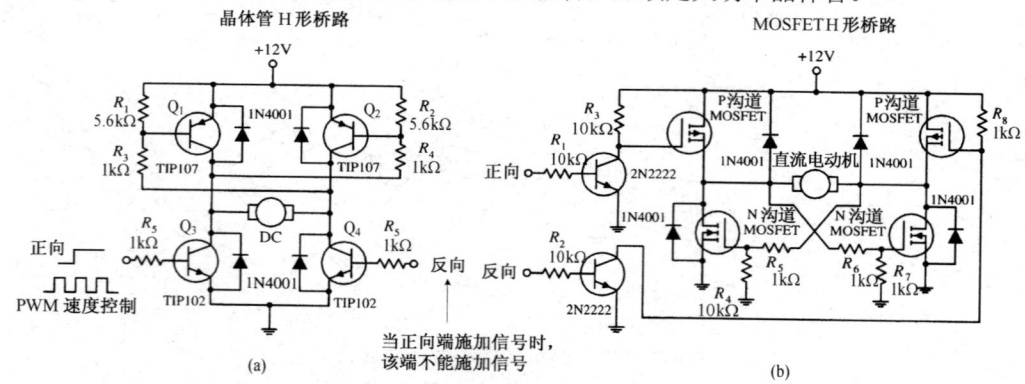

图15.5 两种控制直流电动机转向的H形桥式电路

上述电路在实际使用中应用,但购买现成的电动机驱动芯片可能更便宜、更省事。例如,(美国)国家半导体公司的LMD18200电动机驱动芯片可以方便地应用于H形桥式电路,其参数如下:高电平有效、最高工作电流3A、工作电压为12～55V,芯片内部自带短路保护二极管和温度报警输出,既有TTL芯片又有CMOS芯片,使用起来非常方便。另一种常用的芯片是由美国Unitrode公司生产的L293D,它比LMD18200更容易使用,而且更便宜,但不提供LMD18200那么多的附加功能,且输出电流小。还有很多芯片和电路可以驱动电动机,这里不一一列举。在实际应用中,可通过产品手册和上网查找,看看哪些芯片和电路符合实际要求。

15.4 遥控伺服系统

与直流电动机不同，遥控伺服系统只是类似电动机的装置，专门用于定位控制。遥控伺服系统利用外加的脉冲宽度调制（PWM）信号控制遥控伺服系统的转轴位置。要改变转轴的位置，只需改变脉冲的宽度。遥控伺服系统的转角控制极限约为180°或210°，具体取决于品牌和厂家。遥控伺服系统不仅可以提供较大的低速率扭矩［由于内部的传动（齿轮）系统］，还可以提供适当的满摆幅开关速率。遥控伺服系统常用于操纵车、船和飞机模型，也可用在机器人和位置传感器中。

标准遥控伺服系统看起来就像一个普通的盒子，盒子上面有一个转轴和三根导线。其中，一根是电源线（通常为红色），一根是地线（通常为黑色），另一根是转轴位置控制线（颜色由制造商确定）。盒子中有直流电动机、反馈装置和控制电路。反馈装置通常由电位器组成，电位器的转盘通过齿轮与电动机连接。当电动机旋转时，电位器的转盘也跟着旋转。受限于电位器的旋转角度，电动机转轴旋转的角度一般限制在180°或210°内。电位器作为位置指示装置，通过其电阻值告诉控制电路电动机转了多少度。因此，控制电路利用该阻值与脉冲调制输入控制信号，控制电动机旋转到特定的角度，然后制动（制动力矩的大小取决于伺服系统的厂家和型号）。脉冲宽度将决定伺服系统旋转角度的大小。

通常规定脉冲宽度为1.5ms时，伺服系统转到中间角度（如某系统的旋转范围为0°~180°，此时系统旋转的角度为90°）。要让系统旋转一定的角度，可改变脉冲的宽度。要使系统在中间角度的位置上逆时针方向旋转，只需在控制端加一个大于1.5ms的脉冲；反之，要让系统顺时针方向旋转，只需加一个小于1.5ms的脉冲，如图15.6所示。需要指出的是，伺服系统转过的角位移和脉宽的确切对应关系会因所用伺服系统品牌的不同而不同。例如，某品牌伺服系统在脉冲宽度为1ms时，可得到最大角度的逆时针方向旋转；脉冲宽度为2ms时，可得到最大角度的顺时针方向旋转。而另一品牌的伺服系统在脉冲宽度为1.25ms时，可得到最大角度的逆时针方向旋转；脉冲宽度为1.75ms时，可得到最大角度的顺时针方向旋转。伺服系统需要的驱动电压通常为4.8V或6.0V，主要取决于伺服系统的品牌。与电压不同，伺服系统的电流变化范围很大，主要取决于伺服系统的输出功率。

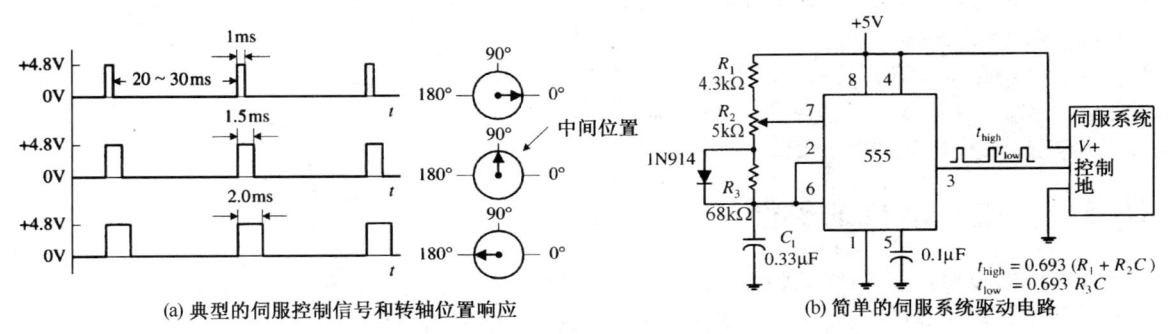

(a) 典型的伺服控制信号和转轴位置响应

(b) 简单的伺服系统驱动电路

$t_{high} = 0.693(R_1 + R_2)C$
$t_{low} = 0.693 R_3 C$

图15.6 伺服系统的控制信号与驱动电路

伺服系统所需的控制信号可用图15.6所示的555定时电路产生。图中，R_2用来调节脉宽。此外，伺服系统也可由微处理器或微控制器控制。

假设我们正在遥控模型飞机中的伺服系统，由位置控制电位器产生的原始控制信号首先被传送到载波调制电路，实现控制信号的载波调制。载波信号以无线电形式从天线发射，传送到飞机模型的接收电路。然后，接收电路将原始信号从载波中解调出来，并送到模型中指定的伺服系统中。模型中有多个伺服系统时，需要多个频率通道。例如，大部分遥控飞机都需要四个频率通道的无线电装置，其中一个通道控制副翼，一个通道控制升降，一个通道控制方向，一个通道控制油门。复杂的模型可能要用5个或6个通道来控制一些附加的部件，如阻力板和可伸缩的起落架。

此外，改变某些连接，伺服系统就可变成一个自由旋转的电动机。最简单的办法之一是切断它的反馈回路，即移去三端电位器（并拆除齿轮装置，以便可以360°旋转），用两个分压电阻代替它（分压输出端代替电位器滑动端）。分压器用于确保伺服系统的控制电路处于控制的中间状态。分压电阻的准确值可用欧姆表测量原电位器获得。此时，要让电动机顺时针方向旋转，需要向控制端输入一个脉宽大于1.5ms的控制信号。因为已去掉反馈系统，只要这个控制信号存在，电动机就会一直旋转。同理，要让电动机逆时针方向旋转，只需向控制端输入一个脉宽小于1.5ms的控制信号。

15.5 步进电动机

步进电动机是数控无刷电动机，每当用于控制步进电动机的译码电路输出一个脉冲信号时，它就转过一定的角度（一步）。对于特殊的步进电动机，每步转过的角度（分辨率）最小可达0.72°，最大可达90°，而普通步进电动机的分辨率是15°~30°/步。与遥控伺服系统不同，步进电动机可以旋转360°，在专用数字电路的控制下，还可像直流电动机一样连续旋转（但最大旋转速度较低）。与直流电动机不同，步进电动机在低速情况下有较大的转矩，适用于要求低速而高精度位置控制的场合。例如，控制打印纸的移动、控制望远镜的三维坐标系统。步进电动机还可用于绘图和传感定位系统。步进电动机的基本工作原理如图15.7所示。

图中给出了步长为15°的磁阻式步进电动机的简单模型。步进电动机的固定部件称为定子，它由围成一圈的8个磁极组成，每个磁极间隔45°。它的转动部件称为转子，由铁磁材料组成，有6个齿，每两个齿之间间隔60°。要让转子转动一步，需要在一对定子磁极线圈上同时通以电流。该电流将磁极磁化，使转子的齿和磁极对齐，如图15.7所示。为了使转子从这个角度顺时针方向旋转15°，要将流入第一对磁极线圈的电流断开，同时让电流流过第二对磁极线圈，再将流入第二对磁极线圈的电流断开，同时让电流流过第三对磁极线圈，再让转子顺时针方向旋转15°。以此类推，步进电动机就会一直旋转。同理，要使转子逆时针方向旋转，只需让流过磁极线圈电流的顺序相反。

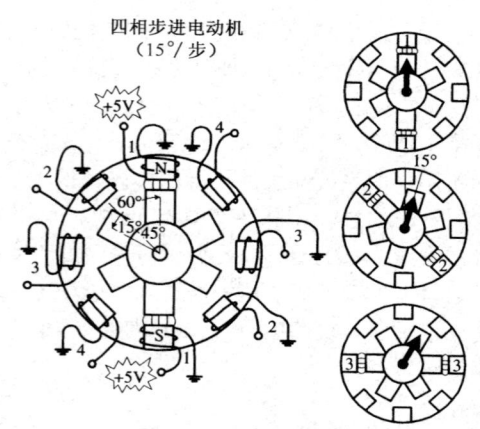

图 15.7 步进电动机的工作原理

15.6 步进电动机的类型

前例中的模型是基于磁阻式步进电动机，它并不完备，因为它并未涉及实际磁阻式步进电动机的内部是如何接线的。此外，该模型理论并不能用于永磁式步进电动机。为贴近实际，图15.8中给出了一些实际步进电动机的例子。

1. 磁阻式步进电动机

图15.8中显示了步进为30°的磁阻式步进电动机的物理模型和原理图。这类步进电动机由6极（3对线圈）的定子和4齿的铁磁性转子组成。更高步进分辨率的磁阻式步进电动机由更多对的线圈和更多齿的转子构成。注意，不论是在物理模型中还是在原理图中，每对线圈的终点都和公共端相连（线圈终端连接在电动机接线盒内部）。公共端和各线圈的另一端用线引到电动机壳体的外部，这些线称为相线。工作时公共线接到电源的正极，而相线按照图15.8中表格的时序依次接地。

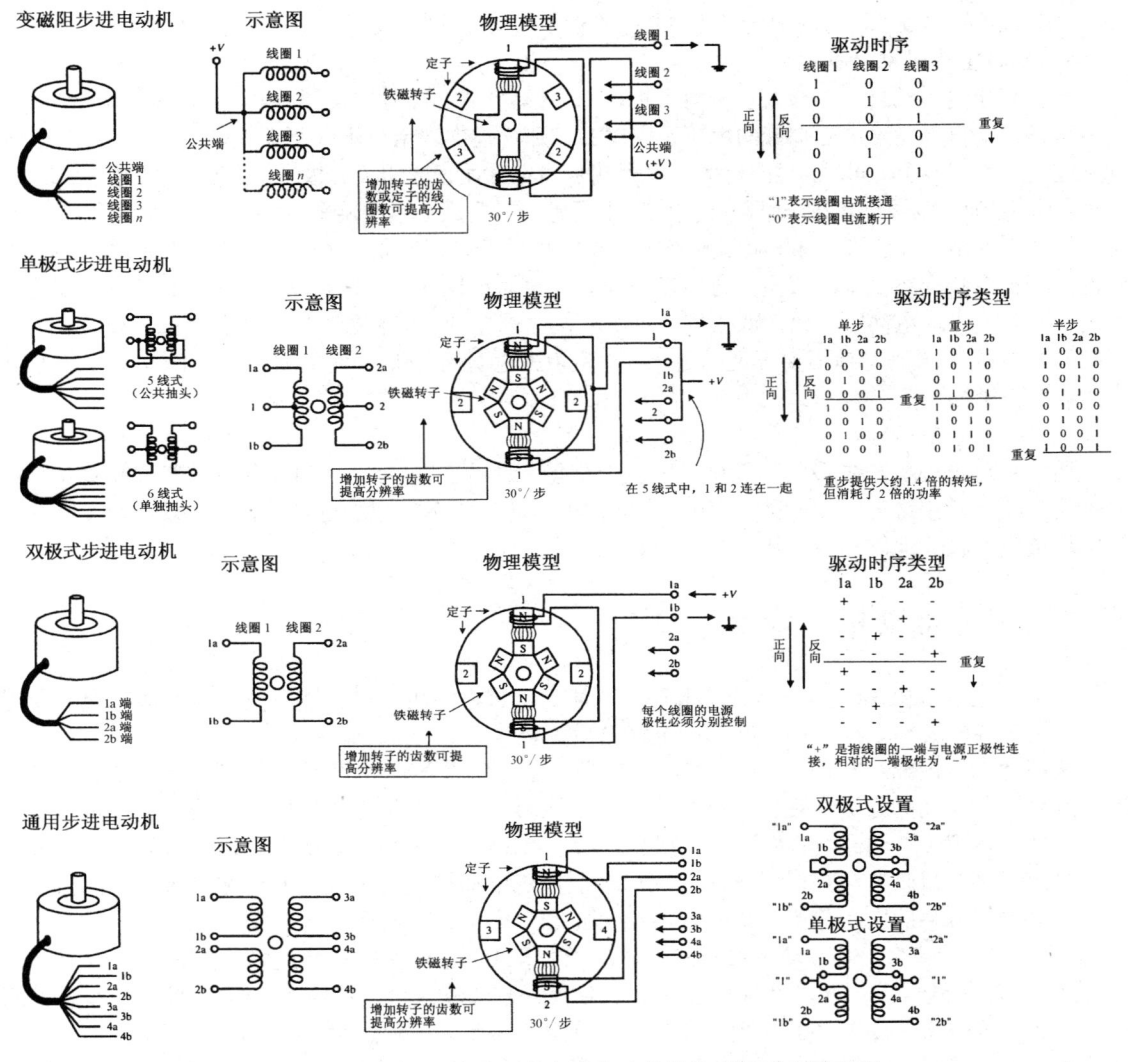

图15.8 步进为30°的磁阻式步进电动机的物理模型和原理图

2. 永磁式步进电动机（单极型、双极型、通用型）

1）单极型步进电动机

单极型步进电动机与磁阻式步进电动机有着相似的定子排列，但它使用的是永磁转子和不同的内部连线方式。图15.8给出了步进30°的单极型步进电动机。它有4极（2对线圈）定子和6齿永磁铁转子。每对线圈有一个中心抽头，它可能在电动机内部连接一起，并用一根线引到外面，也有可能用两根线单独引到外面。通常中心抽头连接电源的正极，线圈的另外两端交替接地，以改变线圈产生的磁场方向。在图15.8中，当电流从线圈1的中心抽头流到端点1a时，定子的上端为N极，下端为S极。于是，转子被吸引到相应的位置。此后，通过线圈1的电流被断开时，接通线圈2的电流，且方向是从端子2a流出，水平磁极被激励，转子旋转30°，即旋转一步。图15.8中给出了三种驱动时序。第一种驱动时序提供完整的单步动作。第二种驱动时序称为重步时序。在完成单步动作的过程中，它提供1.4倍的转矩，但会消耗2倍的功率。第三种驱动时序提供半个步长（如用15°代替30°）。它通过对邻近磁极同时进行激励来实现半步步进。转子被吸引在两个磁极中间，于是导致了一半的步进角度。最后要注意的是，单极型步进电动机角分辨率的提高，必须靠增加转子齿数来实现。另外，单极型步进电动机通常是5

线型或6线型的。5线型的有内部连线的中心抽头端子，而6线型的没有。

2）双极型步进电动机

双极型步进电动机与单极型步进电动机相似，但它们的线圈没有中间抽头。这意味着不能像单极型步进电动机（供给中心抽头的电压是固定的）那样提供固定电压，而必须将电源正端交替施加到不同的线圈端点上。同时，线圈对的另一个端点一定被设置成相反的极性（接地）。例如，在图15.8中，步进为30°的双极型步进电动机按图中给出的驱动时序表驱动并旋转。注意，驱动时序和单极型步进电动机使用一样的基本驱动模式，但将"0"和"1"信号替换为了"+"和"–"符号，以表明极性。下一节将介绍驱动双极型步进电动机需要为每对线圈配一个H形桥式网络。与单极型步进电动机和磁阻式步进电动机相比，双极型步进电动机更难控制，但它独特的极性移位操作特性使之具有较好的体积-转矩比。最后要强调的是，双极型步进电动机要获得较高的角度分辨率，必须装配较多齿数的转子。

3）通用步进电动机

通用步进电动机是单极型和双极型的混合类型。通用步进电动机有4个独立的线圈和8根引线。通过线圈的并联，如图15.8所示，通用步进电动机可转换成单极型步进电动机。串联连接线圈绕组时，步进电动机又能转换成双极型步进电动机。

15.7　步进电动机的驱动

每个步进电动机都需要一个驱动电路，以便为步进电动机定子线圈提供电流。驱动电路受一个称为译码器的逻辑电路控制。在驱动电路之后，将讨论译码器电路。

图15.9给出了磁阻式步进电动机和单极型步进电动机的驱动网络。驱动器都使用晶体管来控制流过电动机各线圈的电流。在驱动网络中加入输入缓冲级，保护译码器电路，防止电动机的供电电压击穿晶体管（集电极到基极）。每个驱动电路中都加入二极管，保护驱动晶体管和电源不被电动机线圈产生的自感电动势破坏（注意到单极型步进电动机使用了较多的附加二极管，因为中心抽头的两边都有感应电动势产生。不难看出，驱动器中可用二极管对替换单个二极管，这样就只需4个元件）。图15.9给出了驱动电路所用元件的类型和型号。电路中使用了大功率的达林顿晶体管、TTL缓冲器和快速保护二极管（单极性电路中应有附加二极管）。不想使用分立元件时，可以使用Allegro微系统公司的ULN200x系列IC阵列或（美国）国家半导体公司的DS200x系列IC阵列来构建驱动器电路。图15.9给出的ULN2003是一个与TTL电平兼容的芯片，它包含7个带保护二极管的达林顿晶体管。7407缓冲IC和ULN2003一起构成一个完整的步进电动机驱动器。其他类似的IC阵列，如摩托罗拉公司的MC1414达林顿IC阵列，可直接用逻辑输入驱动多线圈电动机。

双极型步进电动机的驱动电路要求用H形桥式电路来切换步进电动机内部线圈的供电极性（H形桥式电路的详细资料请参考前面直流电动机方向控制的章节）。步进电动机中的每组线圈需要一个单独的H形桥式电路，图15.10所示的H形桥式电路使用了4个带保护二极管的达林顿功率晶体管，以防线圈自感。输入端的异或逻辑电路用于防止两个输入信号同时为"1"的情况［两个输入信号同时为高电平（无逻辑输入）时，电源将被短路到地，这是不允许的］。图15.10中的表格给出了输入控制信号与电动机线圈供电极性的关系。

本章关于直流电动机的一节中提到，H形桥式驱动集成电路可以购买。SGS汤姆逊公司的L293H型双电桥式是常用的一种集成电路，可用来驱动小型双极型步进电动机，在36V的单元电压下，可向每个绕组提供1A的驱动电流。L298和L293类似，但其驱动绕组的电流可达2A。（美国）国家半导体公司的LMD18200H桥式集成芯片的驱动电流可达3A，与L293和L298不同的是，它内设保护二极管。要了解更多的H形桥式芯片，可以查阅产品目录。

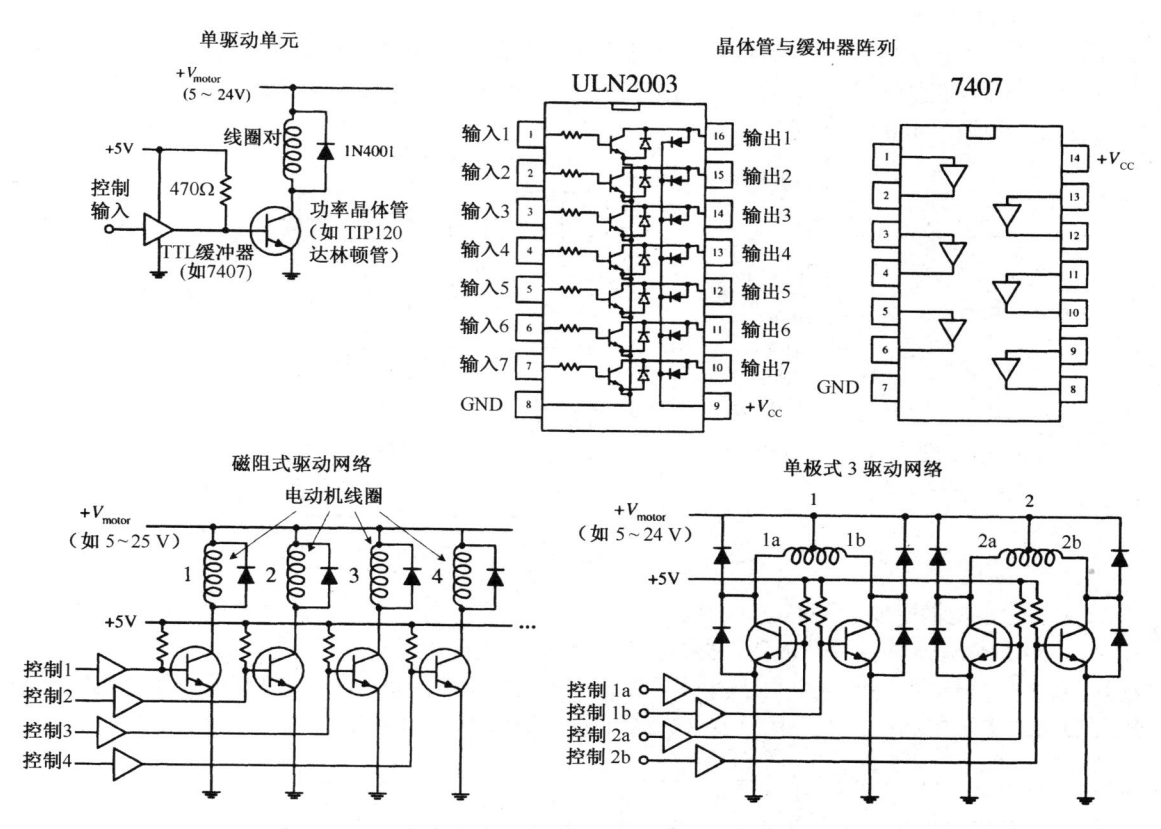

图15.9 磁阻式步进电动机和单极型步进电动机的驱动网络

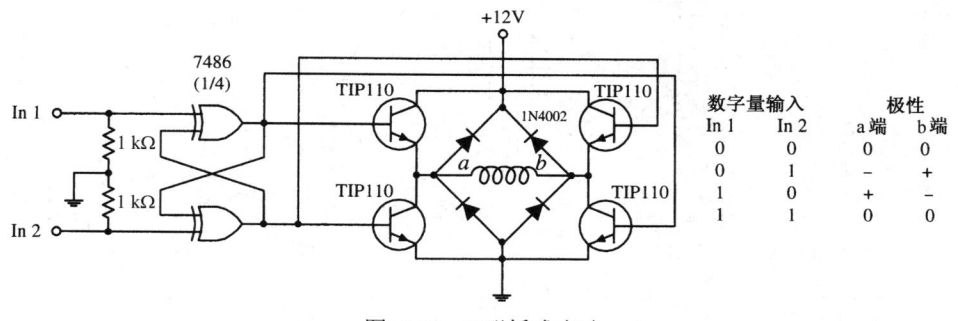

图15.10 H形桥式电路

15.8 带译码器的控制驱动器

译码器是用来产生驱动脉冲的电路。在某些情况下，晶体管可直接和计算机或可编程控制器连接，用软件产生控制驱动器所需的输出信号。在多数情况下，译码器通常被设计成专用集成电路，在时钟信号的作用下，向外提供相应的输出信号。另一种输入信号用于控制驱动的方向（电动机的转向）。许多步进电动机译码器集成电路的特点是使用方便，成本低廉。下面介绍这类器件，首先介绍由简单数字电路组成的译码器电路。

一种简单的方法是应用CMOS型4017十进制计数器/分频器（或TTL型74914）产生四相驱动波形。在时钟控制下，该器件可使标号1～10的输出依次为高电平，而其他端保持为低电平。第4个输出（Q_4）接地可将十进制计数器变成四进制计数器。为产生驱动脉冲序列，时钟信号需施加到

• 681 •

时钟输入端（见图15.11）。另一种四相晶体管电路由双JK触发器CMOS 4027（或TTL 7476）构成，它既可用于功率步进控制，又可用于电动机的转向控制，其中方向控制用CMOS异或门4070集成电路（或TTL异或门7486）来实现。

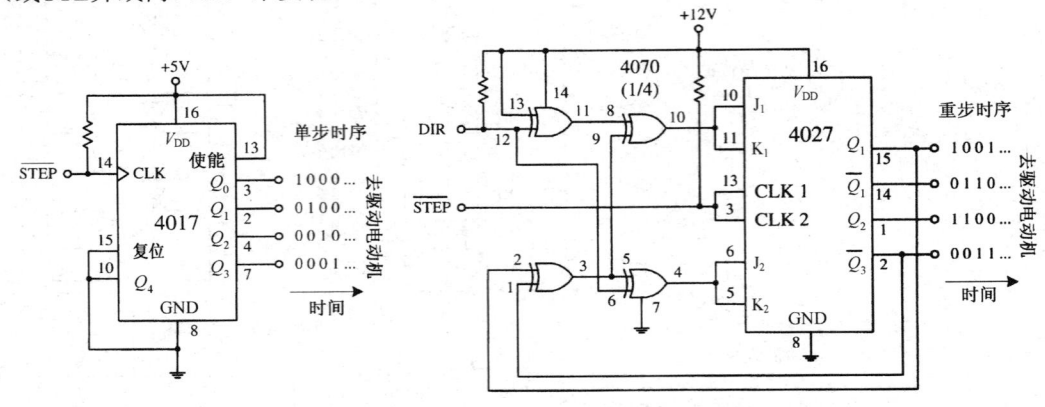

图15.11 一个简单的译码电路

图15.12给出的是集译码器、驱动器和步进电动机于一体的电路图。电动机是单极型步进电动机，而TTL 74194是移位计数器。555定时器为74194提供时钟信号，双刀双掷开关用于控制电动机的方向。电动机的速度取决于时钟频率（频率取决于R_1的阻值）。电路中的译码器也能用来控制磁阻式步进电动机，参照图15.9中的磁阻式步进电动机驱动和图15.8中的驱动时序。

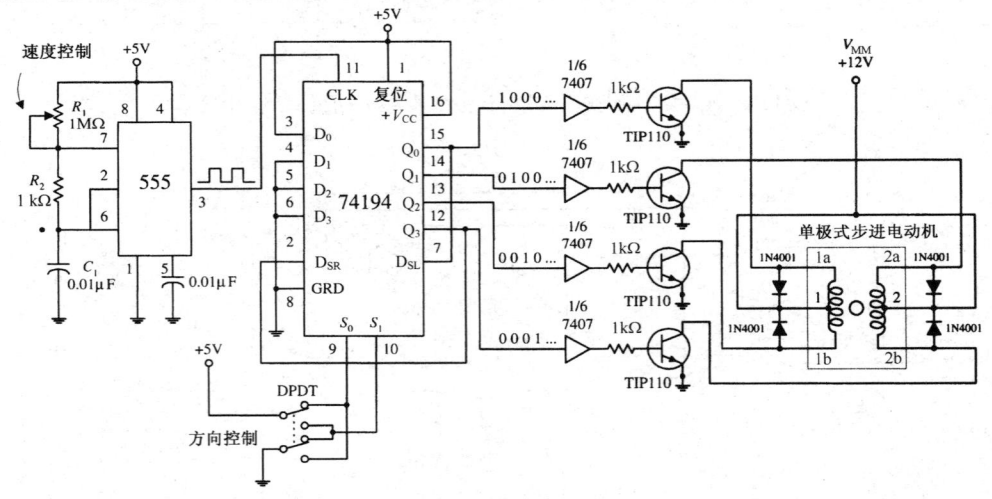

图 15.12 集译码器、驱动器和步进电动机于一体的电路图

人们最希望的可能是将译码电路集成封装起来。许多制造商已生产出包含译码器和驱动器的磁阻式步进电动机的控制器。这些芯片相当便宜和易用。一种典型的磁阻式步进电动机控制芯片是飞利浦公司生产的SAA1027。SAA1027是一种双极型芯片，是专门为驱动四相步进电动机而设计的。它含有一个双向四状态计数器和一个可用于驱动四路顺序输出的编码转换器。该芯片有抑制强噪声的输入端、复位控制输入端和方向控制端，且具有大电流输出及输出电压保护功能。它的电源电压为9.5~18V，输入高电平（1）的最小值为7.5V，输入低电平（0）的最大值为4.5V。最大输出电流为500mA。图15.13给出了SAA1027的典型应用电路。

计数输入端C（15脚）：该引脚上升沿引起输出状态的变化。

模式选择输入端M（3脚）：控制电动机的旋转方向，参见图15.13中的表格。

复位输入端R（2脚）：该引脚"0"时，计数器归零，该引脚为"1"时，各输出端的电平如图15.13中的表格所示。

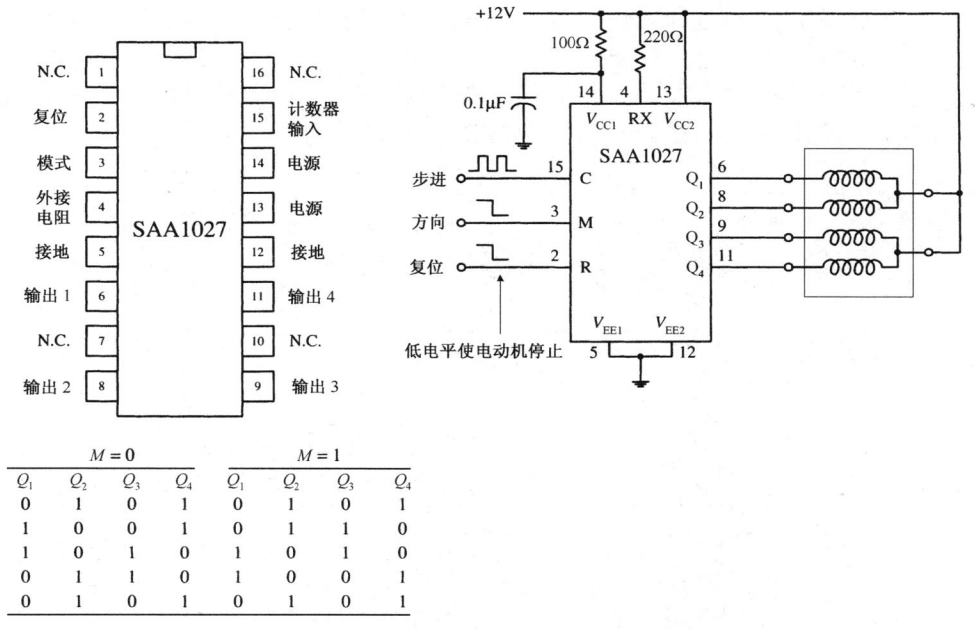

	$M=0$				$M=1$		
Q_1	Q_2	Q_3	Q_4	Q_1	Q_2	Q_3	Q_4
0	1	0	1	0	1	0	1
1	0	0	1	0	1	1	0
1	0	1	0	1	0	1	0
0	1	1	0	1	0	0	1
0	1	0	1	0	1	0	1

图 15.13　SAA1027 的典型应用电路

外接电阻端RX（4脚）：电阻RX用于设置驱动器的输出电流，其阻值取定于输出电流的大小。

输出端$Q_1 \sim Q_4$（6、8、9、11脚）：与步进电动机连接。

如前面提到的那样，SAA1027是典型的（旧型号）双极型芯片，但许多厂商已进行更新换代，推出了更好的步进电动机控制集成电路。有兴趣的读者可查阅相关资料或在互联网上搜索。

另一种选择是用微控制器产生线圈驱动信号。微控制器和微控制组件（如Arduino）具有原代码库，用于产生驱动步进电动机所需的全部时序。

15.9　步进电动机的识别

当需要识别未知步进电动机的特性时，下列建议应有帮助。现在，市场上的步进电动机大多数是单极型的、双极型的或通用型的。因此，可以猜测：当步进电动机有4根引线时，其可能是双极型步进电动机；当步进电动机有5根引线时，其可能是带有中心抽头的单极型步进电动机；当步进电动机有6根引线时，它很可能是中心抽头分开的单极型步进电动机；当步进电动机有8根引线时，其可能是通用型步进电动机（如果认为电动机可能是磁阻型步进电动机，那么可尝试旋转转轴：当转轴自由快速旋转时，其可能是磁阻型步进电动机；当有间歇阻力时，它可能是永磁型步进电动机）。

确定步进电动机的类型后，接着要确认电动机的引线（与电路原理图相对应）。最简单的方法是，使用欧姆表测出每根引线之间的电阻值。

分辨双极型步进电动机的引脚很容易。使用欧姆表测量引线电阻，电阻值小表明两根引线是同一组线圈中的两根引线。两根引线不属于同一组线圈时，它们之间的电阻为无穷大。采用同样的方法，可以区分通用型步进电动机的不同绕组。区分6线单极型步进电动机要求区分两组三线（有中心抽头）的线圈。为此，可通过测量独立线圈的三根引线之间的电阻，并用R和2R表示线圈的电阻值，进而判断出哪根引线是中心抽头（见图15.14）。区分5线单极型步进电动机（有中心抽头的公共端）需要一定的技巧，因为中心抽头是公共端并且隐藏在电动机内部。为便于分辨步进电动机的引线，可参照图15.14中的原理图和表格（表格中的"点"表示欧姆表的两根表笔接在原理图中的位置）。借助图中的表格，使用欧姆表测出以R为单位的电阻值后，可分辨出e端（线圈的公共端），方法如下：通过测量一根导线与其他各导线间的电阻值，可判断哪根引线是实际的e端。测得的阻值均为R时，该导线就是e端；测得的阻值为2R时，该导线不是e端。e端确定后，其他引线用欧姆表无法区分，因为测得的其他引线之间的阻值始终为2R。此时，最好的方法是将电动机接到驱动电路中，看它是否能工作。当它不能工作时，可随便换接这些引线，直到它能够工作为止。

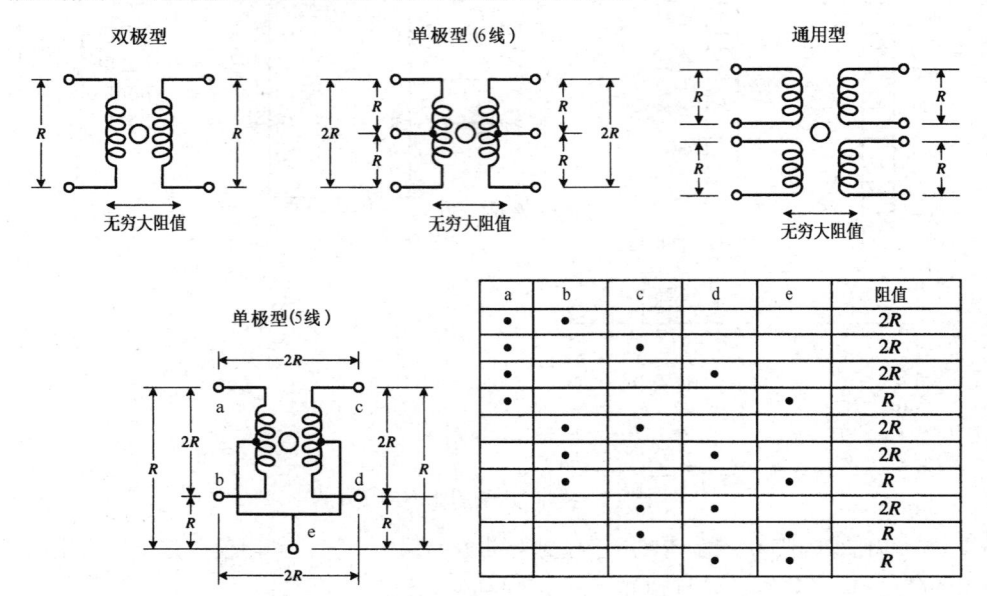

a	b	c	d	e	阻值
•	•				2R
•		•			2R
•			•		2R
•				•	R
	•	•			2R
	•		•		2R
	•			•	R
		•	•		2R
		•		•	R
			•	•	R

图15.14　分辨步进电动机的引脚

第16章 音频电子技术

本章首先介绍如何将声音信号转换成电信号。典型的转换过程是通过话筒来完成的。声音信号一旦被转换，对电信号的使用就取决于用户的需要。例如，可以放大信号、从信号中滤除某些频率、与其他信号混合、转换成数字信号并存入内存、调制信号用于无线电波发射或用于触发开关电路（如晶体管或继电器）等。

然后介绍如何将电信号转换成声音信号。扬声器可将电信号转换成声音信号（若对电信号的频率响应不感兴趣，如产生警报音，则可仅用简单的发声设备，如直流蜂鸣器）。用于驱动扬声器的电信号可以是由声音产生的原始电信号，也可以是由特殊振荡电路产生的人工电信号。

16.1 声音概述

在开始介绍音频电路之前，有必要再次了解有关声音的一些基本概念。声音包括三个基本的要素：频率、强度（响度）和音色（泛音）。

声音的频率是指发声物体的振动频率。人耳听到的声音的频率范围是20~20000Hz，最敏感的频率范围是1000~2000Hz。

声音强度指单位面积上每秒传播的声音能量（单位为W/m^2），它取决于物体振动的振幅。远离声源时，强度衰减与距离的平方成正比。人耳可感受到的声音强度为10^{-12}~$1W/m^2$。声音强度的范围很大，因此常用对数刻度表示，即用分贝表示。因此，声音强度的定义为$dB = 10\lg(I/I_0)$，其中I是以W/m^2为单位的声音强度，$I_0 = 10^{-12}W/m^2$是人耳可感受到的最小声音强度。当用分贝表示时，人耳可感受到的声音强度范围是0~120dB。图16.1显示了多种声音的频率和强度范围。

音调的品质即音色，表征乐器等音源产生泛音的复杂波形的模式。为了理解泛音的含义，下面来看一个简单的音叉，其共振频率为261.6Hz（中音C）。若认为音叉是理想的，则当敲击时会发出频率为261.6Hz的声波。在本例中未得到泛音，而只得到一种频率。但是，在小提琴拉出中音C时，就会得到以262.6Hz为主、同时包含其他较高频率但强度较弱的声波。一般来说，强度较低的声波频率称为泛音（谐波）频率，强度最大的声波频率称为基频。泛音频率是基频的整数倍（如2×262.6Hz是第一个谐波、3×262.6Hz是第二个谐波、n×262.6Hz是第n个谐波）。在乐器声音的谐波谱中，每个泛音都有特定的强度，它对应于乐器声音的频率响应，形成独特的音质（每种乐器的独特泛音取决于其构造）。图16.2(a)所示为双簧管发出中音C（基频）时的泛音频谱。

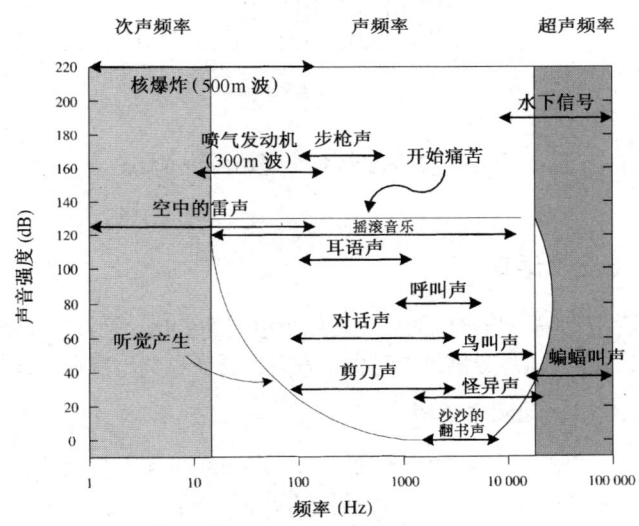

图16.1 多种声音的频率和强度范围

理论上说，通过分析乐器的泛音频谱，可以创建各种乐器（如小提琴、大号、五弦琴等）的声音。为说明这个过程，假设有一些理想的音叉，其中一个音叉产生基频，其他音叉产生不同的泛音频率。使用一种乐器的谐波频谱作为参考，就可通过改变每个泛音音叉的强度来模拟乐器的声音（实际上，要准确地模拟一种乐器，仅控制这些泛音的强度是不够的，还要考虑增加和减少特定泛音的时间）。数学上，我们可将一个复杂的声音表示为其所有泛音之和的形式：

$$信号 = a\sin\omega_0 t + b\cos\omega_0 t + c\sin 2\omega_0 t + d\cos 2\omega_0 t + e\sin 3\omega_0 t + f\cos\omega_0 t + \cdots$$

式中，系数 $a, b, c, d, \cdots$ 是各泛音的强度，基波频率 $f_0 = \omega_0/2\pi$。该表达式称为傅里叶级数。系数必须根据给定的波形或谐波分析仪提供的数据精确计算。图16.2(b)表明，复杂的声音波形可分解成它的各次谐波。通过电流来合成声音是非常复杂的过程，要准确地模拟乐器的声音、火车的鸣笛声、鸟儿的喳喳声等，必须先设计能够产生各种复杂波形的电路，包括各种泛音以及减弱时间、增强时间等信息。为此，需要特殊的振荡器和调制电路。

(a) 基于中音C的双簧管的泛音频谱

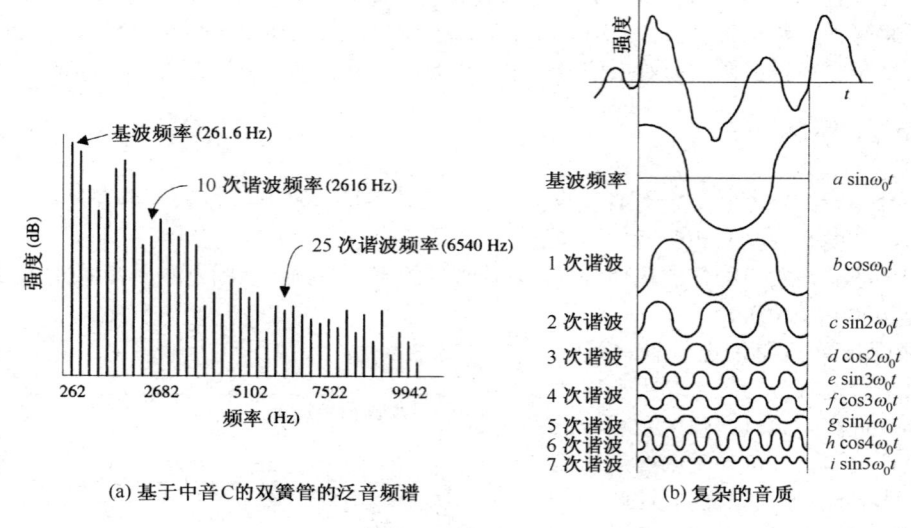

(b) 复杂的音质

图16.2 泛音频谱

16.2 话筒

话筒可将声压的变化转化为电流的变化。话筒产生的交流电振幅正比于声强，而频率正比于声频（注意，当声音信号中包含泛音时，泛音也会出现在电信号中）。下面介绍三种常用的话筒。

1. 动圈式话筒

动圈式话筒由塑料振动膜、声音线圈和永磁铁构成（见图16.3）。振动膜一端连接声音线圈，另一端放在磁铁中。当给振动膜施加方向不断变化的压力时，声音线圈就会做出响应。声音线圈在磁场中加速运动时会感应出电压。该电压可驱动小负载，或经过放大后可驱动大负载。动圈式话筒比较简单，可提供平坦且较宽的频率响应，且不需要施加电源驱动，适用的环境温度范围广，输出阻抗低。有

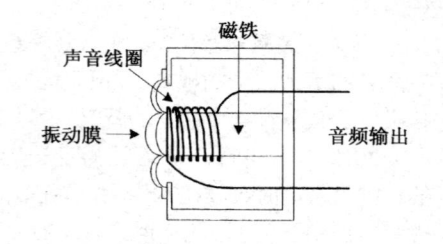

图 16.3 动圈式话筒

些动圈式话筒内置有转换器，可用开关选择高输出阻抗或低输出阻抗。动圈式系统在公共场合、高保真音响、录音设备中被广泛使用。

2. 电容式话筒

电容式话筒由一对膜片构成（见图16.4），其中一片由刚性金属制成，固定放置并接地；另一片由弹性较好的金属或缠绕着金属线圈的塑料制成，与外部电源连接。空气压强不同时，两片间

隔发生变化，使其像一个声容器。电容式话筒在应用中需要低噪声、高阻抗的放大器，以保证其正常工作，并提供较低的输出阻抗。电容式话筒音质清晰、噪声小，用于高质量录音。

3．驻极体话筒

驻极体话筒是电容式话筒的变体（见图16.5）。为了省去为振动膜充电的外部电源，它采用并行放置的一个永久极化的膜片和一个导体材料背板。大部分驻极体话筒内置有一个小的FET放大器。FET放大器需外加电压驱动，电压通常为+1.5～+10V，通过一个1～10kΩ的电阻后接到放大器上（见图16.5）。驻极体话筒以前的性能很差，但现在的设计使得它和电容式话筒的效果相当。

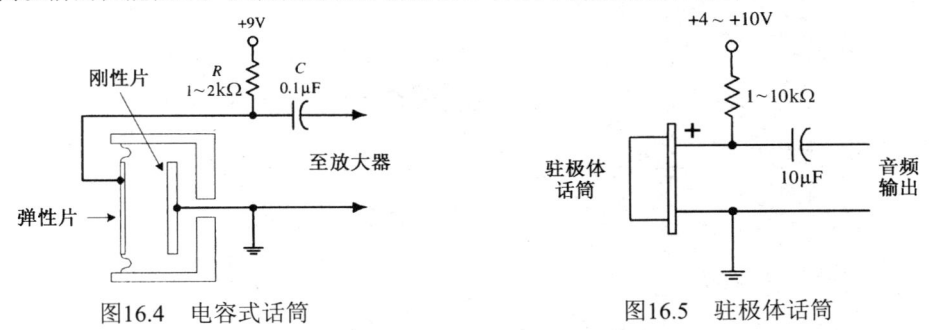

图16.4　电容式话筒　　　　图16.5　驻极体话筒

16.3　话筒的特性指标

灵敏度　话筒的灵敏度指输出电压与输入声强之比，常用分贝表示，参考声压为$1dyn/m^2$。

频率响应　话筒的频率响应是衡量话筒声电转换能力的指标。通常只需要话筒能够转换100～3000Hz范围内的声波；而对高保真应用，则要能转换20～20000Hz范围内的声波。

方向特性　方向特性指话筒对不同方向传来的声波的响应特性。全向型话筒对各个方向的响应是一致的，定向型话筒对特定方向的声波响应较好。

阻抗　阻抗是指话筒阻碍交流信号的能力。阻抗小于600Ω的话筒是低阻抗话筒，阻抗在600Ω和10000Ω之间的话筒是中阻抗话筒，阻抗大于10000Ω的话筒是高阻抗话筒。为使信号保真，现代流行音响设备使用低阻抗话筒接高阻抗输入设备（如50Ω的话筒接600Ω的混合器），而不使用高阻抗话筒接低阻抗输入设备。一般来说，负载阻抗是电源阻抗的10倍，在本章后面将详细介绍阻抗匹配。

16.4　音频放大器

在音频电路中，电信号常常需要放大，以便有效地驱动其他的电路单元或设备。使用运算放大器来放大信号是最简单也最有效的方法。通用运算放大器（如741），用于许多非临界的音频应用电路时，工作情况良好。但是，一旦声音信号变得更复杂，它们就可能引起信号失真并出现一些不可预料的结果。因此，在音频应用中，较好的选择是使用为处理音频信号设计专门的音频放大器。音频放大器具有高转换速率、高增益带宽、高输入阻抗、低失真、高效的电压和功率转换以及很低的输入噪声等特点。值得关注的高品质音频放大器有AD842、AD847、AD845、AD797、NE5532、NE5534、NE5535、OP-27、LT1115、LM833、OPA2604、OP249、HA5112、LM4562、OPA134、OPA2134和LT1057。

16.4.1　反相放大器

图16.6所示为两个反相放大器电路。两个电路的增益取决于$-R_2/R_1$，输入阻抗约为R_1。第一个电路使用双电源供电，第二个电路使用单电源供电。

在这两个电路中，交流耦合电容C_1阻止来自前级电路中不需要的直流信号，而仅让交流信号通过。若去掉C_1，则放大器的输出中将包含前级信号的直流电平成分，使得放大器的输出饱和，信号失真。同时，C_1还能阻止低频噪声到达放大器的输出端。在单电源电路中，偏置电路R_3、R_4用于防止在音频输入信号处于负半周时放大器截止，它们为运算放大器的输出提供一定的直流偏置，以便得到完整的交流信号波形。若设置$R_3 = R_4$，则输出直流电平为$1/2(+V)$。为确保输出信号可靠，偏置电阻阻值应为10～100kΩ。交流耦合电容C_3用于阻止直流信号传至下一级电路。C_3应等于$1/(2\pi f_C R_L)$，其中R_L为负载电阻，f_C为截止频率。滤波电容C_2用于滤去放大器同相输入端的电源噪声。

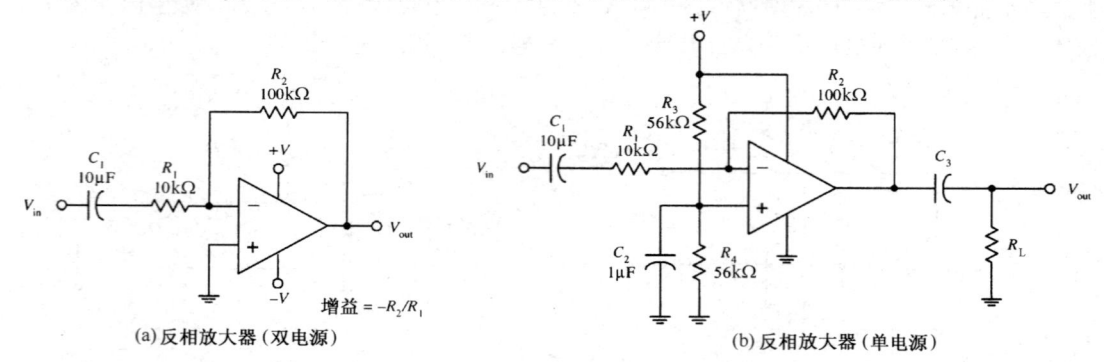

图16.6　两个反相放大器电路

(a) 反相放大器（双电源）　　(b) 反相放大器（单电源）

注意，许多音响运算放大器被特别设计为单电源运行模式，不需要外加偏置电阻。

16.4.2　同相放大器

反相放大器适用于许多场合，但其输入阻抗不够大。为了得到更大的输入阻抗（当前级电路为高阻输出时，尤为必要），可以采用图16.7中的同相放大器。图16.7(a)所示电路采用双电源，图16.7(b)所示电路采用单电源。两个电路的增益都为$R_2/R_1 + 1$。

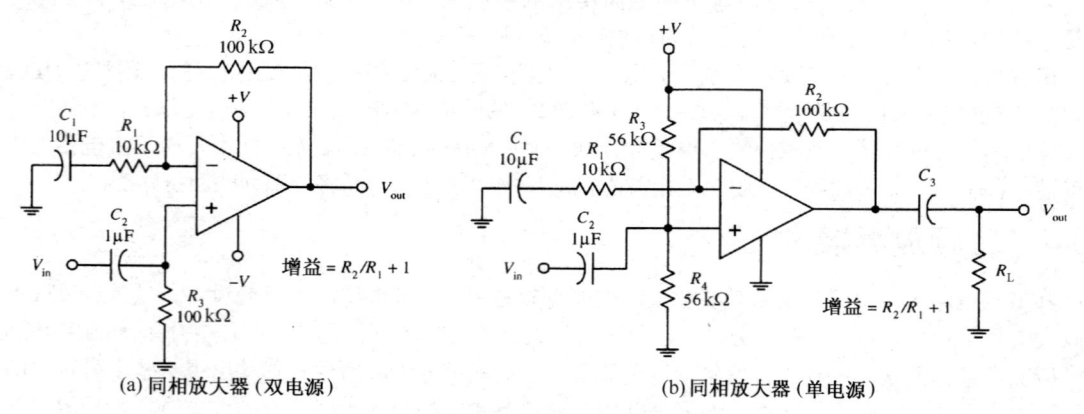

图16.7　同相放大器

(a) 同相放大器（双电源）　　(b) 同相放大器（单电源）

R_1、C_1、R_2和偏置电阻的功能与反相放大器电路的相同，同相输入提供极高的输入阻抗，通过调节R_3和C_2（双电源电路）或R_4（单电源电路），可实现和源阻抗的匹配。输入阻抗近似等于R_3（双电源电路）或R_4（单电源电路）。

16.4.3　数字放大器

数字放大器也称D类放大器或PWM放大器，它们的效率极高，工作时不发热，适合制作上百瓦甚至上千瓦的高功率放大器。

图16.8所示是一个D类放大器的基本框图。输入信号通过与三角波进行比较，转换成PWM信

号。这是一种很简洁的方法。当三角波上升时，在某些点上，三角波的电压大于信号电压。信号电压高，脉冲宽；信号电压低，脉冲窄。因此，所产生的脉冲宽度就与瞬时输入电压成正比。

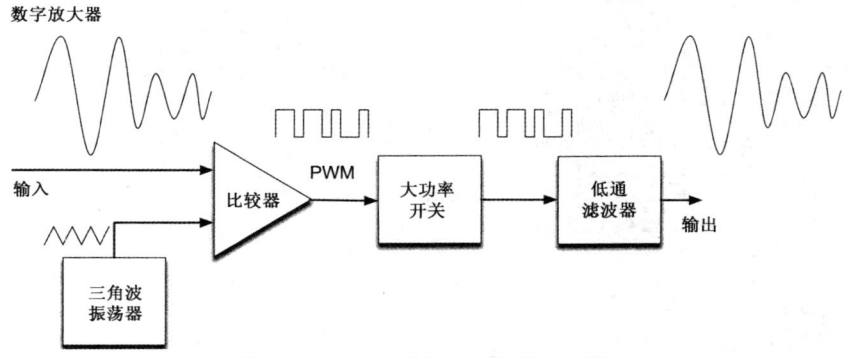

图16.8　一个D类放大器的基本框图

图16.9所示为1kHz正弦波输入信号和10kHz三角波信号比较器的仿真结果，方波是PWM输出。

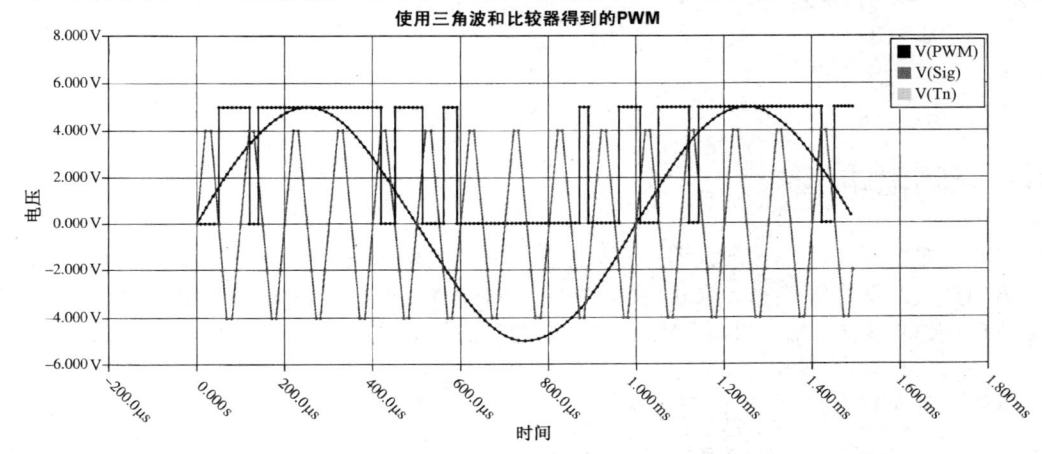

图16.9　1kHz正弦波输入信号和10kHz三角波信号比较器的仿真结果

音频信号数字化的结果是，将模拟信号变成开/关信号。因此，可用互补MOSFET对管或其他开关晶体管的通断来控制电流。这样，大功率PWM信号就可完成时间到能量的定量转换，但被转换的能量被携带到高频开关方波。因此，需要使用低通滤波器来滤除载波信号，以得到被放大的原始信号。

数字放大器的性能良莠不齐，但其效率使得它备受欢迎。大多数IC芯片要么将整个放大器封装在一个芯片内，要么提供适合驱动一对互补MOSFET的输出，如NCP2704和LX1720。

16.4.4　滤除音频放大器中的谐波

当需要自己设计音频放大器时，必须考虑谐波。（美国）国家电网和设备很容易在音频放大器中产生60Hz的谐波。某些谐波是由放大器的电源携带的。因此，高保真放大器的电源设计几乎和放大器本身的设计同样重要。因此，要尽可能地在电源回路中加入滤波电容。

其他60Hz干扰是由放大器引线感应和PCB连接感应产生的。因此，要确保所有引线和PCB连接线尽可能短。引线最好使用接地屏蔽线。

16.5　前置放大器

在大多数音频应用中，前置放大器称为控制放大器，用来控制输入选择、电平、增益和阻抗等。图16.10所示为一些简单话筒的前置放大器电路（图中的高阻是指高输入阻抗话筒，其阻抗在600Ω以上）。

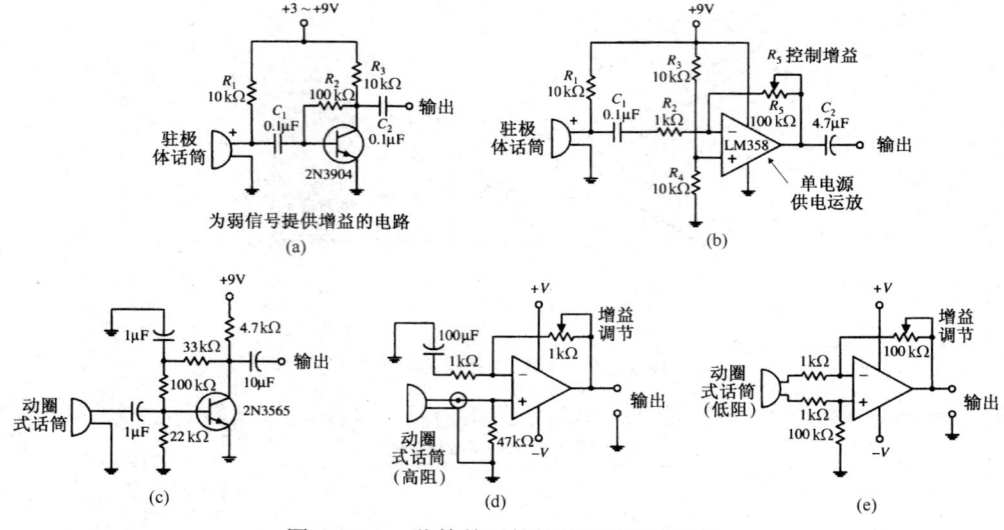

图16.10 一些简单话筒的前置放大器电路

16.6 混频电路

混频器本质上是一个加法放大器，它们将多个不同的输入信号相加，形成一个叠加的输出信号。图16.11所示为两个简单的音响混频电路。图16.11(a)使用共射极放大器作为加法器，图16.11(b)使用运算放大器作为加法器。电位器用于独立控制各输入信号。

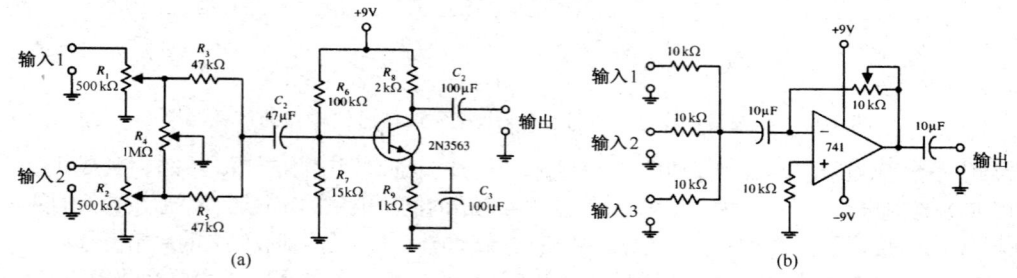

图16.11 两个简单的音响混频电路

16.7 阻抗匹配

音响设备之间的阻抗匹配有必要吗？答案是，至少在低阻抗信号源和高阻负载连接中是必要的。在电子管放大器中，阻抗匹配十分重要，可以实现设备间的最大功率传输，也可以降低设计中所需电子管放大器的数量（如电话传输过程中电子管放大器的数量）。然而，随着晶体管的出现，更高效的放大器相继问世。对于这些新放大器，重点关注的是电压的最大传输值，而非功率的最大传输值（设想运算放大器具有很高的输入阻抗和极低的输出阻抗，要从放大器获取较大的输出电流，输入端几乎不需要多少输入电流）。为实现最大电压传输，目的设备（负载）的输入阻抗至少应为信号源（放大器）的输出阻抗的10倍，这种条件称为桥式原则（若未按照桥式原则设计，则当两个具有相同阻抗的音频设备接入电路时，信号中会出现6dB的衰减）。桥式原则是现代音响设备中应用最普遍遵循的原则。它也用于许多其他信号源-负载电路的连接。这里，射频电路传输的是电流而非电压。传输的信号是电流时，信号源的阻抗必须大于负载阻抗。高阻抗信号源连接低阻负载（如高阻抗话筒连接低阻抗混频器的场合）时，电压传输会引起较大的信号衰减：

$$\text{dB} = 20\lg \frac{R_{\text{load}}}{R_{\text{load}} + R_{\text{source}}}$$

根据经验，低于6dB的信号衰减对多数设备来说是可以接受的。

16.8 扬声器

扬声器用于将电信号转化成声音信号。目前最流行的扬声器是动圈式扬声器（见图16.12）。动圈式扬声器和动圈式话筒的基本工作原理相同。当变化的电流流过一个围绕磁棒的动线圈或被磁铁环绕的动线圈（音频线圈）时，动线圈前后振动（法拉第定律），固定在动圈上的锥形纸盆就会相应地前后振动而发出嗡嗡声。

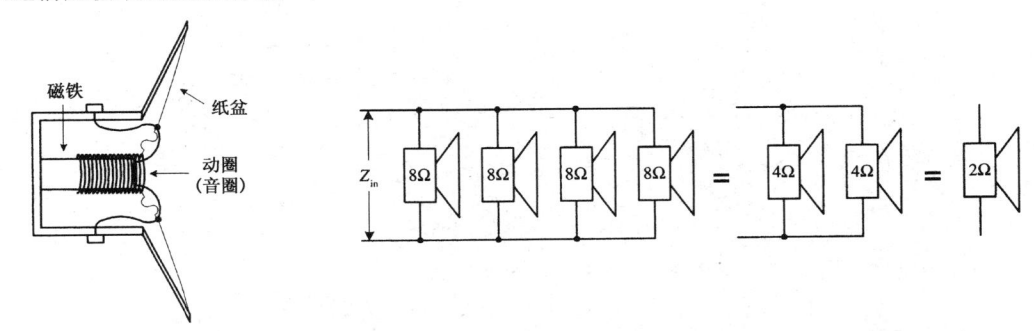

图16.12 动圈式扬声器

每个扬声器都有额定阻抗Z，即其平均阻抗（实际阻抗会因频率的不同而围绕额定阻抗上下变化）。在应用中，可将扬声器视为纯阻性负载Z。例如，将8Ω的扬声器作为放大器的输出端，放大器将使该扬声器作为一个8Ω的负载。放大器输出总电流为$I = V_{\text{out}}/Z_{\text{speaker}}$，若用一个4Ω的扬声器替代这个8Ω的扬声器，则放大器的总输出电流将增大为原来的2倍。

驱动两个并联的8Ω扬声器等效于驱动一个4Ω的扬声器，驱动两个并联的4Ω扬声器等效于驱动一个2Ω的扬声器。可用大功率电阻来改变放大器的负载阻抗。例如，将一个4Ω电阻和一个4Ω扬声器相串联，可得到8Ω的负载阻抗。但这样做可能会使音质变差。市场上有与扬声器匹配的转换器，它可将阻抗从4Ω变换到8Ω。高品质的转换器价格较高。另外，转换器会导致较小的频率误差和动态幅度误差。

扬声器的另外一个特性是频率响应。频率响应表示扬声器有效响应信号的频率范围。响应低频（通常低于200Hz）的扬声器称为低音扬声器。中音扬声器处理的典型频率为500～3000Hz。高音扬声器通常指可以处理高于中音频率的特殊扬声器（如半球形和喇叭状扬声器）。有些扬声器是全频段的，可以处理的信号频率范围是100～15000Hz。这种扬声器的音质不如低、中、高音合在一起组成的扬声器组的音质。

16.9 分频网络

要设计高品质的扬声器系统，最好将中音扬声器、低音扬声器和高音扬声器有机地组合在一起，这样可以得到全频段（20～20000Hz）的声音。显然，简单将它们并联在一起是不行的，因为每个扬声器只对自身频率响应范围内的频率做出响应。这时，必须用滤波器将高频信号分配给高音扬声器，将低频信号分配给低音扬声器，将中频信号分配给中音扬声器。这种滤波网络称为分频网络。

分频网络分为无源和有源两类。无源分频网络由位于功率放大器和扬声器之间的无源滤波元件

（如电容、电阻和电感）构成，且放在扬声器箱体内。无源分频网络价格低廉、结构简单，可以为特定的扬声器定制。但是，这种分频网络不可调节，并且要消耗放大器的部分功率。有源分频网络是由有源滤波器（运算放大滤波器）组成的，位于放大器之前，对信号的处理更加容易，因为此时的信号很弱（未经放大）。有源分频器还可用来同时控制许多不同的放大器-扬声器组合。有源分频网络使用的是有源滤波，因此音频信号不会像通过无源分频器时衰减得那么多。

图16.13中使用一个无源分频网络来连接三个扬声器系统。图16.13(a)中的曲线给出了每个扬声器的频率响应曲线。为获得平滑的频率响应，要用到低通、带通和高通滤波器。C_1、R_t组成高通滤波器，L_1、C_2和R_m组成带通滤波器，L_2和R_w组成低通滤波器（R_t、R_m和R_w是高、中、低扬声器的额定阻抗）。

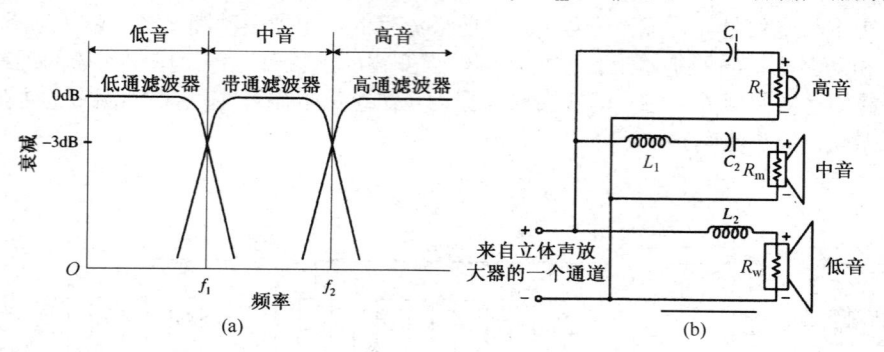

图16.13　无源分频网络

为了得到预期的频率响应，可用如下算式计算每个元件的值：

$$C_1 = 1/(2\pi f_2 R_t), \quad L_1 = R_m/(2\pi f_2), \quad C_2 = 1/(2\pi f_1 R_m), \quad L_2 = R_w/(2\pi f_1)$$

式中，f_1和f_2对应于图16.13(a)中曲线3dB衰减的频率点。实际上，无源分频网络要比这里给出的复杂得多。它们通常由高阶滤波器和一些附加的元件组成，如阻抗补偿网络、衰减网络、串联带阻滤波器等，这些网络的作用都是使频率响应更平滑。图16.14给出了一个改进的无源分频网络（分频频率为1.8kHz），用来驱动由8Ω高音扬声器和8Ω低音扬声器组成的双喇叭系统。18×12×8型纤维板箱对该系统来说是一个很好的谐振腔。图16.15所示为一个有源分频网络，用来驱动一个双扬声器系统。该系统在频率600Hz周围有一个分频点（3dB点），且有18dB/倍频率的响应。LF356高性能运算放大器作为有源单元。注意，有源滤波器的输出信号经过放大后，才能用于扬声器。

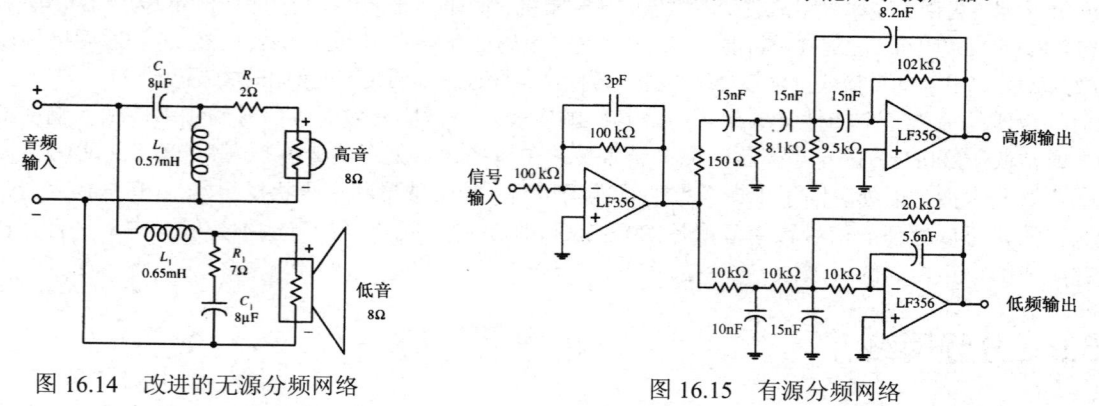

图 16.14　改进的无源分频网络　　　　图 16.15　有源分频网络

16.10　驱动扬声器的简单集成电路

LM386音频放大器主要为低功率应用设计，它用+4～+15V电压给集成电路供电（见图16.16）。与传统运算放大器不同的是，LM386的增益固定为20。当然，也可将增益提高到200，方法是在1

脚和8脚之间接入一个阻容网络。将LM386的输入端接地，其内部电路自动偏置输出信号为电源电压的二分之一，图中音频放大器用来驱动一个8Ω的扬声器。

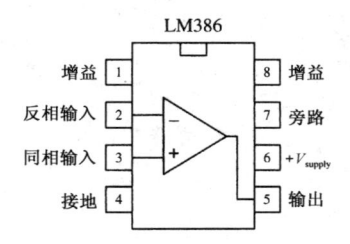

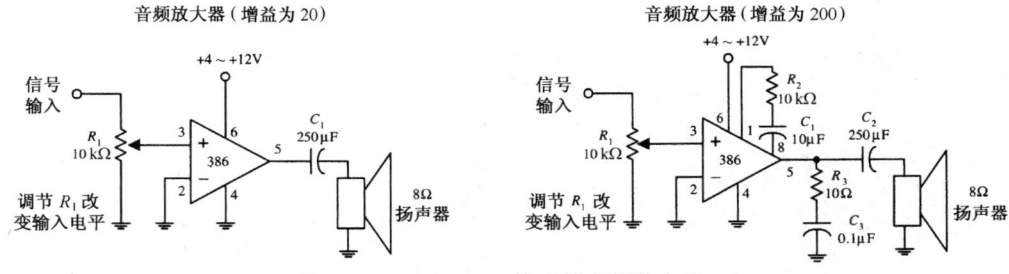

图 16.16　由LM386构成的音频放大器

LM383用来驱动一个4Ω的扬声器（见图16.17）或两个8Ω扬声器的并联。该集成电路含有热切断电路，以防止过载；应用时需要安装散热器，避免输出最大功率时损坏器件。

图16.17　由LM383构成的音频放大器

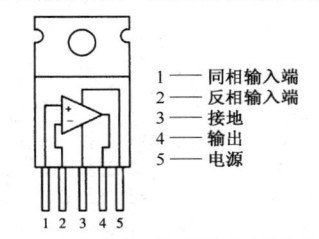

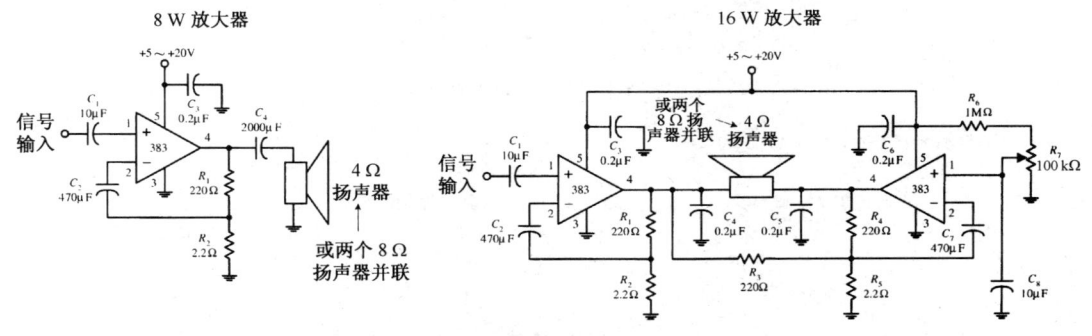

图16.17　由LM383构成的音频放大器（续）

16.11　声响器件

大多数声响器件都可用作简单的警报器（见图16.18）。在这些声响器件中，有的持续响铃，有的间断响铃，有的还可产生许多不同频率的音调，且具有周期通断特性。声响器件可以是交流型的，也可以是直流型的，几何尺寸有大有小。有些声响器件极小，甚至不及一个一角硬币大。好的电子产品目录应提供声响器件的清单，内容包括尺寸、声音类型、衰减比率、电压比、漏电流指数等。

声响器件　　　　压电陶瓷　　　　　直流蜂鸣器

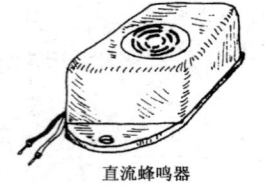

图16.18　简单警报器

16.12　其他音频电路

1. 简易声音发生电路（见图16.19）

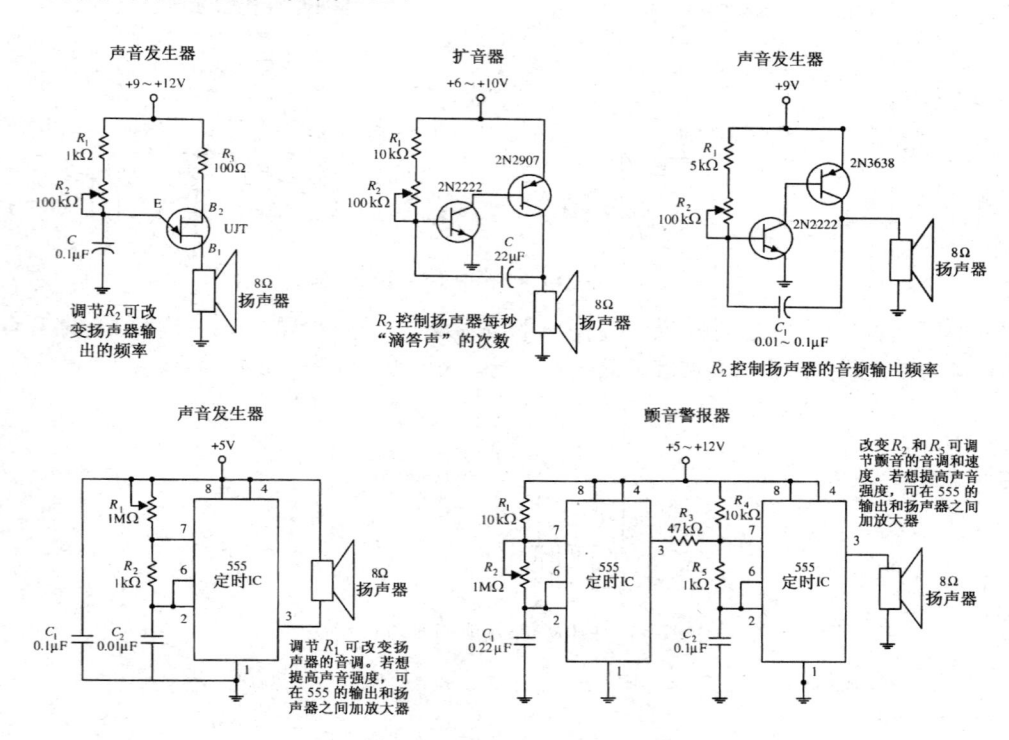

图16.19　简易声音发生电路

2. 简单蜂鸣器电路（见图16.20）

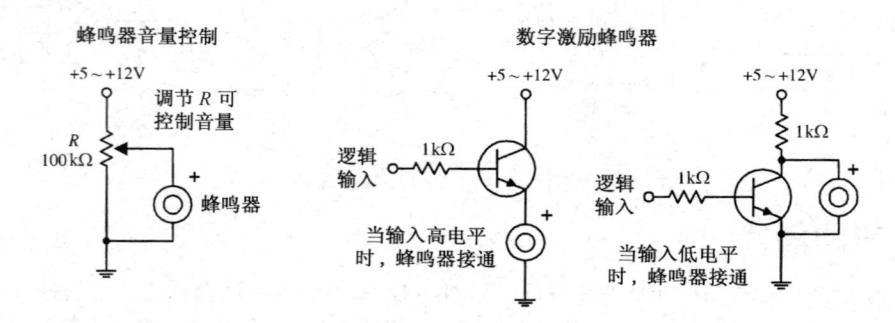

图16.20　简单蜂鸣器电路

3. 扩音器电路（见图16.21）

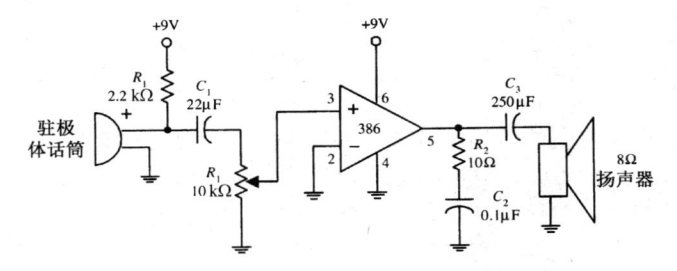

图16.21 扩音器电路

4. 声控开关电路（见图16.22）

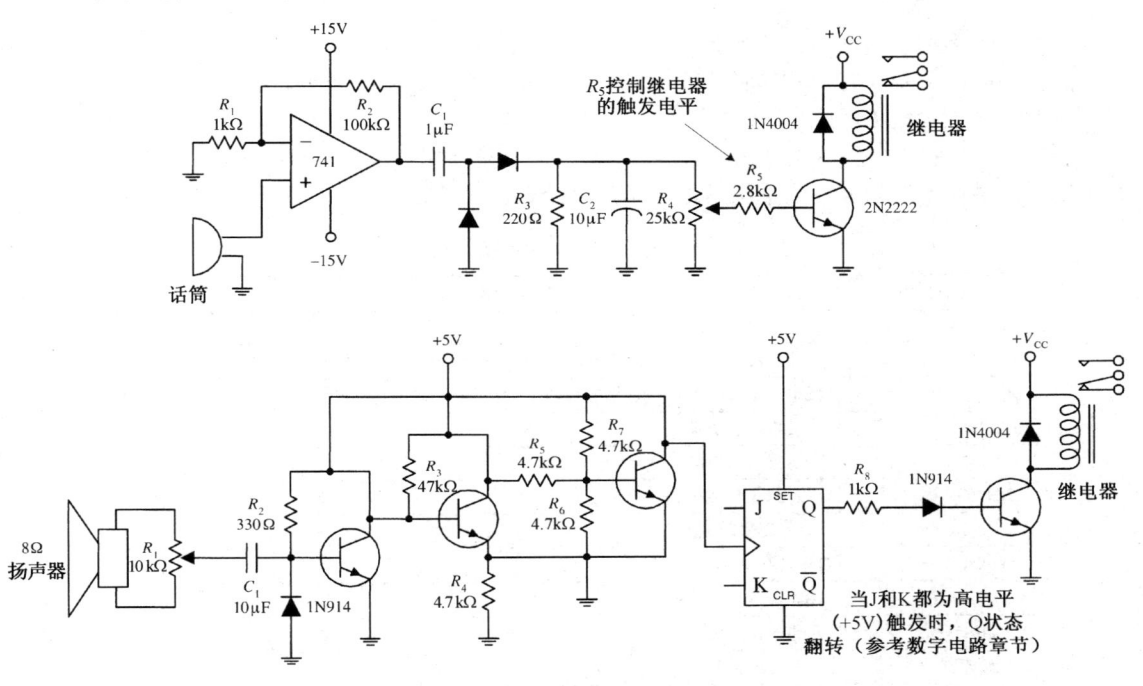

图16.22 声控开关电路

第17章　模块化电子设备

电子器件较过去有了很大的变化，越来越多的人拥有自己的电子发明，但并不需要进行专业性的电子学学习即可让其发明成为现实。SparkFun、Seeed Studio、Pololu及其他供货商通过提供模块化的电子器件和接口板，简化了使用复杂设备进行电子器件开发的过程。另外，相应的集成电路也大大简化了工程开发。同样，有些完整的系统产品提供已连接完成的模块，几乎可为设计人员提供任何想要实现的东西。这类电子产品往往包含微处理器芯片作为产品的核心。

17.1　集成电路产品

尽管有很多通用集成电路产品，但一些专用集成电路产品广泛存在。当用分立器件设计实现复杂的产品时，应检查是否在走前人走过的老路，也许有一款集成电路产品是可以使用的，这将减少器件数量，降低工程成本。

表17.1中列举了一些集成电路产品，其中有些产品是通用器件，有些产品则是专用器件。这里并不试图提供详尽的列表，只希望为电子器件设计人员提供灵感。

表17.1　一些集成电路产品

集成电路	描　述
音　频	
HT9200	双音多频码产生器，可用在电话自动拨号等应用中，易与微处理器连接
ICL7611	低电压，单电源供电运算放大器
LM358	低成本双运算放大器
RTS0072	变音器（音频信号变形和变调）
ISD1932	语音记录集成电路
SAE800	门铃音调发生器
TDA7052	1W音频功率放大器
TDA2003	10W音频功率放大器
DG201B	四路模拟开关
电源控制	
L298	双通道（2A）H形桥电动机控制器
S202T01F	固态继电器，2A，600V
MAX1551	锂聚合物电池充电器
L297	步进电动机控制器
LED驱动	
MAX6958	带I^2C接口的4×9段LED驱动器
LM3914	条形图LED显示驱动器（10个LED输出，模拟输入）
LM3404	1A恒电流LED驱动器
其　他	
NE555	定时器集成电路
DS1302	I^2C接口的实时时钟
24C1024	I^2C接口的128KB×8位EEPROM
SST25VF010A	SPI接口的1MB闪存

17.2 接口板和模块化产品

设计人员并不需要东拼西凑地开始自己的设计，而可以借用许多设计好的模块和接口板。

接口板与模块之间的界线通常是模糊不清的。发明接口板的目的是摆脱为SMD集成电路板安装访问引脚，因为使用接口板要简单得多。然而，接口板通常会增加一些多余的器件，如一些去耦电容、电压调节器或电平转换电路。因此，接口板可当作模块的说法是不准确的。

无论是称为接口板还是称为模块化电路，它们在原型机设计中都非常有用。当用电路来证明某个概念时，可以首先使用预制模块，然后提出不需要模块的最终设计。

还有一些有趣的模块和接口板（见表17.2），其中的有些已在第6章中详细介绍。

17.2.1 射频模块

射频电子学是电子学的一个分支，该分支本身也已自成一门学科。当频率很高时，PCB布局的要求非常苛刻，且不再简单以更多典型的模拟和数字设计为目的。因此，可能要考虑使用射频模块，它要么作为一个更大设计的一部分焊接到PCB上，要么插入插座箱。

图17.1中显示了一些射频模块：

- 一对433MHz的接收机和发射机模块［见图17.1(a)］。
- 一个TEA5767调频接收板［见图17.1(b)］。
- 一个蓝牙调制解调器，它实际上有两个模块，其中较大的模块提供电平转换［见图17.1(c)］。
- 一个XRF无线串行模块，适用于标准的XBee插座［见图17.1(d)］。

它们只是可供开发人员使用的大量射频模块中很小的一部分（见表17.2）。

图17.1 射频模块

1. 433MHz和315MHz模块

433MHz和315MHz模块［见图17.1(a)］非常便宜，用在接收远程控制的消费电子产品中，如无线门铃、远程汽车解锁、智能电表和遥控玩具等。

这些模块的数据传输速率普遍不高（最高速率通常为8kb/s，常见速率为2kb/s），能耗也很小。最远通信距离约为91.4m；在室内时，通信距离要短得多。

接收机和发射机通常是分离的，因此这些模块多用在数据单方向流动的场合。

2. 蓝牙模块

蓝牙模块为电子器件和手机之间提供了一种很有意义的连接方式。图17.1(c)中的模块实际上是设计安装到另一个板子表面的3.3V蓝牙模块。在该图中，它被安装到一个电平转换板上，以便可在5V TTL系列层面上进行操作。注意，3.3V模块已被很多产品采用。

表17.2 一些有趣的模块和接口板

模 块	用 途	资 源
射频模块		
I²C FM收音机	调频收音机	Spark Fun: BOB-10344
433/315MHz发射机和接收机	数据中继器（微控制器、传感器、执行器之间）	SparkFun: WRL-10533, WRL-10535 Seeed Studio: WLS105B5B
蓝牙	微控制器、手机、计算机连接	SparkFun: WRL-10269, WRL-10253 Seeed Studio: WLS123AIM
WiFi	微控制器，无线网络	SparkFun: WRL-10004 Seeed Studio: WLS48188P
XPF模块	数据中继器（微控制器、传感器、执行器之间）	
XBee	数据中继器（微控制器、传感器、执行器之间）（中距离）	SparkFun: WRL-10414
XBeePro	远距离数据中继	SparkFun: WRL-09085
RFID读卡器	加密保护	SparkFun: SEN-08419 Seeed Studio: RFR101A1M
GSM调制解调器	GPS跟踪、遥测	SparkFun: CEL-09533
音频模块		
音频功率放大器	驱动扬声器	SparkFun: BOB-11044
MP3编码/解码/播放器	音频文件播放	SparkFun: DEV-10628
话筒前置放大器	声音探测、录音或数字信号处理	SparkFun: BOB-09964
MIDI解码器	音乐设备	SparkFun: BOB-08953
MP3播放器	播放声音文件	SparkFun: BOB-10608
电源控制		
H形桥电路	双向电动机控制	SparkFun: ROB-09457, DEV-10182
无线中继	无线电源控制，家庭自动化	Seeed Studio: WLS120B5B
显示模块		
字符型LCD显示器	2×4行，由16～20个字符显示	SparkFun: LCD-00255 Seeed Studio: LCD108B6B
图像型LCD显示器	128×64～320×240像素显示，彩色和灰度	SparkFun: LCD-00569, LCD-10089 Seeed Studio: LCD-101B6B, LCD-105B6B
有机LED显示器	高亮彩色显示	Spark Fun: LCD-09678 Seeed Studio: OLE42178P
矩阵LED显示器（串口）	大型彩色显示器（串行接口）	Spark Fun: COM-00760
传感器模块		
湿度传感器	气象站、湿度调节	Spark Fun: SEN-10239 Seeed Studio: SEN111A2B
指南针	定向	Spark Fun: SEN-07915 Seeed Studio: SEN101D1P
磁力计	磁场强度测量	Spark Fun: SEN-00244
色彩传感器	灯光颜色测量，如在工业控制中	Spark Fun: SEN-10904 Seeed Studio: SEN60256P
温度传感器	数字温度计和恒温调节	Spark Fun: SEN-09418 Seeed Studio: SEN01041P

3. XBee模块

XBee是Digi国际的专有标准，其插座接口已被多家厂商的无线链路模块采用。例如，在Ciseco Plc的XRF模块（见图17.2）中，它是两个设备之间的简单串行接口，其中一个设备可能是Arduino

接口板，包括一个XBee插座和具有低功率遥测功能的XRF模块，另一个设备则有XBee插座盒和XRF模块。

图17.2　XRF射频模块和无线温度传感器模块

4．GSM/GPRS调制解调模块

GSM/GPRS调制解调模块对手机来说是必不可少的，手机的大部分功能都是由GSM/GPRS调制解调模块来实现的，包括发送短信和GSM/GPRS数据包。可通过一个微控制器的串口发送一系列命令来控制它。

17.2.2　音频模块

尽管音频电子学不像射频电子学那么复杂，但仍要非常小心以避免环地效应，并且工频干扰非常容易进入信号通道，进而对信号造成影响。

可以选择一款较好的音频功率放大器模块，如以XMA2012搭建的D类放大器，它是一个2路3W的音频功率放大器模块（见图17.3）。

这种模块使用非常方便，为电源和扬声器提供了螺钉端子，且为音频输入提供了插口。批量生产使得这类模块非常便宜。

图 17.3　音频功率放大器模块

除了功率放大模块，还可找到其他音频模块，如前置放大器、MP3播放器、MIDI接口和音调控制模块。

17.3　即插即用模块

模块化走向极致时，会发展为如下模式：在如.NET Gadgeteer这样的系统中，所有组成模块都是即插即用的（见图17.4）。这个系统将大量传感器和其他模块连接到一个微控制器主板上。

.NET Gadgeteer是通过微软公司的Visual Studio来编程的。与.NET Gadgeteer配合使用时，电子集成驱动包含一个可产生大量代码的图形编辑器，通过它可简单地在设计窗口中将各个模块连接起来（见图17.5）。

为.NET Gadgeteer设计的模块一直在发展。下面列出了当前已有的大部分模块：

- 加速计
- 气压计
- 蓝牙
- 按钮
- 摄像头
- CAN（车辆发动机管理单元）
- 蜂窝式无线电台/GSM/GPRS调制解调模块
- 指南针
- 电流测量（智能电表和能耗监测）
- 显示器，LCD触摸屏
- GPS
- 陀螺仪

- 操纵杆
- 彩色LED
- 光敏传感器
- 湿敏传感器
- 电动机驱动
- MP3播放器
- OLED显示（有机发光二极管）
- 电位器
- 脉搏血压计（心率测量）
- 继电器
- SD卡
- USB接口
- 视频输出
- WiFi
- XBee

模块化产品制造工厂还提供不同尺寸和规格的主板。对于上述清单，可查看.NET Gadgeteer硬件的主要供应商的网站：GHI Electronics、Seeed Studio、Sytech Designs和DFRobot。

图17.4 .NET Gadgeteer系统

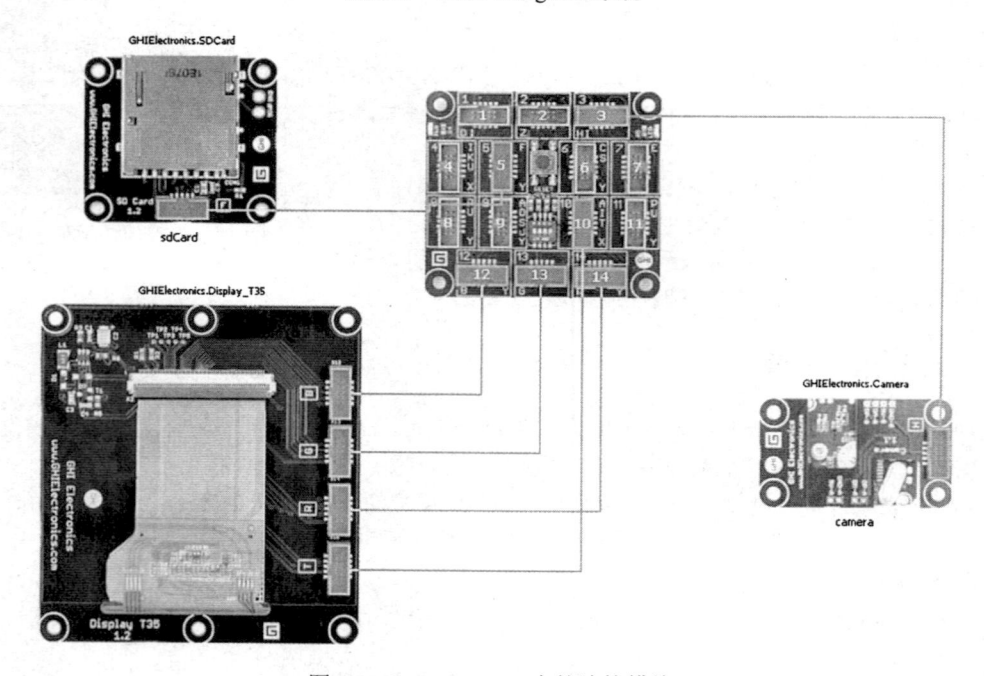

图17.5 Visual Studio中的连接模块

17.4 开源硬件

开源软件已被使用了多年，但开源硬件则是一个相对新颖的概念。开源软件这一概念的实际应用是在硬件的设计文件中，这意味着原理图和PCB设计是公开的（通常是EAGLE CAD格式）。也就是说，任何人都可免费得到这些设计并利用这些设计制作自己的电路板。新开源硬件的创作者也可制造电路板，直接销售它们或者通过经销商销售它们。创作者将被社区的人们熟知，且这些电路板将被视为母板，因此价格最高。若该设计是成功的，则会出现复制品，但母板仍然可能是使用最多的。

较为成功的开源硬件设计可能是Arduino。所有Arduino的电路板和外围产品都是开源的，或者是共享授权的。下面是其他一些比较知名的开源硬件：

- BeagleBoard：一种单层板计算机。
- MIDIbox MIDI：音乐硬件演奏电路。
- Monome：按钮和栅格LED组成的虚拟合成器控制器。
- Ultimaker、RepRap和MakerBot：3D打印机设计。
- Chumby：一种嵌入式计算机。
- Open EEG：医疗器材。

还有许多开源设计的小模块。为何每个人都愿意将他们的设计免费提供给大家？一方面，许多很有创造力的人制作产品只是出于自己的兴趣，而不是赚钱。拥有好的点子和将这些点子变成商业行为有着很大的区别。如果要让人们看到和使用你做出的东西，为何不将其公之于众呢？

附录A 配电与家用配线

A.1 配电系统

图A.1所示为美国的一种代表性配电系统（加州地区）。图示电压为正弦电压，用均方根值表示。读者所在地区的配电系统与图示系统也许有一些差异，因此需要结合当地的实际情况来了解所在地区的配电系统。

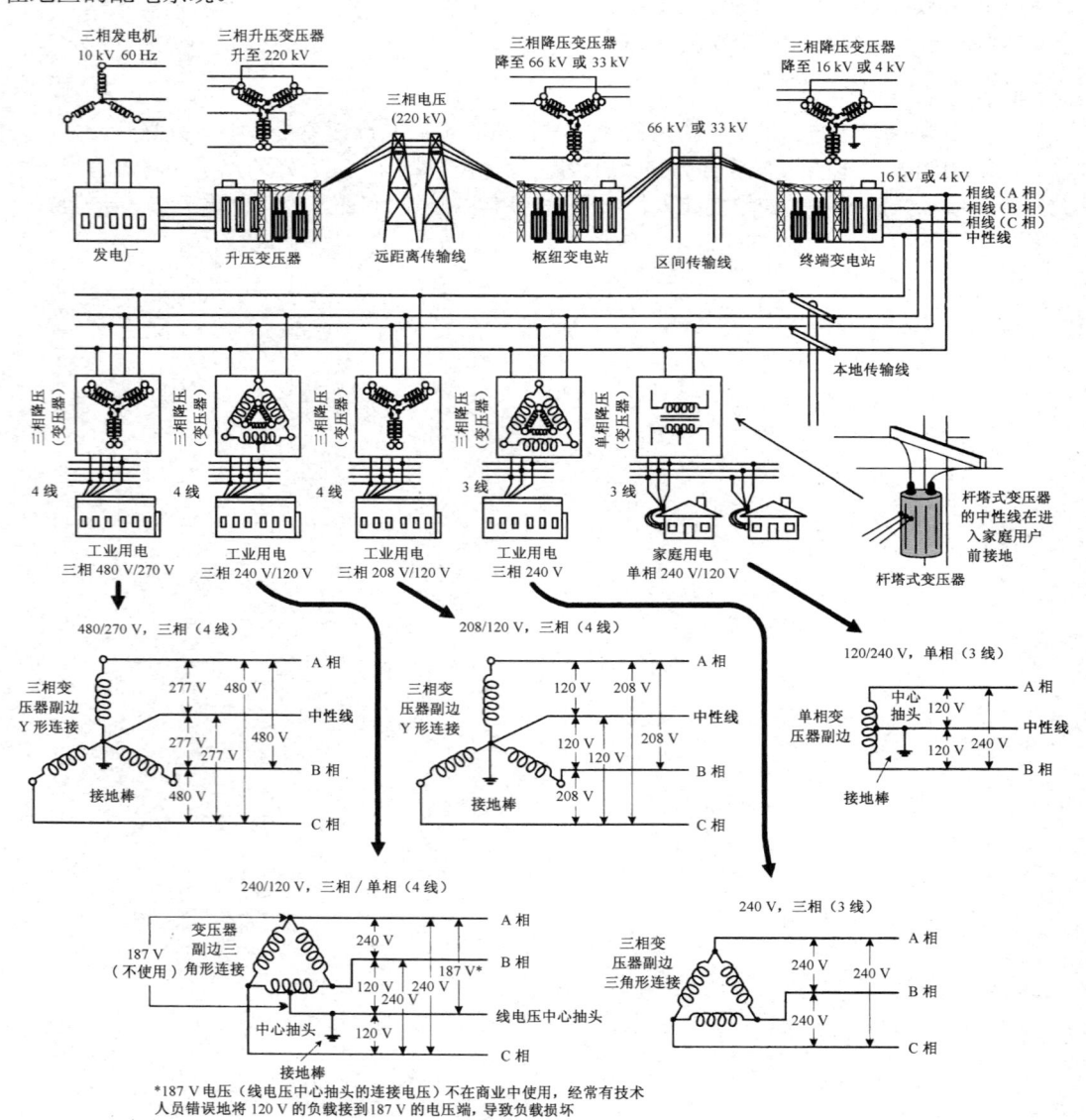

图A.1 美国的一种代表性配电系统

配电系统中使用交流电代替直流电，因为交流电便于通过变压器进行高低压变换；同时，当进行远距离传输时，使用高电压/小电流传输线路可提升效率，降低电流值可减少传输过程中的热能损耗（$P = I^2R$，I减小，P降低）。电能到达变电站后，电压会被降低到一个安全的范围内，然后送入各个家庭和商业机构。

工业用电是典型的三相电，三相之间的自然顺序对执行间隔式任务的装置非常有用，如三相电动机（用在研磨机、车床、熔焊器、空调和其他高功率设备中）在各相电压值上升和下降的过程中，通常保持近似同步转速运行。另外，在三相电供电中，任何时刻三相的电压值都不同。而在单相电供电中，只要某时刻两相电压值相等，就会发生暂时无电的情况，这也是单相电子设备必须存储能量以便度过断电期的原因。在三相电供电中，设备在任意时刻总能得到至少一相提供的电能。

A.2 三相电简介

图A.2所示的简易发电机可用来产生单相电压。随着磁铁在机械力的作用下转动，两个线圈（间隔180°）内感应出正弦电压。电压输出值习惯上用均方根值（$V_{\text{rms}} = 1/\sqrt{2}V_0$）表示。

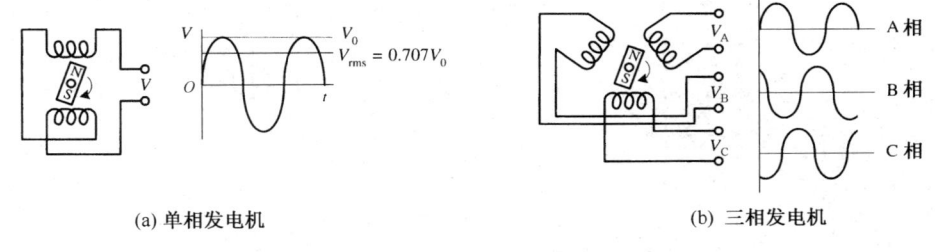

(a) 单相发电机　　(b) 三相发电机

图A.2　简易发电机

在三相发电机中，三个独立的电压分别由三个相互分隔120°的不同线圈产生。磁铁旋转时，发电机的每个线圈都产生感应电势，这三组电压幅值上相等，相位上两两相差120°。使用这种发电机可以驱动三组独立的、大小相等的负载，或者驱动三相电动机。但是，这种结构需要用到六根独立的导线。减少导线数量的方法有两种：第一种是三角形连接，它使用三根线；第二种是将线圈的连接线引出改为星形连接，它使用四根线。

1. 星形连接

星形（Y形）结构是指将发电机的三个线圈的一端连接在一起，形成中性线，三个线圈各自的另一个端子分别引出三根导线（称为相线），中性线和任意一根相线之间的电压称为相电压V_P；任意两条相线之间的电压称为总电压或线电压V_L，线电压是相电压的矢量和。在星形负载电路中，每个负载上都加有串联的两相电压，这意味着必须通过相电压或相电流叠加计算，才能得到某个负载上的电流或电压。一种方法是画出相量图（见图A.3）。从实际角度出发，需要着重注意的是线电压约为相电压的1.732倍，同时，线电压在相位上超前相电压30°。使用中性线后，三相发电机的每相都相当于一台独立的单相发电机。当三相负载相等时，中性线上无电流（负载平衡）。

2. 三角形连接

将发电机的三相线圈依次连接成一个回路，就构成三角形连接（见图A.4）。三角形连接未引出中性线，所以相电压与线电压相等。要再次指出的是，与星形连接相同，三个线电压彼此相差120°的相位，但与星形连接不同的是，线电流（I_1、I_2、I_3）等于相电流（I_A、I_B、I_C）的矢量和。当三相加相同的负载时，线电流的幅值均相等，但相位相差120°，线电流滞后相电流30°，线电流的幅值是相电流的 $\sqrt{3}$ 倍。

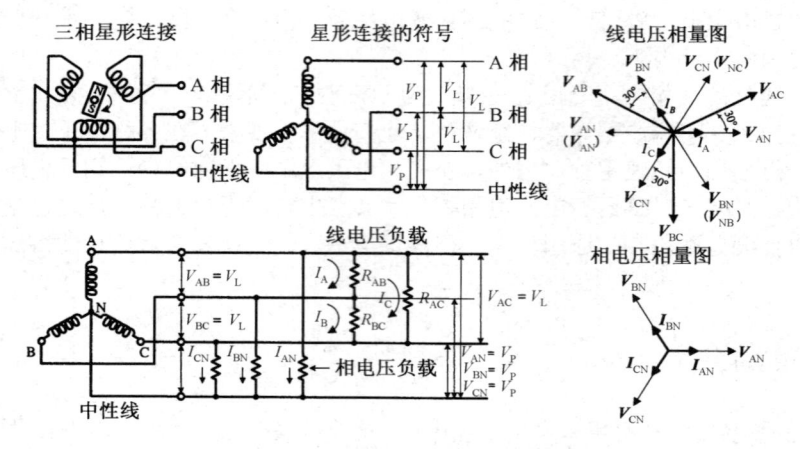

图A.3 星形连接及其相量图

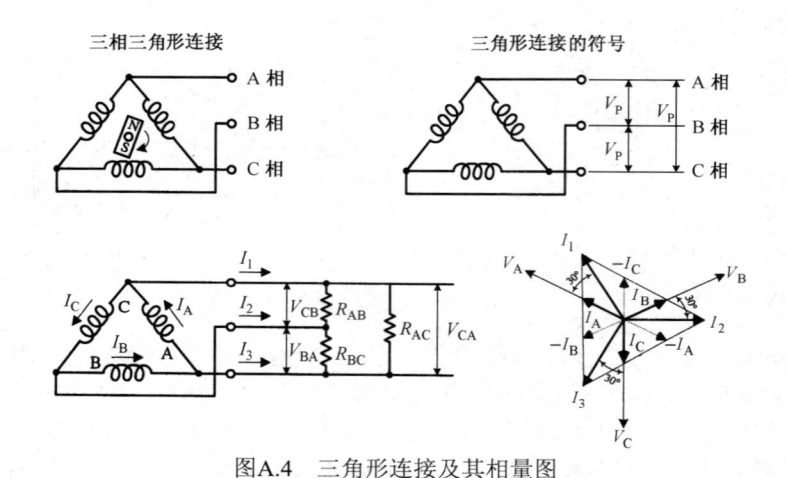

图A.4 三角形连接及其相量图

A.3 家用配线

在美国，三条电线从杆塔式/绿匣子变压器引出，到达各家的主配电盘：一根是A相线（黑色），一根是B相线（黑色），第三根是中性线（白色）（图A.5所示的家用配电系统中显示了这三根线在杆塔式/绿匣子变压器中的引出点）。A相线和B相线之间的电压称为火-火电压，为240V；中性线与A相线或B相线之间的电压称为中-火电压，为120V。

在房屋内，从杆塔式/绿匣子变压器引出的三条线与一个电度表相连接，通过它进入主配电盘，主配电盘通过一根插入大地的铜棒接地，也可连接房屋地基中的金属架。进入主配电盘后，A相线和B相线与一个主断路器相连，中性线与中性汇流排相连。

在主配电盘中，还要配置一个接地汇流排，该汇流排与接地棒或地基的金属支架相连。在主配电盘内，中性汇流排和地线汇流排是相连的（合并成一条线）；但是，在副配电盘内（从主配电盘引入电能，被安置在距主配电盘较远的地方），中性汇流排和地线汇流排是相互分开的，副配电盘的接地汇流排从主配电盘得到地线，传送主配电盘和副配电盘间连接电线的金属管道常被用作"地线"，但在某些要求严格的应用（如计算机和生命保障系统）中，地线很可能被放入管道内；

同样，当主配电盘和副配电盘不在同一栋建筑物内时，典型做法是使用新接地棒将副配电盘接地。注意，美国的不同地区可能使用不同的配线协议，因此，上述内容也许与读者所在地区的标准情形有所不同，此时可联系当地电力管理部门。

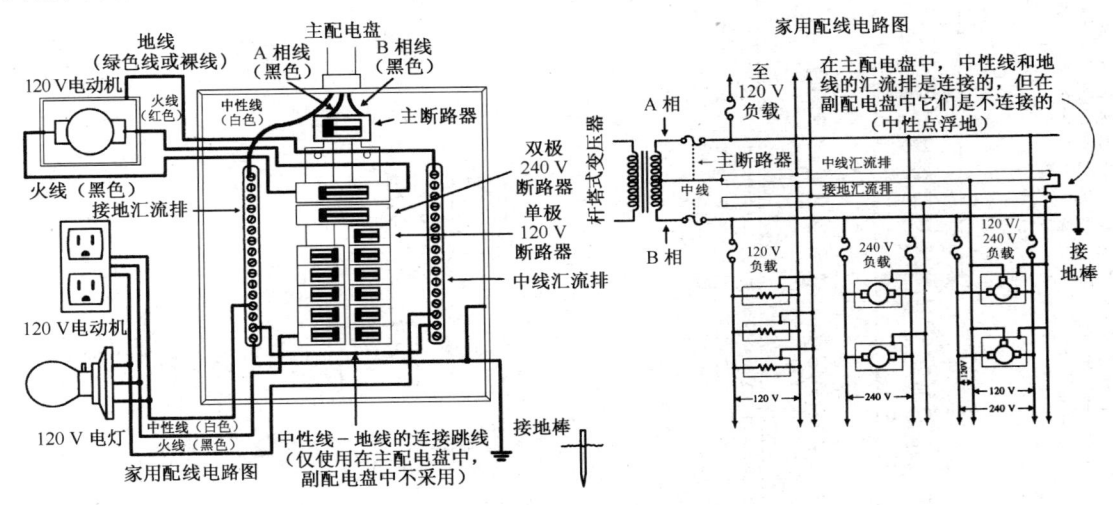

图A.5　家用配电系统

在主配电盘内，典型情况是两个汇流排内插入了断路器组件，其中一个汇流排连接A相线，另一个汇流排连接B相线。当给一组120V的负载（如楼梯灯和120V插座）供电时，首先要将主断路器拨到断开的位置，然后将一个单极断路器插入其中一个汇流排（可任选A相汇流排或B相汇流排，但当需要平衡总负载时，汇流排的选择会变得很关键——被选择的汇流排上会立即增加更多的负载）。接着，使用一条三线电缆，电缆的黑（火）线连接断路器，白（中性）线连接中性汇流排，地线（绿线或裸线）连接地线汇流排，然后将电线引至120V负载处，火线和中性线穿过负载，并将地线固定在负载的外壳上（插座架或灯的固定座上通常提供一个地脚螺钉）。当给使用自带断路器的120V负载供电时，只需按照上述步骤操作即可，但为了使主配电盘或副配电盘的容量最大，使其在主断路器不超载的情况下尽可能多地提供电流，需要平衡A相断路器和B相断路器带负载的数量（功率），即平衡负载。

要给240V的电器（如烤箱、洗衣机等）供电，可在主配电盘（或副配电盘）内的A相和B相汇流排间插入一个双极断路器，然后使用240V的三线电缆，将其中一条火线与断路器的A相相连，另一条火线与断路器的B相相连，地线（绿线或裸线）与地线汇流排相连，将电缆引至240V负载处，并将各线与负载的相应端子相连（以240V插座为例）。同样，120V/240V的电器都使用相似的连线方式。使用四线电缆的情况例外，因为四线电缆中增加了一条中性线（白色），由主配电盘或副配电盘内的中性汇流排引出。

注意，除非懂得相关技术，否则不要尝试家用配线。在对主配电盘进行连线前，要将主断路器断开。当对连至同一个断路器的灯座、开关和插座进行连线时，要给断路器贴上标签，以便测试连接时不会误动断路器。

A.4　其他国家的电力系统

在美国，家庭用电是60Hz、120V的单相电压，工业用电是60Hz、208V/120V的三相电压。许多国家使用的是50Hz、230V的单相电压和415V的三相电压。将美国制造的120V、60Hz设备带到挪威——使用230V并且直接将其插入插座，则有损坏设备的危险。有些设备可能未考虑到各国电压和频率的差异，但有些设备考虑了这些差异。可用变压器（插入式变压装置）降低从插座引出

• 705 •

的电压，但频率仍为50Hz。10Hz的差别不影响大多数设备，但有些设备如电视机和录像机就可能无法正常工作。图A.6中列出了一些国家或地区的单相电压等级及插头、插座类型。

国家或地区	电压(V)	频率(Hz)	插头、插座类型
澳大利亚	240	50	I
比利时	230	50	C, E
巴西	110/220	60	A, B, C, D, G
加拿大	120	60	A, B
智利	220	50	C, L
中国大陆	220	50	I
刚果	230	50	C, E
哥斯达黎加	120	60	A, B
埃及	220	60	C
法国	230	50	C, E, F
德国	230	50	F
中国香港	230	50	D, G
印度	230	50	C, D
伊拉克	220	50	C, D, G
意大利	127/220	50	F, L
日本	100	50/60	A, B
韩国	110/220	60	A, B, D, G, I, K
墨西哥	127	60	A
荷兰	230	50	C, E
挪威	230	50	C, F
菲律宾	110/220	60	A, B, C, E, F, I
俄罗斯	220	50	C, F
西班牙	127/220	50	C, E
瑞士	220	50	C, E, J
中国台湾	110	60	A, B, I
美国	120	60	A, B
英国	230	50	G

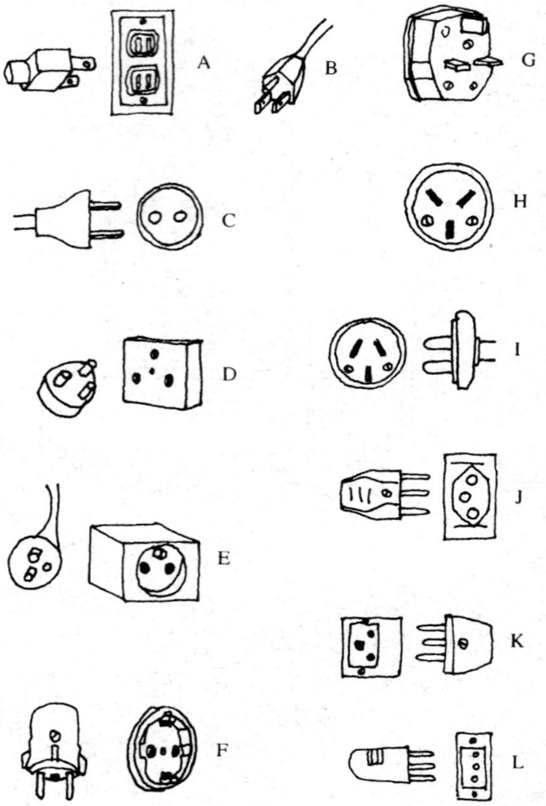

图A.6　一些国家或地区的单相电压等级及插头、插座类型

附录B　误差分析

测量的可靠性估计可使测量结果更有价值。例如，说一个电阻的阻值为1000Ω±50Ω要比说其阻值为1000Ω包含更多的信息。

误差与不确定度的意义等同，可相互替换，但不等同于错误。在对一个简单的量进行可靠性估计时，需要考虑三种不同的误差来源：

1. 被测量在实际环境中的变化。例如，电阻值会随温度变化而变化。在电子学中，进行精确测量时，应该参考相关资料中划分的环境等级和相应的误差值。
2. 测试设备自身存在的误差。这种误差会引入测量结果，因此在测量前，必须对全部设备进行标定，同时考虑其输入阻抗特性的影响，如万用表和示波器的输入阻抗。
3. 人为误差。数字显示设备基本上不存在这方面的问题，但是，若使用显示图形的观测仪器，就得不到高精度的测量结果。

B.1 绝对误差、相对误差和百分比误差

假设被测值为 x。记 Δx 为相对误差（或不确定度为 $a \pm \Delta x$），称 $\Delta x/x$ 为相对误差（或分数不确定度）；若将相对误差乘以 100%，则得到百分比误差。偏差一词可代替绝对误差和百分比误差。例如，在长度测量中，常用绝对误差来表示偏差，而在电阻测量中，则常用百分比误差来表示偏差。

【例1】 $0.125\text{A} \pm 0.01\text{A}$ 的相对误差和百分比误差分别是多少？

解： 相对误差 $= \Delta x/x = 0.01\text{A}/0.125\text{A} = 0.08$。

$$\text{百分比误差} = 100\% \times \Delta x/x = 100\% \times \text{相对误差} = 100 \times 0.08\% = 8\%$$

【例2】 一个 3300Ω 电阻的偏差为 5%，求相对误差、绝对误差或不确定度、阻值的置信区间。

解： 在本例中，偏差表示百分比误差，因此有

$$\text{相对误差} = \frac{\text{百分比误差}}{100\%} = \frac{\text{偏差}}{100\%} = \frac{5\%}{100\%} = 0.05$$

绝对误差或不确定度为

$$\Delta x = x \times \text{相对误差} = 3300\Omega \times 0.05 = \pm 165\Omega$$

该电阻的值为 $3300\Omega \pm 165\Omega$，或者说该阻值的置信区间为 $3135 \sim 3465\Omega$。

B.2 不确定度估计

遇到带有许多独立变量的等式如 RC 充电响应等式

$$I = \frac{V_C}{R}\text{e}^{-t/RC}$$

时，最终结果（如电流）的不确定性或误差由各变量的不确定度决定（如电阻、电容、电压和时间的不确定度）。我们可通过分析基本运算来解释误差的传递。

1. 对两个测量值求和或求差后，将绝对误差相加。设 x 和 y 的误差分别为 Δx 和 Δy，求和得

$$z = x + \Delta x + y + \Delta y$$

相对误差为 $(\Delta x + \Delta y)/(x + y)$，由于 Δx 和 Δy 可能异号，因此绝对误差值相加无法得到有效的不确定度估计值。若误差服从高斯分布，且相互独立，则以二次形式累积：

$$\Delta z = \sqrt{\Delta x^2 + \Delta y^2}$$

若对两个测量值求差，则得到的相对误差为

$$(\Delta x + \Delta y)/(x - y)$$

若 x 与 y 几乎相等，则上式的值为无穷大。这一点很重要，设计实验时，必须避免发生两个大值被测量求差的情况。

2. 对被测量求积或求商后，运算结果的相对误差是每个被测量的相对误差的累加值。对被测量的绝对误差求和时，因为 Δx_i 和 Δy_i 的符号任意，所以得不到理想的结果。

$$\Delta z = z\left[\sum_i |\Delta x_i/x_i| + \sum_i |\Delta y_i/y_i|\right]$$

同样，若各量的测量误差相互独立，且服从高斯分布，则相对误差以二次形式相加：

$$\Delta z = z\sqrt{\sum_i\left(|\Delta x_i/x_i|\right)^2 + \sum_i\left(|\Delta y_i/y_i|\right)^2}$$

3. 对被测量求幂后，运算结果的相对误差是幂次数乘以被测量的相对误差。例如，$z = x^n$ 的不确定度为

$$\Delta z = zn(\Delta x/x)$$

4. 对于其他更复杂的情况，可将如下公式作为求测量不确定度的一般方法。例如，若 $R = f(x, y, z)$ 是 x、y 和 z 的函数，则 R 的不确定度为

$$dR = \frac{\partial f}{\partial x}dx + \frac{\partial f}{\partial y}dy + \frac{\partial f}{\partial z}dz$$

式中，假设 dx、dy 和 dz 是已知的。

通常情况下无须使用上述公式，使用加、减、乘、除和求幂运算规则就能很好地解决问题。

误差计算公式

已知 $A = \bar{A} \pm a$、$B = \bar{B} \pm b$ 和 $C = \bar{C} \pm c$，其中 $\bar{A}$、$\bar{B}$ 和 $\bar{C}$ 分别是 A、B、C 的测量值，a、b、c 分别是各自的误差。算术运算值的误差如下所示：

1. $A + B = \bar{A} + \bar{B} \pm \sqrt{a^2 + b^2}$
2. $A + B + C = \bar{A} + \bar{B} + \bar{C} \pm \sqrt{a^2 + b^2 + c^2}$
3. $A - B = \bar{A} - \bar{B} \pm \sqrt{a^2 + b^2}$
4. $A \times B = \bar{A} \times \bar{B} \pm (\bar{A} \times \bar{B})\sqrt{(a/\bar{A})^2 + (b/\bar{B})^2}$
5. $A \times B \times C = \bar{A} \times \bar{B} \times \bar{C} \pm (\bar{A} \times \bar{B} \times \bar{C})\sqrt{(a/\bar{A})^2 + (b/\bar{B})^2 + (c/\bar{C})^2}$
6. $A/B = \bar{A}/\bar{B} \pm (\bar{A}/\bar{B})\sqrt{(a/\bar{A})^2 + (b/\bar{B})^2}$
7. $A^B = (\bar{A})^{\bar{B}} \pm (\bar{A})^{\bar{B}} \times \bar{B}(b/\bar{B})$

【例1】使用两个不同的电压表分别测量两个串联电阻的电压。数字电压表测得第一个电阻两端的电压为 6.24V ± 0.01V，精度较低的模拟电压表测得第二个电阻两端的电压为 14.3V ± 0.2V，求两个电阻的总电压，用不确定度的形式表示。

解：将两个电压值相加，使用公式1，即可求得所需的不确定度：

$$V_1 + V_2 = 6.24V + 14.3V \pm \sqrt{(0.01V)^2 + (0.2V)^2} = 20.5V \pm 0.2V$$

【例2】通过 180Ω、5% 的电阻的电流为 1.256A ± 0.005A，求该电阻两端的电压值。

解：首先，将偏差转化为绝对误差（不确定度）：

$$\Delta R = \frac{偏差}{100\%} \times R = \frac{5\%}{100\%} \times 180\Omega = \pm 9\Omega$$

利用欧姆定律求电压（$V = IR$）有

$$V = IR = 1.256A \times 180\Omega \pm (1.256A \times 180\Omega) \times \sqrt{\left(\frac{0.005A}{1.256A}\right)^2 + \left(\frac{9\Omega}{180\Omega}\right)^2} = 226 \pm 11V$$

附录C　常用资料和公式

C.1　线性函数

线性函数 $y = mx + b$ 的图形如图 C.1 所示，它表示一条直线，其斜率为 m，截距为 b。

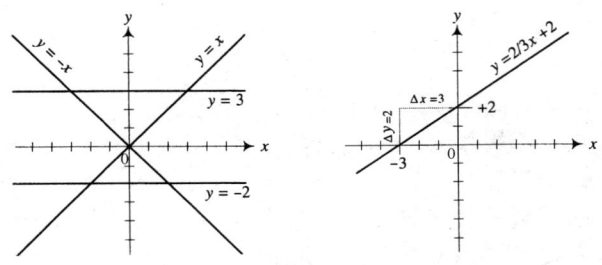

图C.1 线性函数 $y = mx + b$ 的图形

C.2 二次函数

二次函数 $y = ax^2 + bx + c$ 的图形如图 C.2 所示，它是 xy 平面上的一条抛物线。抛物线开口的大小受 a 值影响，顶点的横坐标为 $-b/2a$，纵坐标为 $-b^2/a + c$。方程的根（抛物线与横轴的交点）由 $x = \frac{-b \pm \sqrt{b^2 - 4ac}}{2a}$ 计算。

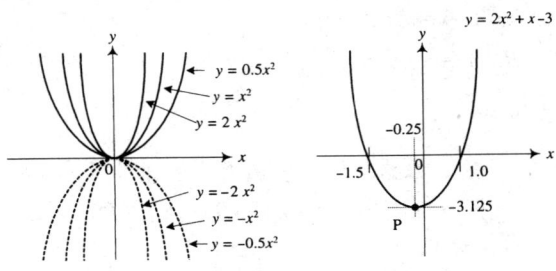

图C.2 二次函数 $y = ax^2 + bx + c$ 的图形

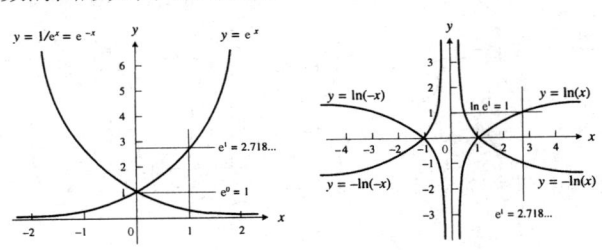

C.3 指数函数和对数函数

指数函数和对数函数的图形如图 C.3 所示。

图C.3 指数函数和对数函数的图形

指数（函数）

$x^0 = 1$

$1/x^n = x^{-n}$

$x^{1/n} = \sqrt[n]{x}$

$x^m \cdot x^n = x^{m+n}$

$(xy)^n = x^n \cdot y^n$

$(x^n)^m = x^{n \cdot m}$

对数（函数）

以10为底：若 $10^n = x$，则 $\lg x = n$

以e为底：若 $e^m = y$，则 $\ln y = m$

($\lg 100 = 2$，因为 $10^2 = 100$，

$\ln e = 1$，因为 $e^1 = e = 2.718\cdots$）

以任意数 b 为底的对数：

$\log_b 1 = 0$

$\log_b b = 1$

$\log_b 0 = \begin{cases} +\infty, & b < 1 \\ -\infty, & b > 1 \end{cases}$

$\log_b (x \cdot y) = \log_b x + \log_b y$

$\log_b (x/y) = \log_b x - \log_b y$

$\log_b (x^y) = y \log_b x$

C.4 三角函数

三角函数的图形如图C.4所示。对于半径为R的圆，弧长S对应的圆心角的大小用弧度（rad）表示为$\theta = S/R$。$1\text{rad} = 180°/\pi = 57.296°$，$1° = \pi/180° = 0.17453\text{rad}$。当半径$R$从$x$正半轴开始逆时针方向旋转时，$\theta$为正角；顺时针方向旋转时，$\theta$为负角。三角形中某两条边的边长的比值定义为$\theta$角的三角函数：

$\sin\theta = \frac{y}{R}$, $R = 1 \rightarrow y = \sin\theta$

$\cos\theta = \frac{x}{R}$, $R = 1 \rightarrow x = \cos\theta$

$\tan\theta = \frac{y}{x}$, $R = 1 \rightarrow h = \tan\theta$

$\cot\theta = \frac{x}{y} = \frac{1}{\tan\theta}$, $R = 1 \rightarrow k = \cot\theta$

$\sec\theta = \frac{R}{x} = \frac{1}{\cos\theta}$, $R = 1 \rightarrow \frac{1}{x}\sec\theta$

$\sec\theta = \frac{R}{y} = \frac{1}{\sin\theta}$, $R = 1 \rightarrow \frac{1}{y}\sec\theta$

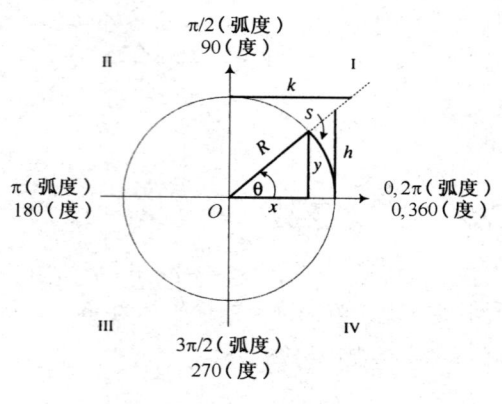

图C.4 三角函数的图形

1. 正弦函数和余弦函数

图C.5所示为正弦函数和余弦函数的图形，左边所示的是曲线$y = A\sin\theta$。为便于改变函数的垂直/水平位置、周期或相位，可将方程改写为$y = A\sin(Bx + C) + D$，其中A表示幅值，$2\pi/B$表示周期（T），C表示相移，D表示垂直位移。在电子学中，电压可表示为

$$V(t) = V_0\sin(\omega t + \phi) + V_{dc}$$

式中，V_0为峰值电压，V_{dc}为直流成分，ϕ为相移，ω为角频率（rad/s），$f = 1/T = \omega/2\pi$。

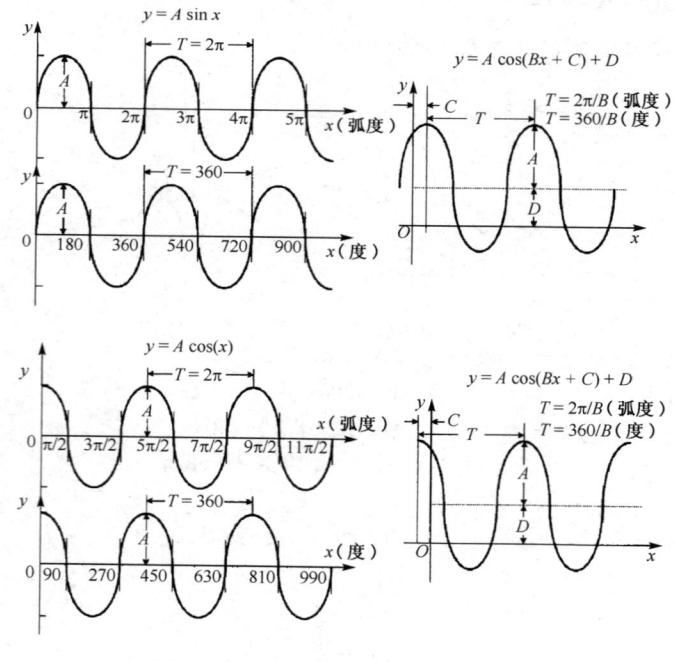

图C.5 正弦函数和余弦函数的图形

曲线$y = A\cos x$与曲线$y = A\sin x$的相位相差$\pi/2$（或90°）。正弦函数和余弦函数之间的关系为

$$\sin\left(\tfrac{\pi}{2} \pm x\right) = +\cos x \quad \text{或} \quad \sin(90° \pm x) = +\cos x$$
$$\sin\left(\tfrac{3\pi}{2} \pm x\right) = -\cos x \quad \text{或} \quad \sin(270° \pm x) = +\cos x$$
$$\cos\left(\tfrac{\pi}{2} \pm x\right) = +\sin x \quad \text{或} \quad \cos(90° \pm x) = \pm\sin x$$
$$\cos\left(\tfrac{3\pi}{2} \pm x\right) = +\sin x \quad \text{或} \quad \cos(270° \pm x) = \pm\sin x$$

C.5 微分学

已知函数 $f(x)$ 表示直线、抛物线、指数曲线、三角函数曲线等。如图C.6所示，假设有一点沿曲线 $f(x)$ 移动，并过该点作曲线的切线。当该点沿着曲线运动时，切线的斜率不断变化。在实际生活中，切线的斜率有着重要意义。例如，当绘制某物体相对于时间的位移曲线时，曲线上某时间点的切线的斜率就表示物体该在时间点的瞬时速率。同样，在一幅相对于时间的充电图中，时刻 t 处的斜率表示该时刻的瞬间电流。微分学作为计算斜率的方法之一，可用来计算曲线上任意一点处的切线的斜率。微分学的目的是什么呢？假定有一个函数 $y = x^2$，通过微分计算，将得到另一个函数，该函数称为 y 的导数（习惯表示为 y' 或 dy/dx），通过它可得到曲线 y 上任意一点处的斜率。函数 $y = x^2$ 的导数为 $dy/dx = 2x$。为得到 $x = 2$ 处的斜率，可将 $x = 2$ 代入 dy/dx 的表达式，得到斜率为4。但是，如何得到 $y = x^2$ 的导数呢？进一步说，如何得到任意函数的导数呢？下面给出相关的理论。

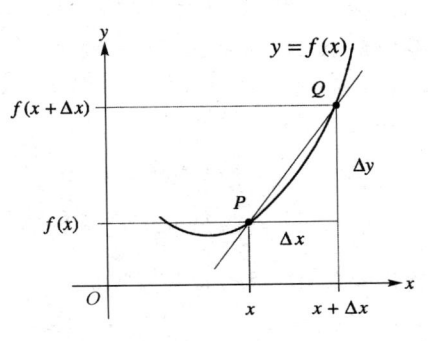

图 C.6 导数的计算

计算函数 $y = f(x)$ 的导数时，设 $P(x, y)$ 为曲线 $y = f(x)$ 上的一点，$Q(x + \Delta x, y + \Delta y)$ 为曲线上的另一点，则 P 点和 Q 点之间直线的斜率为 $\frac{f(x+\Delta x) - f(x)}{\Delta x}$。

将具体函数代入上式，就得到斜率。例如，若函数 $f(x) = x^2$，则 $f(x + \Delta x) = (x + \Delta x)^2$，完整的表达式为 $[(x + \Delta x)^2 - x^2]/\Delta x$。然后，固定 x 值，令 Δx 趋于0，当斜率趋于某个只依赖 x 的值时，称该值为曲线在 P 点处的斜率。曲线在 P 点处的斜率本身是 x 的函数，其定义域为极限存在的每个 x 值。斜率可表示为 $f'(x)$、dy/dx 或 df/dx，三种表达方式均称为 $f(x)$ 的导数：$f'(x) = dy/dx = \lim\limits_{\Delta x \to 0} \frac{f(x+\Delta x) - f(x)}{\Delta x}$。

求出函数 $f(x) = x^2$ 的极限后，就得到导数 $f'(x) = dy/dx = 2x$。在实际中计算某个函数的导数时，不推荐使用上述求极限的公式，因为这需要进行复杂的数学计算，特别是计算 $2e^x\sin(3x + 2)$ 这样的复杂函数的导数时。取而代之，只需记忆一些简单的求导法则和简单函数的导数。下表列出了一些常用的求导法则和简单函数的导数，其中 a 和 n 是常数，u 和 v 是函数。

导 数	举 例
$\frac{d}{dx}a = 0$	$\frac{d}{dx}4 = 0$
$\frac{d}{dx}x^n = nx^{n-1}$（注：$\frac{1}{x^n} = x^{-n}$）	$\frac{d}{dx}x = 1,\ \frac{d}{dx}x^2 = 2x,\ \frac{d}{dx}x^5 = 5x^4,\ \frac{d}{dx}x^{-1/2} = -1/2x^{-3/2}$
$\frac{d}{dx}e^x = e^x$	—
$\frac{d}{dx}\ln x = \frac{1}{x}$	—
$\frac{d}{dx}\sin x = \cos x$	
$\frac{d}{dx}\cos x = -\sin x$	
$\frac{d}{dx}au(x) = a\frac{d}{dx}u(x)$	$\frac{d}{dx}3x^2 = 3\frac{d}{dx}x^2 = 6x,\ \frac{d}{dx}3e^x = 3e^x,\ \frac{d}{dx}7\sin x = 7\cos x$
$\frac{d}{dx}(u + v) = \frac{du}{dx} + \frac{dv}{dx}$	$\frac{d}{dx}(2x + x^2) = \frac{d}{dx}(2x) + \frac{d}{dx}(x^2) = 2 + 2x$

导　数	举　例
$\frac{d}{dx}\left(\frac{u}{v}\right) = (v\,du/dx - u\,dv/dx)/v^2$	$\frac{d}{dx}\left(\frac{x^2+1}{x^2-1}\right) = \frac{(x^2-1)\cdot 2x - (x^2+1)\cdot 2x}{(x^2-1)^2} = \frac{-4x}{(x^2-1)^2}$
$\frac{d}{dx}\{u\{v(x)\}\} = \frac{du}{dv}\cdot\frac{dv}{dx}$	$\frac{d}{dx}\sin(ax) = a\cos(ax)$, $\frac{d}{dx}e^{2x} = 2e^{2x}$

C.6 积分学

微分学的目标是寻找函数的导数，积分学的任务则是寻找导数的原函数。事实上，函数和导数之间没有绝对的划分界线，因为通常情况下导数本身也是函数。为简化起见，我们称形式 $y = f(x)$ 为函数，称形式 $dy/dx = df(x)/dx$ 为导数，称形式 $\int dy = \int f(x)dx$ 为不定积分或积分。在第三种形式中，$\int$ 是积分符号，$f(x)$ 是被积函数，dx 是积分变量。函数求积分就是找到以该函数为导数的所有原函数，即找到给定函数的所有不定积分。积分还有另一种相对比较通俗的解释——计算总和，在这种解释中，积分描述的是一个数学计算过程，通过它求得以曲线为边界的区域的面积（见图C.7）。

已知 $dy/dx = f(x)$，通过积分（不定积分）计算 y。首先，将等式变形为 $dy = f(x)\,dx$，然后对等式两边积分得

$$\int dy = \int f(x)dx \Rightarrow y \pm C$$
$$= \int f(x)dx \Rightarrow y = \int f(x)dx + C$$

推出等式 $\int dy = y + C$ 的原因是，由逆运算可知任何形如 $y + C$ 的函数（如 $y + 2$、$y - 54$ 等）求导后均为 y。C 值的符号任意，且可正可负。习惯上使用等式左边加 C 的形式，并且称这种形式的积分为不定积分。

【例】已知 $dy/dx = 2$，求 y。

$$dy = 2dx \Rightarrow \int dy = \int 2dx \Rightarrow y = 2x + C$$

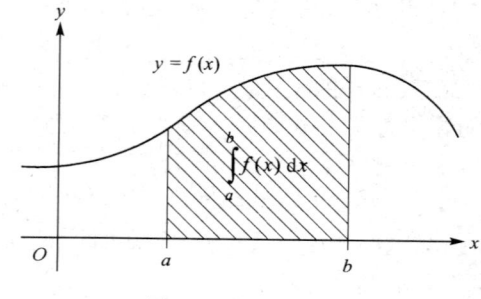

图 C.7　积分求面积

在实际情况中，我们通常期望得到的是一个不含常数的确定解。为去掉常数，需要利用边界条件。仍以 $dy/dx = 2$ 为例。若只关心 dy/dx 在区间1～5或其他任意区间内的值，就要利用定积分进行计算：

$$y = \int_a^b f(x)dx = F(x)\Big|_a^b = F(b) - F(a)$$

式中，F 代表不含积分常数的定积分，a 和 b 限定了 F 中 x 的取值区间。以 $dy/dx = 2$ 为例，边界条件为 1～5，求得

$$y = \int_1^5 2dx = 2x\Big|_1^5 = 2\times(5) - 2\times(1) = 8$$

这就是一个定积分。此处可引入图形法来直观地了解积分的概念。考虑 $dy/dx = 2$，画出 dy/dx 与 x 的关系图，得到一条水平直线，对所有 x 值，均有 $dy/dx = 2$。通过计算曲线下的面积可得积分值。结合边界条件，得到面积为 $(5-1)\times 2 = 8$。

当对更复杂的函数积分时，需要耗费相当长的时间，因此有必要借助其他一些方法来进行计算。这些方法作为积分基本理论的分支，包含在积分基本理论的内容中，此处不做详细介绍。但是，在实际进行积分运算时，并不需要利用这些理论，而只需熟记一些基本的积分等式并掌握一些积分方法。